원소의 주기율표

족

주기	1	2	3	4	5	6	7	8	9	10	11	12	13	14	15	16	17	18
1	1 H 1.0079																	2 He 4.003
2	3 Li 6.941	4 Be 9.012											5 B 10.811	6 C 12.011	7 N 14.007	8 O 15.999	9 F 18.998	10 Ne 20.180
3	11 Na 22.990	12 Mg 24.305											13 Al 26.982	14 Si 28.086	15 P 30.974	16 S 32.066	17 Cl 35.453	18 Ar 39.948
4	19 K 39.098	20 Ca 40.078	21 Sc 44.956	22 Ti 47.88	23 V 50.942	24 Cr 51.996	25 Mn 54.938	26 Fe 55.845	27 Co 58.933	28 Ni 58.69	29 Cu 63.546	30 Zn 65.39	31 Ga 69.723	32 Ge 72.61	33 As 74.922	34 Se 78.96	35 Br 79.904	36 Kr 83.8
5	37 Rb 85.468	38 Sr 87.62	39 Y 88.906	40 Zr 91.224	41 Nb 92.906	42 Mo 95.94	43 Tc 98	44 Ru 101.07	45 Rh 102.906	46 Pd 106.42	47 Ag 107.868	48 Cd 112.411	49 In 114.82	50 Sn 118.71	51 Sb 121.76	52 Te 127.60	53 I 126.905	54 Xe 131.29
6	55 Cs 132.905	56 Ba 137.327	57 La 138.906	72 Hf 178.49	73 Ta 180.948	74 W 183.84	75 Re 186.207	76 Os 190.23	77 Ir 192.22	78 Pt 195.08	79 Au 196.967	80 Hg 200.59	81 Tl 204.383	82 Pb 207.2	83 Bi 208.980	84 Po 209	85 At 210	86 Rn 222
7	87 Fr 223	88 Ra 226.025	89 Ac 227.028	104 Rf 265	105 Db 268	106 Sg 270	107 Bh 269	108 Hs 277	109 Mt 276	110 Ds 281	111 Rg 280	112 Cn 285	113 Uut	114 Fl 289	115 Uup	116 Lv 293	117 Uus	118 Uuo

란타넘족	58 Ce 140.115	59 Pr 140.908	60 Nd 144.24	61 Pm 145	62 Sm 150.36	63 Eu 151.964	64 Gd 157.25	65 Tb 158.925	66 Dy 162.5	67 Ho 164.93	68 Er 167.26	69 Tm 168.934	70 Yb 173.04	71 Lu 174.967
악티늄족	90 Th 232.038	91 Pa 231.036	92 U 238.029	93 Np 237	94 Pu 244	95 Am 243	96 Cm 247	97 Bk 247	98 Cf 251	99 Es 253	100 Fm 257	101 Md 259	102 No 259	103 Lr 256

금속

준금속

비금속

아직 미확인

원자량은 지표면에 있는 동위 원소의 존재비에 따라 평균한 것이며, 원자 질량 단위(amu)로 나타낸다. 관례적 IUPAC 원자량은 *J. Mıṅ. Metall. Sect. BMetall. 48 (1) B (2012)153 ‡59*에서 G. Kaptay에 의해 제안되었다. 방사성 원소의 경우 원자량은 보통 그 원소의 가장 안정한 동위 원소에 가장 가까운 정수이다.

제 2 판

융합 자연과학개론

Hewitt · Lyons · Suchocki · Yeh 지음

장낙한 · 권오종 · 이길재 · 이효녕 옮김

Conceptual Integrated Science

Second Edition

PEARSON

자유아카데미

저자 소개

폴 휴이트(Paul G. Hewitt)

전 은메달 복싱 챔피언, 간판화가, 우라늄 탐사가이자 군인이었던 폴은 GI Bill의 도움으로 27세에 대학을 다니기 시작하였다. 그는 샌프란시스코 시립 대학에서 물리학을 가르치면서 개념적 접근을 개척하였다. 또한 캘리포니아 대학의 버클리와 산타크루즈 두 캠퍼스와 하와이 대학의 마노아와 힐로 두 캠퍼스에서 객원 강사를 지냈다. 샌프란시스코에 있는 과학 체험관에서 20년 동안 가르쳤으며, 이 공로로 2000년에 탁월한 교육자상을 수상하였다. 그는 **개념 물리학**(*Conceptual Physics*)의 저자이며, **개념 물리과학**(*Conceptual Physical Science*)과 **개념 물리과학 탐구**(*Conceptual Physical Science Explorations*, 존 수코키와 레슬리 휴이트 에이브럼스 공동)의 공동 저자이다.

수잰 리옹(Suzanne Lyons)

캘리포니아 대학, 버클리에서 물리학으로 문학사를 받았다. 스탠포드 대학에서 교육학 석사와 캘리포니아 교사 자격증을 모두 받았다. 캘리포니아 주립 대학교, 새크라멘토에서 통합 지구과학으로 또 다른 문학 석사를 받았다. 16년 동안 **개념 물리학**(*Conceptual Physics*) 및 다른 개념 시리즈의 책의 편집자로 일해 왔고, 물리학, 체험 과학실험 및 과학과 교육에 대한 주제가 다른 7권의 책을 저술하였다. 그녀는 초등학교에서 대학까지의 다양한 연령 및 수준의 학생들에게 과학과 교육학 과목을 가르쳐 왔다. 그녀는 교수의 새로운 방법을 발전시키는 데 항상 관심이 있으며, 그 목적을 달성하기 위해서 CooperativeGames.com이라는 작은 회사를 설립하였다.

존 수코키(John Suchocki)

개념 화학의 저자이며 **개념 물리과학**의 공동 저자이다. 버지니아 코먼웰스 대학에서 유기화학으로 박사 학위를 받고, 약학으로 박사후 과정을 마쳤다. 리워드 커뮤니티 대학에서 종신 교수가 되었을 때, 그의 관심은 과학교육, 원격 교육 프로그램의 개발 및 학생 중심 학습 교육과정으로 바뀌었다. 현재 버몬트에 있는 세인트 미카엘 대학의 겸임교수이며, 그의 회사인 Conceptual Productions(www.cpro.cc)를 통해 과학 교육과정 시청각 자료를 제작한다. 그의 공동저서뿐만 아니라 유명한 개별 비디오 교습서는 ConceptualAcademy.com에서 무료로 이용할 수 있다.

제니퍼 예(Jennifer Yeh)

개구리 골격 진화에 대한 연구로 텍사스 대학, 오스틴에서 통합 생물학의 박사 학위를 받았다. 하버드 대학에서 물리학 및 천문학으로 문학사를 받았다. 대학원 연구 후 캘리포니아 대학 샌프란시스코에서 박사후 연구원이 되었으며, 유방암의 유전적 특징에 대해 연구하였다. 제니퍼는 물리학, 세포 생물학, 인류 발생학, 척추동물 해부학, 생태학 및 진화에 대한 강좌를 가르쳐왔다. 그녀는 수많은 과학 논문뿐만 아니라 *Endangered Species: Must They Disappear?* (Thomson/Gale, © 2002, 2004) 책의 저자이다. 제니퍼는 다양한 온라인 자료를 포함한 대단히 폭넓은 생물 입문 자료를 개발하기 위해 계속 일하여 왔다.

저자 서문

학생들에게

융합 자연과학개론(*Conceptual Integrated Science*)에 온 것을 환영한다. 여기서 여러분이 배우는 과학은 **융합**(**integrated**)이다. 이것은 우리가 물리, 화학, 생명과학 및 지구과학의 개별적 원리뿐 아니라 이들 원리들이 함께 겹쳐지는 영역을 탐구할 것을 의미한다. 여러분이 호기심을 가지거나 알 필요가 있는 대부분의 과학적 의문은 단지 하나의 원리에 관계되는 것이 아니라 대부분은 겹쳐지는 방법으로 여러 과학 분야와 관계된다. 우주는 어떻게 생성되었는가? 그것은 천문학+물리학이다. 우리 몸은 우리가 먹는 음식, 약 및 운동하는 방법을 어떻게 변화시키는가? 그것은 화학+생명과학이다. 온실 효과는 무엇인가? 그것은 되돌릴 수 없는 지구의 온난화를 촉발시켜 우리 지구의 생명체를 위협할 것인가? 해답을 얻기 위해 물리학, 화학, 생명과학 및 지구과학이 모두 필요하다.

이 책의 **개념적**(**conceptual**) 지향은 학생들이 과학을 가장 잘 배우는 방법이라는 것을 우리는 확신하고 있다. 이것은 우리가 계산하기 전에 개념을 강조해야 한다는 것을 의미한다. 많은 과학이 수리적이라도, 개념에 대한 견고한 정성적 파악이 또한 중요하다. 초기에 여러분이 과학을 공부하는 데 수리적 문제 해결을 너무 강조하는 것은 실제적으로 개념으로부터 멀어지게 할 수 있고 여러분이 개념을 완전히 이해하는 것을 방해할 수 있다. 만약 여러분이 과학을 계속한다면, 고급 수리적 방법을 요구하는 수업을 들어야 할지도 모른다. 여러분이 그렇게 하든지 또는 하지 않든지 간에, 개념들을 명확하게 만들기 위해 충분한 수학을 가지고 먼저 개념을 배우는 것이 좋을 것이라고 생각한다.

이 강좌는 또한 교과서 밖에서 많은 자료를 제공한다. 예를 들어 www.masteringphysics.com에 있는 상호 작용 그림, 상호 작용 지도서 및 설명 비디오는 자유 낙하 물체의 속도, 달의 모양, 화학 결합의 형성처럼, 특히 시간에 따라 변하는 과정에 대한 과학 개념을 시각화하는 데 도움을 줄 것이다. **실험책**(*Laboratory manual*)의 활동은 개념에 대한 직관력과 분석적 기술을 형성하게 할 것이다. **Conceptual Integrated Science Practice Book**(ISBN-13: 978-0321822987, ISBN-10: 0321822986)에 있는 퀴즈를 심사숙고하고 간단한 복습 문제를 통해 풀어 보라. 이 모두는 여러분의 자신감과 과학에 대한 전문적 지식을 증가시킬 것이다.

이 모든 것처럼, 여러분이 이 수업에서 얻는 것은 여러분의 노력에 달려 있다. 따라서 열심히 공부하고, 여러분이 필요한 모든 질문을 하라. 모든 것이 놀라운 자연 세계에 대한 여러분의 과학 여행을 즐겁게 할 것이다!

가르치는 사람들에게

융합 자연과학개론(*Conceptual Integrated Science*) 제2판은 여러분의 학생들에게 재미있고 읽기 쉬운 자연과학의 도입 부분을 제공해 준다. 전판처럼, 29개의 장은 물리학, 화학, 생명과학, 지구과학 및 천문학의 5개 주요 부분으로 나누어져 있다. 우리는 화학에 대한 기초를 제공하는 기본과학이며, 차례로 생명과학의 밑바탕이 되고, 지구과학과 천문학으로 확장되는 물리로부터 시작한다.

이 책은 비과학 전공 학생들을 위해, 자연을 통찰력 있게 볼 수 있는 수단을 제공해 준다. 놀랍게도 몇 개의 관계가 1부에 기술된 대부분의 물리 법칙인 규칙을 구성하고 있다는 것을 사람들은 알 수 있다. 물리 법칙은 자연의 비밀 암호이다. 여기서 그들은 문장과 수식의 형태로 기술된다. 우리는 수식을 **사고에 대한 안내자**(*guides to thinking*)로 본다. 심지어 수학을 싫어하는 학생도 개념이 어떻게 연결되는지를 알기 위해 그들의 사고에 대한 안내자로 수식을 읽고 배울 수 있다. 수식의 기호는 음악가를 안내하는 악보와 유사하다.

과학전공 학생들을 위해, 이와 같은 기초는 추가적인 학습에 대한 발판을 제공해 준다. 정량적 지향인 학생들에게 **사고와 해결**(*think and solve*) 문제를 통해 문제 해결 활동을 하도록 장의 끝에 충분한 자료를 제공해 준다.

물리는 정적 평형으로부터 시작하며 학생들은 속도와 가속도를 학습하기 전에 힘부터 시작할 수 있다. 간단한 힘을 가지고 성공한 후에 뉴턴의 운동 법칙에 대해 충분히 준비하기 위해 가볍게 운동학의 범위로 넓힌다. 첫걸음은 열, 열역학, 전기 및 자기, 소리와 빛이 뒤따르는 역학 주제의 전통적인 순서로 시작한다. 물리의 장은 화학과 연결 다리인 원자 영역까지 이른다.

화학의 장은 원자의 초미시적 세계 모습으로 시작하며, 아원자 입자와 주기율표에 관하여 기술하고 있다. 그 뒤 원자핵과 방사능의 관련성, 원자력뿐만 아니라 천문학에 대해 소개한다. 그 다음 화학의 장은 화학 변화, 결합, 분자 인력 및 혼합물의 생성을 포함하는 전통적 접근이 뒤따른다. 이것을 기초로 학생들은 그 다음 화학 반응의 메커니즘과 유기 화합물의 행동을 배우기 시작한다. 전판처럼, 화학은 치약의 플루오린, 프라이팬의 테플론 및 다양한 유기 분자에 의해 생산되는 향과 같이 학생들의 친숙한 세계와 관련이 있다. 우리의 식수가 어떻게 정제되는지부터 대기 중의 이산화 탄소가 빗물과 해양의 pH에 어떤 영향을 주는지까지 화학의 환경적 측면이 또한 강조된다.

생명과학 분야는 '무엇이 생명을 구성하는가?'라는 물음으로 시작한다. 처음 3개의 장 각각은 생명체의 주요한 특징에 초점을 맞춘다. 세포에 대한 논의로 시작하여 유전자로 옮겨가고, 끝으로 진화와 생명의 기원과 씨름한다. 여기서부터는 지구에서 발견된 다른 종류의 생명체에 대한 개요를 진행한다. 이 개요는 우리 자신의 종인 인간에 대한 2개의 장에 이어 뒤따른다. 이들 장에서는 인체와 그것이 어떻게 작용하는지를 학습한다. 끝으로 생물이 그들의 환경과 어떻게 상호작용하는지에 대한 학문인 생태학을 살펴본다.

지구과학의 장은 지질학의 근본적인 뼈대를 형성하는 이론인 판 구조론부터 시작한다. 다음 장은 고체 지구를 구성하는 주요한 물질인 암석과 광물에 대한 것이다. 그 다음 장은 지구 표면에서 유래되고 지구 행성의 윤곽을 결정하는 풍화, 침식 및 퇴적 과정인 지표의 과정에 대해 다루고, 이어서 지구의 지형, 지표의 특징 및 지리에 대한 여행을 한다. 판 구조론은 지구 내부에 관한 것이며, 암석, 지형 및 표면 과정에 대한 장은 지구 표면을 설명한다. 다음 장은 지표보다 더 높은 영역인 대기에 대해 날씨와 함께 다룬다. 날씨에 대한 주제는 개별적으로 학습할 수 있는 대기압, 바람, 강수와 같은 요소로 구분할 수 있지만, 이러한 요소들은 기상 시스템과 같은 복잡한 현장에 적용된다. 지구과학 단원은 2판에서 새롭게 포함된 환경 지질학에 대한 장으로 끝맺는다. 이 장은 지진, 쓰나미, 태풍, 화산 폭발 및 다른 지질학적 재해에 대한 최신 정보를 제공한다. 가장 중요한 것은 자연적 및 인위적인 기후 변화에 대한 광범위한 논의를 포함하여 우리의 기후 변화에 대해 폭 넓게 다루는 특징이 있다.

물리학, 화학, 생명과학 및 지구과학의 응용은 5부인 천문학에서 우주에 있는 다른 거대한 천체에 적용된다. 이 단원은 우리의 태양계와 은하수, 초은하단에서 우리가 밤에 볼 수 있는 별로부터 우주의 기본적인 구조를 소개한다. 초점은 이 구조가 어떻게 진화하였고 어떻게 진화를 하고 있는지에 대한 현대 이론이 주어진다. 많은 최신 발견이 이 판에서 특징인데, 이것은 과학이 지금까지의 증가한 지식보다 더 많이 있다는 것을 설명하고 있다. 즉 이것은 우주에서 우리의 위치에 대해 더 많이 알기 위해 인간이 능동적으로, 체계적으로 도달하려는 경연장이다.

역자 서문

오늘날 과학이 빠르게 발달하고 우리 생활에 많은 영향을 줌에 따라 수많은 과학책들이 출판되고 있다. 그러나 대학 교양 과정에서 일반적인 과학에 대한 수업을 진행할 때 학생들이 쉽게 과학 개념을 이해하는 데 도움을 줄 수 있는 책은 그리 많지 않다. 일반적으로 과학자들은 다양한 과학적 현상을 이해하기 위해 여러 가지 과학적 개념을 융합하고 수학적 표현을 많이 사용하고 있다. 그러나 학생들은 이런 융합 개념과 수식에 익숙하지 않기 때문에 과학 개념을 이해하는 데 어려움을 느끼고 있다. 따라서 수식을 많이 사용하지 않고 과학의 주요 개념을 학생들이 쉽게 이해할 수 있는 개념 중심으로 나타내는 것이 매우 중요하다. 그런 면에서 학생들이 과학을 쉽게 이해할 수 있도록 기존의 과학책과는 달리 가급적 수학적 표현을 쓰지 않고 개념 중심으로 기술한 책이 필요하다.

이 책은 개념과학으로 유명한 미국 샌프란시스코 시립 대학 교수인 Paul G. Hewitt이 주축이 되고, 캘리포니아 주립 대학교 새크라멘토의 Suzanne Lyons 교수, 세인트 미카엘 대학의 John Suchocki 교수 및 캘리포니아 대학 샌프란시스코의 Jennifer Yeh 교수가 저술한 *Conceptual Integrated Science* 2판을 번역한 것이다. 이 책의 가장 중요한 특징은 여러 학문 분야의 개념을 융합하는 융합과학 단원을 기술한 것이다. 이것은 학생들에게 과학에 대한 흥미를 유발시킬 수 있으며 실제 과학 현상을 이해하는 데 많은 도움을 줄 것으로 기대된다.

이 책은 대학 교양 과정에서 자연과학개론이지만 과학 교사, 과학영재 학생들이 개념을 정리하는 데 도움을 주도록 하는 의도로 번역되었기 때문에 원본의 체제 및 내용과 약간 다르게 구성하였다. 원서와 마찬가지로 과학 총론인 1장을 시작으로 하여 물리학, 화학, 생명과학 및 지구과학, 천문학 영역을 포함하는 총 29장으로 구성되어 있으며, 번역서에서는 대학 교육과정을 고려하여 분량을 조절하기 위해 원본의 math connection, science and society, history of science, technology 및 appendix 부분은 싣지 않았다.

이 책에서는 가능한 한 우리말 용어를 사용하여 번역하였으며, 필요한 경우 원어를 괄호 안에 적어 넣어 이해를 돕도록 하였다. 특히 화합물명과 학술 용어는 대한화학회 화학술어(2014년 9월)와 편수자료를 참고하여 가급적 학문간 및 교육과정에서 공통적으로 사용되는 용어로 번역하였다.

출간 후 수정 사항이 있을 경우에는 자유아카데미 홈페이지(www.freeaca.com) 자료실에 제공할 예정이다.

마지막으로 이 책을 출판하는 데 조언과 충고를 해 주신 많은 분들과, 특히 수고하신 자유아카데미 임직원 여러분께 깊은 감사를 드린다.

2016년 1월
역자 일동

차례

1 장 과학에 대하여

현**대 문명**은 과학으로 이루어졌다. 의약부터 우주 여행까지 거의 모든 기술이 과학의 응용이다. 이런 응용의 하나가 화성의 표면을 탐사하기 위한 최신 탐사 로봇인 **큐리오시티**(*Curiosity*)이다. 위의 사진에서 수석 디자이너인 테니(Tenny Lim)가 착륙 단계의 로봇의 크기를 보여 주기 위해 큐리오시티의 모형 앞에 서 있다. 테니의 과학 및 공학 경력은 그녀가 폴(Paul Hewitt)의 개념 물리 수업을 들었을 때 점화되기 시작하였다.

과학은 세상을 보고 이해하는 방법이다. 테니가 캘리포니아에 있는 제트 추진 연구소에서 다른 연구자들과 팀을 이루어 알고자 했던 것처럼, 과학은 또한 인간의 노력이다. 과학은 과거의 수많은 사상가와 실험자의 유산으로 만들어진, 세계 각지로부터의 수세기에 걸친 인간 노력의 극치이다.

학습목표
다양한 문화가 과학에 공헌한 것을 인식할 수 있다.

1.1 과학 발전의 간단한 역사

물음 인쇄기의 출현은 과학의 성장에 어떻게 영향을 미쳤는가?

여러분의 방에 전기불이 나갔을 때, 여러분은 '무슨 일이 일어났는가?'라고 묻는다. 여러분은 전등이 제대로 꽂혀 있는지 또는 전구가 나갔는지를 알아보기 위해 점검하거나, 정전이 되었는지를 알아보기 위해 이웃집을 살펴볼지도 모른다. 여러분이 생각하고 이처럼 행동할 때, 여러분은 **원인과 결과**(*cause-and-effect*) 관계를 찾고 있는데, 이것은 어떤 사건이 무슨 결과를 발생시키는지를 이해하려고 노력하는 것이다. 이러한 사고 형태가 **이성적 사고**(*rational thinking*)이며, 물리적 세계에 적용된다. 이것이 과학의 기본이다.

오늘날 우리는 이성적 사고를 너무 많이 사용하여 우리의 경험을 해석하는 데 다른 방법을 상상하기가 어렵다. 그러나 항상 이 방법만 있는 것은 아니다. 다른 시간과 다른 장소에서 사람들은 그들 주위에 있는 세계를 이해하기 위해 미신과 마법에 매우 많이 의존한다. 그들은 **물리적**(*physical*) 원인과 결과의 측면에서 물리적 세계를 분석할 수 없었다.

고대 그리스인들은 그들 주위의 세계를 조사하고 많은 과학적 발견을 이루기 위해 체계적인 방법으로 논리와 이성적 사고를 사용하였다. 그들은 지구가 둥글다는 것을 알았고, 지구의 둘레를 알아 냈다. 그들은 왜 물체가 뜨는지를 발견하였고, 밤 동안에 별의 겉보기 운동이 지구의 공전 때문이라는 것을 제안하였다. 고대 그리스인들은 식물의 체계적인 연구와 분류인 식물과학을 발견하였으며, 자연 선택의 원리에 대한 초기 견해를 제안하였다. 이런 과학적 돌파구는 기술로 적용되었을 때 고대 그리스에서 삶의 질을 크게 향상시켰다. 예를 들어 공학자들은 담수를 도시로 공급하고 하수를 위생적인 방법으로 처리하는 정교한 공공 상하수도를 건설하기 위해 아르키메데스(Archimedes)와 다른 사람들에 의해 주장된 원리를 적용하였다.

로마인들은 고대 그리스를 정복했을 때, 연구의 과학적 방식을 포함하여 많은 그리스 문화를 받아들였고 그것을 로마 제국 전역으로 확산시켰다. 로마 제국이 서기 5세기에 멸망하였을 때 과학의 진보는 유럽에서 멈추었다. 유목 민족이 유럽을 정복하였을 때 그들의 경로에서 많은 것을 파괴하였고 암흑 시대가 도래하였다. 종교가 지배하는 동안 과학은 세계의 다른 지역에서 진보를 계속하였다.

중국인과 폴리네시아인들은 별과 행성을 기록하고 있었다. 아랍 국가들은 수학을 발전시켰고 유리, 종이, 금속 및 어떤 화학 물질을 제조하는 법을 알았다. 마침내 10세기에서 12세기 동안에 이슬람 사람들이 스페인에 들어왔을 때 그들은 과학적 탐구의 태도를 유럽으로 다시 가져왔다. 그때 대학들이 생겨났다. 15세기에 구텐베르크(Johannes Gutenberg)에 의해 인쇄술이 발명되었을 때, 과학은 앞으로 큰 도약을 하였다. 사람들은 매우 멀리 떨어져 있는 다른 사람들과 쉽게 의사소통을 할 수 있었다. 인쇄술은 오늘날 컴퓨터와 인터넷처럼 과학적 사고를 훨씬 더 진보시켰다.

그림 1.1
고대 그리스에서 '높은 도시'인 아크로폴리스의 모습. 아크로폴리스에 만들어진 건물들은 지역 주민들의 업적에 대한 기념물로 건축되었다.

16세기에 이르기까지 대부분의 사람들은 지구가 우주의 중심이라고 생각하였다. 그들은 태양이 정지하고 있는 지구를 돌고 있다고 생각하였다. 이 생각은 폴란드의 천문학자인 코페르니쿠스(Nicolaus Copernicus)가 태양은 정지해 있고 지구가 그것의 주위를 돌고 있다고 주장하는 책을 조용히 출판하였을 때 도전을 받고 있었다. 이 생각은 강력한 교회 기관과 충돌하였고 200년 동안 금지되었다.

현대 과학은 이탈리아의 물리학자인 갈릴레오(Galileo Galilei)가 코페르니쿠스의 견해를 받아들였을 때인 17세기에 시작되었다. 갈릴레오는 자연의 행동을 연구하기 위해 추측 대신 실험을 사용하였다(다음 장에서 갈릴레오에 대해 더 많이 이야기할 것이다). 갈릴레오는 코페르니쿠스의 이론을 많은 사람들에게 알린 것과, 과학적 사고에 대한 다른 기여 때문에 체포되었다. 그러나 한 세기 후에 그의 생각과 코페르니쿠스의 이론들은 대부분의 학자들에 의해 받아들여졌다.

과학적 발견은 특히 사람들이 믿고 싶어 하는 것과 충돌하면 가끔 반대에 부딪힌다. 1800년대 초에 지질학자들은 그들의 발견이 종교적인 창조론의 설명과 달랐기 때문에 비난을 받았다. 같은 세기 후에 지질학자는 받아들였지만, 진화론은 비난받았다. 모든 시대에 박해받고, 비방되고, 비난받고 또는 억압받는 지식의 반란자가 있었지만 그 후에 해가 없고 심지어 문화의 발전에 필수적이며 인류의 환경을 향상시킨 것으로 여겨졌다. '미래를 이끄는 길에 있는 모든 교차로에서 각각의 진보적인 생각은 과거를 지키도록 지명된 수많은 사람들에 의해 반대에 부딪힌다.'*

1.2 수학과 개념 융합과학

학습목표
수학이 좋은 과학을 표현하는 데 어떻게 열쇠가 되는지를 이야기할 수 있다.

물음 '수식은 생각에 대한 안내자이다'라는 말은 무슨 의미인가?

순수 수학은 과학과 다르다. 수학은 수 사이의 관계를 연구한다. 수학이 과학의 도구로 사용될 때, 결과는 놀라울 수 있다. 측정과 계산은 우리가 오늘날 사용하는 강력한 과학의 필수적인 부분이다. 예를 들어 우리가 우주선의 위치를 측정할 수 없고 그들의 궤적을 계산할 수 없다면, 화성으로 탐사대를 보내는 것은 가능하지 않을 것이다.

여러분은 이 과정에서 약간의 계산을 할 것인데, 특히 실험에서 측정을 할 때이다. 이 책에서는 수학에 대해 많이 다루지 않는다. 우리의 초점은 일상적인 언어로 개념을 이해하는 데 있다. 우리는 '공식에 대입하는' 계산 작업에 대한 방안으로보다는 오히려 생각에 대한 안내자로 수식을 이용한다. 우리는 특히 수학 기반 문제 풀이같이 너무 일찍 계산에 집중하는 것은 개념 학습에 대한 불충분한 대용품이라는 것을 믿는다. 이것이 이 책에서 개념을 쌓는 것을 강조하는 이유이다. 오직 개념이 이해되었을 때 계산에 의한 문제 풀이가 의미를 갖는다.

1.3 과학적 방법–고전적 도구

학습목표
고적적인 과학적 방법에 대한 단계를 나열하고, 과학을 진보시킨 다른 과정을 인용할 수 있다.

물음 고전적인 과학적 방법 외에 다른 어떤 과정이 과학을 진보시켰는가?

과학(science)의 실행은 일반적으로 예리한 관찰, 이성적인 분석 및 실험 활동을 포함한다. 17세기에 갈릴레오와 영국의 철학자인 베이컨(Francis Bacon)이 처음으로 과학 수행에 대한 특별한 방법을 체계화하였다. 그들이 개요를 서술한 것은 고전적인 **과학적 방법**(scientific method)으로 알려져 왔다. 그것은 필수적으로 다음의 단계를 포함한다.

1. **관찰하기(Observe)** 여러분 주위에 있는 물질 세계를 가까이에서 관찰하라.
2. **질문하기(Question)** 질문이나 문제를 인식하라.
3. **가설 세우기(Hypothesize)** 질문에 답하기 위해 지식에 근거한 추측인 **가설**(*hypothesis*)을 만들라.
4. **예상하기(Predict)** 가설이 옳다면 관찰될 수 있는 결과를 예상하라. 가설이 옳지 않다면 결과는 **없**을 것이다.

* 모리스 메테를링크 백작의 '우리의 사회적 의무'로부터

5. **예상 확인하기(Test predictions)** 여러분이 예상한 결과가 존재한다면 확인하기 위해 실험을 하라.
6. **결론 도출하기(Draw a conclusion)** 가설, 예상된 효과 및 실험적 발견을 조직하는 가장 간단한 일반적인 규칙을 체계화하라.

과학적 방법이 강력하더라도, 좋은 과학은 가끔 덜 체계적인 방법으로 다르게 수행된다. 이 장의 끝에 있는 융합과학 특집인 '바다 나비의 조사'에서 여러분은 고전적인 과학적 방법의 최신 응용을 알 것이다. 그러나 많은 과학적 진보는 시행착오, 추측 없이 실험하기 또는 단지 소박하게 우연한 발견과 관련된다. 과학의 성공은 특별한 방법보다 더 중요하게도 과학자에게 공통적으로 태도와 밀접한 관계가 있다. 이 태도는 사실 이전에 탐구, 실험 및 겸손 중의 하나이다.

학습목표
잠정적인 과학적 지식을 검증하는 가치를 기술할 수 있다.

1.4 과학적 가설

물음 과학자들은 왜 단지 검증 가능한 가설을 가지고 작업을 하는가?

과학적 **가설(hypothesis)**은 물리적 세계에 관하여 질문에 잠정적으로 답하기 위해 또는 문제를 해결하기 위해 지식을 갖고 하는 추측이다. 전형적으로 실험은 가설을 검증하기 위해 수행된다.

과학에서 가장 중요한 규칙은 모든 가설은 검증되어야만 한다는 것이다. 다른 말로, 가설은 적어도 원리에 있어서 옳지 않음을 보여 줄 가능성을 가지고 있어야만 한다. 과학에서 옳다는 것을 증명하는 방법이 있다는 것보다 옳지 않은 생각을 증명하는 방법이 있는 것이 더 중요하다. 이것은 과학을 비과학과 구별하는 중요한 특징이다. 과학적 가설은 옳지 않다는 것이 검증 가능해야만 한다는 생각은 과학 철학의 기둥이며, 이것은 공식적으로 **반증의 원리(principle of falsifiability)**로 명시된다.

가설이 과학적으로 간주되기 위해서는 검증 가능해야만 한다. 즉 가설이 원칙적으로 옳지 않다는 것을 검증할 수 있어야 한다.

처음에는 이 원리가 이상하게 보일지도 모른다. 왜냐하면, 우리가 대부분의 것에 의문을 가질 때, 우리 자신은 그들이 참인지에 대해 이해하는 방법에 관심을 가진다. 과학적 가설은 다르다. 실제로 가설이 과학적인지, 아닌지를 결정하기를 원한다면, 그것이 옳지 않다고 증명하기 위해 검증이 가능한지를 살펴보라. 오류의 가능성에 대해 검증할 수 없다면, 그 가설은 과학적이지 않다. 아인슈타인(Albert Einstein)은 다음과 같이 이것에 맞는 말을 하였다. '수많은 실험도 내가 옳다고 증명할 수 없다. 즉 한 번의 실험도 내가 옳지 않는다는 것을 증명할 수 있다.'

예를 들어 아인슈타인은 빛이 중력에 의해 휘어진다고 가설을 세웠다. 만약 태양을 스치는 별빛과 일식 동안 볼 수 있는 별빛이 정상적 경로에서 굴절되지 않았다면 이 생각은 옳지 않다고 증명되었을지 모른다. 그러나 아인슈타인의 가설에서 예측하였던 것처럼 별빛이 태양에 가까이 지나갈 때 휘어지는 것으로 발견된다. 만약 가설 또는 과학적 주장이 확인된다면, 그것은 유용하고 추가적인 지식에 징검다리로 여겨진다.

또 다른 가설을 생각해 보자. '하늘에 있는 행성의 정렬은 결심을 할 가장 좋은 시기를 결정한다.' 많은 사람들은 이것을 믿지만, 이 가설은 과학적이지 않다. 이것은 옳지 않은지, 옳은지를 증명할 수 없다. 이것은 추측이다. 비슷하게, 가설 '지구 외에 우주 어느 곳에 고등 생명체가 존재한다.'는 과학적이지 않다.* 우주 모든 곳에 존재하는 한 가지 생명체의 사례로 옳다는 것을 증명할 수 있더라도, 만약 생명체가 발견된 적이 없다면 이것이 옳지 않은지를 증명할 방법이 없다. 만약 우리가 억겁의 시간으로 도달할 만큼 먼 우주를 찾아 생명체가 없었다면, 우리는 '바로 옆에' 존재하지 않다는 것을 증명할 수 없을 것이다. 옳다고 증명할 가능성이 있고 옳지 않다고 증명할 가능성이 있는 가설은 과학적 가설이 아니다. 그런 많은 진술은 합리적이고 유용하지만, 그들은 과학 영역의 밖에 놓여 있다.

1.5 과학적 실험

학습목표
실험이 어떻게 잘못된 생각을 받아들이는 것을 방지하는지를 논의할 수 있다.

물음 과학에서 실험은 왜 철학적 토론을 이기는가?

옳지 않은 것으로 판명된 잘 알려진 과학적 가설은 매우 존경받는 그리스의 철학자인 아리스토텔레스(Aristotle, 384~322 BC)의 것이었는데, 그는 무거운 물체는 가벼운 물체보다 자연 낙하할 때 더 빨리 떨어진다고 주장하였다. 이 가설은 거의 2000년 동안 진실로 받아들여졌다. 다시 말해 아리스토텔레스의 결론을 알고 있었던 거의 모든 사람들은 사상가로 그를 매우 존경하고 있었기 때문에, 그들은 아리스토텔레스가 옳지 않을 것이라고 정말로 생각하지 않았다. 또한 아리스토텔레스의 시대에 물체가 얼마나 빨리 떨어지든지 공기 저항은 영향을 주는 것으로 인식되지 않았다. 우리는 공기 중에서 펄럭이는 나뭇잎보다 돌멩이가 더 빨리 떨어진다는 것을 모두 알 것이다. 더 조사하지 않는다면, 우리는 쉽게 잘못된 생각을 받아들일 수 있다.

갈릴레오는 매우 조심스럽게 아리스토텔레스의 가설을 조사하였다. 그때 그는 이해한 무엇을 하였고 과학을 영원히 변화시켰다. 그는 **실험을 하였다.** 갈릴레오는 무거운 물체와 가벼운 물체를 피사의 사탑에서 떨어뜨리는 간단한 실험으로 아리스토텔레스의 주장에 대한 오류를 보여 주었다. 범례는 물체가 동일한 속력으로 떨어진다는 것을 우리에게 말해 준다. 과학적 정신에서 재생될 수 있는 한 실험은 명성이나 지지자의 수에 상관없이 어떤 권위보다 더 대단하다.

과학자들은 심지어 다른 것이 되기를 더 좋아하더라도 그들의 실험적 발견을 받아들여야만 한다. 그들은 실험에서 아는 결과와 알기를 원하는 결과를 구별하기 위해 노력해야만 한다. 이것은 쉽지 않다. 대부분의 사람들처럼 과학자들은 그들 스스로 어리석을 가능성이 있다. 사람들은 타당성에 대한 의문을 완전히 가지지 않고 일반적 규칙, 믿음, 신념, 생각 및 가설을 항상 채택하는 경향이 있어 왔다. 그리고 가끔 우리는 이 생각이 의미가 없고 오류가 있거나 적어도 의심스러운 것으로 나타난 후에도 오래도록 간직한다. 가장 광범위한 가정은 적어도 가끔 의심을 받는다. 너무 자주 생각이 채택될 때, 매우 의도적으로 그것을 지지하는 사례를 만든다. 반대로 증거는 가끔 왜곡되고 과소평가되거나 무시된다.

과학적 진술이 믿어지기 전에 철저히 검증된다는 사실은 과학을 정직하게 유지하는 데 도움이 된다. 조만간 오류(또는 속임)는 발견된다. 부정 행위에 노출된 과학자들은 과학자 사회에서 다시 한 번 더 기회를 얻지 못한다. 따라서 과학의 발전에 매우 중요한 정직은 과학자들에게 사리사욕의 문제가 된다. 확실한 승산이 있다고 하는 경기에는 상대적으로 약간의 허세가 있다.

* 그러나 우주에서 고등 생명체에 대한 탐사는 계속되고 있다. 이 탐사는 다음의 **질문**에 바탕을 두고 있다. 고등 생명체가 지구 외에 어느 곳에 있을 수 있지 않을까? 이 질문은 물리적 세계의 과학적 관찰에 대한 출발점이지만, 엄격히 말하면 이것은 과학적 가설이 아니다. 가설은 질문보다 더 예리한 과학적 도구이다. 즉 허구로부터 과학적 사실을 분리해 내기 위한 더 좋고 더 정교하게 연마된 도구이다.

학습목표
사실, 이론, 법칙을 구별할 수 있다.

1.6 사실, 이론 및 법칙

물음 이론은 사실의 집단과 어떻게 관련이 있는가?

과학적 가설이 반복해서 검증되고 부정되지 않는다면, 그것은 **법칙(law)** 또는 **원리**(*principle*)로 알려질 수 있다. 반면에 과학적 **사실(fact)**은 일반적으로 권위 있는 관찰자가 관찰할 수 있고 진실이라고 동의할 수 있는 어떤 것이다. 예를 들어 도롱뇽의 절단된 다리는 다시 재생될 수 있다는 것은 사실이다. 누구라도 그것이 일어나는 것을 지켜볼 수 있다. 하지만 인간의 절단된 다리가 다시 재생될 수 있다는 것은 사실이 아니다.

과학자들은 일상적인 언어에서 사용하는 것과 다른 방식으로 **이론**이라는 용어를 사용한다. 일상적인 언어에서 이론은 가설과 똑같다. 즉 검증되지 않은 진술이다. 그러나 과학적으로 말하면, **이론(theory)**은 사실의 합성이고, 잘 검증된 가설이다. 물리학자들은 빛의 행동을 설명하기 위해 양자 이론을 사용한다. 화학자들은 분자를 생성하기 위해 원자가 어떻게 결합하는지에 대한 이론을 가지고 있다. 발생 이론은 생명과학의 핵심이다. 지구과학자들은 대륙이 왜 이동하는지를 설명하기 위해 판구조 이론을 사용하며, 천문학자들은 은하가 서로 멀어지는 관찰을 설명하기 위해 빅뱅 이론을 이야기한다.

이론은 과학의 기초이지만, 확고한 것이 아니다. 오히려 그들은 진화한다. 그들은 정제의 단계를 거쳐간다. 예를 들어 200년 전에 원자 이론이 제안된 이후 새로운 증거의 빛에서 여러 번 정제되어 왔다. 과학에 대해 잘 모르는 사람들은 과학적 이론이 항상 변하기 때문에 진지하게 받아들일 필요가 없다고 주장할지도 모른다. 그러나 과학을 이해하는 사람들은 그것을 다르게 본다. 이론은 새로운 정보를 포함하여 진화할 때 더 강해지고 더 세련되어진다.

학습목표
자연과 초자연을 구별할 수 있다.

1.7 과학의 한계

물음 자연과 초자연의 근본적인 차이점은 무엇인가?

과학은 검증할 수 있는 가설만을 다룬다. 그러므로 자연 세계에서 관찰할 수 있는 것으로 제한된다. 과학적 방법이 다양한 초자연적인 주장이 틀렸음을 밝히는 데 사용되기는 하지만, 그들은 초자연과 관련된 증거를 설명할 방법은 없다.

초자연(*supernatural*)이라는 단어는 문자 그대로 '자연을 초월한'을 의미한다. 과학은 자연을 초월하지 않고 자연 안에서 연구한다. 비슷하게, 과학은 '삶의 목적은 무엇인가?'와 같은 철학적 질문이나 '인간 영혼의 본질은 무엇인가?'와 같은 종교적 질문에 대해 해답을 줄 수 없다. 이 질문들이 타당하고 우리에게 매우 중요할지라도, 그들은 주관적인 개인의 경험에 의존하며, 검증할 수 있는 가설을 이끌지 못한다. 그들은 과학의 영역 밖에 놓여 있다.

학습목표
과학, 예술 및 종교에서 어떤 유사성과 차이점을 논의할 수 있다.

1.8 과학, 예술 및 종교

물음 과학과 종교는 언제 양립할 수 있으며, 언제 양립할 수 없는가?

우리 주위의 세계를 더 깊게 이해하기 위한 탐색은 과학, 예술 및 종교를 포함한 다른 형태로 나아가게 하였다. 과학은 우리가 물리적 세계를 발견하고 기록하며 그런 현상에 대한 가능한 설명을 생각하는 체계이다. 예술은 개인적인 해석과 창의적인 표현에 관심이 있다. 종교는 그 모든 것의 근원, 목적 및 의미를 다루고 있다. 간단히 말해서, 과학은 **어떻게**(*how*)를 묻고, 예술은 **누구**(*who*)를 물으며, 종교는 **왜**(*why*)를 묻는다.

과학과 예술은 어떤 공통점을 가지고 있다. 문학 예술에서는 인간의 경험에서 무엇이 가능한지를 발견한다. 아직 경험해 보지 않았다고 하더라도, 우리는 분노로부터 사랑까지의 감정에 대해 배울 수 있다. 예술은 이 경험을 기술하고 우리에게 가능할지 모르는 무엇을 제안한다. 비슷하게, 과학 지식은 우리에게 자연에서 무엇이 가능한지를 말한다. 과학적 지식은 심지어 우리가 경험하기도 전에 자연에서 가능성을 예측하는 데 도움을 준다. 그것은 우리에게 어떤 것을 연결하고 그들 사이의 관계를 알게 하며, 우리 주위의 다양한 자연적 사건을 이해하는 방법을 알려 준다. 예술이 우리 자신에 대한 이해를 넓히는 데 반해, 과학은 우리의 환경에 대한 이해를 넓힌다.

과학과 종교 또한 유사성을 가지고 있다. 둘 다 자연 세계에 대한 호기심에 의해 동기가 부여된다. 둘 다 사회에 대한 큰 영향력을 가지고 있다. 예를 들어 과학은 유용한 기술적 혁신을 이끄는 데 반해, 종교는 많은 사회적 봉사에 대한 발판을 제공한다. 그러나 과학과 종교는 기본적으로 다르다. 과학은 물리적 우주를 이해하는 데 관심이 있는 반면, 많은 종교들은 믿음과 신념 같은 정신적인 문제에 관심이 있다. 과학적 진리는 공개 조사의 문제이다. 종교는 개인적인 깊이 문제이다. 이런 관점에서 과학과 종교는 사과와 오렌지만큼 다르며 아직 서로를 부정하지 않는다.

궁극적으로 과학, 예술 및 종교에 대하여 더 많이 배우게 되면, 그들이 상호 간에 배타적이지 않다는 것을 알게 된다. 오히려 그들은 그 자신의 진동수로 각각 공명하는 기타 줄처럼 서로 병행한다. 함께 연주될 때 그들은 완전히 풍부한 화음을 생성할 수 있다. 과학, 예술 및 종교는 서로 아주 잘 작용할 수 있으며, 이것이 우리가 다른 것을 누르고 하나를 선택하도록 강요받는 것으로 결코 느끼지 않는 이유이다.

과학과 종교가 함께 잘 작용할 수 있는 것은 특별히 강조할 만하다. 이 책의 뒤에서 빛의 본성을 공부할 때, 빛을 파동과 입자 둘 다로 다룰 것이다. 처음에는 파동과 입자가 모순되는 것으로 보일 수 있다. 여러분은 빛이 하나 또는 다른 것이 될 수도 있고, 그들 사이에서 선택해야만 하는 것으로 믿을지도 모른다. 그러나 과학들이 발견해 온 것은 빛 파동과 빛 입자는 서로 **보완적**이며, 이들 두 생각이 함께 받아들여졌을 때 빛에 대해 더 깊이 이해할 수 있다는 것이다.

같은 방법으로 과학과 종교는 둘 다 더 깊은 본성에 대한 지식이 없거나 잘못된 정보를 가지고 있는 사람과, 종교를 믿는 것과 과학을 믿는 것 사이에 선택해야만 하는 사람이 대부분이다. 만약 사람들이 하나 또는 둘 다에 얕은 이해를 하지 않는다면, 자연 세계에 대한 종교적 믿음 체계와 과학적 이해에 있어서 모순이 없다.* 물론 여러분의 종교적 믿음이 무엇이고 어떤 종교를 믿는지는 여러분이 결정할 개인적인 문제이다. 과학과 종교의 꼬인 상태는 인류 역사의 과정에서 많은 불행한 논쟁을 불러 일으켰다.

1.9 기술 – 과학의 실용적 이용

학습목표
기술을 과학의 미래와, 과학을 기술의 미래와 관련시킬 수 있다.

물음 기술이 양날의 칼이라는 것은 무엇을 의미하는가?

과학과 기술은 또한 서로 다르다. 과학은 지식을 모으고 조직화하는 데 관심을 가지고 있다. **기술**(**technology**)은 인간에게 실용적인 목적으로 그 지식을 사용할 수 있게 하며, 과학자들이 연구를 수행하는 데 필요한 도구를 제공한다.

* 물론, 이것은 그들의 종교 유형와 과학을 둘 다 포용할 수 없다고 확고부동하게 주장하는 어떤 종교적 극단주의자와, 세계에서 가장 큰 것을 포함하여 명백하게 반과학인 어떤 종교의 관점에는 적용되지 않는다.

기술은 양날의 칼이다. 그것은 도움이 될 수도, 해가 될 수도 있다. 예를 들어 우리는 땅에서 화석 연료를 추출하는 기술과, 그 다음 유용한 에너지를 생산하기 위해 화석 연료를 태우는 기술을 가지고 있다. 화석 연료로부터의 에너지 생산은 무수한 방면에서 사회에 도움이 되어 왔다. 반대로 화석 연료의 연소로 인해 환경이 훼손된다. 오염, 자원 고갈 및 심지어 인구 과잉과 같은 문제로 기술 그 자체를 비난하는 것은 솔깃한 일이다. 그러나 이 문제들은 칼로 사람을 찌는 것이 칼의 잘못이 아닌 것처럼, 기술의 잘못이 아니다. 문제는 기술을 사용하는 인간들이며, 기술을 어떻게 사용하는지에 대한 책임은 인간에게 있다.

현저하게, 우리는 많은 환경적 문제를 해결할 기술을 이미 보유하고 있다. 지금 21세기는 화석 연료로부터 재생 가능한 에너지 근원으로 옮겨가는 것처럼 보인다. 우리는 새롭고 더 좋은 방법으로 쓰레기를 재생하고 있다. 세계의 어떤 지역에서 오늘날 인류에게 직면한 거의 모든 문제를 악화시키는 심각한 위협인 인구 성장을 제한하는 방향으로 진행되고 있다. 오늘날의 문제를 해결하는 어려움은 기술을 하락하게 하기보다 더 사회적 탄력을 받게 하는 결과를 가져온다. 기술은 우리의 도구이다. 우리가 이 도구를 가지고 무엇을 하는가는 우리가 결정할 일이다. 기술의 약속은 더 깨끗하고 더 건강한 세계이다. 기술의 현명한 응용이 지구 행성의 조건을 향상시킬 수 있다.

학습목표
물리학, 화학, 생명과학, 지구과학, 천문학의 분야를 비교할 수 있다.

1.10 자연과학: 물리학, 화학, 생명과학, 지구과학, 천문학

물음 물리학은 왜 기본 과학으로 여겨지는가?

과학은 **자연철학**(*natural philosophy*)이라고 불리는 데 사용되는 것의 현대적 등가물이다. 자연철학은 자연에 대해 해답이 나오지 않는 질문을 연구하는 학문이다. 해답이 발견되었을 때, 그들은 지금 과학이라고 불리는 부분이 된다. 오늘날 과학 연구는 생물과 무생물의 연구, 즉 생명과학과 물리과학으로 갈라진다. **생명과학**(*life sciences*)은 분자 생물학, 미생물학, 생태학 같은 영역으로 갈라진다. **물리과학**(*physical sciences*)은 물리학, 화학, 지구과학, 천문학과 같은 영역으로 갈라진다. 이 책에서는 생명과학과 물리과학 및 그들이 겹쳐지는 영역, 즉 **융합과학**(*integrate*)으로 이름을 부른다. 이것은 여러분에게 미래에 있을 보다 전공 학문의 기초가 되며, 온실 효과에서 쓰나미, 유전공학까지 일상생활과 뉴스에서 과학을 이해하는 뼈대가 된다.

과학의 주요한 각 분야에 대해 간단히 설명하면 다음과 같다. 물리학은 운동, 힘, 에너지, 물질, 열, 소리, 빛, 원자의 구성 성분과 같은 개념을 연구하는 학문이다. 화학은 물리를 기반으로, 물질이 어떻게 결합되어 있는지, 원자가 분자를 만들기 위해 어떻게 결합하는지, 분자들이 우리 주위의 물질을 만들기 위해 어떻게 결합하는지를 말해 주고 있다. 물리학과 화학은 지구와 그것의 과정에 적용됨으로써 지질학, 기상학 및 해양학과 같은 지구과학을 구성한다. 우리가 물리학, 화학, 지질학을 다른 행성과 별에 적용할 때, 우리는 천문학에 대하여 말하고 있는 것이다. 생명과학은 살아 있는 물질과 관련되기 때문에 물리과학보다 더 복잡하다. 생명과학의 밑바탕은 화학이고, 화학의 밑바탕은 물리학이다. 따라서 물리학은 물리과학과 생명과학 모두의 기본이다. 이것이 우리가 물리학으로 이 책을 시작하는 이유이고, 그다음 화학과 생명과학이 뒤따르며, 마지막으로 지구과학을 조사하고 천문학으로 끝낸다. 모든 것은 흥미와 이해의 쌍둥이 목표를 가지고 개념적으로 다룬다.

1.11 융합과학

학습목표
융합과학에 대한 학습을 자연에 대한 인식 증진과 관련시킬 수 있다.

물음 어떤 것을 이해하는 사람과 이해하지 못하는 사람 중 누가 어떤 것을 가장 잘 얻을 수 있는가?

규칙을 알기 전에는 야구 게임, 컴퓨터 게임 또는 파티 게임을 즐길 수 없듯이, 그것은 자연에서도 마찬가지이다. 과학은 우리가 자연의 규칙을 배우는 데 도움을 주기 때문에, 우리가 자연을 인식하는 데에도 도움을 준다. 여러분은 나무에서 아름다움을 볼 수 있지만, 여러분이 나무와 다른 식물들이 태양 에너지를 어떻게 모아두고 그것을 지구의 거의 모든 생명체를 생존하게 하는 화학 에너지로 어떻게 변화시키는지를 이해할 때 그 나무에서 더 아름다움을 볼 수 있을 것이다. 비슷하게, 별을 볼 때, 별이 한낱 기체와 먼지의 구름으로부터 어떻게 탄생했는지를 안다면 별의 아름다움에 대한 느낌은 증대된다. 물론 물리 법칙으로부터 약간의 도움을 받는다. 그리고 주위에 있는 무수한 물체를 볼 때, 얼마나 풍부해지는지는, 그들이 모두 탁월하게 알 수 있는 법칙의 집합에 의해 조절되는 놀랍고 아주 오래되고 눈에 보이지 않은 입자 체계인 원자로 구성되어 있다는 것을 아는 것이다.

물리 세계를 더 깊이 인식하고 또는 그것을 바꿀 힘을 가지기 위해 물리 세계를 이해하는 데는 과학의 다른 분야에 대한 개념이 필요하다. 예를 들어 나무가 태양 에너지를 화학 에너지로 전환시키는 과정인 광합성은 빛에너지(물리학), 분자 결합(화학), 대기 중 기체(지구과학), 태양(천문학), 생명의 본성(생명과학)의 개념들이 관련된다. 따라서 광합성과 그것의 중요성을 완전히 이해하기 위해서는 생명과학 이상의 개념들이 필요하다. 그리고 이것은 우리가 관심이 있는 현실에 존재하는 현상의 대부분에서 그렇다. 바꿔 말하면, 물리 세계는 과학을 융합한다. 따라서 세계를 이해하려면 융합적인 방법으로 과학을 바라볼 필요가 있다.

만약 과학의 복잡성 때문에 겁이 난다면, 이것을 명심하라. 즉 과학의 모든 분야는 상대적으로 작은 수의 기본 개념에 의존한다. 가장 중요한 통합 개념의 몇 가지는 이 책의 뒤쪽에서 확인할 수 있다. 이 기본적인 개념들을 배우게 되면, 여러분들은 이해하고자 하는 모든 현상에 도구 장치를 갖게 될 것이다.

즉시 시작하라. 우리는 빠르고 황홀한 과학적 발견의 시대에 살고 있다!

융합과학 1A

화학, 생명과학

학습목표
과학적 방법을 생물학적 조사에 적용할 수 있다.

바다 나비의 조사

물음 재현 가능성은 연구의 타당성과 어떻게 관련되는가?

과학적 방법이 일을 하는 데 어떻게 사용되는지를 보여 주는 최근 과학적 연구 과제의 한 예를 생각해 보자. 우리는 도중에 생명과학과 화학이 물리 세계에서 어떻게 융합되는지에 대한 맛을 볼 것이다.

미국 버밍햄에 있는 앨라배마 대학의 생명과학 교수인 맥클린톡(James McClintock)과 남플로리다 대학의 화학과 교수인 베이커(Bill Baker)가 책임지는 남극 연구 팀은 남극 해양 생명체가 포식자에 대항하여 자기 자신을 방어하기 위해 분비하는 독성 화학 물질을 연구하고 있었다(그림 1.2). 맥클린톡과 베이커는 두 동물종인 바다 나비와 단각류 사이의 특이한 관계를 관찰하였다. 즉 질문, 과학적 가설, 예상, 관계와 관련된 화학 물질의 검증 및 끝으로 결론

그림 1.2
남극 해양 생명체의 화학 생태 연구 과제는 맥클린톡(왼쪽에서 5번째)과 동료 및 조교가 팀을 이루어 1988년에 시작되었다. 1992년에 베이커(오른쪽에서 두 번째)가 합류하였다. 삽입 그림은 베이커가 남극 얼음물로 잠수하기 위해 잠수복을 입고 있는 것을 보여 주고 있다. 많은 다른 과학 과제처럼, 이것은 다양한 배경을 가진 과학자들이 노력하는 학제간 공동 연구이다.

을 이끄는 관계이다. 연구는 일반적으로 고전적 과학 방법의 단계에 따라 진행되었다.

1. **관찰하기** 바다 나비 **남극 클리오네**(*Clione Antarctica*)는 색깔이 화려하고, 헤엄칠 때 사용하는 날개 모양의 돌기를 가지고 있는 껍질이 없는 달팽이이고(그림 1.3a), 단각류 **하이퍼리엘라 딜라타타**(*Hyperriella dilatata*)는 작은 새우를 닮았다. 맥클린톡과 베이커는 그들의 등에 바다 나비를 운반하는 큰 비율의 단각류를 관찰하였으며, 단각류의 발에 꽉 붙어 있는 바다 나비도 있었다(그림 1.3b). 바다 나비를 잃은 어떤 단각류는 재빨리 다른 것을 찾을 것이다. 즉 단각류는 바다 나비를 활발히 납치하고 있었다!
2. **질문하기** 맥클린톡과 베이커는 바다 나비를 운반하는 단각류가 상당히 느려서 단각류를 포식자에게 더 취약하게 만들며 먹이를 포획하는 데 능숙하지 않다고 언급하였다. 그러면 단각류는 왜 바다 나비를 납치하였는가?
3. **가설세우기** 다양한 해양 생명체의 화학 방어 체계에 대한 그들의 경험을 바탕으로, 연구 팀은 단각류가 그들의 포식자를 물리치는 화학 물질을 만들어 내기 위해 바다 나비를 운반하고 있다는 가설을 세웠다.
4. **예상하기** 그들은 가설을 바탕으로 다음을 예상하였다. (a) 그들은 화학 물질을 분리할 수 있을 것이다. (b) 단각류 포식자는 화학 물질에 의해 쫓겨날 것이다.
5. **예상 검증하기** 그들의 가설과 예상을 검증하기 위해 연구자들은 몇몇의 포식자 물고기종을

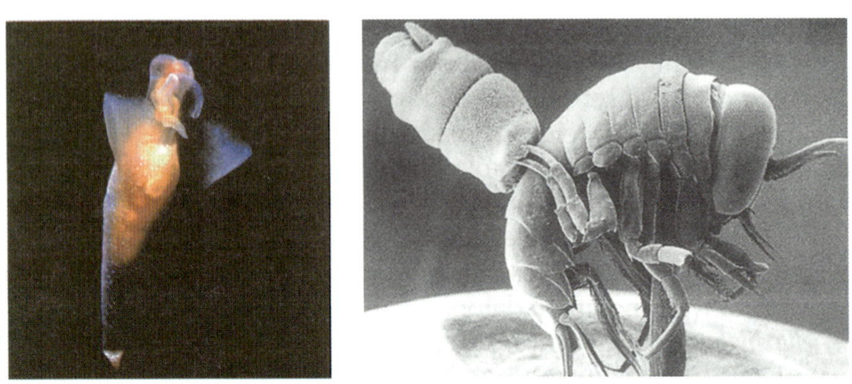

(a) (b)

그림 1.3
(a) 우아한 바다 나비는 껍질이 없는 달팽이종이다. (b) 새우 같은 단각류는 이동에 제한이 있더라도 바다 나비를 등에 붙인다.

포획하여 그림 1.4에 보여진 실험을 수행하였다. 물고기를 홀로 있는 바다 나비에게 두었더니, 그들은 바다 나비를 입으로 먹었지만 즉시 밖으로 내뱉었다. 물고기는 결합되지 않은 단각류를 순조롭게 먹었지만, 바다 나비와 결합된 모든 단각류를 내뱉었다. 이것들은 바다 나비가 어떤 종류의 화학 억제제를 분비하고 있다면 예상되는 결과이다. 그러나 포식자 물고기가 단순히 입에서 바다 나비의 감촉을 좋아하지 않는다면 같은 결과가 얻어질 것이다. 그러므로 이 가장 간단한 검증의 결과들은 여러 가지로 해석할 수 있었다. 결론은 아직 도출될 수 없었다.

모든 과학적 검증은 가능한 결론의 수를 최소화하는 것이 필요하다. 가끔 이것은 **통제**(**control**)와 더불어 실험적 검증을 진행함으로써 수행된다. 이상적으로, 실험적 검증과 통제는 단 하나의 변수에 의해서만 달라야 한다. 그때 결과의 어떤 차이는 실험적 검증이 어떻게 통제를 다르게 하는지에 기인한다고 할 수 있다.

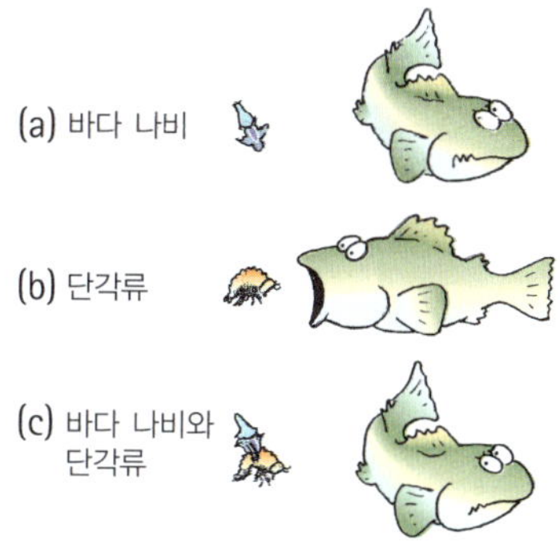

그림 1.4
맥클린톡과 베이커의 초기 실험에서, 포식자 물고기는 (a) 바다 나비를 거부하였다. (b) 홀로 수영하는 단각류를 먹었다. (c) 바다 나비와 결합된 단각류를 거부했다.

억제제가 물리적이지 않고 화학적이라는 것을 확인하기 위해 연구자들은 물고기 사료와 바다 나비 추출물(실험 펠릿) 모두를 포함하고 있는 먹이 펠릿 세트를 만들었다. 통제 실험을 위해 그들은 단지 물고기 사료(통제 펠릿)만을 포함하는 물리적으로 동일한 세트를 만들었다. 그림 1.5에서 볼 수 있듯이, 포식자 물고기는 손쉽게 통제 펠릿을 먹지만, 실험 펠릿은 먹지 않는다. 이 결과들은 화학적 가설을 강하게 지지했다.

바다 나비 추출물에 대한 추가적인 연구로 5개의 주요한 화합물이 밝혀졌으며, 그중의 한 가지만이 포식자 물고기가 펠릿을 먹는 것을 억제하는 것으로 밝혀졌다. 이 화합물은 화학적 분석을 통해 그림 1.6에서 보여진 것처럼, 이전에 알려지지 않은 분자로 밝혀졌는데, 그들은 프로페논(pteroenone)으로 이름이 지어졌다.

그림 1.5
포식자 물고기는 (a) 통제 펠릿은 먹지만, (b) 바다 나비 추출물이 포함된 실험 펠릿은 거부하였다.

6. **결론 도출하기** 과학자들은 통제 실험을 수행하는 것과 함께 검증을 반복함으로써 실험적 결과를 확신한다. 이 경우에 남극 연구자들은 실험적인 것과 통제적인 것 둘 다에 대한 많은 먹이 펠릿을 만들었고, 따라서 각 검증은 여러 차례 반복될 수 있었다. 반복적인 검증에서 단지 일정한 결과를 얻은 후에 과학자는 결론을 도출할 수 있다. 따라서 맥클린톡과 베이커는 단각류가 포식자 물고기에 대항하여 방어로 바다 나비의 프로페논 분비물을 사용하기 위해 바다 나비를 납치한다고 결론을 내릴 수 있었다.

프로페논

그림 1.6
프로페논은 포식자에 대항하는 화학 억제제로 바다 나비에서 만들어지는 분자이다. 그의 이름은 '날개가 있는'(바다 나비에 대해)을 의미하는 **프로**(*ptero-*)와, 화학 구조에 대한 정보를 기술하는 **에논**(*-enone*)에서 유래된다. 검은색 공은 탄소 원자, 흰색 공은 수소 원자, 빨간색 공은 산소 원자를 나타낸다.

아직 이 결론은 과학 공동체에서 여전히 회의적으로 될 수 있을 것이다. 이유는 무엇인가? 모든 실험에는 눈이 보이지 않은 오류의 가능성이 상당히 있다. 예를 들어 실험실은 일정하게 잘못된 결과를 발생시키는 결함이 있는 장비를 가지고 있을지 모른다. 어떤 특정한 실험실에서 눈에 보이지 않는 오류에 대한 가능성 때문에, 실험 결과가 타당한 것으로 생각되기 위해 **재현 가능**해야만 한다. 이것은 다른 과학자들이 별도의 실험에서 같은 실험적 결과를 재현할 수 있어야 한다는 것을 의미한다. 그러므로 반짝이는 생각에서 과학적 결과로 받아들여지기까지는 긴 여정이라는 것을 알 수 있다! 그렇더라도 이 과정에 꾸준하고 공을 들이는 본질은 유익함에 있다. 즉 이것이 과학적 지식은 매우 신뢰할 수 있는 이유이다.

과학에서 자주 일어나는 일이듯이, 맥클린톡과 베이커의 결과는 새로운 질문을 발생시켰다. 프로페논의 특성은 무엇인가? 예를 들어 '해충 퇴치제로 이용할 수 있는가? 인간의 질병을 치료하는 데 이용될 수 있는가?'와 같이 이 물질은 응용성을 가지고 있는가? 사실, 우리가 이용하는 대부분의 화학 물질들은 원래 자연적 근원에서 발견되었다. 이것은 해양 서식지, 적도 열대림 및 지구의 다른 자연 환경을 보존해야 하는 중요한 이유를 설명한다. 즉 자연은 셀 수 없을 정도로 아직까지 발견되지 않은 물질의 보물 창고이다.

연습문제

1.1 과학 발전의 간단한 역사

1. 무엇이 17세기에 현대 과학의 시대를 출범시켰는가?

1.2 수학과 개념 융합과학

2. 수학에 너무 일찍 집중하는 것은 과학 입문 과정에서 잘못이라는 것을 우리는 왜 믿는가?

1.3 과학적 방법-고전적 도구

3. 특별히 과학적 가설은 검증 가능해야만 한다는 것은 무엇을 의미하는가?

1.4 과학적 가설

4. 과학적이지 않은 모든 가설은 반드시 비합리적인가? 설명하시오.

1.5 과학적 실험

5. 갈릴레오는 무거운 물체가 가벼운 물체보다 더 빨리 떨어진다는 아리스토텔레스의 생각이 틀렸음을 어떻게 입증하였는가?

1.6 사실, 이론 및 법칙

6. 과학적 사실, 가설, 법칙, 이론을 구별하시오.
7. 과학에서의 **이론**이라는 용어의 정의는 일상생활에서와 어떻게 다른가?

1.7 과학의 한계

8. 여러분의 친구가 과학적 이론은 항상 변하기 때문에 믿을 수 없다고 말한다. 여러분은 어떻게 이 논쟁을 반박할 수 있는가?

1.8 과학, 예술 및 종교

9. **초자연**이라는 용어는 무엇을 의미하며, 과학은 왜 초자연을 다루지 않는가?
10. '인간 정신의 본성은 무엇인가?'와 같은 종교적 질문은 왜 과학의 영역 밖에 놓여 있는가?

1.9 기술-과학의 실용적 이용

11. 과학과 기술을 명확하게 구분하시오.

1.10 자연과학: 물리학, 화학, 생명과학, 지구과학, 천문학

12. 물리학이 화학의 밑바탕이라는 것은 무슨 의미인가?
13. 생명과학이 물리과학보다 더 복잡하다는 것은 무슨 의미인가?

1.11 융합과학

14. 우리는 왜 융합과학을 공부해야 하는가?

PART ONE

1 물리학

나는 사물의 이치를 이해하게 될 때가 가장 즐겁다. 예를 들어 우리 지구가 둥근 까닭은 중력 때문이고, 달과 태양도 마찬가지 이유로 둥글다는 것을 알게 될 때 즐겁다. 이들 내부의 모든 질량 덩어리들은 서로 잡아당긴다. 다른 질량 덩어리에 의한 인력을 모두 합하면 중심 쪽으로 잡아당겨져 그 결과 공 모양이 된다. 만일 지구에 뿔처럼 튀어나온 부분이 있다면, 중력에 의해 그 부분도 중심 쪽으로 당겨질 것이다. 중력에 의해 밀물과 썰물도 생기고, 야구공의 궤적도 구부러진다. 인공위성이 지구를 도는 까닭도 중력에 의해 계속해서 지구 쪽으로 떨어지기 때문이다. 물리학에 따르면, 전기와 자기가 결합해 빛이 된다고 한다. 물리학은 모든 사물의 이치를 다루므로 화학, 생명과학, 지구과학, 그리고 천문학을 융합하는 바탕이 된다. 무엇보다도, 물리학에서 시작해, 과학을 개념적으로 배우는 것이 재미있다.

2장 운동 기술하기

모든 것은 움직인다. 원자와 분자, 솟구치는 돌고래, 모든 생물과 그 생물들을 이루는 것들, 산과 구름, 별, 행성, 은하, 심지어는 우주 자체도 움직인다. 그러므로 운동을 이해하는 것은 과학의 모든 분야에서 중요하다. 물체들은 스스로 움직이기 시작하고 멈추는가? 아니면 그들을 움직이게 하거나 멈추게 하려면 힘을 가해야 하는가? 물체들은 힘을 통해 어떻게 상호 작용을 하는가? 마찰은 어떻게 작동하는가? 이러한 질문에 답함으로써 불어오는 바람, 도로 위의 자동차, 기어가는 벌레의 궤적과 같은 여러 형태의 운동을 이해할 수 있다.

2.1 아리스토텔레스의 운동론

학습목표
운동의 종류를 나누는 데 있어 아리스토텔레스가 끼친 영향을 파악할 수 있다.

물음 아리스토텔레스는 운동의 종류를 어떻게 구분하였는가?

약 2천 년 전, 그리스 과학자들은 오늘날 우리가 이해하고 있는 물리학의 일부를 이해하고 있었다. 그들은 물에 뜬 물체나 몇 가지 빛의 성질에 관한 물리학은 잘 이해하고 있었으나, 물체의 운동에 관해서는 잘못 이해하고 있었다. 운동에 대해 진지하게 연구한 첫 번째 사람은, 고대 그리스에서 가장 뛰어난 철학자 겸 과학자인 아리스토텔레스(Aristotle)였다. 아리스토텔레스는 운동을 **자연스런 운동**(*natural motion*)과 **강제 운동**(*violent motion*)으로 나누었다. 여기서는 연구 주제가 아니라 운동에 관한 현대적인 생각의 배경으로서 두 종류의 운동을 간략하게 살펴볼 것이다.

아리스토텔레스의 관점에서, 자연스런 운동은 물체의 '본성'에서 기인한 것이다. 그는 모든 물체가 흙, 물, 공기, 불의 네 원소의 어떤 조합으로 이루어졌으며, 이 조합에 따라 자연스런 운동을 하게 된다고 주장하였다. 그는 우주에 있는 모든 물체의 적절한 위치는 그들의 '본성'에 의해 결정되며, 적절한 위치에 놓여 있지 않은 물체들은 적절한 위치를 찾아가기 위해 '힘쓴다'고 가르쳤다. 예를 들어 진흙덩이는 흙으로 이루어져 있으므로 땅으로 떨어지고, 연기는 공기로 되어 있으므로 위로 올라가고, 깃털은 흙과 공기로 이루어져 있어 땅으로 떨어지되 진흙덩이보다 천천히 떨어진다고 설명하였다. 그는 재질과 모양이 같은 물체의 경우, 물체가 클수록 본성이 커서 적절한 위치로 가려는 성향이 더 크므로 더 빨리 떨어질 것이라고 하였다.

아리스토텔레스는 지상에서 물체의 자연스런 운동은 연직 상방이나 연직 하방의 직선 운동이지만, 천상에서 자연스런 운동은 원운동이라고 하였다. 해와 달은 모두 지구를 중심으로 시작과 끝이 없는 원운동을 한다. 아리스토텔레스는, 천상에서는 다른 운동 규칙이 적용되며, 천체들은 **제5원소**(*quintessence*)*라고 하는 완벽하고도 불변인 물질로 이루어져 있고 완벽한 구 모양이라고 가르쳤다.

그림 2.1
대포를 벗어난 포탄이 계속해서 움직이려면 힘이 계속해서 가해져야만 하는가?

물체를 밀거나 잡아당기면 물체가 운동을 하게 된다. 아리스토텔레스는 이것을 강제 운동으로 분류하였다. 강제 운동은 강요된 운동이다. 수레를 밀거나 바위를 들거나 돌을 던지거나 줄다리기를 할 경우 가해진 힘에 따라 운동을 하게 된다. 바람은 배를 움직이게 하고, 홍수는 바위나 나무 등걸을 움직이게 한다. 강제 운동이란 스스로는 움직이지 않는 물체에 외부에서 밀거나 당기는 **힘**(**force**)이 가해져 움직이게 되는 것을 말한다.

2.2 갈릴레오의 관성의 개념

학습목표
운동을 이해하는 데 있어 갈릴레오가 끼친 영향을 파악할 수 있다.

물음 물체가 계속해서 움직이려면, 물체에 계속해서 힘이 가해져야 하는가?

아리스토텔레스의 생각은 거의 2000년 동안 사실로 받아들여졌다. 그런데 1600년대 초에 이탈리아의 과학자 갈릴레오(Galileo)가 무거운 물체가 가벼운 물체보다 더 빨리 떨어질 것이라는 아리스토텔레스의 주장이 옳지 않음을 밝혔다. 갈릴레오는 피사의 사탑에서 무거운 물체와 가벼운 물체를 동시에 떨어뜨리는 실험을 하였다고 전해진다(그림 2.2). 그는 이 실험을 통해, 공기 저항의 효과를 제외하면, 무게에 관계없이 물체들이 동시에 땅에 떨어진다는 것을 보였다.

그림 2.2
갈릴레오의 유명한 실험

갈릴레오는 또 다른 발견도 하였다. 즉 그는 물체가 운동을 지속하려면 계속해서 힘을 가해주어야 한다는 아리스토텔레스의 생각이 틀렸음을 보였다. 정지해 있는 물체를 운동하게 하

*quintessence는 흙, 물, 공기, 불과 다른 제5원소이다.

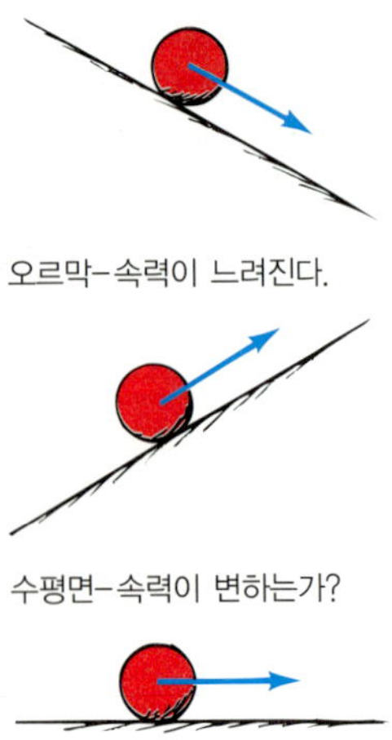

그림 2.3
여러 가지 경사면에서의 공의 운동

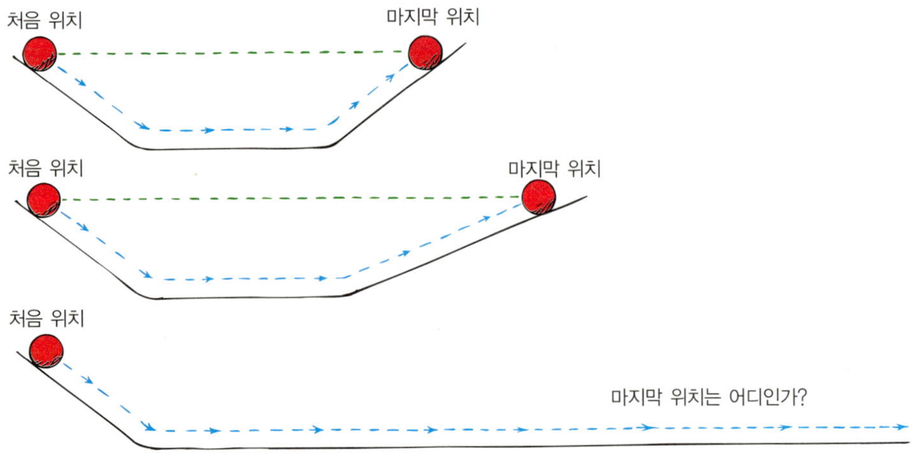

그림 2.4
왼쪽 경사면을 굴러 내려온 공은 오른쪽 경사면에서 처음 높이까지 굴러 올라간다. 이 공은 오른쪽 경사면의 경사각이 줄어들수록 더 먼 거리를 굴러가게 된다.

려면 힘을 가해야 하지만, 이미 움직이고 있는 물체는 힘을 가하지 않아도 **계속** 움직인다는 것을 보였다. 물론 마찰을 이길 힘은 필요하다. (2.8절에서 마찰에 대해 더 배울 것이다.) 마찰이 없으면, 움직이는 물체는 저절로 계속해서 움직인다. 계속해서 움직이게 하기 위해 힘을 가해줄 필요가 없다.

갈릴레오가 활동할 당시에 대부분의 과학자들은 자신의 생각을 철학적으로 기술하였다. 그러나 갈릴레오는 그의 혁명적인 생각을 '**실험**'으로 검증하였다. 이것은 당시로서는 놀라운 방식이었으며, 현대 과학의 시작이 되었다. 그는 경사면에서 공을 굴려, 속도가 빨라지는 것을 관찰하고 데이터를 기록하였다(그림 2.3). 내리막에서는 중력에 의해 공의 속력이 빨라진다. 오르막에서는 중력에 의해 공의 속력이 느려진다. 그렇다면 수평면에서 공의 속력은 어떻게 될까? 수평면에서 공이 굴러갈 때, 중력은 수평면에 수직(법선) 방향으로 작용하므로 물체의 수평 방향 운동에 영향을 미치지 못하고, 그 결과 공은 빨라지지도 느려지지도 않는다. 즉 수평면에서 구르는 공의 속력은 일정하게 유지된다. 갈릴레오는, 마찰이 전혀 없다면, 수평면을 구르는 공은 영원히 그 속력으로 움직일 것이라고 추론하였다(그림 2.4). 그러한 공은 자신의 **관성**에 의해 저절로 움직일 것이다.

갈릴레오는 움직이는 물체는 힘을 가하지 않아도 계속 움직이려는 경향을 갖고 있다는 점에 주목하였다. 운동 상태를 유지하려는 이러한 성질을 **관성**(**inertia**)이라고 한다.

학습목표
질량과 무게를 기술하고 구별할 수 있다.

2.3 질량—관성의 크기

물음 달과 지구에서 여러분의 몸무게는 다른데, 질량이 같은 이유는 무엇인가?

어떤 물체의 운동 상태가 변할 때, 즉 속력이 빨라지거나 느려지거나 진행 방향이 바뀔 때, 이 물체는 **가속도**(*accelaration*) 운동을 하고 있다고 한다. 가속도의 크기는 물체에 가해진 힘과 물체의 **관성**의 크기에 의존한다. 관성은 운동 상태의 변화에 저항하는 성질이다. 어떤 물체가 가진 관성의 크기는 이 물체 안의 물질의 양에 의존한다. 물질의 양이 많을수록 관성도 크다. 어떤 물체가 갖고 있는 물질의 양을 **질량**(*mass*)이라고 한다. 물체의 질량이 클수록 물체의 관성도 크다. 물체의 질량은 물체의 관성의 크기이다(그림 2.5).

질량은 우리가 직관적으로 느끼는 개념인 무게에 대응된다. 우리는 경험을 통해 더 많은 물질을 가진 물체가 더 무겁다는 것을 알고 있다. 그러나 질량과 무게는 다르다. 질량과 무게는 다음과 같이 정의된다.

질량(mass): 어떤 물체 안에 있는 물질의 양. 질량은 관성의 크기이기도 하다. 관성은 그 물체를 움직이게 하거나, 멈추거나, 또는 어떤 식으로든 운동 상태를 변화시키려는 노력에 저항하는 성질이다.

무게(weight): 어떤 물체에 가해지는 중력

그림 2.5
태양계를 벗어난 우주 공간에서, 모루의 무게는 없을 수 있지만 질량은 여전히 있다.

질량과 무게는 서로 비례한다.* 즉 질량이 두 배가 되면 무게도 두 배가 되고, 질량이 반이 되면 무게도 반이 된다. 이 때문에 질량과 무게는 자주 혼동된다. 또한 관습적으로 지구에 의한 물체의 중력(무게)으로 물체가 가진 물질의 양(질량)을 측정하기 때문에 질량과 무게는 자주 혼동된다. 그러나 질량은 중력에 의존하지 않는다. 예를 들어 달에서 받는 중력은 지구에서 받는 중력보다 훨씬 작다. 달 표면에서의 여러분의 무게는 지구 상에서보다 작지만, 질량은 두 곳에서 같다. 대부분의 사람들은 전혀 인식을 못하지만, 질량은 근본적인 물리량이다.

그림 2.6
우주 공간에 있는 우주인은 '무게가 없는' 모루를 흔드는 것이 지구에 있을 때와 마찬가지로 힘들다는 것을 알게 된다. 만일 모루의 질량이 우주인보다 더 크다면, 모루와 우주인 중 누가 더 많이 흔들릴까?

우리는 어떤 물체의 관성을 느낌으로써 그 물체의 질량이 어느 정도인지를 느낄 수 있다. 어떤 물체를 앞뒤로 흔들어보면, 그것의 관성을 느낄 수 있다. 물체의 질량이 크면 방향을 바꾸기가 어렵고, 질량이 작으면 방향을 바꾸기가 더 쉽다. 지구와 달과 같이, 중력의 크기가 다른 곳에서 같은 물체를 앞뒤로 흔들어 보자. 중력의 크기는 다르지만 흔드는 데 드는 힘은 똑같다. 한 물체의 관성, 또는 질량은 장소에 관계없는 그 물체 자체의 성질이다(그림 2.6).

질량의 단위는 **킬로그램(kg)**이다. 질량이 큰 물체는 부피가 클 수도 있고 작을 수도 있다. 부피는 공간의 크기를 말하며, 단위는 세제곱센티미터(cm^3), 세제곱미터(m^3), 리터(L) 등이 사용된다. 어떤 물체가 몇 킬로그램인지와 이 물체가 얼마나 큰 공간을 차지하고 있는지는 전혀 다른 것이다. 질량은 부피와 다른 것이다.

질량과 무게를 구별하기 위해 그림 2.7에서처럼 줄에 무거운 공을 매달아 보자. 공의 아래 줄을 천천히 잡아당기면 공의 위 줄이 끊어지고, 아래 줄을 갑자기 잡아당기면 공의 아래 줄이 끊어진다. 그림 2.7에 있는 공의 위 줄과 아래 줄 중에서, 공의 무게 때문에 끊어지는 줄은 어느 것인가? 또 질량 때문에 끊어지는 줄은 어느 것인가? 주목할 점은 공의 무게가 공의 위 줄에만 걸린다는 것이다. 그래서 아래 줄을 천천히 잡아당기면, 이로 인한 장력이 위 줄로 전달된다. 위 줄에 걸린 장력은 아래쪽으로 잡아당기는 힘과 공의 무게가 합해진 결과이다. 위 줄에 걸린 장력이 임계값을 넘으면 줄이 끊어진다. 그러나 아래 줄을 갑자기 잡아당기면 공의 질량, 즉 정지해 있으려는 경향 때문에 아래 줄이 끊어지게 된다.

그림 2.7
무거운 공의 아래 줄을 천천히 잡아당기면 공의 위 줄이 끊어지고, 아래 줄을 갑자기 잡아당기면 아래 줄이 끊어질 것이다. 그 까닭은 무엇인가?

1킬로그램의 무게는 10뉴턴이다

질량의 표준 단위는 '킬로그램'이고, 줄여서 kg으로 쓴다. 힘의 표준 단위는 **뉴턴(newton)**이고, 줄여서 N으로 쓴다. N은 사람(뉴턴) 이름의 첫 자를 딴 것이므로 대문자로 쓴다. 어떤 물질 1 kg이 담긴 봉지는 표준 단위로 10 N이다. 지표면에서 멀리 떨어진 곳(예를 들면 달 위에서)에서는 봉지의 무게가 줄어든다. (정확한 값이 필요한 실험실에서는 10 N 또는 10 m/s^2 대신 더 정확한 값인 9.8 N 또는 9.8 m/s^2을 사용한다.) 만일 킬로그램 단위로 질량이 알려진 물체의 무게를 뉴턴 단위로 구하려면 10을 곱하면 된다. 또는 뉴턴 단위로 무게가 알려진 물

*비례한다는 것은 직접적으로 관련이 있다는 것을 의미한다. 하나가 변하면 다른 하나도 비례해서 변한다. 이 경우 비례 상수는 중력 가속도 g이다. 무게 = mg (즉 질량×중력 가속도)이며, 따라서 질량이 1 kg인 물체의 무게는 10 N = (1 kg)(10 m/s^2)이다. 나중에 5장에서, 어떤 물체의 무게란 (저울과 같은) 지지대를 누르는 이 물체의 중력으로 정의한다.

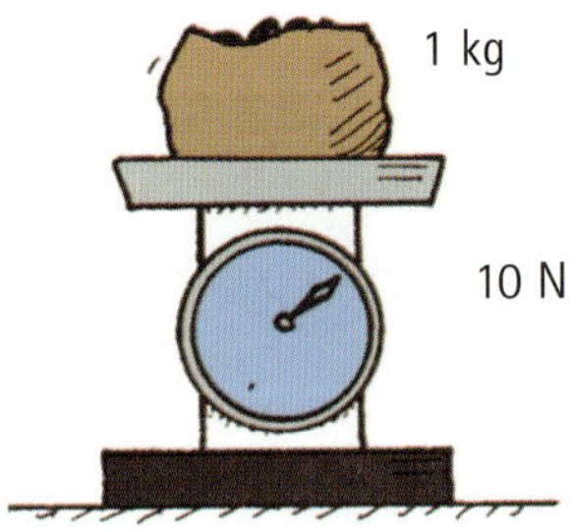

그림 2.8
질량이 1킬로그램(kg)인 물체의 무게는 10 N이며, 이는 2.2 lb이다.

체의 질량을 킬로그램 단위로 구하려면 10으로 나누면 된다. 무게와 질량은 서로 비례한다.

킬로그램(kg)과 파운드(lb)의 관계는 다음과 같다. 지표면에서 1 kg인 물체의 무게는 2.2 lb이다. (이는 1 lb가 4.45 N임을 의미한다.)

밀도는 질량을 부피로 나눈 것이다

고체, 액체, 기체를 막론하고 물질의 중요한 성질 중의 하나는 밀집되어 있는 정도, 즉 **밀도**(**density**)이다. 밀도는 얼마나 많은 질량이 주어진 공간에 밀집되어 있는지를 말해 준다. 밀도는 단위 부피당 물질의 양이다.

$$\text{밀도} = \frac{\text{질량}}{\text{부피}}$$

질량과 무게처럼, 밀도는 물질의 '가벼움' 또는 '무거움'과 관련이 있다. 그러나 구별되는 점은 밀도는 그 물체의 부피, 즉 그 물체가 점유한 공간의 크기를 포함한다는 것이다. 예를 들어 1 kg의 납은, 침낭을 꽉 채울 1 kg의 깃털과 질량이 같고, 무게가 2.2 lb로 같다. 그러나 그들의 밀도는 크게 차이가 난다. 지표면에서 납 1 kg의 밀도는 매우 높아서 테니스공에 넣을 수 있는 반면에, 깃털 1 kg의 밀도는 매우 낮아서 커다란 침낭을 꽉 채울 수 있다. 부피는 흔히 세제곱센티미터(cm^3) 또는 세제곱미터(m^3)로 측정된다. 따라서 밀도의 단위로 흔히 g/cm^3 또는 kg/m^3가 사용된다. 물의 밀도는 1 g/cm^3이고, 수은의 밀도는 13.6 g/cm^3이다. 이는 부피가 같으면, 수은의 질량이 물의 질량보다 13.6배 더 크다는 것을 의미한다. 같은 물질로 이루어진 물체의 경우, 질량이 클수록 부피가 커지지만 밀도는 변하지 않는다.

학습목표
힘과 알짜힘을 구별하고, 예를 들 수 있다.

2.4 알짜힘

물음 두 사람이 한 물체를 밀고 있다. 알짜힘이 0이 되려면 어떻게 밀어야 할까?

아주 단순하게 말하면, 힘이란 밀거나 잡아당기는 것이다. 어떤 물체에 힘이 가해지지 않는 한, 이 물체의 빠르기와 운동 방향은 변하지 않는다. 우리가 어떤 물체에 가해진 '힘'이라고 말할 때에는 흔히 이 물체에 가해진 전체 힘, 즉 **알짜힘**(**net force**)을 의미한다. 물체에는 흔히 한 개 이상의 힘들이 작용한다. 예를 들어 공을 던질 때, 중력과 근육이 미는 힘들이 공에 가해진다. 공이 공중을 날 때에는 중력과 공기 저항이 가해진다. 그 공에 가해지는 힘들의 합이 알짜힘인데, 이 알짜힘이 공의 운동 상태를 바꾼다.

예를 들어 수지와 예지가 각각 5 N의 힘으로 상자를 같은 방향으로 잡아당긴다면, 이 상자에 가해진 알짜힘은 10 N이 된다. 만일 예지가 수지와 반대 방향으로 5 N의 힘으로 이 상자를 잡아당긴다면, 이 상자에 가해진 알짜힘은 0 N이 된다. 이제 수지가 10 N의 힘으로 상자를 잡아당기고, 예지는 5N의 힘으로 반대 방향으로 잡아당기면, 알짜힘은 수지가 잡아당기는 방향으로 5 N이 된다. 이들 예를 그림 2.9에서 볼 수 있다.

그림 2.9에서는 힘을 화살표로 나타내었다. 힘은 벡터양이다. **벡터양**(**vector quantity**)이란 크기와 방향을 둘 다 갖고 있는 물리량이다. 화살표로 벡터양을 표시할 때, 화살의 길이는 크기를 나타내고, 화살의 방향은 그 벡터양의 방향을 나타낸다. 이러한 화살표를 '**벡터**'라고 부른다.

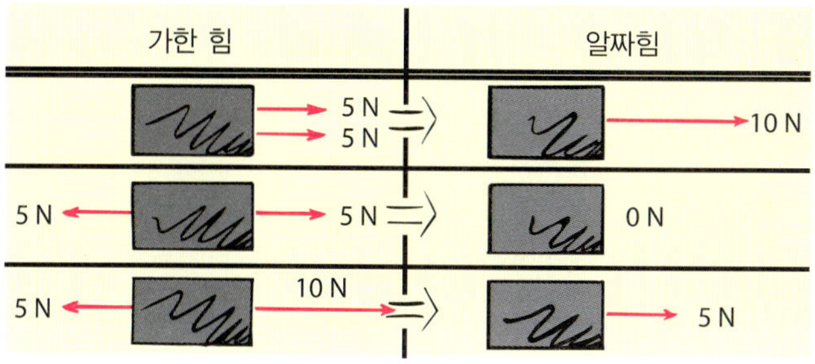

그림 2.9
알짜힘

2.5 평형 규칙

학습목표
힘의 평형 규칙 $\Sigma F = 0$을 설명하고, 예를 들 수 있다.

물음 어떤 경우에 한 물체에 가해지는 힘들의 합이 0이 되는가?

줄을 이용하여 2 lb의 밀가루가 담긴 봉지를 용수철저울에 매달면, 이 저울 속의 용수철이 늘어나 저울의 바늘이 2 lb를 가리키게 된다. 늘어난 용수철은 소위 **장력**(*tension*)을 받게 된다. 과학 실험실에 비치되어 있는 용수철(그림 2.10)은 흔히 9 N의 힘을 가리키도록 눈금이 표시되어 있다. 파운드와 뉴턴은 둘 다 무게의 단위이며, 또한 힘의 단위이다. 밀가루가 담긴 봉지는 2 lb(= 9 N)의 중력으로 지구 중심을 향해 잡아당겨진다. 밀가루의 양을 두 배로 늘리면, 저울 눈금은 18 N을 가리킬 것이다.

밀가루가 담긴 봉지에는 위로 작용하는 장력과 아래로 작용하는 중력이 작용되고 있다. 이 두 힘은 크기가 같고 방향이 반대이므로 서로 상쇄되어 0이 된다. 따라서 봉지는 정지 상태를 유지한다.

어떤 물체에 가해진 알짜힘이 0일 때, 이 물체는 역학적 평형에 있다고 말한다.* 역학적 평형에 있는 것은 모두 재미있는 하나의 규칙을 만족한다. 수학적으로 표현하면, **평형 규칙**(**equilibrium rule**)은 다음과 같다.

$$\Sigma F = 0$$

여기에서 그리스 대문자 시그마 Σ는 '벡터합'을 나타내며, F는 '힘'을 나타낸다. 밀가루 봉지와 같이, 가만히 매달려 있는 물체가 있다고 하자. 평형 규칙에 따르면, 이 물체에 가해지는 위 방향의 힘은 아래 방향의 다른 힘과 균형을 이루어 벡터 합이 0이 되어야 한다. (벡터양은 방향을 고려하므로, 위 방향의 힘을 양이라 하면 아래 방향의 힘은 음이고, 이들을 합하면 0이 된다. 그림 2.11 참조)

그림 2.10
저자에게 장력에 대해 가르쳤던 벌 그레이가 2 lb의 밀가루 봉지를 용수철저울에 매달았다. 저울의 바늘이 가리키는 눈금을 보면, 무게와 용수철의 장력이 약 9 N임을 알 수 있다.

그림 2.11
위를 향한 벡터들의 합과 아래를 향한 벡터들의 합은 같다. 즉 $\Sigma F = 0$이고, 비계는 평형 상태에 있다.

*부록 B에서 평형에 대한 또 다른 조건은 알짜 토크가 0이라는 것을 알게 될 것이다.

학습목표
항력을 정의하고, 무게와의 관계를 설명할 수 있다.

2.6 항력

물음 항력은 무게와 어떤 관계가 있는가?

탁자 위에 가만히 놓여 있는 책을 생각해 보자. 이 책은 평형 상태에 있다. 어떤 힘들이 이 책에 가해지고 있는가? 이 책에 가해지고 있는 힘들 중에 하나는 중력, 즉 이 책의 무게이다. 이 책이 평형 상태에 있다는 것은, 이 책에 가해지고 있는 알짜힘이 0이라는 것을 의미한다. 따라서 중력과 반대 방향, 즉 위쪽으로 중력과 크기가 같은 힘이 작용해야 한다. 탁자는 이 위쪽으로 힘을 가하는데, 이를 **항력**(**support force**)이라고 한다. 흔히 **수직 항력**(*normal force*)이라고도 불리는 이 위쪽의 항력의 크기는 책의 무게와 같아야 한다.* 만일 위 방향의 힘을 양으로 정하면 아래 방향의 힘(무게)은 음이 되고, 이들 둘의 합은 0이 된다. 이 책에 가해지는 알짜힘은 0이다. 다르게 표현하면, $\Sigma F = 0$이다.

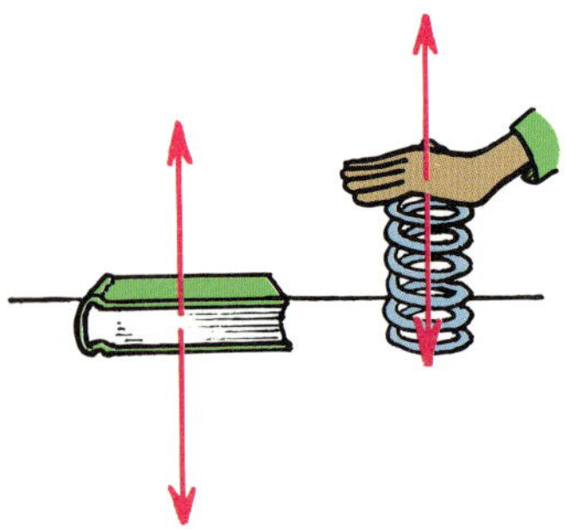

그림 2.12
탁자는 책에 가해지는 중력과 같은 크기의 힘으로 책을 위로 민다. 용수철은 여러분이 용수철에 가하는 아래 방향의 힘과 같은 크기의 힘으로 여러분의 손을 위로 민다.

탁자가 책을 민다는 것을 더 잘 이해하기 위해, 용수철을 누르는 경우와 비교해 보자(그림 2.12). 용수철을 누르면, 용수철이 여러분의 손을 누르는 것을 느낄 수 있다. 마찬가지로, 책상 위에 놓여 있는 책은, 미시적인 용수철처럼 행동하는, 책상 속의 원자들을 누른다. 아래 방향으로 가해진 책의 무게에 의해 원자들이 찌그러지면, 원자들은 원래대로 복원되기 위해 책을 위 방향으로 밀게 된다. 이러한 방식으로, 압축된 원자들로부터 항력이 발생하게 된다.

여러분이 체중계에 올라서면, 체중계에는 두 개의 힘이 작용한다. 하나는 아래 방향의 중력(여러분의 몸무게)이고, 다른 하나는 체중계가 놓여 있는 바닥에 의한 위쪽 방향의 항력이다. 이들 힘에 의해 용수철이 압축되고, 압축된 정도가 여러분의 몸무게를 나타내도록 눈금이 표시되어 있다(그림 2.13). 실제로 체중계는 항력의 크기를 보여 준다. 여러분이 정지해 있는 체중계 위에 올라가 몸무게를 잴 때, 항력과 몸무게의 크기는 같다.

그림 2.13
위쪽으로 작용하는 수직 항력과 아래쪽으로 작용하는 중력(몸무게)은 크기가 같다.

학습목표
물체가 정지해 있을 때의 평형과 움직이고 있을 때의 평형을 구별할 수 있다.

2.7 움직이는 물체의 평형

물음 상자에 가해진 알짜힘이 0임에도 불구하고, 상자는 어떻게 움직일 수 있을까?

평형은 변화가 없는 상태를 의미한다. 정지해 있는 것은 평형의 한 형태이다. 직선을 따라 일정한 속력으로 움직이는 물체도 평형 상태에 있다. 직선을 따라 일정한 속력으로 굴러가는 볼링공도 핀에 부딪치기 전까지는 평형 상태에 있다. 정지해 있거나 직선을 따라 일정하게 구르거나, $\Sigma F = 0$이다.

한 개의 힘만 받고 있는 물체는 알짜힘이 0이 될 수 없기 때문에 평형 상태에 있을 수 없다. 두 개 이상의 힘이 작용할 때에만 평형 상태에 있을 수 있다. 어떤 물체가 평형 상태에 있는지, 아닌지를 확인하려면, 그 물체의 운동 상태가 변화하는지를 관찰하면 된다.

바닥에서 상자를 밀고 있다고 하자. 상자가 직선을 따라 일정한 속력으로 움직인다면, 이 상자는 평형 상태에 있는 것이다. 이는 한 개 이상의 힘이 상자에 작용하고 있다는 것을 의미한다. 이 상자에는 우리가 미는 힘과 상자와 바닥 사이의 마찰력이 가해지고 있다. 상자에 가해지는 알짜힘이 0이라는 사실로부터, 마찰력은 우리가 미는 힘과 크기는 같고 방향은 반대라는 것을 알 수 있다(그림 2.14).

그림 2.14
나무상자와 바닥 사이의 마찰력과 같은 크기의 힘으로 나무상자를 밀면, 이 상자에 작용된 알짜힘은 0이 되고, 나무상자는 등속도로 미끄러져 간다.

*이 힘은 표면에 직각으로 작용한다. 여기에서 '수직'이라는 말은 실제로는 표면에 '직각'이라는 뜻이다. 이러한 이유로 이 힘을 수직 항력이라고 한다.

2.8 마찰력

학습목표
물체가 미끄러질 때, 마찰력과 마찰력의 방향을 설명할 수 있다.

물음 단단한 벽돌을 일정한 속도로 밀 때 마찰은 얼마나 될까?

마찰은 한 물체를 다른 물체에 비빌 때 생긴다*. 마찰은 고체, 액체, 기체에서 발생한다. 중요한 점은 어떤 물체에 작용하는 마찰력은 항상 그 물체가 움직이는 방향의 정반대 방향으로 작용한다는 것이다. 만일 바닥에 놓인 단단한 벽돌을 왼쪽으로 밀면, 마찰력은 오른쪽으로 작용할 것이다. 동쪽으로 움직이는 모터보트는 서쪽으로 물의 마찰을 받게 된다. 공기 중에서 낙하하는 물체는 위쪽으로 마찰력, 즉 **공기 저항(air resistance)**을 받는다. 마찰은 늘 운동의 반대 방향으로 작용한다.

마찰의 크기는 접촉한 두 면의 성질과 서로 얼마나 세게 눌려졌는지에 따라 달라진다. 마찰은 표면 요철과 두 접촉면에 있는 원자들의 '점착성' 때문에 생긴다 (그림 2.15). 상자와 바닥 사이의 마찰은 바닥이 매끄러울수록 더 작아진다. 그리고 상자가 비어 있을 때보다 짐이 가득 들어 있을 때 상자가 바닥을 더 세게 누르므로 마찰이 더 커진다.

만일 바닥에서 상자를 수평 방향으로 밀면, 미는 힘과 마찰력이 상자의 운동에 영향을 미친다. 상자를 충분히 세게 밀면, 미는 힘이 마찰력과 크기가 같아져 상자에 가해지는 알짜힘은 0이 되고, 상자는 일정한 속도로 미끄러진다. 이것은 $\Sigma F = 0$일 때 운동에는 아무 변화도 일어나지 않는다는 사실과 부합한다.

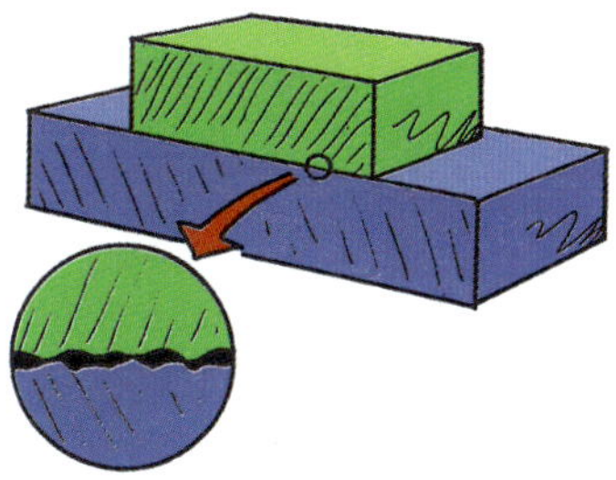

그림 2.15
마찰은 미끄러지는 두 물체의 표면에 있는 요철이 서로 맞닿아 생긴다. 매끄럽게 보이는 표면도 현미경으로 보면 울퉁불퉁하다.

융합과학 2A
생명과학, 천문학, 화학, 지구과학

학습목표
과학의 여러 분야에서 나타나는 마찰을 연관시킬 수 있다.

마찰은 어디에나 있다

물음 마찰과 유성은 어떠한 관련이 있는가?

마찰은 운동의 반대 방향으로 생긴다. 물체가 왼쪽으로 움직이면 마찰은 오른쪽으로 작용한다. 물체가 위로 움직이면 마찰은 아래쪽으로 작용한다. 두 물체가 접촉해 있으면, 두 물체의 상대적 운동을 방해하거나 감속시키는 방향으로 마찰이 작용한다.

우리 신체는 주위의 마찰에 잘 적응되어 있다. 손과 손가락에 있는 지문의 무늬 때문에 표면의 거칠기가 커지고, 그 결과 손과 우리가 만지는 물체 사이의 마찰이 커진다. 손이 젖어 있으면, 물이 지문의 무늬 사이의 홈을 채워서 거칠기가 줄어들며, 그 결과 마찰이 줄어들어 자칫하면 유리잔이나 접시를 떨어뜨리게 된다. 마찬가지로, 우리의 발가락과 발바닥에도 홈과 골로 이루어진 무늬가 있어 바닥면에서 미끄러지지 않게 도움을 준다. 발과 바닥 사이에 마찰이 없다면, 바닥이 매끄러운 신발을 신고 얼음 위를 걸을 때처럼 미끄러질 것이다. 암벽등반가가 거의 수직인 암벽에 매달려 있을 수 있는 것도 손과 암벽 사이의 마찰 때문이다 (그림 2.16). 암벽 등반가가 등반하기 전에 손에 난 땀을 흡수하기 위해 손에 분필가루를 묻히는 까닭을 생각해 보라.

천문학에서도 마찰에 의한 흥미로운 현상이 나타난다. **유성**(*meteor*)은 지구 대기를 거쳐 떨어지는 작은 물체들이다. 유성은 대기를 구성하는 기체 입자와의 마찰에 의해 가열되고 빛을

그림 2.16
암벽 등반가가 수직 암벽의 면을 손으로 움켜쥐고 있다. 이때 그녀의 손이 젖어 있으면 안 된다. 그 까닭은?

*아직은 그렇게 보이지 않을 수도 있지만, 물리학에서 대부분의 개념들은 실제로는 복잡하지 않다. 그러나 마찰은 다르다. 마찰은 대단히 복잡한 현상이다. 마찰은 (광범위한 실험들로부터) 경험적으로 관찰되고, (실험을 기반으로 해서) 근사적으로 예측된다.

내게 된다. **미소 유성체**(*micrometeoroid*)라고 하는 작은 먼지 알갱이들은 공기 저항에 의해 속도가 매우 느려져 대기 중에서 타지 않는다. 대신에 지표면으로 천천히 떨어져 매초 수백 또는 수천 톤씩 쌓인다.

마찰이 유용한 경우도 있지만, 대부분의 기계 내부에서처럼 마찰에 의해 효율이 떨어지고 에너지가 낭비되는 경우도 많다. 그래서 기업에서는 화학자들을 고용하여 마찰을 최소화하는 윤활유를 개발하도록 하고 있다. 매우 미끄러운 물질인 윤활유를 맞닿아 있는 두 물체 사이에 바르면, 두 물체가 닿지 않아 마찰이 줄어들게 된다. 이 경우, 두 물체는 서로 직접 비비는 대신에 윤활유를 비비게 된다. 대부분의 윤활유는 끈적끈적한 기름이다. 요즈음, 화학자들은 높은 온도에서도 증발하지 않고, 낮은 온도에서도 얼지 않으며, 무거운 하중에도 성능이 유지되고, 고속 회전 시에도 개스킷 틈으로 새어나오지 않는 윤활유를 개발하고 있다.

지진도 마찰과 관련이 깊은 현상이다. 지진은 인접해 있는 무거운 암석들이 서로 다른 방향으로 밀리거나 잡아당겨질 때 생긴다. 마찰에 의해 함께 맞물려 있는 암석 덩어리들은 변형력이 아주 커질 때까지 버틴다. 드디어 변형력이 마찰을 넘어서면, 암석 덩어리들은 새로운 지점으로 미끄러져 가고, 지구를 흔드는 에너지를 방출한다.

학습목표
속력과 속도를 구분할 수 있다.

2.9 속력과 속도

물음 속력은 일정한데 속도는 변하는 상황은 무엇인가?

속력

그림 2.17
치타는 매우 빠르게 달리지만, 오래 달리지는 못한다.

갈릴레오 시대 이전의 사람들은 물체의 움직임을 '느리다' 또는 '빠르다'로 기술하였다. 이동 거리와 이동에 걸린 시간을 비교하여 속력을 측정한 것은 갈릴레오가 최초였다. 그는 **속력**(**speed**)을 이동 시간당 이동 거리로 정의하였다.

$$\text{속력} = \frac{\text{이동 거리}}{\text{이동 시간}}$$

예를 들어 자전거를 탄 사람이 1시간에 20 km를 가면, 이 사람의 속력은 20 km/h이다. 이 사람이 1초에 6 m를 가면, 이 사람의 속력은 6 m/s이다.

거리와 시간 단위의 곱은 어느 것이라도 속력의 단위로 사용될 수 있다. 즉 시간당 킬로미터(km/h), 일당 센터미터(병든 달팽이의 속력) 등등. 사선(/)은 '당'으로 읽으며 '무엇으로 나누어진'을 의미한다. 과학에서는 속력의 단위로 초당 미터(m/s)를 가장 많이 사용한다. 표 2.1에 여러 단위들로 나타낸 속력들을 비교하여 나타내었다.

표 2.1 속력을 여러 단위로 나타내기
12 mi/h = 20 km/h = 6 m/s (볼링공)
25 mi/h = 40 km/h = 11 m/s (육상 선수)
37 mi/h = 60 km/h = 17 m/s (토끼)
50 mi/h = 80 km/h = 22 m/s (쓰나미)
62 mi/h = 100 km/h = 28 m/s (치타)
75 mi/h = 120 km/h = 33 m/s (배트로 친 소프트볼)
100 mi/h = 160 km/h = 44 m/s (배트로 친 야구공)

순간 속력

물체들의 속력은 흔히 움직이는 도중에 변한다. 예를 들어 자동차는 도로를 따라 50 km/h로 달리고, 빨간불에서는 0 km/h로 멈추고, 교통이 혼잡할 때는 30 km/h로 달린다. 속도계를 보면 그 순간의 차의 속력을 알 수 있다. 어떤 순간의 차의 속력을 **순간 속력**(*instantaneous speed*)이라고 한다.

그림 2.18
자동차 속도계. 속도계의 눈금을 보면 km/h와 mi/h로 표시되어 있다.

평균 속력

자동차 여행을 계획하려면 목적지까지 걸리는 시간을 알아야 한다. 이때 우리가 알고 싶은 것은 **평균 속력**(*average speed*)이다. 평균 속력은 어떻게 정의되는가?

$$\textbf{평균 속력} = \frac{\textbf{이동한 전체 거리}}{\textbf{이동 시간}}$$

평균 속력을 구하는 것은 상당히 쉽다. 예를 들어 차가 1시간에 80 km를 가면 평균 속력은 80 km/h이다. 마찬가지로 4시간에 320 km를 가면

$$\text{평균 속력} = \frac{\text{이동한 전체 거리}}{\text{이동 시간}} = \frac{320\text{ km}}{4\text{ h}} = 80\text{ km/h}$$

이다. 단위가 킬로미터(km)인 이동 거리를 단위가 시(h)인 경과 시간으로 나누면, 그 결과는 시간당 킬로미터(km/h)가 된다.

평균 속력은 이동한 전체 거리를 소요된 전체 시간으로 나눈 것이기 때문에, 이동 중에 때때로 변하는 순간 속력들을 나타내는 것은 아니다. 이동 중 매 순간의 순간 속력은 평균 속력과 대개 다르다.

평균 속력과 이동에 걸린 시간을 알면, 이동 거리를 쉽게 구할 수 있다. 위에 있는 이동 속력의 정의를 재배치하면 다음과 같다.

$$\textbf{이동한 전체 거리} = \textbf{평균 속력} \times \textbf{이동 시간}$$

예를 들어 80 km/h의 평균 속력으로 4시간 동안 달렸다면, 이때 이동한 전체 거리는 320 km가 된다.

속도

어떤 물체의 **속도**(**velocity**)를 알려면, 그 물체의 속력과 운동 방향을 모두 알아야 한다. 예를 들어 여러분이 '자동차가 60 km/h로 달리고 있다'고 말한다면, 여러분은 그 자동차의 속력을 말한 것이다. 그러나 '북쪽으로 60 km/h로 달리고 있다'고 말하면, **속도**를 말한 것이다. 속력은 얼마나 빠른가를 나타내며, 속도는 얼마나 빠른가와 어느 방향으로 움직이는가를 함께 나타낸다. 속도는 벡터양이다.

등속력이란 일정한 속력을 의미한다. 즉 가속되거나 감속되지 않는 것을 의미한다. 반면에 등속도란 속력과 운동 방향이 모두 변하지 않는다는 것을 의미한다. 운동 방향이 변하지 않는 물체의 궤적은 직선이다. 따라서 등속도 운동이란 직선을 따라 등속력으로 움직이는 것을 의미한다. 잠시 후 등속도 운동은 가속도가 0인 운동이라는 것을 배운다.

그림 2.19
자동차 경주에서, 트랙의 굽은 부분을 도는 동안 일정한 속력을 유지할 수 있지만, 일정한 속도를 유지할 수는 없다. 그 까닭은?

운동은 상대적이다

모든 것은 늘 움직인다. 심지어 여러분이 가만히 서 있다고 생각할 때에도, 우주 공간 속에서 보면 실제로는 움직이고 있다. 여러분이 지구에 대해 정지해 있을 경우에도, 해와 별에 대해

그림 2.20
여러분이 의자에 앉아 있을 때, 지구에 대한 여러분의 속력은 0이지만, 태양에 대한 상대 속도는 30 km/s이다.

서는 움직이고 있다. 지금 이 순간, 태양에 대한 여러분의 상대 속력은 약 10,000 km/h이고, 우리 은하계의 중심에 대한 상대 속력은 훨씬 빠르다.

우리가 어떤 물체의 속력 또는 속도를 말할 때는 다른 어떤 것에 대한 상대 속력 또는 상대 속도를 의미한다. 예를 들어 우주선의 속력이 30,000 km/h라고 할 때에는, 지구에 대한 상대 속도를 의미한다. 별도로 언급하지 않은 한, 이 책에서 언급된 모든 속력은 지표면에 대한 상대 속도이다. 운동은 상대적이다(그림 2.20).

2.10 가속도

학습목표
가속도를 정의하고, 속도 및 속력과 구별할 수 있다.

물음 가속도를 기술하는 데 있어 **변화**가 중요한 이유는 무엇인가?

움직이고 있는 물체들은 대개 운동 상태가 변한다. 운동 상태, 즉 속도가 변할 때 **가속도**(**acceleration**) 운동을 한다고 말한다. 가속도의 개념을 처음으로 공식화한 사람은 갈릴레오이다. 그는 경사면에서 실험을 하면서 가속도 개념을 발전시켰다. 그는 경사면을 굴러 내려가는 공이 점점 빨라지는 것을 발견하였다. 더욱이 이 공은 일정한 시간 간격마다 일정한 양만큼 속력이 빨라진다(그림 2.21).

갈릴레오는 속도의 변화율, 즉 가속도를 다음과 같이 정의하였다.*

$$\textbf{가속도} = \frac{\textbf{속도의 변화}}{\textbf{시간 간격}}$$

달리는 버스에 타고 있을 때 가속도를 경험할 수 있다. 버스 운전사가 가속 페달을 밟으면, 버스의 속력이 빨라진다. 이 경우 버스가 가속되었다고 말한다. 이 가속 페달을 '가속기(accelerator)'라고 하는 이유를 알 수 있다. 버스 운전사가 브레이크 페달을 밟으면 버스의 속력이 느려진다. 이 경우에도 속도가 변했으므로 가속되었다고 말한다. 물체의 속력이 느려질 경우 **감속**(*deceleration*)되었다고 말하기도 한다.

자동차의 속력이 일정하게 빨라지는 경우를 생각해 보자. 1초 동안에 자동차의 속력이 30 km/h에서 35 km/h로 일정하게 빨라졌다고 하자. 그다음 1초 동안 속력이 35 km/h에서 40 km/h로 일정하게 빨라지고, 계속 이런 식으로 속력이 빨라진다고 하자. 정리하면, 이 자동차의 속력은 매초당 5 km/h씩 빨라진다. 그러므로 이 자동차의 가속도는

$$\text{가속도} = \frac{\text{속도의 변화}}{\text{시간 간격}} = \frac{5\ \text{km/h}}{1\ \text{s}} = 5\ \text{km/h}\cdot\text{s}$$

그림 2.21
경사면을 굴러 내려가는 공의 속력은 일정한 시간 간격마다 일정한 정도로 빨라진다. 즉 가속도 운동을 한다.

*그리스 대문자 Δ(델타)는 '…의 변화' 또는 '…의 차이'를 뜻하는 기호로 자주 사용된다. 이 '델타' 기호를 사용하면, $a = \Delta v/\Delta t$이다. 여기에서, Δv는 속도의 변화이고 Δt는 시간의 변화(시간 간격)이다. 이로부터 $\Delta v = a\Delta t$임을 알 수 있다. 선형 운동에 대한 더 심화된 내용은 부록 B에서 설명하였다.

그림 2.22
물체의 운동 상태가 변할 때 이 물체는 가속도 운동을 한다고 말한다.

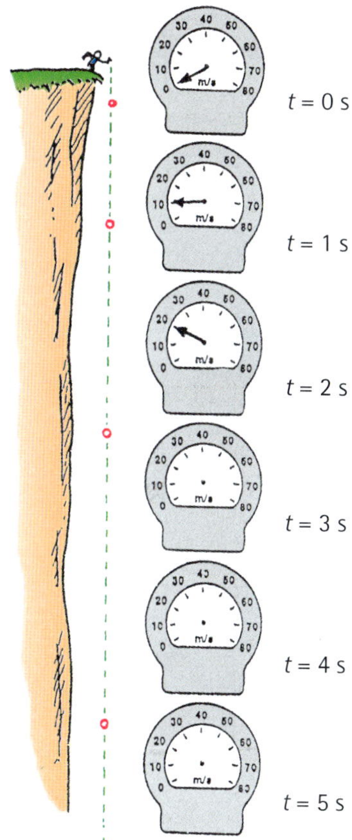

그림 2.23
떨어지는 바위에 속도계를 달았다고 하자. 떨어지는 동안 이 바위의 속력은 매초 일정하게 10 m/s씩 빨라진다. t = 3s, t = 4s, t = 5s일 때의 속도계 안에 바늘을 그려 넣으시오.

이 예에서, 가속도는 '시-초당 5킬로미터'(줄여서 5 km/h·s로)로 기술된다. 가속도에는 시간 단위가 두 번 들어가는 것에 주목하라. 한 번은 속도의 단위에 들어가고, 또 한 번은 속도가 변하는 시간 간격에 들어간다. 또한 가속도는 단지 속도의 변화가 아니라는 것에 주목하라. 가속도는 초당 속도의 변화이다. 물체의 속력과 방향 중 하나만 변해도 이 물체의 속도는 변한다. 물론 속력과 방향이 모두 변할 때에도 속도는 변한다.

자동차가 굽은 길을 달릴 때, 속력이 변하지 않아도 이 차는 가속을 하고 있다. 왜 그럴까? 흔히 가속도는 자동차의 방향이 바뀌어서 생긴다. 가속도는 속도의 변화를 말한다. 그러므로 속력만 변하는 경우, 방향만 변하는 경우, 또는 속력과 방향 모두 변하는 경우에 가속도가 생긴다. 그림 2.22에 이를 보여 주고 있다.

돌을 머리 위로 높이 들고 있다가 떨어뜨리자. 떨어지는 동안 돌은 가속된다. 공기 저항을 무시한다면, 돌에 작용하는 힘은 중력 하나뿐이다. 이 경우 돌이 **자유 낙하**(**free fall**)한다고 말한다. 같은 장소에서 자유 낙하하는 모든 물체들의 가속도는 같다. 지표면에서 자유 낙하하는 물체는 매초당 약 10 m/s의 비율로 속력이 빨라진다(표 2.2). 따라서 이 물체의 가속도는

$$\text{가속도} = \frac{\text{속도의 변화}}{\text{시간 간격}} = \frac{10\ \text{m/s}}{1\ \text{s}} = 10\ \text{m/s}^2$$

자유 낙하하는 물체의 가속도를 '제곱 초당 10미터'라고 읽는다(더 정확하게는 9.8 m/s^{2}이다). 이는 '초당 초당 10미터'라고 말하는 것과 같다. 시간의 단위인 초가 두 번 나타나는 것에 주목하라. 한 번은 속도의 단위에서 나타나고, 또 한 번은 속도가 변하는 시간 간격에서 나타난다.

그림 2.23에는 자유 낙하하는 바위가 그려져 있다. 이 바위에는 속도계가 부착되어 있다. 바위가 낙하함에 따라 속도계에 나타난 바위의 속도는 초당 10 m/s씩 빨라진다. 매초 10 m/s씩 증가하는 것이 바로 바위의 가속도이다. (자유 낙하하는 물체의 가속도는 부록 B에서 더 자세히 다루었다.)

표 2.2 자유 낙하

낙하 시간(s)	낙하 속력(m/s)	낙하 거리(m)
0	0	0
1	10	5
2	20	20
3	30	45
4	40	80
5	50	125
.	.	.
.	.	.
.	.	.
t	$10t$	$\frac{1}{2}10t^2$

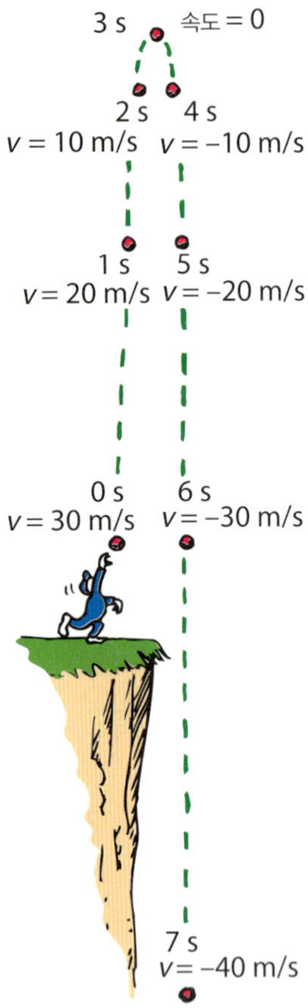

그림 2.24
매초마다 속도가 변하는 비율이 같다.

그림 2.24는 위로 던져진 공이 올라갔다가 떨어지는 운동을 보여 준다. 공이 손을 떠날 때의 속력은 30 m/s이다. 이것을 초기 속도라고 한다. 이 그림에서는 위 방향을 양(+)으로, 아래 방향을 음(−)으로 정하여 사용하고 있다. 이 그림에서 1초 간격으로 표시된 공의 위치를 보면, 공의 속도 변화가 10 m/s임을 알 수 있다.

아리스토텔레스는 운동 법칙을 정립하기 위해 논리를 사용하였다. 반면에 갈릴레오는 실험을 사용하였다. 갈릴레오는 지식을 검증하는 데 있어 논리보다 실험이 더 낫다는 것을 보였다. 갈릴레오는 물체들이 왜 움직이는가가 아니라, 어떻게 움직이는가를 연구하였다. 갈릴레오의 연구를 바탕으로 뉴턴이 운동과 관련된 개념들을 더 심화시킬 수 있었다.

융합과학 2B
생명과학

체공 시간

물음 점프 높이와 체공 시간 사이의 관계를 기술하시오.

학습목표
운동 방정식을 적용하여 점프하는 동작을 분석할 수 있다.

몇 육상 선수와 무용수는 엄청난 점프력을 갖고 있다. 마치 중력이 미치지 않는 것처럼, 위로 솟구쳐 적어도 2초 또는 3초 동안 공중에 머무는 것처럼 보인다. 그러나 최고의 선수라도 실제 '체공 시간'은 1초 미만이다. 그렇다면 체공 시간은 무엇에 의해 결정되는가? 바로 예상할 수 있듯이, 얼마나 높이 점프하는가에 달려 있다.

우리들은 흔히 선수들의 체공 시간뿐만 아니라 점프 높이도 과대평가한다. 제자리높이뛰기를 해 보면 여러분의 점프력을 알 수 있다. 벽을 마주보고 발바닥을 마루에 붙이고 팔을 위로 쭉 편 채 똑바로 점프한다. 여러분이 뛴 최고 높이에 표시를 하자. 그리고는 바닥에 서서 팔을 위로 쭉 편 채 손 끝의 높이에 표시를 하자. 이 두 표시 사이의 거리를 재면 여러분의 수직 점프 높이를 알 수 있다. 만일 점프 높이가 0.6 m(2 ft) 이상이라면 이례적으로 높이 뛴 것이다.

제자리높이뛰기 기록은 1.25 m이다. 최고의 농구 선수도 이 기록을 넘지 못한다. 점프의 최고점에서는 올라가는 움직임이 멈춰지고, 아래로 내려오는 움직임이 시작된다. 이 점에서 농구 선수의 속력은 0이 되고 순간적으로 멈추어 있게 된다. 부록 B를 보면, d의 높이에서 멈춰 있던 물체가 자유 낙하하여 땅에 닿는 시간 t는 다음 관계식을 이용하여 구할 수 있다.

$$d = \frac{1}{2}gt^2$$

이 방정식을 정리하면

$$t = \sqrt{\frac{2d}{g}}$$

이다. 만일 어떤 선수가 1.25 m를 뛰었다면, 이 선수가 최고점에서 바닥에 닿을 때까지 걸리는 시간은 다음과 같다.

$$t = \sqrt{\frac{2d}{g}} = \sqrt{\frac{2(1.25\ \text{m})}{10\ \text{m/s}^2}} = 0.50\ \text{s}$$

실제로 체공 시간은 이 시간의 두 배이다. 왜냐하면 체공 시간은 최고점에서 바닥까지 내려오는 데 걸리는 시간이 아니라, 바닥에서 최고점까지 올라갔다 다시 바닥에 닿을 때까지 걸리는 시간이기 때문이다. 내기를 한다면, 제자리높이뛰기를 해서 체공 시간이 1초를 넘는 사람은 없다는 데에 거는 것이 좋다.

점프력을 결정하는 것은 무엇인가? 다리가 길수록, 다리 근육이 강할수록 더 높이 점프할 수 있다. 예를 들어 개구리, 캥거루, 토끼와 같이 점프를 잘 하는 동물들을 살펴보면, 이들 모두 뒷다리가 특출하게 길고 강하다는 것을 알 수 있다.

연습문제

2.1 아리스토텔레스의 운동론

1. 아리스토텔레스가 분류한 운동의 두 가지 종류는 무엇인가?
2. 아리스토텔레스는 물체가 계속 움직이려면 계속해서 힘이 가해져야 한다고 생각했는가, 아니면 일단 움직이기 시작하면 스스로 움직일 거라고 생각했는가?

2.2 갈릴레오의 관성의 개념

3. 갈릴레오가 반박한 아리스토텔레스의 두 가지 주된 생각은 무엇인가?
4. 갈릴레오는 지식을 확장할 때, 철학적 논의와 실험 중 어떤 것을 주로 사용했는가?
5. 물체들의 운동 상태를 유지하려는 성질을 무엇이라고 하는가?

2.3 질량–관성의 크기

6. 무게와 질량 중 어느 것이 중력에 따라 값이 달라지는가?
7. 지구와 달 중 어느 곳에서 물체의 무게가 더 무거울까? 질량은 어느 곳에서 더 무거울까?
8. 무게의 측정 단위와 질량의 측정 단위는 무엇인가?
9. 지구에서 1 kg의 무게는 10 N이다. 달에서 1 kg의 무게는 10 N보다 클까, 작을까?
10. 1 kg의 물과 10 kg의 물 중 어느 것이 밀도가 더 클까?

2.4 알짜힘

11. 두 사람이 한 상자를 밀고 있다. 한 사람은 50 N의 힘으로 밀고, 다른 사람은 60 N의 힘으로 반대쪽으로 밀고 있다. 이 상자에 가해지고 있는 알짜힘의 크기는 얼마인가?
12. 벡터양을 결정하기 위해서 필요한 두 가지 양은 무엇인가?

2.5 평형 규칙

13. 밧줄의 양 끝을 잡아당길 때 밧줄에 발생하는 힘의 이름은 무엇인가?
14. 무게가 20 N인 봉지가 줄에 매달려 있다. 이 줄에 걸려 있는 장력의 크기는 얼마인가?
15. $\Sigma F = 0$의 의미는 무엇인가?

2.6 항력

16. 어떤 물체에 가해지는 항력을 수직 항력이라고 하는 이유는 무엇인가?
17. 체중계로 몸무게를 잴 때, 체중계가 가하는 항력과 지구가 가하는 중력의 크기를 비교해 보시오.

2.7 움직이는 물체의 평형

18. 움직이는 물체가 평형 상태에 있는지를 판단하기 위해서는 어떤 물리량을 측정해야 하는가?
19. 어떤 상자를 일정한 속도로 밀 때, 상자에 가해지는 마찰력과 우리가 미는 힘의 크기를 비교하시오.

2.8 마찰력

20. 미끄러지고 있는 물체의 운동 방향과 이 물체에 가해지고 있는 마찰력의 방향을 비교하시오.
21. 오른쪽으로 미끄러지는 상자에 가해지는 마찰력의 방향은 어느 쪽인가?
22. 무거운 상자를 밀었으나, 힘이 충분히 세지 않아서 상자가 움직이지 않았다. 이 경우 상자에 가해지는 마찰력의 크기와 방향은?

2.9 속력과 속도

23. 거리와 시간, 속도 사이의 관계를 나타내는 방정식을 쓰시오.
24. 속도는 벡터이고, 속력은 벡터가 아니라고 말하는 까닭은?
25. 자동차의 속도계는 평균 속력을 나타내는가, 순간 속력을 나타내는가?
26. 우리는 어떻게 멈춰 있는 동시에 100,000 km/h로 움직이기도 하는 걸까?

2.10 가속도

27. 속도와 시간, 가속도 사이의 관계를 나타내는 방정식을 쓰시오.
28. 지표면에서 자유 낙하하는 물체의 가속도는 얼마인가?
29. 가속도의 정의에서 시간의 단위가 두 번 나타나는 까닭은 무엇인가?
30. 공을 위로 던졌을 때, 이 공의 위쪽 방향의 속력은 매초 얼마씩 줄어드는가?

확인문제

만일 여러분이 이 장에서 제대로 학습을 하였다면, 다음에 제시된 10개의 질문에 적어도 7개는 제대로 답을 할 수 있을 것이다. 만일 그렇지 못하면 다음 장으로 가기 전에 이 장을 더 학습할 필요가 있다.

각 질문에 대해 가장 적합한 답을 고르시오.

1. 갈릴레오에 따르면, 관성은
   (a) 다른 힘들과 같은 일종의 힘이다.

(b) 특별한 종류의 힘이다.

(c) 모든 물질이 지니고 있는 하나의 성질이다.

(d) 힘에 반대되는 개념이다.

2. 태양과 지구 사이의 중력이 갑자기 사라진다면, 지구는 ( ) 경로의 운동을 하게 될 것이다.

(a) 곡선

(b) 바깥쪽으로 나가는 나선

(c) 안쪽으로 들어가는 나선

(d) 직선

3. 역학적 평형 상태에 있는 물체들은

(a) 멈춰 있다.

(b) 일정한 속도로 움직인다.

(c) 멈춰 있거나 일정한 속도로 움직인다.

(d) 멈춰 있지도 않고 일정한 속도로 움직이지도 않는다.

4. 두 체중계 위에 발을 하나씩 올려놓고 서 있다. 양 발에 체중을 골고루 분산시켰다면, 각 체중계가 나타내는 무게는 얼마일까?

(a) 몸무게

(b) 몸무게의 반

(c) 0

(d) 몸무게보다 큰 값

5. 어떤 물체가 직선 경로를 따라 일정한 속력으로 움직이고 있다. 이 물체(에)는

(a) 가속되고 있는 중이다.

(b) 알짜힘이 가해지고 있다.

(c) 둘 다 맞다.

(d) 둘 다 틀리다.

6. 어떤 상자를 두 사람이 밀고 있다. 한 사람은 40 N의 힘으로 왼쪽으로 밀고, 다른 사람은 50 N의 힘으로 오른쪽으로 밀고 있다. 이 상자에 가해지고 있는 알짜힘의 방향과 크기는?

(a) 왼쪽으로 10 N

(b) 오른쪽으로 10 N

(c) 왼쪽으로 90 N

(d) 오른쪽으로 90 N

7. 돌덩이를 위로 던졌을 때, 이 돌의 위쪽 방향의 속력은 매초 대략 얼마씩 느려질까? (단, 공기 저항은 무시한다.)

(a) 10 m/s

(b) 10 m/s^2

(c) 초기 속력에 따라 다르다.

(d) 이들 중에는 답이 없다.

8. 자유 낙하하는 동안에, 물체의 속력은 매초

(a) 같은 크기만큼 증가한다.

(b) 점점 많이 증가한다.

(c) 변하지 않는다.

(d) 두 배로 증가한다.

9. 2.0초 동안에, 자동차의 속력은 30 km/h에서 35 km/h로 빨라졌고, 자전거는 정지 상태에서 6 km/h로 빨라졌다. 자동차와 자전거 중 어느 것의 가속도가 더 큰가?

(a) 자동차

(b) 자전거

(c) 크기가 같다.

(d) 주어진 자료만으로는 알 수 없다.

10. 자유 낙하하는 물체의 속력을 재 보니 40 m/s였다. 1초 후 이 물체의 속력은

(a) 변하지 않는다.

(b) 10 m/s

(c) 45 m/s

(d) 45 m/s보다 더 크다.

확인문제 답

1.c, 2.d, 3.c, 4.b, 5.d, 6.b, 7.a, 8.a, 9.b, 10.d

3장

뉴턴의 운동 법칙

무거운 날개옷을 입은 스카이다이버는 가벼운 날개옷을 입은 스카이다이버보다 더 빠른 속도로 떨어지며, 착지할 때도 안정적이지 못하다. 왜 그럴까? 상차림이 되어 있는 식탁의 식탁보를 수평으로 재빠르게 잡아당기면, 식기와 음식들이 식탁 위에 그대로 놓여 있는 마술을 해보았는가? 이 '마술'의 원리는 무엇인가? 어떤 운동 법칙으로 그 원리를 설명할 수 있는가? '만져지지 않으면 만질 수 없다'라는 말을 들어 보았는가? 인류는 달에 가기 위해 뉴턴의 법칙들을 어떻게 이용하는가? 새는 어떻게 날며, 로켓은 어떻게 날아오르고, 사람은 어떻게 걷는가? 상대론과 양자 역학으로부터 얻은 운동에 관한 새로운 발견들과 뉴턴의 운동 법칙들은 어떤 관련이 있는가? 이 장에서 이 모든 것과 그 이상의 것들을 배울 것이다.

3.1 뉴턴의 운동 제1법칙

학습목표
뉴턴의 운동 제1법칙을 정의하고, 관성과 관련지어 설명할 수 있다.

물음 관성은 왜 힘의 종류가 아닌가?

1642년에 갈릴레오(Galileo)가 사망한 직후 뉴턴(Isaac Newton)이 태어났다. 갈릴레오는 관성에 대해 연구했으며, 그의 연구는 뉴턴의 연구에 발판이 되었다. 뉴턴은 23세에, 운동에 관한 아리스토텔레스의 주장을 뒤집는, 그 유명한 세 개의 운동 법칙을 완성하였다. 이 법칙들은 보통 간단하게 **프린키피아**(*Principia*)로 알려져 있는 역사상 가장 유명한 책 중의 하나인, 뉴턴의 **자연 철학의 수학적 원리**(*Philosophiae Naturalis Principia Mathematica*)*에서 처음으로 소개되었다. 제1법칙은 갈릴레오의 관성의 개념을 다시 기술한 것이고, 제2법칙은 어떤 물체에 힘을 가했을 때 가한 힘과 그 물체의 가속도 사이의 관계를 기술한 것이며, 제3법칙은 작용 반작용 법칙이다. **뉴턴의 제1법칙**(**Newton's first law**)은 다음과 같다.

그림 3.1
관성을 이용한 마술

물체에 힘이 가해지지 않으면, 정지해 있는 물체는 계속 정지해 있고, 어떤 속도로 움직이던 물체는 계속해서 그 속도로 움직인다.

이 법칙에서 핵심어는 **계속**이라는 단어이다. 물체에 힘이 가해지지 않으면 원래의 운동 상태를 계속해서 유지한다. 물체가 원래 정지해 있었으면 계속해서 정지 상태에 있게 된다. 이를 이용하여 마술을 할 수 있다. 식탁 위에 식탁보를 씌우고 그 위에 접시를 놓은 후 식탁보를 휙 잡아당기면, 식탁보만 빠지고 접시는 그 자리에 그대로 있다(그림 3.1).** 반면에 움직이고 있던 물체는 속력과 방향을 유지한 채 계속해서 움직인다. 계속해서 외계를 향해 나아가고 있는 우주 탐사 로켓이 그 증거다. 2장에서 배웠듯이, 운동 상태의 변화에 저항하는 이러한 성질을 **관성**(*inertia*)이라고 한다(그림 3.1과 3.2).

그림 3.2
자동차가 급정거하면, 관성에 의해 운전자는 앞으로 쏠린다.

3.2 뉴턴의 운동 제2법칙

학습목표
가속도, 힘, 질량 사이의 관계를 기술할 수 있다.

물음 바닥에서 미끄러져 가고 있는 벽돌을 더 세게 밀면, 이 벽돌의 가속도는 어떻게 될까?

가속도와 힘과 질량 사이의 관계를 처음으로 인식한 사람은 뉴턴이다. 이 관계는 자연의 가장 중요한 규칙 중 하나이며, 이 규칙이 바로 뉴턴의 제2법칙이다.

뉴턴의 제2법칙(**Newton's second law**)은 다음과 같다.

물체의 가속도는 물체에 가해진 알짜힘의 크기에 비례하고, 방향이 알짜힘과 같으며, 물체의 질량에 반비례한다.

$$\textbf{가속도(acceleration)} \sim \frac{\textbf{알짜힘(net force)}}{\textbf{질량(mass)}}$$

힘의 단위로 뉴턴(N), 질량의 단위로 킬로그램(kg), 가속도의 단위로 제곱 초당 미터(m/s^2)를 사용하면 정확한 식을 얻을 수 있다.

$$\textbf{가속도} = \frac{\textbf{알짜힘}}{\textbf{질량}}$$

*라틴어로 쓰여진 이 책 제목의 뜻은 '자연 철학의 수학적 원리'이다.

**자세히 조사해 보면, 접시와 빠르게 움직이는 식탁보 사이의 마찰로 인해 접시가 움직이기 시작하지만, 식탁보가 빠져나간 후 접시와 식탁 사이의 마찰로 인해 접시가 멈추게 된다. 식탁보를 빨리 잡아 뺄수록 접시가 움직이는 시간이 짧아져 접시가 움직이는 거리가 짧아지게 된다. 깨지지 않는 접시로 식탁보를 빼는 속도를 바꿔 가며 실험해 보라.

그림 3.3
같은 값의 가속도를 얻기 위해서는, 질량이 클수록 더 세게 밀어야 한다.

가속도를 a, 알짜힘을 F, 질량을 m으로 표기하면, 이 관계식을 더 간단하게 쓸 수 있다.

$$a = \frac{F}{m}$$

가속도는 알짜힘을 질량으로 나눈 것과 같다. 물체에 가해진 알짜힘이 두 배가 되면, 이 물체의 가속도는 두 배가 될 것이다. 알짜힘은 그대로 하고 물체의 질량만 두 배로 늘리면, 이 물체의 가속도는 반이 될 것이다. 물체의 질량과 가해진 알짜힘 모두 두 배가 되면, 이 물체의 가속도는 변하지 않을 것이다(그림 3.4와 3.5).

알짜힘이 가해진 물체는 그 알짜힘 방향으로 가속된다. 알짜힘이 물체의 운동 방향으로 가해지면 물체의 속력이 변한다. 물체의 운동 방향과 직각 방향으로 알짜힘이 가해지면 물체의 운동 방향이 바뀐다. 다른 방향으로 가해진 알짜힘은 물체의 속력과 운동 방향을 동시에 변화시킨다(그림 3.6).

그림 3.4
가속도는 힘에 비례한다.

그림 3.5
가속도는 질량에 반비례한다.

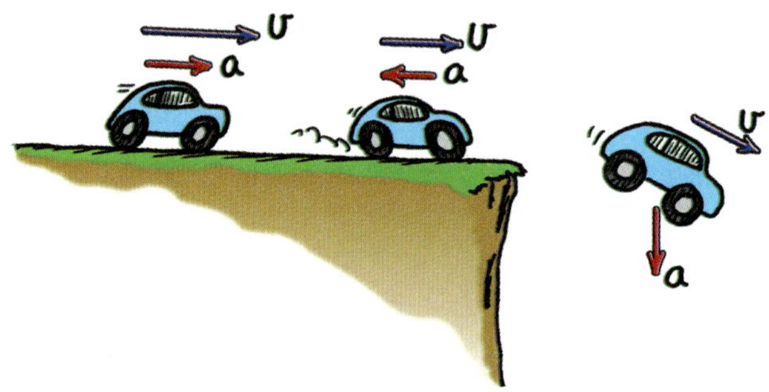

그림 3.6
속도 방향으로 가속을 하면 속력이 빨라지고, 속도의 반대 방향으로 가속을 하면 속력이 느려지며, 속도와 다른 방향으로 가속을 하면 방향이 바뀐다.

가속도가 g인 경우 — 자유 낙하

갈릴레오는 관성과 가속도의 개념을 명확하게 정리하고 낙체의 가속도를 처음으로 측정했지만, 질량이 다른 물체들의 가속도가 같은 이유는 설명할 수 없었다. 이것을 설명하려면 뉴턴의 제2법칙이 필요하다.

낙체가 가속되는 까닭은 물체와 지구 사이에 서로를 잡아당기는 중력 때문이다. 2장에서 논의한 것처럼 물체에 작용하는 힘이 중력만 있을 경우, 즉 공기 저항을 무시할 수 있는 경우, 이 물체는 **자유 낙하**(**free fall**)한다고 말한다. 자유 낙하하는 물체는 지구 쪽으로 10 m/s^2 (더 정확하게는 9.8 m/s^2)으로 가속된다.

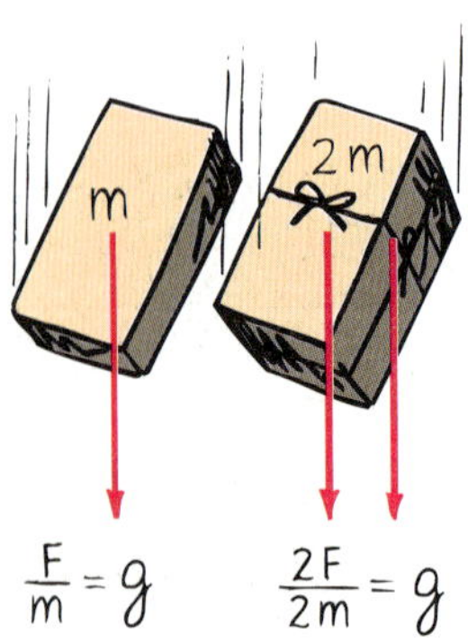

그림 3.7
물체에 관계없이, 한 장소에서 측정한 무게(m) 대 질량(F)의 비는 모두 같다. 따라서 공기 저항이 없다면, 한 장소에서 물체들의 가속도는 모두 같다.

물체의 질량이 클수록, 그 물체와 지구 사이에 잡아당기는 중력은 더 세진다. 예를 들어 그림 3.7에 있는 두 장의 벽돌은 한 장의 벽돌의 두 배인 중력을 받는다. 그렇다면 왜 두 장의 벽돌은, 아리스토텔레스가 예견했던 것처럼, 두 배 더 빠르게 떨어지지 않는가? 뉴턴의 제2법칙을 보면 자명하다. 물체의 가속도는 힘(이 경우에는 무게)에만 의존하는 것이 아니라 운동에 대한 저항, 즉 관성(질량)에도 의존한다. 힘이 커지면 가속도가 커지고, 관성이 커지면 가속도가 작아진다. 힘은 가속도를 발생시키는 반면, 관성은 가속도에 대한 **저항**이다. 관성이 두 배 큰 물체에 두 배 큰 힘을 가하거나, 관성이 반인 물체에 크기가 반인 힘을 가해도 가속도의 크기는 똑같다. 이들은 모두 똑같이 가속된다. 중력에 의한 가속도를 나타내는 기호는 g이다. 중력 하나에 의한 가속도를 나타내는 경우, a 대신 g라는 기호를 사용한다.

그래서 자유 낙하하는 물체의 경우, 질량 대 무게의 비는 일정한 값 g를 갖는다. 이것은 지름에 대한 원주의 비가 항상 일정한 값 π인 것과 비슷하다. 질량 대 무게의 비가 물체의 무게에 관계없이 똑같은 것은, 마치 지름과 원주의 비가 원의 크기에 관계없이 똑같은 것과 비슷하다(그림 3.8).

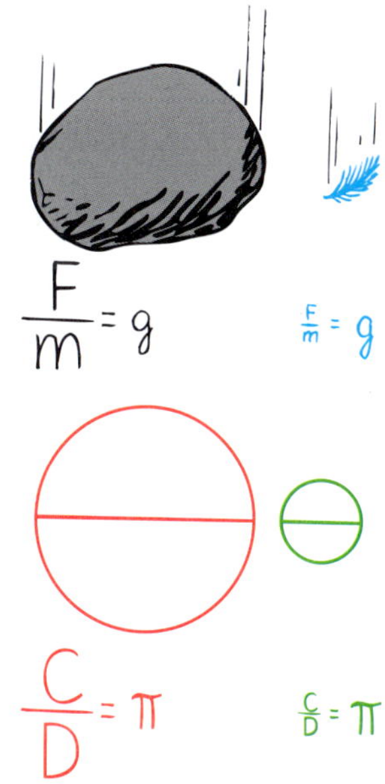

그림 3.8
커다란 바위와 작은 깃털은 무게(F) 대 질량(m)의 비가 똑같다. 마찬가지로 큰 원과 작은 원은 지름(D) 대 원주(C)의 비가 똑같다.

우리는 이제 자유 낙하하는 물체들의 가속도가 질량에 관계없이 같다는 것을 이해하고 있다. 자갈보다 100배 무거운 바위도 자갈과 똑같은 가속도로 낙하한다. 바위에 가해지는 힘(중력)은 자갈에 가해지는 힘보다 100배 더 크지만, 이 효과는 100배 더 무거운 질량에 의해 상쇄된다.

낙체의 가속도가 *g*보다 작은 경우들

낙체의 공기 저항을 무시할 수 없는 경우는 아주 많다. 이 경우 낙체의 가속도는 g보다 작아진다. 물체와 주위 공기 사이에 작용하는 마찰력인 공기 저항은 속력과 표면적에 따라 크기가 달라진다. 스카이다이빙을 할 때, 낙하 속력이 증가할수록 스카이다이버에 작용하는 공기 저항도 커진다. 그 결과 스카이다이버의 가속도가 줄어든다. 표면적을 늘림으로써 가속도를 더 줄일 수 있다. 스카이다이버는, 날다람쥐가 날개를 펼치는 것과 마찬가지로, 몸의 방향을 바꿔서 더 많은 공기가 몸에 부딪치게 함으로써 가속도를 줄일 수 있다. 따라서 공기 저항은 속력과 공기가 부딪치는 표면적에 따라 크기가 달라진다.

자유 낙하의 경우, 물체에 가해지는 힘은 중력뿐이다. 그러나 공기 저항이 있는 경우, '알짜힘 = 중력 − 공기 저항'이 된다. 공기 저항이 있으면 알짜힘이 줄어들고, 따라서 가속도도 줄어드는 것을 알 수 있다. 따라서 스카이다이버의 낙하 속도가 빨라질수록 가속도는 줄어들게 된다.* 공기 저항이 점점 커져 스카이다이버의 몸무게와 같아지면, 알짜힘은 얼마가 될까? 정답은 알짜힘이 0이 된다는 것이다. 이것이 스카이다이버가 멈춘다는 것을 의미하는가? 아니다! 스카이다이버의 가속이 멈추고 속력이 더 이상 빨라지지 않는다는 것이다. 이때 스카이다이버는 **종단 속력**(**terminal speed**)에 도달하였다고 말한다. 낙체의 운동 방향, 즉 아래 방향까지 고려해서 말하면, **종단 속도**(*terminal velocity*)에 도달하였다고 말한다.

그림 3.9
진공에서는 깃털과 동전이 같은 가속도로 낙하한다.

스카이다이버의 종단 속력은 약 150~200 km/h이며, 몸무게, 덩치, 몸의 방향에 따라 달라진다. 무거운 사람일수록 더 빨리 떨어지게 된다. 그 까닭은 더 빨라야 공기 저항이 더 커져 더 무거운 몸무게와 평형을 이룰 수 있기 때문이다.** 진행 방향의 단면적이 넓을수록 종단 속력이 느려진다. 이러한 이유로 낙하산을 사용한다. 낙하산을 사용하면 전면부의 면적이 넓어져서 공기 저항이 매우 커지고, 그 결과 종단 속력이 15~25 km/h로 작아진다.

유리관 안에서 동전과 깃털을 떨어뜨리는 흥미로운 실험을 생각해 보자. 유리관 안에 공기가 있을 때에는 공기 저항 때문에 깃털이 훨씬 느리게 떨어진다. 깃털의 무게가 매우 작기 때

*수학적으로 표현하면, $a = \frac{F_{알짜}}{m} = \frac{mg-R}{m}$이다. 여기서 mg는 무게이고, R은 공기 저항이다. $R = mg$, $a = 0$일 때, 낙체의 가속도는 0이 되고, 일정한 속도로 떨어지게 되는 것을 주목하라. 간단한 계산을 통해, $a = \frac{F_{알짜}}{m} = \frac{mg-R}{m} = g - \frac{R}{m}$임을 알 수 있다. 공기 저항 R은 낙하를 지연시키므로, a는 항상 g보다 작다는 것을 알 수 있다. $R = 0$일 경우에만 $a = g$가 된다.

** 스카이다이버의 공기 저항은 속력의 제곱에 비례한다.

문에 깃털의 속력이 조금만 빨라져도 공기 저항이 무게와 평형을 이루게 된다. 다시 말해, 낙하 시작 후 바로 종단 속력에 도달하게 된다. 반면에 동전은 무겁기 때문에, 유리관 속에서 떨어지면서 계속 가속되어도 공기 저항이 무게와 평형을 이루는 속력, 즉 종단 속력에 도달할 수 없게 된다. 만일 아주 높은 빌딩에서 동전을 떨어뜨리면 종단 속력에 도달할 것이다. 동전의 종단 속력은 100 km/h도 넘는다. 동전의 종단 속력은 깃털의 종단 속력보다 훨씬 더 빠르다.

갈릴레오가 피사의 사탑에서 무게가 다른 물체들을 떨어뜨렸을 때, 이 물체들은 동시에 땅에 닿지 않았다고 전해진다. 이 물체들은 거의 동시에 땅에 닿기는 했지만, 공기 저항 때문에 무거운 것들이 가벼운 것들보다 약간 먼저 땅에 닿았다. 그러나 이 결과만으로도 무거운 것들이 가벼운 것들보다 훨씬 먼저 땅에 닿는다는 아리스토텔레스의 주장을 반박하기에 충분하였다. 그러나 낙체의 운동은 뉴턴의 제2법칙이 발표되고 나서야 제대로 이해되었다.

그림 3.10
무거운 사람과 가벼운 사람이 똑같은 낙하산에 매달려 있다고 하자. 무거운 사람의 무게를 상쇄하려면 공기 저항이 더 커야 하므로, 더 빠른 속력으로 떨어져야 한다.

융합과학 3A
생명과학

활공

물음 날개옷을 입은 사람과 날다람쥐의 비슷한 점은 무엇인가?

학습목표
동물들이 어떻게 활공하는지 설명할 수 있다.

단지 세 종류의 생물(새, 박쥐, 곤충)만이 실제로 날 수 있다. 그러나 활공하는 생물들은 많이 있다. 활공은 동물들이 속력과 방향 등을 조절하면서 낙하하는 것을 말한다. 다람쥐, 도마뱀, 뱀, 개구리, 심지어는 개미들 중에도 활공을 하는 종류들이 있다. 글라이더는 앞 방향의 추진력이 없음에도 불구하고 조정을 잘 하면 공중에서 날렵하게 돌 수도 있다.

동물들은 어떻게 활공을 하는 걸까? 동물들이 나무에서 뛰어내리면, 중력 때문에 지면 쪽으로 떨어진다. 이때 공기 저항 때문에 낙하 속도가 느려진다. 동물들이 받는 공기 저항이 클수록 더 느려지기 때문에 방향을 더 쉽게 조정할 수 있다. 낙체의 표면적이 클수록 공기 저항을 많이 받으므로, 동물들은 표면적을 넓히는 특별한 구조로 진화되어 왔다. 날다람쥐는 앞다리와 뒷다리 사이에 넓은 막 모양의 피부를 갖고 있다. 요즈음에는 날다람쥐를 모방한 날개옷이 나와 있다(그림 3.12). 학명이 드라콘인 날도마뱀은 갈비뼈를 넓게 펴면 그 사이에 넓은 막이 형성된다. 날개구리는 긴 발가락을 갖고 있으며, 발가락을 펴면 그 사이에 직물과 같은 띠가 형성된다. 날도마뱀붙이는 물갈퀴가 달린 발가락 외에 옆구리와 꼬리 사이에 피부막이 있다. 비사(나는 뱀)의 경우 갈비뼈를 넓게 펴고 숨을 들이마셔, 마치 오목한 낙하산 모양을 만들어 하강 속력을 늦춘다.

특별한 환경을 갖춘 서식지에서는 활공을 하는 동물들을 흔히 볼 수 있다. 남동 아시아의 열대 우림을 보면, 키 큰 나무들 사이에 잔가지와 같이, 활공을 방해하는 장애물들이 별로 없다. 이러한 환경에서, 동물들은 활공에 적합하도록 진화되었다. 활공을 하면 좋은 점이 많다. 첫째로, 포식자를 피해 빠르게, 힘들이지 않고 하강할 수 있다. 둘째로, 활공을 하면 다른 나

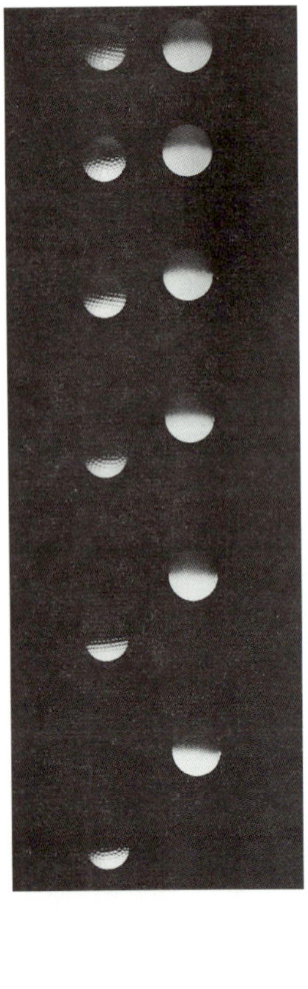

그림 3.11
공기 중에서 낙하하는 골프공(왼쪽)과 스타이로폼 공(오른쪽)의 섬광 촬영 사진. 무거운 골프공의 경우, 공기 저항은 무시할 수 있을 정도로 작으며, 따라서 가속도의 크기는 g와 거의 같다. 가벼운 스타이로폼 공의 경우, 공기 저항은 무게에 비해 무시할 수 없을 만큼 크며, 따라서 스타이로폼 공은 곧 종단 속도에 도달한다.

(a)

(b)

그림 3.12
(a) 날다람쥐는 네 발을 활짝 펴서 진행 방향의 단면적을 증가시킨다. 그 결과 공기 저항이 커지고, 천천히 떨어지게 된다. (b) 날개옷을 입은 스카이다이버가 날다람쥐와 비슷한 방식으로 날고 있다.

무로 힘들이지 않고 이동할 수 있다. 활공을 할 수 없다면, 다른 나무로 이동하기 위해 땅으로 내려갔다 힘들게 기어 올라가야 한다. 숲의 바닥 쪽은 잠재적 위험이 크다. 활공을 하면, 이렇게 위험한 바닥으로 내려가지 않고 나무 위쪽에서만 활동할 수 있기 때문에 상대적으로 안전하다.

3.3 힘과 상호 작용

학습목표
쌍으로 작용하는 두 힘을 설명할 수 있다.

물음 물체를 밀 때, 무엇이 여러분을 되미는가?

지금까지는 힘을 단순히 밀거나 잡아당기는 것으로 다루었다. 더 넓은 의미에서, 힘은 그 자체가 어떤 것이 아니라, 한 물체와 다른 물체 사이의 **상호 작용**(interaction)이다. 여러분이 손가락으로 벽을 밀면, 벽을 미는 것 외에 다른 것이 추가로 더 생긴다. 벽을 밀면 벽과 상호 작용을 하게 되고, 벽도 동시에 여러분을 밀게 된다. 벽을 밀 때 손가락이 구부러지는 것을 보면, 손가락과 벽이 서로를 밀고 있다는 것을 알 수 있다(그림 3.13). 여러분이 벽을 미는 힘과 벽이 여러분을 미는 힘은 크기는 같고 방향은 반대이다. 하나의 상호 작용은 한 쌍의 힘으로 이루어진다. 사실 벽이 여러분을 되밀지 않는 한, 여러분은 벽을 밀 수 없다.*

그림 3.14는 권투 선수가 주먹으로 무거운 샌드백을 치는 모습이다. 샌드백이 주먹을 치는 동안(그래서 주먹이 멈추게 된다), 주먹이 샌드백을 친다(그래서 샌드백이 움푹 들어간다). 이때 이 힘들은 상당히 세다. 그러나 권투 선수가 샌드백 대신 한 장의 휴지를 친다면 어떻게 될까? 권투 선수의 주먹은 휴지가 주먹에 가할 수 있는 만큼의 힘만 휴지에 가할 수 있다. 더 나아가 만일 얻어맞은 물체가 주먹에 힘을 전혀 가하지 않는다면, 주먹도 그 물체에 전혀 힘을 가할 수 없다. 하나의 상호 작용은 서로 다른 물체에 가해지는 한 쌍의 힘으로 이루어진다.

그림 3.13
벽에 등을 대고 뒤로 밀면, 벽도 여러분을 앞으로 민다. 이 두 힘은 방향이 반대이고 크기가 같기 때문에 여러분이 고꾸라지지 않는 것이다.

*우리는 생물들만이 밀거나 잡아당긴다고 생각하곤 한다. 그러나 무생물들도 밀거나 잡아당길 수 있다. 그러니 무생물인 벽이 여러분을 되민다는 생각을 받아들일 때 어려움을 겪지 않았으면 한다. 여러분이 다른 사람을 밀면, 그 사람이 여러분을 되미는 것처럼, 여러분이 벽을 밀면 벽도 여러분을 되민다.

그림 3.14
권투 선수는 무거운 샌드백을 엄청난 힘으로 칠 수 있다. 그러나 똑같은 주먹질로도 공중에 떠 있는 휴지 조각에는 아주 작은 힘밖에 가할 수 없다.

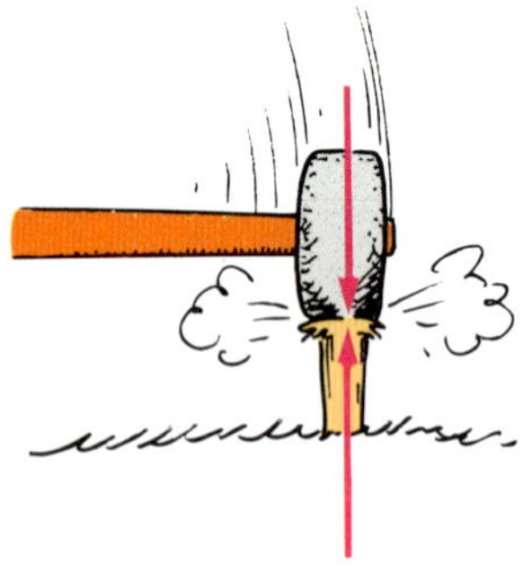

그림 3.15
해머와 말뚝 사이의 상호 작용에서, 이들은 서로에게 같은 크기의 힘을 가한다.

해머로 말뚝을 쳐서 땅에 박을 때, 말뚝은 같은 크기의 힘을 해머에 가하고, 그 결과 해머가 갑자기 멈추게 된다. 그리고 수레를 끌 때, 수레도 여러분을 끌어당긴다. 그 결과, 여러분이 손에 줄을 감고 이 줄을 연결하여 수레를 끈다면, 줄이 팽팽해지게 된다. 한 물체는 다른 물체와 상호 작용한다. 해머는 말뚝과 상호 작용을 하고, 여러분은 수레와 상호 작용을 한다.

3.4 뉴턴의 운동 제3법칙

학습목표
뉴턴의 운동 제3법칙을 정의하고, 예를 들 수 있다.

물음 뉴턴의 제3법칙은 로켓의 추진을 어떻게 설명하는가?

뉴턴의 제3법칙(**Newton's third law**)은 다음과 같다.

물체 A가 물체 B에 힘을 가하면, 물체 B는 물체 A에 반대 방향으로 같은 크기의 힘을 가한다.

물체 A가 물체 B에 가하는 힘을 작용력이라고 하면, 물체 B가 물체 A에 가하는 힘을 반작용력이라고 한다. 중요한 점은, 이들 힘이 하나의 상호 작용을 구성하는 한 쌍의 힘이며, 혼자서는 존재할 수 없다. 작용력과 반작용력은 크기는 같고 방향은 반대이다. 이들은 쌍으로 나타나며, 두 물체 사이의 상호 작용을 구성하는 요소들이다(그림 3.16).

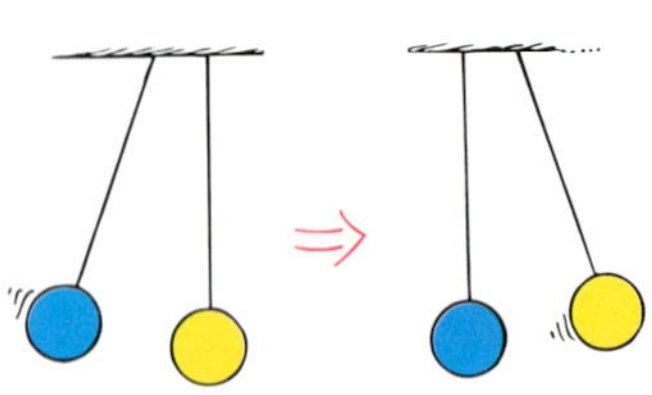

그림 3.16
파란 공과 노란 공 사이의 충격력으로 인해 노란 공은 움직이고 파란 공은 멈추게 된다.

걸을 때, 우리는 바닥과 상호 작용을 한다. 여러분이 바닥을 미는 힘과 바닥이 여러분을 미는 힘이 한 쌍을 이룬다. 이들 힘은 동시에 발생한다. 마찬가지로, 자동차 타이어가 도로를 밀면 도로는 타이어를 되민다. 헤엄을 칠 때, 여러분이 물을 뒤로 밀면, 물은 여러분을 앞으로 민다. 이 경우들에서, 반작용을 이용해서 운동을 설명할 수 있다. 동시에 발생하는 이들 힘은 마찰력에 의존한다. 예를 들어 사람이나 차가 얼음 위에 있다면, 앞으로 나아가기 위해 필요한 반작용력을 얻기 위해 필요한 크기의 작용력을 얼음에 가할 수 없을 것이다.

작용과 반작용을 구별하는 간단한 규칙

작용력과 반작용력을 구별하는 간단한 규칙이 있다. 먼저 상호 작용을 식별한다. – 물체 A가 물체 B와 상호 작용한다면, 작용력과 반작용력은 다음과 같이 말할 수 있다.

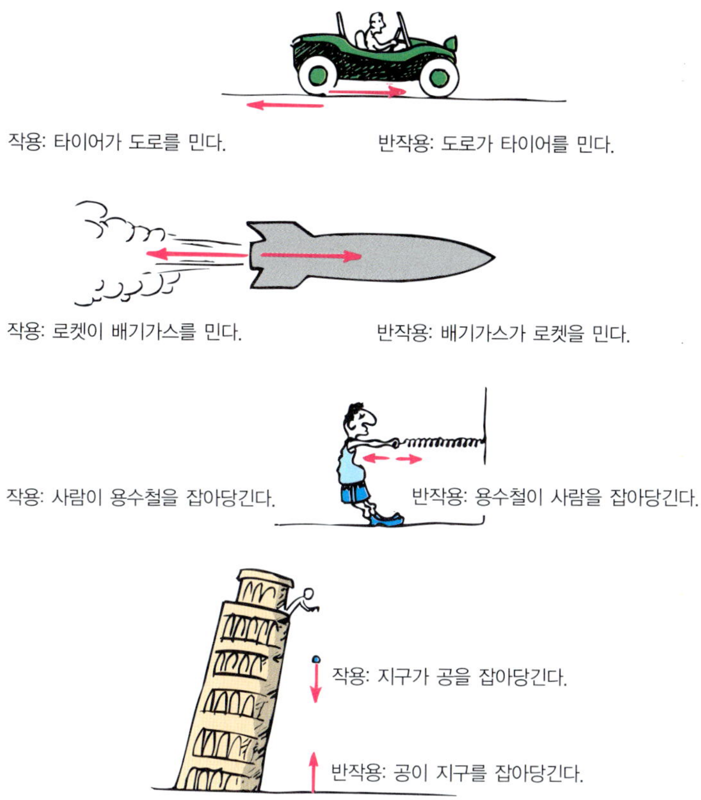

그림 3.17
작용력과 반작용력. 작용이 'A가 B에 힘을 가한다'일 때, 반작용은 단순하게 'B가 A에 힘을 가한다'이다.

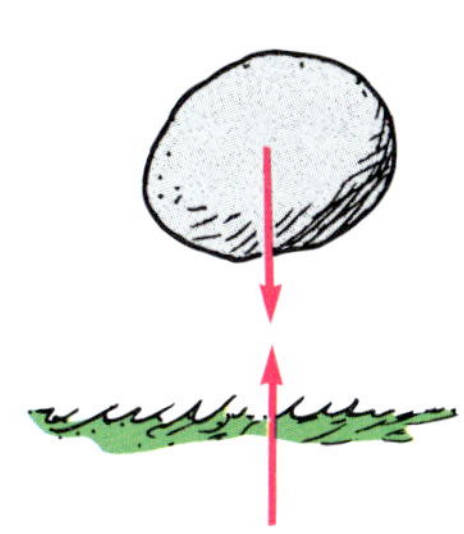

그림 3.18
바위가 지구를 들어 올리는 힘과 지구가 바위를 끌어내리는 힘의 크기는 같다.

작용: 물체 A가 물체 B에 힘을 가한다.
반작용: 물체 B가 물체 A에 힘을 가한다.

이 규칙은 기억하기 쉽다. 작용이 A가 B에 작용하는 것이라면, 반작용은 B가 A에 가하는 것이다. 단지 A와 B가 뒤바뀐다는 것을 알 수 있다. 여러분이 손으로 벽을 밀 때를 생각해 보라. 상호 작용은 여러분 손과 벽 사이에 일어난다. 이 경우, 작용은 여러분의 손(물체 A)이 벽(물체 B)을 미는 것을 말한다. 그러면 벽이 여러분의 손을 미는 것이 반작용이다.

질량이 다른 물체들에 가해지는 작용과 반작용

아주 흥미롭게도, 떨어지는 물체는 지구가 이 물체를 아래로 잡아당기는 힘과 같은 크기의 힘으로 지구를 위로 잡아당긴다. 그런데 지구는 물체보다 질량이 훨씬 크므로 아래로 떨어지는 물체의 가속도는 느낄 수 있을 만큼 크지만, 위로 당겨지는 지구의 가속도는 감지할 수 없을 만큼 작다(그림 3.18).

그림 3.19에 그려 있는 두 행성의 과장된 예를 생각해 보자. 각각의 경우에 행성 A와 B 사이의 힘들은 반대 방향을 향하고 있다. (a)에서 행성 A의 가속도는 느끼지 못할 만큼 작지만, (b)에서는 두 행성의 질량 차이가 덜하기 때문에 행성 A의 가속도가 느낄 만큼 커진다. (c)에서는 두 행성의 질량이 같기 때문에, 행성 A의 가속도는 행성 B와 같아진다. 계속해 보면, (d)에서는 행성 A의 가속도가 더 커지고, (e)에서는 훨씬 더 커진다. 그러므로 엄격하게 말하면, 갓돌에서 차도로 내려설 때, 땅이 아주 조금 올라와 우리와 만나게 된다.

대포가 발사될 때, 대포와 포탄은 상호 작용을 한다(그림 3.20). 대포가 포탄에 가하는 힘은 포탄이 대포에 가하는 힘과 크기는 같고 방향은 반대이다. 이 때문에 대포가 뒤로 밀린다(반동). 두 물체에 작용하는 힘의 크기는 같지만 두 물체의 질량이 크게 차이가 나기 때문에, 두

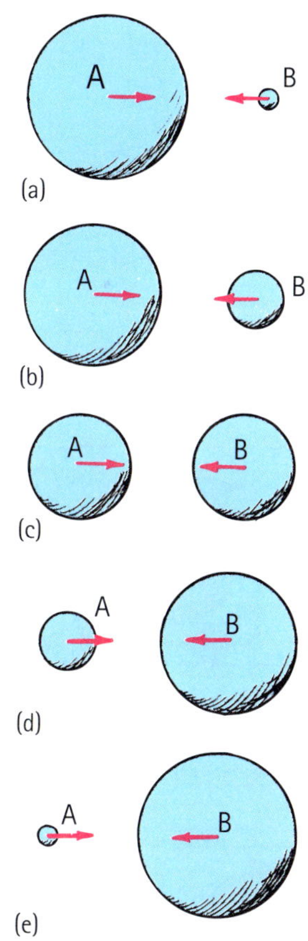

그림 3.19
A와 B 중에서, 어느 행성이 다른 행성으로 끌려갈까? 서로를 잡아당기는 힘의 크기는 같지만, 이들 행성의 가속도는 질량의 상대적인 크기에 따라 어떻게 달라질까?

그림 3.20
반동하는 대포에 가해지는 힘은 포신을 따라 포탄을 밀어내는 힘과 크기가 똑같다. 그렇다면 왜 포탄은 대포보다 훨씬 큰 가속도를 갖게 되는가?

그림 3.21
로켓은 로켓에서 발사된 '분자 포탄들'의 반작용력으로 인해 위로 올라간다.

그림 3.22
오렌지에 힘이 작용하면, 오렌지는 오른쪽으로 가속된다.

그림 3.23
사과가 오렌지에 가한 작용력은 오렌지가 사과에 가하는 반작용력에 의해 상쇄되지 않는다. 오렌지는 여전히 가속된다.

물체에 미치는 효과는 매우 다르다. 뉴턴의 제2법칙으로부터 질량이 다른 두 물체의 가속도가 다르다는 것을 분명하게 알 수 있다.

$$a = \frac{F}{m}$$

F는 작용력과 반작용력, $\mathbf{M}$은 대포의 질량, m은 포탄의 질량을 나타낸다고 하자. 질량과 가속도의 상대적인 크기를 나타내기 위해 크기가 다른 기호를 사용하였다. 그러면 포탄과 대포의 가속도는 다음과 같이 나타낼 수 있다.

$$\text{포탄}: \frac{F}{m} = \mathbf{A}$$

$$\text{대포}: \frac{F}{\mathbf{M}} = a$$

이로부터 포탄 속도의 변화가 대포 속도의 변화에 비해 그렇게 큰 이유를 알 수 있다. 질량이 다른 두 물체에 같은 힘을 가하면 질량이 작은 물체의 가속도는 크고, 질량이 큰 물체의 가속도는 작다.

대포가 자신이 쏜 포탄에 의해 뒤로 밀린다는 생각을 확장하면 로켓 추진을 이해할 수 있다. 풍선에서 공기가 뒤로 빠져나가면 풍선이 앞으로 밀린다. 만일 공기가 아래로 빠져나가면 풍선은 위쪽으로 가속된다. 똑같은 원리를 로켓에 적용해 보자. 로켓은 로켓에서 분출된 배기가스에 의해 연속적으로 반대 방향으로 밀린다. 배기가스의 각각의 분자들은 로켓에서 발사된 작은 포탄과 같다(그림 3.21).

많은 사람들은 배기가스가 대기에 충돌하면서 생기는 충격력에 의해 로켓이 추진된다고 잘못 생각하고 있다. 로켓이 만들어지기 전에는, 실제로 대개의 사람들이 로켓을 달에 보내는 것은 불가능하다고 생각하였다. 왜냐하면 지구 대기층을 넘어서면 로켓을 밀어줄 공기가 없기 때문이다. 하지만 이것은 포탄이 밀어낼 공기가 없다면 대포가 반동하지 않을 것이라고 말하는 것과 같다. 사실이 아니다. 로켓과 반동하는 대포 모두 그들이 발사한 물질들에 의한 반작용 때문에 가속되는 것이지, 공기를 미는 어떤 것 때문에 가속되는 것이 아니다. 사실, 로켓은 공기 저항이 없는 대기 위에서 더 잘 작동된다.

계 정의하기

흔히 제기되는 흥미로운 질문은 '작용력과 반작용력은 크기가 같고 방향이 반대인데, 왜 이들은 상쇄되지 않는가?'이다. 이 질문에 답하려면 계의 개념을 배워야 한다. 예를 들어 그림 3.22처럼 오렌지 하나로 구성된 계를 생각해 보자. 오렌지 주위를 둘러싼 점선은 계의 경계를 표시한 것이다. 점선 바깥으로 빠져나간 벡터는 계에 가해진 외력을 나타낸다. 이 경우, 계는 뉴턴의 제2법칙에 의해 가속된다. 그림 3.23을 보면, 사과가 이 힘을 가한 것을 알 수 있다. 사과는 계의 바깥에 있다. 사과가 오렌지에 작용력을 가하면, 이에 대한 반작용으로 오렌지가 사과(다른 계)에 동시에 반작용력을 가한다. 이 반작용력은 사과에는 영향을 주지만 오렌지에는 영향을 주지 않는다. 오렌지에 가해진 힘과 사과에 가해진 힘, 즉 서로 다른 물체에 가해진 힘이 상쇄될 수는 없다. 그래서 이 경우, 작용력과 반작용력은 상쇄되지 않는다.

이제 오렌지와 사과를 전부 포함하는 큰 계를 생각해 보자. 이 큰 계는 그림 3.24에 점선으로 표시되어 있다. 오렌지와 사과 사이에 작용되는 한 쌍의 힘은 오렌지-사과 계에 대해서는 내부의 힘이다. 따라서 서로 상쇄되어 계의 가속에 아무런 역할을 하지 못한다. 어떤 계가 가속되려면, 이 계에 대한 외력이 필요하다. 그림 3.25를 보면 바닥에 의한 마찰력이 표시되어 있다. 사과가 바닥을 미는 동시에 바닥은 사과를 민다. 이 힘은 계에 가해진 외력이므로 계를

그림 3.24
오렌지+사과를 하나의 큰 계로 생각하면, 작용력과 반작용력은 계의 내부에 있게 되므로 서로 상쇄된다. 수평 방향의 힘이 이들뿐이라면, 계는 가속되지 않는다.

그림 3.25
사과가 바닥을 미는 작용에 대한 반작용으로 바닥이 사과를 밀고, 이들 힘의 결과로 수평 방향의 마찰력이 생긴다. 이 경우, 오렌지+사과 계는 가속된다.

오른쪽으로 가속시킨다.

하나의 야구공 내부에는 엄청나게 많은 수의 원자 사이의 힘들이 작용하고 있다. 이 힘들에 의해 원자들이 한데 뭉쳐 공이 된다. 그러나 이들 힘은 공의 가속에는 아무런 역할도 하지 않는다. 공을 이루는 원자 사이의 힘은 공 내부에 있는 한 쌍의 작용력과 반작용력의 일부이므로 서로 상쇄되어 0이 된다. 따라서 원자 사이에 작용하는 힘의 개수가 아무리 많아도 모두 상쇄되어 공 자체의 가속도에는 영향을 미치지 못한다. 공이 가속되려면, 휘두른 배트에 의한 힘과 같은 외력이 공에 가해져야 한다.

앞에서 논의한 내용이 헷갈릴 수도 있다. 뉴턴 자신도 제3법칙을 이해하는 데 어려움을 겪었다고 한다.

우리 주위의 모든 곳에서 뉴턴의 제3법칙이 적용되고 있다. 물고기는 지느러미로 물을 뒤로 밀고, 물은 물고기를 앞으로 밀어 나아가게 한다. 바람은 나뭇가지를 흔들고, 나뭇가지는 다시 바람을 흔들어 휘파람 소리를 낸다. 힘들은 물체들 사이의 상호 작용이다. 접촉은 최소한 두 물체 사이에 가능한 것이다. 상대방이 없는데 어떤 물체 혼자 힘을 가할 수는 없다. 세게 밀던 살살 밀던, 힘은 쌍으로 생기며, 이 쌍을 이루는 두 힘은 크기가 같고 방향이 반대이다. 그러므로 만져지지 않고는 만질 수 없다(그림 3.26).

그림 3.26
만져지지 않으면, 만질 수 없다—뉴턴의 제3법칙

융합과학 3B
생명과학

학습목표
운동 법칙을 이용하여 동물들의 운동을 설명할 수 있다.

동물 보행

물음 걸을 때에는 발로 땅을 민다. 그렇다면 걷는 사람을 앞으로 미는 것은 무엇인가?

생물 물리학(*biophysics*)의 한 분야인 **동물 보행학**(*animal locomotion*)은 동물들이 어떻게 걷는지를 연구하는 학문이다. 물리학과 생물학에 걸쳐 있는 생물 물리학은 요즈음 널리 유행하는 여러 융합과학 중의 하나이다.

동물 보행에 관한 연구 중 많은 것은 뉴턴의 제3법칙에 기반을 두고 있다. 동물들이 앞으로 움직이려면 무엇인가를 뒤로 밀어야 한다. 이 작용력에 대한 반작용력이 동물들을 앞으로 미는 것이다. 예를 들어 새는 공기를 밀어서 비행을 한다. 새가 날개를 퍼덕이면서 공기를 아래로 밀면, 공기는 새를 위로 민다. 새는 치솟을 때 날개의 모양을 바꿔 공기 입자들이 아래쪽으로 움직이도록 한다. 위 방향의 반작용력이 새를 치솟게 하는 힘이다. 물고기는 물을 밀어서 나아간다. 물고기는 지느러미로 물을 뒤로 밀고, 물은 물고기를 앞으로 민다. 마찬가지로, 사람과 같이 땅에 사는 동물들은 땅바닥을 밀고, 그러면 땅바닥은 이 동물들을 앞으로 민다.

땅에서 사는 동물의 보행을 더 자세히 생각해 보자. 여러분이 걸을 때 뉴턴의 제3법칙은 어

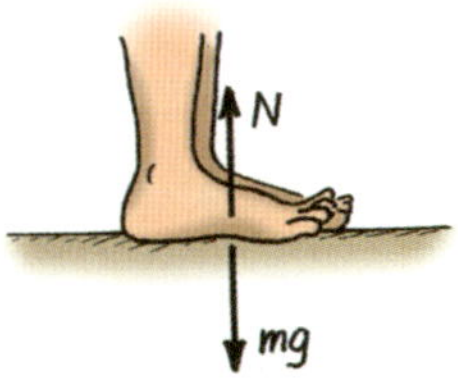

(a)

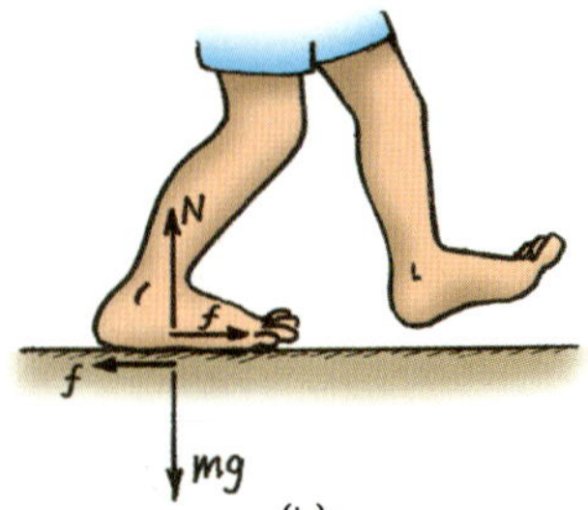

(b)

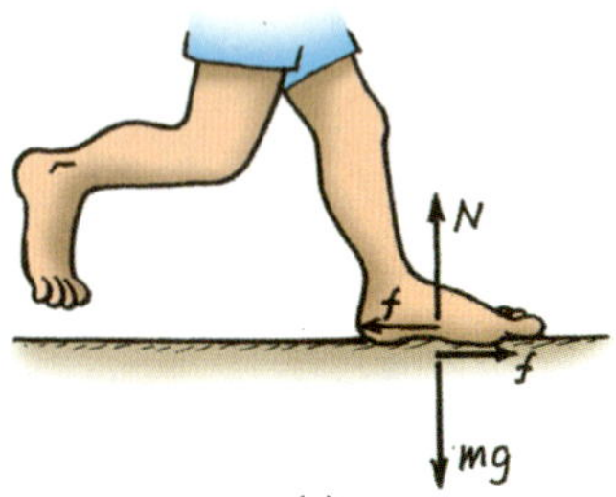

(c)

그림 3.27
(a) 가만히 서 있을 때에 여러분은 몸무게만큼의 힘으로 바닥을 민다. 수직 항력은 같은 크기의 힘으로 여러분을 되민다. — 작용과 반작용
(b) 들어 올린 발은 여러분을 수평 방향으로 가속시키지 않는다. 여러분을 가속시키는 것은 마찰력이다. 여러분이 바닥을 뒤로 밀면, 바닥의 마찰력은 여러분을 밀어 앞으로 움직이게 한다.
(c) 앞쪽 발을 땅에 디딜 때에는, 마찰력이 반대 방향으로 작용한다. 이 마찰력 때문이 발이 앞으로 미끄러지지 않고 멈출 수 있으며, 몸의 나머지 부분이 이동하여 발 위에 위치할 수 있게 된다.

떻게 작동하는가? 첫째로, 여러분이 가만히 서 있을 때, 여러분은 가속되지 않는다는 점에 주목하라. 이 경우 여러분에 가해지는 힘인 중력과 수직 항력은 평형을 이룬다(그림 3.27a). 걸으려면 수평 방향으로 가속을 해야만 한다. 수직 방향의 힘인 중력과 수직 항력은 걷는 데 도움이 되지 않는다. 걷는 데 도움이 되는 힘은 수평 방향의 **마찰**력이다(그림 3.27b). 사람이 걸을 때 발로 바닥을 꽉 누르기 때문에, 발로 바닥을 수평 방향으로 밀면 마찰이 생긴다. 사람이 바닥을 뒤로 밀면, 뉴턴의 제3법칙에 따라 바닥이 사람을 앞으로 민다. 정리하면, 사람이 걸을 수 있도록 하는 반작용력은 바닥이 발에 가하는 마찰력이다. (걸을 때 뼈의 회전이나 근육과 힘줄이 늘어나는 것과 같은, 우리 몸 내부에 작용하는 힘들과 혼동하지 말아야 한다. 우리 몸이 가속되려면, 우리 몸에 **외력**이 작용해야만 한다. 마찰력이 바로 그 힘이다.)

정지 상태에서 마찰력에 의해 앞으로 밀리면, 넘어지지 않도록 적당한 보폭으로 발을 딛게 된다. 몸의 무게 중심은 아직 내딛은 발 뒤에 있다. 몸의 중심을 내딛은 발 위로 이동하려면, 내딛은 발이 단단하게 고정되어야 한다. 그림 3.27c에서와 같이, 반대 방향으로 작용하는 마찰력에 의해 내딛은 발이 미끄러지지 않게 된다.

보행은 먹이 찾기, 짝 찾기, 포식자 피하기와 같은 많은 활동에 있어 꼭 필요한 기능이다. 그동안 이 분야의 생물 물리학 연구를 통해, 보행 기능을 잃은 수많은 사람이나 동물들에게 유용한 장비가 만들어졌다.

3.5 벡터

물음 벡터양과 스칼라양의 차이점은 무엇인가?

학습목표
벡터와 벡터의 성분, 벡터의 합을 설명할 수 있다.

속도, 힘, 가속도와 같은 물리량을 제대로 기술하려면 크기와 방향을 모두 알아야 한다. 이러한 물리량을 **벡터양**(**vector quantity**)이라고 한다. 반면에 어떤 물리량이 단지 크기만으로도 제대로 기술될 수 있다면, 이 물리량을 **스칼라양**(**scalar quantity**)이라고 한다. 질량, 부피, 속력은 스칼라양이다.

벡터양은 화살표로 잘 표현된다. 화살표의 길이와 방향은 벡터양의 크기와 방향을 나타낸다. 벡터양을 나타내는 화살표를 **벡터**(**vector**)라고 한다(그림 3.28).

그림 3.28
이 벡터에서 1 cm는 20 N에 해당한다. 따라서 이 벡터는 방향은 오른쪽이고, 크기는 60 N인 힘을 나타낸다.

두 벡터가 평행할 경우, 두 벡터의 합은 매우 간단하다. 두 벡터가 같은 방향이면 더하면 되고, 반대 방향이면 빼면 된다. 둘 이상의 벡터의 합을 **합 벡터**(**resultant**)라고 한다. 평행이 아닌 벡터들의 합 벡터를 구하기 위해서는 평형사변형 규칙*을 사용한다. 두 벡터가 인접한 변이 되는 평형사변형을 만들면, 이 평형사변형의 대각선이 합 벡터가 된다. 두 벡터가 서로 수직인 경우, 두 벡터가 이루는 평형사변형은 직사각형이 된다(그림 3.29).

만일 서로 수직인 두 벡터의 크기가 같다면, 이들이 이루는 평행사변형은 정사각형이 된다(그림 3.30). 정사각형에서 대각선의 길이는 변 길이의 $\sqrt{2}$, 즉 1.41배이므로, 합 벡터의 크기는 변을 이루는 벡터의 $\sqrt{2}$배가 된다. 예를 들어 서로 수직이고 크기가 100인 두 벡터의 합 벡터의 크기는 141이 된다. 그림 3.31에 그려진 **힘 벡터**(**force vector**)를 생각해 보자. 이 그림은 평평한 바닥에 놓인 상자에, 바닥에 대해 수평이며 서로 직각을 이루는 두 힘이 가해진 장면을 위에서 바라본 것이다. 두 힘의 크기는 각각 30 N과 40 N이다. 이 두 힘의 합력의 크기는 50 N이다. (부록 C에서 벡터를 더 자세히 다루고 있다.)

*평형사변형은 변이 네 개인 도형으로, 마주보고 있는 대변의 길이가 같고 서로 평행이다. 대각선의 길이는 자로 직접 재서 알아낼 수도 있지만, 두 벡터 **V**와 **H**가 서로 수직이어서 정사각형 또는 직사각형을 이루는 특별한 경우에는, 피타고라스 정리 $\mathbf{R}^2 = \mathbf{V}^2 + \mathbf{H}^2$을 적용하여 합 벡터의 크기를 구할 수 있다. $\mathbf{R} = \sqrt{(\mathbf{V}^2 + \mathbf{H}^2)}$.

그림 3.29
서로 직각을 이루는 두 벡터의 합은 이 벡터들이 두 변을 이루는 직사각형의 대각선이다.

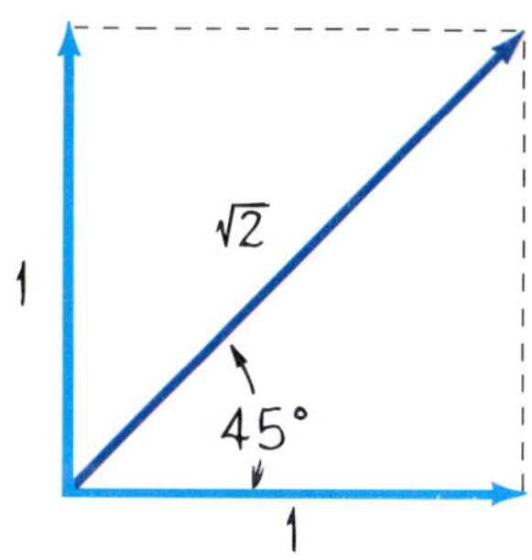

그림 3.30
길이가 같고 서로 직각인 두 벡터는 정사각형을 이룬다. 이 정사각형의 대각선의 길이는 다른 변 길이의 $\sqrt{2}$배이다.

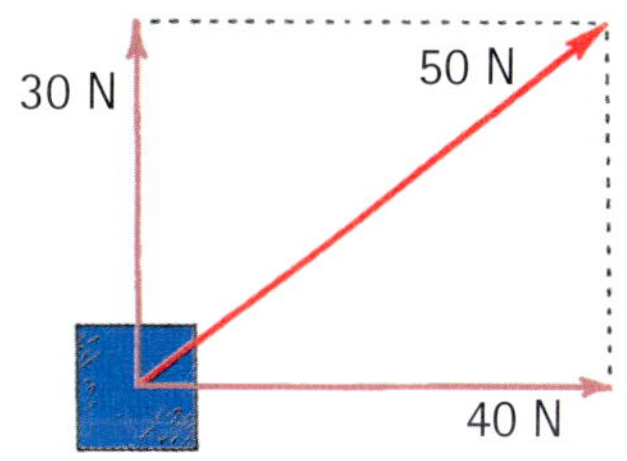

그림 3.31
서로 수직인 30 N의 힘과 40 N의 힘의 합력의 크기는 50 N이다.

3.6 뉴턴의 세 가지 법칙에 대한 요약

학습목표
뉴턴의 세 가지 운동 법칙을 요약하고 비교할 수 있다.

물음 낙하하는 공에 가해지고 있는 힘이 **작용**이라면, **반작용**은 무엇인가?

뉴턴의 제1법칙, 관성 법칙: 멈춰 있는 물체는 계속해서 멈춰 있으려고 하고, 움직이는 물체는 계속해서 직선 경로를 따라 일정한 속력으로 움직이려고 한다. 운동의 변화에 저항하는 물체의 이러한 성질을 관성이라고 한다. 알짜힘이 있을 때에만 물체에는 운동의 변화가 일어나게 될 것이다.

뉴턴의 제2법칙, 가속도 법칙: 물체에 알짜힘이 가해지면, 물체는 가속된다. 이때 가속도는 알짜힘에 비례하고 질량에 반비례한다. 기호로 나타내면, $a \sim F/m$. 가속도는 항상 알짜힘의 방향을 향한다. 물체가 진공 속에서 낙하하면, 무게가 알짜힘이 되고 가속도는 g이다(기호 g는 중력에 의한 가속도를 나타낸다). 물체가 공기 중에서 낙하하면, 무게에서 공기 저항력을 뺀 것이 알짜힘이 되고, 가속도는 g보다 작아진다. 공기 저항력이 물체의 무게와 같아지면, 가속을 멈추고 일정한 속력(**종단 속력**)으로 떨어진다.

뉴턴의 제3법칙, 작용–반작용 법칙: 물체 A가 물체 B에 힘을 가하면, 동시에 물체 B도 물체 A에 크기는 같고 방향이 반대인 힘을 가한다. 힘은 쌍으로 나타난다. 하나가 작용이면, 다른 하나는 반작용이다. 이 작용력과 반작용력이 두 물체 사이의 상호 작용을 구성한다. 작용력과 반작용력은 항상 서로 다른 물체에 가해진다. 이 두 힘 중 하나가 없으면 다른 힘도 존재하지 않는다.

뉴턴의 법칙들은 **항상** 정확한가? 떨어지는 사과에서부터 올라가는 연기, 행성의 궤도에 이르기까지, 뉴턴의 법칙들은 모든 운동을 설명하는 것처럼 보인다. 그러나 이들 법칙에도 한계는 있다. 현대적인 실험을 통해, 뉴턴의 법칙들은 우리가 흔히 볼 수 있는 범위에서만 유효하고, 아래의 경우에는 유효하지 **않다는** 것이 밝혀졌다.

1. 광속에 가까운 속력으로 움직이는 물체: 매우 빠르게 움직이는 물체의 운동을 이해하려면, 아인슈타인의 특수 상대성 원리를 이용해야만 한다.
2. 원자 수준의 매우 작은 물체: 몇 개의 원자들로 이루어진 물체는 뉴턴 물리학보다는 **양자 역학**의 원리에 따라 움직인다.
3. 매우 강한 중력의 영향하에 있는 물체: 그러한 천체들의 운동을 이해하려면, 아인슈타인의 **일반 상대성** 이론을 사용해야 한다.

뉴턴의 법칙들은 한계는 있지만 여전히 오늘날 활동하는 과학자들의 주된 도구이다. 우리 주위의 대부분의 물체들은 충분히 느리고, 충분히 크며, 이례적으로 큰 중력을 받고 있지 않으므로 뉴턴의 법칙으로 잘 기술된다. 또한 특수 상대성 이론, 양자 역학, 일반 상대성 이론의 수학은 뉴턴 물리학의 수학보다 훨씬 더 복잡하므로, 이러한 현대적인 이론들은 뉴턴의 법칙들이 적용되지 않는 극단적인 상황에서만 사용된다. 그러나 결국 인류가 달에 갈 때 주로 사용하는 것은 뉴턴의 법칙이다.

연습문제

3.1 뉴턴의 운동 제1법칙

1. 뉴턴의 운동 제1법칙은 무엇인가?
2. 행성에 가해지는 태양의 인력이 갑자기 사라지면, 행성은 어떤 경로를 따라 움직이는가?

3.2 뉴턴의 운동 제2법칙

3. 뉴턴의 운동 제2법칙은 무엇인가?
4. (a) 가속도는 힘에 **정**비례하는가? 아니면 **반**비례하는가? 예를 들어보시오.
   (b) 가속도는 질량에 **정**비례하는가? 아니면 **반**비례하는가? 예를 들어보시오.
5. 물체에 가해지는 힘과 물체의 질량이 동시에 3배가 되었다. 이때 물체의 가속도는 처음 가속도의 몇 배가 되는가?
6. 자유 낙하하는 무게 10 N인 물체의 가속도는 얼마인가?(단, 공기 저항은 무시한다.)
7. 자유 낙하할 때, 무거운 물체가 가벼운 물체보다 더 많이 가속되는 까닭은 무엇인가?
8. 낙하하는 물체가 종단 속도에 도달했을 때, 이 물체의 가속도는 얼마인가?
9. 공기 저항의 크기는 무엇과 무엇에 따라 달라지는가?
10. 같은 크기의 낙하산을 착용했을 때, 가벼운 사람과 무거운 사람 중 누가 더 빨리 떨어지는가? 아니면 같은 속력으로 떨어지는가?

3.3 힘과 상호 작용

11. 하나의 상호 작용은 몇 개의 힘으로 구성되는가?
12. 손가락으로 벽을 밀면, 손가락이 구부러진다. 손가락을 구부러뜨린 힘은 무엇인가?
13. 권투 선수는 무거운 샌드백을 엄청난 힘으로 칠 수 있다. 그러나 공중에 떠 있는 신문지를 같은 크기의 힘으로 칠 수는 없다. 그 까닭은 무엇인가?

3.4 뉴턴의 운동 제3법칙

14. 뉴턴의 운동 제3법칙은 무엇인가?
15. 배트로 야구공을 칠 때, 배트가 야구공에 가하는 힘을 작용력이라고 하면, 반작용력은 무엇인가?
16. 작용력과 반작용력은 잇달아 작용하는가? 아니면 동시에 작용하는가?
17. 포탄을 발사할 때, 포탄에 작용하는 힘과 대포에 작용하는 힘의 크기가 같다면, 포탄과 대포의 속도 크기는 왜 그렇게 다른가?
18. 어떤 계를 가속시키려면 무엇이 필요한가?

3.5 벡터

19. 벡터양의 예를 세 가지 드시오. 그리고 스칼라양의 예를 세 가지 드시오.
20. 서로 직각이고 크기가 같은 두 벡터의 합 벡터의 크기는 얼마인가?
21. 평행사변형 규칙에 따르면, 두 벡터에 의해 만들어진 평행사변형의 대각선은 무엇을 나타내는가?
22. 두 벡터가 서로 직각일 때, 이 두 벡터의 합 벡터는 각각의 벡터보다 크기가 더 크다고 말할 수 있는가?
23. 어떤 벡터를 수평 성분과 수직 성분으로 분해했을 때, 각각의 성분은 원래 벡터보다 크기가 작다고 말할 수 있는가?

확인문제

만일 여러분이 이 장에서 제대로 학습을 하였다면, 다음에 제시된 10개의 질문에 적어도 7개는 제대로 답을 할 수 있을 것이다. 만일 그렇지 못하면 다음 장으로 가기 전에 이 장을 더 학습할 필요가 있다.

각 질문에 대해 가장 적합한 답을 고르시오.

1. 어떤 물체가 곡선 경로를 따라 움직이고 있다면, 이 물체는 틀림없이
   (a) 가속되고 있다.
   (b) 하나의 힘만 작용되고 있다.
   (c) 둘 다 맞다.
   (d) 둘 다 맞지 않다.

2. 밀고 있는 물체에 질량이 더해지면, 이 물체의 가속도는
   (a) 증가한다.
   (b) 감소한다.
   (c) 변하지 않는다.
   (d) 빠르게 0이 된다.

3. 그림과 같이 공이 구부러져 있는 경사로를 굴러 내려온다. 이 공의 속력이 증가함에 따라 속력이 증가하는 속도는
   (a) 증가한다.
   (b) 감소한다.
   (c) 변하지 않는다.
   (d) 모두 맞지 않다.

4. 공기 저항을 무시하면, 자유 낙하하는 무거운 돌의 가속도와 가벼운 돌의 가속도는 같다. 무거운 돌의 가속도가 더 크지 않은 까닭은
   (a) 두 돌에 가해지는 중력의 크기가 같기 때문이다.
   (b) 자유 낙하에서는 공기 저항이 항상 0이기 때문이다.
   (c) 두 돌의 관성이 같기 때문이다.
   (d) 질량에 대한 힘의 비가 같기 때문이다.

5. 높은 건물의 모서리에서 농구공을 떨어뜨린다. 농구공이 떨어지는 동안, 이 농구공의
   (a) 속력과 가속도 모두 증가한다.
   (b) 속력은 증가하고 가속도는 감소한다.
   (c) 속력과 가속도 모두 감소한다.
   (d) 속력은 감소하고 가속도는 증가한다.

6. 태권도 선수가 격파용 판자를 주먹으로 칠 때, 이 선수가 판자에 가하는 힘은 3000 N이다. 그렇다면 이때 판자가 손에 가하는 힘의 크기는
   (a) 3000 N보다 작다.
   (b) 3000 N이다.
   (c) 3000 N보다 크다.
   (d) 정보가 더 있어야 알 수 있다.

7. 몸무게가 다른 두 사람이 같은 높이에서 똑같은 낙하산을 메고 뛰어내린다. 어떤 사람이 먼저 착지할까?
   (a) 무거운 사람
   (b) 가벼운 사람
   (c) 동시에 착지한다.
   (d) 정보가 더 필요하다.

8. 날개옷을 입은 사람에게 가해지는 공기 저항의 크기는 이 사람의 무엇에 따라 달라지는가?
   (a) 면적
   (b) 속력
   (c) 면적과 속력
   (d) 가속도

9. 여러분이 물체를 0.5 N의 힘으로 밀면, 이 물체는
   (a) 10 m/s^{2}으로 가속된다.
   (b) 0.5 N의 힘으로 미는 것에 저항한다.
   (c) 움직이지 않을 것 같다.
   (d) 0.5 N의 힘으로 여러분을 민다.

10. 로켓을 추진하는 힘은 무엇에 의해 주어지는가?
    (a) 중력
    (b) 뉴턴의 운동 법칙
    (c) 소모되는 연료
    (d) 로켓이 미는 대기

확인문제 답

1. a, 2. b, 3. b, 4. d, 5. b, 6. b, 7. a, 8. c, 9. d, 10. c

4장 운동량과 에너지

움직이는 물체는 멈춰 있는 물체가 갖고 있지 않은 어떤 물리량을 갖고 있다. 100여 년 전에 이 물리량은 **임페도**(*impedo*; 라틴어)라고 불렸다. 멈춰 있는 바위는 임페도를 갖고 있지 않지만, 급경사를 굴러 내려가는 바위는 임페도를 갖고 있다. 또한 빨리 움직일수록 임페도가 크다. 임페도의 변화는 가한 힘의 세기가 클수록, 힘을 가한 시간이 길수록 더 커진다. 수레에 힘을 가하면, 수레에 임페도를 준 것이다. 힘을 길게 가하면 더 많은 임페도를 준 것이다.

그러나 무엇이 '길다'라는 말인가? 시간이 길다는 것인가? 거리가 길다는 것인가? 시간의 경우와 거리의 경우로 구별되었을 때, 임페도라는 용어는 더 정확한 개념인 **운동량**과 **운동 에너지**로 바뀌었다. 이들 두 개념은 일, 일률, 효율, 위치 에너지, 운동량 등을 포함하는 한 무리의 다른 개념들과 연관된다. 그리고 뒷장에서 배울 것으로, 이들 개념들은 생물의 '기계 조직'과 관련이 깊다.

4.1 운동량

학습목표
질량과 속도 사이의 관계를 기술할 수 있다.

물음 달리는 자동차가 항해하는 배보다 더 큰 운동량을 가지는 경우는 언제인가?

같은 속력으로 움직인다고 할 때, 가벼운 승용차보다 무거운 트럭을 멈추게 하는 것이 더 어렵다. 이러한 경우, 트럭이 승용차보다 더 큰 운동량을 갖고 있다고 말한다. **운동량**(**momentum**)이란 운동에 있어서의 관성을 의미한다. 좀 더 구체적으로 말하면, 물체의 질량과 속도의 곱을 의미한다. 즉

$$\textbf{운동량} = \textbf{질량} \times \textbf{속도}$$

또는 기호로 표현하면

$$\textbf{운동량} = mv$$

방향이 중요하지 않은 경우에는 운동량 = 질량 × 속력, 또는 줄여서 mv 라고 할 수 있다.

운동량의 정의로부터, 어떤 물체의 질량 또는 속도가 크거나, 둘 다 큰 경우에 그 물체의 운동량이 크다는 것을 알 수 있다. 트럭과 승용차가 같은 속력으로 달리고 있을 경우, 트럭이 승용차보다 훨씬 무거우므로 트럭의 운동량이 차의 운동량보다 훨씬 크다. 느린 속도로 움직이는 거대한 배와 엄청난 속도로 움직이는 작은 총알의 운동량은 같을 수 있다. 가파른 언덕을 굴러 내려가는 무거운 트럭의 운동량은 매우 크다. 반면에, 멈춰 있을 때 이 트럭의 운동량은 0이다.

그림 4.1
불행하게도, 바위의 운동량이 뛰어가는 사람의 운동량보다 크다.

4.2 충격량

학습목표
힘과 시간의 관계를 기술할 수 있다.

물음 충격량의 개념에서 힘의 역할은 무엇인가?

어떤 물체의 질량이 변하거나 속도가 변하거나, 또는 둘 다 변할 때 이 물체의 운동량이 변한다. 질량은 그대로인데 운동량이 변한다면 속도가 변한 것이다. 즉 가속도 운동을 한 것이다. 그렇다면 무엇에 의해 가속도가 생겼을까? 답은 **힘**(*force*)이다. 물체에 가해지는 알짜힘이 클수록 속도의 변화가 더 커지고, 따라서 운동량의 변화가 더 커진다.

그러나 힘이 작용한 시간 또한 중요하다. 정지해 있는 자동차에 잠깐 동안만 힘을 가하면, 운동량의 변화는 작다. 같은 힘을 오랫동안 가하면 운동량의 변화는 크다(그림 4.2). 힘을 오랫동안 가하면, 잠깐 가한 것보다 큰 운동량의 변화를 얻을 수 있다. 따라서 물체의 운동량을 변화시키는 데 있어 힘과 힘을 가한 시간 모두 중요하다.

'힘 × 시간 간격'인 물리량을 **충격량**(**impulse**)이라고 한다.

그림 4.2
두 배의 힘으로 밀거나 두 배의 시간 동안 밀면, 두 배의 충격량이 전해지고 두 배의 운동량이 생긴다.

4.3 충격량과 운동량의 관계

학습목표
물체에 가해진 충격량과 그로 인한 이 물체의 운동량 변화 사이의 관계를 설명할 수 있다.

물음 물체에 두 배의 충격량이 가해지면, 이 물체의 운동량 변화는 몇 배가 될까?

물체에 가해진 충격량이 클수록, 이 물체의 운동량의 변화는 커진다. 이것을 **충격량과 운동량의 관계**(**impulse-momentum relationship**)라고 한다. 수학적으로 정확하게 표현하면

$$\textbf{충격량} = \textbf{운동량의 변화}$$

그림 4.3
골프공에 가해지는 접촉력은 접촉하고 있는 동안 크기가 변한다.

또는

$$Ft = mv\text{의 변화}$$

이다. 이것을 말로 표현하면, '가한 힘에 힘을 가한 시간을 곱한 것은 운동량의 변화와 (크기와 방향이) 같다'이다.*

이 관계를 기호를 써서 짧게 표현할 수도 있다.

$$Ft = \Delta(mv)$$

여기에서 Δ(델타)는 그리스 대문자로서 '…에서의 변화' 또는 '…에서의 차이'를 나타낸다.

그러므로 물체에 힘을 가하는 것은 그 물체에 충격량을 가하는 것이다. 앞에서 알짜힘이 가속도를 발생시킨다는 것을 배웠다. 우리는 지금 어떤 물체에 가한 알짜힘에 힘을 가한 시간을 곱한 물리량이 그 물체의 운동량의 변화를 일으킨다는 것을 배우고 있다.

충격량을 운동량의 변화를 일으키는 것으로 볼 수도 있고, 운동량 변화를 충격량을 일으키는 것으로 볼 수도 있다. 어떤 식으로 생각하든지 관계없다. 중요한 것은 충격량과 운동량 변화가 항상 연결되어 있다는 점이다. 여기에서는 충격량이 (1) 운동량의 증가, (2) 운동량의 감소와 관련되어 있는 몇 가지 예를 생각할 것이다.

운동량 증가시키기

어떤 물체의 운동량을 최대로 증가시키려면, 최고로 세게 힘을 가해야 할 뿐만 아니라 가능한 한 오랫동안 힘을 주어야 한다. 정지해 있는 차를 잠깐 동안 민 경우와 오랫 동안 민 경우 다른 결과를 얻게 된다.

장거리포의 포신은 길다. 포신이 길수록 포탄의 발사 속도가 빨라진다. 왜 그럴까? 포신이 길면, 폭발하는 폭약의 힘이 긴 시간 동안 포탄에 작용하여 포탄에 가하는 충격량이 더 커지고, 따라서 포탄의 운동량이 더 커진다. 물론 포탄에 작용하는 힘은 일정하지 않다. 즉 처음에는 크고 기체가 팽창함에 따라 약해진다. 대개의 경우 충격량을 일으키는 힘은 시간에 따라 변한다. 예를 들어 그림 4.3에서 골프공에 가해지는 힘은, 공이 변형됨에 따라 빠르게 증가하고, 공의 속도가 빨라지고 공이 원래 모양으로 복원됨에 따라 감소한다. 이 장에서 충격량을 구성하는 힘을 말할 때는 **평균** 힘을 말하는 것이다.

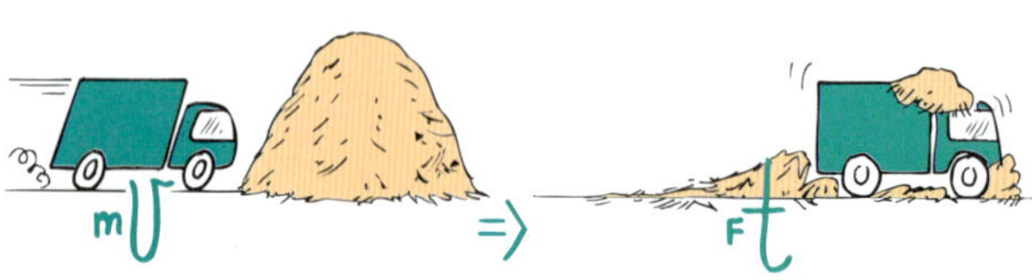

그림 4.4
운동량이 긴 시간에 걸쳐 변하면, 충격력은 작다.

운동량 감소시키기

달리는 차가 제동이 되지 않아 콘크리트 벽과 건초더미 중 어느 곳에 가서 부딪칠지 선택해야 한다고 하자. 이 경우 대단한 물리학 지식을 갖고 있지 않아도 옳은 선택을 할 수 있다. 그러나 딱딱한 곳에 부딪칠 때보다 부드러운 곳에 부딪칠 때 피해가 작은 까닭을 이해하려면 물리를 어느 정도는 알고 있어야 한다. 벽에 부딪치든, 건초더미에 부딪치든 간에 운동량은 같은 크기만큼 감소하고, 이는 차를 멈추기 위해 필요한 충격량의 양이 같다는 것을 의미한다. 충격량이 같다는 것은 힘과 시간의 곱이 같다는 것이지, 힘이 같다거나 시간이 같다는 것을 의미하는 것은 아니다. 벽 대신에 건초더미를 선택함으로써 운동량이 0이 되는 데 걸리는 시간, 즉 접촉 시간을 늘린 것이다. 접촉 시간이 길수록 접촉 과

그림 4.5
운동량이 짧은 시간에 걸쳐 변하면, 충격력은 크다.

*뉴턴의 제2법칙($F/m = a$)에, 가속도($a = v$의 변화$/t$)의 정의를 대입하면, $F/m = v$의 변화$/t$라는 식을 얻는다. 식의 양쪽에 mt를 곱하면, $Ft = mv$, 또는 $Ft = \Delta(mv)$라는 식을 얻는다.

정에서 가해지는 힘은 더 줄어든다. 접촉 시간을 100배 늘리면, 접촉력이 100분의 1로 줄어든다. 그러므로 접촉력이 작아지기를 바란다면, 접촉 시간을 늘려야 한다(그림 4.4).

반대로, 접촉력이 작용하는 시간이 짧아지면 이 시간에 반비례해서 접촉력이 커질 것이다. 자동차의 예로 돌아가서, 건초더미가 아니라 콘크리트 벽에 부딪치는 경우 피해가 훨씬 커지는 까닭을 알 수 있다. 콘크리트 벽에 부딪치면, 짧은 접촉 시간 동안에 운동량이 0이 되어야 하므로 차에 가해지는 힘이 클 수밖에 없다.

융합과학 4A
생명과학

학습목표
충격량과 운동량의 관계를 적용하여 생물들 움직임을 설명할 수 있다.

스포츠에서의 충격량과 운동량의 관계

물음 힘의 크기와 힘을 가한 시간은 운동량 변화에 어떤 식으로 영향을 미칠까?

스포츠에서도 충격량과 운동량의 관계가 유용하게 이용된다. 긴 시간에 걸쳐 운동량이 천천히 감소되는 것이 좋은 경우가 많다. 예를 들어 바닥에 내던져진 레슬러는 근육을 이완시키고 요란한 소리를 내면서 발, 무릎, 엉덩이, 등, 어깨를 차례대로 바닥에 댐으로써 바닥에 떨어지는 시간을 길게 한다. 접촉 시간을 길게 함으로써 접촉력을 작게 만들 수 있다.

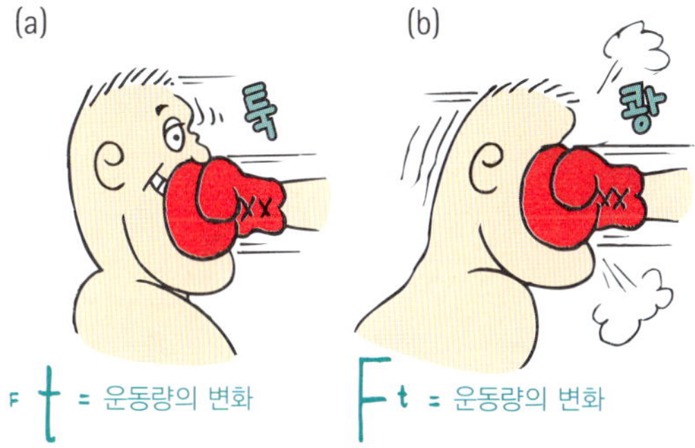

그림 4.6
두 경우 모두, 권투 선수의 턱이 주먹의 운동량을 변화시키는 충격량을 가한다.
(a) 권투 선수가 뒤로 물러나면서 주먹을 맞으면, 접촉 시간이 길어지므로 힘이 감소한다. (b) 권투 선수가 앞으로 가면서 주먹을 맞으면, 접촉 시간이 감소하므로 엄청난 주먹 힘을 견뎌야 한다.

높은 곳에서 뛰어내릴 때, 착지하면서 무릎을 굽히는 방식으로 운동량이 감소되는 시간을 길게 한다. 이렇게 함으로써 번정다리로 착지하는 경우보다 접촉 시간이 10~20배 길어지고, 따라서 뼈에 가해지는 힘이 10~20배 줄어든다. 물론 딱딱한 바닥에 떨어지는 것보다 푹신푹신한 매트에 떨어지는 것이 더 좋다. 이 경우에도 접촉 시간이 늘어난다.

발레리나들은 탄성이 거의 없거나 전혀 없는 딱딱한 바닥보다 탄성을 가진 나무 바닥을 훨씬 선호한다. 나무 바닥의 경우, 발레리나가 착지할 때 접촉 시간이 약간 더 길어지기 때문에, 접촉력이 줄어들고 따라서 부상의 위험도 감소한다. 곡예사들이 안전망을 사용하는 까닭도 떨어지는 사람의 운동량을 줄이는 데 필요한, 충격량을 가하는 시간을 길게 함으로써 접촉력을 줄이려는 것이다.

번지 점프에서도 충격량과 운동량의 관계가 이용된다. 떨어지면서 속도가 빨라지므로 사람의 운동량이 증가하고, 이 운동량은 발에 묶은 줄이 주는 충격량에 의해 0이 되어, 땅에 닿기 전 사람이 멈추게 된다. 줄이 늘어나는 시간이 길수록 사람에게 가해지는 힘이 줄어들어 안전하게 멈추게 된다. 번지 점프에서 사용되는 줄은 대개 떨어지는 동안 원래 길이의 약 두 배까지 늘어난다.

빠르게 날아오는 야구공을 맨손으로 잡아야 한다면, 손을 앞으로 쭉 뻗어야 공이 손에 닿을 때 손을 뒤로 뺄 수 있는 충분한 공간을 확보할 것이다. 이렇게 해야 접촉 시간이 길어지므로 접촉력이 줄어든다. 마찬가지로, 권투 선수도 주먹을 맞을 때 뒤로 물러나는 방식으로 접촉력을 작게 만든다(그림 4.6).

그림 4.7
이 태권도 선수는 벽돌에 짧은 시간 동안 큰 충격량을 가하기 때문에 벽돌에 상당히 큰 힘이 가해진다.

짧은 시간에 운동량을 줄이는 것이 더 좋은 경우도 많이 있다. 태권도 선수가 맨손으로 여러 장의 벽돌을 깰 수 있는 것도 이렇게 했기 때문이다(그림 4.7). 이 선수는 손을 재빨리 휘둘러 상당한 운동량을 갖고 벽돌을 때린다. 이 운동량은 선수가 벽돌에 충격량을 전하자마자 빠르게 줄어든다. 충격량은 손이 벽돌에 가한 힘과, 손이 벽돌과 접촉한 시간의 곱이다. 재빨리 휘두름으로써 접촉 시간이 매우 짧아지고, 그 결과 엄청난 접촉력을 가하게 된다. 만일 손이 벽돌에서 되튄다면, 이 힘은 더 커질 것이다. 되튀면 왜 접촉력이 더 커질까?

되튈 때는 멈출 때보다 충격량이 더 크다. 왜냐하면 되튀게 만들기 위해서는 일단 멈추게 한 후 반대 방향으로 던져야 하기 때문이다. 따라서 멈추게 만드는 충격량에 반대 방향으로 던지는 충격량이 더해진다. 예를 들어 축구공을 손으로 잡는다고 하자. 공에 충격량을 가해 공의 운동량을 줄여 0이 되게 한다. 만일 공을 다시 되돌려 던진다면, 추가로 충격량을 가해야만 한다. 즉 단지 공을 잡을 때보다 공을 잡고 되돌려 던질 때 더 많은 충격량이 필요하다. 여러분이 진짜 축구 선수라면, 헤딩하는 기술을 익혔을 것이다. 머리로 받아 공을 되돌려 보내려면 더 큰 충격량을 가해야 한다. 이 기술은 직업 선수들만 해야 한다. 잘못하면 머리가 아프거나 다칠 수도 있다.

학습목표
운동량이 보존되는 경우와 보존되지 않는 경우의 조건들을 관련지을 수 있다.

4.4 운동량 보존

물음 구르던 당구공이 멈춰 있던 당구공에 부딪친 후 멈추었을 때 그대로 유지되는 것은 무엇인가?

뉴턴의 제2법칙에 의하면, 물체를 가속시키기 위해서는 그 물체에 힘을 가해야 하며, 이 힘은 외력이어야만 한다. 엔진이 꺼진 차를 가속시키려면, 차 밖에서 밀어야만 한다. 내력으로는 차를 가속시킬 수 없다. 차 안에 앉아 계기판을 밀면, 계기판은 다시 사람을 밀어 차를 가속시키는 데는 아무 영향도 미치지 않는다. 마찬가지로, 물체의 운동량을 변화시키려면 외력이 가해져야만 한다. 충격량과 운동량의 관계($Ft = \Delta mv$)에서 내력들은 아무런 영향도 미치지 못한다. 외력이 없다면, 운동량을 변화시킬 수 없다.

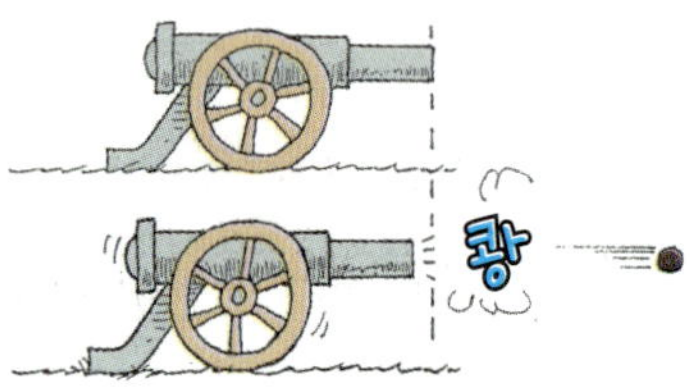

그림 4.8
발사 전의 운동량은 0이다. 발사 후에도 알짜 운동량은 여전히 0이다. 왜냐하면 대포의 운동량과 포탄의 운동량은 크기는 같고 방향은 반대이기 때문이다.

대포에서 포탄이 발사되는 상황을 생각해 보자. 포탄을 밀어내는 힘과 대포를 반동시키는 힘은 크기는 같고 방향은 반대이다(뉴턴의 제3법칙). 대포와 포탄으로 구성된 계에 대해, 이들 힘은 내력이다. 대포-포탄 계에 알짜 외력이 가해지지 않았으므로 계의 전체 운동량은 변하지 않는다. 발사 전 계의 알짜 운동량은 0이다. 발사 후 계의 알짜 운동량도 여전히 0이다(그림 4.8). 운동량은 속도와 마찬가지로 벡터양이다. 포탄이 얻은 운동량은 반동하는 대포가 얻은 운동량과 크기는 같고 방향은 반대이다.* 이 둘은 서로 상쇄된다. 따라서 전체적으로 얻은 운동량도, 잃은 운동량도 없다.

어떤 과정 동안 어떤 물리량이 변하지 않는다면, 이 물리량은 이 과정에서 **보존**된다고 말한다. 따라서 포탄이 발사되는 과정에서 운동량은 보존된다.

외력이 가해지지 않으면 운동량이 보존된다는 개념은 역학의 핵심적인 법칙이며, 이것을 **운동량 보존**(**conservation of momentum**) 법칙이라고 한다.

외력이 없으면, 계의 운동량은 변하지 않는다.

(a) 검은 공으로만 이루어진 계

(b) 흰 공으로만 이루어진 계

(c) 흰 공과 검은 공으로 이루어진 계

그림 4.9
흰 공이 검은 공을 정면으로 때린다. (a) 검은 공에 외력이 가해져서 운동량이 증가한다. (b) 흰 공에 외력이 가해져서 운동량이 감소한다. (c) 흰 공과 검은 공으로 구성된 계에는 외력이 가해지지 않았으므로 운동량이 보존된다(단순히 계의 한 부분에서 다른 부분으로 전달됨).

움직이고 있는 물체는 외력이 가해지지 않는 한 계속 움직인다는 것이 뉴턴의 제1법칙이다. 외력이 가해지지 않는 한, 물체의 운동량은 변하지 않는다는 것은 뉴턴의 제1법칙의 또 다른 표현이다. 어떤 계에 외력이 가해지지 않는 한, 그 계의 운동량은 변하지 않는다. 자동차의 충돌이나 별의 폭발과 같이 모든 힘이 내력인 계들의 알짜 운동량은 사건의 전과 후에 변함없이 똑같다. 그림 4.9에서 설명하였듯이, 어떤 힘이 외부의 힘이냐, 내부의 힘이냐는 어느 범위까지를 계로 생각하는지에 달려 있다.

*여기에서는 상당히 클 수도 있는, 배기가스의 운동량은 무시한다.

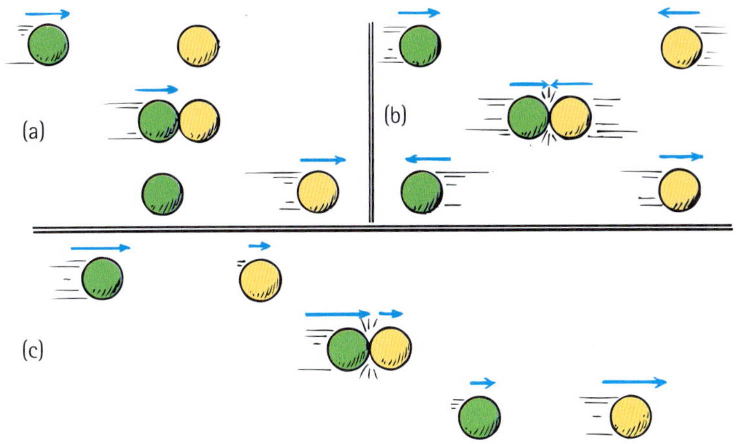

그림 4.10
질량이 같은 공들의 탄성 충돌. (a) 녹색 공이 멈춰 있던 노란색 공을 때린다. (b) 정면 충돌. (c) 같은 방향으로 움직이는 공들의 충돌. 각 경우에, 한 공에서 다른 공으로 운동량이 전달된다.

충돌

운동량 보존은 충돌에서 특히 유용하다. 충돌 과정에 포함된 모든 힘은 내력이다. 따라서

충돌 전의 알짜 운동량 = 충돌 후의 알짜 운동량

이다. 움직이는 당구공이 멈춰 있는 당구공에 정면으로 부딪치면 움직이던 공은 정지하고, 정지해 있던 공은 움직이던 공의 속도로 움직이게 된다. 이것을 **탄성 충돌(elastic collision)**이라고 한다. 탄성 충돌하여 되튄 물체들은 찌그러지거나 열이 발생하지 않는다. 이 충돌에서 운동량은 첫 번째 공에서 두 번째 공으로 전달된다(그림 4.10). 운동량은 보존된다. 당구공들은 완전에 가까운 탄성 충돌을 하며, 기체 분자들은 완전한 탄성 충돌을 한다.

심지어 충돌한 물체들이 되튀지 않은 경우에도 운동량은 보존된다. 이것이 **비탄성 충돌(inelastic collision)**이며, 비탄성 충돌의 경우 물체가 찌그러지거나 열이 나거나, 또는 둘 다 생긴다. 때때로 두 물체를 연결할 때 비탄성 충돌이 일어난다. 예를 들어 철로를 따라 움직이는 화물차가 정지해 있는 다른 화물차와 충돌했다고 하자(그림 4.11). 두 화물차의 질량이 같고 충돌 후 하나로 연결되었다면, 연결된 두 화물차의 속도는 얼마일까?

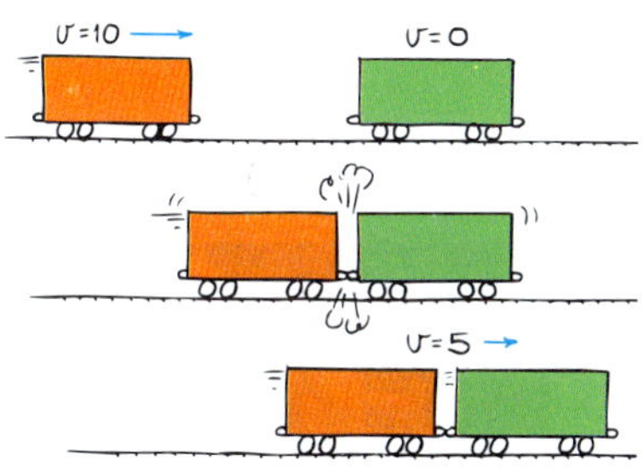

그림 4.11
비탄성 충돌. 충돌 후 왼쪽 화물차의 운동량을 오른쪽 화물차와 공유한다.

예를 들어 처음에 움직이는 화물차가 초당 10 m로 움직이고, 각 화물차의 질량이 m이라고 하자. 그러면 운동량 보존으로부터

$$(\text{알짜 } mv)_{전} = (\text{알짜 } mv)_{후}$$
$$(m \times 10)_{전} = (2m \times v)_{후}$$

간단히 계산하면, $v = 5$ m/s이다. 충돌 후에 질량이 2배가 되어 움직이므로 속도는 충돌 전 속도의 반이 되어야 하므로, 이것은 타당하다. 그래야 방정식의 양쪽이 같은 값을 갖는다.

지금까지 배웠듯이, 어떤 물체의 운동은 힘뿐만 아니라 힘을 얼마나 길게 가했느냐에 따라서도 달라진다. '얼마나 길게'가 시간을 의미할 때, 힘 × 시간은 **충격량**을 말하는 것이다. 그러나 '얼마나 길게'가 거리를 의미할 수도 있다. 힘 × **거리**는 충격량과는 전혀 다른, **에너지**라는 개념이다.

학습목표
어떤 물체에 가해진 일과 그 물체의 에너지 변화의 관계를 설명할 수 있다.

4.5 에너지

물음 일과 에너지의 관계는 무엇인가?

에너지는 과학에서 가장 핵심적인 개념일 것이다. 에너지와 물질이 결합되어 우주를 구성한다. 물질은 실체이고, 에너지는 이 실체들을 움직이게 하고 변하게 하는 것이다. 물질이 무엇인지는 파악하기 쉽다. 물질은 보고, 냄새 맡고, 느낄 수 있는 것들이다. 물질은 질량을 갖고 있고 공간을 점유하고 있다. 반면에 에너지는 추상적이다. 우리는 대부분 형태의 에너지를 볼 수도, 냄새 맡을 수도, 느낄 수도 없다. 심지어 에너지는 전달되거나 전환되는 등 어떤 변화가 일어나지 않는 한 알아채지도 못한다. 놀랍게도, 뉴턴도 에너지를 몰랐으며, 1850년대까지도 에너지의 존재에 대한 논쟁이 있었다. 에너지는 태양에서 태양빛의 형태로 오며, 우리가 먹는 음식에도 있고, 모든 생명을 유지시킨다. 에너지는 열, 소리, 전기, 빛에도 있다. 10장에서 배울 아인슈타인의 유명한 식인 $E = mc^2$에 따르면, 심지어 물질 자체도 한데 모여 농축된 에너지이다.

그림 4.12
벽을 밀면 에너지가 소비된다. 그러나 벽이 움직이지 않는 한, 벽에 한 일은 없다.

일

이 장의 앞에서 충격량, 즉 힘×시간에 대해 배웠다. 이제 완전히 다른 물리량인 **일**(**work**)을 배울 것이다.

$$\textbf{일} = \textbf{힘} \times \textbf{거리}$$
$$W = Fd$$

일을 하는 모든 경우에는 두 요소가 들어 있다. (1) 힘을 가함, (2) 그 힘에 의해 물체가 움직임.* 예를 들어 질량이 같은 두 물체를 한꺼번에 한 층 높이까지 들어 올리면, 그 물체 한 개를 같은 높이까지 들어 올릴 때에 비해 두 배의 일을 한다. 왜냐하면 이동한 거리는 같지만, **힘**이 두 배 더 들기 때문이다. 마찬가지로 같은 물체 하나를 이층 높이까지 들어 올리면, 힘은 같지만 **거리**가 두 배가 되므로, 일층 높이까지 들어 올린 경우에 비해 두 배의 일을 한다.

무거운 역기를 들어 올릴 때, 역도 선수는 역기에 일을 해 주고 에너지를 준다. 흥미롭게도, 역도 선수가 역기를 머리 위에 들고 가만히 있으면, 역기에 해 준 일은 없다. 일은 힘뿐만 아니라 운동도 포함한다. 역도 선수는 역기를 들고 가만히 있으려고 노력할 수도 있으나, 가한 힘에 의해 역기가 움직이지 않으면, **역기에** 해 준 일은 없다. 일은 역도 선수의 근육에 하여졌을 수 있다. 근육이 늘어나고 수축하면서, 생물학적 수준에서 힘×거리, 즉 일이 하여진다. 그러나 이 일은 **역기에** 하여지진 않는다. 역기를 **들어 올리는 것**은 역기를 **들고 있는 것**과는 다르다.

그림 4.13
역기를 들어 올릴 때 일을 한다.

물체들을 수평 방향으로 밀어서 움직이게 할 때도 일을 한다. 아주 미끄러운 바닥에서 상자를 민다고 상상해 보자. 여러분이 상자에 한 일은 여러분이 민 힘의 평균값×이동한 거리이다. 여러분이 한 일이 상자를 움직이게 한다.

일의 단위는 힘의 단위(N)와 거리의 단위(m)를 결합한 뉴턴-미터(N·m)이다. 뉴턴-미터를 **줄**(**J**)이라고 한다. 1뉴턴의 힘을 가하면서 힘과 같은 방향으로 1미터 이동하면 1 J의 일을 한 것이다. 일의 값이 더 큰 경우, 천 J을 의미하는 킬로줄(kJ)과 백만 J을 의미하는 메가줄(MJ)이 사용된다. 그림 4.13의 역도 선수가 한 일을 측정하는 데는 킬로줄이 적당하다. 짐을 가득 실은 트럭을 높이 들어 올릴 때 한 일을 측정하는 데는 메가줄이 적당하다.

*힘과 거리는 같은 방향이어야 한다. 물체가 움직이는 방향과 다른 방향으로 힘이 가해지는 경우, 일은 (물체가 움직이는 방향의 힘의 성분)×(물체가 움직인 거리)가 된다.

4.6 일률

학습목표
일과 일률의 관계를 설명할 수 있다.

물음 계단을 뛰어오르면 숨이 차지만, 걸어 오르면 숨이 차지 않다. 그 까닭은 무엇인가?

일의 정의는 그만큼의 일을 하는 데 시간이 얼마나 걸렸느냐에 대해서 아무 것도 말해주지 않는다. 우리가 짐을 들고 계단을 오를 때, 뛰어오르건 걸어 오르건 한 일의 양은 같다. 그렇다면 계단을 몇 분에 걸쳐 걸어 오른 후보다 몇 초에 걸쳐 뛰어오른 후에 더 피곤한 까닭은 무엇인가? 이 차이를 이해하기 위해, 일이 얼마나 빠르게 행해졌는가를 나타내는 일률에 대해 이야기할 필요가 있다. **일률**(**power**)은 시간당 하여진 일의 양이다.

$$\textbf{일률} = \frac{\textbf{하여진 일}}{\textbf{시간 간격}}$$

계단을 걸어서 천천히 오를 때보다 뛰어서 빨리 오를 때 더 큰 일률이 필요하다. 고출력 자동차 엔진은 빠르게 일을 한다. 일률이 두 배 더 큰 엔진을 장착한다고 차가 꼭 두 배 더 빠르게 또는 두 배 더 멀리 움직이는 것은 아니다. 일률이 두 배라는 것은 엔진이 같은 시간 동안 두 배의 일을 하거나, 같은 양의 일을 반밖에 안 되는 시간 동안에 할 수 있다는 것을 의미한다. 일률이 큰 엔진은 더 큰 가속도를 낼 수 있다.

일률은 에너지가 한 형태에서 다른 형태로 전환되는 비율이기도 하다. 일률의 단위는 초당 줄(J)이고 이것을 와트라고 한다. 이 단위의 이름은 18세기 증기 기관 발명자인 제임스 와트를 기려 그의 이름을 딴 것이다. 1초당 1줄의 일이 하여질 때 1와트(W)의 일률이 사용된다. 1킬로와트(kW)는 1000와트이며, 1메가와트(MW)는 백만 와트이다.

4.7 위치 에너지

학습목표
위치 에너지와 위치 변화의 관계를 설명할 수 있다.

물음 물체를 두 배 더 높이 들어 올리려면, 에너지가 얼마나 더 많이 필요한가?

물체의 에너지는 위치, 모양, 상태에 따라 달라질 수 있다. 이러한 에너지를 **위치 에너지**(**potential energy, PE**)라고 한다. 위치 에너지의 영어 이름을 직역하면 잠재 에너지라 부를 수 있다. 잠재 에너지란 이름은 물체의 위치, 모양, 상태에 따라 다른 크기의 일을 할 수 있는 능력이 잠재되어 있다는 것으로부터 유래되었다. 예를 들어 늘어나거나 수축된 용수철은 일을 하기 위한 잠재적인 능력을 갖고 있다. 또한 궁수가 화살로 활시위를 당기면, 구부러진 활과 줄에 에너지가 저장된다(그림 4.14). 활시위를 놓으면, 활에 저장되어 있던 대부분의 에너지가 화살로 전달된다(나머지는 활을 덥힌다).

그림 4.14
뒤로 잡아당겨진 활시위의 위치 에너지는 활시위를 뒤를 잡아당기는 동안 했던 일 (평균 힘 × 거리)과 값이 같다. 활시위를 놓으면 잡아당겨진 활시위의 위치 에너지 대부분이 화살의 운동 에너지가 될 것이다.

연료 안의 화학 에너지도 위치 에너지이다. 그것은 미시적인 관점에서 보면 위치 에너지이다. 화석 연료, 전기 배터리, 우리가 먹는 음식에는 화학 에너지가 저장되어 있다. 화학 에너지는 원자가 재배열될 때, 즉 화학적인 변화가 생길 때 이용할 수 있다. 화학 작용을 통해 일을 할 수 있는 물질은 모두 위치 에너지를 갖고 있다.

상상하기에 가장 쉬운 위치 에너지의 형태는 중력을 이기고 물체를 들어 올릴 때이다. 들어 올려진 위치로 인한 위치 에너지를 중력 위치 에너지라고 한다. 높이 있는 수조의 물이나 높이 들어 올려진 말뚝 박는 기계 쇠뭉치는 중력 위치 에너지를 갖고 있다. 들어 올려진 물체의 중력 위치 에너지의 양은 중력을 이기고 그 물체를 들어 올리기 위해 한 일과 값이 같다 ($W = Fd$). 위쪽으로 가한 힘은 물체의 무게 mg와 크기가 같다. 따라서 물체를 높이 h까지 들어 올리는 데 하여진 일은 mgh로 주어진다.

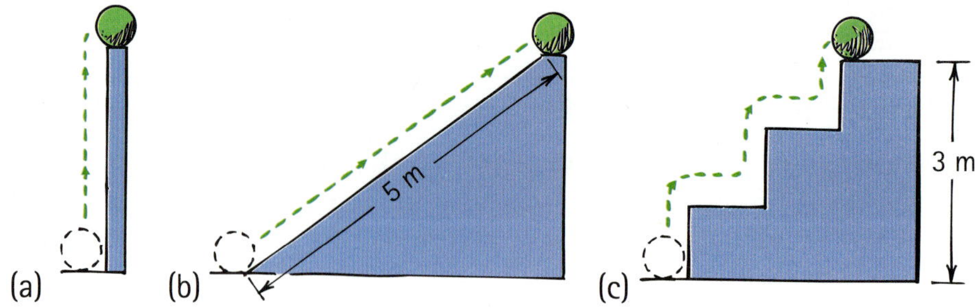

그림 4.15
무게가 10 N인 공의 위치 에너지는 세 경우 모두 30 J이다. (a) 10 N의 힘으로 수직 방향으로 3 m를 올렸다. (b) 경사면에서 6 N의 힘으로 5 m를 밀어 올렸다. (c) 높이 1 m의 세 계단에서 각각 10 N의 힘으로 들어 올렸다. 수평 방향으로 움직이는 데는 일이 하여지지 않는다(마찰을 무시함).

$$\text{중력 위치 에너지} = \text{무게} \times \text{높이}$$
$$\mathrm{PE} = mgh$$

높이 h는 지면이나 건물 바닥과 같은 어떤 기준으로부터의 거리이다. 위치 에너지 mgh는 그 기준에 대한 것이고, 기준이 정해지면 위치 에너지는 mg와 h에만 의존한다. 그림 4.15를 보면, 각 구조물의 꼭대기에 있는 공의 위치 에너지는 수직 높이에 따라 결정되고, 거쳐 온 경로와는 관계없다.

학습목표
물체에 일이 하여지면, 물체의 에너지는 어떻게 변하는지 설명할 수 있다.

4.8 운동 에너지

물음 물체를 두 배 더 빠르게 밀려면, 에너지가 얼마나 더 필요할까?

물체를 밀어서 움직이게 하면, 움직이는 이 물체는 다른 물체에 힘을 가하면서 어떤 거리를 움직일 수 있다. 즉 일을 할 수 있다. 움직이는 물체가 일을 할 수 있는 능력을 갖고 있다면, 움직이는 물체는 틀림없이 에너지를 갖고 있을 것이다. 그렇다면 어떤 종류의 에너지를 갖고 있을까? 움직이는 물체가 운동에 의해서 갖게 되는 에너지를 **운동 에너지(kinetic energy**, KE)라고 한다.

그림 4.16
질량이 같은 물체를 들어 올리기 위해 두 사람이 한 일의 양은 같다. 두 물체는 같은 수직 높이만큼 들어 올려지면, 같은 운동 에너지를 갖는다.

에너지는 한 물체에서 다른 물체로 **전달될** 수 있다. 예를 들어 구르는 볼링공은 자신의 운동 에너지의 일부를 핀에 전달하여 핀이 움직이도록 한다. 또한 에너지는 **전환되기도** 한다. 즉 형태가 변한다. 예를 들어 그림 4.17에서처럼, 들어 올려진 쇠뭉치의 중력 위치 에너지는 쇠뭉치가 떨어지면서 운동 에너지로 전환된다. 만일 여러분이 중력을 이기고 진자의 추를 들어 올리면, 진자의 추에 일을 하는 것이다. 이 일은 진자의 추를 잡고 있는 동안에는 위치 에너지로 저장된다. 진자의 추가 움직여 속력이 빨라지고 낮은 위치로 오게 되면, 이 추의 위치 에너지는 운동 에너지로 전환된다.

물체의 운동 에너지는 이 물체의 질량과 속력에 의존한다. 운동 에너지는 질량에 속력의 제곱을 곱하고, 여기에 상수 $\frac{1}{2}$을 곱한 값과 같다.

$$\text{운동 에너지} = \frac{1}{2}\,\text{질량} \times \text{속력}^2$$
$$\mathrm{KE} = \frac{1}{2}mv^2$$

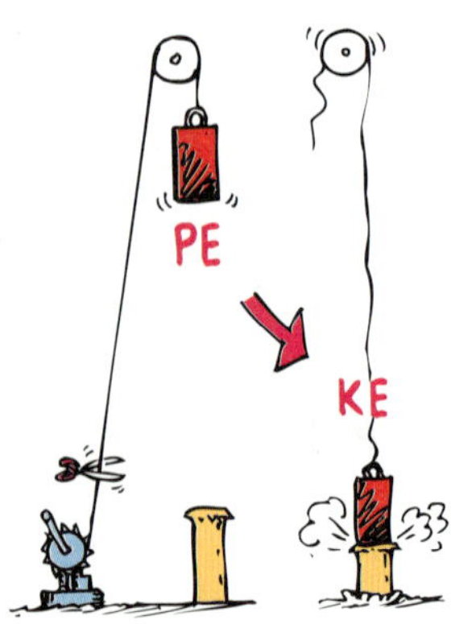

그림 4.17
들어 올려진 쇠뭉치의 위치 에너지는 떨어지면서 운동 에너지로 전환된다.

도로를 따라 움직이는 자동차는 운동 에너지를 갖고 있다. 질량이 두 배인 차가 같은 속력으로 움직인다면, 운동 에너지는 두 배가 된다. 운동 에너지는 질량에 따라 달라진다. 그러나 운동 에너지는 속력의 제곱에도 의존한다. 자동차의 속력이 두 배가 되게 하면, 운동 에너지는 네 배($2^2 = 4$)가 될 것이다. 세 배 빠르게 운전하면, 운동 에너지는 9배($3^2 = 9$)가 될 것이다. 운동 에너지가 속력의 제곱에 의존한다는 사실은 속력이 조금 변해도 운동 에너지는 크게 변한다는 것을 의미한다. 운동 에너지는 속력의 제곱에 의존하므로 0 또는 양일 수는 있지만, 결

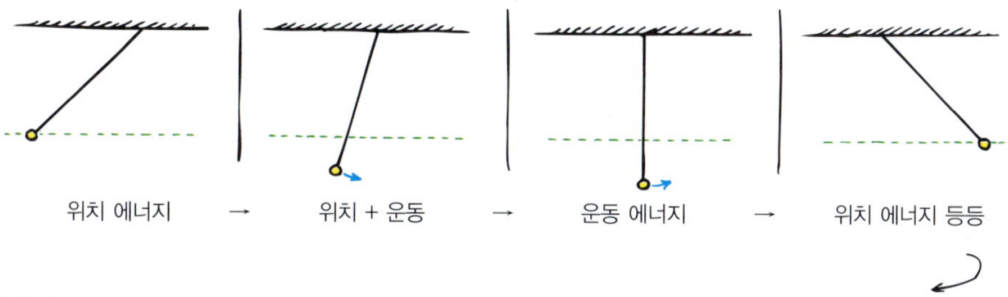

그림 4.18
진자에서의 에너지 전환

코 음일 수는 없다. 이제 이 생각을 일과 관련지어 보자.

4.9 일 · 에너지 정리

학습목표
물체에 일이 행해지면, 이 물체의 에너지는 어떻게 변하는지 설명할 수 있다.

물음 일과 운동 에너지 사이의 관계는 무엇인가?

물체의 운동 에너지를 증가시키려면, 그 물체에 일이 하여져야만 한다. 운동 에너지의 변화는 하여진 일과 크기가 같다. 이 중요한 관계를 **일 · 에너지 정리**(**work-energy theorem**)라고 한다. '...의 변화'를 나타내는 기호인 델타(Δ)를 사용하면

$$일 = \Delta KE$$

이다. 일은 운동 에너지의 변화와 크기가 같다. 이 식에 있는 일은 알짜일이다. 즉 알짜힘에 의한 일이다.

4.3절에서 배웠듯이, 포신이 긴 대포에서 포탄이 발사되면 충격량이 가해지는 시간이 길어지므로 포탄의 속도가 빨라진다. 포신이 길면 힘이 작용한 거리가 길어지고 따라서 더 큰 일이 하여지고, 일 · 에너지 정리에 의해, 포탄의 운동 에너지가 커지므로 포탄의 속력이 빨라진다. 포탄에 하여진 일은 포탄에 가해진 힘에 힘이 가해진 거리를 곱한 것이다. $Fd = \Delta KE$.

일 · 에너지 정리는 변화의 역할을 강조한다. 어떤 물체의 에너지가 변하지 않았다면, 그 물체에 일이 하여지지 않았을 것이다. 일 · 에너지 정리는 위치 에너지의 변화에도 적용된다. 역기를 들어 올리는 역도 선수를 생각해 보자. 역기에 일이 하여지면, 그에 따라 역기의 위치 에너지가 변한다. 그러나 역기를 가만히 들고 있으면 역기의 위치 에너지가 변하지 않는다는 사실로부터 역기에 일이 하여지지 않았다는 것을 분명하게 알 수 있다.

그림 4.19
롤러코스터에서, 중력을 이기고 차량을 높이 끌어올리기 위해서는 일을 해 주어야 한다. 이렇게 해 준 일은 차량이 아래로 떨어지면서 운동 에너지로 전환된다.

마찬가지로, 바닥에서 상자를 밀었는데 상자가 미끄러지지 않는다면, 상자에 하여진 일은 0이고, 따라서 운동 에너지의 변화는 없다. 그러나 상자를 더 세게 밀어 미끄러지면, 상자에 일을 하고 있는 것이다. 마찰을 극복하기 위해 하여진 일의 양이 적다면, 상자에 하여진 일의 양은 상자가 얻은 운동 에너지와 거의 같을 것이다.

일 · 에너지 정리는 감속되는 경우에도 적용된다. 움직이는 물체를 감속시켜 정지시킬 때에도 일을 해 주어야 한다. 브레이크를 잡아 자동차를 감속시키는 경우에도 자동차에 일을 해 준다. 이 일은 브레이크에 의해 발생한 마찰력에, 마찰력이 작용한 거리를 곱한 값이다. 물체의 운동 에너지가 클수록 이 물체를 멈추려면 많은 일을 해 주어야 한다.

흥미롭게도, 자동차가 빠르든 느리든, 브레이크에 의해 발생되는 마찰은 크기가 거의 같다. 마찰은 속력에 따라 달라지지 않는다. 차이를 주는 변수는 브레이크를 잡는 거리이다. 다른 차보다 두 배의 속력으로 달리는 자동차를 멈추려면 네 배($2^2 = 4$)의 일을 해 주어야 한다. 그러므로 이 자동차를 멈추려면 네 배의 거리가 필요하다. 교통사고 조사관들은, 시간당 100

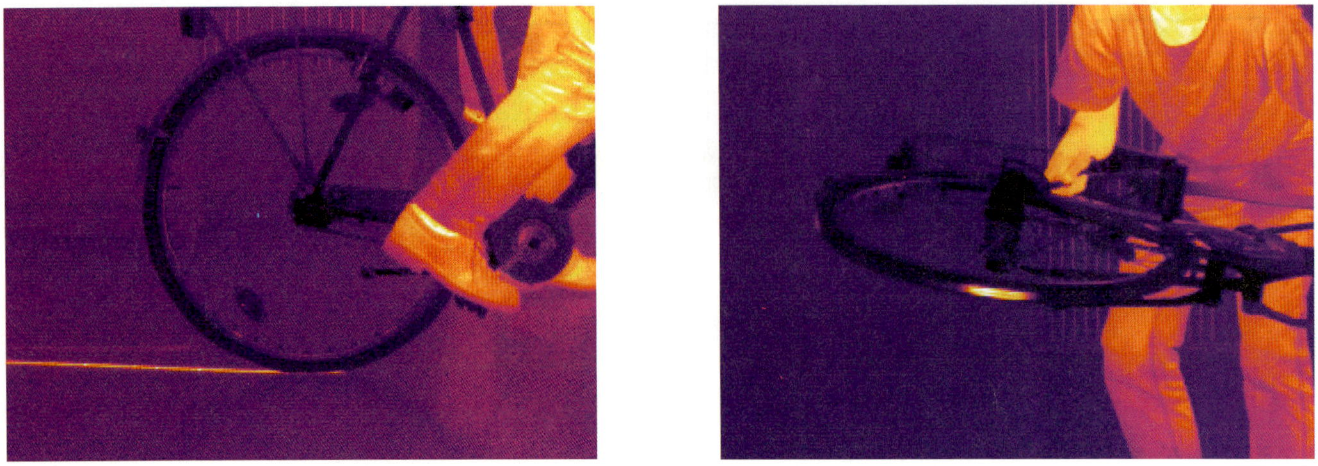

그림 4.20
자전거가 바퀴 자국을 내며 미끄러질 때, 마찰에 의해 타이어와 바닥에 에너지가 전달된다. 적외선 카메라 사진을 보면 가열된 타이어 자국(왼쪽 사진. 타이어와 바닥의 접촉 부위에 있는 붉은 띠)과 타이어의 뜨거워진 부분(오른쪽)을 볼 수 있다. (마이클 볼머가 사용을 허락함.)

km로 달리는 차는 시속 50 km로 가는 차에 비해 네 배의 운동 에너지를 갖고 있으며, 따라서 브레이크를 잡았을 때 생기는 타이어 자국의 길이가 네 배 더 길다는 것을 잘 알고 있다. 운동 에너지는 속력의 **제곱**에 비례한다.

자동차 브레이크는 운동 에너지를 열로 전환시킨다. 노련한 운전자는 기어를 낮은 단으로 옮기면 자동차를 감속시키는 데 효과적이라는 것을 잘 알고 있다. 하이브리드 자동차의 경우, 브레이크를 밟아 감속되는 과정에서 나오는 에너지를 축전지에 저장했다가 휘발유 연소에 의해 발생되는 에너지를 보완하는 데 사용한다.

운동 에너지는 열, 소리, 빛처럼, 보기에는 다른 여러 형태의 에너지로 전환된다. 분자들의 무작위 운동은 열로서 감지된다. 빠르게 움직이는 분자들이 우리 피부에 부딪치면, 당구공이 충돌을 통해 서로에게 에너지를 전하는 것처럼, 피부를 구성하고 있는 분자에 에너지를 전달한다. 소리는 주기적인 무늬를 이루면서 진동하는 분자들로 구성된다. 매질의 한 지점에서 분자들을 흔들면, 이 분자들이 옆에 있는 분자들을 흔드는 방식으로 매질을 통해 진동 주기를 유지하면서 퍼져 나간다. 이동하는 전자들은 전류를 만든다. 심지어 빛에너지도 원자 안의 전자의 운동에서 비롯된다. 운동 에너지는 주위에 커다란 영향을 미치고 있다.

운동 에너지와 운동량의 비교

운동량과 운동 에너지는 움직이는 물체의 성질이다. 그러나 이 둘은 서로 다르다. 속도와 마찬가지로 운동량은 벡터양이며, 따라서 방향을 갖고 있고 상쇄될 수도 있다. 그러나 운동 에너지는 질량처럼 스칼라양이어서 상쇄될 수가 없다. 폭죽 조각들은 서로 부딪혀 운동량이 상쇄될 수도 있지만, 폭죽이 폭발할 때 이들의 에너지를 상쇄할 방법은 없다. 에너지는 다른 형태로 전환되지만, 운동량은 그렇지 않다.

다른 차이는 이 둘의 속도에 대한 의존 방식이다. 운동량은 속도에 의존하지만(mv), 운동 에너지는 속도의 제곱에 의존한다($\frac{1}{2}mv^2$). 속도가 두 배로 빨라지면, 물체의 운동량은 두 배가 되지만 운동 에너지는 네 배가 된다. 그래서 자동차가 두 배 더 빠르면, 네 배의 에너지를 갖고 충돌하게 된다.

운동량과 운동 에너지를 명확히 구분할 수 없다고 걱정할 필요는 없다. 임페도 개념이 유행하던 때, 영국과 프랑스의 물리학자들은 이백 년 동안이나 이 둘을 구분하지 못하고 논쟁을 벌였다.

4.10 에너지 보존

학습목표
에너지 보존 법칙을 적용하여 여러 과학 현상을 설명할 수 있다.

물음 에너지가 눈에 가장 잘 띄는 경우는 언제인가?

에너지는 전환되거나 전달될 때, 감소하거나 증가하지 않는다. 일의 출입이 없는 한, 어떤 과정 또는 사건 전후에 계의 총에너지는 같다. 활, 화살, 과녁으로 이루어진 계를 생각해 보자. 활에서 화살을 뒤로 잡아당기는 과정에서, 활을 구부리면서 일을 하고, 화살과 활에 위치 에너지를 준다. 활시위를 놓았을 때, 이 위치 에너지의 대부분은 화살에 운동 에너지로 전달된다(나머지는 활을 약간 덥힌다). 화살은 이 에너지를 과녁에 다시 전달한다. 과녁으로 건초 더미를 사용했다고 하자. 화살이 건초 안으로 파고 든 거리에 평균 접촉력을 곱한 값은 화살의 운동 에너지보다 상당히 작다. 에너지 값이 맞지 않다. 그러나 좀 더 조사를 하면, 화살과 건초가 약간 따뜻해진 것을 알 수 있다. 열에너지를 고려하면, 이들 에너지 전환 과정에서 총에너지는 줄어들거나 늘어나지 않았다는 것을 알 수 있다. 이것은 아주 대단한 발견이다!

여러 형태의 에너지와 이들의 전환에 대한 연구를 통해 물리학에서 가장 위대한 법칙 중의 하나인 **에너지 보존 법칙**(**conservation of energy**)이 정립되었다.

계에 일이 가해지거나 계가 일을 하지 않으면, 이 계의 에너지의 양은 변하지 않는다. 에너지는 생성되거나 없어지지 않는다.

진자처럼 단순한 계이든지 폭발하는 은하계처럼 복잡한 계이든지 간에, 계에 일의 출입이 없다면 어떤 계의 에너지의 양은 변하지 않는다. 계의 내부에서, 에너지의 형태가 바뀔 수도 있고, 한 부분에서 다른 부분으로 에너지가 이동되기도 하지만, 우리가 말할 수 있는 한, 이 계의 전체 에너지의 값은 일정하다. 전체 에너지 값을 계산할 때에는 물질을 구성하는 원자 자체도 집중된 에너지의 다발이라는 사실을 고려해야만 한다. 원자의 핵들이 재배치될 때에는 엄청난 양의 에너지가 방출될 수 있다. 햇빛은 이 에너지의 일부분이 복사 에너지로 전환된 것이다. 원자로에서는 이 에너지의 대

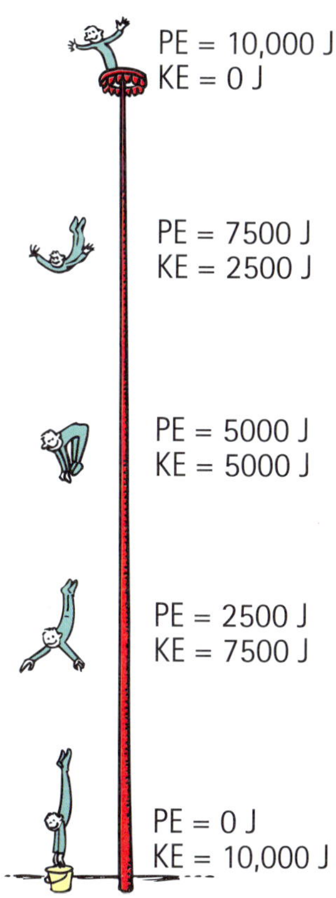

그림 4.21
서커스에서, 장대 꼭대기에 서 있는 사람의 위치 에너지는 10,000 J이다. 이 사람이 뛰어내리면, 위치 에너지는 운동 에너지로 전환된다. 떨어지는 과정에서, 어느 높이에서나 총에너지는 일정하다는 점에 주목하라.

부분이 열에너지로 전환된다. 태양의 깊고 뜨거운 중심핵에는 엄청난 중력이 작용하고 있다. 이 중력에 의해 수소 핵들이 융합하여 헬륨 핵을 형성한다. 원자핵들이 융합하는 것을 열핵융합이라고 한다(10장 참조). 이 과정에서 복사 에너지가 방출되고, 일부가 지구에 도달한다. 이 에너지의 일부가 식물에 비춰지고, 식물의 에너지 중 일부가 석탄이 된다. 복사 에너지의 다른 일부는 식물로부터 시작하는 먹이 사슬을 구성하는 생물들을 부양하고, 이 에너지의 일부가 나중에 석유가 된다. 태양에서 오는 에너지의 일부는 바다로부터 물을 증발시키고, 이들은 비가 되어 지구로 떨어지고 댐에 가두어진다. 댐에 가두어진 물은 물의 높이로 인해 에너지를 갖게 되고, 아래쪽에 있는 발전기를 돌리는 데 사용되고, 전기 에너지로 전환된다. 전기 에너지는 전선을 통해 가정으로 들어와서 불을 밝히거나 열을 내거나, 요리하거나 전기 기구들을 동작시키는 데 사용된다. 에너지가 한 형태로부터 다른 형태로 전환되는 것은 얼마나 멋진 일인가!

학습목표
생물들에서 나타나는 에너지 보존에 대해 설명할 수 있다.

융합과학 4B
생명과학, 화학

포도당: 생명을 위한 에너지

물음 생체계의 에너지에서 포도당의 역할은 무엇인가?

여러분의 신체는 여러 면에서 기가 막히게 복잡한 하나의 기계이다. 이것은 생체 세포라는 더 작은 기계들로 이루어져 있다(그림 4.22). 다른 기계들과 마찬가지로, 생체 세포도 에너지원이 필요하다. 대부분의 생체 세포들이 사용하는 주된 에너지원은 포도당($C_6H_{12}O_6$)이다. 포도당 한 분자에는 6개의 탄소(C) 원자, 12개의 수소(H) 원자, 6개의 산소(O) 원자가 포함되어 있다. 포도당 분자에는 풍부한 화학 위치 에너지가 저장되어 있다. 생체는 그들의 세포 안에서 포도당을 분해하여 포도당이 갖고 있던 에너지를 얻어, 이 에너지를 이용하여 생명을 유지하는 화학적, 물리적 과정들이 돌아가게 한다. 이에 대한 더 자세한 내용은 15장에서 배운다.

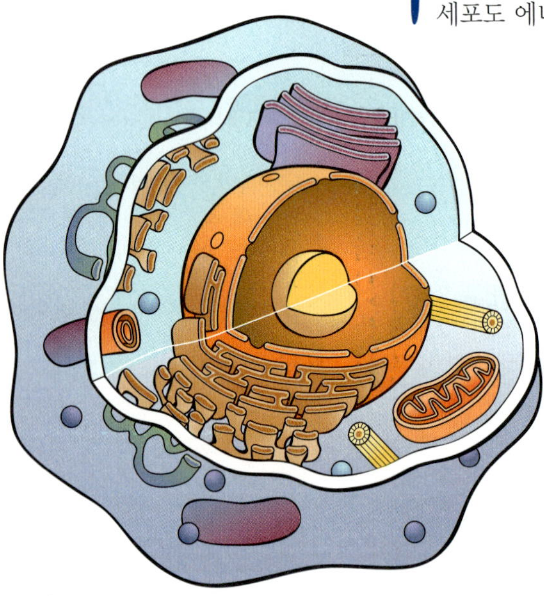

그림 4.22
일반적인 동물 세포의 단면도로, 중심에 주황색과 노란색의 핵을 포함한 여러 가지 특별한 구조들이 보인다. 오른쪽 아래의 분홍색 구조와 세포에 골고루 퍼져 있는 다른 것들은, 세포 호흡을 통해 세포에 에너지를 공급하는 **미토콘드리아**다.

우리는 음식물로부터 상당히 복잡한 화학 반응을 통해 간접적으로 포도당을 얻는다. 몇몇 아주 단 음식들에는 포도당이 들어 있지만, 대부분의 음식물은 녹말과 같은 더 복잡한 탄수화물 또는 탄수화물, 지방, 단백질의 조합으로 구성되어 있다. 우리 몸이 포도당을 생산하기 위해서는 이들 영양소를 포도당으로 분해해서 세포로 보내야만 한다. 포도당 분자는 세포 안에서 분해되고, 이 과정에서 에너지가 방출된다. 실제로 에너지는 세포의 '발전소'인 미토콘드리아라는 세포 안의 특별한 구조에서 일어나는 **세포 호흡**(*cellular respiration*) 과정을 통해 얻는다. 세포들은 이렇게 얻은 에너지를 사용하여, 생물 유지를 위한 일을 하고 특별한 기능도 수행한다.

반면에 녹색 식물들은 **광합성**(*photosynthesis*)을 통해 포도당을 직접 만들어 낸다. 광합성은 식물, 조류, 그리고 일부 박테리아 등이 태양으로부터 온 빛에너지를 화학 에너지로 변환하여 포도당 안에 담는 과정이다. 지구 상의 거의 모든 생명체는 직접적으로나 간접적으로 광합성에 의존한다. 광합성의 전체적인 화학 반응은 다음과 같다.

$$6CO_2 + 6H_2O + \text{햇빛} \longrightarrow C_6H_{12}O_6 + 6O_2$$

이산화 탄소, 물, 햇빛이 들어가서 포도당과 산소가 나온다. 포도당은 보통 식물 조직에 의해 포도당을 단위로 해서 만들어진 긴 분자들인 복합 탄수화물로 바뀐다. 물론 몇몇 식물들은 자신을 위해 자신이 만든 포도당을 소비할 기회를 갖지 못하고, 자신을 먹는 동물들에게 포도당을 제공한다. 예를 들어 감자는 포도당이 저장되어 있는 복잡하게 뒤얽힌 녹말 분자로 이루어져 있다. 감자의 녹말 분자들은 우리의 입과 소장에서 포도당으로 분해되고, 이 포도당은 세포로 전달되어 생명을 유지시키는 에너지를 공급한다.

그림 4.23
식물은 태양 에너지를 모아 화학 에너지로 변화시키고, 이 에너지는 큰 분자 안에 저장된다. 다른 생물들은 식물을 섭취함으로써 생명 유지에 필요한 에너지를 얻는다.

4.11 기계

물음 여러분은 에너지를 만드는 기계에 돈을 투자하겠는가? 그렇다면 그 까닭은?

학습목표
에너지 보존의 개념을 적용하여 기계의 작동을 설명할 수 있다.

기계는 힘을 증폭시키거나 단순히 힘의 방향을 바꾸는 장치이다. 모든 기계의 기저에는 에너지 보존이 있다. 가장 단순한 기계 중의 하나인 지레를 생각해 보자(그림 4.24). 우리가 지레의 한쪽 끝에 대해 일을 하면, 지레의 다른 쪽 끝은 지레에 실린 짐에 대해 일을 한다. 힘의 방향이 바뀌는 것을 볼 수 있다. 우리가 누르면, 짐은 올라간다. 마찰력에 의한 열이 무시할 수 있을 만큼 작다면, 입력된 일은 출력된 일과 같을 것이다.

$$\text{입력된 일} = \text{출력된 일}$$

일은 힘과 거리의 곱이므로,

$$(\text{힘} \times \text{거리})_{\text{입력}} = (\text{힘} \times \text{거리})_{\text{출력}}$$

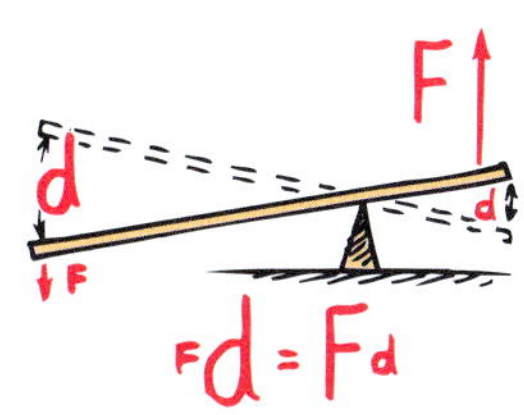

그림 4.24
지레

지레의 받침대가 짐에 상대적으로 근접해 있다면, 짐과 반대쪽에 작은 힘을 가해서 짐 쪽에 큰 힘을 낼 수 있다. 이렇게 되는 까닭은 입력부의 힘은 긴 거리에 걸쳐 가해지지만, 짐은 상대적으로 짧은 거리를 움직이기 때문이다. 이런 방식으로, 지레는 힘을 증폭할 수 있다. 그러나 어떤 기계도 일 또는 에너지를 증폭할 수는 없다. 이것이 에너지 보존이다!

자동차의 앞부분을 잭으로 들어 올릴 때 지레의 원리를 이용한다. 긴 거리에 걸쳐 적은 힘을 가함으로써 짧은 거리에 걸쳐 작용하는 큰 힘을 얻을 수 있다. 그림 4.25에 설명한 이상적인 예를 생각해 보자. 매번 잭의 손잡이를 25 cm 누르면, 차는 0.25 cm씩 올라간다. 이동한 거리는 1/100에 불과하지만, 힘은 100배나 된다.

도르래도 거리를 희생하여 힘을 증폭시키는 단순한 기계의 하나이다. 긴 거리를 걸쳐 작은

그림 4.25
가한 힘 × 힘을 가한 거리 = 내는 힘 × 힘을 내는 거리

그림 4.26
도르래는 지레처럼 작동한다. 이 도르래는 힘의 방향만 바꾼다.

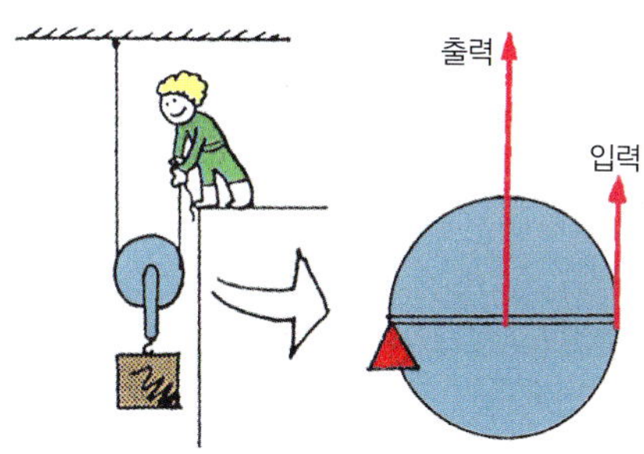

그림 4.27
이 배열에서는, 힘을 반만 주어도 짐을 들어 올릴 수 있다.

그림 4.28
가한 힘 × 힘을 가한 거리 = 내는 힘 × 힘을 내는 거리

힘을 가하면, 짧은 거리에 걸쳐 무거운 짐을 들어 올릴 수 있다. 그림 4.28에 나타낸 이상적인 도르래를 보면, 50 N의 힘으로 줄을 10 m 잡아당기면, 무게가 500 N인 짐을 위로 1 m 들어 올릴 수 있다. 줄을 잡아당기면서 한 일의 크기는 짐의 위치 에너지의 증가된 값과 같다.

힘을 증폭시키는 모든 기계는 거리의 손해를 보면서 그렇게 하는 것이다. 마찬가지로 우리 몸의 팔뚝과 팔꿈치의 경우처럼, 거리를 증폭하는 모든 기계는 힘을 희생하여 그렇게 하는 것이다. 어떤 기기나 기계도 입력된 것보다 더 많은 에너지를 출력할 수는 없다. 어떤 기계도 에너지를 만들어 낼 수는 없다. 기계는 에너지를 한 곳에서 다른 곳으로 전달하거나, 한 형태에서 다른 형태로 전환할 수 있을 뿐이다.

효율

똑같은 에너지가 공급되었을 때, 어떤 기계들은 다른 것보다 더 많은 일을 한다. 더 많은 일을 할 수 있는 기계를 더 효율적이라고 한다. **효율**(**efficiency**)은 비율로 표현될 수 있다.

$$효율 = \frac{한\ 일}{사용된\ 에너지}$$

지레에서조차도, 받침대를 중심으로 회전할 때 공급된 에너지의 아주 일부는 열로 전환된다. 우리가 지레에 100 J의 일을 해 주었을 때 출력부(짐이 놓여 있는 쪽)에서 98 J의 일이 하여졌다고 하자. 그러면 이 지레의 효율은 98%이고, 공급된 일 중에서 2 J은 열로 손실되었다. 도르래에서는 공급된 에너지 중 많은 부분이 열로 빠져나간다. 100 J의 일을 해 주면, 도르래가 돌면서 축을 문지르는 과정에서 작용하는 마찰력에 의해 60 J의 에너지가 열로 분산된다. 따라서 출력되는 일은 40 J에 불과하며, 도르래의 효율은 40%이다. 기계의 효율이 낮을수록 열로 손실되는 에너지의 양이 더 크다.

자동차 엔진은 휘발유에 저장되어 있는 화학 에너지를 역학적 에너지로 전환시키는 기계이다. 그러나 실제로는 연료에 저장된 에너지 중 일부만이 자동차를 움직이는 데 쓰인다. 에너지의 반 정도는 엔진에서 움직이는 부분들의 마찰에 의해 열로 손실된다. 일부는 뜨거운 배기가스를 통해 빠져나간다. 이러한 비효율 이외에도, 심지어 연료의 일부는 완전히 연소되지 않고 그냥 버려진다.

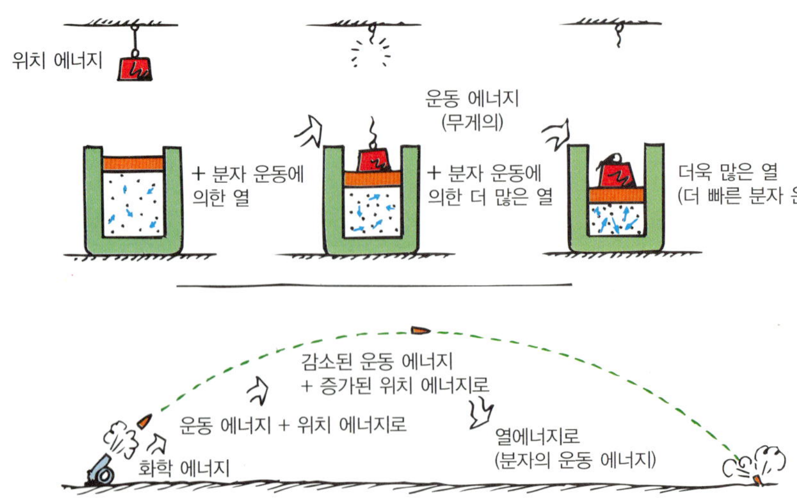

그림 4.29
에너지 전환. 역학적 에너지와 화학적 에너지는 열에너지로 전환되어 흩뿌려진다.

그림 4.30
철로 침목에 붙여 놓은 광전지에 의해 얻어진 전력은 무공해 운송 수단에 쓰이는 연료 전지를 위한 수소를 추출하는 데 사용될 수 있다(www.SuntrainUSA.com 참조).

연습문제

4.1 운동량

1. 정지해 있는 무거운 트럭과 움직이고 있는 스케이트보드 중 어느 것이 운동량이 더 큰가?
2. 비교적 천천히 움직이는 대형 선박의 운동량이 엄청나게 큰 까닭은 무엇인가?

4.2 충격량

3. 충격량과 힘은 어떻게 다른가?
4. 어떤 것에 가해지는 충격량을 증가시킬 수 있는 두 가지 방법은 무엇인가?

4.3 충격량과 운동량의 관계

5. 포탄을 미는 힘이 같을 경우, 포신이 긴 대포와 짧은 대포 중 어느 대포에서 발사된 포탄의 속력이 더 빠른가?
6. 야구공을 잡고 같은 속력으로 던진다고 하자. 다음 중 어느 경우에 운동량의 변화가 가장 클까? (a) 잡기만 한 경우, (b) 던지기만 한 경우, (c) 잡은 후 다시 되돌려 던진 경우
7. 문제 6에서, 어느 경우에 충격량이 가장 클까?

4.4 운동량 보존

8. 자동차에 앉아 계기판을 밀어서 차에 알짜 충격량이 생기게 할 수 있을까? 제시한 답의 근거를 대시오.
9. 어떤 양이 보존된다는 말은 무엇을 의미하는가?
10. 탄성 충돌과 비탄성 충돌을 구별하시오. 둘 중 어느 종류의 충돌에서 운동량이 보존되는가?
11. 철도 차량 A가 어떤 속력으로 굴러가 같은 질량의 차량 B와 탄성 충돌을 하였다. 충돌 후 차량 A는 멈추었다. 차량 B의 속력은 충돌 전에 비해 어떻게 변하였는가?
12. 문제 11에서, 두 차량이 비탄성적으로 충돌하여, 충돌 후 하나로 붙어서 움직인다면, 이들의 속력은 충돌 전 차량 A의 속력과 비교할 때 어떻게 변할까?

4.5 에너지

13. 에너지가 가장 잘 드러나는 때는 언제인가?
14. 힘×거리로 구해지는 물리량을 무엇이라고 하는가? 이것을 변화시키는 물리량은 무엇인가?
15. 일과 에너지를 측정할 때 사용하는 단위는 무엇인가?

4.6 일률

16. 다음 내용은 옳은가, 옳지 않은가?
    1와트는 일률의 단위이며, 초당 1줄에 해당한다.
17. 어떤 물체를 3초 동안 6 N의 힘으로 2 m를 밀었을 때, 일률은 몇 와트인가?

4.7 위치 에너지

18. 정비소에서 자동차를 어떤 높이로 들어 올리면, 자동차는 바닥에 대해 위치 에너지를 갖게 된다. 차를 두 배 더 높이 들어 올리면, 자동차의 위치 에너지의 크기는 어떻게 될까?
19. 가벼운 차와 두 배 무거운 차를 같은 높이만큼 들어 올렸을 때, 이 두 차의 위치 에너지의 크기를 비교하시오.

4.8 운동 에너지

20. 어떤 자동차가 50 km/h로 달릴 때에 갖는 운동 에너지와 100 km/h로 달릴 때 갖는 운동 에너지의 크기를 비교하시오.

4.9 일·에너지 정리

21. 어떤 물체에 일이 하여졌는지, 아닌지 말하기 위한 판단 근거는 무엇인가?
22. 어떤 속력으로 달리던 자동차가 멈추는 동안 이 차의 브레이크는 어떤 양의 일을 한다. 이 차가 네 배 더 빨리 달리고 있었다면, 이 차를 멈추기 위해 브레이크가 해야 하는 일의 양은 몇 배로 증가할까?

4.10 에너지 보존

23. 에너지 보존 법칙을 설명하시오.
24. 수력 발전소에 에너지를 공급하는 에너지원은 무엇인가?

4.11 기계

25. 기계는 공급된 힘을 증폭시킬 수 있는가? 힘을 가한 거리를 늘릴 수 있는가? 공급된 에너지를 증가시킬 수 있는가? (만일 세 질문의 답이 모두 같다면, 여러분은 도움이 필요하다. 마지막 질문은 특히 중요하다.)
26. 지레의 한쪽 끝에 50 N의 힘을 가하면서 어떤 거리를 움직였다. 힘을 가한 끝이 움직이는 동안, 지레의 다른 쪽 끝은 반만큼의 거리를 움직였다면, 이 끝이 가하는 힘의 크기는 얼마인가?
27. 효율이 100%보다 큰 기계를 설계할 수 있을까?

확인문제

만일 여러분이 이 장에서 제대로 학습을 하였다면, 다음에 제시된 10개의 질문에 적어도 7개는 제대로 답을 할 수 있을 것이다. 만일 그렇지 못하면 다음 장으로 가기 전에 이 장을 더 학습할 필요가 있다.

각 질문에 대해 가장 적합한 답을 고르시오.

1. 철로를 따라 움직이는 화물 열차는 상당한 운동량을 갖고 있다. 만일 이 열차의 질량이 두 배가 되고, 속력은 그대로라면, 이 열차의 운동량은
   (a) 0이 된다.
   (b) 두 배가 된다.
   (c) 네 배가 된다.
   (d) 그대로다.

2. 빠르게 달려오는 물체에 치였을 때, 여러분은 충돌 시간이 어떨 때 작은 힘을 받게 되는가?
   (a) 길 때
   (b) 짧을 때
   (c) 두 경우에 힘의 크기는 같다.

3. 에어트랙 위에서 서로 마주 보며 각각 1 m/s의 속력으로 달려오는, 질량이 1 kg과 2 kg인 두 수레가 충돌한 후 하나로 붙어 움직인다면, 이것의 속력은
   (a) 0 m/s이다.
   (b) 1/2 m/s이다.
   (c) 1/3 m/s이다.
   (d) 2/3 m/s이다.

4. 질량이 200 kg인 상자를 2 m 끌어올리는 데 4초가 걸렸다면, 이 상자에 하여진 일은
   (a) 400 J이다.
   (b) 1000 J이다.
   (c) 1600 J이다.
   (d) 4000 J이다.

5. 움직이고 있는 물체의 속력이 빨라져 이 물체의 운동량이 빨라지기 전에 비해 두 배가 되었다면, 이 물체의 운동 에너지는 빨라지기 전에 비해
   (a) 증가한다. 하지만 두 배보다는 작다.
   (b) 두 배가 된다.
   (c) 두 배보다 더 커진다.
   (d) 언급되지 않은 요인들에 따라 달라진다.

6. 50초에 걸쳐 100 J을 가했다면, 이 경우 출력 일률은
   (a) 1/4 W이다.
   (b) 1/2 W이다.
   (c) 2 W이다.
   (d) 4 W이다.

7. 역기를 바닥에서 어떤 높이까지 들어 올렸다. 이 높이보다 두 배 더 높이 들어 올리면, 이 역기의 위치 에너지는 이전 높이에 비해
   (a) 두 배 더 커진다.
   (b) 반으로 작아진다.
   (c) 크기가 같다.
   (d) 이들 중에는 답이 없다.

8. 50 km/h로 달리던 차가 브레이크를 밟았더니 25 m를 미끄러진 후 멈췄다. 이 차의 속력이 100 km/h였다면, 얼마나 미끄러진 후 멈출까?
   (a) 60 m
   (b) 100 m
   (c) 120 m
   (d) 180 m

9. 발사된 총알과 반동한 총을 비교하면, 총알이 총보다 더 큰
   (a) 운동량을 갖고 있다.
   (b) 운동 에너지를 갖고 있다.
   (c) 둘 다 맞다.
   (d) 둘 다 틀리다.

10. 다음 내용은 옳은가, 옳지 않은가?
    수력 압착기도 지레처럼 적절히 장치를 하면 공급된 에너지보다 큰 에너지를 낼 수 있다.
    (a) 옳다.
    (b) 옳을 때도 있다.
    (c) 틀리다.

확인문제 답

1. b, 2. a, 3. c, 4. d, 5. c, 6. c, 7. a, 8. b, 9. b, 10. c

5장 중력

뉴턴이 중력을 발견하였다고 말하는 것은 잘못된 것이다. 뉴턴 시대보다 훨씬 이전에 지구에 살던 사람들은 나무나 절벽에서 떨어지거나 발을 헛디뎌 넘어질 때 중력을 느꼈을 것이다. 뉴턴이 발견한 것은, 당시 사람들이 생각했던 것처럼, 중력이 지구에만 있는 특별한 현상이 아니라 우주 어디에나 있는 일반적인 현상이라는 사실이다. 더욱이 뉴턴은 중력을 보편적이며 간단한 법칙으로 기술할 수 있다는 것을 보였다. 뉴턴의 만유인력 법칙이란 무엇인가? 어떻게 이 법칙이 사과가 떨어지거나 행성이 도는 것과 같은, 보기에는 다양한 현상들을 하나로 통합하는가? 무게와 중력의 관계는 무엇인가? 어떻게 던져진 야구공의 운동이 본질적으로는 인공위성의 운동과 비슷한가? 이 장에서는 이 질문들과 중력과 관련된 다른 질문들에 대한 답을 찾을 것이다.

5.1 떨어지는 사과의 전설

학습목표
뉴턴이 중력과 달을 연관지었던 장면을 묘사할 수 있다.

물음 뉴턴이 발견했던, 떨어지는 사과와 달의 연관성은 무엇인가?

유명한 전설에 따르면, 뉴턴은 사과나무 아래에 앉아서 세상을 바라보는 방식을 바꾼 하나의 연관성을 발견하였다고 한다. 그는 사과가 떨어지는 것을 보았다. 아마도 그는 그때 사과가 떨어지는 근본적 이유와 나뭇가지 사이로 보이는 달의 운동에 대해 생각했을 것이다. 아무튼 뉴턴은 사과를 잡아당긴 힘이 바로 달을 잡아당기는 힘이라는 것을 깨닫기 위한 통찰력을 가지고 있었다. 뉴턴은 지구의 중력이 달에까지 미친다는 것을 깨달았다(그림 5.1)

그림 5.1
사과에 가해지는 중력(인력)이 달에까지 미칠까?

5.2 달이 떨어지고 있다는 사실

학습목표
달의 접선 속도가 빠르다는 것과 달이 지구를 돌면서 계속해서 떨어지고 있다는 것을 연관지을 수 있다.

물음 포물체의 접선 속도가 빨라질수록 포물체의 궤적은 어떻게 변하는가?

지구가 달을 잡아당긴다면, 왜 달은, 나무에 달린 사과처럼 지구 쪽으로 떨어지지 않는가? 사과를 머리 위에 들고 있다가 떨어뜨리면, 사과는 수직 방향의 직선 경로를 그리며 떨어진다. 그러나 정지 상태가 아니라 머리를 좌우로 움직이면서 사과를 떨어뜨려 보라. 사실상, 사과를 던지면, 사과는 곡선 경로를 따라 떨어지는 것을 볼 수 있다. 수평 방향의 초기 속도가 빠를수록 궤적이 더 넓어진다. 사과 또는 어떤 것이라도 충분히 빠르면 이 포물체의 곡선 경로가 지구의 곡률과 일치하게 되고, 그 결과 이 포물체는 위성이 된다는 것을 이 장의 뒤에서 배울 것이다.

달이 지구 주위에서 궤도 운동을 하는 동안, 달의 **접선 속도**(**tangential velocity**, 지표면에 평행한 속도)는 일정하다(그림 5.2). 뉴턴은 달의 접선 속도 때문에 달이 지구로 똑바로 떨어지지 않고 지구 **주위를** 돈다는 것을 깨달았다. 뉴턴은 더 나아가 지구 주위의 달의 경로가 태양 주위의 행성들의 궤도와 비슷하다는 것도 깨달았다.

아리스토텔레스 시대 이래로, 천체들의 자연스런 운동은 원운동이라고 여겨졌다. 옛날 사람들은 별, 행성, 달은 신성한 원을 따라 움직이며, 지구에서 물체의 운동에 영향을 주는 힘들로부터 자유롭다고 여겼다. 그들은 지구에서 일어나는 현상들에 관한 법칙과 천체의 운동에 관한 법칙이 다르다고 믿었다. 지구와 달 사이의 힘이 달, 행성, 그 외의 모든 것을 잡아당기는 힘과 같은 힘이라는 뉴턴의 직관은, 당시 세상을 지배하던 생각을 깨버린 혁명적인 것이었다. 뉴턴은 지상의 법칙과 천상의 법칙을 하나로 묶었다.

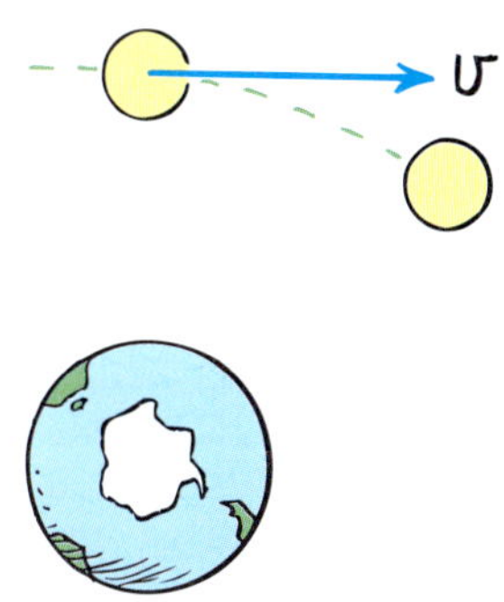

그림 5.2
달은 접선 속도가 매우 빠르기 때문에 지구를 향해 곧바로 떨어지지 않고 지구를 돌게 된다. 달의 접선 속도가 0으로 줄어들면, 달은 지구로 떨어질 것이다.

5.3 뉴턴의 만유인력 법칙

학습목표
뉴턴의 만유인력 법칙을 정의하고 기술할 수 있다.

물음 뉴턴이 중력에 관해 발견한 것은 정확히 무엇인가?

뉴턴은 더 나아가 **모든 물체**는 다른 **모든 물체**를 잡아당긴다는 것을 깨달았다. 그는 **중력**(**gravitational force**)이 아주 단순한 방식으로 모든 것에 작용하다는 것을 깨달았다. 중력은 질량과 거리에만 의존한다. 뉴턴에 따르면, 한 물체가 다른 물체를 잡아당기는 힘은 두 물체의 질량의 곱에 비례하고, 두 물체 사이의 거리의 제곱에 반비례한다. 이것이 **만유인력 법칙**(**law of universal gravitation**)이다.

$$\text{힘} \sim \frac{(\text{질량}_1 \times \text{질량}_2)}{\text{거리}^2}$$

기호로 간략히 표현하면,

$$F \sim \frac{m_1 m_2}{d^2}$$

여기에서 m_1과 m_2는 서로 잡아당기는 두 물체의 질량이고, d는 두 물체의 중심 사이의 거리이다. 그러므로 두 물체 사이의 인력은 m_1과 m_2가 클수록 이 둘의 곱에 비례해서 커지고, d가 커질수록 d의 제곱에 반비례하여 작아진다(그림 5.3).

그림 5.3
로켓이 지구에서 멀어짐에 따라, 로켓과 지구 사이의 중력의 크기는 줄어든다.

5.4 중력과 거리: 역제곱 법칙

학습목표
중력이 거리에 따라 줄어드는 규칙을 기술할 수 있다.

물음 두 물체 사이의 거리가 두 배로 멀어지면, 이 둘 사이의 인력은 얼마나 작아지는가?

전등에서 멀어질수록 점점 어두워지는 것처럼, 중력도 물체에서 멀어질수록 약해진다. 그림 5.4에 있는 촛불을 생각해 보자. 불꽃에서 나온 빛은 사방으로 직진하여 나아간다. 불꽃에서 1 m 떨어진 곳에 한 개의 영역이 보인다. 거리가 2 m 떨어지면, 광선들이 퍼져서 높이가 두 배, 넓이가 두 배인 영역을 채운다. 다시 말해, 불꽃으로부터의 거리가 2배가 되면, 빛살은 4배 면적으로 퍼진다. 불꽃으로부터의 거리가 3배가 되면, 높이와 면적이 각각 3배인 영역을 채우게 된다. 즉 거리가 3배가 되면 빛살은 9배 면적으로 퍼진다.

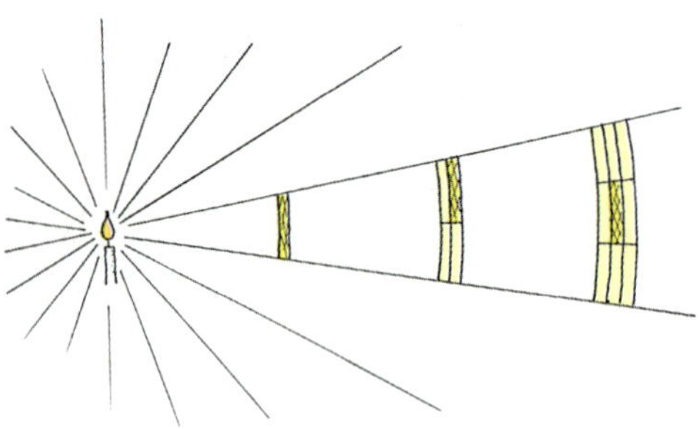

그림 5.4
불꽃에서 나온 빛은 모든 방향으로 퍼져 나간다. 거리가 2배인 곳에서 빛은 4배 면적으로 퍼지고, 거리가 3배인 곳에서는 9배 면적으로 퍼진다.

빛살이 퍼짐에 따라 빛의 밝기도 어두워진다. 불꽃에서 2배 멀리 떨어졌을 때, 빛의 밝기가 $\frac{1}{4}$로 어두워지는 것을 볼 수 있는가? 3배 멀리 떨어졌을 때, $\frac{1}{9}$로 어두워지는 것을 볼 수 있는가? 여기에는 규칙이 있다. 즉 빛의 세기는 거리의 제곱에 반비례해서 어두워진다. 이것을 **역제곱 법칙(inverse-square law)**이라고 한다.

역제곱 법칙은 중력에도 적용된다. 지구 중심으로부터의 거리가 멀어질수록 물체에 작용하는 중력은 약해진다. 뉴턴의 중력 식에 나오는 거리 d는 서로 잡아당기는 두 물체의 중심 사이의 거리이다. 그림 5.5에서 사다리 꼭대기에 있는 소녀의 무게는 지표면에 있을 때에 비해 1/4에 불과하다. 그 까닭은 그녀가 지구 중심으로부터 **2배**의 거리에 있기 때문이다. (2장에서 **무게**란 중력에 의해 우리 몸에 가해지는 힘이라고 배웠다.)

그러므로 두 물체들이 멀어질수록 두 물체 사이의 중력이 눈에 띄게 약해진다. 그러나 거리가 아무리 멀어져도 두 질량 사이의 중력은 결코 0이 되지는 않는다. 아무리 멀리 떨어져 있어도, 두 질량 사이의 중력은 여전히 있다. 심지어 여러분이 우주 끝까지 가도, 지구의 중력은 여전히 여러분에게 영향을 미친다. 지구 중력의 영향은 더 가까이 있고 더 무거운 물체들의 영향에 의해 가려질 수는 있지만, 여전히 그곳에 존재한다. 작든, 멀리 있든 간에 모든 물체들의 중력은 우주 전체에 걸쳐 작용한다.

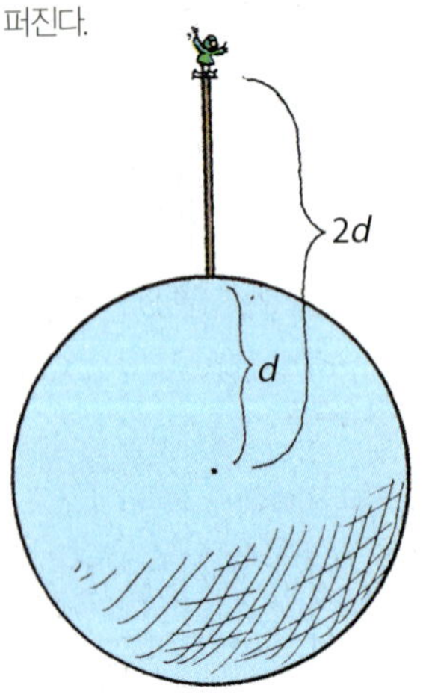

그림 5.5
사다리 꼭대기에서, 소녀는 지구 중심으로부터 2배 떨어져 있고, 그녀의 몸무게는 사다리 아래 있을 때에 비해 $\frac{1}{4}$로 줄어든다.

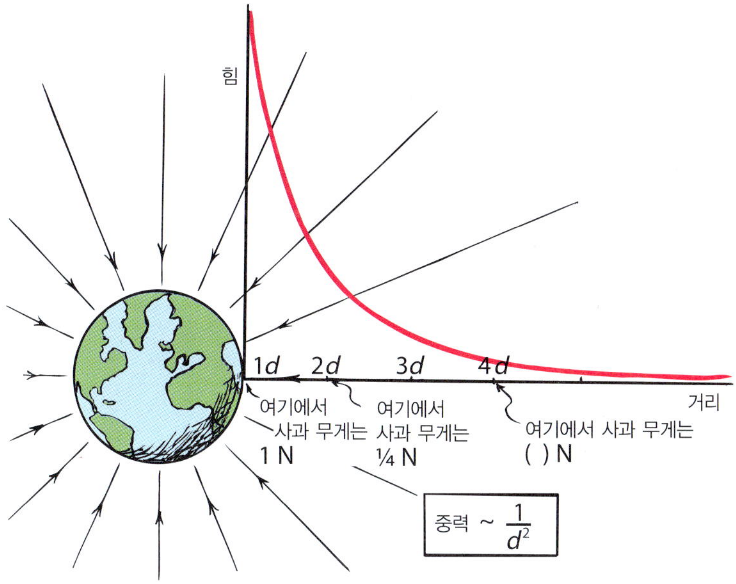

그림 5.6
지표면에서 사과의 무게가 1 N이라면, 이 사과가 지구 중심으로부터 2배 멀어지면 무게가 $\frac{1}{4}$N이 되고, 3배 멀어지면 $\frac{1}{9}$N이 된다. 거리가 무한대에 접근하면, 중력도 0에 수렴한다. 중력 대 거리의 그래프는 빨간색으로 그려져 있다.

5.5 만유인력 상수 G

학습목표
만유인력 법칙에서 G의 역할을 설명할 수 있다.

물음 G의 단위는 중력 식에서 힘의 단위에 어떻게 영향을 미치는가?

만유인력 상수(**universal constant of gravitation**) G를 쓰면, 만유인력 법칙을 완전한 식으로 쓸 수 있다.

$$F = G\frac{m_1 m_2}{d^2}$$

G의 단위는 만유인력의 단위가 힘의 단위인 뉴턴이 되도록 한다. G의 크기는 질량이 1 kg인 두 물체가 1 m 떨어져 있을 때, 이들 사이의 중력의 크기가 0.0000000000667 N이 되도록 정해진다.

$$G = 6.67 \times 10^{-11}\frac{\text{N}\cdot\text{m}^2}{\text{kg}^2}$$

이것은 극히 작은 값이다. 이것으로 중력이 전기력에 비해 매우 작은 힘이라는 것을 알 수 있다. G가 매우 작음에도 불구하고, 지구에서 중력의 크기가 이렇게 큰 까닭은 지구가 엄청나게 무거운 질량 덩어리이기 때문이다.

융합과학 5A
생명과학

학습목표
중력과 균형을 관련지을 수 있다.

생물학적 중력 감지기

물음 우리 몸의 균형과 관련하여, 귀의 전정 기관은 무엇을 감지하는가?

우리의 감각은 몇 가지인가? 답은 5가지가 **아니다**. 시각, 미각, 후각, 청각, 촉각 이외에도, 예를 들어 배고픔이나 갈증과 같은, 다른 감각들이 있다. 또한 우리 몸이 공간에서 어떻게 위치하고 있는지를 감지하는 감각이 있다. 이것을 **전정 감각**(*vestibular*

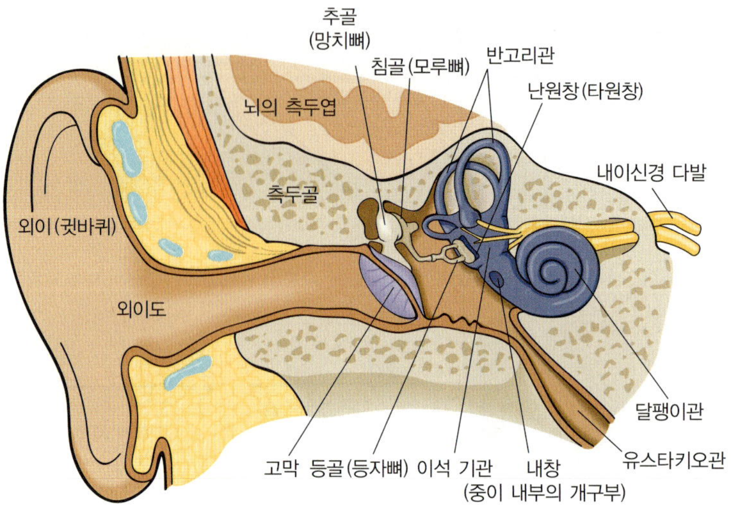

그림 5.7
반고리관과 이석 기관으로 이루어진 전정 기관

sense)이라고 하며, 지구 중력에 대해 우리의 가속도와 방향을 감지한다. 내이에 있는 **전정 기관**(*vestibular organ*)이 이러한 기능을 한다.

그림 5.7을 보면, 전정 기관은 **반고리관**(*semicircular canal*)과 **이석 기관**(*otolith organ*)으로 이루어져 있다. 반고리관은 머리의 회전 운동을 감지하며, 이석 기관은 머리의 선형 가속도와 머리가 지구 중력에 대해 기울어져 있는지를 감지한다. 이석 기관에는 지름이 2 mm인 **평형반**(*macula*)이라고 하는 작은 감각 영역이 있다. 각각의 평형반에는 **유모세포**(*hair cell*)라고 하는 수천 개의 수용기 세포들이 있다. 유모세포는 나무 줄기 모양의 섬모이며, **이석막**(*otolithic membrane*)이라고 하는 젤리 같은 판에 심어져 있다. 그리고 이석막 꼭대기에는 **이석**(*otolith*)이라고 하는 작은 탄산 칼슘($CaCO_3$) 결정 조각들이 있다. 그림 5.8은 평형반의 해부도이다.

이석은 주위 조직보다 밀도가 더 크기 때문에 더 큰 관성을 갖고 있다. 이것 때문에 선형 가속도를 감지할 수 있는 것이다. 여러분이 어떤 방향으로 가속할 때, 이석판과 이석들의 질량 때문에 유모세포의 섬모들이 구부러지게 된다. 섬모가 구부러지면 세포를 자극해 특별한 패턴의 신호를 뇌로 보내게 되고, 뇌가 이 신호를 해석하여 가속도를 감지하게 된다. 일정한 속

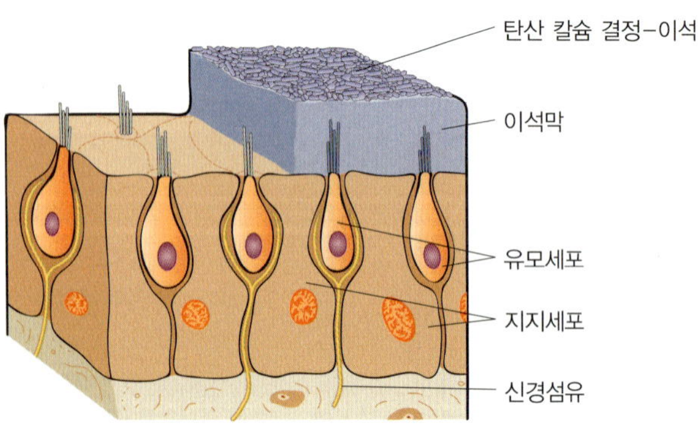

그림 5.8
평형반의 해부도. 평형반의 구조를 보면 지구 중력에 대한 머리의 방향뿐만 아니라 가속도를 감지하는 수용기 세포를 포함하고 있다. 각각의 평형반에는 수천 개의 유모세포가 있다.

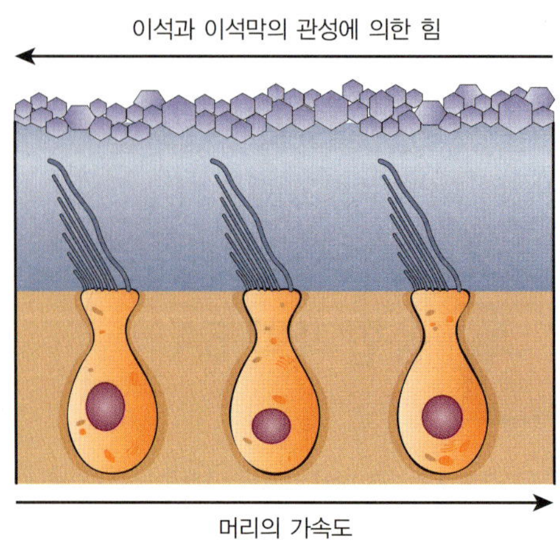

그림 5.9
이석과 이석막은 밀도가 주위 조직의 밀도보다 크므로 관성도 크다. 우리 머리가 가속될 때 유모세포를 지지하는 부분은 앞으로 가속되는 데 비해, 이석은 관성 때문에 덜 움직이므로, 수용기 세포의 섬모들이 잡아당겨지고 구부러지게 된다.

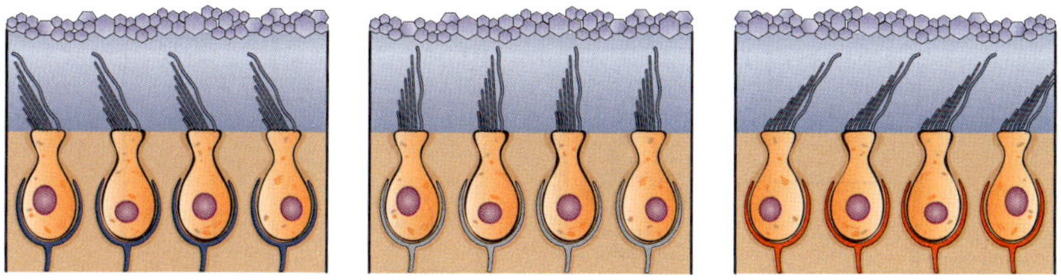

그림 5.10
머리 기울기에 반응하여 평형반에서 초당 방출되는 신경 신호의 횟수가 변한다.

도로 움직일 때는 이석이 평형 상태에 있기 때문에 움직이고 있다는 것을 감지할 수 없다(그림 5.9).

이석은 선형 가속도를 감지했던 것과 마찬가지 방식으로 머리가 기운 것도 감지한다. 우리의 머리가 기울면 평형반이 지구 중력 방향에 대해 기울게 되고, 그 결과 유모세포의 섬모가 구부러지게 된다. 섬모가 어떤 방향으로 구부러지면, 초당 방출되는 신경 신호의 횟수가 증가한다. 섬모가 반대 방향으로 구부러지면, 초당 방출되는 신경 신호의 횟수가 더 작아진다(그림 5.10). 기울어진 평형반으로부터 방출되는 신호의 전체적인 패턴에 의해 머리가 기운 방향과 정도가 감지된다.

그런데 이석이란 단어의 문자 그대로의 의미는 '귀 속의 돌'이다. 여러분 머리에는 실제로 돌이 들어 있다.

5.6 무게와 무중력

학습목표
어떻게 무게가 항력의 일종인지를 설명할 수 있다.

물음 가속하는 승강기 내부에서 여러분의 몸무게는 어떻게 변하는가?

여러분이 체중계 위에 서면, 체중계 안의 용수철을 누르게 되고, 그 결과 이 용수철에 연결된 바늘이 돌아가 몸무게를 나타내게 된다. 바늘이 멈추었을 때, 압축된 용수철의 탄성력과 우리 몸과 지구 사이의 중력이 평형을 이루게 된다. 체중계 바늘이 몸무게를 가리키도록 눈금이 그려져 있다(그림 5.11). 승강기가 위로 가속되면, 체중계 내부의 용수철이 더 압축되어 바늘이 더 많이 돌게 된다. 승강기가 아래로 가속되면, 용수철이 덜 압축되어 바늘이 덜 돌게 된다. 승강기를 매단 줄이 끊어져 승강기가 자유 낙하하면, 눈금은 0을 가리킨다. 즉 눈금만 보면 무게가 없는 상태가 된다. 정말 **무게**(*weight*)가 없어진 것인가? 이에 대해 답하려면, 무게란 무엇인가를 알아야 한다.

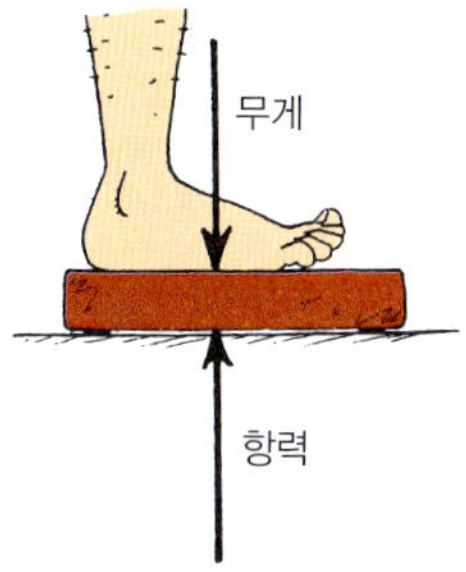

그림 5.11
체중계 위에 서 있을 때, 체중계에는 두 개의 힘, 즉 아래 방향의 중력(몸무게 mg)과 위 방향의 항력이 작용한다. 크기는 같고 방향은 반대인 이들 힘에 의해 체중계 안의 용수철과 같은 부품이 압축되고 이것이 눈금을 돌려 몸무게를 나타낸다.

2장에서, 무게란 물체에 미치는 중력에 의한 힘, 즉 mg라고 정의하였다. 여러분이 가속되지 않는다면, 여러분의 몸무게는 mg일 것이다. 그러나 무게의 일반적인 정의는 어떤 물체가 지지하는 바닥이나 체중계를 누르는 힘이다. 이 정의에 따르면, 아래로 가속되는 승강기 안에서는 바닥의 항력이 작아져서 몸무게도 덜 나가게 된다. 승강기가 자유 낙하하면, 몸무게가 0이 된다(그림 5.12). 그러나 이렇게 몸무게가 0이 되는 상태에서도 여전히 중력은 우리 몸에 작용하며, 우리를 아래로 가속시킨다. 그러나 이 경우 항력이 없기 때문에, 중력은 무게로서 느껴지지 않는다.

궤도를 돌고 있는 우주인을 생각해 보자. 우주인은 그를 받치는 것이 아무것도 없으므로 무게가 없다(그림 5.13). 이 우주인의 발 아래에 체중계를 놓으면, 이 우주인과 체중계는 똑같은 빠르기로 떨어지므로 체중계 안의 용수철은 압축되지 않는다. 지상에서와는 달리, 이 우주인과 물체를 함께 놓으면, 물체들은 우주인과 함께 떨어지며 늘 그의 근처에 있다. 중력의 국소적 효과들은 제거된다. 신체 기관들도 중력이 없는 것처럼 반응하며, 이로 인해

그림 5.12
몸무게는 지지하는 바닥에 대해 여러분이 누르는 힘과 같다. 바닥이 위 또는 아래로 가속되면, 여러분에게 가해지는 중력 *mg*가 일정하다 해도, 여러분의 몸무게는 변한다.

그림 5.13
둘 다 무중력 상태에 있다.

무중력(**weightlessness**)의 느낌을 갖게 된다. 궤도를 도는 우주인은 자유 낙하하는 승강기에서와 같은 느낌을 느끼게 된다.

반면에, 우주인이 가속 중인 우주선 안에 있다면, 깊은 우주 공간에 있거나 또는 주위에 그를 잡아당기는 물체가 전혀 없어도, 그는 무게를 갖게 된다. 위로 가속되는 승강기 안의 사람처럼, 우주인도 체중계 또는 지지하는 면에 대해 눌려질 것이다.

그림 5.14에 있는 국제우주정거장은 무중력 환경을 제공한다. 정거장과 그 안의 우주인 모두 높이 있기 때문에, 1 *g*보다는 약간 작은 가속도로 지구를 향해 똑같이 떨어진다. 이 가속도는 전혀 감지되지 않는다. 정거장에 대한 우주인의 가속도는 0 *g*이다.

그림 5.14
이 실험실과 도킹 시설에 거주하는 과학자들은 지속적으로 무중력을 경험한다. 이들은 지구 주위에서 자유 낙하하고 있다. 중력이 이들에게 작용하고 있는가?

융합과학 5B
생명과학

사람의 무게중심

물음 물체의 지지대와, 평형 및 쓰러짐 사이의 관계는?

학습목표
무게중심과 평형의 관계를 설명할 수 있다.

어떤 물체의 **무게중심**(*center of gravity*, CG)은 그 물체 무게의 평균 위치이다. 대칭인 물체의 경우, 무게중심은 기하학적 중심에 있다. 그러나 야구 방망이처럼 한쪽이 더 무겁고 모양이 불규칙한 물체의 경우, CG는 더 무거운 쪽에 위치한다. 정삼각형 모

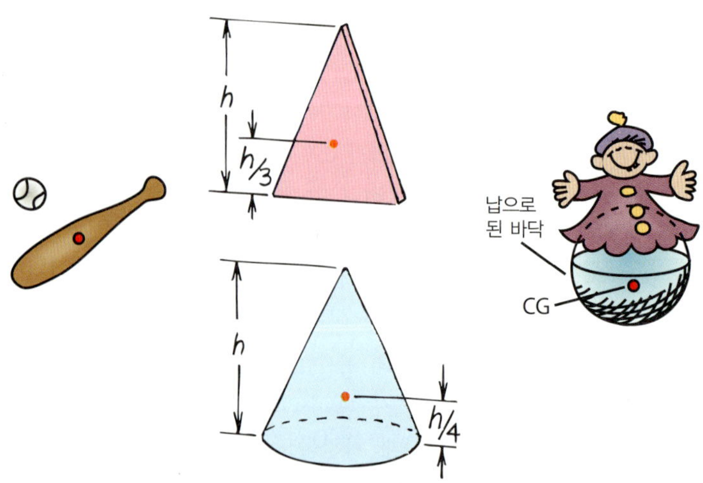

그림 5.15
각 물체에 대한 무게중심이 빨간색 점으로 표시되어 있다.

그림 5.16
피사의 사탑은 CG가 지지대 위에 놓여 있기 때문에 넘어가지 않는다.

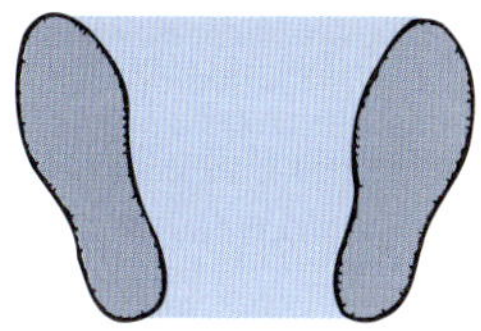

그림 5.17
우리 몸의 지지대는 두 발 사이의 어두운 영역이다.

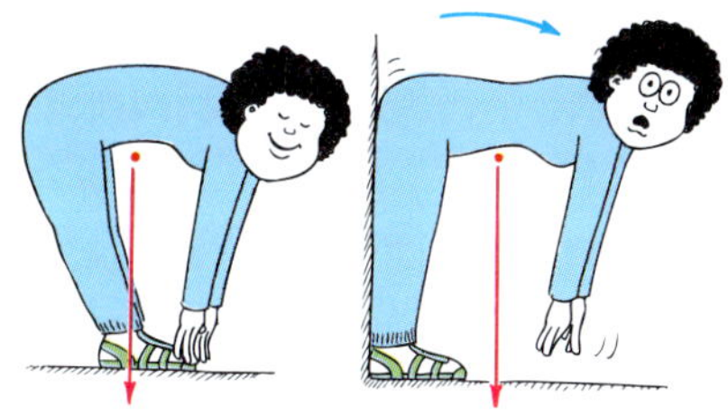

그림 5.18
우리 몸의 CG가 우리 몸의 지지대 위에 있을 때에만 몸을 기울여 발가락에 손을 댈 수 있다.

양으로 자른 타일 조각의 CG는 바닥에서 위로 1/3 지점에 있다(그림 5.15).

어떤 물체의 CG가 그 물체의 지지대 위에 있는지에 따라 물체의 안정성이 결정된다. 안정성 규칙은 다음과 같다. 물체의 CG가 지지 영역 위에 있으면, 이 물체는 똑바로 서 있을 것이다. 만일 CG가 지지 영역을 벗어나면, 이 물체는 넘어질 것이다.

이것이 피사의 사탑이 넘어지지 않는 까닭이다. 그것의 CG는 지지대를 벗어나지 않았다. 만일 사탑이 더 기울어 CG가 지지대를 벗어나면 쓰러질 것이다(그림 5.16).

팔을 늘어뜨리고 서 있을 때, 우리 몸의 CG는 배꼽에서 2~3 cm 아래, 몸통의 가운데에 위치한다. 여자는 남자에 비해 상대적으로 골반이 크고 어깨가 작기 때문에, 여자의 CG는 남자에 비해 약간 낮은 곳에 있다.

서 있을 때 우리 몸의 CG는, 두 발 사이의 영역인, 지지대 위의 어느 곳에 위치한다(그림 5.17). 불안정한 상황에서는 발을 더 벌림으로써 이 지지 영역을 넓혀 안정성을 강화한다. 한 발로 서 있으면 우리 몸의 지지대의 넓이가 크게 줄어든다. 아기들은 몸의 CG를 한 발 위에 두도록 위치를 조절하는 법을 배워야만 한다. 예를 들어 비둘기와 같은, 많은 종류의 새들은 발을 뗄 때마다 머리를 흔들어 CG를 지지대 위에 둔다.

5.7 구심력으로 모의 중력을 만들 수 있다

학습목표
회전하는 우주 정거장에서 구심력이 무게를 만들어 내는 방식을 기술할 수 있다.

물음 회전하는 우주 정거장에서 우주인은 어떻게 구심력에 의해 지지될까?

실 끝에 빈 깡통을 매달고 돌려 보면, 실을 계속해서 잡아당겨야만 한다는 것을 알 수 있다(그림 5.19). 깡통이 머리 위에서 계속 돌게 하려면, 실을 안쪽으로 잡아당겨야 한다. 태양 주위를 도는 행성의 원에 가까운 운동을 포함하여, 모든 원운동에는 중심 쪽으로 가해지는 힘이 필요하다. 물체가 원 궤도를 따라 움직이도록 만드는 이러한 힘을

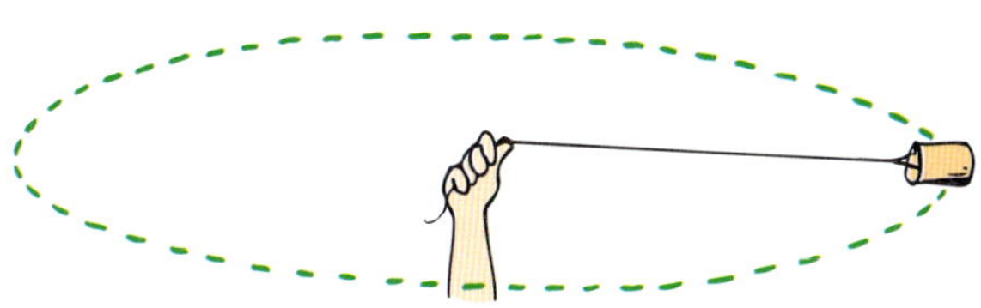

그림 5.19
원운동하는 깡통에 가해지는 유일한 힘(아래 방향으로 작용하는 중력을 무시하면)은 원의 중심을 **향한다**. 이것을 구심력이라고 한다. 캔에 **바깥 방향으로** 작용하는 힘은 없다.

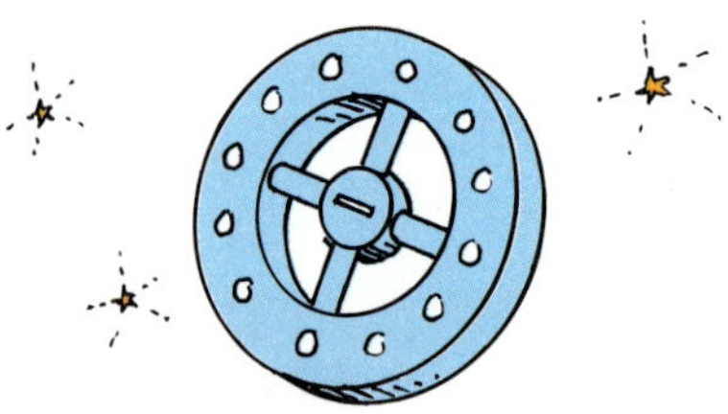

그림 5.20
회전하는 우주 거주지에 사는 사람들은 모의 중력을 경험하고, 그 안에서 똑바로 서 있을 수 있을 것이다. 똑바로 서 있을 때, 우주인의 발은 바깥쪽 테두리를 누르고, 머리는 중심을 향하게 된다.

구심력(**centripetal force**)이라고 한다. **구심**(*centripetal*)이란 말은 '중심을 찾는' 또는 '중심을 향하는'을 뜻한다. 구심력은 새로운 종류의 힘이 아니다. 물체의 경로에 수직 방향으로 작용하여 물체가 원운동을 하게 하는 힘은 어떤 힘이든 구심력이다. 달이 지구 주위를 돌도록 하는 지구의 만유인력도 구심력의 한 예이다. 마찬가지로, 원자의 궤도 전자들도 원자의 중심에 있는 핵 방향으로 작용하는 전기력에 의해 핵 주위를 돌게 된다.

미래의 우주 여행자들은 구심력을 이용해 무중력의 효과에서 벗어날 수 있을 것이다. 오늘날의 우주 정거장들은 언젠가 천천히 도는 거대한 바퀴 모양의 우주 거주지로 대체될 것이다(그림 5.20). 회전하는 거주지에 사는 사람들은 원 궤도를 돌게 되고, 회전축을 향해 안쪽을 향한 구심력을 느낄 것이다. 구심력은 수직 항력이고, 이 힘은 몸무게로서 느껴질 것이다. 이 우주 거주지가 적절한 속력으로 돈다면, 수직 항력은 보통의 지구 몸무게와 비슷하게 느껴지게 될 것이다. 회전하는 우주 거주지 안의 사람들은 그들의 고향인 지구의 중력을 우주 공간에서 경험하게 될 것이다.

학습목표
수평 운동과 수직 운동이 독립적이라는 사실을 포물체에 적용할 수 있다.

5.8 포물체 운동

물음 떨어뜨린 공과 수평 방향으로 던진 공이 같은 시간에 땅에 떨어지는 까닭은?

중력이 없다면, 여러분은 바위도 위로 던질 수 있을 것이고, 이 바위는 직선 경로를 따라 움직일 것이다. 그러나 중력 때문에 경로가 곡선이 된다. 돌, 포탄과 같이 어떤 수단에 의해 위로 쏘아지고, 자신의 관성에 의해 운동을 지속하는 물체를 **포물체**(**projectile**)라고 한다. 옛날 포병들에게는 포물체의 곡선 경로가 매우 복잡하게 보였다. 오늘날, 이 포물체 속도의 수평 방향과 수직 방향의 성분을 독립적으로 생각하면, 이 경로들이 놀랍도록 단순하다는 것을 알게 된다. 먼저, 중력의 영향을 받는 성분인 포물체 운동의 수직 부분을 생각해 보자.

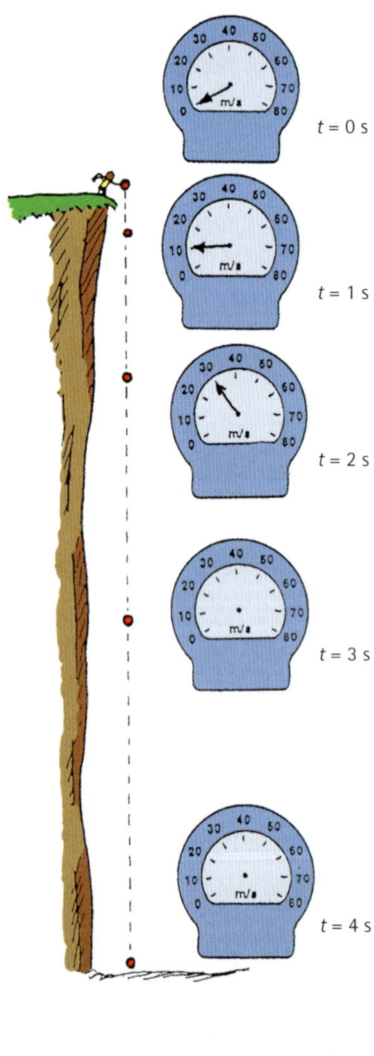

그림 5.21
낙하하는 돌의 속력은 매초 10 m/s씩 빨라진다. 3초와 4초일 때 속력계에 눈금을 올바른 위치에 그려 넣어 보자.

그림 5.21에 보는 바와 같이 낙하하는 돌은 아주 단순한 포물체이다.(이것은 2장에서 배운 그림 2.23과 비슷하다.) 속력계가 나타내듯이, 돌은 낙하하면서 속력이 빨라진다. 자유 낙하하는 돌은 초당 10 m/s씩 빨라진다는 것을 기억하라. 이것은 중력에 의한 가속도, 즉 10 m/s^{2}이다. 처음에 정지 상태(0 m/s)에서 출발한 돌은 1초 후에 10 m/s의 속력으로 떨어진다. 2초 후에 이 돌의 속력은 20 m/s가 된다. 돌은 낙하하면서 초당 10 m/s씩 빨라진다.

속도가 매초 일정하게 빨라지므로, 떨어지는 거리가 매초 계속해서 증가한다. 따라서 떨어지는 물체의 평균 속력도 매초 빨라진다. 이것을 절벽에서 돌을 수평 방향으로 던지는 새로운 상황에 적용해 보자.

먼저, 돌에 중력이 작용하지 않는다고 상상해 보자.

그림 5.22
중력이 없다면, 수평으로 던져진 돌은 직선 경로를 따라 움직일 것이고 매초 일정한 거리를 갈 것이다.

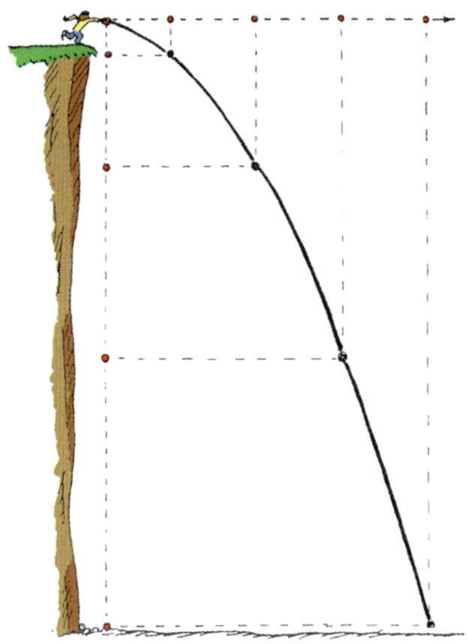

그림 5.23
수직 방향의 점선은 정지 상태에서 떨어뜨린 돌의 경로이다. 수평 방향의 점선은 중력이 없다고 할 때 수평 방향으로 던져진 돌의 경로이다. 실선으로 표시된 곡선은 수평 운동과 수직 운동이 결합된 궤적을 보여 준다.

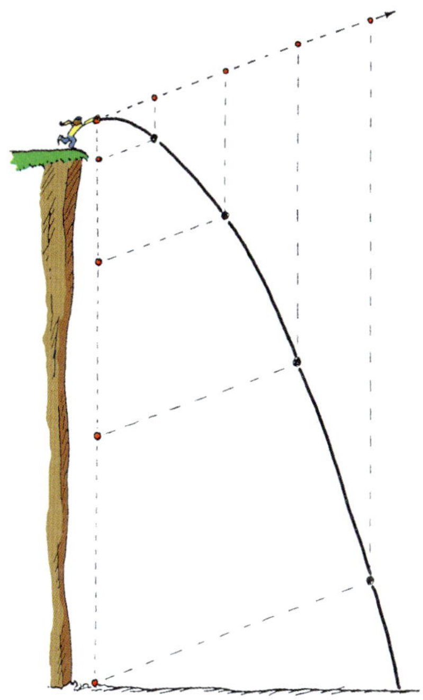

그림 5.24
위쪽 방향으로 던져진 돌은, 중력이 없다면, 점선으로 표시된 직선을 따라 날아갈 것이다. 그러나 중력 때문에 이 선 아래로 떨어지게 되고, 그 결과 실선으로 표시된 포물선을 따라 운동하게 된다.

그림 5.22에 중력이 없을 때 이 돌의 궤적이 그려져 있다. 매초 이 돌의 위치를 보면 간격이 일정하다. 그 까닭은 돌에 작용하는 힘이 없기 때문이다.

실세계에는 중력이 있다. 던져진 돌은 중력이 없을 때의 직선 경로 아래로 떨어진다(그림 5.23). 돌이 떨어지면서 곡선을 그린다. 재미있게도, 이 눈에 익은 곡선은 두 종류의 운동이 동시에 일어난 결과이다. 하나는 그림 5.21의 연직 하방 운동이다. 다른 하나는 그림 5.22에 있는, 중력이 없을 때의 수평 방향의 등속 운동이다. 이 두 운동은 동시에 일어난다. 돌은 수평 방향으로 움직이면서 동시에 연직 하방으로 떨어진다. 이것이 그림 5.23에 나타나 있다.

포물체의 곡선 경로는 수평 방향의 등속 운동과 중력에 의한 수직 방향의 가속 운동의 결과이다. 이 곡선은 **포물선**(**parabola**)이다.

그림 5.24에서, 위 방향으로 어떤 각도로 던져진 돌을 생각해 보자. 중력이 없다면, 경로는 끝에 화살표가 달린 점선을 따르게 될 것이다. 이 경로 상에 돌의 위치를 1초 간격으로 빨간 점들로 표시하였다. 중력 때문에, 실제 위치(검은 점)는 빨간 점 아래에 있다. 얼마나 아래 있는가? 답은, 검은 점들의 위치는 빨간 점에서 자유낙하하였다고 할 때 물체의 위치와 같다. 경로를 그리기 위해 검은 점들을 연결하면 다른 모양의 포물선이 된다.

그림 5.25에서, 아래 각도로 던져진 돌을 생각해 보자. 이 경우나 위로 던진 경우나 적용되는 물리 내용은 같다. 중력이 없다면, 돌은 끝에 화살표가 달린 점선을 따라 움직일 것이다. 그러나 중력 때문에, 위로 던진 경우와 마찬가지로, 돌은 이 점선 아래로 떨어진다. 돌의 경로는 약간 다른 모양의 포물선을 그린다.

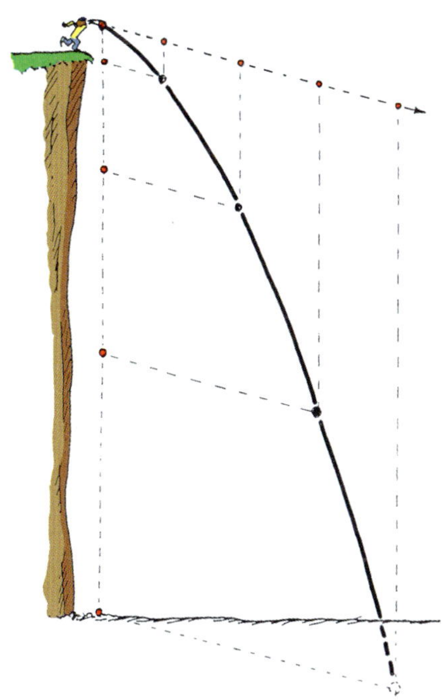

그림 5.25
아래쪽으로 비스듬히 던져진 돌은 약간 다른 포물선을 따라 운동한다.

포물체의 곡선 경로는 수평 운동과 수직 운동의 결합이다. 그림 5.26에서 돌을 던지는 여자 아이를 생각해 보자. 그녀가 돌에게 준 속도는 연한 파란색 벡터로 표시되어 있다. 이 벡터

그림 5.26
공의 속도(연한 파란색 벡터)는 수직 성분과 수평 성분을 갖고 있다. 수직 성분은 공이 얼마나 높이 올라갈 것인지와 관련이 있다. 수평 성분은 공이 얼마나 멀리 갈 것인지와 관련이 있다.

는 수평 성분과 수직 성분들을 갖는다는 것에 주목하라. 재미있게도, 이들 성분은 서로 완전히 독립적이다. 그들 각각은 마치 상대방이 없는 것처럼 행동한다. 경로의 각 지점에서 속도의 수평 성분과 수직 성분을 결합하면, 그 지점에서의 속도 벡터를 얻을 수 있다.

전형적인 포물체 경로는 그림 5.27에 그려진 것과 같은 속도 벡터들과 성분들을 가질 것이다. 모든 점에서 속도의 수평 성분은 같다는 점에 주목하라. 이는 속도의 수평 방향 성분을 변화시키는 수평 방향의 힘이 없기 때문이다(공기 저항은 무시한다). 수직 방향으로 작용하는 중력의 영향 때문에, 속도의 수직 성분은 변한다.

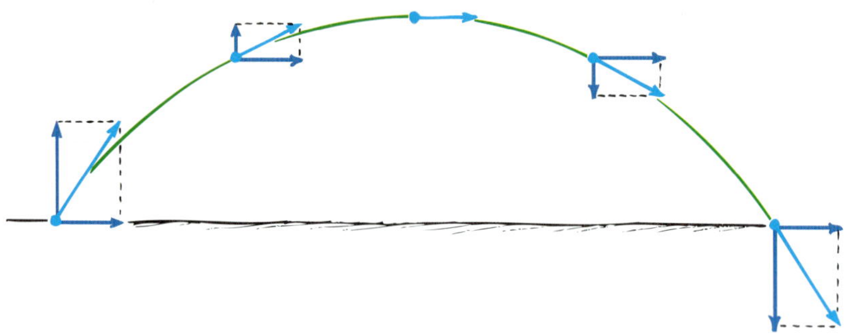

그림 5.27
궤적 위의 여러 점들에서 포물체의 속도. 수직 성분은 변하지만 수평 성분은 어디에서나 같다는 점에 주목하라.

5.9 포물체의 고도와 비거리

학습목표
포물체의 포사각과 고도 및 비거리의 관계를 설명할 수 있다.

물음 어떤 물체를 수평면에 대해 30°와 60°로 쏘았다. 두 경우에 포물체의 고도와 비거리를 비교하시오.

공기 저항이 없을 때 여러 포물체들의 경로가 그림 5.28에 그려져 있다. 이 경로들의 초기 속력은 모두 같지만, 발사각이 모두 다르다. 이 경로들의 **고도**(*attitude*, 땅으로부터의 높이)와 **비거리**(*range*, 수평으로 이동한 거리)가 서로 다르다는 점에 주목하라. 그러나 발사각을 합해서 90°가 되는 두 경로의 비거리는 같다는 점이 주목할 만하다! 예를 들어 발사각이 60°인 포물체와 30°인 포물체의 비거리는 똑같다. 물론 발사각이 작을수록 공중에 떠 있는 시간은 짧아진다.

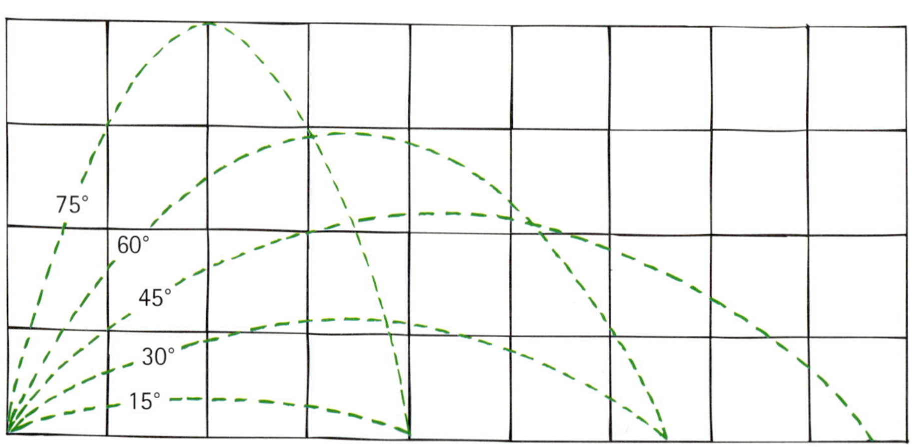

그림 5.28
발사 속력은 같지만 발사각이 다른 여러 경우의 포물체 경로. 발사각의 합이 90°가 되는 두 포물체의 비거리는 똑같다.

공기 저항이 무시할 만큼 작다면, 포물체가 최대 높이에 도달하는 데 걸리는 시간과 그 높이에서 땅에 떨어질 때까지 걸리는 시간은 같다. 그 까닭은 포물체가 올라가면서 잃는 속력과 땅으로 내려오면서 얻는 속력의 크기가 같기 때문이다(그림 5.29).

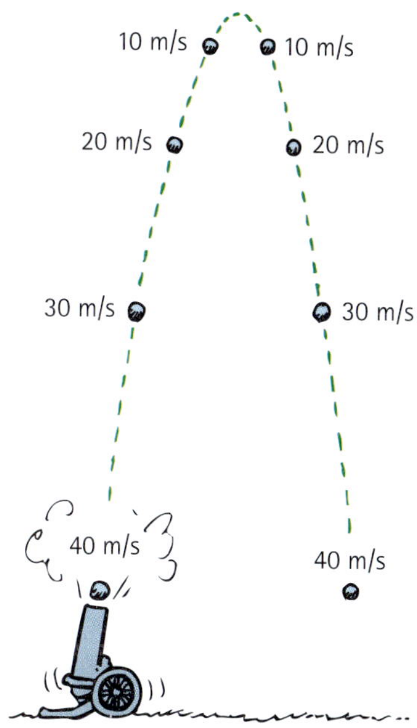

그림 5.29
공기 저항이 없다면, 올라가면서 잃는 속력은 내려가면서 얻는 속력과 크기가 같다.

5.10 공기 저항이 포물체에 미치는 영향

학습목표
공기 저항이 포물체 운동에 미치는 영향을 설명할 수 있다.

물음 공기 저항이 포물체의 고도와 비거리에 어떻게 영향을 미치는지 설명하시오.

앞에서 공기 저항이 없을 때의 포물체 운동을 설명하였다. 친구와 공을 주고받을 때에는 공의 속력이 느리기 때문에 공기 저항을 무시할 수 있다. 그러나 속력이 빨라지면, 공기 저항이 문제가 된다. 고속으로 날아가는 포물체의 경우, 공기 저항은 중요한 변인이다. 공기 저항의 결과 고도와 비거리가 모두 줄어든다(그림 5.30).

야구공을 생각해 보자. 야구 경기에서 배트로 친 공이나 던진 공의 비거리는 공기 저항에 크게 영향을 받는다. 공기 저항이 없다면, 운동장 중앙으로 친 공은 대개 홈런이 될 것이다. 달에서 야구 경기를 하면, (가까운 장래에는 열리지 않겠지만!) 공의 비거리는 지구에서보다 6배쯤 더 길어질 것이다. 그 까닭은 달에는 대기가 없어 공기 저항이 전혀 없기 때문이다. 더욱이 달에서는 중력이 지구의 1/6밖에 안 되므로, 공은 더 높이 더 멀리 날아간다.

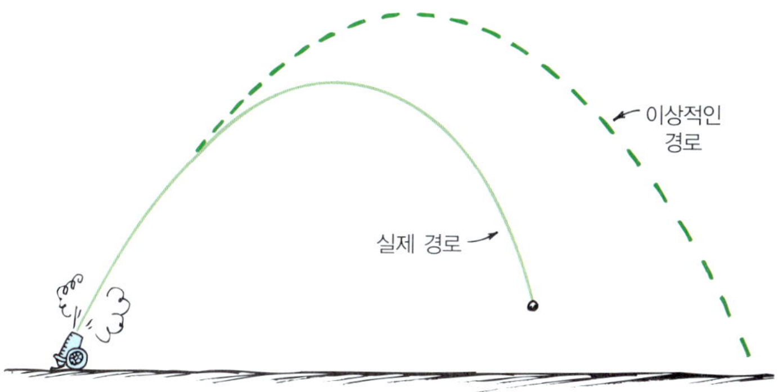

그림 5.30
공기 저항이 있으면, 고속으로 날아가는 포물체의 경로는 공기 저항이 없을 때에 비해 짧아진다. 점선은 공기 저항이 없는 이상적인 경우의 경로이고, 실선은 실제 경로를 나타낸다.

다시 지구로 돌아가면, 야구 경기는 보통 평지에서 열린다. 야구공은 평평한 운동장 위에서 곡선을 그리며 날아간다. 야구공의 속력은 지구의 곡률이 공의 경로에 영향을 미칠 만큼 충분히 빠르지 않다. 그러나 아주 긴 포물선의 경우에는, 지표면의 곡률이 고려되어야만 한다. 이제 알 수 있듯이, 물체가 충분히 빠르게 던져지면, 이 물체는 지구 주위로 떨어지면서 돌게 된다. 즉 **위성**(*satellite*)이 된다.

5.11 빨리 움직이는 포물체 — 위성

학습목표
지구 곡률에 꼭 맞는 포물체 궤적과 위성 운동의 관계를 설명할 수 있다.

물음 지구의 곡률과 지구 위성들은 어떤 관계가 있는가?

대포에서 포탄이 매우 빠르게 발사되어, 포탄의 곡선 경로가 지구의 곡률과 들어맞는다고 가정하자. 공기 저항이 없다면, 이 포탄은 지구의 위성이 될 것이다! 돌을 충분히 빠르게 던질 수 있다면, 돌도 마찬가지로 위성이 될 것이다. 모든 **위**

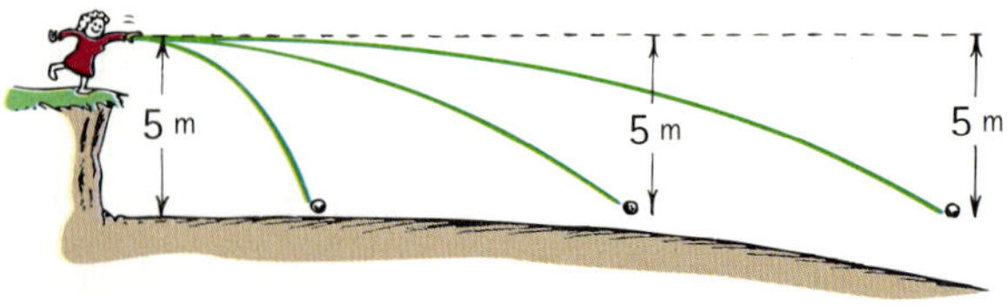

그림 5.31
어떤 속력으로 돌을 던지든지 간에, 중력이 없을 경우의 경로에서 돌은 1초 후에 5 m 아래에 떨어진다.

성(satellite)은 연속적으로 떨어지며 지구 주위를 돌기에 충분할 만큼 빨리 움직이는 포물체일 뿐이다.

그림 5.31에서, 각기 다른 속력으로 수평으로 던졌을 때의 돌의 곡선 경로를 볼 수 있다. 어떤 속력으로 던지든지 간에, 같은 시간 동안 떨어지는 수직 방향의 거리는 모두 똑같다. 1초 동안 5미터 떨어진다.(아마도 여러분들은 이미 실험실에서 이 사실을 이용했었을 것이다.) 따라서 돌을 가만히 놓으면, 그 돌은 1초에 5미터 떨어질 것이다. 돌을 옆으로 던지면, 돌은 중력이 없을 때 날아갈 직선 경로보다 5미터 아래에 떨어질 것이다. 돌이 지구 위성이 되려면, 수평 방향의 속도가 엄청나게 커서 돌의 곡선 궤적이 지구의 곡률과 딱 맞아야 한다.

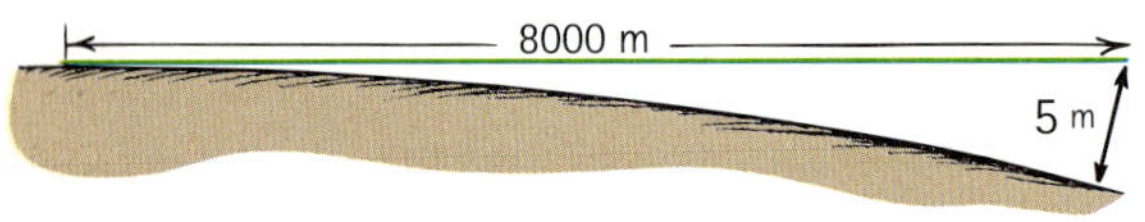

그림 5.32
지구의 곡률은 접선 방향으로 8000 m 갈 때마다 5 m씩 떨어진다(이 그림의 축적은 맞지 않음).

지구는 둥글기 때문에, 지표면은 접선 방향으로 8000미터 갈 때마다 5미터씩 아래로 떨어진다(그림 5.32). 원이나 지표면의 접선은 원이나 면의 한 점만 지나는 직선이다. 지구가 이렇게 둥글기 때문에, 고요한 바다에 떠 있으면 돛의 높이가 5미터인 배가 8000미터(8킬로미터) 떨어져 있을 경우 돛대의 끝만 겨우 볼 수 있을 것이다. 우리는 둥근 지구 위에 살고 있다.

1초 동안 수평 방향으로 8킬로미터를 갈 만큼 빠른 포물체를 무엇이라고 하는가? 그것은 위성이라고 한다. 공기 저항이 없다면, 그 포물체는 지구의 곡률을 따라 움직일 것이다. 잠깐 생각해 보면, 위성이 되려면 최소 속력이 초당 8킬로미터라는 것을 알게 된다. 이것이 빨라 보이지 않으면, 이 속력을 시속으로 바꾸어 보자. 시간당 29,000킬로미터(18,000 mi/h)라는 엄청난 속력이다. 정말로 빠르다!

이 속력에서는 대기와의 마찰로 인해 포물체가 타버릴 것이다. 모래 알갱이들이나 다른 작은 유성들이 지구 대기를 통과하면서 연소될 때 이것을 '별똥별'이라고 한다. 이러한 대기 마찰로 인한 연소 때문에, 대기가 없는 지상 150킬로미터 이상의 높이에서 인공위성이 돌도록 쏜다.

그림 5.33
물체의 속력과 이 물체의 궤적의 곡률이 충분히 크다면, 이 돌은 위성이 될 수 있다.

사람들을 흔히 높은 고도에서 궤도를 도는 인공위성은 중력을 받지 않을 것이라는 오개념을 갖고 있다. 그러나 지표면에서 150킬로미터 위의 인공위성이 받는 중력의 세기는 지표면에서 받는 중력과 거의 차이가 없다. 만일 중력을 받지 않는다면, 지구 주위를 도는 대신에 직선 경로를 따라 움직이게 될 것이다. 높은 고도란 인공위성이 지구 **대기** 위에 있다는 것이지, 지구 **중력**의 영향권 밖에 있다는 것은 아니다. 이미 배웠듯이, 지구의 중력은 끝없이 퍼져 나가며, 멀리 갈수록 약해지지만 결코 0이 되지는 않는다.

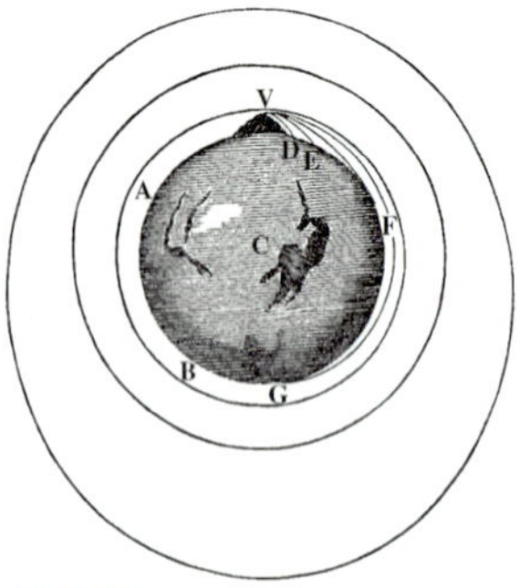

그림 5.34
뉴턴의 산: '어떤 물체가 빠른 속도로 쏘아질수록, 그 물체는 지구에 떨어지기까지 더 멀리 간다. 그러므로 포탄의 발사 속도가 빨라지면, 포탄이 지구에 도달하기까지 1, 2, 5, 10, 100, 1000마일의 호를 그리게 되고, 마침내 지구 영역을 넘어서, 지구에 떨어지지 않고 우주 속으로 날아가게 될 것이라고 생각할 수 있다.' —Isaac Newton, *System of the World*

뉴턴은 인공위성의 운동을 이해하였다. 그는 달이 만유인력에 의해 지구를 도는 포사체일 뿐이라는 것을 깨달았다. 이 개념은 뉴턴이 실제 그린 그림 5.34에 설명되어 있다. 그는 달의 운동을 높은 산 정상에서 쏜 포탄과 비교하였다. 그는 산의 정상이 지구의 대기 위에 있어서, 포탄의 운동이 공기 저항에 의해 느려지지 않는다고 상상하였다. 수평 방향으로 느린 속력으로 포탄을 쏘면, 포탄은 곡선 경로를 따라 움직여 곧 아래에 있는 지구에 부딪칠 것이다. 더 빠른 속도로 쏘면, 포탄의 경로는 더 넓어지고 더 멀리 날아가서 지구에 부딪칠 것이다. 뉴턴은, 포탄이 충분히 빠르게 발사되면 지구를 계속해서 돌게 될 것이라고 추론하였다. 포탄이 궤도 운동을 할 것이다.

뉴턴은 지구 주위의 원 궤도를 돌기 위한 포탄의 발사 속력을 계산하였다. 그러나 포탄의 발사 속력이 그렇게 빠를 수는 없으므로, 그는 인류가 인공위성을 띄울 수 있을 것이라 예견하지 못했다(그는 다단 로켓의 출현을 예견하지 못했던 것 같다).

포탄과 달은 지표면과 평행한 접선 속도로 연속적으로 원운동을 한다. 이 속도는 충분히 빨라 지구로 빨려 들어가지 않고 지구를 돈다. 속도를 줄이는 공기 저항이 없다면, 달 또는 다른 지구 위성은 계속해서 지구를 돌면서 '떨어진다'. 마찬가지로 행성들도 계속해서 태양 주위로 떨어지면서 타원 궤도를 돈다.

왜 행성들은 태양에 충돌하지 않을까? 그 까닭은 그들의 접선 속도 때문이다. 그들의 접선 속도가 0이 되면 어떤 일이 생길까? 답은 아주 간단하다. 행성들은 직선 경로를 따라 태양으로 가서 부딪칠 것이다. 태양계에서 접선 속도가 충분히 빠르지 않은 물체들은 이미 오래 전에 태양으로 빨려 들어갔다. 지금 남은 것은 우리가 관찰하는 조화로운 세계이다.

5.12 타원 궤도

학습목표
원형 궤도와 타원 궤도에서 속력의 역할과 11.2 km/s보다 더 빠른 속력의 역할에 대해 설명할 수 있다.

물음 지구 대기 위에서 8 km/s보다는 빠르고 11.2 km/s보다는 느린 속력으로 쏘아진 포물체의 운명은 어떻게 되겠는가? 11.2 km/s보다 빠른 속력으로 쏘아진 포물체의 운명은 어떻게 되겠는가?

어떤 포물체가 대기의 저항을 바로 벗어난 지점에서 초당 8킬로미터보다 약간 더 빠른 속력으로 수평 방향으로 쏘아졌다면, 이 포물체는 원형 경로를 벗어나 **타원**(**ellipse**)이라고 하는 타원형의 경로를 그리게 된다.

타원은 **초점**(*focus*)이라고 하는 두 개의 고정점으로부터 거리의 합이 일정하도록 움직이는 어떤 점에 의한 닫힌 경로를 말한다. 어떤 행성 주위의 궤도를 도는 위성에 대한 초점 중 하나는 그 행성의 중심에 있고, 다른 초점은 그 행성의 내부 또는 외부에 있을 수 있다. 그림 5.35에서 볼 수 있듯이, 두 개의 압정을 초점 위치에 박고, 실로 고리를 만들어 두 압정에 걸쳐 놓고, 펜으로 실을 팽팽하게 잡아당기면서 움직이면 타원이 그려진다. 두 초점이 가까이 있을수록 그려진 타원은 원에 가까운 모양이 된다. 두 초점이 한 점에 모이면 타원은 원이 된다. 따라서 원은 타원의 특별한 경우라는 것을 알 수 있다.

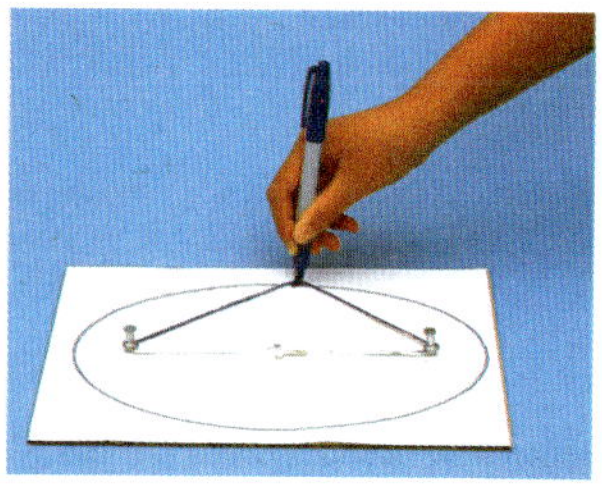

그림 5.35
타원을 그리는 간단한 방법

원 궤도를 도는 위성의 속력은 일정하지만, 타원 궤도를 도는 위성의 속력은 변한다. 위성의 초기 속력이 8 km/s보다 크면, 원형 경로를 지나쳐 지구 중력을 이기면서 지구로부터 멀어진다. 결국 속력이 느려진다. 지구에서 멀어지면서 느려진 속력은 지구 쪽으로 되돌아 떨어지면서 다시 빨라지고, 처음 위치에 돌아오면 처음과 같은 속력이 된다(그림 5.36). 이러한 과정을 반복하면서 같은 궤도를 계속 돌게 된다.

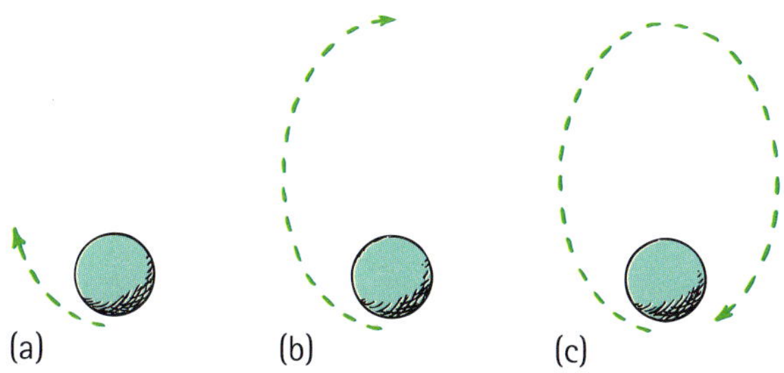

그림 5.36
타원 궤도. (a) 속력이 8 km/s보다 약간 빠른 지구 위성은 원 궤도를 벗어나 지구에서 멀어진다. (b) 지구에서 멀어지던 위성은 만유인력에 의해 느려지고 더 이상 지구를 벗어나 멀어지지 않는다. (c) 위성은 지구를 향해 떨어지고, 멀어지면서 느려진 속력은 다시 빨라진다. 그리고 전과 똑같은 경로를 반복해서 돌게 된다.

학습목표
궤도 속력과 탈출 속력의 관계를 설명할 수 있다.

융합과학 5C
천문학

탈출 속력

물음 지표면으로부터의 탈출 속력이란 무엇인가?

뉴턴의 산에서 수평으로 초당 8킬로미터의 속력으로 발사된 포탄은 궤도 운동을 한다는 것을 배웠다. 그렇다면 같은 속력으로 수직 방향으로 발사하였다면 어떻게 될까? 포탄은 최대 높이까지 올라갔다가 방향을 바꿔 지구로 떨어질 것이다. 그렇다면 옛 사람들이 말하던 '올라가는 것은 반드시 내려와야 한다.'는 격언은, 돌을 하늘 높이 던지면 중력에 의해 되돌아오는 것만큼이나 맞는 말이다(속력이 충분히 빠르지 않다면).

우주여행의 시대인 오늘날에는 '올라가는 것은 내려올 수도 있다'라고 더 정확하게 말해야 한다. 왜냐하면 포물체가 중력을 영향을 이기고 지구를 탈출하는 임계 발사 속력이 있기 때문이다. 이 임계 속력을 **탈출 속력**(**escape speed**)이라고 하고, 방향이 포함된다면 **탈출 속도**(*escape velocity*)라고 한다. 지표면으로부터의 탈출 속력은 초당 11.2 km/s이다. 이 속력보다 빠른 속력으로 쏘아 올린 포물체는 지구에서 멀어질수록 느려지기는 하지만, 결코 지구 중력에 의해 멈춰지지는 않을 것이다.* 에너지 보존 법칙을 이용하여 이 속력을 구할 수 있다.

지구 중력을 이기고 포물체를 지구에서 무한히 먼 곳으로 쏘아 올리려면 얼마만큼의 일이 필요할까? 거리가 무한대이기 때문에 위치 에너지(PE)의 변화도 무한대라고 생각할 수 있다. 그러나 중력은 거리의 제곱에 반비례하여 줄어든다. 포물체에 가해지는 중력은 지구 근처에서만 강할 것이다. 질량이 1 kg인 물체가 지표면에서 무한히 먼 거리까지 움직였을 경우, PE의 변화는 62메가줄(62 MJ)이다. 따라서 포물체를 지표면으로부터 무한히 먼 곳까지 보내려면, 적어도 포물체의 킬로그램당 62 MJ의 에너지를 필요하다. 여기서 계산을 하지는 않겠지만, 킬로그램당 62 MJ은 총 질량이 얼마이든지에 상관없이 초당 11.2 km의 속력에 해당된다. 이것이 지표면으로부터의 탈출 속력이다.**

만일 지표면에서 포사체에 킬로그램당 62 MJ보다 큰 에너지를 가하면, 또는 초당 11.2 km보다 빠른 속력으로 쏘면, 공기 저항을 무시할 때, 이 포물체는 지구를 탈출해서 다시는 돌아오지 않은 것이다. 포물체가 지구에서 멀어질수록, 그것의 위치 에너지는 증가하고 운동 에너지(KE)는 감소한다. 포물체의 속력은 점점 느려지지만, 결코 0이 되지는 않는다. 포물체는 지구 중력을 따돌리고 탈출한다.

표 5.1에는 태양계의 여러 천체로부터의 탈출 속력들이 제시되어 있다. 태양 표면으로부터의 탈출 속력은 620 km/s라는 점에 주목하라. 심지어 태양으로부터 150,000,000 km(태양으로부터 지구까지의 거리) 떨어진 곳으로부터 출발하여 태양의 영향권을 벗어나기 위한 탈출 속력이 42.5 km/s이며, 이는 지구의 탈출 속력보다 훨씬 크다. 지표면으로부터 11.2 km/s보다는 빠르지만 42.5 km/s보다는 작은 속력으로 쏘아 올린 포물체는, 지구로부터는 탈출하지만 태양으로부터는 탈출하지 못할 것이다. 이 포물체는 계속해서 멀어지는 것이 아니라, 태양 주위의 궤도를 돌게 될 것이다.

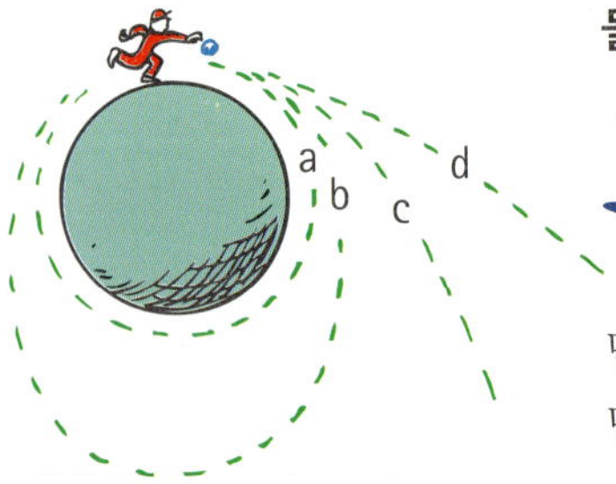

그림 5.37
만일 슈퍼맨이 공기 저항을 받지 않을 만큼 높은 산 정상에서 수평 방향으로 (a) 8 km/s의 속력으로 공을 던졌다면, 약 90분 후에 돌아서서 공을 받을 수 있을 것이다(지구의 회전은 무시함). (b) 약간 더 빠르게 던졌다면, 공은 타원 궤도를 그리고 약간 더 긴 시간 후에 돌아올 것이다. (c) 11.2 km/s보다 빠르게 던졌다면, 지구 인력권을 벗어날 것이다. (d) 42.5 km/s보다 빠르게 던지면, 태양계를 벗어나게 될 것이다.

그림 5.38
국제우주정거장(International Space Station, ISS)은 계속해서 자유 낙하하는 포물체이다. 그것은 지구에 부딪치지 않고, 타원 궤도를 따라 지구 주위를 돈다.

*어떤 행성 또는 물체로부터의 탈출 속력은 $v = \frac{2GM}{d}$으로 주어진다. 여기에서 G는 만유인력 상수, M은 잡아당기는 물체의 질량, d는 이 질량 덩어리의 중심으로부터의 거리이다.(이 물체의 표면에서, d는 이 물체의 반지름이다.) 이 식을 궤도 속력 $v = \sqrt{\frac{GM}{d}}$과 비교하라.

**재미있게도, 이것을 최대 낙하 속력이라고 할 수 있다. 지구로부터 멀리 떨어져 있는 곳에서 물체를 가만히 놓으면, 순전히 지구의 중력의 영향만 받으면서 지구로 떨어질 때, 속력은 11.2 km/s보다 빨라지지 않을 것이다.(공기 저항으로 인해 약간 느려질 것이다.)

표 5.1 태양계에 있는 천체들의 표면으로부터의 탈출 속력

천체	질량 (지구 질량에 대한 비)	반지름 (지구 반지름에 대한 비)	탈출 속력 (km/s)
태양	333,000	109	620
태양(태양 표면이 아니라 지구의 궤도에서 발사했을 경우)		23,500	42.2
목성	318.0	11.0	60.2
토성	95.2	9.2	36.0
해왕성	17.3	3.47	24.9
천왕성	14.5	3.7	22.3
지구	1.00	1.00	11.2
금성	0.82	0.95	10.4
화성	0.11	0.53	5.0
수성	0.055	0.38	4.3
달	0.0123	0.27	2.4

태양계로부터 탈출하기 위한 첫 번째 무인 우주 탐사선은, 1972년에 지구에서 겨우 15 km/s의 속력으로 쏘아 올린 **파이어니어 10호**(*Pioneer 10*)이다. 태양계를 탈출하기 위한 속력을 얻기 위해, 이 탐사선을 다가오는 목성의 경로 안으로 이동하게 조정하였다. 탐사선은 목성의 강한 중력에 의해 격렬하게 움직이게 되고, 그 과정에서 속력을 얻는다. 이는 마치 다가오는 배트에 맞아 야구공의 속력이 증가하는 것과 비슷하다. 목성을 떠날 때 탐사선의 속력은, 목성 거리에서 태양으로부터 탈출 속력보다 더 빨라진다. **파이어니아 10호**는 1984년에 명왕성의 궤도를 지났으며, 다른 천체와 부딪치지 않는 한, 우주 공간을 계속 떠돌 것이다. 안에 내용을 담아 바다에 던져진 병과 같이, **파이어니어 10호**에, 언젠가 외계인들에 의해 발견될 것을 희망하면서, 외계인들에게 흥미가 있을 지구에 대한 정보를 담았다(그림 5.39). 우리는 최근 연구를 통해 우리 은하계에 있는 별들보다 훨씬 많은 행성들이 있다는 것을 알게 되었다. 따라서 파이어니어 10호가 쏘아질 당시보다 외계인에 의해 발견될 가능성은 더 높아졌다.

어떤 물체의 탈출 속력은 발사 시 초기 속력이며, 발사 후에는 추가로 어떤 힘도 가해지지 않는다는 가정하에서 계산된 것임을 기억하라. 충분한 시간이 주어지고, 늘 0보다 큰 속력을 유지한다면 지구를 탈출할 수 있을 것이다. 예를 들어 달에 있는 기지를 향해 발사된 로켓이 있다고 하자. 지구를 출발하자마자 연료가 고갈된다면, 고갈되기 전에 최소한 초당 11.2 km의 속력에 도달해야 한다. 그러나 로켓 엔진이 오랫동안 작동한다면, 초당 11.2 km에 도달하지 않아도 달에 갈 수 있을 것이다.

무인 우주선은 출발 전에 미리 계획된 경로에서 벗어났을 때 이 경로로 돌아가려고 시도하지 않는다. 대신에, 고성능 컴퓨터를 이용하여 현재 있는 위치와 움직이는 속도를 바탕으로 새로운 최적 경로를 찾아낸 후, 제어 로켓을 이용하여 우주선이 이 경로를 따라 움직이도록 조절한다. 우주선이 목표 지점에 도착할 때까지 이러한 과정을 계속 반복한다.*

그림 5.39
파이어니어 10호, 1972년에 지구로부터 발사되었고, 1984년에 태양계를 벗어나 지금은 우리 은하계를 떠돌고 있다.

*여기에서 배울 만한 점이 있는가? 여러분이 이전에 계획한 진로에서 벗어났다고 하자. 이 경우, 전에 있던 위치와 환경에서 계획했던 진로로 되돌아가려고 애쓰지 말고, 대신에 현재의 위치와 환경을 바탕으로 목표에 도달하기 위한 최적의 진로를 다시 설정하여, 그 진로를 따르는 것이 더 생산적일 수 있다.

연습문제

5.1 떨어지는 사과의 전설

1. 뉴턴이 발견한 떨어지는 사과와 달 사이의 연관성은 무엇인가?

5.2 달이 떨어지고 있다는 사실

2. 곡선 경로를 따라 움직이고 있는 물체는 접선 속도를 갖고 있다라는 말은 무엇을 의미하는가?
3. 어떤 의미에서 달은 '떨어지는가'?

5.3 뉴턴의 만유인력 법칙

4. 뉴턴의 만유인력 법칙을 말로 설명하고, 그다음 식으로 설명하시오.

5.4 중력과 거리: 역제곱 법칙

5. 두 물체 사이의 거리가 두 배가 되면, 이들 사이의 중력은 어떻게 변하는가?
6. 점광원을 스크린으로부터 두 배 더 멀리 떨어뜨려 놓으면, 스크린에 비치는 빛의 밝기는 어떻게 변하는가?
7. 물체가 지구로부터 얼마나 멀리 가면, 지구에 의한 중력이 0이 되는가?

5.5 만유인력 상수 *G*

8. 질량이 1 kg인 두 물체가 1 m 떨어져 있을 때 이들 사이의 만유인력의 크기는 얼마인가?
9. 지표면에 있는 질량이 1 kg인 물체와 지구 사이의 만유인력의 크기는 얼마인가?

5.6 무게와 무중력

10. 위로 가속되고 있는 승강기 바닥에 놓인 체중계 위에 올라서면, 체중계 속의 용수철은 승강기가 멈춰 있을 때에 비해 더 압축될까, 덜 압축될까? 만일 승강기가 아래로 가속된다면 어떻게 될까?
11. 문제 10에서 승강기가 위로 등속도로 움직이고, 아래로 등속도로 움직인다면 답은 어떻게 될까?
12. 여러분의 몸무게가 mg와 같아지는 경우는 언제인가?
13. 여러분의 몸무게가 mg보다 무거워지는 경우는 언제인가?
14. 여러분의 몸무게가 0이 되는 경우는 언제인가?

5.7 구심력으로 모의 중력을 만들 수 있다

15. 줄 끝에 깡통을 매달고 원을 그리며 돌릴 때, 깡통에 가해지는 힘은 어느 방향을 향하는가?
16. 우주 거주지에서 모의 중력을 만들 수 있는 방법은 언제인가?

5.8 포물체 운동

17. 포물체란 정확히 무엇인가?
18. 자유 낙하하는 물체는 매초 얼마만큼씩 속력이 증가하는가?
19. 중력이 없다면, 수평으로 움직이는 포물체는 직선 경로를 따라 움직일 것이다. 중력에 의해 포물체가 이 직선 경로로부터 벗어난 거리와 포물체가 자유 낙하하는 경우의 거리를 비교하시오.
20. 배트로 공을 위쪽 방향으로 비스듬히 쳐냈다. 이 공이 올라감에 따라 공 속도의 수직 성분은 어떻게 변할까? 공기 저항이 없을 때, 공 속도의 수평 성분은 어떻게 될까?

5.9 포물체의 고도와 비거리

21. 포를 수평면에서 위로 75° 각도로 쏘았더니 포탄이 사정 지역에 떨어졌다. 포탄의 속력이 같을 경우, 포탄이 이 사정 지역에 떨어지는 또 다른 발사각이 존재하는가?
22. 포물체를 수직으로 30 m/s의 속력으로 쏘았다. 공기 저항을 무시할 수 있다면, 이 포물체가 발사 지점으로 되돌아올 때, 이 포물체의 속력은 얼마인가?

5.10 공기 저항이 포물체에 미치는 영향

23. 배트로 쳐낸 공의 고도와 비거리에 미치는 공기 저항의 효과는 무엇인가?

5.11 빨리 움직이는 포물체—위성

24. 수평으로 8 km/s의 속력으로 움직이는 포물체가 지구의 곡률에 꼭 맞는 곡선을 따라 움직이게 되는 까닭은 무엇인가?
25. 포물체가 지구 대기 위에서 움직인다는 것이 중요한 까닭은 무엇인가?
26. 태양계의 행성들은 단순히 태양 주위로 떨어지는 포물체라고 말하는 것은 옳은가?

5.12 타원 궤도

27. 타원 궤도를 따라 움직이는 위성에 가해지는 중력의 세기가 변하는 까닭은 무엇인가?
28. 타원 궤도를 따라 움직이는 위성의 속력이 변하는 까닭은 무엇인가?

확인문제

만일 여러분이 이 장에서 제대로 학습을 하였다면, 다음에 제시된 10개의 질문에 적어도 7개는 제대로 답을 할 수 있을 것이다. 만일 그렇지 못하면 다음 장으로 가기 전에 이 장을 더 학습할 필요가 있다.

각 질문에 대해 가장 적합한 답을 고르시오.

1. 달이 지구를 향해 떨어진다는 말의 뜻은 달이
   (a) 지표면 위의 사과와 마찬가지로, 10 m/s^2의 가속도로 떨어진다는 것이다.
   (b) 중력이 없을 경우, 진행하게 될 직선 경로 아래로 떨어진다는 것이다.
   (c) 둘 다 맞다.
   (d) 둘 다 틀리다.
2. 두 행성 사이의 중력은 무엇에 의존하는가?
   (a) 행성의 구성 원소
   (b) 행성의 대기
   (c) 회전 운동
   (d) 이들 중에는 없다.
3. 국제우주정거장에 있는 우주인들은 무엇을 갖고 있지 않은가?
   (a) 신체에 가해지는 중력
   (b) 충분한 질량
   (c) 항력
   (d) 자유 낙하의 조건
4. 지구를 출발하여 달로 가는 우주선에 가해지는 지구와 달의 인력이 같아지는 지점은
   (a) 지표면에 더 가깝다.
   (b) 달 표면에 더 가깝다.
   (c) 지구와 달의 중간에 위치한다.
   (d) 없다. 지구는 항상 달보다 더 강하게 우주선을 잡아당긴다.
5. 지표면에서 야구공을 수평으로 던지면 1 s 후에는, 중력이 없을 경우, 따라 가게 되는 직선 경로의
   (a) 1 m 아래에 있다.
   (b) 5 m 아래에 있다.
   (c) 10 m 아래에 있다.
   (d) 이들 중에는 정답이 없다.
6. 포물체에 가해지는 공기 저항이 없다면, 포물체의 수평 방향의 가속도는
   (a) g이다.
   (b) g에 직각이다.
   (c) 구심력 방향이다.
   (d) 0이다.
7. 공기 저항이 없을 때, 수평면에 대해 40°로 던져진 공과 몇 도로 던져진 공의 비거리가 같을까? (단, 두 경우의 발사 속력은 같다고 한다.)
   (a) 45°
   (b) 50°
   (c) 60°
   (d) 이들 중에는 답이 없다.
8. 포물체를 옆으로 던지면, 떨어지면서 곡선을 그린다. 이 포물체가 그리는 곡선이 어떤 경우에 이 포물체는 지구 위성이 될까?
   (a) 지표면의 만곡과 일치할 때
   (b) 직선이 될 때
   (c) 퍼져 나가는 나선형을 그릴 때
   (d) 이들 중에는 답이 없다.
9. 지구 주위의 타원 궤도를 도는 위성은 언제 가장 빨리 움직이는가?
   (a) 지구에 접근했을 때
   (b) 지구에서 멀어졌을 때
   (c) 어디에서나 같은 속력으로 움직인다.
   (d) 지구로부터의 근점과 원점 중간에 있을 때
10. 지구 주위를 도는 위성들은 주로 지구의 무엇 위에 있는가?
   (a) 대기
   (b) 중력장
   (c) 대기와 중력장 위에 있다.
   (d) 이들 중에는 답이 없다.

확인문제 답

1. *b*, 2. *d*, 3. *c*, 4. *b*, 5. *b*, 6. *d*, 7. *b*, 8. *a*, 9. *a*, 10. *a*

6장 열

용암의 평균 온도는 1000°C이다. 이는 물의 끓는점에 비해 10배나 높은 온도다. 독립 기념일에 쏘아 올린 폭죽의 백열 불꽃은 용암보다 두 배나 뜨거운 약 2000°C이다. 그런데 왜 용암에 닿으면 심한 화상을 입고, 폭죽의 불꽃에는 그렇지 않을까? 물체가 무한히 뜨겁거나 차가울 수 있을까? 다시 말해, 뜨거움과 차가움의 한계가 있을까? 카펫이 깔린 바닥보다 타일 바닥이 더 차갑게 느껴지는 까닭은 무엇인가? 다른 질문은 ... 풍선 속의 공기, 보도에 깔려 있는 콘크리트, 그리고 거의 모든 것들은 덥혀지면 왜 팽창하는가? 얼음물은 왜 온도가 높아짐에 따라 부피가 팽창하지 않고 오히려 수축할까? 그리고 얼음은 왜 연못의 바닥이 아니라 위부터 얼어서 물고기들이 겨울 내내 편안히 헤엄칠 수 있도록 할까? 이 장에서 이러한 질문들과 열과 관련된 다른 질문들에 대해 대답할 것이다.

6.1 물질 운동론

물음 열에너지란 무엇인가?

물질 운동론(*kinetic theory of matter*)에 따르면, 물질은 원자와 분자라는 작은 입자들로 이루어져 있다. 이들은 늘 움직이고 있다. 이들은 회전하고, 진동하고, 직선 경로를 따라 움직이며 충돌을 반복한다(그림 6.1).

원자와 분자의 에너지는 그들의 운동이나 위치와 관련이 있다. 그들은 회전 운동 에너지, 진동 운동 에너지, 병진(직선) 운동으로 인한 병진 운동 에너지를 갖고 있다. 또한 입자들은 그들 사이의 인력, 또는 가까이 있을 때에는 그들 사이의 반발력으로부터 위치 에너지를 갖는다. 어떤 물질 속의 이들 모든 형태의 에너지의 **합**이 이 물질의 **열에너지**(**thermal energy**)이다. (물리학자들은 보통 열에너지를 **내부 에너지**라고 부른다. 그 까닭은 이 에너지가 물질 내부에 있기 때문이다.)

학습목표
열에너지를 구성하는 에너지의 여러 형태들을 구별하여 설명할 수 있다.

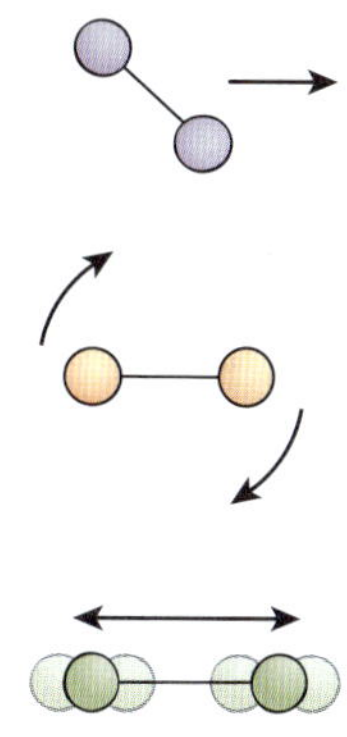

그림 6.1
물질 속 입자들의 운동 방식

6.2 온도

물음 물의 어는점을 설명하는 두 가지 방식은 무엇인가?

망치로 못을 때리면 못이 따뜻해진다. 왜? 망치로 때림으로 인해 못 원자들의 움직임이 더 빨라졌기 때문이다. 액체를 불꽃으로 가열하면 액체 분자들이 더 빨리 움직이기 때문에 액체가 데워진다. 타이어 펌프로 공기를 빠르게 압축하면 공기가 데워진다. 이들 경우에, 분자들은 더 빠르게 이리저리 움직이게 된다. 그들은 운동 에너지를 얻는다. 일반적으로, 물체가 따뜻할수록 이 물체의 원자와 분자들은 더 큰 운동 에너지를 갖고 있다. 물체의 '따뜻함'과 '차가움'의 정도인 **온도**(**temperature**)는 그 물체를 구성하는 원자 또는 분자의 평균 병진 운동 에너지에 비례한다. 그래서 입자들의 병진 운동은 물체의 온도에 기여한다(그림 6.1).

학습목표
열에너지와 온도를 구별하여 설명할 수 있다.

온도는 한 물질 속의 전체 운동 에너지의 양이 아니라는 것에 주목해야 한다. 예를 들어 2리터의 끓는 물은 1리터의 끓는 물보다 두 배의 분자 운동 에너지를 갖고 있다. 그러나 분자당 **평균**(*average*) 운동 에너지가 같기 때문에, 1리터의 끓는 물과 2리터의 끓는 물의 온도는 같다.

그림 6.2
우리 몸이 느끼는 차가움과 뜨거움에 대해 신뢰할 수 있는가? 두 손가락을 미지근한 물에 담그면, 두 손가락은 똑같은 온도를 느낄까? 이 실험을 직접 해 보라.

온도는 어떤 눈금에서 주어진 뜨거움의 정도에 대응하는 하나의 숫자로 정량적으로 표현된다. 흔히 사용되는 온도계는 대부분의 물질들이 온도가 올라감에 따라 팽창한다는 사실을 이용한다. 그러한 온도계들은 어떤 액체(흔히 수은 또는 색소를 탄 알코올)의 팽창과 수축을 눈금의 증감과 비교하는 방식으로 온도를 측정한다. 일부 현대적인 온도계에는, 접촉하지 않고 그 물체로부터 방출되는 적외선을 이용하여 온도를 측정하는 것도 있다. 이 내용은 이 장의 뒤에 나오는 열전달과 복사에 관한 절에서 논의할 것이다.

전 세계적으로, 가장 널리 사용되는 온도계는 섭씨 온도계이다. 이 온도계의 이름은 스웨덴의 천문학자인 셀시우스(Anders Celsius, 1701~1744)를 기린 것이다. 그는 물의 어는점과 끓는점 사이를 100등분하는 눈금을 제안하였다. 물이 어는 온도를 영(0)으로 정하고, 표준 대기압에서 물이 끓는 온도를 100으로 정하였다. 어는 온도와 끓는 온도 사이는 100등분하였으며, 이들은 **도**(*degree*)라고 불린다.

그림 6.3
두 용기에 같은 양의 열을 가하면, 물의 양이 적은 용기의 온도가 더 높이 올라간다.

미국에서는 전통적으로, 물이 어는 온도에 숫자 32를 배정하고, 물이 끓는 온도에 숫자 212를 배정한다. 그러한 눈금을 사용한 온도계를, 이 눈금을 발명한 독일 과학자 파렌히이트(G.

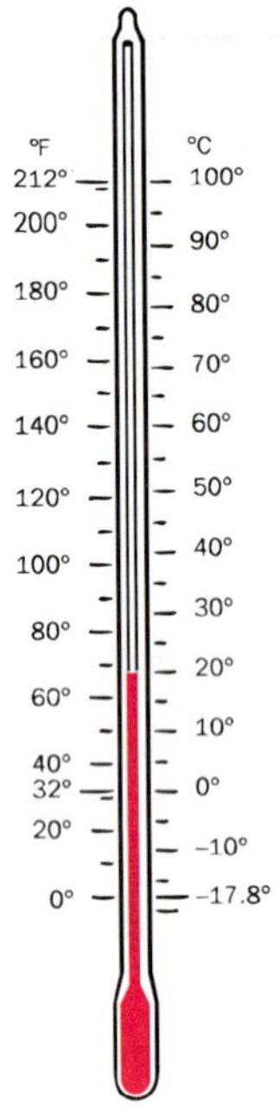

그림 6.4
온도계에 그려진 화씨 눈금과 섭씨 눈금

D. Fahrenheit, 1686~1736)의 이름을 따서 화씨 온도계라고 한다. 미국에서는 화씨 눈금이 가장 흔히 사용되지만, 과학에서는 섭씨 눈금이 표준으로 사용된다.

학교 시험에서는 흔히 계산 공식을 이용하여 어떤 온도 눈금에서 다른 온도 눈금으로 전환하는 문제가 나온다. 이러한 전환은 실제로는 물리학이 아니므로, 여기서는 다루지 않겠다. 게다가 그림 6.4에 섭씨 온도와 화씨 온도 사이의 전환된 근삿값이 제시되어 있다.*

다른 물체의 온도를 재는 데 사용하는 온도계가 실제로 자기 자신의 온도를 나타내는 기구라는 점은 흥미롭다. 온도를 알고자 하는 물체와 온도계를 열 접촉하게 하면, 이 둘의 온도가 같아질 때까지 이 둘 사이에 열에너지가 흐른다. 둘의 온도가 같아질 때, 열평형을 이루게 된다. 그래서 온도계의 온도를 보면, 온도계와 열평형을 이룬 물질의 온도를 알게 된다.

6.3 절대 영도

물음 절대 영도는 얼마나 차가운가?

학습목표
자연에서 있을 수 있는 가장 낮은 온도의 의미를 설명할 수 있다.

이론상으로는, 온도는 상한이 없다. 열운동이 증가함에 따라 고체가 처음에는 녹고 그 다음에는 기화한다. 온도가 더 올라가면, 분자는 원자로 분리되고, 원자는 자신들의 전자의 일부나 전부를 잃고, 그 결과 플라스마라고 하는 전기적으로 대전된 입자들의 구름을 형성한다. 플라스마는 별들 안에 존재하는데, 온도가 섭씨 수백만 도이다. 온도는 상한이 없다.

반면에, 온도 눈금의 하한은 확실히 있다. 기체들은 가열되면 팽창하고, 냉각되면 수축한다. 19세기 실험 과학자들은 모든 기체는 압력을 일정하게 유지하면, 초기 압력 또는 부피에 관계없이, 온도를 섭씨 1도 낮출 때마다 0°C일 때 부피의 $\frac{1}{273}$만큼씩 줄어든다는 것을 발견했다. 그러므로 만일 섭씨 0°C의 어떤 기체를 273°C만큼 냉각하면, 이 기체의 부피는 0이 될 것이다. 그러나 실제로는 부피가 0인 물질을 만들 수 없다는 것은 분명하다(그림 6.5).

압력도 마찬가지다. 부피를 일정하게 하면, 어떤 기체의 온도를 섭씨 1도씩 낮출 때마다 기체의 압력은 $\frac{1}{273}$만큼씩 낮아진다. 따라서 0도에서 273°C만큼 냉각하면, 이 기체의 압력은 0이 될 것이다. 실제로는, 모든 기체는 이렇게까지 냉각되기 전에 액체로 전환된다. 그럼에도 불구하고, $\frac{1}{273}$만큼씩 줄어든다는 사실은 가장 낮은 온도 −273°C에 대한 아이디어를 제시한다. 그것이 온도의 하한인 **절대 영도(absolute zero)**이다. 분자들은 이 온도에서 모든 운동 에너지를 잃는다.** 절대 영도인 물질로부터 에너지를 더 제거할 수는 없다. 이 물체는 더 이상

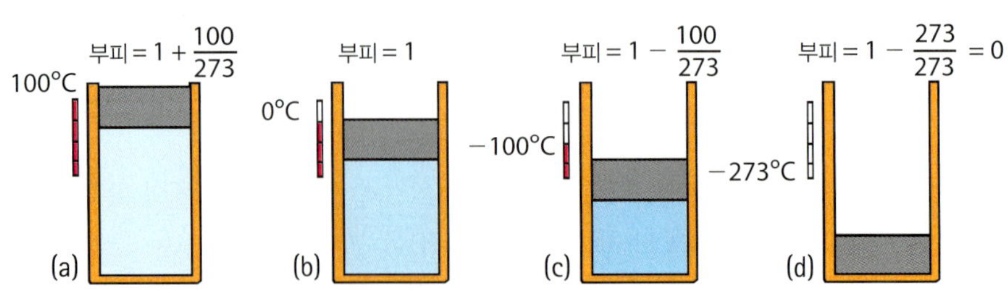

그림 6.5
용기 안에 있는 기체의 부피(파란색)가 줄어듦에 따라 피스톤(회색)이 내려간다. 기체의 압력이 일정하게 유지된다면, 온도가 1°C 내려갈 때마다 0°C일 때 부피의 $\frac{1}{273}$만큼씩 부피가 줄어든다. (a) 100°C에서는 0°C일 때인 (b)의 부피보다 $\frac{100}{273}$만큼 늘어난다. (c) 온도가 −100°C 내려갔을 때, 부피는 $\frac{100}{273}$ 만큼 줄어든다. (d) −273°C에서, 기체의 부피는 $\frac{273}{273}$ 만큼 줄어들고 따라서 0이 될 것이다.

*좋다, 여러분이 정말로 알고 싶다면, 온도 전환 공식은 $C = \frac{5}{9}(F - 32)$ 또는 $F = \frac{9}{5}C + 32$이다. 여기에서 C는 섭씨 온도이고, F는 대응되는 화씨 온도이다.

**심지어 절대 영도에서도, 분자들은 여전히 작은 양의 운동 에너지를 갖고 있다. 이것을 영점 에너지라고 한다. 예를 들어 헬륨의 경우, 절대 영도에서도 얼어 붙지 않을 정도로 분자들이 충분한 운동을 하고 있다. 이에 대해 설명하려면, 양자 이론을 사용해야 한다.

차가워질 수 없다(그림 6.6).

절대 온도 눈금은 영국의 유명한 수학자이자 물리학자인 윌리엄 톰슨(켈빈 남작)의 이름을 따서 켈빈 눈금이라고 불린다. 절대 영도는 0 K('0 켈빈'이라고 읽는다. 켈빈 온도의 경우 **도**(*degree*)를 쓰지 않는다)이다. 켈빈 눈금에는 음수가 없다. 켈빈 눈금의 간격은 섭씨 눈금의 간격과 같다. 그러므로 얼음의 녹는점은 273 K이고, 물의 끓는점은 373 K이다.

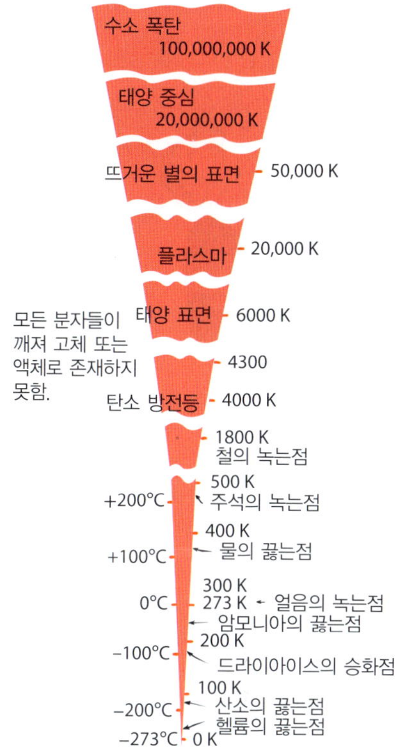

그림 6.6

절대 온도의 예

6.4 열이란 무엇인가?

물음 열을 품고 있는 물질은 없다고 말하는 까닭은 무엇인가?

뜨거운 난로에 손을 대면, 난로가 손보다 더 따뜻하기 때문에 난로에서 손으로 열에너지가 유입된다. 그러나 얼음에 손을 대면, 얼음이 손보다 차갑기 때문에 손에서 얼음으로 열에너지가 유출된다. 에너지는 항상 더 따뜻한 것으로부터 더 차가운 것으로 흐른다. 과학자들은, 온도 차이로 인해 한 물체에서 다른 물체로 전달되는 열에너지를 **열**(**heat**)이라고 정의한다.

이 정의에 따르면, 물질은 열을 품고 있지 않다. 물질은 열이 아니라 열에너지를 품고 있다. 열은 온도 차로 인한 열에너지의 흐름이다. 일단 열에너지가 어떤 물체나 물질로 전달되어 버리면, 더 이상 열이 아니다. 열은 전달되고 있는 열에너지이다.

두 물체가 열 접촉을 하고 있으면, 열평형에 도달할 때까지 온도가 높은 물체로부터 낮은 물체로 열에너지가 흘러간다. 이것이 열에너지가 많은 물체에서 적은 물체로 열에너지가 흐른다는 의미는 아니다. 예를 들어 양동이에 담긴 따뜻한 물은 붉게 달궈진 압정보다 많은 열에너지를 갖고 있다. 이 압정을 물에 넣으면, 열에너지는 따뜻한 물에서 압정으로 흘러가지 않는다. 대신에 뜨거운 압정에서 상대적으로 차가운 물로 흘러간다. 외부의 도움이 없다면, 열에너지는 절대로 낮은 온도의 물체에서 높은 온도의 물체로 흘러가지 않는다.

열이 뜨거운 물체에서 차가운 물체로 전달되는 열에너지라면, 차갑다는 것은 무엇인가? 차가운 물질은 열에너지에 반대되는 무엇인가를 품고 있는가? 아니다. 어떤 물체가 차가운 까닭은 무엇인가를 품고 있어서가 아니라 무엇인가가 부족하기 때문이다. 차가운 물체는 열에너지가 부족하다. 추운 겨울날 바깥에서 추위를 느끼는 까닭은 냉기라고 하는 어떤 것이 여러분에게 닿아서가 아니다. 추위를 느끼는 까닭은 열을 잃어서이다. 우리 몸으로부터 열이 흘러나가는 것을 늦추기 위해 코트를 입는다. 차가움은 그것 자체로 존재하는 것이 아니라 열에너지가 줄어든 결과로 나타나는 것이다.

그림 6.7

불꽃의 온도는 약 2000°C로 매우 높다. 불꽃의 분자당 열에너지는 상당히 크다. 그러나 불꽃을 이루는 분자의 개수가 매우 적기 때문에, 불꽃의 열에너지는 작고 따라서 안전하다. 온도와 에너지 전달은 별개이다.

열량

열은 에너지의 한 형태이고 줄(J) 단위로 측정된다. 물 1 g을 1°C 올리는 데는 4.2 J의 열이 필요하다. 미국에서는 여전히 열의 단위로 **칼로리**(**calorie**)를 흔히 쓴다.* 칼로리는 1 g의 물을 1°C 올리는 데 필요한 열량으로 정의한다.(칼로리와 줄의 관계는 1칼로리 = 4.19 J)

음식들을 태웠을 때 내는 에너지로 그들의 에너지 등급을 측정한다.(물질대사는 실제로 천천히 일어나는 '연소'이다.) 음식에 붙여 있는 라벨에는 킬로칼로리, 즉 1000칼로리를 단위로 열량이 표시되어 있다(1킬로칼로리는 1킬로그램의 물을 1°C 올리는 데 드는 열량이다). 큰

*흔히 쓰는 또 다른 열의 단위는 영국 열량 단위(Btu)이다. Btu는 1파운드의 물을 1 °F 올리는 데 필요한 열량으로 정의된다.

그림 6.8
다이어트 하는 사람에게 땅콩의 열량은 10큰 칼로리(Calorie)이고, 물리학자에게 땅콩의 열량은 10,000 칼로리(또는 41,900 J)이다.

칼로리와 작은 칼로리를 구분하기 위해, 음식 라벨에는 대문자 C를 써서 큰 칼로리를 표시한다. 그러므로 1큰 칼로리는 실제로는 1000칼로리이다.

6.5 열역학 법칙들

물음 열역학은 에너지 보존과 어떤 관련이 있는가?

학습목표
열역학의 세 가지 법칙을 기술할 수 있다.

우리가 지금까지 배워온 열과 열에너지에 대한 것들은 열역학 법칙들로 정리된다. **열역학**(thermodynamics)이란 단어는 '열의 움직임'을 뜻하는 그리스 단어에서 유래되었다. 열역학은 열에 대한 연구와 열과 다른 형태의 에너지 사이의 전환에 관한 연구를 집대성한 것이다.

열에너지가 열로서 전달될 때, 열에너지를 잃거나 얻지 않는다. 한쪽에서 잃은 에너지를 다른 쪽에서 얻는다. (4장에서 논의했던) 에너지 보존 법칙을 열적 계들에 적용한 것이 **열역학 제1법칙**(first law of thermodynamics)이다.

어떤 계에 열이 유입되거나 유출될 때, 얻거나 잃은 열에너지의 양은 전달된 열량과 같다.

여기서 **계**(*system*)는 어떤 물질, 기구 또는 잘 정의된 원자들 또는 분자들의 집단이다. 그 계는 증기 기관 안의 증기, 지구의 대기, 또는 심지어 생물들의 신체일 수도 있다. 이들 계에 열을 가하면 이들의 에너지가 증가한다. 가해진 에너지는 이들 계가 일을 하도록 한다. 제1법칙은 이치에 맞는다.

공기가 밀폐된 깡통을 뜨거운 난로 위에 올려놓고 가열할 때 열역학 제1법칙을 잘 이해할 수 있다. 유입된 열이 깡통 안의 공기의 열에너지를 증가시키고, 그 결과 공기의 온도가 높아진다. 만일 깡통에 움직일 수 있는 피스톤이 장착되어 있다면, 가열된 공기는 팽창하고 피스톤을 바깥쪽으로 밀어냄으로써 **역학적 일**(*mechanical work*)을 할 수 있다. 이러한 역학적인 일을 하는 능력은 처음에 공급한 에너지로부터 온 것이다. 제1법칙에 따르면, 아무것도 없는 것으로부터 에너지를 얻을 수는 없다.

그림 6.9
펌프의 피스톤을 누를 때, 안에 있는 공기에 일을 한다. 공기의 온도는 어떻게 변하는가?

열역학 제2법칙(second law of thermodynamics)은 열 흐름의 방향에 관해 우리가 배웠던 것을 다시 말한 것이다.

열은 결코 자발적으로 온도가 낮은 물질에서 온도가 높은 물질로 흐르지 않는다.

열의 흐름이 자발적일 때, 즉 외부에서 일이 하여지지 않을 때, 열은 늘 뜨거운 것에서 차가운 것으로 흐른다. 겨울에, 열은 따뜻한 집안에서 바깥의 차가운 공기로 흐른다. 여름에, 열은 바깥의 뜨거운 공기로부터 시원한 집 안으로 흐른다. 열은 계에 일이 하여졌을 때 또는 다른 원천으로부터 에너지가 더해졌을 때에만 다른 방식으로 흐르도록 만들 수 있다. 냉방 장치나 에어컨을 이용하면, 이런 일이 발생하도록 할 수 있다. 이들 장치는 차가운 영역에서 따뜻한 영역으로 에너지를 퍼 올린다. 그러나 외부적인 노력이 없다면, 열은 뜨거운 것으로부터 차가운 것으로 흐른다. 제1법칙과 마찬가지로, 제2법칙도 논리적으로 이치에 맞는다.*

*열역학 법칙들은 모두 1800년대에 정립되었다. 그 당시, 사륜마차가 증기 기관차에 자리를 내주고 있었다. 증기 기관의 작동을 농부에게 설명했던 기술자의 이야기가 있다. 이 기술자는 증기 사이클의 작동과 팽창하는 증기가 어떻게 피스톤을 움직이고 바퀴를 돌게 하는지 자세히 설명하였다. 잠시 생각한 후에, 농부가 말했다, '그래요, 나는 그것 전부를 이해했어요. 그런데 말은 어디에 있죠?' 이 이야기로부터, 기존의 것을 대체할 새로운 방법이 출현하였을 때, 세계에 대한 우리의 사고방식을 버리는 것이 얼마나 어려운지를 알 수 있다.

열역학 제3법칙(**third law of thermodynamics**)은 온도의 하한에 대해 배웠던 것을 다시 말한 것이다.

어떤 계도 절대 영도에 도달할 수 없다.

연구자들은 이처럼 가장 낮은 온도에 도달하려는 시도를 하였는데, 그 온도에 가까울수록 온도를 낮추기가 더 어려워진다. 물리학자들은 10^{-6} K 아래까지의 온도를 기록했지만, 0 K로 낮추진 못했다.

융합과학 6A

화학, 생명과학

학습목표

에너지의 분산과 엔트로피의 개념의 관계를 설명한다.

엔트로피

물음 계의 엔트로피가 감소하는 때는 언제인가?

에너지는 분산되는 경향이 있다. 한데 모여 있는 에너지는 주위로 넓게 퍼진다. 예를 들어 난로에서 내려놓은 뜨거운 냄비를 생각해 보자. 냄비의 열에너지는 계속해서 냄비에 모여 있지 않는다. 냄비의 열에너지는 팬에서 주위로 바깥쪽으로 분산된다. 냄비가 뜨겁기 때문에, 에너지를 많이 갖고 있는 냄비의 분자가 분자 간 충돌과 복사를 통해 주위의 공기로 에너지를 전달한다. 두 번째 예를 생각해 보자. 휘발유의 화학 에너지는 자동차 엔진 안에서 폭발적으로 연소한다. 이 에너지 중 일부가 변속기를 통해 분산되어 자동차를 움직이게 한다. 이 에너지의 나머지는 열에너지로 분산되어 엔진의 금속으로 유입되고, 엔진과 라디에이터를 통해 흐르는 냉각수로 유입되고, 엔진과 배기관을 통해 흐르는 배기가스로 유입된다. 처음에 적은 부피의 휘발유에 모아져 있던 에너지는 이제는 넓은 부피의 공간을 통해 흩어진다. 또는 구슬을 들었다 놓을 때 에너지의 분산을 관찰하라. 구슬을 들면 구슬의 위치 에너지가 증가한다. 구슬을 떨어뜨리면 위치 에너지가 운동 에너지로 전환된다. 구슬이 떨어지면서 주위의 공기를 옆으로 밀고, 땅에 부딪치기 전에 구슬의 운동 에너지 일부가 흩어진다. 구슬이 땅에 부딪치면 소리와 열로 에너지가 분산된다. 이 열로 땅이 조금 가열된다. 구슬을 들어 올림으로써 증가된 위치 에너지는 구슬에 모여 있었으나, 이제는 사방으로 흩어져 공기를 움직이고 공기와 땅을 가열한다. 구슬은 멈추기 전에 여러 번 되튄다. 되튈 때마다 구슬의 에너지는 주위로 흩어진다.

에너지가 퍼지는 경향은 자연의 가장 중요한 원동력 중 하나이다. 에너지가 분산되는 과정은 자발적으로 일어난다. 자연은 이것을 선호한다. 반대로 말하면, 에너지가 자발적으로 모이는 과정은 일어나지 않는다. 자연은 이것을 선호하지 않는다. 방 안의 열이 자발적으로 프라이팬으로 흘러들어가 프라이팬을 달구지는 않는다. 마찬가지로, 자동차 배기가스의 낮은 에너지 분자들이 모여 스스로 되돌아가 휘발유의 높은 에너지 분자를 구성하지 않을 것이다. 그리고 말할 필요도 없이, 떨어진 구슬이 저절로 튀어 올라 손으로 돌아오는 일은 생기지 않는다. 자연에서 에너지의 흐름은 늘 모여 있는 곳에서 흩어진 곳으로의 편도 여행이다. 열역학 제2법칙은 열의 흐름에 관한 이 원리를 말하고 있다. 그러나 이제 열역학 제2법칙은 일반화될 수 있고 다음과 같이 기술될 수 있다.

자연계들은 모여 있고 잘 정리된 에너지 상태에서, 흩어지고 무질서한 상태들로 분산되는 경향이 있다.

가장 덜 모여 있는 형태의 에너지는 열에너지이다. 정리된 형태의 에너지는 덜 정리된 형태가 되는 경향이 있으므로, 결국 모든 에너지는 열에너지로 전환되어 주위로 분산된다. 더욱이

그림 6.10
엔트로피: 자연에서 질서는 무질서로 진행되는 경향이 있다.

에너지가 분산되면 모여 있을 때에 비해 일을 할 수 있는 능력이 떨어진다. 따라서 열에너지는 유용한 에너지의 무덤이다.

에너지가 분산된 정도를 측정하는 양이 **엔트로피**(entropy)이다.* 엔트로피가 크다는 것은 에너지가 더 심하게 분산되었다는 뜻이다. 에너지는 시간에 따라 분산되는 경향이 있기 때문에, 어떤 계이든지 엔트로피의 총량은 시간에 따라 증가하는 경향이 있다. 물건들은 낡게 된다(그림 6.10). 가장 큰 계인 우주도 마찬가지다. 우주의 총 엔트로피는 계속해서 증가한다(우주는 계속해서 팽창한다).

우리가 말하는 것은 **총** 엔트로피이다. 왜냐하면, 실제로 국소적으로는 에너지가 조직화되고 모이는 곳이 있기 때문이다. 어떤 고립계에 바깥으로부터 일을 해 주면, 유입된 에너지가 조직화되고 모여서 그 계의 엔트로피가 감소할 수 있다. 예를 들어 대기 중에 흩어져 있는 열에너지를 열펌프를 이용해 모을 수 있다. 그리고 생물들은 고도로 조직화되고 집적된 에너지를 갖고 있어서 열역학 제2법칙을 거역하는 것처럼 보인다. 그러나 자세히 조사해 보면, 생물들의 이러한 질서 정연함은 에너지가 유입된 결과이다. 궁극적으로, 생물계를 질서 있게 만들고 유지시키는 에너지는 대부분 태양에서 오며, 식물들은 광합성을 통해 무질서한 기체와 액체들로부터 에너지가 풍부한 당 분자를 만든다. 그러나 예를 들어 세포막을 가로지르는 영양소의 확산처럼, 생물 안에서 일어나는 **자발적인** 과정들은 실제로 엔트로피를 증가시킨다. 외부에서 에너지의 유입이 없는데도 엔트로피가 감소하는 과정은 자연에서 관찰되지 않는다(그림 6.11).

흥미롭게도, 시간이 흐르는 방향도 엔트로피의 증가와 관련이 있다. 나무에서 떨어지는 잎, 불꽃을 내며 타는 나무, 심지어는 움직이는 시계 바늘 등이 그 예이다. 이러한 일이 일어나고, 에너지가 분산됨에 따라, 우리는 시간이 앞으로 가고 있다는 것을 느끼게 된다. 달리 말하면, 화염에 불탄 통나무가 원상 복귀되고, 땅에 떨어진 나뭇잎이 저절로 위로 올라가 나뭇가지에 붙을 가능성을 생각해 보라. 이들 경우는 에너지 분산과는 반대 방향으로 움직이므로, 이 장면을 본 사람들은 시간이 거꾸로 간다고 느낄 것이다. 그러므로 엔트로피는 에너지의 분산과 시간의 방향에 대한 기준이다.

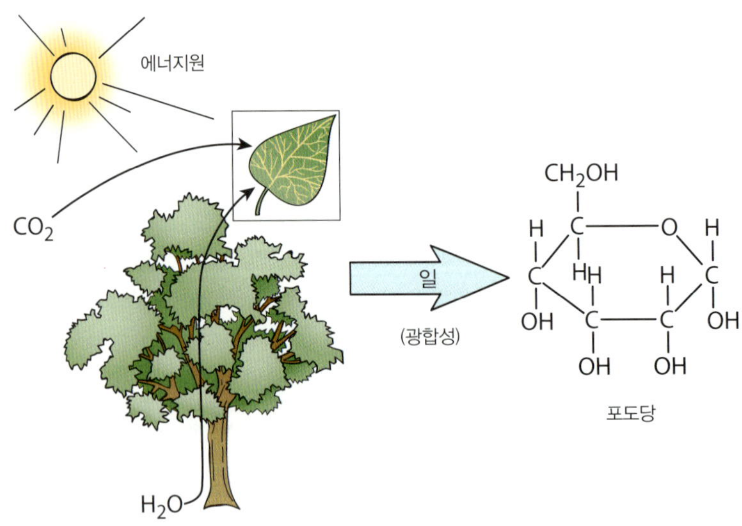

그림 6.11
무질서하고 분산된 에너지 상태를 더 집중된 에너지 상태로 전환하려면 일이 필요하다. 식물이 액체와 기체를, 유용하고 집중된 에너지의 보고인 당 분자로 전환시키는 데 필요한 에너지는 태양으로부터 공급된다.

*엔트로피는 수학적으로 표현될 수 있다. 열역학적 계에서 엔트로피의 증가 ΔS는 계에 공급된 열량 ΔQ를 열이 공급될 때의 온도 T로 나눈 값이다. $\Delta S = \Delta Q/T$

6.6 비열용량

물음 뜨거운 프라이팬이 온도와 질량이 같은 물보다 더 빨리 식는 까닭은 무엇인가?

학습목표
물질의 비열용량(= 비열)과 열적 관성의 관계를 설명할 수 있다.

어떤 음식들은 다른 것들에 비해 훨씬 오랫동안 뜨거운 상태를 유지하는 것을 보았을 것이다. 오븐에서 꺼낸 파이의 속은 오랫동안 뜨겁지만, 껍질은 금방 식는다(그림 6.12). 뜨거운 토스터에서 꺼낸 식빵 조각은 몇 초면 먹기 좋게 식지만, 같은 온도의 수프는 몇 분을 기다려야 한다.

물질마다 열에너지를 저장하는 용량이 다르다. 냄비에 물을 넣고 난로 위에 올려놓으면, 물이 상온에서 끓을 때까지 15분은 걸릴 것이다. 그러나 같은 질량의 쇳덩이를 놓으면 약 2분밖에 걸리지 않을 것이다. 은 덩이를 놓으면 1분도 채 걸리지 않는다. 물질마다 같은 온도만큼 올리는 데 드는 열의 양이 다르다. 그 까닭은 물질마다 에너지를 흡수하는 방식이 다르기 때문이다. 물질에 에너지를 공급하면, 이 에너지에 의해 분자의 병진 운동이 증가되고 그 결과 온도가 높아질 수도 있고, 또는 분자의 진동 또는 회전 운동이 증가되어 위치 에너지는 증가되지만, 온도는 높아지지 않을 수도 있다. 일반적으로 위의 두 가지 경우가 복합적으로 생긴다.

그림 6.12
뜨거운 사과 파이는 겉은 뜨겁지 않은데, 속은 먹기에 너무 뜨거울 수가 있다.

물 1 g을 1°C 올리려면 1칼로리의 에너지가 필요하다. 그러나 철 1 g을 1°C 올리는 데는 1/8칼로리만 있으면 된다. 물은 철보다 같은 온도 변화에 대해 더 많은 열을 흡수한다. 따라서 물의 **비열용량**(**specific heat capacity**, 때로는 **비열**(*specific heat*)이라고도 함.)이 철보다 더 크다.

어떤 물질의 비열용량은 그 물질 1 g을 1°C 올리는 데 필요한 열량이다.

비열용량은 열적 관성으로 생각할 수 있다. 역학에서 관성이란 운동 상태의 변화를 거부하는 성질을 말한다. 비열용량이 클수록 온도 변화가 잘 일어나지 않으므로, 비열용량은 열역학에서의 관성처럼 생각될 수 있다.

물의 비열용량은 거의 모든 다른 물질들보다 크다. 따라서 물의 온도를 올리려면 많은 열에너지가 필요하다. 이러한 성질 때문에, 자동차와 다른 기관에서 냉방 시스템에 물이 사용된다. 냉방 시스템 안의 물은 많은 열을 흡수해도 온도가 조금밖에 올라가지 않는다. 물은 식는 데도 시간이 오래 걸린다.

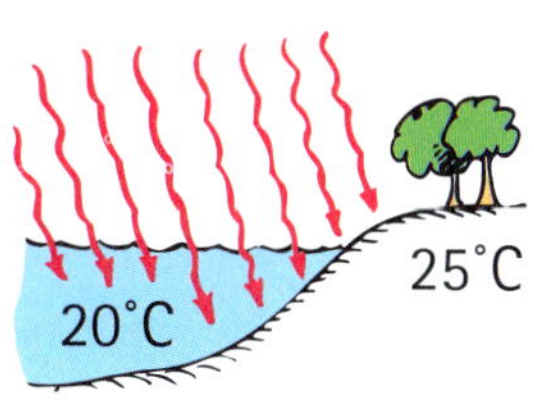

그림 6.13
물은 비열용량이 크고 투명하기 때문에, 땅보다 물을 덥힐 때 에너지가 더 많이 든다. 태양 에너지가 땅에 입사되면 땅 표면을 집중적으로 덥히지만, 물에 입사되면 수면 아래로 퍼져 나가 전체를 덥힌다.

융합과학 6B
지구과학

학습목표
관성과 비열용량의 관계를 설명할 수 있다.

비열용량과 지구의 기후

물음 비열용량과 바다의 관계를 설명하시오.

세계의 기후는 물의 큰 비열용량에 영향을 받는다. 지구의 또는 북반구 지도를 보면, 유럽이 고위도 지역임을 알 수 있다. 물의 비열용량이 크기 때문에, 유럽의 기후는 같은 위도의 북동 캐나다 지역보다 훨씬 온화하다. 유럽과 캐나다를 비추는 제곱킬

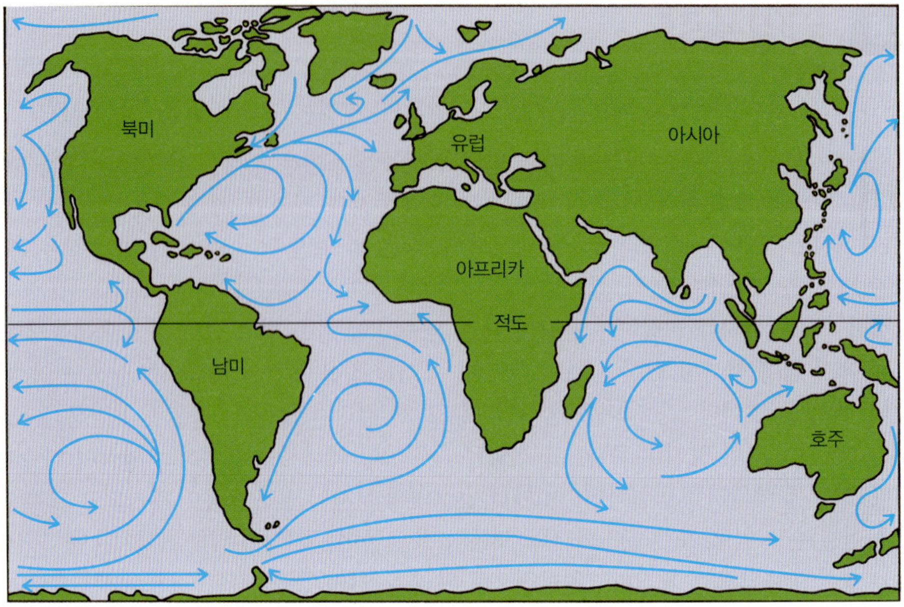

그림 6.14
파란색으로 표시된 많은 해류들이, 따뜻한 적도 지방으로부터 추운 극 지방으로 열을 분산시킨다.

로미터당 태양빛의 양은 같다. 멕시코 만류라고 알려진 해류를 따라 카리브 해로부터 북동쪽으로 따뜻한 물이 흐른다. 이 물은 유럽 해안의 북대서양에 도달할 때까지도 상당한 열에너지를 유지하고 있다. 그곳에서 물이 식으면, 매 그램의 물이 1°C 냉각될 때마다 4.19 J의 에너지를 방출한다. 방출된 에너지는 서풍을 타고 유럽 대륙 전역으로 전달된다.

비슷한 현상이 미국에서도 나타난다. 북미의 바람은 대개 서풍이다. 서부 해안에서 바람은 태평양으로부터 내륙으로 분다. 겨울에는 바닷물이 공기보다 더 따뜻하다. 따뜻한 바닷물에 의해 데워진 바람이 해안 지역으로 불고, 그 결과 기후가 온난해진다. 여름에는 반대 현상이 나타난다. 바닷물이 공기를 냉각시키므로 해안 지역은 냉각된다. 동부 해안은 바닷물의 조절 효과를 누리지 못한다. 그 까닭은 바람이 대개 내륙으로부터 대서양으로 부는 동풍이기 때문이다. 비열용량이 작은 육지는, 여름에는 덥고 겨울에는 급속히 식는다.

섬과 반도들은 내륙 지역들과는 달리, 큰 기온 변화가 나타나지 않는다. 캐나다 중부의 매니토바 주나 미국 중부의 다코타 주가 여름에는 덥고 겨울에는 추운 까닭은 엄청난 양의 물이 없기 때문이다. 유럽 사람들이나 섬의 사람들, 바닷바람이 부는 곳에 사는 사람들은 물의 비열용량이 그렇게 높은 것에 감사해야 한다. 샌프란시스코 사람들은 꼭 그래야 한다!

해류가 지구 기후에 미치는 영향에 대한 더 자세한 논의는 기후에 대해 다룬 26장을 보라.

학습목표
얼음의 열린 결정 구조와 물의 밀도가 4°C에서 최대가 되는 것 사이의 관계를 설명할 수 있다.

6.7 열팽창

물음 왜 얼음은 물에 뜨는가?

뜨거운 물질 속의 분자들은 차가운 물질 속의 분자들보다 더 빠르게 더 멀리까지 움직인다. 그 결과로 열팽창이 일어난다. 대부분의 물질은 가열되면 팽창하고, 냉각되면 수축한다. 어떤 때는 이 변화를 느끼지 못하고 어떤 때는 느낀다. 뜨거운 여름 낮에는 전화선이 추운 겨울에 비해 더 길어지고 더 늘어진다. 추운 겨울에 놓은 철로는 뜨거운 여름 동안 팽창하고 그 결과 휘어지는 경우가 있다(그림 6.15). 유리병의 금속 뚜껑을 뜨거운 물로 가열하면 느슨해진다. 유리병의 일부분이 다른 부분보다 더 빨리 가열되거나 냉각되면, 그 부분이 심하게 팽창되거나 수축되어 병이 깨질 수 있다. 특히 유리가 두꺼운 경우에 잘 깨진

그림 6.15
열팽창의 결과. 7월 한낮에 엄청난 열에 의해 철로가 휘어졌다.

그림 6.16
다리의 한쪽 끝은 고정되어 있고 다른 쪽 끝은 받침대에 놓여 있다. 다리가 열팽창하면 받침대에 놓인 끝 부분이 자유롭게 움직인다.

그림 6.17
다리의 도로에 있는 틈을 신축 이음이라고 한다. 이것이 있어 다리가 자유롭게 팽창과 수축을 할 수 있다. (이 사진은 따뜻한 날에 찍었을까? 추운 날에 찍었을까?)

다. 파이렉스 유리는 온도가 올라가도 아주 조금 팽창하도록 특별하게 만들어졌기 때문에 급격하게 가열되거나 냉각되어도 깨지지 않는다.

모든 종류의 구조물이나 기구를 만들거나 다룰 때에는 반드시 열팽창의 영향을 고려해야 한다. 치과 의사는 충치를 때울 때 치아와 팽창률이 같은 물질을 사용한다. 토목 기사는 콘크리트와 열팽창률이 같은 철근을 사용한다. 긴 철교의 경우 대개 한쪽 끝은 고정하고, 다른 쪽 끝은 고정하지 않고 받침에 그냥 올려놓는다(그림 6.16). 또한 많은 다리에는 신축 이음이라고 하는 사개 물림 틈이 있다(그림 6.17). 마찬가지로, 콘크리트 도로와 인도를 보면 중간중간을 잘라 틈을 만들고 그 속에 콜타르를 채워, 여름에 콘크리트가 팽창하고 겨울에 수축하는 것에 대비한다.

액체는 고체보다 온도가 올라갈 때 더 많이 팽창한다. 더운 날에 자동차 연료통에서 휘발유가 넘치는 현상도 이 때문이다. 따라서 연료통의 뚜껑을 꼭 닫아야 한다. 연료통과 그 안에 든 연료의 팽창률이 같다면, 연료는 넘치지 않을 것이다.

물의 팽창

물도 다른 대부분의 물질처럼, 0°C와 4°C 사이의 구간을 제외하고는, 온도가 올라갈수록 팽창한다. 그러나 0°C와 4°C 사이의 구간에서는 흥미로운 현상이 나타난다. 얼음은 성긴 결정 구조를 갖고 있다. 이 성긴 구조에 있는 물 분자들은 액체 상태의 물에 있을 때보다 더 큰 공간을 차지한다(그림 6.18과 6.19). 이것은 얼음이 물보다 밀도가 작다는 것을 의미한다.

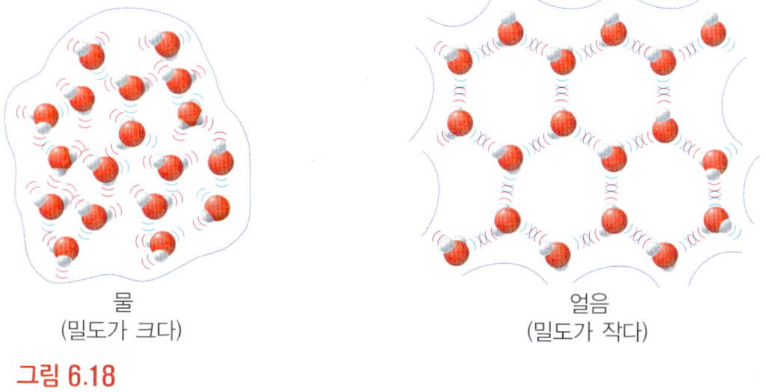

그림 6.18
얼음 속의 얼어 있는 물 분자들은 성긴 결정 구조를 갖고 있다. 따라서 물에 있는 물 분자들은 얼음에 있는 물 분자들보다 더 밀집되어 있다.

그림 6.19
눈송이가 육각 형태를 갖는 까닭은 눈송이를 구성하는 얼음 결정이 육각 구조이기 때문이다.

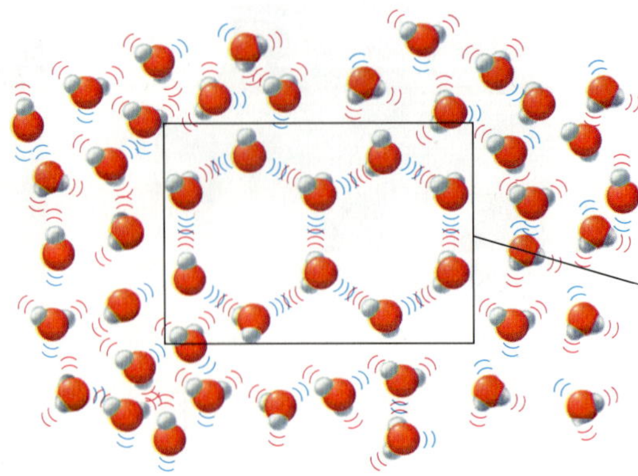

그림 6.20
0°C 부근의 물에는 얼음 결정이 포함되어 있다. 이들 결정의 성긴 구조 때문에 물의 부피가 약간 증가한다.

얼음이 녹을 때 육각 결정이 모두 붕괴되는 것은 아니다. 그들 중 일부는 남아 얼음과 물의 혼합물인 미시적인 슬러시가 된다. 이들 얼음 결정에 의해 물이 약간 부풀어 부피가 증가한다(그림 6.20). 그 결과 0°C 얼음물이 약간 더 따뜻한 4°C 물에 비해 밀도가 더 작게 된다. 물의 온도가 0°C에서 올라감에 따라, 물속에 남아 있던 얼음 결정이 더 많이 붕괴되어 물의 부피가 더 줄어든다. 이러한 수축은 4°C까지만 일어나는데, 그 까닭은 수축과 팽창이 동시에 일어나기 때문이다. 얼음 결정이 붕괴됨에 따라 부피가 줄어드는 반면, 물의 분자 운동이 활발해짐에 따라 부피가 늘어난다. 4°C가 될 때까지는 얼음 결정의 붕괴에 의한 영향이 더 크다. 그 이후에는 대부분의 얼음 결정이 녹았기 때문에 팽창이 수축을 넘어선다(그림 6.21).

얼음물이 얼어서 딱딱한 얼음이 되면, 부피가 크게 증가하므로 밀도가 훨씬 작아진다. 이 때문에 얼음은 물에 뜬다. 대부분의 다른 물질들처럼, 딱딱한 얼음도 더 냉각하면 수축된다.

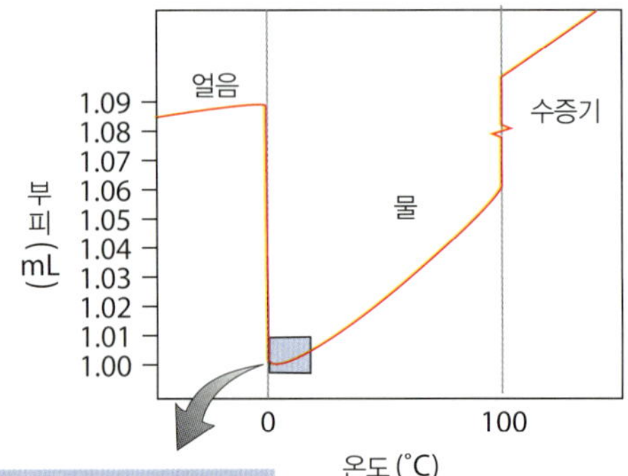

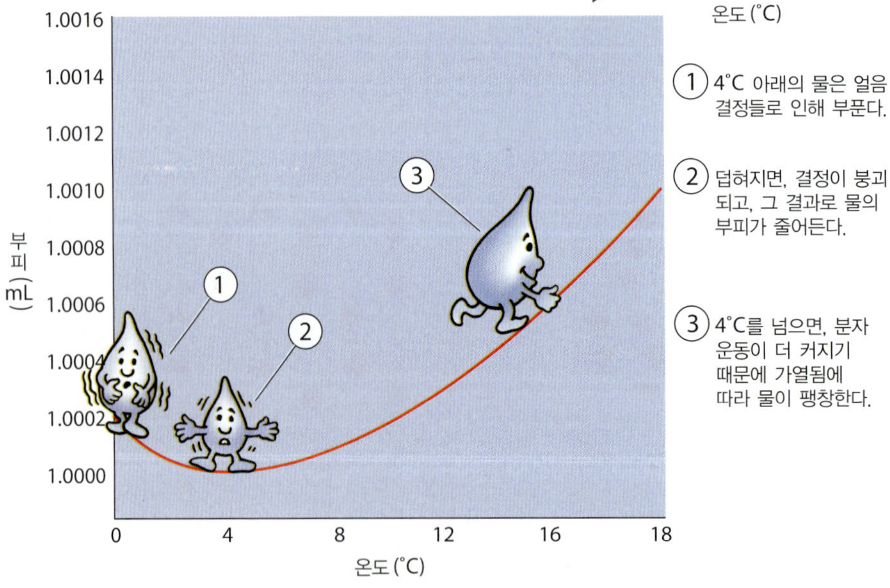

그림 6.21
0°C와 4°C 사이에서는 온도가 올라감에 따라 물의 부피가 줄어든다. 4°C를 넘으면 다른 물질들과 마찬가지로, 온도가 올라갈수록 부피가 증가한다. 이 그림은 질량이 1 g인 물의 부피를 나타낸 것이다.

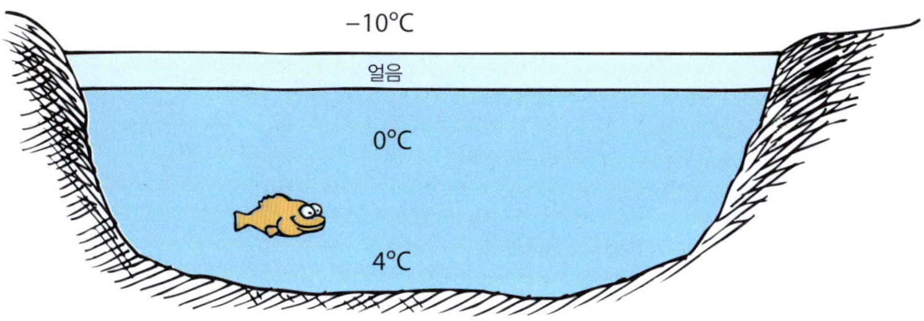

그림 6.22
물이 냉각됨에 따라 호수 전체가 4°C가 될 때까지 가라앉는다. 수면의 물이 더 냉각됨에 따라, 냉각된 물은 위로 떠오르고 얼게 된다. 일단 얼음이 형성되면, 4°C보다 온도가 낮은 영역이 호수 바닥 쪽으로 확산된다.

물의 이러한 거동은 자연에서 아주 중요하다. 만일 물이 0°C에서 가장 밀도가 크다면, 이 물은 호수나 연못 바닥에 머물 것이다. 0°C의 물은 밀도가 작기 때문에 수면에 뜬다. 이것이 얼음이 수면에서 어는 이유이다(그림 6.22).

6.8 열전달: 전도

학습목표
고체에서 전도에 대해 설명할 수 있다.

물음 맨발로 타일 바닥에 서 있으면, 같은 온도의 양탄자 위에 서 있을 때보다 더 차갑게 느껴지는 까닭은 무엇인가?

열은 따뜻한 곳에서 차가운 곳으로 전달되고, 결국 두 물체의 온도는 같아진다. 이 과정은 **전도**(*conduction*), **대류**(*convection*), **복사**(*radiation*)의 세 가지 방식으로 일어난다.

못의 한쪽 끝을 잡고 다른 쪽 끝을 불꽃에 대면, 금방 잡고 있을 수 없을 만큼 뜨거워진다. 뜨거운 쪽 끝의 열에너지가 못 전체로 이동한다. 이런 열의 이동 방법을 **전도**(**conduction**)라고 한다. 열전도는 물질 안에 있는 입자, 특히 전자들의 움직임에 의해 나타난다. 모든 원자는 전자를 갖고 있고, 금속 원자들은 전자를 느슨하게 구속하고 있어 전자들이 금속 안을 자유롭게 돌아다닐 수 있다. 7장에서 알 수 있듯이, 이와 같은 이유로 금속들은 좋은 전기 전도체이기도 하다. 열전도는 가열된 물체 내부의 소립자들의 충돌에 의해 발생한다.

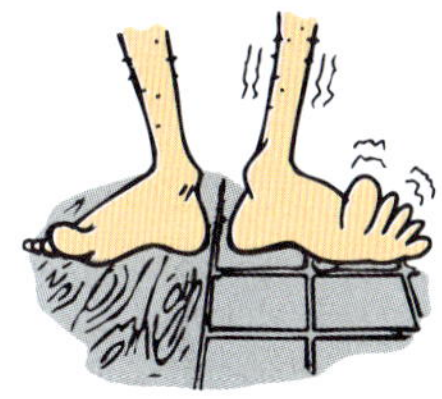

그림 6.23
타일 바닥과 나무 바닥의 온도가 같아도, 타일 바닥이 나무 바닥보다 더 차갑게 느껴진다. 그 이유는 타일이 나무보다 더 좋은 열전도체이므로, 타일에 닿아 있는 발로부터 열이 쉽게 전도되어 빠져나가기 때문이다.

원자 또는 분자가 전자를 느슨하게 잡고 있는 고체들은 모두 좋은 열전도체이다. 금속은 가장 느슨하게 구속된 전자들을 갖고 있으며, 따라서 아주 좋은 열전도체이다. 은이 열전도가 가장 잘 되고, 구리가 다음이며, 보통 사용되는 금속들 중에는 알루미늄과 철이 그다음으로 열전도가 잘 된다. 양모, 나무, 종이, 코크, 플라스틱 폼은 나쁜 전도체이다. 이들을 구성하는 분자의 경우, 전자들이 분자에 단단하게 붙어 있다. 나쁜 전도체를 **절연체**(*insulator*)라고 한다.

나무는 매우 좋은 절연체로, 주방 기구의 손잡이에 흔히 사용된다. 냄비가 뜨거워져도 냄비의 나무 손잡이는 맨손으로도 아무렇지 않게 잡을 수 있다. 손잡이가 철로 만들어졌다면 손에 화상을 입을 것이다. 나무는 심지어 빨갛게 불타고 있을 때에도 좋은 전도체이다. 빨갛게 불붙은 숯 위를 맨발로 걸어도 화상을 입지 않는다(그림 6.24). (주의: 여러분들은 이런 시도를 하지 마라. 경험이 많은 사람도 조건이 딱 맞지 않으면, 심각한 화상을 입기도 한다.) 이 묘기에서 주된 요인은 나무, 심지어 빨갛게 불붙은 나무의 낮은 열전도성이다. 불붙은 숯의 온도는 높지만, 발로 전도되는 에너지는 매우 작다. 이 묘기를 하는 전에 불붙은 숯에 못과 같은 좋은 전도체가 섞여 있는지 잘 살펴야 한다.

공기 또한 매우 나쁜 전도체이다. 뜨거운 오븐 안에 손을 잠시 동안 넣어도 화상을 입지 않는다. 뜨거운 공기도 뜨거운 숯과 마찬가지로 열에너지를 전도하지 않는다. 그러나 뜨거

그림 6.24
나무는 열전도율이 낮기 때문에, 빨갛게 불붙은 숯 위를 걸어도 화상을 입지 않는다.

그림 6.25
얼음에 박혀 있는 못에 손을 대면, 얼음에서 손으로 냉기가 흐를까, 아니면 손에서 얼음으로 에너지가 흐를까?

그림 6.26
지붕 위에 눈이 녹은 모양을 보면 열이 전도되는 곳과 단열되는 곳을 알 수 있다. 눈이 없는 부분은 실내로부터 열이 새어나와 눈을 녹였다는 것을 보여 준다.

운 오븐의 금속 부분에 손을 대면 안 된다. 양모, 모피, 깃털 같은 것들이 절연성이 좋은 까닭은 이들 안에 공기층이 많이 있기 때문이다. 다공성 물질도 그들 안에 작은 공기층이 많이 있기 때문에 좋은 절연체이다. 공기가 나쁜 전도체라는 것에 감사해야 한다. 그렇지 않다면 20°C(68°F)에서도 상당히 춥다고 느낄 것이다!

눈은 나쁜 열전도체이다. 눈송이를 이루는 결정들에는 공기가 가두어져 있으며, 이것이 열의 전도를 막는다. 겨울에 두껍게 쌓인 눈은 땅을 보온하는 담요 역할을 한다. 숲속 동물들은 눈더미나 눈에 난 구멍에 추위를 피할 둥지를 마련한다. 눈은 동물들에게 열에너지를 공급하지는 않는다. 눈은 단지 동물들의 몸으로부터 열에너지가 빠져나가는 것을 늦추어 준다. 북극 지방 사람들은 북극 겨울의 추위를 막기 위해, 다져진 눈으로 이글루라고 하는 집을 짓는다.

6.9 열전달: 대류

학습목표
유체에서의 대류를 설명할 수 있다.

물음 따뜻한 공기는 왜 위로 올라가는가?

액체와 기체는 주로 유체 자체가 실제로 움직여 열을 전달하는 **대류**(**convection**)에 의해 열에너지가 전달된다. 전자와 원자들의 연속적인 충돌에 의해 열이 전달되는 전도와는 달리, 대류는 유체의 흐름을 수반한다. 대류는 액체와 기체 모두에서 일어난다. 냄비에서 물을 덥힐 때나 방 안의 공기를 덥힐 때나, 그 과정은 똑같다(그림 6.27). 유체의 아래쪽을 가열하면, 가열된 부분의 분자들은 더 빠르게 움직이고 더 멀리 퍼지게 되어, 밀도가 낮아져서 위 방향으로 떠오른다. 그러면 주위에 있는, 밀도가 더 높고 더 차가운 유체들이 그 자리를 채우기 위해 움직인다. 이러한 방식으로, 유체가 가열됨에 따라 대류가 유체를 휘젓고, 열원에 의해 가열된 유체는 열원으로부터 멀어지고, 상대적으로 차가운 유체는 열원을 향해 움직인다.

왜 따뜻한 공기가 위로 올라가는지 알 수 있다. 공기가 덥혀지면 부피가 팽창하고 밀도가 낮아져, 열기구가 위로 떠오르듯이, 상대적으로 차가운 주위 공기 안에서 위로 떠오르게 된다. 떠오르던 공기와 주위 공기의 밀도가 같아지는 높이에 도달하면 더 이상 올라가지 않는다. 담배 연기도 위로 올라가면서 식고, 그 밀도가 주위 공기 밀도와 같아지면 그곳에서 머문다. 공기가 팽창하면 차가워진다는 것을 스스로 깨달으려면, 지금 바로 그림 6.28에 제시된

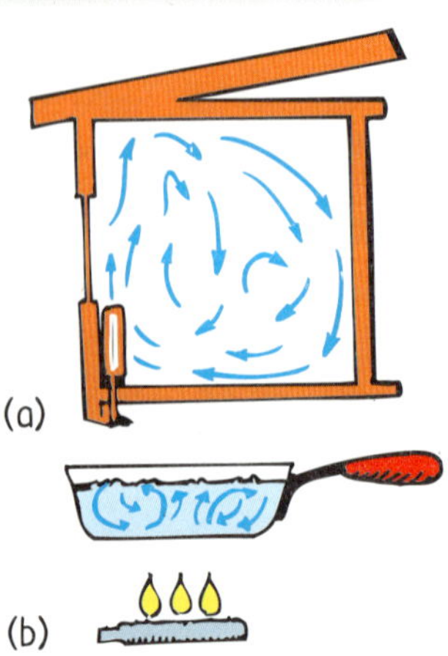

(a) (b)

그림 6.27
(a) 공기의 대류, (b) 액체의 대류

실험을 해 보라. 팽창하는 공기는 실제로 차가워진다.*

팽창에 의한 냉각의 극적인 예는 압력밥솥의 노즐에서 뿜어져 나온 수증기가 팽창하는 경우이다(그림 6.29). 팽창에 의해서 냉각되는 효과와 차가운 공기와 급속하게 섞이는 효과가 복합적으로 작용해 뿜어져 나오는 김에 손을 대도 데지 않는다.(주의: 이것을 해보려면, 먼저 노즐에서 충분히 높은 곳에 손을 댄 후, 안전한 거리까지 천천히 손을 내려야 한다. 만일 김이 보이지 않는 노즐 근처에 손을 직접 가져다 대면, 화상을 입는다! 수증기는 팽창하고 냉각되기 전까지는 눈에 보이지 않는다. 우리가 보는 구름과 같은 '김'은 실제로는 수증기가 응축되어 만들어진 작은 물방울이며, 이것은 수증기보다 온도가 훨씬 낮다.)

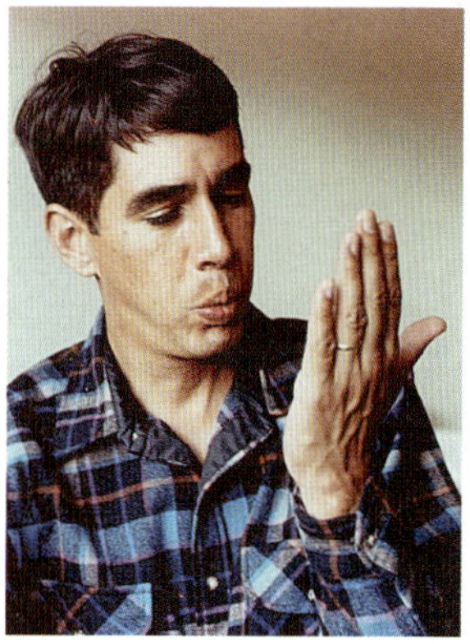

그림 6.28
입을 크게 벌리고 숨을 내쉬면서 그 앞에 손을 대면 따뜻함을 느낄 수 있다. 이제 입을 오므리고 숨을 내쉬어 내쉰 숨이 팽창하도록 해 보자. 온도 차이를 느낄 수 있는가?

공기가 팽창하면 냉각된다. 그렇다면 반대로 압축되면 어떻게 될까? 펌프로 타이어에 공기를 넣어본 적이 있다면, 아마도 공기와 펌프 둘 다 상당히 뜨거워지는 것을 알아챘을 것이다. 공기를 압축하면 따뜻해진다.

그림 6.29
압력솥에서 뿜어져 나온 뜨거운 김은 팽창하면서 식기 때문에, 그 위에 손을 대도 데지 않는다.

대류의 흐름에 의해 대기가 휘저어져 바람이 발생한다. 지구 표면의 어떤 곳은 다른 곳보다 태양의 열에너지를 더 잘 흡수한다. 그 결과 땅 근처의 공기 온도가 지역마다 달라진다. 그림 6.30에서와 같이 해안에서 이 영향을 알 수 있다. 낮에는 땅이 물보다 더 뜨거워진다. 그러면 땅 근처의 따뜻한 공기가 위로 올라가고, 물 위의 차가운 공기가 이동해 와서 이 자리를 채운다. 그 결과 해풍이 분다. 밤에는 해안이 물보다 빨리 냉각되기 때문에 물 위의 공기가 더 따뜻하므로 육풍이 분다. 해안에 불을 피우면, 낮에는 연기가 육지 쪽으로 퍼지고 밤에는 바다 쪽으로 퍼진다.

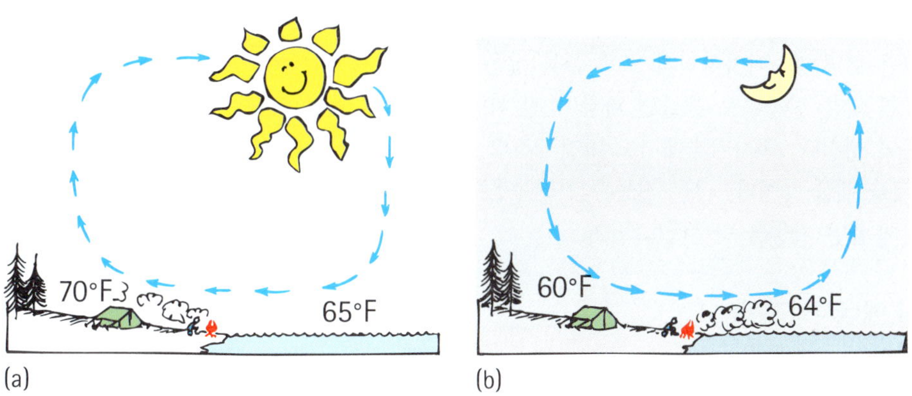

그림 6.30
육지와 물이 가열되는 정도가 같지 않아 생기는 대류. (a) 낮에는 육지 위의 따뜻한 공기가 위로 올라가고, 물 위의 차가운 공기가 유입되어 그 자리를 메꾼다. (b) 밤에는 물 위의 공기가 육지 위의 공기보다 따뜻하기 때문에, 대류 방향이 반대가 된다.

*이 경우 에너지는 어디로 갔는가? 그 에너지는 공기를 바깥으로 밀면서 주위에 한 일로 전환된다.

학습목표
복사 에너지에 대해 설명할 수 있다.

6.10 열전달: 복사

물음 별의 온도는 어떻게 알 수 있는가?

태양으로부터 나온 열복사는 우주 공간과 지구 대기를 거쳐 전달되어 지표면을 데운다. 태양과 지구 사이에는 매질이 없기 때문에, 전도나 대류에 의해서는 태양의 열이 지구로 전달될 수 없다. 태양의 에너지는 **복사**(**radiation**)라고 하는 다른 방식으로 전달되어야만 한다.* 그렇게 방출된 에너지를 복사 에너지라고 한다.

복사 에너지는 전자기파의 형태로 존재한다. 전자기파는 파장에 따라 여러 이름으로 불린다. 파장이 가장 긴 것에서 가장 짧은 것까지 나열하면 라디오파, 마이크로파, 적외선(가시 스펙트럼의 빨간색 아래에 있는 전자기파), 가시광선, 자외선, X선, 감마선의 순이다. 이 중 가시광선을 제외한 나머지는 우리 눈에 보이지 않는다. (7장에서는 전자기파에 대해 더 배우고, 8장에서는 다른 종류의 파동에 대해 배운다.)

그림 6.31
여러 형태의 복사 에너지(전자기파)

그림 6.32
로프를 천천히 흔들면(낮은 진동수에서), 긴 파장의 파동이 생긴다. 로프를 더 열심히 흔들면(높은 진동수에서), 짧은 파장의 파동이 생긴다.

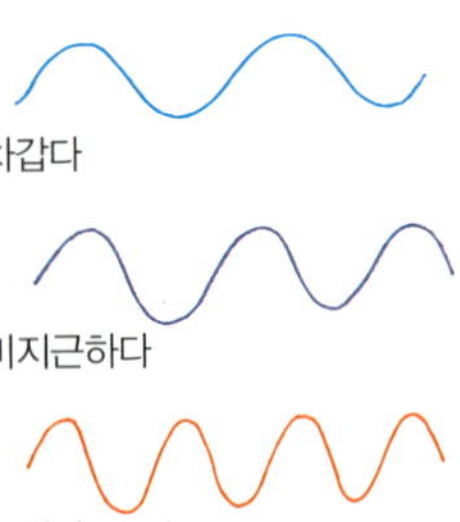

그림 6.33
(a) 낮은 온도의(차가운) 물체는 주로 낮은 진동수, 긴 파장의 파를 방출한다. (b) 중간 온도의 물체는 주로 중간 진동수, 중간 파장의 파를 방출한다. (c) 높은 온도의(뜨거운) 물체는 주로 높은 진동수, 짧은 파장의 파를 방출한다.

복사의 파장은 진동수와 관련이 있다. 진동수는 파원이 매초당 진동하는 횟수이다. 그림 6.32를 보면, 한 여자아이가 로프 끝을 낮은 진동수(왼쪽)와 높은 진동수(오른쪽)로 흔든다. 로프를 낮은 진동수로 흔들면 파장이 긴 파동이 생기고, 높은 진동수로 흔들면 파장이 짧은 파동이 생긴다. 전자기파에서도 마찬가지다. 8장에서 진동하는 전자에서 전자기파가 방출되는 것을 배울 것이다. 낮은 진동수의 진동은 파장이 긴 파동을 만들고, 높은 진동수의 진동은 파장이 짧은 파동을 만든다(그림 6.33).

복사 에너지의 방출

절대 영도보다 높은 온도의 모든 물질은 복사 에너지를 방출한다. 방출되는 복사 에너지의 평균 진동수 f는 절대 온도 T에 비례한다. $f \sim T$.

그림 6.34에는 세 온도에서의 어떤 물체의 복사 곡선이 그려져 있다. 이들 복사 곡선의 최고점에 해당하는 진동수들은 전자기 스펙트럼의 적외선 영역에 있다.

*여기서 말하는 복사는 가시광선을 포함한 전자기 복사이다. 이것을 10장에서 배울 원자핵에서 일어나는 과정인 방사능과 혼돈하면 안 된다.

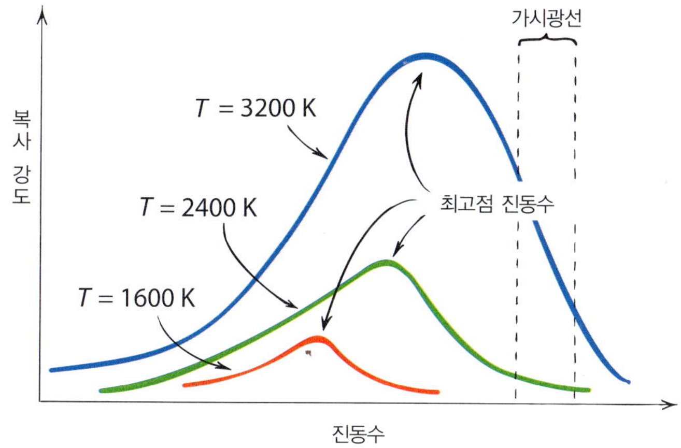

그림 6.34
여러 온도에 대한 복사 곡선. 복사 곡선의 최고점 진동수는 복사선을 방출하는 물체의 절대 온도에 비례한다.

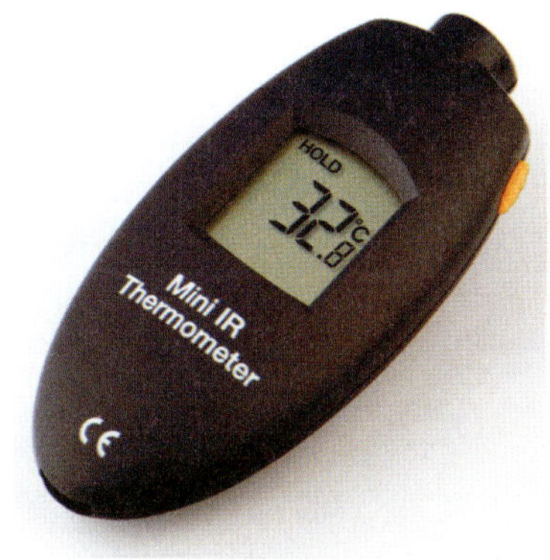

그림 6.35
적외선 온도계는 물체가 방출하는 적외선을 측정하여 온도로 변환한다.

우리 주위의 모든 물체들이 끊임없이 적외선을 방출하기 때문에 적외선 온도계 사용이 늘어나고 있다(그림 6.35). 매우 놀랍게도, 온도를 측정하고자 하는 물체를 가리키고 버튼만 누르면, 온도가 숫자로 표시된다. 온도를 측정하기 위해 물체와 접촉시킬 필요가 없다. 물체가 방출하는 복사에 의해 온도가 측정된다. 교실에서 흔히 사용되는 적외선 온도계는 대략 −30°C에서 200°C 구간에서 작동한다.

물체가 충분히 뜨거워지면, 가시광선 영역의 복사 에너지도 방출한다. 물체들은 약 500°C에서, 우리가 볼 수 있는 가장 긴 파장의 파동인 붉은 빛을 방출한다. 온도가 더 높아지면 노르스름한 빛이 방출된다. 약 1200°C에서 우리 눈에 보이는 모든 파장(색)의 빛들이 방출되는데, 이때 물체는 '백열' 상태에 있다고 한다. 파란색 빛을 내는 별은 흰색 빛을 내는 별보다 더 뜨겁고, 붉은색 빛을 내는 별은 흰색 빛을 내는 별보다 덜 뜨겁다. 파란색 빛은 붉은색 빛에 비해 진동수가 두 배 높으므로, 파란색 빛을 내는 별의 표면 온도는 붉은색 빛을 내는 별에 비해 두 배 더 높다.

태양의 표면은 고온이며(지구 기준으로), 따라서 높은 진동수의 복사 에너지를 방출하고, 이 에너지 중 많은 부분은 전자기 스펙트럼의 가시광선 영역에 있다. 반면에, 지표면은 상대적으로 차가워서, 지구가 방출하는 복사 에너지의 진동수는 가시광선의 진동수보다 낮다. 지구가 방출하는 복사는 우리 눈에 보이지 않는 적외선이다. 지구가 방출하는 복사 에너지를 **지구 복사**(*terrestrial radiation*)라고 한다. 지구 복사에 대해서는 25장에서 자세하게 배울 것이다.

그림 6.36
태양과 지구는 모두 같은 종류의 복사 에너지를 방출한다. 지구가 방출하는 빛은 긴 파장의 파들로 구성되어 우리 눈에는 보이지 않는다.

태양과 지구는 둘 다 복사 에너지를 방출하고, 진동수 영역과 복사량만 다를 뿐이다(그림 6.36). 25장에서, 대기가 어떻게 높은 진동수의 태양 복사에 대해서는 투명한 반면, 낮은 진동수의 지구 복사에 대해서는 상당히 불투명한지를 배울 것이다. 이로 인해, 지구 온난화의 원인 중 하나인 온실 효과가 생긴다.

우리 주위의 모든 물체들은 혼합된 여러 진동수의 복사 에너지를 끊임없이 방출한다(물체를 이루고 있는 분자들은 서로 다른 운동 에너지를 갖고 있으며, 온도는 이들 다른 운동 에너지의 평균값과 부합하기 때문이다). 일상생활에서 흔히 보는 온도의 물체들은 대개 낮은 진동수의 적외선을 방출한다. 높은 진동수의 적외선이 피부에 흡수되면 열감을 느낀다. 그래서 보통 적외선 복사를 열복사라고 한다.

열감을 주는 적외선을 방출하는 것에는 벽난로에서 타는 장작, 전구의 필라멘트, 태양 등이 있다. 이들은 적외선뿐만 아니라 가시광선도 방출한다. 이들이 방출한 복사 에너지가 다른 물체들에 비춰지면, 일부는 반사되고 일부는 흡수된다. 흡수된 에너지는 물체의 열에너지를 증가시킨다.

복사 에너지의 흡수

물체들이 끊임없이 에너지를 방출한다면, 결국 그것들의 에너지는 고갈될텐데, 왜 그렇지 않은가? 그 이유는 이들 물체가 에너지를 방출하는 동시에 다른 물체가 방출한 에너지를 흡수하기 때문이다. 복사 에너지를 잘 방출하는 물체가 복사 에너지를 잘 흡수한다. 잘 방출하지 못하는 물체는 잘 흡수하지도 못한다.

예를 들어 라디오파를 잘 방출할 수 있도록 만들어진 접시 형태의 안테나는, 바로 그 모양으로 인해, 라디오파를 잘 수신(흡수)할 수 있다. 엉터리로 설계된 송신 안테나는 수신도 잘 못한다.

그림 6.37
검고 거친 면의 용기와 반짝이고, 광택이 나는 용기에 뜨거운(차가운) 물을 채우면, 검은색 용기가 더 빨리 식는다(덥혀진다).

흥미로운 점은, 흡수를 잘하는 물체가 또한 방출도 잘하는 것이 아니라면, 검은색 물체들은 밝은색의 물체보다 더 따뜻한 상태에 머물게 되고, 이 둘은 열평형에 도달할 수 없다. 열적으로 접촉하고 있는 물체들은, 충분히 긴 시간이 주어지면 같은 온도에 도달한다. 아스팔트를 깐 도로는 뜨거운 낮에는 주위보다 더 뜨거울지 모르지만, 밤에는 더 빨리 냉각된다. 시간의 문제이지, 결국 모든 물체들은 열평형에 도달한다. 따라서 복사 에너지를 많이 흡수하는 검은 물체는 복사 에너지를 많이 방출해야만 한다(그림 6.37).

뜨겁든 차갑든, 모든 물체의 표면은 복사 에너지를 흡수하고 동시에 방출한다. 만일 어떤 물체가 방출한 것보다 더 많은 에너지를 흡수하면, 이 물체의 온도는 올라간다. 반대로 흡수한 것보다 더 많은 에너지를 방출하면, 온도가 내려간다. 어떤 물체가 알짜 방출체가 되느냐, 알짜 흡수체가 되느냐는 이 물체의 온도가 주위 온도보다 높으냐, 낮으냐에 달려 있다. 요약하면, 물체가 주위보다 뜨거우면, 이 물체의 표면은 알짜 방출체가 되어 냉각될 것이다. 주위보다 차가우면 알짜 흡수체가 되고 덥혀질 것이다.

연습문제

6.1 물질 운동론

1. 열에너지는 어떤 종류의 입자 운동에 의해 설명되는가?
2. 망치로 동전을 때리면 왜 동전이 뜨거워지는가?

6.2 온도

3. 섭씨 눈금과 화씨 눈금에서 물의 어는점은 몇 도인가? 이들 눈금에서 물의 끓는점은 몇 도인가?
4. 물체의 온도는 물체를 구성하는 분자들의 병진 운동 에너지의 총합의 크기인가? 아니면 분자당 평균 병진 운동 에너지의 크기인가?
5. '온도계는 자기 자신의 온도를 측정한다'는 말의 뜻은 무엇인가?

6.3 절대 영도

6. 딱딱한 상자에 들어 있는 0°C 기체의 온도를 273°C 만큼 낮추면, 이 기체의 압력은 얼마가 될까?
7. 온도가 0 K인 계로부터 얻을 수 있는 에너지의 양은 얼마인가?

6.4 열이란 무엇인가?

8. 차가운 물체에 손을 대면, 그 물체로부터 냉기가 손으로 흐를까? 아니면 손으로부터 에너지가 그 물체로 흐를까? 설명하시오.
9. (a) 온도와 열의 차이를 설명하시오.

   (b) 열과 열에너지의 차이를 설명하시오.
10. 열이 흐르는 방향을 결정하는 것은 무엇인가?
11. 열량의 단위인 cal와 Cal의 차이를 설명하고, cal와 J의 차이를 설명하시오.

6.5 열역학 법칙들

12. 에너지 보존 법칙과 열역학 제1법칙의 관계를 설명하시오.
13. 어떤 계에 역학적 일이 하여지면, 그 계의 열에너지는 어떻게 변하는가? 그 계의 온도는 어떻게 변하는가?
14. 열역학 제2법칙과 열이 흐르는 방향의 관계를 설명하시오.

6.6 비열용량

15. 쇠와 은 중 가열되었을 때 어느 것이 더 빨리 덥혀지는가?
16. 어떤 물질이 빨리 덥혀진다면, 이 물질의 비열용량은 높은가? 낮은가?
17. 물의 비열용량은 흔히 볼 수 있는 다른 물질들의 비열용량에 비해 높은가? 낮은가?

6.7 열팽창

18. 온도가 똑같이 상승했을 경우, 일반적으로 고체와 액체 중 어느 것이 더 많이 팽창하는가?
19. 얼음이 물보다 밀도가 작은 까닭은 무엇인가?
20. 연못에서 얼음이 바닥이 아니라 수면에서 어는 까닭은?

6.8 열전달: 전도

21. 열전도에 있어 '느슨하게' 구속되어 있는 전자들의 역할은 무엇인가?
22. 열전도체와 열절연체의 차이를 설명하시오.
23. 왜 빨갛게 달궈진 숯불 위를 맨발로 걸어도 화상을 입지 않을 수 있는가?
24. 왜 나무, 털가죽, 깃털, 눈과 같은 물질들은 좋은 열절연체인가? 심지어 눈과 같은 물질들은 좋은 절연체인가?

6.9 열전달: 대류

25. 대류에 의해 열이 어떻게 전달되는지 설명하시오.
26. 공기가 팽창하면, 공기의 온도는 어떻게 될까?
27. 왜 해안에 부는 바람의 방향이 낮과 밤에 바뀌는가?

6.10 열전달: 복사

28. (a) 복사 에너지란 정확히 무엇인가?

   (b) 열 복사란 무엇인가?
29. 복사 에너지의 진동수는 복사원의 절대 온도와 어떤 관계가 있는가?
30. 모든 물체들은 계속해서 그들 주위로 에너지를 방출하기 때문에, 모든 물체들의 온도는 계속해서 낮아지지 않을까?

확인문제

만일 여러분이 이 장에서 제대로 학습을 하였다면, 다음에 제시된 10개의 질문에 적어도 7개는 제대로 답을 할 수 있을 것이다. 만일 그렇지 못하면 다음 장으로 가기 전에 이 장을 더 학습할 필요가 있다.

각 질문에 대해 가장 적합한 답을 고르시오.

1. 분자당 운동 에너지에 비례하는 물리량은 무엇인가?
   (a) 온도
   (b) 열
   (c) 열에너지
   (d) 엔트로피
2. 수소, 산소, 질소 기체의 혼합물에서, 이들 중 어느 분자의 평균 속력이 가장 빠른가?
   (a) 수소
   (b) 산소
   (c) 질소
   (d) 모두 속력이 같다.
3. 여러분의 차고는 갈수록 너저분해진다. 이 경우 차고의 엔트로피는
   (a) 감소하고 있다.
   (b) 증가하고 있다.
   (c) 일정하게 유지된다.
   (d) 이들 중에는 답이 없다.
4. 알루미늄의 비열용량은 구리에 비해 두 배 더 높다. 질량이 같은 알루미늄과 구리에 같은 양의 열을 가하면, 어떤 것의 온도가 더 빨리 올라갈까?
   (a) 알루미늄
   (b) 구리
   (c) 똑같은 속도로 증가한다.
   (d) 이들 중에는 답이 없다.
5. 온도 조절 장치에 쓰이는 바이메탈은 금속의 종류에 따라 무엇이 다르다는 사실을 이용한 것일까?
   (a) 비열용량
   (b) 다른 온도에서의 열에너지
   (c) 열팽창률
   (d) 이들 모두
6. 4°C 물은 언제 부피가 팽창할까?
   (a) 약간 냉각될 때
   (b) 약간 덥혀질 때
   (c) 냉각되거나 덥혀질 때
   (d) 어느 경우에도 팽창하지 않는다.
7. 빨갛게 달궈진 숯불 위를 맨발로 걸어도 화상을 입지 않는 주된 이유와 관련이 깊은 것은 무엇인가?
   (a) 숯의 낮은 온도
   (b) 숯의 낮은 열전도율
   (c) 정신력으로 견디는 기술
   (d) 이들 중에는 답이 없다.
8. 열대류는 주로 무엇과 관련이 있는가?
   (a) 복사 에너지
   (b) 유체
   (c) 절연체
   (d) 이들 모두
9. 다음의 전자기파 중에서 어느 것의 진동수가 가장 낮은가?
   (a) 적외선
   (b) 가시광선
   (c) 자외선
   (d) 감마선
10. 지구 복사와 비교할 때, 태양으로부터 오는 복사선은
   (a) 파장이 더 길다.
   (b) 진동수가 더 낮다.
   (c) 파장이 더 길고 진동수는 더 낮다.
   (d) 파장이 더 길지도 않고 진동수가 더 낮지도 않다.

확인문제 답

1. a, 2. a, 3. b, 4. b, 5. c, 6. c, 7. b, 8. b, 9. a, 10. d

7장 전기와 자기

전기는 우리 주위에 있는 거의 모든 것의 바탕을 이룬다. 전기는 하늘에서 치는 번개에도 있고, 컴퓨터에서부터 손전등까지 여러 기기에 전력을 공급하고, 원자들을 한데 묶어 분자를 형성하는 것도 이것이다. 그렇다면 전기란 무엇인가? 카펫 위에서 발을 질질 끌며 걸은 후 문 손잡이를 잡으면, 스파크를 느끼는 까닭은 무엇인가? 전류와 전압의 차이점은 무엇인가? 이들 중 어느 것이 전기 충격을 주는가? 전기 회로는 어떻게 작동하는가? 전기는 자기와 관련이 있는가? 만일 관련이 있다면, 어떻게 관련이 있는가? 신용카드의 자기띠, 교통 신호등을 위한 시간 조절 장치, 그리고 공항에 설치되어 있는 금속 탐지 장치 등에서 자기력과 전기력은 어떻게 이용되는가? 여기서는 근본적인 아이디어인 전하의 개념부터 공부해 나간다.

7.1 전기력과 전하

학습목표
음전하와 양전하를 구분할 수 있다.

물음 전하가 보존된다는 말이 의미하는 것은?

우주가 양과 음의 두 종류의 입자들로 구성되어 있다고 하자. 그리고 양의 입자는 양의 입자를 밀어내고 음의 입자는 잡아당기며, 음의 입자는 음의 입자를 밀어내고 양의 입자는 잡아당긴다고 하자. 그러면 우주는 어떤 모양이 될까? 대답은 간단하다. 지금 우리가 살고 있는 우주와 같은 모습이 된다. 이러한 성질을 가진 입자들은 실제로 존재하며, 이들 사이에 작용하는 힘을 **전기력**(*electric force*)이라고 한다.

(+)**양**(*positive*)과 (−)**음**(*negative*)이란 용어는 모든 전기 현상의 기저를 이루는 근본적인 양인 전하를 구별하기 위한 것이다. 보통 물질에 들어 있는 양전하는 양성자이며, 음전하는 전자이다. 전하는 양성자와 전자에 더해진 어떤 것이 아니다. 만유인력이 모든 질량이 가진 하나의 속성이듯이, 전하 또한 양성자와 전자가 가진 하나의 속성이다.

양성자와 전자는 서로의 인력에 의해 한데 모여 작은 입자인 원자를 이룬다. (원자에는 전기적으로 중성인 중성자도 포함되어 있다. 원자에 관한 자세한 내용은 이 책의 2부에 나와 있다.) 그러나 전기의 기본 원리들을 이해하기 위해, 원자에 관한 몇 가지 근본적인 사실들을 예습해야만 한다.

1. 모든 원자는 양으로 대전된 핵과 그 주위를 둘러싸고 있는 음으로 대전된 전자들로 이루어진다.
2. 원자를 구성하는 전자들은 같은 크기의 음전하를 띠고 있고 질량이 모두 같다. 전자들은 한 종류밖에 없다.
3. 양성자와 중성자가 핵을 구성한다. (유일한 예외로서, 가장 흔히 보는 수소 원자의 핵에는 중성자가 없다.) 양성자는 전자보다 약 1800배 무겁지만, 전하량은 전자와 같다. 중성자는 양성자보다 약간 무거우며 전하를 띠고 있지 않다.

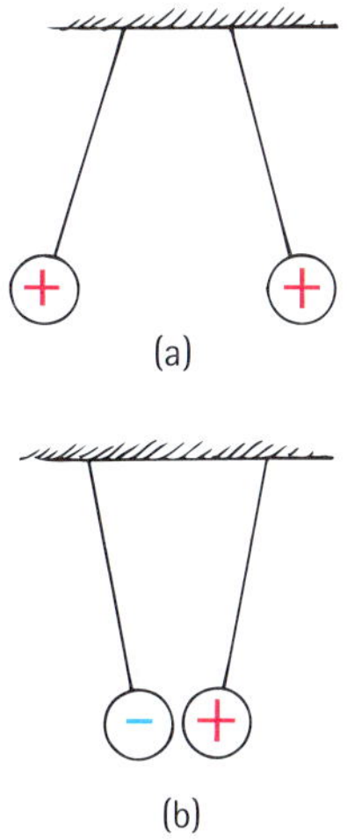

그림 7.1
(a) 같은 전하끼리는 밀어낸다.
(b) 다른 전하끼리는 잡아당긴다.

보통, 한 원자를 구성하고 있는 양성자와 전자의 개수는 같다. 어떤 원자가 한 개 이상의 전자를 잃으면 알짜 양전하를 띠게 되고, 한 개 이상의 전자를 얻으면 알짜 음전하를 띠게 된다. 대전된 원자를 **이온**(*ion*)이라고 한다. 알짜 양전하를 띠고 있는 이온을 **양이온**(*positive ion*)이라고 하고, 알짜 음전하를 띠고 있는 이온을 **음이온**(*negative ion*)이라고 한다.

원자는 전자, 양성자, 중성자로 이루어지고, 물체는 원자로 이루어진다. 원자의 가장 안쪽에 있는 전자들은 반대로 대전되어 있는 원자핵에 매우 강하게 끌리지만, 가장 바깥쪽에 있는 전자들은 더 느슨하게 결합되어 있기 때문에, 많은 원자들의 경우 제자리를 벗어날 수 있다. 원자로부터 전자를 떼어내는 데 필요한 일의 양은 물질마다 다르다. 예를 들어 전자들은 머리

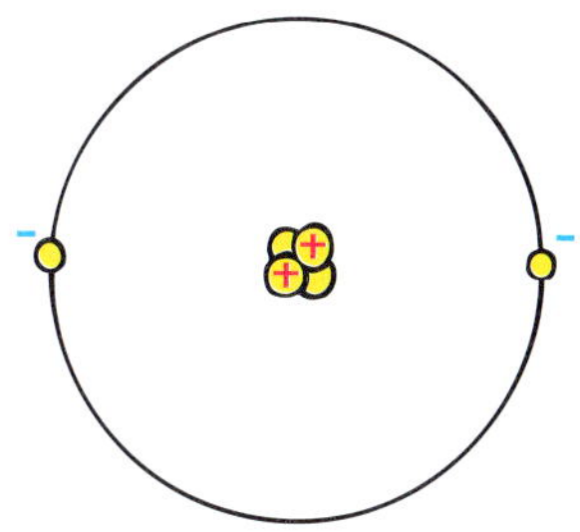

그림 7.2
헬륨 원자 모형. 헬륨의 원자핵은 중성자 두 개와 양성자 두 개로 이루어져 있다. 양으로 대전되어 있는 양성자들은 음으로 대전되어 있는 두 개의 전자를 잡아당긴다. 이 원자의 알짜 전하는 얼마인가?

그림 7.3
플라스틱의 전자 친화도는 모피보다 더 크다. 그러므로 플라스틱 막대를 모피로 문지르면, 모피에서 막대로 전자가 이동한다. 그 결과 막대는 음으로 대전된다. 모피는 막대와 비교할 때 얼마만큼 대전되는가? 양으로 대전되는가, 음으로 대전되는가?

털보다 고무나 플라스틱 안에 더 강하게 구속되어 있다. 그러므로 플라스틱 빗을 머리에 문지르면, 전자가 머리카락에서 빗으로 이동한다. 그러면 빗은 전자가 과잉된 상태가 되는데, 이것을 **음으로 대전되었다**고 말한다. 반면에 머리털은 전자가 부족한 상태가 되는데, 이것을 **양으로 대전되었다**고 한다.

양성자와 전자가 서로 끌어당기기 때문에 원자가 생성된다. 또한 원자의 외각에 있는 전자들이 다른 원자의 외각에 있는 전자들을 밀어내기 때문에, 전자들이 하나로 뭉쳐지지 않고 지금과 같은 형태의 물질이 형성된다. 이 두 가지 규칙이 전기의 본질적인 부분이다.

그림 7.4
발을 끌면서 카펫 위를 걸은 후에 문의 손잡이를 잡으면 약간 감전되는 까닭은?

전하의 보존

전기에 대한 또 하나의 기본적인 사실은, 물체들이 대전될 때 전자들이 생성되거나 소멸되지 않는다는 것이다. 전자들은 단지 한 물질에서 다른 물질로 이동한다. 전하는 **보존된다**. 어떤 경우에나, 거시적인 경우에나 원자나 핵 수준에서나, **전하 보존**(*conservation of charge*)의 원리는 항상 성립한다. 전하가 생성되거나 파괴된 경우는 관찰된 적이 없다(그림 7.4).

학습목표
역제곱 법칙과 전기력의 관계를 설명할 수 있다.

7.2 쿨롱 법칙

물음 뉴턴의 중력 법칙과 쿨롱 법칙 사이의 공통점은 무엇인가?

두 전하 사이에 작용하는 전기력의 세기는 중력과 마찬가지로 두 전하 사이의 거리의 제곱에 반비례한다. 18세기 쿨롱(Charles Coulomb)에 의해 발견된 이러한 관계를 **쿨롱 법칙(Coulomb's law)**이라고 한다. 쿨롱 법칙에 의하면, 둘 사이의 거리에 비해 크기가 훨씬 작은 두 대전된 물체의 경우, 이 둘 사이에 작용하는 힘은 그들의 전하의 곱에 비례하고 그들 사이의 거리의 제곱에 반비례한다. 이 힘은 두 전하를 잇는 직선을 따라 작용한다. 쿨롱 법칙은 다음과 같이 표현될 수 있다.

$$F = k\frac{q_1 q_2}{d^2}$$

여기에서 d는 대전된 두 전하 사이의 거리이고, q_1과 q_2는 두 입자들의 전하이며, k는 비례 상수이다.

전하의 단위는 **쿨롱(coulomb)**이며, 줄여서 C로 쓴다. 1 C의 전하는 6.25×10^{18}개의 전자들의 전하를 합한 양이다. 이것이 굉장히 큰 숫자로 보이지만, 1 C의 전하량은 보통 쓰는 100 와트 전구에서 1초도 안 되는 시간 동안 흐르는 전하의 양에 불과하다. 1 C를 6.25×10^{18}로 나누면 전자 한 개의 전하, 즉 1.60×10^{-19} C를 구할 수 있다. 전자와 양성자의 전하 크기는 1.60×10^{-19} C로 똑같다.

모든 대전체들의 전하는 1.60×10^{-19} C의 배수이므로, 이 전하를 **기본 전하**(*fundamental charge*)라고 한다.

쿨롱 법칙의 비례 상수 k는 뉴턴의 중력 법칙의 G와 비슷하다. 그러나 G는 매우 작은 수이지만, k는 매우 큰 수이다. k의 값은 대략

$$k = 9{,}000{,}000{,}000\ \text{N}\cdot\text{m}^2/\text{C}^2$$

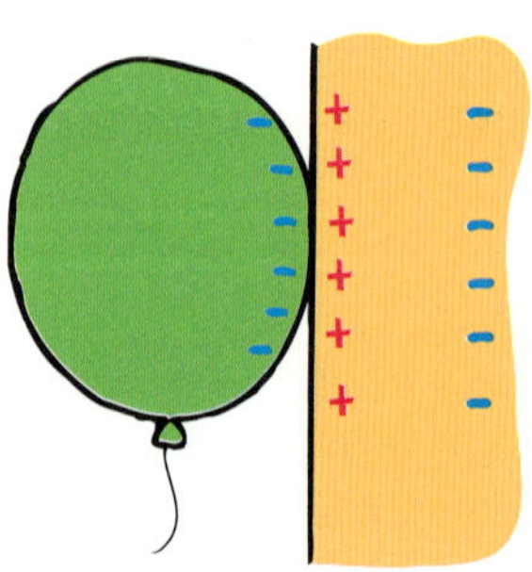

그림 7.5
음으로 대전된 풍선에 의해 나무벽 안의 분자들이 분극이 되고, 그 결과 양으로 대전된 면이 생겨서 풍선이 벽에 붙게 된다.

과학적 기수법을 사용하면 $k = 9.0 \times 10^9\ \text{N}\cdot\text{m}^2/\text{C}^2$이다. 여기에서는 단위 $\text{N}\cdot\text{m}^2/\text{C}^2$에 관심을 두지 않는다. k의 단위는 식의 오른쪽의 단위가 힘의 단위인 뉴턴(N)이 되도록 전환하는 역할을 할 뿐이다. 중요한 것은 k의 엄청난 크기이다. 예를 들어 1 C의 두 전하가 1 m 떨어져 있을 때, 이 두 전하 사이의 반발력은 90억 N이 될 것이다. 이것은 선박 무게의 약 10배이다.

당연히, 이렇게 큰 전하는 우리 일상생활에 흔히 나타나지 않는다.

이처럼, 질량에 대한 뉴턴의 만유인력 법칙과, 전기적으로 대전된 물체에 대한 쿨롱 법칙은 비슷하다. 만유인력과 전기력의 가장 중요한 차이점은, 전기력에는 인력과 반발력이 있지만, 중력에는 인력만 존재한다는 것이다.

전하 분극

부푼 풍선을 머리카락에 문지른 후 벽에 대면 붙는다(그림 7.5). 그 까닭은 풍선의 전하가 벽의 원자 또는 분자의 전하 분포를 바꾸고, 그 결과 벽에 반대 부호의 전하가 유도되었기 때문이다. 분자는 제자리에서 움직일 수 없지만 '전하의 중심'은 이동한다. 벽 속의 원자 또는 분자에서 양전하 부분은 풍선 쪽으로 끌리고, 음전하 부분은 밀려난다. 이로 인해 원자 또는 분자가 변형된다(그림 7.6). 이러한 원자 또는 분자는 **전기적으로 분극되었다(electrically polarized)**고 한다. (12장에서 전기적 분극에 대해 더 다룰 것이다.)

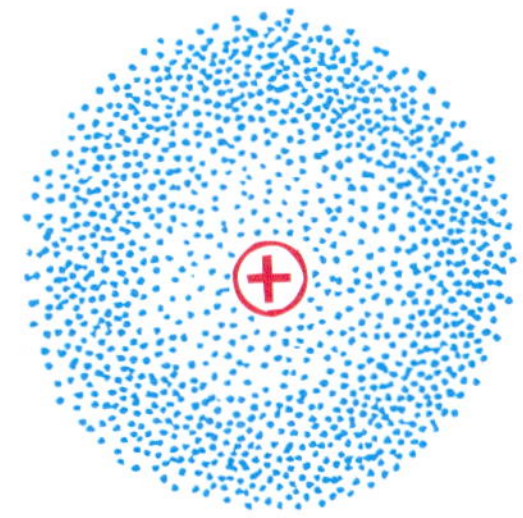

(a)

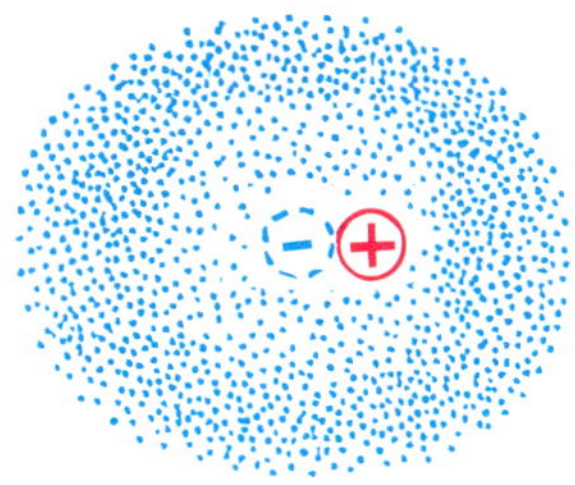

(b)

그림 7.6
원자핵 주위를 부산스럽게 돌아다니는 전자가 전자구름을 만든다. (a) 음으로 대전된 전자구름의 중심과 양으로 대전된 핵의 중심이 일치한다. (b) 대전된 풍선과 같은, 음으로 대전된 물체가 근처에 다가오면, 전자구름이 변형되어 음전하의 중심과 양전하의 중심이 더 이상 일치하지 않는다. 이 경우, 원자가 전기적으로 분극되어 있다고 한다.

7.3 전기장

물음 전기장의 세기는 그 전기장 안에 놓여 있는 테스트 양전하에 가해지는 힘과 어떤 관계가 있는가?

학습목표
중력장과 전기장을 비교하여 말할 수 있다.

중력과 마찬가지로, 전기력은 서로 접촉하고 있지 않은 물체들 사이에 작용할 수 있다. 서로 접촉하고 있지 않은 물체들이 어떻게 힘을 가할 수 있을까? 중력이나 전기력과 같은 '원격 작용력'을 모형화하기 위해서 **역장**(*force field*)의 개념을 사용한다. 모든 질량들은 중력장에 의해 둘러싸여 있고, 대전체는 전기장에 둘러싸여 있다. 현재 여러분은 전기력보다 중력과 더 친숙하므로, 먼저 중력장이 어떻게 작용하는지에 대해 생각해 보자. 어떤 질량 주위의 공간에 다른 질량이 진입하면 공간이 변형되어 진입한 질량이 힘을 받게 된다. 이 '공간의 변형'을 **중력장**(*gravitational field*)이라고 한다. 다른 질량이 이 질량과 직접 상호 작용하는 것이 아니라, 이 질량이 만들어 낸 중력장과 상호 작용한다. 예를 들어 사과가 나무에서 떨어질 때, 사과는 지구의 질량과 상호 작용하고 있다고 말한다. 하지만 사과가 그 지점에서 지구의 중력장에 반응하고 있다고도 생각할 수 있다.

마찬가지로, 모든 전하 주위의 공간에는 에너지를 품은 기운인 **전기장(electric field)**이 끝없이 펼쳐져 있다. 전기장은 크기와 방향을 모두 가진 벡터양이다. 어떤 점에서 전기장의 세기는 간단히 단위 전하당 전기력이다. 공간의 어떤 점에서 전하 q에 힘 F가 작용하고 있다면, 그 지점에서의 전기장은 $E=F/q$이다. 전기장의 방향은 양전하로부터 멀어져서 음전하 쪽으로 향한다.

전기장 속에 대전 입자를 놓으면, 입자는 힘을 받는다. 양전하에 가해지는 힘의 방향은 전기장의 방향과 같다. 전기장은 **장선**(*field line*)으로 가장 잘 나타낼 수 있다. 장선은 전기장의 방향을 보여 준다. 전기장은 양전하에서 나와서 음전하로 들어간다. 장선은 전기장의 세기도 보여 준다. 장선이 가장 밀집되어 있는 곳의 전기장이 가장 세다. 전자 주위의 전기장과 장선은 전자를 향해 들어간다(그림 7.7). 양성자 주위의 전기장과 장선은 반대로, 양성자로부터 방사상으로 퍼져 나간다. 대전 입자 주위의 전기장은 전기력과 마찬가지로 역제곱 법칙을 따른다. 몇 가지 모양의 전기장을 그림 7.8에 나타내었다.

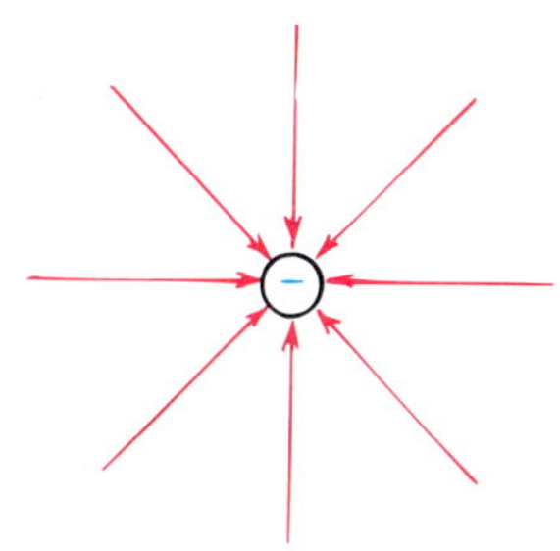

그림 7.7
음전하 주위의 전기장

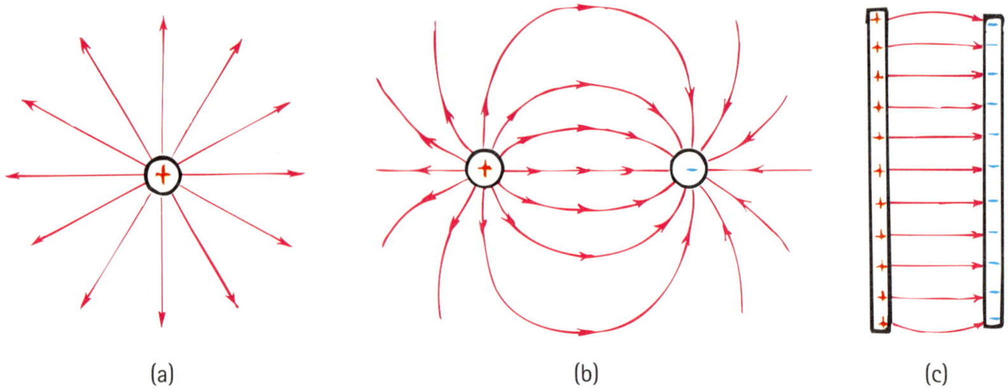

그림 7.8
몇 가지 모양의 전기장. (a) 양전하 주위의 장선. (b) 크기는 같고 반대로 대전된 두 물체의 장선. (c) 반대로 대전된 두 평행한 판 사이의 장선

학습목표
전기 위치 에너지와 전위를 구분할 수 있다.

7.4 전위

물음 5000 V의 파티용 풍선에 손을 댔을 때, 왜 다치지 않는가?

4장에서, 중력장 안에 놓인 물체들은 그 위치로 인해 중력 위치 에너지를 가진다는 것을 배웠다. 마찬가지로, 전기장 안에 놓인 대전체들은 그 위치로 인해 위치 에너지를 갖는다. 지구의 중력장을 거슬러 무거운 물체를 들어 올리려면 일을 해 주어야 하듯이, 대전체의 전기장에 거슬러 대전 입자를 밀기 위해서는 일을 해 주어야 한다. 이 일로 인해 대전 입자의 전기 위치 에너지(PE)가 변한다. 이것은 용수철을 누르면서 한 일로 인해 눌린 용수철의 위치 에너지가 증가하는 것과 비슷하다(그림 7.9a). 마찬가지로, 양으로 대전된 입자를 양으로 대전된 구에 가깝게 누르면서 한 일로 인해, 대전 입자의 위치 에너지가 증가한다(그림 7.9b). 대전 입자가 그것의 위치로 인해 갖게 되는 이러한 에너지를 **전기 위치 에너지**(**electric potential energy**)라고 한다. 대전 입자를 놓아 두면, 대전된 구로부터 멀어지는 방향으로 가속되고, 대전 입자의 전기 위치 에너지는 운동 에너지로 전환된다.

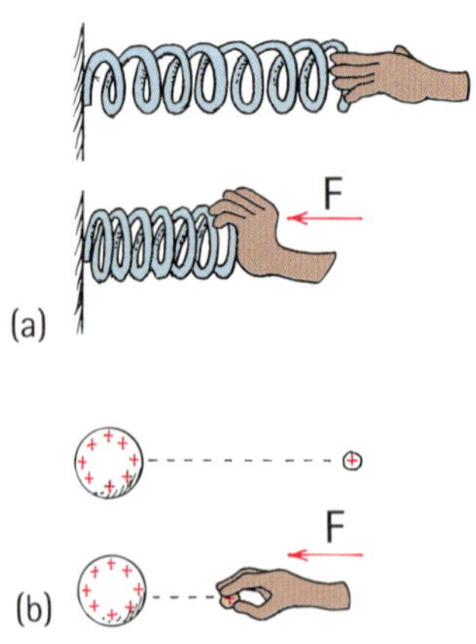

그림 7.9
(a) 용수철은 압축되었을 때 더 큰 탄성 위치 에너지를 갖는다. (b) 마찬가지로, 그림의 작은 전하도 같은 부호로 대전된 구에 더 가깝게 있을 때 더 큰 위치 에너지를 갖는다. 두 경우 모두에서 위치 에너지가 증가된 까닭은, 처음 위치에서 나중 위치로 가기 위해서는 일을 해 주어야만 하기 때문이다.

전하량이 두 배인 입자를 밀려면, 두 배의 일을 해야 한다. 같은 위치에서 입자의 전하량이 두 배가 되면 이 입자의 위치 에너지는 두 배가 되고, 전하량이 세 배가 되면 위치 에너지는 세 배가 된다. 전기를 다룰 때, 어떤 대전체의 전체 위치 에너지를 다루는 것보다 **단위 전하당** 전기 위치 에너지를 생각하는 것이 더 편리하다는 것을 알게 된다. 우리는 단순히 에너지의 양을 전하의 양으로 나눈다. 단위 전하당 전기 위치 에너지를 **전위**(**electric potential**)라고 한다. 즉

$$\text{전위} = \frac{\text{전기 위치 에너지}}{\text{전하}}$$

전위의 측정 단위는 볼트이다. 그래서 전위를 흔히 **전압**(*voltage*)이라고 한다. 1볼트(V)의 전위는 1쿨롱(C) 전하당 1줄(J)의 에너지와 같다.

$$1\text{볼트} = \frac{1\text{줄}}{\text{쿨롱}}$$

그러므로 1.5볼트 건전지는 배터리를 통해 흐르는 1 C의 전하에 1.5 J의 에너지를 공급한다. 전위와 전압은 같은 것이며, 이 두 용어는 일상적으로 서로 바꿔가며 사용된다.

전위(전압)의 중요성은 한 지점에 대해 하나의 값을 지정한다는 것이다. 전기장 안의 각각의 위치에 전하가 놓여 있든, 아니든지 간에 그 위치에서의 전압에 대해 말할 수 있다(그림 7.10). 전기 회로 안의 여러 지점에서의 전압도 이와 마찬가지이다. 이 장의 뒷부분에서 배우겠지만, 12 V 건전지의 양극 지점은 음극 지점보다 전압이 12 V 더 높은 상태로 유지된다. 이 전압 차이를 전도성 매질로 연결하면, 그 매질 안에 있는 전하들은 이 두 지점 사이에서 움직일 것이다.

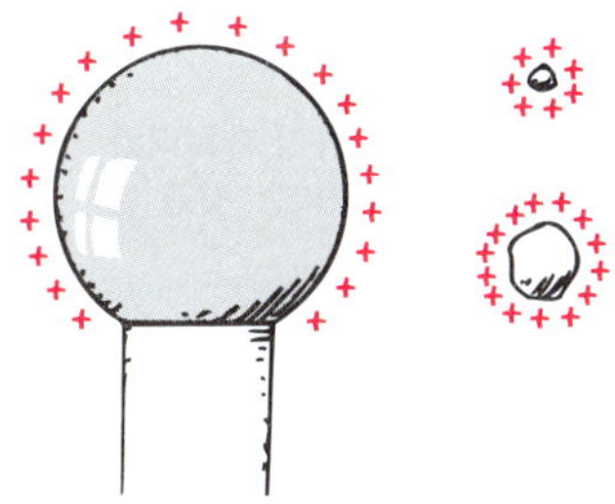

그림 7.10
대전된 반구형 지붕의 장 안에서 더 큰 테스트 전하는 더 큰 위치 에너지를 갖는다. 그러나 전위는 전하량에 관계없이, 같은 위치에서는 같은 값을 갖는다.

풍선을 머리카락에 문지르면, 풍선은 음으로 대전되며, 그 전압은 수천 볼트에 이른다. 풍선이 띠고 있는 전하가 1 C라면, 이 풍선의 전기 위치 에너지는 수천 J이 될 것이다. 그러나 1 C는 엄청난 양의 전하이다. 머리카락에 문지른 풍선의 전하는 대개 수백만 분의 일 쿨롱보다 작다. 그러므로 대전된 풍선의 전기 위치 에너지는 매우 작다(그림 7.11).

그림 7.11
대전된 풍선은 전압은 높지만, 전하의 양이 적기 때문에 전기 위치 에너지는 낮다.

7.5 도체와 절연체

물음 전도성 물질과 절연성 물질 안에 있는 전자들의 역할은 무엇인가?

학습목표
도체와 절연체를 구별할 수 있다.

전기 **도체**(**conductor**)는 대전된 입자들(보통 전자)이 그들을 통해 쉽게 이동할 수 있는 물질이다. 구리, 은, 그리고 그밖의 금속들은, 그들이 좋은 열전도체가 되는 것과 같은 이유로 좋은 전기 도체이다. 금속 원자에는 핵에 느슨하게 구속되어 있는 한 개 이상의 외각 전자들이 있다. 이들을 자유 전자라고 한다. 금속 도체에 전기력이 가해졌을 때, 자유 전자가 이 도체를 통해 이동하여 전류가 생성된다. (전류란 대전된 입자들, 흔히 전자의 흐름이다. 이에 대해서는 7.7절에서 설명한다.)

고무나 유리와 같은 다른 물질 안의 전자들은 원자에 단단하게 구속되어 있다. 따라서 전자들을 흐르게 하는 것이 쉽지 않다. 이들 물질들은 이들이 일반적으로 나쁜 열전도체인 까닭과 같은 이유로 나쁜 전기 도체가 된다. 이러한 물질을 좋은 **절연체**(**insulator**)라고 한다.

모든 물질들을 전기 전도도 순서로 정렬할 수 있다. 이 목록의 가장 위쪽에는 도체들이 있고, 가장 아래쪽에는 절연체들이 있다. 이 목록의 양 끝은 한참 떨어져 있다. 예를 들어 금속의 전도도는 유리와 같은 절연체의 전도도보다 백만 조(10^{18}) 배 더 크다.

어떤 물질들은 좋은 도체도 아니고 좋은 절연체도 아닌 **반도체**(**semiconductor**)이다. 이들은 자유롭게 이동하는 자유 전자가 적기 때문에 중간 정도의 전도도를 갖는다. 그러나 소량의 다른 원소를 섞음으로써 반도체 안의 자유 전자 개수를 조절할 수 있다. 이 과정을 **도핑**(*doping*)이라고 한다. 과학자들은 반도체를 도핑함으로써 원하는 전도도를 가진 도체를 만들어 낼 수 있다. 규소와 저마늄은 가장 흔히 사용되는 반도체이다. 이들 원소를 도핑하여 컴퓨터 칩과 트랜지스터와 같은 소형화된 전자 부품들을 만드는 기본 물질로 사용한다. 트랜지스터는 컴퓨터와 다른 전자 기기들의 핵심 부품이다. 트랜지스터는 인가 전압에 따라 도체 또는 절연체로 작용될 수 있으므로 회로의 다른 부분에 전류의 흐름을 조절하는 데 사용된다.

학습목표
전기 회로에 전류가 흐르려면 전위차가 필요하다는 것을 설명할 수 있다.

7.6 전압원

물음 전기 배터리를 종종 **전기 펌프**(*electric pump*)라고 부르는 까닭은 무엇인가?

전기 도체의 양 끝의 전위가 다르면 **전위차**(**potential difference**)가 있다고 하며, 이때 도체 안에 높은 전위에서 낮은 전위로 전하가 흐른다. 전하의 흐름은 양 끝의 전위가 같아질 때까지 유지된다. 전위차가 없으면 전하의 흐름은 일어나지 않는다.

도체에 전하를 계속 흐르게 하려면, 전하가 흐르는 동안 전위차가 유지되도록 하는 어떤 것이 필요하다. 이것은 수위가 높은 수조에서 수위가 낮은 수조로 물이 흐르는 것과 비슷하다(그림 7.13a). 두 수조의 수위에 차이가 있을 때에만 두 수조를 이은 파이프에 물이 흐른다. 도선 안의 전하의 흐름과 마찬가지로, 두 수조를 이은 파이프 양 끝에 가해지는 수압이 같아지면 파이프 안의 물의 흐름이 멈출 것이다. 적절한 펌프를 사용해 두 수조 안의 수위의 차이 또는 수압의 차이를 유지시켜야만 파이프를 통해 물이 계속해서 흐른다(그림 7.13b).

그림 7.12
특이한 전압원. 전기뱀장어(*Electrophorus electricus*)의 머리와 꼬리 사이의 전위는 650 V나 되기도 한다.

전류가 일정하게 흐르게 하려면 전위의 차, 즉 전압을 유지하기 위한 펌핑(에너지가 낮은 상태에서 높은 상태로 끌어올림) 장치가 필요하다. 화학 전지나 발전기는 전하의 흐름을 안정되게 유지할 수 있는 '전기 펌프'이다. 이들 기구는 음전하를 양전하로부터 멀리 밀어내기 위해 일을 한다. 화학 전지에서는 산 안에 담근 납 또는 아연의 화학 분해에 의해 이 일이 하여지고, 화학 결합 안에 저장된 에너지가 전기 위치 에너지로 전환된다. (13장에서 전지가 어떻게 작동하는지에 대해 논의한다.) 발전기는 이 장의 뒷부분에 설명되어 있는 과정인 전자기 유도에 의해 전하를 분리한다.

반대 부호의 전하들을 분리하는 일을 하는 데 필요한 에너지는 전지나 발전기의 전극에서 얻을 수 있다. 단위 전하당 이 에너지가 두 전극에 연결된 회로를 통해 전자를 움직이게 하는 '전기적인 압력'인 전위(전압)의 차이를 만든다. 보통 자동차에 사용되는 전지는 양 끝에 연결된 회로에 12 V의 전압을 제공한다. 그러면 전류에 흐르는 1 C의 전하당 12 J의 에너지가 공급된다. 레몬을 이용하여 만들 수 있는 간단한 전지로는 약 1 V를 얻는다.

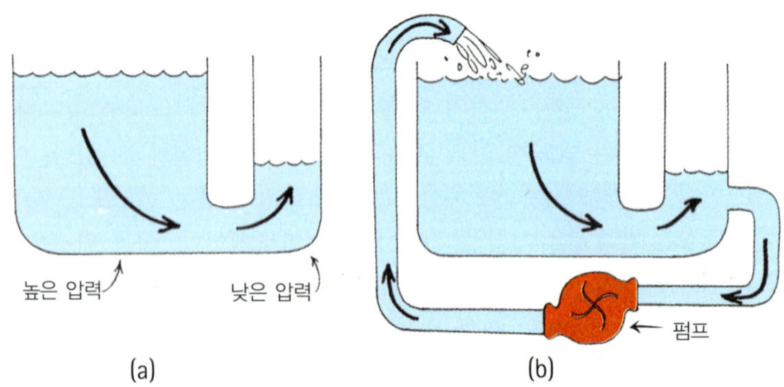

그림 7.13
(a) 높은 압력의 수조에서 낮은 압력의 수조로 물이 흐른다. 압력 차이가 없어지면, 흐름이 멈춘다. (b) 압력의 차이가 유지되기 때문에 물은 끊임없이 흐른다.

7.7 전류

학습목표
dc 회로와 ac 회로에서 전자의 속력을 비교할 수 있다.

물음 전지나 발전기에 의해 생성되는 전류는 어떤 종류인가?

수류가 H_2O 분자의 흐름이듯이, **전류**(**electric current**)는 대전된 입자의 흐름이다. 금속선으로 구성된 회로에서는 전자가 흐른다. 금속에서는 각 원자로부터 한 개 이상의 전자들이 원자 격자를 통해 자유롭게 움직인다. 이들 대전 입자를 **전도 전자**(*conduction electron*)라고 한다. 반면에, 양성자들은 고정된 위치에 묶여 있는 원자핵 안에 구속되어 있기 때문에 움직이지 않는다. 그러나 유체에서는 전자뿐만 아니라 양이온도 전하의 흐름을 만들어 낼 수 있다. 보통 사용하는 자동차 전지 안에서 이런 일이 일어난다.

수류와 전자 흐름 사이의 중요한 차이는 그들의 도체들과 관련이 있다. 철물점에서 파이프를 살 때, 이 파이프에 흐를 물을 같이 사지는 않는다. 물은 스스로 알아서 준비한다. 반면에, '전기 파이프'(즉 전선)을 살 때에는 전자도 사게 된다. 예를 들어 전선과 같은 물질 한 조각에도, 무질서한 방향으로 떼를 지어 움직이는 엄청난 수의 전자가 포함되어 있다. 전압원이 이 전자들을 움직이게 하면, 전기 회로가 만들어진다.

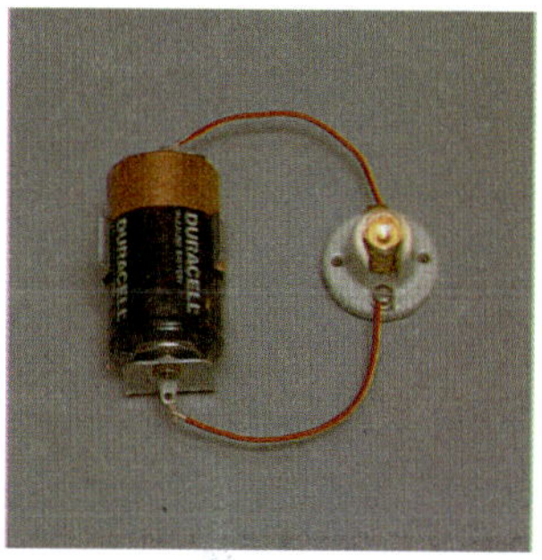

그림 7.14
1.5 V 전지의 양 끝을 연결한 회로 안을 흐르는 1 C의 전하는 1.5 J의 에너지를 공급한다.

전기적인 흐름의 비율은 암페어 단위로 측정된다. 1 A는 1초당 1 C의 비율이다. (이것은 1초당 6.25×10^{18}개의 전하의 흐름이다.) 예를 들어 자동차 전조등에 4 A를 나르는 전선 안에서는, 매초당 4 C의 전하들이 전선의 단면을 통과한다.

전자들이 전선을 통해 흐르는 속력이 놀랍도록 느리다는 것은 매우 흥미로운 사실이다. 이렇게 느린 까닭은 전자들이 도선 안의 원자들과 끊임없이 부딪치기 때문이다. 보통 회로에서 전자들의 알짜 속력, 즉 **유동 속력**(*drift speed*)은 1 cm/s보다 훨씬 느리다. 그러나 전기 신호는 거의 빛의 속력으로 이동한다. 이러한 전기 신호의 속력은 도선 안에 전기장이 형성되는 속력이다.

직류와 교류

전류는 dc 또는 ac일 것이다. dc는 전하가 한쪽 방향으로만 흐르는 **직류**(**direct current**)를 의미한다. 전지의 양 끝의 부호가 고정되어 있기 때문에, 전지는 회로에 직류를 생성한다. 전자는 전자를 밀어내는 음극으로부터 전자를 잡아당기는 양극으로 움직이며, 같은 회로를 통해 항상 같은 방향으로 움직인다.

교류(**alternating current**, ac)는 이름에 걸맞은 방식으로 행동한다. 회로 안의 전자들은 처음에 한 방향으로 움직이다, 다음에는 반대 방향으로 움직이고, 비교적 고정된 위치 주위에서 번갈아가며 앞뒤로 움직인다(그림 7.15). 이러한 식으로 움직이는 까닭은 교류 발전기에서 양 끝의 부호가 주기적으로 바뀌기 때문이다. 거의 모든 상용 ac 회로에는 1초당 60회 방향이 바뀌며 순환하는 전류가 흐른다. 이것이 60 Hz 전류이다. (1초당 1회 순환하는 것을 1헤르츠라고 한다.) 어떤 나라에서는 25 Hz, 30 Hz, 또는 50 Hz 전류가 사용된다.

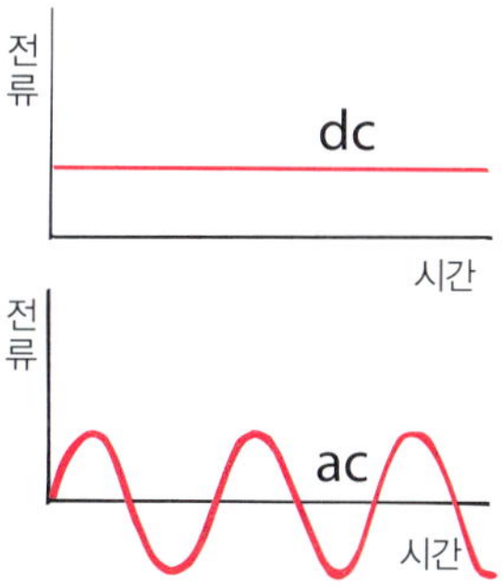

그림 7.15
직류와 교류의 시간 그래프

학습목표
전선의 길이와 폭, 그리고 전기 저항 사이의 관계를 설명할 수 있다.

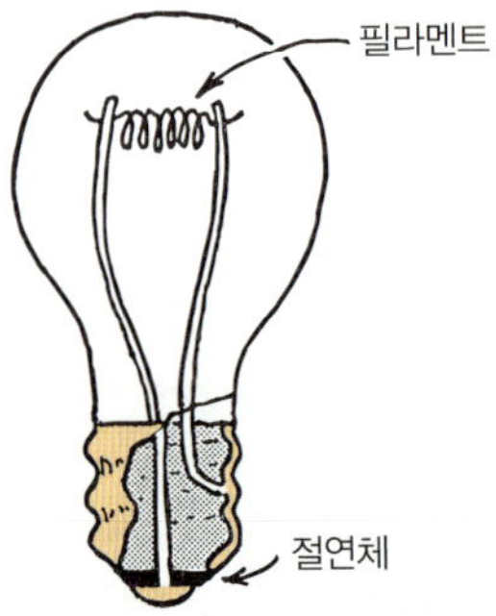

그림 7.16
백열등의 필라멘트 안에서 앞뒤로 움직이는 전도 전자들은 전압원으로 온 것이 아니라 처음부터 필라멘트 안에 있던 것이다. 전압원은 단지 전자에 에너지를 공급하여 움직이게 한다. 전압원이 켜지면, 매우 가는 텅스텐 필라멘트는 가열되어 온도가 3000°C에 이르고, 필라멘트의 저항은 대략 두 배가 된다.

7.8 전기 저항

물음 도체와 **초전도체**(*superconductor*)의 차이는 무엇인가?

회로에 흐르는 전류의 양은 전압뿐만 아니라 회로의 **전기 저항**(**electrical resistance**)에 따라서도 달라진다. 물이 넓은 관에 비해 좁은 관에서 잘 흐르지 못하듯이, 전류도 굵은 전선보다 가는 전선에서 잘 흐르지 못한다. 또한 관이나 전선의 길이도 저항에 영향을 준다. 관이 길면 짧은 것에 비해 저항이 크듯이, 전선이 길면 전기 저항이 커진다. 가장 중요한 것은 전선의 재질이다. 구리는 전기 저항이 낮지만, 고무줄은 저항이 엄청나게 크다. 온도 역시 전기 저항에 영향을 미친다. 도체 안의 원자의 운동이 커질수록(온도가 높을수록), 이 도체의 저항은 커진다. 온도가 아주 낮아지면 어떤 물질들의 저항은 0이 된다. 이러한 물질을 **초전도체**(*superconductor*)라고 한다.

전기 저항의 단위는 **옴**(*ohm*)이다. 보통 옴의 기호로 그리스 문자 **오메가**(*omega*, Ω)가 사용된다. 이 단위는 1826년에 전압, 전류, 저항 사이의 간단하면서도 매우 중요한 관계를 발견한 독일의 물리학자인 옴(Georg Simon Ohm)의 이름을 딴 것이다.

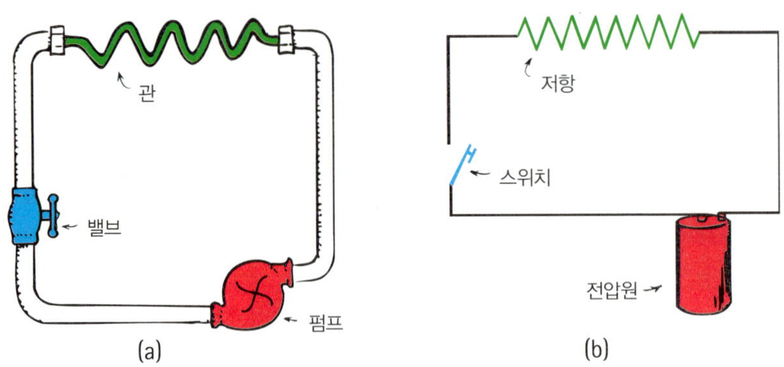

그림 7.17
단순한 물 회로와 전기 회로 사이의 비유. (a) 물 회로에서, 좁은 관(녹색)에 의해 물의 흐름에 저항이 생긴다. (b) 전기 회로에서, 전등이나 다른 기구(갈지자형 기호로 표시된 저항)에 의해 전자의 흐름에 저항이 생긴다.

학습목표
전기 회로에서 전류, 전압, 저항의 관계를 설명할 수 있다.

7.9 옴 법칙

물음 우리 몸을 감전시키는 전자는 어디에서 왔는가?

전압, 전류, 저항 사이의 관계를 정리하여 말한 것이 **옴 법칙**(**Ohm's law**)이다. 옴은 회로에 흐르는 전류의 양은 회로에 가해진 전압에 비례하고 회로의 저항에 반비례한다는 것을 발견하였다.

$$\textbf{전류} = \frac{\textbf{전압}}{\textbf{저항}}$$

또는 단위의 형태로 표현하면,

$$\text{암페어} = \frac{\text{볼트}}{\text{옴}}$$

그리고 기호를 사용하면 [V는 전압(단위는 볼트), I는 전류(단위는 암페어), R은 저항(단위는 옴)을 나타낸다], 옴 법칙을 다음과 같이 표현할 수 있다.

$$I = \frac{V}{R}$$

따라서 전기 저항이 일정한 회로의 경우, 전류와 전압은 서로 비례한다. 이것은 두 배의 전압을 가하면 두 배의 전류를 얻는다는 것을 의미한다. 반면에 회로의 저항이 두 배가 되면, 전류는 반으로 줄어든다. 저항이 클수록 전류는 작아진다. 옴 법칙은 잘 들어맞는다.

보통 전등에서 전선의 저항은 1 Ω보다 훨씬 작지만, 전구의 저항은 100 Ω보다 크다. 전기 다리미와 전기 토스터의 저항은 15~20 Ω이다. 이들과 다른 모든 전기 기구 내부의 전류는, 저항이 수 Ω 또는 수백만 Ω이기도 한, **저항기**(*resistor*)라고 하는 회로 부품에 의해 안정화된다(그림 7.18).

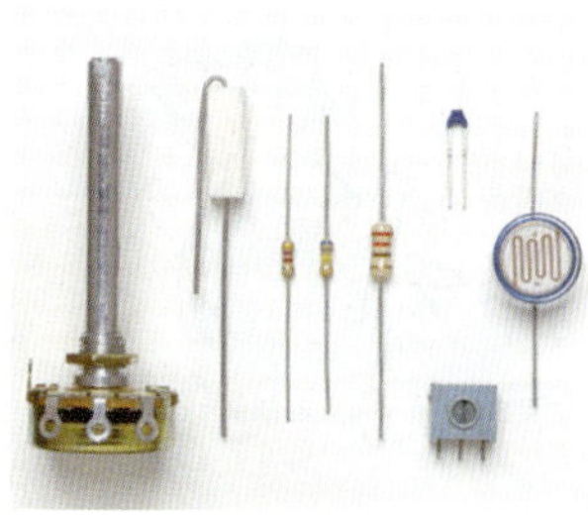

그림 7.18
여러 가지 저항. 전기 회로에서 저항을 표시하는 기호는 -∧∧∧- 이다.

융합과학 7A
생명과학

학습목표
감전을 전기 현상으로 설명할 수 있다.

감전

물음 사람을 감전시키는 전자들은 어디에서 온 것인가?

감전으로 인한 피해는 신체를 통해 흐르는 전류 때문이다. 그렇다면 신체에 감전을 일으키는 원인은 전류인가, 또는 전압인가? 옴 법칙에 의하면, 우리 몸을 관통해 흐르는 전류는 인가 전압뿐만 아니라 신체의 저항에도 의존한다. 우리 몸의 저항은 조건에 따라 달라진다. 몸이 소금물에 젖어 있다면 저항은 100 Ω 정도이고, 아주 건조하다면 약 500,000 Ω이다. 전지의 두 극에 건조한 손가락을 대면, 한 손에서 다른 손으로 회로가 형성되고, 저항은 약 100,000 Ω이다. 우리는 대개 12 V는 느끼지 못하고, 24 V는 약간 짜릿하다. 피부가 젖어 있으면, 24 V에서도 상당히 짜릿함을 느낄 수 있다. 인체에 흐르는 전류의 세기에 따라 인체가 받는 영향이 표 7.1에 나타나 있다.

감전이 되려면, 신체의 한 부분과 다른 부분 사이에 전위차가 있어야 한다. 대부분의 전류는 이 두 점을 잇는 경로 가운데 저항이 가장 작은 경로를 따라 흐를 것이다. 여러분이 높은 다리에서 떨어지다 간신히 고압선을 잡고 매달려 있다고 하자. 다른 전위에 있는 어떤 물체에 닿지 않는 한, 여러분은 감전을 느끼지 않을 것이다. 심지어 전위가 지면의 전위보다 수천 볼트 높은 고압선을 두 손으로 잡고 매달려 있어도, 한 손에서 다른 손으로 전류가 거의 흐르지 않는다. 그 까닭은 두 손 사이에 전위차가 거의 없기 때문이다. 그러나 만약 한 손을 뻗어서 전위차가 있는 다른 선을 잡으면, 바로 끝장이 난다! 새들이 고압선에 앉아 있는 것을 흔히 볼 수 있다. 새들은 신체의 모든 부분이 그 고압선의 전위가 같은 부분에 닿아 있기 때문에, 나쁜

표 7.1 인체에 흐르는 전류가 미치는 영향

전류(A)	영향
0.001	느껴진다.
0.005	고통스럽다.
0.010	자기도 모르게 근육이 수축한다(경련).
0.15	근육이 제멋대로 움직인다.
0.70	전류가 심장을 통과하면서 심각한 손상을 일으키며, 전류가 1초 이상 흐르면 사망에 이른다.

그림 7.19
새들은 고압선의 한 줄 위에 별 탈 없이 앉아 있을 수 있다. 그러나 옆의 선은 건드리지 않는 것이 좋을 것이다. 왜 그럴까?

영향을 전혀 받지 않는다(그림 7.19).

매년 많은 사람들이 120 V 전기 회로에 의해 사망한다. 발이 지면에 닿아 있는 채로 120 V 전선의 노출된 부분에 손이 닿으면, 손과 지면 사이에 120 V의 '전기적 압력'이 생긴다. 이때 대개는 발과 지면 사이의 저항이 매우 커서 심각한 피해를 입지 않는다. 그러나 발과 땅이 젖어 있으면, 발과 지면 사이의 저항이 낮아져 큰 피해를 입게 된다. 순수한 물은 좋은 도체가 아니다. 그러나 보통 물에 섞여 있는 이온들에 의해 좋은 전도체가 된다. 물속에 소금과 같은 용해성 물질이 소량 녹아 있으면, 저항은 훨씬 낮아진다. 피부에는 보통 땀에 섞여 나온 소금이 층을 이루고 있어서, 피부가 젖으면 저항은 수백 옴 또는 그 이하로 낮아진다. 몸이 젖었을 때는 절대로 전기 기구를 다루면 안 된다.

감전에 의한 부상은 세 가지 형태로 나타난다. (1) 가열에 의한 조직의 화상, (2) 근육 수축, (3) 심장 기능 정지. 신체의 주요 부위에 너무 오랫동안 과도한 에너지가 전달되면 이런 형태의 부상을 입게 된다.

감전에 의해 호흡을 조절하는 신경 중추가 잘못될 수 있다. 감전된 사람을 구할 때 가장 먼저 해야 할 일은, 감전된 사람을 전원에서 떼어 놓는 것이다. 떼어 놓다가 감전 사고를 당하지 않도록 마른 나무 막대기나 다른 절연체를 사용하라. 떼어 놓은 후에 인공호흡을 실시하라. 계속해서 인공호흡을 하는 것이 중요하다. 번개를 맞은 사람 중에는 몇 시간 동안 외부의 도움을 받아 숨을 쉬다가 극적으로 살아난 후 건강을 완전히 회복한 경우도 있다.

그림 7.20
플러그의 세 번째 갈래는 전기 기구를 지면과 바로 연결시킨다. 전기 기구에 전하가 쌓이면, 이 선을 통해 지면으로 전도된다.

대부분의 전기 플러그나 소켓들은 세 개의 접속부를 갖고 있다. 전기 플러그의 두 개의 주요한 납작한 갈래들은 전기를 전송하는 두 개의 도선을 위한 것인데, 두 도선 중 하나는 '살아 있고'(전기가 통하고) 나머지 하나는 중성이다. 반면에 세 번째의 둥근 갈래는 접지, 즉 지구에 바로 연결되어 있다(그림 7.20). 전기난로, 세탁기, 드라이어 등은 이들 세 전선들과 연결된다. 만일 활선(전기가 통하는 선)이 잘못해서 전기 기구의 금속면에 접촉되어 있을 때 전기 기구를 만지면, 감전으로 큰 부상을 당할 수도 있다. 전기 기구 케이스가 접지선을 통해 접지되어 있다면, 전기 기구 케이스는 지면 전위와 같아져서, 만져도 감전이 되지 않는다. 전등은 절연체로 감싸여 있어 세 번째 선(접지선)이 필요하지 않다.

학습목표
직렬 회로와 병렬 회로를 구별할 수 있다.

7.10 전기 회로

물음 회로의 각 장치에 똑같은 전류가 흐르게 하려면 회로를 어떻게 연결해야 하는가?

전자가 흐를 수 있는 길을 회로라고 한다. 전자가 끊김없이 흐르려면 끊어지지 않은 완전한 회로여야 한다. 회로를 끊거나 잇는 장치로서 보통 스위치를 사용한다. 스위치를 닫으면 에너지가 흐르고, 열면 에너지 흐름이 끊긴다. 대부분의 회로에서는 전기 에너지를 받는 장치가 한 개 이상 있다. 이들 장치들은 보통 **직렬**(*series*) 또는 **병렬**(*parallel*)로 회로에 연결되어 있다.

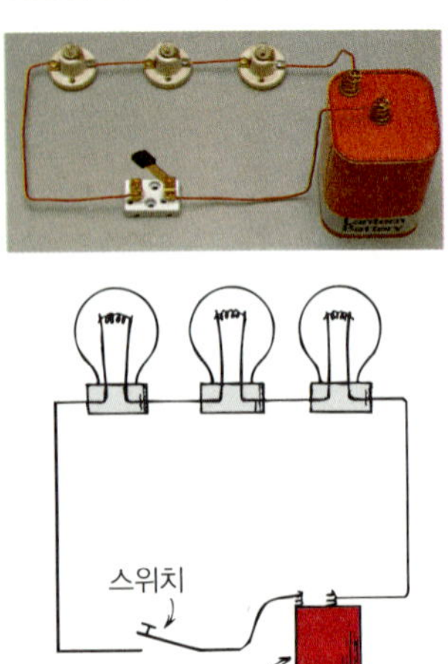

그림 7.21
간단한 직렬 회로. 6 V 전지가 각 전등에 2 V의 전압을 공급한다.

그림 7.21은 간단한 **직렬 회로**(**series circuit**)를 나타낸 것이다. 세 개의 전등이 전지에 직렬로 연결되어 있다. 스위치를 닫자마자 세 전등 모두에 같은 세기의 전류가 흐른다. 전류는 어느 한 전등에 '쌓이지' 않고, 각 전등을 거쳐 흐른다. 전류를 구성하는 전자들은 전지의 음극을 떠나 각 전등의 필라멘트를 차례로 거쳐서 전지의 양극으로 돌아간다. (전지를 통해서도 같은 크기의 전류가 흐른다.) 이것이 전자가 회로를 통해 흐르는 유일한 경로이다. 이 경로의 어느 곳이든 끊어져서 열린 회로가 되면 전자의 흐름이 멈춘다. 스위치가 열리거나, 전선이 잘못해서 끊어지거나, 또는 전등의 필라멘트가 타버리면 회로가 끊어진다.

직렬 회로의 주된 단점은 쉽게 알 수 있다. 회로에 연결된 장치 중 하나가 망가지면, 회로 전체에 전류가 흐르지 않게 된다. 값싼 크리스마스트리 조명의 전구들은 직렬로 연결되어 있다. 전구 하나가 타버리면, 갈아 껴야 할 전구를 찾느라 애쓰다 포기하고는 한다.

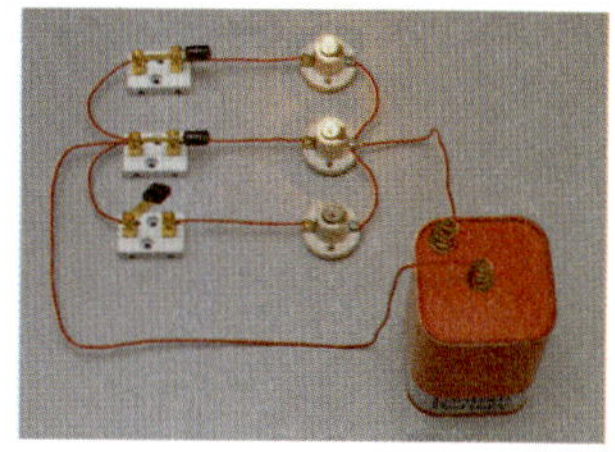

대부분의 회로들은 여러 전기 장치들이 서로 독립적으로 작동할 수 있도록 배선이 되어 있다. 예를 들어 가정에서 어떤 전등을 켜거나 꺼도 다른 전등 또는 전기 기구들의 작동에 영향을 주지 않는다. 이것은 이 기구들이 직렬이 아니라 서로 병렬로 연결되어 있기 때문이다. 그림 7.22는 간단한 **병렬 회로**(parallel circuit)를 나타낸 것이다. 세 개의 전등이 두 점 A와 B에 연결되어 있다. 전기 회로의 같은 두 점에 연결되어 있는 전기 기구들을 **병렬로 연결되어 있다**고 한다. 전지의 음극을 떠난 전자는 세 전등 중 한 전등의 필라멘트를 거쳐 전지의 양극으로 돌아간다. 이 경우에, 전류는 A와 B를 잇는 세 개의 경로로 나뉘어 흐른다. 세 개 중 한 경로가 끊어져도 다른 경로에 있는 전하의 흐름을 방해하지 않는다. 각 기구는 다른 기구들과는 독립적으로 작동한다.

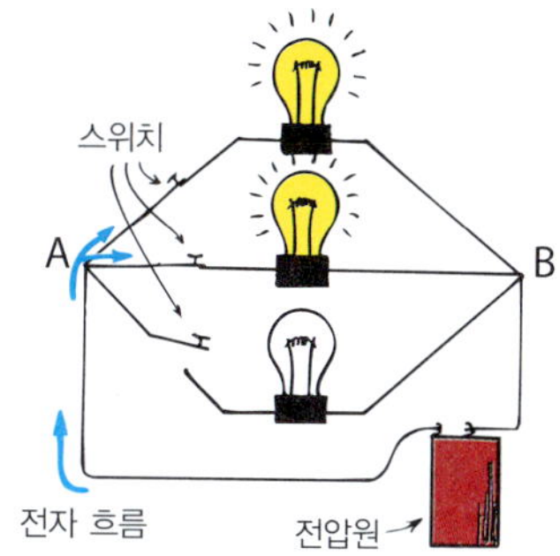

그림 7.22
간단한 병렬 회로. 6 V 전지가 각 전등에 6 V의 전압을 공급한다.

7.11 전력

물음 왜 120 V 헤어드라이어를 240 V에 연결하면 안 되는가?

학습목표
전류, 전압, 전력의 단위를 비교하여, 이 물리량들 사이의 관계를 설명할 수 있다.

전류에서 움직이는 전하들은 일을 한다. 예를 들면 이 일은 회로를 가열하거나 모터를 돌린다. 이 일이 하여지는 비율, 즉 전기 에너지가 역학적 에너지, 열, 빛과 같은 다른 에너지로 전환되는 일률을 **전력**(electric power)이라고 한다. 전력은 전류와 전압의 곱과 같다.*

$$\text{전력} = \text{전류} \times \text{전압} = IV$$

전력이 120 W인 전등이 120 V 전선에서 작동하고 있다면, 이 전등에 흐르는 전류는 1 A이다(120 W = 1 A × 120 V). 120 V 전선에 설치된 60 W 전등에는 1/2 A의 전류가 흐른다. 이 관계식을 이용하면 전기료를 계산할 수 있으며, 전기료는 대개 킬로와트시당 몇 분의 일 달러이다. 킬로와트(kW)는 1000 W이고, 킬로와트시는 1 kW의 비율로 1시간 동안 소비한 에너지의 양을 나타낸다.** 그러므로 1 kWh당 요금이 25센트인 곳에서, 100 W 백열등을 10시간 켜두면, 25센트의 요금을 내야 한다(그림 7.23). 콤팩트 형광등(compact fluorescent lamp, CFL)은 백열등보다 요금이 훨씬 적다(그림 7.24).

그림 7.23
백열전구 위에는 '100 W 120 V'와 같이 전력과 전압이 쓰여 있다. 이 전구에 흐르는 전류의 크기는 얼마일까?

26 W CFL의 밝기가 100 W 백열등의 밝기와 거의 같다는 것이 흥미롭다(그림 7.24 참조). 같은 밝기의 빛을 내는 데 전력이 겨우 1/4 밖에 들지 않는다![†] CFL은 에너지 효율이 높을 뿐만 아니라, 전구 수명도 더 길다. 요즈음 백열등은 CFL로 교체되고 있다.

그림 7.24
콤팩트 형광등(CFL)에는 '26 W 120 V'라고 쓰여 있다. 이 형광등은 전력 소비가 큰 100 W 백열등과 밝기가 같다.

*4장에서 일률 = $\frac{\text{일}}{\text{시간}}$이고 1 W = 1 J/s라는 것을 배웠다. 역학적 일률과 전력의 단위가 같다는 것에 주목하라(일과 에너지의 단위는 J이다).

$$\text{전력} = \frac{\text{전하}}{\text{시간}} \times \frac{\text{에너지}}{\text{전하}} = \frac{\text{에너지}}{\text{시간}}$$

전압과 전류의 단위로 볼트와 암페어를 사용하면, 전력의 단위는 와트가 된다. 따라서 단위 형태로 쓰면

$$\text{와트} = \text{암페어} \times \text{볼트}$$

옴 법칙을 사용하여 V 대신 IR을 쓰면, 전력 = I^2R로 쓸 수 있다.

**일률 = 에너지/시간이다. 이것을 재배열하면, 에너지 = 일률 × 시간이다. 그러므로 에너지는 킬로와트시(kWh) 단위로 표시할 수 있다.

[†]CFL의 전력은 단순히 $P = IV$를 적용하여 구할 수 없다. CFL에 가해지는 교류 전압과 전류는 서로 위상이 어긋나 있어, 전류와 전압의 곱은 실제 전력 소비보다 값이 더 크다. 그렇다면 얼마나 더 큰가? CFL를 기반으로 작성된 자료를 찾아 보라.

요즘 떠오르는 또 다른 광원은 발광 다이오드(light-emitting diode, LED)이다. 초기의 발광 다이오드는 붉은 빛을 내는 작은 전구로서, 전자 기기의 동작 여부를 표시하는 데 쓰였다. 전체 영역의 색의 빛을 방출하는 LED는 1960년대에 개발되었다. 오늘날 LED는 전자 기기의 표시등을 넘어서 텔레비전 화면, 신호등, 자동차의 조명, 공항 활주로 조명, 심지어는 전광판 등에 흔히 쓰이고 있다. LED는 작고 효율적이며, 필라멘트도 없고 수명도 길다(백열등보다 약 100배 더 길다). LED는 백열등보다 와트당 15배 이상의 빛을 방출한다. 그리고 LED에는 CFL에 들어 있는 극소량의 해로운 수은이 들어 있지 않다.* LED는 CFL과 경쟁하면서, 흔히 사용되는 CFL이 역사 속으로 사라지길 기다리고 있다.

학습목표
자극 사이의 인력과 반발력에 대한 규칙을 정립할 수 있다.

7.12 자기력

물음 냉장고의 자석은 왜 짧은 거리에서만 작용하는가?

자석을 가지고 놀아본 사람이면 누구나 자석이 서로에게 힘을 미친다는 것을 알고 있다. **자기력**(**magnetic force**)은 전기력과 비슷하다. 자석은 닿지 않아도 서로 잡아당기거나 밀어내며(자석의 어느 쪽 끝을 대느냐에 따라), 자석 사이의 상호 작용의 세기는 그들 사이의 거리에 따라 달라진다. 전기력은 전하에 의해 생기지만, 자기력은 **자극**(*magnetic pole*)이라고 하는 영역들에 의해 생긴다.

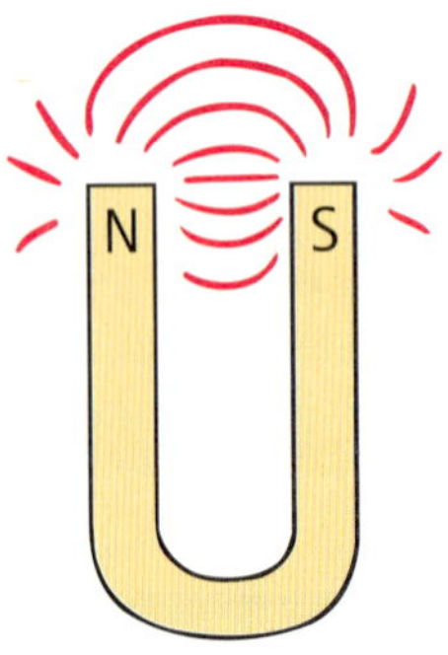

그림 7.25
말굽자석

막대자석 가운데를 실로 묶어 매달면 나침반이 만들어진다. 막대자석의 두 끝 중 북쪽을 향하는 극이라 불리는 곳은 북쪽을 향하고, 남쪽을 향하는 극이라 불리는 곳은 남쪽을 향한다. 더 간단하게, 이들을 N극과 S극이라고 한다. 모든 자석들은 N극과 S극을 모두 갖고 있다(극이 여러 개 있는 자석들도 있다). 냉장고의 자석은 N극과 S극이 교차되어 있는 얇은 띠로 되어 있다. 냉장고 문에 종이를 붙여 놓는 용도로 사용되는 이 자석은, N극과 S극이 서로 교차되어 있어, 짧은 범위에서는 자기력이 상당히 세지만, 그 범위를 벗어나면 서로 상쇄되어 자기력이 거의 0이 된다. 평범한 막대자석에서, 자극들은 두 끝 부분에 있다. 흔히 사용되는 말굽자석은 막대자석을 U자형으로 굽힌 것이다. 말굽자석의 극도 양 끝에 있다(그림 7.25).

한 자석의 N극을 다른 자석의 N극 근처에 가져가면, 두 자석은 서로를 밀어낸다. S극과 S극을 가까이해도 마찬가지다. 그러나 반대 극을 대면 서로 잡아당긴다. 실험을 통해 다음과 같은 규칙을 발견할 수 있다.

같은 극끼리는 밀어내고, 반대 극끼리는 잡아당긴다.

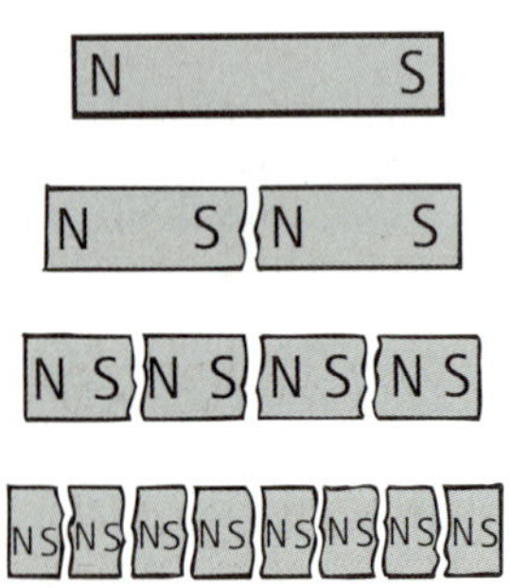

그림 7.26
자석을 반으로 자르면, 두 개의 자석이 생긴다. 이들을 다시 반으로 자르면, 네 개의 자석이 생긴다. 이들 모두 N극과 S극을 지니고 있다. 조각을 계속 잘라 나가도 같은 결과를 얻게 된다. 자극들은 항상 짝으로 존재한다.

이 규칙은 같은 전하끼리는 서로 밀어내고 다른 전하끼리는 서로 잡아당기는, 전하 사이의 힘의 규칙과 비슷하다. 그러나 자극과 전하 사이에는 아주 중요한 차이가 있다. 전하들은 양전하 또는 음전하가 따로 존재할 수 있지만, 자극의 경우에는 항상 N극과 S극이 짝으로 존재한다. 전자와 양성자는 각자 따로 존재할 수 있지만, 자석의 N극과 S극은 동전의 양면과 같이 항상 함께 존재한다.

막대자석을 반으로 자르면, 잘라진 두 조각은 각각 완벽한 자석이 된다. 그 조각들을 다시 반으로 자르면 네 개의 완벽한 자석이 된다. 이렇게 계속 반으로 잘라 나가도 결코 한 극만 따로 얻을 수는 없다. 잘린 조각이 원자 하나의 두께여도 여전히 각 조각에는 두 극이 있다. 이로부터 원자 자체가 자석임을 알 수 있다(그림 7.26).

*CFL의 단점은 유리관 안에 미량, 즉 약 4 mg의 수은이 봉인되어 있다는 것이다. 그러나 우리 주위에서 수은을 가장 많이 방출하는 것은 석탄을 태우는 화력 발전소이다. EPA에 따르면, 화력 발전을 이용하여 백열등을 밝힐 때, 같은 밝기의 CFL에 들어 있는 것보다 더 많은 양의 수은이 공기 중으로 방출된다고 한다.

7.13 자기장

물음 모든 자기장의 원천은 무엇인가?

학습목표
자기장의 세기와 자기장 무늬의 관계를 설명할 수 있다.

앞에서 전하 주위의 공간에는 전기장이 꽉 차 있다는 것을 배웠다. 마찬가지로, 자석 주위의 공간에도 공간을 통해 펼쳐져 있는 어떤 에너지의 기운인 **자기장(magnetic field)**이 꽉 차 있다. 자석 위에 펼쳐 놓은 종이에 철가루를 흩뿌리면, 철가루가 자기장에 반응하여 움직여서 자석 주위로 어떤 질서 있는 형태의 무늬를 형성하는 것을 볼 수 있다. 장의 모양은 한 극에서 퍼져 나와 다른 극으로 되돌아가는 자기장선의 모양에 의해 드러난다. 그림 7.27과 7.28에 나타낸 장의 모양과, 그림 7.8b에 나타낸 전기장의 모양을 비교하면 흥미로운 점을 관찰할 수 있다.

자석 바깥쪽에 형성된 자기장은 자석의 N극에서 나와서 S극으로 돌아가는 방향을 향한다. 선들이 조밀한 지점일수록 자기장이 더 강하다. 철가루 무늬로부터 두 극에서 자기장의 세기가 더 세다는 것을 볼 수 있다. 작은 자석이나 나침반을 자기장선 위에 놓으면, 이들의 자극들이 자기장을 따라 정렬될 것이다(그림 7.29).

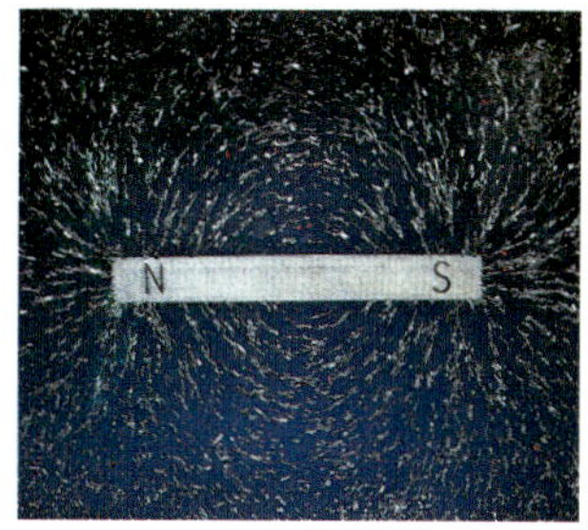

그림 7.27
자석 위에 종이를 덮고 그 위에 철가루를 흩뿌렸을 때 나타나는 무늬를 위에서 관찰한 모습. 철가루는 자석 주위의 자기장선(철가루 무늬로는 보이지 않지만)을 따라 배열된다. 자기장선은 자석 내부로도 연결되어, 전체적으로 닫힌 고리를 형성한다는 사실이 흥미롭다.

자기장은 움직이는 전하에 의해 생성된다. 그렇다면 흔히 보는 막대자석의 어디에 이러한 움직임이 있는가? 그 답은 자석을 이루고 있는 원자들의 전자들에 있다. 이들 전자들은 끊임없이 움직이고 있다. 두 가지 종류의 전자 운동, 즉 전자의 스핀과 공전에 의해 자기가 생성된다. 대부분의 보통 자석에서 자기는 주로 전자의 스핀에 의해 생성된다.

스핀을 갖고 있는 모든 전자들은 하나의 작은 자석이다. 스핀의 방향이 같은 두 전자가 모여 있으면 센 자석이 된다. 스핀의 방향이 반대인 두 전자가 모여 있으면, 서로 반대로 작용해 자기장이 상쇄된다. 대부분의 물질들은 이러한 이유로 자기를 띠지 않는다. 대부분의 원자들에서는 전자들의 스핀이 반대 방향을 향하고 있기 때문에, 전자들의 자기장들이 서로 상쇄된다. 그러나 철, 니켈, 코발트와 같은 물질들에서는 이 장들이 완전히 상쇄되지 않는다. 철 원자 한 개에는 스핀의 자기가 상쇄되지 않는 전자가 네 개 있다. 각각의 철 원자가 하나의 작은 자석이다. 니켈과 코발트 원자도 마찬가지다. 그러므로 대부분의 보통 자석들은 철, 니켈, 코발트, 알루미늄을 여러 가지 비율로 섞은 합금으로 만든다.

자기 구역

철 원자의 자기장은 근처에 있는 다른 원자들과 상호 작용에 의해 서로 정렬되어 하나의 큰 집단을 형성할 만큼 매우 세다. 이렇게 정렬된 원자 무리가 있는 영역들을 **자기 구역(magnetic domain)**이라고 한다. 각 영역은 완벽하게 자화되어 있으며, 수십억 개의 정렬된 원자들로 구

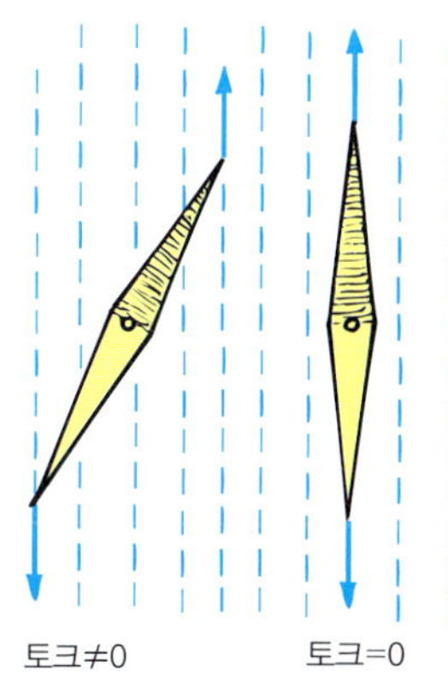

그림 7.29
나침반 바늘이 자기장과 같은 방향으로 정렬되어 있지 않으면, 반대 방향으로 작용하는 짝힘에 의해 알짜 토크가 생겨 바늘이 돌고, 결국 자기장에 정렬된다.

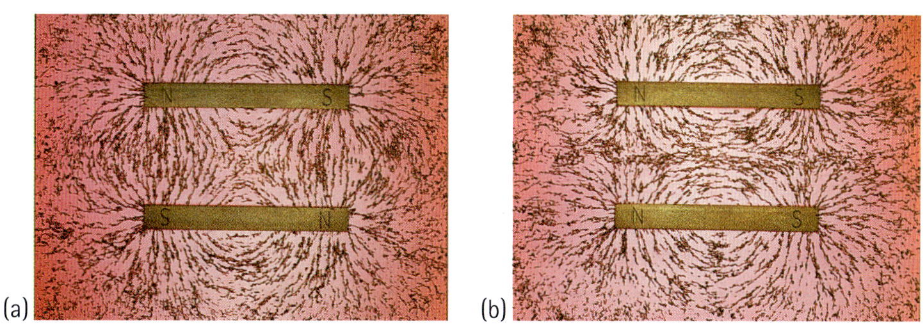

그림 7.28
한 쌍의 자석 주위의 자기장의 모양. (a) 반대 극끼리 접해 있는 경우. (b) 같은 극끼리 접해 있는 경우.

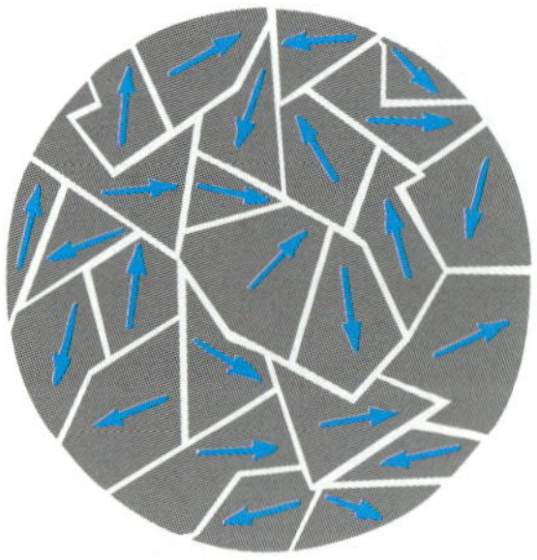

그림 7.30
철의 결정 안에 있는 자기 구역을 현미경으로 관찰한 모습

성되어 있다. 이 구역들은 미시적이며(그림 7.30), 하나의 철 결정 안에 많은 수의 구역이 들어 있다.

보통 철 조각 안에 있는 자기 구역들은 정렬되어 있지 않으므로, 모든 철 조각이 자석인 것은 아니다. 예를 들어 보통 못 안의 자기 구역들은 임의의 방향을 향하고 있다. 그러나 못에 자석을 가까이 가져가면 못 안의 자기 구역들이 정렬된다. 자석을 치우면, 열적 운동에 의해 못 안의 대부분 또는 모든 자기 구역들이 다시 임의의 방향을 향하게 된다.

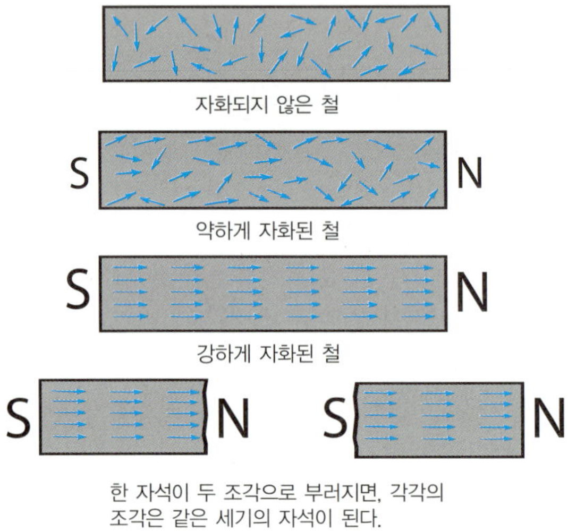

그림 7.31
자화 정도가 다른 철 조각들. 화살표는 자기 구역을 나타낸다. 화살표의 머리는 N극이고, 꼬리는 S극이다. 이웃한 자기 구역들의 극들은 서로의 효과를 약화시킨다. 자석의 끝 부분에서는 이웃한 자기 구역이 없어서 서로를 약화시키는 효과가 나타나지 않는다.

전류와 자기장

움직이는 전하는 자기장을 생성한다. 그러므로 전하의 흐름인 전류 역시 자기장을 생성한다. 전류가 흐르는 도선 주위의 자기장은 도선 주위에 나침반을 배치해 놓음으로써 관찰할 수 있다(그림 7.32). 전류가 흐르는 도선 주위의 자기장은 도선을 중심으로 한 동심원 모양이다. 도선에 흐르는 전류의 방향이 바뀌면 나침반 바늘도 반대 방향으로 돌고, 이로부터 자기장의 방향도 반대가 됨을 알 수 있다.

도선을 구부려 고리로 만들면, 자기장은 이 고리 내부에 다발로 묶인 형태가 된다(그림 7.33). 고리 두 개를 포개 놓으면, 고리 내부에 묶인 자기장선이 두 배 더 많아진다. 포개진 고리의 수가 많아질수록 고리 내부의 자기장의 세기는 증가한다. 많은 고리로 이루어진, 전류가 흐르는 코일 내부의 자기장은 상당히 커진다(그림 7.34).

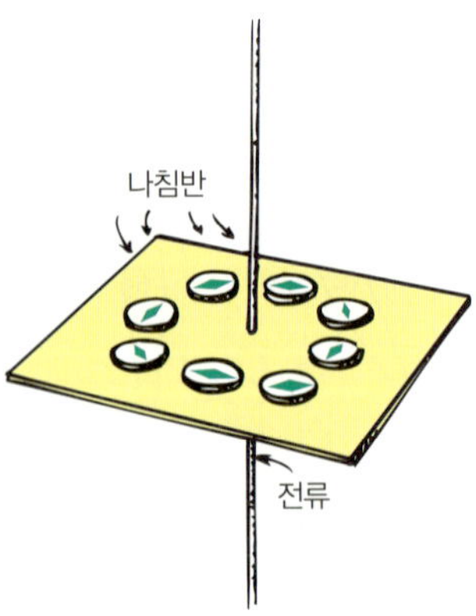

그림 7.32
나침반을 보면, 전류가 흐르는 도선 주위에 원형의 자기장이 형성되어 있음을 알 수 있다.

전류가 흐르는 코일 안에 철 조각을 놓으면, 철 조각 안의 자기 구역의 정렬로 인해 **전자석(electromagnet)**이라고 하는 유난히 센 자석이 만들어진다. 코일에 흐르는 전류를 증가시키거나 코일을 이루는 고리의 수를 증가시킴으로써 간단하게 전자석의 세기를 증가시킬 수 있다. 폐차장에 가면 자동차를 들 수 있을 만큼 센 전자석을 흔히 볼 수 있다.

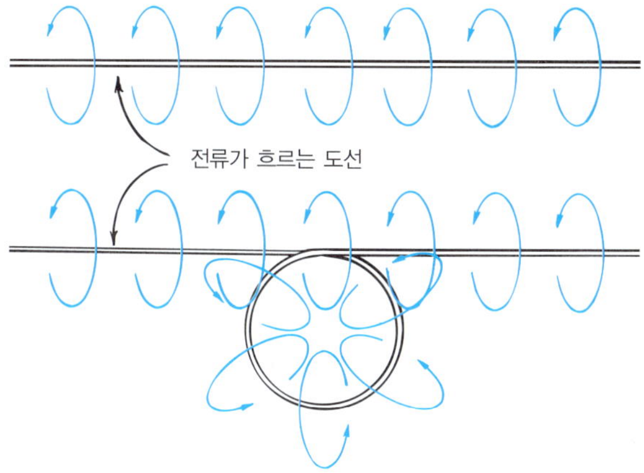

그림 7.33
전류가 흐르는 도선을 구부려 고리를 만들면, 자기장선들이 고리 안에 다발로 묶인다.

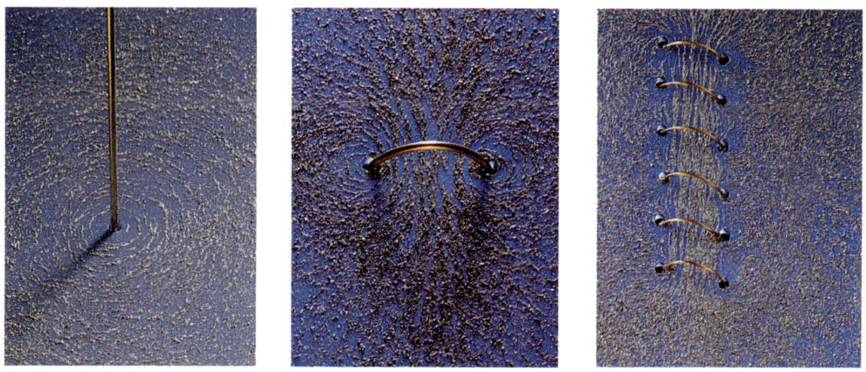

(a) (b) (c)

그림 7.34
종이 위에 철가루를 뿌리면 (a) 전류가 흐르는 도선, (b) 전류가 흐르는 고리, (c) 전류가 흐르는 코일 주위에 형성되어 있는 자기장의 모양이 드러난다.

융합과학 7B
생명과학, 지구과학

학습목표
생물에게서 나타나는 자기적인 현상들을 설명할 수 있다.

지구 자기장과 생물들의 감지 능력

물음 생물의 어떤 기관이 지구 자기장을 감지하는 나침반 역할을 하는가?

지구 자체가 하나의 거대한 자석이므로, 실에 늘어뜨린 자석이나 나침반 바늘은 지구 자기장의 방향으로 정렬된다(그림 7.35).

지구 자기장의 모양은 지구 중심 근처에 아주 센 막대자석을 놓을 경우의 자기장 모양과 비슷하다. 그러나 지구는 막대자석과 같은 자화된 철 덩어리는 아니다. 땅 속으로 들어갈수록 온도가 빠르게 상승해서, 지구 중심에서는 철 원자들이 자기 구역 안에서 안정적으로 특정 방향을 향할 수 없을 만큼 뜨거워진다. 오히려 지구 자기장은 지구 내부, 특히 액체 상태의 외핵에서 일어나는 대류환과 관련이 있다. 이미 배웠듯이, 가속되는 전하들은 자기장을 생성한다. 전하를 띠고 있으며 철이 풍부하게 섞여 있는 물질인 뜨거운 외핵이 대류 패턴을 그리며 순환하면, 자기장이 생성된다. (22장에서 이것에 대해 더 자세히 배운다.)

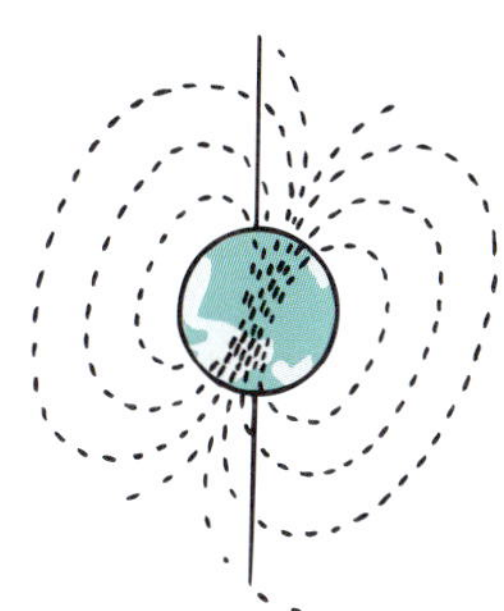

그림 7.35
지구는 하나의 자석이다.

지구 자기장을 감지할 수 있는 여러 생물들이 있다. 사람은 지도와 도로의 표식을 이용하여 길을 찾지만, 생물은 지구 자기장을 감지하는 능력을 이용하여 목적지를 정확하게 찾아간다. 예를 들어 어떤 박테리아는 자기 구역 한 개 크기의 자철석(철이 포함된 자기적인 물질) 알갱

그림 7.36
비둘기는 두개골에 '나침반'이 장착되어 있어서 방향을 잘 감지할 수 있다.

이를 생물학적으로 만들어 내고, 이것들을 한 줄로 엮어서 나침반을 만든다. 박테리아는 이 나침반들을 이용하여 지구 자기장의 복각(지구 자기장이 수평면과 이루는 각)을 감지한다. 방향 감각을 지니고 있는 생물들은 먹이가 있는 곳을 찾아갈 수 있다. 비둘기는 두개골 안에 여러 개의 자기 구역으로 이루어진 자석들이 들어 있으며, 이들은 다수의 신경에 의해 뇌에 연결되어 있다. 벌의 배 부분에도 자기적인 물질들이 있어서, 약한 자기장과 지구 자기장의 변동에 영향을 받는다. 대왕나비와 바다거북은 자기적인 감각을 이용하여 엄청난 거리를 이동한다. 햄스터, 도롱뇽, 참새, 무지개송어, 대하, 그리고 많은 박테리아와 같은 다양한 생물들이 자기적인 감각을 갖고 있다는 사실이 실험을 통해 밝혀졌다. 박테리아에서 발견된 것과 닮은 자철석 결정이 인간의 뇌에서도 발견되었다. 이들이 어떤 역할을 하는지는 밝혀지지 않았지만, 인간 역시 자기적인 감각을 갖고 있을 것 같다.

7.14 움직이는 전하에 가해지는 자기력

학습목표
상대적인 방향, 자기장, 대전 입자의 운동이, 이들 입자가 받는 힘에 어떻게 영향을 미치는지 설명할 수 있다.

물음 지구 자기장은 우주 복사로부터 어떻게 우리를 보호하는가?

대전 입자들이 자기장과 상호 작용하려면 움직이고 있어야 한다. 정지해 있는 전하들은 자석에 반응하지 않는다. 그러나 움직이는 전하들은 편향력을 받는다.* 대전 입자들은 자기장에 직각으로 움직일 때 가장 큰 힘을 받는다. 다른 각도에서는 힘이 작아지며, 자기장선에 평행하게 움직이면 힘이 0이 된다. 이 힘의 방향은 자기장선에도 직각이고, 대전 입자의 속도에도 직각이다(그림 7.37). 이로부터 대전 입자가 자기장을 가로질러 움직이면 편향되고, 자기장에 평행하게 움직이면 편향되지 **않는다는** 것을 알 수 있다.

이 편향력은 다른 상호 작용에서 나타나는 힘과는 매우 다르다. 중력은 두 질량을 잇는 직선에 평행한 방향으로 작용하며, 전기력은 두 전하를 잇는 직선에 평행한 방향으로 작용한다. 그러나 자기력은 자기장과 대전 입자의 속도에 직각인 방향으로 작용한다.

자기장에 의한 대전 입자들의 편향은 우리에게는 행운이다. 외계로부터 오는 대전 입자들은 지구 자기장에 의해 편향된다. 만일 편향되지 않는다면, 훨씬 많은 양의 해로운 우주선이 지표면에 닿을 것이다(그림 7.38).

전류가 흐르는 도선에 가해지는 자기력

자기장 속에서 움직이는 대전 입자가 힘을 받는다면, 대전 입자들이 흐름인 전류도 편향력을

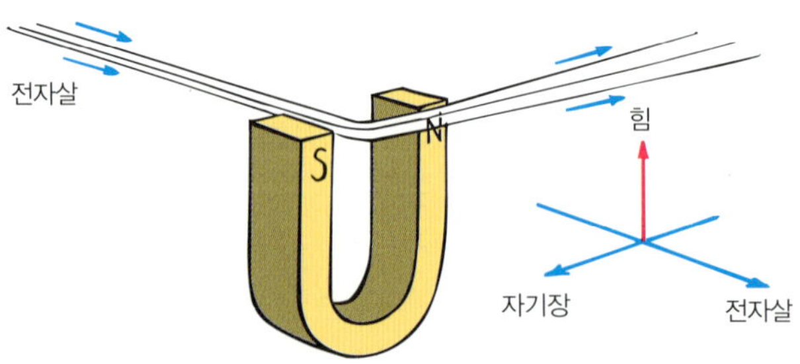

그림 7.37
전자살은 자기장에 의해 편향된다.

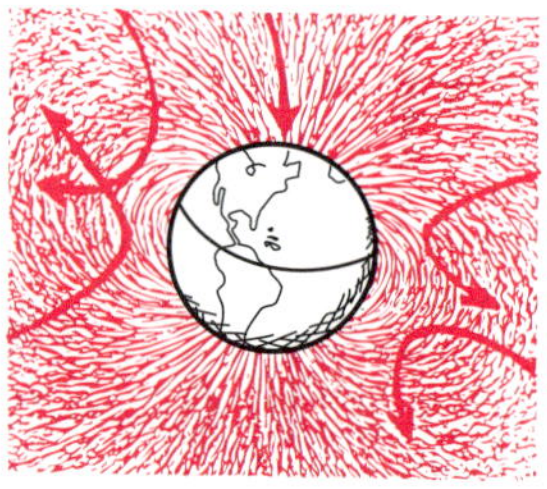

그림 7.38
우주 복사를 구성하는 많은 대전 입자들이 지구 자기장에 의해 차단되어 지표면에 도달하지 못한다.

*전하가 q이고, 속도가 v인 대전 입자가, 세기가 B인 자기장에 직각으로 움직일 때, 이 입자에 가해지는 힘 F는 세 변수의 곱이 된다. $F = qvB$. 직각이 아닌 경우에는, 이 관계식에 있는 v는 B에 직각인 속도의 성분을 사용해야 한다.

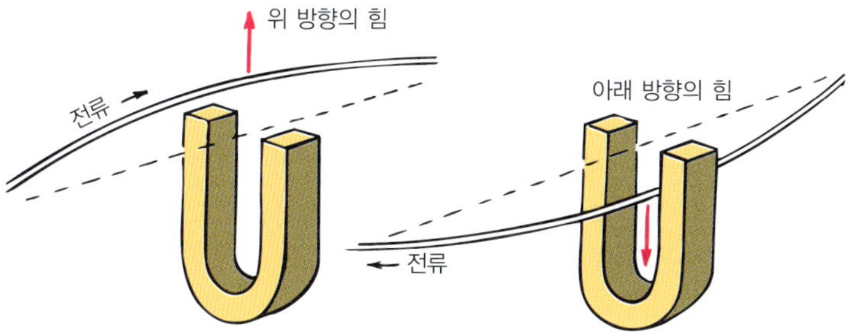

그림 7.39
전류가 흐르는 도선은 자기장 안에서 힘을 받는다.

받을 것이라는 것을 쉽게 알 수 있다. 만일 도선 내부에서 움직이는 대전 입자들이 힘을 받는다면, 도선 역시 편향될 것이다(그림 7.39).

전류의 방향이 바뀌면, 편향력도 반대 방향으로 작용한다. 전류가 자기장에 직각으로 흐를 때 편향력이 가장 세진다. 이 힘의 방향은 자기장의 방향도 아니고 전류의 방향도 아니다. 이 힘의 방향은 자기장에도 직각이고 전류에도 직각이다. 이 힘은 자기장과 전류가 이루는 평면에 대해 법선 방향이다.

전류가 흐르는 도선이 나침반 바늘과 같은 자석을 편향시키듯이, 자석도 전류가 흐르는 도선을 편향시키리라는 것을 알 수 있다. 이러한 사실이 발견되었을 때, 과학자들은 전기와 자기 사이의 이러한 상보적인 관계에 크게 흥분하였다. 이러한 현상이 발견되자마자, 전자기력을 이용하여 엄청나게 민감한 전기 계측기와 엄청난 힘의 전기 모터를 만들었다.

전기 계측기

전류를 측정하기 위한 가장 단순한 계측기는 나침반이다. 다음으로 단순한 계측기는 도선 코일 안에 장착한 나침반이다(그림 7.40). 전류가 코일을 통과할 때, 각각의 고리가 바늘에 영향을 미치므로, 전류가 매우 작아도 감지될 수 있다. 전류를 감지하는 이러한 기구를 검류계라고 한다.

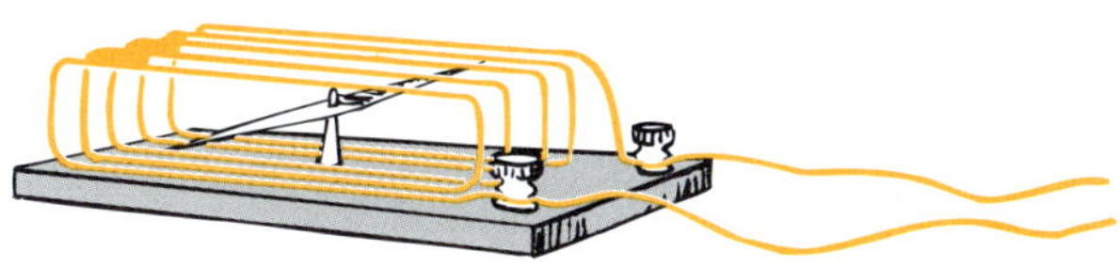

그림 7.40
매우 단순한 검류계

그림 7.41은 보다 흔히 사용되는 검류계의 구조를 나타낸 것이다. 이 구조를 보면, 도선 고리가 더 많아서 더 민감하다. 코일은 움직일 수 있도록 설치되었고, 자석은 고정되어 있다. 코일은 용수철의 힘을 이기면서 돌아야 한다. 따라서 코일에 흐르는 전류가 클수록 많이 돌게 된다. 검류계의 눈금이 전류(암페어)를 측정하도록 되어 있는 경우에는 **전류계**(*ammeter*)라고 하고, 전위(볼트)를 측정하도록 되어 있는 경우에는 **전압계**(*voltmeter*)라고 한다(그림 7.42).

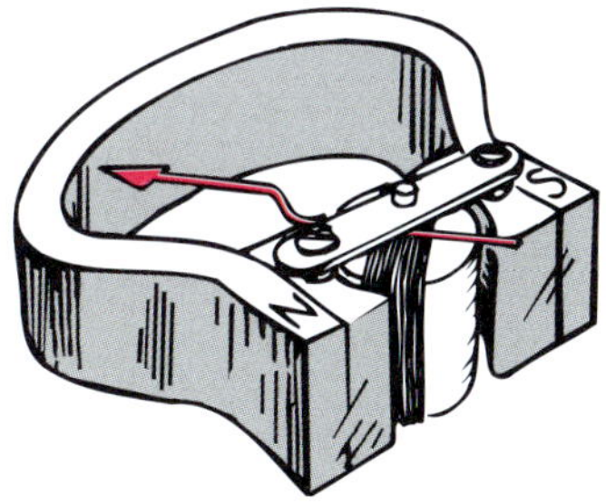

그림 7.41
보통 사용되는 검류계의 구조

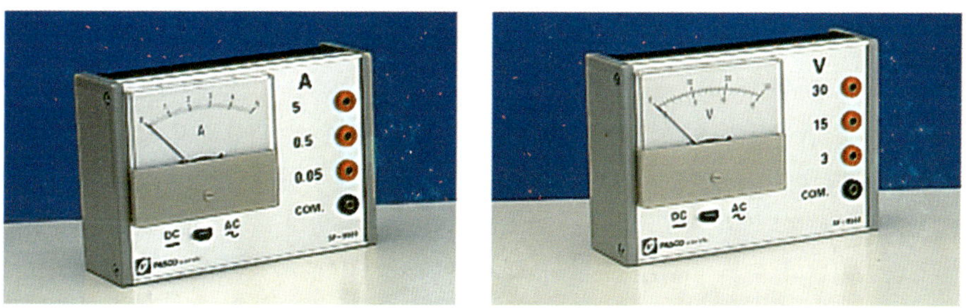

그림 7.42
전류계와 전압계는 모두 기본적으로는 검류계이다. (전류계로 사용될 경우에는 전기 저항이 매우 낮도록 설계되어 있고, 전압계로 사용될 경우에는 전기 저항이 매우 높도록 설계되어 있다.)

전동기

검류계의 구조를 약간 바꿔서, 코일이 약간만 도는 것이 아니라 완전히 돌도록 하면, 전동기

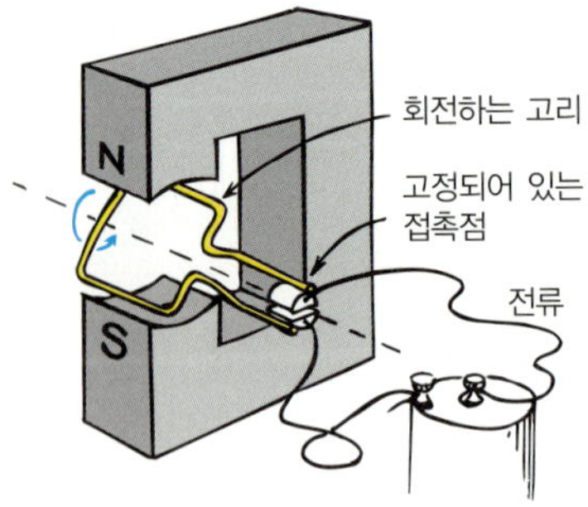

그림 7.43
간단한 전동기

가 된다. 주된 차이는 전동기에 흐르는 전류는 반 바퀴마다 방향이 바뀌도록 되어 있다는 것이다. 이러한 전류 역전은 주기적으로 발생하며, 그 결과 코일이 연속적으로 회전하게 된다. 전동기는 시계나 장치를 작동시키고, 무거운 물체를 드는 데 사용된다.

그림 7.43에서 전동기의 원리를 대략적으로 볼 수 있다. 영구 자석에 의해 자기장이 형성된 영역 안에서, 도선으로 만든 직사각형 고리가 점선으로 표시된 축을 중심으로 회전하도록 장치되어 있다. 코일의 위쪽과 아래쪽에서 전류는 반대 방향으로 흐른다. (전류가 고리의 한쪽 끝에서 흘러 들어가고 다른 쪽 끝으로 흘러나온다면, 당연히 이렇게 흘러야만 한다.) 고리의 위쪽 부분이 왼쪽으로 힘을 받으면, 고리의 아래쪽 부분은 오른쪽으로 힘을 받는다는 점에서 검류계와 비슷하다. 그러나 검류계와는 달리, 축 위에 고정되어 있는 접촉자에 의해 반 바퀴마다 전류 방향이 바뀐다. 고리에서 이 접촉자에 닿는 부분을 브러시라고 한다. 이런 방식으로 고리에 흐르는 전류의 방향이 바뀌기 때문에, 고리가 회전해도 고리의 위 부분과 아래 부분에 작용하는 힘의 방향이 바뀌지 않는다. 그 결과 전류가 공급되는 한 계속해서 돌게 된다.

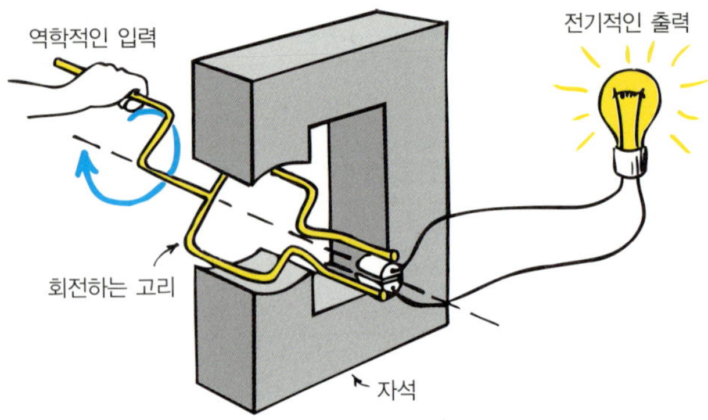

그림 7.44
간단한 발전기. 자기장 속에서 고리가 회전하면, 고리에 전압이 유도된다.

여기에서는 아주 간단한 dc 전동기만 다루어 왔다. 더 큰 전동기에서는 영구 자석 대신에, 대개 전원에 의해 에너지가 공급되는 전자석이 사용된다. 물론 도선 고리도 여러 개다. 전기자라고 하는 원통형 철 막대에는 도선 고리가 여러 번 감겨 있어서, 전류를 흘리면 회전하게 된다.

발전기는 역순으로 되어 있는 하나의 전동기이다(그림 7.44). 전동기에서는 전기 에너지가 공급되고 역학적 에너지가 나온다. 발전기에서는 역학적 에너지가 공급되고, 전기 에너지가 나온다. 두 장치 모두 한 에너지를 다른 에너지로 전환하는 것이다. 발전기가 어떻게 작동하는지를 이해하려면, 이 절의 주제인 전자기 유도에 대해 이해할 필요가 있다.

7.15 전자기 유도

학습목표
패러데이 법칙이 산업 시대에 있어 어떤 중추적인 역할을 했는지 설명할 수 있다.

물음 전자기 유도에서 **운동**의 역할은 무엇인가? 무엇의 운동인가?

전기와 자기에 대한 연구가 한창이던 1800년대 초에, 자기로부터 전기를 생산할 수 있지 않을까하는 의문이 떠올랐다. 1831년에 영국의 물리학자인 패러데이(Michael Faraday)와 미국의 헨리(Joseph Henry)가 독립적으로 이 질문에 대한 답을 발표하였다. 이들의 발견으로 인해 전기가 아주 흔한 시대가 되었다.

패러데이와 헨리 둘 다 단순히 자석을 도선으로 만든 코일 안에 넣었다 뺐다 하면 전류가 생성된다는 것을 발견하였다(그림 7.45). 전지나 다른 전압원은 필요하지 않았다. 단지 코일이나 도선으로 만든 고리 안에서 자석의 움직임만 필요할 뿐이었다. 그들은 전압이 도선과 자기장 사이의 상대적인 운동에 의해 유도된다는 것을 발견하였다. 자기장이 정지해 있는 도체 근처에서 움직이거나 또는 반대로 고정된 자기장 근처에서 도체가 움직이는 경우 전압이 유도된다(그림 7.46).

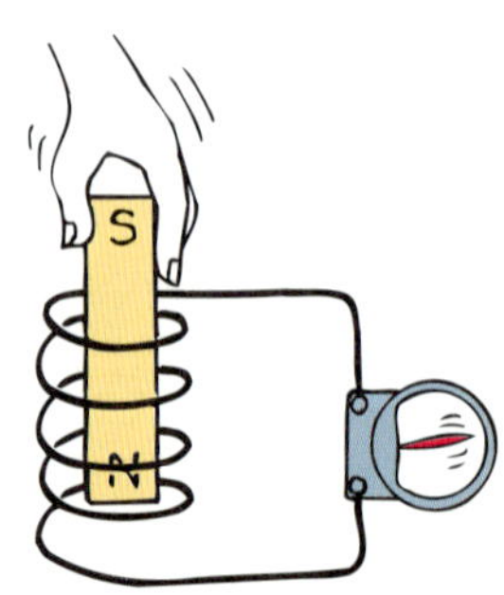

그림 7.45
자석을 코일 안으로 빠르게 밀어 넣으면, 코일 안의 전하들이 움직이게 되고, 코일에 전압이 유도된다.

자기장 안에서 움직이는 도선 고리의 수가 많을수록 더 큰 전압이 유도된다(그림 7.47). 고리의 수가 두 배 더 많은 코일 안으로 자석을 밀어 넣으면 두 배 더 큰 전압이 유도되고, 고리의 수가 10배 더 많은 코일 안으로 자석을 밀어 넣으면 10배 더 큰 전압이 유도된다. **전자기 유도**(**electromagnetic induction**)는 **패러데이 법칙**(**Faraday's law**)으로 요약된다.

코일 안에 유도된 전압은 고리의 수와 이들 고리 내부 자기장의 변화율의 곱에 비례한다.

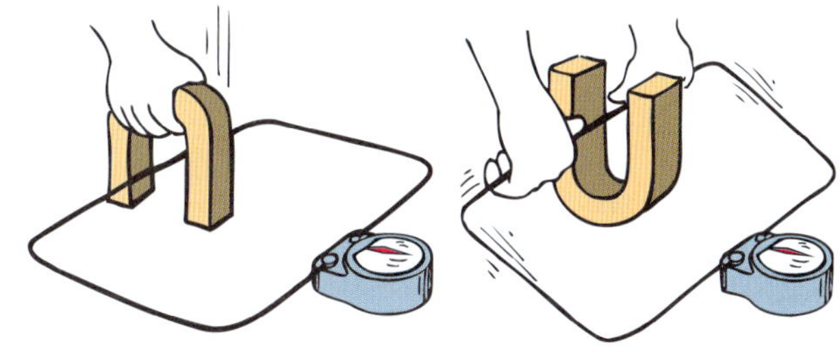

그림 7.46
자기장이 도선 앞에서 움직이거나 도선이 자기장을 통과해 움직여도 도선 고리에 전압이 유도된다.

앞에서 도선 고리 안에서 전압이 유도될 수 있는 두 가지 방법, 즉 자석 근처에서 고리를 움직이는 방법과 고리 근처에서 자석을 움직이는 방법을 언급하였다. 세 번째 방법으로, 도선 고리 근처에 있는 다른 도선 고리에 흐르는 전류의 크기를 변화시키는 방법이 있다. 이들 세 방법 모두 동일한 핵심 요소를 갖고 있는데, 이는 고리 안에서 자기장을 변화시키는 것이다.

전자기 유도에 의해 생성되는 전류의 양은 유도된 전압뿐만 아니라, 코일과 코일에 연결된 회로의 저항에 따라서도 달라진다.

지금까지 논의한 바대로, 전자기 유도는 도선에 전압이 유도되는 현상에 대해 설명한다. 그러나 코일에서 관찰한 유도 전압과 전류의 기저에는 더 근본적인 장의 개념이 있다. 전자기 유도에 대한 현대적인 관점은, 전기장과 자기장이 유도되고, 이들이 다시 우리가 지금까지 논의한 전압을 생성한다는 것이다. 따라서 유도는 도선이나 매질의 존재 여부에 관계없이 생긴다. 더 일반적인 이러한 관점에서 패러데이 법칙은 다음과 같이 기술된다.

어떤 영역에서 자기장이 시간에 따라 변하면, 그 영역에서 전기장이 유도된다.

패러데이 법칙을 확장한 두 번째 효과가 있다. 전기장과 자기장의 역할이 바뀌었다는 것만 빼고는 모두가 같다. 이것은 자연에 존재하는 많은 대칭성 중의 하나이다. 1860년에 영국의 물리학자인 맥스웰(James Clerk Maxwell)에 의해 도입된 이 효과를 **패러데이 법칙에 대한 맥스웰의 대응 법칙(Maxwell's counterpart to Faraday's law)**이라고 한다.

어떤 영역에서 전기장이 시간에 따라 변하면, 그 영역에서 자기장이 유도된다.

각 경우에, 유도된 장의 세기는 유도시키는 장의 변화율에 비례한다. 유도된 전기장과 자기장은 서로 직각을 이룬다.

맥스웰은 전자기파와 빛 사이의 연관성을 밝혔다.* 빛의 진동수 영역에 속하는 어떤 진동수로 진동하는 전하들이 방출하는 전자기파가 바로 빛이다. 맥스웰은 빛이란 우리 눈이 감지할 수 있는 진동수 영역의 전자기파일 뿐이라는 것을 발견하였다. 다음 장에서 전자기파에 대해 더 배우게 될 것이다.

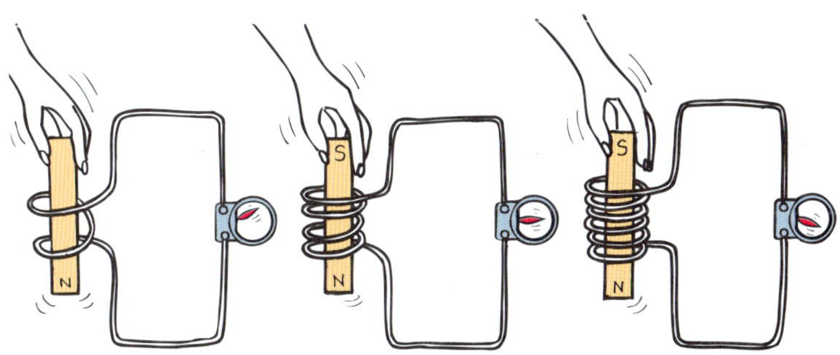

그림 7.47
자석을 고리의 수가 두 배 더 많은 코일에 밀어 넣으면, 두 배 더 큰 전압이 유도되고, 고리의 수가 세 배 더 많은 코일에 밀어 넣으면, 세 배 더 큰 전압이 유도된다.

*맥스웰이 이러한 발견을 하기 바로 전에, 나중에 결혼한 어떤 젊은 여자와의 데이트에 대한 이야기가 있다. 그들은 정원을 산책하면서, 별의 아름다움과 놀라움에 대해 이야기하고 있었다. 맥스웰은 그녀에게 이 세상에서 별빛이 실제로 무엇인지를 아는 유일한 사람과 걷고 있다는 것을 알게 된 것에 대한 소감을 물었다. 그리고 그것은 사실이었다. 그 당시, 맥스웰은 어떤 종류의 빛이든 간에 빛이란 연속적으로 서로를 재생시키는 전기장과 자기장의 파동이 전달하는 에너지라는 것을 알고 있던 유일한 사람이었다.

연습문제

7.1 전기력과 전하

1. 원자의 어느 부분이 양으로 대전되어 있고, 어느 부분이 음으로 대전되어 있는가?
2. 전하가 보존된다는 말의 의미는 무엇인가?

7.2 쿨롱 법칙

3. 쿨롱 법칙과 뉴턴의 중력 법칙의 유사점은 무엇이고, 차이점은 무엇인가?
4. 1쿨롱의 전하량과 전자 한 개의 전하량을 비교해 보면 어떠한가?

7.3 전기장

5. 흔히 보는 역장의 예를 두 가지 드시오.
6. 전기장의 방향은 어떻게 정의되는가?

7.4 전위

7. **전기 위치 에너지**와 **전위**의 차이를 측정 단위를 이용하여 설명하시오.
8. 풍선은 손쉽게 몇천 볼트까지 대전될 수 있다. 풍선이 몇천 볼트로 대전되었다는 것은 이 풍선이 몇천 J의 에너지를 갖고 있다는 것을 의미하는가? 설명하시오.

7.5 도체와 절연체

9. 도체와 절연체의 차이점은 무엇인가? 도체와 반도체의 차이점은 무엇인가?
10. 어떤 종류의 물질이 가장 좋은 전도체인가? 그들이 전기를 잘 전도하는 이유는 무엇인가?

7.6 전압원

11. 열에너지가 금속 막대의 한쪽 끝에서 다른 쪽 끝으로 흐르려면 어떤 조건이 필요한가? 전하가 흐르려면 어떤 조건이 필요한가?
12. 도체 매질을 통해 전하가 지속적으로 흐르려면 어떤 조건이 필요한가?

7.7 전류

13. 금속 선 안의 전하의 흐름을 구성하는 것이 양성자가 아니라 전자인 까닭은?
14. dc와 ac의 차이점을 설명하시오.

7.8 전기 저항

15. 재질이 같은 도선들이 있다. 길이가 같을 때, 굵은 도선과 가는 도선 중 어느 것의 저항이 더 클까? 굵기가 같다면, 짧은 것과 긴 것 중 어느 것의 저항이 더 클까?
16. 전기 저항의 단위는 무엇인가?

7.9 옴 법칙

17. 일정한 저항 값을 가진 회로에 전압이 두 배 더 높은 전지를 연결하면, 이 회로에 흐르는 전류는 어떻게 변할까? 이 회로의 저항과 연결된 전압이 모두 두 배씩 증가하면, 이 회로에 흐르는 전류는 어떻게 변할까?
18. 저항이 8 Ω인 라디오 스피커에 12 V의 전압이 걸렸을 때 흐르는 전류의 크기는 얼마일까?

7.10 전기 회로

19. 여러 개의 전기 장치들을 서로 독립적으로 작동하게 하려면, 이들을 직렬로 연결해야 할까? 병렬로 연결해야 할까? 답을 하고 설명하시오.
20. 간단한 병렬 회로의 갈래들을 통해 흐르는 전류들을 합한 값과 전압원을 통해 흐르는 전류와의 크기를 비교하면 어떠한가?

7.11 전력

21. 전력, 전류, 전압 사이의 관계에 대해 설명하시오.
22. 킬로와트(kW)와 킬로와트시(kWh) 중에서 어느 것이 에너지의 단위이고, 어느 것이 일률의 단위인가?

7.12 자기력

23. 자극 사이의 상호 작용에 대한 규칙과 전하 사이의 상호 작용에 대한 규칙의 유사점은 무엇인가?
24. 자극과 전하의 차이점은 무엇인가?

7.13 자기장

25. 자기장을 생성하는 것은 무엇인가?
26. 철은 자석에 붙는데, 나무는 자석에 붙지 않는 이유는?

7.14 움직이는 전하에 가해지는 자기력

27. 움직이고 있는 대전 입자에 작용하는 자기력은 어느 방향을 향하는가?
28. 검류계란 무엇인가? 전류의 값을 나타내도록 눈금을 표시한 검류계를 무엇이라고 하는가? 전압의 값을 나타내도록 눈금을 표시한 검류계를 무엇이라고 하는가?

7.15 전자기 유도

29. 도선 안에 전압이 유도될 수 있는 세 가지 방법은 무엇인가?
30. (a) 자기장의 방향을 빠르게 바꿔 주면 무엇이 유도되는가? (b) 전기장의 방향을 빠르게 바꿔 주면 무엇이 유도되는가?

확인문제

만일 여러분이 이 장에서 제대로 학습을 하였다면, 다음에 제시된 10개의 질문에 적어도 7개는 제대로 답을 할 수 있을 것이다. 만일 그렇지 못하면 다음 장으로 가기 전에 이 장을 더 학습할 필요가 있다.

각 질문에 대해 가장 적합한 답을 고르시오.

1. 전자와 양성자 사이의 전기적 인력은
   (a) 양성자에 더 세게 작용한다.
   (b) 전자에 더 세게 작용한다.
   (c) 양성자와 전자에 똑같은 세기로 작용한다.
   (d) 이들 중 어느 것도 답이 아니다.

2. 두 대전 입자 사이의 거리가 반으로 줄어들면, 그들 사이의 힘은 몇 배로 세지는가?
   (a) 2배
   (b) 4배
   (c) 1/2배
   (d) 1/4배

3. 전기장은 무엇 주위에 형성되는가?
   (a) 전하
   (b) 전자
   (c) 양성자
   (d) 이들 모두

4. 간단한 전기 회로에서 전압을 두 배로 올리면, 무엇이 두 배가 되는가?
   (a) 전류
   (b) 저항
   (c) 전류와 저항 모두
   (d) 전류와 저항 모두 두 배가 되지 않는다.

5. 전구 한 개와 전지 한 개로 구성된 간단한 회로에서 전구에 흐르는 전류가 2 A라면, 전지에 흐르는 전류는
   (a) 1 A이다.
   (b) 2 A이다.
   (c) 전지의 내부 저항에 따라 다르다.
   (d) 정보가 더 필요하다.

6. 전구 두 개가 병렬로 연결된 회로에서 한 전구에 흐르는 전류가 2 A라면, 전지에 흐르는 전류는
   (a) 1 A이다.
   (b) 2 A이다.
   (c) 2 A보다 크다.
   (d) 이들 중 어느 것도 답이 아니다.

7. 회로에 흐르는 전류와 전압이 각각 두 배가 되면, 전력은 어떻게 변할까?
   (a) 저항이 변하지 않으면, 전력도 변하지 않고 일정하다.
   (b) 반으로 감소한다.
   (c) 두 배로 증가한다.
   (d) 네 배로 증가한다.

8. 발전기에서 핵심적인 물리 개념은
   (a) 쿨롱 법칙이다.
   (b) 옴 법칙이다.
   (c) 패러데이 법칙이다.
   (d) 뉴턴의 제2법칙이다.

9. 닫힌 도선 고리 안의 자기장을 변화시키면 무엇이 유도되는가?
   (a) 전류
   (b) 전압
   (c) 전기장
   (d) 이들 모두

10. 전기장과 자기장의 상호 유도에 의해 무엇이 생성될 수 있는가?
   (a) 빛
   (b) 소리
   (c) 빛과 소리 모두
   (d) 빛과 소리 모두 생성되지 않는다.

확인문제 답

1. c, 2. b, 3. d, 4. a, 5. b, 6. c, 7. d, 8. c, 9. d, 10. a

8장 파동—소리와 빛

소리는 우리가 실제로 들을 수 있는 유일한 것이다. 그렇다면 소리란 무엇인가? 빛은 우리가 볼 수 있는 유일한 것이다. 그렇다면 빛이란 무엇인가? 여러분은 빛이란 하나의 전자기파이고 X선, 라디오파, 마이크로파, 그리고 다른 것들로 이루어진 하나의 연속체인 전자기 스펙트럼의 한 부분이라는 것을 알고 있을 수도 있다. 전자기파는 어디에서 왔는가? 그들의 성질은 무엇인가? 실제로 다양한 길이의 전자기파들이, 진동하는 투명한 스파게티 가닥들처럼, 우리 주위에 스며들어 있는가? 소리도 빛과 마찬가지로 파동 현상이다. 음파는 광파와 얼마나 다른가? 음속은 물질에 따라 얼마나 다른가? 진공에서 소리가 전달될 수 있는가? 음파로 다른 음파를 없앨 수 있는가? 예를 들어 두 개의 큰 소음을 섞어 소음을 없앨 수 있는가? 이 아이디어를 구현한 기술이 있는가? 악기로부터 원자, 그리고 성대에 이르기까지 많은 것들이 진동한다. 물체들이 진동할 때 파동이 발생한다. 이 장의 주제인 파동은 어디에나 있다.

8.1 진동과 파동

학습목표
진폭, 파장, 진동수, 주기를 설명할 수 있다.

물음 진동하는 전자에서 어떻게 라디오파가 나오는가?

성대나 진자와 같이 앞뒤로, 안팎으로, 위아래로 움직이는 것은 어느 것이나 진동하고 있다. **진동**(*vibration*)은 씰룩거림이다. 이동하는 씰룩거림이 **파동**(*wave*)이다. 파동은 한 곳에서 다른 곳에 걸쳐 있다. 빛과 소리는 파동같이 공간을 통해 전파되는 진동이다. 그러나 빛과 소리는 다른 종류의 파동이다. 소리는 고체, 액체, 기체 매질을 통해 역학적인 진동이 전파되는 것이다. 진동할 매질이 없으면 소리도 있을 수 없다. 진공에서는 소리가 전달되지 않는다. 그러나 빛은 물질이 아닌 전기장과 자기장의 진동, 즉 순전히 에너지의 진동이므로 진공에서 전달될 수 있다. 빛은 많은 물질들을 통과할 수 있지만, 그렇다고 빛이 전파되는 데 물질이 필요한 것은 아니다. 태양과 지구 사이는 거의 진공임에도 불구하고 태양으로부터 지구까지 빛이 전파된다는 것이 이에 대한 증거이다.

그림 8.1은 진동과 파동 사이의 관계를 나타낸 것이다. 연직으로 늘어뜨린 용수철에 매달려 있는 추에 고정되어 있는 펜이 위아래로 진동하면서, 수평 방향으로 일정한 속력으로 움직이는 종이에 파형을 그린다. 이 파형은 실제로 파동에 대한 도해적 표현인 **사인곡선**(*sine curve*)이다. 물결파와 마찬가지로, 사인파의 고점을 **마루**(*crest*)라고 하고, 저점을 **골**(*trough*)이라고 한다. 점선은 진동의 정위치 또는 중심점을 나타낸다. 파동의 중심점으로부터 마루까지의 (또는 골까지의) 거리를 **진폭**(**amplitude**)이라고 한다. 따라서 진폭은 평형으로부터의 최대 변위와 같다. 파동은 한 곳에서 다른 곳으로 에너지를 전달한다. 파동이 전달하는 에너지의 양은 파동의 진폭에 따라 달라진다. 파동의 진폭이 클수록 파동이 갖고 있는 에너지는 더 크다.

파동에서 마루에서 마루, 또는 파동의 연속된 동일 지점 사이의 거리를 파동의 **파장**(**wavelength**)이라고 한다. 바닷가에서 파도의 파장은 미터로 측정되고, 연못에서 물결의 파장은 센티미터로 측정되며, 빛의 파장은 10억 분의 일 미터(나노미터)로 측정된다. 모든 파동은 진동하는 물체로부터 생긴다.

얼마나 자주 진동하는가를 나타내는 물리량이 진동수이다. 진동하는 진자 또는 용수철에 매달린 물체의 **진동수**(**frequency**)는 주어진 시간(대개 1초) 동안에 진동한 횟수로 정의된다. 물체가 한 번 왕복을 하면 한 번 진동한 것이다. 1초에 한 번 왕복을 하면, 진동수는 초당 1회이다. 1초에 두 번 왕복을 하면, 진동수는 초당 2회이다.

진동수의 단위는 1886년에 라디오파의 존재를 밝힌 헤르츠(Heinrich Hertz)의 이름을 따서 **헤르츠**(**hertz**, Hz)를 사용한다. 초당 한 번 왕복을 하면 1 Hz라고 하고, 초당 두 번 왕복을 하면 2 Hz라고 한다. 진동수가 더 높아지면 킬로헤르츠(kHz) 또는 메가헤르츠(MHz) 단위를 사용한다.

파동 또는 진동이 한 번 순환하는 데 걸리는 시간을 **주기**(**period**)라고 한다. 주기는 진동수로부터 계산될 수 있고, 반대로도 그렇다. 예를 들어 진자가 1초에 두 번 왕복한다고 하자. 이

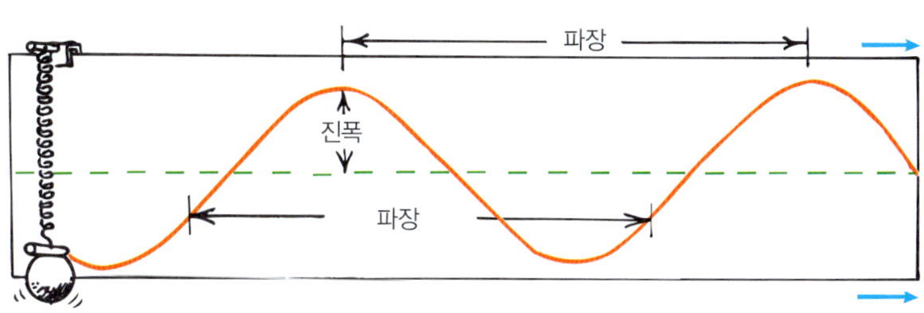

그림 8.1
상하로 진동하는 추에 펜을 매달면, 수평 방향으로 일정한 속력으로 움직이는 종이에 사인곡선이 그려진다.

진자의 진동수는 2 Hz이다. 이 진자가 한 번 왕복하는 데 걸리는 시간, 즉 이 진동의 주기는 $\frac{1}{2}$초이다. 진동의 주기가 3 Hz이면, 주기는 $\frac{1}{3}$초이다. 진동수와 주기는 서로의 역수이다.

$$\text{진동수} = \frac{1}{\text{주기}}, \text{ 또는 역으로, 주기} = \frac{1}{\text{진동수}}$$

학습목표
파동에 의해 어떻게 에너지가 전달되는지 설명할 수 있다.

8.2 파동 운동

물음 파동의 속력은 진동수 및 파장과 어떤 관계가 있는가?

잔잔한 연못에 돌을 던지면, 파동이 원을 그리며 바깥으로 퍼져 나간다. 한 지점에서 다른 지점으로 이동하는 파동에 의해 에너지가 전달된다. 물 자체는 아무데도 가지 않는다. 물에 떠 있는 나뭇잎에 물결이 지나면, 나뭇잎은 물결을 따라 이동하지 않고 제자리에서 위아래로만 움직인다. 파동이 나아가는 것이지, 물이 나아가는 것이 아니다. 바람이 심한 날, 키 큰 풀들이 자라는 풀밭에서 물결이 칠 때에도 마찬가지다. 풀밭을 따라 파동이 이동하지만, 풀들은 제자리에 있다. 풀들은 제자리에서 이리저리 움직일 뿐, 아무데도 가지 않는다. 우리가 말을 하면, 공기를 통해 파동 운동이 초당 약 340 m로 이동한다. 이들 예에서, 파동 운동이 멈추면 물, 풀, 공기는 처음 위치로 되돌아간다. 어떤 매질에 파동이 지나가면 파동이 지나가는 동안에는 변형이 되지만, 파동이 지나간 후에는 원래 상태로 되돌아온다. 이것이 파동 운동의 특징이다. 파동에 대한 정보를 모두 모으면, 파동이 무엇인지 정의할 수 있다. **파동(wave)**은 매질의 한 곳에서 다른 곳으로 이동하면서 에너지를 전달하는 일종의 교란이다. 그러나 물질은 파동을 따라 이동하지 않는다.

그림 8.2
물결파

파동 속력

주기적인 파동 운동의 속력은 파동의 진동수 및 파장과 관련이 있다. 물결파의 경우를 생각해 보자(그림 8.2와 8.3). 수면의 한 지점에 시선을 고정하고 물결파가 그 지점을 지나간다고 상상하자. 한 마루가 도달하고 다음 마루가 도달할 때까지 걸리는 시간을 측정할 수 있다(주기). 그리고 이들 마루 사이의 거리도 측정할 수 있다(파장). 속력은 거리 나누기 시간으로 정의된다는 것을 알고 있다. 이 경우에 거리는 파장이고, 시간은 주기이다. 따라서 파동 속력 = 파장/주기이다.

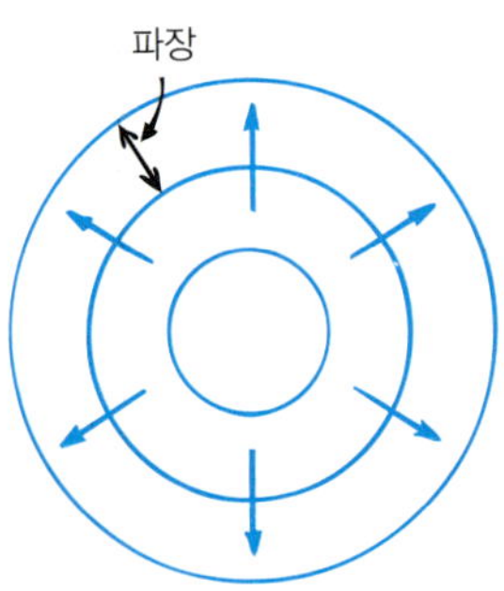

그림 8.3
물결파를 위에서 본 모습

예를 들어 파장이 10 m이고 수면의 한 점에 물결파의 마루가 도달하는 시간 간격이 0.5초라면, 물결파는 0.5초에 10 m 이동하고 있으므로 이 물결파의 속력은 10 m를 0.5초로 나눈 값, 즉 초당 20 m이다. 주기는 진동수의 역수이므로, 파동의 속력 = 파장/주기 = 파장×진동수이다.

$$\text{파동의 속력} = \text{진동수} \times \text{파장}$$

이 관계식은 물결파, 음파 또는 광파 등 모든 종류의 파동에 적용된다.

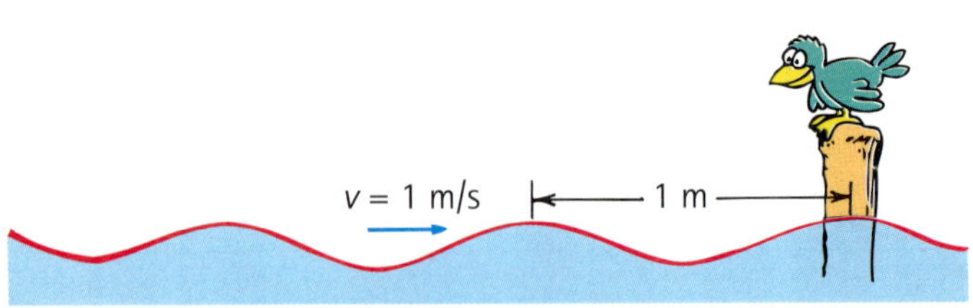

그림 8.4
파장이 1 m이고, 1초에 한 파장씩 기둥을 지나간다면, 이 파도의 속력은 1 m/s이다.

8.3 횡파와 종파

학습목표
횡파와 종파의 차이를 설명할 수 있다.

물음 모든 종류의 파동에서 전달되는 것은 정확히 무엇인가?

로프의 한쪽 끝을 벽에 묶은 후 자유단을 손으로 잡는다. 자유단(로프의 묶이지 않은 다른 쪽 끝)을 위아래로 흔들면, 로프는 파동의 진행 방향과 직각으로 진동하게 될 것이다. 진행 방향에 직각으로 또는 좌우로 진동하는 운동을 **횡적 운동**(*transverse motion*)이라고 한다. 이러한 형태의 파동을 **횡파**(**transverse wave**)라고 한다. 악기의 팽팽한 줄에서 나타나는 파동이 바로 횡파이다. 라디오파나 광파와 같은 전자기파도 횡파라는 것을 나중에 배울 것이다.

파동의 진행 방향이 파원의 진동 방향과 나란한 파동을 **종파**(**longitudinal wave**)라고 한다. 벽에 한쪽이 고정된 슬링키(Slinky)가 이것을 잘 보여 준다. 슬링키를 길이 방향으로 앞뒤로 흔들면 종파가 만들어진다(그림 8.5). 그러면 진동의 방향과 에너지 전달 방향이 평행하게 된다. 슬링키의 일부분이 압축되고, 압축된 부분이 슬링키를 따라 이동한다. 압축된 부분을 밀(compression)이라고 하며, 밀과 밀 사이의 늘어난 영역을 소(rarefaction)라고 한다. 밀과 소는 모두 슬링키를 따라 같은 방향으로 이동한다. 이들이 함께 종파를 형성한다. 슬링키를 위아래로 흔들면 횡파가 만들어진다.

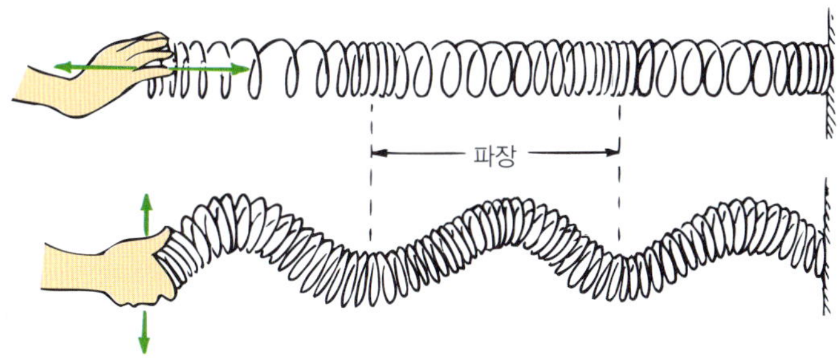

그림 8.5
두 파 모두 왼쪽에서 오른쪽으로 에너지를 전달한다. (a) 슬링키의 끝을 길이 방향으로 빠르게 밀고 당기면 종파가 만들어진다. (b) 슬링키의 끝을 위아래로(또는 좌우로) 흔들면 횡파가 만들어진다.

8.4 소리의 성질

학습목표
음파에서 소 부분과 밀 부분을 설명할 수 있다.

물음 왜 소리는 진공에서 전달되지 않는가?

방안의 공기 분자들을 마구잡이로 움직이는 작은 탁구공으로 생각하자. 이 공들 한복판에서 탁구라켓을 흔들면, 탁구공들도 이리저리 진동하게 될 것이다(그림 8.6). 공들은 탁구라켓의 진동에 리듬을 맞춰 진동하게 될 것이다. 어떤 영역들에서는 순간적으로 탁구공들이 모이게 될 것이고(밀), 밀 사이의 영역들에서는 순간적으로 퍼지게 될 것이다(소). 소리굽쇠의 진동하는 가지는 공기 분자들에 대해 이와 같은 역할을 한다. 소리굽쇠 가지의 진동에 의해 소와 밀이 만들어져 공기 중으로 퍼져 나가며, 음파가 만들어진다(그림 8.7).

음파의 파장은 이웃한 밀 사이의 거리, 또는 이웃한 소 사이의 거리이다. 공기 분자들은 음파가 지나감에 따라 평형 위치 주위에서 앞뒤로 진동한다.

그림 8.6
탁구공이 많이 있는 한복판에서 탁구 라켓을 진동시키면 탁구공들도 진동할 것이다.

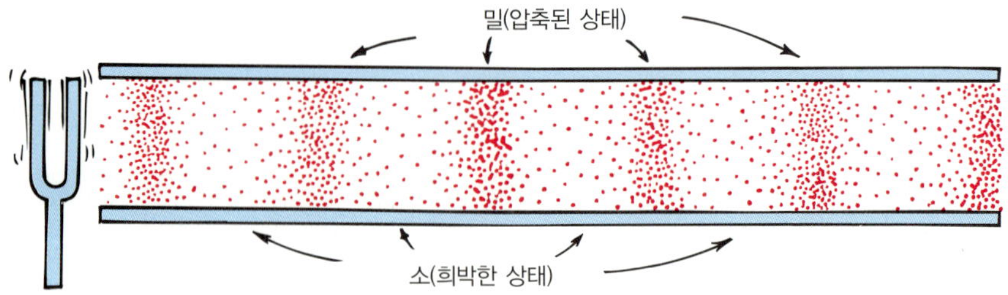

그림 8.7
진동하는 소리굽쇠에서 만들어진 밀과 소가 관 안의 공기를 통해 이동한다(이때 밀과 소의 진행 방향과 속력은 같다).

학습목표
소리의 진동수와 높이의 관계를 설명할 수 있다.

융합과학 8A
생명과학

음의 높이 감지하기

물음 소리의 진동수는 소리의 높이와 어떤 관계가 있는가?

소리의 진동수에 대한 우리의 주관적인 느낌을 소리의 **높이**(*pitch*)라고 한다. 작은 종에서 나는 높은 음의 진동수는 높으며, 큰 종에서 나는 낮은 음의 진동수는 낮다.

인간은 진동수가 약 20 Hz에서 20,000 Hz인 소리를 귀로 들을 수 있다. 나이가 들수록 가청 진동수 영역은 좁아진다. 20 Hz 이하의 진동수를 가진 음파를 **초저음파**(*infrasonic wave*)라고 하고, 20,000 Hz 이상의 진동수를 가진 음파를 **초음파**(*ultrasonic wave*)라고 한다. 우리는 초저음파와 초음파를 들을 수 없지만, 개와 몇몇 동물은 이들을 들을 수 있다.

물체가 진동하면 물체 바로 옆의 공기 분자들이 진동하게 되고, 이 공기 분자들이 그 옆의 공기 분자들을 진동시킨다. 이런 과정이 되풀이되어 결국 음원에서 나온 공기의 소밀 패턴이 우리 귀에까지 전달된다. 귀에 도달한 공기 진동은 고막을 진동시키고, 이어서 내이의 달팽이관 안에 있는 신경을 따라서 일련의 리드미컬한 전기 신호를 뇌로 보낸다. 그러므로 높은 소리를 들을 때에는, 빠르게 진동하는 음원으로부터 나온 높은 진동수의 음파가 고막을 빠르게 진동시킨다. 베이스 기타, 뱃고동, 그리고 굵은 목소리의 식용개구리는 느리게 진동하고, 낮은 소리의 음파를 만들어 내어 우리의 고막이 천천히 진동하도록 한다.

대부분의 소리는 공기를 통해 전달되지만, 고체, 액체, 기체에 상관없이 모든 탄성체를 통해서도 전달될 수 있다.* 공기는 고체나 액체에 비해 소리를 잘 전달하지 못한다. 철로에 귀를 대면, 멀리서 오는 기차 소리를 더 잘 들을 수 있다. 수영장에서, 여러분은 잠수를 하고, 친구에게서 멀리 떨어져서 돌 두 개를 물 속에 담근 채 부딪쳐 보라고 한다. 그러면 물이 얼마나 좋은 소리의 전도체인지를 알게 될 것이다.

*탄성체는 '용수철' 같이 탄성을 지니고 있어서, 손실이 거의 없이 에너지를 전달할 수 있다. 예를 들어 철은 탄성적이지만, 납이나 접착제는 그렇지 않다.

소리의 속력

나무를 패거나 망치질을 하는 사람을 먼 거리에서 보면, 내려치는 것을 보고 어느 정도 시간이 지난 후에 소리가 도달한다는 것을 쉽게 알 수 있다. 번개가 치고 몇 초가 지난 후에야 천둥소리가 들리는 것을 자주 경험한다. 이런 일상적인 경험을 통해 소리가 한 곳에서 다른 곳까지 이동하는 데 시간이 걸린다는 것을 알 수 있다. 소리의 속력은 바람의 상태, 기온, 습도 등에 따라 달라진다. 소리의 속력은 소리의 크기나 높이와는 관계가 없다. 주어진 매질에서, 모든 소리는 같은 속력으로 이동한다. 0°C의 건조한 공기에서 소리의 속력은 초당 약 330 m, 시간당 거의 1200 km이다. 공기 중의 수증기에 의해 이 속력이 약간 빨라진다. 또한 소리는 차가운 공기보다 따뜻한 공기에서 더 빠르게 이동한다. 따뜻한 공기 속에서 빠르게 움직이는 분자들은 서로 더 자주 부딪쳐서 더 짧은 시간에 파동을 전달할 수 있으므로, 소리의 속력이 빨라진다.* 온도가 0°C에서 1°C 올라갈 때마다 공기 중에서 소리의 속력은 초당 0.6 m씩 빨라진다. 그러므로 소리는 20°C의 실온에서 초당 약 340 m로 이동한다. 물속에서 소리의 속력은 공기 중에서보다 약 4배 빠르다. 철 속에서는 공기 중에서보다 약 15배 빠르다.

8.5 공명

학습목표
강제 진동과 공명을 구분할 수 있다.

물음 금속면은 공명이 되게 할 수 있지만, 손수건은 공명이 되게 할 수 없다. 그 까닭은?

울림통에 꽂지 않은 채 소리굽쇠를 치면 작은 소리가 난다. 다시 소리굽쇠를 치고 소리굽쇠의 손잡이를 탁자에 대면 소리가 커진다. 소리굽쇠의 손잡이를 탁자에 대면 탁자가 진동하게 되고, 탁자의 면이 넓어 많은 공기가 운동하게 되므로 큰 소리가 난다. 소리굽쇠의 진동수가 얼마이든 간에, 소리굽쇠를 대면 탁자는 진동하게 된다. 이것은 **강제 진동**(**forced vibration**)의 한 예이다. 무거운 기계들이 작동될 때 생기는 공장 바닥의 진동은 강제 진동의 또 다른 예이다. 더 좋은 예는 현악기의 공명판이다.

렌치와 야구 배트를 콘크리트 바닥에 떨어뜨리면, 이들이 내는 소리가 다르다는 것을 쉽게 알 수 있다. 그 까닭은 이들이 바닥에 부딪쳤을 때 서로 다르게 진동하기 때문이다. 이들은 어떤 특정 진동수로 진동하도록 강제되지 않으므로, 각자의 고유한 진동수로 진동하게 된다. 탄성 물질로 이루어진 물체를 변형시키면, 고유의 진동수로 진동하여 자신만의 소리를 낸다. 물체의 **자연 진동수**(**natural frequency**)는 탄성과 물체의 모양 등에 따라 달라진다. 물론 종과 소리굽쇠는 자신들의 고유 진동수로 진동한다. 흥미롭게도, 원자에서부터 행성들까지, 그리고 그 사이의 거의 모든 것들은 탄성을 지니고 있으며, 하나 또는 여러 개의 자연 진동수로 진동한다.

그림 8.8
아이가 피아노 건반을 두드릴 때마다 피아노 속의 줄이 두드려진다. 피아노에서 낮은 음을 내는 줄은 높은 음을 내는 줄보다 더 무겁고 더 관성이 커서, 장력이 같으면, 더 낮은 진동수로 진동한다. 키를 세게 두드리면, 진동하는 줄의 진폭이 커지고 큰 소리가 난다. 피아노는, 줄을 뜯어 소리를 내던 피아노 비슷한 중세 악기인 하프시코드에 비해 터치감이 좋다.

어떤 물체에 강제된 진동의 진동수가 그 물체의 자연 진동수와 일치하면, 이 물체의 진폭이 극적으로 증가한다. 이러한 현상을 **공명**(**resonance**)이라고 한다. 접착용 풀은 탄성이 없으므로 공명을 하지 않으며, 떨어지는 손수건은 너무 흐느적거려 공명을 하지 않는다. 어떤 물체가 공명을 하려면, 그 물체가 변형되었을 때 다시 처음 위치로 잡아당기는 힘과 진동을 유지하기에 충분한 에너지가 모두 있어야 한다.

공명은 파동 운동에 국한되지 않는다. 진동하는 물체에 이 물체의 자연 진동수에 맞춰 연속적으로 충격을 가하면, 공명이 일어난다. 1831년에 영국의 맨체스터 근처에서 기병대가 다리의 자연 진동수에 맞춰 행진을 하다 다리가 붕괴되는 사고가 있었다. 그 이후로, 부대가 다리

*기체에서 소리의 속력은 분자의 평균 속력의 약 $\frac{3}{4}$이다.

그림 8.9
1940년에, 완성된 지 4개월 된 워싱턴 주의 타코마 내로스 다리(Tacoma Narrows Bridge)가 바람에 의한 공명으로 무너졌다. 다리의 자연 진동수에 맞춰 연이어서 돌풍이 불어, 다리가 공명이 되어 흔들리고 진폭이 계속 증가해서 결국 무너졌다.

를 건널 때는 '발을 맞추지 않도록' 하였다. 더 최근에 일어난 다리 붕괴는 바람에 의한 공명으로 일어났다(그림 8.9).

공명의 효과는 늘 우리 주위에 있다. 공명은 음악 소리뿐만 아니라 단풍의 색, 조석의 높이, 레이저의 동작, 그리고 세상에 아름다움을 더하는 수많은 현상들에서 나타난다.

학습목표
전자기파의 본질과 범위를 기술할 수 있다.

8.6 빛의 본질

물음 전자기파는 어떻게 생성되는가?

낮 동안에 주된 광원은 태양이다. 흔히 사용되는 다른 광원들은 불꽃, 전구 안의 백열된 필라멘트, 그리고 유리관 안에서 타오르는 기체들이다. 이들이 방출하고 우리가 빛으로 감지하는 것은 어떤 범위 안의 진동수를 가진 전자기파이다. **전자기파(electromagnetic wave)**는 전하가 진동할 때 발생하는 에너지의 파동이라는 것을 7장에서 배웠다(그림 8.10). 빛은 **전자기 스펙트럼(electromagnetic spectrum)**이라고 하는 넓은 범위의 전자기파의 작은 한 부분일 뿐이다(그림 8.11).

그림 8.10
대전된 물체를 이리저리 흔들면 전자기파가 생성된다.

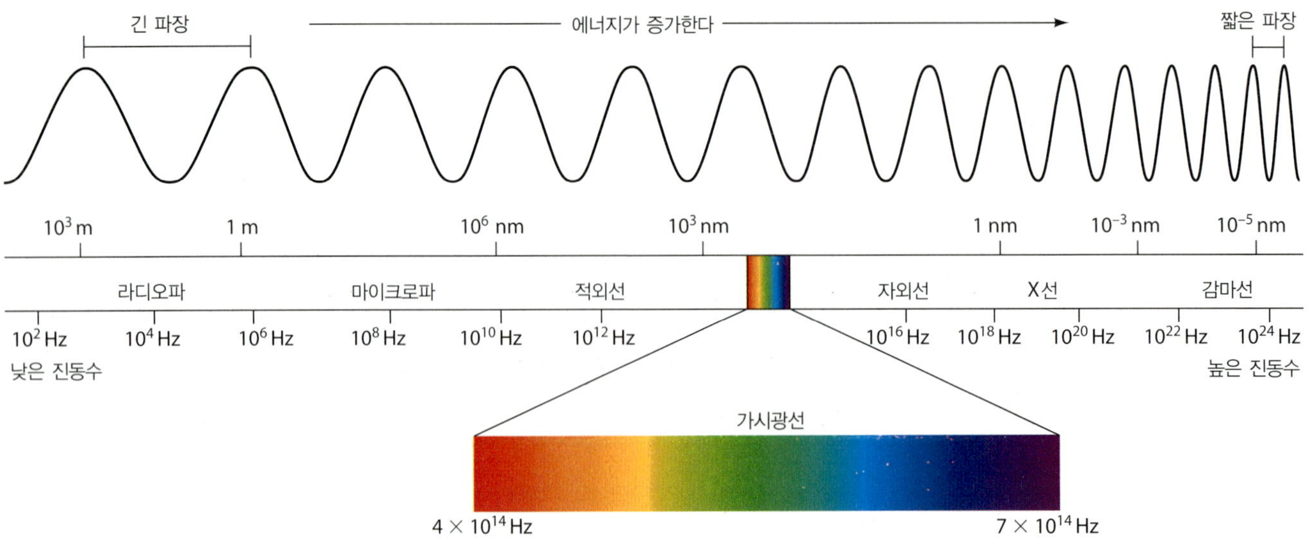

그림 8.11
전자기 스펙트럼은 라디오파에서 감마선에 이르는 전자기파의 연속적인 영역이다. 각 영역의 이름은 단지 역사적인 분류일 뿐이며, 모든 전자기파들의 본성은 같고 진동수와 파장이 다를 뿐이다. 이들 모두는 같은 속력으로 이동한다.

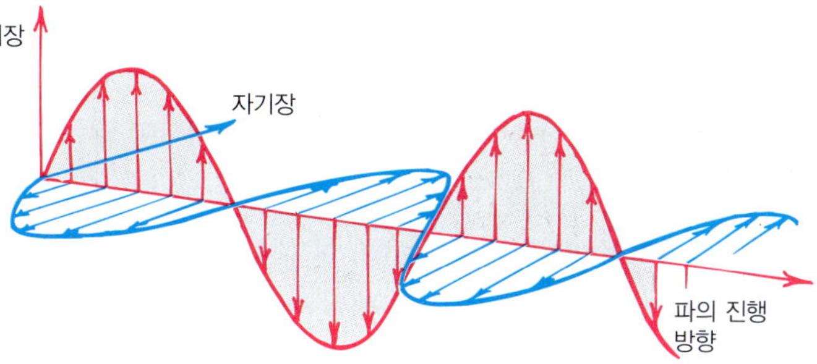

그림 8.12
전자기파의 전기장과 자기장은 서로 직각이며, 파동의 진행 방향에 대해서도 직각이다.

빛은 전자들이 가속 운동할 때 발생된다. 막대 끝을 잔잔한 수면에 담그고 앞뒤로 흔들면, 수면에 파동이 만들어질 것이다. 마찬가지로, 빈 공간에서 대전된 막대를 이리저리 흔들면, 공간에 전자기파가 만들어질 것이다. 이렇게 되는 까닭은 움직이는 막대 속의 전하들이 바로 전류이기 때문이다. 7장에서 전류 주위에는 자기장이 형성되며, 전류가 변하면 자기장도 변한다는 것을 배웠다. 또한 자기장이 변하면 전기장이 유도된다는 전자기 유도도 배웠다. 그런데 전기장이 변하면 어떤 일이 생길까? 답은 자기장이 유도된다이다. 진동하는 전기장과 자기장은 서로를 다시 유도하고, 이런 방식으로 전자기파가 만들어진다(그림 8.12).

진공에서, 전자기파들은 모두 똑같이 빛의 속력인 초당 300,000 km를 이동한다. 진공에서 빛의 속력을 c라고 한다. 이 전자기파들은 진동수의 측면에서 서로 다르다. 진동수가 0.01 Hz인 전자기파가 검출된 적도 있다. 진동수가 수천 kHz인 전자기파를 저주파 라디오파로 분류한다. AM 라디오에 사용되는 라디오파의 주파수 영역은 1백만 헤르츠(1 MHz) 내외이다. 텔레비전에 사용되는 초단파(very high frequency, VHF) 영역은 약 5천만 헤르츠(50 MHz)에서 시작되며, FM 라디오에서 사용되는 주파수는 88~108 MHz이다. 이것보다 진동수가 더 높으면 극초단파(ultrahigh frequency, UHF)이고, 극초단파보다 진동수가 더 높으면 마이크로파, 마이크로파보다 더 높으면 적외선으로 분류된다. 훨씬 더 높아지면 전자기 스펙트럼에서 약 1백만 분의 1%의 영역을 차지하고 있는 가시광선이 된다.

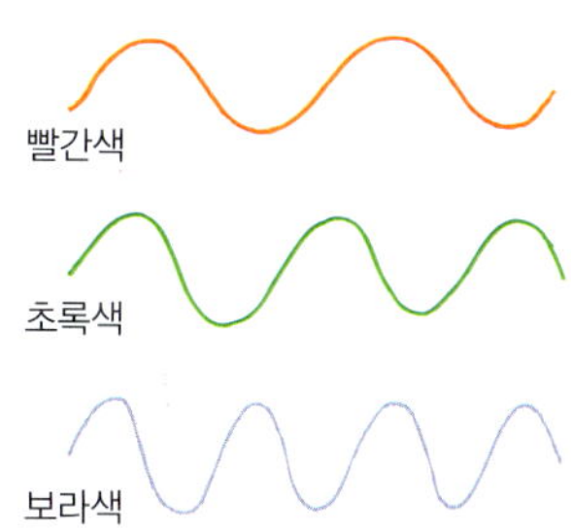

그림 8.13
빨간색, 초록색, 보라색 빛의 상대적인 파장. 보라색 빛은 빨간색 빛에 비해 진동수는 거의 두 배이고, 파장은 반이다.

가시광선 중에서 진동수가 가장 낮은 빛은, 우리 눈에는 붉은색으로 보인다. 가시광선 중에서 가장 높은 진동수를 가진 빛은 보라색으로 보인다. 보라색 빛의 진동수는 붉은색 빛의 진동수에 비해 거의 두 배나 더 높다. 진동수가 더 높아지면, 인간의 눈에는 보이지 않는 자외선으로 분류된다. 이 진동수가 높은 파들은 에너지가 크기 때문에, 햇빛에 노출되면 피부가 타게 된다. 자외선 영역 너머에는 X선과 감마선 영역이 있다. 스펙트럼의 각 영역들 사이에 분명한 경계는 없다. 실제로 이 영역들을 서로 연속적으로 변해 간다. 전자기 스펙트럼은 분류를 위해 임의로 구분한 것이다.

공간을 통해 진동하며 나아가는 전자기파의 진동수는 이 전자기파를 생성한, 진동하는 전하의 진동수와 같다. 진동수가 다르면 그에 따라 파장도 달라진다. 낮은 진동수에서는 파장이 길어지고, 높은 진동수에서는 파장이 짧아진다. 진동하는 전하의 진동수가 높아질수록 방출되는 전자기파의 파장은 짧아진다.*

*빛의 속도 c, 진동수 f, 파장 λ의 관계는 다음과 같다. $c = f\lambda$. 흔히 소리와 라디오 영역은 진동수로 구분하고, 빛의 색은 파장으로 구분한다. 그러나 이 책에서는 빛도 진동수를 사용해서 구분할 것이다.

학습목표
반사 법칙을 말할 수 있다.

8.7 반사

물음 평면거울 앞에 서서 자기 자신을 볼 때, 여러분의 상은 어디에 있는가?

수영장에서 물결을 관찰해 보면, 물결이 수영장 가장자리를 때리고는 되튀어 오는 것을 볼 수 있다. 이것이 **반사(reflection)** 의 한 예이다. 반사란 어떤 매질 속에서 이동하던 파동이 장벽에 부딪힌 후 다시 그 매질 속으로 되돌아오는 것을 말한다.

물결파는 공이 벽에 맞고 되튀는 것과 아주 비슷한 방식으로 어떤 면에서 반사된다. 공이 어떤 면을 때리고 되튈 때, 입사각(공이 면을 때리는 각도)과 되튀는 각도의 크기가 같다. 파동도 마찬가지로 행동한다. 이것이 **반사 법칙(law of reflection)** 이며, 모든 각도에 대해 성립한다.

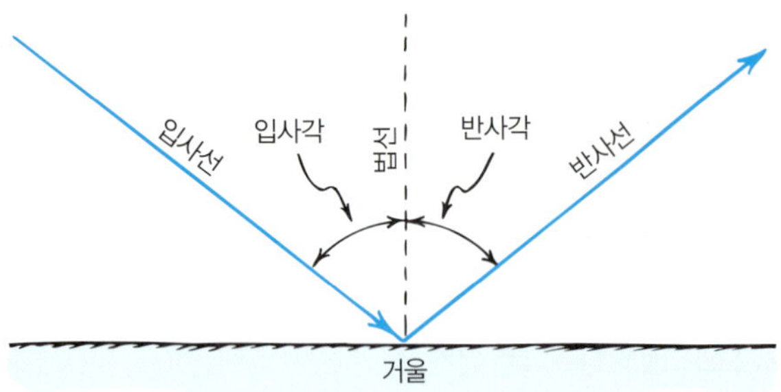

그림 8.14
반사 법칙

반사각은 입사각과 같다.

그림 8.14는 광선으로 반사 법칙을 설명한 것이다. 여기에서 화살표는 광파가 나아가는 방향을 나타낸다. 입사각과 반사각을 측정하는 기준으로는 반사면 대신에 반사면에 수직한 선을 사용한다. 이 가상의 선을 **법선**(*normal*)이라고 한다. 입사선, 법선, 반사선은 모두 한 평면 위에 있다.

거울 앞에 양초를 두면, 불꽃으로부터 사방으로 빛살이 복사된다. 그림 8.15에는 양초의 무한히 많은 점들 중 하나에서 나오는 무한히 많은 수의 빛살 중 네 개가 그려져 있다. 이들 빛살이 거울에 닿으면, 입사각과 같은 각도로 반사된다. 이 빛살들은 불꽃으로부터 퍼져 나간다. 이 빛살들은 거울에서 반사된 후에도 퍼져 나간다는 점을 주목하라. 이렇게 퍼져 나가는 빛살들은 거울 뒤로부터 뿜어져 나오는 것처럼 보인다(점선). 우리는 바로 이 점에 있는 양초의 상을 보게 된다. 실제로는 광선들이 이 점에서 나오는 것은 아니므로, 이 상을 **허상**(*virtual image*)이라고 한다. 거울로부터 상까지의 거리는 거울로부터 물체까지의 거리와 같으며, 물체와 상의 크기는 같다. 예를 들어 평면거울 안에 있는 여러분 자신의 모습을 보면, 거울에서 여러분까지의 거리와 같은 거리에 여러분과 크기가 같은 상이 거울 안쪽에 보인다.

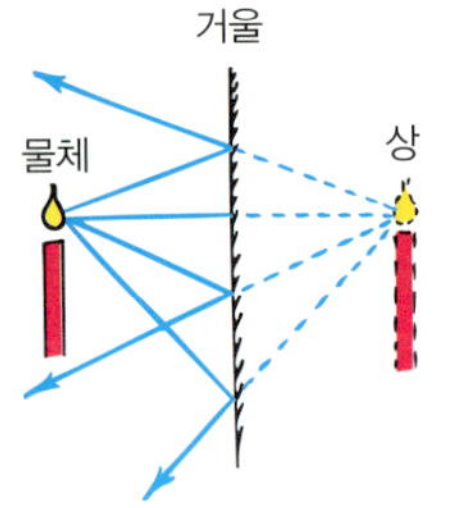

그림 8.15
거울 뒤쪽에, 거울에서 반사된 빛살을 뒤로 연장했을 때(점선) 모이는 위치에 허상이 생긴다.

물체의 표면에 부딪친 빛 중 일부만 반사된다. 예를 들어 깨끗한 유리판에 법선 방향(면에 수직한 방향)으로 빛이 입사하면, 약 4%의 빛만 반사된다. 그러나 깨끗하게 연마된 알루미늄이나 은의 표면에서는 입사된 빛 중 약 90%가 반사된다. 표면에서 반사되지 않은 빛은 **흡수되거나**(물질이 불투명하면) **투과된다**(물질이 투명하면 흡수되고 재방출된다).

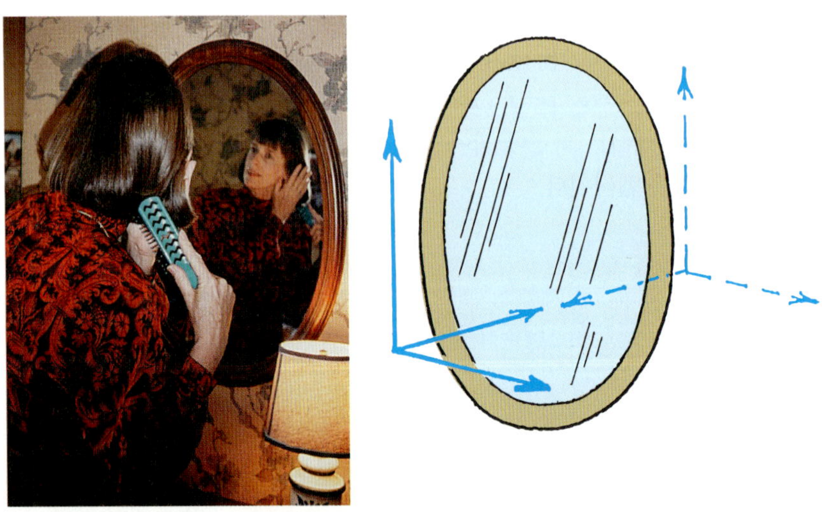

그림 8.16
거울에서 사람까지의 거리만큼 거울에서 뒤쪽으로 떨어진 곳에 상이 생긴다. 사람과 상의 옷 색깔은 똑같다. 이것은 반사에 의해서는 진동수가 변하지 않는다는 증거이다. 흥미롭게도, 그녀의 좌우 축과 위아래 축은 뒤집히지 않는다. 오른쪽 그림에서 볼 수 있듯이, 뒤집힌 축은 앞뒤 축이다. 이 때문에 그녀의 왼손은 그녀 상의 오른손과 마주하게 된다.

난반사

빛이 거칠거나 오톨도톨한 면에 입사되면, 이 빛은 여러 방향으로 반사된다. 이것을 **난반사**(*diffuse reflection*)라고 한다(그림 8.17). 물체의 표면이 매끄러워서 솟아오른 부분들 사이의 거리가 빛의 파장의 $\frac{1}{8}$보다 작으면 난반사가 거의 일어나지 않으며, 이러한 경우에 표면이 **매끄럽다**고 한다. 따라서 물체의 표면은 긴 파장의 빛에 대해서는 매끄럽지만, 짧은 파장의 빛에 대해서는 거친 면으로 작용한다. 그림 8.18에 있는, 철사로 엮은 그물망 형태의 파라볼라 안테나는 광파에 대해서는 매우 거칠며 전혀 거울같이 작동하지 않는다. 그러나 긴 파장의 라디오파에 대해서는 매끄러우며 훌륭한 반사체이다.

이 책의 종이는 라디오파에 대해서는 매끄럽지만, 광파에 대해서는 거칠다. 따라서 이 책에서 반사된 빛은 분산된다. 이 책에 입사되는 빛살들은 모든 방향을 향하고 있는 수백만 개의 작은 평면들에 닿게 된다. 따라서 입사된 빛은 모든 방향으로 반사된다. 이것은 바람직한 상황이다. 이러한 난반사 때문에 이 책과 다른 물체들이 어느 방향에서나 보이게 되는 것이다. 밤에 운전을 할 때 앞쪽 방향의 도로가 보이는 까닭은 노면이 거칠어서 전조등 빛이 난반사하기 때문이다. 그러나 도로가 젖으면, 도로가 더 매끄러워지고 난반사가 덜 되기 때문에 잘 보이지 않는다. 우리 주위의 대부분은 난반사에 의해 보이는 것이다.

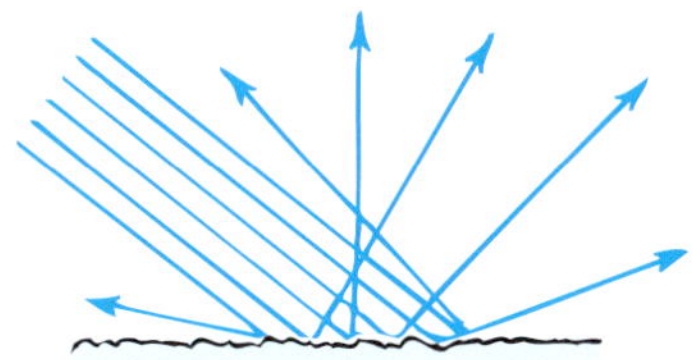

그림 8.17
난반사. 각각의 빛살은 반사 법칙을 따른다. 그러나 여러 빛살들이 거친 면을 때리면, 각각의 빛살이 때리는 지점에서 면의 각도에 따라 제각각 다른 방향으로 반사되게 된다.

그림 8.18
그물망 형태의 파라볼라 안테나는 파장이 짧은 빛에 대해서는 난반사체이지만, 파장이 긴 라디오파에 대해서는 매끈한 반사체이다.

그림 8.19
보통 쓰이는 종이의 표면을 확대한 모습

소리의 반사

소리의 반사를 **메아리**(*echo*)라고 한다. 물체의 표면에 입사된 소리 에너지 중에서 반사되는 비율은 표면이 딱딱하고 매끄러우면 더 크고, 부드럽게 거칠면 더 작다. 반사되지 않은 소리 에너지는 투과되거나 흡수된다.

매끄러운 면에서 빛이 반사될 때와 마찬가지로, 매끄러운 면에서 소리가 반사될 때에도 입사각과 반사각이 같다. 소리가 방의 벽, 천장, 바닥 등에서 반사될 때, 반사가 너무 잘 돼서 소리를 알아들을 수 없는 경우가 종종 있다. 이러한 현상이 일어나는 까닭은 반향이라고 하는 다중 반사 때문이다. 반면에, 반사면들이 지나치게 소리를 잘 흡수하면, 소리가 작아지고 생기가 없어진다. 소리가 반사면들에서 적당히 반사되어야 생기 있는 소리가 방 안을 꽉 채우게 된다. 아마도 샤워하면서 노래를 할 때 이런 현상을 경험했을 것이다. 강당이나 콘서트홀을 설계할 때 반향과 흡수 사이의 균형을 고려해야만 한다. 소리의 성질을 연구하는 학문을 **음향학**(*acoustics*)이라고 한다.

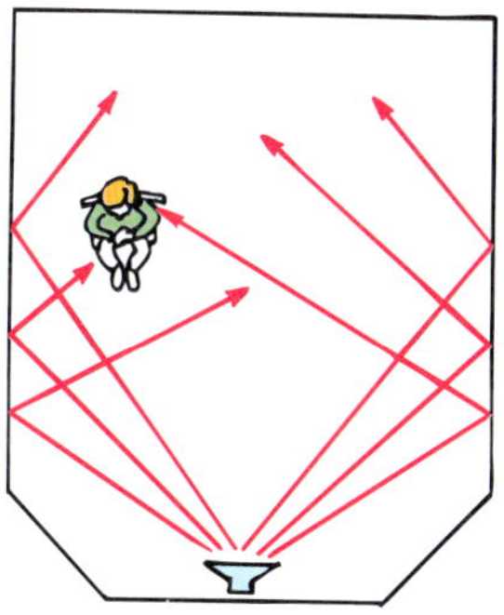

그림 8.20
소리가 벽에 부딪치는 경우에도 입사각과 반사각은 같다.

8.8 투명한 물질과 불투명한 물질

물음 왜 판유리에 부딪친 광자는 그것을 통과하지 못하는가?

빛은 원자 속의 진동하는 전자들에 의해 방출된 전자기파에 실려 전달되는 에너지이다. 빛이 물질에 입사되면, 이 물질 속의 원자들 중 일부가 진동하게 된다. 이런 방식으로, 전자기파를 방출하는 물체 속의 진동이 수신하는 물체 속의 진동으로 전환된다. 이것은 소리가 전송되는 방식과 유사하다(그림 8.21).

그러므로 빛이 어떤 물질에 입사되었을 때, 빛의 진동수와 물질 속 전자들의 자연 진동수에 따라 물질이 반응하는 방식이 달라진다. 가시광선은 1초에 약 100조 번(10^{14} Hz) 진동한다.

학습목표
투명한 물질 속에서 빛이 진행하는 과정을 기술할 수 있다.

그림 8.21
음파에 의해 소리를 수신하는 물체가 진동하듯이, 광파에 의해 물질 속의 전자들이 진동하게 된다.

대전체가 이렇게 엄청나게 빠른 진동에 반응하려면, 이 대전체의 관성이 매우 작아야 한다. 전자는 매우 가벼워서 이 진동수로 진동할 수 있다.

유리나 물 같은 물질 속에서는 빛이 직진하면서 통과한다. 이러한 물질들을 빛에 대해 **투명하다**(transparent)고 한다. 빛이 어떻게 투명한 물질을 관통할 수 있는지 이해하기 위해, 원자 속의 전자들이 용수철로 연결되어 있다고 상상해 보자(그림 8.22).* 광파가 투명한 물질에 입사되면, 이 물질 속의 전자들이 진동하게 된다.

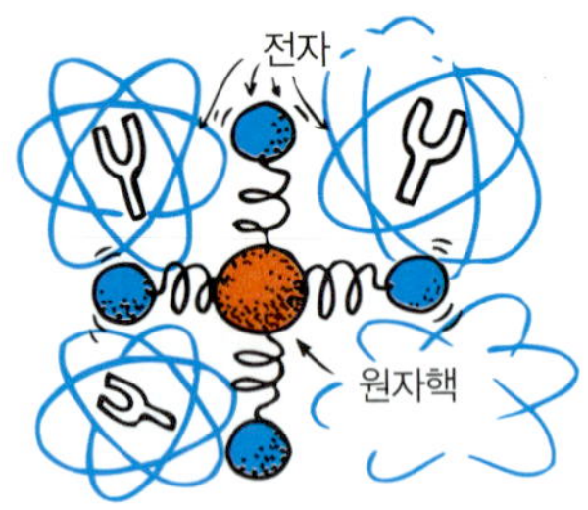

그림 8.22
원자 속의 전자들은 어떤 값의 자연 진동수를 갖고 있으며, 이 전자들은 용수철에 의해 원자핵에 연결되어 있는 입자 모형으로 설명될 수 있다. 이 모형에서 원자나 분자는 마치 광학적인 소리굽쇠처럼 행동한다.

탄성을 지닌 물질은 다른 진동수에서보다 어떤 특정 진동수에서 더 크게 진동한다. 종은 특정 진동수로 울리고, 소리굽쇠는 특정 진동수로 진동하며, 원자와 분자의 전자들도 특정 진동수로 진동한다. 전자의 자연 진동수는 전자가 원자 또는 분자에 얼마나 강하게 붙어 있는지에 따라 달라진다. 원자와 분자의 종류에 따라 '용수철 세기'가 다르다. 유리 속 전자들의 자연 진동수는 자외선 영역에 속한다. 유리에 자외선을 비추면, 공명이 발생해서 전자의 진폭이 커진다. 이는 마치 그네를 공명 진동수에 맞춰 밀면 그네의 진폭이 커지는 것과 같다. 유리 안의 전자들이 받은 에너지는 충돌에 의해 이웃 원자들로 전달되거나 재방출된다. 유리 속의 공명하는 원자들은 자외선 빛의 에너지를 상당히 오랫동안(약 1억 분의 1초) 머금을 수 있다. 이 시간 동안 원자는 약 1백만 번 진동하고, 이웃 원자들과 충돌하고, 흡수된 에너지를 열로 전달한다. 따라서 유리는 자외선에 대해서는 투명하지 않다. 유리는 자외선을 흡수한다.

가시광선과 같은 더 낮은 진동수의 빛이 입사되면, 유리 안의 전자는 더 낮은 진폭으로 진동을 하게 된다. 유리 안의 원자 또는 분자들은 더 짧은 시간 동안 에너지를 품고 있게 되어 이웃 원자와 분자들과 충돌할 기회가 줄어들고, 따라서 열로 전환되는 에너지도 줄어든다. 진동하는 전자들의 에너지는 빛으로 재방출된다. 유리는 모든 진동수의 가시광선에 대해 투명하다. 분자에서 분자로 나아가면서 재방출된 빛의 진동수는 원래 진동을 일으킨 빛의 진동수와 동일하다. 그러나 흡수와 재방출 사이에는 약간의 시간 지연이 있다.

이 시간 지연 때문에 투명한 물질을 통과할 때 빛의 평균 속력이 느려지게 된다(그림 8.23).

그림 8.23
유리판에 입사된 광파에 의해 유리 분자들이 진동하게 되고, 일련의 흡수와 재방출 과정이 일어나면서 빛 에너지가 물질을 통해 전달되고, 반대쪽 면을 통해 빠져나간다. 흡수와 재방출 사이의 시간 지연 때문에, 진공에서보다 유리 속에서 빛의 진행 속도가 느려진다.

*물론 전자들이 실제로 용수철로 연결되어 있는 것은 아니다. 단지 빛과 물질의 상호 작용을 이해하는 데 도움을 주기 위해 원자의 '용수철 모형'을 제시한 것이다. 과학자들은 자연, 특히 초현미경적 수준의 자연을 이해하기 위해 이러한 개념적인 모형을 고안한다. 어떤 모형의 가치는 그것이 '사실'인지가 아니라, 관찰된 현상을 설명하고 새로운 현상을 예측하는 데 유용한지에 있다. 모형으로부터 예측된 것이 새로운 관찰에 부합하지 않으면, 그 모형은 대개 수정되거나 폐기된다.

물질에 따라 빛이 진행하는 평균 속력이 다르다. 평균 속력을 이야기하는 까닭은, 유리 분자들 사이의 공간은 진공이며, 진공에서 빛의 속력은 c(상수 300,000 km/s 또는 186,000 mi/s)이기 때문이다. 대기에서 빛의 속력은 진공에서보다 약간 느리지만, 대개는 반올림해서 보통 c를 사용한다. 물에서 빛의 평균 속력은 $0.75c$이고, 유리에서는 약 $0.67c$(유리의 종류에 따라 다름.)이며, 다이아몬드에서는 $0.41c$에 불과하다. 빛이 이 물질들로부터 공기 속으로 진행하면, 공기 중의 속력인 c로 다시 빨라진다.

가시광선보다 진동수가 낮은 적외선은 전자뿐만 아니라 분자 전체도 진동시킨다. 이러한 분자의 진동에 의해 열에너지가 증가하고 물질의 온도가 올라가게 된다. 유리는 가시광선에 대해서는 투명하지만, 자외선과 적외선에 대해서는 투명하지 않다(그림 8.25).

우리 주위의 대부분의 물체들은 **불투명하다(opaque)**. 이들은 빛을 흡수하고는 재방출하지 않는다. 책, 책상, 의자, 사람은 불투명하다. 이들 물체에 빛이 비치면, 물체 속의 원자와 분자들이 진동하고, 이러한 진동이 무작위의 운동 에너지, 즉 열에너지로 전환된다. 그 결과 물체들이 약간 따뜻해진다.

그림 8.24
일렬로 늘어뜨린 공들을 다른 공으로 때릴 때, 반대쪽에서 튀어 오르는 공은 처음에 에너지를 전달한 그 공이 아니다. 마찬가지로, 유리판에서 방출된 빛은 유리에 입사된 그 빛이 아니다.

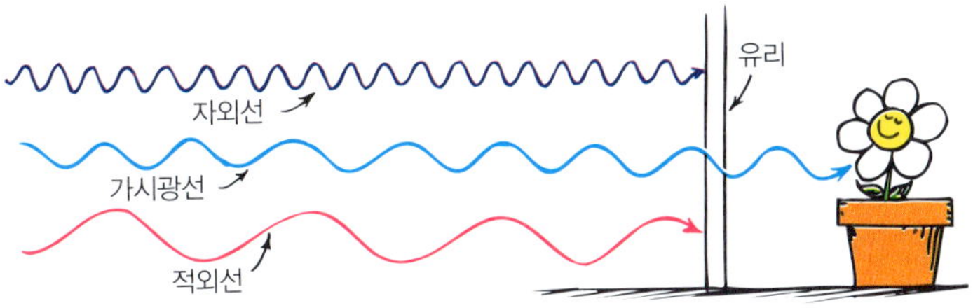

그림 8.25
깨끗한 유리는 적외선과 자외선은 차단하지만, 모든 진동수의 가시광선에 대해서는 투명하다.

8.9 색

학습목표
빛의 진동수에 따라 색이 어떻게 달라지는지 설명할 수 있다.

물음 TV 화면에서 빨간색, 초록색, 파란색 빛을 합해 하얀색 빛을 만드는 까닭은?

장미는 빨간색이고 제비꽃은 파란색이다. 색은 화가뿐만 아니라 과학자들의 호기심을 불러일으킨다. 우리가 보는 색은 우리가 보는 빛의 진동수에 따라 달라진다. 진동수가 다른 빛은 다른 색으로 인식된다. 대부분의 사람들에게 인식되는 가장 낮은 진동수의 빛은 빨간색으로 보이며, 가장 높은 진동수의 빛은 보라색으로 보인다. 빨간색과 보라색 사이에는 무한개의 색깔이 있으며, 이 색들은 무지개의 색 스펙트럼을 이룬다. 관습적으로, 이들 색조를 빨간색, 주황색, 노란색, 초록색, 파란색, 남색, 보라색의 7가지 색으로 구분한다. 이들 색깔의 빛들을 합하면 하얀색 빛이 된다. 태양으로부터 오는 하얀색 빛은 모든 가시 진동수의 빛들이 합성된 것이다.

선택적 반사

예를 들어 장미는 빛을 방출하지 않는다. 장미는 빛을 반사한다. 프리즘에 햇빛을 통과시켜 만들어진 스펙트럼의 여러 색 부분에 진홍색의 장미를 놓으면, 이 장미는 빨간색 영역을 제외한 모든 영역에서 갈색 또는 검은색으로 보일 것이다. 스펙트럼의 빨간색 부분에서, 꽃잎은 빨간색으로 보이겠지만, 초록색 줄기와 잎은 검은색으로 보일 것이다. 이로부터 빨간색 장미는 빨간색 빛은 반사시킬 수 있지만, 다른 색의 빛은 반사시키지 못한다는 것을 알 수 있다. 마찬가지로, 초록색 잎은 초록색 빛은 반사시킬 수 있지만, 다른 색의 빛은 반사시키지 못한

그림 8.26
장미가 붉게 보이는 것은 붉은색 진동수 영역의 빛을 반사하기 때문이다.

그림 8.27
왼쪽 정사각형은 모든 색의 빛을 반사한다. 이것은 햇빛 아래에서는 하얀색으로 보이고, 파란색 빛이 비춰지면 파란색으로 보인다. 오른쪽 정사각형은 모든 색의 빛을 흡수한다. 햇빛 아래에서는 검은색 사각형이 하얀색 사각형보다 더 따뜻해진다.

그림 8.28
토끼의 검은 털은 햇빛을 모두 흡수하므로 검은색으로 보인다. 반면에 하얀 털은 모든 진동수의 빛을 반사하므로 하얀색으로 보인다.

다. 장미에 하얀색 빛을 비추면, 꽃잎은 하얀색 빛의 빨간색 부분을 반사하고 잎은 초록색 부분을 반사하기 때문에, 꽃잎은 빨간색으로 보이고 잎은 초록색으로 보인다.

대개, 물질들은 몇몇 진동수의 빛을 흡수하고, 나머지 진동수의 빛들은 반사한다. 어떤 물질이 빛의 대부분을 흡수하고 빨간색 빛만 반사한다면, 이 물질은 빨간색으로 보일 것이다. 어떤 물질이, 이 책의 하얀색 부분과 같이, 모든 가시 진동수의 빛을 반사한다면, 그 물질을 비추는 빛의 색과 같은 색으로 보일 것이다. 어떤 물질이 빛을 흡수하고 아무 것도 반사하지 않는다면, 이 물질은 검은색으로 보일 것이다(그림 8.27과 8.28).

흥미롭게도, 수선화와 같이 대부분의 노란색 꽃들의 꽃잎은 노란색뿐만 아니라 빨간색과 초록색 빛도 반사한다. 노란색 수선화는 넓은 범위의 진동수의 빛들을 반사한다. 대부분의 물체들의 반사된 색은 순수한 단일 진동수의 색이 아니라 여러 진동수의 색들이 혼합되어 나타난 것이다.

물체들은 비춰진 빛에 포함되어 있는 진동수의 빛들만 반사할 수 있다. 그러므로 물체의 색은 이 물체에 비춰진 빛의 색에 따라 달라진다. 예를 들어 백열등은 햇빛보다 평균적으로 낮은 진동수의 빛을 방출하므로, 백열등 아래에서는 빨간색 계열의 색이 더 두드러져 보인다. 빨간색이 조금 섞여 있는 천을 백열등 아래에서 보면, 형광등 아래에서 보는 것보다 빨간색이 더 선명하게 보인다. 형광등은 더 높은 진동수의 빛을 많이 방출하기 때문에, 형광등 아래에서는 파란색이 두드러져 보인다. 이러한 이유로, 인공적인 조명 아래에서는 물체의 실제 색을 알기 어렵다(그림 8.29).

그림 8.29
물체의 색은 광원에 따라 다르게 보인다.

선택적 투과

투명한 물체의 색은 이 물체를 투과하는 빛의 색에 따라 달라진다. 빨간색 유리 조각에 하얀색 빛을 비추면 빨간색 빛만 투과하고 나머지 모든 빛은 흡수되기 때문에 빨간색으로 보인다. 마찬가지로, 파란색 유리 조각에 하얀색 빛을 비추면 파란색 빛만 투과하고 나머지 모든 빛은 흡수되기 때문에 파란색으로 보인다(그림 8.30). 색유리 조각에는 염료나 안료가 포함되어 있다. 염료와 안료는 특정 진동수의 빛들은 선택적으로 흡수하고, 다른 진동수의 빛들은 선택적으로 투과시키는 작은 입자들이다. 보통 창유리는 모든 가시 진동수의 색들을 똑같이 잘 투과시키기 때문에 색을 넣지 않는다.

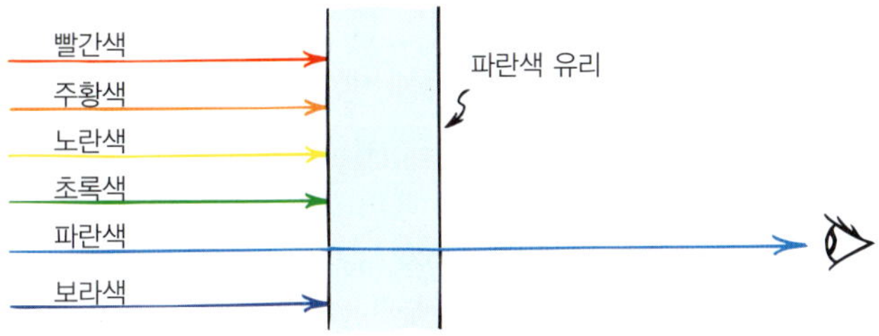

그림 8.30
파란색 빛의 진동수를 가진 에너지만 투과한다. 다른 진동수의 에너지들은 흡수되어 유리를 덥힌다.

융합과학 8B
생명과학

학습목표
색과 빛의 진동수의 관계를 설명할 수 있다.

유색 빛의 혼합

물음 하얀색 빛을 만들기 위해서는 어떤 세 가지 색의 빛을 섞어야 하는가?

햇빛을 프리즘에 통과시키면, 태양으로부터 오는 하얀색 빛이 모든 가시 진동수의 빛으로 이루어져 있다는 것을 알 수 있다. 하얀색 빛은 무지개색 스펙트럼으로 분산된다. 햇빛의 진동수 분포는 불균일하며(그림 8.31), 햇빛은 스펙트럼의 연두색 부분이 가장 밝다. 대단히 흥미로운 점은 우리 눈이 이 영역의 빛을 가장 민감하게 감지하도록 진화되어 왔다는 것이다. 이러한 이유로 많은 소방차들이, 특히 가시성이 중요한 공항에서, 연두색으로 채색되어 있다. 우리 눈이 연두색 빛에 민감하기 때문에, 밝기가 같다면, 백열등 아래에서보다 노란색 나트륨등 아래에서 물체가 더 잘 보인다.

모든 색의 빛을 혼합하면 하얀색 빛이 된다. 흥미롭게도 단지 빨간색, 초록색, 파란색 빛만 혼합해도 하얀색 빛이 된다. 그림 8.32와 같이 태양 복사 곡선을 세 영역으로 나눔으로써 이것을 이해할 수 있다.

우리 눈에 있는 세 종류의 원뿔형 수용기 세포(시세포)가 색을 감지한다. (더 자세한 내용은 19장을 보라.) 각각의 원뿔세포는 어떤 진동수의 빛에 의해서만 자극을 받는다. 낮은 가시 진동수의 빛은 낮은 진동수에 민감한 원뿔세포를 자극하여 빨간색으로 보인다. 중간 진동수의 빛은 중간 진동수에 민감한 원뿔세포를 자극하여 초록색으로 보인다. 더 높은 진동수의 빛은 높은 진동수에 민감한 원뿔세포를 자극하여 파란색으로 보인다. 세 종류의 원뿔세포 모두 똑같이 자극을 받으면 흰색으로 보인다.

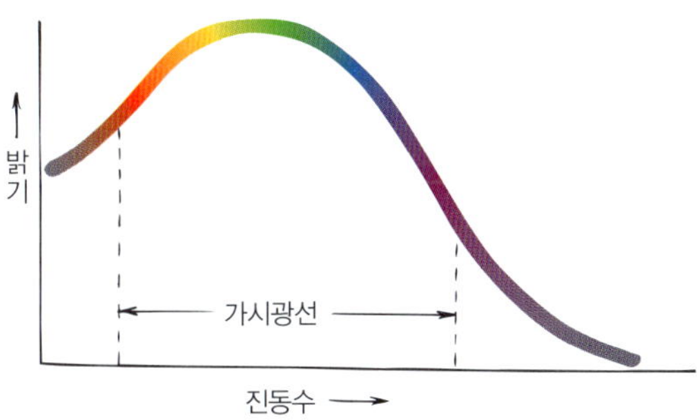

그림 8.31
햇빛의 복사 곡선은 진동수 대 밝기의 그래프이다. 햇빛은 가시광선 영역의 중간에 위치한 연두색 영역에서 가장 밝다.

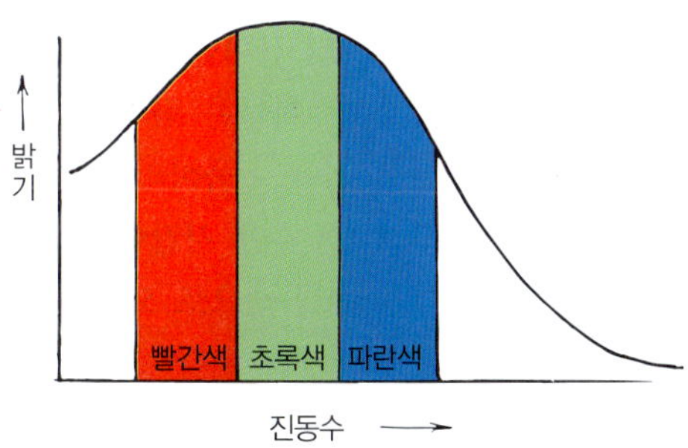

그림 8.32
햇빛의 복사 곡선은 빨간색, 초록색, 파란색(RGB)의 세 영역으로 나누어진다. 이들이 빛의 삼원색이며, 이들을 혼합하면 하얀색 빛이 된다.

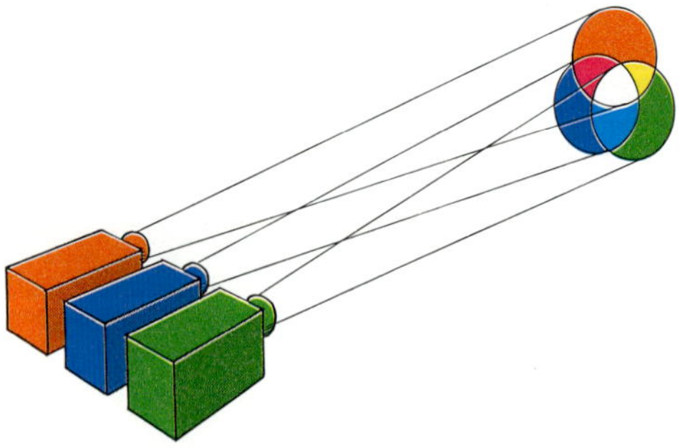

그림 8.33
색 더하기. 빨간색, 초록색, 파란색 빛을 하얀색 스크린에 비추면, 겹친 부분에서 다른 색깔이 나타난다. 빨간색과 초록색 빛이 겹치면 노란색, 빨간색과 파란색이 겹치면 자홍색, 초록색과 파란색이 겹치면 청록색, 그리고 세 가지 색깔이 모두 겹치면 하얀색으로 보인다.

그림 8.34
이 소년에게 빨간색, 초록색, 파란색 빛만 비췄는데도 다양한 색이 나타난다. 그림자의 어느 부분에서 보색들이 나타났는지 알 수 있는가?

그림 8.35
인쇄된 책의 초록색 부분을 확대해 보면, 청록색과 노란색 점들로 구성되어 있음을 볼 수 있다.

빨간색, 초록색, 파란색 빛을 같은 밝기로 스크린에 비추면, 이들 모두가 겹친 부분이 하얀색으로 보인다. 이들 셋 중 두 개가 겹쳐지거나 더해지면, 다른 색이 나타난다(그림 8.33). 빨간색, 초록색, 파란색 빛의 양을 조절하면서 겹치면 스펙트럼에 있는 어떤 색의 빛도 만들 수 있다. 이러한 이유로 빨간색, 초록색, 파란색을 **빛의 삼원색**(*additive primary color*)이라고 한다(컬러 모니터에서는 RGB로 알려져 있다). 삼원색 중 두 색을 같은 밝기로 겹쳤을 때 나타나는 색은 다음과 같다.

빨간색 + 파란색 = 자홍색
빨간색 + 초록색 = 노란색
파란색 + 초록색 = 청록색

자홍색은 초록색의 반대이고, 청록색은 빨간색의 반대이며, 노란색은 파란색의 반대라고 말한다. 서로 반대인 두 색의 빛을 겹치면 하얀색 빛이 된다. 하나로 합치면 하얀색이 되는 두 색을 보색이라고 한다.

자홍색 + 초록색 = 하얀색 (= 빨간색 + 파란색 + 초록색)
청록색 + 빨간색 = 하얀색 (= 파란색 + 초록색 + 빨간색)
노란색 + 파란색 = 하얀색 (= 빨간색 + 초록색 + 파란색)

그림 8.34는 한 소년에게 빨간색, 초록색, 파란색 빛을 비추었을 때 보색 그림자가 생기는 것을 보여 준다. 하얀색 빛에서 빨간색, 파란색, 초록색 빛을 뺐을 때 나타나는 청록색, 노란색, 자홍색 빛을 **감법 삼원색**(*subtractive primary color* 또는 물감의 삼원색)이라고 한다. 인쇄를 할 때 감법 삼원색의 잉크들이 사용된다. 예를 들어 잉크젯 프린터에서는 청록색, 자홍색, 노란색, 검은색들이 다양하게 조합이 되어 인쇄된다. 이것이 CMYK 인쇄(K는 검은색을 나타냄.)이다.

8.10 굴절

물음 물 속에 있는 고기는 왜 실제보다 더 떠 보이는가?

매질이 달라지면 파동의 진행 속력이 다르다. 파동의 진행 속력이 변하면 파동의 진행 방향이 틀어진다. 진행 속력의 변화로 인해 파동의 진행 방향이 틀어지는 것을 **굴절**(**refraction**)이라고 한다. 굴절을 이해하는 간단한 방법은 그림 8.36에 나타낸 것처럼, 파동의 운동과 한 쌍의 장난감 자동차 바퀴의 운동을 비교하는 것이다. 이 바퀴들은 매끈한 보도로부터 잔디밭을 향해 굴러가고 있다. 그림에서와 같이, 이 바퀴들이 어떤 각도로 잔디밭에 닿으면, 이들은 직선 경로로부터 편향된다. 왼쪽 바퀴가 먼저 잔디밭에 닿고 속력이 느려진다는 점에 주목하라. 반면에, 아직 보도에 있는 오른쪽 바퀴는 여전히 빠른 속력으로 굴러가고 있다. 같은 시간에 왼쪽 바퀴보다 오른쪽 바퀴가 더 많이 가기 때문에, 느리게 움직이는 왼쪽 바퀴를 축으로 오른쪽 바퀴가 회전하게 된다. 그래서 이 바퀴들이 구르는 방향이 법선 쪽으로 틀어지게 된다. 그림 8.36에서 잔디와 보도의 경계선에 수직한 검은색 점선이 바로 법선이다.

그림 8.37은 광파가 어떻게 비슷한 방식으로 방향이 틀어지는지를 보여 준다. 파란색 화살표(광선)로 나타낸 빛의 진행 방향에 주목하라. 또한 광선에 직각으로 그려진 파면들에도 주목하라. (만일 광원이 가까이에 있다면, 파면들은 원형으로 나타날 것이다. 그러나 태양은 멀

학습목표
굴절은 파동 속력의 변화 때문에 생긴다는 것을 설명할 수 있다.

리 있는 광원이므로 파면들이 거의 직선이 된다.) 파면들은 광선에 직각으로 어디에나 있다. 그림에서 파동은 수면과 어떤 각도로 만난다. 이 때문에 파동의 왼쪽 부분은 물속에서 느려지는 반면, 공기 속에 있는 파면의 나머지 부분은 빛의 최대 속도인 c로 진행한다. 광선은 여전히 파면에 수직이므로 수면에서 방향이 틀어지게 된다. 바퀴들이 보도에서 잔디로 굴러갈 때 방향이 틀어지는 것과 마찬가지로 광선의 방향도 틀어지게 된다. 이 두 경우에, 진행 방향이 틀어지는 원인은 진행 속력의 변화이다.*

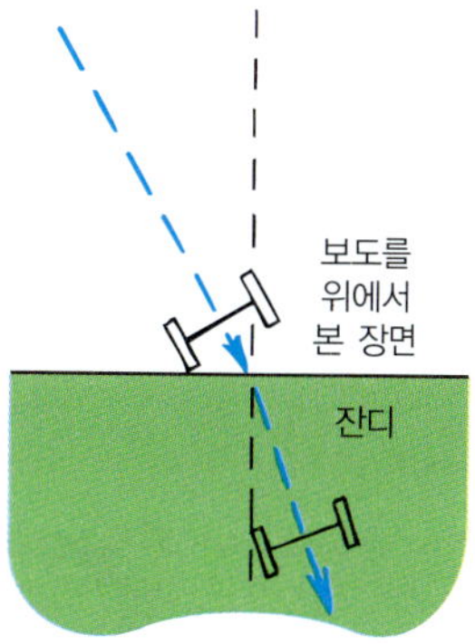

그림 8.36
잔디에 들어선 바퀴의 속력은 느려졌지만, 보도 위를 구르는 반대쪽 바퀴의 속력은 그대로이다. 이 경우 수레의 진행 방향이 틀어지게 된다.

그림 8.38을 보면 광선이 왼쪽에서 물로 들어갔다가 오른쪽으로 나오는 것을 볼 수 있다. 오른쪽에서 들어갔다가 왼쪽으로 나오는 경우에도 이 경로는 똑같다. 반사와 굴절의 경우, 빛의 경로는 가역적이다. 만일 여러분이 거울이나 프리즘 같은 반사 또는 굴절 장치를 통해 다른 사람의 눈을 본다면, 그 사람 역시 이 장치를 통해 여러분을 볼 수 있다.

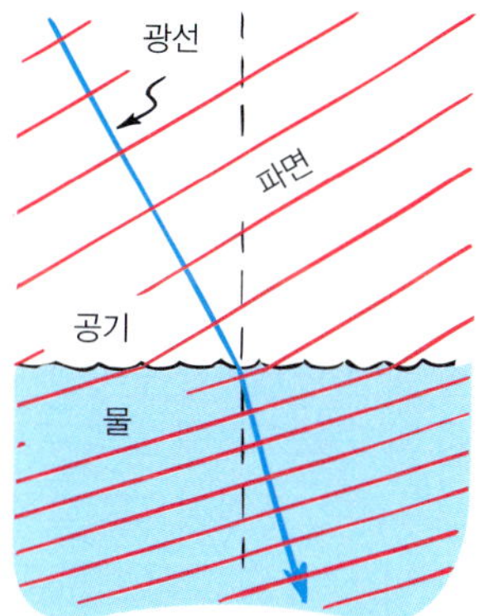

그림 8.37
광파의 한 부분의 속력은 느려졌지만 다른 부분의 속력은 아직 그대로인 경우, 광파의 진행 방향이 틀어진다.

굴절에 의해 많은 환영들이 생긴다. 이들 중 하나는 막대를 물에 일부만 담갔을 때 구부러져 보이는 현상이다. 물에 잠긴 부분은 실제 위치보다 수면에 더 가깝게 보인다. 물속에 있는 물고기를 볼 때에도 마찬가지다. 물고기는 실제보다 수면에 더 가깝게 있는 것처럼 보인다(그림 8.39). 시선을 물속까지 똑바로 이으면, 수면 아래 4 m에 있는 물체가 3 m 깊이에 있는 것처럼 보인다. 물에 잠겨 있는 물체는 굴절 때문에 크게 보인다.

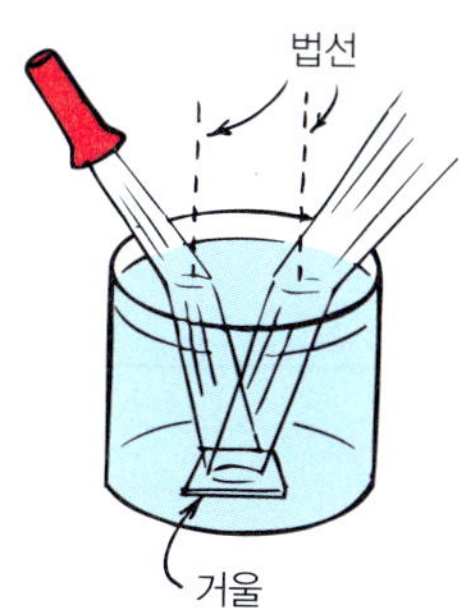

그림 8.38
빛이 공기에서 물로 진행할 때처럼, 다른 매질로 들어가면서 속력이 느려지는 경우, 빛의 진행 방향이 법선 쪽으로 틀어진다. 반대로, 물에서 공기로 진행할 때처럼, 빛의 속력이 빨라지는 경우, 법선 쪽에서 멀어지는 방향으로 틀어진다.

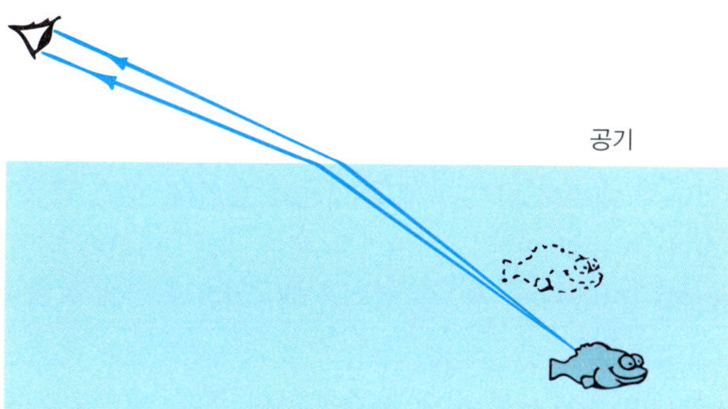

그림 8.39
물 속에 있는 물체는 굴절 때문에 실제보다 수면에 더 가까이 있는 것으로 보인다.

음파의 파면 일부가 서로 다른 속력으로 진행하면, 음파의 진행 방향이 굴절된다. 음파가 균일하지 않은 바람에 의해 영향을 받을 때나 온도가 다른 공기를 통과하여 진행할 때 이런 현상이 생긴다. 따뜻한 날에는, 지면 근처의 공기가 위쪽의 공기보다 상당히 따뜻하여 지면 근처에서 음속이 더 빠르다. 그러므로 음파는 지면에서 위쪽으로 굴절되고, 소리가 잘 전달되지 않게 된다(그림 8.40).

*굴절에 대한 정량적 법칙인 **스넬 법칙**(*Snell's law*)은 17세기에 네덜란드의 천문학자이자 수학자인 스넬(Willebrord Snell)이 처음 발표하였다. $n_1\sin\theta_1 = n_2\sin\theta_2$. 여기에서 n_1과 n_2는 경계면 양쪽 매질의 굴절률이고, θ_1과 θ_2는 각각 입사각과 굴절각이다. n_1, n_2, θ_1, θ_2 중 세 개의 값을 알면, 이 관계식을 이용하여 나머지 하나의 값을 계산할 수 있다.

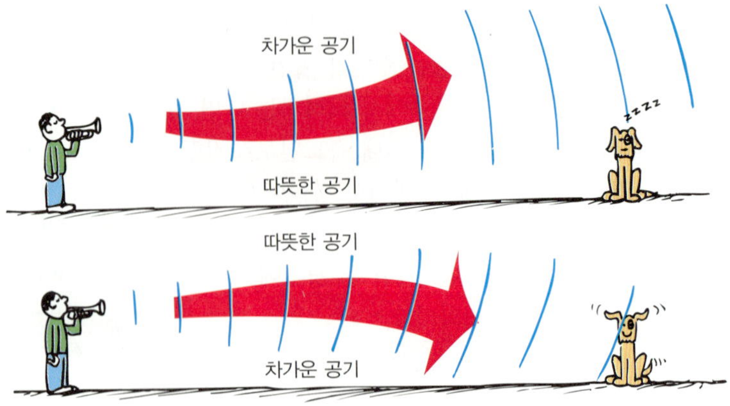

그림 8.40
기온에 따라 공기 속에서의 음파의 진행 속도가 다르기 때문에 음파의 진행 방향이 틀어진다.

분산

물질 속의 원자 또는 분자의 전자와 공명하는 빛은 흡수된다는 것을 배웠다. 그러한 물질들은 빛에 대해 불투명하다. 또한 그 물질의 공명 진동수 근처의(그러나 같지는 않은) 진동수를 가진 빛에 대해서는 투명하다는 것도 배웠다. 그림 8.23에서 본 바와 같이, 일련의 흡수와 재방출 과정으로 인해 빛의 속력은 느려지며, 빛의 진동수가 물질의 공명 진동수에 가까울수록 더 느려진다. 일반적으로 말하면, 투명한 매질 속에서는 높은 진동수의 빛이 낮은 진동수의 빛보다 더 느려진다. 보통 유리에서는 보라색 빛이 빨간색 빛보다 약 1% 더 느리다. 빨간색과 보라색 사이의 색을 가진 빛들은 그들 각자의 속력으로 유리 속을 나아간다.

투명한 매질 속을 진행하는 빛의 속력은 빛의 진동수에 따라 다르므로, 색에 따라 빛이 굴절하는 정도도 다르다. 프리즘에서와 같이, 하얀색 빛이 두 번 굴절하면 색에 따라 상당한 정도로 벌어진다. 이렇게 빛이 진동수에 따라 색깔별로 나눠는 것을 **분산**(**dispersion**)이라고 한다(그림 8.41). 분산 때문에 무지개가 생긴다.

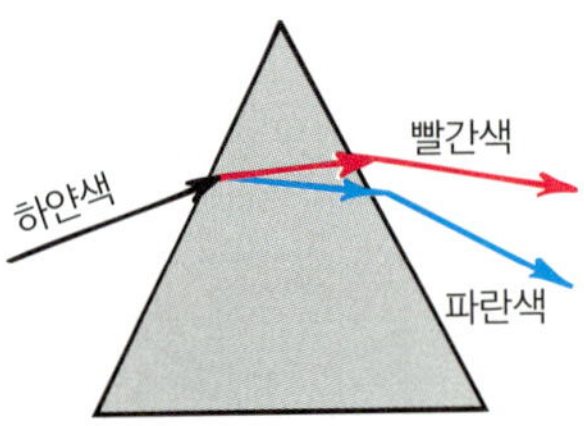

그림 8.41
하얀색 빛이 프리즘을 통과하면, 여러 색의 빛으로 분산된다.

무지개

구름이나 빗속의 물방울에 햇빛이 비춰질 때 무지개가 보인다. 이들 물방울이 빛을 분산시키는 프리즘으로 작용한다. 여러분 앞에 무지개가 보이면, 해는 여러분 뒤에 있다. 정오쯤에 비행기에서 보면, 무지개는 완벽한 원 모양을 하고 있다. 지면에 의해 가려지지 않는다면, 모든 무지개는 완전한 원 모양을 그릴 것이다.

그림 8.42는 한 개의 빗방울에 의한 빛의 분산을 보여 준다. 빗방울의 맨 위쪽 면으로 입사한 햇빛을 따라가 보자. 일부는 반사되고(표시되지 않음), 나머지는 물속으로 굴절되면서 햇빛의 스펙트럼 색으로 분산된다. 이때 빨간색이 가장 적게 편향되고, 보라색이 가장 많이 편향된다. 햇살이 빗방울의 반대쪽 면에 닿으면, 일부는 공기 속으로 굴절되고(표시되지 않음) 일부는 다시 물속으로 반사된다. 햇살이 빗방울의 아래쪽 면에 닿으면 일부는 다시 반사되고(표시되지 않음), 일부는 다시 공기 속으로 굴절된다. 두 번째 면에서의 이 굴절로 인해, 프리즘에서와 같이, 첫 번째 면에서 이미 되었던 분산이 두 번째 면에서 더 크게 분산된다.

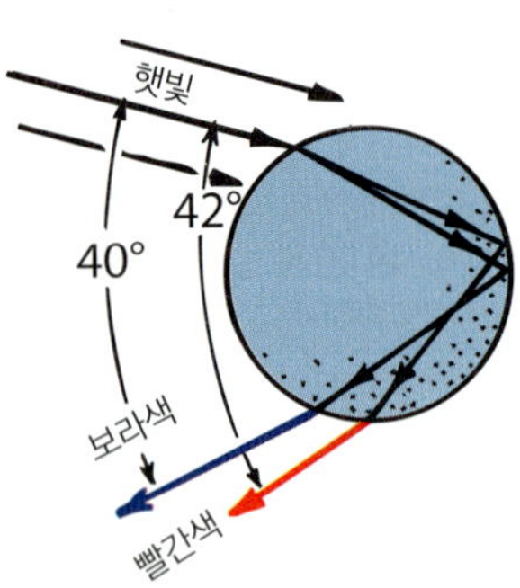

그림 8.42
빗방울 한 개에 의한 햇빛의 분산

각각의 빗방울은 햇빛을 전체 스펙트럼의 색으로 분산시킨다. 그러나 하나의 빗방울에서 분산된 수많은 색의 빛살 중 한 색깔의 빛만이 관찰자의 눈에 들어온다(그림 8.43). 어떤 빗방울로부터 보라색 빛이 관찰자의 눈에 도달한다면, 이 빗방울에서 출발한 빨간색 빛은 관찰자의 발 쪽을 비출 것이다. 이 빗방울보다 더 높이 있는 빗방울에서 분산된 빨간색 빛은 관찰자의 눈에 들어올 수 있다. 빨간색 빛은 햇빛과 분산된 빛 사이의 각도가 42°가 되는 위치에서 보일 것이다. 보라색 빛은 햇빛과 분산된 빛 사이의 각도가 40°가 되는 위치에서 보일 것이다.

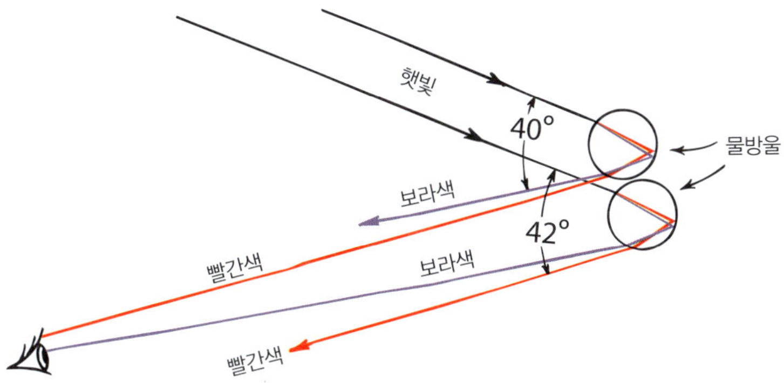

그림 8.43
두 개의 빗방울에 입사된 햇빛은 분산되어 나온다. 관찰자는 위쪽 빗방울에서 나온 빨간색 빛과 아래쪽 빗방울에서 나온 보라색 빛을 보게 된다. 수백만 개의 빗방울들에 의해 가시광선의 전체 스펙트럼이 형성된다.

무지개는 보이는 것처럼 평평한 이차원 호가 아니라, 실제로는 분산된 빛들의 삼차원 원뿔이다(그림 8.44). 이 원뿔의 꼭짓점은 관찰자의 눈 위치에 있다. 물방울을 포함한 영역이 두꺼울수록, 관찰자가 보게 되는 뿔면이 두꺼워지고 무지개가 더 선명하게 보인다.

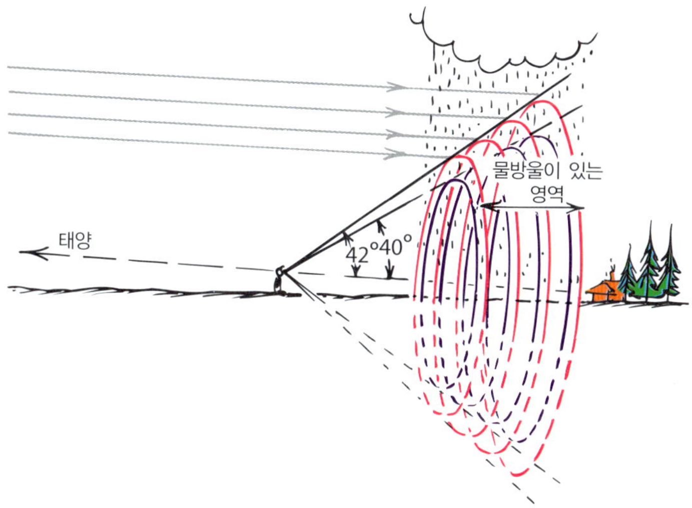

그림 8.44
여러분의 눈이 물방울이 있는 영역과 태양(왼쪽으로 멀리 떨어진 곳에 있는) 사이에 위치해 있을 때, 여러분이 보는 무지개는 물방울 영역을 통해 뻗어 있는 삼차원 원뿔의 가장자리이다. 보라색은 40°의 뿔면을 형성하는 물방울에 의해 분산되며, 빨간색은 42°의 뿔면을 따라 분포해 있는 물방울에 의해 보여지며, 이 두 각도 사이에 다른 색들이 분포한다. (그림에서 제시된 네 겹의 원호와 같이, 수많은 원호들이 형성된다.)

그림 8.45
물방울에서 두 번의 굴절과 한 번의 반사 후에 약 42° 이내의 각도로 빛이 나온다. 무지개를 40°에서 42°의 각도로 볼 때 가장 선명하다. 42°보다 큰 각도의 물방울에서는 두 번 이상 반사된 후에야 빛이 물방울을 빠져나온다. 이 때문에 안쪽 무지개가 바깥쪽 무지개보다 더 밝다. 덜 선명한 2차 무지개에도 주목하라.

흥미롭게도 무지개는 늘 여러분의 정면에 나타난다. 움직이면서 관찰하면, 무지개가 관찰자를 따라 움직이는 것처럼 보인다. 따라서 무지개의 가장자리에 접근하거나, 그림 8.44에 과장해서 그린 그림에서처럼 무지개가 끝나는 것을 볼 수는 없다. 우리는 결코 무지개의 끝에 도달할 수 **없다**. 따라서 '무지개의 끝에서 꿈을 찾는다.'라고 말하는 것은 결코 도달할 수 없는 어떤 것을 추구한다는 의미이다.

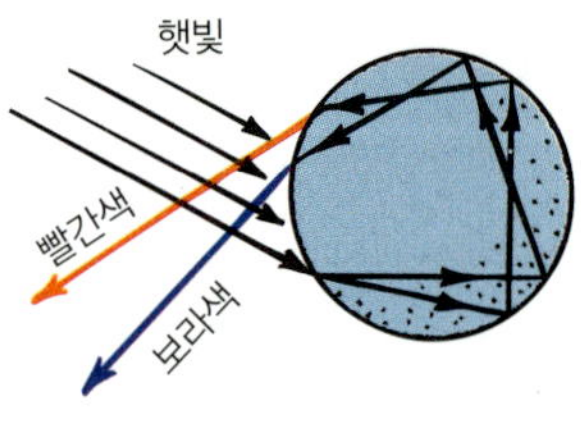

그림 8.46
물방울 안에서의 이중 반사에 의해 2차 무지개가 생긴다.

때때로 1차 무지개 둘레에 더 큰 호를 그리고 있는 2차 무지개를 볼 수 있다. 2차 무지개의 색깔은 1차 무지개와는 반대 순서로 분포되어 있다. 여기에서는 2차 무지개가 1차 무지개와 비슷한 환경에서 형성되며 빗방울 안에서 이중 반사의 결과로 생긴다는 것만 언급하고, 더 이상은 다루지 않는다(그림 8.46). 2차 무지개의 경우, 한 번 더 반사하고 이때 굴절에 의해 추가적으로 광량의 손실이 생기기 때문에, 2차 무지개는 1차 무지개에 비해 훨씬 흐릿하고 색깔도 반대 순서로 나타난다.

렌즈

렌즈를 그림 8.47처럼, 유리 프리즘들을 모아 놓은 것으로 생각하자. 이 프리즘들은 입사한 평행 광선들을 굴절시켜 한 점에 모이도록(또는 한 점으로부터 퍼져 나가도록) 한다. 그림 8.47a에 나타낸 배열은 빛을 모으므로, 이 렌즈를 **수렴 렌즈**(*converging lens*)라고 한다. 이 렌즈는 가운데가 더 두껍다. 그림 8.47b에 나타낸 배열에서는 가운데가 가장자리보다 더 얇다. 이 렌즈는 빛을 퍼트리기 때문에 **발산 렌즈**(*diverging lens*)라고 한다. (b)의 프리즘들에 의해 발산된 광선들은 마치 렌즈 앞쪽의 한 점에서 출발한 것처럼 보인다는 점에 주목하라.

그림 8.47
렌즈는 사각형 블록과 프리즘을 모아놓은 것으로 생각할 수 있다. (a) 수렴 렌즈. (b) 발산 렌즈

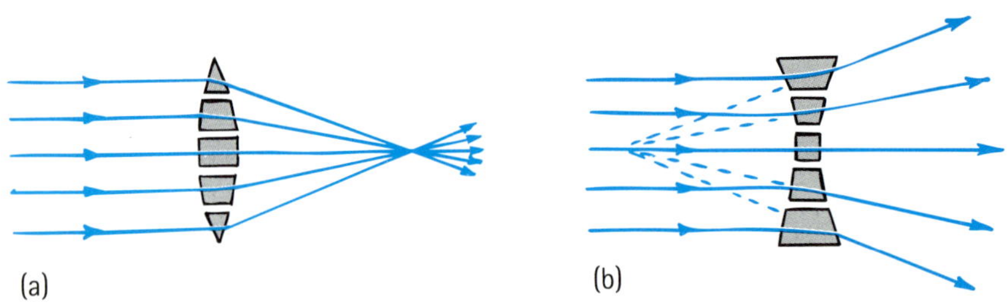

이 두 렌즈에서, 광선은 렌즈의 양 끝에서 가장 많이 편향된다. 그 까닭은 두 굴절면 사이의 각도가 가장 크기 때문이다. 렌즈의 한가운데에서는 광선이 편향되지 않는다. 그 까닭은 렌즈의 가운데에서는 두 유리면이 서로 평행하기 때문이다(빛이 창유리와 같이, 두 면이 평행한 유리를 통과해 지나갈 때에는 편향되지 않는다). 물론 실제 렌즈는 프리즘들로 만들지는 않는다. 렌즈는 대개 딱딱한 유리 조각을 원형 곡선 모양으로 갈아서 만든다. 그림 8.48을 보면, 매끄러운 렌즈에서 빛이 어떻게 굴절되는지를 알 수 있다.

그림 8.48
파면들은 공기 중에서보다 유리 속에서 더 느리게 진행한다. (a) 파동은 렌즈의 중심을 통과할 때 더 느리고, 그 결과 수렴하게 된다. (b) 파동은 가장자리에서 더 느리고, 그 결과 발산한다.

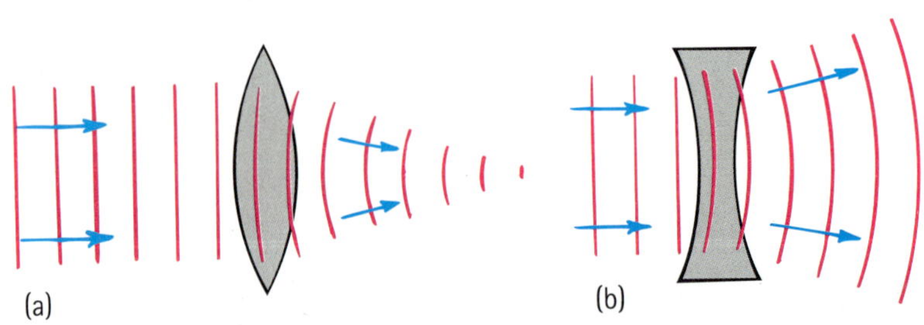

8.11 회절

물음 작은 틈과 큰 틈 중 어느 틈에서 더 크게 회절이 일어날까?

잔잔한 수면에 손가락을 대면 원형의 물결이 생긴다. 직선 자를 수평으로 잡고 수면에 대면 **평면파**(*plane wave*)가 생긴다. 이 자를 연속적으로 수면에 담그면 일련의 평면파가 생긴다(그림 8.49).

그림 8.50은 물결파 투영 장치라고 하는 얕은 유리통 안에서 생성된 물결을 위에서 찍은 사진이다. 틈의 간격을 조절할 수 있는 장벽이 통 안에 있다. 평면파가 장벽에 닿으면, 틈을 통과해 나가면서 모양이 변형된다. 틈이 넓은 왼쪽 사진을 보면, 평면파의 모양이 거의 변하지 않은 채 틈을 통과해 나간다. 그러나 틈의 양쪽 끝에서는 파동이 구부러진다. 이렇게 구부러지는 것을 **회절(diffraction)**이라고 한다. (반사와 굴절 이외의 다른 것에 의해 빛이 구부러지는 것은 모두 회절이다.) 그림 8.50에서 틈이 좁아짐에 따라 파동이 더 넓은 범위까지 퍼진다는 점에 주목하라. 틈이 좁을수록 더 크게 회절된다.

회절은 음파와 광파를 포함한 모든 종류의 파동이 갖고 있는 특성이다. 회절은 좁은 틈뿐만 아니라 모든 그림자의 가장자리 둘레에서도 볼 수 있다(그림 8.51). 세밀하게 조사하면, 아주 선명한 그림자의 경우에도 가장자리가 약간 번진 것을 볼 수 있다(그림 8.52).

학습목표
틈의 간격이 달라짐에 따라 이 틈을 통과해 지나가는 파동이 전파되는 모습을 설명할 수 있다.

그림 8.49
수조 안에서 자를 앞뒤로 움직이면 평면파가 생긴다. 틈 안에서 진동하는 물은 이 틈의 반대편으로 퍼져 나가는 파동의 파원으로 작용한다.

그림 8.50
여러 크기의 틈을 통과해 지나가는 평면파. 틈이 작을수록 틈의 가장자리에서 파동이 많이 구부러진다. 다시 말해, 더 크게 회절된다.

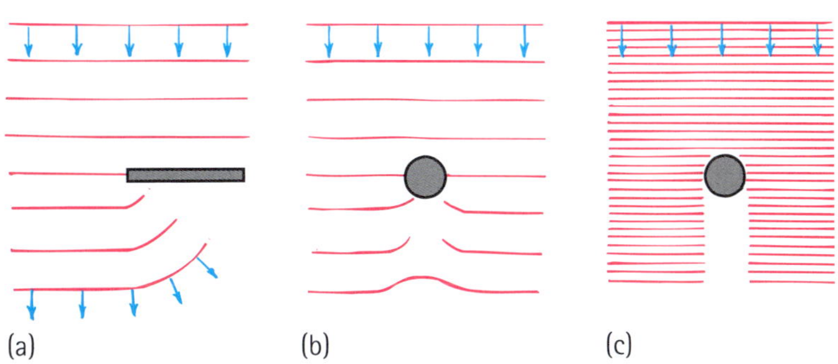

그림 8.51
(a) 파동은 그림자 영역 (장애물에 의해 파동이 전달되지 않는 영역)을 향해 퍼져 나가려는 경향이 있다. (b) 파장이 물체의 크기와 거의 같으면, 그림자 영역은 금방 메꾸어진다. (c) 파장이 물체에 비해 짧으면 선명한 그림자가 만들어진다.

그림 8.52
단일 진동수의 단색광의 그림자를 보면 회절 줄무늬가 선명하게 보인다. 백색광을 비추면, 여러 개의 다른 줄무늬들이 이들 줄무늬를 채우게 될 것이다.

광학 현미경으로 아주 작은 물체를 관찰할 때는 회절로 인해 문제가 생긴다. 물체의 크기가 빛의 파장과 거의 같으면 회절에 의해 상이 번진다. 물체가 빛의 파장보다 작으면 아무런 구조도 보이지 않는다. 회절 때문에 상이 전혀 나타나지 않는다. 확대 정도를 조절하거나 현미경 설계를 완벽하게 한다고 해도 이 근본적인 한계를 극복할 수 없다. 15장에 배울 전자 현미경을 이용하면 훨씬 더 작은 물체도 관찰할 수 있다.

학습목표
간섭이 모든 파동의 행동 특성이라는 것을 설명할 수 있다.

8.12 간섭

물음 소리나 빛과 같은 파동들은 어떤 방식으로 상쇄되는가?

모든 파동들이 갖고 있는 아주 흥미로운 특성은 서로 포개진 둘 이상의 파동들의 결합 효과인 **간섭**(interference)이다. 횡파를 생각해 보자. 한 파동의 마루와 다른 파동의 마루가 겹치면, 두 파동의 효과가 하나로 합쳐진다. 그 결과 파동의 진폭이 커진다. 이것이 보강 간섭이다(그림 8.53의 왼쪽). 한 파동의 마루가 다른 파동의 골과 겹치면, 두 파동의 효과는 줄어든다. 한 파동의 높은 부분이 다른 파동의 낮은 부분을 채우게 된다. 이것이 상쇄 간섭이다(그림 8.53의 오른쪽).

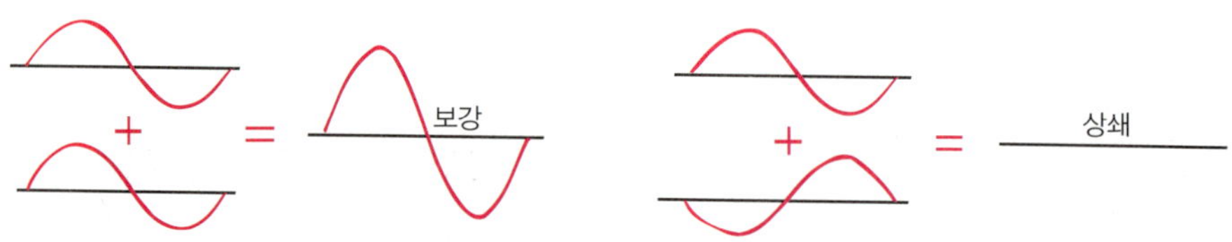

그림 8.53
횡파에서의 보강 간섭과 상쇄 간섭

파동의 간섭은 물에서 가장 쉽게 관찰된다. 그림 8.54에서, 진동하는 두 물체가 수면에 닿을 때 만들어지는 간섭무늬를 볼 수 있다. 이 사진에서, 한 파동의 마루가 다른 파동의 골과 겹쳐져 진폭이 0이 되는 영역이 생성되는 것을 볼 수 있다. 이 영역에서는 두 파동의 보조가 맞지 않는다. 이러한 경우, 이 파동들은 서로 위상이 어긋나 있다고 말한다.

간섭은 수면파, 음파, 광파와 같은 모든 파동들이 갖고 있는 특성이다. 그림 8.55는 횡파와 종파의 간섭을 비교한 것이다. 소리의 경우, 파동의 마루는 밀(compression)에 해당하고, 골은 소(rarefaction)에 해당한다.

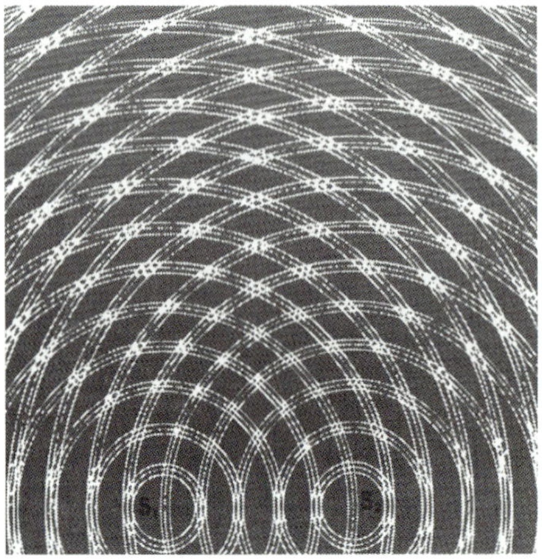

그림 8.54
두 개의 수면파가 겹쳐 간섭무늬를 만들어 낸다. 왼쪽의 그림은 두 파원으로부터 퍼져 나가는 파동들의 이상적인 모습이다. 오른쪽 그림은 실제 간섭무늬의 사진이다.

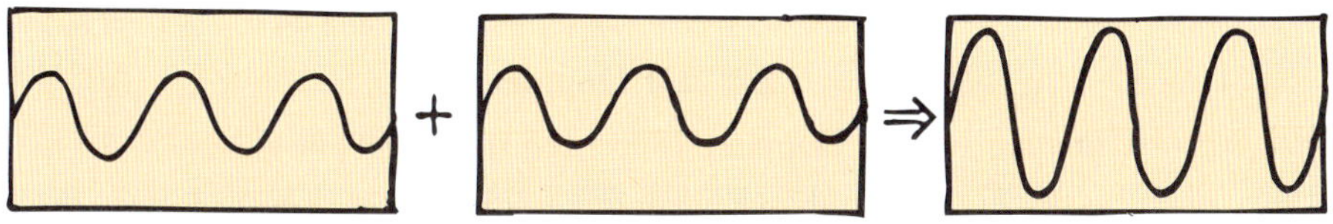

두 개의 동일한 횡파를 위상이 맞게 중첩시키면 진폭이 커진 파동이 만들어진다.

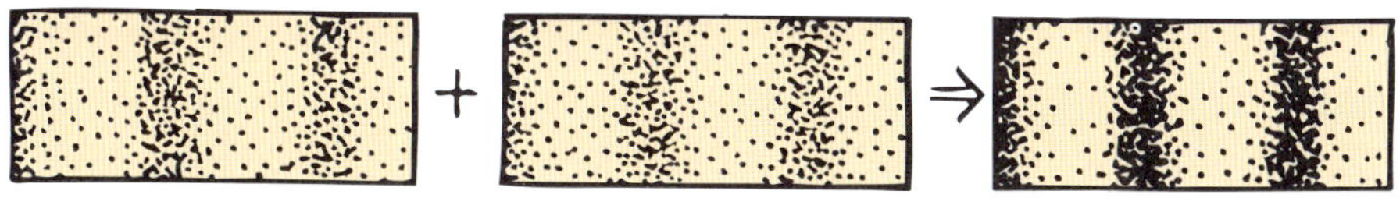

두 개의 동일한 종파를 위상이 맞게 중첩시키면 세기가 증가된 파동이 만들어진다.

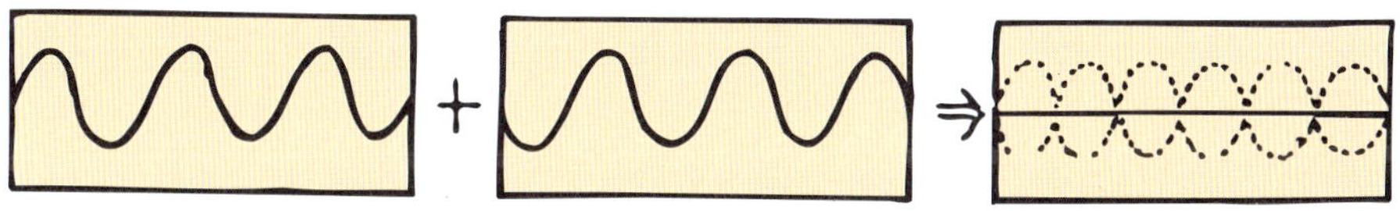

두 개의 동일한 횡파를 위상이 어긋나게 중첩시키면 서로 상쇄된다.

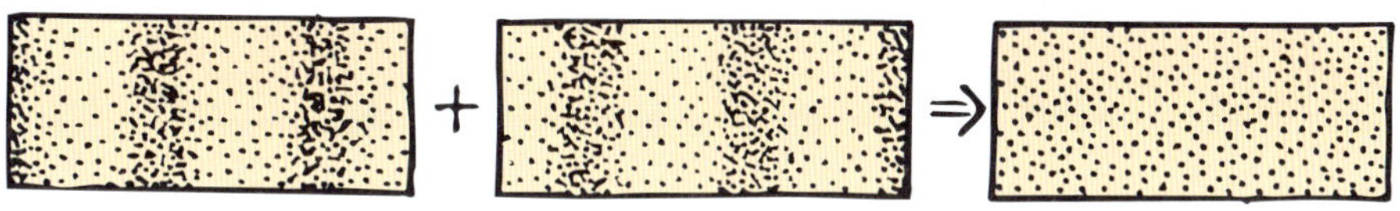

두 개의 동일한 종파를 위상이 어긋나게 중첩시키면 서로 상쇄된다.

그림 8.55
위의 두 그림들은 횡파와 종파의 보강 간섭을 보여 준다. 아래 두 그림은 상쇄 간섭을 나타낸 것이다.

8.13 도플러 효과

학습목표
파원과 관찰자의 움직임으로 인해 파장이 짧아지거나 길어지는 것과 도플러 효과를 연관지어 설명할 수 있다.

물음 구급차 사이렌 소리의 높이는 언제 변하는가?

잔잔한 연못 가운데에 있는 벌레를 생각해 보자. 이 벌레가 다리를 꾸물거리고 아래위로 까닥거릴 때 수면파의 무늬가 생긴다. 벌레는 이동하지 않고 제자리에서 물을 출렁이게 할 뿐이다. 벌레가 만들어 낸 파동은 모든 방향으로 같은 속력으로 나아가므로 동심원을 그린다. 벌레가 일정한 진동수로 까닥거리면, 파동의 마루 사이의 거리(파장)는 모든 방향에서 같을 것이다. 파동들은 점 A와 점 B에 같은 빈도로 닿을 것이다. 그러므로 점 A와 점 B, 또는 벌레 근처의 모든 점에서 파동 운동의 진동수는 같을 것이다. 이러한 파동의 진동수는 벌레가 까닥거리는 진동수와 같다.

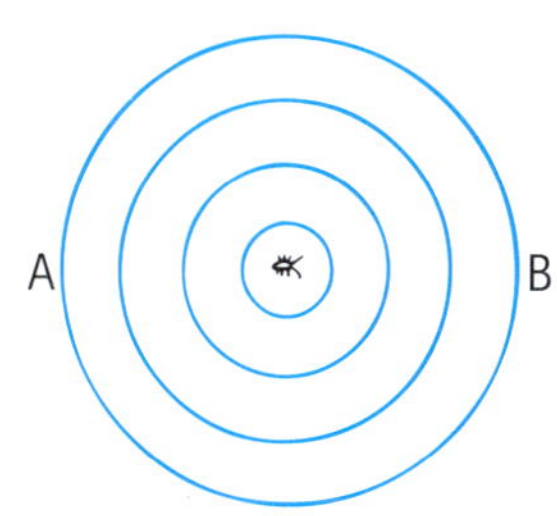

그림 8.56
잔잔한 수면의 한 지점에서 꿈틀거리는 벌레에 의해 생성된 수면파를 위에서 본 모습

꿈틀거리는 벌레가 파동의 속력보다 느린 속력으로 수면 위를 움직인다고 가정하자. 파동의 무늬는 찌그러지고 더 이상 동심원이 아니다(그림 8.57). 가장 바깥쪽 파동은 벌레가 그 원의 중심에 있을 때 만들어진 것이다. 원형 파동의 중심들은 벌레가 헤엄치는 방향으로 움직인다. 벌레는 일정한 진동수로 까닥거림에도 불구하고, 점 B에 있는 관찰자는 파동이 더 자주 밀려오는 것을 보게 된다. 이 관찰자가 측정한 파동의 진동수는 벌레가 까닥거리는 진동수보다 더 높아진다. 이러한 까닭은 각각의 연속되는 파동들의 이동 거리가 더 짧아지므로, 벌레가 점 B를 향해 움직이지 않았을 때보다 점 B에 도달하는 시간이 더 짧아진다. 반면에, 점 A에 있는 관찰자는 파동의 마루들이 도달하는 시간 간격이 길어지므로 진동수가 낮아진 파동을 관찰하게 된다. 이렇게 되는 까닭은, 벌레가 점 A에서 멀어져서 점 A에 도달하기까지 파동의 이동

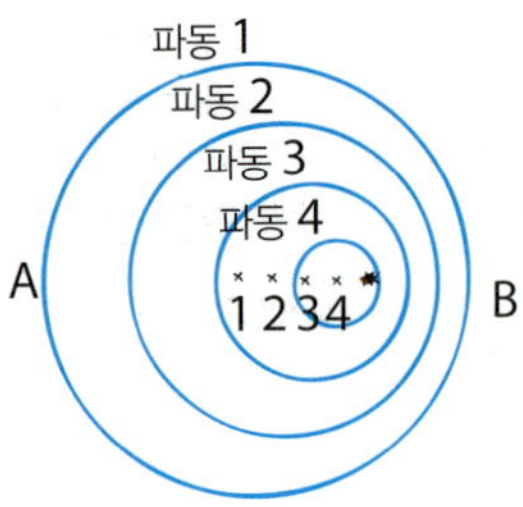

그림 8.57
잔잔한 수면 위에서 점 B를 향해 헤엄을 치는 벌레에 의해 생성된 수면파들

거리가 길어지기 때문이다. 파원의 운동으로 인해(또는 관찰자의 운동으로 인해) 관찰자가 측정한 파동의 진동수가 변하는 현상을 **도플러 효과(Doppler effect)**[오스트리아의 물리학자 겸 수학자인 도플러(Christian Johann Doppler, 1803~1853)의 이름에서 따옴]라고 한다.

수면파는 평평한 수면 위를 퍼져 나간다. 반면에, 음파와 광파는 부풀어 오르는 풍선처럼 삼차원 공간에서 모든 방향으로 퍼져 나간다. 헤엄쳐 나가는 벌레의 앞쪽에서 원형의 수면파들의 간격이 촘촘해지듯이, 소리와 빛의 구면파들도 움직이는 파원의 앞쪽에서 더 촘촘해지고 앞쪽에서 측정할 경우 파동의 진동수가 더 높아지게 된다. 도플러 효과는 모든 종류의 파동에서 나타난다.

구급차나 소방차의 사이렌 소리의 높이 변화에서 도플러 효과를 분명하게 관찰할 수 있다. 사이렌이 관찰자에게 접근하면, 음파의 마루들이 관찰자의 귀에 더 자주 도달하게 되고, 사이렌 소리의 높이는 보통 때보다 더 높게 들린다. 그리고 사이렌이 관찰자를 지나 멀어져가면, 음파의 마루들이 관찰자의 귀에 덜 자주 도달하게 되고, 사이렌 소리의 높이는 낮아지게 된다(그림 8.58).

그림 8.58
음원이 다가올 때에는 소리가 높아지고, 멀어질 때에는 소리가 낮아진다.

학습목표
도플러 효과와 천문학의 관계를 설명할 수 있다.

융합과학 8C
천문학

도플러 효과와 팽창하는 우주

물음 천체에서 오는 빛의 적색 편이와 청색 편이가 의미하는 것은 무엇인가?

도플러 효과는 광파에서도 나타난다. 광원이 다가오면, 빛의 진동수가 높게 측정된다. 광원이 물러나면, 진동수가 낮게 측정된다. 빛의 진동수가 높아지는 것을 **청색 편이**(*blue shift*)라고 한다. 이렇게 부르는 까닭은 빛의 색 스펙트럼에서 청색 쪽의 진동수가 높기 때문이다. 빛의 진동수가 낮아지는 것을 **적색 편이**(*red shift*)라고 하며, 이렇게 부르는 까닭은 빛의 색 스펙트럼에서 적색 쪽의 진동수가 낮기 때문이다. 예를 들어 빠르게 자전하는 별의 경우, 우리로부터 멀어지는 쪽에서는 적색 편이가 나타나고, 가까워지는 쪽에서는 청색 편이가 나타난다. 이러한 진동수의 편이로부터 별의 자전 속도를 계산할 수 있다.

은하계에서 방출되는 빛에서도 적색 편이가 나타난다. 이 현상은 미국의 천문학자인 허블(Edwin Hubble)이 처음으로 관찰하였다. 허블은 망원경으로 은하계들을 보았을 때, 은하계를 이루는 원소들이 방출한 빛의 색깔이 적색 쪽으로 편이되어 있음을 알아채었다. 이것은 은하계들이 지구로부터 멀어지고 있다는 것을 의미한다. 허블은 은하계가 지구로부터 멀리 있을수록 더 빠르게 멀어진다는 것도 관찰하였다. 허블의 이러한 관찰은, 우주가 계속 팽창하고 있다는 최근 학설의 근거가 되었다. (28장에서 허블과 천문학에 대한 허블의 근본적이고도 중요한 기여에 대해 배울 것이다.)

8.14 파동–입자 이중성

학습목표
빛이 입자들로 구성되어 있다는 관점과 파동으로 구성되어 있다는 관점 사이의 연관성을 설명할 수 있다.

물음 빛의 입자성으로 잘 설명되는 실험은 어떤 것이고, 파동성으로 잘 설명되는 실험은 어떤 것인가?

우리는 빛을 하나의 파동으로 기술해 왔다. 그러나 빛의 본성에 관한 초기의 생각은 빛이 작은 입자들로 이루어졌다는 것이었다. 플라톤(Plato)과 그리스 철학자들은 빛이 입자라는 관점을 믿었으며, 1700년대 초에 빛에 관한 실험으로 유명해진 뉴턴(Isaac Newton)도 그렇게 믿었다. 백 년 후 영(Thomas Young)이 간섭 실험으로 빛의 파동성을 보였다. 1862년에 맥스웰(Maxwell)이, 빛이란 전자기파의 진동하는 전기장과 자기장에 의해 전달되는 에너지라는 것을 발견함으로써, 빛이 파동이라는 관점은 더욱 견고해졌다. 25년 후 빛이 파동이라는 관점은 헤르츠(Heinrich Hertz)에 의해 실험적으로 확인되었다.

그런데 1905년에 아인슈타인(Albert Einstein)이 빛의 파동론을 뒤흔드는 논문을 발표하였다. 그는 후에 이 논문으로 노벨상을 받았다. 아인슈타인에 따르면, 빛은 물질과 상호 작용을 할 때, 맥스웰이나 다른 사람들이 말한 것처럼 연속적인 파동이 아니라 **광자**(*photon*)라고 하는 작은 에너지 입자로 행동한다. 빛의 입자 모형을 이용하면, 그 당시 과학자들을 당황하게 했던 **광전 효과**(*photoelectric effect*)라는 현상을 잘 설명할 수 있었다.

광전 효과

빛을 어떤 금속면에 비추면, 금속면으로부터 전자들이 튀어 나온다. 광전 효과로 불리는 이 현상은 광전지, 조도계, 영화 음악 등에 사용된다. 20세기의 전환기에 과학자들을 당황하게 했던 것은 자외선과 보라색 빛은 금속면으로부터 전자가 튀어 나오도록 충분한 에너지를 주는 반면에, 낮은 진동수의 빛은 아무리 밝아도 그렇지 않다는 것이었다. 전자의 방출은 빛의 진동수에만 의존하며, 빛의 진동수가 높을수록 방출된 전자의 운동 에너지가 더 커진다. 높은 진동수의 빛이 금속판에 아주 흐릿하게 비춰지면 아주 적은 수의 전자들이 방출된다. 그러나 방출된 개별 전자의 운동 에너지는 같은 진동수의 빛을 밝게 비췄을 때 방출된 전자와 똑같은 값의 운동 에너지를 갖고 있다(그림 8.59).

아인슈타인은 이 현상을 금속 안의 전자에 광자라고 하는 '빛의 입자'들이 폭격하는 것으로 설명하였다. 아인슈타인은 각 광자의 에너지는 그 광자의 진동수에 비례한다고 하였다. 즉

$$E \sim f$$

아인슈타인은 빛을 광자의 우박으로 보았으며, 각 광자가 전달하는 에너지는 그것의 진동수에 비례한다고 보았다. 금속에서 방출되는 전자 한 개당 한 개의 광자가 흡수된다.

광전 효과를 파동으로 설명하려는 모든 시도들은 실패하였다. 광파의 파면은 넓게 퍼져 있으며, 광파의 에너지는 이 파면을 따라 퍼져 있다. 광파가 금속면으로부터 전자를 방출시키기 위해서는 광파의 모든 에너지가 어떻게든 전자에 집중되어야 한다. 그러나 이것은 해안으로 밀려오던 파도가 집중되어 해안에서 한참 안쪽에 있는 조개껍데기 한 개를 파도 전체의 에너지로 때리는 것처럼, 있을 수 없는 일 같다. 그러므로 광전 효과는 금속면에 비춰지는 빛을 연속적인 일련의 파동이 아니라, 광자가 연이어 때리는 것임을 알 수 있다. 각 광자의 에너지는 빛의 진동수에 비례하며, 이 광자의 에너지는 금속면 안에 있는 전자 한 개에 완전히 흡수된다. 방출되는 전자의 개수는 금속면에 입사되는 광자의 개수, 즉 빛의 밝기와 관련이 있다.

11년 후 미국의 물리학자인 밀리컨(Robert Millikan)이 광전 효과에 대한 아인슈타인의 설명을 실험적으로 입증하였다. 모든 측면에서 아인슈타인의 해석이 옳았음이 확인되었다. 광

그림 8.59
광전 효과는 진동수에 의존한다.

전 효과는 빛이 입자의 성질을 갖고 있다는 것을 결정적으로 증명하였다. 빛의 파동 모형은 광전 효과에는 부합하지 않는다. 반면에 간섭은 파동 성질을 갖고 있다는 것을 확실히 보여주며, 빛의 입자 모형은 간섭에는 부합하지 않는다.

명백히, 빛은 파동의 성질과 입자의 성질을 함께 갖고 있다. 이것을 **파동–입자 이중성**(**wave–particle duality**)이라고 한다. 빛은 어떻게 관찰되느냐에 따라 파동 또는 입자로 나타난다. 간단히 말하면, 빛은 금속판이나 다른 검출기와 상호 작용할 때에는 광자의 흐름으로 행동하고, 광원으로부터 검출기까지 이동할 때에는 파동으로 행동한다. 빛은 파동으로서 이동하고 광자의 흐름으로서 때린다. 빛이 파동과 동시에 입자로서 행동한다는 사실은 20세기에 물리학자들이 발견한 가장 흥미로운 현상 중의 하나이다.

연습문제

8.1 진동과 파동

1. 진폭, 파장, 진동수, 주기를 구별하여 설명하시오.
2. 모든 파동의 파원은 무엇인가?

8.2 파동 운동

3. 파동 운동에서, 파원으로부터 수신하는 물체까지 전달되는 것은 무엇인가? 한 단어로 말하시오.
4. 파동이 진행하는 매질은 파동과 함께 이동하는가?
5. 진동수, 파장, 파동 속력 사이의 관계는 무엇인가?

8.3 횡파와 종파

6. 횡파에서 매질은 파동의 진행 방향에 대해 어느 방향으로 진동하는가? 종파에서는 어느 방향으로 진동하는가?
7. 밀과 소의 차이를 구별하여 말하시오.

8.4 소리의 성질

8. 소리의 파장을 공기의 연이은 압축으로 정의해 보시오.
9. 소리는 진공에서 전달될 수 있는가? 그 까닭을 설명하시오.

8.5 공명

10. 소리굽쇠를 때린 후 손잡이를 탁자에 대면 왜 소리가 더 커지는가?
11. 강제 진동과 공명을 구별하여 설명하시오.

8.6 빛의 본질

12. 라디오파와 빛의 주된 차이점은 무엇인가? 빛과 X선의 주된 차이점은 무엇인가?
13. 전자기파의 진동수와, 전자기파를 생성한 진동하는 전자의 진동수의 높이를 비교하시오.

8.7 반사

14. 반사 법칙이란 무엇인가?
15. 난반사에서도 반사 법칙이 만족되는가? 설명하시오.

8.8 투명한 물질과 불투명한 물질

16. 한 소리굽쇠로부터 나온 소리는 다른 소리굽쇠를 진동시킬 수 있다. 빛에서도 이와 유사한 효과가 나타나는가?
17. (a) 자외선이 유리에 입사되면, 이 자외선은 어떻게 될까? (b) 가시광선이 유리에 입사되면, 이 가시광선은 어떻게 될까?
18. 유리 속에서의 빛의 평균 속력과 진공에서의 빛의 평균 속력을 비교하시오.

8.9 색

19. 빛의 진동수와 빛의 색 사이의 관계는 무엇인가?
20. 이 책에 백색광이 비추었을 때, 종이는 왜 하얀색으로 보이고, 잉크는 왜 검은색으로 보이는가?

8.10 굴절

21. 굴절에서 빛이 구부러지는 원인은 무엇인가?
22. 햇빛에 비춰진 한 개의 빗방울은 한 가지 색의 빛만 굴절시키는가? 아니면 여러 색의 빛으로 분산시키는가?
23. 빗방울이 한 개만 있다면, 멀리 떨어져 있는 관찰자는 한 가지 색의 빛만 보게 될까? 아니면 여러 색의 스펙트럼을 보게 될까?
24. 수렴 렌즈와 발산 렌즈를 구별하여 말하시오.

8.11 회절

25. 어떤 작은 구멍에 긴 파장과 짧은 파장의 빛 중 어느 빛을 비추었을 때 회절이 잘 일어날까?
26. 광학 현미경으로 물체를 볼 때 회절이 크면 물체가 잘 보일까? 잘 보이지 않을까?

8.12 간섭

27. 어떤 종류의 파동들이 간섭을 나타내는가?
28. 보강 간섭과 상쇄 간섭을 구별하여 설명하시오.

8.13 도플러 효과

29. 파원이 관찰자에게 다가오면, 정지해 있을 때에 비해 진동수가 높게 관찰되는 까닭은 무엇일까?

8.14 파동–입자 이중성

30. 빛의 입자성을 뒷받침하는 근거는 무엇인가? 빛의 파동성을 뒷받침하는 근거는 무엇인가?
31. 자외선과 빨간색 빛의 광자 중에서 어느 것이 금속 표면에서 전자를 더 성공적으로 떼어 낼까? 왜 그런가?
32. 빛은 언제 입자처럼 행동하는가? 빛은 언제 파동처럼 행동하는가?

확인문제

만일 여러분이 이 장에서 제대로 학습을 하였다면, 다음에 제시된 10개의 질문에 적어도 7개는 제대로 답을 할 수 있을 것이다. 만일 그렇지 못하면 다음 장으로 가기 전에 이 장을 더 학습할 필요가 있다.

각 질문에 대해 가장 적합한 답을 고르시오.

1. 아래 제시된 것들 중 어느 것이 전자기파에 속하지 않는가?
   (a) 빛
   (b) 소리
   (c) 라디오파
   (d) X선
2. 전자기파는 무엇이 진동할 때 생성되는가?
   (a) 전자
   (b) 원자
   (c) 분자
   (d) 에너지장
3. 투명한 물질 속에서 빛의 속력이 느려지는 것과 관련이 있는 것은 무엇인가?
   (a) 빛의 흡수와 재방출에 걸리는 시간
   (b) 물질의 밀도
   (c) 물질 내에서 다른 진동수 영역들
   (d) 빛과 소리의 근본적인 차이
4. 주어진 어떤 면이 매끄러운 반사체로 작용할지, 난반사체로 작용할지를 결정짓는 것은 무엇인가?
   (a) 반사된 빛의 색깔
   (b) 반사된 빛의 밝기
   (c) 빛의 파장
   (d) 입사된 빛의 각도
5. 빛살이 물에서 공기로 나갈 때, 빛살은 어느 쪽으로 꺾이는가?
   (a) 법선 쪽으로
   (b) 법선에서 멀어지는 쪽으로
   (c) 법선에서 멀어지기도 하고 법선을 향하기도 한다.
   (d) 법선에 평행하게
6. 굴절된 빛이 법선에서 멀어지는 쪽으로 구부러졌다면, 이 빛은
   (a) 속력이 느려졌다.
   (b) 속력이 빨라졌다.
   (c) 되튀었다.
   (d) 회절되었다.
7. 여러분이 보고 있는 책의 겉표지의 여러 색은 무엇에 의해 나타난 것인가?
   (a) 색 가법
   (b) 색 감법
   (c) 색 간섭
   (d) 산란
8. 일출과 일몰 때 하늘이 붉게 물드는 것은 주로 무엇이 되지 않은 빛 때문인가?
   (a) 흡수
   (b) 투과
   (c) 산란
   (d) 편광
9. 무지개는 빛이 빗방울 안에서 무엇의 결과로 나타나는가?
   (a) 내부 반사
   (b) 분산
   (c) 굴절
   (d) 이들 모두
10. 빛은 파동성과 입자성을 모두 갖고 있다. 빛이 주로 입자로 행동하는 것은 언제인가?
    (a) 한 지점에서 다른 지점으로 이동할 때
    (b) 물질과 상호 작용할 때
    (c) (a)와 (b) 모두 맞다.
    (d) (a)와 (b) 모두 틀리다.

확인문제 답

1. b, 2. a, 3. a, 4. c, 5. b, 6. b, 7. b, 8. c, 9. d, 10. b

PART TWO 2

화학

안녕, Liam, 나는 모든 사람들처럼 원자로 구성되어 있어. 원자는 아주 작아서, 내가 한 번 숨을 쉴 때마다 수천억 조 개의 원자를 들이마실 수 있어. 이 원자들의 많은 수는 계속 머물러 내 몸의 일부가 되기도 해. 내가 숨을 내쉴 때, 한때 내 몸의 일부였던 수많은 원자들이 밖으로 방출돼.

Gee, Bo, 너희들이 숨을 쉴 때 내보내는 원자는 우리 어린 자매인 Neve와 내가 숨을 쉴 때 들이마신 것들이야. 그래서 우리가 숨을 쉴 때 내보낸 원자가 결국 너의 일부분이 되듯이, 너의 원자가 우리의 일부가 돼.

숨을 한 번 내쉴 때마다 우리는 과거에 살았던 모든 사람의 일부분이었던 원자를 재활용하고 있어. 이런 의미에서 우리는 모두 하나야.

9장 원자와 주기율표

우리 인간은 오랫동안 우리 주위에 있는 물질에 대하여 생각해 왔고, 우리에게 이롭게 사용해 왔다. 우리는 불을 사용하는 법을 습득한 이후 많은 새로운 물질을 창조할 수 있었다. 예를 들어 주형용 젖은 찰흙은 불로 가열하면 세라믹으로 단단해지는 것을 발견하였다. 기원 전 5000년까지 도자기 화덕은 구리 광석을 구리 금속으로 바꿀 수 있을 만큼 뜨거운 용광로로 대체되었다. 기원 전 1200년까지 심지어 더 뜨거운 용광로가 철광석을 철로 바꿀 수 있었다. 이 기술로 인해 금속 도구와 무기의 대량 생산이 가능해졌으며, 고대 중국, 이집트 및 그리스 문명의 많은 업적을 이룰 수 있었다.

21세기로 빠르게 넘어가 보면, 우리 주위의 모든 물질이 매우 작은 원자로 구성되어 있다는 것을 우리는 그 이후 알았다. 새롭고 유용한 현대 물질들의 막대한 집합체를 생산하기 위해 우리는 이 원자들을 조작하는 법을 알았다. 이 장에서는 원자의 본성과 원자의 이야기를 말해 주는 놀라운 표인 주기율표를 탐구할 것이다.

융합과학 9A
물리학

학습목표
원자의 기원과 원자의 내부가 비어 있는 본성을 기술할 수 있다.

원자는 아주 오래되었고 비어 있다

물음 만약 원자가 비어 있다면, 왜 우리는 벽을 통과하여 갈 수 없는가?

가장 가벼운 원자인 수소(H)는 알려진 우주에 있는 원자의 90% 이상을 차지하고 있다. 이 수소 원자의 대부분은 약 137억 년 전에 우리 우주의 초기에 생성되었다. 더 무거운 원자는 중력에 의해 서로 끌어당겨져 수소 원소의 엄청난 집단인 별에서 생성되었다. 별 내부의 깊은 곳에서 큰 압력이 수소 원자를 융합시켜 더 무거운 원자로 만들었다. 그러므로 수소를 제외하고, 우리 몸의 원자를 포함하여 지구에서 자연적으로 존재하는 모든 원자들은 별에서 생성되었다. 여러분 주위의 모든 것처럼, 여러분도 별의 먼지로 구성되어 있다.

그러므로 원자들은 아주 오래되었다. 그들은 생물과 무생물의 무수한 형태로 우주에 재생하면서 셀 수 없을 정도의 세월 동안 존재해 왔다. 이런 의미에서 여러분은 몸을 구성하는 원자들을 소유할 수 없다. 즉 여러분은 단지 현재의 관리인이다. 더 많은 관리인들이 여러분의 뒤를 이를 것이다.

원자는 매우 작아 여러분이 한번 숨을 내쉴 때 10^{23}개 이상의 원자를 포함한다. 이것은 지구 대기에 있는 호흡의 수보다 더 많은 것이다. 몇 년 안에 여러분이 호흡한 원자들은 대기 속으로 균일하게 퍼진다. 이것이 의미하는 것은 지구 상 어느 곳에 있는 누구라도 공기 호흡으로 숨을 들이마실 때, 한때 여러분의 일부였던 수많은 원자가 몸으로 들어온다는 것이다. 그리고 물론 그 반대도 사실이다. 즉 여러분도 한때 그 전에 살았던 모든 사람의 일부였던 원자들을 들이마신다. 우리는 말 그대로 서로 호흡하고 있다.

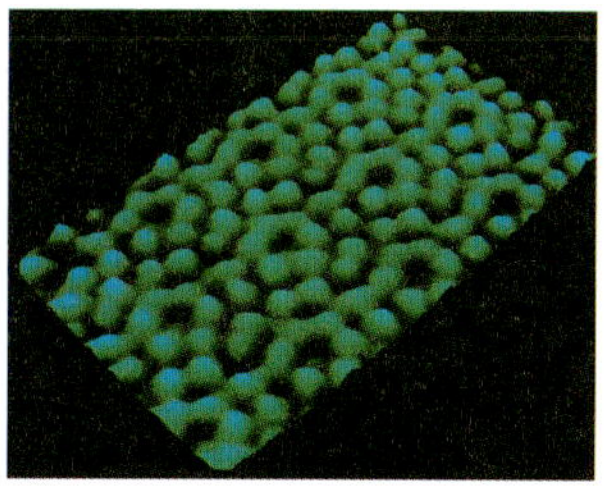

그림 9.1
주사 탐침 현미경으로 얻은 탄소 원자의 모습

원자는 매우 작아서 가시광선으로 볼 수 없다. 그 이유는 원자가 가시광선의 파장보다 훨씬 더 작기 때문이다. 우리는 현미경 위로 현미경을 겹쳐 쌓을 수 있지만, 원자를 결코 '볼' 수 없다. 그림 9.1과 같은 원자의 사진은 주사 탐침 현미경으로 얻어진다. 앞으로 융합과학 9B에서 논의하겠지만, 이것은 빛과 광학을 함께 건너뛰는 영상 기기이다.

오늘날 우리는 원자보다 더 작은, 원자 구성 입자인 **전자**(*electron*), **양성자**(*proton*), **중성자**(*neutron*)로 원자가 구성되어 있다는 것을 알고 있다. 또한 원자들이 각기 가지고 있는 원자 구성 입자의 수가 단지 서로 다르다는 것을 알고 있다. 양성자와 중성자들은 더 큰 입자인 **원자핵**(**atomic nucleus**)을 형성하기 위해 원자의 중심에 함께 붙잡혀 있다. 핵은 원자 질량의 대부분을 구성하는 상대적으로 무거운 입자이다. 그림 9.2에서 보는 바와 같이, 전자구름 안에 작은 **전자**가 핵 주위를 돌고 있다.

그림 9.2
전자는 원자핵 주위를 돌고 있으며, 이것은 전자가 가장 많은 시간을 보내는 곳을 더 진하게 표현하는 구름으로 가장 잘 표현할 수 있다. 그러나 전자는 보이지 않는다. 그래서 단지 구름 같은 것으로 형상화할 수 있다. 더구나 이 그림이 크기대로 그려진다면, 양성자와 중성자가 있는 원자핵은 너무 작아 눈에 보이지 않을 것이다. 요약하면, 원자는 그림으로 나타내기에 그리 적합하지 않다.

우리와 우리 주위에 있는 모든 물질은 대부분 빈 공간으로 되어 있다. 이것이 어떻게 가능할까? 전자는 원자 안의 핵 주위를 돌고 있으며, 이것이 원자가 차지하는 공간의 부피로 정의된다. 그러나 전자는 매우 작다. 원자가 야구장의 크기라면, 전자 한 개는 쌀 한 톨보다 더 작을 것이다. 더구나 원자의 모든 전자들은 일정 간격으로 널리 떨어져 있다. 참으로 원자는 주로 빈 공간으로 되어 있다.

그렇다면 왜 원자들은 그냥 서로 통과하지 않는가? 원자가 빈 특성을 가지고 있음에도 불구하고 어떻게 우리가 바닥에 서 있을 수 있는가? 원자 구성 입자가 원자의 부피보다 훨씬 더 작더라도, 그들의 전기장 범위는 그 부피보다 몇 배 더 크다. 전자들은 어떤 원자의 바깥 영역에 있으며, 이것은 이웃하는 원자의 전자들을 밀어낸다. 그러므로 두 원자는 그들이 밀어내기

그림 9.3
트레이시와 이안이 이 사진에 있는 것처럼 가까워지더라도 그들 원자는 어느 것도 서로 접촉하지 않는다.

전까지 단지 서로 가까워질 수 있다. (예컨대 그들은 12장에 논의될 화학 결합은 아니다.)

여러분 손의 원자들을 벽의 원자들에 대고 밀 때, 손의 전자와 벽의 전자들 사이의 전기적 반발은 여러분의 손이 벽을 뚫고 관통하는 것을 방지한다. 이와 같은 전기적 반발 때문에 우리는 고체 마루의 바닥 아래로 떨어지지 않는 것이다. 그들은 또한 우리에게 촉각이 가능하게 한다. 흥미롭게도, 여러분이 누군가를 만져도, 여러분의 원자와 다른 사람의 원자들은 서로 만나지 않는다. 참으로, 여러분 둘 사이의 원자들은 충분히 가까워져서 여러분은 전기적 반발을 느낀다. 감지할 수 없더라도 작은 간격이 여러분 둘 사이에 존재한다(그림 9.3).

9.1 원소

학습목표
물질의 필수적인 건축 블록으로 주기율표의 원소들을 인식할 수 있다.

물음 물은 왜 원소가 아닌가?

여러분은 별, 강철, 초콜릿 아이스크림과 같은 우리 주위의 물질이 원자로 구성되어 있다는 것을 알고 있다. 다른 종류의 물질이 주어진다면, 여러분은 많은 다른 종류의 원자들이 있을 것이라고 생각할지도 모른다. 그러나 다른 종류의 원자의 수는 놀랍게도 적다. 물질의 종류가 상당히 다양한 것은 몇 종류의 원자가 조합될 수 있는 방법이 매우 많기 때문이다. 빨강, 초록, 파랑의 세 가지 색이 텔레비전 화면에서 모든 색을 만들기 위해 조합되거나, 26개의 알파벳 문자가 사전의 모든 단어를 구성하기 위해 조합되는 것처럼, 단지 몇 종류의 원자들이 모든 물질들을 형성하기 위해 다양한 방법으로 조합된다. 현재까지 100개가 조금 넘는, 완전히 다른 원자를 우리는 알고 있다. 이 중에 약 90개가 자연에서 발견된다. 나머지 원자들은 실험실에서 만들어졌다.

한 종류의 원자만으로 만들어진 물질은 **원소(element)**로 분류된다. 원소의 세 가지 예가 그림 9.4에 나타나 있다. 예를 들어 순수한 금은 금 원자만을 포함하고 있으므로 원소이다. 질소 기체는 질소 원자만을 포함하고 있기 때문에 원소이다. 비슷하게 연필에 있는 흑연은 탄소 원소이다. 흑연은 탄소 원자만으로 구성되어 있다. 그림 9.5에서와 같이, 모든 원소는 **주기율표(periodic table)**라고 하는 표에 나열되어 있다.

주기율표에서 보는 바와 같이, 각 원소는 원소 이름의 문자로부터 따온 **원자 기호(atomic symbol)**로 표시된다. 예를 들어 탄소(carbon)의 원자 기호는 C이며, 염소(chlorine)의 원자 기호는 Cl이다. 많은 경우, 원자 기호는 원소의 라틴 이름에서 유래하였다. 금은 라틴 이름 *aurrum*을 따라서 원자 기호 Au를 가진다. 납은 라틴 이름 *plumbum*을 따라서 원자 기호 Pb를 가진다(그림 9.6). 라틴 이름에서 유래된 기호를 갖는 원소들은 대체로 초기에 발견된 것이다.

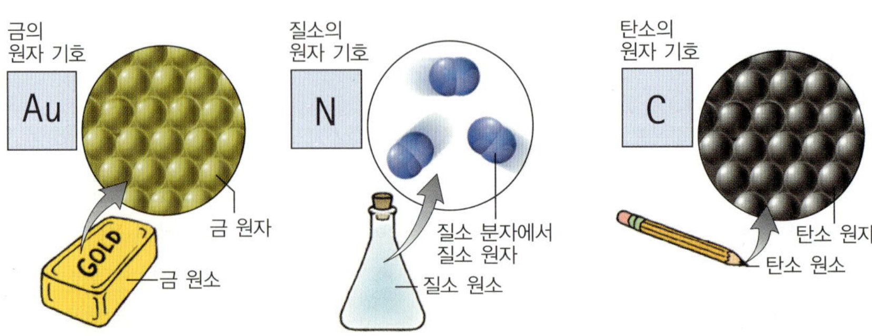

그림 9.4
모든 원소는 한 종류의 원자만으로 이루어져 있다. 금은 금 원자만으로 이루어져 있고, 플라스크 속의 질소 기체는 질소 원자만으로 이루어져 있으며, 흑연 연필의 탄소는 탄소 원자만으로 이루어져 있다.

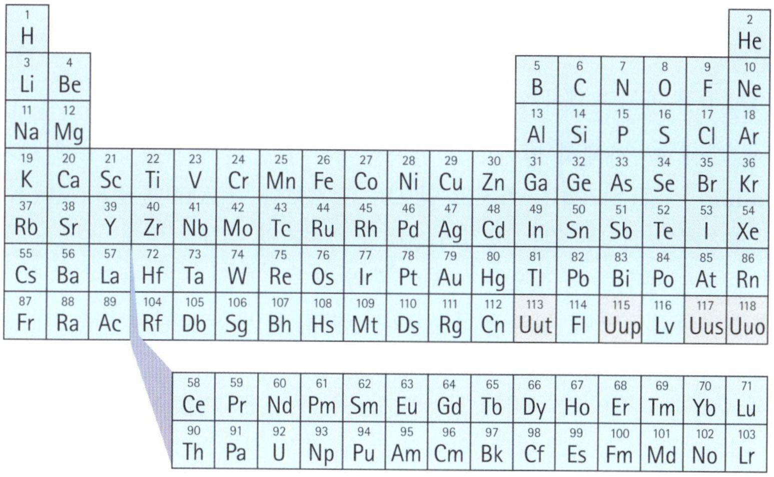

그림 9.5
주기율표는 알려진 원소를 모두 나열하고 있다.

원자 기호의 첫 글자는 대문자로 쓴다는 것을 주의하라. 예를 들면 코발트 원소의 기호는 Co이나, CO는 두 원소인 탄소 C와 산소 O의 조합이다.

원소(*element*)와 **원자**(*atom*)는 가끔 비슷한 의미로 사용된다. 예를 들어 금은 금 원자로 만들어진 원소라는 말을 들어보았을지도 모른다. 일반적으로 **원소**는 순수한 거시적 또는 미시적 시료에 대한 기준으로 사용되며, **원자**는 시료에서 원자 구성 입자를 말할 때 사용된다. 중요한 구별은 원소가 원자로 구성되어 있고, 다른 방법으로 만들 수 없다는 것이다.

원소 단위에서 그들 스스로 배열되는 원자의 수는 **원소식**으로 표시된다. 2개 또는 더 많은 수의 원자가 결합하여 분자가 된 원소의 경우, **원소식**(**elemental formula**)은 각 분자에 있는 원자의 수를 아래 첨자로 표시하는 화학 기호이다.

예를 들어 그림 9.4에 나타낸 질소 원소는 분자당 2개의 질소 원자를 포함하는 분자로 이루어져 있다. (우리가 앞으로 11장에서 논의하듯이, 분자는 어떤 특정한 배열로 함께 결합한 원자의 집단이다). 따라서 N_2는 대기 중 질소의 원소식이다. 비슷하게 대기의 산소는 원소식 O_2를 갖는 반면, 황의 원소식은 S_8이다. 기본 단위가 개개의 원자(분자가 아님)인 원소에 대하여, 원소식은 간단하게 화학 기호이다. 이것은 대부분의 원소에 해당된다. 이름에 대한 두 개의 예를 보면, Au는 금의 원소식이고, Li는 리튬의 원소식이다.

그림 9.6
목수나 측량사가 수직을 맞추기 위해 줄에 부착하는 무거운 추인 연추는 지금도 가끔 추로 사용되는 납(plumbum, Pb)에서 그 이름을 얻었다. 배관공은 한때 납으로 된 파이프를 가지고 일을 했기 때문에 그의 이름을 얻었다. 현재는 납의 독성 때문에 구리 또는 PVC(폴리염화바이닐) 파이프가 사용되고 있다.

학습목표
원자핵의 구조와 원소의 원자 질량이 어떻게 계산되는지를 기술할 수 있다.

9.2 양성자와 중성자

물음 중수(D_2O)를 마시면 왜 몸에 해롭지 않는가?

원자에 대해 더 자세히 알아보고 원자핵에서 발견된 입자를 조사해 보자. **양성자**(**proton**)는 양(+)전하를 가지고 있으며, 전자보다 약 2000배 정도 상대적으로 무겁다. 양성자와 전자는 같은 크기의 전하를 가지지만 부호는 반대이다. 모든 원자핵에서 양성자의 수는 핵 주위를 돌고 있는 전자의 수와 같다. 그래서 양성자와 전자의 반대 전하는 서로 균형을 이루고 있으며, 알짜 전하는 0이다. 예를 들어 산소 원자는 총 8개의 양성자와 8개의 전자를 가지고 있으며, 따라서 전기적인 중성이다.

과학자들은 주어진 원소의 각 원자에 있는 양성자의 수인 **원자 번호**(**atomic number**)로 원소를 확인하는 것에 대하여 동의해 왔다. 현대적 주기율표는 원자 번호가 증가하는 순서로 원소를 나열한 것이다. 원자당 양성자가 한 개인 수소는 원자 번호 1을 가지고, 원자당 양성자가 두 개인 헬륨은 원자 번호 2를 가지며, 기타 등등이다.

만약 다른 원자들의 전하량과 질량을 비교한다면, 원자핵이 양성자 이상의 것으로 구성되어 있을 것이라는 것을 알 수 있다. 예를 들어 헬륨은 전하량은 수소의 2배이지만 질량은 4배이다. 부가된 질량은 핵에 존재하는 또 다른 원자 구성 입자인 중성자에 의한 것이다. **중성자**(**neutron**)는 양성자와 질량이 대략 같지만, 전하를 가지고 있지 않다. 알짜 전하가 없는 모든 물체는 전기적 중성이라고 말하는데, 이것이 중성자의 이름이 얻어진 이유이다. (10장에서 중성자가 원자핵을 함께 붙잡는 데 중요한 역할을 한다는 것을 논의할 것이다.)

양성자와 중성자 모두를 **핵자**(**nucleon**)라고 하며, 이것은 원자핵에서 그들의 위치를 나타내는 속명이다. 표 9.1은 전자, 양성자 및 중성자에 대한 기본적인 사실을 요약한 것이다.

동위 원소와 원자 질량

모든 원소에서 핵 속에 있는 중성자의 수는 변할 수 있다. 예를 들어 대부분의 수소 원자(원자 번호 1)는 중성자를 가지고 있지 않다. 그러나 수소의 일부는 한 개의 중성자를 가지고 있으며, 더 극히 일부는 두 개의 중성자를 가지고 있다. 비슷하게, 대부분의 철 원자(원자 번호 26)는 30개의 중성자를 가지고 있으나, 일부는 29개의 중성자를 가지고 있다. 같은 원소이면서 다른 수의 중성자를 포함하는 원자들을 서로의 **동위 원소**(**isotope**)라고 한다.

동위 원소는 핵 속에 있는 양성자와 중성자의 총 수(다른 용어로 핵자의 수)인 질량수로 확인할 수 있다. 그림 9.7에서와 같이 한 개의 양성자만 가지고 있는 수소 동위 원소는 수소-1이라고 하는데, 여기서 1은 질량수이다. 그러므로 한 개의 양성자와 한 개의 중성자가 있는 수소 동위 원소는 수소-2이고, 한 개의 양성자와 두 개의 중성자가 있는 수소 동위 원소는 수소-3이다. 비슷하게, 26개의 양성자와 30개의 중성자가 있는 철 동위 원소는 철-56이라고 하며,

표 9.1 원자 구성 입자

	입자	전하	전자와 비교한 질량	실제 질량* (kg)
	전자	−1	1	9.11×10^{-31}**
핵자	양성자	+1	1836	1.673×10^{-27}
핵자	중성자	0	1841	1.675×10^{-27}

* 직접 측정한 값이 아니고, 실험적인 데이터로부터 계산된 값임.
** 9.11×10^{-31} kg = 0.000000000000000000000000000000911 kg.

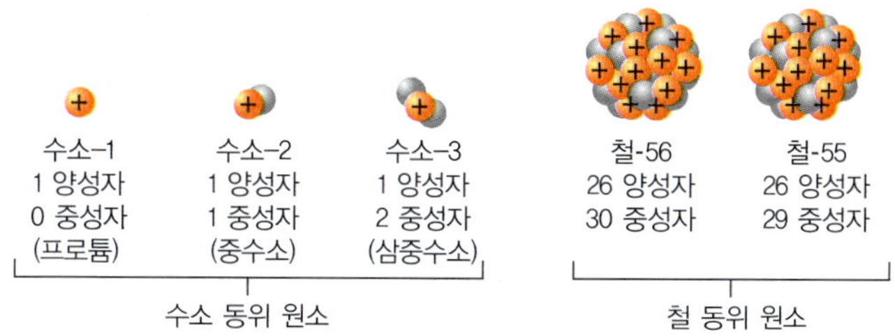

그림 9.7
원소의 동위 원소들은 양성자의 수가 같으나 중성자의 수가 다르므로 질량수가 다르다. 세 가지 수소 동위 원소는 수소-1인 프로튬, 수소-2인 중수소 및 수소-3인 삼중수소와 같이 특별한 이름을 가지고 있다. 이들 세 동위 원소 중에서 수소-1이 가장 일반적이다. 철과 같은 대부분 원소에서 동위 원소들은 특별한 이름이 없고 단지 질량수에 의해 표시된다.

중성자가 29개인 철은 철-55이다.

동위 원소를 표시하는 또 다른 방법은 원자 기호의 왼쪽에 위 첨자로 질량수를 쓰고, 아래 첨자로 원자 번호를 쓰는 것이다. 예를 들어 질량수가 56이고 원자 번호가 26인 철 동위 원소는 다음과 같이 쓰인다.

$$^{56}_{26}\mathrm{Fe}$$

질량수 — 56
원자 기호 — Fe
원자 번호 — 26

동위 원소에 있는 중성자의 총 수는 질량수에서 그 원자 번호를 뺌으로써 구할 수 있다.

질량수
− 원자 번호
―――――
중성자의 수

예를 들어 우라늄-238은 238개의 핵자를 가지고 있다. 우라늄의 원자 번호는 92이고, 이것은 이들 238개의 핵자 중에 92개가 양성자라는 것을 말해 준다. 나머지 146개의 핵자는 중성자일 것이다.

238개의 양성자와 중성자
− 92개의 양성자
―――――
146개의 중성자

원자들은 전기적으로 서로 상호 작용한다. 그러므로 모든 원자가 다른 원자의 존재하에서 반응하는 방법은 그가 가지는 전하, 특히 그의 최외각 전자들에 의해 주로 결정된다. 어떤 원소의 동위 원소는 전하가 아니라 단지 질량이 다르다. 이런 이유 때문에 원소의 동위 원소는 많은 특성들을 공유한다. 사실 그들은 서로 구별될 수 없는 화학 물질이다. 예를 들어 7개의 중성자가 있는 탄소들을 포함하는 설탕 분자는, 6개의 중성자가 있는 탄소들을 포함하는 설탕 분자와 다르지 않게 소화된다. 흥미롭게도, 우리가 음식으로 소비하는 탄소의 약 1%는 탄소 핵당 7개의 중성자를 포함하는 탄소-13 동위 원소이다. 우리 음식물에 있는 나머지 99%의 탄소는 훨씬 더 일반적인 핵당 6개의 중성자를 포함하는 탄소-12 동위 원소이다.

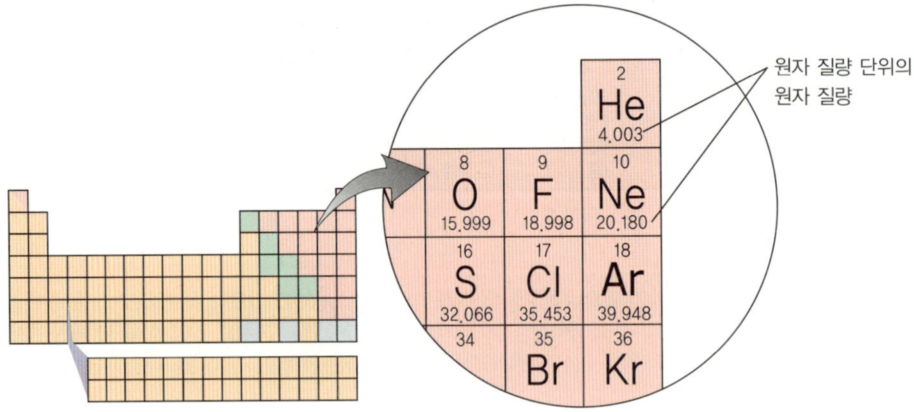

그림 9.8
헬륨(He)은 원자 질량이 4.003 amu이며, 네온(Ne)은 원자 질량이 20.180 amu이다.

대부분의 물 분자 H_2O는 중성자가 없는 수소 원자로 구성되어 있다. 그러나 중성자를 가지고 있는 일부는 더 무거우며, 이런 차이 때문에 그들은 분리될 수 있다. 그런 물은 대략적으로 '중수'라고 하며, 화학식이 D_2O이다.

원자의 전체 질량은 그의 **원자 질량**(**atomic mass**)이라고 한다. 이것은 원자의 모든 구성 성분(전자, 양성자 및 중성자)의 질량의 합이다. 전자는 핵에 비해 질량이 매우 작기 때문에 원자 질량에 대한 그의 기여는 무시할 만하다. 원자 질량은 **원자 질량 단위**(*atomic mass unit*, amu)라는 특별한 단위로 발전되어 왔다. 1 원자 질량 단위는 1.66×10^{-24} g으로, 양성자 한 개의 질량보다 약간 더 작다. 그림 9.8에서와 같이 주기율표에 제시된 원자 질량은 원자 질량 단위이다. 주기율에 제시된 어떤 원소의 원자 질량은 실제로는 그의 여러 동위 원소들의 **평균**(*average*) 원자 질량이다.

학습목표
원소들이 주기율표에서 어떻게 체계화되었는지를 해석할 수 있다.

9.3 주기율표

물음 주기율표는 사전과 어떻게 비슷한가?

주기율표는 모든 알려진 원소들에 대해 원자 질량, 원자 번호 및 원자 기호를 나열한 표이다. 그러나 주기율표는 훨씬 더 많은 정보를 포함하고 있다. 예를 들어 표를 체계화한 방법은 원소의 성질에 대하여 더 많은 정보를 준다. 원소가 어떻게 금속, 비금속, 준금속으로 분류되는지를 살펴보자.

그림 9.9에서와 같이, 알려진 대부분의 원소는 금속으로, 광택이 있으면서 불투명하고, 전기와 열의 전도성이 좋은 원소로 정의된다. 금속은 절단 없이 다른 모양으로 두들겨 펴거나 굽힐 수 있는 **전성**(*malleable*)이 있다. 또한 가는 선으로 늘릴 수 있는 **연성**(*ductile*)이 있다. 몇 개를 제외한 모든 금속은 상온에서 고체이다. 예외는 수은(Hg), 갈륨(Ga), 세슘(Cs), 프랑슘(Fr)이며, 이들은 30°C(86°F)의 따뜻한 상온에서 액체이다. 또 다른 흥미로운 예외는 매우 높은 압력에서만 액체 금속의 성질을 가지는 수소(H)이다(그림 9.10). 정상적인 조건에서, 수소는 비금속 기체처럼 행동한다.

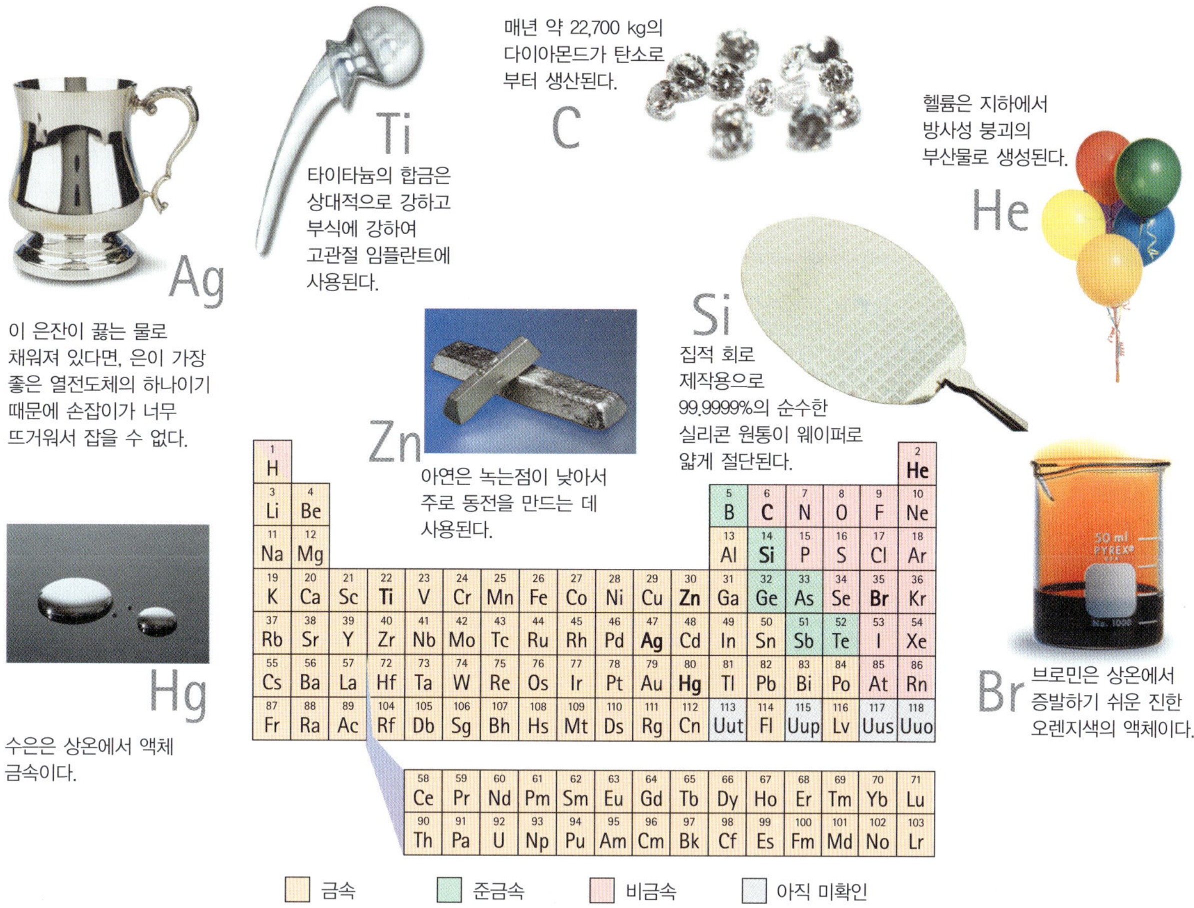

그림 9.9
주기율표는 금속, 비금속 및 준금속을 보여 주기 위해 색으로 구분된다.

수소를 제외한 비금속 원소는 주기율표의 오른쪽에 있다. 비금속은 전기 및 열 전도성이 좋지 않으며, 또한 투명할지도 모른다. 고체 비금속은 전성뿐 아니라 연성도 없다. 오히려 부서지기 쉬워서, 망치로 때리면 산산조각이 난다. 30°C(86°F)에서 어떤 비금속은 고체(탄소, C)이며, 다른 것은 액체(브로민, Br)이고, 또 다른 것은 기체(헬륨, He)이다.

붕소(B), 규소(Si), 저마늄(Ge), 비소(As), 안티모니(Sb) 및 텔루륨(Te)과 같은 6개의 원소들은 준금속으로 분류된다. 준금속은 주기율표에서 금속과 비금속 사이에 위치하며, 금속과 비금속의 특성을 모두 가지고 있다. 예를 들어 이 원소들은 약한 전기 도체이므로 컴퓨터의 집적 회로에 사용되는 반도체를 만드는 데 사용된다. 주기율표에서 저마늄(원자 번호 32)은 비금속보다 금속 쪽에 더 가까이 있다는 것을 주목하라. 이런 위치 때문에 저마늄이 규소(원자 번호 14)보다 금속성이 더 크며, 약간 더 좋은 전기 도체이라는 것을 추론할 수 있다. 따라서 저마늄으로 제조된 집적 회로가 규소로 제조된 것보다 더 빠르게 작동한다는 것을 알 수 있다. 그러나 규소는 훨씬 더 풍부하고 얻는 데 더 값이 싸기 때문에 규소 컴퓨터 칩이 산업 표준으로 사용되고 있다.

그림 9.10
지구 행성 모형은 목성(그림)과 토성의 표면 아래 깊은 곳에 수소가 액체 금속으로 존재한다는 것을 암시한다. 이 행성들은 대부분 수소로 구성되어 있다. 그들 안쪽의 압력은 지구 대기압의 3백만 배가 넘는다. 이 엄청나게 높은 압력에서 수소는 액체 금속 상태로 압축된다.

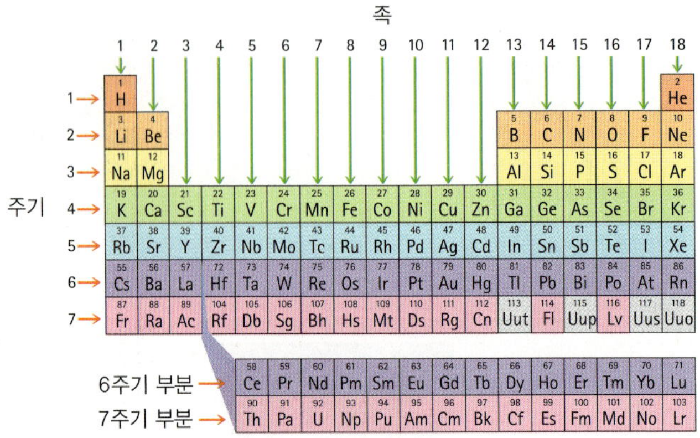

그림 9.11
주기율표에서 7개 주기(가로줄)와 18개 족(세로줄). 모든 주기는 같은 수의 원소들을 포함하지 않는다는 것을 주목하라. 또한 나중에 이유를 설명하겠지만, 6주기와 7주기는 각각 본체와 따로 떨어져 나열된 원소들의 일부분을 포함하고 있다는 것을 주목하라.

주기와 족

주기율표에서 원소들을 체계화하는 두 가지 다른 중요한 방법은 가로줄과 세로줄에 의한 것이다. 각 가로줄은 **주기(period)**라고 하며, 각 세로줄은 **족(group 또는 family)**이라고 한다. 그림 9.11에서와 같이 7개 주기와 18개 족이 있다.

모든 주기를 가로질러 움직일 때 원소의 성질은 점진적으로 변한다. 이 점진적 변화를 주기적 경향이라고 한다. 그림 9.12에서와 같이 한 가지 주기적 경향은 모든 주기에서 여러분이 왼쪽에서 오른쪽으로 가로질러 움직일 때 원자 번호가 감소하는 경향이 있다는 것이다. 경향은 한 가로줄에서 다음 줄까지 반복된다는 것을 주목하라. 이와 같이 경향이 반복되는 현상을 **주기성**(*periodicity*)이라고 하는데, 이것은 경향이 주기적으로 되풀이되는 것을 나타낼 때 사용하는 용어이다. 각 가로줄은 한 경향의 전체 순환 과정에 해당하기 때문에 주기라고 한다.

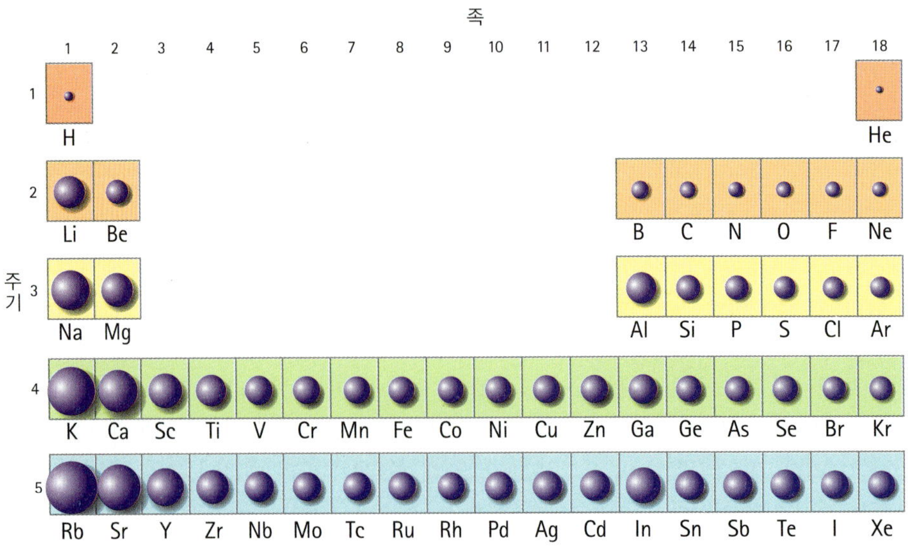

그림 9.12
원자의 크기는 왼쪽에서 오른쪽으로 가로질러 움직일 때 점진적으로 감소한다. 원자의 크기는 주기적(반복적인) 성질이다.

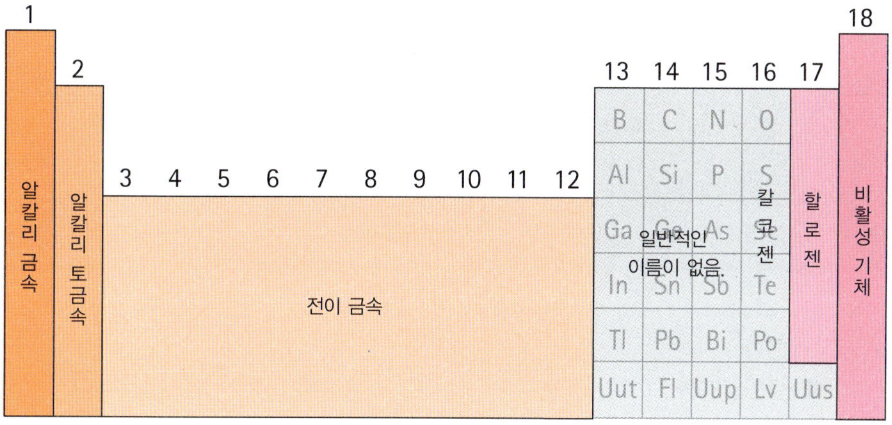

그림 9.13
여러 족의 원소에 대한 일반적인 이름

어떤 족(세로줄)을 내려갈 때 원소의 성질이 현저히 비슷해지는 경향이 있는데, 이것이 이 원소들을 '같은 족'이라고 말하는 이유이다. 그림 9.13에서와 같이, 몇 가지 족은 그들 원소들의 성질을 나타내는 고유의 이름을 가지고 있다. 인류의 초기 역사에서 사람들은 물과 혼합되는 재는 기름을 제거하는 데 사용될 수 있는 미끄러운 용액을 생성한다는 것을 발견하였다. 중세 시대까지 이런 혼합물은 재라는 뜻의 아랍어(*al-qali*)로부터 유래된 용어인 **알칼리**(*alkaline*)로 기술되었다. 알칼리 혼합물은 용도가 많이 발견되었으며, 특히 비누 제조에 사용된다(그림 9.14). 지금은 알칼리 재가 1족 원소의 화합물로 가장 유명한 탄산 포타슘(또한 잿물로 알려짐)을 포함하고 있다는 것이 알려져 있다. 이런 역사 때문에 금속인 1족 원소를 **알칼리 금속**(*alkali metal*)이라고 한다.

2족 원소도 역시 물과 혼합될 때 알칼리 용액을 생성한다. 더구나 중세의 연금술사들은 어떤 광물(지금은 2족 원소로 구성되어 있는 것을 알고 있다.)은 불에 넣을 때 녹지 않거나 변화가 없다는 것에 주목하였다. 이와 같이 불에 견디는 물질은 연금술사에게 '흙(earth)'으로 알려져 있었다. 이 고대로부터의 잔존물 때문에 2족 원소는 **알칼리 토금속**(*alkaline earth metal*)으로 알려져 있다.

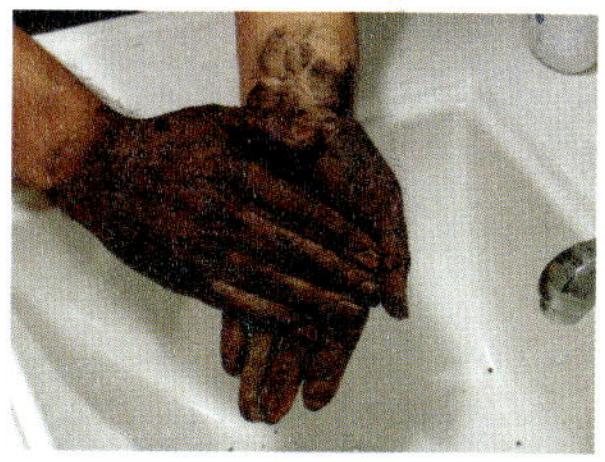

그림 9.14
재와 물은 한때 손을 씻는 데 사용되었던 미끄러운 알칼리성 용액을 만든다.

주기율표의 오른쪽에서 16족 원소는, 이 족의 위쪽에 있는 두 원소인 산소와 황이 주로 광석에서 발견되기 때문에 **칼코젠**(그리스어로 '광석 생성')으로 알려져 있다. 17족 원소는 여러 염을 생성하는 경향 때문에 **할로젠**(*halogen*, 그리스어로 '염 생성')으로 알려져 있다. 18족 원소는 모두 다른 원소들과 결합하지 않는 비반응성 기체이다. 이런 이유 때문에 이들은 **비활성 기체**(*noble gas*)로 불리며, 아마도 초기의 귀족은 평민과 잘 어울리지 않은 것에 유래한 것이다.

3족에서 12족 원소는 모두 물과 알칼리 용액을 생성하지 않는 금속이다. 이 금속들은 알칼리 금속보다 세기가 더 강한 경향이 있으며, 물과 잘 반응하지 않는다. 따라서 그들은 구조적인 목적을 위해 사용된다. 그들은 총체적으로 주기율표에서 중앙 위치를 의미하는 이름인 **전이 금속**(*transition metal*)으로 알려져 있다. 전이 금속은 철(Fe), 구리(Cu), 니켈(Ni), 크로뮴(Cr), 은(Ag) 및 금(Au)과 같은 몇 가지 가장 유명하고 중요한 원소들을 포함하고 있다. 그들은 현대 기술에서 중요함에도 불구하고 덜 알려진 많은 원소들을 포함하고 있다. 부식되지 않는 금속이 임플란트 장치에 사용되기 때문에, 고관절 임플란트를 한 사람은 타이타늄(Ti), 몰리브데넘(Mo) 및 망가니즈(Mn)와 같은 전이 금속을 고맙게 여긴다.

우라늄 원자는 리튬 원자보다 40배 더 무겁지만, 더 큰 전하를 가진 핵이 전자를 더 세게 끌

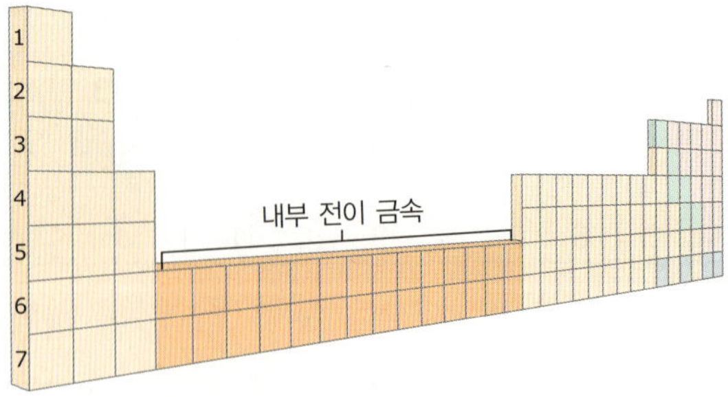

그림 9.15
3족과 4족의 원자 사이에 내부 전이 금속을 끼워 넣으면, 주기율표를 표준 용지 한 장에 맞추기가 쉽지 않다.

어당기기 때문에 원자의 크기는 약간 더 클 뿐이다. 그러나 그것은 끌어당겨야 할 더 많은 전자들을 가지고 있는데, 이 전자들은 원자의 크기를 거의 변하지 않도록 균형이 잡히도록 한다.

6주기에는 다른 전이 금속과 완전히 다른 14개의 금속 원소(원자 번호 58에서 71)들의 부분이 있다. 비슷한 부분(원자 번호 90에서 103)이 7주기에서 발견된다. 이 두 부분은 **내부 전이 금속**(*inner transition metal*)이다. 그림 9.15에서와 같이, 주기율표의 본체에 내부 전이 금속을 끼워 넣으면 길고 모양이 이상한 표가 된다. 그래서 표가 표준 용지 크기에 잘 맞도록 하기 위해 그림 9.16에서와 같이, 이 원소들은 보통 주기율표의 본체 아래쪽에 둔다.

6주기 내부 전이 금속는 란타넘(La) 뒤에서부터 떨어져 나왔기 때문에 **란타넘족**(*lanthanide*)이라고 한다. 이들은 물리적, 화학적 성질이 비슷하기 때문에 지구의 같은 장소에서 함께 혼합되어 발견되는 경향이 있다. 또한 이런 유사성 때문에 란타넘족은 제련하기가 대단히 어렵다. 최근에는 란타넘족의 상업적 이용이 증가하고 있다. 예를 들어 몇 가지 란타넘족 원소들은 컴퓨터 모니터와 평면 화면 텔레비전의 발광 다이오드(LED)의 제작에 이용되고 있다.

7주기 내부 전이 금속는 악티늄(Ac) 뒤에서부터 떨어져 나왔기 때문에 **악티늄족**(*actinide*)이라고 한다. 이들 또한 모두 유사한 성질을 가지고 있으므로 쉽게 제련하지 못한다. 원자력 산업에는 가장 대중화된 두 란타넘족인 우라늄(U)과 플루토늄(Pu)의 정제된 시료가 필요하기 때문에, 이 장애물에 직면해 있다. 우라늄보다 더 무거운 악티늄족은 자연에서 발견되지 않고, 실험실에서 합성되고 있다.

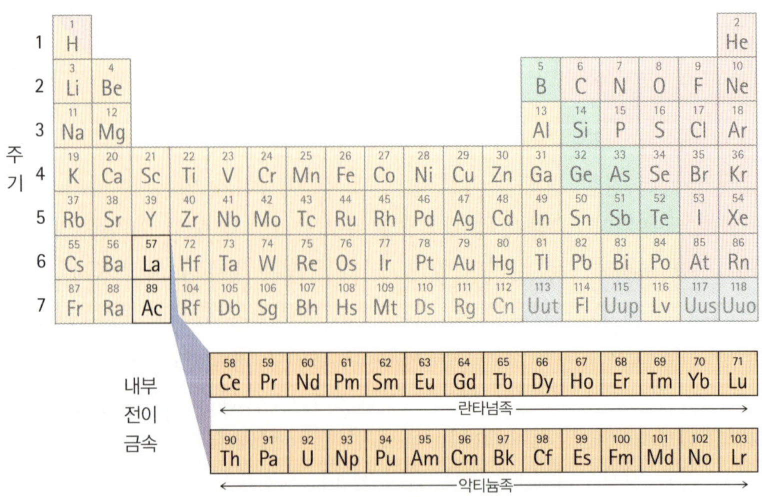

그림 9.16
내부 전이 금속의 전형적인 표현. 6주기 원소 수의 계산은 란타넘(La, 57)에서 세륨(Ce, 58)으로 간 후 루테튬(Lu, 71)을 지나서 다시 하프늄(Hf, 72)으로 돌아간다. 유사한 건너뜀이 7주기에서도 적용된다.

융합과학 9B
생명과학, 지구과학

학습목표
물리적 속성을 기술하는 모형과 계의 행동을 기술하는 모형을 구별할 수 있다.

물리적이고 개념적인 모형

물음 우리는 원자의 행동을 어떻게 예측하는가?

그림 9.17에서 보는 바와 같이, 원자는 매우 작기 때문에 야구공에 있는 원자의 수는 지구와 같은 크기의, 비어 있는 구에 채워질 수 있는 탁구공의 수와 대략적으로 같다. 이 수는 우리의 직관적인 이해를 넘는, 믿을 수 없을 정도로 큰 수이다. 원자들은 엄청나게 작기 때문에 보통의 감각으로는 결코 원자들을 볼 수 없다. 이것은 빛이 파동으로 운동하며, 원자의 크기가 우리 눈으로 물체를 볼 수 있게 하는 가시광선의 파장보다 더 작기 때문이다. 그림 9.18에서 보는 바와 같이, 현미경의 최고 확대 배율로 볼 수 있는 물체의 지름은 가시광선의 파장보다 더 커야 한다.

그림 9.17
만약 지구가 탁구공으로만 채워져 있다면, 탁구공의 수는 야구공에 있는 원자의 수와 대략적으로 같을 것이다. 다르게 말하면, 야구공이 지구의 크기였다면, 공의 원자 한 개는 탁구공의 크기였을 것이다.

우리는 원자를 **직접** 볼 수는 없지만, 간접적으로 원자의 모습을 재생할 수 있다. 1980년대 중반에 연구자들은 **주사 탐침 현미경**(*scanning probe microscope*)을 개발하였는데, 그것은 시료 표면에 아주 얇은 바늘을 앞뒤로 끌면서 영상을 만들어 낸다. 표면에 있는 원자 크기의 요철은 바늘을 위아래로 움직이게 한다. 이 수직적인 운동이 감지되고 컴퓨터에 의해 표면에 있는 원자의 위치에 해당하는 지형적인 영상으로 바뀌게 된다(그림 9.19). 주사 탐침 현미경은 개별적인 원자를 원하는 위치로 미는 데에도 사용될 수 있다. 이러한 능력은 나노기술의 분야

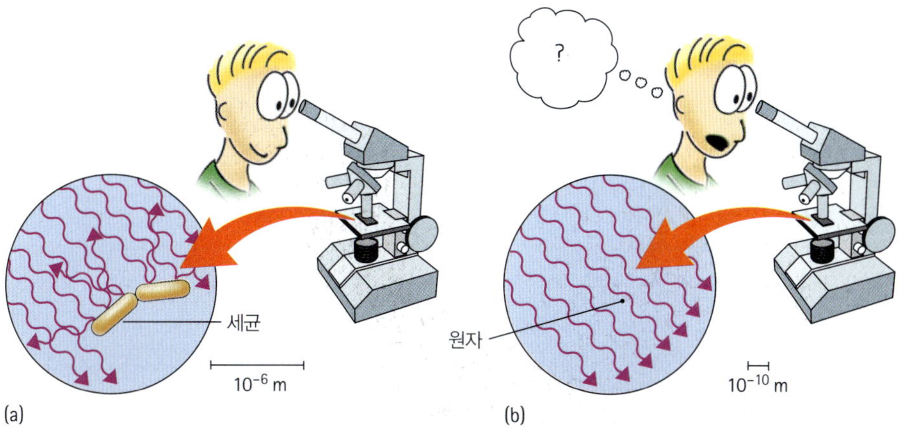

그림 9.18
미세한 물체는 가시광선에 의해 작동하는 현미경으로 볼 수 있으나, 극미세 입자는 이 현미경으로 볼 수 없다. (a) 세균은 가시광선의 파장보다 크기가 더 크기 때문에 볼 수 있다. 세균은 가시광선을 반사하기 때문에 현미경으로 볼 수 있다. (b) 원자는 가시광선의 파장보다 더 작아서 빛을 반사하지 않기 때문에 우리 눈으로 볼 수 없다.

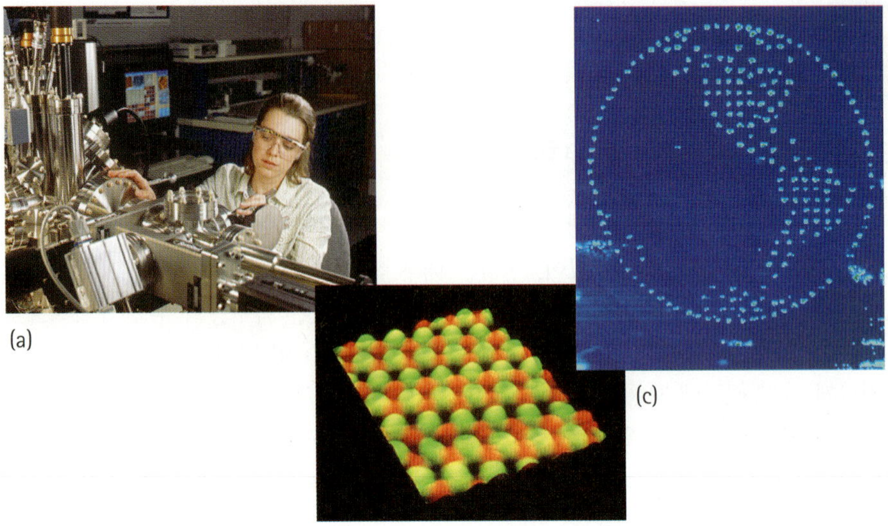
(a) (b) (c)

그림 9.19
(a) 주사 탐침 현미경은 초미시적 영상을 얻기 위해 사용되는 상대적으로 간단한 장치이다. (b) 주사 탐침 현미경으로 얻어진 갈륨과 비소 원자의 모습. (c) 세계에서 가장 작은 지도에서 각 점은 몇천 개의 금 원자로 이루어져 있으며, 각 원자는 주사 탐침 현미경에 의해 적당한 위치로 옮겨졌다.

를 열었으며, 이것은 11장에서 더 논의할 것이다.

매우 작거나, 또는 매우 크게 볼 수 있는 물체는 보다 편리한 크기로 물체를 모사한 **물리적 모형**(**physical model**)으로 나타낼 수 있다. 예를 들어 그림 9.20a는 생물 수업에서 학생들이 미생물의 내부 구조를 공부하는 데 사용하는 미생물의 확대 모형을 나타낸 것이다. 그러나 원자는 눈으로 볼 수 없기 때문에 원자를 표현하기 위해 물리적 모형을 사용할 수 없다. 다시 말하면, 우리는 미생물을 가지고 한 것처럼, 원자를 단순히 큰 크기로 확대할 수는 없다. (주사 탐침 현미경은 원자들의 **위치**만을 보여 주며, 원자들의 실제 모습이 아니다. 그림 9.19b의 주사 탐침 영상에서 고체 표면을 가지지 않는 것이 이를 암시한다.) 따라서 화학자들은 원자를 물리적 모형으로 표현하기보다는, 계를 표현하는 **개념적 모형**(**conceptual model**)을 사용한다. 더 정확한 개념적 모형일수록 계의 행동을 더 정확하게 예측할 수 있다. 그림 9.20b에서와 같이, 날씨는 개념적 모형을 사용하여 가장 잘 표현할 수 있다. 이런 모형은 습도, 기압, 온도, 전하, 기단의 운동과 같은 다양한 요소들이 어떻게 서로 상호 작용하고 있는지를 보여 준다. 개념적 모형에 의해 표현될 수 있는 다른 계에는 경제, 인구 성장, 질병 확산 및 단체 운동 등

그림 9.20
(a) 미생물의 이 확대 모형은 물리적 모형이다. (b) 일기 예보자는 날씨 계의 행동을 예측하기 위해 이와 같은 개념적 모형에 의존한다.

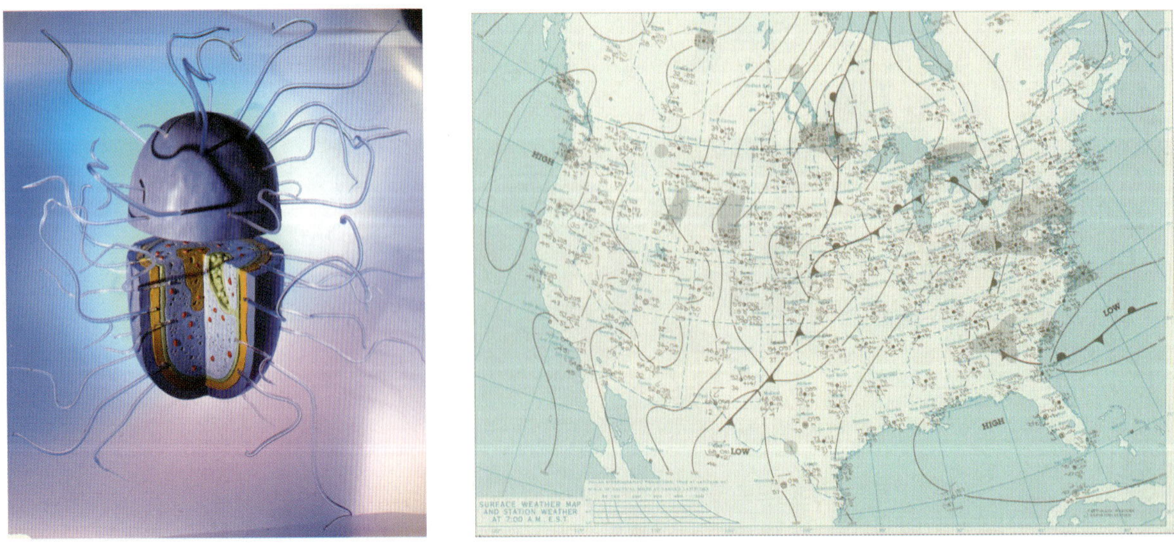

(a) (b)

이 있다.

원자는 날씨처럼 요소들이 상호 작용하는 복잡한 계이므로 개념적 모형으로 가장 잘 표현될 수 있다. 그러므로 원자의 개념적 모형의 모든 시각적 표현을 실제 원자의 재창조처럼 해석하지 않도록 조심해야 한다. 예를 들어 9.5절에서 행성이 태양을 공전하듯이, 전자들이 원자핵 주위를 돌고 있는 원자의 행성 모형을 배웠을 것이다. 그러나 이 행성 모형은 원자의 많은 성질들을 설명할 수 없다는 점에서 제한적이다. 그리하여 더 새롭고 더 정확한 원자의 개념적 모형이 그 후 도입되어 왔다. 이들 모형에서는 전자들을 원자핵 주위를 맴도는 구름으로 나타내지만, 이들 모형 역시 한계를 가지고 있다. 궁극적으로 원자의 가장 좋은 모형은 순전히 수학적이다. 원자는 너무 작기 때문에 '볼' 수 없다. 별은 너무 멀리 있기 때문에 역시 볼 수 없다. 우리가 볼 수 없는 것들은 많다. 그러나 이것이 우리가 그런 것을 생각하거나 심지어 간접적인 증거를 수집하는 것을 방해하지는 못한다.

이 책에서 우리의 초점은 행성 모형과, 전자가 껍질이라고 하는 단위에 모여 있는 모형처럼 시각적인 모습에 의해 쉽게 표현될 수 있는 개념적인 원자 모형이다. 그들의 한계에도 불구하고, 이런 모습은 특히 초보 학생들에게 원자의 행동에 관해 학습하는 데 훌륭한 안내자이다. 다음 절에서 논의하듯이, 과학자들은 원자들이 어떻게 빛을 방출하는지를 설명하는 데 도움을 주기 위해 이들 모형을 발전시켰다.

9.4 분광기를 이용한 원자 확인

학습목표
원자가 방출하는 빛에 의해 어떻게 원자의 본성을 밝히는지를 기술할 수 있다.

물음 별은 매우 멀리 떨어져 있는데, 별이 무엇으로 구성되어 있다고 말하는 것이 어떻게 가능한가?

가시광선의 모든 진동수가 우리 눈에 동시에 도달할 때 우리는 백색광을 본다는 것을 8장으로부터 다시 기억하라. 백색광이 프리즘이나 회절 격자를 통과할 때, 그림 9.21에서와 같이 빛의 색 구성 요소들이 분리될 수 있다. (가시광선의 각 색은 다른 진동수에 해당한다는 것을 명심하라.) 그림 9.22에서와 같이, **분광기(spectroscope)**는 어떤 광

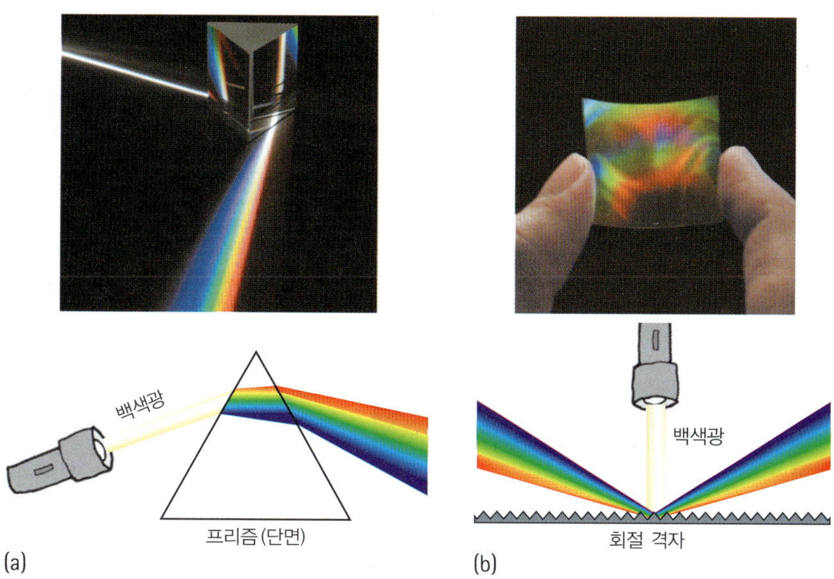

그림 9.21
백색광은 (a) 프리즘, (b) 회절 격자에 의해 여러 색 구성 요소로 분리된다.

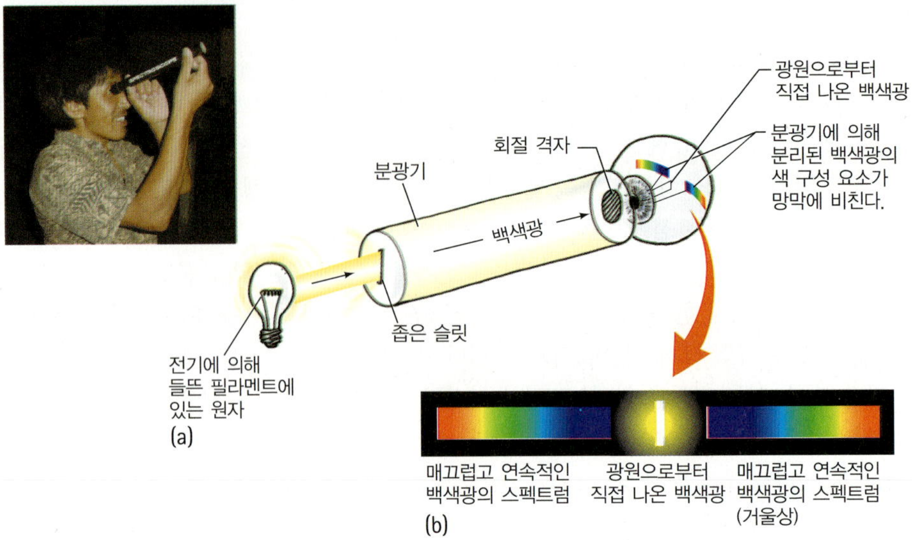

그림 9.22
(a) 분광기에서 원자에 의해 방출된 빛은 프리즘 또는 (여기에 보여진 것처럼) 회절 격자에 의해 특정한 진동수로 분리되기 전에 좁은 슬릿을 통과한다. (b) 이것은 회절 격자 분광기가 백색 광원으로 향할 때 눈이 보는 것이다. 색의 스펙트럼은 슬릿의 왼쪽과 오른쪽에 나타난다.

원의 색 구성 요소를 관찰하는 데 사용되는 기기이다. 분광기를 이용하면 원소가 불꽃을 낼 때 방출되는 빛을 분석할 수 있다.

빛은 열이나 전기 같은 다양한 형태의 에너지를 받는 원자에 의해 방출된다. 그러나 주어진 원소의 원자는 특정한 진동수의 빛만을 방출한다. 그 결과 각 원소는 에너지를 받았을 때 각기 다른 색의 불꽃을 방출한다. 소듐 원자는 밝은 노란색의 빛을 방출하는데, 우리의 눈이 노란색의 빛에 매우 민감하기 때문에 소듐 원자는 가로등의 광원으로 사용된다. 또 다른 예로 네온 원자들은 눈부신 붉은 오렌지색의 빛을 방출하는데, 그것은 네온사인의 광원으로 유용하게 이용된다.

우리가 분광기를 통해 백열의 원소로부터 나오는 빛을 볼 때, 그림 9.22에서와 같이, 빛이 연속 스펙트럼이 아니라 불연속적인(다른 것과 분리된) 진동수로 구성되어 있다는 것을 알 수 있다. 그림 9.23에서와 같이 주어진 원소에 의해 생성된 진동수 모양은 그 원소의 **원자 스펙트럼(atomic spectrum)**으로 불린다. 원자 스펙트럼은 원소의 지문이다. 우리는 분광기를 통해 빛을 분석하고 특징적인 모양을 살펴봄으로써 광원에 있는 원소를 확인할 수 있다. 만약 우리가 실험실에서 분광기를 가지고 일할 기회를 가지지 못한다면, 이 장의 끝에 있는 활동을 점검하라.

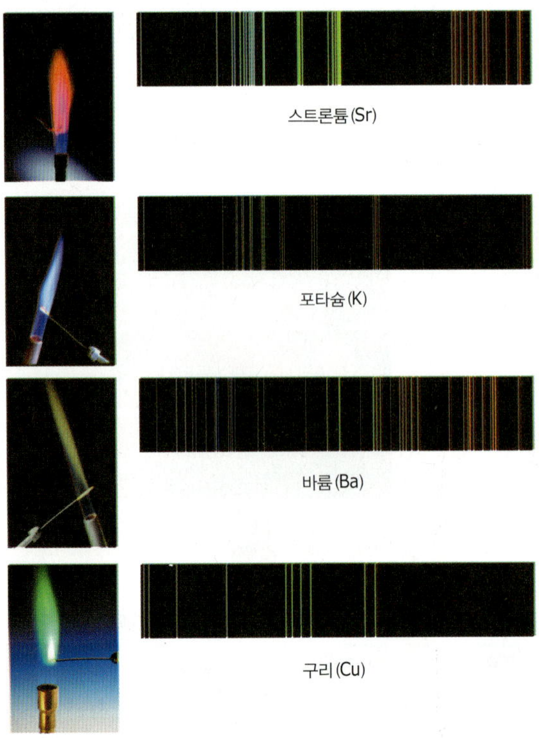

그림 9.23
불꽃에 의해 가열된 원소들은 그들의 특징적인 색의 빛을 낸다. 이것을 보통 불꽃 반응이라고 하며, 시료에 들어 있는 어떤 원소의 존재를 확인하는 데 사용된다. 분광기를 통해 볼 때, 각 원소의 색은 원자 스펙트럼으로 알려진, 특정한 진동수 모양으로 이루어진 것으로 밝혀졌다.

9.5 양자 가설

학습목표
에너지의 양자 본성이 원자의 Bohr 행성 모형을 어떻게 이끌었는지를 자세히 말할 수 있다.

물음 원자 스펙트럼이 제한된 빛의 진동수만을 가지는 이유는 무엇인가?

원자 및 원자 스펙트럼에 대한 현재 우리의 이해에 대한 중요한 도약은 독일의 물리학자인 플랑크(Max Planck, 1858~1947)에 의해 이루어졌다. 1900년에 플랑크는 빛에너지가 물질과 마찬가지로 **양자화**(*quantized*)되어 있다고 가정하였다. 예를 들어 금 벽돌의 질량은 금 원자 한 개의 질량에 어떤 정수를 곱한 것과 같다. 비슷하게, 전하량은 전자 한 개의 전하에 어떤 정수를 곱한 것과 항상 같다. 그러므로 질량과 전하량은 기본적인 단위의 어떤 정수로 구성되어 있다는 점에서 **양자화되어** 있다고 한다.

플랑크는 각 불연속적인 빛의 다발을 **양자**(**quantum**)로 확인하였으며, 이를 그림 9.24에 나타내었다. 몇 년 후에 아인슈타인은 빛에너지의 양자가 물질의 작은 입자처럼 행동한다는 것을 깨달았다. 그것의 특별한 본성을 강조하기 위해, 빛의 각 양자는 **전자**(*electron*) 용어와 유사성 때문에 신조어인 **광자**(**photon**)로 불린다.

그림 9.24
빛은 양자화되어 있는데, 이것은 빛이 에너지 다발의 흐름으로 구성되어 있다는 것을 의미한다. 각 다발을 양자라고 하며, 광자로도 알려져 있다.

플랑크의 양자 가설을 이용하여, 덴마크의 과학자인 보어(Niels Bohr, 1885~1962)는 다음과 같이 원자 스펙트럼의 생성을 설명하였다. 첫째, 전자가 원자핵에서 더 멀리 떨어질수록 더 큰 퍼텐셜 에너지를 가진다. 이것은 물체가 지표 위에 더 높이 있을수록 더 큰 퍼텐셜 에너지를 가지는 것과 유사하다. 둘째, 보어는 원자가 빛의 광자를 흡수할 때, 그것은 에너지를 흡수하는 것이라고 인식하였다. 전자들 중 한 개가 이 에너지를 얻는다. 이 전자는 에너지를 얻었기 때문에 핵에서 먼 쪽으로 이동해야 한다.

보어는 반대 역시 참이라는 것을 인식하였다. 원자에 있는 높은 퍼텐셜 에너지의 전자가 그 에너지의 일부를 잃으면 전자는 핵 쪽으로 더 가까이 이동하며, 전자로부터 잃은 에너지는 빛의 광자로 원자로부터 방출된다. 흡수와 방출 모두 그림 9.25에 설명되어 있다.

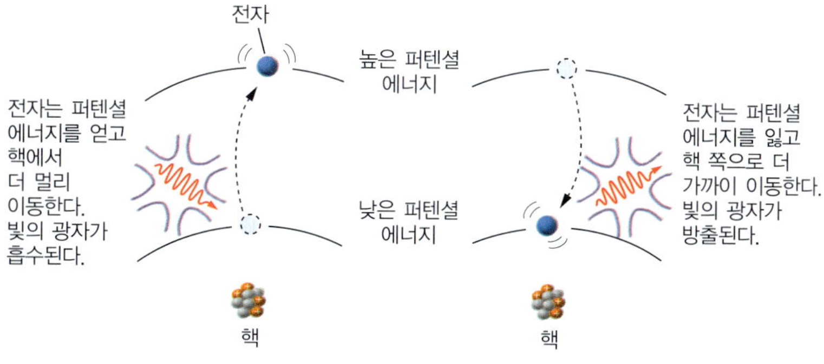

그림 9.25
원자가 빛의 광자를 흡수할 때 전자는 핵으로부터 멀리 올라가며, 원자가 빛의 광자를 방출할 때 전자는 핵 쪽으로 더 가까이 떨어진다.

보어는 빛에너지가 양자화되어 있기 때문에 원자의 전자 에너지도 양자화되어야만 한다고 추론하였다. 다시 말하면, 전자는 퍼텐셜 에너지의 모든 양을 가질 수 없다. 대신, 계단에 있는 단과 비슷하게 원자 안에서 불연속적인 에너지 준위의 수로 존재해야만 한다. 우리가 계단에 서 있는 곳은 단이 있는 곳에 제한된다. 우리는 두 인접한 단 사이, 소위 중간인 높이에는 설 수 없다. 비슷하게, 원자에서 허용되는 에너지 준위는 단지 제한된 수가 있으며, 전자는 이들 허용된 에너지 준위 사이에서 에너지의 양을 결코 가질 수 없다. 보어는 각 에너지 준위에 **주양자수**(**quantum number**) n(n은 항상 정수)을 부여하였다. 가장 낮은 에너지 준위는 주양자수 $n=1$을 가진다. $n=1$에 있는 전자는 최대한 핵에 가까이 있으며, $n=2$, $n=3$, 등등에 있는 전자는 핵으로부터 멀리 떨어져 있다.

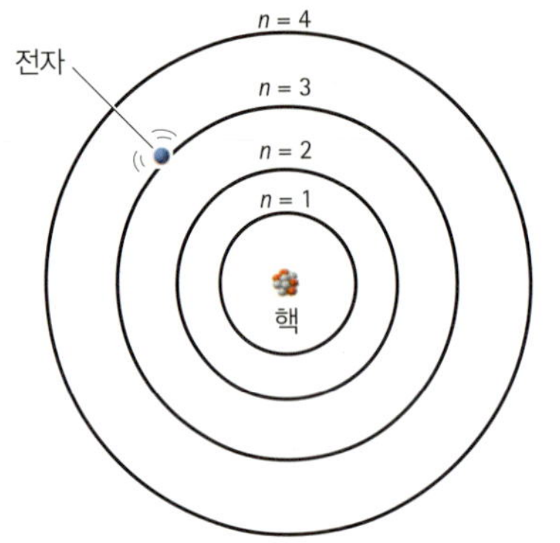

그림 9.26
행성이 태양을 돌듯이, 전자가 핵을 돌고 있다는 원자에 대한 보어의 행성 모형은 전자가 어떻게 어떤 에너지의 양만을 가질 수 있는지를 이해하는 데 도움을 준다.

이러한 착상을 이용하여, 보어는 핵 주위를 돌고 있는 전자는 핵으로부터 어떤 거리로 제한되고, 이들 거리에 따라 전자가 가지는 에너지의 양이 결정된다는 개념적 모형을 발전시켰다. 보어는 이것이 태양으로부터 주어진 거리에 행성이 태양 주위의 궤도에 붙잡혀 있는 방식과 비슷하다고 보았다. 그러므로 그림 9.26에서와 같이, 모든 원자에서 허용된 에너지 준위는 핵 주위의 궤도처럼 도표로 표현할 수 있다. 그리하여 원자에 대한 보어의 양자화된 모형은 **행성 모형**(*planetary model*)으로 알려졌다.

그림 9.27에서 볼 수 있듯이 Bohr는 원자 스펙트럼이 제한된 빛 진동수만을 가지는 이유를 설명하는 데 그의 행성 모형을 이용하였다. 모형에 따르면, 전자들이 높은 에너지의 바깥 궤도에서 낮은 에너지의 안쪽 궤도로 이동할 때 원자에서 광자들이 방출된다. 방출되는 광자의 에너지는 두 궤도 사이의 에너지 차이와 같다. 전자는 불연속적인 궤도에 제한되기 때문에, 원자 스펙트럼에서 보는 바와 같이 특정한 빛 진동수만이 방출된다.

흥미롭게도, 두 궤도 사이의 모든 전이는 항상 순간적이다. 다시 말하면, 다람쥐가 나무의 더 높은 가지에서 더 낮은 가지로 도약하는 방법처럼, 전자는 더 높은 궤도에서 더 낮은 궤도로 '도약'하지 않는다. 오히려 전자가 두 궤도 사이에 움직일 시간이 없다. 허용된 에너지 준위 사이에 전자들이 결코 존재할 수 없다고 주장했을 때 보어는 신중하였다!

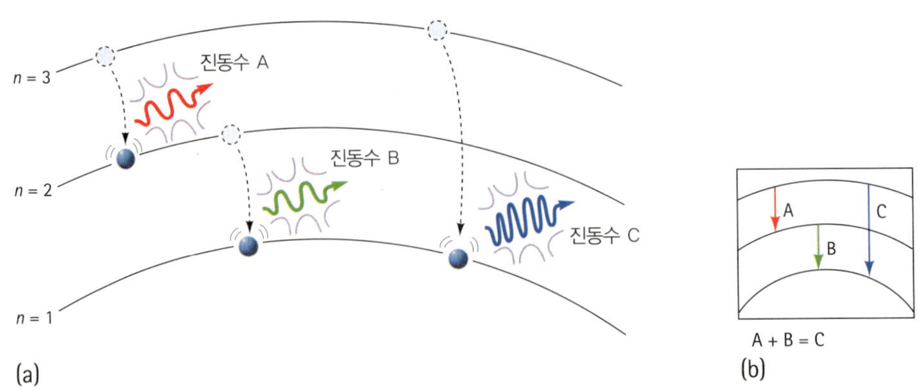

그림 9.27
(a) 원자에서 방출되는(또는 흡수되는) 빛의 진동수는 전자 궤도 사이의 에너지 차이에 비례한다. 궤도 사이의 에너지 차이가 불연속적이기 때문에 방출되는(또는 흡수되는) 빛의 진동수 또한 불연속적이다. 그림에서 전자는 단지 세 개의 불연속적인 진동수의 빛(A, B C)만을 방출할 수 있다. 전이가 더 클수록, 방출되는 광자의 진동수는 더 크다. (b) 전이 A와 B의 에너지(진동수) 합은 전이 C의 에너지(진동수)와 같다.

보어의 행성 모형은 엄청나게 성공적인 것으로 증명되었다. 플랑크의 양자 가설을 이용함으로써, 보어의 모형은 원자 스펙트럼의 비밀을 풀었다. 그렇지만 이런 성공에도 불구하고, 왜 원자의 에너지 준위가 양자화되는지를 설명하지 못하기 때문에 보어의 모형은 한계가 있다. 보어는 그의 모형이 가공되지 않은 시초로 단지 해석되었고, 태양에 대한 행성처럼 핵에 대해 돌고 있는 전자의 그림은 문자 그대로 받아들여지지 않는다고 재빨리 지적하였다(과학을 대중화하는 사람들이 주의하지 않는 것에 대한 경고).

9.6 전자파

학습목표
원자에 갇힌 전자들이 어떻게 자기 보강하는 파동처럼 행동하는지를 요약할 수 있다.

물음 원자에 있는 전자처럼 잡아당긴 기타 줄은 어떠한가?

만약 빛이 파동성과 입자성을 둘 다 가진다면, 왜 전자 같은 물질의 입자는 둘 다 가지지 않는가? 1924년에 대학원생이었던 프랑스의 물리학자인 드브로이(Louis de Broglie, 1892~1987)가 이 의문을 제기하였다. 그의 획기적인 해답은 물질의 모든 운동하는 입자는 파동의 특성을 타고났다는 것이었다.

우리는 지금 물질의 작은 조각의 필수적인 특징으로 파동을 이야기하고 있다. 전자 또는 모든 입자는 우리가 그것을 어떻게 조사하는지에 따라 파동 또는 입자로 그 자신을 보여 줄 수 있다. 이것을 **파동-입자 이중성**(*wave-particle duality*)이라고 한다. 드브로이가 제안한 몇 년 뒤에, 영국과 미국의 연구자들은 전자들이 결정에서 튀어나올 때 회절과 간섭 효과를 관측함으로써 전자의 파동 본성을 확신하였다.

전자의 파동성에 대한 실용적인 응용은 가시광선파가 아닌 전자파로 초점을 맞추는 전자 현미경이다. 전자파가 가시광선파보다 훨씬 더 짧기 때문에, 그림 9.28에서와 같이 전자 현미경은 광학 현미경보다 더 크게 자세히 볼 수 있다.

전자의 파동성은 원자의 전자가 왜 특정한 에너지 준위에 제한되어 있는지를 설명하는 데 이용될 수 있다. 허용되는 에너지 준위는 원자핵 주위에서 폐쇄된 원운동을 하는 전자파의 자

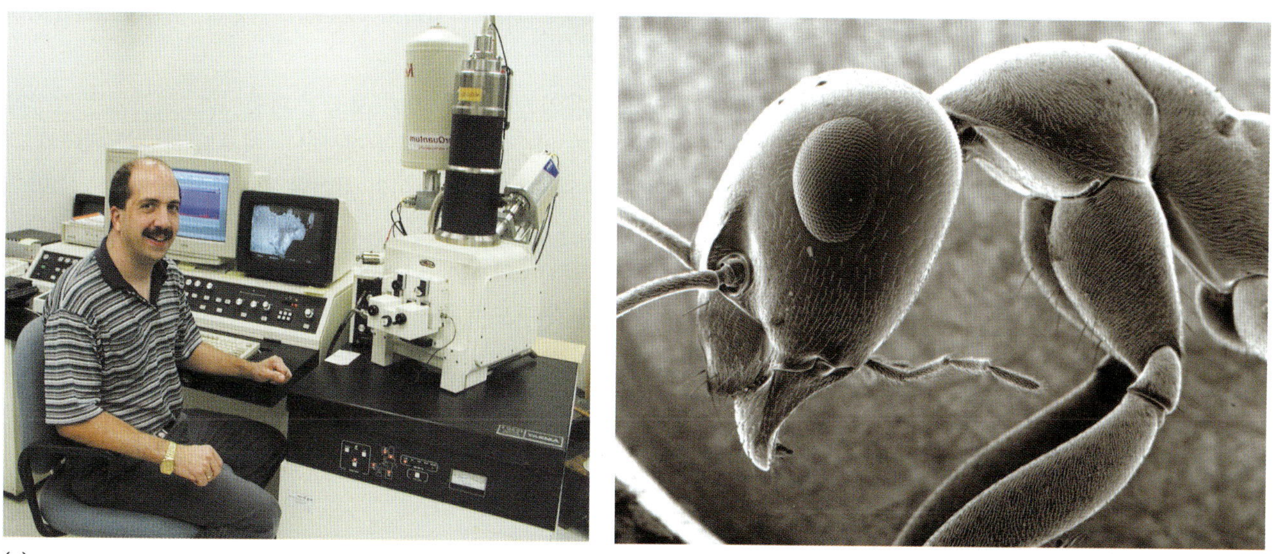

(a) (b)

그림 9.28
(a) 전자 현미경은 전자의 파동성을 응용하여 만들어진다. 전자선의 파장은 전형적으로 가시광선의 파장보다 몇천 배 정도 더 짧아서, 전자 현미경은 광학 현미경으로는 볼 수 없는 상세한 것을 구별할 수 있다. (b) 200배의 저배율에서 전자 현미경으로 볼 수 있는 개미의 상세한 모습. 놀라운 해상도에 주목하라.

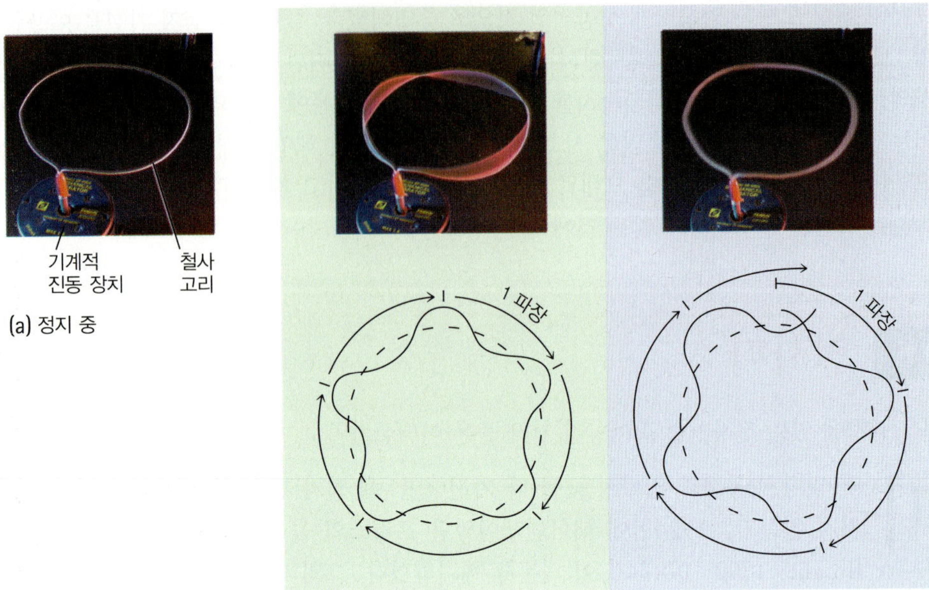

그림 9.29
고정된 원주의 철사 고리에서 일부 파장만이 자기 보강된다. (a) 고리는 정지 중인 기계적 진동 장치의 기둥에 고정되었다. 기둥이 진동할 때 파동은 철사를 통해 보내진다. (b) 특정한 비율의 진동에 의해 생긴 파동은 자기 보강된다. (c) 다른 비율의 진동에 의해 생긴 파동은 자기 보강이 되지 않는다.

연적인 결과이다.

유사하게, 그림 9.29에서 보여 주는 철사 고리를 생각해 보자. 이 고리는 철사에 다른 파장의 파동을 만들도록 조절할 수 있는 기계적 진동 장치에 고정되어 있다. 철사 길이의 어떤 배수가 되는 파동은 철사 둘레를 회전한 후 그 자신을 따라잡을 수 있다. 그림 9.29b에서 보는 바와 같이, 이것은 **정상파**(*standing wave*)라고 하는 정지 파동 형태로 일어나게 한다. 이 형태는 연속적인 파동의 봉우리와 골짜기가 완전히 일치하기 때문에 생긴다. 그림 9.29c에서와 같이 다른 파장을 가질 때 연속적인 파동은 동시에 일치되지 않는다. 그 결과, 파동은 큰 진폭으로 만들어지지 않는다.

원자에 갇힌 동안 전자가 나타내는 유일한 파동은 자기 보강인 파동이다. 이것들은 정상파가 원자핵을 중심으로 하고 있다는 것과 비슷하다. 개개의 정상파는 허용된 하나의 에너지 준위에 해당한다. 이들 허용된 에너지 준위의 어떤 둘 사이의 차이와 일치하는 빛의 진동수만이 원자에서 흡수되거나 방출될 수 있다.

전자의 파동성은 왜 그들이 끌어당기는 양의 핵에 나선형으로 점점 더 가까이 되지 않는지도 설명한다. 자기 보강 파동으로 각 전자 궤도를 봄으로써, 우리는 가장 작은 궤도의 원둘레는 단일 파장보다 더 작게 될 수 없다는 것을 알 수 있다.

학습목표
마치 전자들이 원자핵 중심의 여러 껍질에 배열되어 있는 것처럼 어떻게 전자들이 행동하는지를 설명할 수 있다.

9.7 비활성 기체 껍질 모형

물음 주기율표의 같은 족에 있는 원소들은 왜 비슷한 성질을 가지는가?

원자가 어떻게 행동하는지를 쉽게 이해하려는 목적으로, 유명한 화학자이자 노벨상을 두 번 수상한 폴링(Linus Pauling, 1901~1994)에 의해 처음으로 널리 알려진 **비활성 기체 껍질 모형**(*noble gas shell model*)로 돌아간다. 이 모형은 전자들이 핵으로부

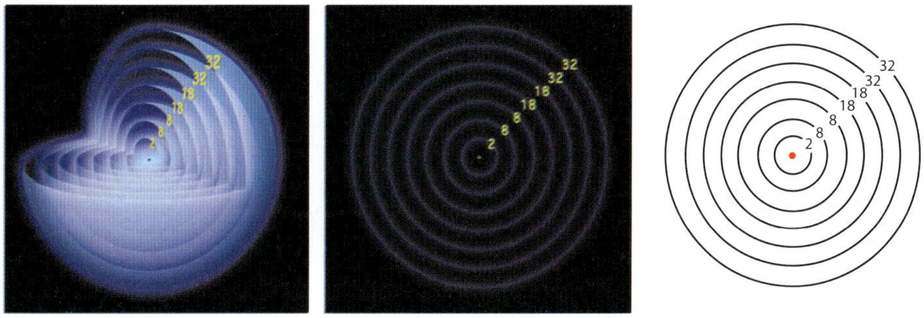

(a) (b) (c)

그림 9.30
(a) 각 껍질이 가질 수 있는 전자의 수를 보여 주는, 7개 껍질의 안이 보이게 표층부를 잘라낸 모습 (b) 껍질의 2차원 단면 모습 (c) 보어의 행성 모형과 유사한, 그리기 쉬운 단면 모습

터 특정한 거리에 제한되었다는 점에서 보어의 행성 모형과 유사하다. 그러나 비활성 기체 껍질 모형은 전자의 파동성과 결부되기 때문에 약간 더 복잡하다. 이것은 이 모형의 핵심만을 제시하는 이 책의 범위를 얼마나 넘어서는가? 이 핵심들을 학습하는 가장 큰 장점은 아마 화학자들이 활용할 수 있는 가장 중요한 도구인 주기율표의 체계화를 이해하는 데 도움을 준다는 것이다. 더구나 비활성 기체 껍질 모형의 더욱 기본적인 이해는 12장의 주요 초점인, 원자가 어떻게 화학 결합을 형성하는지를 이해하는 데 튼튼한 기초가 된다.

비활성 기체 껍질 모형에 따르면, 전자들이 여러 동심원 껍질 안에 배열된 것처럼 행동한다. 하나의 **비활성 기체 껍질**(**noble gas shell**)은 전자들이 존재할지도 모르는 원자핵을 둘러싸고 있는 공간의 영역이다.* 이 모형의 중요한 관점은 적어도 7개의 껍질이 있고, 각 껍질은 제한된 수의 전자만을 가질 수 있다는 점이다. 그림 9.30에서와 같이 가장 안쪽의 껍질은 2개, 두 번째와 세 번째 껍질은 각각 8개, 네 번째와 5번째 껍질은 각각 18개, 6번째와 7번째 껍질은 각 32개의 전자를 가질 수 있다. 껍질이 모두 채워진 것은 비활성 기체 원자를 나타내는데, 이것이 이 모형을 '비활성 기체' 껍질 모형이라고 하는 이유이다.

연속된 7개의 동심원 비활성 기체 껍질은 주기율표의 7개 주기를 설명할 수 있다. 더구나 각 주기에서 원자들의 수는 각 껍질이 전자를 가질 수 있는 능력과 같다. 예를 들어 첫 번째 껍질은 단지 2개의 전자를 가질 수 있다. 그것은 1주기에서 수소와 헬륨의 2개 원소만이 발견되는 이유이다(그림 9.31). 수소는 원자가 전자를 1개만 가지는 원소이다. 이 1개의 전자는 핵에 가장 가까운 껍질인 첫 번째 껍질에 존재한다. 각 헬륨 원자는 2개의 전자를 가지고 있는데, 둘 다 또한 첫 번째 껍질에 최대한으로 채워져 있다. 유사하게, 두 번째와 세 번째 껍질은 각각 8개의 전자를 수용할 수 있으며, 따라서 2주기와 3주기는 모두 8개의 원소가 발견된다.

어떤 원자에서 최외각 껍질에 채워진 전자들은 직접적으로 외부 환경에 노출되어 있으며, 다른 원자들과 첫 번째로 상호 작용한다. 그중에서도 특히 그들은 12장에서 논의할, 화학 결합에 참여하는 전자들이다. 따라서 최외각 껍질에 있는 전자들은 매우 중요하다.

노래의 음색은 음악 기호의 배열에 의존한다. 비슷한 방식으로, 원소의 성질은 그 원자에 있는 전자들의 배열, 즉 외각 껍질의 전자들에 의존한다. 그림 9.31을 자세히 살펴보라. 주기율표 상에서 서로 위아래에 있는, 즉 같은 족 원자의 외각 껍질 전자들이 유사하게 체계적

*여기에 사용된 것처럼, **비활성 기체 껍질**은 주양자수보다는 비슷한 에너지 수준에 의해 분류된 다전자 원자의 오비탈 집합이다. 역사적으로 이것들은 화학 결합과 주기율표의 체계성을 설명하기 위해 폴링(Linus Pauling)에 의해 발전된 '아르고니안' 껍질이다.

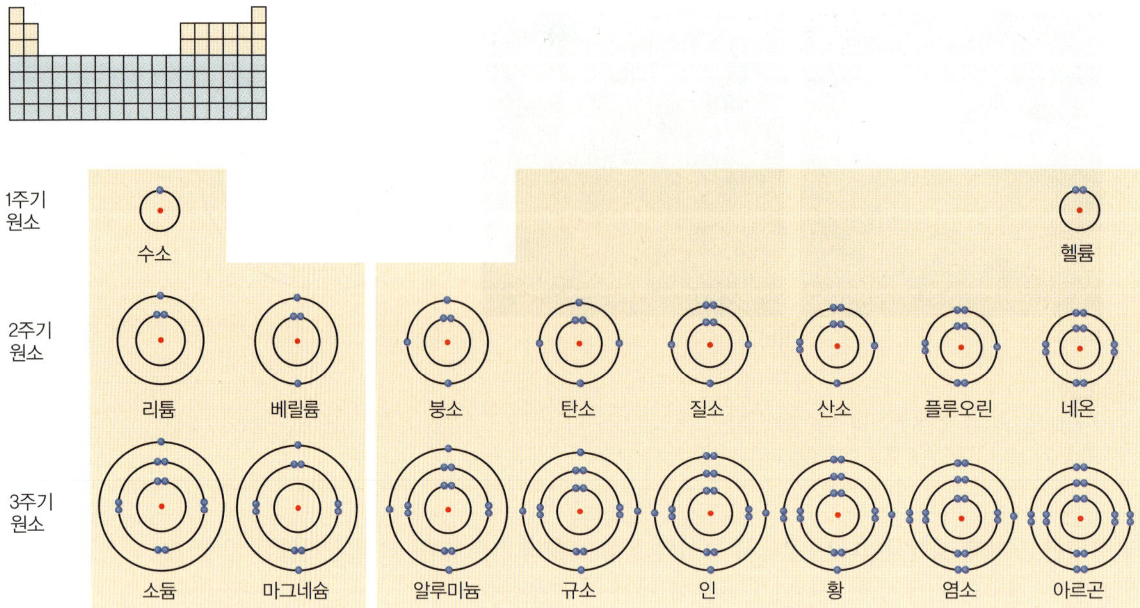

그림 9.31
껍질 모형에 따른 주기율표의 처음 세 주기. 같은 주기(가로줄)의 원소들은 같은 껍질에 전자를 가진다. 같은 주기의 원소들은 최외각 껍질에 있는 전자의 수가 서로 다르다. 같은 족(세로줄)의 원소들은 최외각 껍질에 같은 수의 전자를 가지고 있다. 이 바깥 껍질의 전자들이 원자의 특성을 결정하는데, 이것이 같은 족의 원소들이 비슷한 성질을 가지는 이유이다.

그림 9.32
폴링(Linus Pauling)은 화학 초보 학생들에게 주기율표를 체계적으로 설명한 껍질 모형을 가르치는 초기 제안자였다. 1954년에 폴링은 화학 결합의 본성에 대한 연구로 노벨 화학상을 받았다. 1962년에는 많은 방사성 물질을 환경으로 이입하는 원자 폭탄 실험 반대 운동으로 노벨 평화상을 받았다.

인 것을 알 수 있는가? 예를 들어 수소, 리튬 및 소듐을 포함한 1족 원자들은 각각 1개의 외각 껍질 전자를 가지고 있다. 베릴륨과 마그네슘을 포함한 2족 원자들은 각각 2개의 외각 껍질 전자를 가지고 있다. 유사하게 헬륨, 네온 및 아르곤을 포함한 마지막 족 원자들은 헬륨에서 2개, 네온과 아르곤에서 8개로 전자가 꽉 채워진 최외각 껍질을 가지고 있다. 일반적으로 주기율표의 같은 족에 있는 원자의 외각 껍질 전자들은 유사하게 체계적이다. 이것은 9.3절에 처음 제시되었던 개념인, 같은 족의 원소들이 비슷한 성질을 가지는 이유를 설명한다.

비활성 기체 껍질 모형은 원자의 물리적 구조의 실제적 표현으로 해석되지 않는다는 것을 기억하라. 오히려 그것은 원자가 어떻게 행동하는지를 이해하고 예측하는 데 도움을 주는 도구로 사용된다. 12장에서는 원자의 집단을 강하게 붙잡는 분자를 형성하는 데 원자들이 어떻게 결합하는지를 보여 주기 위해 **전자점 구조**(*electron-dot structure*)라고 하는, 이 모형의 간략한 형태를 사용할 것이다. 그러나 다음 장에서는 엄청난 양의 에너지의 잠재적 근원인 원자핵의 본성을 더 자세히 탐색할 것이다.

연습문제

9.1 원소

1. 어떤 원소의 순수한 시료에서 여러분은 얼마나 많은 형태의 원자를 찾기를 기대할 수 있는가?
2. 원자와 원소를 구별하시오.
3. 코발트 원소의 원자 기호는 무엇인가?

9.2 양성자와 중성자

4. 주기율표에서 원자 번호는 어떤 역할을 하는가?
5. 원자 번호와 질량수를 구별하시오.
6. 질량수와 원자 질량을 구별하시오.

9.3 주기율표

7. 대부분 원소는 금속과 비금속 중 어느 것인가?
8. 주기율표에는 몇 개의 주기가 있는가? 몇 개의 족이 있는가?
9. 주기율표에서 같은 주기로 갈 때 원소의 성질에 무슨 일이 일어나는가?

9.4 분광기를 이용한 원자 확인

10. 분광기는 원자로부터 나오는 빛에 대해 무슨 일을 하는가?
11. 원자가 빛을 방출하는 것은 무엇 때문인가?
12. 원자 스펙트럼이 왜 원소의 지문과 같다고 말하는가?

9.5 양자 가설

13. 플랑크의 양자 가설은 무엇인가?
14. 원자핵에 가까운 전자와 멀리 떨어진 전자 중 어느 것이 더 큰 퍼텐셜 에너지를 가지고 있는가?
15. 보어는 원자가 어떻게 보이는지에 대한 정확한 표현으로 행성 모형을 생각했는가?

9.6 전자파

16. 전자가 파동의 성질을 나타낸다고 처음으로 제안한 사람은 누구인가?
17. 무엇이 전자의 파동 본성에 대한 실제적인 응용인가?
18. 원자에 구속된 전자는 어떤 파동을 갖는가?

9.7 비활성 기체 껍질 모형

19. 주기율표가 비활성 기체 껍질 모형을 설명하는가? 아니면 비활성 기체 껍질 모형이 주기율표를 설명하는가?
20. 어떤 전자가 원자의 성질에 가장 결정적인 영향을 미치는가?
21. 각 껍질에 채워질 수 있는 전자의 최대 수와 주기율표의 각 주기에 있는 원소의 수 사이에는 어떤 관계가 있는가?

확인문제

만일 여러분이 이 장에서 제대로 학습을 하였다면, 다음에 제시된 10개의 질문에 적어도 7개는 제대로 답을 할 수 있을 것이다. 만일 그렇지 못하면 다음 장으로 가기 전에 이 장을 더 학습할 필요가 있다.

각 질문에 대해 가장 적합한 답을 고르시오.

1. 어른의 몸에 있는 원자와 어린아이의 몸에 있는 원자 중 어느 것이 더 오래되었는가?
   (a) 이 질문은 확실히 속이는 질문이기 때문에 어린아이의 원자들이 더 오래되었다.
   (b) 어른의 원자들이 더 길게 퍼져 있기 때문에 더 오래되었다.
   (c) 원자들은 같은 나이이며, 태양계보다 훨씬 더 오래되었다.
   (d) 원자의 나이는 사람의 식사량에 의존한다.
2. 여러분은 심각한 해가 없이 저마늄(Ge, 원자 번호 32)의 캡슐을 삼킬 수 있다. 그러나 저마늄의 각 원자핵에 양성자가 더해진다면, 저마늄이(　　) 때문에 여러분은 캡슐을 삼키지 못할 것이다.
   (a) 비소(As)가 되기
   (b) 방사성이 되기
   (c) 팽창하여 목에 걸릴 것 같기
   (d) 향이 변하기
3. 주기율에 표시된 원자 질량은 왜 정수가 아닌가?
   (a) 과학자들이 아직 정확한 측정을 하지 못하였기 때문이다.
   (b) 너무 많은 우연의 일치일 것이다.
   (c) 원자 질량은 평균 원자 질량이기 때문이다.
   (d) 오늘날의 장치는 원자 질량을 많은 소수점 자리까지 측정할 수 있기 때문이다.
4. 어떤 원자가 양성자 43개, 중성자 56개, 전자 43개를 가지고 있다면, 원자 질량은 대략 얼마인가? 이 원소의 이름은 무엇인가?
   (a) 137 amu, 바륨(Ba)
   (b) 99 amu, 테크네튬(Tc)
   (c) 99 amu, 라돈(Rn)
   (d) 142 amu, 아인슈타이늄(Es)

5. 다른 은하에서 발견된 어떤 원소는 두 가지 동위 원소로 존재한다. 원자의 80%가 80.00 amu의 원자 질량을 가지고 있고, 나머지 20%가 82.00 amu의 원자 질량을 가지고 있다면, 이 원소의 대략적인 **원자 질량**은 얼마인가?

(a) 80.4 amu

(b) 81.0 amu

(c) 81.6 amu

(d) 64.0 amu

(e) 16.4 amu

6. 다음 원자를 크기가 증가하는 순서대로 나타내시오.

탈륨(Tl), 저마늄(Ge), 주석(Sn), 인(P)

(a) Ge < P < Sn < Tl

(b) Tl < Sn < P < Ge

(c) Tl < Sn < Ge < P

(d) P < Ge < Sn < Tl

7. 다음 원소 중 염소(Cl, 원자 번호 17)와 화학적 특성이 가장 비슷한 것은 어느 것인가?

(a) O

(b) Na

(c) S

(d) Ar

(e) Br

8. 여러분은 다음 각각을 표현하는 데 물리적 모형과 개념적 모형 중 어느 것을 사용하겠는가?

뇌, 마음, 태양계, 우주의 시초

(a) 개념적, 물리적, 개념적, 물리적

(b) 개념적, 개념적, 개념적, 개념적

(c) 물리적, 개념적, 물리적, 개념적

(d) 물리적, 물리적, 물리적, 물리적

9. 핵을 돌고 있는 전자의 파동 모형은 전자가 불연속적인 에너지 값만을 가질 수 있다는 사실을 어떻게 설명하는가?

(a) 전자는 특정한 진동수에서만 진동할 수 있다.

(b) 전자의 파동이 제한되어 있을 때 특정한 진동수에서만 파동이 보강된다.

(c) 전자의 에너지 값은 파동성이 최고의 진폭을 가지는 곳에서만 존재한다.

(d) 파동 모형은 전자의 에너지 준위가 아닌 전자가 채워진 껍질을 설명한다.

10. 소듐(Na, 원자 번호 11)의 세 번째 껍질에는 몇 개의 전자가 있는가?

(a) 없다

(b) 1

(c) 2

(d) 3

확인문제 답

1. c, 2. a, 3. c, 4. b, 5. a, 6. d, 7. e, 8. c, 9. b, 10. b

10장 원자핵과 방사능

원자핵과 핵반응 과정은 과학에서 가장 제대로 이해되지 못하고 논란이 많은 영역 중 하나이다. **핵**(*nuclear*) 또는 **방사성**(*radioactive*)의 모든 것에 대한 불신은 100년보다 더 이전의 전기에 대한 공포와 매우 비슷하다. 참으로, 전기는 잘못 다루어질 때 위험할 수 있고, 심지어 치명적일 수 있다. 그러나 안전장치 및 박식한 소비자로 인해, 사회는 전기의 혜택이 위험보다 더 크다는 것으로 결론지어졌다. 오늘날 우리는 핵 기술의 위험과 혜택에 대해 비슷한 결정을 하고 있다. 2011년에 지진과 쓰나미로 인한 일본 후쿠시마 다이치 원자력 발전소 파괴로, 위험은 매우 명확해졌다. 그러나 원자력은 강한 온실가스인 이산화 탄소의 배출 없이 대규모의 전기를 생산할 수 있는 이점이 있다. 사회는 계속해서 핵에너지에 투자해야 하는가? 지금은 '핵을 아는 것'이 더욱 더 중요하다.

10.1 방사능

학습목표
방사능의 세 가지 형태를 확인할 수 있다.

물음 방사능에 노출되지 않도록 하는 것이 왜 비현실적이고 불가능한가?

불안정한 핵을 가지고 있는 원소들을 **방사성**(*radioactive*)이라고 말한다. 그들은 궁극적으로 붕괴되면서 활동적인 입자와 높은 진동수의 전자기파를 방출한다. 이들 입자와 복사선의 방출을 **방사능**(**radioactivity**)이라고 한다. 그 과정이 원자핵의 붕괴와 관련이 있기 때문에, 이것을 **방사성 붕괴**(*radioactive decay*)라고 하기도 한다.

일반적인 오개념은 방사능이 환경에서 새로운 것이라는 점이지만, 방사능은 인간보다 훨씬 더 오랫동안 주위에 있어 왔다. 흥미롭게도, 여러분이 지구 표면 밑으로 더 깊이 들어갈수록 더 뜨거워진다. 단지 30 km의 깊이에서 온도는 500°C보다 더 뜨겁다. 더 깊은 곳에서는 매우 뜨거워, 바위가 마그마로 녹아 지구 표면에서 용암으로 분출될 수 있다. 과열된 지하수는 격렬히 뿜어 나와 간헐천이 되거나, 보다 약하게 솟아올라 자연 온천을 만든다. 아래쪽에서 더 뜨거워지는 주요한 이유는, 지구가 풍부한 방사성 동위 원소를 포함하고 있으며, 이 동위 원소들로부터 복사 에너지를 흡수하여 가열되기 때문이다. 이렇게 화산, 간헐천 및 온천은 모두 방사능에 의해 동력을 공급받는다. 심지어 대륙의 표류(22장 참조)도 지구 내부의 방사능과 관련이 있다. 방사능은 햇볕과 비처럼 자연적이다.

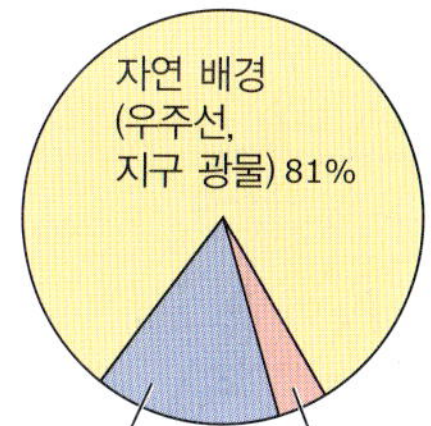

그림 10.1
미국에서 평균 개인이 복사선에 노출되는 근원

알파선, 베타선 및 감마선

원자 번호 83(비스무트)보다 더 큰 원소의 동위 원소들은 방사성이다. 이 동위 원소들과 어떤 더 가벼운 방사성 동위 원소들은 그리스 알파벳의 처음 세 글자인 $\boldsymbol{\alpha}$(알파), $\boldsymbol{\beta}$(베타), $\boldsymbol{\gamma}$(감마)로 명명된 세 가지 특징적인 형태의 복사선을 방출한다. 알파선은 양전하를 운반하고, 베타선은 음전하를 운반하며, 감마선은 전하를 운반하지 않는다. 세 가지 복사선은 그들의 경로를 가로지르는 자기장에 놓일 때 분리될 수 있다(그림 10.2).

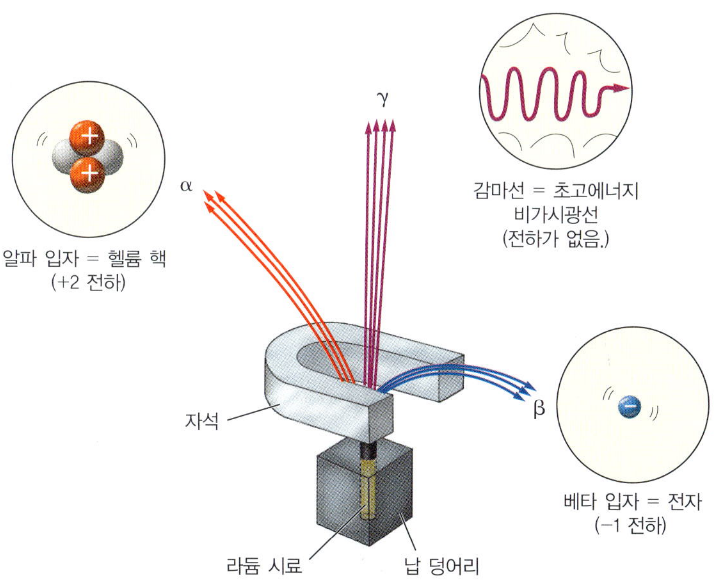

그림 10.2
자기장에서 알파선은 한 방향으로 휘고, 베타선은 다른 방향으로 휘며, 감마선은 전혀 휘지 않는다. 알파선은 베타선보다 적게 휘는 것에 주목하라. 이것은 알파 입자들이 베타 입자들보다 더 많은 관성(질량)을 가지고 있기 때문이다.

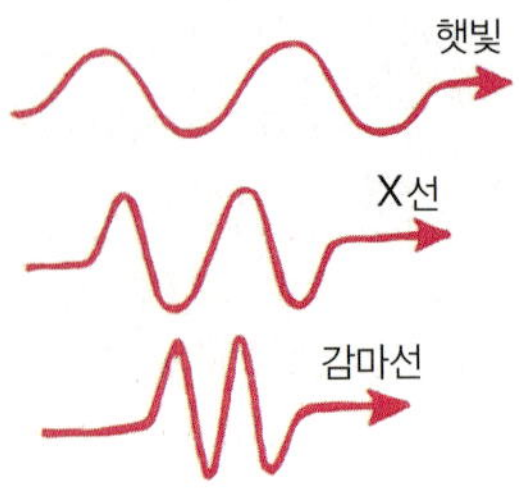

그림 10.3
감마선은 햇빛과 X선보다 훨씬 더 높은 진동수와 에너지를 가진, 단순한 전자기 복사선이다.

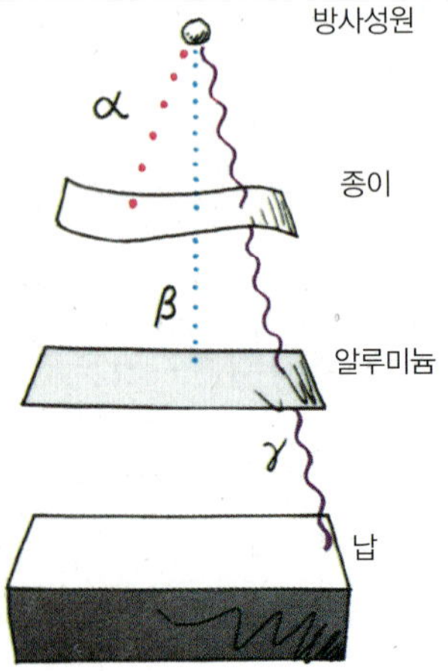

그림 10.4
알파 입자들은 투과성이 아주 작아서 몇 장의 종이에 의해 차단될 수 있다. 베타 입자들은 쉽게 종이를 통과할 수 있으나, 알루미늄 박막을 통과할 수 없다. 감마선은 고체 납을 수 센티미터 투과한다.

알파 입자(**alpha particle**)는 2개의 양성자와 2개의 중성자의 결합이다(다른 말로 원자 번호 2인 헬륨 원자의 핵이다). 알파 입자는 상대적으로 크기가 크고, 2가의 양전하(+2)로 인해 상대적으로 차단하기 쉽다. 예를 들면 알파 입자는 보통 종이나 옷 같은 가벼운 물질을 통과하지 못한다. 그러나 알파 입자는 운동 에너지가 크기 때문에 특히 생체 조직 같은 물질의 표면에 심각한 손상을 일으킬 수 있다. 알파 입자는 대기 중에 겨우 몇 센티미터를 이동할 때 전자를 받아서 더 이상 해롭지 않는 헬륨이 된다. 사실은, 이것이 어린이의 풍선에 들어 있는 헬륨이 생기는 곳이다. 실제로 지구의 모든 헬륨은 한때 강력한 알파 입자였다.

베타 입자(**beta particle**)는 핵으로부터 방출되는 전자이다. 이 전자는 일단 방출되면, 음극선이나 전기 회로 또는 원자핵 주위를 돌고 있는 전자와 서로 구별할 수 없다. 차이점은 베타 입자는 핵 안에 있는 중성자로부터 나온다는 점이다. 곧 배우겠지만, 베타 입자인 전자를 잃을 때 중성자는 양성자가 된다. 베타 입자는 보통 알파 입자보다 더 빠르고, 단지 한 개의 음전하(−1)를 운반한다. 베타 입자는 알파 입자처럼 차단시키기가 쉽지 않아서, 종이나 옷 같은 가벼운 물질을 통과할 수 있다. 그들은 피부 안으로 꽤 깊숙이 침투할 수 있기 때문에 살아 있는 세포에 해를 주거나 죽일 수 있다. 그러나 알루미늄처럼 더 조밀한 물질을 통과할 수 없다. 일단 정지되면, 베타 입자들은 다른 전자들처럼 쉽게 자신들이 들어 있는 물질의 일부분이 된다.

감마선(**gamma ray**)은 방사성 원소에서 방출되는 높은 진동수의 전자기 복사선이다. 가시광선처럼 감마선은 순수한 에너지이다. 그러나 감마선의 에너지양은 가시광선, 자외선 또는 심지어 X선보다도 훨씬 더 크다. 감마선은 질량도 전하도 없으며, 높은 에너지를 가지고 있기 때문에 대부분의 물질을 통과할 수 있다. 그러나 감마선은 그들을 흡수하는 납처럼 특별히 조밀한 물질은 쉽게 통과할 수 없다. 우리 몸 도처에 있는 세포 안의 미세한 분자들은 감마선에 쏘이면 구조적인 손상을 입는다. 그래서 감마선은 알파 입자 또는 베타 입자들보다 일반적으로 우리에게 훨씬 더 해롭다.

우리 자연에 있는 일반적인 바위와 광물들은 우라늄의 잔해를 포함하고 있기 때문에 상당한 양의 방사성 동위 원소를 포함한다. 벽돌, 콘크리트 또는 석재 건물에 사는 사람들은 목조 건물에 사는 사람들보다 더 많은 양의 방사선에 노출된다.

자연적으로 일어나는 방사선의 주요한 근원은 우라늄 퇴적물에서 발생하는 비활성 기체인 라돈-222이다. 라돈은 바닥의 틈을 통해 새어나온 후에 지하에 축적되는 경향이 있는 무거운 기체이다. 라돈의 수준은 지역의 지질에 의존하므로 지역에 따라 다르다. 라돈 측정 세트(그

그림 10.5
방사성원에서 나오는 감마선을 식품에 쪼일 때 신선한 딸기와 다른 부패하기 쉬운 것의 저장 기간은 현저하게 늘어난다. 오른쪽의 딸기는 보통 부패를 일으키는 미생물을 죽이는 감마선으로 처리되었다. 식품은 단지 복사선의 수용체이고, 복사선 검출기로 확인될 수 있는 정도의 복사선 방출체로 결코 변환되지 않는다.

림 10.6)로 여러분들 집의 라돈 수준을 점검할 수 있다. 만약 수준이 비정상적으로 높다면, 지하실 바닥과 벽을 막고 적절한 환기를 유지하는 것처럼 바로잡는 조치가 있어야 한다.

우리의 연간 복사선 노출량의 약 1/5은 주로 의료 처지 같은, 자연이 아닌 근원에서 온다. 텔레비전, 모니터, 휴대 전화기, 핵실험의 방사능 낙진, 석탄과 원자력 발전소들이 또 다른 기여자들이다. 석탄 산업은 방사선의 근원으로 핵 발전 산업보다 훨씬 윗자리에 있다. 세계적으로 석탄의 연소로 해마다 약 13,000톤의 방사성 토륨과 우라늄(다른 환경에 해로운 분자들에 더하여)이 대기 중으로 방출되고 있다. 이 두 광물은 자연적으로 석탄 퇴적물에서 발견되므로, 이들의 방출은 석탄 연소의 자연스러운 결과이다. 핵 발전 산업으로 인해 세계적으로 매년 약 10,0000톤의 방사성 폐기물이 생성된다. 그러나 이 폐기물의 대부분은 보관되고, 자연으로 방출되지 **않는다**.

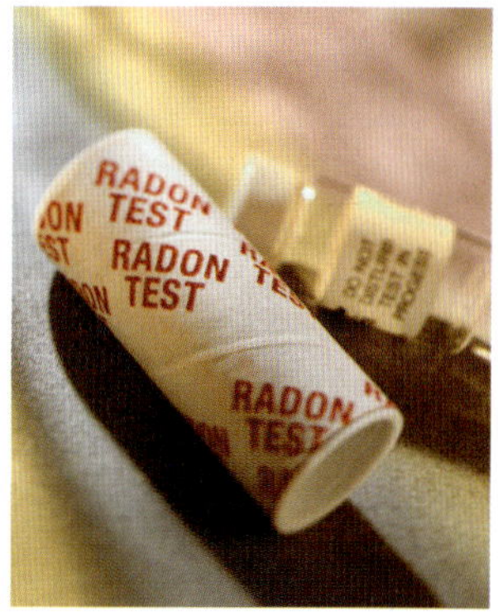

그림 10.6
상업적으로 이용할 수 있는 라돈 측정 세트. 채취통은 시료가 있는 곳에서 열리게 된다. 채취통으로 확산된 라돈은 통 안의 활성 탄소에 의해 흡수된다. 며칠 후에 채취통은 다시 밀봉되고, 연구실로 보내져서, 흡수한 라돈에 의해 방출되는 복사선의 양을 측정하여 라돈 수준을 결정한다.

융합과학 10A
생명과학

방사선량

물음 가정의 연기 감지기는 왜 방사성인가?

학습목표
방사능의 단위와 생물학적 영향을 확인할 수 있다.

생물 조직이 받는 방사선은 일반적으로, 흡수된 에너지의 단위인 **래드**(*rad*, *r*adiation *a*bsorbed *d*ose)로 측정된다. **1래드(rad)**는 조직 1 kg당 0.01 J의 흡수된 복사 에너지와 같다. 그러나 생물 조직에 손상을 주는 핵 방사선의 용량은 단지 그것의 에너지 수준의 함수가 아니다. 방사선의 어떤 형태는 다른 것들보다 더 해로울 수 있다. 예를 들어 여러분이 뾰족한 끝이 있는 화살과 끝에 흡입 컵을 가지고 있는 두 화살을 가지고 있다고 가정하자. 그들 둘을 같은 속력으로 사과에 쏘아 보자. 그러면 둘은 같은 운동 에너지를 가지고 있다. 그러나 뾰족한 끝을 가지고 있는 화살이 흡입 컵을 가지고 있는 화살보다 항상 사과에 더 많은 손상을 준다. 비슷하게, 우리가 두 방사선 형태로부터 같은 수의 래드(rad)를 받더라도 어떤 형태는 다른 형태보다 더 큰 해를 입힐 수 있다.

잠재적 손상을 기초로 한 방사선량의 측정 단위는 **렘(rem**, *r*oentgen *e*quivalent *m*an)이다.* 렘으로 조사 적정량을 계산할 때에는, 임상적 연구로 결정된 다른 형태의 방사선에 의해 다른 건강 영향에 해당하는 인수를 래드의 수에 곱한다. 예를 들어 알파 입자의 1 rad는 베타 입자의 10 rad와 같은 생물학적 영향을 가지고 있다.** 이 조사 적정량 모두를 10 rem이라고 한다.

입자	방사선량		인수		건강 영향
알파	1 rad	×	10	=	10 rem
베타	10 rad	×	1	=	10 rem

방사선의 치사량은 500 rem에서 시작한다. 사람은 짧은 기간에 걸친 이 크기의 피폭에서 생존율이 약 50%이다. 방사선 요법 동안에 환자는 몇 주 동안 매일 200 rem 이상의 국부적인 피폭을 받을 수도 있다(그림 10.7).

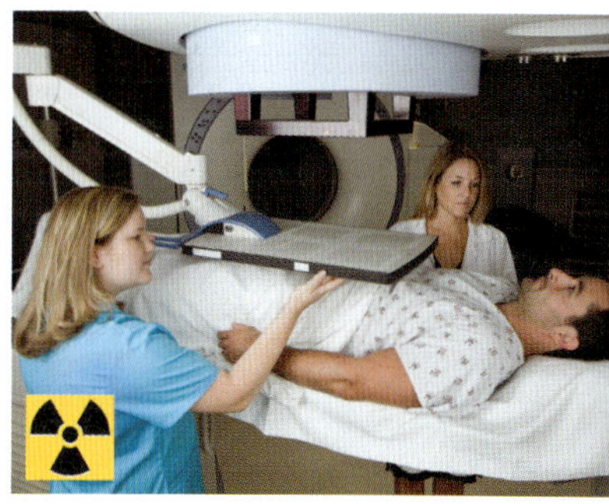

그림 10.7
방사선 요법으로 알려진 기술에서 핵 방사선은 암 종양 같은 해로운 조직에 집중되어 선택적으로 세포를 죽이거나 조직을 축소시킨다. 핵 기술의 이점에 대한 명쾌한 예로서 이런 핵 방사선 응용은 수백만의 생명을 구해 왔다. 좌측 하단에 삽입된 사진은 방사성 물질이 다루어지거나 생성되고 있는 구역을 표시하기 위해 국제적으로 사용되는 기호를 나타낸 것이다.

우리가 자연 근원과 의료 시술로부터 받는 모든 방사선은 단지 1 rem의 몇 분의 1이다. 편의상 더 작은 단위인 밀리렘(mrem)이 사용되는데, 1 mrem은 1 rem의 1/1000이다.

* 이 단위는 X선의 발견자인 뢴트겐(Wilhelm Roentgen)의 이름이다.
** 이것은 초기에 논의되었듯이, 비록 베타 입자가 더 큰 투과력을 가지고 있더라도 사실이다.

표 10.1 연간 방사선 노출

근원	1년에 받는 일반적인 양(밀리렘)
자연 기원	
우주 복사선	26
지상	33
공기(라돈-222)	198
인간 조직(K-40, Ra-226)	35
인간 기원	
의료 시술	
진단 X선	40
핵의학	15
TV 브라운관 및 다른 소비자 제품	11
무기 실험 낙진	1

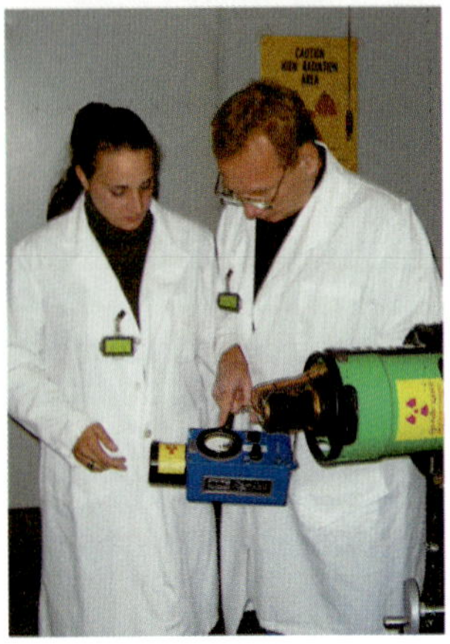

그림 10.8
태미(Tammy)와 래리(Larry)가 착용하고 있는 필름 배지는 방사능 급등과 누적된 노출 모두에 대한 가청 경보를 가지고 있다. 개인별 배지로부터의 정보는 분석과 보관을 위해 데이터베이스로 주기적으로 다운로드하게 된다.

미국에서 보통 사람은 표 10.1에서 보는 바와 같이 일 년에 약 360 mrem에 노출된다. 이 방사선의 약 80%는 우주선과 지구 자신 같은 자연 근원으로부터 온다. 전형적인 가슴 X선은 치사량의 1/10,000보다 더 작은 5~30 mrem(0.005~0.030 rem)까지 사람에게 노출된다. 인체 그 자체는 자연 방사선의 중요한 근원인데, 주로 우리가 먹는 포타슘(K)으로부터 온다. 우리 몸은 약 200 g의 포타슘을 포함하고 있다. 이 중에 약 20 mg이 방사성 동위 원소인 포타슘-40인데, 이것은 감마선 방출체이다. 방사선은 참으로 모든 곳에 있다.

방사선이 우리의 세포를 구성하는, 이온이 풍부한 소금물같이 수중에서 복잡하게 구조화된 분자를 만날 때, 방사선은 원자 크기에서 혼란을 일으킬 수 있다. 어떤 분자는 깨지는데, 이 변화는 다른 분자들을 변하게 하여 생명 과정에 해가 될 수 있다.

방사선이 너무 심하지 않다면, 세포들은 방사선에 의한 대부분 종류의 분자적 손상을 복구할 수 있다. 치유 기간이 허용될 만큼 피폭이 장시간에 걸쳐 분산된다면, 세포는 다른 면에서 방사선의 치사량에서 생존할 수 있다. 방사선이 세포들을 죽일 정도로 충분하다면, 죽은 세포들은 새로운 세포들에 의해 대체될 수 있다. 가끔 조사된 세포는 손상된 DNA 분자를 가지고 생존한다. 손상된 세포로부터 발생한 새로운 세포들은 변형된 유전 정보를 갖고 있어 **돌연변이**(*mutation*)를 일으킨다. 보통 돌연변이의 영향은 중요하지 않지만, 가끔 돌연변이로 인해 영향을 받지 않는 것뿐만 아니라 기능을 하지 않는 세포가 생기기도 하고 때로 암이 생기기도 한다. 만약 손상된 DNA가 각각의 생식 세포에 있으면, 자식의 유전자 암호는 돌연변이를 갖고 있을지 모른다.

그림 10.9
방사성 동위 원소를 이용한 비료 흡수 추적

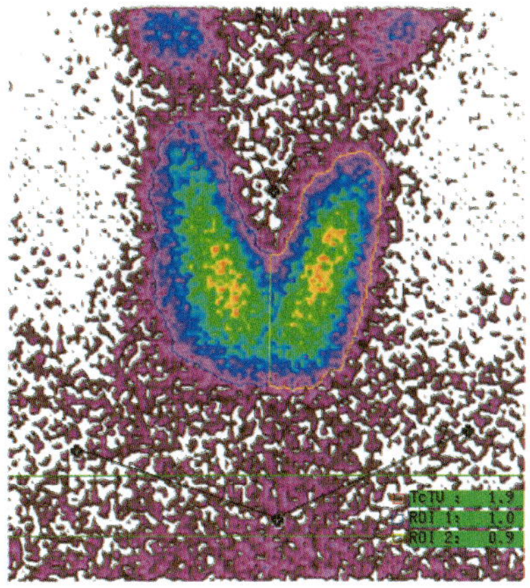

그림 10.10
목에 있는 갑상샘은 음식물과 음료수를 통해 몸에 들어오는 많은 아이오딘을 흡수한다. 여기에 보인 것과 같은 갑상샘의 영상은 환자에게 방사성 동위 원소인 아이오딘-131을 투여하여 얻을 수 있다. 이 영상들은 대사 장애를 진단하는 데 유용하다.

방사성 추적자

모든 원소의 방사성 시료는 과학 실험실에서 만들어져 왔다. 이것은 중성자나 다른 입자들의 충돌에 의해 이루어진다. 방사성 광물들은 과학 연구와 산업에 매우 유용하다. 예를 들어 비료의 작용을 점검하기 위해 연구자들은 소량의 방사성 광물을 비료와 결합한 뒤 몇 가지 식물에 이 결합물을 적용한다. 식물에 의해 흡수된 방사성 비료의 양은 방사성 검출기로 쉽게 측정할 수 있다. 이런 측정으로부터 과학자들은 농부들에게 비료를 사용하기에 적당한 양을 알려 줄 수 있다. 이런 경로를 추적하기 위해 사용되는 방사성 동위 원소를 **추적자**(*tracer*)라고 한다.

의료 영상으로 알려진 기술에서 추적자들은 내부 이상을 진단하는 데 사용된다. 이 기술은 추적자가 흡수되는 경로가 방사능이 아닌 단지 물리적, 화학적인 성질에 의해 영향을 받기 때문에 작동된다. 추적자는 독자적으로 또는 인체의 특별한 조직에 추적자가 들어가도록 목표물을 돕는 어떤 다른 화학 물질과 함께 주입될 수도 있다.

10.2 강한 핵력

학습목표
강한 핵력이 원자핵에서 핵자를 함께 붙잡는 데 어떻게 작용하는지를 기술할 수 있다.

물음 큰 핵은 작은 핵보다 왜 덜 안정한가?

9장에서 설명하였듯이, 원자핵은 원자 부피의 매우 작은 비율만을 차지하므로 원자의 대부분은 빈 공간으로 남아 있다. 핵은 양성자와 중성자의 총칭인 **핵자**(*nucleon*)로 구성되어 있다.

우리는 같은 부호를 갖는 전하는 서로 밀어낸다는 것을 알고 있다. 그러면 어떻게 핵 안에서 양전하의 양성자들이 함께 덩어리지어 존재하는가? 이 물음은 모든 핵자 사이에 작용하는 **강한 핵력**(**strong nuclear force**)이라고 하는 인력의 발견으로 이어졌다. 이 힘은 매우 강하나, 극히 짧은 거리(약 10^{-15} m, 전형적인 원자핵의 지름)에서 작용한다. 반면에 전기적 반발 상호 작용은 상대적으로 범위가 넓다. 그림 10.11은 거리에 따른 이들 두 힘의 세기를 비교한 것이다. 작은 핵처럼, 함께 가까이 있는 양성자들의 경우, 끌어당기는 강한 핵력은 반발하는 전기력을 쉽게 극복한다.

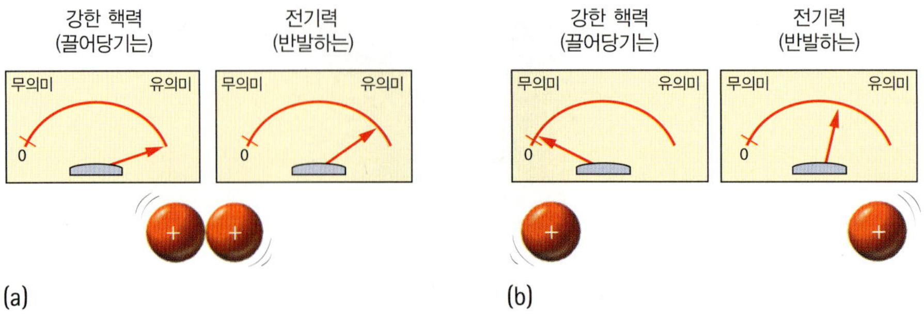

그림 10.11
(a) 서로 근처에 있는 두 양성자를 끌어당기는 강한 핵력과 반발하는 전기력을 모두 경험한다. 이 아주 작은 분리 거리에서 강한 핵력은 전기력을 극복하여 그들이 함께 합쳐서 남아 있게 된다. (b) 두 양성자들이 상대적으로 서로 멀리 떨어져 있을 때, 전기력이 더 유의미하다. 양성자들은 서로 반발한다. 큰 원자핵에서 이 양성자–양성자 반발은 핵의 안정성을 감소시킨다.

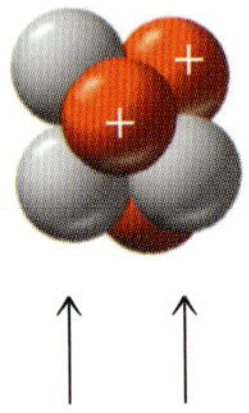

(a) 가까이 함께 있는 핵자

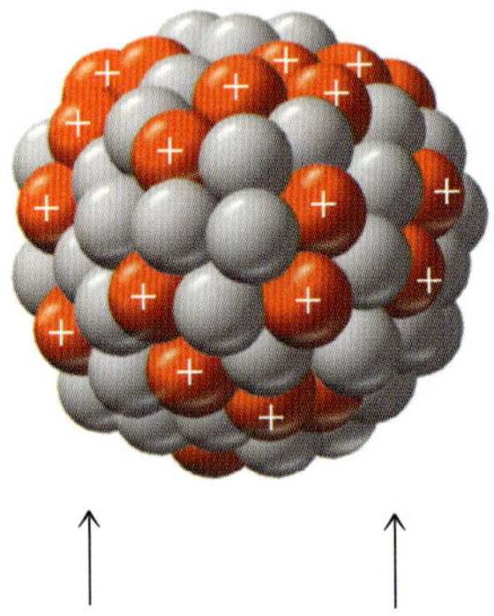

(b) 멀리 떨어져 있는 핵자

그림 10.12
(a) 작은 원자핵에서는 모든 핵자가 서로 가까이 있으므로, 핵자는 끌어당기는 강한 핵력을 경험한다. (b) 더 큰 핵의 반대쪽에 있는 핵자들은 서로 가까이 하지 못하므로, 핵자는 함께 결합시키는 끌어당기는 강한 핵력은 매우 더 약하다. 결과적으로 큰 핵은 덜 안정하다.

그러나 큰 핵의 반대쪽 가장자리에 있는 것처럼 멀리 떨어져 있는 양성자들의 경우, 끌어당기는 강한 핵력은 반발하는 전기력보다 더 약할지도 모른다.

큰 핵은 작은 핵만큼 안정하지 못하다. 양성자가 2개인 헬륨 핵에서 각 양성자는 또 다른 한 양성자의 반발 효과를 느낀다. 그러나 우라늄 핵에서 92개 양성자들의 각각은 다른 91개 양성자들의 반발 효과를 느낀다! 핵은 불안정하다. 원자핵의 크기에 제한이 있다는 것을 알 수 있다. 이런 이유 때문에 83개보다 많은 양성자를 갖는 모든 핵들은 방사성이다.

중성자들은 원자핵을 함께 결합시키는 '핵 시멘트' 역할을 한다. 양성자들은 강한 핵력에 의해 양성자와 중성자를 모두 끌어당긴다. 양성자들은 또한 전기력에 의해 다른 양성자들을 밀어낸다. 반면에 중성자들은 전기적 전하를 가지고 있지 않아서 강한 핵력에 의해 다른 양성자와 중성자들을 끌어당기기만 한다. 그러므로 중성자들의 존재는 핵자들 사이의 인력을 증가시키고 핵을 함께 결합시키는 데 도움을 준다(그림 10.13).

핵 속에 더 많은 수의 양성자가 있을수록 밀어내는 전기력과의 균형을 맞추기 위해 더 많은 수의 중성자들이 필요하다. 가벼운 원소들의 경우, 대략적으로 양성자와 같은 수의 중성자로 충분하다. 예를 들어 가장 일반적인 탄소의 동위 원소인 C-12는 각각 같은 수인 6개의 양성자와 6개의 중성자를 가지고 있다. 큰 핵의 경우, 양성자보다 더 많은 수의 중성자가 필요하다. 강한 핵력은 거리에 따라 급격하게 감소하기 때문에, 강한 핵력이 효과적이기 위해 핵자들은 실제적으로 접촉하고 있어야만 한다. 큰 원자핵에서 반대쪽의 핵자들은 서로 끌어당기지 못한다. 그러나 전기력은 큰 핵의 지름을 가로질러서 매우 작게 감소하므로 강한 핵력을 이기기 시작한다. 핵의 지름을 가로질러서 강한 핵력의 약화를 보충하기 위해, 큰 핵들은 양

그림 10.13
중성자의 존재는 단방향 화살표로 표시된 것처럼 강한 핵력의 효과를 증가시킴으로써 핵을 서로 결합시키는 데 도움을 준다.

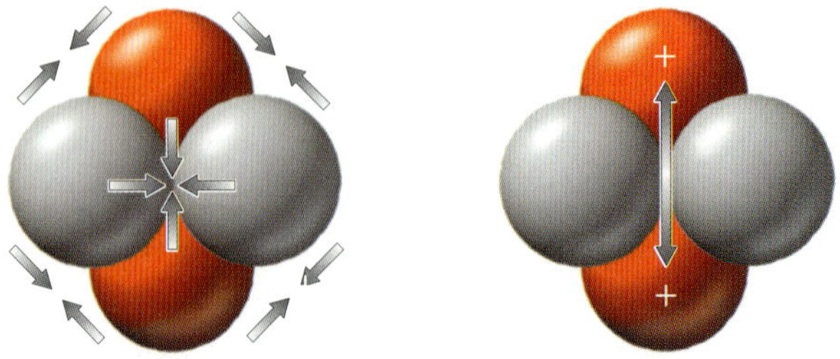

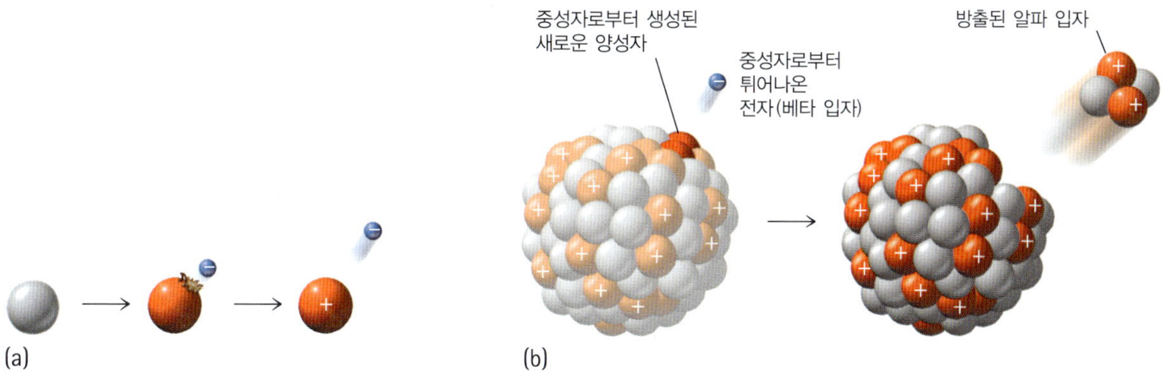

그림 10.14
(a) 양성자 근처의 중성자는 안정하나, 중성자 그 자신은 불안정하여 전자를 방출하면서 양성자로 붕괴한다. (b) 양성자수의 증가에 의해 불안정해지면, 핵은 알파 입자와 같은 파편들을 떨구기 시작한다.

성자보다 더 많은 수의 중성자를 가지고 있다. 예를 들어 납은 양성자의 약 1.5배의 중성자를 가진다.

그래서 우리는 중성자들이 안정시키는 효과를 가지고 있고 큰 핵들이 많은 수의 중성자를 필요로 한다는 것을 안다. 그러나 중성자들은 핵을 원래대로 유지하는 데 항상 성공하는 것은 아니다. 흥미롭게도 중성자들은 그들 자신만 있을 때는 안정하지 않다. 단독의 중성자는 방사성이어서 자발적으로 양성자와 전자로 변환한다(그림 10.14a). 중성자는 이것이 잘 일어나지 않게 하기 위해 주위에 양성자를 필요로 한다. 핵의 크기가 어떤 점에 도달한 후 중성자가 양성자를 수적으로 초과하므로, 중성자가 양성자로 변환되는 것을 막을 만큼 양성자들이 충분하지 않다. 핵의 중성자가 양성자로 변화됨에 따라 밀어내는 전기력이 점진적으로 유의미해지기 때문에 핵의 안정성은 감소한다. 그림 10.14b에서 볼 수 있듯이, 결과적으로 핵의 조각들은 방사선의 형태로 쪼개져 흩어진다.

10.3 반감기와 변환

학습목표
방사성 동위 원소는 붕괴되는 속도에 의해 어떻게 확인될 수 있는지와 이 붕괴로 인해 어떻게 새로운 원소가 생성되는지를 알 수 있다.

물음 변환 속도는 반감기와 어떠한 관련이 있는가?

방사성 동위 원소의 붕괴 속도는 **반감기**(**half-life**)라는 특징적인 시간에 의해 측정된다. 반감기는 붕괴하는 어떤 원소가 최초 양의 반으로 되는 데 걸리는 시간이다. 예를 들어 라듐-226은 1620년의 반감기를 가지는데, 이는 순수한 라듐-226 시료의 반이 1620년 후에는 다른 원소들로 전환될 것이라는 것을 의미한다. 다음 1620년 후에 남아 있는 라듐의 반이 붕괴할 것이며, 그 결과 라듐의 최초 양의 $\frac{1}{4}$만이 남는다. (20번의 반감기 후에 라듐-226의 최초 양은 약 백만 배 만큼 감소할 것이다.)

반감기는 현저하게 일정하며, 외부 조건에 의해 영향을 받지 않는다. 어떤 방사성 동위 원소는 백만 분의 일 초보다 더 작은 반감기를 가지고 있는 반면, 다른 원소들은 반감기가 십억 년보다 더 길다. 우라늄-238은 반감기가 45억 년이다. 모든 우라늄 동위 원소는 여러 단계로 붕괴하여 궁극적으로 납이 된다. 45억 년 후에는 오늘날 지구에 존재하는 우라늄의 반이 납이 될 것이다.

반감기를 측정하기 위해 반감기 지속 기간 동안 기다릴 필요는 없다. 원소의 반감기는 어떤

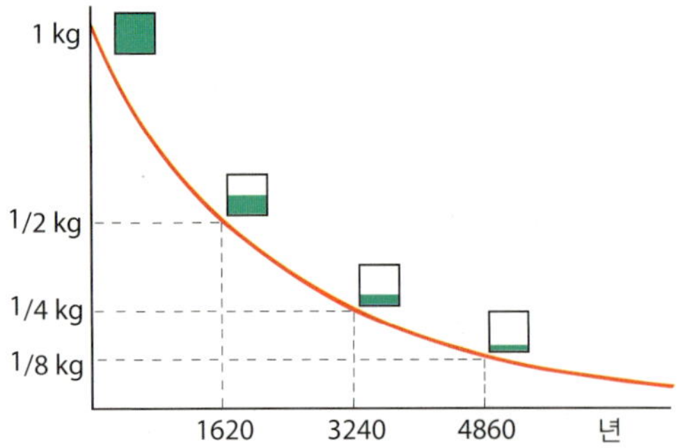

그림 10.15
라듐의 양은 1620년마다 반으로 감소한다.

주어진 순간에 알려진 양의 붕괴 속도를 측정함으로써 계산될 수 있다. 이것은 방사능 측정기를 사용하여 쉽게 할 수 있다(그림 10.16). 일반적으로 반감기가 짧은 물질일수록 더 빨리 붕괴되고, 총량당 더 많은 방사능이 검출된다.

방사성 핵이 알파 입자나 베타 입자를 방출하면 원자 번호가 변하는데, 이것은 다른 원소가 생성된다는 것을 의미한다. (원소는 원자 번호에 의해 정의되고 원자 번호는 핵의 양성자 수이라고 하는 9장을 다시 기억하라.) 한 화학 원소가 다른 것으로 변화하는 것을 **변환**(**transmutation**)이라고 한다. 변환은 자연적 경우에 일어나기도 하고, 실험실에서 인공적으로 개시되기도 한다.

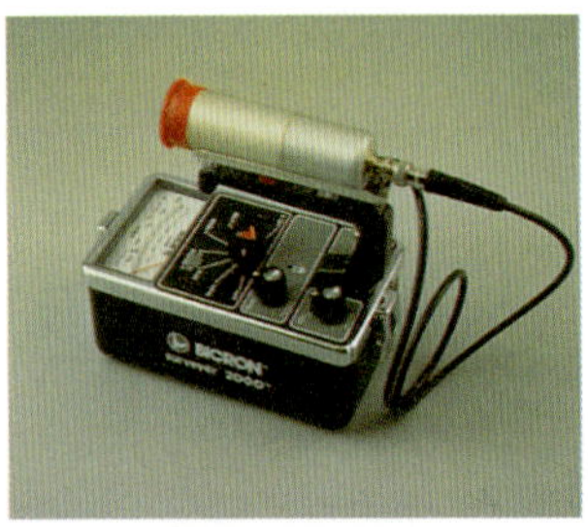

(a)

(b)

그림 10.16
방사능 측정기 (a) 가이거 계수기는 관에 들어 있는 기체의 이온화 효과로 들어오는 방사능을 측정한다. (b) 섬광 계수기는 전하를 띤 입자 또는 감마선이 통과할 때 생성되는 섬광 빛으로 들어오는 방사능을 측정한다.

자연 변환

92개의 양성자와 146개의 중성자를 포함하는 핵인 우라늄-238을 생각해 보자. 알파 입자가 튀어나올 때, 핵은 2개의 양성자와 2개의 중성자를 잃는다. 원소는 그 핵에 있는 양성자의 수에 의해 정의되기 때문에, 뒤에 남겨진 90개의 양성자와 144개의 중성자는 더 이상 우라늄으로 확인되지 않는다. 대신 다른 원소의 핵인 토륨을 가지고 있다. 이 변환은 핵 반응식으로 나타낼 수 있다.

$$^{238}_{92}U \rightarrow \, ^{234}_{90}Th + \, ^{4}_{2}He$$

우리는 $^{238}_{92}U$가 화살표의 오른쪽에 적힌 두 원소로 변환된다는 것을 알고 있다. 이 변환이 일어날 때, 에너지는 일부 알파 입자($^{4}_{2}He$)의 운동 에너지, 일부 토륨 원자의 운동 에너지 및 일부 감마선의 형태로 방출된다. 이와 같은 모든 식에서 위에 있는 질량수는 균형($238 = 234 + 4$)이 맞고, 아래에 있는 원자 번호도 균형($92 = 90 + 2$)이 맞는다.

이 반응의 생성물인 토륨-234도 방사성이다. 토륨은 붕괴될 때 베타 입자를 방출한다. 베타 입자는 전자이기 때문에, 남는 핵의 원자 번호는 1 만큼 **증가한다**. 따라서 양성자가 90개인 토륨의 베타 붕괴 후 남은 원소는 91개의 양성자를 가지고 있다. 이것은 더 이상 토륨이 아니고, 프로트악티늄 원소이다. 이 과정에서 원자 번호가 1 만큼 증가하더라도, 질량수(양성자 + 중성자)는 여전히 같은 수이다. 핵 반응식은 다음과 같다.

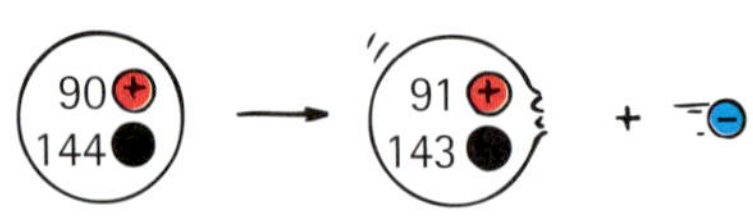

$$^{234}_{90}Th \rightarrow \, ^{234}_{91}Pa + \, ^{0}_{-1}e$$

전자는 $^{0}_{-1}e$로 쓴다. 위 첨자 0은 전자의 질량이 양성자나 중성자의 질량에 비하여 상대적으로 무의미하다는 것을 암시한다. 아래 첨자 −1은 전자의 전하이다.

원소가 핵으로부터 알파 입자를 방출할 때 남은 원자의 질량수는 4 만큼 감소하고, 원자 번호는 2 만큼 감소한다는 것을 배웠다. 결과로 생긴 원자는 원소의 주기율표에서 두 칸 뒤에 있는 원소이다. 어떤 원소가 그의 핵으로부터 베타 입자를 방출할 때, 원자량은 실제적으로 영향을 받지 않는데, 이것은 질량수는 변하지 않고 원자 번호는 1 만큼 증가한다는 것을 의미한다. 결과로 생긴 원자는 주기율표에서 한 칸 앞의 원소에 속한다. 감마 방사선은 질량수나 원

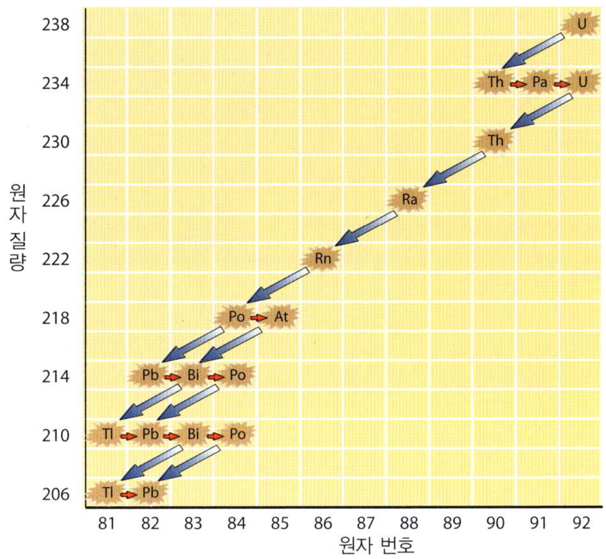

그림 10.17
U-238은 여러 단계의 알파 및 베타 붕괴를 거쳐 Pb-206으로 붕괴된다.

자 번호 어느 것도 결과적으로 변하지 않게 한다. 따라서 방사성 원소는 주기율표에서 뒤쪽 또는 앞쪽으로 붕괴할 수 있다는 것을 알 수 있다.

$^{238}_{92}$U에서 납의 동위 원소인 $^{206}_{82}$Pb로의 연속적인 방사성 붕괴는 그림 10.17에서 볼 수 있다. 각 회색 화살표는 알파 붕괴를 보여 주고, 각 적색 화살표는 베타 붕괴를 보여 준다. 계열에 있는 어떤 핵들은 양쪽 방법으로 붕괴할 수 있다. 이것은 자연에서 일어나는 여러 비슷한 방사성 계열의 하나이다.

인공 변환

1919년에 러더퍼드(Ernest Rutherford)는 많은 연구자들 중에서 처음으로 화학 원소를 변환하는 데 성공하였다. 그는 방사성 광석 조각에서 나오는 알파 입자를 질소 기체에 충돌시켰다. 질소 핵에 알파 입자를 충돌시키면 질소가 산소로 변환된다.

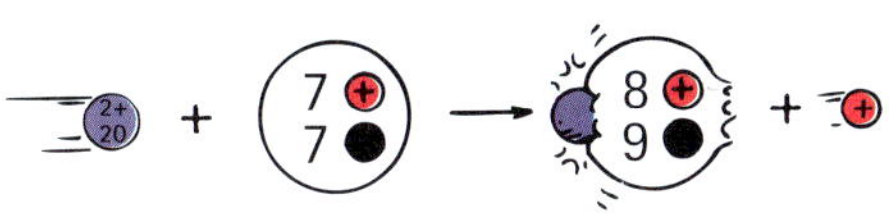

$$^{4}_{2}\text{He} + ^{14}_{7}\text{N} \rightarrow ^{17}_{8}\text{O} + ^{1}_{1}\text{H}$$

러더퍼드는 이 사건을 기록하기 위해 **안개상자**(*cloud chamber*)라고 하는 장치를 사용하였다(그림 10.18). 하늘에 높이 있는 제트 비행기가 그것의 항적에 수증기와 얼음 결정의 비행운을 남겨 놓는 것처럼, 안개상자에서 움직이는 전하를 띤 입자들은 그들의 경로를 따라 이온의 자국을 남긴다. 영화 필름에 촬영된 25만 개의 안개상자 자국에서, 러더퍼드는 원자 변환의 7개의 예를 보여 주었다. 강한 외부 자기장에 의해 휘는 자국의 분석은 알파 입자가 질소 원자와 충돌할 때 양성자가 튀어나오고 무거운 원자는 짧은 거리를 반동한다는 것을 보여 주었다. 알파 입자는 사라졌다. 알파 입자는 질소가 산소로 변환되는 과정에서 흡수되었다.

1919년 러더퍼드의 발표 이후, 실험자들은 처음에 방사성 광석에서 나오는 자연적으로 충돌하는 발사체와, 그 뒤 거대한 입자 가속기에 의해 세게 사출되는 양성자와 전자같이 여전히 많은 에너지를 가진 발사체로 많은 다른 핵반응을 수행하였다. 인공적인 원소 변환은 주기율표의 상부 끝에서 지금까지 알려지지 않은 합성 원소를 생성한다. 이러한 인공으로 만들어진

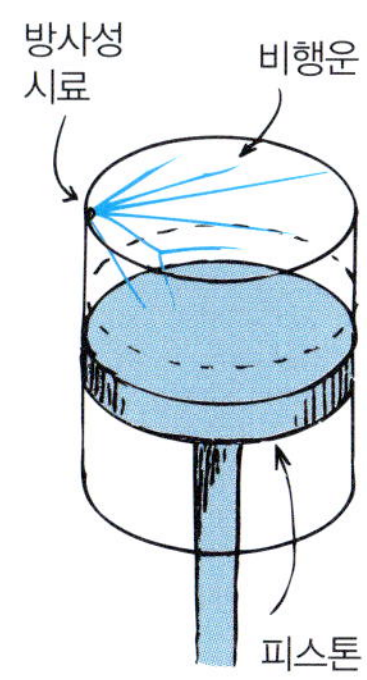

그림 10.18
안개상자. 과포화된 증기 속으로 움직이는 전하 입자들은 비행 자국을 남긴다. 상자가 강한 전기장 또는 자기장에 있을 때, 지나간 자국의 구부러짐으로 입자의 전하, 질량 및 운동량에 대한 정보를 얻을 수 있다.

그림 10.19
안개상자와 비슷하나 좀 더 복잡한 장치인 거품상자 속에서 소립자들이 지나간 자국. 두 입자는 나선형이 방사되는 지점에서 파괴되며, 네 개의 다른 입자가 충돌에 의해 생긴다.

모든 원소들은 반감기가 짧다. 만약 그들이 지구가 생성되었을 때 자연적으로 존재하였다면, 그들은 붕괴된 지 오래되었다.

학습목표
고대 유물에 남아 있는 방사능의 양을 측정함으로써 그들의 나이는 어떻게 결정할 수 있는지를 검토할 수 있다.

융합과학 10B
생명과학, 지구과학

방사성 연대 측정

물음 고고학자들은 어떻게 방사능을 이용하여 고대 유물의 나이를 측정할 수 있는가?

지구의 대기는 끊임없이 우주선의 공격을 받고, 이 공격은 대기 상부에 있는 많은 원자들을 변환시킨다. 이 변환의 결과로 많은 양성자와 중성자가 환경으로 '뿜어져 나오게' 된다. 대부분의 양성자들은 대기 상부의 원자들과 충돌하면서 이 원자들로부터 전자가 받아 수소 원자들이 될 때 정지하게 된다. 그러나 중성자들은 전하를 가지고 있지 않아 물질과 전기적으로 상호 작용하지 않기 때문에 더 먼 거리를 계속하여 간다. 궁극적으로 많은 중성자들은 밀도가 높은 대기 하부에 있는 핵들과 충돌한다. 예를 들어 중성자를 포획한 질소는 양성자를 방출하면서 탄소의 동위 원소가 된다.

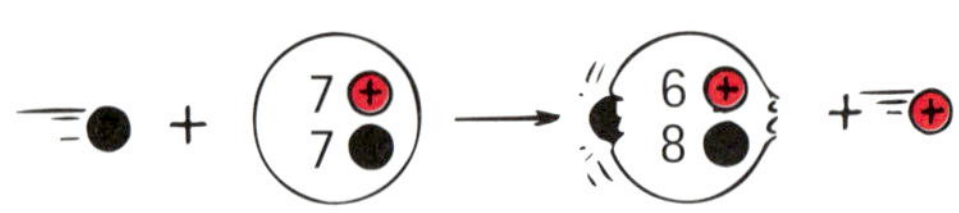

$$^{1}_{0}n + ^{14}_{7}N \rightarrow ^{14}_{6}C + ^{1}_{1}H$$

대기 중 탄소의 백만 분의 1%보다 더 적은 이 탄소-14 동위 원소는 방사성이고 8개의 중성자를 갖고 있다. (대부분의 일반적인 동위 원소인 탄소-12는 6개의 중성자를 가지고 있으며, 방사성이 아니다.) 탄소-12와 탄소-14는 모두 탄소의 종류이기 때문에 같은 화학적 성질을 가지고 있다. 이 동위 원소들은 모두 식물이 흡수하는 이산화 탄소를 생성하기 위해 화학적으로 산소와 반응할 수 있다. 이것은 모든 식물들이 방사성인 탄소-14를 소량 포함하고 있다는 것을 의미한다. 모든 동물들은 식물을 먹으며(즉 적어도 초식동물), 따라서 그들 안에 약간의 탄소-14를 가지고 있다. 요약하면, 지구 상의 모든 생물은 약간의 탄소-14를 포함하고 있다.

탄소-14는 베타 방출체이고 다음 반응에 의해 질소로 다시 붕괴된다.

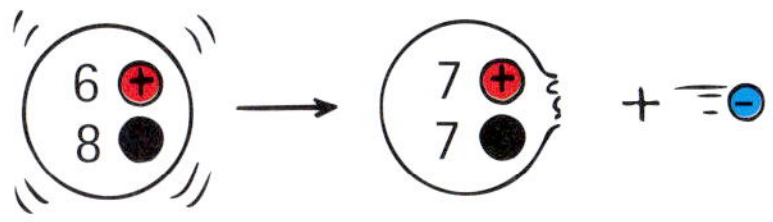

$^{14}_{6}C \rightarrow {}^{14}_{7}N + {}^{0}_{-1}e$

식물은 살아 있는 동안 이산화 탄소를 계속해서 흡수하기 때문에 붕괴에 의해 잃어버린 어떤 탄소-14는 대기로부터 새로운 탄소-14로 즉시 보충된다. 이런 방법으로 방사능 평형은 약 매 1000억 탄소-12에 대한 하나의 탄소-14의 일정한 비율로 도달하게 된다. 식물이 죽으면, 탄소-14의 보충은 정지한다. 그때 탄소-14의 백분율은 반감기에 의해 주어진 일정한 속도로 줄어든다. 그러므로 식물이나 다른 유기체가 더 오래 전에 죽을수록 탄소-12의 일정한 양에 상대적으로 탄소-14는 적게 포함되어 있다.

탄소-14의 반감기는 약 5730년이다. 이것은 오늘 죽는 식물이나 동물에 현재 존재하는 탄소-14 원자의 반은 다음 5730년에 걸쳐 붕괴할 것이라는 것을 의미한다. 남아 있는 탄소-14 원자들의 반은 다가오는 5730년, 등등에 걸쳐 붕괴할 것이다.

이 지식을 가지고 과학자들은 방사능의 현재 수준을 측정함으로써 목재 도구나 골격처럼 탄소를 포함하고 있는 유물의 나이를 계산할 수 있다. **탄소-14 연대 측정(carbon-14 dating)**이라고 알려진 이 과정으로 50,000년 정도의 과거를 조사할 수 있다. 이 시간 범위를 넘어 매우 적은 탄소-14가 남으면 정밀한 분석이 필요하다.

만약 대기 중 방사성 탄소의 양이 시대에 걸쳐 일정하였다면, 탄소-14 연대 측정은 극히 간단하고 정확한 연대 측정 방법이 되었을 것이다. 그러나 그렇지 않아 왔다. 지구 자기장의 세기 변화뿐만 아니라 태양 자기장의 변동은 차례로 C-14 생성에 변동을 일으키는 지구 대기 중 우주선 세기에 영향을 미친다. 더구나 지구 기후의 변화는 대기 중 이산화 탄소의 양에 영향을 준다. 해양은 이산화 탄소의 가장 큰 저장소이다. 해양이 따뜻해지면 추울 때보다 더 많은 이산화 탄소를 대기 중으로 방출한다. (25장에서 해양과 이산화 탄소의 중요한 상호 작용으로 돌아갈 것이다.)

더 오래되었거나 무생물인 물질의 연대 측정은 우라늄 같은 방사성 광물에 의해 이루어진다. 자연적으로 발생하는 U-238과 U-235는 매우 느리게 붕괴되고 궁극적으로 납의 동위 원소가 된다. (그러나 일반적인 납의 동위 원소 Pb-208이 아니다.) 예를 들어 U-238은 여러 단계를 거쳐 붕괴되어 최종적으로 Pb-206이 되는 반면, U-235는 최종적으로 동위 원소 Pb-207이 된다. 지금 존재하는 납의 동위 원소 206과 207은 한때 우라늄이었다. 더 오래된 바위일수록 이 나머지 동위 원소들의 백분율이 더 높을 것이다.

우라늄 동위 원소의 반감기와 우라늄이 함유된 바위에 있는 납 동위 원소의 백분율로부터 바위가 생성된 나이를 계산할 수 있다. (22장에서 지구의 동적 내부를 조사할 때 동위 원소 연대 측정으로 되돌아갈 것이다.)

그림 10.20
골격에 있는 방사성 탄소-14의 양은 5730년마다 반으로 감소하며, 결과적으로 오늘날 골격은 원래 가졌던 탄소-14의 일부만을 포함하고 있다. 붉은 화살표는 탄소-14의 상대적 양을 표현한 것이다.

학습목표
큰 원자핵이 에너지를 생성하면서 반으로 쪼개질 수 있는 과정을 기술할 수 있다.

10.4 핵분열

물음 핵발전소는 왜 핵폭탄처럼 폭발할 가능성이 없는가?

1938년에 독일의 과학자인 한(Otto Hahn)과 스트라스만(Fritz Strassmann)은 세계를 변화시킨 우연한 발견을 하였다. 더 무거운 새로운 원소들을 창조하려는 희망으로 중성자를 우라늄 시료에 충돌시켰을 때, 그들은 우라늄 질량의 약 반을 갖는 원소인 바륨 생성에 대한 화학적 증거를 발견하고 놀랐다. 한은 유태인 조상 때문에 나치 독일로부터 스웨덴으로 피난한 그의 전 동료인 마이트너(Lise Meitner)에게 이 소식을 전했다. 한의 증거로부터, 마이트너는 중성자 충돌에 의해 활성화된 우라늄 핵이 반으로 쪼개졌다는 결론을 내렸다. 얼마 지나지 않아 마이트너는 그녀의 조카이자 물리학자인 프리쉬(Otto Frisch)와 함께 연구하면서 **핵분열**이라는 용어를 처음으로 만들어 사용한 논문을 발표하였다.

모든 원자의 핵에서 양성자 사이에 끌어당기는 핵력과 밀어내는 전기력 사이에는 섬세한 균형이 존재한다. 모든 알려진 핵에서는 핵력이 우세하다. 그러나 우라늄의 어떤 동위 원소에서는 이 우세가 빈약하다. 만약 우라늄 핵이 길게 늘어난 모양으로 뻗으면(그림 10.21), 전기력은 심지어 더 길게 늘어난 모양으로 그것을 밀어낼 수도 있다. 늘어난 상태가 어떤 점을 통과하면, 전기력은 강한 핵력을 지배하고 핵은 쪼개진다. 이것이 **핵분열(nuclear fission)**이다.

하나의 U-235 핵의 분열에 의해 방출되는 에너지는 TNT 한 분자의 폭발에 의해 방출되는 에너지의 약 7백만 배 만큼 막대하다. 이 에너지는 주로 서로 멀리 떨어져 나는 분열 파편의 운동 에너지 형태이고, 약한 에너지는 탈출하는 중성자가 가지고 나머지는 감마선에 있다.

전형적인 우라늄의 분열 반응은 다음과 같다.

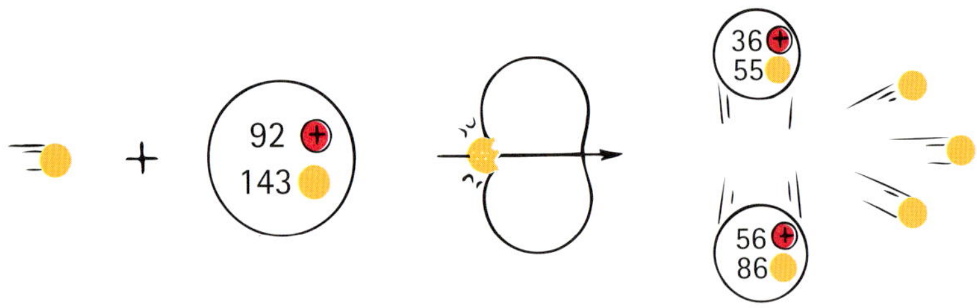

$$^{1}_{0}n + ^{235}_{92}U \rightarrow ^{91}_{36}Kr + ^{142}_{56}Ba + 3(^{1}_{0}n)$$

이 반응에서 1개의 중성자가 우라늄 원자의 분열을 시작하고, 분열로 인해 3개의 중성자가 생

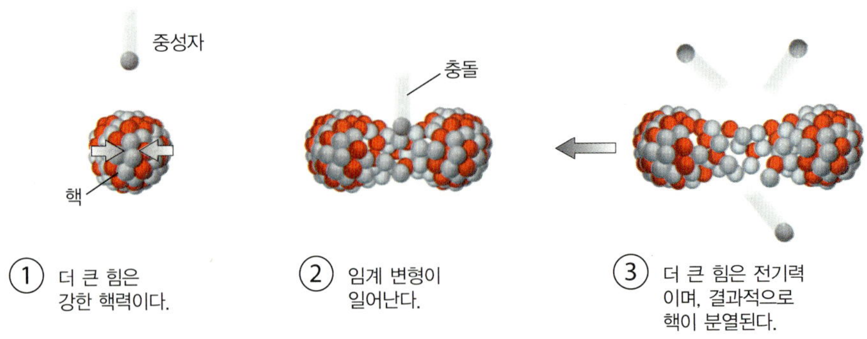

그림 10.21
핵 변형으로 인해 결과적으로 끌어당기는 핵력을 압도하는 밀어내는 전기력이 생길 수 있으며, 이 경우 분열이 일어난다.

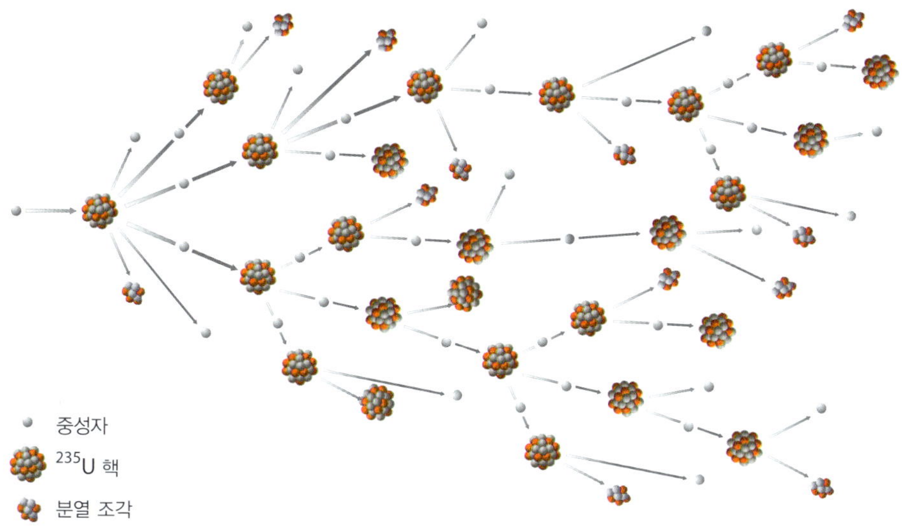

그림 10.22
연쇄 반응

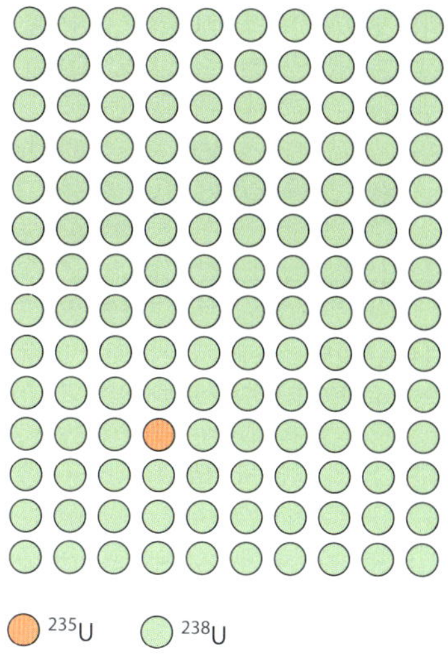

그림 10.23
자연적으로 생성되는 우라늄의 140분의 1만이 U-235이다.

성된다는 것에 주목하라.(분열 반응은 3개의 중성자보다 더 적거나 많을지도 모른다.) 이 중성자 생성물들은 9개보다 더 많은 중성자를 방출하면서 3개의 다른 원자들의 분열을 일으키게 한다. 만약 이 9개의 중성자 각각이 우라늄 원자를 분열시키는 데 성공한다면, 반응의 다음 단계는 27개의 중성자 등등을 생성한다. 그림 10.22에서와 같이 이런 연속은 **연쇄 반응(chain reaction)**이라고 하며, 한 반응 사건의 생성물이 다음 반응 사건을 자극하여 자기 스스로 반응을 유지하는 반응이다.

연쇄 반응은 왜 자연적으로 생성되는 우라늄 광상에서 일어나지 않는가? 만약 모든 우라늄 원자들이 쉽게 분열한다면 연쇄 반응이 일어날 것이다. 분열은 주로 희귀한 동위 원소인 U-235에서 일어나는데, 이것은 자연적으로 생성되는 우라늄 금속에서 단지 우라늄의 0.7%를 구성한다. 더 풍부한 동위 원소인 U-238이 U-235의 분열에 의해 생성되는 중성자를 흡수한다면, U-238은 전형적으로 분열이 일어나지 않는다. 그래서 모든 연쇄 반응은 광석이 박혀 있는 바위뿐만 아니라 중성자를 흡수한 U-238에 의해 끝나게 된다.

만약 연쇄 반응이 야구공 크기의 순수한 U-235 덩어리에서 일어난다면, 결과적으로 막대한 폭발이 일어날 것이다. 그러나 연쇄 반응이 더 작은 순수한 U-235 덩어리에서 시작된다면, 폭발은 일어나지 않을 것이다. 이것은 입체 구조 때문이다. 즉 질량에 대한 표면적의 비율은 큰 조각보다 작은 조각에서 더 크다(1 kg 감자 1개보다, 합친 질량이 1 kg인 6개의 작은 감자의 표면이 더 큰 것처럼). 그래서 큰 조각의 우라늄 표면적보다 작은 조각의 다발인 우라늄 표면적이 더 크다. 작은 조각의 U-235에서는 폭발이 일어나기 전에 중성자들이 표면을 통해 새어나온다. 더 큰 조각에서 연쇄 반응은 중성자들이 표면에 도달하여 탈출하기 전에 막대한 에너지를 축적한다(그림 10.24). **임계 질량(critical mass)**이라고 하는 어떤 양보다 더 큰 질량에 대해, 거대한 크기의 폭발이 일어날 수 있다.

각각 임계 질량보다 더 작은 두 조각으로 나누어진 U-235의 큰 양을 생각해 보자. 단위는 **임계값 이하**(*subcritical*)이다. 상당한 크기의 연쇄 반응이 시작되기 전 두 조각에서 중성자들이 즉시 표면에 도달하여 탈출한다. 그러나 조각들이 갑자기 합쳐지면, 전체 표면적은 감소한다. 시기가 적절하고 합쳐진 질량이 임계값보다 더 크면, 격렬한 폭발이 일어난다. 이것이 핵

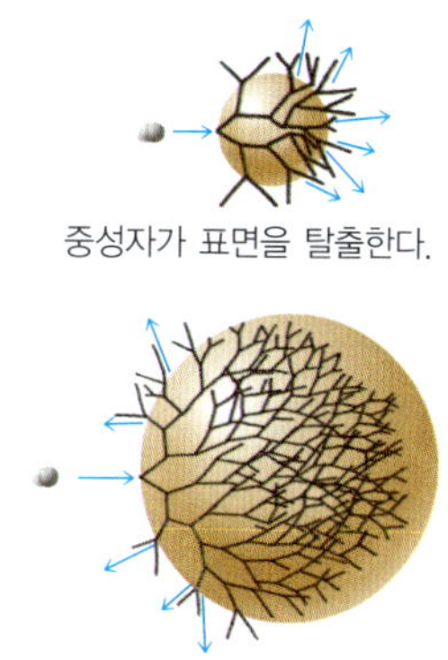

그림 10.24
과장된 그림이지만 순수한 U-235의 작은 조각에서는 표면의 중성자들이 너무 빨리 누출되기 때문에, 큰 폭발을 일으키는 연쇄 반응이 일어나지 않는다. 작은 조각은 표면적이 질량에 비하여 상대적으로 크다. 더 큰 조각에서는 더 많은 우라늄과 더 작은 표면적이 중성자들에게 제공된다.

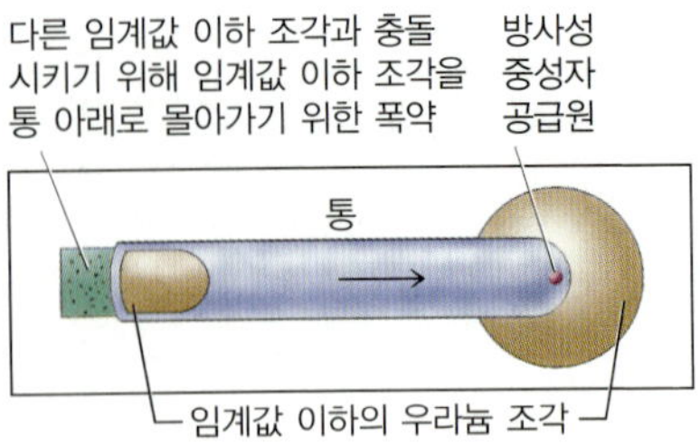

그림 10.25
우라늄 분열 폭탄의 간단한 그림

분열 폭탄에서 일어나는 것이다(그림 10.25).

분열 폭탄을 제조하는 것은 가공할 만한 작업이다. 어려움은 더 풍부한 U-238로부터 충분한 양의 U-235를 분리하는 데 있다. 1945년에 히로시마에 폭발시킨 폭발물을 만들기 위해 과학자들은 우라늄 광석에서 충분한 양의 U-235를 추출하는 데 2년 이상 걸렸다. 오늘날까지 우라늄 동위 원소 분리는 어려운 과정으로 남아 있다.

핵분열 원자로

핵분열의 엄청난 에너지는 핵폭탄의 형태로 세상에 소개되었으며, 이 강렬한 인상이 원자력에 대한 우리의 사고에 여전히 드리워져 있어 많은 사람들이 원자력의 잠재적 유용성을 인식하는 데 어려움을 주고 있다. 현재 미국에서 전기 에너지의 약 20%가 **핵분열 원자로**(*nuclear fission reactor*)에서 발전되고 있다(반면 어떤 다른 나라에서 전기 에너지의 대부분이 원자력인데, 프랑스에서는 75%이다). 이 원자로들은 간단한 핵 용광로이다. 핵 용광로는 화석 연료 용광로처럼, 터빈으로 증기를 생산하기 위해 물을 끓이는 것보다 더 우아한 그 무엇을 하지 않는다(그림 10.26). 가장 실제적인 차이는 관련된 연료의 양이다. 야구공보다 더 작은, 겨우 1킬로그램의 우라늄 연료가 화물차 30대에 실린 석탄보다 더 많은 에너지를 생산한다.

핵분열 원자로는 4개의 요소로 구성되어 있다. 즉 핵연료, 제어봉, 감속재(분열에 필요한 중성자를 감속하기 위해) 및 원자로로부터 열을 터빈과 발전기로 전달하기 위한 액체(대개 물)이다. 핵연료는 기본적으로 U-238뿐만 아니라 3% U-235이다. U-235 동위 원소가 U-238과 매우 많이 희석되기 때문에 핵폭탄 같은 폭발은 가능하지 않다. 다른 U-235 핵의 분열을 개시하는 중성자 수에 의존하는 반응 속도는, 원자로 안으로 끼워 넣은 봉에 의해 통제된다. 제어봉은 대개 금속 카드뮴이나 붕소같이 중성자를 흡수하는 물질로 만들어져 있다.

핵연료 주위에서 가열된 물은 끓지 않으면서 고온으로 유지되기 위해 고압에서 유지된다. 그것은 열을 두 번째 저압수계통으로 전달하는데, 이것은 전통적인 방법으로 터빈과 발전기를 작동시킨다. 이 도안에서 두 개의 분리된 수계통이 사용되므로 방사능이 터빈이나 외부 환경에 도달하지 않는다.

핵분열 발전의 심각한 단점은 방사성 폐기물의 발생이다. 일찍 논의되었듯이, 가벼운 원자핵들은 같은 수의 양성자와 중성자로 이루어졌을 때 매우 안정하지만, 무거운 핵들은 안정화를 위해 양성자보다 더 많은 중성자들이 필요하다. 예를 들어 U-235는 143개의 중성자를 가

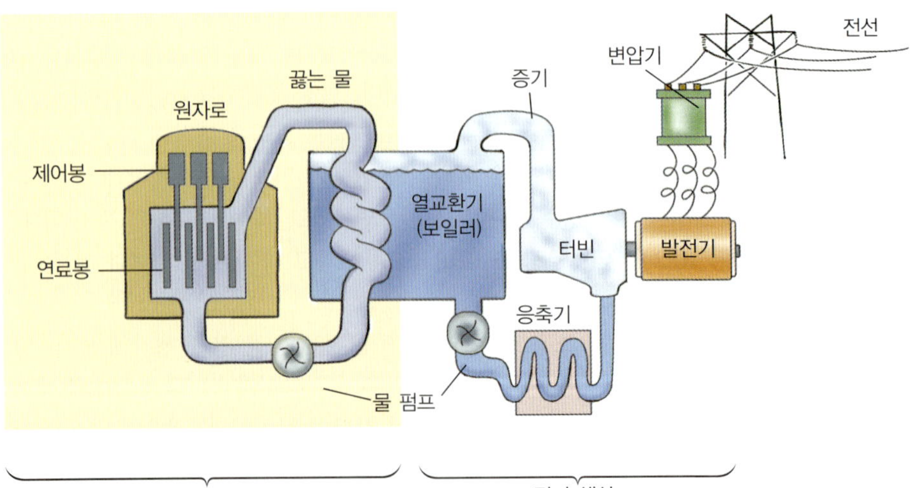

그림 10.26
핵분열 발전소의 그림. 연료봉과 완전히 접촉한 물을 포함하는 방사성 물질은 전력 생산에 직접적으로 관련되지 않는다는 것을 주목하라.

그림 10.27
원자로는 사고가 났을 때 방사성 동위 원소의 누출을 방지하도록 설계된 돔 모양의 격납 건물 안에 보관되어 있다. 소련에서 건설하여 1986년에 노심이 용융된 체르노빌 핵발전소는 이런 격납 건물을 가지고 있지 않았으며, 따라서 엄청난 양의 방사선이 환경으로 방출되었다.

지고 있으나 양성자는 92개뿐이다. 우라늄이 2개의 중간 무게인 원소로 쪼개질 때, 그들 핵 안에 있는 여분의 중성자들이 그들을 불안정하게 만든다. 그들은 방사성이며, 대부분 반감기가 매우 짧지만, 반감기가 몇천 년인 것도 있다. 핵연료 생산에서 만들어진 방사성 물질뿐만 아니라 이 폐기물들을 안전하게 처리하기 위해서는 특수 용기와 절차가 필요하다. 핵분열이 반세기 동안 성공적으로 전기를 생산해 왔지만, 미국에서 방사성 폐기물의 처리는 문제가 많이 있다.

핵발전소의 설계는 여러 해에 걸쳐 발전하여 왔다. 1950년대부터 1990년대까지 초기 설계는 Ⅰ, Ⅱ 및 Ⅲ 세대 원자로라고 불린다. 이 원자로들의 안전 계통은 사고가 났을 때 원자로 중심부를 냉각시키기 위해 물 펌프 같은 능동적인 조치에 의존한다는 점에서 '능동적'이다. 특히 2011년에 일본의 Ⅱ세대 후쿠시마 제1 핵발전소가 강력한 지진과 쓰나미를 맞았을 때, 이 능동적 조치들은 실패하였다. 최근의 Ⅳ세대 핵원자로는 아직 작동되지 않더라도 근본적으로 다른 설계를 가질 것이다. 예를 들어 그들은 비상시에 원자로가 스스로 정지되도록 하는 수동적인 안전 조치를 포함할 것이다. 연료 공급원은 초기 원자로로부터 비축된 열화 우라늄이 될 것이다. 더구나 오늘날 원자로의 평소 출력이 1500메가와트인 것에 비해, 이 원자로들은 150에서 600메가와트 사이의 전력을 발전하는 작은 모듈 단위로 건설될 수 있다. 더 작은 원자로는 관리하기 더 쉽고, 제공하려는 지역 사회에 적합한 발전 용량으로 건설하는 데 이용될 수 있다.

핵분열 발전의 장점은 풍부한 전력을 얻을 수 있고, 수십억 톤의 화석 연료를 보존할 수 있다는 것이다. 매년 이 연료들은 열, 연기 및 산화 황과 같은 메가톤의 독성 기체로 된다. 특히 화석 연료는 19장에서 논의하겠지만 의약, 의복, 자동차 및 더 많은 것을 만드는 데 이용될 수 있는 유기 분자의 공급원으로 대단히 귀중하다.

증식 원자로

핵분열 발전의 매력적인 특징 중의 하나는 비핵분열의 U-238로부터 핵분열 연료의 증식이다. 이 증식은 원자로에 핵분열이 가능한 적은 양의 동위 원소를 U-238과 혼합할 때 일어난다. 핵분열은 상대적으로 풍부한 비핵분열의 U-238을 U-239로 바꿀 수 있는 중성자들을 자유롭게 하는데, U-239는 베타 붕괴 후 Np-239가 되고 차례로 베타 붕괴 후 핵분열이 가능한 플루토늄인 Pu-239가 된다. 따라서 이 과정에서 풍부한 에너지가 생산될 뿐 아니라 핵분열 연료가 상대적으로 풍부한 U-238로부터 증식된다.

증식은 모든 핵분열 원자로에서 어느 정도 일어나지만, 넣은 양보다 더 많은 핵분열이 가능한 연료를 증식하기 위해 **증식 원자로**(*breeder reactor*)라고 하는 원자로가 특별히 설계되었다.

증식 원자로를 사용하는 것은 자동차 연료통을 물로 채우고 약간의 휘발유를 더한 후 차를 운전하였을 때 처음보다 여행이 끝난 후에 더 많은 휘발유를 가지는 것과 비슷하다! 증식 원자로의 기본적인 원리는 매우 매력적이다. 몇 년의 운영 후에 증식로 발전소는 처음 연료의 2배 연료가 증식되는 동안 막대한 양의 전력을 생산할 수 있다.

불리한 면은 성공적으로 안전하게 운영하기에는 너무 복잡하다는 것이다. 미국은 약 20년 전 증식 원자로를 포기하였고 러시아, 프랑스, 일본 및 인도만이 여전히 이것을 연구하고 있다. 이 나라들의 관계자들은 자연적으로 발생하는 U-235의 공급이 제한적이라고 언급하고 있다. 현재의 소비 속도로는 U-235의 모든 자연 공급원이 1세기 안에 고갈될지 모른다. 만약 그때 많은 나라들이 증식 원자로로 바꾸기로 결정한다면, 그들은 한때 스스로 묻었던 방사성 폐기물을 파헤치고 있는 그들 자신을 발견할지도 모른다.

10.5 질량 – 에너지 등가

학습목표
핵자의 질량이, 핵자가 들어 있는 핵에 따라 어떻게 달라지는지를 알 수 있다.

물음 왜 철보다 더 무거운 핵으로부터 핵자들을 떼어내는 것이 더 쉬운가?

1900년대 초에 아인슈타인은, 질량은 실제적으로 '응결된' 에너지라는 것을 발견하였다. 질량과 에너지는 그의 유명한 식 $E = mc^2$에서 언급되었듯이, 같은 동전의 양면이다. 이 식에서 E는 어떤 질량이 없어지면서 가지는 에너지를 의미하며, m은 질량을 의미하고, c는 빛의 속력이다. 에너지와 질량의 이 관계는 에너지가 핵반응에서 왜, 어떻게 방출되는지를 이해하는 열쇠이다.

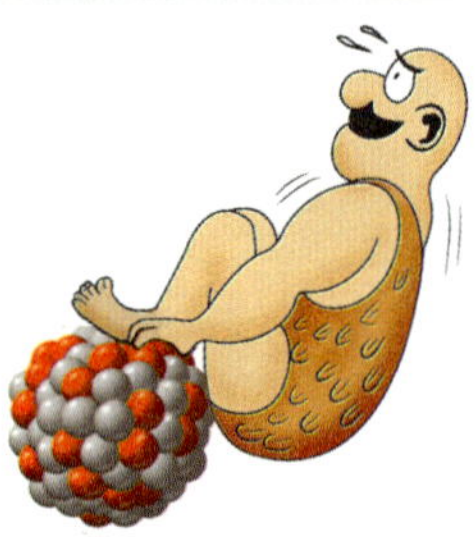

그림 10.28
원자핵으로부터 핵자를 끌어내려면 일이 필요하다. 이 일은 에너지와 핵 밖에 있는 핵자의 질량을 증가시킨다.

핵 안에 있는 핵자의 질량이 핵 밖에 있는 동일한 핵자의 질량과 같은가? 이 질문은 핵으로부터 핵자들을 분리하는 데 필요한 일을 고려함으로써 해결될 수 있다. 물리에서는 에너지를 소모하는 일은 **힘**×**거리**와 같다는 것을 알고 있다. 그림 10.28에 익살맞게 표현하였듯이, 끌어당기는 강한 핵력을 극복하기 위해 충분한 거리를 통해 핵 밖으로 한 핵자를 끄집어내는 힘의 크기를 생각해 보라. 막대한 양의 일이 필요할 것이다. 이 일은 빠져나오는 핵자에 더해지는 에너지이다.

아인슈타인의 식에 따르면, 이 새롭게 얻어진 에너지는 핵자의 질량 증가로 인한 그 자신임을 밝혀 준다. 핵 밖에 있는 핵자의 질량은 핵 안에 갇힌 동일한 핵자의 질량보다 더 크다. 예를 들어 6개의 양성자와 6개의 중성자로 구성된 한 개의 탄소-12 원자의 핵은 정확히 12.00000 원자 질량 단위(amu)의 질량을 가진다. 그러므로 평균적으로 각 핵자는 1 amu의 질량에 기여한다. 그러나 핵 밖에서 한 개의 양성자는 1.00728 amu의 질량을 가지며, 한 개의 중성자는 1.00867 amu의 질량을 가진다. 그리하여 6개의 자유 양성자와 6개의 자유 중성자의 결합된 질량[$(6 \times 1.000728) + (6 \times 1.00867) = 12.09570$]은 한 개의 탄소-12 핵의 질량보다 더 크다는 것을 알 수 있다. 더 큰 질량은 핵자들을 서로 멀리 떼어 놓는 데 필요한 에너지를 반영한다. 따라서 핵자의 질량이 얼마인지는 핵자의 위치에 따라 달라진다.

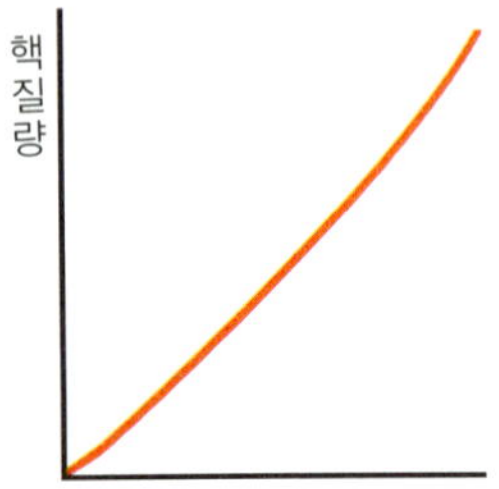

그림 10.29
그래프는 핵질량이 원자 번호가 증가함에 따라 어떻게 증가하는지를 보여 준다.

그림 10.29는 수소에서 우라늄까지 원소들의 핵 질량 그래프이다. 예상대로 그래프는 원자 번호가 증가함에 따라 위쪽으로 기울어진다. 즉 원자 번호가 증가할 때, 원소들은 더 무거워

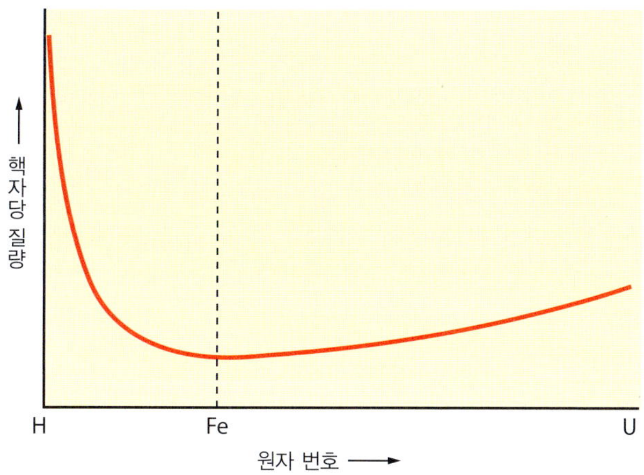

그림 10.30
이 그래프는 핵자의 평균 질량이 핵자가 들어 있는 핵에 의존한다는 것을 보여 준다. 개개의 핵자는 가장 가벼운(수소) 핵에서 가장 큰 질량을 가지며, 철에서 최소의 질량을 가지고, 가장 무거운(우라늄) 핵에서 중간의 질량을 가진다.

진다. 더 무거운 원자에는 비례적으로 더 많은 중성자들이 있기 때문에 기울기는 휜다.

더 중요한 그래프는 수소에서 우라늄까지 **핵자당** 핵 질량의 도시를 나타낸 것이다(그림 10.30). 이 그래프는 핵반응 과정에 관련된 에너지를 이해하는 열쇠이기 때문에 아마도 이 책에서 가장 중요한 그래프이다.

핵자의 질량은 그들이 다른 핵에 결합될 때 달라진다는 것을 주목하라. 핵자당 가장 큰 질량은 양성자인 수소에서만 일어나는데, 이는 수소에는 질량을 감소시키는 결합 에너지가 없기 때문이다. 수소보다 원자 번호가 큰 과정에서 핵자당 질량은 더 작고, 철 원자핵에서 핵자가 최소이다. 철보다 원자 번호가 클 때, 원자 번호가 증가하는 원자에서 핵자는 점진적으로 더 큰 질량을 가지기 때문에 과정은 처음과 반대가 된다. 이것은 우라늄과 우라늄보다 더 무거운 원소까지 줄곧 계속된다.

그림 10.30으로부터, 우라늄 핵이 원자 번호가 더 작은 두 핵으로 쪼개질 때 어떻게 에너지가 방출되는지를 알 수 있다. 그래프의 오른쪽 끝으로 향할 때, 우라늄은 상대적으로 핵자당 더 큰 질량을 가지는 것을 볼 수 있다. 그러나 우라늄 핵이 반으로 쪼개질 때, 원자 번호가 더 작은, 더 크기가 작은 핵들이 생성된다. 그림 10.31에서 볼 수 있듯이, 이 핵들은 우라늄보

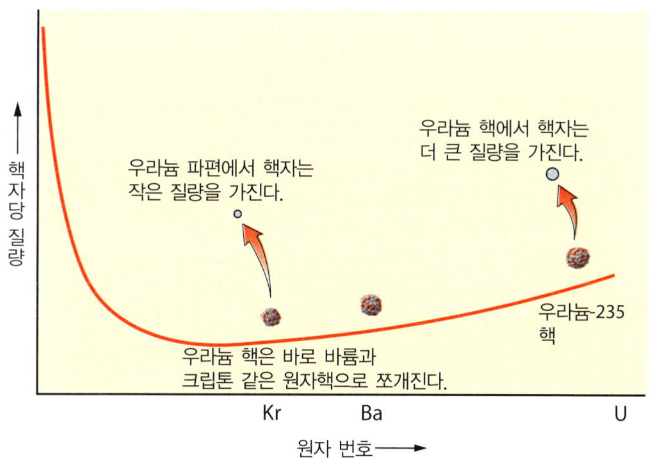

그림 10.31
우라늄 핵에서 각 핵자의 질량은 핵분열 파편의 어떤 핵에 있는 핵자의 질량보다 더 크다. 이 손실된 질량이 에너지로 변환된 질량이며, 이것이 핵분열이 에너지를 방출하는 과정인지에 대한 이유이다.

다 그래프에서 더 낮은 곳에 있는데, 이것은 핵자당 더 작은 질량을 가진다는 것을 의미한다. 그러므로 핵자들은 우라늄 핵에 있을 때로부터 파편의 핵에 있을 때로 전이될 때 질량을 잃는다. 이 감소하는 질량과 빛의 속도의 제곱(아인슈타인 식의 c^2)을 곱하면, 그 값은 각 우라늄 핵이 분열할 때 생성되는 에너지와 같다.

우리는 핵자당 질량 그래프를 수소(가장 높은 점)에서 시작하여 철(가장 낮은 점)까지 급하게 경사지며, 우라늄까지 점진적으로 경사지며 올라가는 에너지 계곡으로 생각할 수 있다. 철은 에너지 계곡의 밑바닥이고 가장 안정한 핵이다. 이것은 또한 가장 단단하게 결속된 핵이다. 즉 어떤 다른 핵보다 철의 핵으로부터 핵자를 분리하는 데 더 많은 핵자당 에너지가 필요하다.

오늘날 모든 핵발전은 핵분열에 의해 생산된다. 에너지에 대해 장기적으로 유망하다는 전망의 근원은 에너지 계곡의 왼쪽에서 발견되는 것이다.

학습목표
태양에서 일어나는 에너지 생산과 같이, 작은 핵이 함께 결합할 수 있는 과정을 기술할 수 있다.

융합과학 10C
천문학

핵융합

물음 휘발유의 에너지는 어떻게 핵융합으로 나오는가?

그림 10.30의 그래프에서 에너지 계곡의 급한 경사 부분이 수소부터 철까지 이른다는 것에 주목하라. 가벼운 핵들이 결합할 때에는 에너지가 방출된다. 이러한 핵의 결합이 핵분열의 반대인 **핵융합**(**nuclear fusion**)이다.

그림 10.32로부터 수소에서 철까지 나열된 원소를 따라 이동하면, 평균 핵자당 질량이 감소하는 것을 알 수 있다. 그리하여 수소 동위 원소의 쌍 같은 두 개의 작은 핵들이 융합할 때, 결과물인 헬륨 핵의 질량은 융합 전 두 개의 작은 핵들의 전체 질량보다 더 작다. 더 작은 핵들이 융합될 때 에너지는 방출된다.

융합 반응이 일어날 때, 핵들은 상호 전기적 반발을 극복하기 위해 매우 빠른 속력으로 충돌해야만 한다. 요구되는 속력은 태양과 다른 별에서 발견되는 극단적으로 높은 온도에 해당한다. 높은 온도에 의한 융합을 **열핵융합**(**thermonuclear fusion**)이라고 한다. 태양의 높은 온도에서 **1초당** 약 6억 5천 7백만 톤의 수소가 6억 5천 3백만 톤의 헬륨으로 변환된다. 손실되

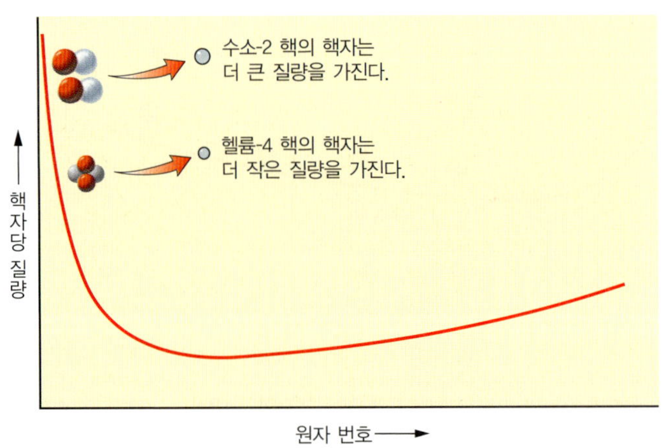

그림 10.32
수소-2 핵에 있는 각 핵자의 질량은 두 개의 수소-2 핵융합의 결과인 헬륨-4 핵에 있는 각 핵자의 질량보다 더 크다. 이 손실된 질량이 에너지로 전환되는 질량이며, 이것이 핵융합이 왜 에너지를 방출하는 과정인지에 대한 이유이다.

는 4백만 톤의 질량이 복사 에너지로 방출된다.

그런 반응은 사실상 실제로는 핵 연소이다. 열핵융합은 일상적인 화학 연소와 유사하다. 화학 연소와 핵 연소는 모두 높은 온도에서 반응이 시작된다. 반응에 의해 방출되는 에너지가 불을 확산시키기에 충분히 높은 온도를 유지한다. 화학 반응의 실제적 결과는 더 단단하게 결속된 분자들로의 원자의 조합이다. 핵융합 반응에서 실제적 결과는 더 단단하게 결속된 핵들이다.

원자 폭탄이 개발되기 전, 지구에서 핵융합을 개시하는 데 필요한 온도에 도달하는 것은 불가능하였다. 연구자들이 폭발하는 원자 폭탄의 내부 온도가 태양 중심 온도의 4~5배라는 것을 발견하였을 때, 열핵폭탄은 한 걸음 비켜나 있었다. 1952년에 이 첫 열핵융합 폭탄인 수소 폭탄이 폭발되었다. 핵분열 물질의 임계 질량이 핵분열 폭탄(원자 폭탄)의 크기에 제한을 주는 반면, 핵융합 폭탄(열핵융합 또는 수소 폭탄)에서는 그런 제한이 부과되지 않는다. 마치 석유 저장 창고의 크기에 제한이 없듯이, 핵융합 폭탄의 크기에는 이론적인 제한이 없다. 저장 창고에 있는 석유처럼, 핵융합 연료의 모든 양은 점화될 때까지 안전하게 저장될 수 있다. 단지 성냥이 석유를 점화할 수 있더라도, 원자 폭탄보다 에너지가 낮은 어떤 것도 열핵융합 폭탄을 점화할 수 없다. 우리는 '아기' 수소 폭탄이라는 그런 것은 없다는 것을 알 수 있다. 예를 들어 현재 미국에 의해 비축된 전형적인 열핵융합 폭탄은 제2차 세계 대전이 끝날 때 히로시마에 폭파되었던 원자 폭탄에 비해 약 1000배 더 파괴적이다.

수소 폭탄은 건설적인 목적보다 파괴적인 목적을 위해 사용되었던 또 다른 예이다. 잠재적인 건설적 능력은 막대한 양의 청정 에너지를 통제적으로 방출하는 것이다.

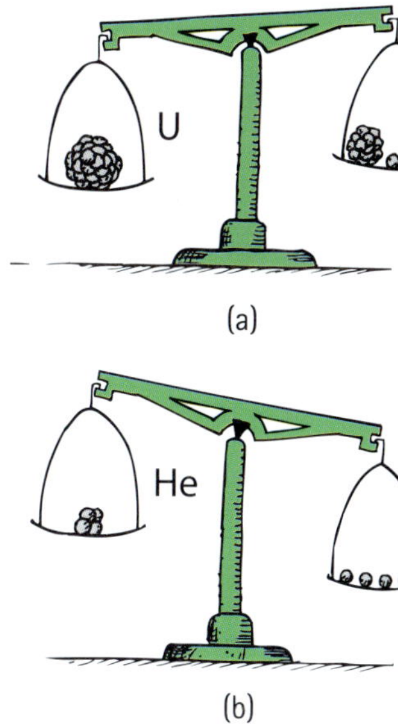

그림 10.33
핵의 질량은 그것의 부분 질량의 합과 동일하지 않다. (a) 우라늄 핵의 분열 파편은 우라늄 핵보다 덜 무겁다. (b) 두 개의 양성자와 두 개의 중성자는 헬륨 핵을 생성하기 위해 결합할 때보다 자유 상태에서 더 무겁다.

핵융합 통제

통제된 조건하에서 열핵융합 반응을 실행하려면 수백만 도의 온도가 필요하다. 높은 온도를 얻기 위한 다양한 기술이 있다. 그러나 온도가 어떻게 만들어질지라도, 문제는 융합에 필요한 온도에서 모든 물질들이 녹고 기화되는 것이다. 이 문제에 대한 하나의 해결책은 반응을 비물질 용기에 가두는 것이다.

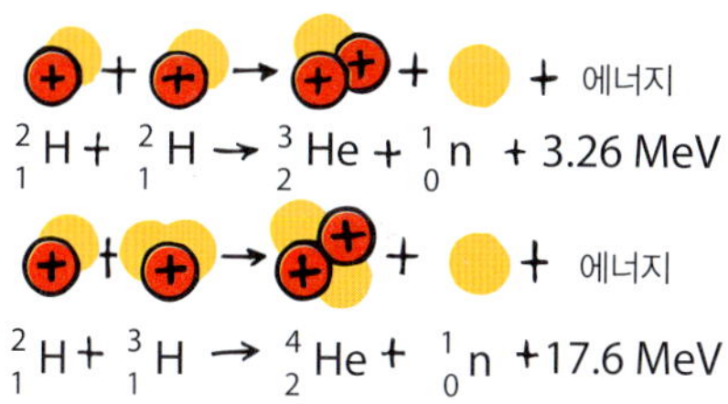

그림 10.34
수소 동위 원소의 융합 반응. 방출되는 에너지의 대부분은 매우 빠른 속력으로 튀어나오는 중성자들에 의해 운반된다.

비물질 용기는 어떤 온도에서 존재할 수 있고, 움직이면서 전하를 띤 입자들에게 강력한 힘을 가할 수 있는 자기장이다. 충분한 세기의 '자기장 벽'이 플라스마라고 하는 뜨거운 기체에 대해 일종의 구속 장치를 제공한다. 더구나 자기적 압축은 플라스마를 핵융합 온도로 가열한다. 이 글을 쓸 때, 자기장 감금에 의한 융합이 유일하게 부분적으로 성공하였다. 지속적이고 통제된 반응은 지금까지 손에 닿지 못하고 있다.

현재 운영되고 있는 핵융합 발전소가 없더라도, 가까운 미래에 핵융합 발전소의 실행 가능성을 증명하려는 목표로 현재 국제적인 프로젝트가 존재하고 있다. 이 핵융합 발전소 프로젝트는 국제 열핵융합 실험로(International Thermonuclear Experimental Reactor, ITER)이다. 프랑스 카다라슈(Cadarache)의 선택된 지역에 건설된 후 2015년 초에 처음으로 지속 가능한 핵융합 반응이 시작될 수도 있다(그림 10.35). 원자로는 태양의 중심부보다 더 뜨거운 1억 °C 이상으로 가열된 전기적으로 전하를 띤 수소 기체(플라스마)를 제공할 것이다. 원자로는 약 500 MW의 전력을 생산할 뿐만 아니라, 자동차에 장착되는 연료 전지에 동력 공급하는 수소(H_2) 생성을 위한 에너지 공급원이 될 수 있을 것이다.

만약 어느 날 사람들이 오늘날 지구에서 했던 것과 같은 방법으로 우주에 눈길을 준다면, 사람들을 위한 연료 공급은 보장된다. 핵융합 연료인 수소는 별뿐만 아니라 별 사이의 공간 같은 우주의 모든 부분에서 발견된다. 우주에 있는 원자들의 약 91%가 수소일 것으로 추정된다. 존재하는 것으로 알려진 모든 원소들은 점점 더 많은 수소핵의 융합으로부터 발생한 것이기 때문에, 미래의 사람을 위해 원료 물질의 공급도 보장된다. 미래의 인간들은 별들이 항상 해 왔던 것처럼, 그들 자신의 원소들을 합성하고 이 과정에서 에너지를 생산할지도 모른다.

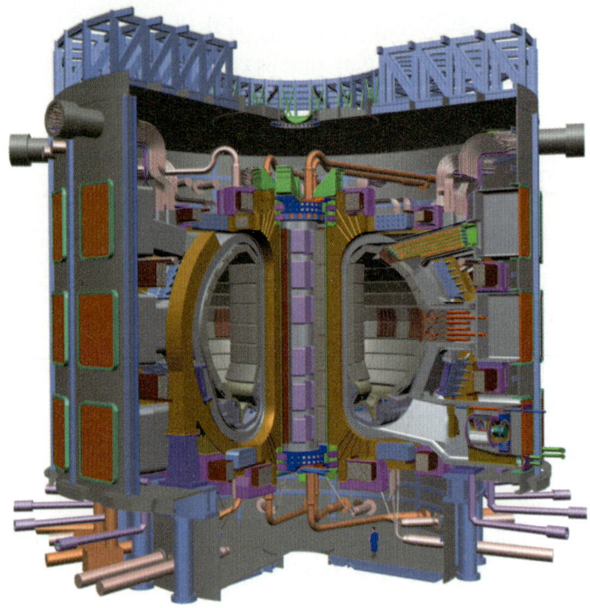

그림 10.35
2020년 이전에 프랑스 카다라슈에 건설되고 운영될 것으로 계획한 ITER('필터'의 운)의 단면 모습

연습문제

10.1 방사능

1. 알파선, 베타선, 감마선 중 어떤 형태의 방사선이 질량수에 가장 큰 변화가 일어나는가? 원자 번호에 가장 큰 변화가 일어나는 것은?
2. 알파선, 베타선, 감마선의 세 방사선 중 어느 것이 가장 투과력이 큰가?

10.2 강한 핵력

3. 원자핵에서 양성자의 전기적 반발력은 왜 양성자를 멀리 떨어지게 하지 않는가?
4. 큰 핵과 작은 핵 중 어느 것이 양성자보다 중성자를 더 많이 가지는가?
5. 원자핵에서 중성자의 역할은 무엇인가?

10.3 반감기와 변환

6. 원소 변환에서 어떤 형태의 에너지가 가장 많이 방출되는가?
7. 핵이 알파 입자를 방출할 때 원자 번호는 어떻게 변하는가? 베타 입자를 방출할 때는 어떠한가?
8. 오늘날 전 세계에 존재하는 모든 우라늄의 장기적인 운명은 무엇인가?
9. 방사성 시료의 반감기는 무엇을 의미하는가?
10. 우라늄-238의 반감기는 얼마인가?

10.4 핵분열

11. 우라늄-235가 스트레스를 받고 한계에 도달할 때 핵에는 어떤 일이 일어나겠는가?
12. 우라늄-235가 두 조각으로 떨어져 있을 때와 같은 조각이 함께 뭉쳐져 있을 때 중 어느 것이 연쇄 반응이 일어날 가능성이 있는가?
13. 원자로는 전통적인 화석 연료 발전소와 어떻게 비슷한가? 또 어떻게 다른가?

10.5 질량-에너지 등가

14. 에너지와 질량이 같은 것의 다른 형태라는 사실은 누가 발견했는가?
15. 어느 원자핵에서 핵자의 질량이 가장 작은가?
16. 우라늄의 핵자당 질량은 우라늄 핵분열 조각의 핵자당 질량과 어떻게 비교되는가?

확인문제

만일 여러분이 이 장에서 제대로 학습을 하였다면, 다음에 제시된 10개의 질문에 적어도 7개는 제대로 답을 할 수 있을 것이다. 만일 그렇지 못하면 다음 장으로 가기 전에 이 장을 더 학습할 필요가 있다.

각 질문에 대해 가장 적합한 답을 고르시오.

1. 우주에서 오는 어떤 형태의 복사선이 높은 하늘을 나는 비행기 안에서 가장 강하겠는가?
   (a) 알파선
   (b) 베타선
   (c) 감마선
   (d) 세 선이 모두 풍부하기 때문에 가장 강한 것이 없다.

2. 수소 원자핵은 알파 입자를 방출할 수 있는가? 가능하다면 그 이유는 무엇인가?
   (a) 예, 알파 입자는 복사선의 가장 간단한 형태이기 때문이다.
   (b) 아니오, 수소의 핵분열이 필요하므로 불가능하기 때문이다.
   (c) 예, 그러나 매우 자주 일어나지는 않는다.
   (d) 아니오, 원자핵은 충분한 핵자를 가지고 있지 않기 때문이다.

3. 방사성 물질의 시료는 ( ) 때문에 대체로 주위보다 약간 더 따뜻하다.
   (a) 태양빛으로부터 방출되는 에너지를 효과적으로 흡수하기
   (b) 원자가 계속해서 알파 입자 및 베타 입자와 충돌하기
   (c) 방사성이기
   (d) 알파 입자와 베타 입자를 방출하기

4. 짧은 핵간 거리에서 강한 핵력이 전기적 상호 작용보다 더 강하다는 주장을 지지하는 증거는 무엇인가?
   (a) 양성자는 원자핵 안에 함께 존재할 수 있다.
   (b) 중성자는 자발적으로 양성자와 전자로 붕괴된다.
   (c) 우라늄 광물은 바로 옆 주위보다 항상 더 따뜻하다.
   (d) 전파 장애는 모든 방사성 물질 주변에서 일어난다.

5. 동위 원소인 비스무트-213이 알파 입자를 방출할 때 결과적으로 어떤 새로운 원소가 되겠는가?
   (a) 납
   (b) 백금
   (c) 폴로늄
   (d) 탈륨

6. 어떤 방사성 원소는 반감기가 1시간이다. 정오에 1 g의 원소 시료를 가지고 시작한다면, 이 원소는 오후 3시에 얼마만큼 남아 있을 것인가?
   (a) 0.5 g
   (b) 0.25 g
   (c) 0.125 g
   (d) 0.0625 g

7. 반감기가 30년인 동위 원소 세슘-137은 원자력 발전소의 부산물이다. 이 동위 원소가 처음 양의 반으로 붕괴되는 데 걸리는 시간은 얼마인가?
   (a) 0년
   (b) 15년
   (c) 30년
   (d) 60년
   (e) 90년

8. 만약 우라늄이 두 조각 대신 동일한 90조각으로 쪼개진다면, 더 많은 에너지와 더 적은 에너지 중 어느 것이 방출되겠는가? 그 이유는 무엇인가?
   (a) 더 적은 에너지, 핵자당 더 작은 질량 때문에
   (b) 더 적은 에너지, 핵자당 더 큰 질량 때문에
   (c) 더 큰 에너지, 핵자당 더 작은 질량 때문에
   (d) 더 큰 에너지, 핵자당 더 큰 질량 때문에

9. 금으로부터 핵분열과 핵융합 중 어느 과정이 에너지를 방출하는가? 탄소로부터는 어떠한가?
   (a) 금: 핵분열, 탄소: 핵융합
   (b) 금: 핵융합, 탄소: 핵분열
   (c) 금: 핵분열, 탄소: 핵분열
   (d) 금: 핵융합, 탄소: 핵융합

10. 철 원자핵이 둘로 쪼개진다면, 핵분열 조각은 ( )을 가질 것이다.
   (a) 핵자당 더 큰 질량
   (b) 핵자당 더 작은 질량
   (c) 핵자당 같은 질량
   (d) 핵자당 더 크거나 또는 더 작은 질량

확인문제 답

1. c, 2. d, 3. b, 4. a, 5. d, 6. c, 7. c, 8. b, 9. a, 10. a

11 장
물질 탐구

여러분이 이 과학 과정을 통해 나아갈 때 여러분은 핵심 용어의 축적된 목록을 주목할 것이다. 예를 들어 우리는 100종보다 더 많은 **원자**들이 있고, 한 종류의 원자로 구성된 어떤 물질은 **원소**라고 말한다. 원자들은 **분자**를 만들기 위해 서로 결합할 수 있으며, 다른 원소의 원자들로 구성된 분자는 **화합물**이다. 그리고 계속해서 우리가 통상적인 외형이 아닌 물질의 본질을 기술하듯이, 한 용어는 다른 것을 만들고 있다.

용어의 공식적인 정의를 단지 암기하는 대신, 근본적인 개념을 확실히 이해하는 것이 자신에게 더 도움이 될 것이다. 책을 보지 않고 여러분 자신이나 친구들에게 이 개념들을 분명히 표현하고 다른 말로 바꾸어 표현하는 연습이 필요하다. 암기한 말이 아닌 여러분 자신의 말로 이 개념들을 표현할 수 있을 때, 이 과정과 그 이상에서 더 잘 할 수 있는 안목을 갖게 될 것이다.

11.1 화학: 중심 과학

학습목표
사회에 가장 큰 영향을 미친 중심 과학으로서의 화학을 정의할 수 있다.

물음 화학은 우리의 현대 생활 양식에 어떻게 영향을 미쳐 왔는가?

여러분이 땅, 하늘, 또는 바다가 무엇으로 구성되어 있는가에 의문을 가질 때, 여러분은 화학에 대하여 생각하고 있는 것이다. 여러분이 물웅덩이가 어떻게 마르고, 자동차가 휘발유로부터 에너지를 어떻게 얻으며, 또는 우리 몸이 우리가 먹는 음식물로부터 에너지를 어떻게 얻는지에 의문을 가질 때, 여러분은 다시 화학에 대하여 생각하고 있는 것이다. 정의상, **화학**(chemistry)은 물질과 물질의 변화를 연구하는 학문이다. 물질은 공간을 차지하는 어떤 것이다. 그것은 모든 물건을 구성하는 재료이다. 여러분이 만질 수 있고, 맛을 볼 수 있고, 냄새를 맡을 수 있고, 볼 수 있고, 또는 들을 수 있는 것이 물질이다. 그러므로 화학의 영역은 매우 넓다.

화학은 많은 다른 과학에 직결되기 때문에 가끔 중심 과학으로 표현된다. 화학은 물리의 원리로부터 확립되고, 생물과 같이 모든 것 중 가장 복합적인 과학의 기초를 제공한다. 오늘날 유전 공학처럼, 생명 과학의 큰 발전은 약간 특이한 화학 반응의 응용이다. 화학은 지질학, 해양학 및 기상학 등의 주요한 지구 과학의 기초가 된다. 화학은 또한 우주 과학의 중요한 요소이다(그림 11.1). 1970년대 초에 달 암석의 화학 분석으로부터 달의 기원에 대해 알았듯이, 우리는 지금 우주 탐사에 의해 모은 화학 정보로부터 화성과 다른 행성의 역사에 대해 알고자 한다.

그림 11.1
우주인이 달 표면에 착륙하여 탐구할 수 있는 데에는 로켓 연료, 우주선용 금속, 우주복용 섬유 같은 화학의 특별한 물질들이 필요하였다.

과학의 진보는 과학자들의 연구에 의해 이루어진다. 연구는 새로운 지식을 체계적으로 발견하고 해석하려는 활동이다. 많은 과학자들은 **기초적 연구**(basic research)에 집중하는데, 이를 통해 자연의 세계가 어떻게 작동하고 있는지에 대해 더 많이 이해할 수 있다. 기초적 연구에 의해 확립된 지식의 기반은 가끔 유용한 응용에 이르게 된다. 이러한 응용을 발전시키는 데 집중하는 연구는 **응용적 연구**(applied research)로 알려져 있다. 대부분의 화학자들은 응용적 연구에 집중한다. 화학에서 응용적 연구 덕에 우리는 의약품, 식품, 물, 집 등과 현대 생활을 특징짓게 하는 수많은 제품들을 얻을 수 있었다. 이 중 몇 개의 예를 그림 11.2에 나타내었다.

지난 세기의 과정을 거쳐, 우리는 필요성에 맞는 물질들을 만들어 내기 위해 원자와 분자들을 잘 다루어 왔다. 그러나 동시에 환경을 돌보는 데 있어 실수를 저질렀다. 장기간의 가능한 결과를 무시한 채, 주의 없이 쓰레기는 강으로 던져졌고, 땅에 묻히고, 대기 중으로 배출되었

그림 11.2
어떤 현대 가정에 있는 대부분의 물질들은 인간이 고안한 화학 공정에 의해 만들어진다.

그림 11.3
미국 화학 연합회의 '책임 있는 관리' 기호; responsiblecare.org 참조

다. 많은 사람들은 지구가 매우 커서 자원이 사실상 무한하고, 또 심각한 피해 없이 지구가 쓰레기를 처리할 수 있다고 믿었다.

대부분의 나라들은 지금 이것을 위험스러운 견해로 인식하고 있다. 그 결과 정부 기관, 산업체 및 관심 있는 시민들이 유독성 폐기물 부지를 제거하기 위해 광범위한 노력에 참여하고 있다. 환경을 보호하기 위해, 오존을 파괴하는 프레온 가스(CFC)에 대한 국제적 금지 조약이 제정되었다. 미국에서 제조되는 화학 물질의 80~85%를 생산하는 미국 화학 연합회의 구성원들은 '책임 있는 관리'라고 하는 프로그램을 채택하였으며, 환경, 건강, 안전 및 보안 성능을 계속해서 향상시키기로 서약하여 왔다. '책임 있는 관리 프로그램'의 상징이 그림 11.3에 나타나 있다. 우리가 화학을 지혜롭게 사용한다면, 대부분의 쓰레기는 최소화될 수 있고, 재활용될 수 있고, 잘 팔리는 제품으로 가공되거나 환경 친화적인 것으로 만들 수 있다.

화학은 엄청난 방향에서 우리 생활에 영향을 미쳐 왔으며, 미래에도 그렇게 계속될 것이다. 이런 이유 때문에 기본적인 화학 개념과 친숙해지는 데 모든 사람들의 관심이 있다.

학습목표
물질의 기본 단위로 분자를 도입할 수 있다.

11.2 물질의 초미시적 관점

물음 기체의 두 인접한 분자들 사이에서 무엇이 발견되는가?

아득히 멀리서, 모래 언덕은 매끄럽고 연속적인 물질로 이루어진 것처럼 보인다. 그러나 바로 가까이에서 모래 언덕은 작은 입자들로 만들어져 있는 것이 드러난다. 비슷한 방식으로, 비록 무엇이 매끈하게 보일지라도, 9장에서 논의하였듯이 우리 주위의 모든 것은 **원자**(*atom*)라고 하는 기본 단위로 구성되어 있다. 그러나 원자는 매우 작아서 한 개의 모래 입자는 약 125백만 조의 원자를 포함한다. 모래 알갱이 한 개에는 그림 11.4에 보여진 모래 언덕에 있는 모래의 알갱이보다 더 많은, 대략 25만 배의 원자들이 있다.

원자들은 매우 작기 때문에 우리가 그들에 대해 공부해 온 것이 많이 있다. 예를 들어 우리는 다른 원자의 종류가 100 이상인 것을 알고 있다. 즉 원자는 9.3절에 소개되었던 넓게 인식되는 주기율표에 나열되어 있다. 어떤 원자들은 더 큰 것을 형성하기 위해 서로 결합하지만, 여전히 믿을 수 없을 만큼 작은, **분자**(**molecule**)라고 하는 물질의 작은 기본 단위이다. 그림 11.4에서 보는 바와 같이, 2개의 수소 원자와 1개의 산소 원자는 H_2O로도 알려진 1개의 물 분자를 형성하기 위해 서로 결합한다. 물 분자는 매우 작아서 8온스(236.58 mL)의 물은 약 10^{24}개의 분자를 포함한다.

우리의 세상은 다른 크기의 수준으로 연구될 수 있다. **거시적**(*macroscopic*) 수준에서 물질은 볼 수 있고, 측정할 수 있고 또 만질 수 있을 만큼 충분히 크다. 한 주먹의 모래와 한 컵의 물은 물질의 거시적 표본이다. **미시적**(*microscopic*) 수준에서 물리적 구조는 매우 미세하여 현미경으로만 볼 수 있다. 잠자리 날개에 있는 작은 무늬처럼, 생물 세포는 미시적이다. 미시적 수준 이상은 원자와 분자의 영역인 **초미시적**(**submicroscopic**) 수준이며, 화학의 중요한 초점이다.

물질의 상

물질을 기술할 수 있는 가장 확실한 방법 중의 하나는 물질의 물리적 형태로, 그것은 **고체**, **액체**, **기체**의 세 가지 상(또한 그것의 물리적 **상태**로 표현하는) 중 하나일 것이다. 바위 같은 **고체**(**solid**) 물질은 일정한 크기의 공간을 차지하고, 압력을 가할 때 모양이 쉽게 변형되지 않는다. 다른 말로, 고체는 일정한 부피와 일정한 모양을 모두 가지고 있다. **액체**(**liquid**) 역시 일정한 크기의 공간을 차지하지만(일정한 부피를 갖는다), 모양은 쉽게 변한다(모양이 일정하

그림 11.4
이 우뚝 솟은 모래 언덕에 있는 모래의 알갱이들보다 물 한 컵에 있는 원자들이 훨씬 더 많다.

지 않다). 예를 들어 1 L 우유의 모양은 통이나 그릇의 모양을 따를 것이지만, 부피는 둘 다 같다. **기체(gas)**는 부피와 모양이 일정하지 않으면서 널리 퍼진다. 모든 기체 시료는 그것이 차지하는 용기의 모양과 부피를 둘 다 갖는다고 가정한다. 예를 들어 주어진 양의 공기는 장난감 풍선의 부피와 모양이거나, 자전거 바퀴의 부피와 모양이 될 수가 있다. 기체가 용기로부터 방출될 때, 중력에 의해 우리 행성에 붙잡혀 있는 여러 가지 기체의 무리인 대기 중으로 퍼져 나간다.

초미시적 수준에서 고체, 액체 및 기체상은 초미시적 입자들(원자나 분자) 사이에 상호 작용하는 정도에 따라 구별된다. 이것은 그림 11.5에 설명되어 있다. 고체 물질에서 입자들 사이의 인력은 어떤 고정된 3차원 배열에 모든 입자들을 잡아둘 만큼 충분히 강하다. 입자들은 고정된 위치에서 진동할 수 있지만 서로 이동할 수 없다. 열을 가하면 이들 진동은 증가하며, 어떤 온도에서 진동은 고정된 배열을 붕괴시킬 만큼 충분히 빠르게 된다. 그때 입자들은 서로 미끄러질 수 있고 마치 주머니에 있는 구슬 무리처럼 사방으로 뒹굴 수 있다. 이 종류의 운동은 물질의 액체상에 대한 대표적 표현이며, 원자나 분자의 이동성 때문에 흐를 수 있고 용기의 모양을 따르는 능력인 액체의 유동성 특징이 생긴다.

계속적으로 가열하면, 액체의 입자들은 인력이 더 이상 입자를 함께 붙잡지 못할 정도로 빠르게 움직인다. 그때 그들은 서로 떨어져서 기체를 형성한다. 기체의 입자들은 약 500 m/s(1100 miles/h)의 평균 속력으로 운동하면서 서로 멀리 떨어진다. 그러므로 기체상의 물질은 그림 11.6에서와 같이 고체나 액체상보다 훨씬 더 큰 부피를 차지한다. 기체에 압력을 가하면 기체 입자들이 서로 더 가까이 압축되어 부피가 감소한다. 예를 들어 잠수부가 오랫동안 숨을 쉬기에 충분한 공기는 잠수부의 등에 운반할 수 있을 만큼의 작은 통에 압축될 수 있다.

기체 입자들이 빠른 속력으로 운동하더라도, 그들이 공간의 한쪽에서 다른 쪽으로 이동하는 속력은 상대적으로 느리다. 이것은 기체 입자들이 계속해서 서로 충돌하기 때문이며, 따라서 그들이 가는 경로는 구불구불하다. 그림 11.7에서 보는 바와 같이, 집에서 빵을 구운 후 누군가가 오븐 문을 열 때마다, 우리는 기체 입자들이 옮겨가는 데 얼마나 시간이 걸리는지를 느낄 수 있다. 향기로운 기체 입자들이 발사되어 오븐을 빠져나오지만, 향기가 옆방에 앉아 있

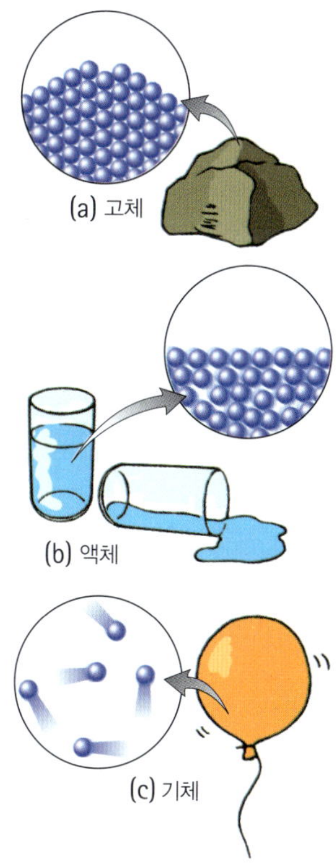

그림 11.5
고체, 액체 및 기체의 익숙한 벌크 성질. (a) 고체상의 입자들은 고정된 위치에서 진동한다. (b) 액체상의 입자들은 서로 살짝 미끄러진다. (c) 기체상의 빠르게 움직이는 입자들은 먼 평균 거리로 떨어진다.

그림 11.6
어떤 물질의 기체상은 그것의 고체나 액체상보다 훨씬 큰 부피를 차지한다. (a) 고체 이산화 탄소(드라이아이스)는 가루 형태로 깨어진다. (b) 가루를 깔때기로 풍선 안으로 넣는다. (c) 가루가 따뜻해지면 들어 있는 이산화 탄소는 기체가 되고 풍선은 팽창한다.

는 누군가의 코에 도달하는 데는 상당한 시간이 걸린다.

구운 빵에서 인접한 방에 있는 사람으로의 향기로운 기체 분자들의 알짜의 이동이 확산의 예이다. **확산(diffusion)**은 농도가 높은 곳에서 농도가 낮은 곳으로 분자들이 이동하려는 경향이다. 시간이 지남에 따라 기체는 용기를 완전히 채우기 위해 확산될 것이다. 모든 기체가 이런 행동을 하기 때문에, 기체 혼합물은 결국에는 완전히 균일하게 혼합될 것이다.* 우리가 생각할 때 이것은 놀라운 것이 아니다. 예를 들어 여러분의 교실에 있는 공기를 이루고 있는 기체들은 교실 전체에 걸쳐 균일한 조성을 가진다. 여러분은 교실의 다른 반쪽에서 숨을 쉬는 동안 산소 분자들이 교실의 한쪽에 농축되는 것을 기대하지 않을 것이다.

확산은 기체에만 한정되지 않는다. 액체도 쉽게 확산하며, 심지어 고체도 점진적으로 확산한

그림 11.7
전형적인 기체 입자는 점 A에서 점 B로 이동할 때 다른 기체 입자들과 수많은 충돌(1초당 약 80억 번 충돌)로 인해 직선이 아닌 우회로로 이동한다. 그림에서 보이는 방향 변화는 이러한 충돌 중 몇 개만을 나타낸 것이다. 입자가 매우 빠른 속력으로 이동하더라도, 이러한 수많은 충돌로 인해 거리가 떨어진 두 지점 사이를 통과하는 데 상대적으로 긴 시간이 걸린다. 높은 농도에서 낮은 농도로의 기체 분자의 알짜의 이동을 확산이라고 한다.

* 그러나 모든 기체들이 같은 속도로 확산되지는 않는다. 일정한 온도에서 분자량이 작은 분자는 분자량이 큰 분자들보다 더 빨리 확산된다. 그레이엄(Graham) 법칙은 정량적인 관계를 말해 준다. 즉 기체의 확산 속도는 분자량의 제곱근에 반비례한다.

다. 만약 금 막대와 은 막대를 나란히 놓고 몇 달 동안 가만히 둔 다음 그들의 화학적 조성을 분석한다면, 여러분은 약간의 금 입자들이 은으로 확산된 것과 약간의 은 입자들이 금으로 확산된 것을 발견할 것이다. (15장에서 여러분은 세포막을 통한 물질의 확산이 세포 안으로 영양소를 옮기고 노폐물을 밖으로 배출하는 중요한 메커니즘이라는 것을 배울 것이다.)

11.3 상변화

학습목표
분자적 관점에서 상변화를 기술할 수 있다.

물음 끓는 물의 거품 안에서는 어떤 기체가 발견되는가?

그림 11.8은 물질의 상을 변화시키려면 물질에 열을 가하거나 열을 빼앗아야 한다는 것을 나타내고 있다. 고체가 액체로 변화하는 과정을 **융해**(melting)라고 한다. 고체가 융해되는 동안 어떤 일이 일어나는지를 시각화하기 위해, 여러분들이 한 무리의 사람들과 손을 잡고 각각 자유롭게 뛰면서 돌고 있다고 상상해 보라. 더 격렬하게 뛸수록, 서로 손을 잡고 있기가 더 어려울 것이다. 모든 사람들이 충분히 격렬하게 뛴다면, 손을 잡고 있는 것은 불가능하다. 고체가 가열될 때, 고체의 입자들에도 이같은 일이 일어난다. 고체에 열을 가할 때, 입자들은 더욱 더 격렬하게 진동한다. 열이 충분히 가해지면, 입자들 사이의 인력은 더 이상 그들을 함께 붙잡아 둘 수 없다. 고체는 융해된다.

액체는 열을 방출함으로써 고체로 변할 수 있다. 이 과정을 **응고**(freezing)라고 하는데, 융해의 반대이다. 액체가 열을 빼앗기면 입자 운동은 감소하고, 입자들 사이의 인력이 지속적으로 잡아줄 만큼 충분히 평균적으로 천천히 움직인다. 이때 입자들이 할 수 있는 유일한 운동은 고정된 위치에서 진동하는 것이며, 그것은 액체가 고체화, 즉 얼었다는 것을 의미한다. 물론 응고는 단지 융해의 반대이다. 물질이 얼거나 녹는 온도는 같다. 순수한 물에서 어는점과 녹는점은 0°C이다. 흥미롭게도, 0°C는 물이 액체상과 고체상으로 무기한 지속되는 온도이다. 온도를 약간이라도 올리면, 모든 얼음은 궁극적으로 녹을 것이다. 비슷하게, 온도를 낮추면 모든 액체의 물은 얼 것이다.

액체는 가열되어 기체로 될 수 있는데, 이 과정을 **증발**(evaporation)이라고 한다. 액체 입자들은 열이 가해졌을 때, 더 많은 운동 에너지를 얻어 더 빨리 움직인다. 액체 표면의 입자들은 결국에는 액체로부터 뛰어 나와 대기 중으로 들어갈 만큼의 충분한 에너지를 얻는다. 다시 말해서, 액체 표면의 입자는 기체상으로 들어간다. 더 많은 입자들이 가해진 열을 흡수할 때, 그들은 또한 액체 표면으로부터 탈출하여 기체 입자가 될 수 있는 충분한 에너지를 얻는

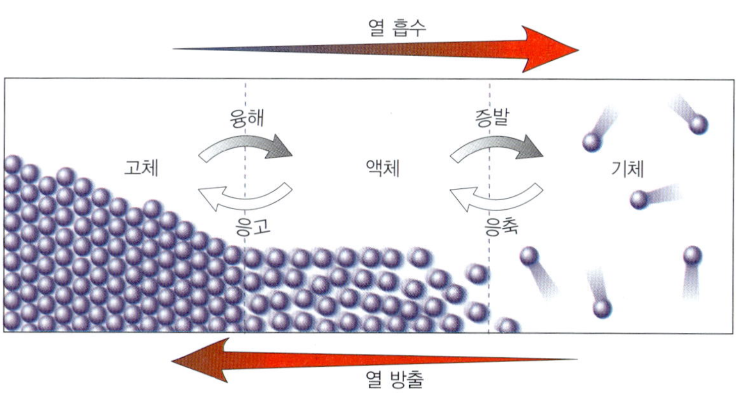

그림 11.8
융해와 증발은 열의 흡수와 관련이 있다. 응축과 응고는 열의 방출과 관련이 있다.

그림 11.9
증발은 냉각 과정이다. 우리 몸이 과열되기 시작할 때 땀샘은 몸을 냉각시키기 위해 땀을 생산하는 데 증발을 이용한다. 땀에 있는 물 분자가 우리 피부의 표면으로부터 증발할 때, 그들은 원치 않는 에너지를 빼앗아 가서 우리 몸을 냉각시킨다.

다. 기체가 증발의 결과이기 때문에 이 상은 **증기**(*vapor*)로 부르기도 한다. 예를 들어 기체상의 물은 수증기로 부를 수 있다.

액체가 증발하는 속도는 온도에 따라 증가한다. 예를 들어 물웅덩이는 차가운 부엌 바닥보다 뜨거운 포장도로에서 더 빨리 증발한다. 온도가 충분히 뜨거울 때, 증발은 액체의 표면 아래에서 일어난다. 그 결과 거품이 생성되어 표면 위로 떠오른다. 이것을 액체가 **끓는다**(**boiling**)고 말한다. 물질은 가끔 끓는 온도인 **끓는점**(*boiling point*)에 의해 성질을 나타낸다. 해수면에서 민물의 끓는점은 100°C이다.

그림 11.10
서리 결정의 부분은 생쥐 굴의 숨겨진 입구를 무심코 노출시킨다. 결정의 무리는 생쥐의 호흡으로부터 온 언 수증기이다.

증발의 반대로, 기체로부터 액체로의 변환을 **응축**(**condensation**)이라고 한다. 이 과정은 기체의 온도가 감소할 때 일어난다. 예를 들어 따뜻한 낮에 대기에 잡힌 수증기는 차가운 밤에 젖은 이슬을 생성하기 위해 응축될 수 있다.

고체의 초미시적 입자들은 기체상으로 직접 변화할 수 있는데, 이 과정을 **승화**(**sublimation**)라고 한다. 예를 들어 좀약을 구성하는 분자들은 매우 잘 승화한다. 이것이 좀약이 매우 냄새가 잘 나며, 밀봉된 용기에 보관하지 않으면 좀약이 없어지는 이유이다. 언 물도 역시 증발하는데, 이것은 특히 높고 해가 잘 드는 산꼭대기에서 많은 눈과 얼음의 손실을 설명한다. 이것은 또한 냉동고에 남아 있는 얼음 조각이 오랜 시간에 걸쳐 점점 작아지는 경향이 있는 이유이다. 승화의 반대 과정에서, 기체는 직접 고체로 변한다. 이 과정을 **증착** (**deposition**)이라고 한다. 쌀쌀한 아침에 대기 중 수증기는 서리를 생성하기 위해 채소나 창문 같은 추운 표면에서 얼음 결정으로 증착될 수 있다.

그림 11.11
액체인 물은 젖게 하여, 탈 물질에 도달하는 산소를 차단할 뿐만 아니라 불이 지속되는 데 필요한 많은 열을 흡수함으로써 불을 끈다.

상변화의 근본적인 원인은 에너지의 이동이라는 것을 명심하라. 얼음이 물로 녹거나, 액체인 물이 수증기로 증발하려면 에너지를 가해야 한다. 수증기가 물로 응축되거나, 물이 얼음으로 얼려면 에너지가 제거되어야 한다. 상변화에서 방출되거나 흡수되는 에너지를 **잠열**(**latent heat**)이라고 한다. latent는 '숨겨진'을 의미한다. 상변화 동안 열을 흡수하거나 방출할 때, 물질의 온도는 변하지 않는다는 의미에서 물질의 상변화에 관계되는 열에너지는 **숨겨져** 있다. 예를 들어 난로 위의 주전자에서 끓는 물은 수증기로 상변화가 일어나는 동안 100°C로 유지될 것이다. 주전자의 물로 전달된 열은 물의 온도를 변화시키기보다는 액체 상태에 있는 분자들 사이의 인력을 방해하는 데 쓰인다. 물이 모두 증발할 때까지 온도계는 100°C를 기록할 것이다.

더욱 구체적으로 말하면, 어떤 물질을 고체에서 액체(또는 반대로)로 변화시키는 데 필요한 열량을 그 물질의 **융해열**(**heat of fusion**)이라고 한다. 물의 경우, 융해열은 334 J/g이다. 어떤 물질을 액체에서 기체로(또는 반대로) 변화시키는 데 필요한 열량을 그 물질의 **증발열**(**vaporization**)이라고 한다. 물의 경우 증발열은 굉장히 큰 2256 J/g이다. 물은 증발열이 높기 때문에, 젖은 손가락으로 뜨거운 난로 위에 있는 프라이팬을 데이지 않고 잠깐 동안 만질 수 있다. 그림 11.11에서 볼 수 있듯이, 소방관도 물의 높은 증발열을 이용한다.

11.4 물리적 성질과 화학적 성질

학습목표
물질들이 물리적 성질 및 화학적 성질에 의해 어떻게 확인될 수 있는지를 기술할 수 있다.

물음 왜 물리 변화는 화학 변화보다 일반적으로 거꾸로 하기가 더 쉬운가?

색깔, 경도, 밀도, 감촉 및 상과 같이 물질의 모양이나 촉감을 기술하는 성질을 **물리적 성질**(**physical property**)이라고 한다. 모든 물질은 그 자신을 확인하는 데 사용될 수 있는 독특한 물리적 성질들을 가지고 있다(그림 11.12).

조건이 변할 때 물질의 물리적 성질은 변하나, 이것이 다른 물질이 생긴다는 의미는 아니다. 액체인 물을 0°C 아래로 냉각시키면 물을 고체인 얼음으로 변환되지만, 물질은 상에 관

그림 11.12
금, 다이아몬드 및 물은 물리적 성질에 의해 확인될 수 있다. 예를 들어 물질이 금 아래 나열된 물리적 성질을 모두 가지고 있다면, 이 물질은 틀림없이 금일 것이다.

계없이 여전히 물이다. 단지 차이점은 H_2O 분자들의 서로에 대한 상대적 배열이다. 액체에서 물 분자들은 서로 사방에 허물어져 있는 반면, 얼음에서 물 분자들은 고정된 위치에서 진동하고 있다. 물의 응고를 화학자들이 물리 변화라고 하는 한 예이다. **물리 변화**(**physical change**)가 일어나는 동안, 물질의 상이나 다른 물리적 성질이 변하지만, 물질의 화학적 조성은 변하지 않는다. 그림 11.13에서 보는 바와 같이, 액체상이나 고체상에 있는 물은 모두 여전히 물 분자로 이루어져 있다. 마찬가지로 원소인 수은(Hg)의 밀도는 온도가 증가함에 따라 원자들이 더 멀리 떨어지기 때문에 감소한다. 그러나 수은은 여전히 수은 원자로 이루어져 있다.

화학적 성질(**chemical property**)은 한 물질이 다른 물질과 반응하는 능력이나 그 물질로부터 다른 물질로 변환되는 능력을 특징짓는다. 그림 11.14는 세 가지 예를 보여 준다. 천연가스의 메테인은 산소와 반응하여 상당한 열에너지를 동반하면서 이산화 탄소와 물을 생성하는 화학적 성질을 가지고 있다. 비슷하게, 제빵 소다는 식초와 반응하여 약간의 열에너지를 흡수하는 반면, 이산화 탄소와 물을 생성하는 화학적 성질을 가지고 있다. 구리는 이산화 탄소, 물과 함께 반응하여 **녹청**(*patina*)이라고 알려진 녹청색의 고체를 생성하는 화학적 성질을 가지고 있다. 공기 중에서 이산화 탄소와 물에 노출된 구리 동상은 녹청으로 코팅된다. 녹청은 구리가

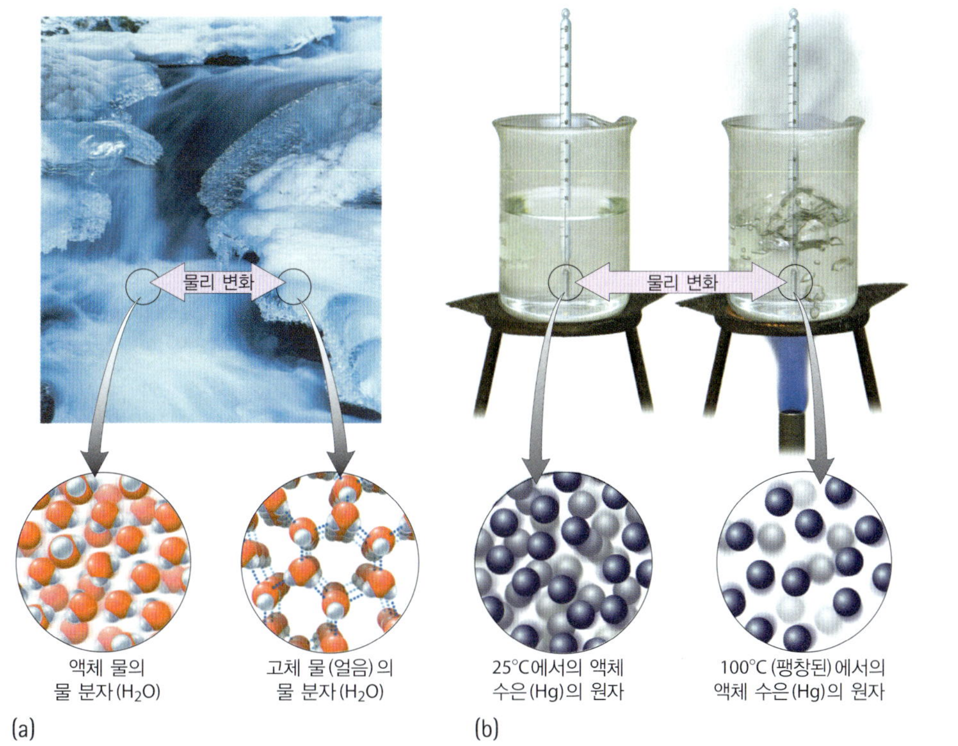

그림 11.13
두 개의 물리 변화. (a) 액체 물과 얼음은 다른 물질처럼 보이지만, 초미시적 수준에서 모두 물 분자로 이루어져 있는 것이 보여 준다. (b) 25°C에서 수은 시료의 원자들은 분명한 거리로 떨어져 있고, 13.53 g/mL의 밀도를 가진다. 100°C에서 원자들은 더 멀리 떨어져 있고, 1 mL당 25°C에서보다 더 적은 수의 원자들을 포함한다는 것을 의미한다. 이때 밀도는 13.35 g/mL이다. 우리가 밀도라고 부르는 물리적 성질은 온도에 따라 변하나, 물질의 고유 성질은 변하지 않는다. 즉 수은은 수은이다.

그림 11.14
물질의 화학적 성질은 새로운 물질로 변환되는 방법을 결정한다. 예를 들어 천연가스와 제빵 소다에서는 둘 다 이산화 탄소와 물로 변화하는 화학 반응이 일어날 수 있다. 비슷하게, 구리는 녹청으로 변화할 수 있다.

메테인
산소와 반응하여 이산화 탄소와 물을 생성하며, 반응이 일어나는 동안 많은 열을 방출한다.

제빵 소다
식초와 반응하여 이산화 탄소와 물을 생성하며, 반응이 일어나는 동안 열을 흡수한다.

구리
이산화 탄소, 물과 반응하여 녹청이라고 하는 녹청색의 물질을 생성한다.

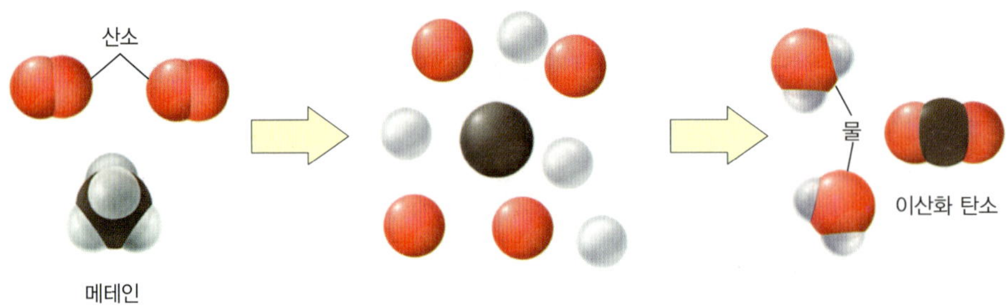

그림 11.15
원자들이 기존의 결합을 끊고 새로운 결합을 형성할 때, 메테인과 산소 분자가 이산화 탄소와 물의 분자로 변환되는 화학 변화. 이 변환의 실제 반응 단계는 여기에 묘사된 것보다 더 복잡하지만, 원자들의 재배열에 의해 새로운 물질이 생성된다는 생각은 정확하다.

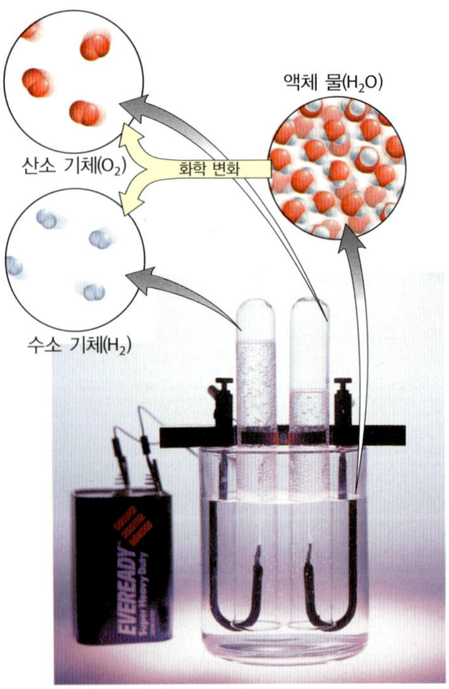

그림 11.16
물은 전기 에너지에 의해 수소 기체와 산소 기체로 변환될 수 있다. 물 분자에 처음에 있던 원자들이 재배열될 때 새로운 물질(두 기체)이 생성되기 때문에, 이것은 화학 변화이다.

아니며, 이산화 탄소도 물도 아니다. 이것은 이들 화학 물질들이 서로 반응하여 생성된 새로운 물질이다.

이 세 가지 변환은 모두 분자에 있는 원자들이 서로 **화학적으로 결합되어** 있는 방법의 변화와 관련되어 있다. **화학 결합**(**chemical bond**)은 화합물에서 원자들을 서로 붙잡고 있는 두 원자 사이의 인력이다. 예를 들어 메테인 분자는 4개의 수소 원자와 결합한 한 개의 탄소 원자로 만들어지며, 산소 분자는 서로 결합된 2개의 산소 원자들로 만들어진다. 그림 11.15는 메테인 분자의 원자들과 산소 분자의 원자들이 먼저 멀리 떨어진 다음, 다른 짝과 새로운 결합을 형성하여 이산화 탄소와 물 분자를 생성하는 화학 변화를 보여 준다.

원자들이 결합되는 방법의 재배열과 관련된 물질의 모든 변화를 **화학 변화**(**chemical change**)라고 한다. 따라서 그림 11.14에 보여진 다른 두 변환처럼, 메테인에서 이산화 탄소와 물로 되는 변환은 화학 변화이다.

그림 11.16에 나타낸 화학 변화는 전류가 물을 통과할 때 일어난다. 전류의 에너지는 결합된 원자들을 서로 멀리 떼어놓기에 충분하다. 그때 느슨한 원자들은 다른 원자들과 새로운 결합을 생성하여 결과적으로 새로운 분자가 생성된다. 그리하여 물 분자들은 물과 전혀 다른 두 물질인 수소와 산소 분자들로 변한다. 수소와 산소는 상온에서 둘 다 기체이므로, 표면으로 올라올 때 거품으로 보일 수 있다.

화학의 언어에서는 물질이 화학 변화를 겪는 것을 **반응하고 있다**고 말한다. 메테인은 산소와 **반응하여** 이산화 탄소와 물을 생성한다. 물은 전기가 흘렀을 때 반응하여 수소 기체와 산소 기체를 생성한다. 따라서 **화학 변화**는 **화학 반응**과 같은 의미이다. **화학 반응**(**chemical reaction**)이 일어나는 동안에 원자들이 서로 결합하는 방법의 변화에 의해 새로운 물질이 생성된다. 다시 강조하지만, **화학 반응이 일어나는 동안에 원자들이 서로 결합하는 방법의 변화에 의해 새로운 물질들이 생성된다.** (12장과 13장에서 물질들이 생성되고 깨어지는 화학 결합과 반응을 탐구할 것이다.)

11.5 물리 변화와 화학 변화의 결정

학습목표
물리적 성질 및 화학적 성질을 구별하는 것과 관련된 어려움을 자세히 설명할 수 있다.

물음 모닥불 위의 공기는 왜 항상 습한가?

여러분은 관찰한 변화가 물리 변화인지, 화학 변화인지를 어떻게 결정할 수 있을까? 이것은 두 경우 모두에서 외형의 변화가 있기 때문에 까다로울 수 있다. 예를 들어 자동차가 녹슨 후 완전히 다르게 보이는 것처럼(그림 11.17), 물은 언 후에 완전히 다른 것처럼 보인다. 물이 어는 것은 액체 물과 언 물은 모두 물의 형태이기 때문에 물리 변화이며, 서로에 대한 물 분자들의 배향만 변한다. 대조적으로, 자동차가 녹스는 것은 철이 녹으로 변환된 결과이다. 철과 녹은 각각 다른 배열의 원자들로 구성된 두 개의 다른 물질이기 때문에, 이것은 화학 변화이다. 다음 절에서 배우게 되겠지만, 철은 원소이고, 녹은 철과 산소 원자들로 이루어진 화합물이다.

두 개의 효과적인 지침이 물리 변화와 화학 변화를 판단하는 데 도움을 줄 수 있다. 첫째, 물리 변화에서 외형의 변화는 같은 물질에 가해진 새로운 조건의 결과이다. 원래의 조건을 회복하면 원래의 현상으로 복원된다. 즉 언 물은 따뜻해지면 녹는다. 둘째, 화학 변화에서 외형의 변화는 그 자신의 고유한 물리적 성질을 가지는 새로운 물질의 생성 결과이다. 다른 물질이 생성되었다고 암시할 수 있는 증거가 많을수록, 변화가 화학 변화일 가능성이 더 크다. 철은 자동차를 만드는 데 사용될 수 있는 금형 금속이다. 녹은 부서지기 쉬운 붉은색 물질이다. 이것은 철이 녹슨 것이 화학 변화라는 것을 암시한다.

그림 11.18은 색이 온도에 따라 달라지는 물질인 크로뮴산 포타슘을 보여 준다. 크로뮴산 포타슘은 상온에서는 옅은 카나리아 노란색이고, 높은 온도에서는 짙은 주홍색이다. 냉각되면 카나리아 색으로 되돌아가는데, 이것은 변화가 물리적이라는 것을 암시한다. 화학 변화

그림 11.17
물의 얼음으로의 변환과 철의 녹으로의 변환은 모두 외형의 변화와 관련이 있다. 얼음의 생성은 물리 변화인 반면, 녹의 생성은 화학 변화이다.

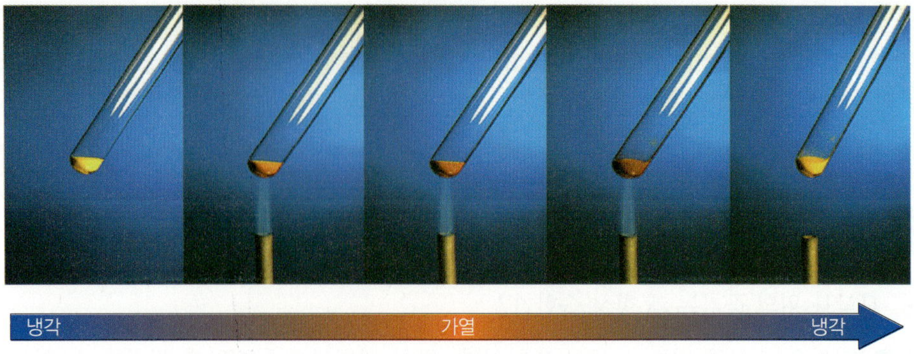

그림 11.18
크로뮴산 포타슘은 온도가 변할 때 색이 변한다. 이 색의 변화는 물리 변화이다. 원래 온도로 되돌아가면 원래의 옅은 노란색으로 복원된다.

에서는 원래 조건으로 되돌아가도 원래의 외형으로 복원되지 않는다. 그림 11.19에서와 같이 다이크로뮴산 암모늄은 오렌지색 물질로, 가열하면 암모니아, 수증기 및 녹색의 산화 크로뮴(Ⅲ)으로 분해된다. 시험관이 원래 온도로 되돌아갈 때 오렌지색의 다이크로뮴산 암모늄의 흔적은 없다. 시험관에는 전혀 다른 물리적 성질을 가진 새로운 물질이 있다.

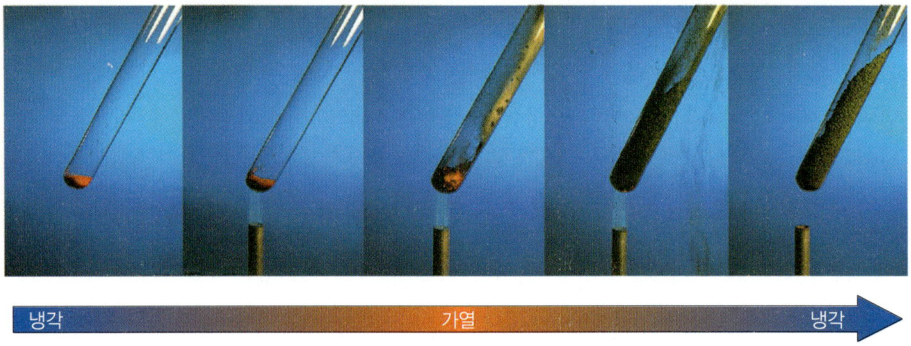

그림 11.19
가열될 때 오렌지색의 다이크로뮴산 암모늄은 암모니아, 수증기 및 산화 크로뮴(Ⅲ)으로 화학 변화가 일어난다. 원래 온도로 되돌아가도 다이크로뮴산 암모늄이 더 이상 없기 때문에 오렌지색으로 복원되지 않는다.

학습목표
화합물과 그들로부터 생긴 원소를 비교할 수 있다.

11.6 원소와 화합물

물음 화합물은 원소와 어떻게 다른가?

원소(*element*)와 **원자**(*atom*)는 가끔 비슷한 뜻으로 사용된다. 예를 들어 금은 금 원자로 이루어진 원소라는 말을 들어보았을 것이다. 일반적으로 **원소**는 전체적으로 거시적 또는 미시적 시료를 언급할 때 사용되고, **원자**는 시료에서 초미시적 입자를 말할 때 사용된다. 중요한 구별은 원소가 원자로 이루어져 있다는 것이고, 그 외에 다른 방법이 없다는 것이다.

원소의 기본적인 단위는 **원소식(elemental formula)**에 의해 표시된다. 기본 단위가 개별 원자인 원소의 경우, 원소식은 간단히 화학 기호이다. 두 가지 예로 Au는 금의 원소식이고, Li는 리튬의 원소식이다. 기본 단위가 두 개 또는 더 많은 원자들이 분자에 결합된 원소의 경우, 원소식은 각 분자에 원자의 수를 나타내는 아래 첨자가 들어 있는 화학 기호이다. 예를 들어 그림 11.20에서 질소 원소는 보통 분자당 2개의 질소 원자를 포함하는 분자들로 구성되어 있다. 따라서 N_2는 질소에 주어진 일반적인 원소식이다. 마찬가지로 O_2는 우리가 호흡하는 산소의 원소식이고, S_8은 황의 원소식이다.

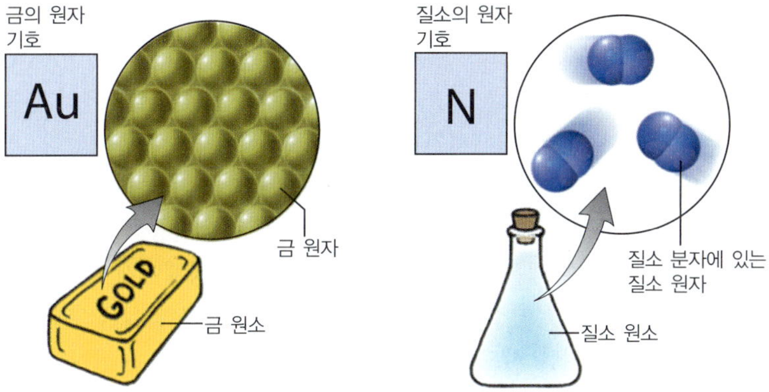

그림 11.20
모든 원소는 한 종류의 원자만으로 이루어진다. 금은 금 원자로만 이루어져 있고, 플라스크 안의 질소 기체는 질소 원자로만 이루어져 있으며, 흑연 연필의 탄소는 탄소 원자로만 이루어져 있다.

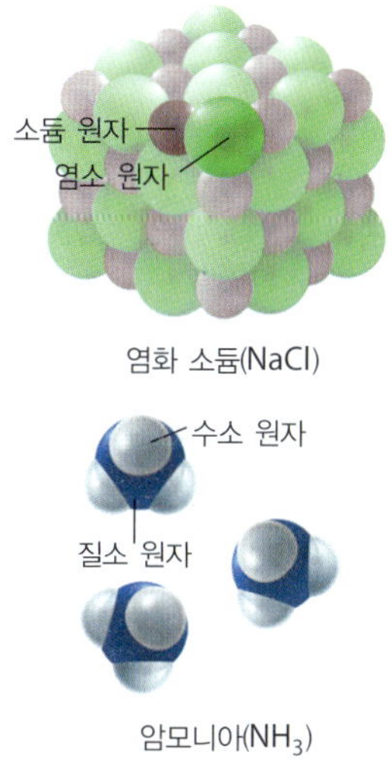

그림 11.21
염화 소듐과 암모니아 화합물은 각각 화학식 NaCl과 NH_3로 나타낸다. 화학식은 화합물을 구성하는 원자의 비를 나타낸다.

다른 원소의 원자들이 서로 결합하면 **화합물(compound)**이 만들어진다. 예를 들어 소듐 원자와 염소 원자는 일반적으로 식탁용 소금으로 알려진 염화 소듐을 만들기 위해 결합한다. 질소 원자와 수소 원자는 일반적인 가정용 세제인 암모니아를 만들기 위해 결합한다.

화합물은 원소들의 기호를 함께 표시한 **화학식(chemical formula)**으로 나타낸다. 염화 소듐의 화학식은 NaCl이고, 암모니아의 화학식은 NH_3이다. 아래 첨자 수는 원자들이 결합하는 비를 나타낸다. 관례적으로 위 첨자 1은 생략한다. 그래서 화학식 NaCl은 염화 소듐 화합물이 모든 염소에 대해 한 개의 소듐 원자가 있다는 것을 의미한다. 그림 11.21에서 보는 바와 같이, 화학식 NH_3는 암모니아 화합물이 모든 세 개의 수소 원자에 대해 한 개의 질소 원자가 있다는 것을 말한다.

화합물은 그들을 구성하는 원소들의 성질과 완전히 다른 물리적 및 화학적 성질을 가지고 있다. 그림 11.22에서 보는 바와 같이, 염화 소듐(NaCl)은 그것을 생성하는 데 사용된 소듐

그림 11.22
소듐 금속과 염소 기체는 염화 소듐을 생성하기 위해 서로 반응한다. 염화 소듐 화합물이 소듐과 염소로 이루어졌다고 하더라도, 염화 소듐의 물리적 및 화학적 성질은 소듐이나 염소 기체의 물리적 및 화학적 성질과 매우 다르다.

원소와 염소 원소와는 매우 다르다. 소듐 원소(Na)는 오직 소듐 원자로 이루어져 있는데, 그것은 칼로 쉽게 자를 수 있는 부드러운 은색의 금속을 형성한다. 소듐의 녹는점은 97.5°C이고 물과 격렬하게 반응한다. 염소 원소(Cl_2)는 염소 분자로 이루어져 있다. 실온에서 연녹색 기체인 이 물질은 매우 독성이 커서 제1차 세계대전 동안 화학 전쟁 무기로 사용되었다. 염소의 끓는점은 −34°C이다. 염화 소듐(NaCl) 화합물은 녹는점이 800°C인 반투명성이고, 부서지기 쉬운 무색의 결정이다. 염화 소듐은 소듐과 달리, 물과 화학적으로 반응하지 않는다. 또한 염소와 달리, 염화 소듐은 인간에게 해롭지 않는다. 이것은 모든 생명체에게 필수적인 구성 요소이다. 염화 소듐은 소듐도 아니고 염소도 아니다. 염화 소듐은 팝콘에 살짝 뿌릴 때 맛을 내는 화학 물질이다. 화합물은 자신을 만드는 원소들과는 완전히 다르다. 예를 들어 물은 액체인 반면, 구성 원소인 수소와 산소는 기체이다. 식탁용 소금으로 알려진 해롭지 않은 화합물은, 매우 해로운 두 화학 물질인 소듐 금속과 염소 기체로 이루어져 있다.

학습목표
화합물을 명명하는 데 이용되는 세 가지 지침을 나열할 수 있다.

11.7 화합물 명명법

물음 화합물의 이름에서 어떤 정보가 발견되는가?

셀 수 없을 만큼 많이 존재하는 화합물의 이름을 붙이는 체계는 국제 순수·응용 화학 연합(IUPAC)에 의해 발전해 왔다. 이 체계는 화합물의 이름이, 포함하는 원소와 이들 원소가 어떻게 결합하고 있는지를 반영하도록 만들어졌다. 그러므로 체계에 익숙한 모든 사람은 이것의 **체계적인 이름**으로부터 화합물의 화학적 고유성을 추론할 수 있다.

여러분이 상상할 수 있듯이, 이 체계는 매우 복잡하다. 그러나 모든 규칙을 알 필요는 없다. 대신, 몇 개의 지침을 배우는 것은 매우 도움이 될 것이다. 이 지침들은 단독으로는 모든 화합물의 이름을 붙일 수는 없다. 그러나 이것이 두 원소로만 이루어진 많은 간단한 화합물에 대해 체계가 어떻게 적용되는지를 알게 할 것이다.

12장에서 논의할 것이지만, 원자들은 전기 전하에 의해 화합물에서 서로 붙잡혀 있다. 화합물의 원자가 양전하를 띠는지, 음전하를 띠는지로 주기율표에서 원자의 위치로 예측할 수 있다. 주기율표의 왼쪽에 가까이 위치한 원소의 원자는 양전하를 띠는 반면, 주기율표의 오른쪽에 가까이 위치한 원소의 원자는 음전하를 띤다. 이것은 관례적으로 더 음전하를 띤 원자가 먼저 나열된다는 점에서 화합물의 명명법에도 적용된다. 이것이 지침 1에 따라 쓸 때 '소듐 염화'가 아닌 '염화 소듐'이 되는 이유이다. 소듐(Na)은 주기율표의 왼쪽이 있고, 염소(Cl)는 오른쪽에 있다는 것을 주목하라.

지침 1 주기율표에서 오른쪽으로 더 멀리 있는 원소의 이름 끝에는 접미사 '**−화**'를 붙이며, 왼쪽으로 더 멀리 있는 원소의 이름보다 앞에 온다.

NaCl	염화 소듐	HCl	염화 수소
Li_2O	산화 리튬	MgO	산화 마그네슘
CaF_2	플루오린화 칼슘	Sr_3P_2	인화 스트론튬

지침 2 같은 원소들이 수를 달리하여 두 개 또는 더 많은 화합물을 가질 때, 모호함을 없애기 위해 접두사가 더해진다. 이것은 주로 비금속 화합물에서 일어난다. 먼저 네 개의 접두사들은 **모노**−('일'), **다이**−('이'), **트라이**−('삼'), **테트라**−('사')이다. 그러나 접두사 **모노**−는 이름의 첫 단어로 시작될 때 일반적으로 생략한다.

탄소와 산소

CO	일산화 탄소
CO_2	이산화 탄소

질소와 산소

NO_2	이산화 질소
N_2O_4	사산화 이질소

황과 산소

SO_2	이산화 황
SO_3	삼산화 황

지침 3 원자들은 전기적으로 단일 전하 모임으로 작용하는 분자 단위를 형성하기 위해 함께 무리를 지을 수 있는데, 이것을 **다원자 이온**이라고 한다. 예를 들어 탄소는 탄산 이온(CO_3^{2-})으로 알려진 것을 형성하기 위해 3개의 산소 원자들과 결합할 수 있다. 일반적으로 볼 수 있는 몇 개의 다전자 이온들이 표 11.1에 나열되어 있다. 그들 대부분은 음전하이라는 것을 주목하라. 이 다원자 이온들의 본성은 12장에서 더 자세히 탐구할 것이다. 여기서는 양전하의 다원자 이온이 이름(**이온** 단어 없이)에서 나중에 위치한다는 것을 인식하면 충분하다. 한 예는 염화 암모늄(NH_4Cl)이다. 음전하의 다원자 이온은 이름의 앞에 위치한다. 한 예는 질산 리튬($LiNO_3$)이다.

표 11.1 일반적인 다원자 이온

이름	화학식
아세트산 이온	$CH_3CO_2^-$
암모늄 이온	NH_4^+
탄산수소 이온	HCO_3^-
탄산 이온	CO_3^{2-}
사이안화 이온	CN^-
수산화 이온	OH^-
질산 이온	NO_3^-
인산 이온	PO_4^{3-}
황산 이온	SO_4^{2-}

다원자 이온은 화합물에서 한 번보다 더 많이 나타날 수 있는데, 이것은 괄호에 다원자 이온을 표시한다. 괄호 밖의 아래 첨자는 다원자 이온이 나타나는 횟수를 표시한다. 간단히 하기 위해, 접두사 **모노**–, **다이**–, **트라이**– 및 **테트라**–는 일반적으로 다원자 이온에 포함되지 않는다.

K_2CO_3	탄산 포타슘
$AuPO_4$	인산 금
$Mg(CN)_2$	사이안화 마그네슘
$Al_2(SO_4)_3$	황산 알루미늄

지침 4 많은 화합물들은 보통 그들의 체계적인 이름에 근거하지 않는다. 대신, 더 편리하거나 오랫동안 전통적으로 사용되어 온 관용명이 사용된다. 몇 개의 관용명으로 물(H_2O), 암모니아(NH_3) 및 메테인(CH_4)이 있다.

융합과학 11A
물리학, 생명과학

학습목표
나노기술이 얼마나 참신하고 유망한 과학 응용 분야인지를 알 수 있다.

나노기술의 출현

물음 나노기술은 기초 연구의 결과인가, 또는 응용 연구의 결과인가?

마이크로공학의 시대는 약 60년 전에 전자 신호의 관문으로 작용하는 장치인 고체 트랜지스터의 발명으로 도래하였다. 물리학자 및 공학자들은 계산을 수행하고 프로그램을 운영할 수 있는 논리 기판을 만들기 위해 많은 트랜지스터를 통합하는 생각을 재빨리 하였다. 회로에 집적할 수 있는 트랜지스터가 더 많을수록 더 강력한 논리 기판이 된다. 그리하여 더욱 더 작은 회로에 더 많은 트랜지스터를 집적하는 경주가 시작되었다. 달성한 크기는 마이크론(10^{-6} m) 범위였으며, 그리하여 마이크로공학이라는 용어가 나왔다. 트랜지스터가 발명되었을 시기에 몇몇 사람들은 **마이크로**공학이 개인용 컴퓨터에서부터 휴대폰, 인터넷까지 사회에 충격을 줄 것이라는 것을 인식하였다.

오늘날 우리는 비슷한 혁명의 시작에 있다. 기술적인 발전은 최근 마이크로 범위를 지나 나노미터(10^{-9} m)의 범위까지 왔다. 이것은 개별적인 원자와 분자의 크기이며, 물질의 기본적인 구성 요소에 도달하는 범위이다. 원자나 분자들을 조작함으로써 물질을 만들기 위해 이 크기에서 작업하는 기술은 **나노기술(nanotechnology)**로 알려져 있다. 나노기술이 사회에 어떤 충격을 줄지에 대해 아무도 알지 못하지만, 마이크로공학보다 훨씬 더 큰 무한한 가능성을 재빨리 인식할 수 있다.

나노기술은 일반적으로 1~100 nm 크기의 물체를 조작하는 데 관심을 가진다. 대략적으로 DNA 분자는 폭이 약 2.0 nm인 반면, 물 분자는 폭이 불과 약 0.2 nm이다. 나노기술은 마이크로공학처럼 물리학자, 공학자, 화학자, 분자생물학자 및 많은 다른 사람들의 협동적 노력을 필요로 하는 여러 학문 분야가 관련되어 있다. 흥미롭게도, 시장에는 벌써 나노기술을 통해 발전된 요소들을 포함하는 많은 제품들이 있다. 이것들은 자외선 차단제, 안개가 끼지 않는 거울, 치과 접착제, 자동차 촉매 변환 장치, 얼룩 방지 옷, 정수기, 컴퓨터 하드 드라이버의 헤드 등 더 많은 것들을 포함한다. 그러나 나노기술은 여전히 초창기이며, 그 가능성이 완전히 인식되기까지 수십 년이 걸릴 것이다(그림 11.23). 예를 들어 처음 고체 트랜지스터가 나온 지 약 40년 후인 1990년대까지 개인용 컴퓨터가 꽃을 피우지 않았다는 것을 생각해 보자.

나노 크기의 물질과 장치를 만드는 데에는 하향식과 상향식의 두 가지 중요한 접근법이 있다. 하향식 접근법은 더욱 더 작은 크기를 위한 마이크로공학 기술의 연장이다. 예를 들어 나노 크기의 회로 기판은 큰 덩어리의 물질을 깎아서 만들 수 있다. 상향식 접근법은 원자로 나노 크기의 물체를 쌓는 것과 관련이 있다, 이들 두 접근법의 가장 중요한 도구는 9장에서 처음 논의되었던 **주사 탐침 현미경(scanning probe microscope)**이다. 그림 11.24에서와 같이, 이 장치는 매우 가는 탐침 바늘을 이용하여 물질의 표면 원자를 감지하고 특징을 표현한다. 바늘은 표면에 걸쳐 기계적으로 끌려간다. 바늘과 표면 원자 사이의 상호 작용으로 인해 바늘이 붙어 있고, 레이저로 감지하는 캔틸레버가 움직이며, 컴퓨터에 의해 입체적 영상으로 변환된다. 주사 탐침 현미경은 개별 원자를 원하는 위치로 옮기는 데에도 사용될 수 있다.

나노기술로 인해 더 작고 더 강력한 컴퓨터에 필요한 집적 회로를 계속해서 소형화할 수 있

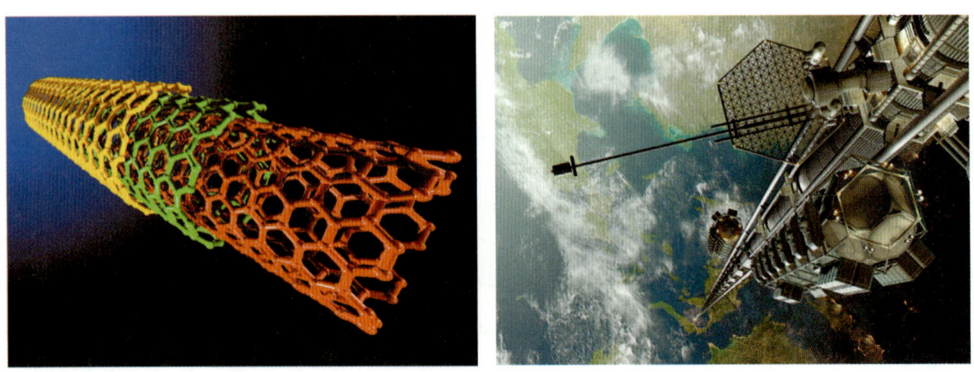

그림 11.23
탄소 나노튜브는 알려진 가장 강한 섬유(지름 1 mm인 탄소 나노튜브 실은 약 13,000 lb(5,900 kg)의 무게를 견딜 수 있다.)를 만들기 위해 서로 안에 끼워 넣을 수 있다. 이처럼 강한 섬유의 그물은 언젠가 공상 과학의 우주 엘리베이터를 건설하는 데 이용될 수 있을 것이다.

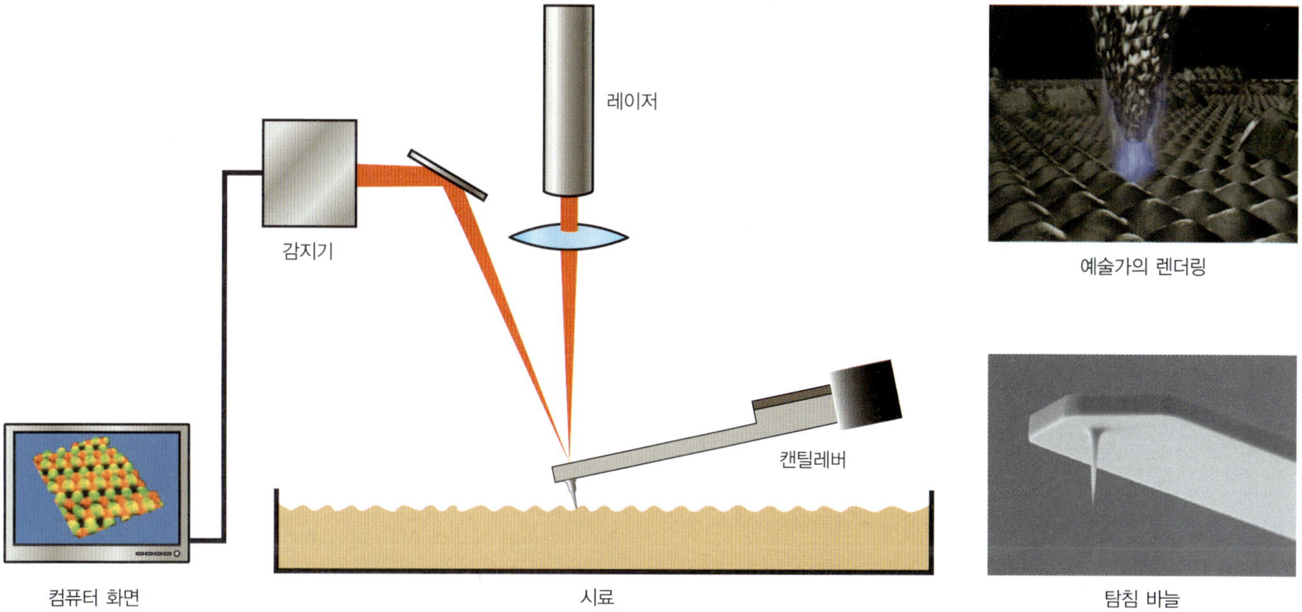

그림 11.24
주사 탐침 현미경의 도식

다. 그러나 컴퓨터는 처리 능력을 위해 나노선의 집적 회로에 의존할 필요가 없다. 분자(전기 회로가 아님)가 읽고, 처리하고, 정보를 쓰는 논리 기판을 설계하는 데 완전히 새로운 접근이 관련된다. 그런 **분자 계산**(*molecular computation*)에 가장 유망한 한 분자는 유전 정보를 가지고 있는 분자와 같은 DNA이다. 분자 계산이 전통적인 계산에 비해 가지는 장점은 동시에 수평적으로 엄청난 수의 계산을 수행할 수 있다는 것이다. 이런 근본적인 차이 때문에 분자 계산은 언젠가 가장 빠른 집적 회로보다 더 뛰어날지도 모른다. 결국 분자 계산은 또한 나노기술에 의해 만들어질 가능성이 있는 양자나 광자 계산처럼 다른 새로운 접근에 의해 빛을 잃을지도 모른다.

나노기술의 최고 전문가는 자연이다. 예를 들어 생명체는 생체 분자가 나노 크기로 모두 작동하면서 상호 작용하는 복잡한 체계이다. 이런 의미에서 생명체는 자연의 나노 기계이다. 나노기술의 실행 가능성과 힘의 증거를 찾기 위해 우리 자신의 몸보다 더 멀리 볼 필요가 없다. 자연은 우리의 교사로, 우리는 자연에서 배워야 할 것이 많다. 이런 지식은 특히 의약에 응용 가능할 것이다. 우리 자신이 나노기술 전문가가 됨으로써, 근래의 모든 질병이나 장애(노화 포함)의 정확한 원인을 이해하는 데 준비를 잘 갖출 수 있을 것이며, 혁신적인 치료법을 발전시키기 위해 권한을 줄 것이다.

나노기술의 한계는 무엇인가? 사회적으로는 나노기술이 가져올 임박한 변화를 어떻게 다룰 것인가? 다음의 가능성을 생각해 보자. 즉 색을 변하게 하거나 비디오를 보여 주는 벽화, 군인이 적을 색출하고 무찌르는 데 이용될 수 있는 스마트 더스트, 화석 연료를 더 이상 쓸모가 없도록 할 만큼 효과적으로 태양빛을 포획하는 태양 전지, 의식이 있다고 우리가 궁금해 할 정도로 매우 많은 연산 능력을 가진 로봇, 암 종양이나 동맥 플라크를 파괴하면서 우리의 혈관계를 돌아다니는 나노로봇, 생명체를 포함하여 3차원 물체를 '복사'할 수 있는 나노 기계, 인간의 평균 수명을 두 배 이상 늘릴 수 있는 의약. 인간의 능력에서 흥미롭고 새로운 혁명이 머무름을 바꾸었다.

연습문제

11.1 화학: 중심 과학

1. 왜 화학은 중심 과학으로 불리기도 하는가?
2. 기초 연구와 응용 연구의 차이는 무엇인가?
3. 미국 화학 연합회의 많은 회원들은 책임 있는 관리 프로그램을 통해 무슨 약속을 해 왔는가?

11.2 물질의 초미시적 관점

4. 생물 세포는 거시적인가, 미시적인가, 또는 초미시적인가?
5. 원자들이 분자를 만드는가? 아니면 분자들이 원자들을 만드는가?
6. 고체의 입자들은 액체의 입자들과 어떻게 다르게 배열하는가?
7. 얼음 1 g, 물 1 g, 수증기 1 g 중 어느 것이 가장 큰 부피를 차지하는가?

11.3 상변화

8. 증발이 액체의 표면 아래에서 일어날 때, 이를 무엇이라고 하는가?
9. 승화는 증발과 어떻게 다른가?
10. 왜 녹고 있는 얼음의 온도는 얼음을 가열할 때와 달리 온도가 올라가지 않는가?
11. 얼음 1 g을 녹이는 데 필요한 열은 얼마인가? 줄(J)로 답하시오.

11.4 물리적 성질과 화학적 성질

12. 물리 변화가 일어나는 동안 물질의 화학적 정체성에 무슨 일이 일어나는가?
13. 물리적 성질은 무엇인가? 화학적 성질은 무엇인가?
14. 화학 결합은 무엇인가?
15. 화학 반응이 일어나는 동안 무엇이 변하는가?

11.5 물리 변화와 화학 변화의 결정

16. 물의 응고는 왜 물리 변화로 생각되는가?
17. 왜 관찰된 변화가 물리적인지, 화학적인지를 결정하는 것이 가끔 어려운가?
18. 철이 녹스는 것은 왜 화학 변화로 생각되는가?
19. 관찰된 변화가 물리적인지, 화학적인지를 결정하는 데 도움을 주는 증거들은 무엇인가?

11.6 원소와 화합물

20. 원자와 원소를 구별하시오.
21. 원소와 화합물의 차이는 무엇인가?
22. H_3PO_4 1분자에는 몇 개의 원자가 있는가? H_3PO_4 1분자에는 각 원소의 원자가 몇 개 있는가?
23. 물질의 화학식은 그 물질에 대해 무엇을 말해 주는가?
24. 화합물의 물리적 성질 및 화학적 성질은 그것을 구성하는 원소의 성질과 반드시 비슷한가?

11.7 화합물 명명법

25. 화합물 안에 있는 원소 중 어느 것이 화합물의 이름에서 먼저 나오는가?
26. 화합물 KF의 IUPAC 체계 이름은 무엇인가?
27. 산화 타이타늄의 화학식은 무엇인가?
28. 화합물의 체계적 이름 대신 관용명이 자주 사용되는 이유는 무엇인가?

확인문제

만일 여러분이 이 장에서 제대로 학습을 하였다면, 다음에 제시된 10개의 질문에 적어도 7개는 제대로 답을 할 수 있을 것이다. 만일 그렇지 못하면 다음 장으로 가기 전에 이 장을 더 학습할 필요가 있다.

각 질문에 대해 가장 적합한 답을 고르시오.

1. 화학은 (　　)의 학문이다.
   (a) 물질
   (b) 물질의 변화
   (c) 오직 미시적 현상
   (d) 오직 거시적 현상
   (e) 물질과 물질의 변화 둘 다
2. 여러분들이 개개의 분자들을 볼 수 있다고 상상해 보자. 여러분은 진동하면서 서로 충돌하는 반면, 느리게 움직이는 분자들의 작은 무리를 관찰한다. 그때 느리게 움직이는 분자들이 출발선에서 출발하면서 진동이 증가한다. 곧 모든 분자들이 고정된 위치에서 정렬하고 진동한다. 시료는 (　　) 있다.
   (a) 냉각되어 물질이 응고되고
   (b) 가열되어 물이 융해되고
   (c) 냉각되어 물질이 응축되고
   (d) 가열되어 물질이 끓고
3. 원자와 분자들이 더 이상 움직이지 않는 상은 (　　)이다.
   (a) 고체상
   (b) 액체상
   (c) 기체상

(d) 기체, 액체, 고체가 아닌 상

4. 양초가 탈 때에는 어떤 화학 변화가 일어나는가?

(a) 불꽃 근처의 왁스가 녹는다.

(b) 불꽃 위에 탄소 그을음이 모인다.

(c) 녹은 왁스가 심지를 통해 위로 올라간다.

(d) 가열된 왁스 분자들이 산소 분자와 결합한다.

5. 그림에 주어진 정보를 바탕으로 볼 때, 분자 A()로 만들어진 물질과 분자 B()로 만들어진 물질 중 어느 물질이 끓는점이 더 낮은가?

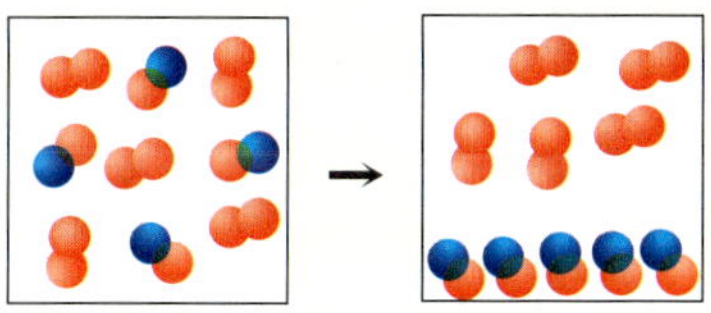

A B

(a) 액체로 먼저 변화되는 분자 A

(b) 액체로 먼저 변화되는 분자 B

(c) 기체상으로 남아 있는 분자 A

(d) 기체상으로 남아 있는 분자 B

6. 이 변화는 물리 변화와 화학 변화 중 어느 것을 나타내는가? 이유는 무엇인가?

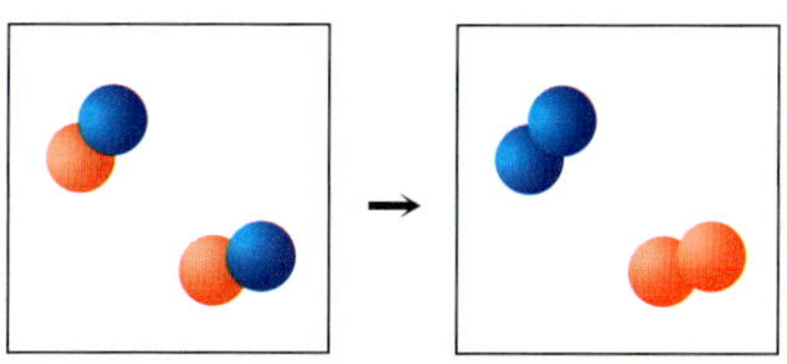

(a) 화학 변화, 원소가 생성되기 때문

(b) 물리 변화, 새로운 물질이 생성되었기 때문

(c) 화학 변화, 원자들이 다르게 연결되었기 때문

(d) 물리 변화, 상의 변화 때문

7. 다음 중 화학 변화의 예는 어느 것인가?

(a) 물이 얼음 결정으로 언다.

(b) 피부에서 로션이나 향수 냄새가 난다.

(c) 금속 조각이 가열될 때 팽창한다.

(d) 유리창이 깨진다.

(e) 휘발유가 자동차 엔진에서 연소하여 배기가스를 생성한다.

8. 50 g의 나무가 타서 10 g의 재가 생성된다면, 이 나무의 연소로 생성되는 모든 생성물의 전체 질량은 얼마인가?

(a) 50 g보다 많다.

(b) 10 g

(c) 10 g보다 작다.

(d) 50 g

(e) 이 중에는 없다.

9. 만약 여러분이 한 분자의 TiO_2를 가지고 있다면, 그것은 O_2 몇 분자를 포함하고 있는가? 이유는 무엇인가?

(a) 1분자, TiO_2는 Ti와 O_2의 혼합물이기 때문

(b) 없다, O_2는 TiO_2와 다른 분자이기 때문

(c) 2분자, TiO_2는 Ti와 2O의 혼합물이기 때문

(d) 3분자, TiO_2는 3분자를 포함하기 때문

(e) 이 중에는 없다.

10. 화합물 $CaCl_2$의 이름은 무엇인가?

(a) 염화 탄소

(b) 다이클로로 칼슘

(c) 이칼슘

(d) 염화 이칼슘

(e) 염화 칼슘

확인문제 답

1.e, 2.a, 3.d, 4.e, 5.c, 6.c, 7.e, 8.a, 9.e, 10.e

12장 화학 결합과 혼합물

소금 결정은 왜 분명한 육면체 모양을 가지는가? 이 장에서 알 수 있듯이 모든 물질의 거시적 성질들은 초미시적 부분이 어떻게 결합되어 있는지로 추적할 수 있다. 예를 들어 소금 결정에서 소듐 이온과 염화 이온은 정육면체 방향에서 결합하며, 그 결과 우리가 소금 결정으로 알고 있는 거시적 물체 또한 정육면체이다.

이온 또는 원자들을 결합하는 인력은 전자기력이다. 화학자들은 이 원자를 결합하는 힘을 **화학 결합**(*chemical bond*)이라고 부른다. 이 장에서는 세 가지 형태의 화학 결합, 즉 결정에서 이온들이 결합하는 **이온 결합**(*ionic bond*), 금속의 부분에서 원자들이 결합하는 **금속 결합**(*metallic bond*), 분자에서 원자들이 결합하는 **공유 결합**(*covalent bond*)을 탐구한다. 그리고 이 장의 후반에서는 물과 기름은 왜 섞이지 않으며, 물고기는 필요한 산소를 물에서 어떻게 얻는지와 같이, 이온과 분자들의 행동이 어떻게 일상적인 현상을 일으키는지를 탐구한다.

12.1 전자점 구조

물음 18족의 원자들은 왜 화학 결합을 잘 형성하지 않는가?

원자 모형은 원자들이 어떻게 결합되는지를 우리가 이해하는 데 도움을 주기 위해 필요하다. 이 장은 9.7절에 제시되었던 비활성 기체 껍질 모형의 간단한 개략으로 시작한다. 전자들이 어떻게 원자핵 주위에 배열되는지를 상기하라. 태양 주위의 행성처럼 산뜻한 궤도를 돌고 있기보다는, 전자들은 **비활성 기체 껍질**(*noble gas shell*)이라고 하는 공간 영역 안에서 진동하는 파동 같은 본질이다.

그림 9.30에서 보았듯이, 7개의 비활성 기체 껍질은 원자의 전자들을 수용할 수 있으며, 전자들은 이 껍질들을 가장 안쪽에서 가장 바깥쪽까지 차례로 채운다. 첫 번째 껍질에 허용되는 최대 전자의 수는 2이고, 두 번째와 세 번째에서는 8이다. 네 번째와 5번째 껍질은 각각 18개의 전자를 수용할 수 있으며, 6번째와 7번째 껍질은 32개의 전자를 수용할 수 있다.* 이 수들은 주기율표의 각 주기(수평줄)에서의 원소들의 수와 일치한다. 그림 12.1은 18족의 첫 세 원소들에서 이 모형이 적용되는 것을 보여 준다.

모든 원자의 최외각 껍질을 차지하는 전자들은 화학 결합을 형성할 능력을 포함한 원자의 화학적 성질에 가장 중요한 역할을 한다. 이들의 중요성을 나타내기 위해서 이 전자들을 **원자가 전자**(**valence electron**)라고 하고, 그들이 채워진 껍질을 **원자가 껍질**(**valence shell**)이라고 한다. 원자가 전자들은 관행적으로 원자 기호 주위를 둘러싼 일련의 점들로 나타낼 수 있다. 이 표시법은 **전자점 구조**(**electron-dot structure**) 또는 **루이스 점 기호**[*Lewis dot symbol*, 껍질과 원자가 전자의 개념을 처음 제안한 미국의 화학자인 루이스(G. N. Lewis)를 기념해서]로 불린다.

그림 12.2는 이온 및 공유 결합을 논의할 때 중요한 원자의 전자점 구조를 나타내고 있다. 그러나 전자점 구조는 금속 결합을 표현하는 데 그렇게 중요하지 않다. 이것은 12.3절에 더 논의하겠지만, 금속 결합에서 결합하는 전자들은 한 원자에서 다음 원자로 쉽게 흐르기 때문이다. 그러므로 3~12족의 금속들은 그림 12.2에 포함되지 않는다.

원자의 전자점 구조를 살펴보면 그 원소에 관한 두 가지 중요한 사실, 즉 원자에 몇 개의 원자가 전자가 있는지와 이들 중 몇 개가 짝을 이루는지를 알게 된다. 예를 들어 염소는 3쌍의 짝진 전자와 한 개의 홀전자를 가지고 있고, 탄소는 4개의 홀전자를 가지고 있다.

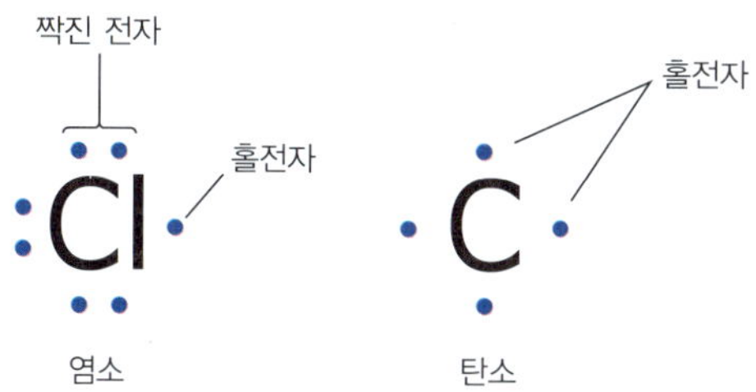

짝진 원자가 전자는 상대적으로 안정하다. 다른 말로, 그들은 다른 원자들과 화학 결합을 잘 형성하지 않는다. 이런 이유 때문에 전자점 구조의 전자쌍을 **비공유 전자쌍**(**nonbonding pair**)이라고 한다.

학습목표
전자점 구조에서 짝진 전자와 홀전자를 구별할 수 있다.

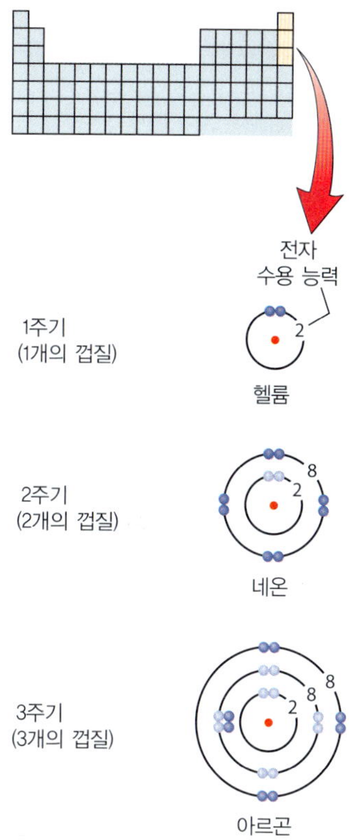

그림 12.1
헬륨에서 아르곤까지의 18족 원소에서 점유 껍질. 이 원소들 각각은 최외각이 꽉 채워진 점유 껍질을 가지고 있으며, 각각의 전자수는 특별한 18족 원소들이 속한 주기에 있는 원소들의 수에 해당한다.

* 이 책을 읽는 물리학자가 참고할 점으로, 이들은 주양자수보다 오히려 비슷한 에너지 준위에 의해 모아진 오비탈의 껍질들이다. 그들은 주기율표를 설명하기 위해 1930년대에 폴링(Linus Pauling)이 개발한 '아르고니안(argonian)' 껍질이다. 이것은 오래된 원자 모형이지만, 화학 결합의 간단한 기술에는 잘 적용된다.

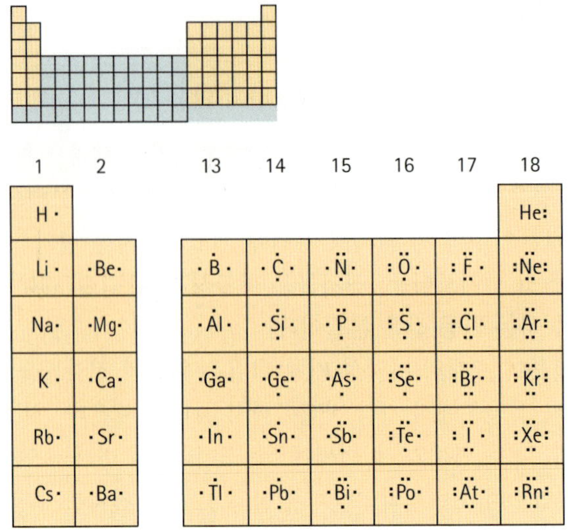

그림 12.2
원자의 원자가 전자를 전자점 구조로 나타내었다. 처음 세 주기는 그림 9.31과 유사하다는 것을 주목하라. 또한 큰 원자들의 경우, 원자가 껍질에 있는 모든 전자들이 원자가 전자는 아니라는 것을 주목하라. 예를 들어 크립톤(Kr)은 원자가 껍질에 18개의 전자들을 가지고 있지만, 이들 중 8개의 전자만이 원자가 전자로 분류된다. 이 이유는 화학에서 후속 과정에서 다루어진다.

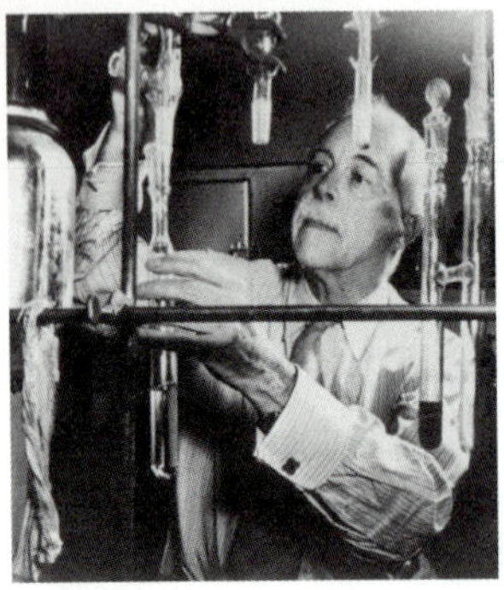

그림 12.3
루이스(Gilbert Newton Lewis, 1875~1946)는 1916년에 발표한 화학 결합의 이론으로 화학에 대변혁을 일으켰다. 그는 생애의 대부분을 생산적인 연구자뿐만 아니라 뛰어난 교육자로서 버클리에 있는 캘리포니아 대학교에서 일하였다. 그의 교육 혁신 중에는 강의와 독서에 후속으로 문제 세트를 제공해 주는 생각이 있었다.

반대로, **홀전자**인 원자가 전자는 화학 결합에 참여하려는 경향이 강하다. 그렇게 함으로써 이들은 다른 원자의 전자와 짝을 짓는다. 이 장에서 논의된 모든 이온 및 공유 결합은 홀전자인 원자가 전자의 이동이나 공유의 결과이다.

12.2 이온 결합

물음 이온 결합 화합물은 왜 녹는점이 매우 높은가?

학습목표
이온 결합 화합물을 형성하기 위해 이온들이 어떻게 결합하는지를 기술할 수 있다.

원자핵에 있는 양성자의 수와 원자에 있는 전자의 수가 같을 때, 전하는 균형을 이루고 원자는 전기적으로 중성이다. 그림 12.4와 12.5에 나타낸 바와 같이, 한 개 또는 더 많은 수의 전자를 잃거나 얻으면 균형은 깨지고, 원자는 알짜 전하를 가지게 된다. 알짜 전하를 가진 원자가 **이온(ion)**이다. 전자를 잃으면, 양성자의 수가 전자의 수보다 많아져서 이온은 양의 알짜 전하를 갖는다. 전자를 얻으면, 전자의 수가 양성자의 수보다 많아져서 이온은 음의 알짜 전하를 갖는다.

화학자들은 이온의 전하 크기와 부호를 표시하기 위해 원자 기호의 오른쪽에 위 첨자를 사용한다. 따라서 그림 12.4와 12.5에서 보는 바와 같이, 소듐 원자로부터 생성된 양이온은 Na^{1+}로 쓰고, 플루오린 원자로부터 생성된 음이온은 F^{1-}로 쓴다. 대개 1+나 1− 전하를 나타낼 때 숫자 1은 생략한다. 그러므로 이 두 이온들은 자주 Na^{+}와 F^{-}로 쓰인다. 두 가지 예를 더 들어 보면, 2개의 전자를 잃는 칼슘 원자는 Ca^{2+}로 쓰고, 2개의 전자를 얻는 산소 원자는 O^{2-}로 쓴다. (+2가 아닌 2+ 같이 관례적으로 부호 앞에 숫자를 쓴다는 점을 주목하라.)

원자가 생성하려는 이온의 형태를 결정할 때 빠른 참고 문헌으로 주기율표를 사용할 수 있다. 그림 12.6에서 볼 수 있듯이, 예를 들어 1족 원소의 각 원소는 단지 1개의 원자가 전자를 가지고 있으며, 1+ 이온을 형성하려는 경향이 있다. 비활성 기체 원소의 원자들은 원자가 껍질이 이미 최대 수용 능력만큼 채워져 있기 때문에 어떤 형태의 이온도 형성하지 않으려는 경

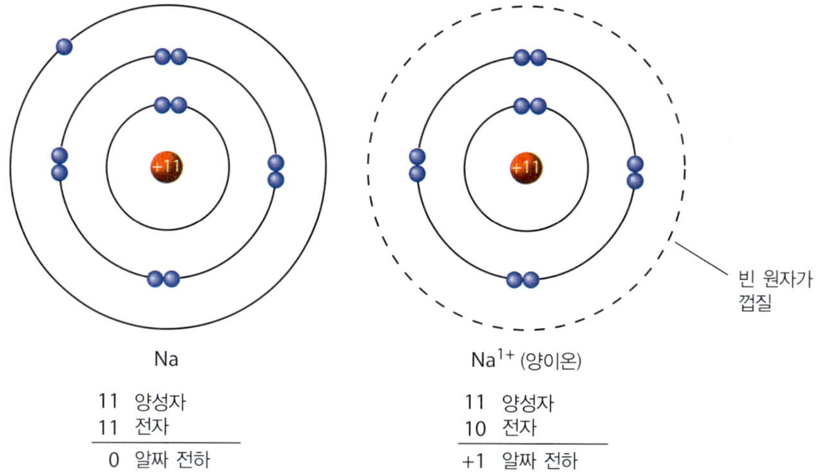

그림 12.4
전기적 중성인 소듐 원자는 핵의 양성자 11개 주위에 음전하인 전자를 11개 가지고 있다. 이 원자가 전자를 잃으면 결과적으로 양이온이 된다.

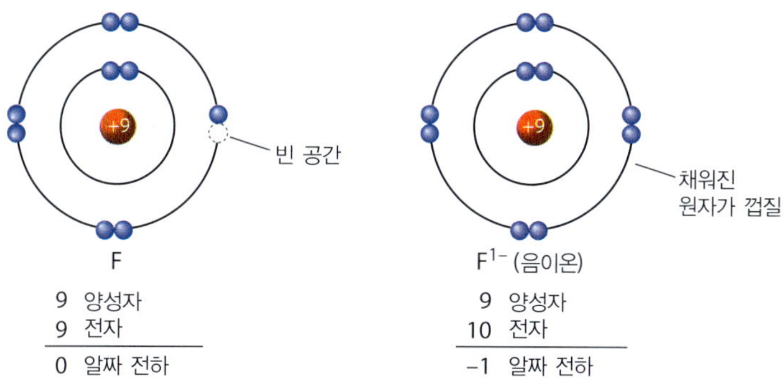

그림 12.5
전기적 중성인 플루오린 원자는 양성자 9개와 전자 9개를 가지고 있다. 이 원자가 전자를 얻으면 결과적으로 음이온이 된다.

향이 있다. 17족의 각 원소는 원자가 껍질에 추가로 전자 1개를 더 수용할 수 있으므로 1−이온을 형성하려는 경향이 있다.

우리가 제시했던 비활성 기체 껍질 모형은 너무 간단해서 3족~12족의 전이 금속이나 내부 전이 금속에게 잘 적용되지 않는다. 일반적으로 이 금속 원자들은 양이온이 되려는 경향이 있으나 잃는 전자의 수는 다양하다. 예를 들어 철 원자는 조건에 따라 Fe^{2+}이온을 생성하기 위

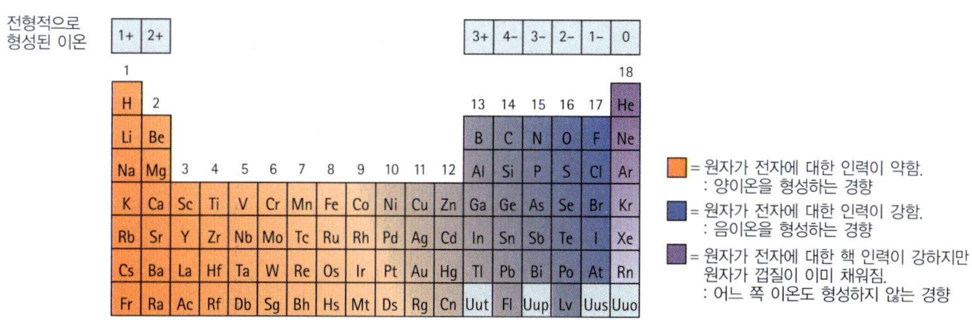

그림 12.6
주기율표로 이온 결합 화합물에서 원자가 형성되려는 이온의 형태를 알 수 있다.

해 전자 2개를 잃을 수 있고, Fe^{3+} 이온을 생성하기 위해 전자 3개를 잃을 수 있다.

원자는 전자를 잃거나 얻어서 이온이 된다. 흥미롭게도, 분자도 이온이 될 수 있다. 대부분의 경우, 분자는 수소 이온(H^+, 양성자)을 잃거나 얻을 때 이온이 된다. 예를 들어 물 분자(H_2O)는 하이드로늄 이온(H_3O^+)을 생성하기 위해 수소 이온(H^+, 양성자)을 얻을 수 있다.

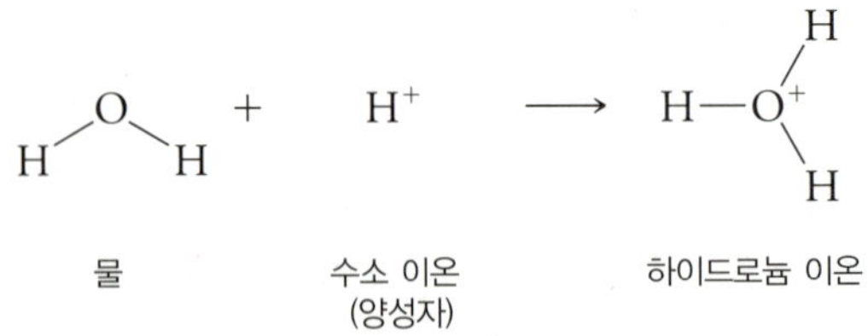

비슷하게, 탄산 분자(H_2CO_3)는 탄산 이온(CO_3^{2-})을 생성하기 위해 2개의 양성자를 잃을 수 있다.

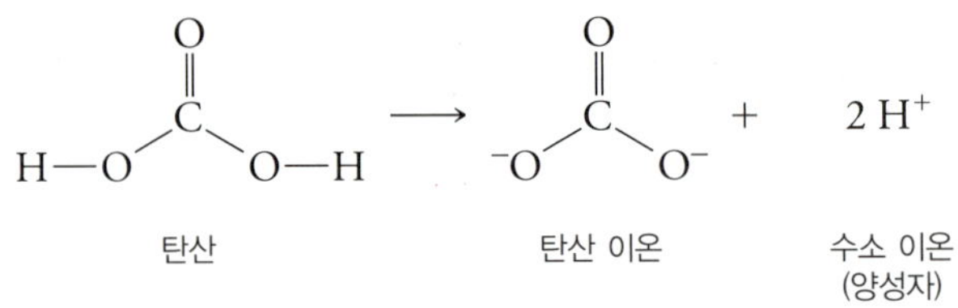

이 반응들이 어떻게 일어나는가는 다음 장에서 탐구할 것이다. 당분간은 하이드로늄 이온과 탄산 이온은 알짜 전하를 운반하는 분자인 **다원자 이온**(**polyatomic ion**)의 예이라는 것을 이해해야 한다. 표 12.1은 흔히 볼 수 있는 몇 가지 다원자 이온을 나열한 것이다.

이온 결합 형성

전자를 잃기 쉬운 원자와 전자를 얻기 쉬운 원자가 접촉할 수 있게 놓이면 결과적으로 전자가 이동하여 반대 전하를 가진 2개의 이온이 생성된다. 소듐과 염소가 결합할 때 이러한 현상이 일어난다. 그림 12.7에서 볼 수 있듯이, 소듐 원자는 염소 원자에게 전자 한 개를 잃고 결과적으로 소듐 양이온과 염화 음이온을 생성한다. 반대 전하인 두 이온은 그들을 서로 가까이 붙잡아 두는 전기력에 의해 서로를 끌어당긴다. 반대 전하인 두 이온 사이의 전기적 인력을 **이온 결합**(**ionic bond**)이라고 한다.

표 12.1 일반적인 다원자 이온

이름	화학식
하이드로늄 이온	H_3O^+
암모늄 이온	NH_4^+
탄산수소 이온	HCO_3^-
아세트산 이온	$CH_3CO_2^-$
질산 이온	NO_3^-
사이안화 이온	CN^-
수산화 이온	OH^-
탄산 이온	CO_3^{2-}
황산 이온	SO_4^{2-}
인산 이온	PO_4^{3-}

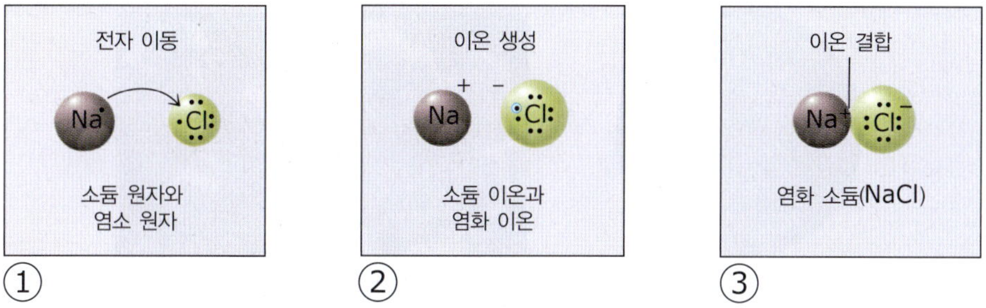

그림 12.7
(1) 전기적으로 중성인 소듐 원자가 전기적 중성인 염소 원자에게 원자가 전자를 잃는다. (2) 이 전자 이동은 결과적으로 반대 전하인 2개의 이온을 만든다. (3) 이때 이온은 이온 결합에 의해 서로 붙어 있다. 그림에서 전자점 구조 주위에 그려진 구는 원자와 이온의 상대적 크기를 나타낸다.

소듐 이온과 염화 이온은 결합하여 보통 소금이라고 알려져 있는 화합물인 염화 소듐을 만든다. 이것과, 이온을 포함하는 다른 모든 화합물을 **이온 결합 화합물**(**ionic compound**)이라고 한다. 모든 이온 결합 화합물은 이를 구성하고 있는 원소들과 완전히 다르다. 11.6절에서 논의한 것처럼, 염화 소듐은 소듐이 아니고 염소도 아니다. 염화 소듐은 그 자신의 물리적 및 화학적 성질을 가지는 독특한 물질을 생성하는 소듐 이온과 염화 이온의 집합체이다.

모든 이온 결합 화합물에서 양전하와 음전하는 균형을 이루어야 한다. 예를 들어 염화 소듐에서 모든 염화 1− 이온에 대해 하나의 소듐 1+ 이온이 있다. 다수의 전하를 운반하는 이온을 포함하는 화합물에서도 전하는 균형을 이루어야 한다. 예를 들어 칼슘 이온은 2+ 전하를 운반하지만, 플루오린화 이온은 단지 1− 전하를 운반한다. 각 칼슘 이온과 균형을 이루기 위해 2개의 플루오린화 이온이 필요하기 때문에 플루오린화 칼슘의 화학식은 CaF_2이다. 플루오린화 칼슘은 몇몇 지역의 식수에서 자연적으로 생기는데, 이는 치아를 튼튼하게 하는 플루오린화 이온(F^-)의 좋은 공급원이다.

알루미늄 이온은 3+ 전하를 운반하고, 산화 이온은 2− 전하를 운반한다. 이 이온들은 결합하여 루비나 사파이어처럼, 보석 원석의 주성분인 산화 알루미늄(Al_2O_3) 이온 결합 화합물을 만든다. 그림 12.8은 산화 알루미늄의 생성을 나타낸 것이다. Al_2O_3에 있는 3개의 산화 이온은 전체적으로 6− 전하를 운반하며, 두 알루미늄 이온의 전체 6+ 전하와 균형을 이룬다. 루비와 사파이어는 그들이 포함하고 있는 불순물 때문에 색깔이 다르다. 루비는 소량의 크로뮴

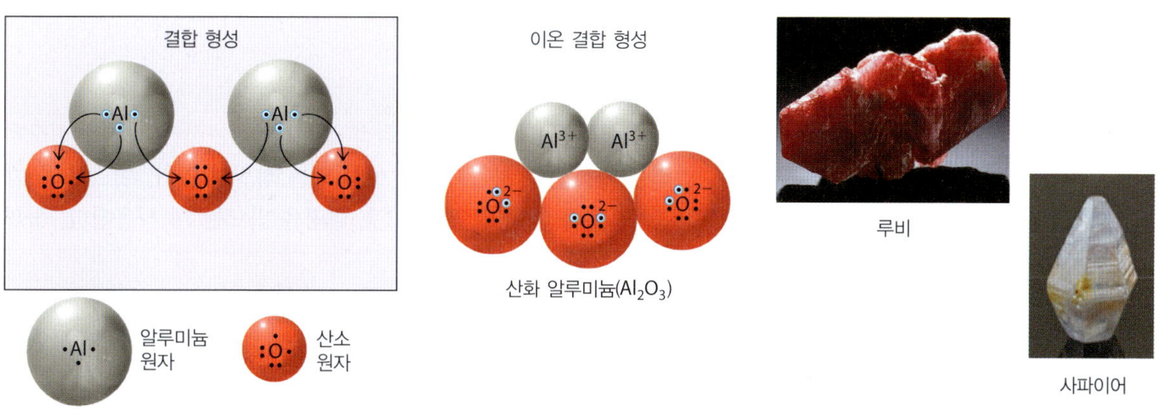

그림 12.8
두 알루미늄 원자는 3개의 산소 원자에 총 6개의 전자를 잃는다. 이 과정에서 알루미늄 원자는 알루미늄 이온(Al^{3+})이 되고, 산소 원자는 산화 이온(O^{2-})이 된다. 반대 전하를 띤 이온들은 이온 결합 화합물인 산화 알루미늄(Al_2O_3)을 생성하기 위해 결합한다. 어떤 보석 원석은 루비를 만드는 크로뮴과, 사파이어를 만드는 타이타늄과 같은 미량의 불순물을 가지고 있는 산화 알루미늄 결정이다.

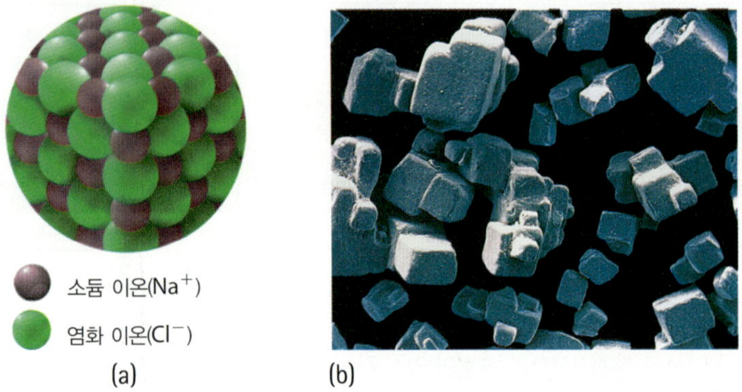

그림 12.9
(a) 다른 이온 결합 화합물뿐만 아니라 염화 소듐도 모든 내부 이온이 반대 전하에 의해 둘러싸인 이온 결정을 형성한다. (간단하게, 이온 배열의 일부분만 나타내었다. 전형적인 NaCl 결정은 수많은 이온들이 관여한다.) (b) 현미경으로 관찰한 소금의 결정 모습은 정육면체 구조를 나타낸다. 정육면체 모양은 소듐 이온과 염화 이온이 정육면체로 배열한 결과이다.

이온 때문에 빨간색이고, 사파이어는 소량의 철 이온과 타이타늄 이온 때문에 파란색이다.

이온 결합 화합물은 전형적으로 매우 잘 정렬된 3차원 배열로 함께 모여 있는 수많은 이온들을 포함한다. 예를 들어 염화 소듐에서 각 소듐 이온은 6개의 염화 이온에 의해 둘러싸여 있고, 각 염화 이온은 6개의 소듐 이온에 의해 둘러싸여 있다(그림 12.9). 전체적으로 각 염화 이온에 대해 한 개의 소듐 이온이 있으나, 염화 이온–소듐 이온의 쌍을 구별할 수 없다. 이온의 이런 잘 정렬된 배열은 이온 결정으로 알려져 있다. 이 장의 앞부분에 언급하였듯이, 원자 수준에서 염화 소듐의 결정 구조는 정육면체이고, 이것이 또한 식탁용 소금의 거시적 결정이 정육면체인 이유이다. 큰 정육면체의 염화 소듐 결정을 망치로 부수어 보면 무엇을 얻을 수 있을까? 더 작은 정육면체의 염화 소듐 결정이다.

비슷하게, 플루오린화 칼슘과 산화 알루미늄과 같은 다른 이온 결합 화합물의 결정 구조는 어떻게 이온들이 함께 채워져 있는가의 결과이다(23장에서 광물의 결정 구조에 대해 더 자세히 배울 것이다).

학습목표
금속의 원자들이 화학적으로 어떻게 결합되는지를 금속의 성질과 관련지을 수 있다.

융합과학 12A
지구과학

지구의 금속

물음 합금은 왜 금속 화합물이라고 하지 않는가?

1.4절에서 물리적 성질에 대해 배웠다. 금속의 물리적 성질 중에는 전기와 열을 전도하고 빛에 불투명하며, 압력을 가하면 깨지기보다 변형이 되는 성질이 있다. 이 성질들 때문에 금속은 집, 가전제품, 자동차, 비행기 및 초고층 빌딩을 만드는 데 사용된다. 들판에 있는 전선은 통신 신호와 전기를 전송한다.

우리는 금속 보석을 끼고, 금속 동전을 교환하고, 금속 캔의 음료를 마신다. 그러면 금속이 금속의 성질을 갖는 것은 무엇 때문인가? 금속 원자의 행동을 살펴봄으로써 이 질문에 답을 할 수 있다.

대부분의 금속 원자의 외각 전자들은 원자핵에 약하게 잡혀 있는 경향이 있다. 결과적으로, 이 외각 전자들은 쉽게 이동하여 양전하의 금속 이온 뒤에 남게 된다. 그림 12.10에서 보는 바와 같이, 금속 원자의 큰 집단에서 쉽게 이동하는 많은 전자들은 금속 이온 주위를 자유롭게 흐른다. 이 전자들의 '흐름'은 **금속 결합**(**metallic bond**)이라고 알려진 화학 결합의 형태로 양

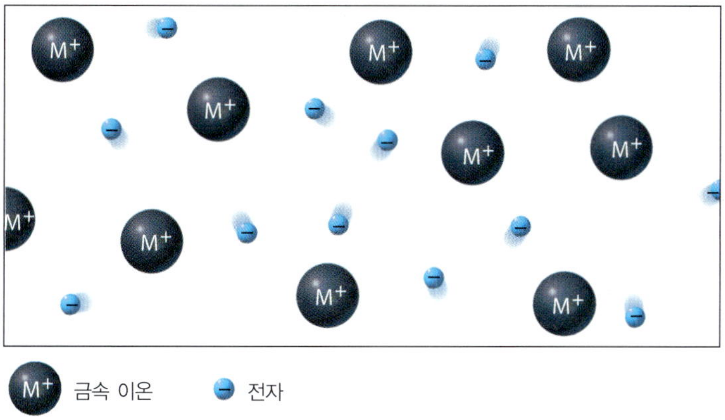

그림 12.10
금속 이온은 자유롭게 흐르는 전자들에 의해 함께 붙잡혀 있다. 이 느슨한 전자들은 양전하 이온의 격자 사이를 흐르는 '전기적 흐름'을 형성한다.

전하의 금속 이온을 함께 붙잡고 있다.

전기와 열을 전도하는 금속의 중요한 능력은 금속에서 전자의 이동으로 설명할 수 있다. 또한 금속은 비춰지는 어떤 빛의 진동에 의해 자유 전자가 쉽게 진동하고, 또 그것의 대부분을 반사하기 때문에 불투명하고 반짝인다. 더구나 이온이 이온 결정에 있는 것과 달리, 금속 이온은 고정된 위치에 강하게 붙잡혀 있는 것이 아니다. 오히려 금속 이온은 전자의 '흐름'에 의해 붙잡혀 있기 때문에 이 이온들은 서로 상대적으로 여러 방향으로 움직일 수 있다. 이러한 이유 때문에 금속은 세게 두드려지고, 잡아당겨지고 또는 다른 모양으로 주형될 수 있는 것이다.

두 종류 또는 더 많은 종류의 금속이 금속 결합에 의해 서로 결합할 수 있다. 예를 들어 용융된 금과 용융된 팔라듐이 혼합되어 화이트 골드라고 알려진 균일 용액을 형성할 때 금속 결합이 일어난다. 화이트 골드의 품질은 금과 팔라듐의 비율을 변화시킴으로써 쉽게 달리할 수 있다. 화이트 골드는 **합금(alloy)**의 예이며, 이것은 둘 또는 더 많은 금속 원소로 구성된 혼합물이다. 금속 세공인은 금속의 비율을 조정함으로써 합금의 성질을 쉽게 변형할 수 있다. 예를 들어 그림 12.11에서 보인 Sacagawea 달러 동전을 설계할 때, U. S. 화폐 주조국은 대중적

그림 12.11
Sacagawea U. S. 1달러 동전의 금색은 구리 77%, 아연 12%, 망가니즈 7% 및 니켈 4%의 합금으로 만들어진 겉표면으로 이루어졌다. 동전의 내부는 순수한 구리이다.

그림 12.12
세계에서 가장 큰 노천 광산은 미국 유타주 빙햄 협곡(Bingham Canyon)에 있는 구리 광산이다.

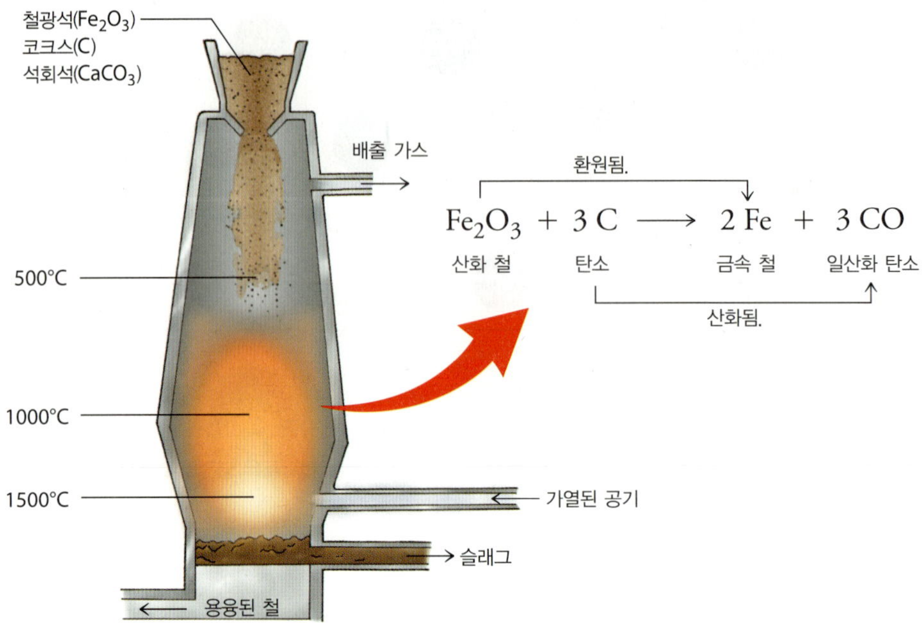

그림 12.13
철 이온이 전자를 얻어 철 원자가 되는 용광로 안에 산화 철, 탄소 및 석회석의 혼합물을 부으면, 용융된 철이 생성되어 모인다. 슬래그라고 하는 이 과정의 부산물은 용융된 철 위에 뜨기 때문에 쉽게 제거된다.

으로 보이기 위해 금색을 가지면서, Susan B. Anthony 달러 동전과 같은 전기적 특성을 가지는 금속이 필요했다. 그래서 새 동전은 자동판매기에서 Anthony 동전을 대체할 수 있었다.

몇 가지 금속만이 금속 형태로 자연에서 발견되는데, 금과 백금이 이 두 가지 예이다. **천연 금속**(*native metal*)으로 알려진 이 자연 금속의 광상은 매우 희귀하다. 대체로 자연에서 발견되는 금속들은 화합물이다. 예를 들어 철은 산화 철(Fe_2O_3)로 가장 흔히 발견되고, 구리는 황동광($CuFeS_2$)으로 발견된다. 철을 포함하는 화합물의 농도가 상대적으로 높은 지질 광상은 **광석**(*ore*)이라고 한다. 그림 12.12에서 볼 수 있듯이, 금속 산업은 이 광석들을 땅속에서 캐내어 금속으로 가공 처리한다. 금속을 포함하는 화합물들은 거의 모든 곳에서 생성되지만, 광석만이 경제적으로 금속 추출이 가능할 만큼 금속이 농축되어 있다.

금속 광석은 금속 원자들이 전자를 잃고 양이온이 된 이온 결합 화합물이다. 광석을 금속으로 변환하기 위해서는 전자들을 금속 이온들에게 되돌려줄 필요가 있다. 그림 12.13에서 보듯이, 약 1500°C에 달하는 뜨거운 용광로에서 탄소처럼 전자를 방출하는 물질을 광석과 함께 가열함으로써 금속을 얻을 수 있다. 금속은 다양하게 유용한 모양으로 주형할 수 있는 용융 상태로 나온다.

학습목표
공유 결합 화합물을 생성하기 위해 원자들은 어떻게 결합하는지를 기술할 수 있다.

12.3 공유 결합

물음 고립 양성자가 암모니아의 고립 전자쌍과 만나면 무엇을 생성하는가?

함께 장난감을 가지고 노는 두 어린이를 상상해 보자. 아마도 어린이들을 함께 있게 하는 힘은 그들이 공유하는 장난감에 대한 그들의 상호 인력이다. 비슷한 유형으로, 두 원자들은 그들이 공유하는 전자에 대한 상호간 인력에 의해 함께 붙잡혀 있을 수 있다. 예를 들어 플루오린 원자는 최외각 점유 껍질을 채우기 위해 추가되는 한 개의 전자

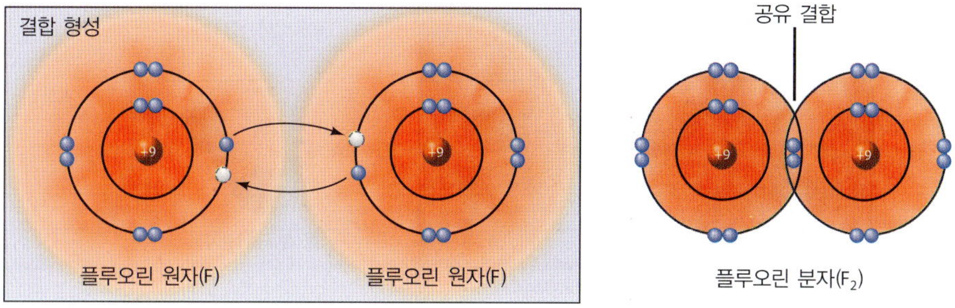

그림 12.14
플루오린 원자에서 양인 핵전하(그림자로 표시된)의 효과는 원자의 최외각 점유 껍질까지 확대된다. 이 양전하는 플루오린 원자가 이웃 플루오린 원자의 홀전자를 끌어당기는 원인이 될 수 있다. 이때 두 원자 모두 두 공유 전자에 대해 가지는 인력에 의해 플루오린 분자에서 함께 붙잡혀 있다. 각 플루오린 원자는 꽉 채워진 원자가 껍질을 이룬다.

에 대해 강한 인력을 갖는다. 그림 12.14에서 볼 수 있듯이, 플루오린 원자는 다른 플루오린 원자의 홀원자가 전자를 붙잡음으로써 추가로 전자를 얻을 수 있다. 이것은 두 플루오린 원자들이 같은 2개의 전자를 서로 끌어당기는 결과를 가져온다. 공유된 전자들의 상호간 인력에 의해 원자들을 서로 붙잡고 있는 이런 형태의 전기적 인력을 **공유 결합**(**covalent bond**)이라고 한다. 여기서 *co*-는 공유를 의미하고, *-valent*는 원자가 전자가 공유되었다는 것을 의미한다.

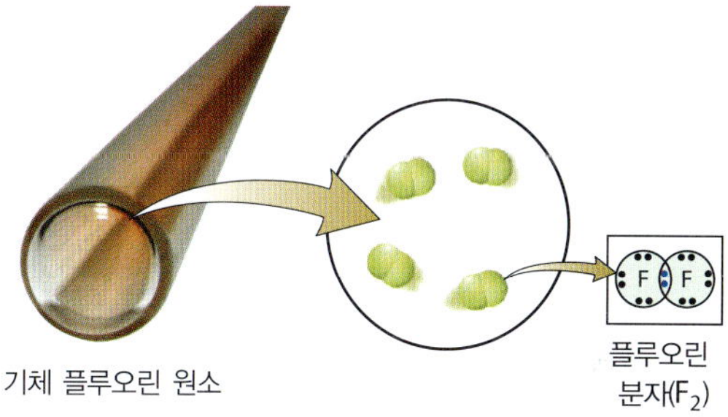

그림 12.15
분자는 기체 공유 결합 화합물인 플루오린(F_2)의 기본적인 단위이다. 플루오린 분자의 이 모형에서 구는 겹쳐지는 반면, 앞에서 보여진 이온 결합 화합물의 구는 겹쳐지지 않는다는 것을 주목하라. 이제 이런 표현 차이가 결합 형태의 차이 때문이라는 것을 알 수 있다.

공유 결합에 의해 서로 붙잡혀 있는 원자들로 이루어진 물질은 **공유 결합 화합물**(**covalent compound**)이다. 대부분 공유 결합 화합물의 기본적인 단위는 **분자**(**molecule**)이며, 이것을 공유 결합에 의해 서로 붙잡혀 있는 원자들의 집단이라고 형식적으로 정의할 수 있다. 그림 12.15는 이 원리를 설명하기 위해 플루오린 원소를 사용한 것이다.

화학자들은 공유 결합 화합물을 전자점 구조로 쓸 때 가끔 공유 결합에 관계된 두 전자를 표시하기 위해 직선을 사용한다. 어떤 표현에서는 비공유 전자쌍은 무시된다. 이 전자들은 설명된 과정에서 중요한 역할을 하지 못한다는 뜻이다. 다음은 흔히 원자를 나타내는 구를 사용하지 않고 플루오린 분자를 나타내는 두 방법이다.

$$:\underset{..}{\overset{..}{F}}-\underset{..}{\overset{..}{F}}: \qquad F-F$$

두 표현에서 직선은 각 원자로부터 한 개씩 온 2개의 전자를 나타낸다는 것을 기억하라. 그래서 지금 두 가지 형태의 전자쌍을 기억해야 한다. **비공유 전자쌍**(*nonbonding pair*)은 개별 원자의 전자점 구조에 있는 전자쌍을 말하며, **결합 전자쌍**(*bonding pair*)은 공유 결합의 형성으로부터 생기는 어떤 전자쌍을 말한다.

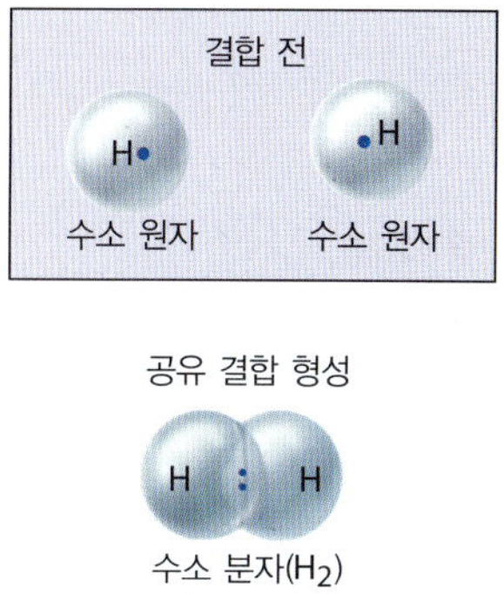

그림 12.16
두 수소 원자가 서로의 홀전자를 공유함으로써 공유 결합을 형성한다.

12.2절에서, 이온 결합은 전자를 잃는 경향이 있는 원자가 전자를 얻는 경향이 있는 원자와 접촉하도록 놓일 때 형성된다고 배운 것을 상기하라. 이와 대조적으로, 공유 결합은 전자를 얻는 경향이 있는 두 원자가 서로 접촉하도록 놓여졌을 때 형성된다. 그러므로 공유 결합을 형성하는 경향이 있는 원자는 주로 비금속 원소의 원자들이다(매우 안정해서 결합을 전혀 형성하지 않는 경향이 있는 영족 기체 원소를 제외하고). 예를 들어 그림 12.16에서 볼 수 있듯이, 2개의 수소 원자는 수소 분자(H_2)를 생성하기 위해 공유 결합을 한다.

원자가 형성할 수 있는 공유 결합의 수는 추가로 끌어당길 수 있는 전자의 수, 즉 원자가 껍질을 채우기 위해 필요한 전자의 수와 같다. 수소는 단지 한 개의 추가 전자를 끌어당기고, 따라서 단지 한 개의 공유 결합을 형성한다. 그림 12.17에서 보듯이, 2개의 추가 전자를 끌어당기는 산소는 2개의 수소 원자와 만나서 반응하여 물(H_2O)을 생성한다. 물에서 산소 원자는 2개의 수소 원자와 공유 결합에 의해 2개의 추가 전자에 접근할 뿐 아니라, 각 수소 원자는 산소 원자와 결합에 의해 추가 전자에 접근한다. 그리하여 각 원자는 꽉 채워진 원자가 껍질을

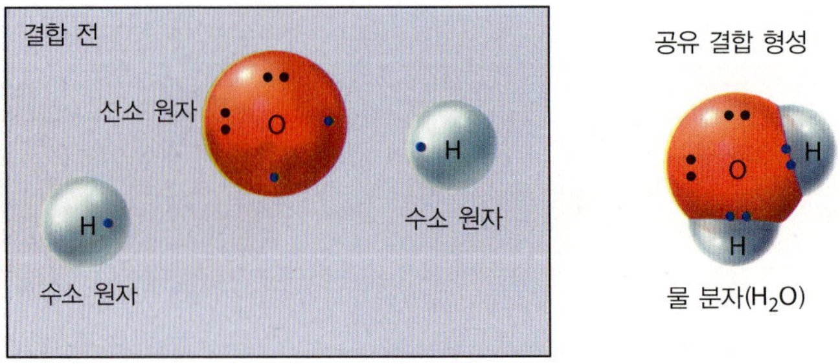

그림 12.17
산소의 홀전자 두 개가 두 수소 원자의 홀전자와 짝을 이루어 공유 결합 화합물인 물을 생성한다.

이룬다.

질소는 3개의 추가 전자를 끌어당겨서 그림 12.18에 나타낸 암모니아(NH_3)에서처럼 3개의 공유 결합을 형성할 수 있다. 마찬가지로, 탄소 원자는 4개의 추가 전자를 끌어당길 수 있어서 메테인에서처럼 4개의 공유 결합을 형성할 수 있다. 이들과 다른 비금속 원소들에 의해 형성된 공유 결합의 수는 그들이 형성하려는 음이온의 형태와 관련이 있다는 것을 주목하라(그림 12.6 참조). 이것은 공유 결합 형성과 음이온 생성은 둘 다 같은 개념의 응용이기 때문에 일리가 있다. 즉 비금속 원자들은 그들의 원자가 껍질이 채워질 때까지 전자를 얻은 경향이 있다.

다이아몬드는 네 방향으로 탄소 원자들의 공유 결합하여 이루어진 매우 특이한 공유 결합 화합물이다. 그림 12.19에서 볼 수 있듯이, 결과는 공유 결합한 원자들이 3차원 그물 구조로 매우 잘 정렬되어 있는 공유 결합 결정이다. 이 탄소 원자의 그물 구조는 매우 강하고 견고한 구조이며, 이것이 다이아몬드가 매우 단단한 이유이다.

두 원자 사이에 전자를 2개보다 더 많이 공유할 수 있으며, 그림 12.20은 세 가지 예를 보여준다. 산소 분자(O_2)는 4개의 공유 전자에 의해 연결된 두 산소 원자로 구성되어 있다. 이 배열을 **이중 공유 결합**(*double covalent bond*) 또는 간단히 **이중 결합**(*double bond*)이라고 한다. 또 다른 예로 공유 결합 화합물인 이산화 탄소(CO_2)는 두 개의 산소 원자를 중심 탄소 원자와 연결하는 2개의 이중 결합으로 이루어져 있다.

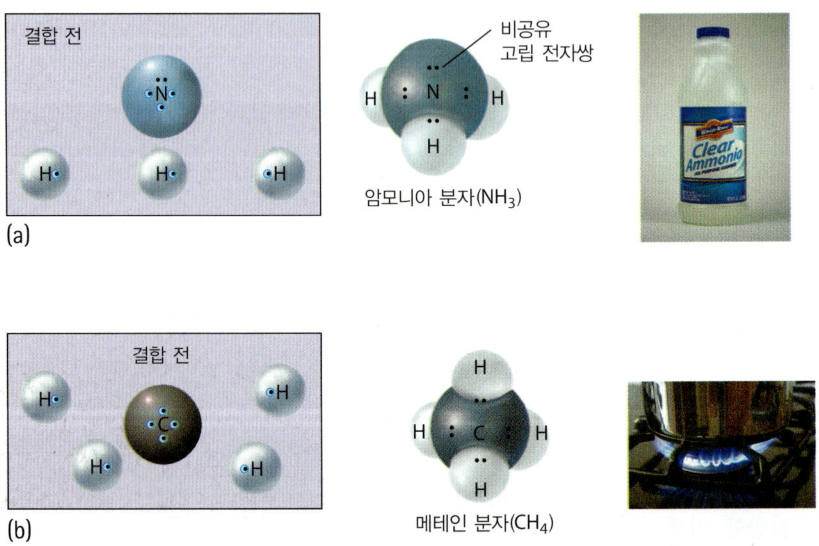

그림 12.18
(a) 질소 원자는 3개의 수소 원자에서 3개의 전자를 끌어당겨 암모니아(NH_3) 기체를 생성하는데, 이 기체는 물에 녹아 효과적인 세제를 만든다. (b) 탄소 원자는 4개의 수소 원자에서 4개의 전자를 끌어당겨 천연가스의 주요 성분인 메테인(CH_4)을 생성한다. 이들과 다른 대부분의 경우, 공유 결합이 형성되면, 관련된 모든 원자의 원자가 껍질이 모두 채워지게 된다.

그림 12.19
공유 결합을 막대로 표현하면 다이아몬드의 결정 구조를 설명할 수 있다. 다이아몬드는 이러한 분자 특성으로 인해 매우 단단하다.

어떤 원자들은 각 원자로부터 3개의 전자를 받아 6개의 전자를 공유하는 삼중 공유 결합을 형성할 수 있다. 한 예는 질소 분자(N_2)이다. 모든 이중 또는 삼중 결합은 가끔 다중 공유 결합으로 언급된다. 사중 공유 결합 같은, 삼중 결합보다 더 높은 다중 결합은 일반적으로 관찰되지 않는다.

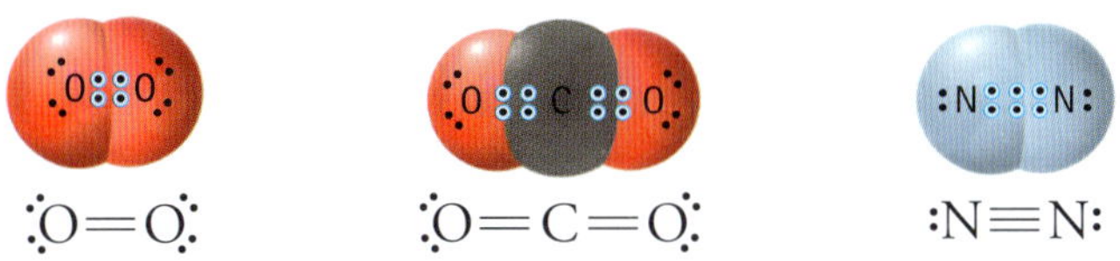

그림 12.20
산소(O_2)와 이산화 탄소(CO_2) 분자의 이중 공유 결합과 질소 분자(N_2)의 삼중 공유 결합

12.4 극성 공유 결합

학습목표
이온 결합, 극성 공유 결합 및 무극성 공유 결합을 구별할 수 있다.

물음 소듐과 염소 사이의 화학 결합은 어떻게 주로 이온 결합이지만 부분적으로 공유 결합인가?

공유 결합의 두 원자가 동일하다면, 그때 그들의 핵들은 같은 양전하를 가지고 있고, 따라서 전자가 균등하게 공유된다. 두 원자 기호 사이에 정확히 중간에 전자들이 위치하는 전자점 구조를 이용함으로써, 이 전자들이 중앙에 위치하는 것으로 표현할 수 있다. 또 다른 대안으로, 시간에 따른 두 결합 전자의 위치를 연속적인 점으로 나타내는 확률 구름을 그릴 수 있다. 점이 가장 집중되어 있는 곳이 전자들이 위치할 확률이 가장 높다.

공유 결합 1개당 항상 2개의 전자가 있다. 그러므로 이중 결합은 4개의 전자로, 삼중 결합은 6개의 전자로 이루어진다.

동일하지 않는 원자 사이의 공유 결합에서는 핵전하가 달라서, 그 결과 결합 전자가 불균등하게 공유될 수도 있다. 수소–플루오린 결합에서, 전자들은 핵전하가 더 큰 플루오린 쪽으로 더 많이 끌려간다.

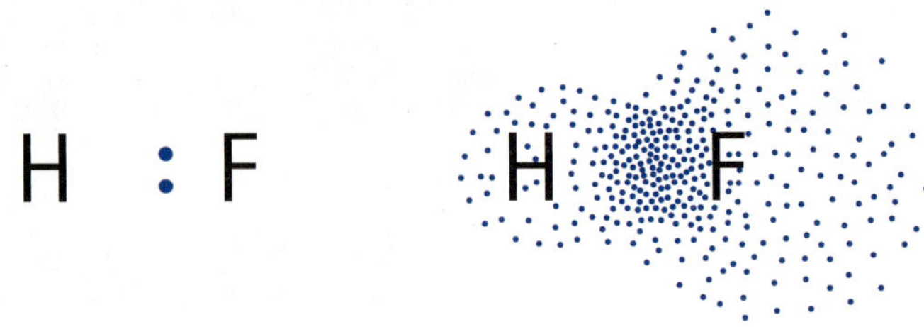

결합 전자들은 플루오린 원자 주위에서 더 많은 시간을 보낸다. 이런 이유 때문에 결합의 플루오린 쪽이 약간 더 음이고, 결합 전자가 수소 원자로부터 끌려오기 때문에 결합의 수소 쪽이 약간 더 양이다. 이런 전하의 분리를 **쌍극자(dipole)**라고 하며, 문자 δ^-나 δ^+('약간 음'과 '약간 양'으로 읽음)로 표시하거나 결합의 음 쪽으로 향하는 십자 화살표로 표시한다.

$$\overset{\delta+}{\text{H}}—\overset{\delta-}{\text{F}} \qquad \overset{\longmapsto}{\text{H—F}}$$

그래서 화학 결합을 형성하는 원자들은 전자의 줄다리기에 관여한다. 원자가 얼마나 강하게 결합 전자를 끌어당길 수 있는가는 실험적으로 측정되었고 원자의 **전기 음성도(electronegativity)**로 정량화되었다. 그림 12.21에서 볼 수 있듯이 전기 음성도의 범위는 0.7에서 3.98에 달한다. 원자의 전기 음성도가 더 클수록 결합되었을 때 자신 쪽으로 전자를 끌어당기는 능력이 더 크다. 플루오린화 수소에서 플루오린은 수소보다 전기 음성도가 더 커서 강한 힘으로 전자를 끌어당긴다.

전기 음성도는 주기율표의 오른쪽 위에 있는 원소들이 가장 크고, 왼쪽 아래쪽에 있는 원소들이 가장 작다. 전에 언급하였듯이 영족 기체는 화학 결합에 거의 참여하지 않기 때문에 전기 음성도 논의에서 고려되지 않는다.

공유 결합에서 두 원자가 같은 전기 음성도를 가지고 있을 때에는 쌍극자가 형성되지 않고(H_2 경우처럼), 결합은 **무극성(nonpolar)** 결합으로 분류된다. 원자들의 전기 음성도가 다를 때에는 쌍극자가 형성될 수 있고(HF 처럼), 결합은 **극성(polar)** 결합으로 분류된다. 결합의 극성 정도는 오로지 두 원자 사이의 전기 음성도 값 차이에 달려 있다. 즉 전기 음성도 값의 차이가 클수록 결합은 더 극성이다.

그림 12.21에서 볼 수 있듯이, 주기율표에서 두 원자의 거리가 멀수록 그들의 전기 음성도 차이가 커서, 그들 사이의 결합 극성이 더 크다. 따라서 화학자는 전기 음성도를 알지 못하여도 결합이 다른 것보다 더 극성인지를 예측할 수 있다. 결합 극성은 주기율표에서 원자들의 상대적 위치를 살펴봄으로써 참조할 수 있다. 즉 특히 하나는 왼쪽 아래에 있고, 다른 하나는 오른쪽 위에 있을 때와 같이 더 멀리 떨어져 있을수록 결합 극성은 더 커진다.

그림 12.21
실험적으로 측정된 원소의 전기 음성도

H 2.2																	He –
Li 0.98	Be 1.57											B 2.04	C 2.55	N 3.04	O 3.44	F 3.98	Ne –
Na 0.93	Mg 1.31											Al 1.61	Si 1.9	P 2.19	S 2.58	Cl 3.16	Ar –
K 0.82	Ca 1.0	Sc 1.36	Ti 1.54	V 1.63	Cr 1.66	Mn 1.55	Fe 1.83	Co 1.88	Ni 1.91	Cu 1.90	Zn 1.65	Ga 1.81	Ge 2.01	As 2.18	Se 2.55	Br 2.96	Kr –
Rb 0.82	Sr 0.95	Y 1.22	Zr 1.33	Nb 1.6	Mo 2.16	Tc 1.9	Ru 2.2	Rh 2.28	Pd 2.20	Ag 1.93	Cd 1.69	In 1.78	Sn 1.96	Sb 2.05	Te 2.1	I 2.66	Xe –
Cs 0.79	Ba 0.89	La 1.10	Hf 1.3	Ta 1.5	W 2.36	Re 1.9	Os 2.2	Ir 2.20	Pt 2.8	Au 2.54	Hg 2.00	Tl 2.04	Pb 2.33	Bi 2.02	Po 2.0	At 2.2	Rn –
Fr 0.7	Ra 0.9	Ac 1.1	Rf –	Db –	Sg –	Bh –	Hs –	Mt –	Ds –	Rg –	Cn –	Uut –	Fl –	Uup –	Lv –	Uus –	Uuo –

이 부분을 이해하는 데 중요한 것은 이온 결합과 공유 결합 사이에 명쾌한 구별이 없다는 것이다. 오히려 주기율표에서 결합하는 원자가 더 멀리 떨어져 있을 때, 하나로부터 다른 것까지 점진적인 변화가 있다. 이러한 연속성은 그림 12.22에 설명되어 있다. 주기율표의 반대쪽에 있는 원자들은 전기 음성도의 차이가 매우 커서, 그들 사이의 결합은 매우 극성이다. 다른 말로 하면, 이온성이다.

같은 형태의 비금속 원자들은 같은 전기 음성도를 가지고 있으며, 따라서 그들의 결합은 무극성 공유 결합이다. 전자들이 불균등하게 공유한 극성 공유 결합과 약간 전하를 띤 원자들은 이들 두 극단 사이에 있다.

그림 12.22
이온 결합과 무극성 공유 결합은 화학 결합의 두 극단을 나타낸다. 이온 결합에서는 하나 또는 더 많은 수의 전자가 이동하고, 무극성 공유 결합에서는 전자들이 동등하게 공유된다. 극성 공유 결합의 특징은 이들 두 극단의 사이에 해당한다.

12.5 분자 극성

학습목표
분자의 모양이 분자의 극성에 어떻게 영향을 미치는지를 알 수 있다.

물음 이산화 탄소와 물 중 어느 것이 더 무거운가?

분자에 있는 모든 결합이 무극성일 때 H_2, O_2, N_2의 경우처럼 전체적으로 분자 또한 무극성이다. 분자가 두 원자로만 구성되어 있고 이들 사이의 결합이 극성이면 HF, HCl, ClF처럼 분자의 극성은 결합의 극성과 똑같다.

분자를 구성하는 원자의 수가 두 개보다 많은 경우 분자의 극성은 다소 복잡하다. 그림 12.23에 있는 이산화 탄소(CO_2)를 생각해 보자. 탄소-산소 결합이 쌍극자인 이유는 산소가 결합하는 전자를 더 크게 잡아당기기 때문이다(산소가 탄소보다 전기 음성도가 더 크기 때문에). 그러나 동시에 탄소의 반대쪽에 있는 산소 원자는 이들 전자를 탄소 쪽으로 다시 끌어당

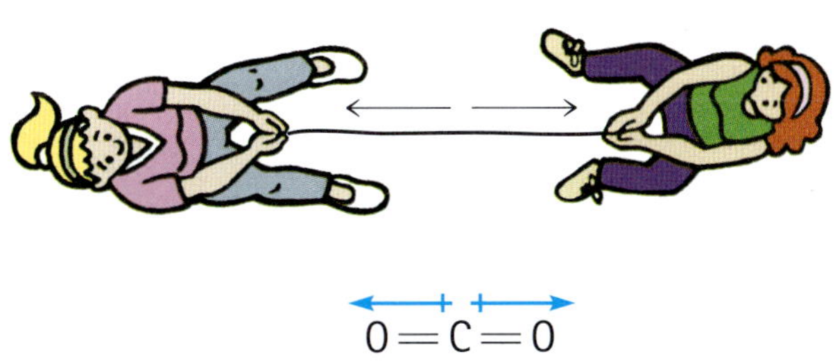

그림 12.23
이산화 탄소 분자에는 알짜 쌍극자가 없으므로 분자는 무극성이다. 이것은 줄다리기하는 두 사람과 유사하다. 이들이 반대 방향으로 같은 힘으로 잡아당길 때, 줄은 움직이지 않는다.

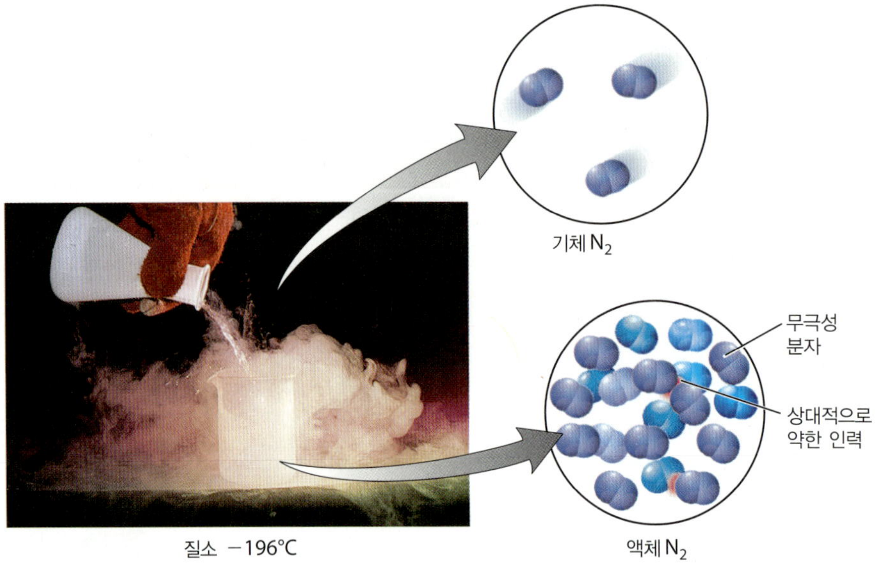

그림 12.24
질소는 차가운 −196°C의 끓는점 아래의 온도에서 액체이다. 질소 분자는 무극성이기 때문에 서로 잘 끌어당기지 않는다. 그 결과 −196°C에서 작은 열에너지로도 질소 분자를 떼어 놓아 기체 상태로 만들 수 있다.

긴다. 알짜의 결과는 전체 분자 주위에 결합 전자가 공평하게 분배된다. 따라서 분자에서 같은 세기이지만 반대 방향으로 잡아당기는 쌍극자는 서로 효과적으로 상쇄되어 전체적으로 분자는 무극성이 된다.

무극성 분자는 다른 무극성 분자와의 인력이 상대적으로 약하다. 예를 들어 이산화 탄소 분자의 공유 결합은 이웃하는 두 이산화 탄소 분자 사이에 일어날 수 있는 어떤 인력보다도 몇 배 더 강하다. 이처럼 무극성 분자 사이의 약한 인력이, 많은 무극성 물질의 끓는점이 낮은 이유이다. 11.3절에서 끓음은 액체 분자가 서로로부터 떨어져 나와 기체로 변하는 과정이라고 배운 것을 다시 기억하라. 액체 분자 사이에 단지 약한 인력이 있을 때에는, 서로로부터 분자가 자유로워져서 기체 상태로 되는 데 적은 열에너지가 필요하다. 예를 들어 그림 12.24에서 볼 수 있듯이 질소(N_2) 분자처럼, 이것이 액체의 끓는점을 상대적으로 낮게 변환시킨다. 수소(H_2), 산소(O_2) 및 이산화 탄소(CO_2)의 끓는점도 같은 이유로 매우 낮다(표 12.2 참조).

표 12.2 몇 가지 극성 및 무극성 물질의 끓는점

물질	끓는점(°C)
극성	
플루오린화 수소(HF)	20
물(H_2O)	100
암모니아(NH_3)	−33
무극성	
수소(H_2)	−253
산소(O_2)	−183
질소(N_2)	−196
삼플루오린화 붕소(BF_3)	−100
이산화 탄소(CO_2)	−79

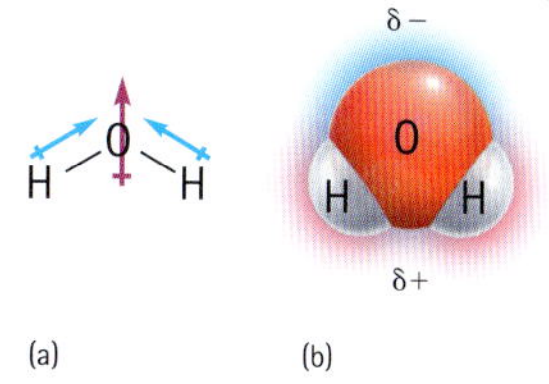

그림 12.25

(a) 보라색으로 보여진 것처럼, 물 분자의 각 쌍극자는 분자 전체에 대해 큰 전체 쌍극자를 주기 위해 함께 작용한다. (b) 그러므로 산소 주변은 약간 음이고, 두 수소 주변은 약간 양이다.

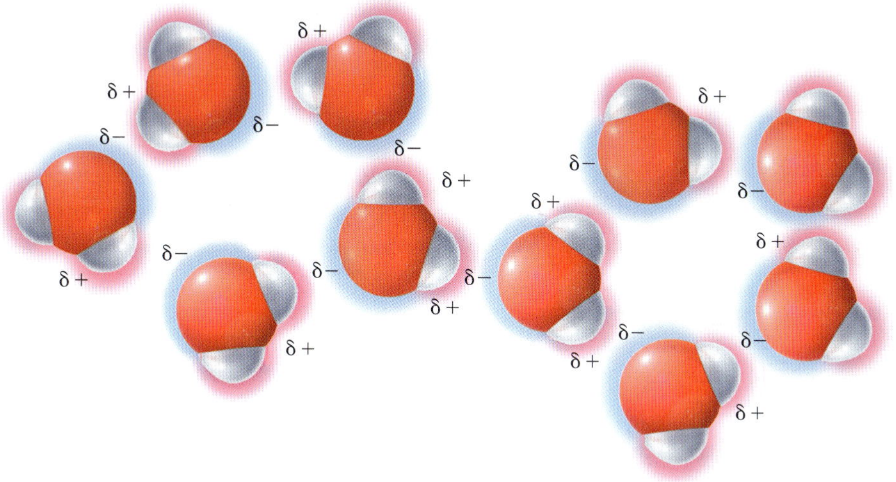

그림 12.26

물 분자는 약간 양인 부분과 약간 음인 부분을 가지고 있기 때문에 서로 끌어당긴다. 분자는 양인 부분이 이웃 분자의 음인 부분을 향하도록 스스로 자리를 잡는다.

분자에서 다른 결합의 쌍극자가 서로 상쇄되지 않는 예는 많다. 가장 적합한 예가 물(H_2O)이다. 각 수소−산소 공유 결합은 큰 전기 음성도 차이 때문에 상대적으로 큰 쌍극자를 가진다. 그러나 분자의 굽은 모양 때문에, 그림 12.25의 파란색에서 볼 수 있듯이 두 쌍극자는 그림 12.23에서 C−O 쌍극자와는 달리 서로 상쇄되지 않는다. 물 분자의 쌍극자는 분자에 대해 보라색으로 보여진 것처럼, 전체 쌍극자로 함께 작용한다.

그림 12.26은 극성 분자들이 어떻게 전기적으로 서로 끌어당기는지와, 그 결과 상대적으로 떨어지기 어렵다는 것을 설명한다. 다른 말로, 극성 분자는 '끈끈한' 것으로 생각할 수 있으며,

그림 12.27

기름 유출에서 분명하듯이, 기름과 물은 섞이기 어렵다. 그러나 기름과 물이 서로 밀어낸다는 것은 사실이 아니다. 오히려 물 분자는 그들 자신을 서로 끌어당기는 극성 때문에 매우 잘 끌어당긴다. 그래서 무극성 기름 분자는 배제되고 물 분자만 남게 된다. 기름은 물보다 밀도가 작기 때문에 표면에 떠서 새나 야생 동물에 커다란 위험을 주게 된다.

이것이 극성 분자를 떼어내어 기체 상태로 되게 하는 데 더 많은 에너지가 들어가는 이유이다. 이런 이유로, 표 12.2에서처럼 극성 분자로 이루어진 물질은 무극성 분자로 이루어진 물질보다 일반적으로 끓는점이 더 높다.

물은 100°C에서 끓고, 이산화 탄소는 −79°C에서 끓는다. 이 179°C 차이는 이산화 탄소가 물보다 2배 이상 더 무겁다는 것을 고려할 때 매우 극적이다.

분자의 '끈적끈적함'이 물질의 거시적인 성질을 결정하는 데 주도적인 역할을 하기 때문에, 분자의 극성은 화학의 중심 개념이다. 그림 12.27은 흥미로운 예를 보여 준다.

12.6 분자 인력

학습목표
분자의 상호 작용이 물질의 물리적 성질을 결정하는 데 중요한 역할을 하는 것을 확인할 수 있다.

물음 물고기가 익사하여 죽을 가능성이 있는가?

지금까지는 분자의 원자들이 공유 결합에 의해 서로 붙잡혀 있다고 배웠다. 더구나 기본 단위로 행동하는 분자는 이웃 분자들과 전기적 인력을 가질 수 있다. 이전의 절에서 논의하였듯이, 분자의 극성이 더 클수록 이웃 분자와의 인력이 더 크다. 이것은 물의 끓는점이 왜 그렇게 높은지를 설명한다. 즉 상당히 극성인 물 분자들은 서로 잘 끌어당기기 때문에 서로를 기체 상태로 떼어 놓으려면 많은 에너지가 필요하다. 이 절에서는 분자의 극성으로부터 끓는점과 같은 물질의 물리적 성질을 어떻게 추론할 수 있는지를 더 탐구한다. 단일 물질 안에서 분자들 사이의 인력과, 물과 소금 같은 다른 물질의 기본 단위 사이의 인력을 더 탐구한다.

표 12.3에 나열되어 있듯이 분자와 관련된 전기적 인력에는 네 가지 형태가 있다. 이 인력들 중 가장 강한 것조차 그 세기는 모든 화학 결합보다 훨씬 더 약하다. 예를 들어 인접한 두 물 분자 사이의 인력은, 물 분자에서 수소 원자와 산소 원자를 함께 붙잡고 있는 화학 결합의 세기의 약 $\frac{1}{20}$에 불과하다. 분자–분자 인력은 상대적으로 약하지만, 물질의 물리적 성질에 미치는 영향은 매우 중요하다.

이온과 쌍극자

12.5절에서 배운, **극성** 분자는 결합하는 전자들이 불균등하게 분포한다는 점을 다시 기억하라. 분자의 한쪽은 약간 음전하를 띠고, 반대쪽은 약간 양전하를 띤다. 이 전하의 분리가 **쌍극자**를 만든다.

그러면 물 분자 같은 극성 분자들이 염화 소듐 같은 이온 결합 화합물 근처에 있을 때 무슨 일이 일어나는가? 반대 전하는 전기적으로 서로 끌어당긴다. 양인 소듐 이온은 물 분자의 음인 쪽을 끌어당기고, 음인 염화 이온은 물 분자의 양인 쪽을 끌어당긴다. 그림 12.28은 이 현상을 보여 준다. 이러한 이온과 극성 분자의 쌍극자 사이의 인력을 **이온–쌍극자**(*ion-dipole*)

표 12.3 분자 인력의 형태

인력	상대적 세기
이온–쌍극자	강함
쌍극자–쌍극자	
쌍극자–유도 쌍극자	
유도 쌍극자–유도 쌍극자	약함

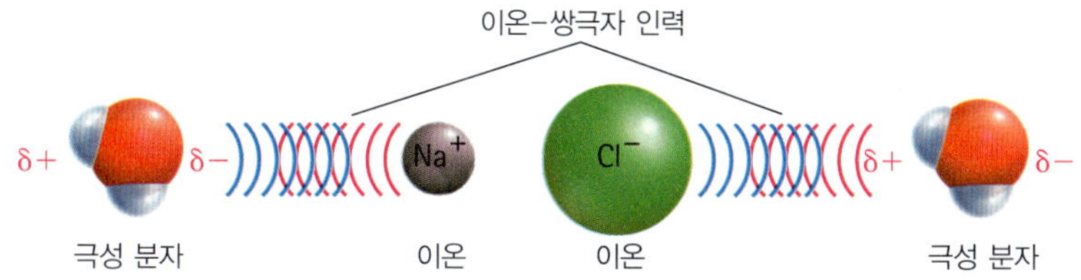

그림 12.28
전기적 인력은 일련의 겹치는 호로 보인다. 파란색 호는 음전하를 표시하며, 빨간색은 양전하를 표시한다.

인력이라고 한다.

이온–쌍극자 인력은 이온 결합보다 훨씬 더 약하다. 그러나 이온–쌍극자 인력의 수가 매우 많으면 총체적으로 작용하여 이온 결합을 무너뜨릴 수 있다. 물에 있는 염화 소듐에서 이러한 일이 일어난다. 물 분자에 의해 가해지는 인력은 이온 결합을 깨뜨리고 이온들을 서로 떼어 놓는다. 결과는 그림 12.29에 나타낸 물에 의한 염화 소듐 용액이다. [물에 의한 용액은 **수용액**(*aqueous solution*)이라고 한다.]

두 극성 분자 사이의 인력을 **쌍극자–쌍극자**(*dipole-dipole*) 인력이라고 한다. 특이하게 강한 쌍극자–쌍극자 인력이 **수소 결합**(**hydrogen bond**)이다. 이 인력은 보통 질소, 산소 또는 플루오린 같이 전기 음성도가 매우 큰 원자와 공유 결합을 한 수소 원자를 가진 분자 사이에 생긴다. 12.4절에서 배운, 원자가 그 자신 쪽으로 결합하는 전자를 어떻게 잘 끌어당기는지는 원자의 전기 음성도가 설명한다는 사실을 다시 기억하라. 원자의 전기 음성도가 클수록 전자를 더 잘 얻을 수 있으며, 따라서 더 큰 음전하가 된다.

수소 결합이 어떻게 작용하고 있는지 알기 위해 그림 12.30을 보라. 전기 음성도가 더 큰 산소가 공유 결합의 전자를 더 강하게 끌어당기기 때문에, 극성 분자의 수소 부분은 양전하를 띤다. 그러므로 이 수소는 다른 분자의 음전하를 띤 원자에 있는 비공유 전자쌍을 전기적으로 끌어당긴다. 수소와 다른 분자의 음전하를 띤 원자 사이의 이 상호 인력이 **수소 결합**이다.

수소 결합은 모든 공유 결합이나 이온 결합보다는 약하지만 효과는 매우 잘 알려져 있다.

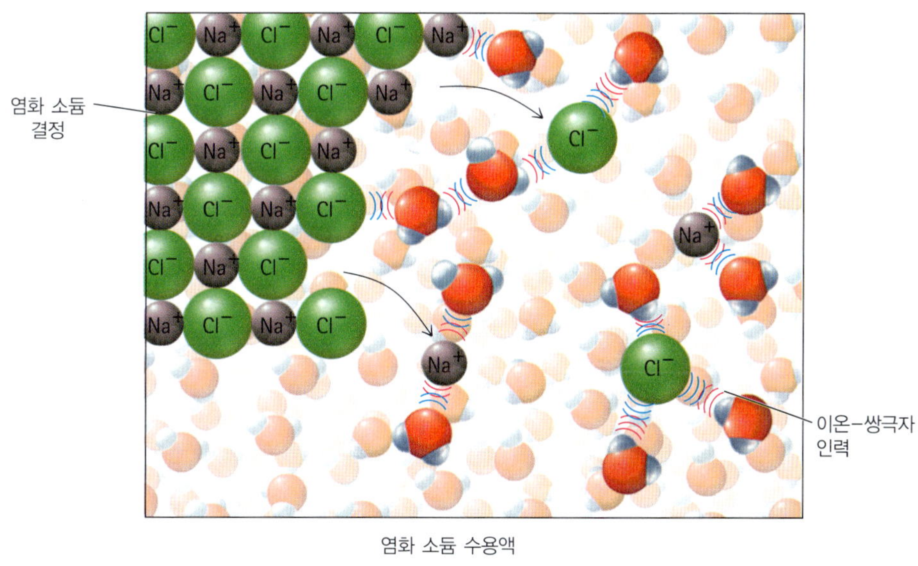

그림 12.29
결정 격자에서 강하게 결합된 소듐 이온과 염화 이온은 많은 물 분자에 의해 가해지는 총체적 인력 때문에 서로로부터 분리되어 염화 소듐 수용액을 형성한다.

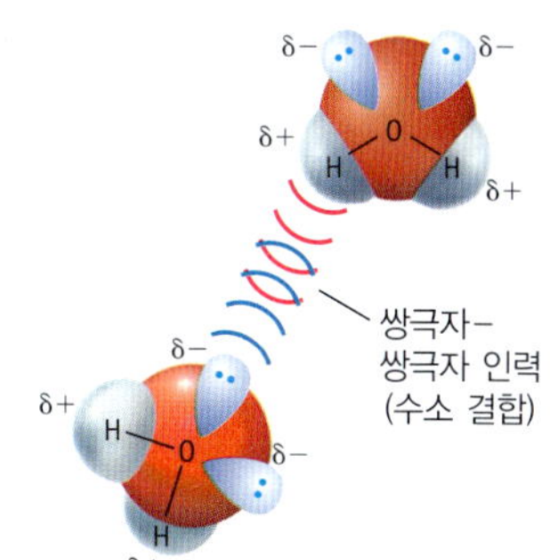

그림 12.30
수소 원자가 매우 강한 전기적 음인 산소 원자에 결합되어 있기 때문에, 두 물 분자 사이의 쌍극자–쌍극자 인력은 수소 결합이다.

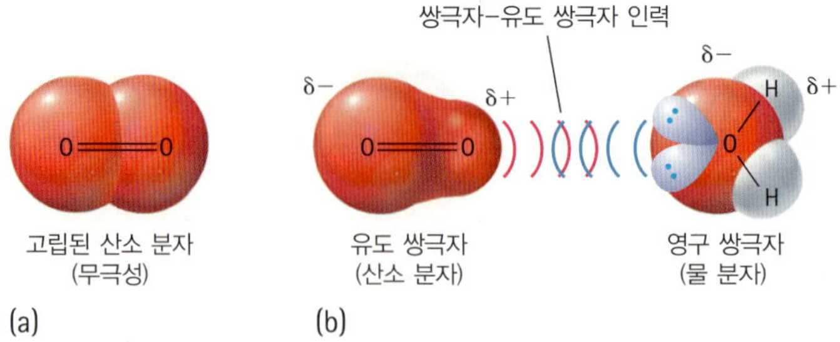

그림 12.31
(a) 고립된 산소 분자는 쌍극자를 가지고 있지 않다. 즉 산소 분자의 전자는 균등하게 분포되어 있다. (b) 이웃하는 물 분자는 산소 분자에 전자의 재배열을 유도한다(산소 분자의 약간 음인 부분이 더 많은 전자를 가지고 있기 때문에 약간 양인 부분보다 더 크다는 것을 보여 준다).

예를 들어 물은 성질 중 많은 부분이 수소 결합에 의한 것이다. 수소 결합은 탄수화물, 단백질, 개인의 유전 정보를 가지고 있는 DNA 같은 생물학적 분자들의 성질을 결정하는 데에도 매우 중요하다.

유도 쌍극자

많은 분자들에서 전자는 균등하게 배분되고, 따라서 쌍극자는 없다. 산소 분자(O_2)가 그 예이다. 그러나 그림 12.31에 설명한 것처럼, 이러한 무극성 분자가 물 분자(또는 다른 극성 분자)에 가까이 올 때 일시적으로 쌍극자가 생길 수 있다. 물 분자의 약간 음인 부분은 산소 분자의 전자를 밀어낸다. 그리하여 산소 분자의 전자는 물 분자로부터 가장 멀리 떨어진 부분으로 밀려간다. 그 결과 **유도 쌍극자**(**induced dipole**)라고 하는 전자의 일시적인 불균형 분포가 이루어진다. 영구 쌍극자(물)와 유도 쌍극자(산소) 사이에서 일어나는 인력이 **쌍극자-유도 쌍극자**(*dipole-induced dipole*) 인력이다.

유도 쌍극자는 단지 일시적이라는 것을 기억하라. 만약 그림 12.31b에 있는 물 분자가 제거되면, 산소 분자는 정상의 무극성 상태로 되돌아갈 것이다. 일반적으로 쌍극자-유도 쌍극자 인력은 쌍극자-쌍극자 인력보다 훨씬 더 약하다. 그러나 쌍극자-유도 쌍극자 인력은 그림 12.32에 묘사된 것처럼 물에 용해되는 양이 상대적으로 작은 양인 산소를 붙잡을 만큼 충분히 강하다. 물과 산소 분자 사이의 인력은 물에 용해된 산소 분자에 의존하는 물고기와 그밖의 다른 형태의 수종 생명체에게는 생명에 필수적이다.

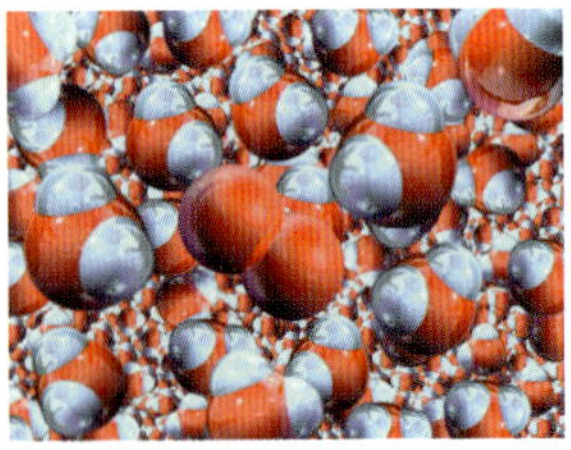

그림 12.32
물과 산소 분자 사이의 전기적 인력은 상대적으로 약하므로 많은 양의 산소는 물에 녹을 수 없다. 예를 들어 상온에서 충분히 공기를 통하게 한 물은 전체 200,000개의 물 분자당 단지 약 1개의 산소 분자를 포함한다. 그러므로 물고기의 아가미는 물로부터 산소 분자를 뽑아내는 데 매우 효율적이어야만 된다.

그림 12.33에서 보는 바와 같이, 쌍극자-유도 쌍극자 인력은 플라스틱 랩이 붙게 하는 데에도 관련되어 있다. 이 랩들은 매우 극성인 유리와 접촉하도록 놓일 때 쌍극자가 유발될 수 있는 매우 긴 무극성 분자로 구성되어 있다. 다음에 배우겠지만, 플라스틱 랩 같은 무극성 물질의 분자들은 그들 스스로 쌍극자를 유발할 수도 있다. 이로 인해 유리 같은 극성 물질뿐만 아니라 플라스틱 랩도 그들 스스로 달라붙는다.

개개의 원자와 무극성 분자들은 평균적으로 꽤 균등하게 전자 분포를 하고 있다. 그러나 전자 운동이 무질서하기 때문에 어떤 주어진 순간 원자나 무극성 분자의 전자들이 한쪽으로 모이게 될 수 있다. 그림 12.34에서 보는 바와 같이, 그 결과는 일시적 쌍극자이다.

그림 12.33
플라스틱에서 보통은 무극성 분자에서 유발되는 일시적 쌍극자가 랩을 유리에 달라붙게 한다.

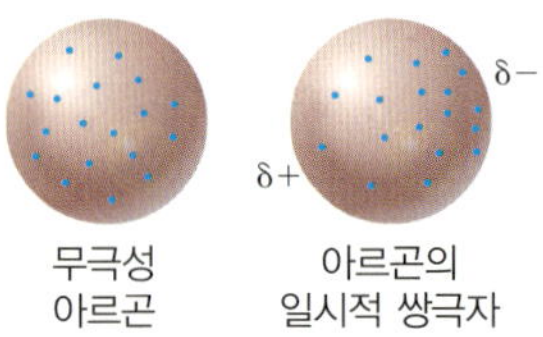

그림 12.34
원자의 전자 분포는 정상적으로 균일하다. 그러나 어떤 주어진 순간에 전자 분포는 다소 불균일할 수 있으며, 결과적으로 일시적 쌍극자가 된다.

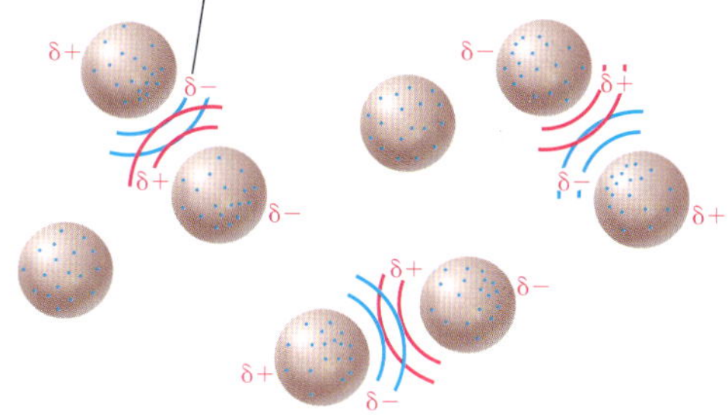

그림 12.35
원자에서 정상적으로 균일한 전자 분포조차 순간적으로 불균일하게 되기 때문에 원자들은 유도 쌍극자–유도 쌍극자 인력으로 통해 서로를 끌어당길 수 있다.

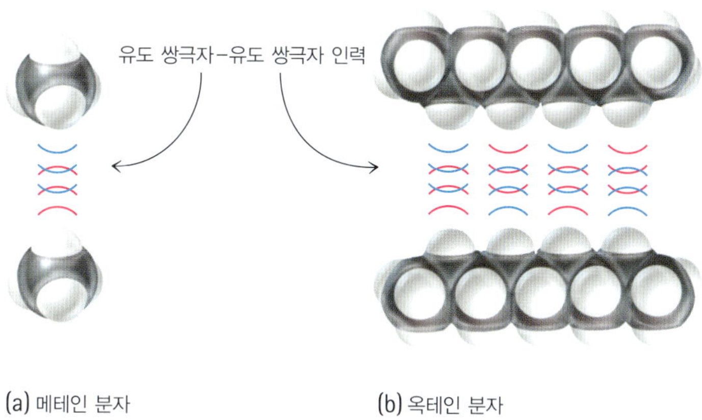

그림 12.36
(a) 무극성인 두 메테인 분자는 유도 쌍극자–유도 쌍극자 인력에 의해 서로를 끌어당기지만 분자당 하나의 인력만 있다. (b) 무극성인 두 옥테인 분자는 메테인과 비슷하나, 더 길다. 그러므로 이들 두 분자 사이에 유도 쌍극자–유도 쌍극자 인력의 수가 더 많다.

극성 분자의 영구 쌍극자가 무극성 분자의 쌍극자를 유도할 수 있듯이, 일시적 쌍극자도 같은 일을 할 수 있다. 그림 12.35에서처럼, 이것은 상대적으로 약한 **유도 쌍극자–유도 쌍극자**(*induced dipole-induced dipole*) 인력을 유발한다.

유도 쌍극자–유도 쌍극자 인력은, 천연가스는 상온에서 기체이지만 휘발유는 액체인지를 설명하는 데 도움을 준다. 천연가스의 주요 성분은 메테인(CH_4)이고, 휘발유의 주요 성분 중 하나는 옥테인(C_8H_{18})이다. 그림 12.36에서 두 메테인 분자 사이의 유도 쌍극자–유도 쌍극자의 수가 두 옥테인 분자 사이의 수보다 상당히 적은 것을 볼 수 있다. 여러분은 두 짧은 벨크로 조각이 두 긴 조각들보다 떼어 놓기 더 쉽다는 것을 알고 있다. 짧은 조각의 벨크로처럼, 메테인 분자들은 적은 노력으로 떼어 놓을 수 있다. 이것이 메테인의 끓는점(−161°C)이 낮고, 상온에서 기체인 이유이다. 벨크로의 긴 조각처럼, 옥테인 분자들은 유도 쌍극자–유도 쌍극자 인력의 수가 더 많기 때문에 상대적으로 떼어 놓기가 힘들다. 그러므로 옥테인의 끓는점(125°C)은 메테인의 끓는점보다 훨씬 더 높고, 옥테인은 상온에서 액체이다. (옥테인의 질량이 큰 것도 끓는점을 더 높게 만드는 데 중요한 역할을 한다.)

또한 **분산력**(*dispersion force*)으로 알려진 유도 쌍극자–유도 쌍극자 인력은 어떻게 도마뱀붙이가 유리벽을 기어 올라갈 수 있는지와 한 발가락만으로 전체 몸무게를 지탱할 수 있는지를 설명한다. 도마뱀붙이의 발은 주걱(spatulae)으로 불리는 수억 개의 미세한 털로 덮여 있는데, 각각의 털은 사람 머리카락 두께의 약 $\frac{1}{300}$이다. 이 털과 벽 사이의 인력은 약한 유도 쌍극자–유도 쌍극자 인력이다. 그러나 털이 매우 많기 때문에 접촉 표면적이 상대적으로 넓어서, 전체 인력은 도마뱀붙이가 떨어지는 것을 방지하기에 충분하다(그림 12.37). 도마뱀붙이 부착력에 근거한 건성 접착제 합성을 발전시키는 방법으로 현재 연구가 진행 중이다.

그림 12.37
만약 도마뱀붙이의 발이 매우 끈적끈적하다면, 도마뱀붙이는 어떻게 자신의 발을 깨끗하게 유지할 수 있는가? 정답: 도마뱀붙이의 발은 대단히 무극성이다. 먼지는 잠시 발에 붙을 수 있으나, 몇 걸음 지나 먼지는 도마뱀붙이가 걷는 표면에 더 잘 붙게 된다. 물론 테플론처럼 적어도 도마뱀붙이가 기어오르기 어려운 표면이 있다.

학습목표
순물질과 혼합물의 범주로 물질의 상태를 분류할 수 있다.

융합과학 12B
생명과학, 지구과학

대부분의 물질은 혼합물이다

물음 500 mL의 달콤한 설탕물은 물도 500 mL를 포함하고 있는가?

만약 물질이 **순수(pure)**하면, 이 물질은 단지 한 가지 원소나 한 가지 화합물로 구성되어 있다. 예를 들어 순수한 금은 원소 금 외에 아무것도 포함하지 않는다. 순수한 소금은 염화 소듐 화합물 외에 아무것도 포함하지 않는다. 다른 말로, **혼합물(mixture)**은 물리적으로 섞여 있는 둘 또는 더 많은 물질의 모임이고, 각 순수한 물질은 그 자신의 성질을 갖고 있다. 그림 12.28에 이러한 분류 체계를 나타내었다.

우리가 접하는 대부분의 물질들은 혼합물이다. 즉 원소의 혼합물, 화합물의 혼합물, 또는 원소와 화합물의 혼합물이다. 예를 들어 스테인리스강은 철, 크로뮴, 니켈 및 탄소 원소의 혼합물이다. 탄산수는 액체 화합물인 물과 기체 화합물인 이산화 탄소의 혼합물이다. 그림 12.39에서처럼, 공기는 질소, 산소 및 아르곤 원소에 소량의 이산화 탄소와 수증기를 더한 혼합물이다.

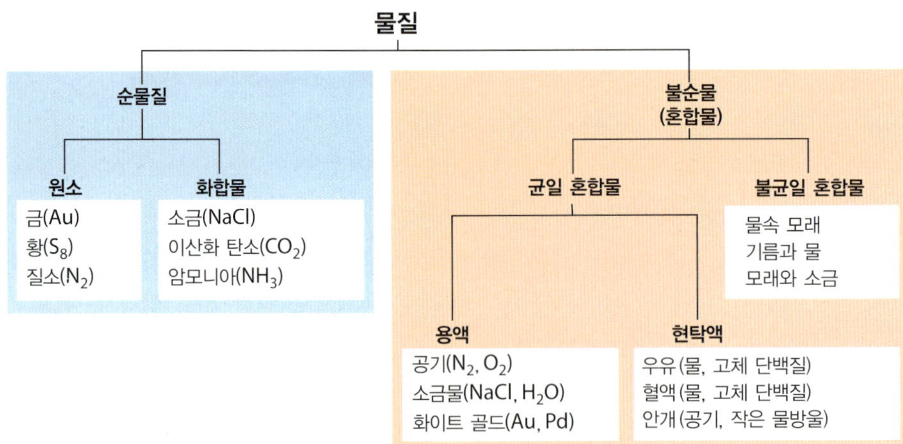

그림 12.38
물질의 화학적 분류

그림 12.39
지구의 대기는 기체 원소와 화합물의 혼합물이다. 그 중의 몇몇이 여기에 보인다. (26장에서 대기의 조성과 날씨의 영향에 대해 더 많이 배울 것이다.)

원자와 분자들은 매우 작기 때문에, 정말로 순수한 시료, 즉 진짜 100% 단일 물질을 준비하는 것은 비현실적이다. 예를 들어 수천 조 중에서 하나의 원자 또는 분자만 다르더라도, 그때 100% 순수한 상태는 잃어버릴 것이다. 그러나 시료는 증류와 같은 다양한 방법에 의해 '순수하게' 될 수 있다. **순수**는 상대적인 용어로 이해된다. 두 시료의 순수함을 비교할 때, 더 적은 불순물을 포함할수록 더 순수하다. 99.9% 순수한 물의 시료는 99.9999% 순수한 물의 시료보다 불순물의 비율이 더 크다.

수돗물은 대부분이 물이고, 많은 다른 화합물들을 포함하는 혼합물이다. 지역에 따라 물은 칼슘, 마그네슘, 염소, 플루오린, 철 및 포타슘의 화합물을 포함하고 있을지 모른다. 즉 소량의 납, 수은 및 카드뮴 화합물과 유기물 화합물, 용해된 산소, 질소 및 이산화 탄소가 있다. 음용수에 들어 있는 모든 독성 성분을 최소화하는 것이 중요하지만, 모든 불순물을 완전히 제거하는 것은 불필요하고, 또 바람직하지 않고 불가능하다.

몇몇 용해된 고체와 기체는 물에서 특징적인 맛을 내며, 그중의 많은 것은 인간의 건강을 향상시킨다. 즉 플루오린 화합물은 치아를 보호하며, 염소는 해로운 박테리아를 파괴하고 철, 포타슘, 칼슘 및 마그네슘의 매일 필요량의 10% 정도가 음용수로부터 얻어진다. 흥미롭게도, 그림 12.40에 기술되었듯이 극도로 순수한 물에 헤엄치는 물고기는 익사할 것이다.

혼합물은 불균일하거나 균일할 수 있다. **불균일 혼합물**(**heterogeneous mixture**)에서 다른 성분 요소는 오렌지의 펄프, 물의 모래 또는 식초에 분산된 기름 방울과 같은 개개의 물질로 보일 수 있다. 다른 성분 요소는 눈에 보인다. **균일 혼합물**(**homogeneous mixture**)은 전체에 걸쳐 같은 조성을 가지고 있다. 혼합물의 어느 한 부분은 다른 부분과 물질의 비율이 같으며, 성분 요소는 개개의 동일한 실체이므로 눈으로 볼 수 없다. 그림 12.41은 이들을 구분하여 설

그림 12.40
수족관 공기 공급 장치에서 발생되는 공기 방울에서 대부분의 산소는 대기 중으로 빠져나간다. 그러나 얼마간의 산소는 물과 혼합된다. 물고기는 생존하기 위해 이 산소에 의존한다. 물고기가 아가미로 물에서 추출할 수 있는 용존 산소가 없다면, 물고기는 즉시 익사할 것이다. 따라서 물고기는 물로 '숨을 쉬지' 못하고, 물에 녹아 있는 O_2로 숨을 쉰다.

화강암 스노글로브(snow globe) 안에 있는 '눈' 피자

(a) 불균일 혼합물

공기 투명한 바닷물 화이트 골드

(b) 균일 혼합물

그림 12.41
(a) 불균일 혼합물에서는 각각 다른 성분 요소를 맨눈으로 볼 수 있다. (b) 균일 혼합물에서는 각각 다른 성분 요소가 매우 미세한 수준에서 혼합되어 있어서 쉽게 구별할 수 없다.

그림 12.42
빛이 현탁액을 통과할 때 빛의 경로를 눈으로 볼 수 있게 된다.

명한 것이다.

균일 혼합물은 용액이나 현탁액 중 하나일 수 있다. **용액**(**solution**)에서는 모든 성분 요소가 같은 상이다. 대기는 기체 원소인 질소와 산소뿐만 아니라 미량의 다른 기체 물질로 구성된 기체 용액이다. 소금물은 물과 용해된 염화 소듐 모두 하나의 액체상에서 발견되기 때문에 액체 용액이다. 고체 용액의 예는 합금인 화이트 골드인데, 이것은 금과 팔라듐의 균일 혼합물이다.

현탁액(**suspension**)은 액체 속의 고체 또는 기체 속의 액체처럼 다른 성분 요소가 다른 상으로 있는 균일 혼합물이다. 현탁액에서는 혼합이 매우 완벽해서 다른 상은 쉽게 구별할 수 없다. 우유는 물에 단백질과 지방이 미세하게 분산된 균일 혼합물이기 때문에 현탁액이다. 혈액은 물에 미세하게 분산된 혈액 세포로 이루어진 현탁액이다. 현탁액의 다른 예는, 공기 중에 떠 있는 작은 물방울의 균일 혼합물인 구름이다. 그림 12.42에서와 같이, 현탁액을 통해 햇빛이 비치면, 빛이 떠 있는 성분 요소에 의해 반사되어 투명한 원뿔을 생기게 한다.

12.7 용액 설명

학습목표
용액의 구성 성분을 기술하고, 용액의 농도를 계산할 수 있다.

물음 갈색 설탕에서 용매는 무엇인가?

화학적으로 **슈크로스**(*sucrose*)로 알려진 설탕을 물에 넣어 섞으면 어떤 일이 일어나는가? 정답은 슈크로스가 단순히 결정 형태를 잃는다는 것이다. 각 결정은 가지런히 함께 채워진 수억 개의 설탕 분자로 구성되어 있다. 그림 12.43에서 보는 바와 같이, 결정이 물과 접촉할 때 매우 많은 수의 물 분자가 수소 결합을 통해 설탕 분자를 끌어당긴다. 약간 저어 주면 설탕 분자는 곧 물과 혼합되어 균일 혼합물을 생성한다. 이 혼합물은 **균일**하기 때문에 첫 모금의 당도는 마지막 모금의 당도와 같다.

용액을 표현할 때, 가장 많은 양이 존재하는 성분이 **용매**(**solvent**)이고, 또 다른 성분이 **용질**(**solute**)이다. 설탕 한 순가락을 물 1 L에 섞을 때 설탕은 용질로, 물은 용매로 간주한다.

용매에 용질이 섞이는 과정을 **용해**(**dissolving**)라고 한다. 용액을 만들기 위해서는 용질이 용매에 용해되어야 한다. 즉 용질과 용매가 균일한 혼합물을 형성해야 한다. 한 물질이 다른 물질에 녹는지, 녹지 않는지는 서로에 대한 전기적 인력의 작용이다.

그림 12.44에 설명한 대로, 주어진 용질이 주어진 용매에 얼마나 많이 녹는지에 대해

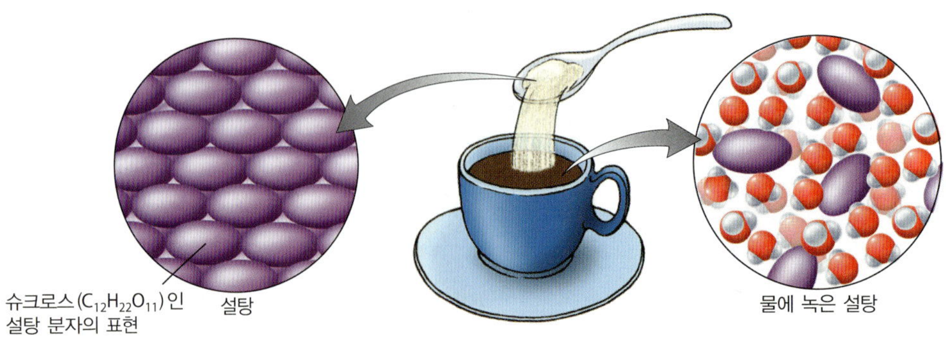

그림 12.43
물 분자들은 슈크로스 결정에 있는 슈크로스 분자를 끌어당겨 서로로부터 떼어 놓는다. 그러나 이 멀리 끌어당김은 각 슈크로스 분자 안에 있는 공유 결합에 영향을 주지 않으며, 이것이 각 용해된 슈크로스 분자가 단일 분자처럼 본래대로 남아 있는 이유이다.

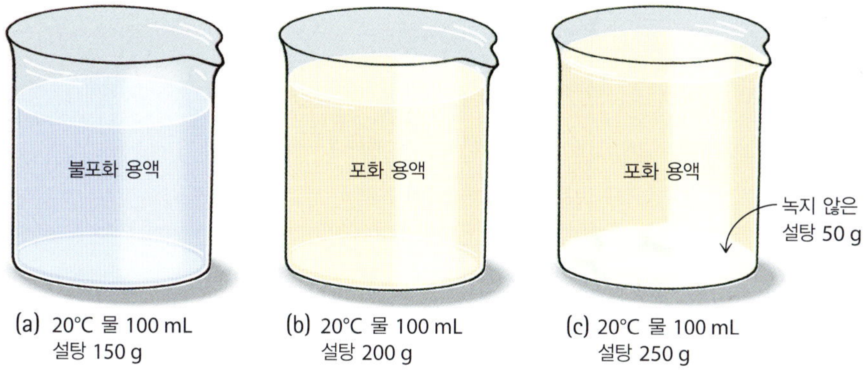

그림 12.44
20°C 물 100 mL에 설탕이 최대 200 g 녹는다. (a) 설탕을 150 g 섞으면 불포화 용액이 된다. (b) 200 g을 섞으면 포화 용액이 된다. (c) 설탕 250 g을 섞으면, 50 g이 녹지 않고 남는다. (나중에 논의할 때, 포화점은 온도에 따라 변한다.)

서는 한계가 있다. 예를 들어 설탕을 물 한 컵에 넣을 때 설탕이 즉시 용해된다는 것을 알고 있다. 그러나 계속해서 설탕을 넣으면, 더 이상 용해되지 않는 점에 도달한다. 이 점에서 물은 설탕으로 포화되는데, 물이 어떤 설탕도 더 이상 받아들일 수 없다는 것을 의미한다. 이 현상이 일어날 때, 우리는 용질이 더 이상 녹지 않는 용액으로 정의되는 **포화 용액**(**saturated solution**)을 얻는다. 녹을 수 있는 용질의 한계에 도달하지 않는 용액은 **불포화 용액**(**unsaturated solution**)이라고 한다.

용액에 녹아 있는 용질의 양은 용액의 **농도**(**concentration**)라는 수학적 용어로 표현되는데, 이것은 용액의 양에 대한 녹아 있는 용질의 양이다.

$$\text{용액의 농도} = \frac{\text{용질의 양}}{\text{용액의 양}}$$

예를 들어 설탕–물 용액은 용액 1 L당 설탕 1 g의 농도를 가질 수 있다. 이것은 다른 용액의 농도와 비교될 수 있다. 예를 들어 용액 1 L당 설탕 2 g을 포함하는 설탕–물 용액은 농도가 더 **진하고**, 용액 1 L당 설탕 0.5 g을 포함하는 용액은 농도가 덜 진하다. 즉 더 **묽다**.

화학자들은 보통 용질의 그램수보다는 용질 입자의 수에 더 관심이 있다. 그러나 미시적 입자는 매우 작아서 어떤 관찰 가능한 시료에 들어 있는 입자의 수는 믿을 수 없을 만큼 크다. 어색하게 큰 수를 쓰는 것을 피하기 위해, 과학자들은 **몰**이라고 하는 단위를 사용한다. 정의적으로 어떤 형태의 입자 1**몰**(**mole**)은 6.02×10^{23}개의 입자이다.

$$\begin{aligned} \text{1몰} &= 6.02 \times 10^{23}\text{개의 입자} \\ &= 602{,}000{,}000{,}000{,}000{,}000{,}000{,}000{,}000\text{개의 입자} \end{aligned}$$

예를 들어 금 원자 1몰은 6.02×10^{23}개의 금 원자이고, 설탕 분자 1몰은 6.02×10^{23}개의 설탕 분자이다. 6.02×10^{23}인 이 수는 물질의 입자적 성질에 대한 발견에 중요한 역할을 한 19세기 이탈리아의 과학자에게 경의를 표하여 **아보가드로수**(*Avogadro's number*)로 알려져 있다.

만약 여러분이 지금까지 **몰**이라는 용어를 듣지 못했더라도, 여러분은 이미 기본적인 개념에 익숙할 것이다. '1몰'을 말하는 것은 단지 '육점 영이 곱하기 십의 이십 삼승 개의 입자'라고 말하는 것에 대한 약칭이다. '한 쌍' 이 2개를 의미하고 '한 다스'는 12개를 의미하듯이, '1몰'은 원자, 분자 또는 이온처럼 어떤 기본 단위의 6.02×10^{23}개를 의미한다.

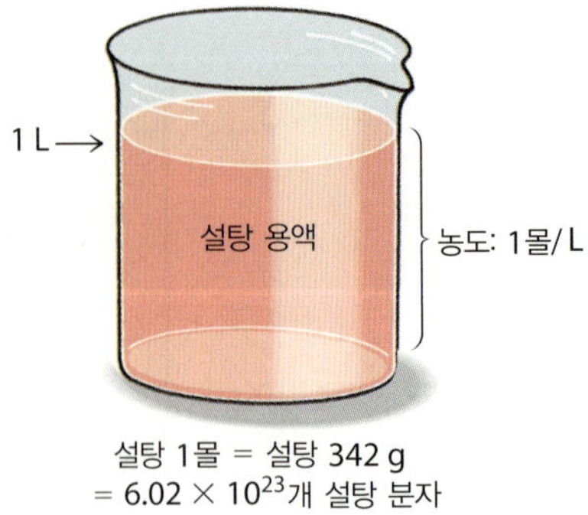

그림 12.45
용액 1 L당 설탕이 1몰인 농도의 설탕 수용액은 모든 용액 1 L에 6.02×10^{23}개의 설탕 분자(342 g)를 포함한다.

설탕 분자는 매우 작아 약 한 컵 분량인 설탕 342 g 안에 6.02×10^{23}개의 설탕 분자가 있다. 설탕 342 g이 6.02×10^{23}개의 설탕 분자를 포함하고 있기 때문에, 우리는 속기어를 사용하여 설탕 342 g이 설탕 1몰을 포함하고 있다고 말한다. 그러므로 그림 12.45에서와 같이 용액 1 L당 설탕 342 g의 농도를 가지는 수용액은 또한 용액 1 L당 설탕 분자 6.02×10^{23}개의 농도를 가진다. 즉 정의적으로 용액 1 L당 설탕 1몰의 농도를 가진다. 그램의 수는 주어진 용액에서 용질의 질량을 말해 주며, 몰수는 분자들의 실제 수를 표시한다.

화학자들이 사용하는 일반적인 농도의 단위는 **몰농도(molarity)**로, 용액 1 L당 용질의 몰수로 나타낸 용액의 농도이다.

$$몰농도 = \frac{용질의\ 몰수}{용액\ 1\ L}$$

성분	질량	분자 수
설탕	200 g	3.5×10^{23}
물	100 g	3.3×10^{24}

그림 12.46
설탕 200 g은 물 100 g에 비해 질량은 2배이지만, 설탕 200 g에 있는 설탕 분자에 비해 물 100 g에 있는 물 분자가 약 10배 더 많다. 이것이 어떻게 가능한가? 각각의 물 분자는 각각의 설탕 분자보다 질량이 약 1/20로 작은데, 이것은 질량이 반일 때 물 분자가 약 10배 더 많이 들어 있을 수 있다는 것을 의미한다.

용액 1 L당 용질 1몰을 포함하는 용액은 1몰농도의 용액이며, 이것은 가끔 1 M로 축약하여 쓴다. 2몰농도(2 M)의 용액은 용액 1 L당 용질 2몰을 포함한다. 용질의 분자수에 근거하는 것과 용질의 그램수에 근거하는 것 사이의 차이는 다음의 질문으로 설명할 수 있다. 설탕 포화 수용액은 설탕 200 g과 물 100 g을 포함하고 있다. 설탕과 물 중 어느 것이 용매인가?

그림 12.46에서 볼 수 있듯이, 설탕 200 g에는 설탕 분자가 3.5×10^{23}개 있으나, 물 100 g에는 물 분자가 거의 10배 더 많은 3.3×10^{24}개가 있다. 앞에서 정의했듯이, 용매는 가장 많은 양이 존재하는 성분인데, 여기서 **양**(*amount*)은 무엇을 뜻하는가? 양이 분자의 수를 의미한다면, 그때는 물이 용매이다. **양**이 질량을 의미한다면, 그때는 설탕이 용매이다. 그래서 정답은 이 양을 어떻게 볼 것인가에 달려 있다. 화학자의 관점에서, 양은 일반적으로 분자의 수를 의미하고, 따라서 이 경우 물이 용매이다.

학습목표
용질이 용매에 어떻게 녹고 용해도가 온도에 따라 어떻게 변화하는지를 논의할 수 있다.

12.8 용해도

물음 물에서 어떻게 산소를 제거할 수 있는가?

용질의 **용해도(solubility)**는 용매에 녹을 수 있는 **능력**(*ability*)이다. 추측할 수 있듯이, 이 능력은 주로 용질 입자와 용매 입자의 인력에 의존한다. 용질이 용매에 상당한 용해도를 가지고 있다면, 이때 그 용질은 그 용매에 **녹는다(soluble)**라고 말한다.

용해도는 용질 입자 서로 간의 인력과 용매 입자 서로간의 인력에 의존한다. 예를 들어 설탕 분자들은 서로 다수의 수소 결합을 형성할 수 있는데, 이것이 설탕이 상온에서 고체인 이유이다. 물에 설탕을 녹이기 위해서 물 분자는 먼저 강하게 붙잡혀 있는 설탕 분자를 서로로부터 떼어 놓아야 한다. 이것이 물에 녹을 수 있는 설탕의 양에 대한 한계를 준다. 궁극적으로 이 점은 설탕 분자를 서로로부터 분리시킬 물 분자가 더 이상 충분하지 않을 때 도달된다. 이

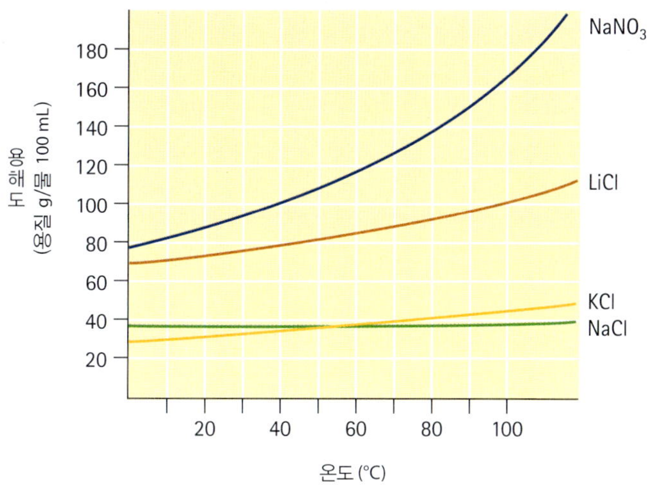

그림 12.47
많은 수용성 고체의 용해도는 온도가 높아지면 증가하는 반면, 다른 어떤 고체의 용해도는 온도의 영향을 매우 조금 받는다.

것이 포화점이며, 용액에 더해진 어떤 추가의 설탕도 녹지 않는다.

여러분은 아마도 수용성 고체는 대개 찬물보다 더운물에 더 잘 녹는다는 것을 경험으로 알고 있을 것이다. 예를 들어 용액을 끓을 때까지 가열하면 매우 진한 설탕 수용액을 만들 수 있다. 이것이 시럽과 단단한 사탕을 만드는 방법이다. 온도가 증가함에 따라 물 분자가 더 큰 운동 에너지를 가지기 때문에 용해도는 증가한다. 그러므로 그들의 자유로운 열운동에서, 높은 온도의 분자들은 고체 용질과 더 격렬하게 충돌할 수 있다. 격렬한 충돌은 고체에서 전기적 입자–입자 인력의 파괴를 촉진시킨다.

설탕 같은, 많은 고체 용질의 용해도는 온도 증가에 따라 크게 증가하지만, 그림 12.47에서 보는 바와 같이 염화 소듐 같은 다른 고체 용질의 용해도는 단지 미미하게 영향을 받는다. 이 차이는 용질 분자의 화학 결합의 세기와 이들 분자들이 함께 결정을 쌓는 방법을 포함한 여러 요인에 관련된다. 염화 칼슘($CaCO_3$) 같은 몇몇 화합물은 실제로 물의 온도가 증가함에 따라 더 **적게** 녹는다. 이것은 왜 차 주전자의 안쪽 표면이 가끔 탄산 칼슘 침전물로 덮이는지를 설명한다. 이것은 또한 탄산 칼슘으로 만들어진 산호초가 왜 해양의 따뜻한 적도 지역에서만 생성되는지를 설명한다. 더 추운 날씨가 되면 탄산 칼슘은 더 잘 녹고, 따라서 용해된다.

높은 온도에서 포화된 설탕 용액이 냉각될 때, 설탕의 일부는 보통 용액에서 나와서 **침전(precipitate)**을 생성한다. 이것이 일어날 때, 용질(이 경우 설탕)이 용액으로부터 **침전되었**

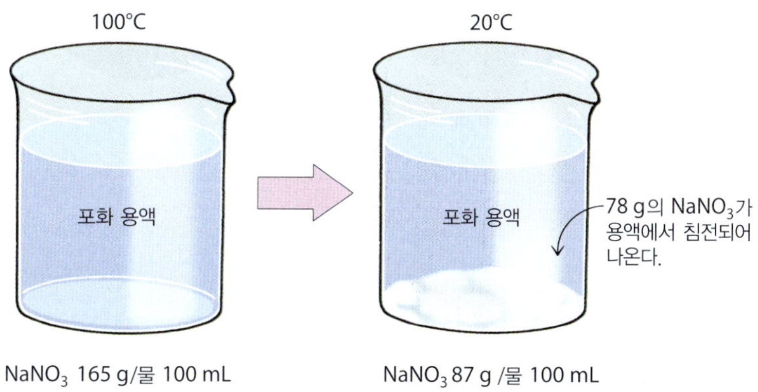

그림 12.48
질산 소듐의 용해도는 100°C에서 165 g/물 100 mL이나, 20°C에서 87 g/물 100 mL이다. 100°C의 $NaNO_3$ 포화 용액을 20°C로 냉각시키면 78 g의 용질이 침전된다.

표 12.4 1기압에서 물에 대한 산소 기체의 온도에 따른 용해도

온도 (°C)	O_2 용해도 (g O_2/L H_2O)
0	0.0141
10	0.0109
20	0.0092
25	0.0083
30	0.0077
35	0.0070
40	0.0065

다고 말한다.

분석적 사고 모자를 쓰고 다른 예를 생각해 보자. 100°C에서 물에 대한 질산 소듐($NaNO_3$)의 용해도는 165 g/물 100 mL이다. 이 용액을 냉각시키면, 그림 12.48에서 볼 수 있듯이 $NaNO_3$의 용해도는 감소한다. 이 용해도의 변화로 인해 녹아 있던 $NaNO_3$의 일부가 침전된다(용액에서 나옴). 20°C에서 $NaNO_3$의 용해도는 87 g/물 100 mL이다. 따라서 100°C 용액을 20°C로 냉각시키면, 그림 12.48에서 볼 수 있듯이 78 g(165 g − 87 g)이 침전된다.

액체에 대한 기체의 용해도는 대부분 고체의 용해도와 대조적으로, 표 12.4에서 보듯이, 온도가 증가함에 따라 **감소한다**. 이러한 결과는 온도가 증가함에 따라 용매 분자들이 더 많은 운동 에너지를 가지기 때문에 생긴다. 이것은 용질 분자들이 말 그대로 높은 운동 에너지를 갖는 용매 분자들에 의해 쫓겨나기 때문에 기체 용질을 용액에 남아 있게 하는 것을 매우 어렵게 만든다.

아마도 여러분은 따뜻한 탄산음료가 차가운 것보다 더 빨리 김이 빠진다는 것을 알고 있다. 온도가 높을수록 이산화 탄소 기체의 분자들이 더 빠른 속도로 액체 용매에서 빠져나간다.

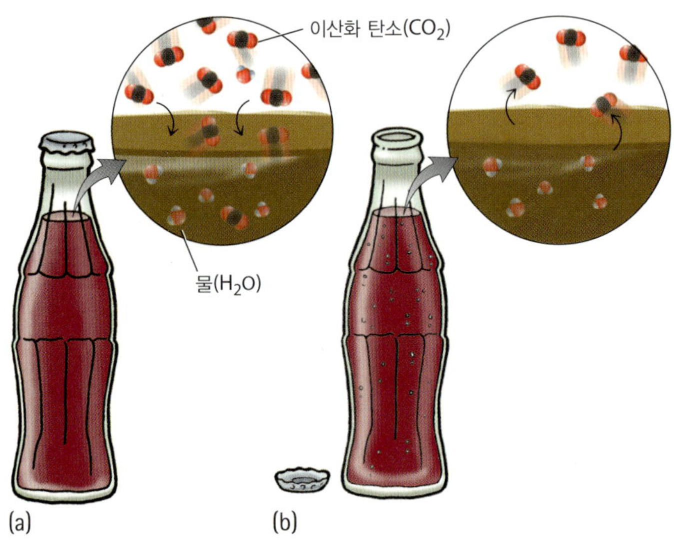

그림 12.49
(a) 뚜껑을 따지 않은 청량음료 병에 있는 액체 위의 이산화 탄소 기체는 용액으로 압력을 가하도록 매우 강하게 압축된 이산화 탄소 기체로 구성되어 있다. (b) 병이 열리면, 압력이 감소하여 액체에 원래부터 녹아 있던 이산화 탄소 분자들이 공기 중으로 탈출한다.

액체에 대한 기체의 용해도는 또한 액체 바로 위에 있는 기체의 압력에 의존한다. 일반적으로, 액체 위에 있는 기체의 압력이 더 높을수록 더 많은 기체가 녹는다는 것을 의미한다. 높은 압력에서 기체는 수많은 기체 입자들을 주어진 부피 안으로 쑤셔 넣는다. 예를 들어 뚜껑을 따지 않은 청량음료 병에서 '빈' 공간은 기체 상태에 있는 이산화 탄소 분자들로 가득 차 있다. 그림 12.49에서 보는 바와 같이, 갈 곳 없이 많은 이 기체들이 액체에 녹아 있다. 그 대신에 우리는 큰 압력이 이산화 탄소 분자들을 용액 안으로 밀어 넣는다고 말할지도 모른다. 병이 열릴 때, 크게 압축된 이산화 탄소 기체의 '맨 윗부분'이 탈출한다. 이제 액체 위에 있는 기체의 압력은 전보다 더 낮아진다. 그 결과 이산화 탄소의 용해도는 낮아지고, 한때 용액 속으로 압축되었던 이산화 탄소 분자들이 액체 위에 있는 공기 중으로 탈출하기 시작한다.

연습문제

12.1 전자점 구조

1. 첫 번째 껍질에 채울 수 있는 전자의 수는 몇 개인가? 두 번째 껍질에 채울 수 있는 전자의 수는 몇 개인가?
2. 어떤 전자들이 전자점 구조에 의해 표현되는가?
3. 주기율표에서 같은 족에 있는 원소들의 전자점 구조를 비교하면 어떠한가?

12.2 이온 결합

4. 이온은 원자와 어떻게 다른가?
5. 음이온이 되기 위해 원자는 전자를 잃어야 하는가, 얻어야 하는가?
6. 이온 결합을 형성하려는 경향이 있는 원소들은 어떤 것인가?

12.3 공유 결합

7. 공유 결합을 형성하려는 경향이 있는 원소들은 어떤 것인가?
8. 이중 공유 결합에서는 몇 개의 전자들이 공유되는가?
9. 다원자 이온에는 음전하를 띤 산소 원자가 몇 개의 공유 결합을 형성하는가?

12.4 극성 공유 결합

10. 쌍극자는 무엇인가?
11. 주기율표에서 어느 원소가 가장 큰 전기 음성도를 가지는가? 어느 원소가 가장 작은 전기 음성도를 가지는가?
12. 탄소–산소 결합과 탄소–질소 결합 중에서 어느 것이 더 극성인가?

12.5 분자 극성

13. 무극성 물질이 상대적으로 낮은 온도에서 끓는 이유는 무엇인가?
14. 극성 분자와 무극성 분자 중 어느 것이 대칭성이 더 큰가?
15. 기름과 물이 혼합되지 않는 이유는 무엇인가?

12.6 분자 인력

16. 화학 결합과 두 분자 사이 인력의 차이는 무엇인가?
17. 수소 결합은 무엇인가?
18. 유도 쌍극자는 영구적인가?

12.7 용액 설명

19. 더 많은 설탕이 용액에 녹을 때 설탕 용액의 부피는 어떻게 될까?
20. 용질과 용매를 구별하시오.
21. 일반적으로 농도는 용매의 부피로 주어지는가, 용액의 부피로 주어지는가?

12.8 용해도

22. 왜 온도가 증가함에 따라 액체 용매에 대한 기체 용질의 용해도가 감소하는가?
23. 설탕 결정은 왜 부서질 때 더 빨리 녹는가?
24. 설탕은 극성 물질인가, 무극성 물질인가?

확인문제

만일 여러분이 이 장에서 제대로 학습을 하였다면, 다음에 제시된 10개의 질문에 적어도 7개는 제대로 답을 할 수 있을 것이다. 만일 그렇지 못하면 다음 장으로 가기 전에 이 장을 더 학습할 필요가 있다.

각 질문에 대해 가장 적합한 답을 고르시오.

1. 어떤 원자가 다른 원자에게 한 개의 전자를 잃는다. 이것은 물리 변화의 예인가, 화학 변화의 예인가?

   (a) 이온 형성과 관련되므로 화학 변화

   (b) 이온 형성과 관련되므로 물리 변화

   (c) 공유 결합 형성과 관련되므로 화학 변화

   (d) 공유 결합 형성과 관련되므로 물리 변화

2. 알루미늄 이온은 3+ 전하를 가지고, 염화 이온은 1− 전하를 갖는다. 이온 결합 화합물인 염화 알루미늄의 화학식은 무엇인가?

   (a) Al_3Cl

   (b) $AlCl_3$

   (c) Al_3Cl_3

   (d) $AlCl$

3. 광석이 매우 가치가 있는 이유는 무엇인가?

   (a) 자연적으로 생성되는 금의 근원이기 때문

   (b) 금속들을 효과적으로 추출할 수 있기 때문

   (c) 경치 좋은 산악 지역에서 생성되는 경향이 있기 때문

   (d) 지구의 자연사에 관한 많은 증거를 가지고 있기 때문

4. 주기율표에서 이온 결합과 공유 결합 사이에 급격한 또는 점진적인 변화가 있는가?
   (a) 급격한 변화는 준금속에 가로질러 일어난다.
   (b) 실제로 주기율표의 모든 원소들은 공유 결합을 형성할 수 있다.
   (c) 더 멀리 떨어진 원소일수록 더 이온성이 크므로 점진적인 변화가 있다.
   (d) 원소들이 이온 결합을 형성하는지, 공유 결합을 형성하는지는, 주기율표에서 상대적 위치가 아니라 핵전하에 의존한다.

5. 질소와 플루오린이 분자를 생성하기 위해 결합할 때, 가장 가능성 있는 화학식은 (   )이다.
   (a) N_3F
   (b) N_2F
   (c) NF_4
   (d) NF
   (e) NF_3

6. 아래에 보여진 두 분자로 각각 구성된 물질 중 어느 것이 끓는점이 더 높은가? 그 이유는 무엇인가?

   $$S{=}C{=}O \qquad O{=}C{=}O$$

   (a) 왼쪽 분자인 SCO, 주기율표에서 나중에 나오기 때문에
   (b) 왼쪽 분자인 SCO, 대칭성이 더 작기 때문
   (c) 오른쪽 분자인 OCO, 대칭성이 더 크기 때문에
   (d) 오른쪽 분자인 OCO, 질량이 더 크기 때문에

7. 어떤 사람은 수돗물 한 컵에 수백 개의 불순물 분자가 포함되어 있기 때문에 수돗물을 마시지 말아야 한다고 주장한다. 만약 정말로 컵당 수백 개의 불순물 분자가 포함되어 있다면, 여러분은 물의 순도를 지키기 위해 어떻게 대응할 것인가?
   (a) 불순물이 반드시 나쁜 것은 아니다. 사실, 여러분에게 좋을지도 모른다.
   (b) 물에는 물 분자가 들어 있고, 각각의 물 분자는 순수하다.
   (c) 대응하지 않는다. 물에 불순물이 있다면, 마시지 않을 것이다.
   (d) 상대적으로 보면, 수백 개의 분자는 실제로 아무것도 아니다.

8. 화합물과 혼합물의 차이는 무엇인가?
   (a) 둘 다 다른 원소의 원자들로 구성되어 있다.
   (b) 차이는 원자들이 함께 결합하는 방식이다.
   (c) 혼합물의 성분은 화학적으로 서로 결합되어 있지 않다.
   (d) 하나는 고체이고, 다른 하나는 액체이다.

9. 막 끓여 상온으로 다시 식힌 물에는 고기가 오랫동안 살지 못한다. 이유는 무엇인가?
   (a) 물에 들어 있는 용해된 CO_2의 농도가 지금 더 높아진다.
   (b) 물의 영양분들이 파괴되었다.
   (c) 약간의 물이 끓는 동안 증발하였기 때문에 물에 있는 염분의 농도가 현재 더 진해졌으며, 이것이 물고기에게 부정적 영향을 준다.
   (d) 끓는 과정에서 물에 녹아 있던 공기가 제거된다. 냉각될 때 물에는 통상적인 공기 함량이 하나도 없으므로 물고기가 익사한다.

10. 농도가 0.5 M인 설탕물 5 L에는 몇 몰의 설탕(슈크로스)이 들어 있는가?
   (a) 5.5몰
   (b) 5.0몰
   (c) 2.5몰
   (d) 1.5몰

확인문제 답

1. a, 2. b, 3. b, 4. c, 5. e, 6. b, 7. d, 8. c, 9. d, 10. c

13장

화학 반응

번개의 열은 대기의 질소와 산소가 반응하게 하여 질산(HNO_3)과 아질산(HNO_2)을 생성하도록 한다. **질소 순환**(*nitrogen cycle*)의 한 부분으로, 이 산들은 비에 의해 땅으로 운반되어 식물이 성장하는 데 사용되는 질산 이온으로 변환된다. 차례로 우리는 우리 몸 안에서 생명을 유지하는 화학 반응을 지탱하기 위해 식물이나 식물을 먹는 동물들을 먹는다.

질소 순환 반응처럼 수많은 화학 반응이 외부 환경에서 계속 일어난다. 음식을 소화시키는 화학 반응처럼, 우리 몸 안에서는 더 많은 반응이 일어난다. 화학 물질은 어떻게 에너지를 저장하고 방출하는가? pH는 무엇이며, 어떻게 측정하는가? 우리의 몸은 캠프파이어의 연소나 오래된 농기구의 부식과 어떤 공통점이 있는가? 반응하는 화학 물질의 역동적인 초미시적인 세계를 조사할 때 이 장에서는 이러한 의문에 초점을 맞출 것이다.

13.1 화학 반응식

학습목표
화학 반응식이 균형이 맞았는지 또는 맞지 않았는지를 확인할 수 있다.

물음 나무 50 g이 타면, 어떻게 50 g보다 많은 생성물이 생성될 수 있는가?

11장에서 배웠듯이, 화학 반응 동안에 원자들은 하나 또는 더 많은 새로운 화합물을 생성하기 위해 재배열된다. 이 활동은 깔끔하게 **화학 반응식**(**chemical equation**)처럼 기록 형태로 요약된다. 화학 반응식은 **생성물**(**reactant**)이라고 하는 새롭게 생성된 물질 쪽으로 향하는 화살표의 왼쪽에 **반응물**(**product**)이라고 하는 반응하는 물질을 나타낸다.

$$\text{반응물} \longrightarrow \text{생성물}$$

일반적으로 반응물과 생성물은 그들의 원자 또는 화학식으로 표시한다. 때로는 분자 모형이나 간단한 이름을 대신 사용하기도 한다. 또한 고체(s), 액체(l), 기체(g) 같은 상태를 표시하기도 한다. 물에 녹는 화합물은 수용액의 경우 (aq)로 표시한다. 마지막으로, 반응물과 생성물이 결합하거나 생성되는 비율을 나타내기 위해 그들의 앞에 숫자를 적는다. 이들 숫자를 **계수**(*coefficient*)라고 하며, 그들은 각 원자나 분자의 수를 나타낸다. 예를 들어 2개의 수소 기체 분자(H_2)가 한 개의 산소 기체 분자(O_2)와 반응하여 기체 상태인 2개의 물 분자(H_2O)를 생성한다.

$$2\ H_2(g) + 1\ O_2(g) \longrightarrow 2\ H_2O(g) \quad \text{(균형)}$$

화학의 가장 중요한 원리 중 하나는 **질량 보존 법칙**(**law of mass conservation**)이다. 질량 보존 법칙은 화학 반응 동안에 물질이 생겨나거나 소멸되지 않는다는 것을 말한다.* 반응 초기에 존재하는 원자는 새로운 분자를 생성하기 위해 재배열될 뿐이다. 이것은 어떠한 반응이 일어나도 원자를 잃거나 얻지 않는다는 것을 의미한다. 그러므로 화학 반응식은 **균형 잡혀 있어야만** 한다. 균형 반응식에서 각 원자는 화살표 양쪽에 같은 배수만큼 나타나야 한다. 위의 물 형성에 대한 반응식은 화살표 양쪽에 4개의 수소 원자와 2개의 산소 원자가 있으므로 균형 잡혀 있다. 여러분은 스스로 이것을 확인하기 위해 모형에서 원자의 수를 세어 볼 수 있다.

화학식 앞에 있는 계수는 원소나 화합물이 계산되어야 할 배수를 말해 준다. 예를 들어 $2H_2O$는 2개의 물 분자를 표시하고 있는데, 이것은 4개의 수소 원자와 2개의 산소 원자를 포함하고 있다. 관례적으로, 계수 1은 생략하며, 따라서 물에 대한 화학 반응식은 일반적으로 다음과 같이 쓰인다.

$$2\ H_2(g) + O_2(g) \longrightarrow 2\ H_2O(g) \quad \text{(균형)}$$

비균형 화학 반응식은 정확한 계수 없이 생성물과 반응물을 보여 준다. 예를 들어 반응식은

$$NO(g) \longrightarrow N_2O(g) + NO_2(g) \quad \text{(비균형)}$$

화살표 왼쪽에는 1개의 질소 원자와 1개의 산소 원자가 있으나, 화살표 오른쪽에는 3개의 질소 원자와 3개의 산소 원자가 있기 때문에 비균형되어 있다.

정확한 비를 만들기 위해 계수를 더하거나 변경함으로써 비균형 반응식을 균형되게 할 수

* 모든 실제적인 목적에 대해 이 법칙은 유효하다. 그러나 기술적으로 화학 반응에 의해 방출되거나 흡수되는 모든 에너지는 물질에서 에너지로의 변환에 의해 발생하고, 또는 그 반대이다. 화학 반응에서 잃거나 얻는 물질의 양은 매우 작아서 모든 실제적 목적의 경우, 이 세부 사항을 무시할 수 있다. 이것은 10장에서 논의된 핵반응의 경우에는 적용되지 않는다. 핵반응의 경우, 물질에서 에너지로의 변환은 훨씬 더 크다.

있다. (그러나 아래 첨자를 변경하는 것은 화합물의 본질을 바꾸는 것이기 때문에 아래 첨자를 변경시키지 않은 것이 중요하다. 즉 H_2O는 물인 데 반해, H_2O_2는 과산화 수소이다!) 예를 들어 위의 반응식을 균형화하기 위해 NO 앞에 3를 넣는다.

$$3\,NO(g) \longrightarrow N_2O(g) + NO_2(g) \qquad \text{(균형)}$$

이제 화살표 양쪽에 3개의 질소 원자와 3개의 산소 원자가 있으므로 질량 보존 법칙에 위배되지 않는다.

훈련된 화학자들은 반응식을 균형 맞추는 기술을 발전시킨다. 이 기술은 창조적인 에너지와 관련이 있고, 다른 기술같이 경험으로 증진된다. 반응식을 균형 맞추는 데 전문가가 되는 것보다 더 중요한 것은, 왜 그들이 균형 맞출 필요가 있는지를 아는 것이다. 그리고 이유는 질량 보존 법칙인데, 이것은 원자들은 화학 반응에서 생겨나거나 파괴되지 않으며, 그들이 재배열될 뿐이라는 것을 말해 준다. 따라서 반응 전에 존재하던 모든 원자는 원자의 모임이 달라지더라도 반응 후 존재해야 한다.

13.2 에너지와 화학 반응

학습목표
반응물과 생성물의 결합 에너지를 이용하여 화학 반응에서 방출되거나 흡수되는 에너지의 양을 계산할 수 있다.

물음 화학 반응이 일어나는 동안 무엇이 변하는가?

일단 반응이 완결되면 에너지가 방출되거나 흡수된다. 에너지의 알짜 방출이 있는 반응을 **발열**(**exothermic**) 반응이라고 한다. 발열 반응의 결과로 로켓선이 우주로 발사되고 캠프파이어가 뜨겁고 붉은 불꽃을 낸다. 에너지의 알짜 흡수가 있는 반응을 **흡열**(**endothermic**) 반응이라고 한다. 예를 들어 광합성은 태양의 빛에너지에 의해 유발되는 일련의 흡열 반응과 관련되어 있다. 그림 13.1에 나타낸 것처럼, 흡열과 발열 반응은 둘 다 결합 에너지의 개념으로 이해될 수 있다.

화학 반응이 일어나는 동안, 화학 결합이 깨지고 원자가 새로운 화학 결합을 형성하기 위해 재배열된다. 화학 결합의 이러한 파괴와 형성은 에너지의 변화를 수반한다. 유사하게, 한 쌍의 자석을 생각해 보자. 이들을 분리하기 위해 '근육 에너지'의 투입이 필요하다. 반대로, 두

그림 13.1
나무가 탈 때 일어나는 화학 반응에서는 에너지의 알짜 방출이 있다. 광합성하는 나무에서 일어나는 화학 반응에서는 에너지의 알짜 흡수가 있다.

표 13.1 몇 가지 결합 에너지

결합	결합 에너지(kJ/몰)	결합	결합 에너지(kJ/몰)
H—H	436	N—N	159
H—C	414	O—O	138
H—N	389	Cl—Cl	243
H—O	464	C=O	803
H—F	569	N=O	631
C—O	351	O=O	498
H—Cl	431	C≡C	837
C—C	347	N≡N	946

분리된 자석을 충돌시킬 때, 이들은 서로를 향해 가속된다. 자석은 충돌할 때 운동 에너지가 열로 전환되기 때문에 처음보다 약간 더 뜨거워진다. 따라서 자석이 서로 멀리 떨어질 때에는 에너지를 흡수하고, 반면 자석이 붙을 때에는 에너지를 방출한다. 같은 원리가 원자에도 적용된다. 결합된 원자를 떼어 놓으려면 에너지 투입이 필요하다. 원자가 결합할 때, 보통 더 빨리 움직이는 원자나 분자, 전자기파, 또는 둘 다의 형태로 에너지가 방출된다.

두 결합된 원자를 떼어내는 데 필요한 에너지의 양은 이들이 합쳐질 때 방출되는 양과 같다. 결합이 끊어질 때 흡수하는 에너지 또는 결합이 형성될 때 방출되는 에너지를 **결합 에너지**(**bond energy**)라고 한다. 각 화학 결합은 그 자신의 고유한 결합 에너지를 가지고 있다. 예를 들어 수소-수소 결합 에너지는 436 kJ/몰이다. 이것은 1몰의 수소-수소 결합을 끊을 때 436 kJ의 에너지가 흡수되고, 1몰의 수소-수소 결합이 형성될 때 436 kJ의 에너지가 방출된다는 것을 의미한다. 표 13.1에서 볼 수 있듯이, 서로 다른 원소와 관련된 다른 결합은 각기 다른 결합 에너지를 가지고 있다.

관례적으로, 양의 결합 에너지는 결합이 끊어질 때 흡수하는 에너지의 양을 나타내며, 음의 결합 에너지는 결합이 형성될 때 방출되는 에너지의 양을 나타낸다. 그러므로 반응이 일어나는 동안 방출되거나 흡수하는 알짜의 에너지를 계산할 때에는 음과 양의 부호에 대하여 주의를 기울일 필요가 있다. 그런 계산을 할 때, 흡수하는 에너지에 양의 부호를 붙이고, 방출되는 에너지에 음의 부호를 붙이는 것은 표준 관행이다. 예를 들어 1몰의 H—H 결합이 끊어지는 반응에서 흡수되는 에너지는 +436 kJ로 쓴다. 즉 이것은 원자들이 **얻은** 에너지이다. 1몰의 H—H 결합이 형성되는 반응에서 방출되는 에너지는 −436 kJ로 쓴다. 즉 이 에너지는 원자가 **잃은** 것이다. 우리는 곧 몇 개의 예제 계산을 할 것이다.

발열 반응: 에너지의 알짜 방출

모든 화학 반응에서 반응물의 결합을 끊을 때 흡수하는 에너지의 총량은 생성물의 결합이 형성될 때 방출되는 에너지의 총량과 항상 다르다. 수소와 산소가 반응하여 물을 생성하는 반응을 생각해 보자.

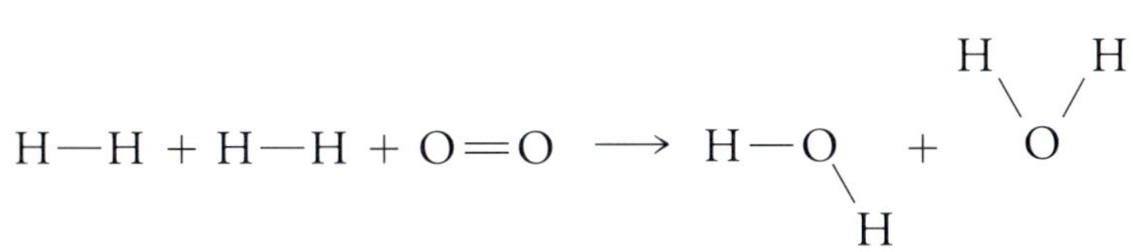

반응물에서 수소 원자는 수소 원자와 결합되어 있고, 산소 원자는 산소 원자와 이중 결합되어 있다. 이 결합들이 끊어질 때 흡수하는 총 에너지는 +1370 kJ이다.

결합 형태	몰수	결합 에너지	총 에너지
H—H	2	+436 kJ/몰	+872 kJ
O═O	1	+498 kJ/몰	+498 kJ
		흡수하는 총 에너지:	+1370 kJ

생성물에는 4개의 수소–산소 결합이 있다. 결합이 형성할 때 방출되는 총 에너지는 −1856 kJ이다.

결합 형태	몰수	결합 에너지	총 에너지
H—O	4	−464 kJ/몰	−1856 kJ
		방출되는 총 에너지:	−1856 kJ

이 반응에서 방출되는 에너지의 양은 흡수하는 에너지의 양보다 많다. 반응에서 알짜 에너지는 두 양을 더함으로써 알 수 있다.

$$\begin{aligned}\text{반응에서 알짜 에너지} &= \text{흡수하는 에너지} + \text{방출되는 에너지}\\ &= +1370\ \text{kJ} + (-1856\ \text{kJ})\\ &= -486\ \text{kJ}\end{aligned}$$

알짜 에너지에서 음의 부호는 에너지의 알짜 방출이 있다는 것을 표시하므로, 반응은 발열이다. 발열 반응에서는 에너지를 생성물로 간주할 수 있어, 가끔 화학 반응식의 화살표 뒤에 포함된다.

$$2\,H_2 + O_2 \longrightarrow 2\,H_2O + \text{에너지}$$

발열 반응에서 생성물 분자에 있는 원자들의 퍼텐셜 에너지는 반응물 분자에 있는 원자들의 퍼텐셜 에너지보다 더 낮다. 그림 13.2는 이러한 반응의 개요를 나타낸 것이다. 생성물 분자에 있는 원자들의 에너지가 더 낮은 것은 그들이 더 단단하게 서로 붙잡혀 있기 때문이다. 이것은 서로 끌어당기는 두 자석이 함께 가까이 있을 때 퍼텐셜 에너지가 감소하는 것과 유사하다. 퍼텐셜 에너지의 감소는 운동 에너지의 증가에 의해 균형을 이룬다. 합쳐지고 높은 속력으로 가속되는 두 부동 자석처럼, 반응물의 퍼텐셜 에너지는 더 빠르게 움직이는 원자나 분자, 전자기파, 또는 둘 다로 전환된다. 그림 13.2에 나타낸 바와 같이, 반응에 의해 방출되는 이 운동 에너지는 반응물의 퍼텐셜 에너지와 생성물의 퍼텐셜 에너지 사이의 차이와 같다.

발열 반응에서 방출되는 에너지는 반응에서 새로이 생긴 것이 아니라는 점을 이해하는 것

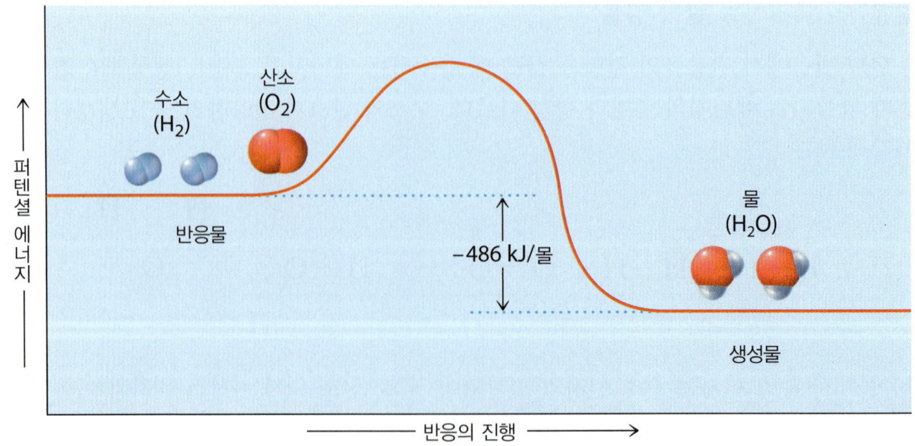

그림 13.2
발열 반응에서는 생성물 분자는 반응물 분자보다 퍼텐셜 에너지가 낮다. 반응에서 방출되는 에너지의 알짜량은 반응물과 생성물의 퍼텐셜 에너지 차이와 같다.

이 중요하다. 이것은 에너지가 화학 반응(또는 모든 과정)에서 생겨나거나 파괴되지 않는다는 **에너지 보존 법칙**과 일치한다. 에너지는 단지 한 형태에서 다른 형태로 전환될 뿐이다. 발열 반응 동안 한때 화학 결합의 퍼텐셜 에너지 형태였던 에너지는 더 빨리 움직이는 분자의 운동 에너지 또는 전자기파로 방출된다.

발열 반응에서 방출되는 에너지의 양은 반응물의 양에 의존한다. 예를 들어 많은 양의 수소와 산소의 반응은 우주 궤도로 그림 13.3에 보인 우주 왕복선을 이륙시킬 수 있는 에너지를 공급한다. 우주 왕복선에 붙어 있는 중앙의 큰 탱크에는, 하나는 액체 수소로 채워지고 다른 것은 액체 산소로 채워진, 두 개의 칸막이가 있다. 점화될 때, 이 두 액체가 혼합되어 화학적으로 반응하여 수증기를 생성하는데, 이것이 우주선을 이륙시킬 때 필요한 추진력을 생산한다. 추가의 추진력은 과염소산 암모늄(NH_4ClO_4)과 알루미늄 가루의 혼합물을 포함하는 한 쌍의 고체 연료 추진 로켓에 의해 얻어진다. 점화될 때, 이 화학 물질들은 반응하여 로켓 뒤에서 뿜어져 나오는 생성물을 만든다.

이 반응을 나타내는 균형 반응식은 다음과 같다.

$$3\,NH_4ClO_4 + 3\,Al \longrightarrow Al_2O_3 + AlCl_3 + 3\,NO + 6\,H_2O + \text{에너지}$$

그림 13.3
우주 왕복선은 지구 표면에서 이륙하기 위해 발열 화학 반응을 이용한다.

흡열 반응: 에너지의 알짜 흡수

생성물이 생성될 때 방출되는 에너지의 양이 반응물의 결합이 깨질 때 흡수하는 에너지의 양보다 **적을** 때, 반응은 흡열 반응이다. 한 예는 대기 중의 질소와 산소가 반응하여 일산화 질소를 생성하는 반응이다.

$$N{\equiv}N + O{=}O \longrightarrow N{=}O + N{=}O$$

반응물의 화학 결합이 끊어질 때 흡수하는 에너지의 양은 다음과 같다.

결합 형태	몰수	결합 에너지	총 에너지
N≡N	+1	+946 kJ/몰	+946 kJ
O═O	+1	+498 kJ/몰	1498 kJ
		흡수하는 총 에너지:	+1444 kJ

생성물의 결합이 형성할 때 방출되는 에너지의 양은 다음과 같다.

결합 형태	몰수	결합 에너지	총 에너지
N═O	2	−631 kJ/몰	−1262 kJ
		방출되는 총 에너지:	−1262 kJ

앞에서처럼, 반응에서 알짜 에너지는 두 양을 더하면 된다.

$$\begin{aligned}\text{반응의 알짜 에너지} &= \text{흡수하는 에너지} + \text{방출되는 에너지}\\ &= +1444\text{ kJ} + (-1262\text{ kJ})\\ &= +182\text{ kJ}\end{aligned}$$

양의 부호는 에너지의 알짜 **흡수**가 있다는 것을 표시하고, 반응은 **흡열**이라는 것을 의미한다. 어떤 흡열 반응에서는 에너지를 반응물로 간주할 수 있으므로 화학 반응식에서 화살표의 왼쪽에 포함시킨다.

$$\text{에너지} + N_2 + O_2 \longrightarrow 2\,NO$$

흡열 반응에서는 생성물 분자에 있는 원자들의 퍼텐셜 에너지가 반응물 분자에 있는 원자들의 퍼텐셜 에너지보다 더 높다. 그림 13.4는 이러한 반응의 개요를 나타낸 것이다. 생성물 분자에 있는 원자들의 퍼텐셜 에너지를 높이려면 전자기파, 전기, 또는 열과 같이 어떤 외부 근원으로 오는 에너지의 알짜 투입이 필요하다. 따라서 번개 인근이나 내연 기관에서 일어나듯이, 질소와 산소는 많은 열과 함께 반응하여 일산화 질소를 생성한다.

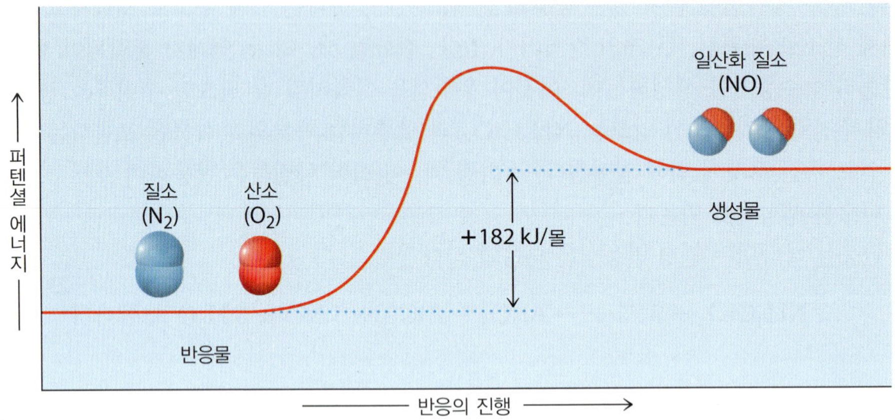

그림 13.4
흡열 반응에서는 생성물 분자가 반응물 분자보다 퍼텐셜 에너지가 높다. 반응에서 흡수되는 에너지의 알짜량은 반응물과 생성물의 퍼텐셜 에너지 차이와 같다.

13.3 반응 속도

학습목표
화학 반응이 일어나기 위해 충족시켜야 하는 필요 조건을 기술할 수 있다.

물음 왜 캠프파이어 안으로 바람을 불어 넣으면 불꽃이 더 밝게 타는가?

철이 녹스는 것과 같은 어떤 화학 반응은 느린 반면, 휘발유가 타는 것과 같은 다른 반응은 빠르다. 어떤 반응의 빠르기는 **반응 속도**로 표시되는데, 그것은 얼마나 빨리 반응물이 생성물로 전환되는지의 지표이다. 그림 13.5에서 볼 수 있듯이, 초기의 플라스크는 반응물 분자만이 포함되어 있을지 모른다. 시간이 지남에 따라 이 반응물은 생성물 분자를 생성하여, 그 결과 생성물 분자의 농도는 증가한다. 따라서 **반응 속도(reaction rate)**는 생성물의 농도가 얼마나 빨리 증가하는지 또는 반응물의 농도가 얼마나 빨리 감소한지로 정의될 수 있다.

무엇이 화학 반응의 속도를 결정하는가? 그 해답은 복잡하지만, 중요한 요인 한 가지는 반응 분자들이 물리적으로 만나야만 한다는 것이다. 분자들은 빠르게 움직이기 때문에 이 물리

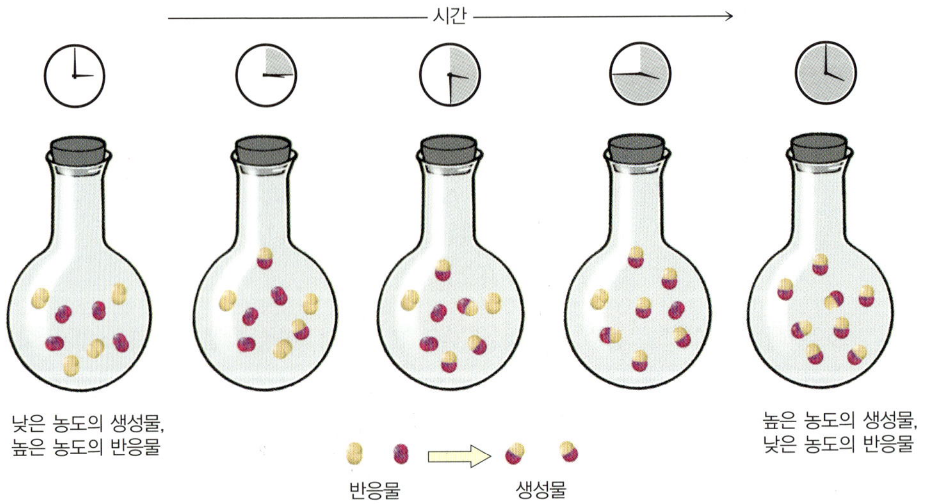

그림 13.5
시간이 지남에 따라 이 반응 용기에 있는 반응물은 생성물로 전환된다. 이 반응이 재빨리 일어난다면, 반응 속도는 빠르다. 이 반응이 천천히 일어난다면, 반응 속도는 느리다.

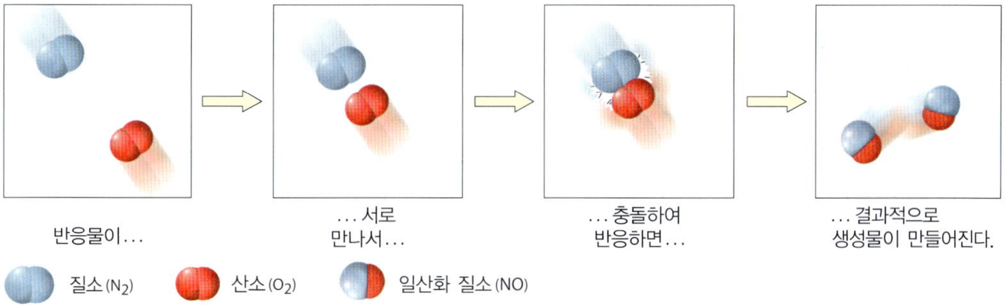

그림 13.6
반응이 일어나는 동안에 반응 분자는 또 다른 분자와 충돌한다.

적 접촉은 충돌로 기술된다. 그림 13.6에서 볼 수 있듯이 질소 기체와 산소 기체가 일산화 질소 기체를 생성하는 반응을 생각함으로써, 분자 충돌과 반응 속도의 관계를 설명할 수 있다.

반응이 일어나기 위해서는 반응물 분자가 충돌해야 하기 때문에, 충돌 횟수가 증가하면 반응 속도가 증가될 수 있다. 충돌 횟수를 증가시키는 효과적인 방법은 반응물의 농도를 증가시키는 것이다. 그림 13.7은 농도가 높을수록 주어진 부피 내에 더 많은 분자들이 들어 있으므로, 분자 사이에 충돌이 더 많이 일어날 수 있다는 것을 보여 준다. 그 비유로 무도장에 있는 한 무리의 사람들을 생각해 보자. 사람의 수가 증가할 때 그들이 서로 부딪힐 비율이 증가한다. 그러므로 질소와 산소 분자의 농도가 증가하면, 이 분자들 사이에 충돌 횟수가 더 많아진다. 따라서 주어진 시간 동안에 더 많은 수의 일산화 질소 분자가 생성된다.

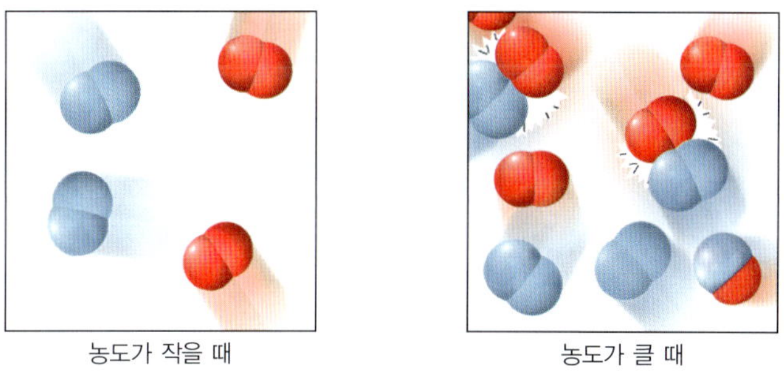

그림 13.7
질소와 산소 시료의 농도가 더 진할수록 N_2와 O_2 분자가 충돌할 확률이 더 커서 일산화 질소가 생길 가능성이 더 크다.

그러나 분자가 반응하기 위해서는 어떤 방향으로 충돌해야만 하기 때문에 반응물 분자 사이의 모든 충돌이 생성물로 이어지는 것은 아니다. 예를 들어 질소와 산소 분자들이 그림 13.6과 같이 수평 방향으로 충돌할 때 일산화 질소를 훨씬 더 많이 생성한다. 이들이 그림 13.8과 같이 수직 방향으로 충돌할 때에는 일산화 질소가 생성되지 않는다. 수많은 방향을 가질 수 있는 더 많은 분자들에 대해 이 방향 필요성은 훨씬 더 제한적이다.

모든 충돌이 생성물 생성으로 이어지지 못하는 두 번째 이유는, 반응물 분자들은 그들의 결합을 끊을 수 있을 만큼의 충분한 운동 에너지를 가지고 충돌해야만 하기 때문이다. 이때에만 반응물 분자에 있는 원자들이 결합 상대를 바꾸어 생성물 분자를 생성할 수 있다. 예를 들어 N_2와 O_2 분자의 결합은 매우 강하다. 이들 결합을 끊기 위해서, 분자 사이의 충돌은 결합을 끊을 만큼 충분한 에너지를 가지고 있어야 한다. 결과적으로 그림 13.9와 같이, 적당한 방향으로 충돌하지만 느리게 움직이는 N_2와 O_2 분자 사이의 충돌은 NO를 생성하지 못할 수도 있다.

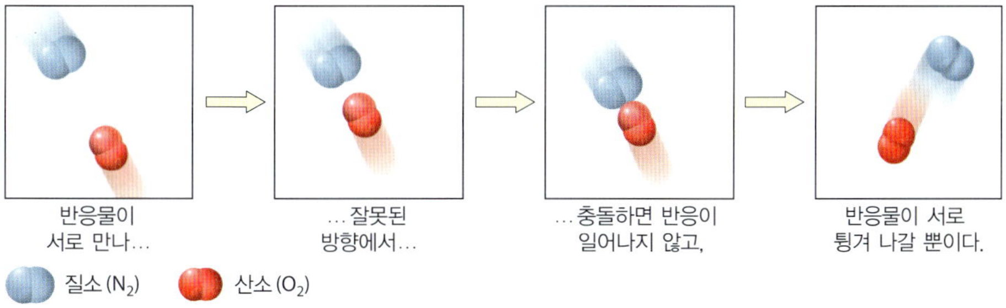

그림 13.8
충돌에서 반응물 분자의 방향이 반응 여부를 결정할 수 있다. N_2와 O_2가 수직으로 충돌하면 생성물 분자가 생성되지 않는 경향이 있다.

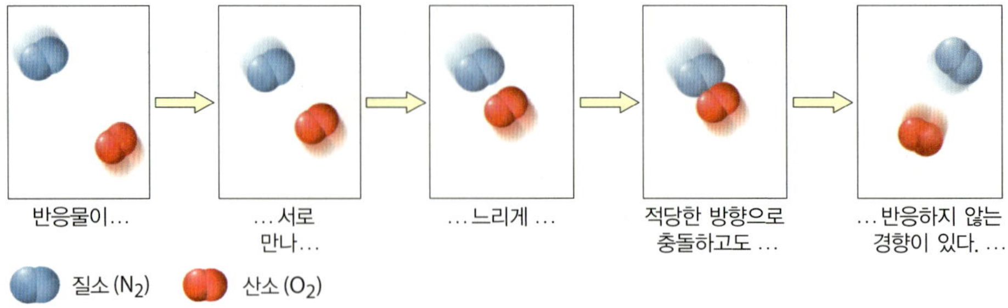

그림 13.9
느리게 움직이는 분자는 결합을 끊기에 불충분한 힘으로 충돌할지 모른다. 그 결과, 그들은 생성물 분자를 생성할 수 없다.

물질의 온도가 높을수록 분자들이 더 빨리 움직이고 그들 사이에 더 강한 충돌이 일어난다. 그러므로 온도가 높아지면 반응 속도가 증가한다. 예를 들어 대기를 구성하는 질소 분자와 산소 분자는 서로 계속해서 충돌한다. 그러나 대기의 주위 온도에서 이 분자들은 일반적으로 일산화 질소를 생성하기에 충분한 운동 에너지를 가지고 있지 않다. 그런데 번개의 열은 번개 근처에서 충돌의 상당 부분이 일산화 질소를 형성할 수 있는 점까지 극적으로 이 분자들의 운동 에너지를 증가시킨다. 이 장의 시작에 논의하였듯이, 이 방법으로 생성된 일산화 질소는, 식물이 생존에 필요한 질산 이온을 만들기 위해 추가의 반응을 겪는다. 이것은 **질소 고정**(*nitrogen fixation*)의 예이며, 21장에서 더 탐구한다.

결합을 끊는 데 필요한 에너지는 또한 전자기 복사파의 흡수로부터 올 수 있다. 복사파가 반응물 분자에 흡수되면, 분자에 있는 원자들이 진동하기 시작하여 그들 사이의 결합이 쉽게 끊어질 수 있다. 많은 경우에, 전자기 복사의 직접적인 흡수는 화학 결합을 끊고 화학 반응을 시작하기에 충분하다. 예를 들어 일반적인 대기 오염 물질인 이산화 질소(NO_2)는 단지 햇빛을 받아 일산화 질소와 산소 원자로 전환될 수 있다.

$$NO_2 + \text{햇빛} \longrightarrow NO + O$$

그들이 충돌, 전자기 복사파의 흡수, 또는 둘 다에 의한 것이든간에, 대부분의 화학 반응에서 결합의 파괴가 첫 단계에서 필수적이다. 이 결합을 처음으로 끊는 데 필요한 에너지는 **에너지 장벽**(*energy barrier*)으로 볼 수 있다. 이 에너지 장벽을 극복하는 데 필요한 최소한의 에너지는 **활성화 에너지**(**activation energy**, E_a)로 알려져 있다.

질소와 산소가 일산화 질소를 생성하는 반응에서는, 활성화 에너지가 매우 높아(N_2와 O_2의 결합이 매우 강하기 때문에) 가장 빠르게 움직이는 질소와 산소 분자만이 반응하기에 충분한 에너지를 가지게 된다. 그림 13.10은 이 화학 반응에서 활성화 에너지를 수직 언덕으로 나타내었다.

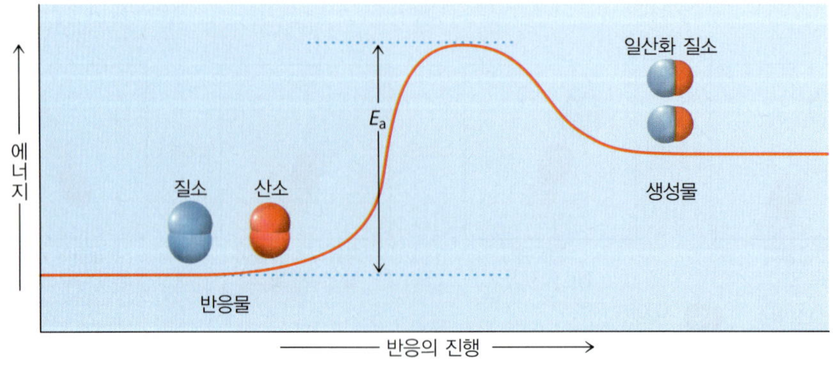

그림 13.10
반응물 분자는 생성물 분자로 변환되기 전에 활성화 에너지(E_a)라고 하는 최소한의 에너지를 얻어야만 한다.

화학 반응의 활성화 에너지는 자동차를 언덕 위로 운전하여 올라가는 데 필요한 에너지와 유사하다. 언덕 위까지 올라가기 위한 충분한 에너지가 없으면, 자동차는 반대쪽에 도달할 수 없다. 비슷하게, 반응물 분자가 활성화 에너지와 같거나 더 큰 에너지양을 가지고 있어야만 반응물 분자가 생성물 분자로 전환될 수 있다.

어떤 주어진 온도에서 반응물 분자들에 대한 운동 에너지는 넓게 분포한다. 어떤 분자들은 천천히 움직이고, 다른 분자들은 재빨리 움직인다. 6장에서 배웠듯이, 물질의 온도는 이들 모두의 운동 에너지의 평균과 관련이 있다. 그림 13.11에서 빨리 움직이는 몇 개의 반응물 분자들은 에너지 장벽을 뛰어 넘을 만큼의 충분한 에너지를 가지고 있어서 먼저 반응물 분자들로 전환된다.

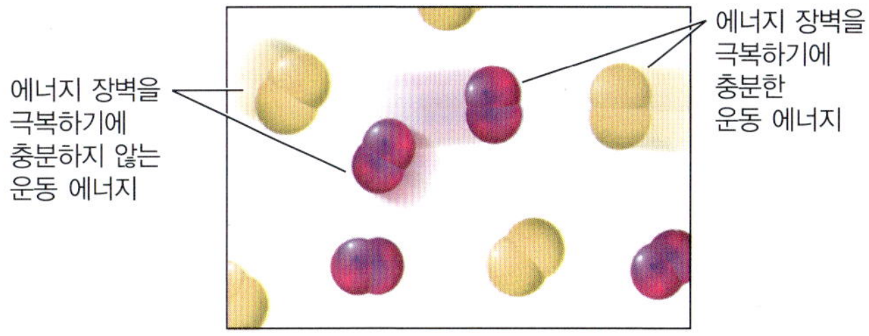

그림 13.11
빠르게 움직이는 반응물 분자들이 에너지 장벽을 뛰어 넘을 만큼 충분한 에너지를 가지고 있기 때문에 그들은 먼저 생성물 분자로 전환된다.

반응물의 온도가 증가할 때, 장벽을 뛰어 넘을 만큼 충분한 에너지를 가진 반응물 분자들의 수도 증가하는데, 이것이 반응이 더 높은 온도에서 일반적으로 더 빨라지는 이유이다. 반대로, 더 낮은 온도에서는 소수의 분자만이 장벽을 뛰어 넘을 만큼의 충분한 에너지를 가지고 있다. 따라서 반응은 더 낮은 온도에서 일반적으로 더 느려진다.

생명체에서 일어나는 반응을 포함한 대부분의 화학 반응은 이런 방법으로 온도에 의해 영향을 받는다. 인간처럼 내부 온도를 조절하는 동물의 체온은 상당히 일정하다. 그러나 그림 13.12에 보이는 악어처럼, 몇몇 동물의 체온은 주변의 온도에 따라 오르고 떨어진다. 따뜻한 날에 악어에서 일어나는 화학 반응은 '속도가 빨라지고' 동물은 더 활발해진다. 차가운 날씨에 화학 반응은 더 낮은 속도로 진행되며, 그 결과 악어의 움직임은 불가피하게 느려진다.

그림 13.12
이 악어는 추운 밤 동안 포장도로 위에 달라붙어 움직이지 않는다. 여기서 보는 바와 같이, 오전 나절에 온도가 충분히 따뜻해지면 악어는 깨어나 다른 곳으로 가버린다.

융합과학 13A
지구과학, 생명과학

학습목표
성층권의 오존 파괴를 예로 사용하여, 촉매가 어떻게 화학 반응을 더 빠르게 할 수 있는지를 논의할 수 있다.

촉매

물음 무염 소다크래커를 몇 분 동안 씹으면, 크래커가 단맛을 내기 시작한다. 이유는 무엇인가?

배운 바와 같이, 반응물의 농도 또는 온도를 증가시키면 화학 반응을 더 빠르게 진행시킬 수 있다. 반응 속도를 증가시키는 세 번째 방법은 활성화 에너지를 낮춤으로써 화학 반응의 속도를 증가시키는 물질인 **촉매**(catalyst)를 첨가하는 것이다. 촉매는 반응물로 참여할 수도 있지만, 이때는 생성물로 재생되어 다음 단계의 반응을 촉진시키는 데 사용될 수 있다.

오존(O_3)에서 산소(O_2)로의 전환은 그림 13.13a에서 볼 수 있듯이 반응이 상대적으로 높은 활성화 에너지를 가지고 있기 때문에 정상적으로 느리다. 그러나 염소 원자가 촉매로 작용하면, 그림 13.13b에서와 같이, 에너지 장벽이 낮아져서 반응이 더 빨리 진행될 수 있다.

염소 원자는 중간 반응과 관련된 대체 경로를 제공해줌으로써 이 반응의 에너지 장벽을 낮추는데, 각 경로는 촉매가 없는 반응보다 활성화 에너지가 더 낮다. 이 대체 경로는 두 단계로 되어 있다. 처음에 염소는 오존과 반응하여 일산화 염소와 산소를 생성한다.

$$\underset{\text{염소}}{Cl} + \underset{\text{오존}}{O_3} \longrightarrow \underset{\text{일산화 염소}}{ClO} + \underset{\text{산소}}{O_2}$$

이때 일산화 염소는 또 다른 오존 분자와 반응하여 추가로 2개의 산소 분자를 생성할 뿐만 아니라 염소 원자를 다시 생성한다.

$$\underset{\text{일산화 염소}}{ClO} + \underset{\text{오존}}{O_3} \longrightarrow \underset{\text{염소}}{Cl} + \underset{\text{산소}}{2\,O_2}$$

염소는 첫 반응에서 모두 없어지더라도, 두 번째 반응에서 다시 생성된다. 그 결과, 염소의 알짜 소모는 없다. 그러나 동시에 이 반응의 활성화 에너지가 더 낮아지기 때문에 오존 분자들은 재빨리 산소 분자들로 전환된다.

성층권에서 염소 원자들은 지구의 오존층 파괴를 촉진시킨다. 성층권에서 한때 냉장고와 에어컨의 냉매로 널리 생산되었던, 인간이 만든 프레온 가스(CFCs)의 부산물로 염소 원자들이 재생된다는 것이 그 증거이다. 오존층은 태양의 해로운 자외선으로부터 우리를 보호해 주기 때문에 오존층의 파괴는 심각한 문제이다. 염소 원자가 자연 과정에 의해 제거되기 전인 1년 내지 2년 동안 오존층에서 한 개의 염소 원자는 100,000개의 오존 분자들을 산소 분자로 전환시키는 데 촉매 작용을 하는 것으로 추정된다.

화학자들은 이로운 목적으로 여러 곳에 촉매의 힘을 이용할 수 있었다. 예를 들어 자동차 엔진에서 나오는 배기가스는 일산화 질소, 일산화 탄소 및 불연소 연료 증기(탄화수소)와 같이 다양한 종류의 오염 물질을 포함한다. 대기로 들어가는 이 오염 물질의 양을 감소시키기

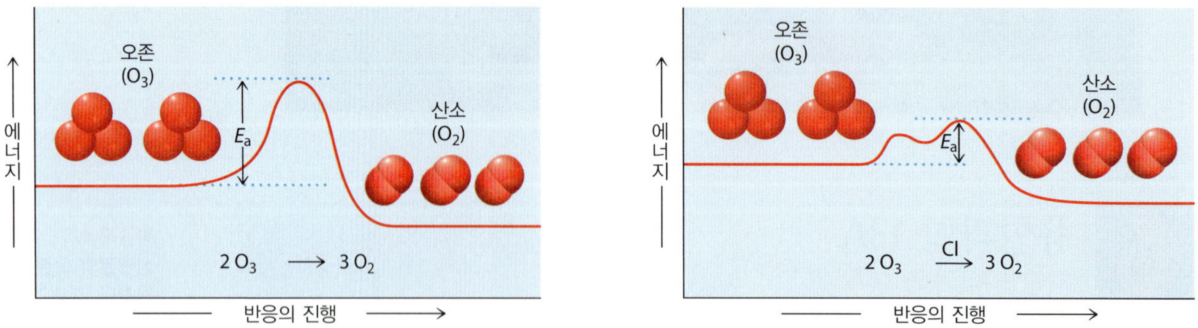

(a) 촉매가 없을 때　　(b) 염소 촉매가 있을 때

그림 13.13

(a) 상대적으로 높은 활성화 에너지(에너지 장벽)는 가장 에너지가 큰 오존 분자만이 반응하여 산소 분자를 생성할 수 있다는 것을 의미한다. (b) 염소 원자가 존재하면 활성화 에너지가 낮아지는데, 이것은 더 많은 반응물 분자가 생성물을 생성하기에 충분한 에너지를 가지고 있다는 것을 의미한다. 염소는 반응이 두 단계로 진행하도록 하며, 두 개의 더 작은 활성화 에너지가 이들 단계에 해당한다. (관례적으로 반응 화살표 위에 촉매의 이름을 쓴다는 것을 주목하라.)

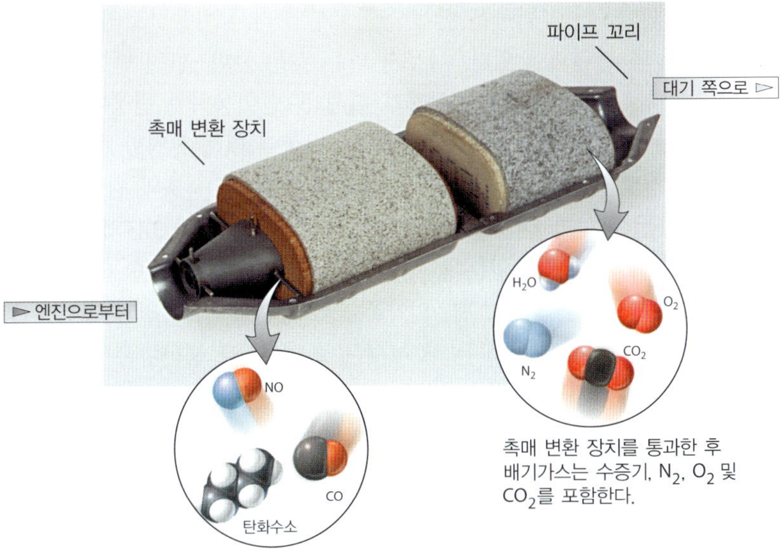

그림 13.14
촉매 변환 장치는 NO, CO 및 탄화수소와 같은 해로운 연소 생성물을, 해가 없는 N_2, O_2 및 CO_2로 변환시킴으로써 자동치 배기가스에 의한 오염 물질을 감소시킨다. 촉매는 전형적으로 백금(Pt), 팔라듐(Pd) 또는 로듐(Rd)이다.

위해 대부분의 자동차는 그림 13.14에서 보인 **촉매 변환 장치**(*catalytic converter*)를 부착하고 있다. 변환 장치의 금속 촉매는 배기가스 오염 물질을 덜 해로운 물질로 변환시키는 반응을 빠르게 한다. 일산화 질소는 질소와 산소로 변환되고, 이산화 탄소는 이산화 탄소로 변환되며, 타지 않은 연료는 이산화 탄소와 수증기로 변환된다. 촉매가 이 반응에 의해 소모되지 않기 때문에 하나의 촉매 변환 장치는 자동차의 수명 동안 효과적으로 작동을 계속할 수 있다.

촉매 변환 장치는 마이크로칩으로 조절하는 연료-공기 비율과 더불어, 차량당 오염 물질의 배출량을 현저히 감소시켰다. 그러나 이 개선은 그림 13.15에 보인 교통 정체의 예처럼, 운행되는 차량 수의 증가에 의해 상쇄되어 왔다. 이것은 또한 오염 필수 조건을 우회하는 큰 수의 SUVs에 의해 상쇄된다.

촉매가 반응 온도를 낮추고, 소모 없이 생성물의 수득률을 높여 제조 원가를 낮추기 때문에 화학 산업은 촉매에 의존한다. 사실 모든 공산품의 90% 이상이 촉매의 도움으로 생산된다. 촉매가 없다면, 휘발유의 가격은 훨씬 더 높아져서 그 결과, 고무, 플라스틱, 의약품, 자동차 부품, 의류 및 화학 비료로 길러진 식품 등과 같은 소비품의 가격이 더 높아질 것이다. 생명체는 복잡한 생화학 반응을 쉽게 일어나게 하는 **효소**(*enzyme*)라고 알려진 특별한 형태의 촉매에 의존한다. 효소는 음식의 소화와 DNA의 유전적 활동에 이용된다. (15장에서 효소의 성질과 작용에 대하여 더 학습할 것이다.)

그림 13.15
오늘날 자동차의 배기가스는 촉매 변환 장치의 출현 전보다 훨씬 더 깨끗하나, 매우 많은 차들이 도로에 달리고 있다. 1960년에 미국에서 등록된 자동차는 약 7천 4백만 대였지만, 2008년도에는 약 2억 5천만 대였다.

13.4 산은 양성자를 주고, 염기는 그것을 받는다

학습목표
화학 물질이 산 또는 염기로 작용하는 것을 구별할 수 있다.

물음 왜 많은 의약품이 염화 수소로 처리되는가?

이 장의 후반부에서는 두 가지 중요한 화학 반응인 산-염기 반응과 산화-환원 반응을 탐구한다. 산-염기 반응은 한 반응물에서 다른 반응물로의 **양성자**(*proton*) 이동과 관련되어 있다. 산-염기 반응은 위 안에서 음식물의 소화를 돕는다. 그들은 지구 기후에서 핵심 역할을 한다. 대부분의 소비자 상품은 그들의 기원을 산-염기 화학 반응으로 추적할 수 있다. 산화–환원 반응은 한 반응물로부터 다른 반응물로의 하나 또는 더 많은 **전자**(*electron*)의 이동과 관련되어 있다. 나무가 타는 것은 산화–환원 반응인데, 이것은 우리가 먹은 음식을 생화학적 에너지로 변환시키기 위해 몸이 이용하는 반응이다. 산화–환원 반응은 자동차가 녹스는 것과 연료 전지로부터 에너지 방출에 대해 설명할 수 있다.

산이라는 용어는 '신맛'을 뜻하는 라틴어 *acidus*로부터 왔다. 식초와 감귤류 과일의 신맛은 산의 존재 때문이다. 산은 화학 산업에서 필수적이다. 예를 들어 약 385억 킬로그램보다 많은 황산이 해마다 미국에서 생산되고 있는데, 이것은 제조된 화학 물질 중 가장 많은 양이다. 황산은 비료, 세제, 페인트 도료, 플라스틱, 의약품, 전지뿐만 아니라 철과 철강을 생산하는 데에도 사용된다. 황산은 제품을 제조하는 데 매우 중요하여, 그 생산량은 국가의 산업 영향력의 표준 척도로 여겨진다. 그림 13.16은 우리가 흔히 접하는 몇 가지 산을 나타낸 것이다.

염기의 특징은 쓴맛과 미끄러운 촉감이다. 염기 그 자신은 미끄럽지 않다는 것이 흥미롭다. 더 정확히 말하면, 염기는 피부 지방을 미끄러운 비누 용액으로 변환시킨다. 하수구를 뚫는 대부분의 상업용 제재에는 양잿물로 알려진 수산화 소듐(NaOH)이 들어 있는데, 이것은 매우 강한 염기성이고 농축되면 해롭다. 염기는 또한 산업 분야에서 아주 많이 사용된다. 미국에서는 다양한 화학 물질 생산과 펄프 및 제지 산업에 사용하기 위해 해마다 약 113억 킬로그램의 수산화 소듐이 제조되고 있다. 염기를 포함하는 용액은 가끔 아랍어 *al-qali*('재')로부터 유래된 용어인 **알칼리**(*alkaline*)로 불린다. 재는 염기인 탄산 포타슘(K_2CO_3)이 있기 때문에 물에 젖으면 미끈거린다. 그림 13.17은 몇 가지 친숙한 염기를 나타낸 것이다.

산(**acid**)은 수소 이온(H^+)를 주는 모든 화학 물질로, **염기**(**base**)는 수소 이온을 받는 모든 화학 물질로 정의할 수 있다. 12장에서 배운, 수소 원자는 한 개의 양성자 핵 주위에 한 개의 전자로 이루어져 있기 때문에, 전자 한 개를 잃고 생성된 수소 이온은 더 이상 고립된 양성자를 가지고 있지 않다는 사실을 상기하라. 따라서 산은 양성자를 주는 화학 물질이고, 염기는 양성자를 받는 화학 물질이라고도 한다. 염화 수소가 물에 섞일 때 무슨 일이 일어나는지를 생각해 보자.

$$HCl + H_2O \longrightarrow Cl^- + H_3O^+$$

H^+ 주개 (산) H^+ 받개 (염기)

(a) (b) (c) (d)

그림 13.16
산의 예. (a) 감귤류 과일은 바이타민 C인 아스코브산($C_6H_8O_8$)을 포함한 많은 종류의 산을 함유하고 있다. (b) 식초는 아세트산($C_2H_4O_2$)을 포함하고 있으며, 음식을 보존하는 데 사용되고 있다. (c) 많은 화장실 변기 세척제는 염산(HCl)으로 제조되고 있다. (d) 모든 청량음료에는 탄산(H_2CO_3)이 들어 있으며, 많은 음료에는 인산(H_3PO_4)도 들어 있다.

(a) (b) (c) (d)

그림 13.17
염기의 예. (a) 탄산수소 소듐($NaHCO_3$)은 빵을 부풀어오르게 한다. (b) 재에는 탄산 포타슘(K_2CO_3)이 들어 있다. (c) 비누는 동물성 또는 식물성 기름을 염기와 반응시켜 만든다. 비누 자체는 약한 알칼리성이다. (d) 수산화 소듐(NaOH) 같은 강한 염기는 하수구 세척제로 사용된다.

염화 수소는 수소 이온을 물 분자의 비공유 전자쌍 중 하나에 주면서 결과적으로 산소에 결합한 세 번째의 수소가 된다. 이 경우, 염화 수소는 산(양성자 주개)으로 행동하고, 물은 염기(양성자 받개)로 행동한다. 그림 13.18에서와 같이 이 반응의 생성물은 염화 이온과 여분의 양성자를 가진 물 분자인 **하이드로늄 이온**(**hydronium ion**, H_3O^+)이다.

암모니아를 물에 넣으면, 암모니아는 비공유 전자쌍이 물로부터 수소 이온을 받기 때문에 염기로 행동하는데, 이 경우 물은 산으로 행동한다.

$$H_2O + NH_3 \longrightarrow OH^- + NH_4^+$$

H^+ 주개 (산) H^+ 받개 (염기)

그림 13.19에서와 같이, 이 반응은 결과적으로 암모늄 이온과 한 개의 수소 원자핵이 없는 물 분자인 **수산화 이온**(**hydroxide ion**)을 생성하게 된다.

물질은 **행동**에 따라 산 또는 염기로 정의된다는 것을 주목하라. 예를 들어 염화 수소가 물에 섞일 때 염화수소는 산으로 행동하고, 물은 염기로 **행동**한다고 한다. 비슷하게, 암모니아가 물에 섞일 때 암모니아는 염기로 **행동**하고, 물은 이 환경에서 산으로 **행동**한다. 산–염기는 행동으로 보여지기 때문에, 물 같은 화학 물질이 어떤 때는 염기로 행동하지만, 다른 때는 산으로 행동하더라도 실제로 모순이 없다. 비유적으로 여러분 자신을 생각해 보자. 여러분은 여러분이지만, 여러분의 행동은 여러분이 누구와 함께 있는지에 의존하여 변한다. 비슷하게, 염화 수소와 섞일 때는 염기(H^+ 받개)로 행동하고, 암모니아와 섞일 때는 산(H^+ 주개)으로 행동하는 것이 물의 화학적 성질이다.

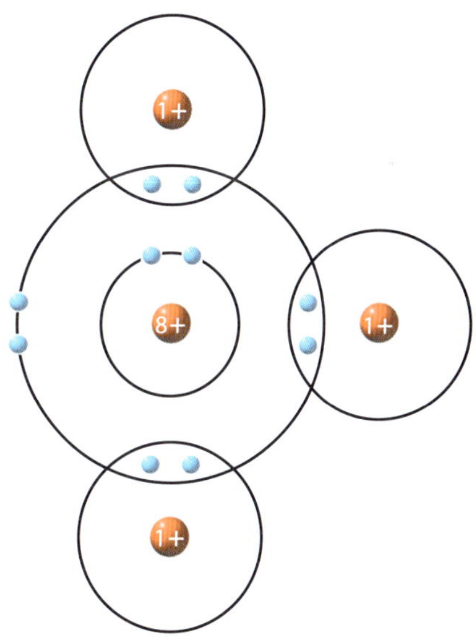

하이드로늄 이온의 전자점 구조

총 양성자	11+
총 전자	10−
알짜 전하	1+

H_3O^+

하이드로늄 이온의 공간 채움 모형

그림 13.18
하이드로늄 이온의 양전하는 이 분자가 추가로 얻은 양성자 때문이다. 많은 산–염기 반응에서 역할을 하는 하이드로늄 이온은 다원자 이온이며, 12.2절에 설명된 것처럼 알짜 전하를 운반하는 분자이다.

산–염기 반응의 생성물 또한 산이나 염기로 행동할 수 있다. 예를 들어 암모늄 이온은 수소 이온을 수산화 이온에게 되돌려주고, 암모니아와 물을 다시 생성할 수 있다.

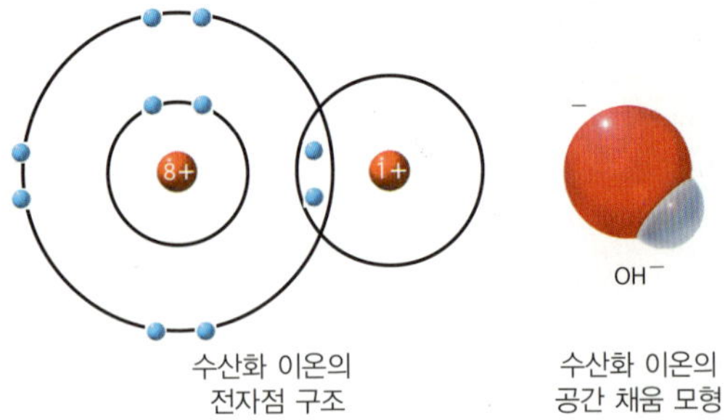

총 양성자	9+
총 전자	10−
알짜 전하	1−

그림 13.19
수산화 이온은 알짜 음전하를 가지고 있으며, 이것은 한 개의 양성자를 잃은 결과이다. 하이드로늄 이온처럼, 수산화 이온은 많은 산–염기 반응에 참여한다.

$$H_2O + NH_3 \longleftarrow OH^- + NH_4^+$$

H⁺받개 (염기) H⁺주개 (산)

산–염기 반응의 정반응과 역반응은 동시에 진행되므로 반대 방향의 두 화살표를 사용함으로써 동시에 일어나는 것을 나타낼 수 있다.

$$H_2O + NH_3 \rightleftarrows OH^- + NH_4^+$$

H_2O	NH_3	OH^-	NH_4^+
H⁺주개 (산)	H⁺받개 (염기)	H⁺받개 (염기)	H⁺주개 (산)

왼쪽에서 오른쪽으로 보이는 반응식에서, 암모니아는 산으로 작용하는 물로부터 수소 이온을 받기 때문에 염기로 행동한다. 반대 방향의 반응식에서, 암모늄 이온은 염기로 행동하는 수산화 이온에 수소 이온을 주기 때문에 산으로 행동하는 것을 보여 준다.

염은 산–염기 반응의 이온 생성물이다

일상적인 용어에서, **염**은 식탁용 소금인 염화 소듐(NaCl)을 의미한다. 그러나 화학 용어에서의 **염**(**salt**)은 산과 염기의 반응으로부터 생성되는 어떤 이온 결합 화합물을 뜻하는 일반적인 용어이다. 예를 들어 염화 수소와 수산화 소듐은 반응하여 염인 염화 소듐과 물을 생성한다.

$$HCl + NaOH \longrightarrow NaCl + H_2O$$

HCl	NaOH	NaCl	H_2O
염화 수소 (산)	수산화 소듐 (염기)	염화 소듐 (염)	물

비슷하게, 염화 수소와 수산화 포타슘의 반응으로 염인 염화 포타슘과 물이 생긴다.

$$HCl + KOH \longrightarrow KCl + H_2O$$

HCl	KOH	KCl	H_2O
염화 수소 (산)	수산화 포타슘 (염기)	염화 포타슘 (염)	물

그림 13.20
'무염' 식탁용 소금 대체물은 염화 소듐 대신에 염화 포타슘을 함유하고 있다. 그러나 과량의 포타슘염은 심각한 질병을 초래할 수 있기 때문에, 이 제품을 사용할 때에는 주의해야 한다. 더구나 소듐 이온은 식이 요법에서 필수적인 요소로 완전히 배제시켜서는 결코 안 된다. 이들 중요한 두 이온의 균형을 맞추기 위해, 그림과 같은 염화 소듐과 염화 포타슘이 반반인 혼합물이 시중에 나와 있는지 알아볼 수도 있다.

염화 포타슘은 그림 13.20에 언급된 것처럼 '무염' 식탁용 소금의 주요 성분이다.

염은 일반적으로 그들이 생성된 산과 염기보다는 부식성이 작다. 부식성이 있는 화학 물질은 물질을 분해하거나 표면을 닳게 한다. 염화 수소는 매우 부식성이 큰 산이며, 화장실 변기를 세척하고 금속 표면을 에칭하는 데 사용된다. 수산화 소듐은 막힌 하수구를 뚫는 데 사용하는 부식성이 매우 큰 염기이다. 그러나 염화 수소와 수산화 소듐을 같은 비율로 섞으면, 두 출발 물질은 파괴되어 아무 데도 남아 있지 않고 바닷물인 염화 소듐 수용액이 생성된다.

산과 염기가 존재하는 만큼 많은 염이 존재한다. 사이안화 소듐(NaCN)은 치명적인 독약이다. 질산 포타슘(KNO_3)인 '칠레 초석'은 비료나 화약을 만드는 데 사용된다. 염화 칼슘($CaCl_2$)은 보통 언 도로를 녹이는 데 사용되며, 플루오린화 소듐은 치아 부식을 억제한다. 이런 염을 생성하는 산–염기 반응이 표 13.2에 나와 있다.

표 13.2 산–염기 반응과 생성된 염

산		염기		염		물
HCN 사이안화 수소	+	NaOH 수산화 소듐	⟶	NaCN 사이안화 소듐	+	H_2O
HNO_3 질산	+	KOH 수산화 포타슘	⟶	KNO_3 질산 포타슘	+	H_2O
2 HCl 염화 수소	+	$Ca(OH)_2$ 수산화 칼슘	⟶	$CaCl_2$ 염화 칼슘	+	2 H_2O
HF 플루오린화 수소	+	NaOH 수산화 소듐	⟶	NaF 플루오린화 소듐	+	H_2O

산과 염기의 반응을 **중화 반응**(neutralization)이라고 한다. 표 13.2에서 색 구분된 중화 반응에서 볼 수 있듯이, 염의 양이온은 염기에서 오고, 음이온은 산에서 온다. 남은 수소 이온과 수산화 이온은 결합하여 물을 생성한다.

모든 중화 반응이 물을 생성하지는 않는다. 예를 들어 염화 수소의 존재하에 마약인 유사에페드린(pseudoephedrine)은 염화 수소로부터 수소 이온(H^+)을 받음으로써 염기로 행동한다. 그때 음이온인 Cl^-은 그림 13.21에 보인 것처럼, 유사에페드린– H^+ 이온에 결합하여 코막힘 완화제인 유사에페드린 염화수소 염을 생성한다. 이 염은 물에 녹아 소화계를 통해 흡수될 수 있다.

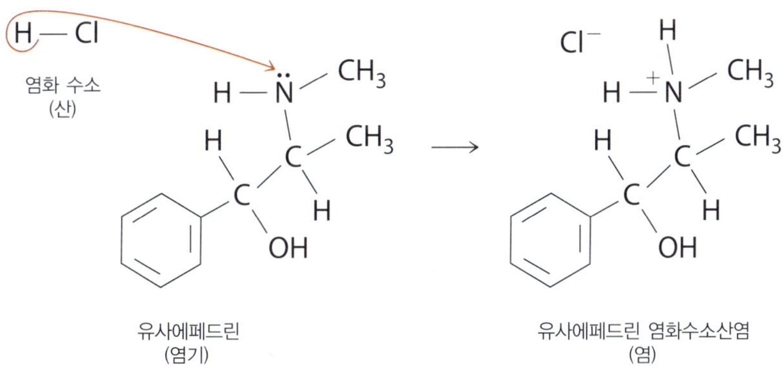

그림 13.21
염화 수소와 유사에페드린이 반응하여 **유사에페드린 염화수소**염을 생성하는데, 이것은 물에 녹기 때문에 몸 안으로 잘 흡수된다.

13.5 산성, 염기성 및 중성 용액

학습목표
하이드로늄 이온 농도로 주어진 용액의 pH를 계산할 수 있다.

물음 왜 물은 완벽하게 순수할 수 없는가?

산으로 행동할 수 있는 능력과 염기로 행동할 수 있는 능력이 같은 물질은 **양쪽성**(amphoteric)이라고 한다. 물이 좋은 예이다. 양쪽성 때문에 물은 그 자신과 반응하는 능력을 가지고 있다. 산으로 행동할 때 물 분자는 수소 이온을 이웃의 물 분자에게 준다. 이때 이웃의 물 분자는 수소 이온을 받아들여 염기로 행동한다. 이 반응으로 수산화 이온과 하이드로늄 이온을 생성되는데, 이들은 함께 반응하여 물을 다시 생성한다.

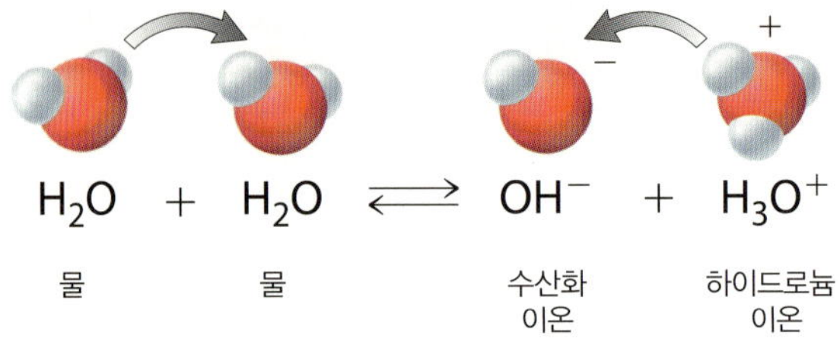

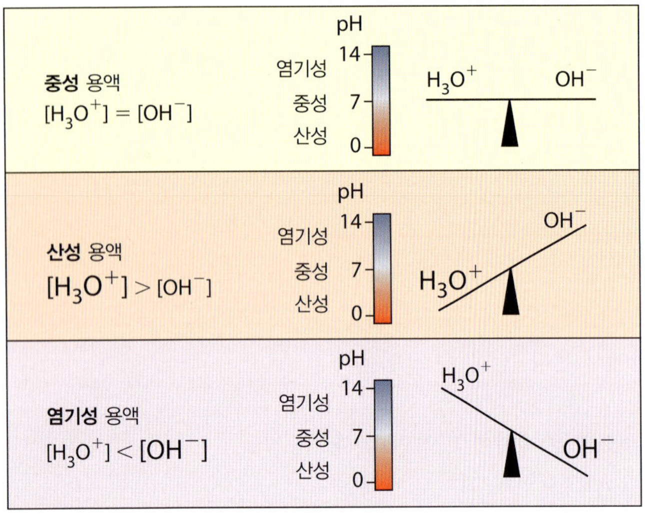

그림 13.22
하이드로늄과 수산화 이온의 상대적 농도가 용액이 중성, 산성, 또는 염기성인지를 결정한다.

이 반응으로부터 물 분자가 수소 이온을 얻기 위해서는 두 번째 물 분자가 수소 이온을 잃어야만 한다는 것을 알 수 있다. 이것은 항상 한 개의 하이드로늄 이온이 생성될 때 수산화 이온도 역시 한 개가 생성된다는 것을 의미한다. 그러므로 순수한 물에서 하이드로늄 이온의 총 수는 수산화 이온의 총 수와 같아야 한다. 실험에 의해 밝혀진 것에 의하면, 순수한 물에서 하이드로늄 이온과 수산화 이온의 농도는 극히 작아 각각 약 0.0000001 M인데, 여기서 M은 몰농도, 즉 리터당 몰수를 나타낸다(12장 참조). 그러므로 물 그 자체는 매우 약한 염기일 뿐 아니라 매우 약한 산으로도 행동한다.

수용액은 중성, 산성 또는 염기성으로 표현할 수 있다. **중성(neutral)** 용액은 하이드로늄 이온의 농도가 수산화 이온의 농도와 같은 용액이다. 순수한 물은 중성 용액의 예인데, 물이 하이드로늄과 수산화 이온을 아주 적은 양 포함하고 있기 때문이 아니라, 그들의 수가 같기 때문이다. 중성 용액은 또한 같은 양의 산과 염기가 결합할 때 얻어지는데, 이것이 산과 염기가 서로 **중화시킨다**(*neutralize*)고 말하는 이유이다.

산성(acidic) 용액은 하이드로늄 이온의 농도가 수산화 이온의 농도보다 더 큰 용액이다. 산성 용액은 물에 산을 첨가함으로써 만들어진다. 이 첨가의 효과는 하이드로늄 이온의 농도를 증가시키는 것이다. 흥미롭게도, 과량의 하이드로늄 이온은 수산화 이온을 중화시키는 효과를 가지고 있다. 그래서 하이드로늄 이온의 농도가 증가함에 따라 그림 13.22에 나타낸 것처럼, 수산화 이온의 농도는 반드시 감소한다.

염기성(basic) 용액은 수산화 이온의 농도가 하이드로늄 이온의 농도보다 더 큰 용액이다. 염기성 용액은 물에 염기를 첨가함으로써 만들어진다. 이 첨가는 수산화 이온의 농도를 증가시킨다. 특히 과량의 수산화 이온은 하이드로늄 이온을 중화시키는 효과를 가지고 있다. 그래서 수산화 이온의 농도가 증가함에 따라 그림 13.22에 묘사된 것처럼, 하이드로늄 이온의 농도는 반드시 감소한다.

pH 척도는 산도를 나타내기 위해 사용된다

pH 척도(pH scale)는 용액의 산도를 나타내기 위해 사용되는 수의 척도이다. 수학적으로 **pH**는 하이드로늄 이온의 농도에 대한 음의 로그와 같다.

$$\mathrm{pH} = -\log[H_3O^+]$$

괄호는 몰농도를 나타내기 위해 사용되며, 그래서 $[H_3O^+]$는 '하이드로늄 이온의 몰농도'로 읽는다는 것을 주목하라.

1.0×10^{-7} M의 하이드로늄 이온 농도를 가지는 중성 용액을 생각해 보자. 이 용액의 pH를 알기 위해서는 먼저 이 값의 로그를 취하는데, 그 값은 −7이다. pH는 정의에 의해 이 값

의 음이므로, $-(-7) = 7$을 의미한다. 따라서 중성 용액에서 하이드로늄 이온의 농도는 1.0×10^{-7} M이며, pH는 7이다.

산성 용액은 7보다 더 낮은 pH값을 가진다. 예를 들어 하이드로늄 이온의 농도가 1.0×10^{-4} M인 산성 용액에서 $\mathrm{pH} = -\log(1.0\times10^{-4}) = 4$이다. 산성이 더 강한 용액일수록 하이드로늄 이온의 농도가 더 크고, pH는 더 낮다.

염기성 용액은 7보다 더 높은 pH 값을 가진다. 예를 들어 하이드로늄 이온의 농도가 1.0×10^{-8} M인 염기성 용액에서 $\mathrm{pH} = -\log(1.0\times10^{-8}) = 8$이다. 염기성이 더 강한 용액일수록 하이드로늄 이온의 농도가 더 작고, pH는 더 높다.

그림 13.23은 몇 가지 친숙한 용액의 전형적인 pH 값을 나타낸 것이고, 그림 13.24는 pH 값을 결정한 두 가지 일반적인 방법을 나타낸 것이다 .

(a) (b)

그림 13.24
(a) 용액의 pH는 pH 측정기를 사용하여 전자적으로 측정될 수 있다. (b) 용액의 pH에 대한 대략적인 추정은 pH에 따라 색이 변하는 염료로 덮인 pH 시험지로 얻을 수 있다.

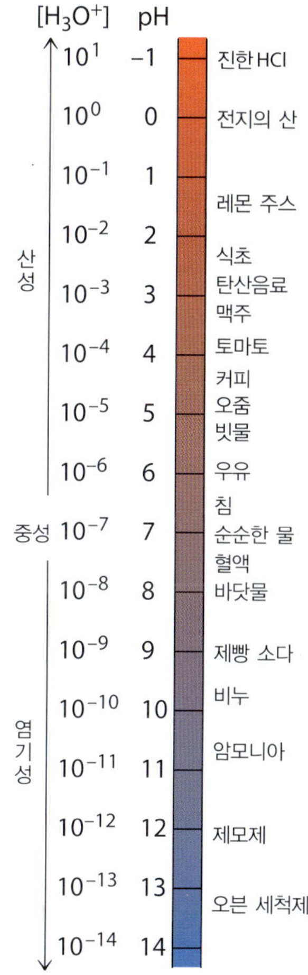

그림 13.23
몇 가지 일반적인 용액의 pH 값

학습목표
비와 해양의 pH가 어떻게 대기의 이산화 탄소에 의해 영향을 받는지를 기술할 수 있다.

융합과학 13B
지구과학

산성비와 해양 산성화

물음 화석 연료를 태우는 것이 어떻게 해양의 pH를 낮추는가?

빗물은 자연적으로 산성이다. 이 산성의 한 원인은 탄산음료에서 거품을 일으키는 것과 같은 기체인 이산화 탄소이다. 대기는 약 8290억 톤의 CO_2를 포함하는데, 그것의 대부분은 화산과 유기 물질의 분해 같은 자연 원인으로부터 나오지만, 증가하는 양(약 2300억 톤)은 인간의 활동으로부터 나온다.

대기 중에 있는 물은 이산화 탄소와 반응하여 **탄산**(*carbonic acid*)을 생성한다.

$$\underset{\text{이산화 탄소}}{CO_2(g)} + \underset{\text{물}}{H_2O(l)} \longrightarrow \underset{\text{탄산}}{H_2CO_3(aq)}$$

탄산은 그 이름이 의미하듯이 산으로 행동하여 물의 pH를 낮춘다. 대기 중의 CO_2는 빗물의 pH를 중성 pH인 7보다 현저하게 낮은 약 5.6이 되게 한다. 지역적인 변동 때문에 빗물의 일반적인 pH는 5와 7 사이로 변한다. 빗물의 이런 자연적인 산도는 땅의 부식을 가속시킬 수 있고, 특정한 환경 아래에서 지하 동굴이 생성되게 할 수 있다.

관례적으로 **산성비**(*acid rain*)는 pH가 5보다 낮은 비에 대해 사용되는 용어이다. 산성비는 이산화 황과 같은 공기 매개 오염 물질이 대기 중의 물방울에 흡수될 때에도 생성된다. 이산화 황은 삼산화 황으로 쉽게 변환되는데, 이 삼산화 황은 물과 반응하여 **황산**(*sulfuric acid*)을 생성한다.

$$\underset{\text{이산화 황}}{2\,SO_2(g)} + \underset{\text{산소}}{O_2(g)} \longrightarrow \underset{\text{삼산화 황}}{SO_3(g)}$$

$$\underset{\text{삼산화 황}}{SO_3(g)} + \underset{\text{물}}{H_2O(l)} \longrightarrow \underset{\text{황산}}{H_2SO_4(aq)}$$

매년 약 2천만 톤의 SO_2가 황이 포함된 석탄과 기름의 연소에 의해 대기 중으로 방출된다. 황산은 탄산보다 훨씬 더 강하고, 그 결과 황산이 첨가된 비는 궁극적으로 금속, 페인트 및 다른 노출된 물질을 부식시킨다. 매년 손실 비용은 수십 억 달러에 달한다, 환경에 대한 비용 또한 크다(그림 13.25). 산성비가 유입되는 많은 강과 호수는 생명체가 살 수 있는 능력이 감소하게 된다. 산성비를 맞는 많은 식물들은 생존하지 못한다. 이것은 매우 산업화된 지역에서 특히 명백하다.

산업화의 공기 오염에 의한 산성비는 세계의 많은 지역에 심각한 문제로 남아 있다. 그러나 문제가 해결되는 방향으로 의미 있는 진전이 이루어졌다. 예를 들어 미국에서 이산화 황과 산화 질소의 배출이 1980년 이래 거의 반으로 감소하였다. 또한 2005년에 미국 환경보호국은 주간대기청정규칙(Clean Air Interstate Rule, CAIR)을 시행하였는데, 이것은 특히 심하게 산업화된 지역에서 바람을 타고 오는 지역에서 한층 이 오염 물질들의 수준을 감소시키기 위해 고안된 것이다. 그러나 궁극적인 장기간 해결책은 화석 연료 사용에서 원자력과 태양 에너지와 같이 보다 발전된 에너지원 쪽으로 이동하는 것이 될 것이다.

이산화 황과 같은 대기 오염 물질을 말할 때는 백만 톤의 용어로 말한다. 그러나 우리가 대기 중으로 내뿜는 이산화 탄소의 양은 십억 톤으로 측정된다. 이 이산화 탄소는 이산화 황이

(a) (b)

그림 13.25
(a) 이 두 사진은 산성비의 영향 전과 후의 뉴욕시 중앙 공원에 있는 같은 오벨리스크를 보여 준다. (b) 미국의 북동부나 유럽 같은 매우 산업화된 지역으로부터 바람이 불어가는 쪽에 있는 많은 산림은 산성비에 의해 눈에 띄게 심각한 타격을 받아 왔다.

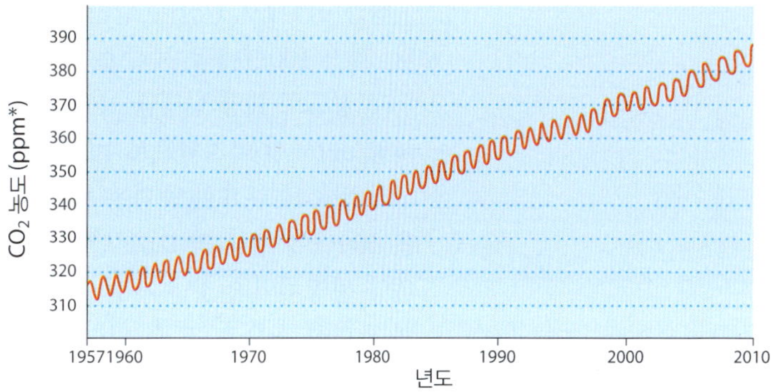

*ppm = parts per million, 이것은 공기 백만 분자당 이산화 탄소 분자의 수를 말한다.

그림 13.26
하와이의 마우나로아에 있는 연구자들은 1950년대에 데이터를 모으기 시작한 이래로 대기 중 이산화 탄소의 농도가 증가되는 것을 기록하였다.

좁은 지역에 걸쳐 하는 만큼 비의 pH를 결코 낮출 수 없을 것이다. 그러나 이산화 탄소가 매우 많이 있기 때문에 전세계, 특히 해양에 대한 영향은 의미가 있을 수 있다. 그림 13.26에서 볼 수 있듯이 인간 활동에 의해 대기 중으로 들어가는 이산화 탄소의 양이 증가하고 있다는 것을 생각해 보자. 그러나 놀랍게도 대기 중 CO_2의 농도는 비례적으로 증가하지 않고 있다. 그림 13.27에 나타낸 바와 같이, 한 가지 설명은 해양과 관계가 있다. 대기 중 CO_2가 빗방울, 호수 또는 해양과 같은 어떤 물 덩어리에 녹으면 탄산(H_2CO_3)을 생성한다. 민물에서 이 탄산은 다시 물과 대기 중으로 방출되는 이산화 탄소로 변환된다. 그러나 해양에서 탄산은 용해된 알칼리 광물에 의해 재빨리 중화된다. (해양은 pH ≈ 8.1의 알칼리성이다.) 이 중화 생성물은 궁극적으로 녹지 않는 고체로 해양 바닥에 쌓이게 된다. 따라서 해양에서 탄산 중화는 CO_2가 대기 중으로 다시 방출되는 것을 방지한다. 그러므로 해양은 이산화 탄소 **싱크대**이며, 들어온 대부분의 CO_2는 다시 나오지 않는다. 대기 중으로 더 많은 CO_2를 밀어 넣는 것은 거대한 해양으로 CO_2를 더 많이 밀어 넣는 것을 의미한다. 지금까지 해양은 배출된 CO_2의 약 $\frac{1}{3}$을 흡수하여 왔다.

그러나 해양으로 우리의 CO_2를 이동시키는 데 대가를 지불해야 한다. 그림 13.27에서 탄산(H_2CO_3)에서 유래된 CO_2는 탄산 칼슘($CaCO_3$)과 반응한다는 것을 주목하라. 그러므로 해양으로 이산화 탄소를 추가하는 것은 바닷물 속에 탄산 칼슘의 양뿐만 아니라 탄산 마그네슘($MgCO_3$) 같은 다른 탄산염의 양을 감소시키는 효과를 가지고 있다. 그런데 산호, 껍질을 가진 유기체 및 다른 해양 종들은 그들의 신체 구조를 만들고 유지하기 위해 이 탄산염들을 이용한다. 중요하게도 바닷물이 현재 표면수의 경우처럼 이 광물로 포화되었을 때에만 그렇게 할 수 있다. 그러나 CO_2가 추가되면 바닷물은 탄산염의 불포화 상태가 된다. 이것이 일어나는 지역에서 탄산염 기반 생명체는 녹기 시작하며, 이것은 그들이 멸종된다는 것을 의미한다. 차례로 이것은 해양 생태계 도처에 중요한 영향을 미치며, 우리에게도 영향을 줄 것이다. 이것을 한 예로 생각해 보자. 알래스카의 남쪽 해안에 있는 분홍 연어는 탄산염 광물에 의존하는 익족류라고 알려진 바다 우렁이를 먹고 살아간다. 해양 산성화에 의한 이 익족류 개체수의 파괴는 또한 알래스카 분홍 연어 어업의 종말을 의미할 것이다.

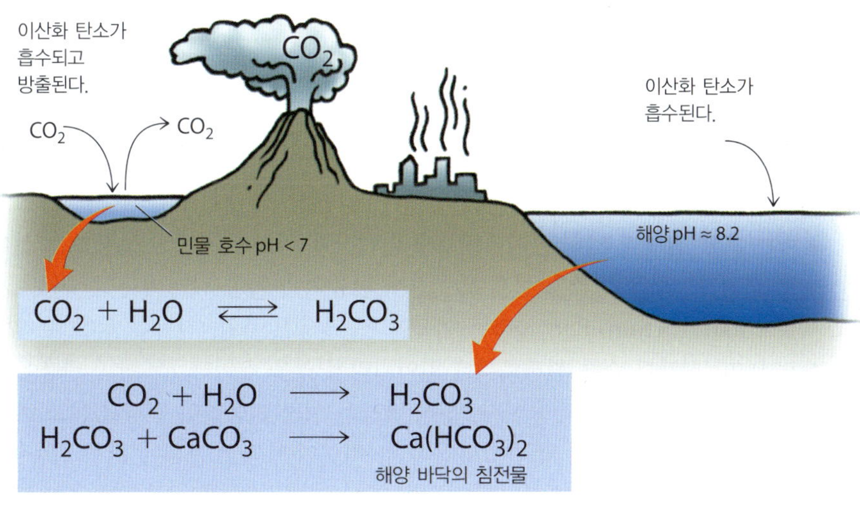

그림 13.27
이산화 탄소는 어떤 물 덩어리로 들어가 탄산을 생성한다. 민물에서 이 반응은 가역적이며, 이산화 탄소는 대기 중으로 다시 방출된다. 알칼리 해양에서 탄산은 해양 바닥에 침전되어 있는 탄산수소 칼슘[$Ca(HCO_3)_2$]에 의해 중화된다. 그 결과 해양으로 들어간 대기 중 이산화 탄소의 대부분은 그곳에 남게 된다.

해양 pH에서 인간이 생산한 CO_2의 영향을 측정할 수 있는가? 절대적으로 그것은 중요하다. 과거 100년에 걸쳐 주로 화석 연료에 의한 대기 중 이산화 탄소의 증가로 인해 약 0.1 pH 단위 정도로 해양의 평균 pH가 낮아졌다. 지질 연대 규모에서 보면, 이것은 번개처럼 빠르다. 해양 pH에서 마지막으로 비교할 만한 감소는 약 5600만 년 전에 일어났다. 그때 대기 중 이산화 탄소의 주요한 증가는 해양 pH를 약 0.45 단위까지 감소하게 하였다. 그러나 이 변화들은 100년에 평균 약 0.01 단위로 해양 pH를 감소시키면서 5000년에 걸쳐 일어났다. 결과는 해양 생명체의 엄청난 자연 소멸이었으며, 이것은 해양 바닥의 코어 시료 안에서 갈색 침전물의 뚜렷한 층으로 볼 수 있다. 우리는 약 10배 정도 빠른 속도로 이 사건을 능가하는 것을 추적 중이다.

27장에서 배우겠지만, 대기 중 이산화 탄소가 세계 기후에 역할이 주어진 것으로 대중 매체에서 많은 관심을 가지고 있다. 그러나 우리가 방대한 양의 이산화 탄소를 생산함으로써 이중적인 문제를 가지고 있다는 것을 이해해야만 한다. 하나는 세계 기후에서 예측불허의 변화에 대한 가능성이다. 다른 하나는 해양 화학에서 꽤 예측할 수 있는 변화이다. 둘 다 신중하게 고려될 필요가 있다.

13.6 전자 잃음과 얻음

학습목표
화학 물질이 산화 또는 환원되는 때를 확인할 수 있다.

물음 염소 원자는 왜 강한 산화제인가?

산화는 반응물이 한 개 또는 더 많은 수의 전자를 잃는 과정이다. 환원은 이와 반대의 과정으로, 반응물이 한 개 또는 더 많은 수의 전자를 얻는 과정이다. 산화와 환원 반응은 동시에 일어나는 상보적인 과정이다. 그들은 항상 함께 일어난다. 즉 다른 것 없이 하나만을 가질 수 없다. 산화 반응에서 어떤 화학 물질에서 잃어버린 전자는 단지 사라지지 않고 환원 반응에서 다른 화학 물질이 얻는다.

그림 13.28
염화 소듐의 발열 생성에서 소듐 금속은 염소 기체에 의해 산화되고, 염소 기체는 소듐 금속에 의해 환원된다.

그림 13.28에서 볼 수 있듯이, 소듐과 염소가 반응하여 염화 소듐을 생성할 때 산화–환원 반응이 일어난다. 이 반응에 대한 반응식은 다음과 같다.

$$2\ Na(s) + Cl_2(g) \longrightarrow 2\ NaCl(s)$$

이 반응에서 전자가 어떻게 이동했는지 알기 위해 각 반응물을 개별적으로 살펴보자. 전기적으로 중성인 각각의 소듐 원자는 양전하를 띤 이온으로 변한다. 동시에 각 원자는 한 개의 전자를 잃었으므로 산화되었다고 말할 수 있다.

$$2\ Na(s) \longrightarrow 2\ Na^+ + 2e^- \quad \text{(산화)}$$

전기적으로 중성인 각각의 염소 원자는 음전하를 띤 두 개의 이온으로 변한다. 이 원자들의 각각은 한 개의 전자를 얻었으므로 환원된다.

$$Cl_2 + 2e^- \longrightarrow 2\ Cl^- \quad \text{(환원)}$$

알짜 결과는 소듐 원자에 의해 잃어버린 2개의 전자가 염소 원자로 이동한다는 것이다. 그러므로 위에 보인 두 식의 각각은 실제로는 전체 반응의 반쪽을 나타내는데, 이것이 그들이 각각 **반쪽 반응(half reaction)**으로 불리는 이유이다. 다시 말하면, 전자를 얻을 수 있는 염소 원자의 존재 없이, 전자를 소듐 원자로부터 잃어버리지 않을 것이다. 두 반쪽 반응은 **전체** 산화–반응 과정을 나타내기 위해 필요하다. 반쪽 반응은 어떤 반응물이 전자를 잃고, 어떤 반응물이 전자를 얻는지를 보여 주기 때문에 유용하며, 이것이 우리의 논의에 반쪽 반응이 사용되는 이유이다.

소듐은 염소를 환원시키기 때문에 **환원제**(*reducing agent*)로 작용한다. 환원제는 다른 반응물을 환원시키는 반응물이다. 소듐은 환원제로 작용할 때 전자를 잃고 산화된다는 것을 주목하라. 반대로, 염소는 소듐을 산화시키므로 **산화제**(*oxidizing agent*)로 작용한다. 이 과정에서 염소가 전자를 얻기 때문에 산화제는 환원된다. 전자를 잃는 것은 산화이고, 전자를 얻는 것은 환원임을 꼭 기억하라.

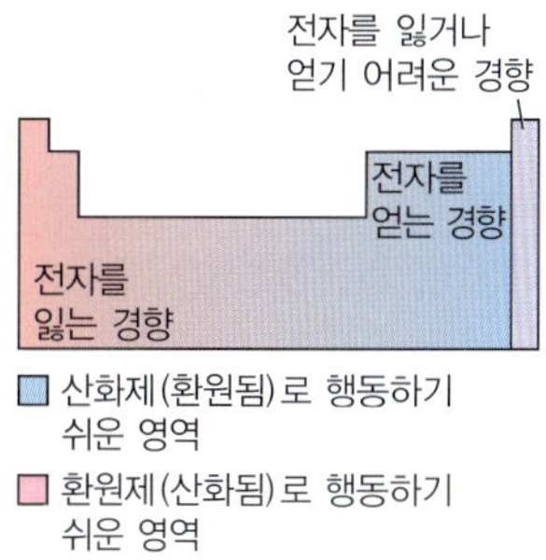

그림 13.29
원자가 전자를 잃거나 얻는 능력은 주기율표에서 그것의 위치에 의해 표시된다. 오른쪽 위에 있는 원소는 전자를 얻으려고 하고, 왼쪽 아래에 있는 원소는 전자를 잃으려고 한다.

다른 원소는 산화와 환원 경향이 다르다. 그림 13.29에 기술된 것처럼, 어떤 원소는 전자를 잘 잃는 반면, 어떤 원소는 전자를 잘 얻는다.

반응이 산화-환원 반응으로 분류되는지가 항상 즉시 분명하지는 않다. 그러나 화학 반응식이 어떤 중요한 실마리를 제공해 준다. 먼저 원소의 이온 상태에서의 변화를 살펴보자. 예를 들면 소듐 금속은 중성 소듐 원자로 구성되어 있다. 염화 소듐이 생성될 때, 소듐 원자는 전자를 잃고(산화) 양전하를 띤 소듐 이온으로 변화한다. 산화-환원 반응을 확인하는 두 번째 방법은, 원소가 산소 원자와 결합하는지(얻음), 산소와 분리되는지를(잃음) 살펴보는 것이다. 원소가 산소를 얻을 때, 산소의 전기 음성도가 높기 때문에 원소는 산소에게 전자를 잃는다. 그러므로 산소를 얻는 것은 산화(전자를 잃음)인 반면, 산소를 잃는 것은 환원(전자를 얻음)이다. 예를 들어 다음과 같이 수소(H_2)는 산소(O_2)와 반응하여 물(H_2O)를 생성한다.

$$\mathrm{H{-}H + H{-}H + O{=}O \longrightarrow H{-}O{-}H + H{-}O{-}H}$$

수소 원소가 이 반응을 통하여 산소 원자에 들러붙는 것을 주목하라. 그러므로 수소는 산화되었다.

산화-환원 반응을 확인하는 세 번째 방법은, 원소가 수소 원자를 잃는지, 얻는지를 알아보는 것이다. 수소를 얻는 것은 환원인 반면, 수소를 잃는 것은 산화이다. 위에 나타낸 물의 생성에서, 산소 원소는 수소 원자를 얻는데, 이것이 산소가 환원된다는 의미인 것을 우리는 안다. 즉 산소는 수소로부터 전자를 얻는데, 12.5절에서 논의하였듯이, 이것이 물에 있는 산소 원자가 약간 음성인 이유이다. 반응의 산화-환원 반응 형태를 확인하는 세 가지 방법이 그림 13.30에 요약되어 있다.

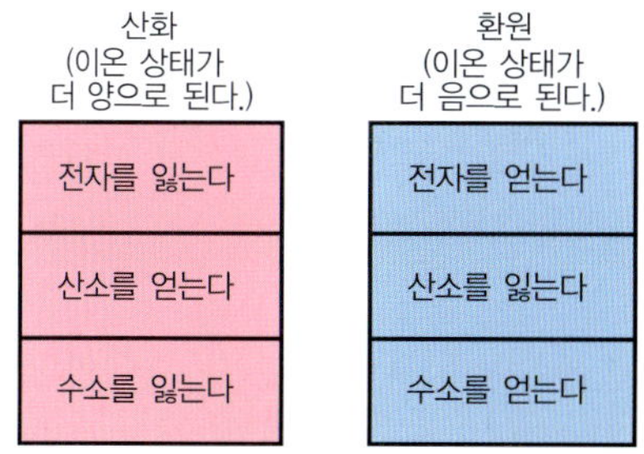

그림 13.30
산화는 전자를 잃거나, 산소 원자를 얻거나, 또는 수소 원자를 잃을 때 일어나는데, 결과적으로 더 큰 양전하를 가지게 된다. 환원은 전자를 얻거나, 산소 원자를 잃거나, 또는 수소 원자를 얻을 때 일어나는데, 결과적으로 더 음전하를 가지게 된다.

융합과학 13C
물리학

학습목표
전지와 연료 전지의 주요 차이점을 기술할 수 있다.

전지와 연료 전지

물음 왜 리튬은 전지를 만드는 데 선호하는 금속인가?

산화-환원 반응은 전기 에너지를 생산할 수 있다. 이것은 전자를 잃는(산화) 경향이 있는 물질이 전자를 얻는(환원) 경향이 있는 물질과 접촉하고 있을 때 전형적으로 일어난다. 처음에는 이 두 물질 사이에 전자가 흐른다. 그러나 전자는 곧 음전하에 의해 밀려나기 때문에 그 물질로 흐름을 멈춘다. 그러나 장치를 제작하여 염 매질에서 발견되는 양전하를 흘려줌으로써 이 음전하가 축적되는 것을 완화할 수 있다. 이것이 전지가 작동하는 방식이다.

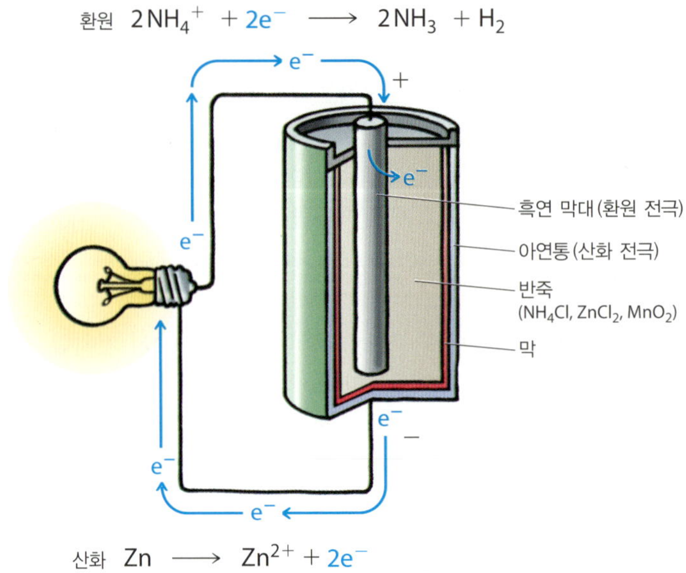

그림 13.31
염화 암모늄, 이산화 망가니즈 및 염화 아연 반죽에 담긴 흑연 막대로 이루어진 일반적인 건전지

1860년대에 발명되었으며 손전등, 장난감 및 기타 등등의 일회용 에너지원으로 오늘날 여전히 사용되고 있는 일반적인 **건전지**(*dry-cell battery*)를 살펴보자. 기본적인 설계는 염화 암모늄(NH_4Cl), 염화 아연($ZnCl_2$) 및 이산화 망가니즈(MnO_2)의 두꺼운 반죽으로 채워진 아연통으로 구성되어 있다. 그림 13.31에서 볼 수 있듯이 전지의 꼭대기로 튀어나온 다공성 흑연 막대가 이 반죽 안에 담겨져 있다.

아연은 반응에 의하면 전자의 공급원이다.

$$Zn(s) \longrightarrow Zn^{2+}(aq) + 2e^- \quad \text{(산화)}$$

이 전자들은 외부 회로를 통해 흐르며, 이때 좋은 전기적 도체인 흑연이 이 전자를 받아들인다. 흑연으로부터 반죽으로 전자들이 흘러들어 가며, 그곳에서 다음과 같이 암모늄 이온과 반응한다.

$$2\ NH_4^+(aq) + 2e^- \longrightarrow 2\ NH_3(g) + H_2(g) \quad \text{(환원)}$$

건전지에서 암모늄 이온이 환원되면 암모니아(NH_3)와 수소(H_2)의 두 기체가 생성되는데, 압력 상승과 폭발 가능성을 피하기 위해 이들을 제거할 필요가 있다. 암모니아와 수소는 염화 아연과 이산화 망가니즈와 반응시켜 제거한다.

건전지의 수명은 상대적으로 짧다. 산화로 인해 아연통이 약화되고 결국 누출이 일어난다. 심지어 전지가 작동하지 않는 동안에도 아연은 암모늄 이온과 반응하면서 부식된다. 13.3절에서 논의하였듯이, 온도가 낮아지면 화학 반응이 천천히 일어난다. 그러므로 전지를 차갑게 하면 아연이 부식되는 속도를 늦출 수 있어 전지의 수명이 늘어난다.

그림 13.32
알칼리 전지는 건전지보다 훨씬 더 오랫동안 지속되고 더 안정적인 전압을 제공하지만, 가격이 더 비싸다.

일회용 전지의 다른 형태로, 값이 더 비싼 **알칼리 전지**(*alkaline battery*)는 강한 알칼리 반죽에서 작동함으로써 건전지의 많은 문제점을 방지한다(그림 13.32). 작은 리튬 일회용 전지는 알칼리 전지를 변형한 것이다. 리튬 전지에서는 아연 금속 대신 리튬 금속이 전자 공급원으로 사용된다. 리튬은 아연보다 더 높은 전압을 유지할 수 있을 뿐만 아니라 밀도가 $\frac{1}{13}$ 정도여서

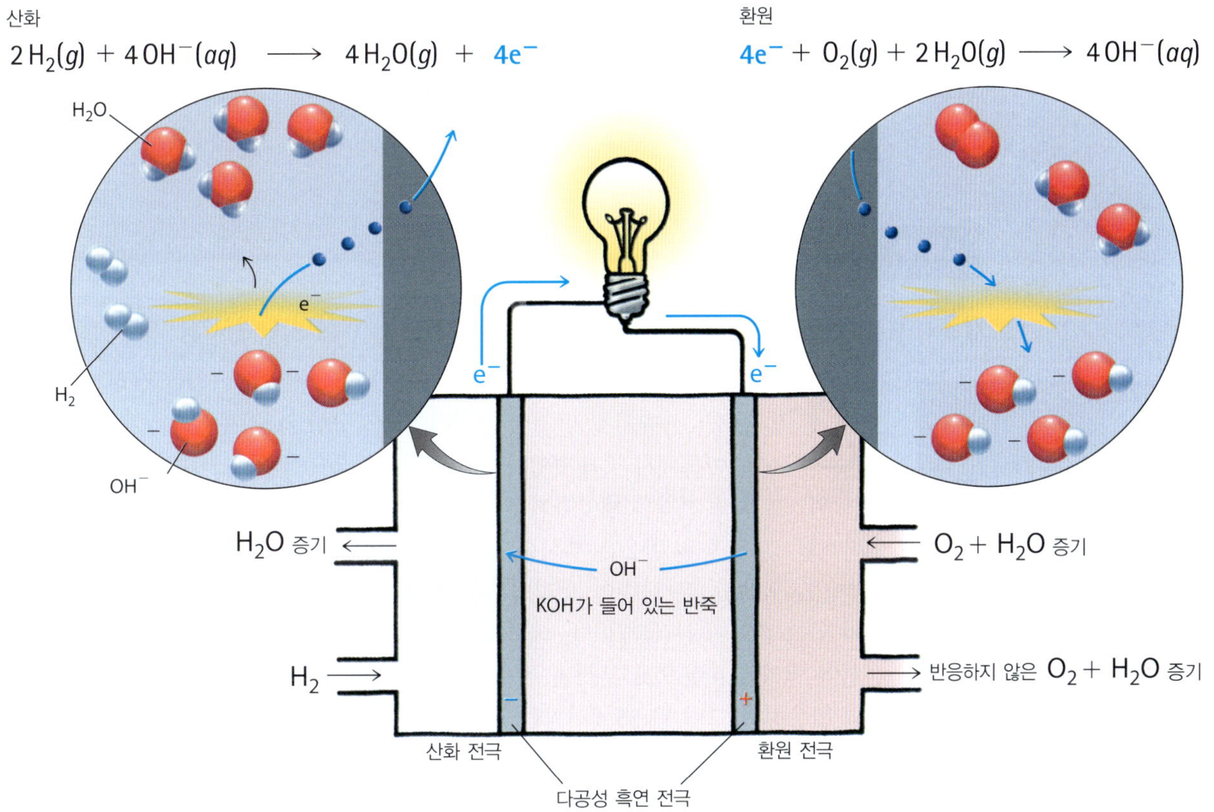

그림 13.33
수소–산소 연료 전지

더 가벼운 전지를 만들 수 있다.

연료 전지(*fuel cell*)는 연료의 화학 에너지를 전기 에너지로 변환하는 장치이다. 연료 전지는 단연코 전기를 발생시키는 가장 효율적인 수단이다. 그림 13.33은 수소–산소 연료 전지를 나타낸 것이다. 연료 전지에는 다공성 전극의 쌍에 의해 분리된 두 칸막이가 있는데, 하나는 수소 연료가 들어가는 곳이고, 다른 하나는 산소 연료가 들어가는 곳이다. 수소는 수소와 접하는 전극에서 수산화 이온과 접촉하며 산화된다. 이 산화에서 전자는 외부 회로를 통해서 흐르고 산소를 접하는 전극에서 산소를 만나기 전에 전력을 제공한다. 산소는 전자를 즉시 붙잡아(다른 말로, 산소가 환원된다) 물과 반응하여 수산화 이온을 생성한다. 회로를 완성하기 위해, 이 수산화 이온들은 다공성 전극 쪽으로 이동하고, 수산화 포타슘(KOH)의 이온 반죽을 통해 수소와 접하는 전극에서 수소와 결합하기 위해 이동한다.

그림 13.33의 위쪽에 있는 산화 반응식이 설명하듯이, 수소와 수산화 이온은 증기 형태에서 발생하는 에너지를 가진 물 분자를 생성하기 위해 반응한다. 이 증기는 증기 기관에서 가열을 하거나 전기를 발생시키는 데 사용될 수 있다. 더구나 증기로부터 응축되는 물은 순수한 물로, 마시기에도 적당하다.

연료 전지는 건전지와 비슷하지만, 연료가 공급되는 한 오랫동안 수명이 계속된다. 국제 우주 정거장에서는 필요한 전기를 얻기 위해 수소–산소 연료 전지를 사용한다. 지구로 돌아와서, 연구자들은 버스 및 자동차용 연료 전지를 개발하고 있다. 그림 13.34에서 볼 수 있듯이, 실험용 연료 전지 버스는 이미 브리티시컬럼비아 주의 밴쿠버와 일리노이스 주의 시카고와 같은 여러 도시에서 운영되고 있다. 이 자동차들은 오염 물질을 매우 소량 배출하고 화석 연료로 달리는 자동차보다 훨씬 더 효율적으로 달릴 수 있다.

그림 13.34
이 버스는 연료 전지에 의해 구동되기 때문에 배기관은 주로 수증기를 방출한다.

개인 주택뿐 아니라 상업용 건물도 지역 발전소로부터 전기(또는 열)를 공급받는데, 지금은 선택적으로 연료 전지로 공급받고 있다. 연구자들은 또한 전화기나 노트북 컴퓨터 같은 휴대용 전자 기기에 사용되는 전지를 대신할 수 있는 소형 연료 전지를 연구하고 있다. 그런 기기는 집 부근의 슈퍼마켓에서 살 수 있는 하나의 연료 '앰풀'로 장시간 동안 사용할 수 있다.

13.7 부식과 연소

학습목표
부식과 연소의 과정을 비교하여 구별할 수 있다.

물음 우리 몸은 음식물 분자를 점진적으로 산화시키는가, 아니면 환원시키는가?

그림 13.35
녹 자체는 형성하는 철 구조물에 해롭지 않으나, 금속 철의 손실은 이 물체의 구조 건전성을 파괴하게 된다.

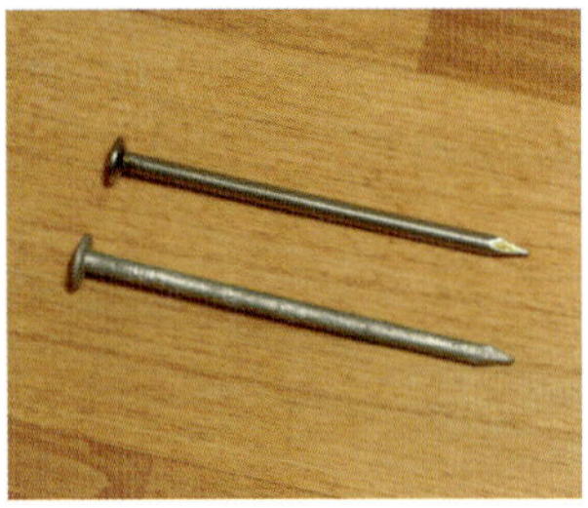

그림 13.36
아연 도금한 못(아래)은 아연의 희생 산화에 의해 녹스는 것이 방지된다.

만약 여러분이 주기율표의 오른쪽 위를 보면, 가장 일반적인 산화제의 하나인 산소(oxygen)를 발견할 것이다. 사실 **산화**(*oxidation*)라는 용어는 이 원소의 이름에서 유래되었다. 산소는 주기율표의 왼쪽 아래에 위치한 다른 많은 원소로부터 전자를 빼앗아가는 능력이 있다. 산화제로 산소와 관련된 두 개의 일반적인 산화–환원 반응은 **부식**(*corrosion*)과 **연소**(*combustion*)이다.

부식(corrosion)은 금속이 붕괴되는 과정이다. 대기 중 산소에 의한 부식은 널리 퍼져 있어 손실이 큰 문제이다. 예를 들어 미국에서 생산되는 철강의 약 $\frac{1}{4}$은 해마다 수십억 달러의 비용으로 부식된 철을 대체하는 데 사용된다. 철은 공기 중 산소 및 물과 반응하여 그림 13.35에서처럼, 녹이라고 알려진 적갈색 물질인 산화 철 삼수화물을 생성할 때 부식된다.

$$\underset{\text{철}}{4\,Fe} + \underset{\text{산소}}{3\,O_2} + \underset{\text{물}}{3\,H_2O} \longrightarrow \underset{\text{녹}}{2\,Fe_2O_3 \cdot 3\,H_2O}$$

산소에 의해 산화되는 다른 일반적인 금속은 알루미늄이다. 알루미늄 산화의 생성물은 물에 녹지 않는 산화 알루미늄(Al_2O_3)이다. 산화 알루미늄은 물에 녹지 않는 성질 때문에 더 이상의 산화로부터 알루미늄을 보호하는 보호막을 형성한다. 이 막은 매우 얇고 투명한데, 이것이 알루미늄이 금속 광택을 유지하고 있는 이유이다.

물에 녹지 않는 보호 산화막은 **아연 도금**(*galvanization*)이라고 하는 과정의 근원적인 원리이다. 아연은 산화되려는 경향이 철보다 약간 더 크다. 이런 이유 때문에, 그림 13.36의 못과 같은 많은 철 제품은 얇은 아연층으로 코팅되는 아연 도금이 되어 있다. 아연은 녹으로부터 내부 철을 보호하는, 비활성이고 물에 녹지 않는 물질인 산화 아연으로 산화된다.

음극화 보호(*cathodic protection*)이라고 하는 기법에서는, 철보다 산화되려는 경향이 더 큰 아연이나 마그네슘 같은 금속을 철과 접촉시켜 놓음으로써 철 구조물을 산화로부터 보호할 수 있다. 이것은 철이 전자를 받게 한다. 예를 들어 그림 13.37에서 볼 수 있듯이, 해양 유조선은 선체에 부착된 아연 조각에 의해 부식이 방지된다. 비슷하게, 야외 강철관은 땅에 꽂힌 마그네슘 막대에 연결해 둠으로써 보호될 수 있다.

연소(combustion)는 물질과 산소 분자 사이의 빠른 산화–환원 반응이다. 연소 반응은 특징적으로 발열 반응(에너지 방출)이다. 격렬한 연소 반응은 수소와 산소로부터 물이 생성되는 것이다. 13.2절에서 배웠듯이 이 반응에서 나온 에너지는 우주선을 지구 밖으로 보내는 데 사용된다. 연소의 더 일반적인 예는 나무나 화석 연료를 태우는 것이다. 이들이나 탄소를 가진 다른 화학 물질의 연소는 이산화 탄소와 물을 생성한다. 예를 들어 천연가스의 주성분인 메테인의 연소를 생각해 보자.

$$\underset{\text{메테인}}{CH_4} + \underset{\text{산소}}{2\,O_2} \longrightarrow \underset{\text{이산화 탄소}}{CO_2} + \underset{\text{물}}{2\,H_2O} + \text{에너지}$$

그림 13.37
아연 조각은 산화로부터 기름 탱크의 철제 선체를 보호하는 데 도움을 준다. 여기에 보인 아연 조각은 선체의 바깥 표면에 붙어 있다.

연소에서는 극성 공유 결합이 무극성 공유 결합을 대신해서 형성될 때 또는 그 반대일 때 전자들이 이동한다. (이것은 이 장에서 제시되었던 산화-환원 반응의 다른 예로 대조를 이루며, 원자로부터의 이온 생성 또는 반대로 이온으로부터의 원자 생성과 관련이 있다.) 이 개념은 연소 출발 물질인 산소 분자와 연소 생성물인 물의 전자 구조를 비교하여 그림 13.38에 설명되어 있다. 산소 분자는 무극성 공유 결합 화합물이다. 분자에 있는 각 산소 원자가 상당히 큰 전기 음성도를 가지고 있지만, 4개의 결합 전자는 두 원자에 의해 균등하게 끌려가므로 한 쪽 또는 다른 쪽으로 모일 수 없다. 이것은 산소에게 약간 음전하를 주며, 전자를 얻어서 환원되었다고 말하는 것의 또 다른 방법이다. 동시에 물 분자에 있는 수소 원자는 약간 양전하를 띠며, 전자를 잃어서 산화되었다고 말하는 것의 또 다른 방법이다. 산소에 의한 전자의 얻음과 수소에 의한 전자의 잃음은 에너지를 방출하는 과정이다. 일반적으로 에너지는 분자 운동 에너지(열)나 빛(불꽃)으로 방출된다.

흥미롭게도, 연소 산화-환원 반응은 우리 몸에서도 일어난다. 그림 13.38을 재검토하여 메테인을 음식 분자로 대체하면 물질대사의 간단한 모형을 시각화할 수 있다. 음식물 분자는 여러분이 흡입하는 산소 분자에게 전자를 내준다. 생성물은 이산화 탄소, 수증기, 에너지이다. 이산화 탄소와 수증기는 밖으로 배출되지만, 반응으로부터 얻은 많은 에너지는 몸을 따뜻하게 유지하고 생명에 꼭 필요한 많은 다른 생화학 반응을 일으키는 데 사용된다.

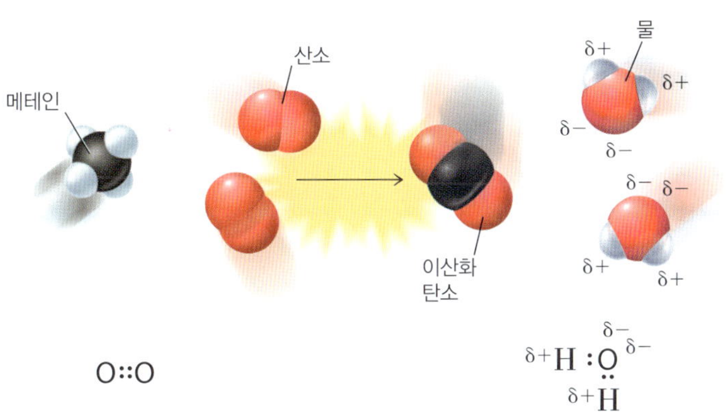

(a) 반응물 산소 원자는 O_2 분자에서 전자를 균등하게 공유한다.

(b) 생성물 산소 원자는 H_2O 분자의 H 원자로부터 전자를 끌어당겨 환원된다.

그림 13.38
(a) 산소 분자에서 어느 원자도 결합 전자를 우선적으로 끌어갈 수 없다. (b) 물 분자의 산소 원자는 물 분자의 수소 원자로부터 결합 전자를 끌어가서 산소 원자는 약간 음이 되고, 두 수소 원자는 약간 양이 된다.

연습문제

13.1 화학 반응식

1. 화학 반응식에서 계수의 목적은 무엇인가?
2. 다음 균형 화학 반응식의 오른쪽에 표시된 산소 원자의 개수는 몇 개인가?

$$4\ Cr(s) + 3\ O_2(g) \longrightarrow 2\ Cr_2O_3(g)$$

3. 화학 반응식을 균형 맞추는 것은 왜 중요한가?

13.2 에너지와 화학 반응

4. 결합을 끊는 데 436 kJ이 필요하다면, 같은 결합을 형성할 때는 몇 kJ이 방출되는가?
5. 발열 반응에서 방출되는 것은 무엇인가?
6. 흡열 반응에서 흡수되는 것은 무엇인가?

13.3 반응 속도

7. 왜 반응물 분자들 사이의 모든 충돌이 생성물의 생성으로 이어지지 않는가?
8. 일반적으로 온도가 증가함에 따라 반응 속도는 어떻게 되는가?
9. 어떤 반응물 분자가 먼저 에너지 장벽을 통과하는가?

13.4 산은 양성자를 주고, 염기는 그것을 받는다

10. 산은 염기와 어떻게 다른가?
11. 산이 물에 용해될 때, 물은 어떤 이온을 생성하는가?
12. 염은 얼마나 존재하는가?

13.5 산성, 염기성 및 중성 용액

13. 중성인 물에 존재하는 염의 하이드로늄 이온은 얼마나 되는가?
14. 산성 용액에서 하이드로늄 이온과 수산화 이온의 상대적 농도에 대해 무엇이 사실인가? 중성 용액에서는 어떠한가? 염기성 용액에서는 어떠한가?
15. 용액의 pH는 무엇을 나타내는가?

13.6 전자 잃음과 얻음

16. 어느 원소가 산화제로 행동하려는 경향이 가장 큰가?
17. 어느 원소가 환원제로 행동하려는 경향이 가장 큰가?
18. 환원이 될 때 환원제는 어떻게 되는가?

13.7 부식과 연소

19. 도금 못은 무슨 금속으로 덮여 있는가?
20. 음극화 보호가 일어나는 동안 철은 무엇을 받아들여야 하는가?
21. 산소 분자(O_2)가 물 분자(H_2O)로 변환될 때 산소 원자의 극성은 어떻게 되는가?

확인문제

만일 여러분이 이 장에서 제대로 학습을 하였다면, 다음에 제시된 10개의 질문에 적어도 7개는 제대로 답을 할 수 있을 것이다. 만일 그렇지 못하면 다음 장으로 가기 전에 이 장을 더 학습할 필요가 있다.

각 질문에 대해 가장 적합한 답을 고르시오.

1. 이 반응식의 균형을 맞추기 위해 들어갈 계수는?

   ___ $P_4(s)$ + ___ $H_2(g)$ → ___ $PH_3(g)$

   (a) 4, 2, 3

   (b) 1, 6, 4

   (c) 1, 4, 4

   (d) 2, 10, 8

2. 산소(O_2)로부터의 오존(O_3)의 합성은 발열 반응, 흡열 반응 중 어느 예인가? 그 이유는 무엇인가?

   (a) 발열, 생성되는 동안에 자외선이 방출되기 때문

   (b) 흡열, 생성되는 동안에 자외선이 방출되기 때문

   (c) 발열, 생성되는 동안에 자외선이 흡수되기 때문

   (d) 흡열, 생성되는 동안에 자외선이 흡수되기 때문

3. 1몰의 질소(N_2)와 3몰의 수소 분자(H_2)가 반응하여 2몰의 암모니아(NH_3)가 생성할 때 방출되거나 흡수되는 에너지는 얼마인가? 표 13.1의 결합 에너지를 참조하시오.

   (a) +899 kJ/몰

   (b) −993 kJ/몰

   (c) +80 kJ/몰

   (d) −80 kJ/몰

4. 빵 반죽에 있는 들어 효모는 설탕을 먹고 이산화 탄소를 생성한다. 반죽은 왜 따뜻한 곳에서 더 빨리 부풀어 오르는가?

   (a) 반응하는 분자들 중에서 유효 충돌하는 분자의 수가 많다.

   (b) 온도가 증가함에 따라 대기압이 낮아진다.

   (c) 효모는 더 따뜻한 온도에서 '깨어나는' 경향이 있는데, 이것이 제빵사의 효모가 냉장고에 보관되는 이유이다.

   (d) 온도가 증가함에 따라 증발 속도가 증가한다.

5. 오존의 촉매 파괴에서 CFCs는 어떤 역할을 하는가?

   (a) 오존은 자외선에 의해 에너지를 공급받은 CFCs 분자와 결합하여 파괴된다.

(b) 오존의 촉매 파괴에서 CFCs가 중요한 역할을 한다는 강력한 과학적 증거가 없다.

(c) CFC 분자는 촉매 작용으로 염소 원자를 활성화한다.

(d) CFC 분자들은 성층권 위로 이동하여 자외선에 의해 파괴되면서 염소 원자를 발생시킨다.

6. 수산화 이온과 물 분자는 어떤 관계가 있는가?

(a) 수산화 이온은 물 분자와 프로톤의 합이다.

(b) 수산화 이온과 물 분자는 같은 것이다.

(c) 수산화 이온은 물 분자와 수소 핵의 차이다.

(d) 수산화 이온은 물 분자와 여분의 두 전자의 합이다.

7. 하이드로늄 이온 농도가 1몰/L일 때, 용액의 pH는 얼마인가? 용액은 산성, 염기성 중 어느 것인가?

(a) pH = 0, 산성

(b) pH = 1, 산성

(c) pH = 10, 염기성

(d) pH = 7, 중성

8. 번개가 칠 때, 대기 중에서 질소 분자(N_2)와 산소 분자(O_2)가 반응하여 토양을 비옥하게 도움을 주기 위해 비로 내리는 질산 이온(NO_3^-)을 생성한다. 이것은 산화, 환원 중 어느 예인가?

(a) 질산 이온의 생성은 환원의 예이다.

(b) 질산 이온의 생성은 산화의 예이다.

(c) 둘 다. 질소가 산소와 반응할 때 질소는 산화되는 반면, 산소는 환원된다.

(d) 둘 다 아니다. NO_3^-을 생성하기 위해 N_2와 O_2 분자 모두 결합이 끊어지더라도, 산화와 환원 모두 일어나지 않는다.

9. 왜 두꺼운 아연 벽을 가진 전지가 얇은 아연 벽을 가진 전지보다 더 오래 지속되는가?

(a) 두꺼운 아연 벽은 전지가 과열되는 것을 방지한다.

(b) 두꺼운 아연 벽은 주변 환경으로 전자를 잃는 것을 방지한다.

(c) 두꺼운 아연 벽은 전지 산에 화학적으로 잘 견딘다.

(d) 아연 벽은 전지가 전기를 공급할 때 아연 이온으로 변환된다.

10. 다음 반응식에서 어떤 원소가 산화되고 어떤 원소가 환원되는가?

$$Sn^{2+} + 2\ Ag \rightarrow Sn + 2\ Ag^+$$

(a) 주석 이온(Sn^{2+})이 산화되고, 은(Ag)이 환원된다.

(b) 주석 이온(Sn^{2+})이 환원되고, 은(Ag)이 산화된다.

(c) 주석 이온(Sn^{2+})과 은(Ag)이 둘 다 환원된다.

(d) 주석 이온(Sn^{2+})과 은(Ag)이 둘 다 산화된다.

확인문제 답

1. b, 2. d, 3. d, 4. a, 5. d, 6. c, 7. a, 8. c, 9. d, 10. b

14장 유기 화합물

탄소 원자는 아마도 모든 원자들 중 가장 다재다능할 것이다. 이것에 탄소 원자가 또한 다른 원소의 원자와 결합할 수 있는 사실을 추가한다면, 여러분은 다른 탄소 기반 분자가 수없이 가능하다는 것을 알게 된다. 각 분자는 그 자신의 독특한 일련의 물리적, 화학적 및 생물학적 성질을 가지고 있다. 예를 들어 바닐라 향은 **바닐린** 화합물이 코의 감각 기관에 의해 흡수될 때 감지된다. 초콜릿 향은 **테트라메틸피라진** 같은 화합물이 코에 흡수될 때 발생한다.

탄소를 포함하는 화합물의 연구는 **유기 화학**으로 알려져 있다. 유기 화합물은 생명체와 매우 밀접한 관련이 있고, 향료, 연료, 중합체, 의약품, 농업 등 그 이상으로 다양하게 응용될 수 있으므로, 이들을 기본적으로 이해하는 것이 중요하다. 우리는 탄소와 수소만으로 이루어진 가장 간단한 유기 화합물로 시작한다.

14.1 탄화수소

물음 기름 유출이 있을 때 도로는 어떠한가?

학습목표
탄화수소의 구조를 확인할 수 있다.

탄소와 수소만을 포함하는 유기 화합물을 **탄화수소(hydrocarbon)**라고 하며, 이것은 포함된 탄소와 수소의 개수에 따라 서로 구분된다. 가장 간단한 탄화수소는 분자당 탄소가 단지 한 개인 메테인(CH_4)이다. 메테인은 천연가스의 주요 성분이다. 탄화수소 옥테인(C_8H_{18})은 분자당 8개의 탄소가 있고, 휘발유의 주요 성분이다. 탄화수소 폴리에틸렌은 분자당 수백 개의 탄소와 수소를 포함하고 있다. 폴리에틸렌은 우유통이나 플라스틱 주머니같이 매우 친숙한 제품을 만드는 데 사용되는 플라스틱이다.

메테인 (CH_4)

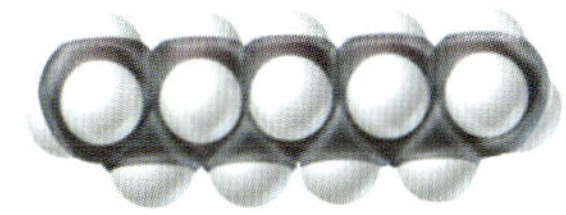

옥테인 (C_8H_{18})

폴리에틸렌

탄화수소는 또한 탄소 원자가 서로 연결되는 방법에서 다르다. 그림 14.1은 세 개의 탄화수소인 펜테인, 아이소펜테인 및 네오펜테인을 나타낸 것이다. 이 탄화수소들은 모두 같은 분자식인 C_5H_{12}를 가지고 있으나, 구조적으로 서로 다르다.

그림 14.1의 중간 줄에서처럼 분자를 2차원으로 표현함으로써 펜테인, 아이소펜테인 및 네오펜테인의 다른 구조적 특성을 보다 명확하게 알 수 있다. 다른 방법으로, 아래 줄에서처럼 탄화수소를 **막대 구조**(*stick structure*)로 나타낼 수 있다. 막대 구조는 일반적으로 유기 분자를 나타내는 간략 표시법으로 사용되고 있다. 각 선(막대)은 공유 결합을 나타내고, 탄소 원자는 두 개 또는 더 많은 직선이 만나는 곳이나(원자의 다른 형태가 직선의 끝에 그려져 있지 않다면) 직선의 끝에 있는 것으로 이해된다. 탄소에 결합된 모든 수소 원자들은 또한 일반적으로 나타내지 않는다. 대신, 그들의 존재는 암시되었을 뿐이며, 따라서 초점은 탄소 원자에 의해 만들어진 골격 구조 위에 있다.

펜테인, 아이소펜테인 및 네오펜테인 같은 분자들은 같은 분자식을 가지고 있으며, 이것은 같은 종류의 원자를 같은 수만큼 가지고 있다는 것을 의미한다. 그러나 이 원자들이 함께 놓이는 방법은 다르다. 우리는 각각이 그 자신의 **배열(configuration)**을 가지고 있다고 말하며, 이것은 원자가 어떻게 연결되는지에 근거한다.

배열이 달라지면 결과적으로 화학적 구조가 달라진다. 분자식은 같지만 배열이 다른(이런 이유로 다른 구조) 분자들은 **구조 이성질체(structural isomer)**로 알려져 있다. 구조 이성질체는 서로 달라서, 다른 물리적, 화학적 성질을 가지고 있다. 예를 들어 펜테인은 끓는점이

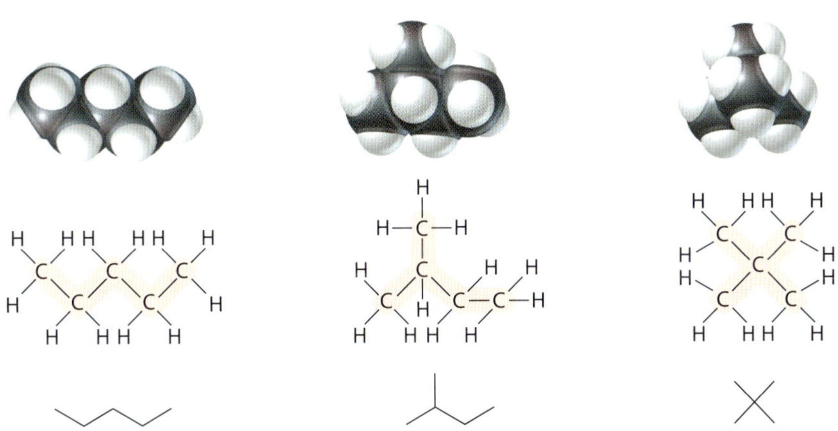

펜테인 (C_5H_{12}) 아이소펜테인 (C_5H_{12}) 네오펜테인 (C_5H_{12})

그림 14.1
이들 세 탄화수소는 모두 분자식이 같다. 2차원의 탄소 골격 구조를 강조함으로써 그들의 다른 구조적 특징을 볼 수 있다. 모든 탄소-탄소 공유 결합에 대해 선을 사용하는 그리기 편한 막대 구조가 또한 유용하다.

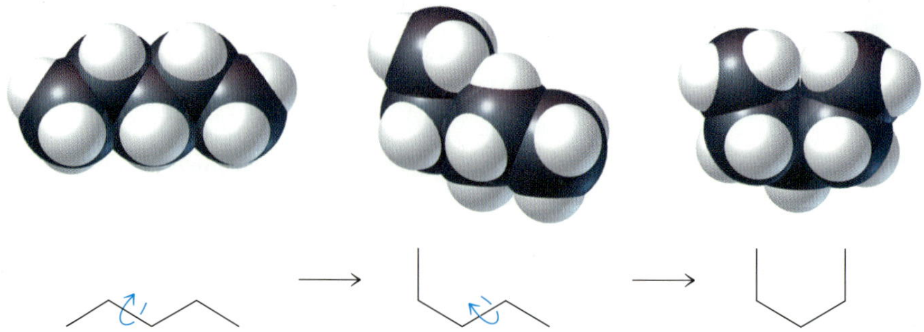

그림 14.2
펜테인 분자의 세 가지 형태. 분자는 각 형태에서 다르게 보이나, 5개의 탄소 골격은 세 형태 모두에서 같다. 액체 펜테인 시료에서 분자들은 한 양동이의 벌레와 다르지 않게 모든 형태에서 발견된다.

36°C이고, 아이소펜테인의 끓는점은 30°C이며, 네오펜테인의 끓는점은 10°C이다.

화학식에 따라 가능한 구조 이성질체의 수는 탄소 원자의 수가 증가할수록 급격히 증가한다. 화학식이 C_5H_{12}인 화합물의 구조 이성질체는 3개이고, C_8H_{18}은 18개, $C_{10}H_{22}$는 75개, $C_{20}H_{42}$는 엄청 많은 366,319개이다!

탄소 기반 분자는 **형태**(**conformation**)라고 하는 다른 공간적 배향을 가질 수 있다. 여러분의 손목, 팔꿈치 및 어깨 관절을 풀어라. 그러면 여러분은 여러분의 팔이 어떤 형태의 범위를 통과하고 있는 것을 발견할 것이다. 예를 들어 그림 14.2의 구조는 펜테인의 다른 형태이다. 유기 화학의 언어에서는 펜테인과 같은 분자의 **배열은** 광범위한 **형태**를 가지고 있다고 말한다. 그러나 펜테인의 **배열**을 바꾸면 더 이상 펜테인은 없다. 오히려, 자신의 다른 다양한 형태를 가진, 아이소펜테인과 같은 구조 이성질체가 된다.

탄화수소는 주로 석탄과 석유로부터 얻어진다. 오늘날 존재하는 대부분의 석탄과 석유는 2억 8천만 년 전에서 3억 9천 5백만 년 전 사이에 식물과 동물의 물질이 산소가 없이 부패되었을 때 생성되었다. 그 당시 지구는 해수면과 가까워 주기적으로 잠기는 광범위한 늪으로 덮여 있었다. 늪의 유기 물질은 해양 침전물의 아래층에 묻히고, 궁극적으로 석탄 또는 석유로 변환되었다.

석탄은 매우 크고 복잡한 탄화수소 분자를 가지고 있는 고체 물질이다. 오늘날 광산에서 캐는 대부분의 석탄은 철의 제련과 화력 발전소에서 전기를 발전하는 데 사용되고 있다.

석유 또는 '원유'는 그림 14.3에 나타낸 **분별 증류**(*fractional distillation*)로 알려진 과정을 통해 탄화수소 성분으로 쉽게 분리될 수 있는 액체이다. 원유는 모든 성분을 증기로 만들 만큼 충분히 높은 온도로 유지되는 열교환 파이프에서 가열된다. 뜨거운 증기는 위보다 아래가 더 따뜻한 증류탑의 아래쪽으로 흘러 들어간다. 증기가 탑에서 올라가 냉각될 때, 다양한 성분들이 응결되기 시작한다. 타르, 윤활 물질처럼 끓는점이 높은 탄화수소는 더 따뜻한 온도에서 먼저 응결된다. 휘발유처럼 끓는점이 낮은 탄화수소는 응결하기 전 탑의 위에 있는 더 차가운 곳까지 이동한다. 파이프는 탑으로부터 다양한 액체의 탄화수소 부분을 배출한다. 주로 메테인인 천연가스는 응결되지 않고 기체로 남아 탑의 위쪽에 모아진다.

각기 다른 탄화수소가 다른 온도에서 응축되는 이유는 분자 인력의 세기 차이로 설명할 수 있다. 12.6절에서 배웠듯이, 메테인과 옥테인의 유도 쌍극자–유도 쌍극자 상호 작용의 비교에서, 더 큰 탄화수소는 더 작은 탄화수소보다 그들 사이에서 훨씬 더 큰 인력이 작용한다. 이런 이유 때문에 더 큰 탄화수소는 높은 온도에서 곧바로 응결되고, 그 결과 탑의 아래쪽에서 발견된다. 작은 분자들은 이웃한 분자와의 인력이 작기 때문에 더 차가운 온도에서 냉각되어 탑의 위쪽에서 발견된다.

석유의 분별 증류로부터 얻어진 휘발유는 비슷한 끓는점을 가지는 여러 가지 탄화수소로 구성되어 있다. 이들 성분 중의 어떤 물질은 자동차의 엔진에서 다른 물질보다 훨씬 더 효과적

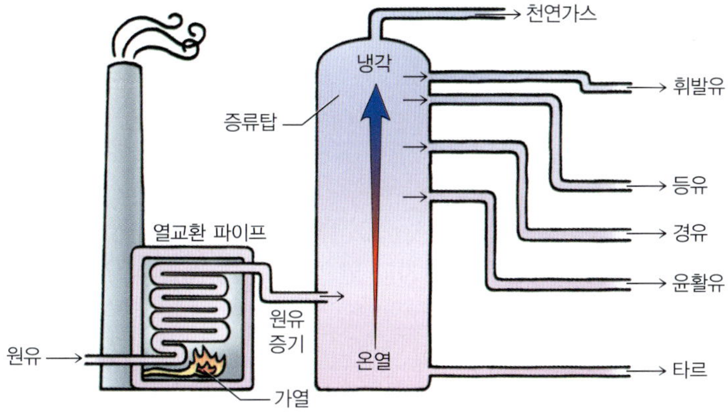

그림 14.3
유용한 탄화수소 성분을 얻기 위한 석유의 분별 증류 모식도

으로 연소된다. 헵테인처럼 직선 사슬인 탄화수소는 너무 빨리 연소되어 그림 14.4에 설명된 것처럼 **엔진 노킹**(*engine knock*)을 일으킨다. 아이소옥테인처럼 더 많은 가지를 가지고 있는 휘발유는 천천히 타며, 결과적으로 엔진을 더 부드럽게 움직이게 한다. 헵테인과 아이소옥테인의 두 화합물은 휘발유의 **옥테인 등급**(*octane rating*)을 정하는 데 기준으로 사용된다. 아이소옥테인을 임의로 옥테인 등급 100으로 정하고, 헵테인을 옥테인 등급 0으로 정한다. 특별한 휘발유의 노킹 방지 성능은 아이소옥테인과 헵테인의 다양한 혼합물의 노킹 방지 성능과

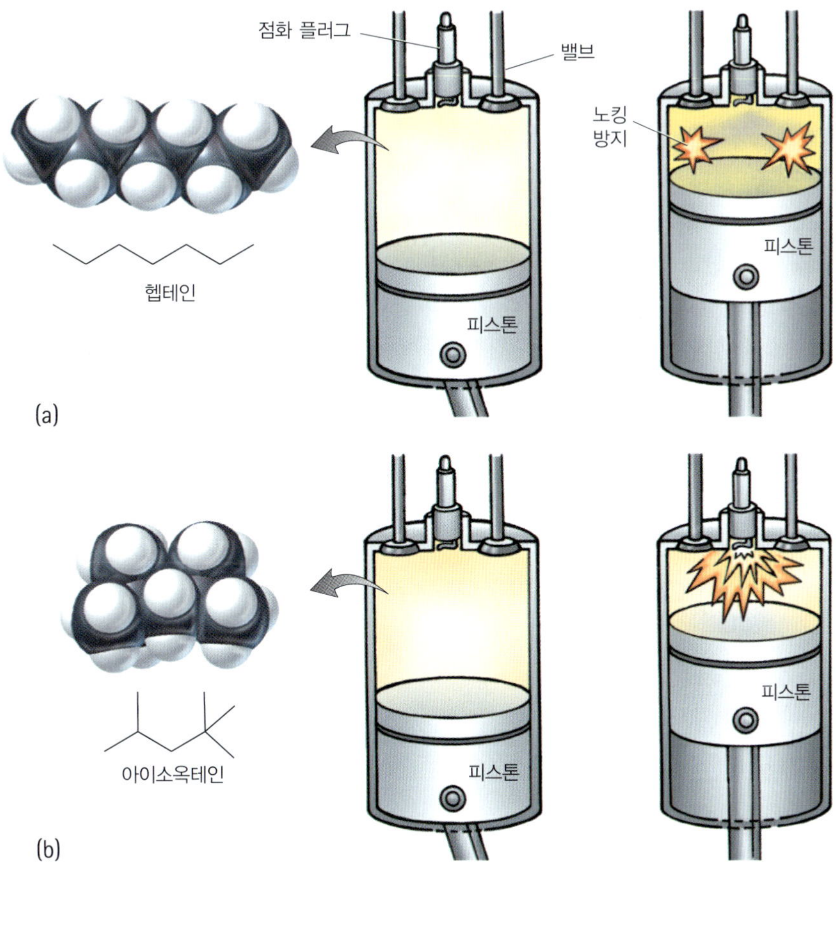

그림 14.4
(a) 헵테인과 같은 탄화수소는 휘발유가 피스톤에 의해 압축될 때 점화 플러그가 불을 붙이기 전 발생한 열로부터 점화될 수 있다. 이것은 엔진 회전의 타이밍을 틀어지게 하여 노킹 소리를 발생시킨다. (b) 아이소옥테인처럼 가지가 있는 탄화수소는 덜 잘 타며 압축에 의해 스스로 점화되지 않고, 점화 플러그에 불이 붙을 때만 탄다.

그림 14.5
옥테인 등급은 휘발유 주유기에 붙어 있다. 현대의 자동차 엔진은 87 옥테인 등급 연료로 가장 잘 달리도록 설계되어 있다. 더 높은 옥테인 연료를 사용하면, 성능을 잃을 뿐만 아니라 돈도 잃는다.

비교되어 옥테인 등급이 정해진다. 그림 14.5는 일반적인 휘발유 주유기에서 나타나 있는 옥테인 정보를 보여 준다.

14.2 불포화 탄화수소

학습목표
불포화 탄화수소의 구조를 확인할 수 있다.

물음 탄소는 4개의 홀 원자가 전자를 가지고 있으면서 어떻게 단지 3개의 인접한 원자와 결합할 수 있는가?

1 2.1절에서 탄소는 4개의 홀 원자가 전자를 가지고 있다고 배운 것을 기억하라. 그림 14.6에서와 같이, 이 각각의 전자는 수소 같은 다른 원자의 전자와 쌍을 이루어 공유 결합을 형성할 수 있다.

그림 14.6에 보인 메테인을 포함해 지금까지 논의된 모든 탄화수소에서, 각 탄소 원자는 4개의 단일 공유 결합으로 4개의 이웃 원자와 결합한다. 이런 탄화수소를 **포화 탄화수소**(**saturated hydrocarbon**)라고 한다. **포화**라는 용어는 각 탄소가 가능한 한 많은 원자와 결합을 갖는다는 것을 의미한다. 이제 탄화수소에서 하나 또는 더 많은 탄소 원자가 4개의 이웃 원자보다 더 적게 결합된 경우를 탐구하기로 한다.

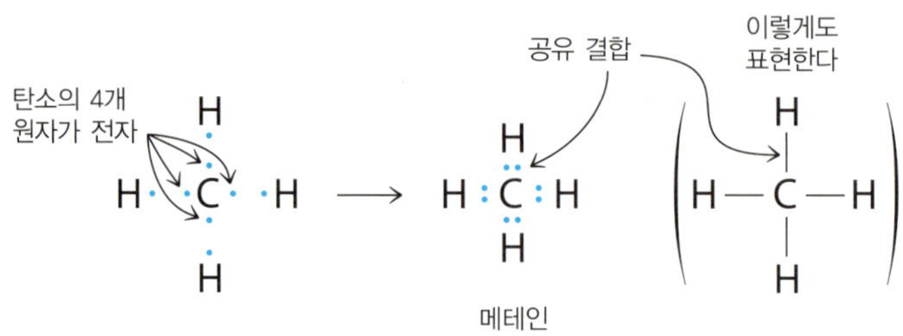

그림 14.6
탄소는 4개의 원자가 전자를 가지고 있다. 메테인의 4개의 공유 결합에서 탄소의 각 전자는 수소의 전자와 쌍을 이룬다.

이것은 탄소와 이웃 원자 사이의 결합 중 적어도 하나가 다중 결합일 때 생긴다. (다중 결합을 다시 살펴보기 위해 12.3절을 참조하라.)

이중이나 삼중의 다중 결합을 가지고 있는 탄화수소는 **불포화 탄화수소**(**unsaturated hydrocarbon**)로 알려져 있다. 다중 결합 때문에 두 탄소는 다른 원자와 4개보다 적게 결합하게 된다. 그래서 이 탄소들은 **불포화**되어 있다고 한다.

그림 14.7은 포화 탄화수소인 뷰테인과 불포화 탄화수소인 2-뷰텐을 비교한 것이다. 뷰테인의 두 중간 탄소에 각각 결합되어 있는 원자의 수는 4개인 반면에, 2-뷰텐의 두 중간 탄소의 각각은 한 개의 수소와 두 개의 탄소, 즉 3개의 다른 원자와 결합되어 있다.

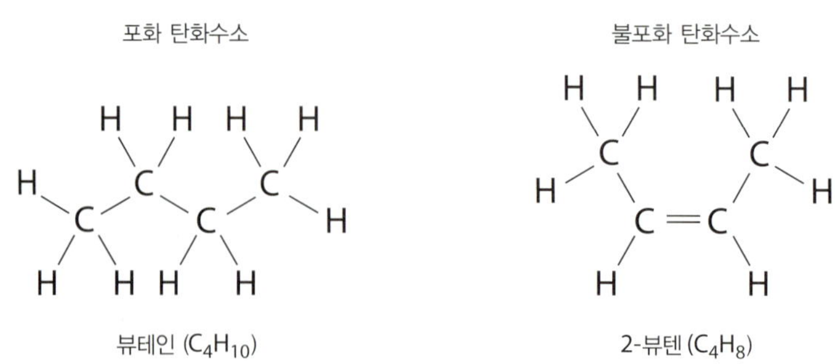

그림 14.7
탄화수소 뷰테인의 탄소는 각각이 4개의 다른 원자와 결합되어 있기 때문에 포화되어 있다. 불포화 탄화수소 2-뷰텐은 이중 결합 때문에 두 탄소가 단지 다른 3개의 원자와 결합되어 분자를 불포화 탄화수소로 만든다.

중요한 불포화 탄화수소는 벤젠(C_6H_6)인데, 이것은 그림 14.8a에서처럼 평면 육각형 안에 포함된 3개의 이중 결합으로 그려질 수 있다. 대부분의 다른 불포화 탄화수소에 있는 이중 결합 전자와는 달리, 벤젠의 이중 결합에 있는 전자들은 어떤 두 탄소 원자들 사이에 고정되어 있지 않고 고리 둘레를 자유롭게 움직일 수 있다. 이중 결합은 일반적으로 개별적인 이중 결합보다는 그림 14.8b에서처럼 고리 안에 그려진 원으로 표시한다.

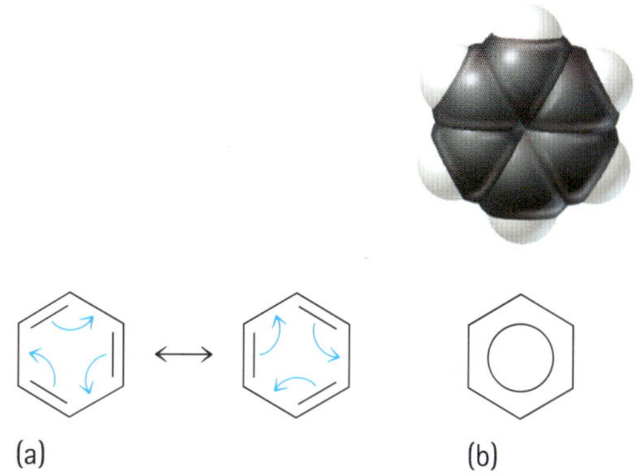

그림 14.8
(a) 벤젠(C_6H_6)의 이중 결합 전자는 고리 둘레를 이동할 수 있다. (b) 이런 이유 때문에, 이중 결합을 고리 안쪽에 원으로 표시하기도 한다.

많은 유기 화합물은 그들의 구조에 한 개 또는 더 많은 벤젠 고리를 포함한다. 이 화합물의 다수가 향기롭기 때문에, 벤젠 고리를 가지고 있는 모든 유기 분자는 **방향족 화합물**(**aromatic compound**)로 분류된다(특별히 향기가 없더라도). 그림 14.9는 세 가지 예를 나타낸 것이다. 페인트의 희석제로 사용되는 일반적 용매인 톨루엔은 독성이 있고, 모형 비행기 접착제에서는 독특한 냄새를 나게 한다. 나프탈렌 같은 방향족 화합물은 함께 융합된 두 개 또는 더 많은 벤젠 고리를 가지고 있다. 일찍이 좀약은 나프탈렌으로 만들어졌다. 그러나 오늘날 팔리고 있는 대부분의 좀약은 독성이 덜한 1,4-다이클로로벤젠으로 만들어진다.

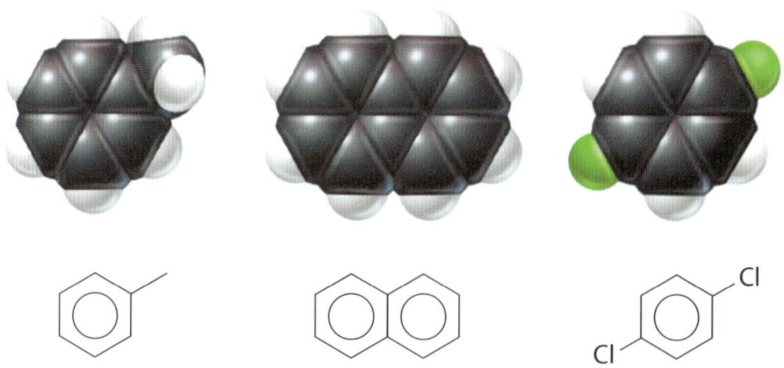

톨루엔 나프탈렌 1,4-다이클로로벤젠

그림 14.9
한 개 또는 더 많은 벤젠 고리를 가지고 있는 향기로운 유기 화합물의 구조. 톨루엔, 나프탈렌 및 1,4-다이클로로벤젠

삼중 결합을 포함하는 불포화 탄화수소의 예는 아세틸렌(C_2H_2)이다. 산소 속에서 타는 아세틸렌의 제한된 불꽃은 철을 녹일 만큼 상당히 뜨거워서 용접의 연료로 아세틸렌이 이용된다(그림 14.10).

아세틸렌

그림 14.10
불포화 탄화수소인 아세틸렌(C_2H_2)이 토치에서 탈 때 철을 녹일 만큼의 뜨거운 불꽃을 낸다.

학습목표
유기 화합물에서 이종 원자의 중요성을 논의할 수 있다.

14.3 작용기

물음 서로 다른 유기 화합물이 매우 많이 존재하는 이유는 무엇인가?

탄소 원자는 여러 가지 방법으로 서로 자신끼리 또는 수소 원자와 결합할 수 있어서 결과적으로 엄청나게 많은 탄화수소를 만들 수 있다. 그런데 탄소 원자는 다른 원소의 원자와도 결합할 수 있어서, 더 나아가서 가능한 유기 분자의 수를 증가시킨다. 유기 화학에서는 유기 분자에 있는 탄소나 수소와는 다른 원자를 **이종 원자**(heteroatom)라고 하는데, 여기서 **이종-**(*hetero-*)은 탄소나 수소와는 다르다는 것을 의미한다.

탄화수소의 구조는 다양한 이종 원자가 붙을 수 있는 골격 구조로 쓰일 수 있다. 이것은 장식물이 매달릴 수 있는 골조가 설치된 크리스마스트리와 유사하다. 장식물이 나무에 특징을 주듯이, 이종 원자들도 그렇게 유기 분자에 특징을 준다. 이종 원자는 유기 분자의 성질에 엄청난 영향을 끼친다.

산소 원자 한 개만 차이가 나는 에테인(C_2H_6)과 에탄올(C_2H_6O)을 생각해 보자. 에테인은 끓는점이 −88°C로 상온에서 기체로 존재하며, 물에 잘 녹지 않는다. 이에 반해, 에탄올은 끓는점이 +78°C로 상온에서 액체로 존재한다. 에탄올은 물에 무한히 녹을 수 있고, 알코올 음료의 유효 성분이다. 더 나아가서 같은 기본적인 두 탄소 골격 구조에 질소가 있는 에틸아민(C_2H_7N)을 생각해 보자. 이 화합물은 에테인이나 에탄올과는 달리 부식성이 있고, 자극적이며 매우 유독한 기체이다.

유기 분자는 그들이 가지고 있는 작용기에 따라 분류된다. **작용기**(**functional group**)는 단위체로 행동하는 원자들의 조합으로 정의된다. 대부분의 작용기는 그들이 가지고 있는 이종 원자에 의해 구별된다. 일반적인 작용기가 표 14.1에 나열되어 있다.

표 14.1 유기 분자의 작용기

일반적인 구조	분류	일반적인 구조	분류
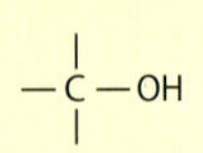 하이드록시기	알코올	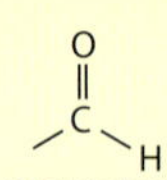 알데하이드기	알데하이드
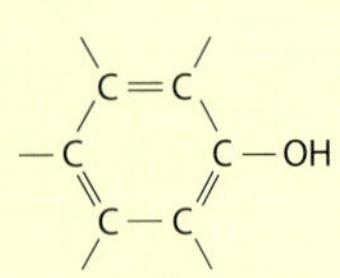 페놀기	페놀	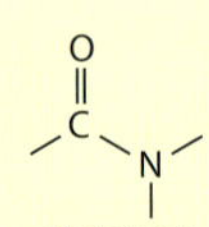 아마이드기	아마이드
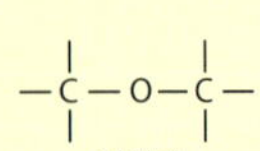 에터기	에터	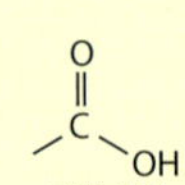 카복실기	카복실산
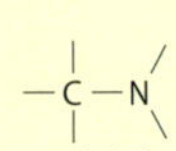 아민기	아민	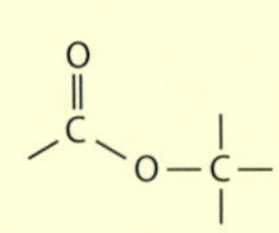 에스터기	에스터
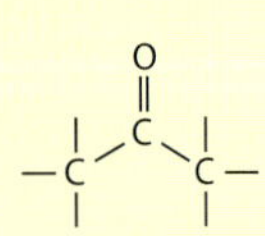 케톤기	케톤		

이 장의 나머지는 표 14.1에서 나타낸 유기 분자의 분류를 소개한다. 각 분류의 특성을 결정하는 데 있어서 이종 원자의 역할이 근원적인 주제이다. 여러분이 이 물질을 학습할 때는 여러 분류의 화합물의 물리적, 화학적 성질을 이해하는 초점을 맞추라. 그렇게 하는 것이 유기 분자의 놀랄 만한 다양성과 그들의 많은 응용성을 더 잘 이해할 수 있을 것이다.

14.4 알코올, 페놀 및 에터

학습목표
알코올, 페놀 및 에터의 일반적인 성질을 재검토할 수 있다.

물음 알코올, 페놀 및 에터는 어떤 공통점을 가지고 있는가?

알**코올**(**alcohol**)은 포화된 탄소에 **하이드록시기**(*hydroxyl group*)가 결합된 유기 분자이다. 하이드록시기는 수소가 결합된 산소로 이루어져 있다. 산소-수소 결합의 극성 때문에, 알코올 자신은 매우 극성이고 물에 잘 녹는다. 일반적인 알코올과 그들의 녹는점 및 끓는점이 표 14.2에 나열되어 있다.

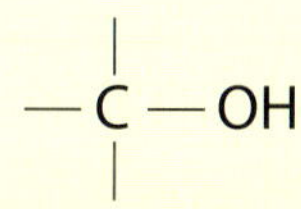

하이드록시기

해마다 미국에서는 50억kg 이상의 메탄올(CH_3OH)이 생산되고 있다. 그것의 대부분은 플라스틱 생산의 중요한 출발 물질인 폼알데하이드와 아세트산을 만드는 데 사용된다. 또한 메탄올은 용제, 옥테인 촉진제 및 휘발유의 결빙 방지제로 사용된다. 메탄올은 나무로부터 얻어질 수 있기 때문에 **목정**(*wood alcohol*)이라고도 하며, 몸속에서 메탄올은 폼알데하이드와 폼산으로 물질대사되기 때문에 결코 소화될 수 없다. 폼알데하이드는 눈에 해로워서 실명에 이르게도 할 수 있으며, 한때 죽은 생물 표본을 보관하는 데 사용되었다. 개미에 물렸을 때 활성 성분인 폼산은 피의 pH를 위험한 수준까지 낮출 수 있다. 메탄올은 고유한 독성을 가지고 있다. 메탄올은 약 15 mL(약 세 숟가락)만 흡입하여도 사람의 눈을 실명에 이르게 할 수 있으며, 약 30 mL는 사망에 이르게 할 수 있다.

반면에 에탄올(C_2H_5OH)은 알코올성 음료의 '알코올'이며, 인간이 만든 가장 오래된 화학 물질 중의 하나이다. 에탄올은 어떤 효모에게 여러 가지 식물성 당류를 먹임으로써 만들어지는데, 이것은 **발효**(*fermentation*)로 알려진 생물학적 과정을 통해 에탄올을 생산한다. 에탄올은 공업용 용제로도 널리 사용된다. 오랫동안, 이런 목적의 에탄올은 발효에 의해 만들어졌으나, 최근 공업용 등급의 에탄올은 그림 14.11에 나타낸 바와 같이, 에테인과 같은 석유 부산물

표 14.2 간단한 알코올들

구조	학명	관용명	녹는점(°C)	끓는점(°C)
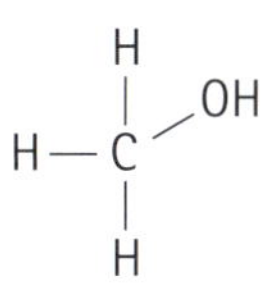	메탄올	메틸 알코올	−97	65
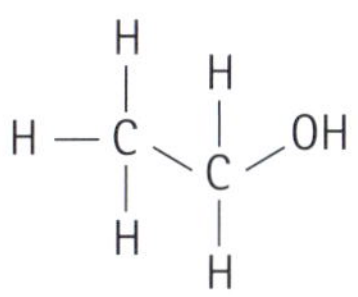	에탄올	에틸 알코올	−115	78
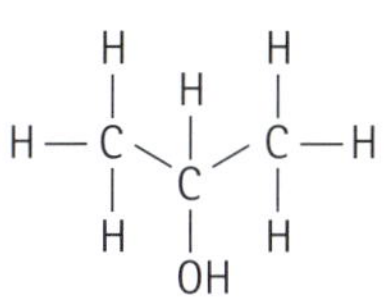	2-프로판올	아이소프로필 알코올	−126	97

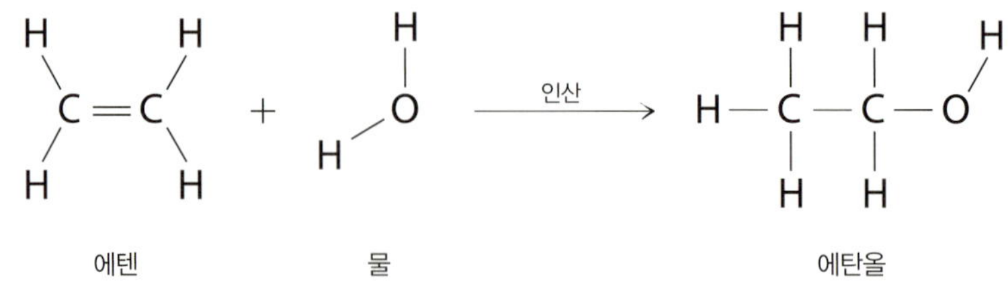

그림 14.11
에탄올은 인산을 촉매로 하여 불포화 탄화수소인 에텐으로부터 합성될 수 있다.

로부터 더욱 값싸게 제조되고 있다.

발효에 의해 생산되는 액체는 약 12%보다 더 높지 않은 에탄올 농도를 가지고 있는데, 이것은 이 농도에서 효모 세포가 죽기 시작하기 때문이다. 오직 발효에 의해 생산되는 대부분의 와인의 알코올 양이 약 12%인 것은 이 이유에서다. 진과 보드카처럼 '독한' 알코올 음료에서 발견되는 더 높은 에탄올 농도를 얻기 위해서는 발효된 액체를 증류해야 한다. 미국에서 증류된 알코올 음료의 에탄올 양은 **프루프**(*proof*)로 측정되는데, 이것은 에탄올 퍼센트의 2배이다. 예를 들어 86-프루프 위스키는 43%(v/v) 에탄올이다. **프루프**라는 용어는 한때 알코올 양을 검사하기 위해 사용되었던 대략적인 방법으로부터 진화되었다. 화약을 알코올 함량이 의심되는 음료로 적셨다. 만약 음료가 주로 물로 되었다면, 가루는 불이 붙지 않는다. 만약 음료가 의미 있는 양의 알코올을 포함했다면, 가루는 불에 타서 음료의 가치는 '프루프'되었다.

세 번째로 잘 알려진 알코올은 2-프로판올로도 불리는 아이소프로필 알코올이다. 이것은 약국에서 판매하는 소독용 알코올이다. 2-프로판올이 상대적으로 높은 끓는점을 가지고 있지만, 피부에 문지르면 쉽게 증발하여 몸의 열을 내리게 하는 확실한 냉각 효과를 낸다. (아이소프로필 알코올은 섭취하면 매우 독성이 있다. 왜 그런지를 이해하기 위해 이 장의 끝부분에 있는 활동을 보라. 아이소프로필 대신에 찬물에 적신 수건이 몸의 열을 내리는 데 거의 비슷하게 효과적이며 더 안전하다.) 여러분은 아마도 국부 소독제로서의 아이소프로필 알코올의 용도에 매우 익숙할 것이다.

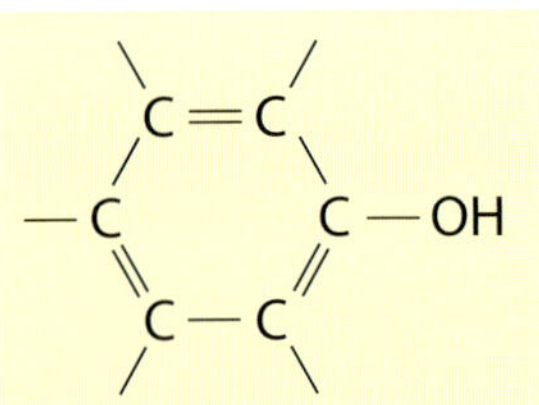
페놀기

페놀(**phenol**)은 벤젠 고리에 붙어 있는 하이드록시기로 이루어진 페놀기를 포함한다. 벤젠 고리로 인해 하이드록시기의 수소는 산-염기 반응에서 쉽게 떨어지므로, 페놀기는 약한 산성을 띤다.

이 산도에 대한 이유는 그림 14.12에 나타나 있다. 산이 수소 이온을 얼마나 잘 주는지는 산이 수소 이온을 내어준 뒤 발생한 음이온 전하를 얼마나 잘 수용할 수 있는지에 달려 있다. 페놀은 수소 이온을 내어준 뒤, 음전하를 띤 페녹사이드 이온이 된다. 그러나 페녹사이드 이온의 음전하는 산소 원자에 국한되지 않는다. 벤젠 고리의 전자들은 고리를 따라 이동할 수 있다는 것을 상기하라. 그림 14.12에서 볼 수 있듯이 비슷한 방법으로 페녹사이드 이온의 음전하의 전자들은 벤젠 고리를 따라 이동할 수 있다. 여러 사람들이 뜨거운 감자를 재빨리 주위

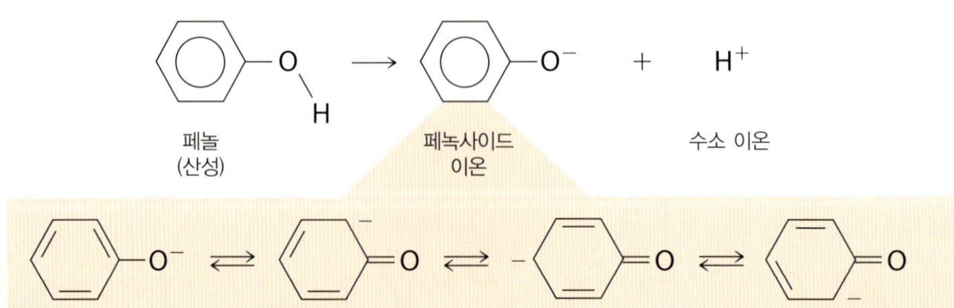

그림 14.12
페녹사이드 이온의 음전하는 벤젠 고리의 여러 위치로 이동할 수 있다. 이러한 이동이 음전하를 수용하는 데 도움을 주는데, 이것이 페놀기가 수소 이온을 쉽게 주는 이유이다.

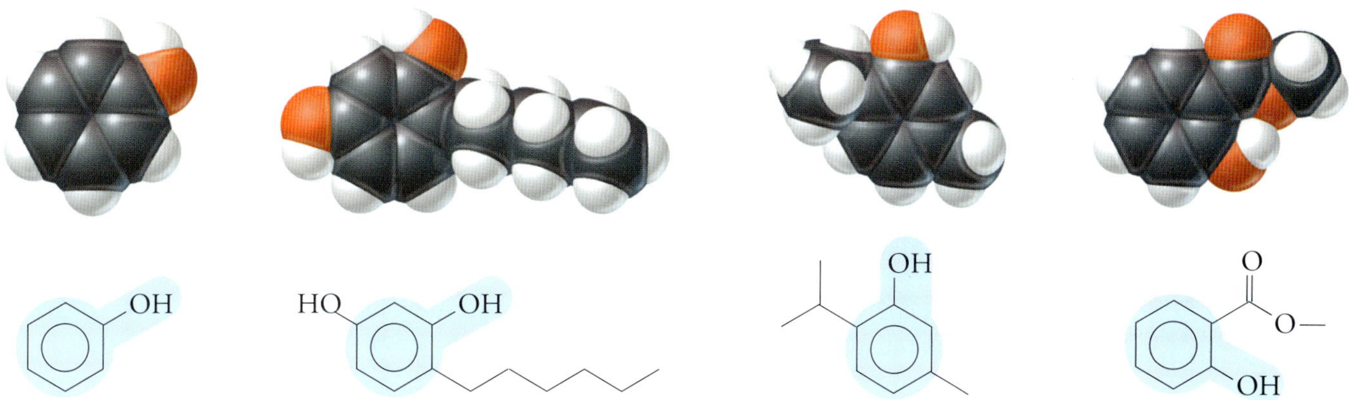

페놀 4-헥실레조르시놀 티몰 살리실산 메틸

그림 14.13
모든 페놀은 페놀기(파란색으로 강조)를 포함한다.

로 전달하면서 쉽게 감자를 가질 수 있는 것처럼, 페녹사이드 이온은 전하를 주위로 잘 전달하도록 하기 때문에 음전하를 쉽게 가질 수 있다. 페놀기는 이온의 음전하를 잘 수용하기 때문에 그렇지 않는 것보다 더 산성이다.

그림 14.13에서 볼 수 있듯이 가장 간단한 페놀은 페놀이라고 불린다. 1867년에 리스터(Joseph Lister, 1827~1912)는 외과 기구나 수술에 적용할 때 외과 수술 생존율을 크게 높일 수 있는 페놀의 살균성 가치를 발견하였다. 페놀은 항균 용액인 **방부제**로 처음 사용되었다. 그러나 페놀은 건강한 조직을 손상시키고, 따라서 독하지 않는 많은 페놀이 그 후 소개되었다. 예를 들면 페놀인 4-헥실레조르시놀은 목 정제나 양치질 약으로 널리 사용되고 있다. 이 화합물은 페놀보다 더 큰 살균성이 크며, 아직까지 조직을 해롭게 하지는 않는다. 리스테린 상표의 양치질 약(조셉 리스터의 이름에서 따옴)은 살균성 페놀인 티몰과 살리실산 메틸을 포함한다.

에터(ether)는 알코올과 구조적으로 관계가 있는 유기 화합물이다. 그러나 에터기의 산소 원자는 탄소와 수소에 결합된 것이 아니라 두 탄소에 결합되어 있다. 그림 14.14에서 볼 수 있듯이 알코올과 다이메틸 에터는 같은 화학식(C_2H_6O)을 가지고 있으나, 그들의 물질적 성질

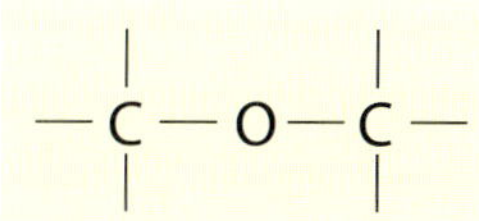

에터기

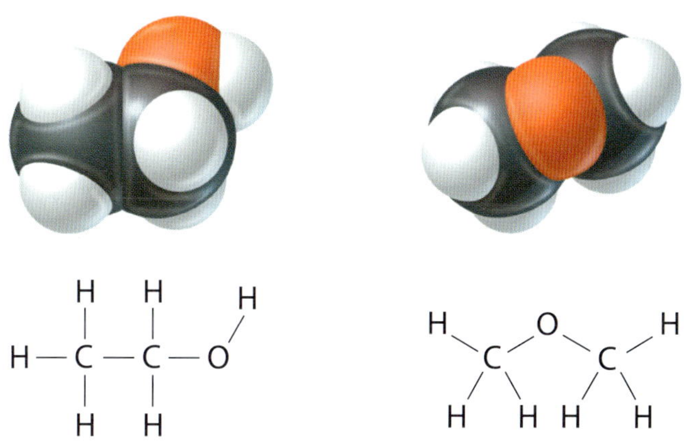

에탄올: 수용성
(끓는점 78°C)

다이메틸 에터: 비수용성
(끓는점 −25°C)

그림 14.14
에탄올처럼 알코올의 산소는 한 개의 탄소 원자와 한 개의 수소 원자에 결합되어 있다. 다이메틸 에터처럼 에터의 산소는 두 탄소 원자들에 결합되어 있다. 이 차이 때문에, 비슷한 분자량을 가지고 있는 알코올과 에터는 물리적 성질이 엄청나게 다르다.

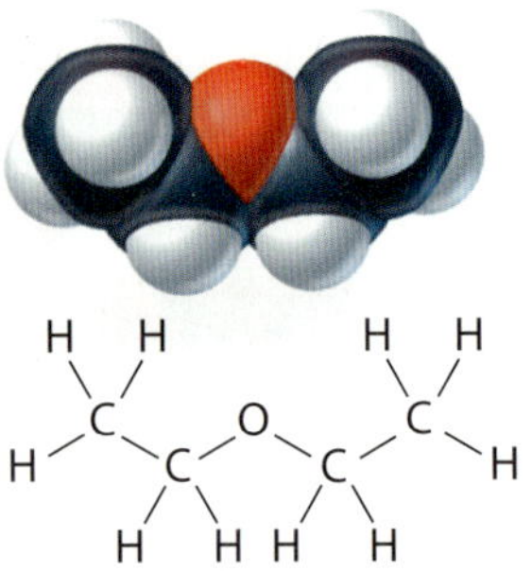

그림 14.15
다이에틸 에터는 역사적으로 마취제로 사용된 '에터'의 분류 이름이다.

은 엄청나게 다르다. 에탄올은 상온(끓는점 78°C)에서 액체이고 물과 아주 잘 섞이는 반면, 다이메틸 에터는 상온(끓는점 −25°C)에서 기체이고 물에 매우 잘 녹지 않는다.

에터는 하이드록시기가 없어 물과 강한 수소 결합을 형성할 수 없기 때문에 물에 매우 잘 녹지 않는다(12.6절 참조). 또한 극성 하이드록시기가 없기 때문에 에터 분자들 사이의 분자 인력은 상대적으로 약하다. 그 결과, 에터 분자를 서로 떼어놓는 데 에너지가 적게 든다. 이것이 분자량이 작은 에터가 상대적으로 끓는점이 낮아서 쉽게 증발하는 이유이다.

그림 14.15에 보인 것처럼, 다이에틸 에터는 초창기 마취제 중의 하나였다. 이 화합물의 마취 성질은 1800년대 초에 발견되었으며, 이 화합물의 사용은 외과 수술의 혁명을 일으켰다. 상온에서 높은 휘발성 때문에, 흡입된 다이에틸 에터는 혈류 속으로 재빨리 들어간다. 이 에터는 물에 대한 용해도가 낮고 휘발성이 크기 때문에, 일단 속으로 들어오면 재빨리 혈류를 떠나게 된다. 이러한 물질적 성질 때문에 호흡되는 기체의 양을 간단히 조절함으로써 외과 환자는 마취 상태(무의식 상태)에 있다가 깨어날 수 있다. 현대의 기체 마취제는 다이에틸 에터와 같은 원리로 작용하지만 부작용이 더 작다.

14.5 아민과 알칼로이드

학습목표
아민과 알칼로이드의 일반적인 성질을 재검토할 수 있다.

물음 왜 제약 회사들이 열대 우림에 많은 관심을 가지는가?

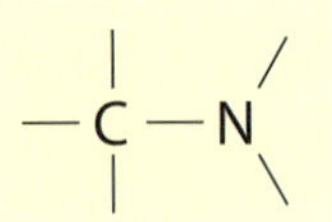
아민기

아민(amine)은 한 개, 두 개 또는 세 개의 포화 탄소에 결합된 질소 원자인 아민기를 가지고 있는 유기 화합물이다. 아민은 질소−수소 결합이 산소−수소 결합 만큼 극성이지 않기 때문에 전형적으로 알코올보다 물에 적게 녹는다. 아민의 극성이 작다는 것은 또한 아민의 끓는점이 비슷한 분자량의 알코올보다 전형적으로 다소 낮다는 것을 의

표 14.3 간단한 아민들

구조	이름	녹는점(°C)	끓는점(°C)
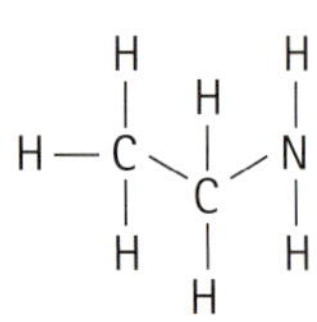	에틸아민	−18	17
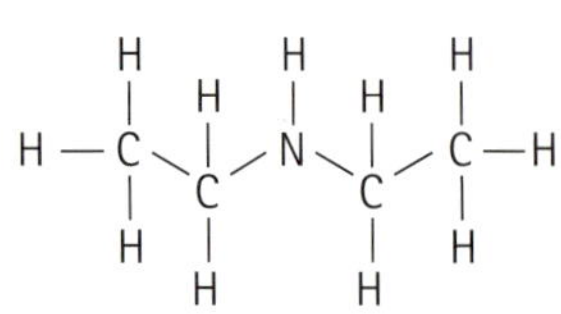	다이에틸아민	−50	55
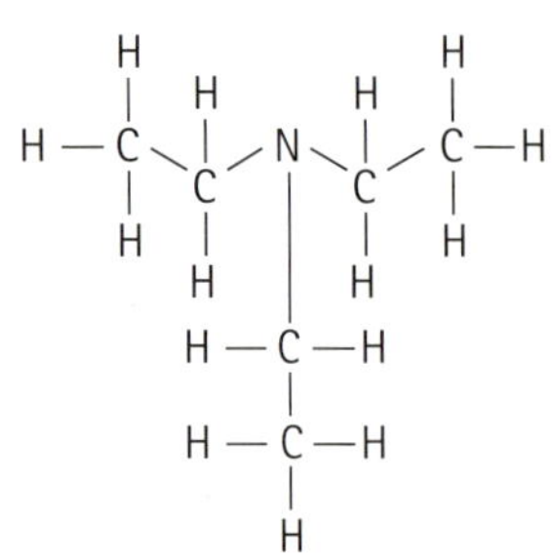	트라이에틸아민	−7	89

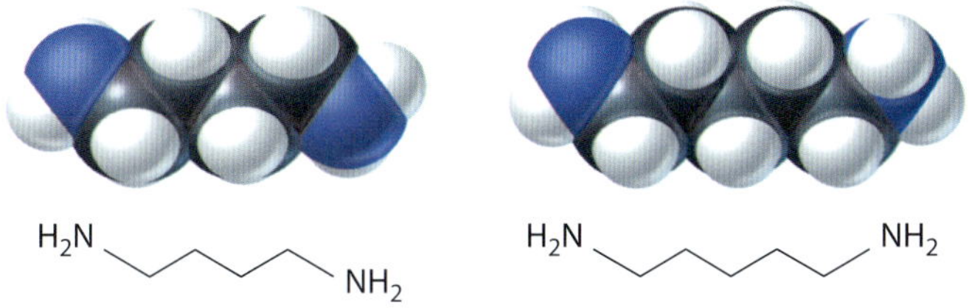

푸트레신
(1,4-뷰테인다이아민)

카다베린
(1,5-펜테인다이아민)

그림 14.16
이같이 분자량이 작은 아민은 불쾌한 냄새를 가지는 경향이 있다.

미한다. 표 14.3은 세 가지의 간단한 아민을 나타내고 있다.

분자량이 작은 많은 아민이 가지는 가장 두드러진 물리적 성질의 하나는 불쾌한 냄새이다. 그림 14.16은 대략적으로 명명된 두 아민인 푸트레신과 카다베린을 나타낸 것으로, 이들은 약간 살 썩는 냄새가 난다.

그림 14.17에 나타냈듯이, 아민은 질소 원자가 물로부터 수소 이온을 쉽게 받기 때문에 전형적으로 알칼리이다.

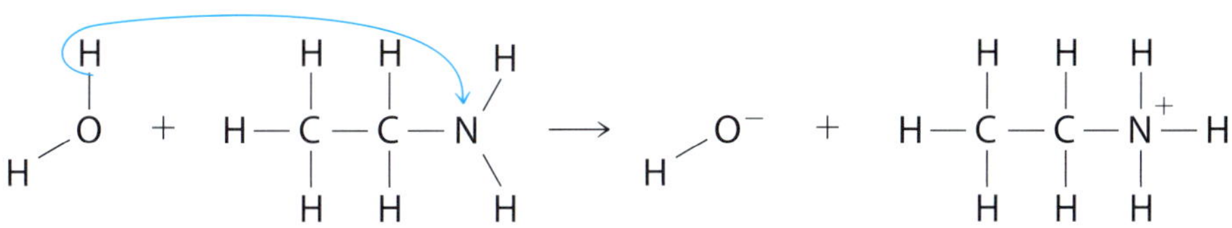

물
(산)

에틸아민
(염기)

수산화
이온

에틸암모늄
이온

그림 14.17
에틸아민은 염기로 행동하여 물로부터 수소 이온을 받아 에틸암모늄 이온이 된다. 이 반응은 수산화 이온을 발생시켜서 용액의 pH를 증가시킨다.

질소 원자를 포함하고 있기 때문에 알칼리이면서 자연적으로 생성되는 복잡한 분자의 집단은 가끔 **알칼로이드**(*alkaloid*)로 불린다. 많은 알칼로이드는 의학적 가치를 가지고 있기 때문에 그들을 포함하는 식물이나 해양 생물체로부터 이 화합물들을 분리하는 데 큰 관심을 가지고 있다. 그림 14.18에서 볼 수 있듯이 알칼로이드는 산과 반응하여 보통 물에 잘 녹는 염을 생성한다. 이것은 전형적으로 물에 녹지 않는 **유리 염기**(*free base*)로 알려진 알칼로이드의 비이온화 형태와 대비된다.

대부분의 알칼로이드는 유리 염기 형태가 아니라 오히려 복잡한 구조를 가진 페놀 기반 유

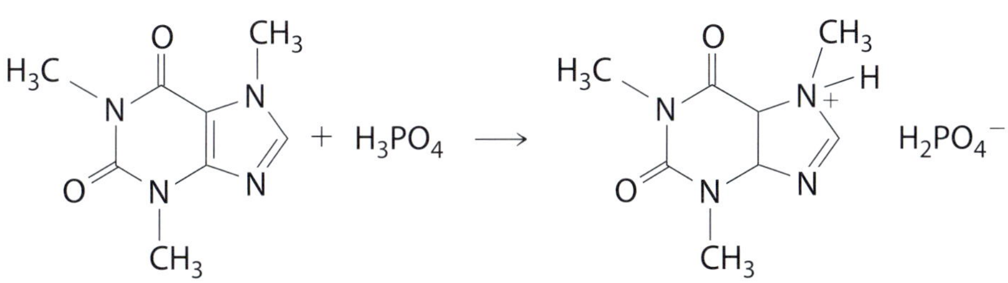

카페인, 유리 염기 형태
(비수용성)

인산

카페인-인산염
(수용성)

그림 14.18
모든 알칼로이드는 산과 반응하여 염을 생성하는 염기이다. 예는 알칼로이드 카페인이며, 여기서는 인산과의 반응을 보여 준다.

그림 14.19
탄닌은 커피 머그잔이나 커피를 마시는 사람의 치아에 갈색 얼룩이 생기는 원인이 된다. 탄닌은 산성이기 때문에 알칼리 세제로 쉽게 제거된다. 머그잔에 약간의 세탁 표백제를 사용하고, 베이킹 소다로 여러분의 치아를 닦아 보라.

기산의 집단이면서 자연적으로 생성되는 **탄닌**(*tannin*)으로 알려진 산의 염 형태로 자연에 존재한다. 이 산들의 알칼로이드 염은 보통 찬물보다 뜨거운 물에 훨씬 더 잘 녹는다. 커피와 차의 카페인은 탄닌 염의 형태로 존재하며, 이것이 커피와 차가 뜨거운 물에서 더 효과적으로 우려 나오는 이유이다. 그림 14.19가 관련되듯이 탄닌은 또한 이 음료로 인한 얼룩의 원인이 된다.

학습목표
카보닐 화합물의 일반적인 성질을 재검토할 수 있다.

14.6 카보닐 화합물

물음 왜 카보닐의 탄소는 보통 약한 양전하를 가지는가?

카보닐기(**carbonyl group**)는 산소 원자와 이중 결합한 탄소 원자로 이루어져 있다. 이것은 케톤, 알데하이드, 아마이드, 카르복시산 및 에스터로 알려진 유기 화합물에서 생성된다.

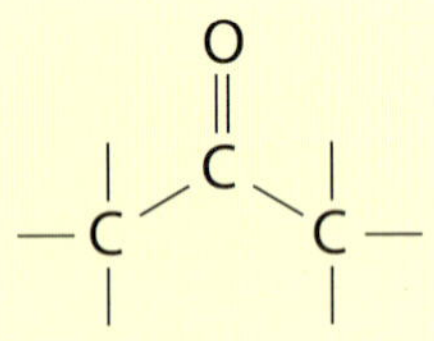
케톤기

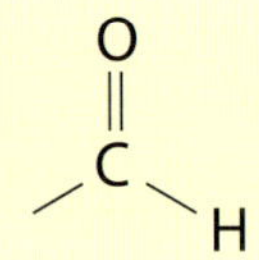
알데하이드기

케톤(**ketone**)은 카보닐 탄소가 두 탄소 원자와 결합한 카보닐을 포함하는 유기 분자이다. 케톤의 친숙한 예는 손톱 메니큐어 제거제로 사용되는 **아세톤**(*acetone*)이며, 그림 14.20a에 나타나 있다. **알데하이드**(**aldehyde**)에서는 그림 14.20b에서 보인 것처럼, 카보닐 탄소가 하나의 탄소 원자 및 하나의 수소 원자와 각각 결합되어 있거나, 또는 폼알데하이드의 특별한 경우에는 두 개의 수소 원자와 결합되어 있다.

많은 알데하이드는 특별히 향기를 가지고 있다. 예를 들어 많은 꽃들은 간단한 알데하이드가 존재해서 좋은 향기를 낸다. 레몬, 계피 및 아몬드의 냄새는 각각 알데하이드인 시트랄, 시남알데하이드 및 벤즈알데하이드에 의한 것이다. 그림 14.21은 이들 세 알데하이드의 구조를 나타낸 것이다. 이 장의 앞에서 소개되었던 다른 알데하이드인 바닐린은 바닐라 난초의 씨앗 꼬투리로부터 유래된 주요 향료 분자이다. 여러분은 바닐라 씨앗 꼬투리와 바닐라 추출물은 꽤 비싸다는 것을 주목할지도 모른다. 바닐라 향료는 단지 목재 펄프 공업의 부산물인 화학 물질에서 경제적으로 합성되는 바닐라 화합물의 용액이기 때문에 비싸지 않다. 바닐라 향료는 천연 바닐라 추출물과 같은 맛을 내지 못한다. 그러나 바닐린에 다른 많은 풍미 있는 분

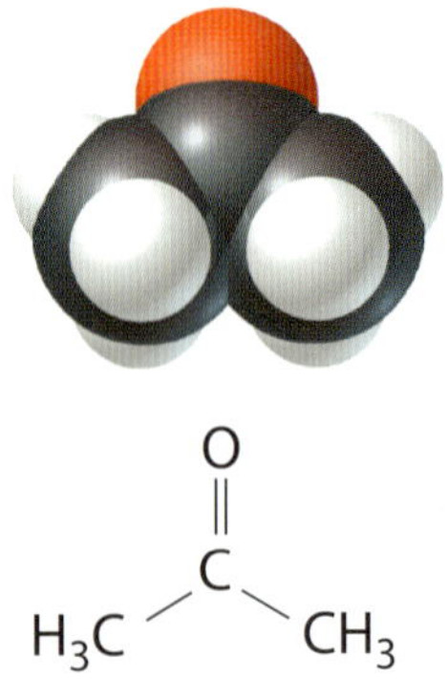
아세톤
(a)

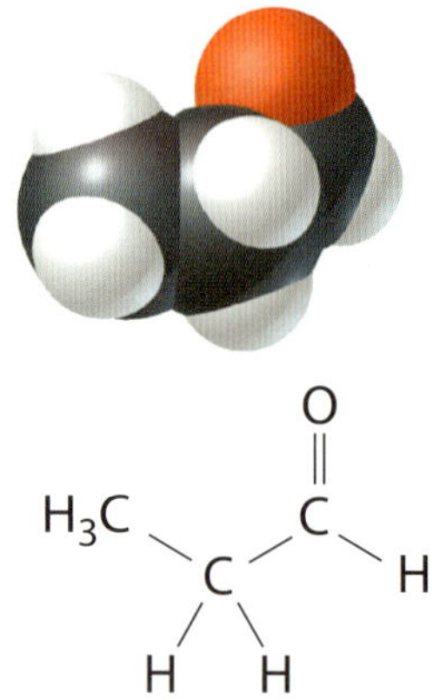
프로피온알데하이드
(b)

그림 14.20
(a) 카보닐기의 탄소가 두 탄소 원자와 결합되어 있을 때, 그 결과는 케톤이다. 예는 아세톤이다. (b) 카보닐기의 탄소가 적어도 하나의 수소 원자와 결합되어 있을 때, 그 결과는 알데하이드이다. 예는 프로피온알데하이드이다.

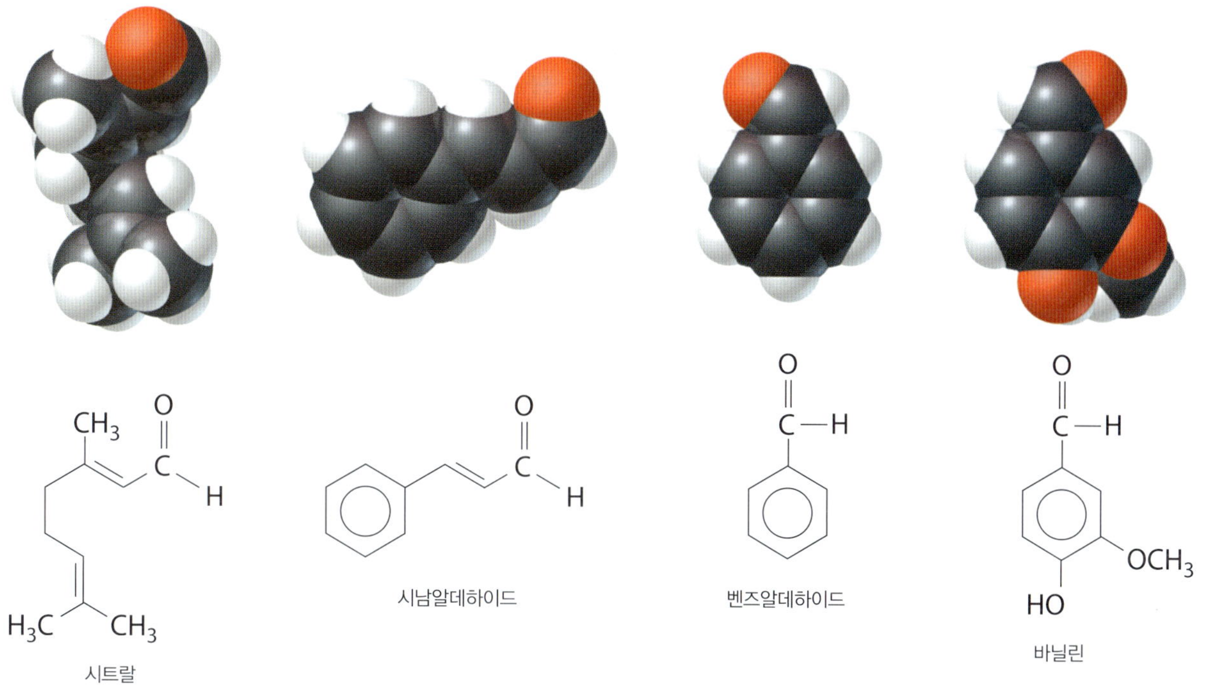

그림 14.21
알데하이드는 많은 친숙한 향기를 나게 하는 데 기인한다.

자들이 추가되어 천연 바닐라의 복합적인 맛을 낸다. '무산성' 종이 시대 이전에 만들어진 많은 책들은 세월이 흘러감에 따라 책에 포함된 산이 바닐린의 생성과 방출을 촉진하는 과정 때문에 바닐라 향이 난다.

아마이드(**amide**)는 카보닐 탄소가 질소 원자와 결합된 카보닐을 포함하는 유기 분자이다. 대부분의 모기 방충제의 활성 성분은 그림 14.22에 보인 것처럼, 화학명이 *N,N*-다이에틸-*m*-톨루아마이드이지만, 상업적으로 DEET로 알려진 아마이드이다. 이 화합물은 실제로 살충제가 아니다. 오히려 특별히 모기 같은 곤충들의 방향 감각을 잃게 하여 DEET를 뿌린 사람이 물리는 것을 효과적으로 예방한다.

카복실산(**carboxylic acid**)은 카보닐 탄소가 하이드록시와 결합된 카보닐을 포함하는 유기 분자이다. 이름에서 알 수 있듯이, 이 작용기는 수소 이온을 내놓을 수 있다. 그러므로 이것을 포함하는 유기 분자는 산성이다. 그 한 예가 아세트산($C_2H_4O_2$)인데, 이것이 물에 녹은 것이 식초의 주요 성분이다.

페놀처럼, 카복실산의 산도는 수소 이온이 떨어진 후에 생성되는 이온의 음전하를 수용하는 작용기의 능력에 영향을 받는다. 그림 14.23에서 볼 수 있듯이, 카복실산이 수소 이온을 잃으면 카복실 이온으로 변환된다. 카복실 이온의 음전하는 두 산소 사이에서 양쪽으로 이동할 수 있다. 이 널리 퍼짐이 음전하를 수용하는 데 도움을 준다.

유기 화합물의 흥미로운 예는 카복실산과 페놀 둘 다를 가지고 있는 살리실산으로, 수양버들 나무의 껍질에서 발견되며, 그림 14.24a에 나타나 있다. 살리실산은 해열(열을 낮추는) 효과를 위해 제조되는 동시에, 중요한 진통제(통증 완화제)이지만, 두 산성 작용기로 인해 상대적으로 산도가 높기 때문에 구역질이나 배탈

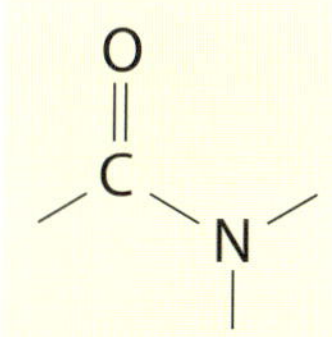

아마이드기

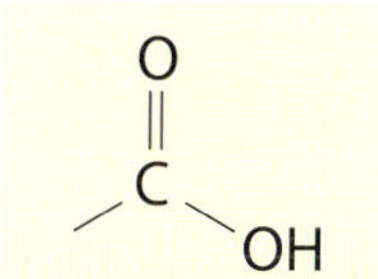

카복실기

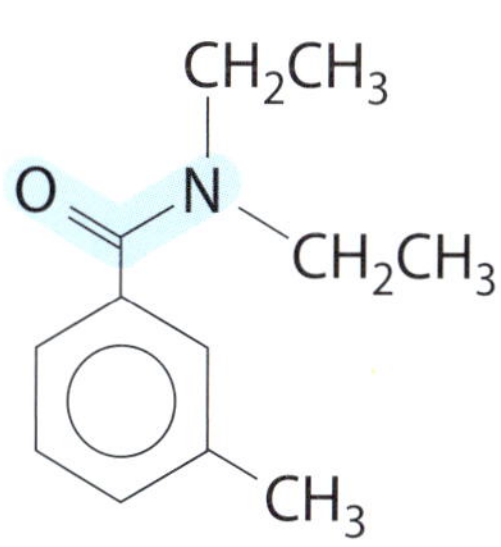

N,N-다이에틸-*m*-톨루아마이드 (DEET)

그림 14.22
N,N-다이에틸-*m*-톨루아마이드는 아마이드의 한 예이다. 아마이드는 파란색으로 강조한 것처럼, 아마이드기를 포함하고 있다.

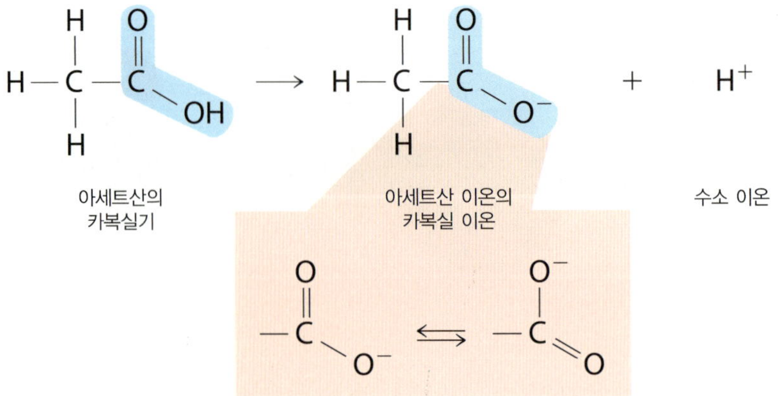

그림 14.23
카복실 이온의 음전하는 카복실기의 두 산소 원자 사이에서 양쪽으로 이동할 수 있다.

을 유발하기도 한다. 1899년에 독일의 프레드리 베이어 회사는 산성 페놀기를 에스터 작용기로 변환하여 이 화합물의 화학적으로 변형된 형태를 소개하였다.

그림 14.24b에서 볼 수 있듯이, 그 결과는 덜 산성이고 훨씬 더 견딜 만한 아스피린의 화학명인 아세틸살리실산이었다.

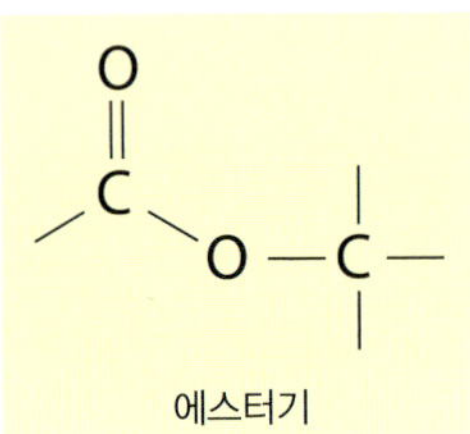

에스터(**ester**)는 카복실산의 하이드록시 수소가 탄소에 의해 치환되었다는 점에서 카복실산과 유사한 유기 분자이다. 카복실산과 달리, 에스터는 하이드록시기의 수소가 없기 때문에 산성이 아니다. 알데하이드처럼, 많은 간단한 에스터가 주목할 만한 향기를 가지고 있어 향료로 사용된다. 표 14.4에 네 가지의 친숙한 에스터가 나열되어 있다.

에스터는 알코올에 카복실산을 녹인 다음, 황산(H_2SO_4) 같은 강한 산의 존재하에서 혼합물을 끓이면 매우 쉽게 합성된다. 살리실산과 메탄올로부터의 살리실산 메틸 합성이 한 예이

그림 14.24
(a) 수양버들 나무의 껍질에서 발견된 살리실산은 카복실기와 페놀기를 모두 포함하는 분자의 예이다. (b) 아스피린(아세틸살리실산)은 산성 페놀기가 에스터로 변환되어 더 이상 포함되지 않기 때문에 살리실산보다 덜 산성이다.

(a)

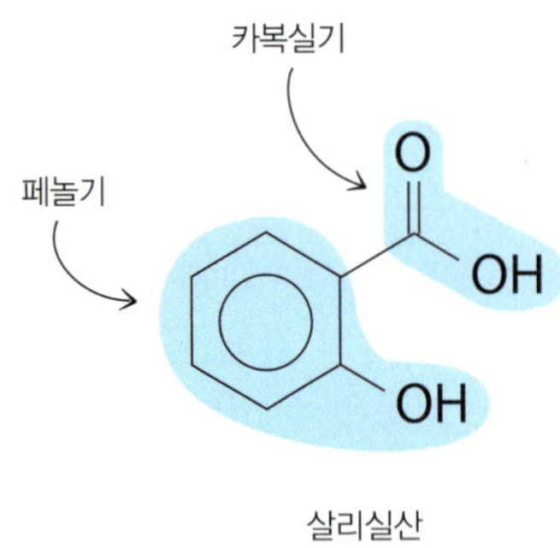

(b)

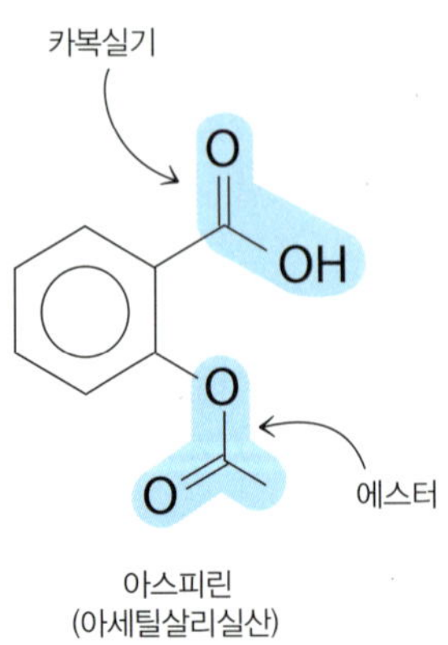

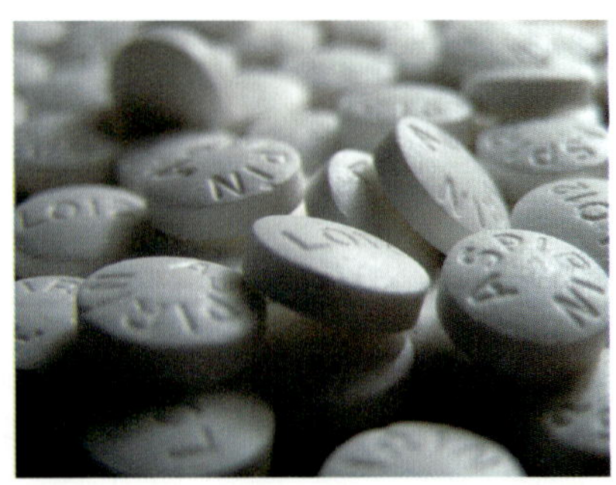

다. 살리실산 메틸은 노루발풀 냄새가 나며, 일반적인 딱딱한 캔디의 구성 성분이다.

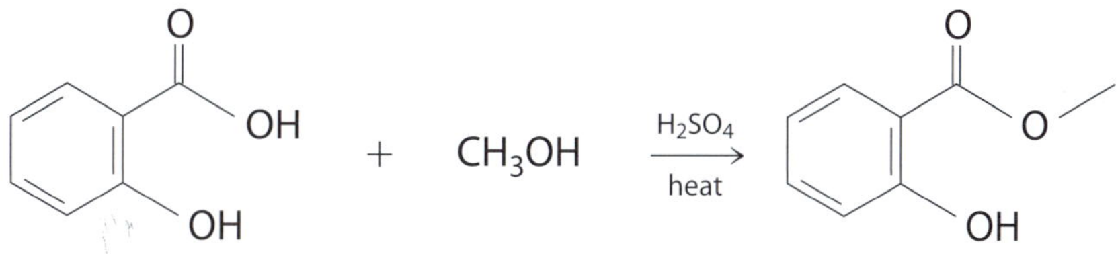

살리실산 메탄올 살리실산 메틸 (노루발풀)

유기 화학에는 지금까지 배운 작용기와 그들의 일반적인 성질보다도 훨씬 많은 것들이 있다. 대부분은 아니더라도, 많은 실험 유기 화학자들은 농업이나 약학처럼 실용적인 응용성을 가지고 있는 유기 분자를 합성하는 데 훨씬 많은 시간을 바친다. 가끔 이 목표 물질들은 자연으로부터 적은 양만을 발견할 수 있고 분리해 왔던 유기 화합물이다. 이 화학 물질들을 대량으로 만들기 위해 유기 화학자들은 쉽게 가능한 더 작은 화합물을 이용하여 실험실에서 이 화합물이 합성될 수 있는 경로를 고안하였다. 일단 합성되면, 실험실에서 생성된 화합물은 자연에서 발견된 화합물과 화학적으로 동일하다. 다른 말로 하면, 그것은 물리적, 화학적 성질이 같고, 또한 만약 있다면 같은 생물학적 효능을 갖고 있다.

표 14.4 몇 가지 에스터 및 그들의 맛과 냄새

구조	이름	맛/냄새
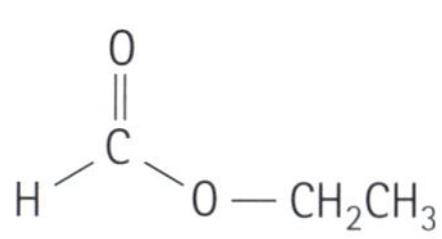	폼산 에틸	럼
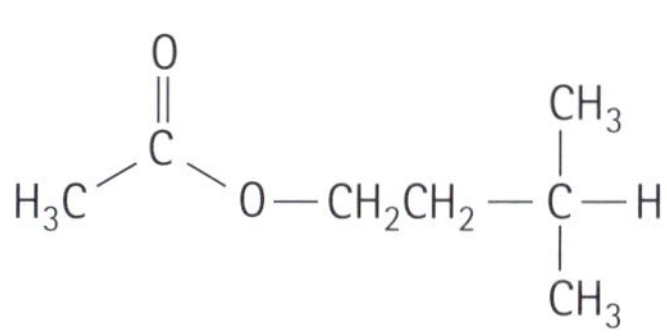	아세트산 아이소펜틸	바나나
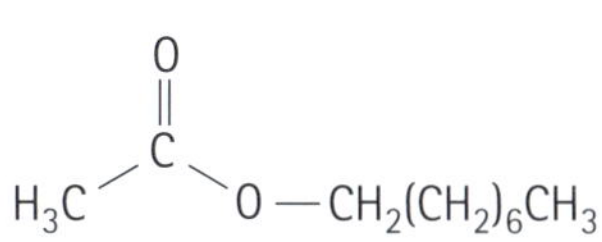	아세트산 옥틸	오렌지
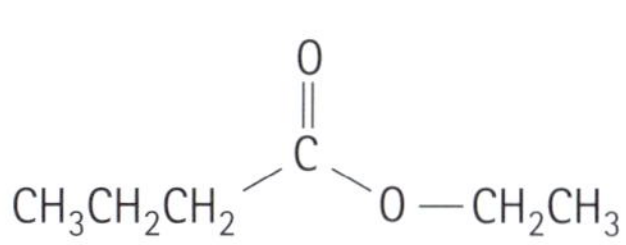	뷰티르산 에틸	노루발풀

학습목표
약의 화학적 구조가 생물학적 활성에 어떻게 영향을 주는지를 설명하기 위해 약 효능의 자물쇠와 열쇠 모형을 사용할 수 있다.

융합과학 14A
생명과학

약의 효능

물음 약을 만드는 데 왜 유기 화학 물질이 매우 적합한가?

화학자들은 새롭고 더 효과적인 의약품을 발견하기 위해, 약품이 어떻게 작용하는지를 설명하는 다양한 모형을 사용한다. 지금까지 약 효능의 가장 유용한 모형의 하나는 **자물쇠와 열쇠 모형**(**lock-and-key model**)이다. 이 모형의 기본 원리는 약품의 화학적 구조와 그것의 생물학적 효과가 연관이 있다는 것이다. 예를 들어 코데인과 모르핀 같이 관련 통증을 완화시키는 합성 진통제는 그림 14.25에 보인 T자형 구조를 가지고 있다.

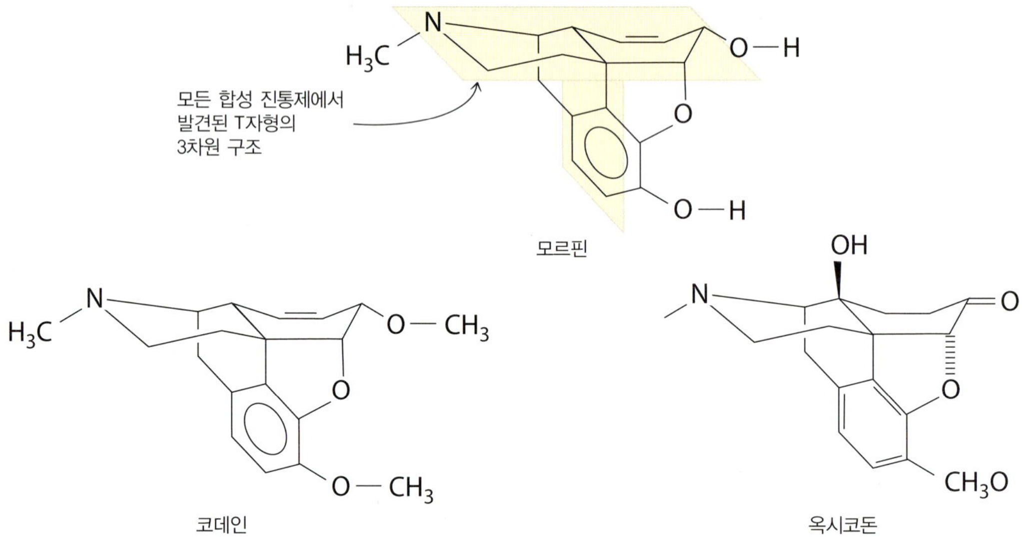

그림 14.25
모르핀처럼 작용하는 모든 약은 모르핀과 같은 기본적인 3차원 모양을 가지고 있다.

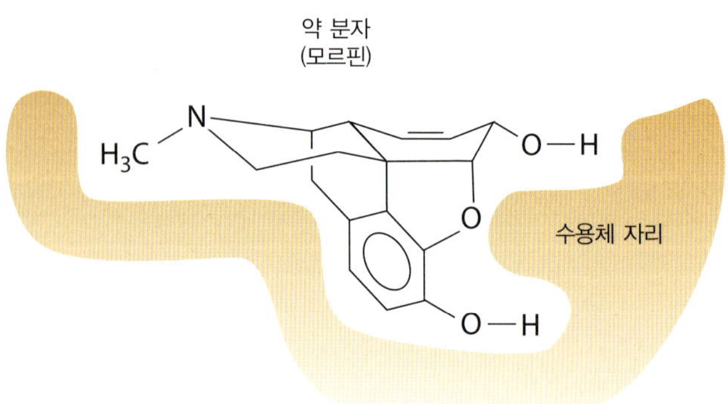

그림 14.26
많은 약은, 마치 열쇠가 자물쇠에 꼭 맞는 것처럼, 몸에서 발견되는 분자의 수용체 자리에 꼭 맞게 작용한다.

그림 14.26에 설명된 것처럼, 자물쇠와 열쇠 모형에 따르면, 생물학적으로 활성인 분자는 몸에 있는 단백질의 **수용체 자리**(*receptor site*)에 수소 결합 같은 분자 인력에 의해 꼭 맞게 작용한다(12장 참조). 열쇠가 자물쇠에 꼭 맞는 것과 같은 방법으로, 약 분자가 수용체 자리에 꼭 맞을 때 신경 자극, 단백질의 모양 변화, 또는 심지어 화학 반응 같은 특별한 생물학적 결과가 나타낸다. 그러나 자물쇠에 꼭 맞기 위해 열쇠가 적절한 모양의 톱니 금을 가져야 하는 것과 마찬가지로, 특별한 수용체 자리에 꼭 맞기 위해서는 분자가 적당한 모양을 가져야 한다.

이 모형의 또 다른 측면은, 약을 수용체 자리에 붙어 있게 하는 분자 인력이 쉽게 깨질 수 있다는 것이다. (대부분의 분자 인력은 화학 결합보다 수백 배 더 약하다는 12장의 내용을 기억하라.) 그러므로 약은 수용체 자리에 임시로 붙어 있다. 일단 약이 수용체 자리에서 떨어져 나오면, 몸의 물질대사는 약의 화학적 구조를 파괴하고 약의 효과는 점차 사라진다고 말한다.

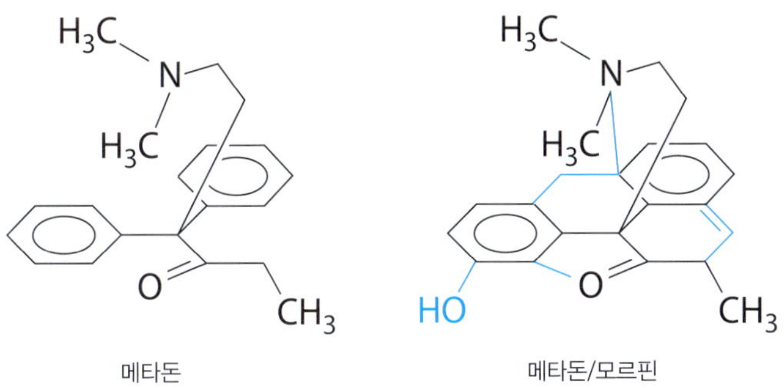

그림 14.27
모르핀의 구조에 겹쳐진(파랑과 검정) 메타돈(검정)의 구조

이 모형을 사용하면서, 우리는 왜 어떤 약은 다른 것보다 더 효능이 있는지를 이해할 수 있다. 예를 들어 진통제인 메타돈은 모르핀의 수용체 자리에 결합함으로써 작용한다. 그러나 메타돈의 구조는 그림 14.27에서처럼 완벽한 조합을 만들기 위해 필요한 모든 조각이 부족하기 때문에 모르핀보다는 효능이 떨어진다.

자물쇠와 열쇠 모형은 약제 연구 중심주의의 하나로 발달해 왔다. 목표 수용체 자리의 정확한 구조를 알면, 화학자들이 가장 적합한 맞춤과 특별한 생물학적 효과를 가지는 분자를 설계할 수 있다.

그러나 생화학적 체계는 매우 복잡해서 효과적인 의약품을 설계할 수 있는 우리의 지식은 여전히 제한되어 있다. 이런 이유 때문에, 대부분의 의약품은 설계되기보다는 여전히 발견되고 있다. 약품 발견의 중요한 진입로 중 하나는 민속 식물학이다. 18장에서 더 자세히 배우겠지만, **민속 식물학자**는 그 고장의 고유한 문화에서 사용된 의학 식물에 대해 알고자 하는 연구자이다.

14.7 중합체

학습목표
중합체가 단량체로부터 어떻게 합성되는지를 기술할 수 있다.

물음 플라스틱은 왜 일반적으로 비싸지 않은가?

중합체(**polymer**, **고분자**)는 그림 14.28에 그려진 것처럼, **단량체**(**monomer**)라는 분자 단위의 반복으로 이루어진 엄청나게 긴 분자이다. 단량체는 분자당 4~100개의 원자들로 모든 것을 구성하는 상대적으로 간단한 구조이다. 단량체가 서로 연결될 때, 그들은 분자당 수백에서 수천 개의 원자를 가지고 있는 중합체를 생성할 수 있다. 이 큰 분자들은 여전히 작아서 맨 눈으로는 볼 수 없다. 그러나 미시적 세계로 볼 때는 거대하다. 만약 전형적인 중합체가 연 줄 정도의 굵기였다면, 길이는 1 km 정도 될 것이다.

DNA, 단백질, 식물의 셀룰로스, 녹말 식품의 복잡한 탄수화물 등을 포함한 생체 기관을 구성하는 많은 분자들은 중합체이다. 지금은, 보통 플라스틱이라고 알려진 물질 분류를 구성하는 합성 중합체로 알려진, 인간이 만든 중합체에 초점을 맞추기로 한다.

이제 오늘날 사용되고 있는 합성 중합체의 주요한 두 형태인 **첨가 중합체**(*addition polymer*)와 **축합 중합체**(*condensation polymer*)에 대한 탐구를 시작할 것이다. 표 14.5에서 볼 수 있듯

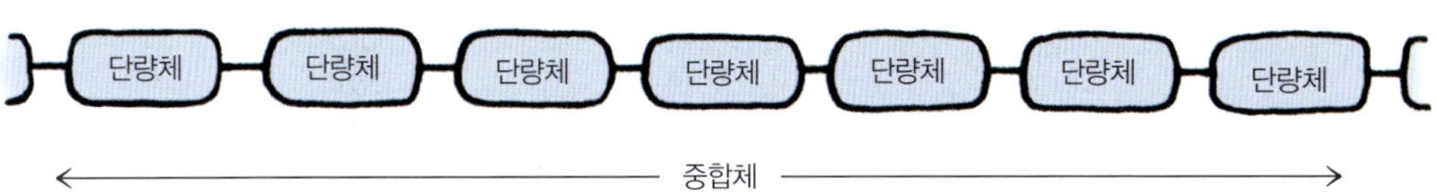

그림 14.28
중합체는 더 작은 많은 단량체가 서로 결합하여 이루어진 긴 분자이다.

표 14.5 첨가 및 축합 중합체

중합체	반복 단위	일반적인 용도	재활용 코드
첨가			
폴리에틸렌(PE)	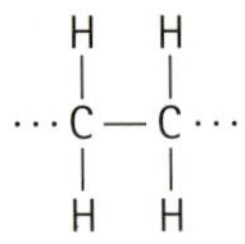	플라스틱 가방, 병	2 HDPE, 4 LDPE
폴리프로필렌(PP)	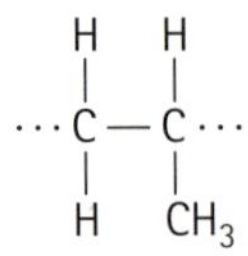	실내·외 카펫	5 PP
폴리스타이렌(PS)	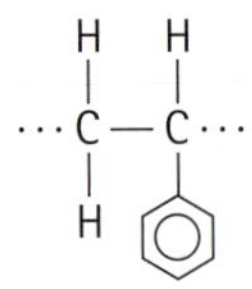	플라스틱 용기, 절연체	6 PS
폴리염화바이닐(PVC)	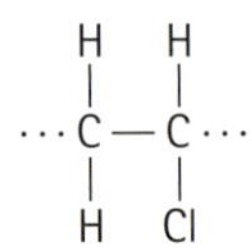	샤워 커튼, 튜브	3 V
축합			
폴리에틸렌 테레프탈레이트	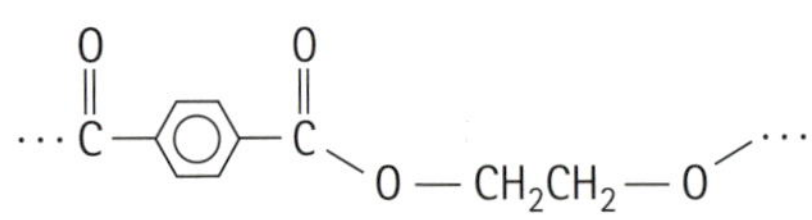	의류, 플라스틱 병	1 PET
멜라민-폼알데하이드 수지 (멜맥, 포마이카)	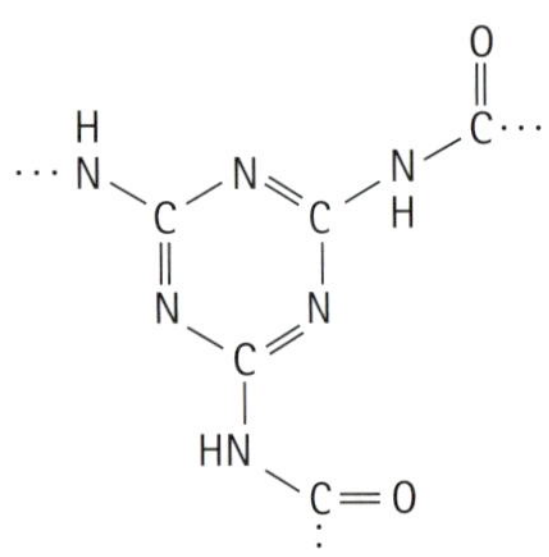	접시, 조리대	재활용 불가

이, 첨가 중합체와 축합 중합체는 다양한 용도를 가지고 있다. 오로지 인간이 만든 이들 중합체가 현대 생활에 널리 퍼져 있다. 예를 들어 미국에서 합성 중합체들은 가장 널리 사용되는 물질로, 철강을 앞질렀다.

첨가 중합체

첨가 중합체(**addition polymer**)는 단량체 단위를 서로 연결하면 쉽게 만들어진다. 첨가 중합이 일어나기 위해서는, 각 단량체는 적어도 한 개의 이중 결합을 포함해야 한다. 그림 14.29에서 볼 수 있듯이, 중합 반응은 각 이중 결합으로부터 전자 두 개가 서로 떨어져 나와 이웃 단량체 분자와 공유 결합을 형성할 때 일어난다. 이 과정에서는 원자를 잃지 않으므로, 중합체의 총 분자량은 모든 단량체 분자량의 합과 같다.

미국에서는 해마다 거의 1,200만 톤의 폴리에틸렌이 생산되고 있다. 이는 미국 국민 1인당 약 40 kg에 해당한다. 폴리에틸렌의 단량체인 에틸렌은 석유로부터 대량으로 생산되는 불포화 탄화수소이다.

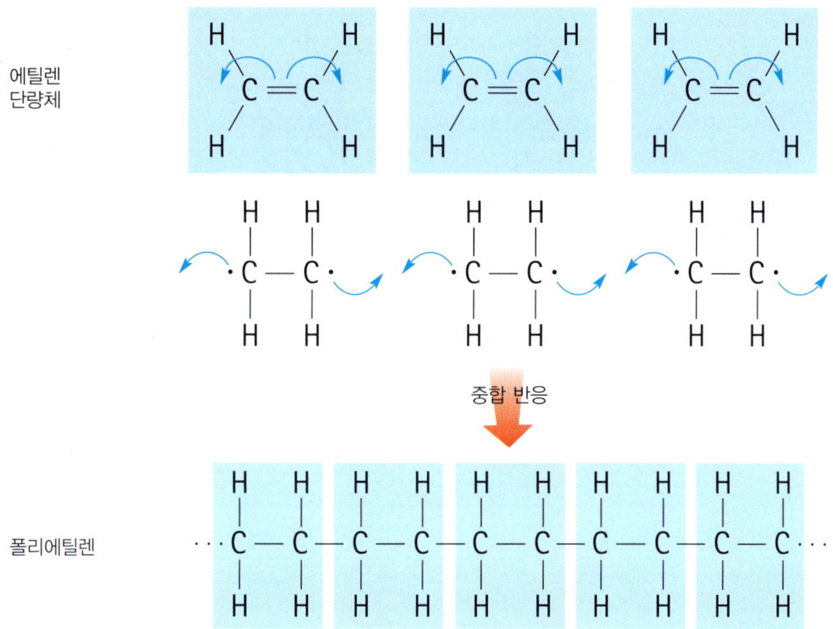

그림 14.29
첨가 중합체인 폴리에틸렌은 에틸렌 단량체 분자의 이중 결합에서 전자가 떨어져 나와 짝을 짓지 않은 원자가 전자가 됨에 따라 형성된다. 짝을 짓지 않은 각 전자는 두 단량체 단위를 서로 연결하는 새로운 공유 결합을 형성하기 위해 이웃의 탄소 원자의 짝을 짓지 않은 전자와 서로 결합한다.

폴리에틸렌

폴리에틸렌의 두 가지 주요한 형태는 다른 촉매와 반응 조건을 사용함으로써 생성된다. 그림 14.30a에서 도식으로 보인 것처럼, 고밀도 폴리에틸렌(high-density polyethylene, HDPE)은 서로 가까이 채워진 직선 사슬 분자의 긴 가닥으로 구성되어 있다. 이웃 가닥의 단단한 정렬로 인해 병과 우유통 같은 것에 유용한, 상대적으로 강하고 내구성이 있는 HDPE가 만들어진다. 그림 14.23b에서 볼 수 있듯이, 저밀도 폴리에틸렌(low-density polyethylene, LDPE)은 가닥이 서로 가까이 채워지는 것을 방지하는 건축 양식인 가지가 많은 사슬 가닥으로 만들어진다. 이 때문에 LDPE는 HDPE보다 더 잘 구부릴 수 있고 녹는점이 낮다. 끓는 물에서 HDPE는 모양을 유지하고 있지만, LDPE는 모양이 깨진다. LDPE는 플라스틱 가방, 사진 필름 및 전선 절연체 같은 제품의 용도로 가장 많이 사용되고 있다.

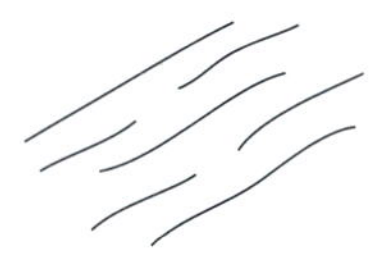

(a) HDPE의 분자 가닥

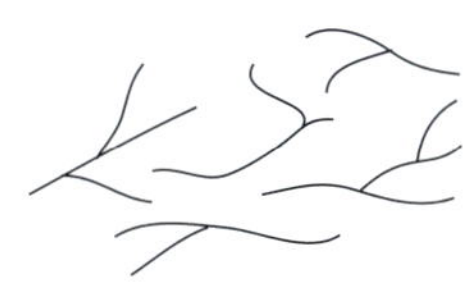

(b) LDPE의 분자 가닥

그림 14.30
(a) HDPE의 폴리에틸렌 가닥은 요리되지 않은 스파게티의 가닥과 매우 흡사하며, 서로 매우 가까이 채워질 수 있다. (b) LDPE의 폴리에틸렌 가닥은 가지가 있고, 가닥이 잘 채워지는 것을 방해한다.

다른 첨가 중합체는 다른 단량체를 사용하여 만들어진다. 유일한 요건은 단량체가 이중 결합을 가지고 있어야 한다는 것이다. 예를 들어 그림 14.31에서 볼 수 있듯이, 프로필렌 단량체는 폴리프로필렌을 만든다. 폴리프로필렌은 파이프, 외관이 단단한 여행용 가방, 기구 부품에 유용한 내구성 플라스틱 재료이다. 폴리프로필렌의 섬유는 실내 장식품, 실내·외 카펫 및 심

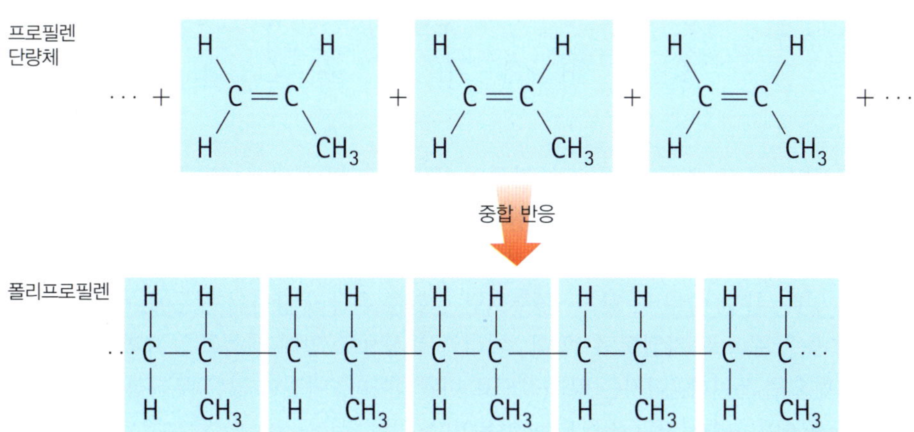

그림 14.31
프로필렌 단량체는 폴리프로필렌을 생성하기 위해 중합된다.

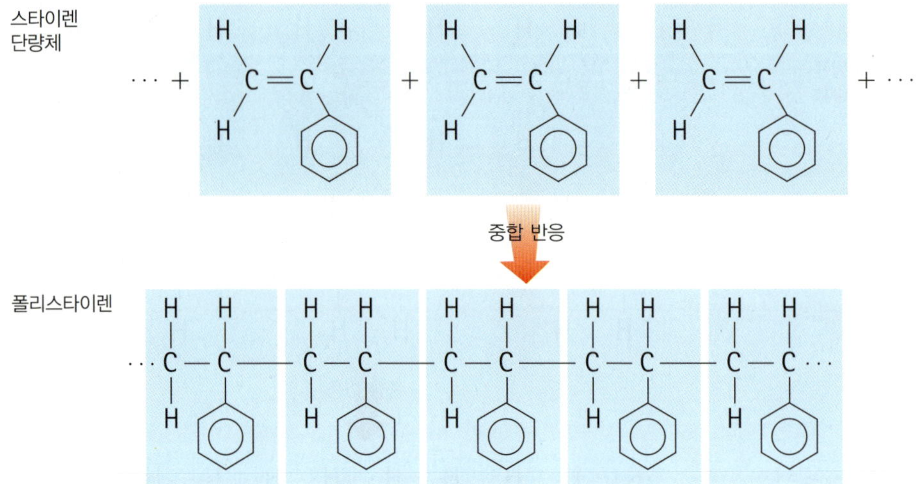

그림 14.32
스타이렌 단량체는 폴리스타이렌을 생성하기 위해 중합된다. 또 다른 중요한 첨가 중합체는 폴리염화바이닐(PVC)인데, 이것은 단단하고 쉽게 주조할 수 있다. 그림 14.33에서 볼 수 있듯이 바닥 타일, 샤워 커튼 및 파이프는 가장 흔하게 PVC로 만들어진다.

지어 따뜻한 내의 등에 사용되고 있다.

그림 14.32는 단량체로 스타이렌을 사용할 때 폴리스타이렌이 생산되는 것을 보여 준다. 투명한 플라스틱 컵은 다른 수천의 가정용 제품처럼, 폴리스타이렌으로 만들어진다. 액체 폴리스타이렌에 기체를 불어 넣으면 스타이로폼이 만들어지는데, 이것은 커피 컵, 충전 재료 및 절연체로 널리 사용되고 있다.

그림 14.33
또 다른 중요한 첨가 중합체는 폴리염화바이닐(PVC)로, 많은 가정용 제품을 제작하는 데 사용된다.

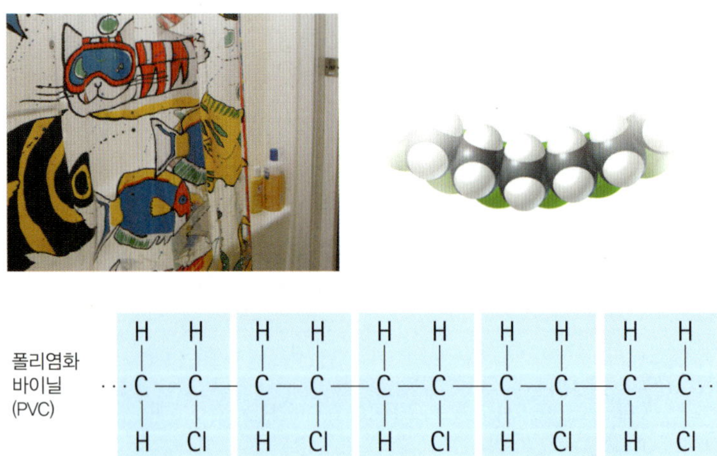

그림 14.34에서 볼 수 있듯이, 첨가 중합체인 폴리테트라플루오로에틸렌은 우리가 알고 있는 테플론이다. 염소를 함유하고 있는 사란과는 대조적으로, 플루오린을 함유하고 있는 테플론은 플루오린 원자들이 어떤 분자 간 인력도 갖지 않으려고 하기 때문에, 눌어붙지 않은 표면을 가지고 있다. 뿐만 아니라, 탄소-플루오린 결합은 유달리 강하기 때문에, 테플론은 분해되기 전까지 높은 온도로 가열될 수 있다. 이러한 특성으로 인해 테플론은 요리 기구 표면의 이상적인 코팅으로 쓰인다. 이것은 상대적으로 비활성이며, 이것이 많은 부식성 있는 화학 물질이 테플론 용기에 수송되거나 저장되는 이유이다.

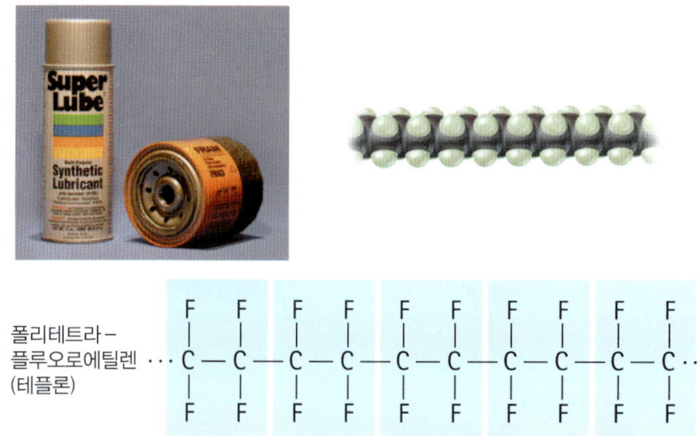

그림 14.34
폴리테트라플루오로에틸렌에 있는 플루오린 원자는 분자 간 인력을 갖지 않으려고 하는데, 이것이 이 첨가 중합체가 눌어붙지 않는 코팅과 윤활유로 사용되는 이유이다.

축합 중합체

축합 중합체(**condensation polymer**)는 단량체 단위가 물이나 염산 같은 작은 분자를 잃으면서 결합할 때 생성된다. 축합 중합체의 부분이 될 수 있는 어떤 단량체는 각 끝에 작용기를 가지고 있어야 한다. 이러한 두 개의 단량체가 축합 중합체를 형성하기 위해서, 첫 번째 단량체의 작용기가 다른 단량체의 작용기가 연결된다. 그 결과 두 원래 단량체 각각으로부터 한 개씩을 받아 두 개의 말단 작용기를 가지는 2-단량체 단위가 된다. 2-단량체 단위에서 이들 말단 작용기의 각각은 세 번째 단량체 작용기의 한 개와, 그리고 네 번째 등등과 자유롭게 연결된다. 이런 방법으로 중합체 사슬이 만들어진다.

그림 14.35는 DuPont 사의 화학자인 캐러더스(Wallace Carothers, 1896~1937)가 1937년에 발명한, 나일론이라고 하는 축합 중합체의 생성 과정을 나타낸 것이다. 이 중합체는 두

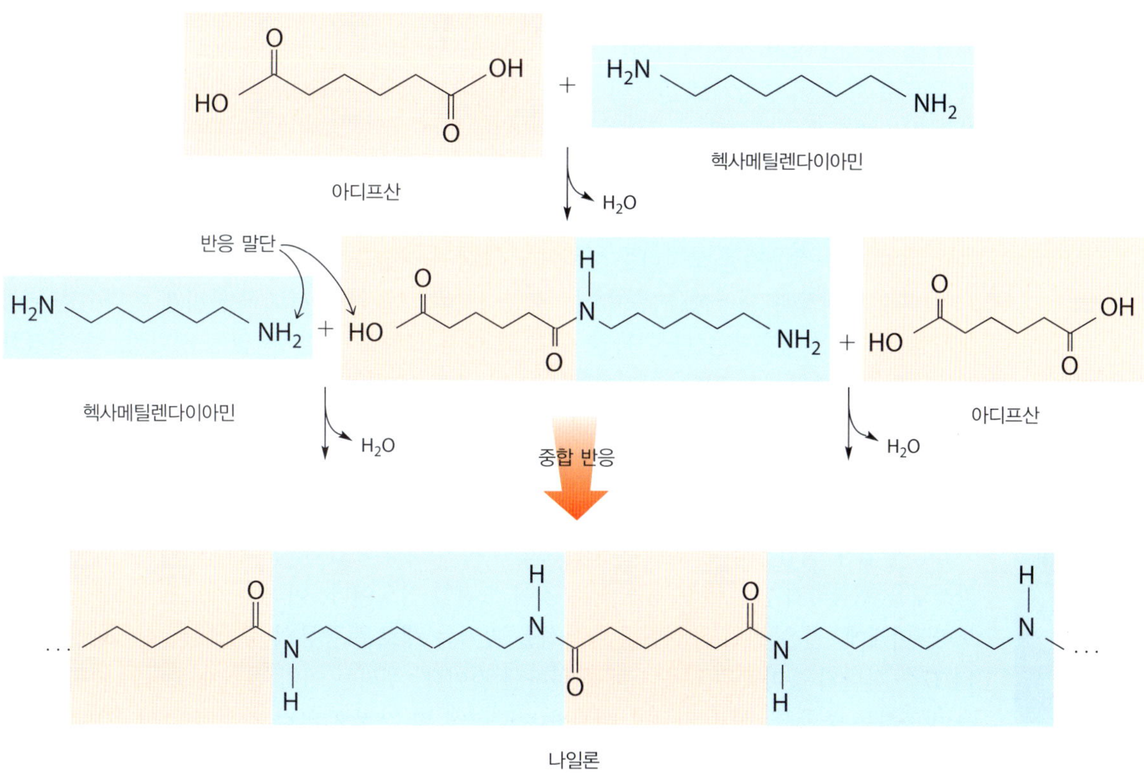

그림 14.35
아디프산과 헥사메틸렌다이아민은 중합하여 축합 공중합체인 나일론을 형성한다.

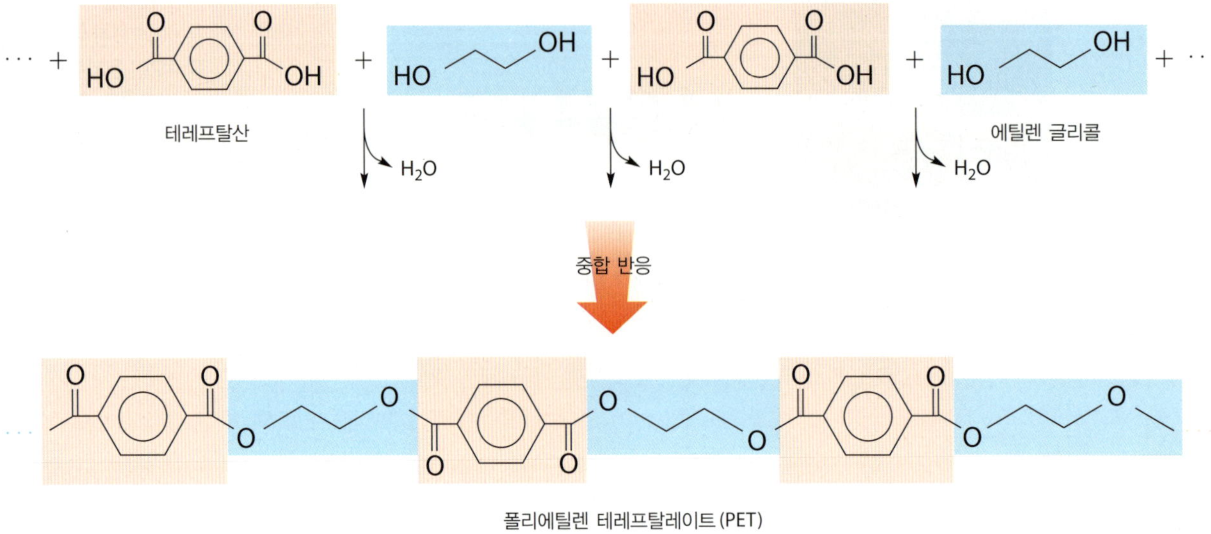

그림 14.36
테레프탈산과 에틸렌 글리콜은 중합하여 축합 공중합체인 폴리에틸렌 테레프탈레이트를 생성한다.

개의 다른 단량체로 이루어졌기 때문에 **공중합체**(*copolymer*)로 분류된다. 한 단량체는 두 개의 반응 말단에 카복실기를 가진 아디프산이다. 두 번째 단량체는 두 개의 아민기가 반응 말단기인 헥사메틸렌다이아민이다. 아디프산의 한쪽 끝과 헥사메틸렌다이아민의 한쪽 끝이 서로 반응할 수 있으며, 이 과정에서 물 분자 한 개가 떨어져 나온다. 두 단량체가 합쳐진 후, 반응 말단이 여전히 추가 반응을 위해 남아 있고, 이것이 중합체 사슬 증가로 이어진다. 나일론은 양말 이외에도, 로프, 낙하산, 의류 및 카펫 등을 제조하는 데에도 중요하게 사용된다.

널리 사용되는 또 다른 축합 중합체는 폴리에틸렌 테레프탈레이트(PET)인데, 그림 14.36에서 볼 수 있듯이 이것은 에틸렌 글리콜과 테레프탈산의 공중합 반응으로 생성된다. 플라스틱 음료수 병은 이 중합체로 만들어진다. 또한 PET 섬유는 의류와 베개 및 침낭의 충전제로 사용되는 제품인 데이크론 폴리에스터로 팔리고 있다. 마일라(Mylar)로 불리는 PET의 얇은 필름은 자기 기록 테이프나 대부분의 잡화점 계산대에서 판매되는 금속처럼 보이는 풍선을 만들기 위해 금속 입자와 함께 코팅될 수 있다.

세 개의 반응 작용기를 포함하는 단량체도 중합체 사슬을 형성할 수 있다. 이 사슬은 중합체에 상당한 강도와 내구성을 부여하는 강한 3차원 그물에서 서로 맞물리게 된다. 일단 생성되면, 이 축합 중합체는 다시 녹일 수 없고 다시 모양을 고칠 수 없는 경화성, 즉 **열경화성**(*thermoset*) 중합체가 된다. 딱딱한 플라스틱 접시(멜맥)와 조리대(포마이카)는 이 물질로 만들어진다. 비슷한 중합체인 베이클라이트는 다수의 산소 원자를 포함하는 폼알데하이드와 페놀로 만들어지며, 합판과 파티클 보드를 묶는 데 사용된다. 베이클라이트는 1900년대 초에 합성되었다. 즉 이것은 처음으로 널리 사용된 중합체이었다.

그림 14.37
OLED로 알려진, 구부릴 수 있고 평평한 영상 표시 장치는 지금 중합체로 제작될 수 있다.

합성 중합체 산업은 지난 반세기에 걸쳐 눈부시게 성장해 왔다. 오늘날 이런저런 종류의 플라스틱을 포함하지 않는 소비재를 찾는 것이 도전일 정도이다. 여러분 스스로 찾도록 노력해 보라. 미래에, 넓은 범위에서 뛰어난 특성을 가지는 새로운 종류의 중합체를 찾아보라. 그림 14.37은 하나의 흥미로운 적용 사례를 나타낸 것이다. 우리는 이미 전기가 통하는 중합체, 빛을 방출하는 중합체, 신체 일부를 대체하는 중합체 및 강철보다 더 강하지만 더 가벼운 중합체를 가지고 있다. 태양 에너지를 화학 에너지로 바꾸는 모방 광합성이나 해양으로부터 민물을 효율적으로 분리하는 합성 중합체를 상상해 보라. 이들은 꿈이 아니다. 화학자들이 이미 실험실에서 시범적으로 보여 주는 현실이다. 중합체는 미래를 위한 확실한 전망을 가지고 있다.

연습문제

14.1 탄화수소

1. 두 구조 이성질체는 서로 어떻게 다른가?
2. 두 구조 이성질체는 서로 어떻게 비슷한가?
3. 분별 증류에 이용되는 탄화수소의 물리적 성질은 무엇인가?
4. 탄화수소의 어떤 형태가 고급 옥테인 휘발유에 더 많은가?

14.2 불포화 탄화수소

5. 포화 탄소 원자에 결합된 원자의 수는 몇 개인가?
6. 포화 탄화수소와 불포화 탄화수소의 차이점은 무엇인가?
7. 탄화수소가 불포화로 분류되려면 몇 개의 다중 결합이 가져야 하는가?
8. 방향족 화합물은 어떤 종류의 고리를 포함하는가?

14.3 작용기

9. 이종 원자는 무엇인가?
10. 이종 원자가 유기 분자에서 물리적, 화학적 성질의 차이를 만드는 이유는 무엇인가?

14.4 알코올, 페놀 및 에터

11. 화학식량이 작은 알코올이 물에 녹는 이유는 무엇인가?
12. 알코올과 페놀은 무엇으로 구별하는가?
13. 알코올과 에터는 무엇으로 구별하는가?

14.5 아민과 알칼로이드

14. 어느 이종 원자가 아민의 특징을 나타내는가?
15. 아민은 산성, 중성 또는 염기성 중 어느 것인가?
16. 알칼로이드는 자연에서 발견되는가?
17. 알칼로이드의 몇 가지 예는 무엇인가?

14.6 카보닐 화합물

18. 카보닐기를 구성하는 원소는 무엇인가?
19. 케톤과 알데하이드는 서로 어떻게 관련이 있는가? 그들은 서로 어떻게 다른가?
20. 아마이드와 카복실산은 서로 어떻게 관련이 있는가? 그들은 서로 어떻게 다른가?
21. 자연에서 생성되는 어떤 화합물로부터 아스피린이 만들어지는가?

14.7 중합체

22. 첨가 중합체 생성에 참여하는 단량체의 이중 결합은 어떻게 될까?
23. 축합 중합체가 형성될 때 방출되는 것은 무엇인가?
24. 염화 폴리바이닐리덴으로 만들어진 플라스틱 랩이 폴리에틸렌으로 만들어진 플라스틱 랩보다 더 잘 달라붙는 이유는 무엇인가?
25. 공중합체는 무엇인가?

확인문제

만일 여러분이 이 장에서 제대로 학습을 하였다면, 다음에 제시된 10개의 질문에 적어도 7개는 제대로 답을 할 수 있을 것이다. 만일 그렇지 못하면 다음 장으로 가기 전에 이 장을 더 학습할 필요가 있다.

각 질문에 대해 가장 적합한 답을 고르시오.

1. 왜 탄화수소의 녹는점은 분자당 탄소 원자의 수가 증가할 때 더 높아지는가?
   (a) 분자당 탄소 원소 수가 증가하면 탄화수소의 밀도도 증가한다.
   (b) 유도 쌍극자–유도 쌍극자 분자 인력이 더 강해진다.
   (c) 탄화수소 사슬이 많을수록 가지를 갖는 경향이 있다.
   (d) 분자 질량도 증가한다.
2. 분자식이 C_4H_{10}인 탄화수소는 몇 개의 구조 이성질체가 있는가?
   (a) 없다
   (b) 1개
   (c) 2개
   (d) 3개
3. 탄소 5개의 포화 탄화수소와 탄소 5개의 불포화 탄화수소 중 어느 것이 수소 원자를 더 많이 포함하는가?
   (a) 불포화 탄화수소가 수소 원자를 더 많이 가진다.
   (b) 포화 탄화수소가 수소 원자를 더 많이 가진다.
   (c) 그들은 둘 다 같은 수의 수소 원자를 가진다.
   (d) 불포화가 이중 결합에 의한 것인지, 삼중 결합에 의한 것인지에 따라 달라진다.
4. 이종 원자는 (   ) 때문에 유기 분자의 물리적, 화학적 성질에서 차이를 만든다.
   (a) 탄화수소 구조에 추가의 질량을 더하기
   (b) 각각이 그 자신의 특징적인 화학을 가지고 있기
   (c) 유기 분자의 극성을 증가시킬 수 있기
   (d) 이들 모두

5. 화학식량이 큰 알코올이 물에 녹을 수 없는 이유는 무엇인가?
   (a) 화학식량이 큰 알코올은 그들 스스로 너무 끌어당겨 물에 녹을 수 없기 때문
   (b) 화학식량이 큰 알코올의 벌크는 무극성 탄화수소로 구성되어 있기 때문
   (c) 그런 알코올은 고체 상태일 것이기 때문
   (d) 두 물질이 서로 녹기 위해서는 그들의 분자가 비슷한 질량을 가져야 하기 때문
6. 알칼로이드 염은 유기 용매인 다이에틸 에터에 잘 녹지 않는다. 만약 기체인 염화 수소(HCl)가 용액으로 뿜어 들어갈 때 다이에틸 에터에 녹은 카페인(알칼로이드)의 유리 염기 형태는 어떻게 될까?
   (a) 물의 두 번째 층이 생성될 것이다.
   (b) 아무 일도 없다. 즉 HCl 기체는 단지 용액 밖으로 뿜어나올 것이다.
   (c) 다이에틸 에터-불용성 카페인 염이 흰색 침전물로 생성될 것이다.
   (d) 산-염기 반응은 열을 방출할 것이며, 이것이 다이에틸 에터를 증발하게 할 것이다.
7. 왜 카프릴산[$CH_3(CH_2)_6COOH$]은 5% 수산화 소듐 수용액에 녹지만 카프릴알데하이드[$CH_3(CH_2)_6CHO$]는 녹지 않는지를 설명하시오.
   (a) 카프릴산은 산소 두 개를 가지고 있으므로 극성이 카프릴알데하이드의 약 두 배이다.
   (b) 카프릴알데하이드는 상온에서 기체이다.
   (c) 카프릴알데하이드는 환원제로 행동하며, 수산화 소듐을 중화시킨다.
   (d) 카프릴산은 반응하여 물에 녹는 염을 생성한다.
8. 에스터 작용기가 있는 카보닐의 탄소에는 몇 개의 산소 원자가 결합하는가?
   (a) 없다
   (b) 1개
   (c) 2개
   (d) 3개
9. 넘치는 쓰레기의 매립 문제에 대한 해결책의 하나는 쓰레기를 묻는 대신 플라스틱 물체를 태우는 것이다. 이 실행의 장점과 단점은 무엇인가?
   (a) 단점: 독성 공기 오염 물질, 장점: 매립 부피의 감소
   (b) 단점: 필수적인 석유 기반 자원의 손실, 장점: 전기 발전
   (c) 단점: 재활용 좌절, 장점: 새로운 일자리 제공
   (d) 이들 모두
10. 긴 분자 가닥으로 만들어진 중합체와, 짧은 분자 가닥으로 만들어진 중합체 중 어느 것이 더 점성이 강하겠는가? 그 이유는?
   (a) 긴 가닥, 그들 스스로 엉키는 경향이 있기 때문에
   (b) 짧은 가닥, 밀도가 더 크기 때문에
   (c) 긴 가닥, 분자 질량이 더 크기 때문에
   (d) 짧은 가닥, 그들의 끝이 일반적으로 극성이기 때문에

확인문제 답

1.b, 2.c, 3.b, 4.d, 5.b, 6.c, 7.d, 8.c, 9.d, 10.a

3

PART THREE

생명과학

해바라기에 맺힌 수백수천의 씨앗을 살펴보자! 각각의 씨앗은 새로운 해바라기 식물체로 성장할 가능성을 갖고 있다. 물론 모든 씨앗이 식물체로 성장했다면, 세상은 해바라기로 곧 가득 채워졌을 것이다. 실제로는 해바라기 씨앗의 극소량만이 식물체로 성장하게 될 것이다. 이것이 바로 해바라기가 그렇게 많은 씨앗을 만드는 이유의 일부이다. 해바라기 꽃 머리 위에 씨앗들이 아름다운 나선형으로 배열됨으로써 식물체는 가능한 한 많은 양의 씨앗을 한 묶음으로 담을 수 있다. 이렇게 함으로써 식물은 성공적으로 생식할 더 좋은 기회를 갖게 된다. 자연은 이 책의 표지가 증명해 주는 것처럼 나선형을 좋아한다. 태양광 발전을 연구하는 과학자들도, 나선형 형태를 이용하면 태양 에너지가 좀 더 효율적으로 포획된다는 것을 최근에 발견했다. 그러나 생명체들이 생존의 문제에 직면할 때 그렇게 놀라운 해결책을 마침내 만들어 낼 수 있을까? 이제 생명을 탐구하는 생명과학을 공부할 시간이다.

15장 생명체의 기본 단위-세포

이것은 바윗돌이다. 아니 잠깐! 맛있는 게가 가까이 오기를 기다리고 있는, 잘 위장된 스톤피시(stonefish)가 아닐까? 가끔 우리 눈이 우리 자신을 속일지라도, 우리는 생명체를 보면 알아본다. 그럼 정확하게 생명체는 무엇인가? 모든 생명체는 비생명체와 구별되는 특징들을 공유하고 있을까? 생명체는 모두 생식을 할까? 에너지를 이용할까? 진화할까? 모든 생명체는 하나 또는 여러 개의 세포들로 구성되어 있을까? 세포란 무엇일까? 세포는 서로 어떻게 의사소통을 할까? 세포는 어떻게 새로운 세포를 만들어 낼까? 세포는 어떻게 에너지를 얻고, 우리는 세포의 이런 과정을 빵을 굽고 맥주를 양조하는 데 어떻게 이용할까? 식물세포는 생명체의 조직을 만들기 위해 햇빛, 공기, 물을 어떻게 이용할까? 그리고 이런 과정이 우리가 알고 있는 생명의 기초가 되는 것일까? 이 장에서는 생명의 본질과 세포의 세계를 탐구할 것이다.

15.1 생명의 특성

학습목표
생명체의 특징을 열거하고 설명할 수 있다.

물음 식물은 말도 하지 않고 뛰어다니지도 않는데, 살아 있다고 할 수 있는가?

생명과학은 생명과 생명체를 연구하는 학문이다. 그런데 생명체란 무엇인가? 무엇이 생명체와 비생명체를 구별하는가?

생명체는 어떤 특성들을 공유한다. 그중 하나는 생명체가 에너지를 이용한다는 것이다. 해바라기와 사자와 같은 생명체들은 환경으로부터 에너지를 얻어 자신이 이용할 수 있는 다른 형태로 전환한다(그림 15.1). 식물은 햇빛으로부터 전자기 에너지를 얻어 화학 에너지로 전환하고, 이 에너지를 자신의 줄기와 잎을 만들거나 활동을 하는 데 사용할 수 있다. 동물은 섭취한 먹이로부터 에너지를 얻어 화학 에너지로 전환하고, 이것을 자신의 몸에 저장한다. 이 화학 에너지는 결국 동물이 기거나 날거나, 또는 성장하면서 운동 에너지와 위치 에너지, 그리고 열로 전환된다. 물론 생명체가 에너지를 전환하는 모든 방법들은 물리의 법칙과 어긋나지 않는다. 이것은 첫 번째로 에너지는 보존되고, 두 번째로 어떤 에너지 전환 과정에서도 에너지의 일부는 열로서 환경으로 소실된다는 뜻이다.

생명체의 또 다른 특성은 발생과 성장을 한다는 것이다. 병아리가 알을 깨고 나올 때는 몸체가 작고, 노란 솜털 같은 깃털로 덮여 있다. 시간이 지나면서 더 크게 성장하고, 솜털 같은 깃털은 뻣뻣한 성체 깃털로 바뀐다(그림 15.2).

생명체는 자기 자신을 유지한다. 생명체는 줄기와 잎, 또는 피부와 뼈 같은 구조를 만들어내고, 그런 구조들에 생기는 손상을 수선한다. 만일 무릎이 긁혀 상처가 나면 피가 엉겨 출혈을 막고, 상처가 난 피부는 딱지가 생겨 낫게 된다. 생명체는 변화하는 외부 조건들에 직면하여 자신의 내부 환경을 안정되게 유지함으로써 내부 환경을 지속시킨다. 얼음이 얼 정도로 날씨가 춥거나 지독히 덥더라도, 우리의 체온은 37°C 근처에서 잘 유지된다.

생명체는 생식 능력을 갖고 있다. 생명체는 자신과 정확하게 동일하거나 또는 동일하지 않은 자손을 낳는다. 그림 15.3은 생명체의 무성 생식과 유성 생식의 두 가지 생식 방법을 보여준다. **무성 생식**(*asexual reproduction*)에서는 하나의 생명체가 둘로 나누는 것과 같은 방법에 의해 모든 자손을 홀로 만든다. 세균과 말미잘이 무성 생식을 할 수 있는 생명체이다. **유성 생식**(*sexual reproduction*)을 하는 생명체는 정자와 난자 같은 특수한 생식세포를 만들고, 이 정자와 난자가 만나 새로운 개체로 발생한다. 인간, 펭귄, 딱정벌레, 참나무가 유성 생식을 한다.

끝으로 생명체는 진화하는 개체군의 일부이다. 개체군은 한 세대로부터 다음 세대로 일정하

(a)

(b)

그림 15.1
생명체는 환경으로부터 에너지를 얻어 다른 형태의 에너지로 전환한다. (a) 해바라기와 같은 식물체는 햇빛으로부터 얻은 에너지를 화학 에너지로 전환하고, 조직을 만들고 활동을 하는 데 그 에너지를 이용할 수 있다. (b) 사자와 같은 동물은 먹이로 저장되었던 화학 에너지를 동작이나 다른 활동으로 전환하거나 성장과 생식을 하는 데 이용한다.

그림 15.2
생명체는 시간에 따라 성장과 발생을 한다.

(a) (b)

그림 15.3
생명체는 생식 능력을 갖고 있다. (a) 말미잘은 나누어짐으로써 무성 생식을 한다. (b) 펭귄은 유성 생식을 한다.

게 남아 있지 않고 시간에 따라 변한다. 종종 개체군은 자신의 환경에 반응하여 변한다. 산업혁명 기간 동안, 도시가 오염되어 검댕이로 검게 되면서 후추나방 개체군이 진화하여 출현함으로써 좀 더 위장이 잘 되는 검은 날개의 나방들이 밝은 나방들보다 더 우세하게 되었다. 반오염법이 통과되자 도시는 다시 깨끗해졌고, 밝은 날개를 갖는 나방이 다시 좀 더 흔해졌다.

학습목표
생명체를 구성하는 네 종류의 분자들(단백질, 탄수화물, 지질, 핵산)의 구조와 기능을 설명할 수 있다.

융합과학 15A
화학

생명에 필요한 거대 분자들

물음 여러분 자신과 달걀 프라이 샌드위치는 둘 다 동일한 성분으로 되어 있을까?

생물체는 네 종류의 주요 거대 분자들로 이루어져 있다. 단백질은 성장을 돕고, 건강식품에 지방이 너무 많으면 안 된다는 말을 들어봤거나, 또는 오래달리기를 하기 전에 탄수화물로 배를 채운다면, 이미 거대 분자들에 친숙한 것이다. 생명체의 네 가지 주요 거대 분자는 단백질, 탄수화물, 지질, 핵산이다. 이들을 거대 분자라고 하는 이유는 좀 더 작은 분자 여러 개가 함께 모여서 각각의 '큰 분자'를 형성하기 때문이다.

단백질(**protein**)은 생명체에서 광범위한 기능들을 수행한다. 케라틴 단백질은 피부, 머리카락, 깃털의 주요 구성 성분으로, 이들의 구조를 만들어 준다. 인슐린은 호르몬으로서, 신체의 한 종류의 세포가 다른 종류의 세포와 소통을 하도록 작용한다. 액틴과 마이오신 단백질은 근육이 수축하는 데 작용한다. 적혈구 속의 헤모글로빈 단백질은 산소를 신체 조직으로 수송한다. 항체는 질병으로부터 몸을 보호해 주는 단백질이다. 소화 효소는 소화 과정에서 식품을 분해해 주는 단백질이다.

단백질은 무엇인가? 단백질은 **아미노산**(*amino acid*)이라고 하는 유기 분자들로 이루어진 사슬이 접혀져 있는 것이다. 모든 아미노산은 중앙의 탄소(C) 원자가 아미노기(NH_2), 카복실기(COOH), 수소 원자(H), 그리고 곁사슬(R)과 결합하고 있다. 곁사슬은 아미노산마다 서로 다르다. 그림 15.4a는 아미노산의 일종인 류신의 구조를 나타낸 것이다. 생명체에서는 단지 20종류의 아미노산이 발견되지만, 이들이 함께 묶여 접히는 방법에 의해 셀 수 없이 많은 독특한 3차 구조를 갖는 단백질이 만들어진다. 이것이 바로 단백질이 폭넓은 다양한 기능을 수행할 수 있는 이유이다.

생명체는 에너지를 **탄수화물**(**carbohydrate**)의 형태로 저장한다. 포도당(그림 15.4b)이나 과

당과 같은 단당류가 탄수화물이다. 좀 더 복잡한 탄수화물은 단당류로 이루어진 사슬로 구성되어 있다. 녹말과 글리코젠은 각각 포도당 분자가 연결된 것으로, 식물과 동물의 일차적인 에너지 저장 물질이다. 또한 탄수화물은 구조적 기능도 갖고 있다. 식물의 세포벽에서 발견되는 셀룰로스는 구조 기능을 수행하는 탄수화물로서 포도당 소단위체들로 만들어진다. 셀룰로스는 지구 상에서 가장 풍부한 유기 화합물이다. 탄수화물은 탄소, 수소, 산소 원자로 이루어진 $(CH_2O)_n$ 구조이다.

지질(**Lipid**)은 생명체에서 다양한 기능을 제공한다. 생명체들은 지질을 지방 또는 기름처럼 많은 에너지를 저장하는 데 이용한다. 지질은 탄수화물보다 훨씬 많은 에너지를 효율적으로 저장한다. 즉 1그램의 지방 또는 기름은 1그램의 탄수화물보다 훨씬 많은 에너지를 저장한다. 이 때문에 인간을 포함한 많은 생명체들은 지질을 에너지의 장기적 보관 방법으로 이용한다. 지질은 구조적 기능도 갖고 있다. 그 예로 인지질은 세포막의 필수적 구성 요소이다. 우리 몸에서 가장 익숙한 지질 가운데 하나는 콜레스테롤로, 에스트로겐이나 테스토스테론과 같은 호르몬을 만드는 데 이용된다. 지질은 다양한 화학 구조를 갖고 있으며, 많은 경우 지방산을 포함하고 있다. 지방산은 탄화수소들로 이루어진 긴 줄기 모양으로 한쪽 말단에는 주요 구성 요소의 하나인 카복실기(COOH)를 갖고 있다(그림 15.4c). 지질은 소수성으로, 물에 녹지 않는다.

네 번째 거대 분자인 **핵산**(**nucleic acid**)의 기능은 생명체의 유전 정보를 저장하는 것이다. 우리의 모든 유전자는 핵산으로 이루어져 있다. (유전자가 단백질 합성에 필요한 정보를 담고 있다는 것은 16장에서 배울 것이다.) 핵산은 **뉴클레오타이드**(*nucleotide*)라는 더 작은 단위체들로 이루어진 사슬로 구성되어 있다. 하나의 뉴클레오타이드는 하나의 당 분자, 하나

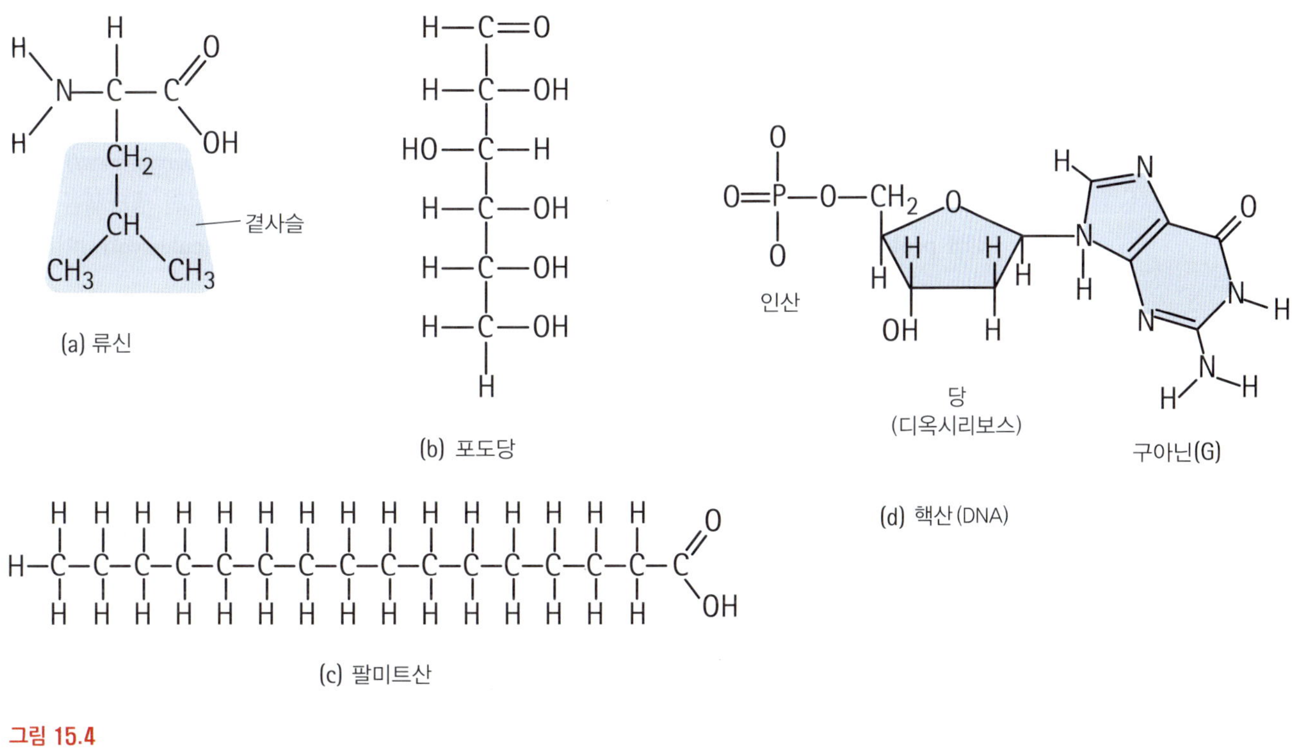

그림 15.4
(a) 단백질은 아미노산으로 이루어져 있다. 류신은 생명체에서 발견되는 20종류의 아미노산 가운데 하나이다. (b) 탄수화물은 하나 또는 그 이상의 단당류 분자로 구성되어 있다. 이런 구조가 많은 생명체에게 일차적인 에너지원이 되는 포도당이다. (c) 지질은 다양한 구조를 갖고 있지만, 많은 경우 지방산을 포함하고 있다. 팔미트산은 돼지기름과 버터에서 발견되는 지방산의 일종이다. (d) 핵산은 뉴클레오타이드로 이루어져 있다. 구아닌 뉴클레오타이드는 DNA를 구성하고 있는 네 종류의 뉴클레오타이드 가운데 하나이다.

그림 15.5
도마뱀붙이는 꼬리에 지방을 저장한다.

의 인산기, 그리고 하나의 질소 염기를 포함하고 있다. 생명체에서 발견되는 두 종류의 핵산은 **DNA**(deoxyribonucleic acid)와 **RNA**(ribonucleic acid)이다. DNA는 나선형으로 꼬여 있는 두 핵산 사슬로 구성되어 있고, 그런 이유 때문에 종종 이중 나선이라고 한다. DNA에는 네 종류의 뉴클레오타이드, 즉 아데닌(adenine), 사이토신(cytosine), 구아닌(guanine), 타이민(thymine)이 있으며, 이들은 간략하게 A, C, G, T로 표시한다(그림 15.4d). 생명체의 모든 유전 정보는 네 문자로 이루어진 알파벳을 이용해 발현된다.

15.2 세포의 종류: 원핵세포와 진핵세포

학습목표
두 종류의 기본적인 세포, 즉 원핵세포와 진핵세포의 차이점을 설명할 수 있다.

물음 왜 여러분은 세균보다 효모와 더 닮았는가?

이제 생물체가 어떤 분자들로 이루어져 있는지 알게 되었으므로 생물체 자체를 살펴보자. **세포(cell)**는 생명의 기본 단위로서, 원자가 물질의 기본 단위인 것과 같은 방식이다. 모든 생명체는 하나 또는 그 이상의 세포들로 이루어져 있다.* 단 하나의 세포로 이루어진 생명체는 세균과 같은 **단세포**(*unicellular*) 생물이다. 많은 세포들로 이루어진 생명체를 **다세포**(*multicellular*) 생물이라고 한다.

인간의 몸은 10조 개 이상의 세포들로 이루어져 있으며, 이 세포들이 수행하는 일은 놀라울 만큼 다양하다. 이제 여러분이 이 페이지에 있는 글을 따라 읽을 때 근육세포들은 여러분의 눈동자를 움직이고, 눈의 감각세포들은 글자의 형태를 감지하며, 귀의 세포들은 근처의 소리를 흡수하고 있을 것이다. 적혈구 세포들은 산소를 몸의 다른 모든 세포들에게 운반하며, 소화 세포는 마지막으로 먹은 간식을 분해할 효소를 만든다. 그리고 일부 가장 인상적인 세포는 뇌 속의 신경세포로서 세포가 얼마나 놀랄만한 것인지에 대한 여러분의 생각을 만들어 내고 있다.

오늘날 원핵세포와 진핵세포의 두 종류로 구별되는 세포들이 다른 생명체에서 발견된다. 두 종류는 우선 세포의 DNA를 담고 있는 특징적인 구조인 **핵(nucleus)**의 존재 유무에 의해서 구별된다. **원핵세포**(*prokaryotic cell*)는 핵을 갖고 있지 않다. **진핵세포**(*eukaryotic cell*)는 원핵세포에는 없는 핵뿐만 아니라 다른 구조도 갖고 있다. 원핵세포로 이루어진 생명체를 **원핵생물(prokaryotes)**이라고 하고, 진핵세포들로 이루어진 생명체를 **진핵생물(eukaryotes)**이라고

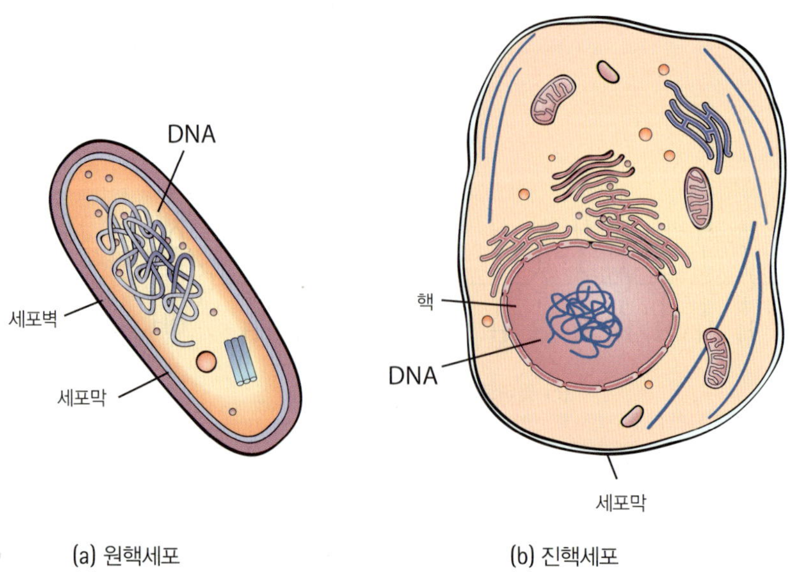

그림 15.6
(a) 원핵세포에는 핵이 없다. (b) 진핵세포는 하나의 핵과, 원핵세포에는 없는 세포 소기관이라고 하는 구조들도 갖고 있다.

* 바이러스는 생명체의 일부 특성을 갖고 있으며, 생명체와 비생명체 사이의 어느 애매한 위치에 있고, 세포로 구성되어 있지 않다.

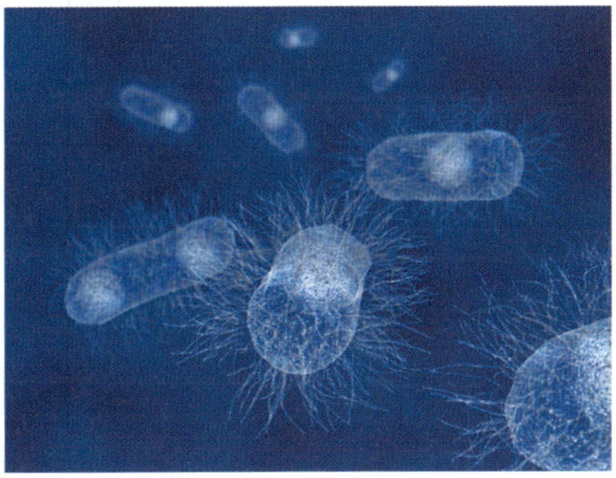

그림 15.7
보통 *E. coli*로 불리는 대장균(*Escherichia coli*)은 인간의 소화관에서 살고 있는 원핵생물이다.

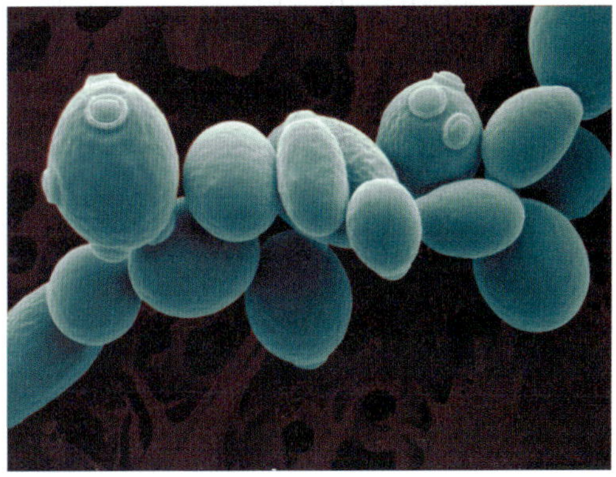

그림 15.8
보통 빵효모 또는 맥주효모(*Saccharomyces cerevisiae*)로 불리는 효모는 단세포성 진핵생물이다.

한다. 그림 15.6은 전형적인 원핵세포와 진핵세포를 비교해서 보여 준다.

원핵생물은 진핵생물보다 훨씬 오랫동안 지구 상에 존재해 왔다. 원핵생물은 약 35억 년에서 40억 년 전에 최초로 출현했고, 최초의 진핵생물이 출현한 약 20억 년 전까지 지구 상의 유일한 생명체였다.

원핵생물은 현재 세균과 고세균의 두 주요 계통을 포함한다(18장 참조). 원핵생물은 단세포 생명체이며 매우 작아서 그 지름이 0.1~10 μm의 범위에 속한다. 원핵생물의 구조는 진핵생물보다 더 단순하다. 원핵생물의 DNA는 하나의 원형 구조로서 핵 속에 담겨 있지 않다. 대부분의 원핵생물은 가장자리에 세포를 보호하는 세포벽을 갖고 있다. 인간의 소화관에 서식하고 있는 **대장균**(*Escherichia coli*)은 원핵생물로 이 세상에서 가장 잘 연구된 생명체 가운데 하나이다(그림 15.7).

진핵생물은 원핵생물처럼 단세포성일 수도 있고, 많은 세포들로 이루어질 수도 있다. 빵을 굽거나 술을 제조하는 데 자주 이용되는 빵효모는 곰팡이로서 단세포성 진핵생물이다(그림 15.8). 인간은 다세포성 진핵생물이다. 진핵생물에는 모든 동물, 식물, 곰팡이, 그리고 원생생물들이 포함된다. 진핵세포는 자신의 DNA를 핵 속에 보관하고, 이러한 핵이 원핵생물과 구별되는 점이다. 진핵세포의 DNA는 원형보다는 직선형의 **염색체**(**chromosome**) 형태로 발견된다. 진핵세포는 특수한 기능을 수행하는 다수의 **세포 소기관**(**organelle**)도 갖고 있다. 최종적으로 진핵세포가 원핵세포보다 더 크다. 원핵세포의 크기가 0.1~10 μm인 반면, 진핵세포의 크기는 일반적으로 10~100 μm로 측정된다. 일부 진핵세포는 그보다 더 큰 경우도 있다.

융합과학 15B
물리학

학습목표
생물학에서 광학 현미경과 전자 현미경의 이용을 서술하고, 각 현미경이 어떻게 작동하는지 설명할 수 있다.

현미경

물음 원자 한 개를 관찰하기 위해 현미경을 사용할 수 있을까?

현미경은 매우 작은 물체를 미세한 수준까지 자세하게 볼 수 있도록 확대시켜 주는 최첨단 렌즈이다. 현미경의 일종인 광학 현미경은 수세기 동안 우리 주변에 있어 왔다. 실제로 훅(Robert Hooke)이 광학 현미경을 이용하여 세포의 존재를 발견하였다. 광학 현미경은 가시광선을 시료를 거쳐 연속된 렌즈에 통과시킴으로써 작동한다. 렌즈는 시료의 확대된 상을 만들어 내기 위해 빛을 굴절시키거나 휘어지게 한다(그림 15.9a).

광학 현미경은 마이크로미터(10^{-6} m) 수준의 크기에서 물체에 대한 해상력을 가질 수 있다. 이것은 두 선이 10^{-6} m보다 더 가깝게 있으면 하나의 선으로 보인다는 것이다. (인간의 해상력은 약 0.1mm, 즉 10^{-4} m이다.) 이것은 물체의 크기가 빛의 파장과 거의 같은 경우에는 빛의 회절이 상을 흐려지게 하기 때문이다(8장 참조). 더욱이 물체가 빛의 파장보다 더 **작으면**, 어떤 구조도 전혀 볼 수 없다. 빛의 회절 때문에 상 전체를 잃어버린다. 아무리 확대를 해도, 또는 현미경의 설계를 아무리 완전하게 해도 이 근본적인 빛 회절의 한계를 극복할 수는 없다.

마이크로미터(10^{-6} m) 수준의 해상력을 갖는 광학 현미경을 이용하면 세포를 볼 수 있고, 세포 속에 있는 핵과 같은 구조를 더 큰 모습으로 파악할 수 있다. 그러나 광학 현미경으로도

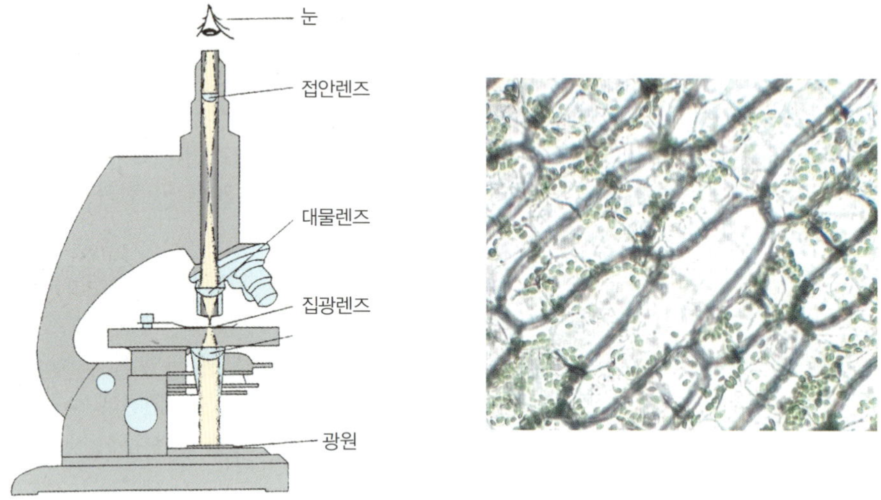

(a)

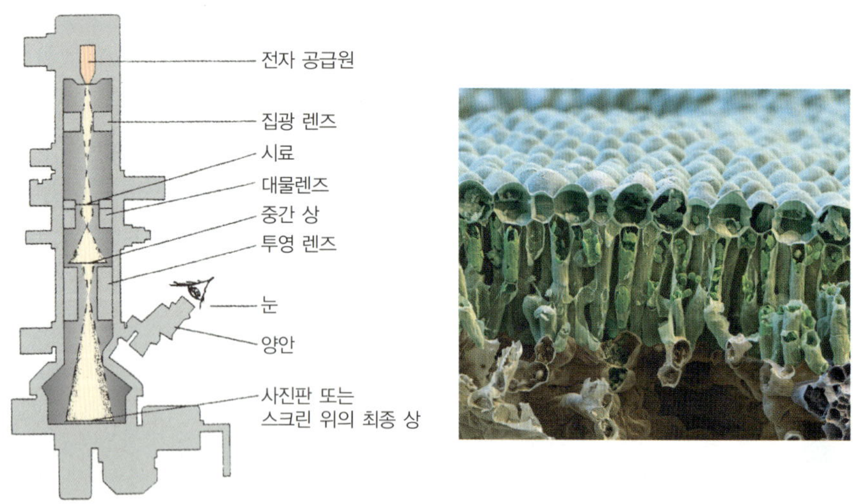

(b)

그림 15.9
현미경은 맨눈으로 보기에는 너무 작은 물체를 확인할 수 있게 한다. (a) 광학 현미경은 빛을 휘게 하고 시료를 확대하기 위해 유리 렌즈를 이용한다. 사진은 광학 현미경을 통해 보이는 식물 세포를 보여 준다. 세포 속의 작은 원형 구조는 엽록체이다. (b) 전자 현미경은 시료를 확대하기 위해 전기장과 자기장을 이용한다. 전자 현미경 사진은 잎의 횡단면이다. 세포의 내부에서 엽록체를 관찰할 수 있다.

세포 소기관들과 세포의 다른 구조를 실제로 상세하게 관찰할 수는 없다.

과학자들은 이런 문제를 개선하기 위해 가시광선보다는 오히려 전자살(전자빔)을 매우 작은 물체에 비춘다. 모든 물질은 파동성을 갖고 있고, 전자살은 가시광선 파장과 비교해 볼 때 극히 짧은 파장을 갖고 있기 때문에 훨씬 작은 물체를 볼 수 있게 한다. 전자 현미경에서는 광학 렌즈보다 전기장과 자기장이 전자살을 집중시키기 위해 사용된다(그림 15.9b). 전자 현미경은 나노미터(10^{-9} m) 크기의 물체에 대한 해상력을 갖고 있으며, 이런 해상력은 바로 생물학적으로 관심이 있는 모든 것에 대해 관찰할 수 있다(그림 15.10).

전자 현미경에는 주사 전자 현미경과 투과 전자 현미경의 두 종류가 있는데, 주사 전자 현미경은 시료 표면에 대한 3차원 상을 만들어 내고(그림 15.9b 참조), 투과 전자 현미경은 박편에 대한 상을 만들어 낸다.

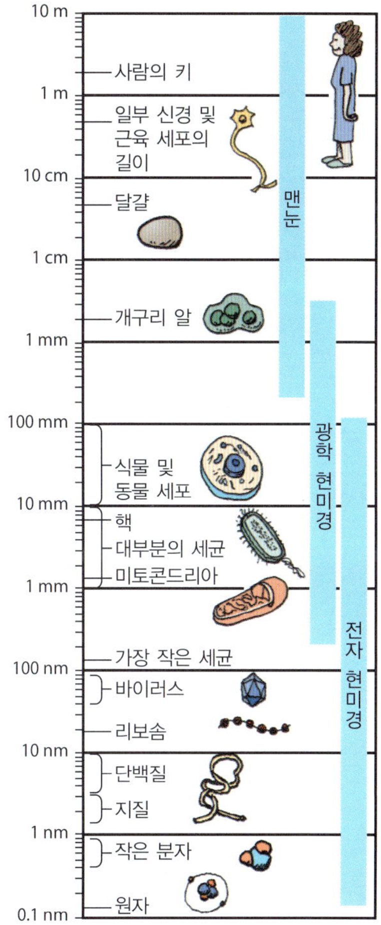

등가 측정치
1 meter (m) = 100 cm = 1,000 mm = about 39.4 inches
1 centimeter (cm) = 10^{-2} (1/100) meter (m) = about 0.4 inch
1 millimeter (mm) = 10^{-3} (1/1,000) m = 1/10 cm
1 micrometer (mm) = 10^{-6} m
1 nanometer (nm) = 10^{-9} m

그림 15.10
현미경을 이용하면 세포의 세계를 들여다볼 수 있다. 물체의 크기에 따라 광학 현미경, 또는 전자 현미경이 사용될 수 있다.

15.3 진핵세포의 탐험

물음 한 세포의 세포 골격과 세포 소기관들은 사람의 골격 및 기관들과 어떻게 비슷할까?

사람, 꽃, 강아지는 모두 진핵생물로서 진핵세포로 이루어져 있다. 모든 진핵세포는 세포막으로 둘러싸여 있다(그림 15.11). **세포막**(**cell membrane**)은 세포의 내부를 외부로부터 격리시키고, 세포 속으로 들어오고 나가는 것들을 통제하는 역할을 한다. 식물 세포는 세포막 바깥에 셀룰로스와 다른 물질들로 이루어진 견고한 세포벽도 갖고 있다. 세포벽은 세포를 보호하고 지지하는 데 도움이 된다.

진핵세포는 DNA가 들어 있는 하나의 핵을 갖고 있으며, 핵은 이중막으로 둘러싸여 있다. 세포에서 세포막은 안쪽이며, 핵의 바깥쪽 부분을 **세포질**(**cytoplasm**)이라고 한다. 세포질은 세포의 모양을 유지하는 데 필요한 **세포 골격**(*cytoskeleton*)이라는 섬유 구조가 종횡으로 교차되어 있다.

진핵세포의 세포질은 세포 골격에 부착되어 있는 많은 세포 소기관을 갖고 있다. 이들을 세포 소기관이라고 부르는 이유는 우리 몸의 기관들과 같이 세포 속에서 각자 하나의 특수한 기능을 수행하기 때문이다. 리보솜을 제외한 각 세포 소기관은 하나의 막으로 둘러싸여 있다. 이제 세포 소기관을 하나씩 살펴보자. **리보솜**(*ribosome*)은 단백질을 조립하는 세포 소기관이다. 리보솜의 일부는 세포질 용액 속에 담겨 있고, 이런 리보솜들은 세포 속에 남게 될 단백질을 조립한다. 나머지 다른 리보솜들은 **거친면 소포체**(*rough endoplasmic reticulum*)라는 세포 소기관에 부착되어 있고, 이런 리보솜들은 세포막 또는 세포 밖으로 수송될 단백질을 조립한다. 거친면 소포체는 소포체에 리보솜이 박혀 있기 때문에 '거칠게' 보인다. **매끈면 소포체**(*smooth endoplasmic reticulum*)는 막을 조립하고, 세포에 따라서는 추가적인 기능을 수행할 수 있다. 예를 들어 간 세포의 매끈면 소포체는 약물이나 다른 독성 물질의 해독 작용을 수행한다. 에스트로겐이나 테스토스테론과 같은 스테로이드 호르몬을 분비하는 세포에서는 매끈면 소포체가 호르몬을 합성한다. **골지체**(*golgi apparatus*)는 때로 세포의 '우체국'이라고 묘사되는데, 소포체로부터 생성물을 받아들여 변형시킨 후, 세포 안 또는 세포 밖으로의 수송을 위한 막결합 소낭에 포장하는 역할을 한다. **리소좀**(*lysosome*)은 손상되었거나 낡은 세포 소기관들과 같은 유기 물질을 분해하는 역할을 하여 세포의 쓰레기 처리장이라고 묘사된다. 리소좀은 다른 목적으로도 이용되는데, 예를 들면 면역계의 일부 백혈구 세포는 자신이 삼킨 박테리아를 파괴하기 위해 리소좀을 이용하기도 한다. **액포**(*vacuole*)는 막으로 둘러싸여 있는 주머

학습목표
진핵세포의 주요 특징들을 기술할 수 있다.

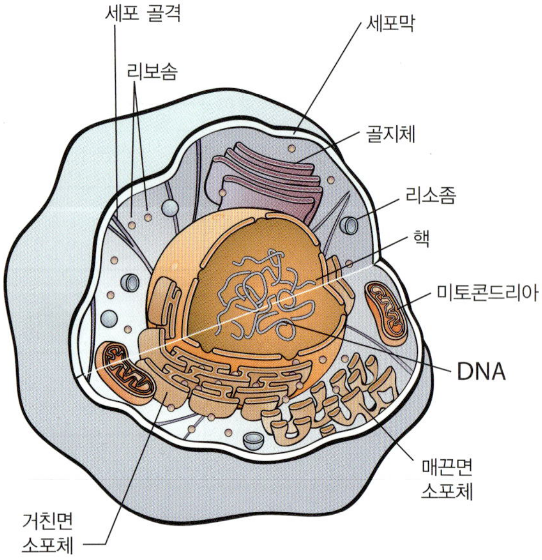

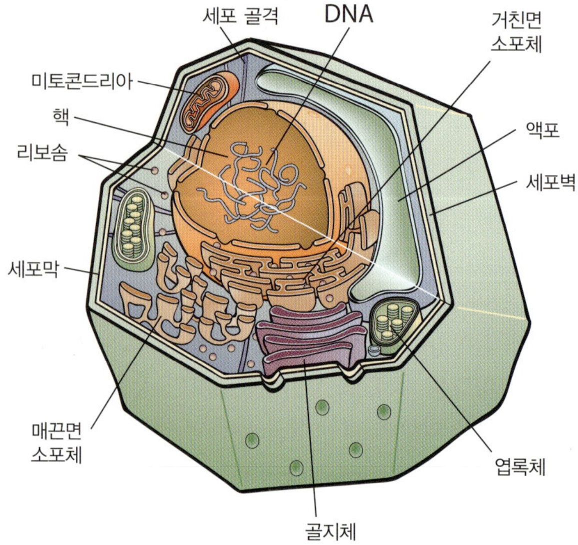

그림 15.11
전형적인 식물 세포와 동물 세포는 하나의 막, 핵, 그리고 여러 개의 다른 소기관을 갖고 있다. (a) 전형적인 동물 세포. 동물 세포의 리소좀은 식물 세포에서는 발견되지 않는다. (b) 전형적인 식물 세포. 식물 세포에는 세포막 바깥쪽에 하나의 세포벽이 있고, 중앙에 큰 액포 하나가 있으며, 다수의 엽록체를 갖고 있다. 이런 구조들은 동물 세포에는 없는 것들이다.

니로, 식물 세포는 일반적으로 영양 물질 등을 저장하기 위해 사용될 수 있는 하나의 큰 액포를 갖고 있다. 꽃에서 액포는 색깔을 내는 데 필요한 색소를 저장한다. 동물 세포는 전형적으로 더 작은 액포를 갖고 있으며, 종종 **소낭**(*vesicle*)이라고 부른다. 이 소낭은 다양한 생성물을 보관하고 수송하는 데 사용된다. 예를 들어 신경세포는 다른 신경세포와 소통을 하기 위해 사용하는 화학 물질을 담고 있는 많은 소낭을 갖고 있다.

미토콘드리아(**mitochondria**)는 세포가 이용할 수 있는 형태의 에너지를 얻기 위하여 유기 분자를 분해하는 세포 소기관이다. 식물에서는 **엽록체**(**chloroplast**)라고 하는 세포 소기관이 햇빛으로부터 에너지를 포획하여 유기 분자를 합성하기 위해 이용한다. 표 15.1은 진핵세포의 주요 세포 소기관들과 그들의 특성을 요약한 것이다.

표 15.1 진핵세포의 주요 특성

핵	세포의 DNA를 담고 있다.
리보솜	세포가 필요한 단백질을 조립한다.
거친면 소포체	세포막 또는 세포 밖으로 수송되도록 결정된 단백질을 조립한다.
매끈면 소포체	막을 조립하고, 특정 세포에서는 다른 특수화된 기능을 수행한다.
골지체	소포체로부터 생성물을 받아들여 수송을 위해 포장한다.
리소좀	세포 자신의 유기 물질을 분해한다.
미토콘드리아	세포가 사용할 에너지를 얻는다.
엽록체	식물 세포에서 유기 분자를 합성하기 위해 햇빛으로부터 에너지를 포획한다.
세포 골격	세포의 형태를 유지하는 데 기여한다.

15.4 세포막

학습목표
세포막의 구조와 기능을 설명할 수 있다.

물음 세포막을 왜 '유동성 모자이크'라고 할까?

세포막은 세포의 내부를 외부로부터 격리시켜 주는 경계를 정해 준다. 세포막의 주요 기능 가운데 하나는, 세포 속으로 들어가고 나오는 것들을 조절하는 문지기로 작용하는 것이다. 세포막이 이런 기능을 어떻게 수행하는지 알아보기 위하여 그 구조를 살펴보자. 세포막의 세 가지 주요 구성 요소는 인지질, 단백질, 그리고 간단한(짧은) 탄수화물이다.

인지질(*phospholipid*)은 어느 정도는 친수성이고, 또 어느 정도는 소수성이다. 기름과 물이 섞인 후에 다시 분리되는 현상을 본 적이 있는가? 기름은 물과 혼합되기보다는 물 위에 떠 별도의 층을 형성한다(그림 15.12). 이것은 기름이 **소수성**(*hydrophobic*), 또는 물속에서 불용성이기 때문이다. (소수성이란 문자 그대로 '물을 두려워한다'라는 의미이다). 소수성의 반대되는 것이 **친수성**(*hydrophilic*) 또는 물속에서 용해된다는 의미이다(친수성이란 문자 그대로 '물을 좋아한다'라는 의미이다). 인지질은 친수성 '머리'와 소수성 '꼬리'를 갖고 있다(그림 15.13). 친수성 머리는 세포의 안과 밖의 수용성 환경을 자연스럽게 끌어당기고, 반면에 소수성 꼬리는 자연적으로 물을 피하려고 한다. 결과적으로 인지질은 이중층을 형성하며, 이때 소수성 꼬리는 안쪽을 향하고, 친수성 머리는 바깥쪽을 향한다(그림 15.14). 인지질은 하나의 샌드위치를 만드는 것으로 생각할 수도 있다. 머리는 두 장의 빵으로, 꼬리는 안에 넣는 땅콩버터로 볼 수 있다.

세포막은 인지질 샌드위치 안쪽에 이쑤시개처럼 박혀 있는 많은 수의 **막단백질**(*membrane protein*)을 포함하고 있다. 막단백질은 다른 세포와 소통을 하고, 세포의 안과 밖으로의 수송을 통제하며, 세포들끼리 서로 결합하는 것을 도와 준다. 다른 세포는 다른 기능을 갖고 있기 때문에 막단백질은 세포의 종류마다 다르다.

짧은 탄수화물은 세포의 바깥 표면에 위치한 막단백질과 인지질에 붙어 있다. 이런 탄수화물은 한 종류의 세포를 다른 것과 구별할 수 있는 능력인 세포 인식에서 중요한 역할을 수행한다. 예를 들어 어떤 면역 세포는 이런 짧은 탄수화물을 질병의 원인이 되는 세균을 확인하는 데 이용한다(20장 참조).

그림 15.12
물과 기름은 혼합시켜도 섞이지 않는다.

그림 15.13
인지질은 하나의 친수성 머리와 소수성 꼬리를 갖고 있다.

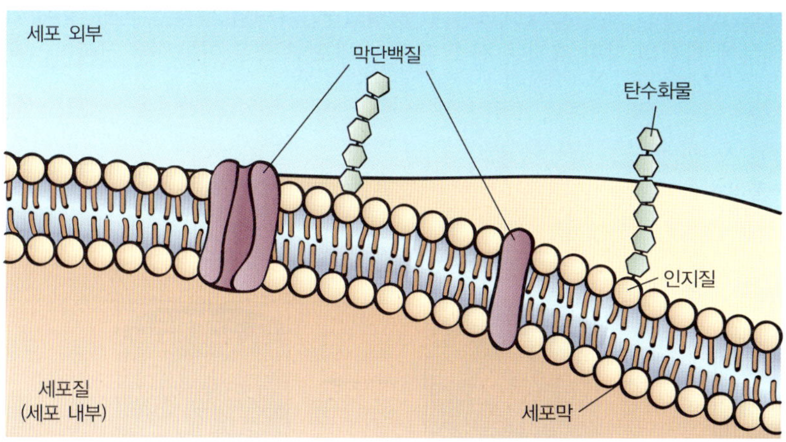

(a)

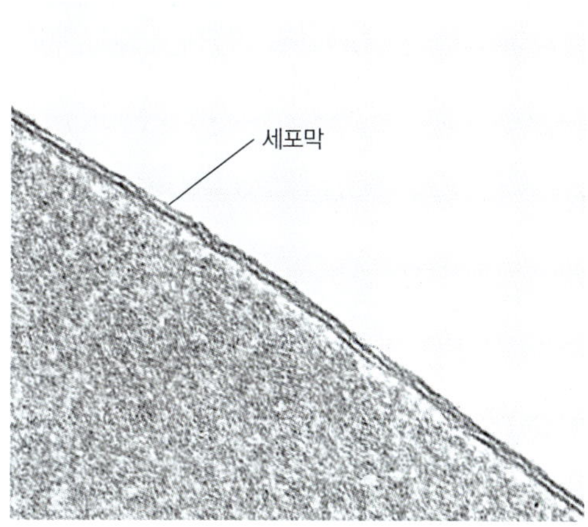

(b)

그림 15.14
(a) 세포막은 하나의 지질 이중층을 갖고 있다. 지질의 소수성 꼬리는 이중층의 안쪽을 향하고, 친수성 머리는 세포의 안쪽과 바깥쪽을 향한다. 단백질은 막에 묻혀 있고, 짧은 탄수화물은 막 바깥쪽에 붙어 있다. (b) 이 그림은 적혈구의 세포막을 보여 준다. 인지질 이중층을 확인할 수 있다.

세포막은 인지질과 단백질로 이루어진 하나의 모자이크 구조를 포함하고 있고, 인지질과 많은 막단백질은 세포 표면 주변을 자유롭게 미끄러지기 때문에 종종 유동성 모자이크로 묘사된다. 세포막의 유동성은 세포의 안과 밖으로의 물질 흐름을 통제하는 능력에 필수적인 요소이다.

학습목표
분자들이 세포 안과 밖으로 이동하는 다양한 방법들을 설명할 수 있다.

15.5 세포의 안과 밖으로의 수송

물음 왜 산소는 우리의 세포로 직접 들어가는데, 포타슘 이온은 펌프로 주입해야 하는가?

세포는 물, 산소, 그리고 유기 분자 등 다양한 자원을 흡수할 필요가 있다. 세포는 치워 버려야 할 노폐물도 생성한다. 이제는 세포막의 구조를 알기 때문에 세포막이 물질을 세포의 안과 밖으로 어떻게 이동시킬지 조절하는 필수적 임무에 대해 토의할 수 있다. 세포막을 통한 물질의 수송은 확산, 촉진 확산, 능동 수송, 내포 작용, 외포 작용과 같은 여러 가지 방법을 통해 일어난다.

확산

일부 분자들은 세포막의 지질 이중층을 직접 통과할 수 있다. 소수성 분자인 기체 상태의 산소와 이산화 탄소 같은 분자들은 지질 이중층의 소수성 꼬리를 통해 직접 통과할 수 있다. 일부 물과 같은 작은 친수성 분자들도 이런 방법으로 세포막을 통과할 수 있다. 무엇이 이런 물질들의 세포 안과 밖으로의 이동을 통제하는가? 분자가 고농도 지역에서 저농도 지역으로 농도 경사를 따라 이동하는 현상이 **확산(diffusion)**이다(11장 참조). 확산은 '자연계는 농축된 상태에서 흩어진 상태로 떨어진다.'라는 열역학 제2법칙의 직접적인 결과이다(6장 참조). 흔히 볼 수 있는 확산의 예는 비커 속의 물에 식품 색소 한 방울을 첨가할 때 퍼져 나가는 현상이다(그림 15.15).

분자들이 세포막을 통해 어떻게 확산되는지 살펴보자. 예를 들어 세포 주변의 체액으로부터 세포 속으로 산소가 어떻게 확산되는지 생각해 보자(그림 15.16). 산소는 세포의 안과 밖에서 모두 발견되며, 임의로 주위로 이동한다. 어떤 경우에는 하나의 산소 분자가 세포 밖으로부터 안으로 흘러가고, 어떤 경우에는 세포 안에서 밖으로 흘러간다. 그러나 세포 안보다 밖의 산소 농도가 더 높기 때문에 확산의 알짜 효과는 산소 분자가 세포 속으로 이동하는 것이다. (세

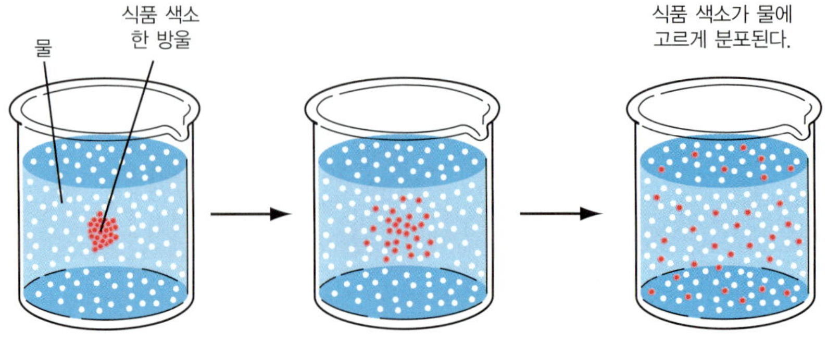

그림 15.15
한 방울의 식품 색소가 비커 속의 물에서 확산된다. 시간이 지나면서 분자들은 더 농축된 지역에서 덜 농축된 지역으로 확산된다.

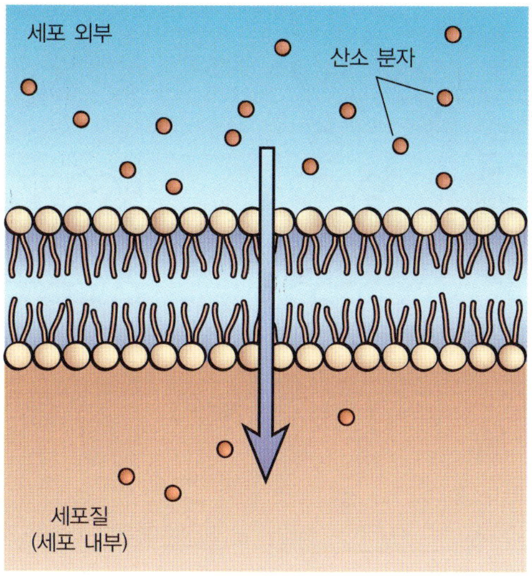

그림 15.16
농도가 더 높은 곳에서 낮은 곳으로 세포막을 통해 자유롭게 확산되는 분자들

포는 세포 호흡 과정을 통해 산소를 소모하기 때문에 세포 안에는 산소가 더 적다는 것을 유의해야 한다. 이 과정은 이 장의 뒷부분에서 논의할 것이다.)

확산은 짧은 거리를 통해서 가장 잘 작용한다. 이런 이유 때문에 확산에 의존하는 신체 작용들은 매우 얇은 구조가 요구된다. 모세 혈관 벽은 매우 얇기 때문에 산소가 혈액으로부터 우리 몸의 조직으로 효율적으로 확산할 수 있다. 확산에 의존하는 과정들은 넓은 표면적도 필요하다. 폐의 복잡한 가지치기는 대단히 큰 표면적을 만들기 때문에 매우 많은 양의 산소가 혈류 속으로 확산될 수 있다. 만일 여러분이 양서류는 필요한 산소의 많은 양을 피부를 통해 얻는다는 사실을 알고 있다면, 그림 15.17의 중국 왕도롱뇽이 왜 주름진 피부를 갖고 있는지에 대한 가설을 세울 수 있는가?

그림 15.17
중국 왕도롱뇽은 세상에서 가장 큰 양서류이다. 일부 개체는 길이가 6피트에 이른다. 이런 도롱뇽은 계곡의 급류에 살고 있으며, 주름진 피부를 통한 확산에 의해 산소를 얻는다. 이 생물 종은 멸종 위기에 처해 있다.

물의 확산은 **삼투**(*osmosis*)라는 특별한 명칭이 있다. 다른 물질들처럼 물도 물 분자의 고농도 지역에서 저농도 지역으로 확산한다. 물 분자의 농도가 더 높다는 것은 용질의 농도가 더 낮다는 것을 의미하기 때문에(12장 참조), 다른 방법으로 표현하면 물 분자는 용질의 농도가 더 낮은 지역에서 농도가 더 높은 지역으로 확산 이동하는 것이다(그림 15.18). 이런 현상은 물의 흐름을 조절하는 것이 모든 세포에게 긴요하기 때문에 중요하다. 세포는 물이 너무 많으면 터질 수 있고, 너무 적으면 쭈그러들 수 있다.

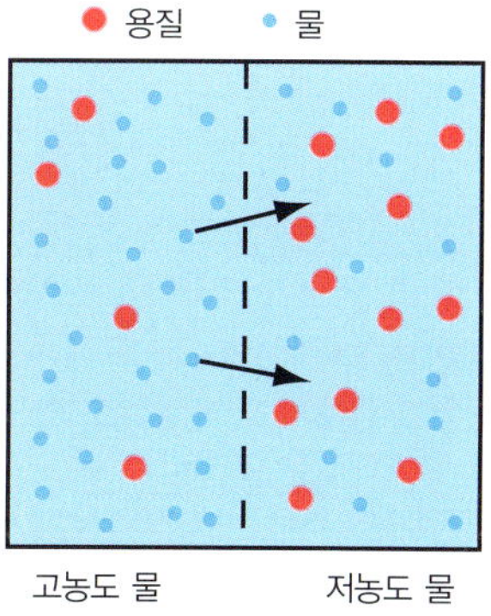

그림 15.18
삼투 현상에서 물 분자는 용질의 농도가 더 낮은 지역으로부터 더 높은 지역으로 이동한다. 용질 분자는 장벽을 넘어갈 수 없지만, 물 분자는 넘어갈 수 있다.

촉진 확산

이온과 단백질 및 탄수화물처럼 큰 친수성 분자들을 포함해, 세포가 필요한 많은 분자들은 세포막의 인지질 이중층을 자유롭게 통과할 수 없다. 이러한 분자들은 어떻게 세포 속으로 들어가고 나갈까? 이들은 세포막에 있는 특수한 '통로'를 이용한다. 이러한 통로는 **수송 단백질**(*transport protein*)이라는 막단백질이다. 수송 단백질은 세포막을 통과시키는 분자에 대해 매우 특이적이다. 한 열쇠가 한 자물쇠에만 맞는 것과 같은 방법으로, 한 분자는 자신의 수송 단백질에만 일치한다. 오로지 맞는 열쇠만이 주어진 자물쇠에서 작동하는 것이다(그림 15.19).

수송 단백질은 **촉진 확산**(*facilitated diffusion*)에서 농도가 높은 곳에서 낮은 곳으로 농도 경사를 따라 분자를 이동시킨다(그림 15.20). 촉진 확산의 한 예는 포도당 분자(세포가 에너지

그림 15.19
수송 단백질과 수송되는 분자들은 열쇠와 자물쇠처럼 서로 잘 들어맞는다.

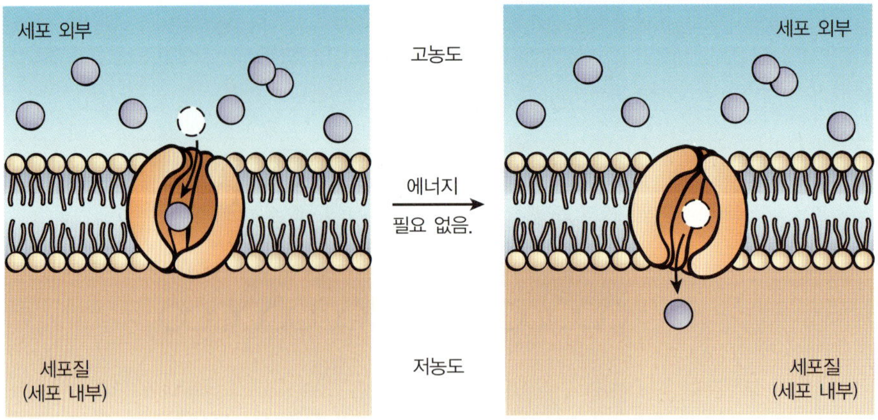

그림 15.20
촉진 확산에서 분자는 수송 단백질에 의해 형성되는 '통로'를 통해 농도가 높은 곳에서 낮은 곳으로 이동한다.

를 얻기 위해 태우는 기본 연료)를 적혈구 세포 속으로 이동시키는 것이다. 물은 인지질 이중층을 통해 직접 확산되는 것뿐 아니라 세포막을 통한 촉진 확산도 가능하다. 물이 이용하는 수송 단백질을 아쿠아포린(aquaporin)이라고 한다. 아쿠아포린은 물이 확산만을 통해 이동하는 것보다 더 빠르게 세포막을 통과하도록 한다. 확산처럼, 촉진 확산은 세포로부터 에너지를 필요로 하지 않는다. 이러한 이유 때문에 확산과 촉진 확산은 모두 **수동적 수송**(**passive transport**)이다.

능동 수송

능동 수송(**active transport**)에서 수송 단백질은 농도가 낮은 곳에서 높은 곳으로 농도 경사를 **거슬러** 분자를 이동시킨다(그림 15.21). 자연계는 확산된 상태로부터 좀더 농축된 상태로 자발적으로 이동하지 않기 때문에, 열역학 제2법칙은 이런 경우에 에너지가 필요하다고 말한다. 능동 수송은 대부분의 단백질을 포함한 많은 유기 분자들을 세포 속으로 이동시키는 데 이용된다. 능동 수송은 세포 안과 밖의 많은 이온들의 농도를 조절하기 위해서도 사용된다. 이 장의 후반에 설명되는 소듐-포타슘 펌프에 의한 소듐과 포타슘의 이동이 능동 수송의 한 예이다.

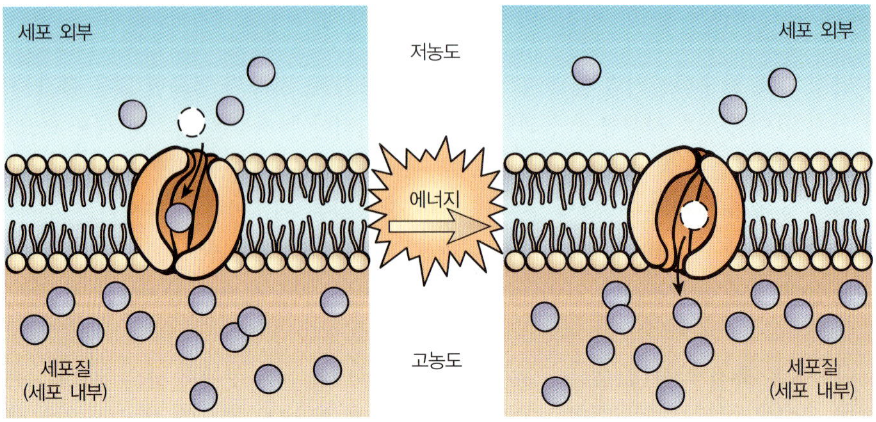

그림 15.21
능동 수송에서, 분자는 농도가 낮은 곳에서 높은 곳으로, 즉 농도 경사를 거슬러 이동한다. 이 과정에서는 수송 단백질과 에너지가 모두 필요하다.

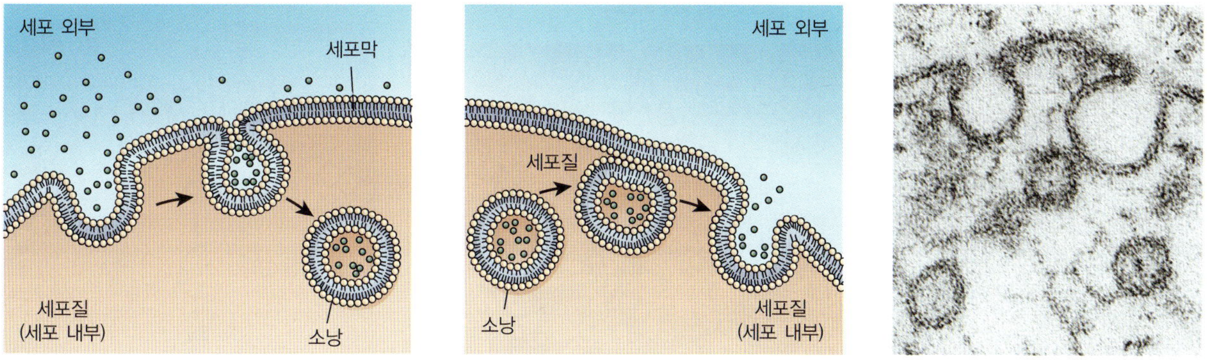

(a) 내포 작용 (b) 외포 작용 (c)

그림 15.22
(a) 내포 작용에서는 세포막의 일부분이 떨어져 나와 물질을 세포 속으로 들어오는 소낭을 형성한다. (b) 외포 작용에서는 세포 내의 소낭은 세포막과 융합함으로써 그 안의 내용물을 세포 밖으로 내버린다. (c) 이 사진은 외포 작용을 통해 내용물을 내버리고 있는 소낭을 보여 준다.

내포 작용과 외포 작용

더 많은 물질이 내포 작용(endocytosis)과 외포 작용(exocytosis)을 통해 세포 안과 밖으로 이동할 수 있다(그림 15.22). 내포 작용에서 세포막의 일부분이 안쪽으로 접히면서 물질을 감싸 소낭으로 떨어져 세포 내부로 들어온다. 내포 작용은 침입하는 세균을 잡아먹는 인간 면역계의 일부 백혈구가 사용하는 방법이다. 외포 작용은 내포 작용과 반대로 일어나는 과정으로서, 소낭이 세포막과 융합하여 자신의 내용물을 세포 밖으로 내버리는 것이다. 많은 내분비 세포들이 호르몬을 혈류 속으로 방출하기 위해 외포 작용을 이용한다. 신경세포가 서로 신호를 보내기 위해 사용하는 신경 전달 물질 역시 외포 작용을 통해 방출된다(19장 참조).

15.6 세포 간 의사소통

학습목표
세포가 다른 세포에 어떻게 화학적 신호를 보낼 수 있는지 설명할 수 있다.

물음 성장 호르몬을 온몸에 보내도, 왜 몸의 일부분만 반응하여 성장할까?

다세포 생물의 세포들은 자신들의 활동을 통합하기 위해 서로 의사소통을 한다. 세포가 내보내는 '신호'는 분자의 형태를 취하고 있다. 예를 들어 신경세포는 수축하라는 의미의 특수한 분자를 근육세포에 보낸다. 뇌하수체는 성장 호르몬이라는 다른 분자를 신체의 많은 다른 세포들로 보내며, 이는 세포들이 성장하라는 의미이다.

동물과 식물에는 한 세포로부터 인접한 한 세포에 매우 국소적인 신호를 보내는 특수한 구조가 있다(그림 15.23). 동물 세포에서는 세포들 사이의 작은 채널인 간극 연접(gap junction)이 이 구조이다. 간극 연접은 신체의 거의 모든 세포에서 발견된다. 심장에서는 간극 연접을 통한 의사소통이 근육세포를 동시에 수축하여 심장 박동을 발생하게 한다. 식물 세포의 원형질연락사(plasmodesmata)는 동물 세포의 간극 연접과 유사한 기능을 한다. 원형질 연락사는 인접한 식물 세포들을 연결시키는 가는 실 같은 세포질의 구조들이다.

신호 분자들은 혈류를 통해 멀리 떨어진 표적세포까지 이동할 수도 있다. 신호 분자가 표적세포에 도달하면 **수용체**(*receptor*)라는 단백질에 결합한다. 일부 수용체는 막단백질이지만, 다른 수용체는 세포 내부에 존재한다. 수용체는 그들이 결합하는 분자들에 대해 매우 특이적이다. 이것은 하나의 신호 분자와 그것의 수용체가 열쇠와 자물쇠처럼 서로 잘 들어맞기 때문이

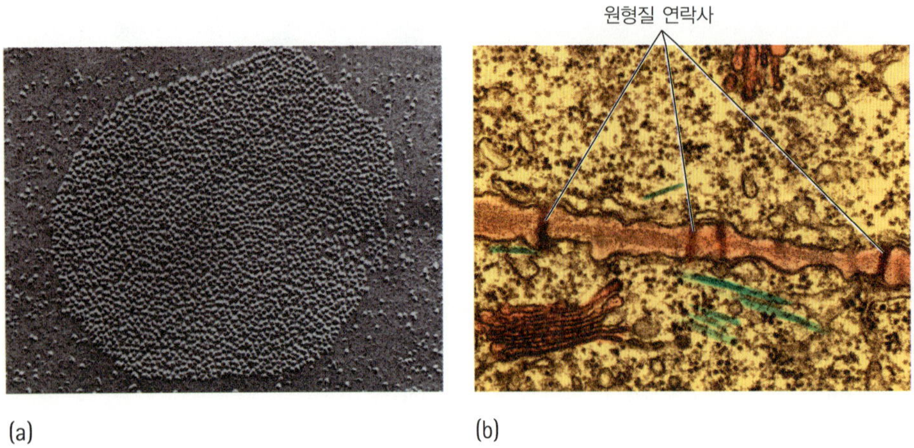

그림 15.23
(a) 간극 연접은 인접한 동물 세포들 사이의 작은 채널이다. 이것은 쥐의 두 세포 사이의 간극 연접의 횡단면이다. (b) 이 사진은 인접한 두 식물 세포의 세포질을 연결하는 좁은 통로인 원형질 연락사를 보여 준다.

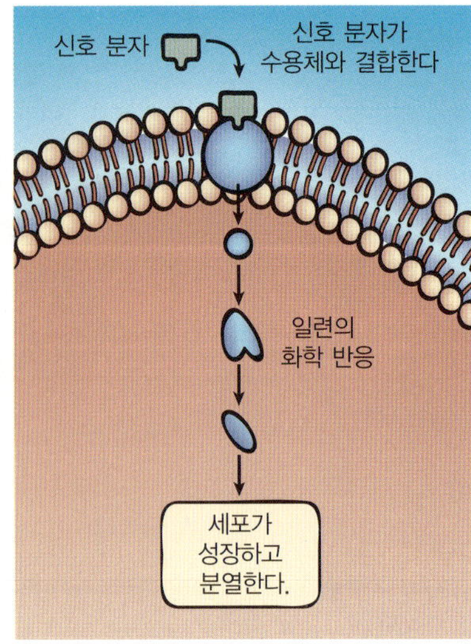

그림 15.24
세포는 신호 분자가 세포막의 수용체와 결합할 때 신호를 받아들인다. 이것은 긴 과정으로 세포가 신호에 반응하는 것으로 종결된다.

다. 이런 자물쇠–열쇠 맞추기는 오로지 적합한 수용체를 갖고 있는 세포만이 하나의 특수한 신호 분자를 '수용할' 수 있다는 의미이기도 하다. 한 신호 분자의 수용체에 대한 결합은 일련의 화학 반응을 일으킨다. 이런 반응들은 궁극적으로 표적세포의 신호 분자에 대한 반응을 유발한다. 한 예로서, 세포는 성장하여 분열하라는 신호를 수용하기도 한다(그림 15.24).

세포 간 의사소통에 문제가 생기면 위험할 수 있다. 일부 암세포에서는 세포 간 의사소통 과정의 문제가 세포로 하여금 성장과 분열이라는 신호를 지속적으로 받아들이게 만들어 통제되지 않는 분열을 야기한다. 19장에서 신경계, 감각계, 내분비계를 설명할 때, 신호 분자와 수용체에 대한 더 많은 예를 제시할 것이다.

학습목표
세포 분열 과정을 설명할 수 있다.

15.7 세포는 어떻게 생식을 할까?

물음 한 세포가 분열할 때, 그 세포는 두 개의 동일한 세포를 생성할까?

세포는 분열을 통해 생식한다. 세포 분열은 단세포 생물이 스스로 생식할 수 있게 만들고, 다세포 생물이 발생하여 성장하고 자신의 조직을 유지할 수 있게 해 준다(그림 15.25).

유사 분열(mitosis) 은 세포 분열의 한 형태로서 모세포가 분열하여 두 딸세포로 나누어져, 각각의 딸세포가 모세포와 동일한 유전 정보를 갖게 된다. 분열을 준비하고 있는 세포는 그림 15.26에서와 같이 **세포 주기**(*cell cycle*)로 진입한다. 세포 주기는 G_1기(Gap 1), S기(Synthesis 합성), G_2기(Gap 2), M기(유사 분열 및 세포질 분열)의 4단계로 나누어진다. 특히 G_1, S, G_2의 3단계를 합쳐서 간기(interphase)라고 한다. 세포는 간기 동안에 분열에 필요한 것들을 준비한다. 유사 분열과 세포질 분열기를 거치는 동안, 세포는 분열된다.

G_1기에는 세포가 원래 크기의 약 2배로 성장하면서 분열을 준비한다. 미토콘드리아와 다른 세포 소기관들을 포함하는 세포질의 모든 중요 구성 요소들 역시 그 수가 두 배가 된다. (이 시기를 '틈'(gap)이라고 하는 것은 아무런 일도 일어나지 않는다는 것을 암시하는 것으로, 일

부 그 의미를 오해하게 만든다. 실제로는 중요한 사건들이 G_1과 G_2기에 일어난다. 세포의 DNA가 무엇인가 흥미로운 일을 하고 있는지에만 전적으로 관심을 갖는 사람의 관점에서만 틈일 뿐이다.)

S기에, 세포는 유전 물질인 DNA의 정확한 복제물을 만든다. (DNA 복제 과정은 16장에 기술되어 있다.)

G_2기에, 세포는 분열에 필요한 기구를 조립한다. 여기에는 유전 물질의 두 복제물을 분리하고 세포를 두 딸세포로 나누기 위한 것들이 포함된다.

M기 동안에는 세포가 나누어지며, 여기에서 유사 분열은 네 단계로 일어나는 핵분열을 의미한다(그림 15.27). **전기**(*prophase*)에는 정상적으로 느슨하게 포장되어 있던 염색체가 응축되고 핵막이 붕괴된다. 그리고 염색체가 응축할 때 동원체라는 한 지점에 부착되어 있는 동일한 두 염색 분체로 구성된 각 염색체가 명확해진다. 방추사 역시 전기에 형성된다. 복제된 염색체에 부착하는 일련의 섬유로 구성된 방추사는 두 딸세포로 유전 물질을 나누는 역할을 한다. **중기**(*metaphase*)에는 염색체들이 세포의 가상 적도를 통과하는 적도판에 배열한다. **후기**(*anaphase*)에는 방추사 섬유가 짧아지면서 두 염색 분체들이 당겨져 서로 멀어지면서 세포의 반대 극으로 이동한다. **말기**(*telophase*)에는 각 세트의 염색체 주변에 새로운 핵막이 형성되고, 염색체는 다시 느슨하게 포장된 원래의 상태로 돌아간다. 핵분열은 세포질 분열로 이어지며, 세포질 분열은 결국 두 개의 분리된 딸세포를 생성한다.

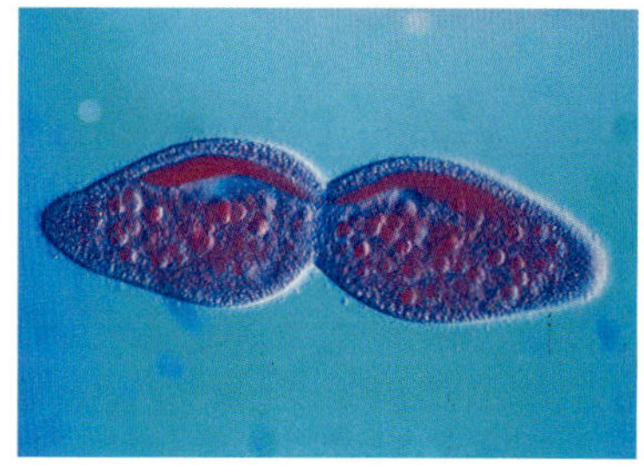

(a)

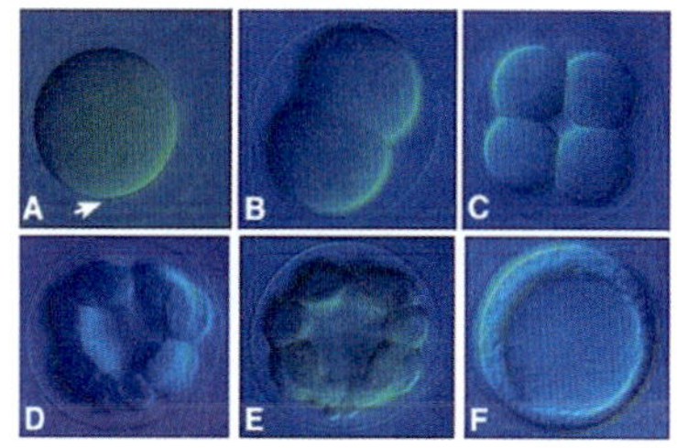

(b)

(c)

그림 15.25
세포 분열은 생식, 생장, 발생과 유지에 필수적이다. (a) 단세포 생물인 짚신벌레는 이분법으로 분열한다. (b) 성게의 초기 배발생은 여러 번의 수정란 분열을 포함한다. (c) 간에서의 세포 분열은 늙고 낡은 세포들을 대체하기 위해 일어난다.

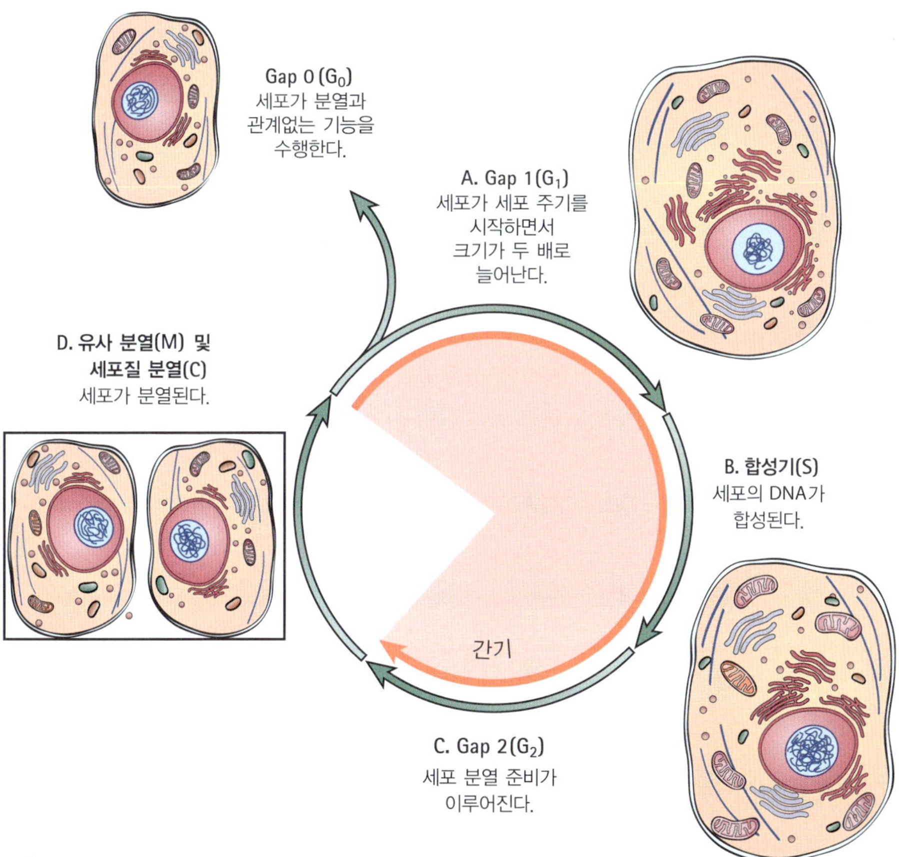

그림 15.26
세포 주기는 네 단계로 이루어져 있다. (A) G_1기에는 세포가 원래 크기의 약 2배로 성장한다. (B) S기에는 세포 DNA의 정확한 복제물이 만들어진다. (C) G_2기에 세포는 유사 분열에 필요한 기구를 조립한다. (D) 유사 분열 및 세포질 분열기에는 세포가 분열한다.

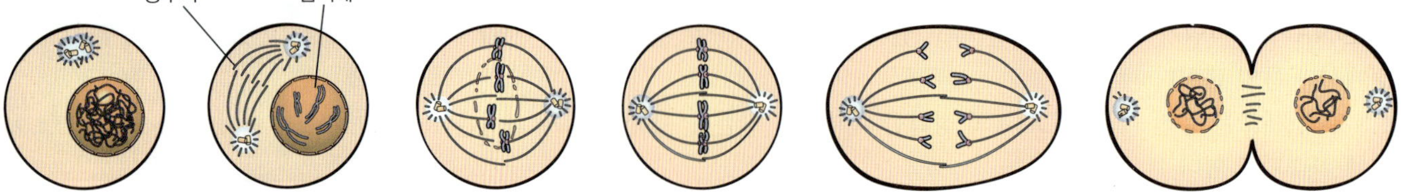

그림 15.27
유사 분열기에 핵은 전기, 중기, 후기, 말기의 네 단계를 거치면서 분열한다.

세포가 항상 세포 주기 내에 있는 것은 아니다. 많은 세포들이 분열을 하고 있지 않거나, 분열을 준비하고 있지 않고, 단지 그들의 일상적인 기능을 수행하고 있을 뿐인데, 이러한 세포들을 G_0(gap 0)기에 있다고 말한다. 일부 세포들은 일시적으로 G_0기에 있다가 결국에는 세포 주기로 다시 진입한다. 많은 신경세포와 같은 다른 세포들은 영구적으로 G_0기에 머물면서 결코 다시 분열하지 않는다.

학습목표
세포에서 효소의 역할을 설명할 수 있다.

15.8 세포는 에너지를 어떻게 이용할까?

물음 납은 왜 독성이 있는가?

세포 속에서는 어떤 순간에도 셀 수 없이 많은 화학 반응들이 일어나고 있다. 이러한 반응들은 세포가 거대 분자의 조립, 막을 통한 분자들의 수송, 분열과 같은 필수적인 기능들을 수행하게 함으로써 생명을 유지시켜 준다. 그렇다면 어떤 화학 반응이 일어날 것인지를 정확히 결정하는 것은 무엇인가?

하나의 화학 반응이 일어나기 위해서는 두 가지 조건이 충족되어야 한다는 것을 13장에서 배웠다. 첫째, 반응은 에너지 보존 법칙을 따라야 한다. 둘째, 반응을 하고 있는 분자들은 반응을 시작하기에 충분한 에너지를 갖고 충돌해야만 한다. 즉 분자들은 결합을 처음 깨는 데 필요한 **활성화 에너지**(*activation energy*)를 갖고 있어야 한다.

먼저 에너지 보존에 대해 살펴보자. 13장에서 설명한 **발열**(*exothermic*) 반응은 에너지를 방출하고, **흡열**(*endothermic*) 반응은 에너지를 흡수한다는 것을 상기해 보라. 발열 반응은 에너지 보존 때문에 스스로 일어나려는 경향이 있는 반면에, 흡열 반응은 외부로부터 에너지가 공급될 경우에만 반응이 일어날 수 있다. 세포 내에서는, 유용 가능한 에너지가 **ATP**(**adenosine triphosphate**) 분자에서 발견된다.

학습목표
ATP는 세포에 화학 반응을 운영하는 데 필요한 에너지를 어떻게 제공하는지 설명할 수 있다.

융합과학 15C
화학

세포 내 ATP와 화학 반응

물음 ATP가 재충전이 가능한 건전지와 같다면, 그것의 에너지는 어떻게 사용되고 어떻게 재충전되는가?

ATP는 세포 과정에 필요한 에너지를 공급한다. ATP는 세포의 지폐와 같은 것으로 생각해 볼 수 있다. ATP가 모든 종류의 화학 반응에 동력을 공급하는 것처럼, 지폐는 모든 것들을 사기 위해 이용될 수 있다. ATP는 생명체 내에서 일어나는 화학 반응을 위해서도 적절한 양의 에너지를 제공한다. 예를 들어 포도당 또는 녹말, 기름 또는 지방과 같은 다른 에너지 창고들은 금괴나 비싼 고호의 그림과 같다. 그들의 값어치는 너무 커서 슈퍼에서 우유를 사는 데 사용할 수는 없다.

ATP는 아데노신 한 분자와 세 개의 인산기로 구성되어 있다. 세포는 ATP로부터 하나의 인산기가 제거되고 아데노신 이인산(adenosine diphosphate, ADP)이 될 때 에너지를 얻는다(그림 15.28). 세포는 최종적으로 세포 호흡 과정에서 인산기 한 개를 첨가함으로써 ADP를 ATP로 되돌린다(그림 15.29). ATP는 반복적으로 사용하고 다시 충전할 수 있는 재충전형 배터리와 같다.

물론 열역학 제2법칙(6장 참조)에 의하면, 세포가 ATP로부터 얻는 에너지보다 더 많은 에너지를 ATP 합성에 사용한다. 이것은 식품을 통해 얻는 에너지 모두가 성장, 생식, 또는 활동으로 전환되는 것이 아니라는 것을 의미한다. 에너지의 많은 부분이 열로서 환경으로 소실된다. 이런 에너지 소실의 의미는 생태계의 기능까지 확장되며, 21장에서 다룰 것이다.

어떤 기능을 수행하기 위하여 정확하게 ATP 한 분자를 필요로 하는 생물 과정의 한 예는 소듐-포타슘 펌프이다. 소듐-포타슘 펌프는 동물 세포 내에 낮은 소듐 이온(Na^+) 농도와 높은 포타슘 이온(K^+) 농도를 유지하기 위해 능동 수송을 이용한다. 이것은 ATP를 이용하여 소듐 이온은 밖으로 퍼내고, 포타슘 이온은 안으로 퍼올림으로써 이루어진다. 적합한 이온 농도를 유지하는 것은 세포 안과 밖으로의 물 흐름의 조절을 도와주고, 신경세포의 작동과 근 수축과 같은 생물 과정에도 중요하다(19장 참조).

펌프는 어떻게 작동하는가? 소듐-포타슘 펌프는 세포막에 있는 수송 단백질이다(그림 15.30). 이 펌프는 이온을 세포 안과 밖으로 옮겨 주는 여닫이문처럼 작동한다. 이 펌프는 기본적인 상태에서 세포 안쪽으로 열려 있고, 이런 상태에서 3개의 소듐 이온이 결합한다. ATP 분자로부터 한 개의 인산기가 수송 단백질에 전달되는 ATP 반응은 수송 단백질의 구조 변화

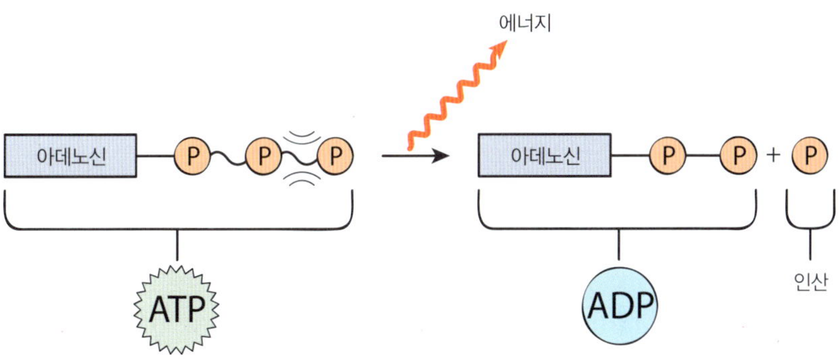

그림 15.28
에너지는 ATP로부터 인산기 한 개가 제거되어 ADP가 될 때 얻어진다.

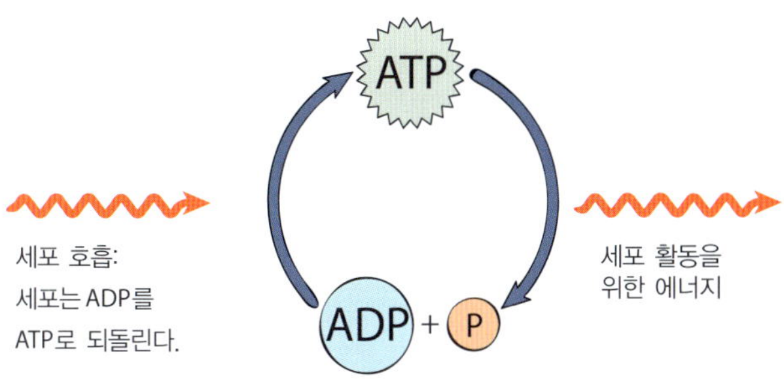

그림 15.29
세포는 ATP로부터 인산기 한 개가 제거되어 ADP가 될 때 에너지를 얻는다. 세포 호흡 과정에서 인산기 한 개가 첨가됨으로써 ADP는 최종적으로 ATP로 전환된다.

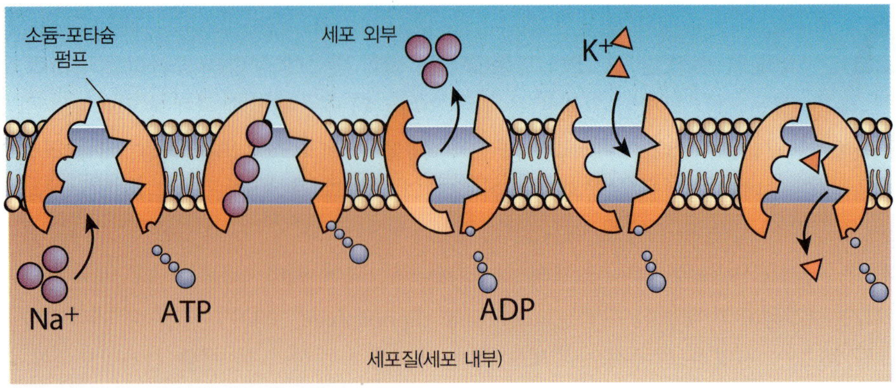

그림 15.30
소듐-포타슘 펌프는 소듐 이온은 세포 밖으로, 포타슘 이온은 세포 안으로 이동시킨다. 한 분자의 ATP가 세 개의 소듐 이온을 밖으로, 두 개의 포타슘 이온을 안으로 이동시킬 수 있다.

를 일으켜 세포 바깥쪽으로 열리게 만든다. 이제 소듐 이온들은 방출되고, 두 개의 포타슘 이온이 결합되어 수송 단백질로부터 인산기의 방출을 유발한다. 인산기가 떨어지면 수송 단백질이 원래의 기본 상태로 전환되고, 포타슘 이온이 세포 속으로 방출된다. 놀랍게도 동물에 의해 소모되는 모든 ATP의 $\frac{1}{3}$ 이상이 이 펌프를 작동하는 데 사용된다.

이제 세포가 화학 반응을 일으키기 위해 ATP로부터 에너지를 어떻게 이용하는지 알 수 있다. 그러나 화학 반응이 일어날 수 있기 전에 두 번째 조건이 충족되어야만 한다. 즉 반응 분자들은 반응이 시작되기 위한 충분한 에너지를 갖고 충돌해야 한다. 이러한 활성화 에너지는 결합을 깨는 초기에 필요하다. 불행하게도, 생명체의 많은 필수적 반응을 위한 활성화 에너지는 매우 높다. 일부 중요한 반응들이 스스로 일어나기 위해서는 100년이나 걸릴 것이다. 이러한 이유 때문에 세포는 활성화 에너지를 낮추어 매우 신속하게 반응이 일어나게 해 주는 촉매에 의존한다. 세포 속의 이러한 촉매는 **효소**(**enzyme**)라고 하는 크고 복잡한 단백질이다. 효소는 활성화 에너지를 낮추어 특정 화학 반응이 좀 더 신속하게 일어나게 도와 준다. 효소의 도움으로 100년 걸릴 중요한 화학 반응이 1/1000초 내에 일어날 수 있다.

효소는 어떻게 작용하는가? 효소는 **기질**(*substrate*)이라는 반응 물질에 결합한다. 효소의 활성 자리에 기질이 결합하면, 생성물이 방출된다(그림 15.31). 효소는 다른 촉매와 같이, 자신이 촉진하는 반응에서 변형되거나 파괴되지 않는다. 이것은 효소는 동일한 반응을 촉진하기 위하여 거듭 재사용될 수 있다는 것을 의미한다. 효소는 세포의 거의 모든 화학 반응에 포함되어 있다. 실제로 수천 개의 독특한 효소들이 생명체에서 확인되었다. 각각의 효소는 하나의

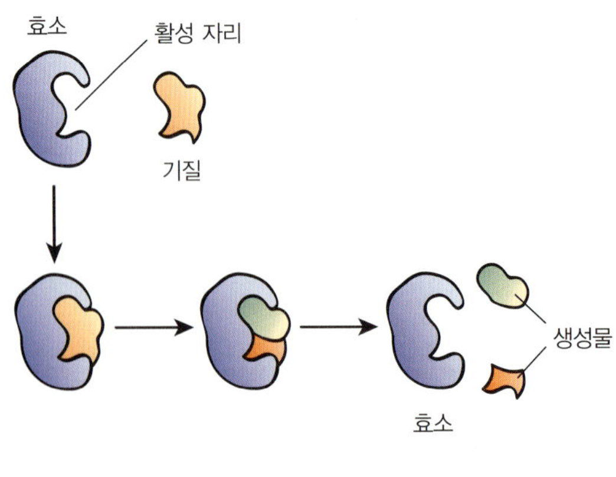

그림 15.31
효소는 촉매로 작용하는 큰 단백질이다. 효소는 특정 분자에만 결합하고 특정 반응만 촉진하므로, 매우 특이적이다. 효소는 자신이 촉매로 작용하는 반응에서 소모되지 않으므로 동일한 반응을 촉진하기 위하여 다시 사용될 수 있다.

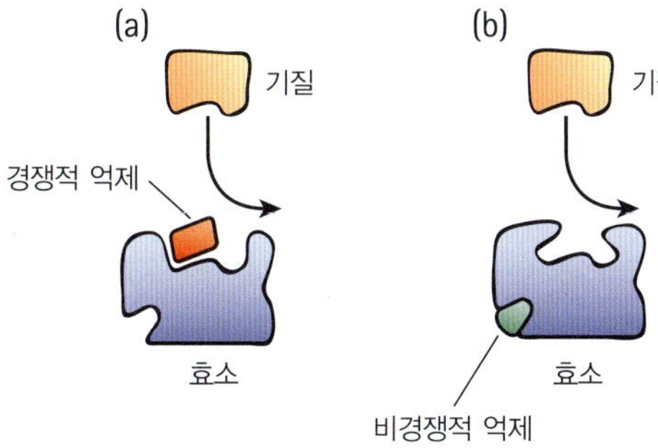

그림 15.32
(a) 경쟁적 억제에서 억제 물질은 효소의 활성 자리에 결합하여 기질의 결합을 방해한다. (b) 비경쟁적 억제에서 억제 물질은 활성 자리가 아닌 다른 부위에 결합한다. 이러한 결합은 활성 자리를 변화시켜 효소가 더 이상 기질과 결합할 수 없게 만든다.

특정 반응에 대해 대단히 특이적이다. 즉 각 효소는 자신이 결합하는 기질에 대해 매우 특이적이어서 그 반응만 촉진시킨다.

세포는 화학 반응을 통제하기 위하여 효소를 세밀하게 조절한다. 조절은 다른 방법들로 일어난다. 첫째, 세포는 효소의 합성과 분해를 통제한다. (효소는 한 반응을 촉진할 때 소모되는 것이 아니므로, 더 이상 필요 없는 경우에는 능동적으로 분해되어야만 한다.) 둘째, 한 효소가 어떻게 잘 작용할지는 온도, pH, 다른 요인들 같은 효소 환경의 화학적 특성에 달려 있다. 예를 들어 온도가 너무 높거나 너무 낮으면, 효소의 구조가 변하여 반응 물질과 맞지 않을 수도 있다. 끝으로 효소는 억제 물질에 의해 그 기능이 방해될 수 있다. 경쟁적 억제(그림 15.32a)에서 억제 물질은 효소의 활성 자리에 결합하여 기질이 결합하는 것을 막는다. (자물쇠에 대한 열쇠처럼 하나의 기질이 한 효소에 들어맞는다면, 억제 물질은 열쇠 구멍에 박힌 풍선껌과 같다.) 억제 물질과 기질이 활성 자리에 대해 경쟁하기 때문에, 이러한 형태의 억제를 경쟁적 억제라고 한다. 사이안화물(cyanide)은 세포 호흡에 중요한 효소를 경쟁적으로 억제하는 독성 물질이다. 비경쟁적 억제(그림 15.32b)에서 억제 물질은 효소의 활성 자리보다는 다른 곳에 결합하여 효소를 변하게 만들어 더 이상 기질에 결합할 수 없다. 납은 우리 몸의 수많은 효소와 결합하여 그 구조를 파괴하는 독성 물질이다.

많은 약품들은 효소를 억제하는 방법으로 작용한다. 항생제인 페니실린은 박테리아의 세포벽을 만드는 데 필요한 효소를 억제함으로써 박테리아를 죽인다. 아스피린은 통증에 더욱 민감하게 하는 분자인 프로스타글란딘(prostaglandin)의 합성에 필요한 효소를 억제하기 때문에 진통제로 쓰인다(19장 참조).

15.9 광합성

학습목표
식물 세포가 햇빛 에너지, 이산화 탄소, 물을 이용하여 어떻게 당을 만드는지 설명할 수 있다.

물음 빛이 없는 곳의 식물에는 무슨 일이 일어날까?

미국 캘리포니아의 센트럴 밸리의 고속도로를 따라 늘어선 광고판에서는 농부의 업적을 찬양하고 있는 문구를 볼 수 있다. 일부 광고판에는 "**농부:물과 햇빛을 식품으로 전환**"이라고 쓰여 있다. 이것이 바로 농작물이 하는 것이고, 실제로는 모든 식물이 하는 것이다. 식물은 햇빛과 물을 받아들여 이들을 유기 분자로 전환하고, 이들의 일부는 살아 있는 식물체의 구성 물질로 전환된다. (식물은 공기로부터 이산화 탄소를 필요로 한다는 것이 밝혀졌고, 이제 그 내용을 배우게 될 것이다.)

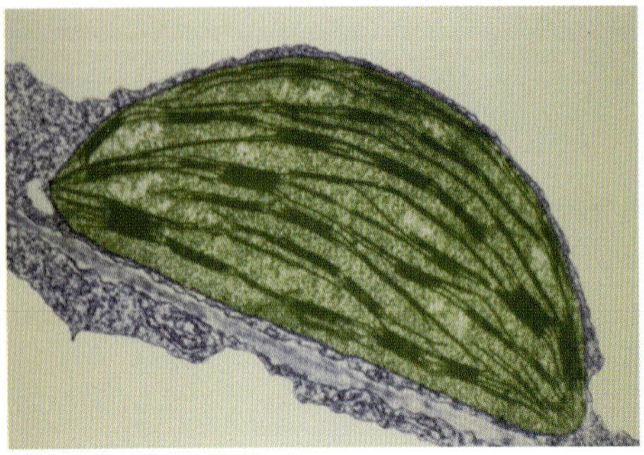

(a) 엽록체

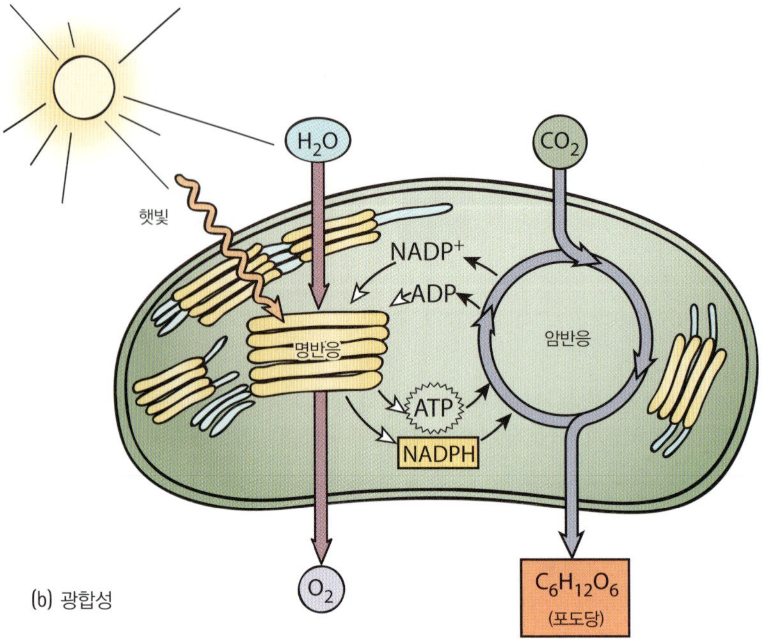

(b) 광합성

그림 15.33
(a) 광합성은 주로 식물의 줄기와 잎에서 발견되는 엽록체라는 소기관에서 일어난다. 이 사진은 라일락 잎의 엽록체를 보여 준다. (b) 광합성은 명반응과 암반응의 두 단계로 일어난다.

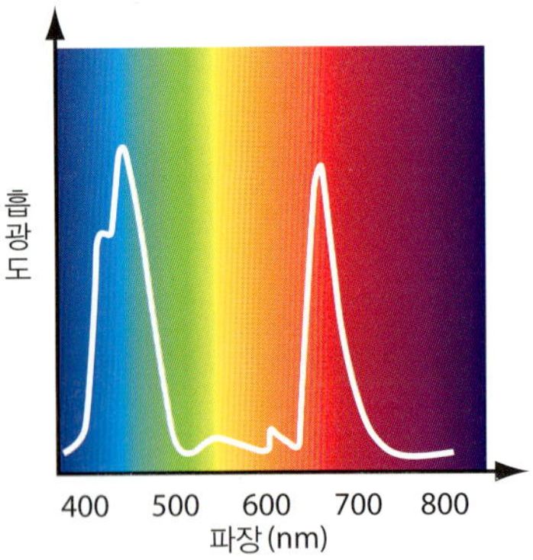

그림 15.34
빛은 전자기 복사의 일종이다. 다른 형태의 전자기 복사처럼, 햇빛은 파의 형태를 취한다. 가시광선의 다른 색깔은 다른 파장을 갖고 있다(파장은 한 파의 정점에서 다음 파의 정점까지의 거리이다). 가시광선은 약 400nm의 남보라색에서 약 800nm의 적색 범위까지 걸쳐진다. 이 그래프는 엽록소가 남보라(blue-violet)와 레드–오렌지(red-orange) 빛을 가장 잘 흡수한다는 것을 보여 준다. 엽록소는 녹색 빛을 흡수하지 않는다.

식물과 일부 다른 생물들은 태양의 빛에너지를 유기 분자의 화학 에너지로 전환하기 위하여 **광합성**(**photosynthesis**)을 이용한다. 지구 상의 거의 모든 생명체가 유기 분자와 에너지를 위하여 궁극적으로 광합성에 의존한다. 이것은 식물과 다른 광합성 생물들(조류와 일부 박테리아)은 초식동물의 먹이가 되고, 초식동물은 육식동물의 먹이가 되기 때문이다. 그러므로 광합성은 모든 먹이의 궁극적 원천이라고 할 수 있다.

광합성에 대한 화학 반응은 다음과 같다.

$$6\,CO_2 + 6\,H_2O + 햇빛 \longrightarrow C_6H_{12}O_6 + 6\,O_2$$

이산화 탄소, 물, 그리고 햇빛이 들어가고, 포도당과 산소가 나온다. (비록 이것이 광합성의 전 과정에 대한 요약일지라도 잘 기억해 두라. 실제로는 광합성에서 반응 물질이 생성 물질로 전환되기 전에 수많은 화학 반응들이 필요하다.) 광합성 과정에서 방출되는 산소는 우리가 호흡하는 산소의 공급원이다. 광합성은 우리가 알고 있는 생명의 기초라는 또 다른 예이다.

광합성은 식물 세포의 엽록체에서 일어난다(그림 15.33a). 광합성은 **빛에 의존하는 명반응과 빛에 의존하지 않는 암반응**의 두 단계로 일어난다(그림 15.33b). 명반응에서는 에너지가 햇빛으로부터 포획되고, 암반응에서는 탄소가 고정된다. 즉 탄소 원자가 공기 중의 이산화 탄소로부터 포도당 유기 분자로 이동한다.

광반응은 햇빛이 엽록체 내부에 있는 엽록소 분자를 때리면서 시작한다. **엽록소**(*chlorophyll*)는 빛을 흡수하는 색소 분자이다. (8장에서 언급한 대로 가시광선은 라디오파, 자외선, X선, 그리고 감마선을 포함하는 전자 스펙트럼의 일부일 뿐이다.) 엽록소는 그림 15.34에서 볼 수 있는 것처럼 짧은 파장의 자외선(blue-violet light)과 장파장의 자외선(red-orange light)을 가장 잘 흡수한다. 엽록소가 흡수하지 않는 녹색 빛은 식물에 의해 반사된다. 이 때문에 식물이 녹색으로 보이는 것이다.

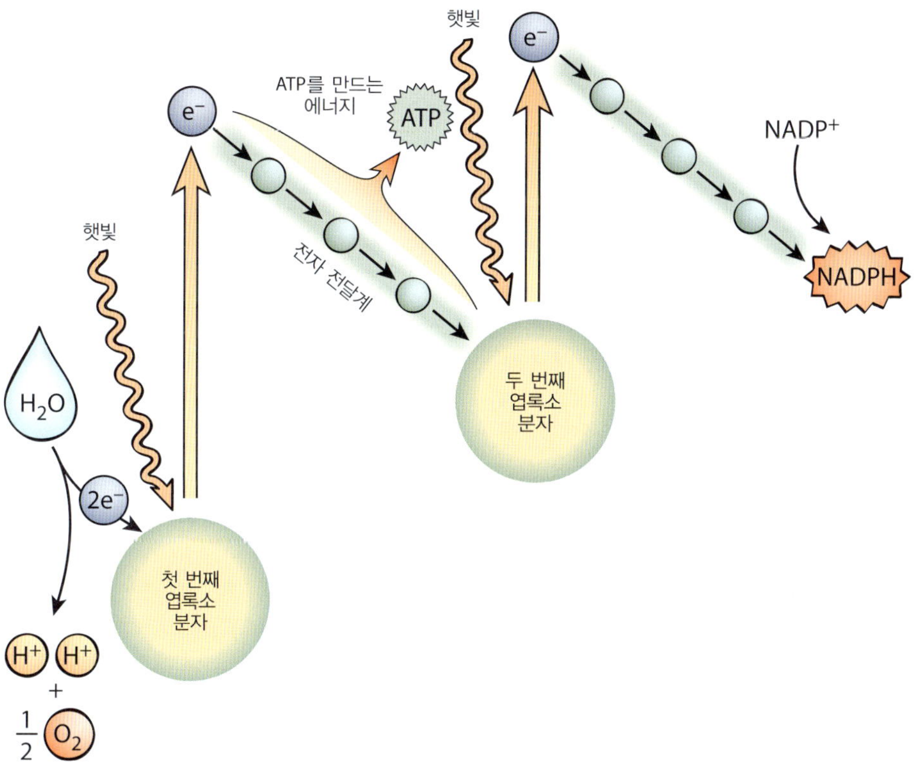

그림 15.35
광합성의 명반응에서 두 개의 전자 전달계가 햇빛으로부터 에너지를 포획하여 ATP와 NADPH에 저장된다. 이때 산소가 방출된다.

햇빛이 하나의 엽록소 분자를 때릴 때, 햇빛 에너지는 그 엽록소 분자의 한 전자를 들뜨게 만들어 튀어나오게 한다(그림 15.35). 이제 엽록소 분자는 한 개의 전자를 잃게 되어, 물 분자(H_2O)로부터 한 개의 전자를 추출하면서 산소(O_2)를 생성한다. 한편 엽록소 분자로부터 빠져나온 고에너지 전자는 전자 전달계를 따라 이동한다. **전자 전달계**(*electron transport chain*)는 일련의 운반체 분자들로 구성되어 있으며, 각각의 운반체는 전자를 받아서 다음 운반체에 전달한다. 한 통의 물을 한 사람으로부터 다음 사람으로 전달하여 최종 사람이 불꽃에 물을 뿌리는 소방대 만화를 상상해 볼 수 있다(그림 15.36). 전자는 통 속의 물로서, 한 운반체로부터 다음 운반체로 전달된다. 전자는 전자 전달계를 따라 내려가면서 에너지를 잃는다. 이 에너지는 ADP를 ATP로 전환하는 데 이용된다. 전자 전달계의 끝에 도달하면, 다른 엽록소 분자가 전자를 받아들인다. 햇빛이 이 엽록소 분자를 다시 때리면 전자가 다시 튀어나가 두 번째 전자 전달계를 따라 전달된다. 전자가 전자 전달계를 따라 내려가면서 잃어버린 에너지는 $NADP^+$를 NADPH로 전환하는 데 사용된다.

그림 15.36
소방대 만화에서 한 통의 물이 한 사람으로부터 다음 사람으로 전달되는 방식처럼, 전자 전달계에서는 전자가 한 운반체로부터 다음 운반체로 전달된다.

요약하면, 명반응에서는 두 가지 중요한 현상이 일어난다. 첫째는, 햇빛 에너지가 ATP와 NADPH 형태의 화학 에너지로 전환되는 것이고, 둘째는 산소가 발생하는 것이다.

캘빈 회로(*Calvin cycle*)라고 알려져 있는 암반응에서, 세포는 탄소 고정을 위하여 ATP와 NADPH에 저장된 에너지를 이용한다(그림 15.33b). 캘빈 회로에서는 6분자의 이산화 탄소(CO_2)가 한 분자의 포도당($C_6H_{12}O_6$)을 만드는 데 이용된다. 세포는 포도당을 다른 탄수화물, 지질, 그리고 질소 첨가와 함께 아미노산과 핵산 등, 요컨대 생명체의 모든 거대 분자들을 합성하기 위한 시작점으로 이용한다.

학습목표
세포가 포도당을 분해하여 ATP 형태의 에너지를 어떻게 얻는지 설명할 수 있다.

15.10 세포 호흡과 발효

물음 왜 산소가 없으면 살 수 없을까?

운동 중 거친 호흡, 빵이 부풀어 오르는 것, 그리고 포도주와 맥주의 알코올은 어떤 공통점을 갖고 있을까? 이들 모두 세포가 어떻게 에너지를 얻는지와 관련이 있다.

모든 세포는 ATP가 필요하고, 이것은 세포의 많은 필수적인 과정에 필요한 에너지를 제공한다. 세포는 ATP를 얻기 위하여 포도당과 다른 유기 분자들을 분해한다. **호기성**(*aerobic*), 즉 산소를 이용하는 포도당 분해를 **세포 호흡(cellular respiration)**이라고 한다. 세포 호흡에 대한 반응식은 다음과 같다.

$$C_6H_{12}O_6 + 6\,O_2 + \text{약 38개 ADP 분자} \longrightarrow 6\,CO_2 + 6\,H_2O + \text{약 38개 ATP 분자}$$

이 반응식은 세포 호흡의 과정을 요약한 것으로, 포도당, 산소, ADP가 사용되고, 이산화탄소, 물, ATP가 생성된다. 세포 호흡의 시작부터 끝날 때까지 일어나는 많은 화학 반응들은 해당 과정, 크레브스 회로, 전자 전달의 세 단계로 나눌 수 있다(그림 15.37).

해당 과정

포도당 분해의 첫 번째 단계는 **해당 과정**(*glycolysis*)이다('해당 과정'의 뜻은 '당을 쪼갠다.'라는 의미이다). 해당 과정에서 6탄당인 포도당 분자는 두 개의 피루브산 분자로 쪼개지고, 각각의 피루브산은 3개의 탄소 원자를 갖는다. 이 과정에서 2분자의 ATP가 생성된다.

크레브스 회로와 전자 전달

크레브스 회로와 전자 전달은 미토콘드리아에서 일어난다. 해당 과정에서 생성된 피루브산은 크레브스 회로에 들어가기 전에 아세트산으로 전환되어 조효소 A(CoA) 분자에 결합된다. 이렇게 형성된 전체 복합체를 아세틸-CoA라고 한다. 크레브스 회로에서 아세틸-CoA는 이산화 탄소로 분해된다. 두 분자의 ATP가 생성되고, 추가적인 에너지가 다른 분자인 NADH와 $FADH_2$에 저장된다.

전자 전달 과정에서 NADH와 $FADH_2$에 의해 운반된 전자들은 전자 전달계를 따라 보내진다(그림 15.38). 전자가 한 운반체로부터 다음 운반체로 전달될 때 에너지를 잃는다. 이렇게 잃어버린 에너지는 미토콘드리아 내막을 건너 수소 이온(H^+)을 펌핑하는 데 이용된다. 전자가 전자 전달계의 최종 지점에 도달하면 하나의 산소와 결합하여 물을 생성한다. (이것이 바로 우리가 호흡을 통해 받아들인 모든 산소이며, 이 산소는 전자 전달계의 최종 지점에서 전자를 잡는 데 필요하다.) 미토콘드리아 내막을 가로질러 형성되는 수소 이온 농도 경사

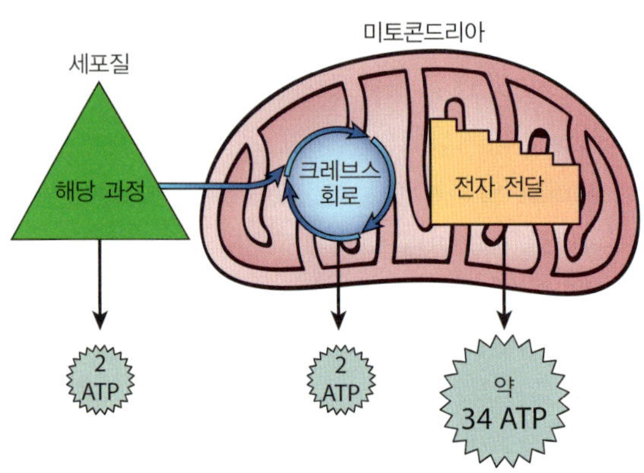

그림 15.37
세포 호흡은 해당 과정, 크레브스 회로, 전자 전달의 세 단계로 일어난다. 크레브스 회로와 전자 전달은 미토콘드리아에서 일어난다.

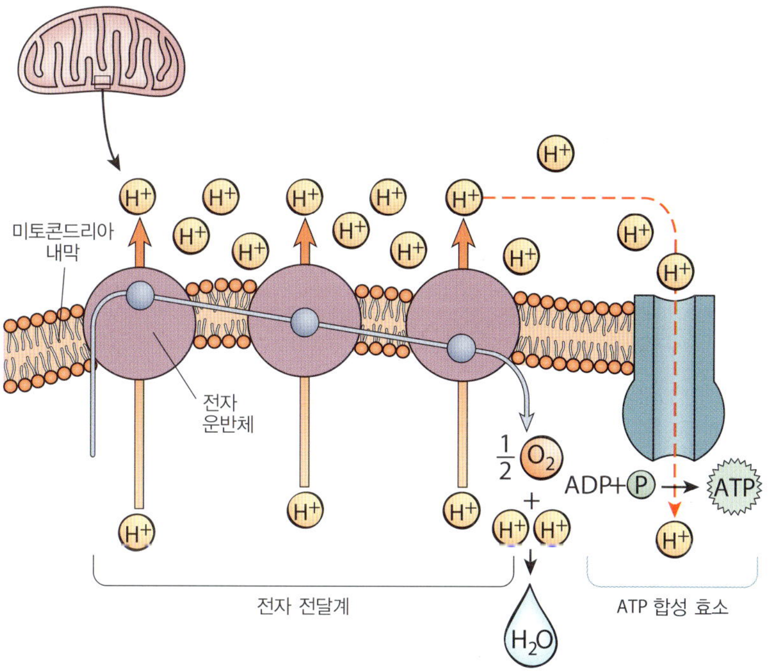

그림 15.38
전자가 전자 전달계를 따라 이동할 때, 수소 이온은 미토콘드리아 내막을 가로질러 펌핑된다. 수소 이온이 막을 가로질러 역으로 이동할 때 ATP가 생성된다.

는 ATP 합성에 이용된다. 수소 이온은 미토콘드리아 내막을 역으로 가로질러 안쪽으로 이동할 때(농도가 경사가 낮은 쪽으로), ATP 합성 효소라는 단백질 복합체를 통과하면서 ADP를 ATP로 전환한다. 세포 호흡에서 얻어진 대부분의 ATP는 이러한 과정에 의해 생성된다.

발효

일부 세포에서는 해당 과정이 호기성 과정 대신에, 산소를 사용하지 않는 **혐기성**(*anaerobic*) 과정인 **발효**(**fermentation**) 과정으로 이어진다. 발효는 ATP를 생성하지 않지만, 해당 과정을 지속시키는 데 필요한 분자들을 재생시킨다. 세포는 이러한 방법으로 해당 과정을 통해 지속적으로 ATP를 얻을 수 있다.

알코올 발효는 효모가 사용하는 혐기성 과정이다. 이 과정은 효모 세포의 세포질에서 일어난다. 알코올 발효에서는, 해당 과정에서 만들어진 피루브산이 에탄올과 이산화 탄소로 분해된다. 알코올 발효는 빵을 굽고, 포도주를 만드는 데 필수적이다. 효모 세포는 포도 주스를 포도주로 전환시켜 포도 주스의 당을 발효시킨다. 동일한 발효 과정이 빵을 부풀게 한다. 효모 세포는 빵 반죽에 들어 있는 당을 발효시키면서 작은 이산화 탄소 기포를 방출한다. (그리고 이 발효 역시 빵 반죽 속에 에탄올을 생성하지만, 빵을 굽는 동안 증발된다. 이러한 이유로 미성년자도 빵을 구입할 수 있는 것이다.)

젖산 발효는 동물 세포뿐만 아니라 일부 박테리아와 곰팡이 종에서도 일어나는 혐기성 발효 과정이다. 이 과정은 이런 세포들의 세포질에서 일어난다. 젖산 발효에서는 해당 과정의 피루브산이 젖산으로 분해된다. 거친 호흡에도 불구하고, 산소의 공급이 요구에 미칠 수 없는 경우, 동물의 근육세포에서는 격렬한 운동 중에 젖산 발효가 일어난다. 젖산 발효는 해당 과정에 필요한 분자들을 재생함으로써 근육세포가 산소 없이도 ATP를 계속 합성할 수 있게 한다. 격렬한 운동 중에 생성된 젖산은 근육이 화끈해지는 느낌을 유발한다. 미토콘드리아가 없는 적혈구 역시 ATP를 얻기 위해 젖산 발효에 의존한다. 끝으로 일부 박테리아와 곰팡이 종의 젖산 발효는 치즈와 요구르트를 만드는 데 이용된다.

표 15.2는 세포 호흡과 젖산 발효 과정을 비교한 것이다.

표 15.2 세포 호흡과 발효의 비교

세포 호흡	발효
호기성(산소를 이용)	혐기성(산소를 이용하지 않음.)
단계: 해당 과정, 크레브스 회로, 전자 전달계	단계: 해당 과정, 발효
세포질(해당 과정)과 미토콘드리아(크레브스 회로, 전자 전달계)에서 일어난다.	세포질에서만 일어난다.
38개의 ATP 분자를 생성한다.	2개의 ATP(해당 과정) 분자를 생성한다.

연습문제

15.1 생명의 특성

1. 생명체들의 공통적인 특징은 무엇인가?
2. 생명체들은 진화하는 개체군의 부분들이라는 것이 무엇을 의미하는지 설명하시오.

15.2 세포의 종류: 원핵세포와 진핵세포

3. 원핵세포에는 어떤 것들이 있을까? 진핵세포에는 어떤 것들이 있을까?
4. 원핵세포와 진핵세포의 다른 점을 세 가지 이상 기술하시오.
5. 원핵세포의 DNA는 진핵세포의 DNA와 어떻게 다르게 포장되어 있는가?

15.3 진핵세포의 탐험

6. 세포의 핵은 무엇인가? 핵은 무엇을 담고 있는가?
7. 미토콘드리아, 리보솜, 리소좀, 엽록체의 기능을 설명하시오.

15.4 세포막

8. 세포막의 세 가지 구성 요소는 무엇인가?
9. 세포막에 있는 인지질은 어떻게 배열되어 있는가?
10. 막단백질의 기능은 무엇인가?

15.5 세포의 안과 밖으로의 수송

11. 세포막의 지질 이중층을 직접 가로질러 이동할 수 있는 분자를 세 개만 열거하시오.
12. 확산이란 무엇인가?
13. 수동적 수송은 능동 수송과 무엇이 다른가?
14. 내포 작용과 외포 작용에 의해 물질이 어떻게 세포 안과 밖으로 이동하는가?

15.6 세포 간 의사소통

15. 원형질 연락사란 무엇인가? 이들의 기능은 무엇인가?
16. 신호 분자가 세포막 수용체에 결합하면 어떤 일이 일어나는지 설명하시오.
17. 하나의 수용체가 많은 다른 종류의 신호 분자들과 결합하는가?

15.7 세포는 어떻게 생식을 할까?

18. 세포 주기의 단계들이란 무엇인가? 합성 시기(S)에는 어떤 일이 일어나는가?
19. 유사 분열의 기(phase)들을 설명하시오.
20. 유사 분열의 최종 산물은 무엇인가?

15.8 세포는 어떻게 에너지를 이용할까?

21. 세포는 왜 촉매가 필요한가? 세포 속의 촉매는 무엇인가?
22. 세포는 효소를 어떻게 조절하는가?
23. 페니실린은 어떻게 세균을 죽이는가?

15.9 광합성

24. 왜 지구의 거의 모든 생명체는 직접적으로 또는 간접적으로 광합성에 의존하는가?
25. 광합성의 명반응 과정에서는 어떤 일이 일어나는가? 암반응 과정에서는 어떤 일이 일어나는가?
26. 광합성에 대한 화학 반응에서 반응 물질은 무엇이고, 생성 물질은 무엇인가?

15.10 세포 호흡과 발효

27. 해당 과정을 설명하시오. 해당 과정에서 ATP가 생산되는가?
28. 세포는 세포 호흡을 통해 한 분자의 포도당으로부터 대략 몇 개의 ATP 분자를 얻는가? 세포 호흡으로부터 얻는 다른 생성물은 무엇인가?
29. 알코올 발효의 산물은 무엇인가?
30. 우리 몸에서 젖산 발효를 이용하는 세포의 예를 두 가지만 제시하시오. 각각의 이 세포는 왜 젖산 발효를 이용하는가?

확인문제

만일 여러분이 이 장에서 제대로 학습을 하였다면, 다음에 제시된 10개의 질문에 적어도 7개는 제대로 답을 할 수 있을 것이다. 만일 그렇지 못하면 다음 장으로 가기 전에 이 장을 더 학습할 필요가 있다.

각 질문에 대해 가장 적합한 답을 고르시오.

1. 생명체의 특징이 아닌 것은?
   (a) 에너지를 사용한다.
   (b) 자신을 유지한다.
   (c) 생식 능력을 갖고 있다.
   (d) 한 세대에서 다음 세대로 변하지 않고 유지되는 개체군의 일부이다.

2. 접혀진 아미노산들의 사슬로 이루어진 거대 분자는 무엇인가?
   (a) 단백질
   (b) 탄수화물
   (c) 지질
   (d) 핵산

3. 원핵 세포와 진핵세포의 한 가지 차이점은 무엇인가?
   (a) 원핵세포는 하나의 핵을 갖고 있는 반면에, 진핵세포는 핵이 없다.
   (b) 진핵세포는 원핵세포보다 지구 상에 더 오랫동안 존재해 왔다.
   (c) 진핵세포의 DNA는 직선형의 염색체에서 발견되는 반면에, 원핵세포의 DNA는 하나의 원형 염색체에서 발견된다.
   (d) 진핵세포는 일반적으로 원핵세포보다 더 작다.

4. 식물 세포에서 세포가 이용할 수 있는 형태의 에너지를 얻기 위해 유기 분자를 분해하는 세포 소기관은 무엇인가?
   (a) 미토콘드리아
   (b) 리보솜
   (c) 엽록체
   (d) 리소좀

5. 세포막의 구성 요소가 아닌 것은?
   (a) 인지질
   (b) 단백질
   (c) 핵산
   (d) 탄수화물

6. 어떤 수송 단백질은 분자의 농도 경사를 거슬러 세포막을 통해 분자를 수송한다. 이러한 현상을 무엇이라고 하는가?
   (a) 확산
   (b) 촉진 확산
   (c) 능동 수송
   (d) 내포 작용

7. 세포는 세포 주기의 어느 단계에서 자신의 유전 물질을 복제하는가?
   (a) G_1(gap 1)
   (b) G_2(gap 2)
   (c) S(synthesis)
   (d) 유사 분열과 세포질 분열

8. 효소에 관한 진술로 옳은 것은?
   (a) 효소는 세포의 특정 화학 반응에 에너지를 제공한다.
   (b) 효소는 없을 때보다 있을 때 세포에서 특정 화학 반응이 더 신속하게 일어날 수 있게 해 주는 촉매이다.
   (c) (a)와 (b)의 두 진술 모두 사실이다.
   (d) (a)와 (b)의 두 진술 모두 사실이 아니다.

9. 광합성의 산물은 무엇인가?
   (a) 이산화 탄소와 물
   (b) 이산화 탄소, 물, 그리고 햇빛
   (c) 포도당
   (d) 포도당과 산소

10. 아래에 제시된 과정들 가운데 산소가 필요한 것은 무엇인가?
   (a) 해당 작용
   (b) 크레브스 회로와 전자 전달계
   (c) 발효
   (d) 답이 없음.

확인문제 답

1. d, 2. a, 3. c, 4. a, 5. c, 6. c, 7. c, 8. b, 9. d, 10. b

16장 유전학

그는 어머니의 눈과 아버지의 코를 닮았다. 그렇다면 왜 아버지의 눈과 어머니의 코를 닮지는 않았을까? 왜 닭의 알에서는 항상 병아리가 나올까? 홍학 또는 황소개구리가 나올 수는 없는 것인가? 아니면 딱 한번이라도 티라노사우루스가 나온다면? 자손은 그들의 부모 유전자를 물려받기 때문에 부모를 닮는다. 그렇다면 유전자란 무엇인가? 유전자는 무엇으로 만들어졌는가? 유전자는 어떤 생명체가 닮는다는 것을 어떻게 결정하는가? 유전자의 변화는 어떻게 지구 상의 놀랄 만한 생물 다양성뿐만 아니라 암과 같은 파괴적인 질병의 원인이 되는가? 유전학 연구는 우리가 무엇을 먹고, 어떻게 오래 살 수 있는지에 대한 모든 것을 혁명적으로 변화시켰다. 이 장에서는 이와 같은 질문들에 대한 답을 배우게 될 것이다.

16.1 유전자란 무엇인가?

학습목표
유전자를 정의하고, 생물체의 유전자들이 그 생물의 많은 형질들을 결정하는 이유를 설명할 수 있다.

물음 여러분의 유전자들은 여러분의 세포 속에서 일어나는 어떤 종류의 화학 반응들을 결정하는가?

유전자는 생명체의 많은 형질을 결정한다. 난초꽃의 색깔, 고양이 꼬리의 길이, 게 껍질이나 박테리아의 세포벽 구성 물질 등. 사람의 유전자는 눈의 색깔, 키, 머리카락 등에 영향을 미친다. 또한 우리들의 개성에도 영향을 미친다. 그렇다면 유전자란 무엇이며, 하나의 유전자가 어떻게 하나의 형질을 결정하는가?

하나의 **유전자**(gene)는 하나의 단백질을 합성하는 데 필요한 정보를 담고 있는 DNA의 일부이다. 한 생물체의 DNA에서 발견되는 유전자들은 그 생물체의 **유전자형**(**genotype**)을 구성하고, 한 생물체의 형질들은 그 생명체의 **표현형**(**phenotype**)을 구성한다. 예를 들어 여러분은 눈 색깔에 대해 두 개의 유전자, 즉 하나는 갈색 유전자, 다른 하나는 푸른색 유전자를 가질 수 있다. 그렇다면 여러분은 갈색 눈을 가질 것이다. 여러분의 유전자형은 하나의 갈색 유전자와 하나의 푸른색 유전자로 구성되어 있지만, 여러분의 표현형은 갈색 눈이다. 이렇게 유전자가 어떻게 표현형으로 나타나는지, 즉 유전자가 어떻게 유전 형질로 되는지가 이 장의 한 주제이다.

유전자가 단백질 합성에 대한 정보를 담고 있다면, 여러분은 아마도 다음과 같은 질문에 궁금할 것이다. 단백질은 왜 그렇게 중요한가? 왜 그렇게 많은 우리의 형질들이 단백질에 의존하는가? 그 이유는 단백질이 생명체에서 수많은 중요한 일을 수행하고 있기 때문이다. 단백질은 구조를 만들고, 호르몬으로 작용하고, 분자를 수송하고, 세포의 의사소통 역할을 수행하고, 질병으로부터 생물체를 보호한다. 게다가 효소는 단백질이며, 생명체에서 일어나는 실질적으로 모든 화학 반응에 필요하다.

16.2 염색체: 유전 정보의 꾸러미

학습목표
DNA가 어떻게 염색체로 포장되는지 설명할 수 있다.

물음 여러분의 일부 세포들은 왜 46개가 아닌, 23개의 염색체만을 갖고 있는가?

유전자들은 어디에 있을까? 진핵 세포에서 DNA는 핵 속에서 발견되며, **염색체**(*chromosome*)로 포장되어 있다(그림 16.1). 그리고 각각의 염색체는 히스톤이라는 작은 단백질들을 감싸고 있는 하나의 긴 DNA 분자로 구성되어 있다. 히스톤은 사용되지 않고 있는 DNA의 꼬여 있는 상태를 유지시켜 준다. DNA는 세포가 유전자를 이용할 필요가 있을 때 히스톤으로부터 풀린다. 염색체들은 대부분의 시간에 느슨하게 포장되어 있으며, 세포 분열을 하는 동안에만 응축된다.

대부분의 세포들은 마치 짝을 이룬 구두처럼, 염색체 각 종류마다 두 개의 염색체를 갖고 있다. 이런 세포를 **배수체**(**diploid**)라고 하며, 짝을 이룬 염색체를 **상동 염색체**(*homologous chromosome*)라고 한다. 정자와 난자 같은 일부 세포는 각 종류마다 단지 하나의 염색체만 갖고 있는데, 이러한 세포를 **반수체**(**haploid**)라고 한다. 다른 생물은 다른 수의 염색체를 갖는다. 닭은 78개(39쌍)를 갖고 있으며, 모기는 6개(3쌍), 효모는 32개(16쌍)를 갖고 있다. 사람은 46개(23쌍)의 염색체를 갖고 있다(그림 16.2). 이 중 마지막 쌍은 성을 결정하기 때문에 **성염색체**(*sex chromosome*)라고 한다. 여성은 두 개의 X 염색체를 갖고 있는 반면에, 남성은 하나의 X 염색체와 하나의 Y 염색체를 갖고 있다. 나머지 염색체들은 **상염색체**(*autosome*)라고 알려져 있다.

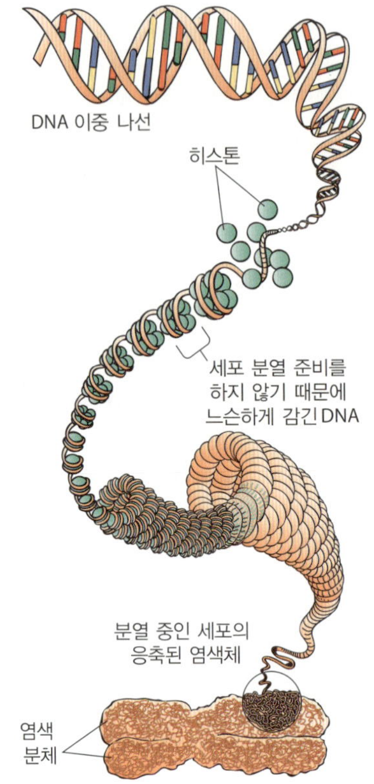

(a)

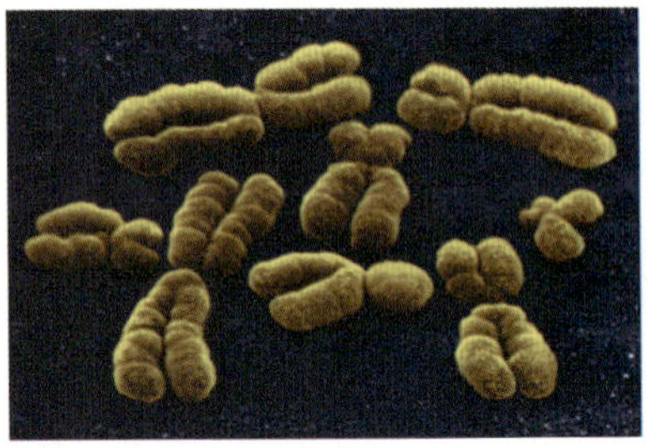

(b)

그림 16.1
(a) 염색체는 히스톤 단백질을 둘러싸고 있는 DNA로 구성되어 있다. 염색체는 대부분의 시간에 느슨하게 포장되어 있으나 세포 분열 시에는 응축된다. (b) 이러한 염색체들이 세포 분열 준비를 위해 응축된다.

(반수체인 정자와 난자를 제외한) 대부분의 사람 세포들은 동일한 DNA와 유전자를 갖는 46개의 염색체를 갖고 있다. 이런 사실은 여러 가지 궁금증을 불러일으킨다. 우리의 모든 세포들이 동일한 유전자를 갖고 있다면, 무엇이 각 종류의 세포들을 다르게 만드는 것인가? 예를 들어 무엇이 뇌세포를 근육세포와 다르게 만드는가? 그 이유는 두 세포에서 서로 다른 유전자들이 **발현되기** 때문이다. 뇌세포가 자신의 DNA로부터 만든 단백질들은 근육세포가 만든 단백질들과 매우 다르다. DNA로부터 단백질이 어떻게 만들어지는지 처음부터 알아보자. 그리고 DNA의 구조를 알아보자.

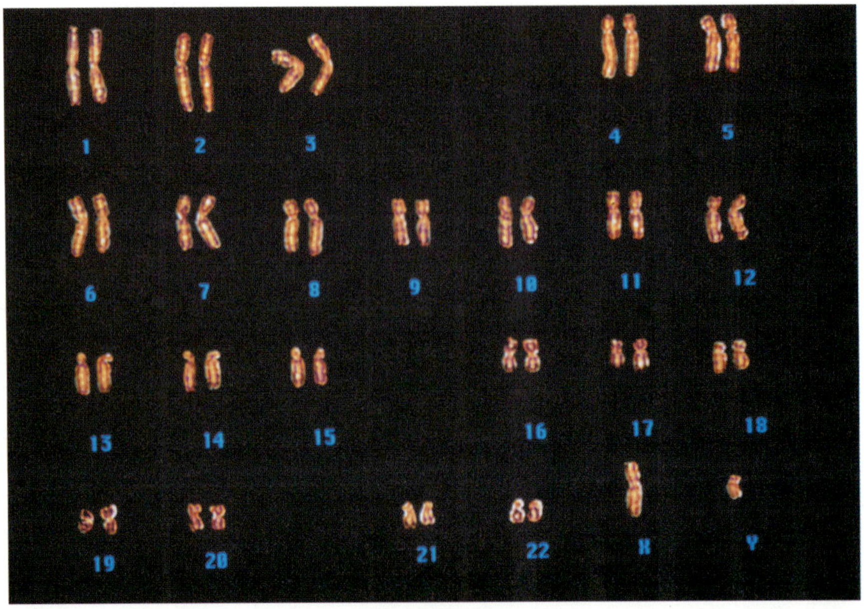

그림 16.2
인간은 23쌍의 염색체를 갖고 있다. 마지막 쌍인 성염색체는 남성인지, 여성인지를 결정한다.

융합과학 16A
화학

학습목표
DNA의 구조를 설명할 수 있다.

DNA의 구조

물음 DNA를 왜 '이중 나선 구조'라고 하는가?

우리는 유전자가 어디에 있는지 알고 있으므로, 이제 유전자가 무엇으로 되어 있는지 좀 더 자세히 살펴보자. **디옥시리보핵산(deoxyribonucleic acid)**, 즉 **DNA** 분자는 두 개의 가닥으로 이루어져 있다. 두 가닥은 함께 두 개의 '측면'과 일련의 '발판'을 갖는 나선형 계단을 만든다(그림 16.3). DNA는 나선형으로 꼬여 있는 두 개의 가닥으로 이루어져 있고, 이를 **이중 나선 구조**(*double helix*)라고 한다.

DNA의 한 가닥을 살펴보고, 이제 DNA의 두 가닥이 어떻게 서로 들어맞는지 생각해 보자. DNA의 한 가닥은 뉴클레오타이드가 연속적으로 결합되어 있으며, 하나의 뉴클레오타이드는 하나의 질소 염기, 하나의 당 분자, 하나의 인산기를 포함하고 있다(15장 참조). DNA 뉴클레오타이드에서 당 분자는 디옥시리보스이다. 따라서 DNA의 한 가닥은 디옥시리보스와 인산 분자가 번갈아 나타나는 골격(또는 계단의 '측면')을 갖고 있다. 이 골격으로부터 뻗어 나온 것이 일련의 염기들이다. 각각의 질소 염기는 DNA 사다리의 한 '계단'의 반을 차지한다. DNA에서는 아데닌(A), 구아닌(G), 사이토신(C), 타이민(T)의 네 염기들이 발견된다.

이제 DNA의 두 가닥을 함께 조립해 보자. 각각의 질소 염기는 수소 결합이라는 화학 결합을 이용하여 다른 쪽 가닥의 염기와 결합한다(12장 참조). 각 질소 염기는 다른 특정 염기와 최적의 수소 결합을 할 수 있기 때문에, 염기의 결합은 항상 한 가지 특이한 방법으로만 일어난다. 아데닌은 항상 타이민과 쌍을 이루고(A–T), 구아닌은 항상 사이토신과 쌍을 이룬다(G–C).

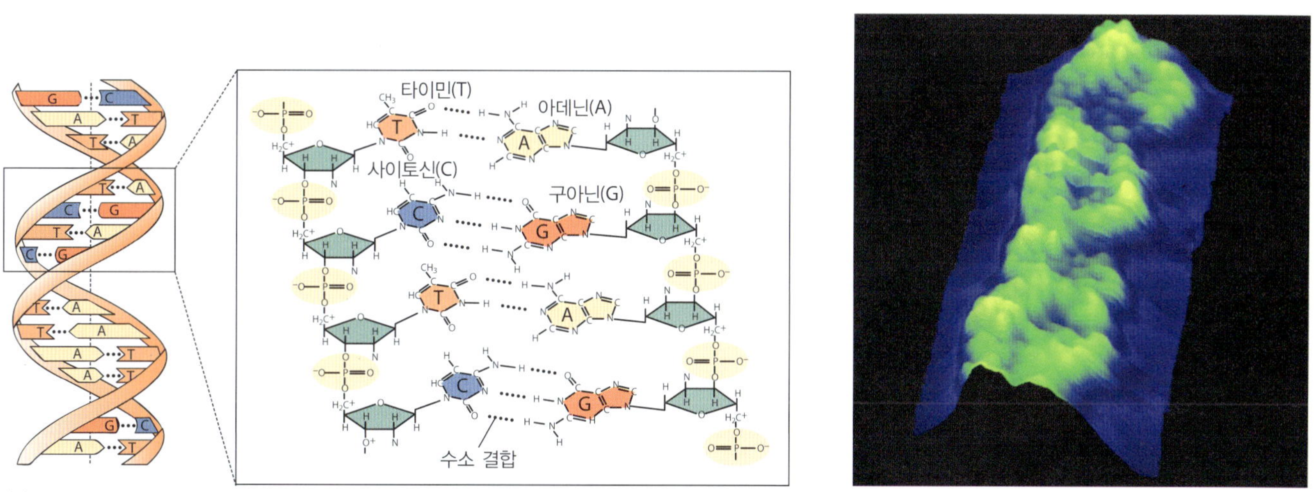

(a) (b)

그림 16.3
(a) DNA는 두 개의 당–인산 가닥으로 계단의 측면을 이루고, 쌍을 이룬 염기들로 발판을 이루는 나선형 계단처럼 생겼다. (b) 이 그림은 DNA가 이중 나선 구조임을 보여 준다.

학습목표
DNA가 어떻게 복제되는지 설명할 수 있다.

16.3 DNA 복제

물음 DNA가 복제될 때, 우리는 왜 '옛날' 분자와 '새' 분자를 얻지 못하는가?

DNA는 세포의 분열과 증식을 위해서 복제되어야 하는데, 이 과정을 **DNA 복제(DNA replication)**라고 한다. DNA 복제가 일어나는 동안, DNA의 두 가닥은 마치 나선형 사다리의 가운데를 여는 것처럼 분리된다. 분리된 각 가닥은 새로운 짝을 조립하는 데 주형으로 작용한다. 이것은 질소 염기들의 쌍을 이루는 방법 때문에 가능하다. 즉 A는 항상 T와, G는 항상 C와 쌍을 이루기 때문이다. 각 뉴클레오타이드가 주형에 있는 뉴클레오타이드와 쌍을 형성할 때, 각 뉴클레오타이드는 **DNA 중합 효소**(*DNA polymerase*)에 의해 새로운 DNA 가닥에 연결된다. 새로운 DNA는 이전의 가닥 하나와 새로운 가닥 하나를 포함하게 되고, 이렇게 만들어진 새로운 DNA 분자는 원래의 DNA 분자와 동일하다(그림 16.4).

DNA 복제는 항상 염색체 내의 고정된 지점에서 시작한다. 진핵세포에서는 염색체의 여러 지점에서 동시에 복제가 시작되어 효율적으로 완성되게 한다.

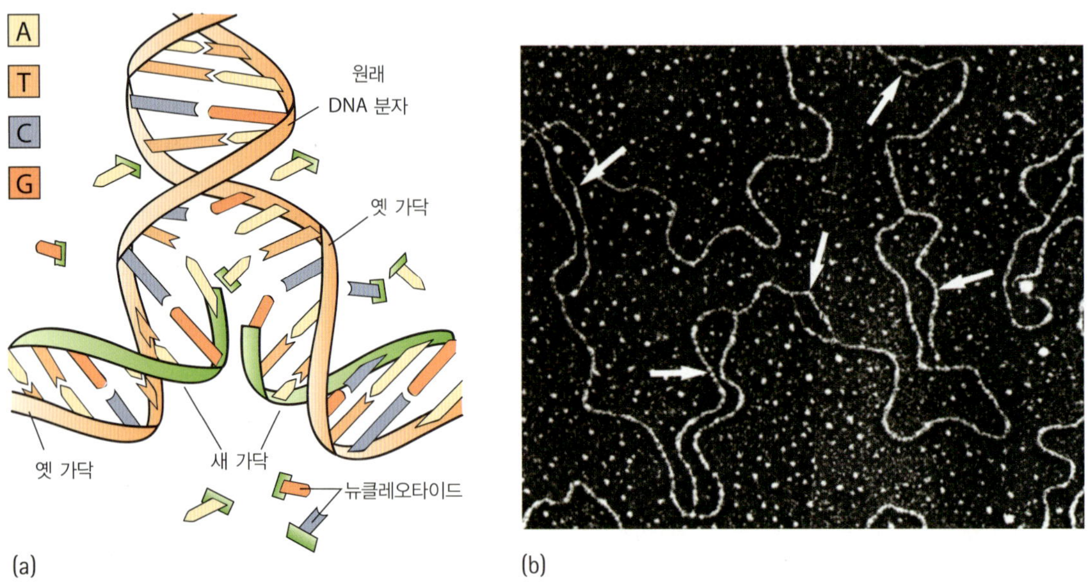

그림 16.4
(a) DNA가 복제될 때에는 두 가닥이 분리된다. 이렇게 분리된 각각의 원래 가닥(주황색 골격)은 새로운 가닥(녹색 골격)을 조립하기 위한 주형으로 작용한다. (b) 이 사진은 초파리(*Drosophila melanogaster*) 세포의 DNA 복제를 보여 준다. 화살표는 DNA 가닥들이 어디에서 분리되었다가 복제되었는지를 보여 준다.

학습목표
DNA에 저장된 정보가 단백질을 합성하는 데 어떻게 이용되는지 설명할 수 있다.

16.4 단백질은 어떻게 합성되는가?

물음 유전 암호란 무엇인가?

우리는 DNA의 구조와 DNA가 어떻게 복제되는지 알게 되었다. 이제 DNA가 어떻게 단백질 합성에 필요한 정보를 제공하는지 살펴볼 것이다. 그 전에 또 하나의 분자인 RNA를 먼저 살펴보아야 한다.

RNA

DNA와 같이 **RNA(ribonucleic acid)**도 질소 염기들에 부착된 하나의 당-인산 골격으로 구성되어 있다(그림 16.5). 그러나 RNA는 세 가지 면에서 DNA와 다르다. 즉 (1) RNA는 두 개의 가닥 대신에 하나의 가닥만 갖고 있다, (2) RNA는 디옥시리보스 대신에 리보스라는 당을 이용한다, (3) RNA는 타이민(T) 대신에 유라실(U)이라는 질소 염기를 이용한다.

DNA는 **전사(transcription)** 과정에서 하나의 RNA 분자를 조립하기 위한 주형으로 사용된다. **번역(translation)** 과정에서, 이러한 RNA 분자는 단백질 합성에 이용된다(그림 16.6).

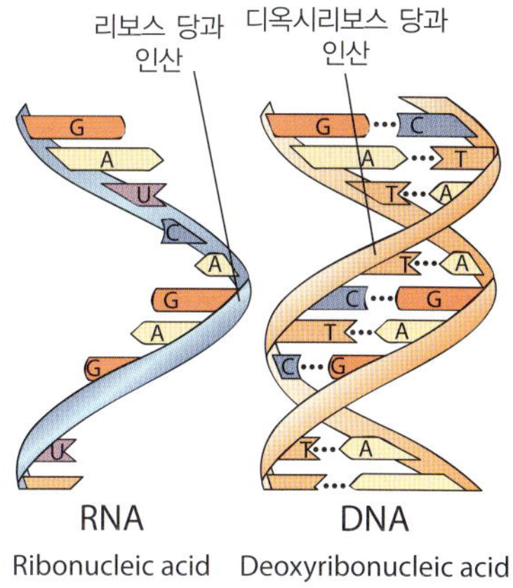

그림 16.5
RNA는 DNA와 같은 핵산이다. 그러나 RNA는 일반적으로 단일 가닥이며, 디옥시리보스 대신에 리보스 당을 사용하고, 타이민 대신에 유라실 염기를 이용한다.

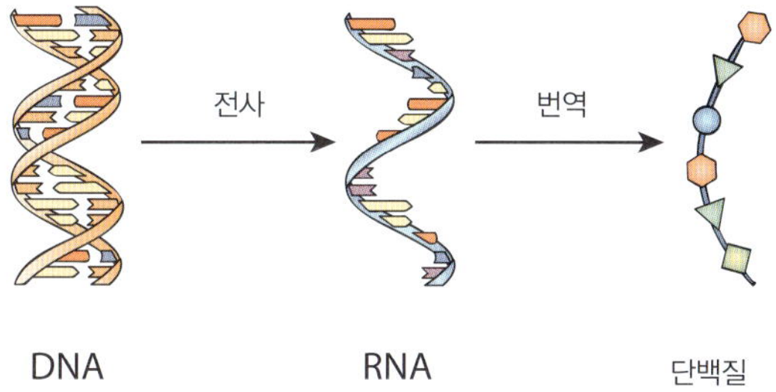

그림 16.6
DNA는 전사와 번역 과정을 통해 하나의 단백질을 합성하는 데 이용된다.

전사

진핵세포에서 전사는 핵 속에서 일어난다. DNA의 두 가닥이 분리되고, 한 가닥은 RNA 전사산물을 합성하기 위한 주형으로 작용한다. 한 유전자의 시작과 끝을 표시해 주는 DNA의 특정 뉴클레오타이드 서열은 전사가 어디에서 시작해서 어디에서 끝나야 하는지를 알려 준다. RNA 전사 산물의 조립은 타이민(T) 대신에 유라실(U)을 이용한다는 것을 제외하고는 DNA에서 확인된 동일한 염기쌍 법칙을 따른다. 그러므로 DNA에 A, C, G, T의 뉴클레오타이드가 있는 곳에서 만들어지는 RNA 전사 산물은 각각 U, G, C, A의 뉴클레오타이드를 갖게 된다(그림 16.7). 각각의 RNA 뉴클레오타이드가 DNA 가닥의 상보적인 뉴클레오타이드 서열에 염기쌍을 형성하면, **RNA 중합 효소**(*RNA polymerase*)라고 하는 효소가 성장 중인 RNA 분자에 뉴클레오타이드를 첨가한다. 전사가 일단 완료되면 DNA는 이중 가닥으로 다시 채워지고, RNA 전사 산물은 가공 과정을 시작한다.

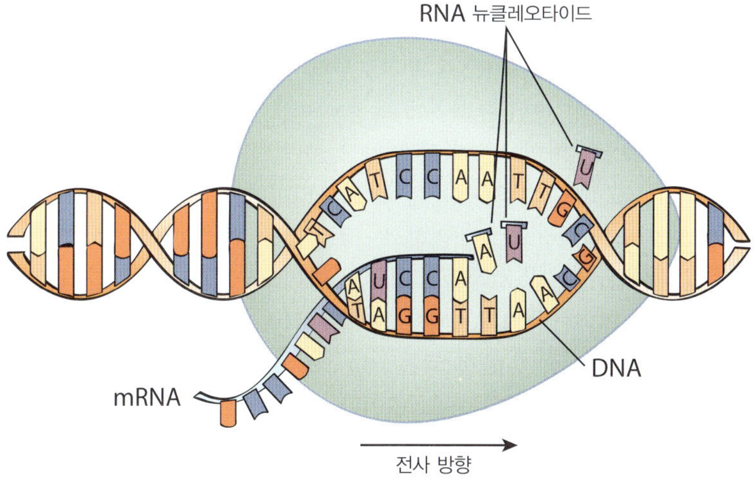

그림 16.7
전사 과정에서 DNA의 정보는 하나의 RNA 분자에 저장된다.

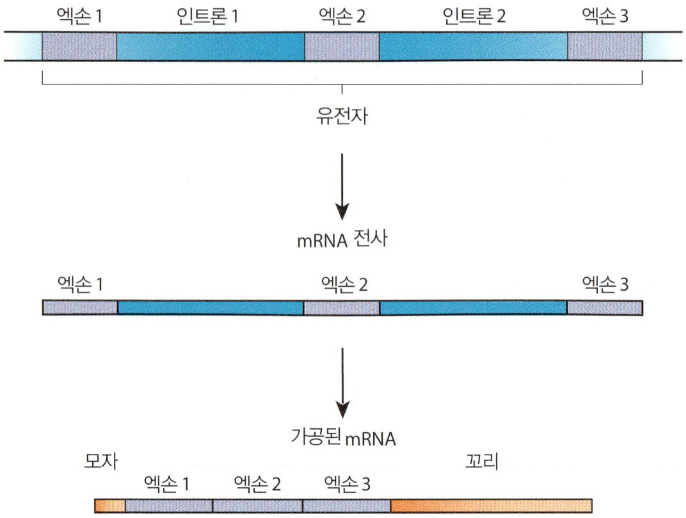

그림 16.8
RNA 전사 산물은 인트론이 제거되고, 모자와 꼬리가 첨가되는 가공 과정을 거친다. 가공 과정의 결과로 번역을 위하여 준비된 하나의 mRNA 분자가 생긴다.

가공 과정에서 RNA 전사 산물은 언제라도 번역이 가능한 성숙된 **mRNA(messenger RNA)** 분자가 된다. 첫 번째, 단백질 합성에 필요 없는 **인트론**(*intron*)이라는 일정 길이의 뉴클레오타이드들이 제거된다(그림 16.8). 이때 단백질 합성에 사용되는 **엑손**(*exon*)이라는 일정 길이의 뉴클레오타이드들은 남는다. 이것은 마치 Shakespeare의 Hamlet 작품의 초고에 있는 "aggfr uidosa to be or rewerwe not to be" 글에서 부적절한 부분이 제거되어야만 "to be or not to be(죽느냐 사느냐)"와 같은 논리 정연한 글이 남는 것과 같다. 과학자들은 인트론이 왜 존재하는지 확신하지 못하고 있다. 그러나 하나의 단일 RNA 전사 산물이 어떤 경우에는 여러 가지 방법으로 가공될 수 있어 다른 mRNA 분자들이 만들어진다. 두 번째, '모자'와 '꼬리'가 RNA 분자의 시작과 끝부분에 첨가된다. 모자와 꼬리는 세포가 그 분자를 mRNA로 인식하게 해 준다. 일단 가공 과정이 완료되면, mRNA 분자는 세포의 핵으로부터 세포질로 이동하여 단백질 합성을 위하여 번역된다.

번역

번역 과정에서 mRNA는 하나의 단백질을 합성하는 데 이용된다. 번역은 리보솜이라는 세포질의 소기관에서 일어난다(15장 참조). 리보솜은 RNA의 일종인 **rRNA**(*ribosomal RNA*)와 단백질들로 구성되어 있다.

번역은 어떻게 일어나는가? 단백질은 아미노산들로 이루어진 사슬이 접혀진 구조이다. 번역 과정에서는 mRNA를 따라 3개의 뉴클레오타이드가 **코돈**(*codon*)이라는 3중 문자를 형성한다. 번역이 일어나는 동안 코돈은 mRNA 분자로부터 한 번에 하나씩 '읽혀진다'. 대부분의 이런 코돈들은 리보솜에게 합성 중인 단백질에 특정 아미노산을 첨가하라고 지시한다. 몇 개의 코돈은 단백질에 더 이상의 아미노산이 필요 없고, 번역이 완료되었다고 리보솜에게 알려 준다. **유전 암호**(*genetic code*)는 각각의 코돈이 무엇을 의미하는지 알려 준다(표 16.1). 예를 들어 코돈 AGU는 아미노산 세린으로 번역하고, 코돈 GUG는 발린으로 번역한다. 아미노산보다 코돈이 더 많기 때문에 여러 코돈들이 동일한 아미노산으로 번역한다. CGU, CGG, CGC 모두 아르지닌으로 번역한다. UAA와 같은 일부 코돈은 더 이상 해당되는 아미노산이 없다고 리보솜에게 지시하기 때문에 **종결 코돈**(*stop codon*)이다. mRNA로부터 번역되는 첫 번째 코돈은 항상 메싸이오닌을 의미하는 AUG이다. 따라서 mRNA의 코돈을 읽으면 즉시 아미노산들을 올바른 순서로 계속 연결하게 되고, 결국 하나의 단백질을 갖게 된다.

이제 리보솜에서 번역이 실제로 어떻게 일어나는지 알아보자. 번역은 또 다른 종류의 RNA인 **tRNA**, 즉 **transfer RNA**가 필요하다. tRNA 분자는 **안티코돈**(*anticodon*)이라는 3개의 뉴클레오타이드로 구성된 서열을 포함하고 있고, 하나의 특정 아미노산을 운반한다.

표 16.1 유전 암호

두 번째 염기

첫 번째 염기	U	C	A	G	세 번째 염기
U	UUU Phenylalanine (Phe)	UCU Serine (Ser)	UAU Tyrosine (Tyr)	UGU Cysteine (Cys)	U
	UUC	UCC	UAC	UGC	C
	UUA Leucine (Leu)	UCA	UAA Stop	UGA Stop	A
	UUG	UCG	UAG Stop	UGG Tryptophan (Trp)	G
C	CUU Leucine (Leu)	CCU Proline (Pro)	CAU Histidine (His)	CGU Arginine (Arg)	U
	CUC	CCC	CAC	CGC	C
	CUA	CCA	CAA Glutamine (Gln)	CGA	A
	CUG	CCG	CAG	CGG	G
A	AUU Isoleucine (Ile)	ACU Threonine (Thr)	AAU Asparagine (Asn)	AGU Serine (Ser)	U
	AUC	ACC	AAC	AGC	C
	AUA	ACA	AAA Lysine (Lys)	AGA Arginine (Arg)	A
	AUG — Methionine or start	ACG	AAG	AGG	G
G	GUU Valine (Val)	GCU Alanine (Ala)	GAU Aspartic acid(Asp)	GGU Glycine (Gly)	U
	GUC	GCC	GAC	GGC	C
	GUA	GCA	GAA Glutamic acid (Glu)	GGA	A
	GUG	GCG	GAG	GGG	G

번역 과정에서 mRNA 분자는 하나의 리보솜과 결합하고, 번역되고 있는 코돈은 리보솜의 특정 부위에 위치하게 된다. 적합한 안티코돈을 갖고 있는 tRNA 분자가 코돈과 결합한다(그림 16.9a). 코돈과 안티코돈의 결합은 A는 U와, G는 C와 결합하는 일반적인 법칙에 따른다. tRNA에 의해 운반된 아미노산은 이제 성장 중인 단백질에 첨가된다(그림 16.9b). 이런 과정 다음에는 리보솜이 mRNA를 이동시켜 새로운 코돈이 번역될 수 있게 된다(그림 16.9c). 이런 단백질 합성 과정은 종결 코돈에 도달할 때까지 반복된다. 번역이 진행되면서 성장 중인 단백질은 적합한 3차원 구조로 접힌다.

그림 16.9
번역 과정에서 하나의 mRNA 분자가 하나의 단백질을 합성하기 위해 번역된다. (a) tRNA 분자의 안티코돈은 mRNA 분자의 코돈과 결합한다. (b) 안티코돈에 의해 운반된 아미노산은 성장 중인 단백질에 첨가된다. (c) mRNA 분자가 자리를 옮기면 새로운 코돈이 번역될 수 있다.

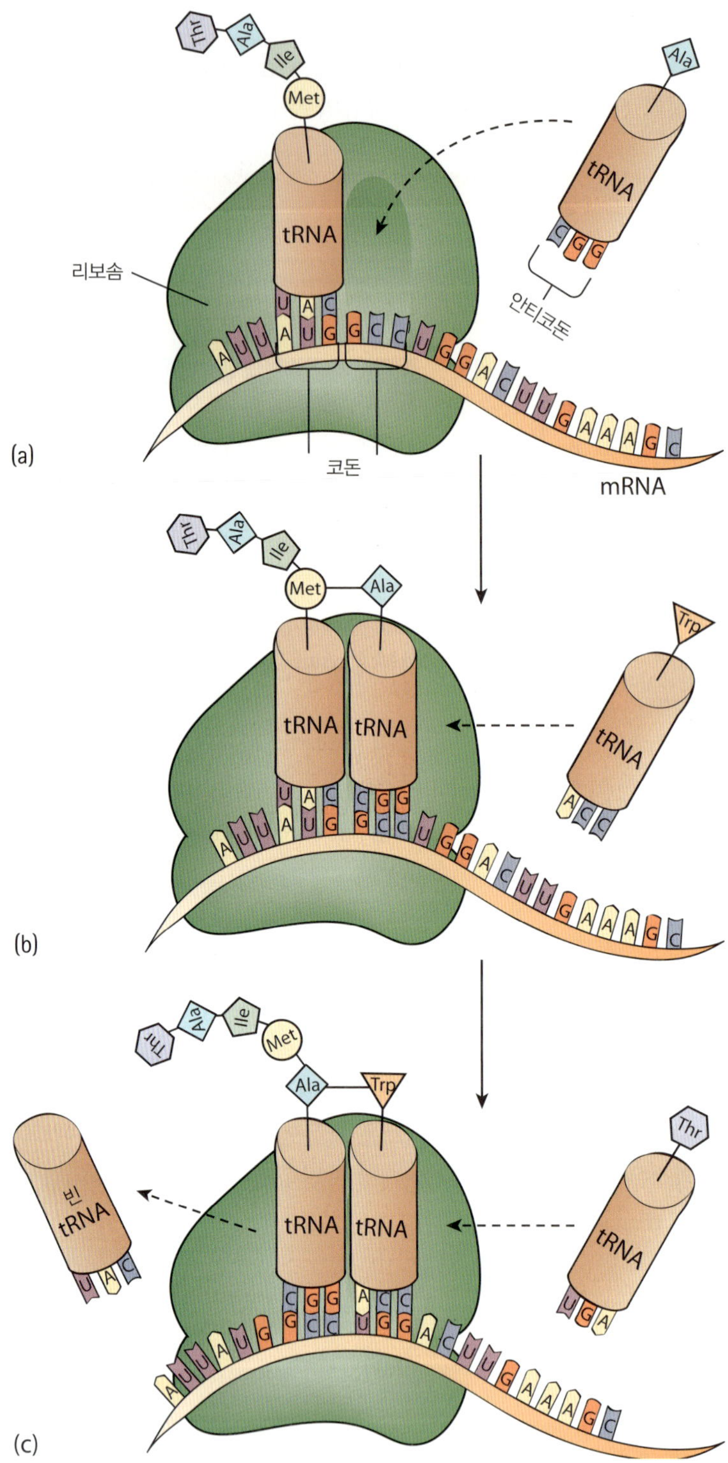

학습목표
유전적 돌연변이를 정의하고, 유전적 돌연변이의 잠재적 결과를 설명할 수 있다.

16.5 유전적 돌연변이

물음 왜 틀 이동 돌연변이가 점 돌연변이보다 단백질의 기능을 파괴할 가능성이 더 있는가?

유전적 돌연변이는 한 생물체의 DNA의 뉴클레오타이드 서열이 변화될 때 일어난다. **유전적 돌연변이**(**genetic mutation**)는 DNA 복제 과정의 실수나 DNA를 손상시키는 자외선, X선, 화학 물질 등에 노출됨으로써 일어날 수 있다.

유전적 돌연변이는 전혀 효과가 없을 수도 있고, 막대한 효과를 나타낼 수도 있다. 한 유전자에 생긴 돌연변이는 유전자의 일부가 아닌 부위의 DNA에 생긴 것보다 훨씬 더 큰 효과를 나타내기가 쉽다. 엑손에 생긴 돌연변이는 인트론에 생긴 돌연변이보다 더 큰 효과를 나타낼 것이다. 난자나 정자에 생긴 돌연변이는 엄지발가락의 피부세포에 생긴 것보다 훨씬 큰 효과를 나타낼 수도 있다. 그 이유는 난자나 정자에 생긴 돌연변이는 자손에게 전달되어 자손의 신체를 구성하는 모든 세포에서 나타나게 되기 때문이다.

유전적 돌연변이의 대부분은 단백질 또는 생명체에 효과가 없지만, 다른 돌연변이들은 단백질의 기능을 방해하여 생명체에게 불리하게 작용한다. 그러나 가끔 하나의 돌연변이가 새롭고 이로운 무엇인가를 만들어 낼 수도 있다. 돌연변이는 모든 유전적 다양성의 원천적 기원이며, 진화에 근본적 재료를 제공한다(17장 참조). 이 때문에 궁극적으로 지구 상에서 생명체의 다양성은 돌연변이 때문이라고 할 수 있다.

점 돌연변이

점 돌연변이(*point mutation*)는 C가 G로 되는 것과 같이, 하나의 뉴클레오타이드가 다른 것으로 대치될 때 일어난다. 점 돌연변이는 단백질의 아미노산 서열을 변화시킬 수도 있다. 예를 들어 AAC가 AAG로 바뀐 점 돌연변이는 아미노산 아스파라진을 라이신으로 변화시킨다(표 16.1의 유전 암호 참조). 그러나 모든 점 돌연변이가 아미노산에 변화를 일으키는 것은 아니다. GCA가 GCC로 바뀐 돌연변이는 둘 다 동일한 라이신을 의미하기 때문에 돌연변이 효과가 없다. 단백질에서 '한 아미노산의 변화가 정말로 문제가 될까'라는 의문이 생길 수도 있다. 그에 대한 답은 '때로는 그렇다'는 것이다. 일부 아미노산의 변화는 단백질 기능에 영향을 미치지 않지만, 또 어떤 변화는 심각한 효과를 나타낼 수 있다. 한 개의 아미노산의 변화가 낫 모양 적혈구 빈혈증을 포함한 몇몇 심각한 질병의 원인이 된다. 이에 대해서는 이 장의 후반부에서 논의할 것이다.

난센스 돌연변이(*nonsense mutation*)는 한 유전자의 중간에 종결 코돈이 생기는 점 돌연변이이다. 난센스 돌연변이는 한 단백질의 모든 아미노산들이 첨가되기 전에 번역을 종결시킨다. 난센스 돌연변이는 종종 결과적으로 기능이 없는 짧은 단백질을 만들어 낸다.

틀 이동 돌연변이

뉴클레오타이드 역시 DNA에 삽입될 수도 있고, 또 제거될 수도 있다. 이런 일이 한 유전자 내에서 일어난다면, 번역 과정에서 읽혀지는 코돈들이 이동될 수 있고, 결과적으로 **틀 이동 돌연변이**(*frameshift mutation*)를 생성하게 된다. 틀 이동 돌연변이는 한 단백질의 아미노산 서열을 완전히 변화시켜, 일반적으로 기능이 없는 단백질이 만들어지게 된다.

(a) 최초 서열:	AGC	CUG	UAC	UGG	ACA	UUG	CCA
	serine	leucine	tyrosine	tryptophan	threonine	leucine	proline
(b) 점 돌연변이 1:	AGC	CUG	UAC	UGG	ACU	UUG	CCA
	serine	leucine	tyrosine	tryptophan	threonine	leucine	proline
(c) 점 돌연변이 2:	AGG	CUG	UAC	UGG	ACA	UUG	CCA
	arginine	leucine	tyrosine	tryptophan	threonine	leucine	proline
(d) 난센스 돌연변이:	AGC	CUG	UAG	UGG	ACA	UUG	CCA
	serine	leucine	STOP				
(e) 틀 이동 돌연변이:	AGC	UCU	GUA	CUG	GAC	AUU	GCC A
	serine	serine	valine	leucine	aspartic acid	isoleucine	alanine

그림 16.10
돌연변이는 다양한 방법으로 단백질에 영향을 미칠 수 있다. (a) 한 유전자의 최초 뉴클레오타이드 서열이다. (b) 이 점 돌연변이는 단백질의 아미노산 서열을 변화시키지 않는다. (c) 이 점 돌연변이는 한 아미노산을 다른 것으로 변화시킨다. (d) 이 난센스 돌연변이는 종결 코돈을 생성하여 더 짧은 단백질을 만든다. (e) 한 개의 뉴클레오타이드 삽입은 단백질의 아미노산 서열을 완전히 변화시키는 틀 이동 돌연변이를 유발한다.

그림 16.11
하나의 뉴클레오타이드 서열이 하나의 문장이라면, 다른 돌연변이는 문장의 의미에 다른 효과를 나타낼 수도 있다. (a) 최초의 DNA 뉴클레오타이드 서열이다. (b) 이 점 돌연변이는 의미(단백질)에 최소 효과만을 나타낸다. (c) 이 점 돌연변이는 의미(단백질)에 심각한 영향을 미친다. (d) 이것은 의미를 잃게 만드는(단백질이 기능이 없어지는) 난센스 돌연변이다. (e) 틀 이동 돌연변이로, 의미가 소실되게 만든다(단백질의 기능이 없어진다).

그림 16.10은 다른 돌연변이들의 예를 보여 준다. 그림 16.11은 돌연변이와 영어 문장 속의 변화를 비교한 것이다. 이것은 다른 돌연변이가 단백질에 어떻게 영향을 미치는지를 이해하는 데 도움이 된다.

학습목표
이온화 방사선이 DNA에 미치는 영향을 설명할 수 있다.

융합과학 16B
물리학

방사능은 어떻게 유전적 돌연변이를 유발하는가?

물음 자유 라디칼은 무엇이 위험한가?

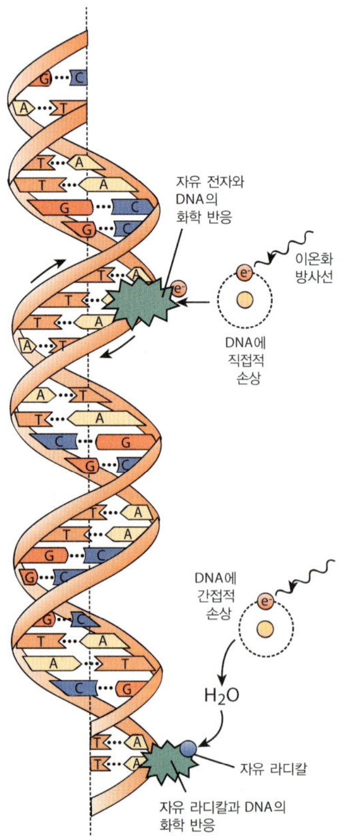

그림 16.12
방사능은 이온화 방사선을 방출함으로써 유전적 돌연변이를 유발한다. 이온화 방사선은 신체의 전자들을 때려 자유롭게 만든다. 이 자유 전자들이 직접 DNA를 때려 손상을 일으키거나, DNA와 상호 작용하여 손상을 일으키는 자유 라디칼을 생성한다.

1945년에 히로시마와 나가사키에 떨어진 원자 폭탄은 즉각적인 죽음과 파괴를 불러왔다. 또한 원자 폭탄은 여러 해가 지난 후에도 겉으로 드러나는 방식으로 생존자들에게도 많은 영향을 미쳤다. 예를 들어 원자 폭탄의 생존자들은 매우 높은 비율로 다양한 형태의 암에 걸렸다. 이것은 방사능에 의해 유발된 유전적 돌연변이 때문이다. 방사능은 돌연변이를 어떻게 일으키는가?

방사능 물질(10장 참조)은 감마선, 베타 입자, 알파 입자와 같은 이온화 방사선을 방출한다. 이러한 형태의 방사선이 충분한 에너지를 갖고 우리 신체 내의 전자를 때리면, 원자 주위를 돌고 있는 전자들이 원자로부터 이탈하게 된다. 그리고 이러한 자유 전자들이 가끔 DNA에 직접 손상을 일으킨다. 세포 속에서는 자유 전자가 물 분자를 때려 자유 라디칼을 생성할 때 DNA 손상이 훨씬 자주 일어난다. **자유 라디칼**(*free radical*)은 쌍을 이루지 않는 전자를 갖고 있는 원자들이 하나의 집단을 이루기 때문에 반응성이 매우 높다.

자유 라디칼은 DNA를 포함한 우리 몸의 많은 분자들과 반응한다. 이들과 DNA의 반응이 결국 DNA에 손상을 일으켜 유전적 돌연변이를 유발하는 것이다(그림 16.12).

세포는 DNA 손상을 수선할 수 있으며, 수선 능력도 다양하다. 우리 신체에서 자주 분열하는 세포들은 DNA를 복제하고, DNA 손상을 수선하기 위해 충분한 시간을 갖기 전에 돌연변이를 전달한다. 결과적으로 자주 분열하는 세포는 특별히 방사선에 대해 손상받기 쉽다. 자주 분열하는 세포에는 혈구가 만들어지는 골수 세포, 장 관벽 세포, 정소 세포, 그리고 발생 중인 태아 세포가 포함된다.

16.6 감수 분열과 유전적 다양성

학습목표
감수 분열을 설명하고, 이것이 유전적 다양성에 어떻게 기여하는지 설명할 수 있다.

물음 동일한 부모로부터 어떻게 모두 다른 자손이 태어날 수 있을까?

15장에서 일부 세포는 유사 분열이라는 형태의 세포 분열을 통해 생식한다는 것을 배웠다. 유사 분열에서 한 세포가 두 딸세포로 분열하며, 각각의 딸세포는 원래의 세포와 동일한 유전 정보를 갖는다. **감수 분열**(**meiosis**)은 유사 분열과는 다른 형태의 세포 분열이다. 감수 분열은 난자와 정자 같은 반수체 세포를 생성하기 위하여 사용된다. 난자와 정자를 생성하는 세포만이 감수 분열을 진행한다. 감수 분열에서는 각 종류마다 두 개의 염색체를 갖고 있는 하나의 배수체 세포가 네 개의 반수체 세포로 나누어진다. 이 반수체 세포는 각 종류의 염색체를 하나씩 갖게 된다. 정상적인 배수체의 염색체 수는 정자와 난자가 수정으로 융합되는 유성 생식 과정에서 회복된다(그림 16.13).

감수 분열이 시작될 때, 배수체 세포는 이미 자신의 DNA를 복제한 상태이다. 감수 분열은 **감수 1분열**과 **감수 2분열**의 두 단계로 일어난다(그림 16.14). 감수 1분열에서 모세포가 두 세포로 나누어지며, 이 두 세포는 감수 2분열에서 네 개의 반수체 세포를 생성하기 위하여 다시 분열한다.

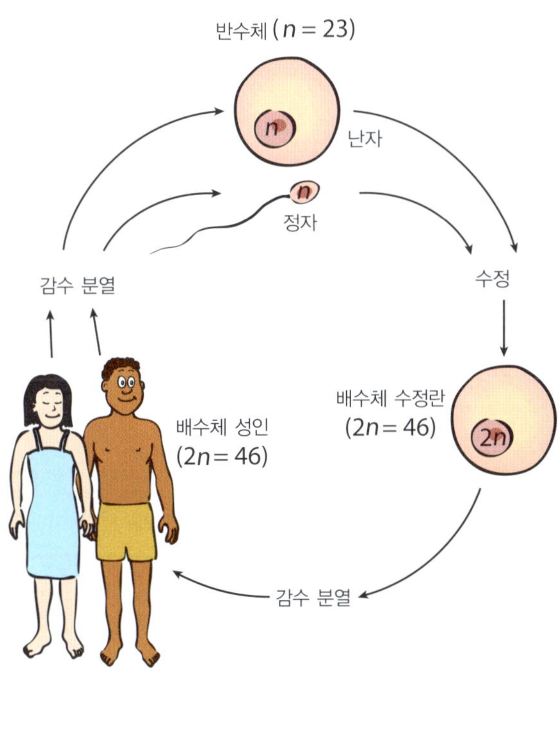

그림 16.13
정자와 난자는 감수 분열에 의해서 생성되는 반수체 세포이다. 수정 시 정자와 난자는 배수체 세포를 만들기 위해 융합한다. 이 배수체 세포가 하나의 배수체 개체로 발생한다.

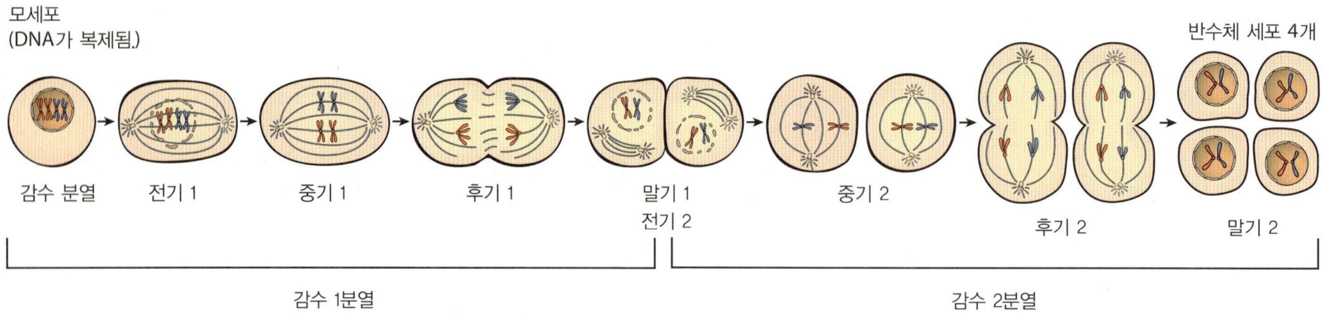

그림 16.14
감수 분열은 네 개의 반수체 세포를 생성한다.

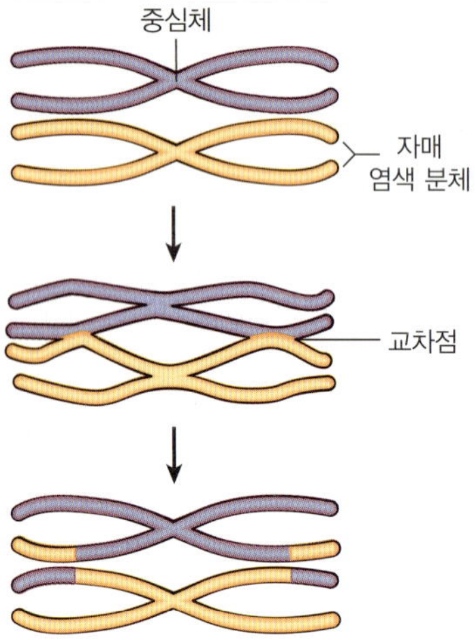

그림 16.15
감수 분열 시 상동 염색체는 교차라는 과정에서 유전 물질을 교환한다. 교차의 결과는 염색체가 결국 원래의 두 상동 염색체의 부분들을 갖게 되는 것이다. 교차 후 염색체들이 부분적으로는 보라색과 노란색인 것을 볼 수 있다.

감수 1분열은 **전기 1**로 시작한다. 전기 1 동안 염색체는 응축하고, 핵막이 파괴된다. 유사 분열에서와 같이, 각 염색체는 동일한 두 개의 염색 분체를 포함하고 있다. 상동 염색체들이 서로 나란히 줄을 맞추면 **교차**(*crossing over*)가 일어난다. 교차에서 한 염색체는 자신의 상동 염색체와 일부를 교환한다(그림 16.15). 결과적으로, 분열하고 있는 세포의 염색체는 더 이상 원래 세포의 염색체와 동일하지 않다. 대신에 많은 염색체들이 이제 원래의 두 상동 염색체의 부분들을 포함하게 된다. 유전적 차원에서 보면, 교차는 원래 염색체에서 발견되는 유전자들과 다른 유전자들의 새로운 조합의 산물인 **재조합(recombination)**을 만들어 낸다. 이 재조합이 왜 중요한지는 감수 분열이 어떻게 유전적 다양성을 만들어 내는지를 탐구할 때 알게 될 것이다. **중기 1**(*metaphase I*)에서 상동 염색체는 세포 중앙에 나란히 배열한다. **후기 1**(*anaphase I*)에서 상동 염색체 쌍은 분리된다. **말기 1**(*telophase I*)에서 염색체들은 세포의 반대 극으로 이동한다. 세포질 분열이 일어나 두 개의 세포를 생성한다.

감수 2분열은 몇 개의 핵심적인 차이점을 제외하고는 감수 1분열과 유사하다. **중기 2**(*metaphase II*)에서 쌍을 이루지 않은 단일 염색체들(상동 염색체 쌍에 반대로서)은 세포의 중앙으로 이동한다. **후기 2**(*anaphase II*)에서 염색 분체들이 분리된다. **말기 2**(*telophase II*)에서 염색 분체들이 세포의 반대 극 쪽으로 이동한다. 세포질 분열이 일어나면서 네 개의 반수체 세포들이 생성된다.

감수 분열과 유성 생식이 어떻게 유전적 다양성을 만들어 내는가?

자손들은 서로 닮지만 아주 똑같지는 않다. 이것은 부모의 정자와 난자가 모두 달라서 자손들이 다른 유전자를 물려받기 때문이다.

감수 분열은 두 가지 방법으로 유전적 다양성을 생성한다. 첫째는 교차이다. 감수 분열이 시작될 때, 세포는 각 종류의 염색체를 두 개씩 갖고 있다. 어머니로부터 오는 모계 염색체와 아버지로부터 오는 부계 염색체. 감수 분열이 일어날 때마다, 교차는 염색체를 따라 다른 지점들에서 일어난다. 이것은 난자와 정자 속의 각 염색체가 모계와 부계 염색체의 독특한 혼합이라는 것을 의미한다.

교차가 없더라도 생식 세포들은 서로 다를 것이다. 이것은 상동 염색체들이 감수 1분열에서 독립적으로 분리되기 때문이다. 하나의 난자가 모계 염색체 1, 3, 4, 5, … 등과 부계 염색체 2, 6, 7, 8, … 등을 가질 수도 있다. 두 번째 난자는 다른 염색체들을 갖게 될 것이 거의 확실하다. 아마도 모계 염색체 2, 3, 5, 6, … 등, 그리고 부계 염색체 1, 4, 7, 8, … 등이다(그림 16.16). 이와 같이 엄청난 수의 가능성이 존재한다!

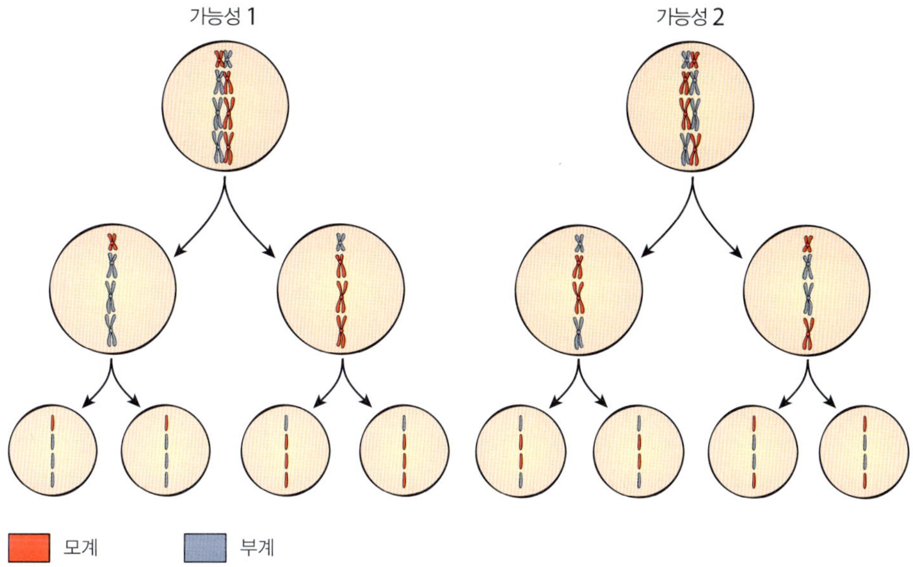

그림 16.16
감수 분열이 일어날 때마다, 결과적으로 생기는 세포는 모계와 부계 염색체들의 다른 조합을 물려받게 된다. 이 그림은 감수 분열이 네 쌍의 염색체를 갖는 생물체에서 일어날 때의 단지 두 가지 가능성을 보여 준다. 23쌍의 염색체가 발견되는 사람에서는 훨씬 더 많은 가능성이 존재한다.

마지막으로 수정을 할 때 하나의 난자와 하나의 정자의 만남이 유전 물질을 다른 방법으로 모아지게 한다. 다를 가능성이 있는 많은 난자들 가운데 하나가, 다를 가능성이 있는 많은 정자들 가운데 하나와 결합하는 것이다. 이와 같은 모든 유전적 다양성은 진화에 결정적인 영향을 미치며, 이것은 17장에서 배우게 될 것이다.

유사 분열과 감수 분열의 비교

지금까지 유사 분열과 감수 분열이라는 두 종류의 세포 분열을 살펴보았다. 두 분열 사이에는 세 가지의 핵심적인 차이점이 존재한다. (1) 유사 분열은 두 개의 세포를 생성한다. 감수 분열은 네 개의 세포를 생성한다. (2) 유사 분열은 배수체 세포를 생성한다. 감수 분열은 반수체 세포를 생성한다. (3) 유사 분열에 의해서 생성된 세포들은 서로, 그리고 원래의 모세포와 동일하다. 감수 분열에 의해서 생성된 세포들은 모두 다르다.

16.7 멘델 유전학

학습목표
멘델의 법칙을 기술하고, 이것이 멘델의 교배 실험 결과를 어떻게 뒷받침하는지 설명할 수 있다.

물음 보조개가 있는 부모로부터 보조개가 없는 자손이 어떻게 태어나는가?

우리는 부모의 유전자를 물려받기 때문에 우리의 부모와 닮았다. 그렇다면 우리는 왜 자신의 부모와는 어떤 방식으로도 닮았지만, 다른 사람들과는 닮지 않은 것인가? 예를 들어 우리는 어머니의 보조개를 갖지만 곱슬머리는 갖지 않는다. 우리는 아버지의 갈색 눈을 갖지만 아버지의 주근깨는 갖지 않는다. 왜 갈색 눈의 부모가 때로는 푸른 눈의 자식을 갖는가? 그리고 무엇보다 가장 이상한 것은, 어떤 경우에는 왜 형질이 세대를 건너뛸까? 예를 들어 할아버지의 구부러진 코가 그의 어떤 자식에게서도 나타나지 않다가 왜 느닷없이 손자에게서 나타나는 것일까? 이것을 어떻게 설명할 수 있을까?

그림 16.17
식물을 조사하고 있는 멘델. 멘델은 현대 유전학의 창시자이다.

멘델(Gregor Mendel)이 이런 질문들에 대한 답을 발견하였다(그림 16.17). 멘델은 사람을 연구함으로써 발견에 성공한 것이 아니고, 완두를 연구하였다.

멘델 제1법칙

멘델은 많은 형질에서 다른 모습을 보여 주는 완두 개체들을 교배했다. 완두 식물은 둥글거나 주름지거나, 노랗거나 녹색인 완두, 또는 자주색 꽃이거나 흰 꽃, 그 외에도 다른 변이들을 갖고 있다. 멘델은 항상 자신과 똑같이 생긴 자손을 생산하는 '순종'을 찾는 것으로 연구를 시작했다. 그런 다음 멘델은 둥근 완두와 주름진 완두처럼, 단일 형질에서 서로 다른 두 완두 개체를 교배시켰다.

멘델은 무엇을 발견하였을까? 멘델은 단일 형질에서 서로 다른 두 순종 개체를 교배시켰을 때, 모든 자손이 두 부모 식물 가운데 **한쪽만을** 닮는다는 것을 발견하였다. 예를 들어 둥근 완두 개체를 주름진 완두와 교배시키면, 모든 자손은 둥근 완두를 갖는다. 둥근 완두처럼 자손에서 발현된 형질을 멘델은 **우성**(*dominant*)이라고 불렀다. 주름진 완두처럼, 자손에서 발현되지 않은 형질을 **열성**(*recessive*)이라고 불렀다. 멘델이 관찰한 모든 형질은 쌍으로 나타나며, 하나는 우성이고 다른 하나는 열성이다(그림 16.18). 사람도 우성과 열성 형질들을 갖고 있다(그림 16.19).

멘델은 단일 형질에서 서로 다른 모습을 보이는 두 식물 개체를 교배한 후 얻은 자손들끼리 교배시켰다(많은 식물은 사람에서는 할 수 없는 자기들끼리의 교배가 가능하다). 예를 들어 멘델은 둥근 완두와 주름진 완두를 교배시킨 후, 그들의 자손인 둥근 완두끼리 교배시켰다. 멘델은 놀랍게도 제1세대에서 사라졌던 열성 형질이 제2세대에서 다시 나타난 것을 발견하였다. 더욱이 제2세대에서는 우성 형질을 발현하는 개체와 열성 형질을 발현하는 개체의 비율이 3:1이었다. 즉 우성 형질을 보이는 개체가 열성 형질을 보이는 개체보다 세 배나 더 많다는 것이다.

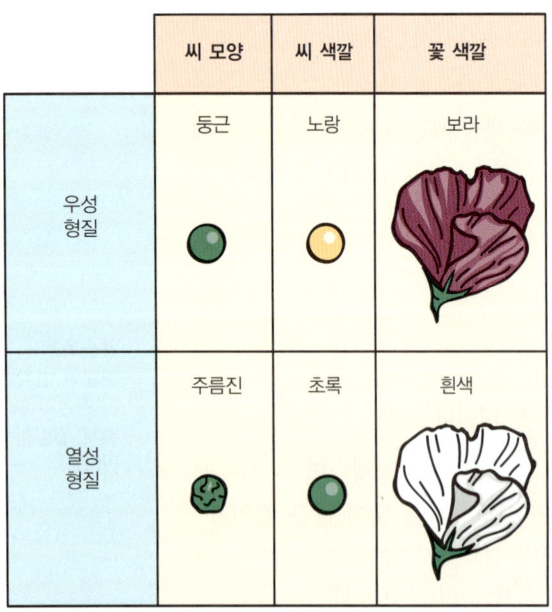

그림 16.18
멘델은 많은 형질에서 다른 모습을 보여 주는 완두 개체들을 교배했다. 그가 관찰한 각 형질은 하나는 우성, 다른 하나는 열성으로 쌍을 이룬다.

그림 16.19
보조개는 우성이다. 이마 중앙에 생기는 M자형의 이마선도 우성이다.

멘델은 그의 결과를 어떻게 설명했을까? 멘델은 형질을 결정하는 유전자는 두 개의 분리된 **대립 유전자**(**alleles**)들로 구성되어 있다고 주장하였다. 하나의 대립 유전자는 각각의 부모로부터 유전된다. 이제 멘델은 분리의 법칙인 제1법칙을 제안하였다. **분리의 법칙**(*principle of segregation*)은 한 개체가 생식세포(정자 또는 난자)를 만들 때, 생식세포의 반은 한 대립 유전자를 운반하고, 나머지 반은 다른 대립 유전자를 운반한다는 것을 의미한다.

분리의 법칙이 어떻게 멘델의 교배 결과를 설명하는지 살펴보자. 멘델은 예를 들면, 둥근 완두와 주름진 완두와 같은 단일 형질에서 서로 다른 개체들을 조사하였다. 둥근 완두 개체는 *RR*이라고 적는 유전자형으로, 두 개의 둥근 대립 유전자를 갖고 있었다. 주름진 완두 개체는 *rr*의 유전자형으로, 두 개의 주름진 대립 유전자를 갖고 있었다. (대문자는 우성 형질을, 소문자는 열성 형질을 위해 사용되었다.) *RR*과 *rr*의 개체는 이 형질에 대해 **동형 결합자**(**homozygote**)이다. 즉 제시된 한 형질에 대해 두 개의 동일한 대립 유전자를 갖고 있다.

멘델이 *RR*(둥근 완두)과 *rr*(주름진 완두)을 교배했을 때, 제1세대 자손은 둥근 완두의 부모로부터 *R*을 물려받고, 주름진 완두의 부모로부터는 *r*을 물려받았다. 이 제1세대 자손들은 *Rr*의 유전자형을 갖고 있었다. *Rr* 개체는 두 개의 다른 대립 유전자를 갖고 있기 때문에, 이 형질에 대해 **잡종**(**heterozygote**)이다. *Rr* 개체는 어떤 형질을 가질까? *Rr* 개체는 *R* 대립 유전자가 우성이기 때문에 둥근 완두를 갖는다. **우성** 대립 유전자는 잡종에서 발현된다. 반면에 **열성** 대립 유전자는 잡종에서 발현되지 않고, 숨겨져 있다.

멘델은 다음으로 *Rr* 개체들끼리 교배시켰다. 분리의 법칙에 따르면, *Rr* 개체는 같은 수의 *R*과 *r*의 정자와 난자를 만든다. 자손은 어떤 대립 유전자를 물려받게 될까? 한 자손이 (1) *R* 난자와 *R* 정자, (2) *R* 난자와 *r* 정자, (3) *r* 난자와 *R* 정자, (4) *r* 난자와 *r* 정자를 받을 확률은 거의 동일하다(그림 16.20). *RR*과 *Rr* 개체는 둥근 완두를 갖게 되고, *rr* 개체는 주름진 완두를 갖는다. 그래서 자손의 3/4이 둥근 완두를 갖고, 1/4은 주름진 완두를 갖는다. 즉 둥근 완두와 주름진 완두의 비율은 3:1이다.

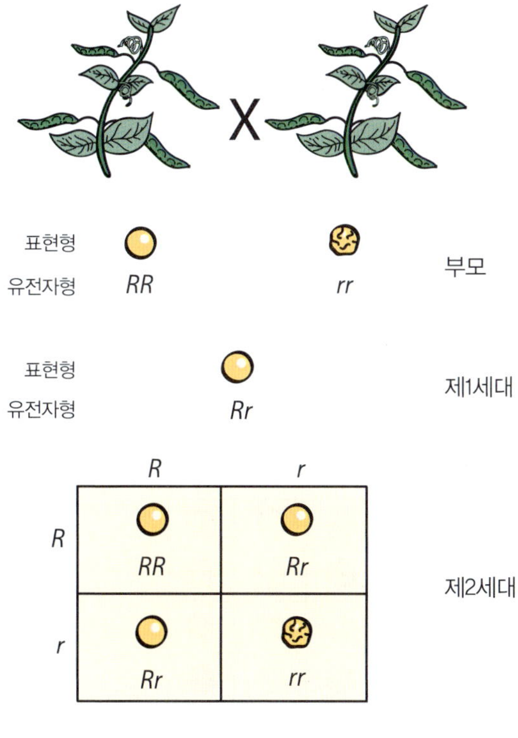

그림 16.20
멘델은 둥근 완두 개체를 주름진 완두 개체와 교배시켰다. 제1세대에서는 모든 자손이 둥근 완두를 갖고 있었다. 다음으로 멘델은 제1세대 자손들끼리 교배시켰다. 그 결과 둥근 완두의 개체와 주름진 완두의 개체 비는 3:1이었다.

멘델 제2법칙

멘델의 다음 실험은 두 종류의 형질이 서로 다른 개체들을 교배시키는 것이었다. 그는 둥글고 노란색인 완두 개체(*RRYY*)를 주름지고 녹색인 완두 개체(*rryy*)와 교배시켰다. 제1세대의 모든 자손들은 한쪽 부모로부터는 *R*과 *Y*를 물려받고, 다른 쪽 부모로부터는 *r*과 *y* 대립 유전자를 물려받았다. 그런 자손의 유전자형은 *RrYy*로, 둥글고 노란 완두를 갖고 있었다.

다음으로, 멘델은 *RrYy* 개체들끼리 교배시켰다. 그는 두 가지 가능성을 검증하고 싶었다. 첫 번째 가능성은, 자손이 생식 세포를 만들 때 두 유전자에 대한 대립 유전자들이 함께 머무른다는 것이다. 이런 경우라면 *RrYy* 개체는 단지 두 종류의 생식세포만을 만들어 내야 한다. 즉 *RY*와 *ry*(*R*과 *Y*는 한쪽 부모로부터 함께 물려받고, *r*과 *y*는 다른 쪽 부모로부터 함께 물려받기 때문이다). 두 번째 가능성은 생식세포가 만들어질 때, 두 유전자에 대한 대립 유전자들이 독립적으로 행동한다는 것이다. 결과적으로 이런 경우에 *RrYy* 개체는 대립 유전자들의 모든 조합을 갖는 생식 세포를 만들어야 한다. 결과적으로 *RY*, *Ry*, *rY*, *ry*와 같은 네 종류의 조합이 만들어진다.

RrYy 개체들끼리 교배시키면, 모든 종류의 자손이 태어난다. 즉 둥글고 노란색인, 둥글고 녹색인, 주름지고 노란색인, 그리고 주름지고 녹색인 완두이다. 이런 결과는 모든 생식 세포가 *RY* 또는 *ry*를 갖고 있었다면 일어날 수 없었다. 그 이유는 모든 자손이 둥글고 노란색인 완두, 또는 주름지고 녹색인 완두를 갖고 있었을 것이기 때문이다. 주름지고 노란색인 완두, 또는 둥글고 녹색인 완두는 결코 얻을 수 없었을 것이다. 또한 둥글고 노란색인 완두:둥글고 녹색인 완두:주름지고 노란색인 완두:주름지고 녹색인 완두 = 9:3:3:1이다. 이 비율은 생식 세포가 대립 유전자들의 모든 조합을 운반하는 경우에 예상한 것과 정확하게 일치한다(그림 16.21). 한 형질의 유전은 두 번째 형질의 유전과는 독립적이다. 이것이 멘델의 제2법칙인 **독립 유전의 법칙**(*principle of independent assortment*)이다.

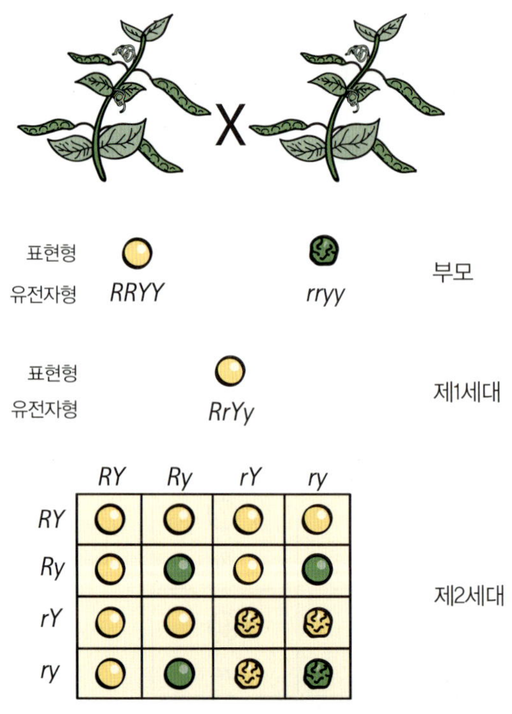

그림 16.21
멘델이 두 가지 형질에서 서로 다른 식물을 교배했을 때, 두 형질들은 독립적으로 유전되었다. 둥글고 노란색인 완두의 개체와 주름지고 녹색인 완두의 개체를 교배하면 자손 제1 세대에서는 둥글고 노란색인 완두의 개체가 만들어진다. 멘델은 제2세대에서 9:3:3:1의 비율로 형질들의 모든 다른 조합을 보았다.

16.8 더 많은 생각들: 멘델 유전학을 넘어

학습목표
유전 형질이 어떻게 멘델 유전학과 다른 방법으로 유전될 수 있는지 설명할 수 있다.

물음 색맹은 왜 여자보다 남자에게 더 많이 나타나는가?

멘델의 업적은 우리들이 유전을 이해하는 데 결정적인 첫 번째 단계를 제공하였다. 그러나 유전은 멘델이 설명한 것보다 더 복잡해질 수 있다. 이제 일부 추가적인 생각들을 고찰해 보자.

불완전 우성

불완전 우성(*incomplete dominance*)에서는 한 형질에 대해 두 개의 대립 유전자들이 있고, 두 대립 유전자 어느 것도 우성이 아니다. 잡종 개체는 중간 정도의 형질을 갖는다. 예를 들면 붉은 금어초와 흰 금어초를 교배하면, 붉은 금어초가 얻어진다(그림 16.22).

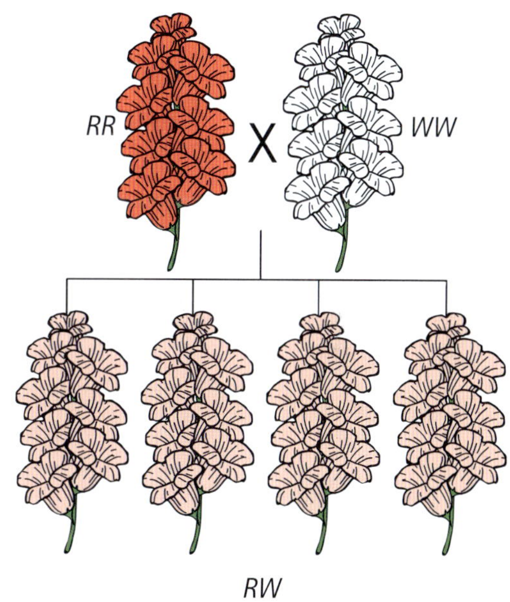

그림 16.22
금어초의 꽃 색깔은 불완전 우성을 보인다. 붉은 금어초(*RR*)와 흰 금어초(*WW*)를 교배하면, 자손은 분홍 꽃(*RW*)을 갖는다.

공동 우성

공동 우성(*codominance*)에서 다른 두 대립 유전자들을 갖고 있는 잡종은 두 대립 유전자 모두를 발현한다. 사람의 혈액형에서 그 예를 찾을 수 있다. 혈액형은 적혈구 표면에 있는 분자들을 나타낸다. 사람은 A 분자(혈액형 A), B 분자(혈액형 B), 또는 두 분자 모두 갖지 않거나(혈액형 O), 또는 A와 B 분자 모두를 가질 수 있다(혈액형 AB). 결국 *A*, *B*, *O* 세 종류의 혈액형 대립 유전자들이 있다. 유전자형이 *AA* 또는 *AO*인 사람은 A 분자(혈액형 A)를 갖고 있다. 유전자형이 *BB* 또는 *BO*인 사람은 B 분자(혈액형 B)를 갖고 있다. 유전자형이 *OO*인 사람은 어떤 분자도 갖고 있지 않다(혈액형 O). 유전자형이 *AB*인 사람은 *A*와 *B* 분자 모두를 갖고 있으며(혈액형 AB), *A* 형질과 *B* 형질이 모두 발현된다. 이런 경우 대립 유전자 *A*와 *B*는 공동 우성이다(그림 16.23).

다인자 형질

다인자 형질(*polygenic trait*)은 하나 이상의 유전자들에 의해 결정된다. 사람의 키와 피부색은 모두 다인자 형질이다. 다인자 형질은 단일 유전자에 의해 결정되는 형질들보다 더 연속적인 양상을 보인다. 왜 그런지 알아보기 위하여 사람의 키를 조사해 보자.

A, *B*, *C* 세 유전자가 키를 결정한다고 가정해 보자. (실제로는 세 개보다 더 많은 유전자들이 관련되어 있다.) 각 유전자는 하나의 장신 대립 유전자 *T*와 하나의 단신 대립 유전자

혈액형 (표현형)	O	A	B	AB
	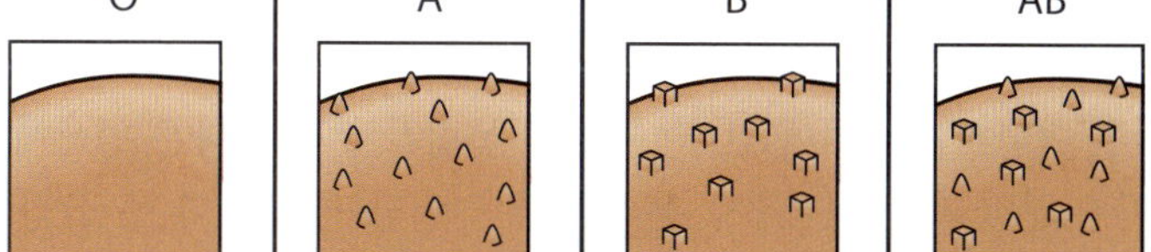			
유전자형	*OO*	*AA* 또는 *AO*	*BB* 또는 *BO*	*AB*

그림 16.23
사람의 혈액형은 공동 우성의 한 예를 보여 준다. 혈액형은 *A*, *B*, *O* 대립 유전자들의 조합에 의해 결정된다. *A*와 *B*는 *O*에 대해 우성이지만, *A*와 *B*는 서로 공동 우성이다.

그림 16.24
사람의 키는 다인자 형질이다. 더 큰 사람은 더 많은 수의 장신 대립 유전자를 갖고 있다(키는 식품과 영양 같은 비유전적 요인들에 의해서도 영향을 받는다).

S를 갖고 있다. 키가 가장 작은 사람은 모든 단신 대립 유전자들을 갖고 있어, 유전자형이 $A_SA_SB_SB_SC_SC_S$이다. $A_SA_SB_TB_SC_SC_S$(5개의 단신 대립 유전자와 한 개의 장신 대립 유전자)의 유전자형을 갖는 사람은 다소 더 크고, 네 개의 단신 대립 유전자와 두 개의 장신 대립 유전자를 갖고 있는 사람은 더욱 크고, 등등이다. 다인자 유전자들은 이런 방식으로 키의 점진적인 변화를 만들어 낸다(그림 16.24).

다면 발현

정상 적혈구 세포

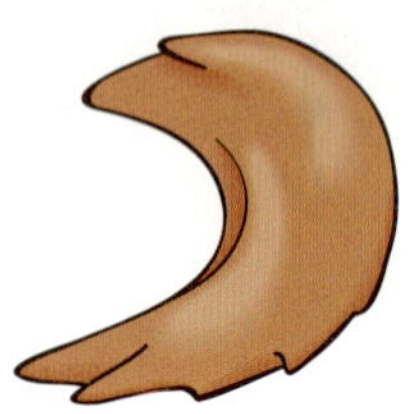

낫 모양 적혈구 세포

그림 16.25
낫 모양 적혈구 대립 유전자는 사람에서 다면 발현의 한 예가 된다. 그 대립 유전자는 정상적으로는 둥근 적혈구 세포가 낫 모양을 갖게 만들어 통증과 조직 손상을 유발한다. 그러나 그 대립 유전자는 말라리아에 대한 보호 기능도 제공한다.

단일 유전자가 하나 이상의 형질에 영향을 미치는 현상이 **다면 발현**(*pleiotropy*)이다. 낫 모양 적혈구 빈혈증은 사람에서 다면발현 현상을 보여 주는 하나의 예이다. 헤모글로빈에 대한 낫 모양 적혈구 대립 유전자는, 어떤 조건에서는 적혈구를 초승달 모양으로 변하게 만들어 조직을 손상시키고 통증을 유발한다(그림 16.25). 두 개의 낫 모양 적혈구 대립 유전자를 갖고 있는 순종 개체는 심각하게 영향을 받는다. 하나의 낫 모양 적혈구 대립 유전자와 하나의 정상적인 대립 유전자를 갖고 있는 잡종 개체는 단지 가벼운 증상을 보인다. 낫 모양 적혈구 대립 유전자가 해로운 효과를 가져온다면, 어떻게 이런 대립 유전자가 특히 아프리카 후손들 사이에서 자주 보이는지에 대해 과학자들은 궁금해하였다. 자연 선택을 통한 진화는 왜 낫 모양 적혈구 대립 유전자가 인간 집단으로부터 사라지게 하지 않았을까? (17장에서 탐구할 것이다)

다면발현은 이에 대한 답을 제공한다. 낫 모양 적혈구 대립 유전자는 또한 사람들에게 말라리아에 대한 저항성을 제공한다는 것이 드러났다. 낫 모양 적혈구 대립 유전자가 하나 이상의 형질들에 영향을 미치기 때문에 다면발현의 예가 된다. 즉 이 대립 유전자는 적혈구의 형태와 말라리아에 대한 저항성에 영향을 미친다. 낫 모양 적혈구 대립 유전자의 말라리아에 대한 저항성과 추가적으로 잡종은 가벼운 증상을 보인다는 사실은 이 대립 유전자가 과거에 말라리아로 위험했던 지역의 인간 집단 내에서 왜 흔한지를 설명해 준다.

연관 유전자

연관 유전자(*linked gene*)들은 표면적으로는 멘델의 독립의 법칙에 모순되게 함께 유전된다. 유전자들은 어떻게 연관되어 있나? 핵심은 독립적 분리는 **다른** 염색체에서 발견된 대립 유전자들이 감수 분열 시 독립적으로 분리될 때 일어난다. 그러나 두 유전자에 대한 대립 유전자들이 **동일한** 염색체에 있다면, 비록 이따금 교차가 대립 유전자들을 뒤섞기 때문에 항상 함께 유전되지는 않지만 종종 함께 유전된다. 실제로 한 염색체의 두 대립 유전자가 서로 가깝게 위치할수록 두 대립 유전자는 더욱 함께 유전되려고 한다(멘델의 완두 형질들에 대한 유전자들은 공교롭게도 다른 염색체에 존재한다. 그래서 멘델은 유전자들이 독립적으로 분리된다고 결론을 내렸다). 초파리의 몸체 색깔과 날개 크기를 결정하는 유전자들은 연관 유전자들이다.

(a)

(b)

그림 16.26
적록 색맹은 여성보다는 남성에게 훨씬 많은 영향을 미치는 성 연관 형질이다. (a) 이 그림은 적록 색맹을 검사하는 데 사용된다. 숫자가 보이는가? (b) 적록 색맹인 사람의 눈에 비친 과일과 채소 접시

성 연관 형질들

성 연관 형질(*sex-linked trait*)들은 X 염색체에서 발견되는 유전자들에 의해서 결정된다. 수컷은 하나의 X 염색체만을 갖고 있기 때문에 이런 형질들에 대해 하나의 대립 유전자만 갖고 있다. 이것은 수컷은 열성인 성 연관 형질을 발현하기 위하여 하나의 열성 대립 유전자만 필요하고, 반면에 암컷은 두 개의 열성 대립 유전자가 필요하다는 것을 의미한다. 이런 이유 때문에 열성인 성 연관 형질은 암컷보다는 수컷에서 훨씬 자주 발견된다. 사람에서는 적록 색맹(그림 16.26)과 혈우병이 성 연관 열성 형질이다. 두 질병 모두 여성보다는 남성에게 훨씬 많은 영향을 미친다.

16.9 인간 유전체

학습목표
인간 유전체의 핵심적인 특징을 설명할 수 있다.

물음 여러분의 모든 DNA가 단백질을 암호화하는가?

크릭(Crick)과 왓슨(Watson)이 DNA의 구조를 밝히자마자, 과학자들은 유전 물질을 탐구할 뿐만 아니라 조작하는 기술들을 개발하기 시작하였다. 이제 과학자들은 DNA 기술의 향상으로 한 생물체의 총 유전 물질인 **유전체**(**genome**)를 연구할 수 있다. 과학자들이 연구를 위해 선택한 첫 번째 유전체 가운데 하나가 인간 유전체이다.

2003년에 완료된 인간 유전체 연구(Human Genome Project)는 인간 유전체 전부의 염기서열을 결정하였다. 우리는 현재 인간 유전체가 약 32억 개의 염기쌍으로 이루어져 있다는 것을 알고 있다. 놀랍게도 이 서열의 99.9% 이상이 모든 인간에게서 동일하다.

우리는 이제 인간 유전체가 전적으로 유전자들에 의해서만 이루어져 있지 않다는 것도 알고 있다. 실제로 단지 유전체의 2%만이 단백질 합성을 위한 정보를 운반한다. 대부분의 유전체, 즉 적어도 50%는 거듭해서 출현하는 반복 서열들로 구성되어 있다. 비록 반복 서열들이 직접적인 기능을 갖고 있지 않더라도, 그들은 가끔 인간 유전체를 재배열함으로써 새로운 유전자를 만들어 내거나 기존의 유전자들을 다시 섞을 수도 있다.

인간은 약 22,000개의 유전자를 갖고 있다. 유전자들이 우리의 염색체를 따라 종종 임의의

지점들에서 집단으로 발견되고, 그들 사이에는 단백질 비암호화 서열로 이루어진 큰 구획들이 존재한다. 비록 22,000개의 유전자는 과학자들이 처음 예측했던 100,000개보다 훨씬 적을지라도, 많은 유전자들은 서로 다르게 가공된 RNA 전사 산물을 만들어 낸다. 그 결과로 하나의 유전자가 다수의 단백질을 합성하기 위한 정보를 제공할 수 있다. 우리 유전자의 반 이상은 그 기능이 아직 완전히 알려지지 않았다.

과학자들은 인간들 사이에서 염기 서열이 다른 300만 개 이상의 자리를 찾아냈다. 이런 차이를 **단일 염기 다형성**(*single-nucleotide polymorphism*) 또는 SNP라고 한다. 물론 SNP는 각각의 인간을 독특하게 만들지만, 또한 과학자들이 질병과 관련된 유전자를 찾는 데 도움을 줄 수도 있다.

학습목표
일생 동안 일어나는 유전적 돌연변이가 어떻게 암을 유발하는지 설명할 수 있다.

16.10 암: 잘못된 유전자

물음 하나의 종양이 어떻게 치명적인 것이 되는가?

세포 분열은 정상적으로는 많은 수의 유전자들에 의해 조절되는 잘 조직화된 과정이다. 암은 이런 유전자들의 돌연변이가 통제되지 않는 세포 분열을 유발할 때 발생한다. 단일 유전자에 생긴 하나의 돌연변이는 암을 생성하기에 충분하지 않다. 암 발생을 위해서는 많은 중요한 유전자들의 돌연변이가 필요하다.

암은 젊은 사람보다는, 돌연변이가 축적되기 위해 좀 더 많은 시간을 보낸 나이 든 사람에게 더 자주 나타난다. 돌연변이 유발 요인에 노출되었던 사람이 훨씬 더 빨리 돌연변이를 축적하고, 암에 더 잘 걸린다. 마지막으로, 일부 사람들은 암 관련 유전자의 돌연변이를 물려받았기 때문에 일정 형태의 암이 발생하기가 쉽다. 예를 들어 *BRCA* 유전자(*BR*east *CA*ncer를 위해 명명된)는 공격적인 유방암, 난소암과 연관되어 있다.

몇 종류의 유전자는 암과 관련되어 왔다. 원발암 유전자는 돌연변이가 일어나면 **발암 유전자**(*oncogene*)로 전환되어 비정상적인 세포 분열을 자극한다. **종양 억제 유전자**(*tumor-suppressor gene*)는 정상적으로는 세포 분열을 억제함으로써 암을 막아 준다. 암세포에서는 발암 유전자가 활성화되어 있고, 종양 억제 유전자는 기능을 잃게 되는 전형적인 모습을 볼 수 있다.

치명적인 암에서 종양 세포는 통제되지 않는 분열로 인해 더 많이 분열한다. 종양 세포가 몸의 이곳저곳으로 퍼져 이차적인 종양을 만드는 능력이 발달하면 암이 **전이**(*metastasized*)되었다고 한다. 전이는 질병의 진행에서 결정적인 시기를 의미한다. 암은 일단 그 지점을 넘어서면 전형적으로 치료가 훨씬 어려워지기 때문이다.

학습목표
몇몇 중요한 암의 원인들을 열거하고 설명할 수 있다.

융합과학 16C
지구과학

암의 환경적 원인

물음 왜 여러분은 햇빛 차단제를 사용해야만 하는가?

사람들이 한 장소에서 다른 장소로 이주할 때, 그들의 암 발생 위험은 그들이 이주해 나온 장소보다는 주로 이주해 가는 장소에 의해서 결정된다. 이것은 암이 유전적인 질병이라기보다 일차적으로 환경적 질병이라는 것을 의미한다. 사실상 한 개인의 환경이 암을 일으키는 돌연변이의 약 80~90%의 원인이 되고, 유전적 요인들이 나머지 10~20%의 원인이 된다.

암의 위험성을 증가시키는 환경적 요인에는 흡연, 음식, 방사선, 자외선, 화학 물질, 바이러스와 박테리아에 의한 감염이 포함된다. 흡연과 방사선과 같은 요인들의 역할은 잘 알려져 있다. 과학자들은 이런 요인들이 어떻게, 왜 유전적 돌연 변이를 증가시키는지 알고 있다. 다른 요인들의 역할은 아직 연구 중이다. 예를 들어 과학자들은 음식이 암 발생에 중요하다는 것을 알고 있다. 그러나 사람의 음식물은 영양소들의 복잡한 혼합체이기 때문에, 암을 특정 식품과 연결시키는 것은 어려울 수 있다. 아직도 대부분의 연구는, 과일과 채소가 풍부한 식단이 암을 막는 데 도움을 준다는 것을 보여 준다.

피부암에 대해 잘 알려진 환경적 위험 인자는 자외선(UV)이다. 햇빛을 피해 있거나 자외선 차단제를 사용하면 자외선에 노출되는 것을 줄이는 데 도움이 된다(그림 16.27). 불행하게도 지구 대기의 오존 감소는 지구 표면에 더 많은 자외선이 도달하게 만든다(26장 참조).

그림 16.27
자외선에 노출되는 것을 줄이면 피부암을 피하는 데 도움이 된다. 이오와 피코는 모자와 선글라스를 이용한다. 비록 보이지는 않더라도 엄청난 양의 햇빛 차단제도 발랐다.

16.11 형질 전환 생물체와 클로닝

학습목표
형질 전환 생물체와 클로닝의 실질적 이용을 예를 들어 설명할 수 있다.

물음 형질 전환 식물이 지구 온난화로 인한 영향을 바로잡는 데 어떤 도움이 될까?

DNA 기술의 발전은 많은 실용적 적용뿐만 아니라 일부 심각한 우려를 불러왔다. 여기서는 DNA 기술의 강점에 대한 형질 전환 생물체와 클로닝의 두 가지 주제를 살펴볼 것이다.

형질 전환 생물체

형질 전환 생물체(*transgenic organism*)는 다른 생물 종의 유전자를 가진 생물체이다. 형질 전환 생물체는 일반적으로 일부 실용적 목적을 위해 설계된다. 과학자들은 인간의 인슐린 유전자를 흔히 사람의 소화관에 서식하고 있는 박테리아인 대장균(*Escherichia coli*)에 이식하여 첫 번째 유용한 형질 전환 생물체를 만들어 냈다. 그 전까지는 일부 형태의 당뇨병을 치료하기 위해 사용되는 인슐린을 돼지와 소의 사체로부터 얻었다. 형질 전환된 대장균에서 사람의 인슐린을 만들어 내기 시작함으로써 오늘날에는 사람의 인슐린을 쉽게 다량 생산할 수 있다. 1982년에 인슐린은 유전적으로 설계된 세계 최초의 의약품으로 인정받았다. 현재는 형질 전환 박테리아가 많은 다른 제품들을 생산하고 있으며, 과학자들은 이러한 제품들을 늘리기 위해 노력하고 있다(그림 16.28). 그림 16.29는 형질 전환 박테리아의 개발을 위한 하나의 전형적인 과정을 보여 준다.

그림 16.28
형질 전환 박테리아와 다른 미생물들이 다양한 중요 의약품을 만들어 내고 있다. 이 그림은 러시아의 인슐린 생산 시설이다.

형질 전환 식물체는 다양한 목적으로 개발되어 왔고, 일부는 유용한 산물을 생산한다. 예를 들어 형질 전환 담배식물은 일부 자가 면역 질환을 위한 의약품을 만들기 위해 이용되었다. 다른 형질 전환 식물은 해충, 질병, 또는 제초제에 대한 저항성을 제공하는 유전자들을 갖고 있다. 옥수수, 감자, 목화의 형질 전환 품종들은 토양 박테리아 *Bacillus thuringiensis*의 한 유전자를 갖고 있다. 이것은 일부 곤충을 죽이는 독성 단백질을 암호화하는 유전자로서 작물이 이런 해충들에 대한 저항성을 갖게 한다. 형질 전환 콩은 제초제인 라운드업(Roundup)에

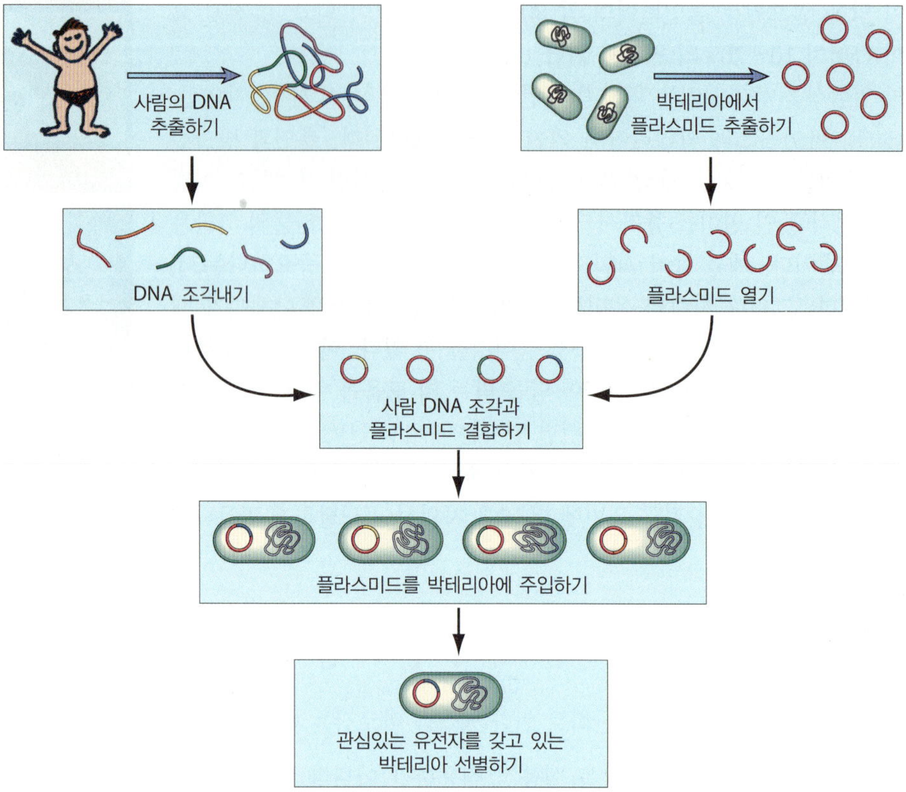

그림 16.29
이 그림은 형질 전환 박테리아가 어떻게 개발되는지를 보여 준다. 형질 전환 박테리아는 종종 주염색체와 분리된 작은 원형 DNA인 플라스미드에 외래 유전자를 운반한다. 새로운 유전자를 도입할 때 특수한 효소들이 DNA를 절단하고 다시 봉합하기 위해 사용된다.

그림 16.30
건조에 강한 일부 양치식물과 같은 가뭄 내성 식물이 농작물에 도입되어, 농작물이 지구 온난화로 인한 고온과 심한 가뭄에서도 생존할 수 있게 하는 유전자들을 갖게 되었다. 이런 양치식물들은 죽은 것으로 보이지만, 비가 오자마자 다시 살아날 것이다.

대한 내성을 제공하는 외래 DNA를 갖고 있다. 이 제초제에 대해 내성을 보이는 콩(Roundup Ready Soybean)을 사용하는 농부들은 자신들의 작물인 콩에는 손상을 입히지 않고, 잡초만을 죽일 수 있다. 이미 가혹한 환경에서도 자랄 수 있게 유전적으로 설계된 형질 전환 식물들이 있다. 자연에서 발견되는 내염성 식물의 특수한 이온 수송 단백질 유전자로 형질 전환된 토마토, 카놀라, 그리고 쌀 품종들은 염분 토양에서 자란다. (염분 토양은 집약적 농업의 흔한 부작용의 하나이다.) 현재는 지구 온난화로 가뭄과 고온이 더욱 악화됨에 따라 이에 대한 저항성을 갖는 식물을 개발하기 위해 상당한 노력이 이루어지고 있다. 야생 보리와 건조한 기후에 강한 일부 양치식물과 같은 가뭄 내성 식물은 밀과 같은 작물에 도입할 수 있는 특수 유전자들을 갖고 있다(그림 16.30). 가뭄 관련 보리 유전자를 갖고 있는 형질 전환 밀은 정상적인 밀에 비하여 단지 1/8의 물만 필요하다. 바이오 연료와 오염 물질 제거에 사용하기 위한 형질 전환 식물을 개발하는 데도 많은 연구가 집중되어 있다.

형질 전환 동물은 사람이 이용하기 위한 단백질을 만들고, 농산물을 제공하고, 인간의 질병 연구에 도움을 주고 있다. 어떤 형질 전환 염소와 양은 외래 단백질이 들어 있는 우유를 생산한다. 연구자들은 달걀에서 외래 단백질을 생산할 수 있는 형질 전환 닭에 대해 연구하고 있다. 농업 분야에서 연구자들은 쥐의 특정 DNA 서열을 양에 도입하여 양털 생산을 증가시켰다. 또 다른 과학자들은 더 건강한 돼지를 만들기 위해 회충 유전자를 이용하려고 노력하고 있다. 예를 들면 쥐의 유전자로 형질 전환된 돼지는 건강에 좋은 오메가-3 지방산을 더 많이 생산한다. 그러나 시장에 나올 첫 번째 형질 전환 동물은 정상적인 대서양 연어보다 더 빨리 성장하고, 적은 양의 먹이를 필요로 하는 대서양 연어가 될 수 있을 것이다(그림 16.31). 형질 전환 연어는 두 개의 외래 유전자를 갖고 있는데, 하나는 다른 연어의 성장 호르몬 유전자와 낮은 온도에서도 성장을 증진시키는 오션 파우트(Ocean pout)(등가시치과 물고기 일종으로 북미 동북 연안에 서식)의 유전자이다. 미국의 식품 의약청(FDA; Food and Drug Administration)이 이 연어를 승인한다면, 그것은 미국에서 이용할 수 있는 첫 번째 유전자 변형 식품 동물이 될 것이다. 끝으로, 형질 전환 동물은, 특히 형질 전환 쥐는 인간 질병을 연구하기 위해 이용된다. 형질 전환된 쥐에 도입된 유전자들은 원래는 쥐들이 걸리지 않는 인간 질병에 쉽게 걸리도록 만들 수 있다.

그림 16.31
이 형질 전환 연어가 미국 내에서 사람이 소비하기 위해 승인된 첫 번째 형질 전환 동물이 될 수도 있다. 뒤에 있는 형질 전환 연어는 앞에 있는 정상 연어보다 더 빠르게 성장하고, 더 적은 먹이를 필요로 한다. 이 두 동물은 나이가 같다.

클로닝

클로닝(*Cloning*)은 이미 존재하고 있는 것과 유전적으로 동일한 생물체를 만들어 내는 것이다. 식물 클로닝은 농업의 일상적인 한 부분이지만, 동물 클로닝은 훨씬 더 어렵다. 특히 포유동물에서는 더 어렵다. 클로닝은 수많은 잠재적 이용 가치가 있다. 농업에서는 유용한 형질을 갖고 있는 유전적으로 동일한 동물을 다수 만들어 낼 수 있었다. 멸종 위기 및 심지어 멸종된 동물도 그 수를 늘리기 위해 클로닝될 수 있다. 일부 사람들은 죽은 애완동물을 클로닝하는 데도 흥미를 나타내고 있다.

그림 16.32
돌리 양은 최초로 클로닝된 포유동물이다.

돌리 양은 1977년에 최초로 클로닝된 포유동물이다(그림 16.32). 클로닝은 **핵이식**(*nuclear transplantation*)이라는 과정을 통해 이루어진다. 이 과정에서 클로닝될 동물의 한 세포핵이, 자신의 핵은 이미 제거된 난자에 도입된다. 이 과정의 결과로 생기는 배아가 이제 대리모에 착상된다. 돌리 이래로 개, 고양이, 쥐, 말뿐만 아니라, 희귀종인 작은 야생 양(European mouflon)과 야생 소를 포함하는 다른 포유동물들이 클로닝되어 왔다. 불행하게도 클로닝된 동물들은 종종 발생적 기형이나 다른 건강 문제로 고통을 받는다. 인간 클로닝은 결코 시도된 적이 없었고, 심각한 윤리적 문제를 야기할 것이다. 미국에서는 현재 인간 클로닝에 대한 연구에 연방정부의 재원이 사용되는 것을 금지하고 있다. 또한 일부 주에서는 인간 클로닝 자체가 불법으로 되어 있다.

16.12 DNA 기술 — 무엇이 잘못될 수 있는가?

학습목표
DNA 기술과 연관된 안전, 사회적, 윤리적 관심들을 설명할 수 있다.

물음 '슈퍼잡초'란 무엇인가?

DNA 기술은 엄청난 흥분을 불러일으킨 반면, 심각한 우려도 낳았다. 과학자들이 우연히 치명적인 박테리아나 바이러스를 방출할 수도 있지 않을까? 형질 전환 식물과 동물을 먹는 것이 안전한가? 형질 전환 농작물이 환경에 손상을 입히지는 않

을까? 위험한 슈퍼잡초가 생기지는 않을까? 또한 어느 날 어떤 DNA 기술이 인간에게 적용될 수 있을까? 그렇다면 우리 사회와 문화에 어떤 충격을 가져올까? 최종적으로 누가 DNA 기술을 이용할 수 있는 것인가?

유전적으로 변형된 박테리아와 바이러스는 사람의 건강과 자연 서식지에 위험하다. 과학자들은 이런 생물체들이 실험실을 벗어날 수 없도록 하기 위해, 이들에게 중요한 자연적 기능의 수행을 방해하는 유전적 돌연변이를 유발시킨다. 이런 돌연변이는 변형된 생물들의 야생에서의 생존을 더 어렵게 만든다. (실험실에서는 과학자들이 이런 생물들에게 유전적 결핍을 보상하는 조건들을 제공함으로써 생존을 유지시킨다.) 이렇게 조심스러움에도 불구하고 우발적인 유출은 여전히 당연한 우려로 남아 있다.

형질 전환 작물을 포함해 유전자 변형(genetically modified, GM) 작물들은 아마도 오늘날 DNA 기술에서 가장 논쟁을 일으키고 있는 산물일 것이다. 미국에서는 유전자 변형 작물이 매우 흔하다. 예를 들어 우리가 사용하는 콩, 옥수수, 목화의 대부분이 유전자 변형 생물에 포함된다. 많은 유럽 국가에서는 유전자 변형 작물이 금지되어 있거나 엄격히 통제되고 있다. 하나의 근본적인 질문은 '유전자 변형 식물은 먹기에 안전한가?'이다. 2010년 유럽위원회는 25년 동안의 연구를 재검토한 결과, 유전자 변형 식물이 전통적 교배 방법을 통해 생산된 식물보다 사람의 건강에 더 위험하지는 않다고 결론을 내렸다. 그러나 일부 과학자들과 소비자 집단들은 안전성이 항상 적절하게 검증되는 것은 아니라고 걱정한다. 2009년에 24명으로 이루어진 17개 주의 공공 연구 기관들의 한 집단은, 유전자 변형 식물을 개발하는 회사들이 습관적으로 '공공의 과학자들이 공익을 위한 자신들의 위임된 역할을 추구하는 것을 억제하는 행동을 하고', 그리고 '이런 회사들은 유전자 변형 작물에 대한 독립적 분석을 불가능하게 만들어 왔다'라고 미국 환경부에 경고하였다. 이와 관련된 문제점 중 하나는 유전자 변형 식품을 표시하는 것이다(그림 16.33). 비록 대부분의 소비자들은 유전자 변형 표시를 선호하고 있지만, 현재 미국에서는 이런 표시가 의무사항은 아니다. 소비자들이 유전자 변형으로 표시된 생산물을 기피할지도 모른다고 믿는 산업계들은 여전히 표시하는 것을 반대하고 있다.

그림 16.33
유전자 변형 식품들을 표시해야 하나? 이 사진은 유럽에서 판매된, 유전자 변형으로 표시된 식품 생산물이다. 현재 미국에서는 이런 표시 의무가 없다.

유전자 변형 작물에 대한 또 다른 우려는 그것들이 환경에 미치는 영향이다. 예를 들어 해충에 독성을 나타내는 박테리아 *Bacillus thuringiensis*의 유전자를 갖고 있는 작물들은 제왕나비와 같이 해충 표적이 아닌 생물 종도 죽인다. 제초제 라운드업(Roundup)에 내성을 보이는 형질 전환 작물(16.11절에 설명되어 있다)에 이런 제초제를 과다 사용하면 잡초가 제초제 내성을 갖게 만들어, '슈퍼잡초'로 전환시킨다. 이에 대한 반응으로 농부들은 이 제초제가 더 이상 효과가 없을 때까지 더욱 더 많이 사용하게 된다. 이런 시점이 되면 농부들은 좀 더 독성이 큰 제초제로 바꾸거나 또는 손으로 잡초를 뽑는다. 결과적으로 환경에는 더욱 독한 화학 물질이 남게 되고, 농부에게는 경비가 증가하고, 소비자에게는 식품 가격이 더 올라간다.

더욱 우려되는 것은 형질 전환 식물과 그들의 유전자들에 의한 오염이다. 2007년에 미국에서 골프 코스에 사용되기 위해 개발된 제초제 내성 잔디를 조사한 결과, 일부 식물들이 아이다호 주의 한 골프장에서 벗어나서 수마일 떨어진 오레곤 주의 용수로까지 갔다는 것이 알려졌다. 이미 자신들의 종자를 생산한 많은 식물들을 포함해 수백 가지의 이탈한 식물들이 발견되었다. 그런 식물들은 이제 특수한 제초제를 사용해야만 제거할 수 있고, 그 과정은 수 년이 걸릴 것으로 예상된다. 또 다른 우려는 유전자 변형 작물들이 야생 식물들과 교배하여 자신들의 제초제 내성 유전자를 야생종에 전달해 즉석의 '슈퍼잡초'를 탄생시키는 것이다. 그런 제초제 내성 식물인 겨자과 잡초가 유전자 변형 유채(카놀라 기름을 생산하기 위해 이용된 식물)의 시험을 위해 사용된 한 밭에서 2005년에 발견되었다. 이런 발견이 있기 전에는 그런 유전자 전달은 거의 불가능한 것으로 설명되었다. 유전자 변형 작물의 유전자들은 전통적인 작물도 오염시킬 수 있다. 2004년에는 환경 문제에 관심이 있는 한 과학자 집단이 옥수수, 카놀라, 콩을 연구한 결과, 세 작물의 전통적인 종자 공급원 모두가 '형질 전환 품종의 낮은 수준의 DNA 서열로 널리 오염되어 있었다'고 밝혔다. 유기농은 유전자 변형 품종을 포함할 수 없기 때문에, 이런 오염은 유기농을 하는 농부들에게 특히 염려된다. 2011년에 호주의 한 유기농 농부는 유전자 변형 카놀라가 자신의 밭에서 만발해 유기농 허가증을 상실한 후 자신의 이웃에 대해 소송을 제기했다.

유전자 변형 작물에 대한 마지막 우려의 하나는 가격이다. 유전자 변형 종자는 세계 여러 지역의 농부들의 입장에서 보면 가격이 너무 비싸다. 인도에서는 많은 농부들이 유전자 변형된 '방충 종자(insect proof)'를 사기 위해 거금의 융자를 받도록 권장하였다. 일부 유전자 변형 작물들은 전통적인 작물보다 더 많은 물을 필요로 하기 때문에, 많은 농부들이 가뭄 때문에 농사에 실패해 파산하기도 하였다.

유전자 변형된 동물 식품은 새로운 관심을 불러일으켰다. 예를 들어 소비자 집단들은 형질 전환된 대서양 연어에서 위험 수준의 성장 호르몬이 발견된다고 고발하였다. 생태학자들과 환경론자들 역시 자연 생물 집단에 대한 영향을 우려하고 있다. 비록 형질 전환 어류는 생식 능력이 없는 것으로 추정되지만, 낮은 비율이지만 생식 능력이 남아 있을 수 있다. 그들이 자연 서식지로부터 격리되어 있을지라도, 일부는 자연 서식지를 이탈할 수 있는 가능성도 있다. 2011년에 미국의 일부 상원의원들은 식약청(FDA)에 어류 연구를 위한 자금 지원을 박탈하겠다고 위협하면서까지, 형질 전환 연어의 허가를 위한 검토를 중단하도록 요구하였다. 그러나 상원의원들에게 영향을 미친 것이 과학이었나, 아니면 정치였나? 대부분의 상원의원들은 연어 어업을 하는 주를 대표하고, 그곳의 유권자들은 형질 전환 품종들과의 경쟁을 걱정한다.

최종적으로 DNA 기술과 인간 사회는? 우리가 DNA 기술을 우리 자신에게 적용할 때 어떤 일이 일어날까? 한 가지는 유전자 치료의 시도처럼 유전 질환을 고치는 것이다. 인간의 능력을 향상시키는 것은 어떨까? 또한 DNA 기술은 인간과 인간이 아닌 동물들 사이의 경계를 포함해 생물 종들 사이의 구분을 모호하게 한다. 이미 존재했던 어떤 생물의 권리를 어떻게 보호할 것인가? 좀 더 일반적으로 어떤 압박을 DNA 기술에 가해야 하는가? 게다가 유전학적 기술이 개발될 때, 누가 그 기술들에 대한 접근을 통제할 것인가? 부유하고 특권을 갖고 있는 사람만이 중요한 기술들을 이용할 수 있는가? 반면에 DNA를 조작할 수 있는 능력은 쉽게 이용 가능해진다. 우리는 사회적이고 윤리적인 영향을 곰곰이 생각해 볼 충분한 시간을 갖고 있을까? 또는 효과적인 통제를 위한 법률 제정을 위한 충분한 시간이 있을까? 그리고 예상하지 못한 무엇인가가 일어난다면 어떻게 될까?(그림 16.34 참조) 우리들은 다가올 몇 년 동안 이와 같은 질문들에 직면할 것이다.

그림 16.34
1993년에 "쥬라기 공원" 이라는 영화에서, 일은 클로닝된 공룡으로 채워진 테마파크에서 계획대로 되지 않는다.

연습문제

16.1 유전자란 무엇인가?

1. 유전자란 무엇인가?
2. 한 생물체의 유전자에 들어 있는 정보로부터 만들어진 단백질들이 왜 한 생물체의 많은 형질들을 결정할까?

16.2 염색체: 유전 정보의 꾸러미

3. DNA는 염색체로 어떻게 포장되는가?
4. 배수체 세포와 반수체 세포의 차이점은 무엇인가? 어떤 종류의 세포가 반수체인가?

16.3 DNA 복제

5. DNA는 어떻게 복제되는가?
6. 하나의 새로운 DNA 분자는 새로 만들어진 두 개의 가닥을 합쳐놓은 것인가?

16.4 단백질은 어떻게 합성되는가?

7. RNA는 DNA와 어떻게 다른가?
8. DNA 주형으로부터 RNA 전사체가 만들어지는 데 어떤 염기쌍 결합 법칙이 적용되는가?
9. RNA 가공 과정에 일어나는 사건 두 가지를 열거하시오.
10. 코돈이란 무엇인가?
11. 번역 과정에서 tRNA의 역할을 설명하시오.

16.5 유전적 돌연변이

12. 점 돌연변이란 무엇인가?
13. 틀 이동 돌연변이란 무엇이며, 단백질에 어떤 영향을 미치는가?

16.6 감수 분열과 유전적 다양성

14. 교차란 무엇인가? 왜 유전적 다양성에 교차가 중요한가?
15. 감수 분열의 산물은 무엇인가?

16.7 멘델 유전학

16. 멘델이 단일 형질이 다른 완두 식물체를 교배시켰을 때, 그는 교배로 얻은 자손에서 무엇을 알았는가? 멘델은 이 자손을 자가 교배시켰을 때, 무엇을 발견하였는가?
17. 멘델의 분리 법칙은 무엇을 설명해 주는가?

16.8 더 많은 생각들: 멘델 유전학을 넘어

18. 공동 우성이란 무엇인가? 공동 우성의 예를 제시하시오.
19. 멘델의 분리 법칙은 왜 완두의 형질은 유지하지만, 모든 유전자를 유지하지 않을까?
20. 열성인 반성 유전 형질들이 왜 암컷보다 수컷에서 더 자주 발견되는가?

16.9 인간 유전체

21. 인간은 유전자를 몇 개나 갖고 있는가?
22. SNP(Single Nucleotide Polymorphism)란 무엇인가?

16.10 암: 잘못된 유전자

23. 암은 일반적으로 단일 유전적 돌연변이의 결과인가?
24. 발암 유전자와 종양 억제 유전자의 차이는 무엇인가?

16.11 형질 전환 생명체와 클로닝

25. 형질 전환 생물체란 무엇인가?
26. 형질 전환 생물체가 인간에게 어떻게 유용한지 예를 들어 설명하시오.
27. 포유동물이 어떻게 복제되는지 설명하시오.

16.12 DNA 기술—무엇이 잘못될 수 있는가?

28. 유전자 변형(GM) 작물과 관련된 안전성, 사회적, 윤리적 관심들에 대해 설명하시오.

확인문제

만일 여러분이 이 장에서 제대로 학습을 하였다면, 다음에 제시된 10개의 질문에 적어도 7개는 제대로 답을 할 수 있을 것이다. 만일 그렇지 못하면 다음 장으로 가기 전에 이 장을 더 학습할 필요가 있다.

각 질문에 대해 가장 적합한 답을 고르시오.

1. 한 생물의 반수체 세포가 10개의 염색체를 갖고 있다면, 그 생물의 배수체 세포는 몇 개의 염색체를 갖고 있는가?
   (a) 5개
   (b) 10개
   (c) 20개
   (d) 답이 없음.
2. DNA의 한 가닥이 AGCCTG라는 서열을 갖고 있다면, 반대 가닥은 어떤 서열을 갖고 있는가?
   (a) AGCCTG
   (b) GATTCA
   (c) CTAAGT
   (d) TCGGAC

3. DNA가 진핵세포에서 복제될 때,
    (a) 새로운 DNA 분자는 새로 합성된 두 가닥으로 구성된다.
    (b) mRNA 분자는 DNA를 주형으로 합성된다.
    (c) DNA의 각 가닥은 짝을 이루는 새로운 가닥의 합성에 주형으로 작용한다.
    (d) 복제는 염색체의 한쪽 말단에서 시작하여, 다른 쪽 말단까지 지속된다.
4. 전사와 번역에 대한 다음 진술 중 옳지 않은 것은?
    (a) mRNA는 염기 A, C, G, U를 포함한다.
    (b) RNA 전사체는 번역 전에 제거되는 부분을 포함할 수도 있다.
    (c) 하나의 코돈은 세 개의 뉴클레오타이드로 구성되는 한 서열로 구성된다.
    (d) tRNA 분자는 하나의 코돈 서열을 포함하고, 단일 아미노산을 운반한다.
5. 단백질 암호화 서열의 중간에 하나의 종결 코돈이 생기는 돌연변이는 무엇인가?
    (a) 난센스 돌연변이
    (b) 틀 이동 돌연변이
    (c) 난센스 돌연변이와 틀 이동 돌연변이 둘 다
    (d) 난센스 돌연변이와 틀이동 돌연변이 둘 다 아니다.
6. 교차는 감수 분열의 어느 시기에 일어나는가?
    (a) 중기 1
    (b) 전기 1
    (c) 후기 2
    (d) 전기 2
7. 보조개가 있는 것이 우성이고, 없는 것이 열성이라면,
    (a) 보조개가 없는 두 부모의 모든 자손은 보조개가 없을 것이다.
    (b) 보조개가 있는 두 부모의 일부 자손은 보조개가 없을 것이다.
    (c) 보조개가 있는 두 부모의 모든 자손은 보조개가 있을 것이다.
    (d) 보조개가 없는 두 부모의 일부 자손은 보조개가 있을 것이다.
8. 적혈구의 모양과 말라리아에 대한 저항성 모두에 영향을 미치는 낫 모양 적혈구 빈혈증 대립 인자는 어떤 유전 현상의 예를 보여주는가?
    (a) 공동 우성
    (b) 다면 발현
    (c) 불완전 우성
    (d) 다인자 형질
9. 인간 유전체에 대한 설명으로 옳은 것은?
    (a) 모든 인간에서 약 50%의 뉴클레오타이드는 동일하다.
    (b) 인간은 약 100,000개의 유전자를 갖고 있다.
    (c) 인간 유전체의 약 90%는 단백질 합성을 위한 정보를 담고 있다.
    (d) SNPs는 개인들 사이에 뉴클레오타이드 서열이 다른 위치를 찾아준다.
10. 암은
    (a) 일반적으로 하나의 핵심 유전자에 생기는 단일 돌연변이에 의해 유발된다.
    (b) 더 젊은 사람들 또는 돌연변이 유발원에 노출되어 온 사람들에서 더 쉽게 발생한다.
    (c) *BRCA* 유전자의 돌연변이를 필요로 한다.
    (d) 일차적으로 환경적 질병이고, 유전되는 질병은 아니다.

확인문제 답

1. c, 2. d, 3. c, 4. d, 5. a, 6. b, 7. a, 8. b, 9. d, 10. d

17장 생명의 진화

바다이구아나는 길고 평평한 꼬리를 이용해 바닷물을 가로질러 수영을 한다. 파리는 다리에 있는 털을 이용해 음식의 맛을 본다. 선인장은 동물로부터 자신을 보호하기 위해 날카로운 가시를 성장시킨다. 이런 적응들과 생존, 생식을 위해 생물들이 구조화되는 셀 수 없이 많은 여러 방법들이 엄청난 진화의 이야기를 구성한다. 생물은 시간이 지남에 따라 자신들이 처한 환경에 반응하여 어떻게 변하는가? 기린이 그저 자신이 원하기 때문에 긴 목으로 성장할 수는 없다. 그렇다면 기린의 긴 목과 같은 적응은 실제로 어떻게 일어나는가? 동일한 과정이 새로운 형태의 생물, 즉 새로운 종이 어떻게 생기는지를 설명할 수 있는가? 또한 오늘날의 모든 생물들이 좀 더 이전의 생물들로부터 진화하였다면, 생물은 최초에 어떻게 시작되었을까? 생물의 이러한 비밀들을 발견하기 위하여 공부해 보라.

17.1 생명의 기원

물음 과학자들이, 최초의 생명체가 DNA 대신에 RNA로 구성된 유전자를 갖고 있었다고 생각하는 이유는 무엇인가?

학습목표
과학자들은 생명이 어떻게 시작되었다고 생각하는지를 설명하고, 그런 생각을 뒷받침하는 증거를 기술할 수 있다.

생명은 어떻게 시작되었나? 수천 년 동안 이런 질문에 대한 답은 비생명 물질로부터 생물체가 갑자기 출현한다는 **자연 발생설**(*spontaneous generation*)이었다. '단순한' 생명체의 경우, 자연 발생은 정기적으로 일어난다고 믿었다. 그리고 그것에 대한 증거는 도처에 있었다. 개구리는 비가 올 때 진흙에서 튀어나왔고, 쥐는 곡물 상점에서 출현하였고, 구더기는 썩은 고기에서 갑자기 빠져나왔다. 바다코끼리나 인간처럼 좀 더 복잡한 생물들도 자주는 아닐지라도, 자연 발생을 통해 존재하게 된다고 생각되었다.

좀 더 큰 생물들이 자연 발생적으로 출현하였다는 생각은 1600년대에 지지를 잃었다. 구더기를 이용한 실험에서, 썩은 고기를 파리와 격리시킨 동안 구더기가 생기지 않는다는 것을 보여 주었기 때문이다. 당시 구더기같이 진화가 덜 된 생물은 일반적으로 자연 발생과 같은 방법으로 기원한다고 알려져 있었다. 그러나 많은 사람들이 멸균된 고기 국물과 같은 곳에서, 미생물들이 마치 어디에서도 없었다가 엄청난 수로 출현하였던 방식으로 작용하는 자연 발생을 목격하였다. 자연 발생은 파스퇴르(Louis Pasteur)의 실험이 있던 1862년까지는 치명적인 타격을 입지 않았다. 파스퇴르는 먼지와 다른 공기 입자들을 차단하고, 멸균된 고기 국물을 플라스크에 채운 후 세워 놓고, 생명체가 출현하기를 기다렸다(그림 17.1). 그러나 생명체는 결코 출현하지 않았고, 파스퇴르는 생명체가 무생물로부터 생기지 않는다고 결론을 내렸다.

그림 17.1
파스퇴르는 생명체가 무생물로부터 생기지 않는다고 증명하였다.

그렇다면 생명체는 어떻게 시작되었나? 우리는 화석을 통해 생명체가 적어도 35억 년 동안 존재해 왔다는 것을 알고 있다. 이것은 생명체가 진화하였던 지구는 오늘날의 지구와 매우 달랐다는 것을 의미한다. 그 지구는 생명이 없는 거대한 바다, 격렬한 화산, 그리고 번개 치는 폭풍우로 가득 찬 거친 대기를 담고 있었다(그림 23.40 참조). 초기 지구의 대기는 산소가 없었고, 산소는 생명체의 활동에 의해서 생성되었다는 것을 알 수 있을 것이다. 이런 환경이 오늘날의 생명체에게는 유해할지라도, 최초의 생명체를 탄생시키기에는 적합하였을 수도 있다. 우리는 왜 초기 지구의 환경이 비생명 물질로부터 생명체를 생성시킬 수 있다고 생각하는 것일까? 한 유명한 실험이 정확하게 이것을 암시한다.

1953년에 밀러(Stanley Miller)와 유리(Harold Urey)는 화학 실험실에서 초기 지구의 모형을 제작하였다(그림 17.2). 수증기, 암모니아, 메테인, 수소 기체가 포함된 단순 화합물의 혼합물이 들어 있는 한 플라스크는 지구의 초기 대기를 모방한 것이다. 지구의 대양을 나타내기 위하여 액체 물이 첨가되었다. 기체를 통해 보낸 전기 방전은 번개를 모방한 것이다. 초기 지구에 대한 이런 모형이 제작되었을 때, 놀랄 만한 일이 일어났다. 단백질 합성의 구성 요소인 아미노산을 포함한 많은 복잡한 유기 분자들이 형성된 것이다. 이런 분자들은 신속하게 형성되었을 뿐만 아니라 대단히 많은 수가 형성되었다. 추가적인 실험들은 아미노산뿐만 아니라 당, 지질, 그리고 RNA와 DNA에서 발견되는 질소 염기들과 같은 생명체를 구성하는 모든 중요한 유기 분자들이 유사한 방식으로 형성될 수 있다는 것을 보여 주었다.

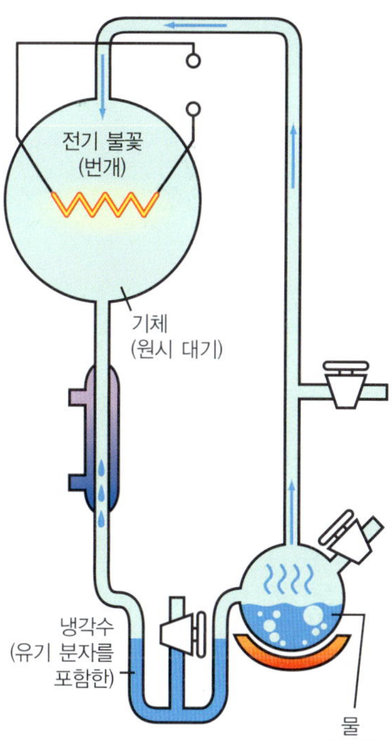

그림 17.2
밀러와 유리는 초기 지구의 모형을 제작하였고, 복잡한 유기 분자들이 번개 폭풍우 속에서 형성될 수도 있다는 것을 보여 주었다.

그러나 오늘날 일부 과학자들은 밀러–유리 실험의 중요성에 대해 의문을 제기한다. 그들은 지구의 초기 대기는 실제로는 밀러와 유리의 모형 대기와 크게 달랐고, 그래서 유기 분자들이 아마도 쉽게 생성되지 않았을 것이라고 생각하였다. 그들은 지구가 최초의 유기 분자의 구성 요소들을 어떻게 갖게 되었는지에 대한 두 가지 다른 가설을 제기해 왔다. 하나의 가설은 유기 분자들이 운석을 따라 지구로 왔다는 것이다. 지구 역사의 초기에는 운석들이 꾸준히 떨어졌고, 지구에서 회수된 일부 운석들은 실제로 매우 다양하고 복잡한 유기 분자들을 포함하고 있다. 이런 유기 분자들은 추측하건대 우주 공간에서 형성되었다. 예를 들어 1969년에 호주에서 발견된 한 운석은 거의 100종류의 다른 아미노산들을 담고 있었다. 두 번째 가설은 많은 수의 유기 분자들이 오늘날의 열수공 지역과 유사한, 지구의 심해에서 형성되었다는 것이다(22장 참조).

다음 질문은 이렇게 분리된 많은 유기 분자들이 어떻게 살아 있는 세포가 되기 위해 발전하는가이다. 과학자들이 전체적인 내용을 알지는 못하지만, 일부 단서들을 발견하였다. 예를 들어 어떤 지질을 물에 첨가하면, 리포솜이라고 하는 속이 빈 작은 구를 자발적으로 형성하는데, 이 리포솜은 세포막과 유사한 이중막을 갖고 있다. 비록 리포솜은 살아 있는 것은 아니어도, 살아 있는 세포처럼 행동한다. 그들은 성장하고, 줄어들고, 분열한다(그림 17.3). 리포솜은 또한 자신의 막 내부에서 화학 반응을 일으키고, 어떤 분자들이 들어오고 나가는지를 통제한다. 이것은 살아 있는 세포의 핵심적인 두 가지 특징이다.

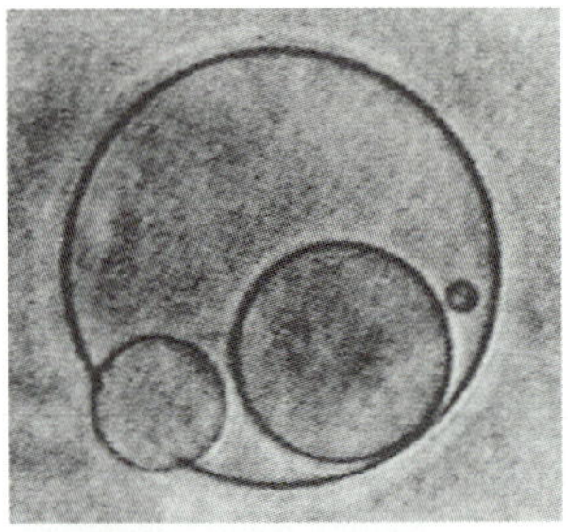

그림 17.3
리포솜은 세포와 같은 행동을 보여 준다. 이 그림에서 큰 리포솜이 더 작은 '자손'을 생성하고 있다.

일부 리포솜은 결국에는 원시적인 유전자인 핵산을 포획할 수도 있었을 것이다. 이런 초기 유전자들은 아마도 DNA가 아닌 RNA로 구성되었을 것이다. 그 이유는 세포와 효소가 없을지라도, 각각의 뉴클레오타이드로부터 짧은 RNA 사슬을 자발적으로 조립할 수 있고, 심지어 스스로 증식할 수 있기 때문이다. 몇 가지 변형으로 인해 RNA 보유 리포솜은 최초의 세포가 되었을 수도 있다. 이것이 지구 상 최초의 생물체이다. 하여튼 이런 일이 일어났고, 살아 있는 세포로의 전환은 약 35억 년까지는 완성되었다. 이 시기는 최초의 화석 생물이 알려진 시기이다(그림 17.4).

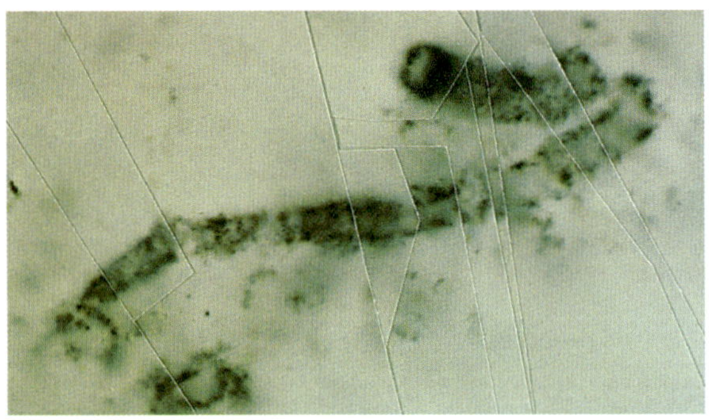

그림 17.4
35억 년 된 이 화석은 극히 작은 원핵생물들로 이루어진 사슬을 보여 준다.

학습목표
화성에서 온 운석이 화석 세균을 갖고 있는지에 대한 논쟁의 두 가지 측면을 기술할 수 있다.

융합과학 17A
천문학

지구의 생물은 화성에서 기원했을까?

물음 화성이 한때 생명체를 갖고 있었다면, 그 생명체는 어떻게 화성에서 지구로 이동하였을까?

그것은 박테리아인가? 1996년에 미국 항공 우주국(NASA; National Aeronautics and Space Administration)의 과학자들은 한 화성 화석에서 아주 작은 박테리아 화석처럼 보이는 것을 발견하였다(그림 17.5). 이 잠재적 화석들은 살아 있는 생명체와 연관되어 있는 지구 상의 복잡한 유기 분자들과 탄산염 광물들과 매우 가까운 것으로 밝혀졌다. 화석 같은 구조들이 관 모양을 하고 있었으며, 길이가 20~100 nm, 너비는 사람 머리카락 너비의 1/100도 안 되었다. 그 화석은 약 36억 년 된 것으로, 화성이 훨씬 뜨겁고 습기가 많은 행성일 때의 시기까지 거슬러 올라간다.

이러한 발견은 지구의 생명이 어쩌면 화성에서 시작하였을지도 모른다는 놀랄 만한 추측을 불러일으켰다. 일부 과학자들은 생명은 혜성이 화성과 충돌할 때 우주 공간으로 떠돌아다니게 된 화성의 먼지에서 지구로 흘러갔을 것이라고 주장하였다. 그러나 회의론자들은 제시된 화석들이 지구 상의 가장 작은 박테리아보다도 훨씬 더 작고, 한 박테리아가 기능을 수행하는 데 필요한 모든 DNA, 단백질, 그리고 다른 분자들을 담기에는 아마 너무 작을 것 같다고 지적하였다. 최초의 보고가 있은 이래로 더 이상의 증거가 발견되지 않았다. 현재 NASA에서는 화성으로부터 자료를 계속 모으고 있으며, 결국에는 비밀이 풀릴지도 모른다.

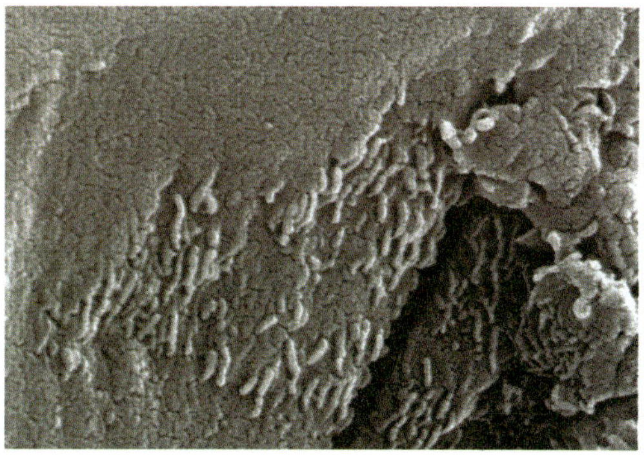

그림 17.5
놀라운 가능성, 아니면 단지 공상 과학? 화성 화석에 나타난 관과 같은 구조물이 화석화된 박테리아일 수 있을까?

17.2 지구의 초기 생명

학습목표
지구의 생명에 관한 초기 역사에서 몇몇 핵심적인 사건들을 설명할 수 있다.

물음 진핵생물의 기원에 원핵생물은 어떤 역할을 하였는가?

우리는 이제 지구 상에서 생명이 어떻게 시작되었을지 알고 있다. 이제 지구 생명의 초기 역사에서 일부 핵심적인 사건들을 살펴볼 것이다.

독립 영양 생물의 기원

가장 초기의 생명체는 자유 산소가 없는 환경에서 사는 해양 원핵생물이었다. 그들은 오늘날 인간과 다른 동물들이 하는 것처럼, 에너지와 유기 분자를 외부의 공급원에서 얻는 **종속 영양 생물(heterotroph)**이었다. 지구의 초기 종속 영양 생물은 해양에 축적되었던 유기 분자의 공급원을 발견하였다. 그러나 생식을 통해 종속 영양 생물의 수가 증가함에 따라 유기 분자의 공급이 줄어들었다.

어느 시점에서 그들은 무기 분자를 먹이로 삼아서 유기 분자로 전환할 수 있는 **독립 영양 생물(autotroph)**로 진화하였다. 독립 영양 생물의 기원은 지구 역사에서 하나의 결정적인 사건이었다. 독립 영양 생물이 없었다면, 종속 영양 생물은 자신의 먹이 공급원을 모두 먹어 치우고는 멸종되고 말았을 것이다. 식물은 현존하는 독립 영양 생물의 예이다. 식물은 광합성 과정에서 유기 분자를 합성하기 위해 태양의 빛에너지, 물, 이산화 탄소를 이용한다(15장 참조). 지구의 초기 독립 영양 생물의 일부도 유기 분자를 조립하기 위해 태양의 빛에너지를 이용하였다. 어떤 무기 화학 물질로부터 에너지를 이용했던 **화학 합성 독립 영양 생물**(*chemoautotroph*)은 다른 독립 영양 생물이다. 오늘날 독립 영양 생물의 거의 대부분은 광합성을 한다. 그러나 일부 살아 있는 원핵생물은 화학 합성 독립 영양 생물이다(18장 참조).

대기의 산소화

산소는 우리가 알고 있는 것처럼 생명체에게 필수적이다. 특히 산소는 세포 호흡에 필수적이며, 오늘날 대부분의 생명체는 에너지를 얻기 위하여 세포 호흡을 이용한다(15장 참조). 앞서 살펴본 것처럼, 지구의 초기 대기는 산소를 갖고 있지 않았다. 약 27억 년 전에 광합성을 하는 박테리아의 한 집단인 사이아노박테리아(Cyanobacteria)의 출현으로 변하게 된 것이다. 사이아노박테리아는 광합성의 부산물로 산소를 배출한다. 이러한 산소의 배출은 산소가 처음으로

그림 17.6
스트로마톨라이트는 지구 상에 알려진 가장 오래된 화석에 속한다. 이들은 광합성 사이아노박테리아가 쌓여 있는 매트에 의해 형성된다. 이 박테리아는 산소가 풍부한 대기를 만들어 냄으로써 지구 생명의 역사를 바꾸어 놓았다.

대기에 유입되는 데 크게 기여하였다. 대기의 산소화에 대한 증거는 오래된 퇴적암에서 호상철광층이 나타난다는 것으로부터 알 수 있다. 이런 호상철광층 형성은 대기 중의 산소가 지구의 해양에 녹아 있는 철과 결합할 때 이루어진다. 그림 17.6은 스트로마톨라이트라고 하는 화석화된 사이아노박테리아를 보여 준다.

최초의 진핵생물

우리에게 가장 익숙한 동물, 식물, 곰팡이와 같은 살아 있는 생명체들은 모두 진핵생물이다. 적어도 35억 년 전이나 되는 원핵생물과는 달리, 진핵생물은 단지 20억 년 전에 처음 출현하였다.

진핵생물은 여러 가지 면에서 원핵생물과 다르다. 가장 중요한 차이점은, 진핵생물은 하나의 핵과 많은 세포 소기관들을 갖고 있다는 것이다(15장 참조). 핵과 대부분의 세포 소기관들은 아마도 세포막이 안쪽으로 접히면서 처음 생겼을 것이다. 그러나 미토콘드리아와 엽록체는 다른 기원을 갖는 것으로 보인다. (대부분의 진핵 세포에서 발견되는 미토콘드리아는 세포 호흡에 작용하고, 식물 세포에서 발견되는 엽록체는 광합성을 담당하고 있다는 것을 기억하자.) 과학자들은 미토콘드리아와 엽록체가, 가장 초기 진핵 세포의 내부에서 살기 시작한 원핵생물에서 진화한 것으로 믿고 있다(그림 17.7). 이런 **세포내 공생설**(*endosymbiotic theory*)은 여러 발견들에 의해 지지를 받았다. 첫째, 미토콘드리아와 엽록체는 자신만의 막과 DNA를 갖고 있다. 게다가 DNA는 원형 염색체의 형태로서 바로 원핵생물의 DNA와 같다. 끝으로, 미토콘드리아와 엽록체 둘 다 원핵생물의 리보솜을 닮은 리보솜을 이용해 자기 자신의 단백질을 합성한다. 그렇다면 어떤 원핵생물로부터 미토콘드리아와 엽록체가 진화하였을까? 과학자들은 미토콘드리아와 엽록체의 구조를 연구하여, 미토콘드리아는 산소 호흡을 하는 박테리아의 한 집단에서 유래하였고, 엽록체는 광합성을 하는 사이아노박테리아로부터 기원하였다고 결론을 내렸다. 오늘날의 미토콘드리아와 엽록체의 기능을 고려한다면 이런 설명은 일리가 있다.

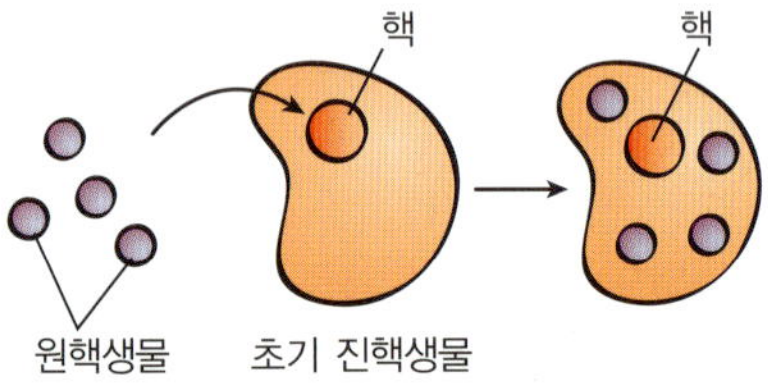

그림 17.7
진핵생물의 미토콘드리아와 엽록체는 초기 진핵 세포의 내부에서 살기 시작하였던 원핵생물로부터 진화하였다.

17.3 찰스 다윈과 종의 기원

학습목표
다윈을 자연 선택을 통한 진화의 이론으로 이끄는 데 영향을 미친 사람들과 사건들을 설명할 수 있다.

물음 갈라파고스의 방울새들은 다윈의 진화에 대한 이론에 어떻게 기여하였는가?

지구 상의 생물은 시간이 지남에 따라 어떻게 변해 왔을까? 예를 들어 작고 원시적인 세포들로부터 인간, 하마, 미국삼나무, 그리고 오늘날 지구 상의 모든 놀랄 만한 생물의 다양성들은 어떻게 생겨났을까?

수천 년 동안 사람들은 지구 상의 생명체는 변하지 않았다고 믿었다. 사람들은 지구는 항상 동일한 생물 종을 갖고 있었고, 그리고 항상 그럴 것이라고 믿었다. 화석들이 지구의 암석에서 발견되자, 사람들은 의심하기 시작하였다. 화석은 지구에서 살고 있는 생물 종들의 종류가 시간이 지남에 따라 변하였다는 것을 암시하였다. 오래된 종들은 사라지고, 새로운 종들이 나타났다. 또한 흥미로운 것은 화석 생물들이 때로는 현대의 종들과 구별되는 유사함을 보이는 것이다(그림 17.8). 일부 화석들은 실제로 현대 종들의 조상일 수 있을까?

프랑스의 박물학자인 라마르크(Jean-Baptiste Lamarck, 1744~1829)는 이것이 사실이라는 것에 대해 처음으로 논쟁을 벌인 사람 중의 하나이다. 라마르크는 현대의 종들은 시간이 지남에 따라 그들이 살고 있던 환경에 더 잘 적응하도록 진화한 조상들의 후손이라고 믿었다. 라마르크에 의하면, 생물은 일생 동안 새로운 형질을 획득하고, 그런 형질을 자손들에게 전달한다. 예를 들어 기린의 조상들은 높은 위치에 있는 나뭇잎을 먹기 위해 목을 늘였고, 그래서 목이 길어졌다. 그들의 자손들은 더욱 더 자신들의 목을 늘임으로써 더욱 더 높은 위치의 나뭇잎에 도달할 수 있었다(그림 17.9). 이런 변화가 어떻게 일어나는지에 대한 라마르크의 이론을 '**획득 형질의 유전**(*inheritance of acquired characteristic*)'이라고 하며, 이것은 옳지 않은 것으로 증명되었다. 이런 획득 형질은 유전적인 것이 아니기 때문에, 생물은 일생 동안 획득한 형질을 자손에게 전달할 수 없다. 그러나 생물은 진화한다는 생각에 대한 라마르크의 강력한 주장은 다윈을 위한 장을 열었다.

영국의 박물학자인 다윈(Charles Darwin, 1809~1882)은 1859년에 발행된 "**자연 선택에 의한 종의 기원**(*The Origin of Species by Means of Natural Selection*)"이라는 저서에서 진화론을 설명하였다(그림 17.10). 다윈은 시간에 따른 생물 집단 내의 유전적 변화인 진화가 지구상의 모든 형태의 생명체를 생성하였다고 제안하였다.

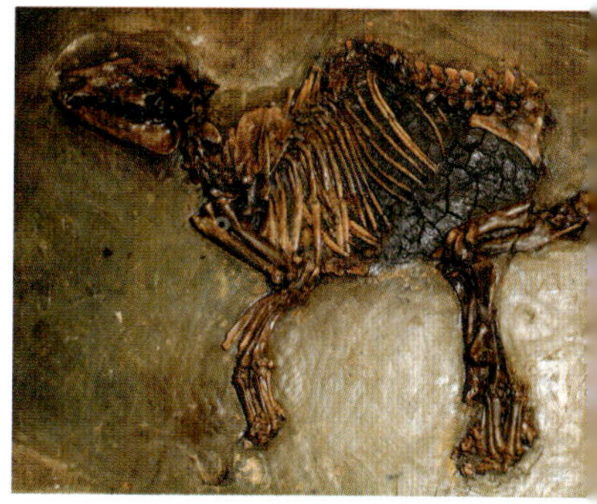

그림 17.8
화석들이 현대 종들의 조상일까? 이 화석은 독일에서 발견된 것으로, 약 5000만 년이나 된 것이다. 이것은 분명히 말과 유사하지만, 단지 여우 정도의 크기이다.

그림 17.9
(a) 라마르크는 생물들이 일생 동안 획득한 새로운 형질이 그들의 자손에게 전달된다고 믿었다. (b) 다윈은 자신의 자연 선택에 의한 진화론에서 이점이 있는 형질을 갖고 있는 생물은 다른 형질을 갖고 있는 집단보다 더 많은 자손을 남긴다고 주장하였다. 결과적으로 이점이 있는 형질들은 한 집단 내에서 더욱 흔하게 된다.

다윈의 진화론은 그가 1831년에서 1836년까지 남아메리카 주변을 항해한 **비글 호**(H.M.S Beagle)에 공식적인 박물학자로서 승선하였을 때 수행한 관찰들의 소산이다. 다윈은 이 기간 동안 많은 수의 식물, 동물, 그리고 화석들을 수집하면서 남아메리카 생물 종들을 연구하였다. 다윈은 생물 종들이 어떻게 그런 방식으로 생존하게 되었는지에 관한 질문에 점점 더 흥미를 갖게 되었다. 다윈은 특히 남아메리카 대륙으로부터 950킬로미터 떨어져 있는 갈라파고스 섬에서 마주친 생물들에게 강한 인상을 받았다. 다윈은 현재 다윈의 방울새로 알려진 13종의 갈라파고스 방울새들에 대해 특별히 주목하였다. 다윈의 방울새들은 부리의 크기와 형태에서 놀랄 만한 변이를 보였다. 각각의 부리는 각각의 다른 먹이에 적합하게 되어 사용되고 있었다(그림 17.11). 이런 방울새들의 부리는 어떻게 이런 방식으로 다르게 되었을까? 다윈은 "친밀하게 관계가 있는 한 작은 새 집단 내에서 부리의 이런 점차적 변화와 다양성을 보면, 이런 군도에서 처음 소수의 새로부터 하나의 생물 종이 선택되어 다른 결과로 변형되었을지도 모른다."라고 적었다.

그림 17.10
다윈은 자연 선택에 의한 진화론을 주장하였다.

다윈은 또한 그와 동시대 사람들인 라이엘(Charles Lyell)과 맬서스(Thomas Malthus)의 연구 결과에 감명을 받았다. 당시에는 주요 파국적 사건들에 의해 지질학적 특징들이 만들어진다는 이론이 더 지지를 받았다. 그러나 지질학자인 라이엘은 지질학적 특징들이 주요 파국적 사건들에 의해 이루어진 것이 아니라, 오랜 기간에 걸쳐 효과를 만들어 내는 점진적인 과

(a) (b) (c)

그림 17.11
다윈이 갈라파고스에서 보았던 방울새들–현재는 다윈의 방울새라고 부른다. 이 방울새들은 부리의 크기와 모양에서 놀랄 만한 변이를 보인다. 방울새의 각각의 부리는 서로 다른 먹이에 적합하다. (a) 선인장 방울새는 선인장의 펄프와 꽃을 먹기 위해 사용하는 끝이 뾰족한 부리를 갖고 있다. (b) 큰 지상 방울새는 씨를 깨는 데 이용하는 뭉툭하고 강력한 부리를 갖고 있다. (c) 딱따구리 방울새는 나무에 구멍을 뚫기 위해 사용하는, 딱따구리 같은 부리를 갖고 있다. 게다가 이 새는 선인장 가시를 이용해 곤충을 캐낸다.

정들에 의해 이루어진 것이라고 주장하였다. 예를 들어 깊은 협곡은 거대한 홍수가 아니라, 수천 년에 걸친 암석에 대한 강의 느린 침식의 결과일 수 있다. 다윈은 이런 일이 생명체에게도 사실일 수 있다는 것을 깨달았다. 오랜 기간에 걸친 점진적 변화의 축적이 생명체의 모든 다양성뿐만 아니라 그들의 모든 놀랄 만한 특징들을 만들어 낼 수 있는 것이다.

경제학자인 맬서스는 다윈에게 두 번째로 중요한 영향을 미친 사람으로서, 다윈이 진화적 변화의 원인에 대한 위대한 생각에 닿을 수 있게 하였다. 맬서스는 인간 집단은 이용 가능한 먹이의 공급보다 더 빠르게 성장한다는 사실에 주목하고, 굶주림은 인간 생존의 피할 수 없는 특징이라고 결론을 내렸다. 다윈은 맬서스의 이론을 자연에 적용하면서, 모든 생물체가 할 수 있는 만큼의 생존과 생식을 위한 자원이 충분하지 못하기 때문에, 생물체는 심각한 '생존 경쟁'에 직면해 있다고 주장하였다. 결과적으로 이로운 형질을 갖고 있는 생물체들은 다른 형질을 보유한 개체들보다 더 많은 자손을 남김으로써 시간이 지남에 따라 생물 집단을 변하게 만든다. 기린의 긴 목으로 돌아가 보면, 다윈은 긴 목의 기린 조상이 높은 위치의 나뭇잎에 더 잘 닿을 수 있었다고 주장하였다. 더 긴 목의 기린이 더 많은 먹이를 얻을 수 있기 때문에, 더 짧은 목의 기린보다 더 잘 생존하여 더 많은 자손을 남길 수 있었다. 이런 일이 세대를 거듭하면서 반복적으로 일어났고, 시간이 경과함에 따라 기린 집단 내에 목이 더 긴 기린들이 더 많아졌다(그림 17.9b). 다윈은 이러한 과정을 **자연 선택**(**natural selection**)이라고 하였고, 이것이 진화의 이면에 존재하는 주요 추진력이다.

17.4 자연 선택은 어떻게 작동하는가?

학습목표
어떻게 개체군이 자신의 환경에 적응하게 만드는지를 자연 선택으로 설명할 수 있다.

물음 한 토끼가 다른 토끼보다 더 큰 적응력을 갖고 있다고 말하는 것은 어떤 의미인가?

토끼는 1859년에 호주에 도입되었다. 오스틴(Thomas Austin)이라는 남자가 토끼 24마리를 호주 대륙의 남부 지역에 있는 자신의 땅에 풀어놓은 것이 시초이다. 토끼는 농장과 자연 서식지를 황폐화시키는 해로운 동물로 신속하게 변해 버렸다(그림 17.12). 토끼와 같이 번식한다면, 땅을 뒤덮은 '회색 담요'로 묘사될 정도로 얼마 지나지 않아 엄청난 수의 토끼가 대륙을 가로질러서 퍼져나갈 것이다. 토끼 집단을 통제하기 위하여 1,822 km 길이의 긴 '토끼 방지' 울타리를 포함한 많은 시도들이 있었다. 이것은 아직도 세계에서 가장 긴 울타리이다. 불행하게도 1907년에 이 울타리가 완성되었을 때 토끼들은 이미 울타리를 넘어갔다. (울타리는 어쨌든 작용하지 못하였을 것이다. 심지어 울타리가 완성된 후, 토끼들이 울타리 밑에 엄청나게 쌓이게 되자, 일부 토끼들은 결국에는 동료들의 등을 밟고 울타리의 다른 쪽으로 넘어갈 수 있었다.)

1950년대 초에, 호주 정부는 토끼 집단을 통제하기 위하여 토끼에 치명적인 점액종 바이러스(myxoma virus)를 방출시켰다. 그 바이러스는 초기에는 감염된 토끼의 99.9% 이상을 죽이는 놀라운 효과를 보였다. 그러나 몇 년이 안 돼 훨씬 적은 수의 토끼들이 죽었다. 무슨 일이 일어난 것인가? 최초 토끼 집단 내의 적은 수의 개체들이 우연히 점액종 바이러스에 내성이 생겼다. 이러한 내성 개체들은 질병에서 살아남아 번식함으로써 더 많은 질병 내성 자손들을 생산하였다(그림 17.13). 그리고 시간이 경과함에 따라 질병 내성 토끼들의 수가 증가하였고, 바이러스의 효과는 점점 약해졌다. 토끼 집단이 자연 선택을 통해 점액종 바이러스에 대한 내성을 진화시킨 것이다.

유리한 형질을 갖고 있는 생물체들이 다른 형질을 갖는 생물체들보다 더 많은 자손을 남겨, 시간이 지남에 따라 집단을 변하게 할 때, 자연 선택이 일어난다. 이제 자연 선택의 과정을 좀 더 주의 깊게 살펴보자.

1. **변이**(*variation*). 어느 생물 집단에서는 개체들이 **변이**를 보이는 많은 형질들을 갖고 있다. 즉 개체마다 차이를 보인다. 인간에게는 키, 털 색깔, 머리 모양, 발의 크기, 혈액형 같은 변이를 보이는 형질들이 있다.
2. **유전 가능성**(*heritability*). 많은 형질들이 적어도 어느 정도는 유전자에 의해 결정되므로 **유전적**이다. 즉 그런 형질들은 부모로부터 자손에게 전달된다. 위에서 언급한 인간의 형질들 가운데 어느 것이 유전적인 것인가? 머리 모양을 제외한 모든 것들이 유전 형질이다. 머리 모양은 유전적으로 결정되는 것이 아니기 때문에 유전 형질이 아니다.
3. **자연 선택**(*natural selection*). 변이를 보이는 일부 유전 형질들은 유익한 것이다. 이런 유익한 형질을 갖고 있는 생물체는 그런 형질이 없는 생물체들보다 더 많은 자손을 남길 수 있다. 한 생물체의 **적응도**(**fitness**)는 집단 내의 다른 개체들과 비교해서 일생 동안 남기는 자손의 수로 나타낸다. 한 집단 내의 다른 개체들보다 더 많은 자손을 남기는 한 생물체를 더 큰 적응도를 갖고 있다고 말한다.

(a)

(b)

그림 17.12
(a) 호주에 도입된 토끼는 필립 섬을 포함하여 광범위한 지역의 파괴를 유발하였다. (b) 이 사진은 토끼가 제거된 후의 동일 지역을 보여 준다. 식생이 다시 성장하였다.

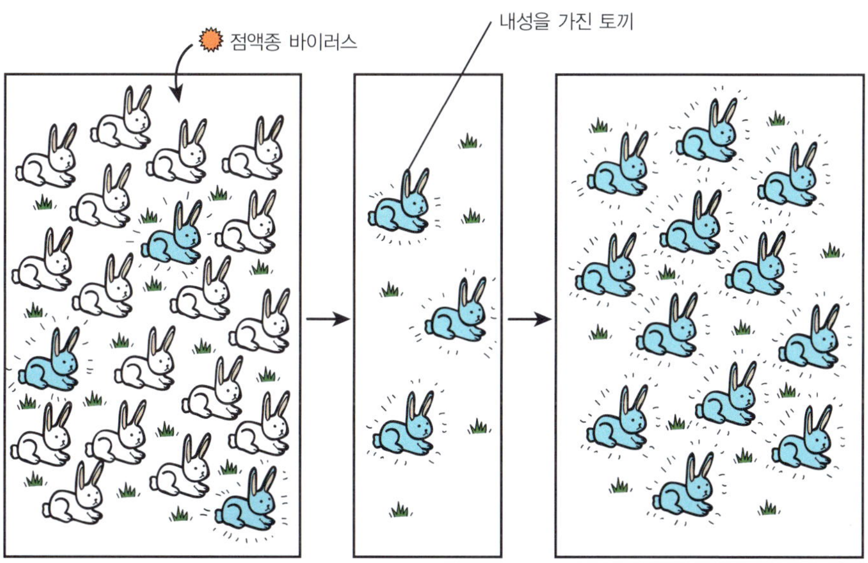

그림 17.13
처음에는 점액종 바이러스에 감염된 토끼의 99.9%가 죽었다. 그러나 자연적으로 생긴 적은 수의 바이러스 내성 토끼(푸른색)들이 생존하여 번식함으로써 자신들의 점액종 바이러스 내성 유전자들을 자손에서 전달하였다. 이후 그 토끼 집단은 더 큰 내성을 갖게 되고, 바이러스의 효과는 더 약화되었다.

그림 17.14
자연 선택은 어떻게 작동하는가?

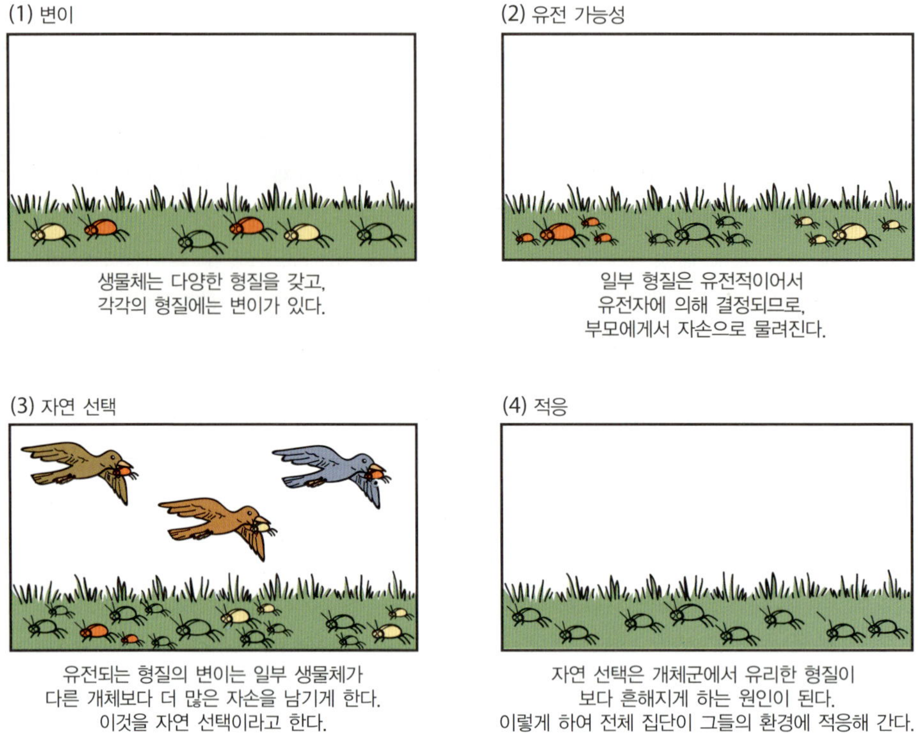

4. 적응(*adaptation*). 유익한 형질을 갖고 있는 생물체들은 좀 더 많은 자손을 남기기 때문에, 유익한 형질이 선택되어 한 집단 내에 더욱 흔해진다. 그 결과가 무엇인가? 그 생물 집단은 자신의 환경에 더 잘 적응하도록 진화한다.

그림 17.14는 자연 선택의 과정을 요약한 것이다. 비록 자연 선택은 한 집단 내의 개체들에게 작용할지라도 일부 개체들이 다른 개체들보다 더 많은 자손을 남기게 하므로, 진화하여 자신의 환경에 적응하게 되는 것은 전체로서의 생물 집단이다.

학습목표
생물체에서 발견되는 다른 종류의 적응들을 예를 들어 설명할 수 있다.

17.5 적응

물음 선명한 색깔이 포식자에게 더 잘 보이게 만든다는 사실에도 불구하고, 일부 새들은 왜 밝은 깃털을 갖고 있을까?

자연 선택은 생물체가 자신들의 환경 속에서 생존과 생식에 잘 맞는 형질들로 **적응**(**adaptation**) 진화할 수 있다. 예를 들면 치타의 빠른 달리기 속도는 생존과 생식에 필요한 먹이를 잡는 것을 도와 준다.

적응은 한 생명체의 삶의 다양한 측면과 결부시킬 수 있다. 그럼에도 불구하고 일반적으로 생존은 성공적인 생식의 중요한 첫 번째 단계이다. 생존은 생명체가 먹이와 다른 필요한 자원을 획득할 수 있어야 가능하다. 생존은 또한 생명체가 누군가 다른 생명체의 먹이가 되는 것을 피해야 한다(그림 17.15). 포식자를 피하기 위한 적응에는 위장, 독성, 또는 숨거나 도망가는 능력 등이 있다.

(a)

(b)

그림 17.15
거의 모든 생명체는 누군가 다른 생명체를 위한 먹이가 되지 않도록 도와 주는 적응 방법을 갖고 있다. (a) 이 선인장의 가시는 대부분의 동물들이 자신을 먹는 걸 방해한다. (b) 문어는 위협을 받았을 때 먹물을 자욱하게 방출하여 자신이 피할 수 있을 만큼 충분히 오랫동안 포식자를 헷갈리게 만든다.

다른 형태의 적응은 생명체가 배우자를 얻도록 도와 주는 것이다. 이런 적응에는 수컷 공작과 극락조의 아름다운 깃털(그림 17.16a), 수컷 개구리의 섹시한 울음소리, 많은 수컷 새들의 매혹적인 노래들이 있다. 수컷들은 같은 종의 암컷들이 자신들을 매력적으로 인식하기 때문에 이런 성적 자극을 일으키는 형질들을 진화시켰다. 다른 생물 종에서는 암컷이 매력적인 형질에 근거해서 자신의 짝을 찾지 않는다. 대신 수컷은 짝을 얻기 위해 다른 수컷들과 싸운다. 이런 수컷들의 적응에는 큰 몸집, 센 힘, 또는 뿔과 같은 싸움용 구조들이 있다(그림 17.16b). 짝을 얻는 데 가장 우수한 개체가 유리하게 작용하는 자연 선택을 **성 선택**(*sexual selection*)이라고도 한다.

(a)

(b)

그림 17.16
배우자를 얻기 위한 일부 적응 현상들. (a) 수컷 극락조의 날개에 있는 아름다운 깃털은 암컷 배우자를 유인하는 데 도움이 된다. (b) 이런 수컷 사슴들은 영역뿐만 아니라 배우자를 지배하기 위해 싸우고 있다.

끝으로, 일부 적응은 새끼를 낳고 키우는 것과 관련이 있다. 그림 17.17은 그런 적응의 하나인 부모의 보살핌을 보여 준다. 자연 선택은 자손의 생존과 번성을 도와줄 수 있는 생명체를 선호하기 때문에 부모의 보살핌이 진화하였다. 부모의 보살핌은 인간을 포함한 많은 동물들에서 발견된다.

그림 17.17
부모의 보살핌은 많은 생물 종에서 일어난다. 이 수컷 독화살 개구리는 자신의 올챙이를 등에 싣고 다닌다.

자연 선택은 시간이 지남에 따라 놀랄 만한 적응들을 만들어 냈다. 자연은 미리 계획하지 않는다. 즉 자연은 매나 북극곰을 만들기 위해 계획을 세우지 않는다. 대신에 적응들은 가장 성공적인 형태에 대한 결코 끝없는 선택을 통해 한 단계씩 확립된다.

작은 수컷 사마귀가 큰 암컷과 짝짓기를 할 때, 수컷은 그의 머리가 암컷에 의해 물려 떨어져 나갈 위험이 있다.

융합과학 17B
물리학

따뜻하게 지내면서 시원하게 유지하기

학습목표
체온 조절의 필요성이 매우 춥고, 매우 더운 서식처에 살고 있는 동물의 크기와 형태에 어떻게 영향을 미치는지 설명할 수 있다.

물음 북극의 포유동물은 왜 비교적 큰 몸체, 짧은 다리, 작은 귀를 갖고 있는가?

우리는 이제 올바른 크기와 모양이라는 것이 어떻게 하나의 적응이 될 수 있는지 알게 될 것이다. 대부분의 포유동물은 꽤 일정한 체온을 유지한다. 예를 들어 사람은 37°C(98.6°F) 근처의 체온을 갖고 있다. 극심하게 덥거나 추운 서식처에서 살고 있는 동물들은 그런 환경 속에서도 체온을 적절하게 유지할 수 있어야 한다. 사막에서는 동물들이 과열을 피하기 위해 열을 잃어버릴 수 있어야 하며, 추운 서식처에서는 동물들이 열을 간직할 수 있어야 한다.

체온 조절의 핵심 요인은 한 동물의 표면적 대 부피 비율이다.(이 비율은 세포와 관련해서 15장에서도 설명하였다.) 한 동물이 생성하는 열은 자신의 부피에 달려 있다. 동물은 신체의 표면을 통해 열을 잃어버리기 때문에, 환경으로 잃어버리는 열은 자신의 표면적에 의해 결정된다. 결과적으로 표면적 대 부피의 비율이 높은 동물은 열을 더 잘 **잃어버릴** 수 있고, 표면적 대 부피의 비율이 낮은 동물은 열을 더 잘 **유지할** 수 있다. 이것은 극심한 서식처에 사는 동물들의 크기와 모양에 중요하다.

그림 17.18
캐러멜로 덮여 있는 사과 표면의 캐러멜 양은 그 표면적으로 결정된다. 캐러멜로 덮여 있는 사과의 양은 그 부피에 의해 결정된다. 표면적 대 부피의 비율은 캐러멜의 양을 사과의 양으로 나눈 값이다. 캐러멜로 덮인 작은 사과는 이 비율이 높고, 큰 사과는 이 비율이 낮다.

큰 동물은 성장하면서 표면적보다 부피가 훨씬 빨리 증가하기 때문에 표면적 대 부피의 비율이 **낮은** 경향을 보인다(15장 참조). 이런 이유 때문에 추운 서식지에 사는 동물은 따뜻한 서식지에 사는 종들보다 더 큰 것을 볼 수 있다. 예를 들어 세계에서 가장 작은 곰은 동남아시아의 열대 우림에서 발견되는 말레이곰이다(그림 17.19). 성체가 된 말레이곰의 몸무게는 27~65 kg이다. 북극 지방을 돌아다니는 세계에서 가장 큰 곰인 북극곰의 성체 몸무게는 200~800 kg이다.

(a) (b)

그림 17.19
(a) 작은 말레이곰은 동남아시아의 열대 우림에서 발견된다. 작은 동물은 표면적 대 부피의 비율이 높기 때문에 열을 더 잘 잃을 수 있다. (b) 세계에서 가장 큰 육지 육식동물인 북극곰은 극지방 도처에서 발견된다. 큰 동물은 표면적 대 부피의 비율이 낮기 때문에 열을 더 잘 간직할 수 있다.

그림 17.20
(a) 검은 꼬리 산토끼(black–tailed jackrabbit)는 미국의 캘리포니아 사막에 산다. 귀에 넓게 퍼진 혈관들이 열을 발산하는 데 도움이 된다. 이 토끼 역시 긴 다리를 갖고 있다. (b) 극지방 산토끼는 검은 꼬리 산토끼의 동족이다. 그러나 그의 귀는 훨씬 더 작다.

덥거나 추운 기후에 적응된 동물들 역시 형태에 차이가 있다. 사막의 생물 종들은 종종 긴 다리와 큰 귀를 갖고 있어서 열 발산을 위해 이용할 수 있는 표면적을 증가시킨다. 그들의 다리와 귀도 몸의 중심에서 피부로 열을 운반하는 혈관들로 넓게 덮여 있다. 이런 피부에서는 공기를 움직여서 열을 전달하는 대류 현상이 일어나 시원하게 만든다. 극지방의 생물 종들은 종종 열을 보존하는 데 도움이 되는 짧은 다리와 작은 귀를 갖고 있다. 이러한 동물의 한 예가 그림 17.20에 제시된 토끼이다.

17.6 진화와 유전학

학습목표
유전학에 대한 이해가 진화 기작과 유전적 기원에 관한 통찰력을 어떻게 만들어 냈는지 설명할 수 있다.

물음 우연히 일어나는 일이 하나의 개체군을 진화할 수 있게 하는가?

지금까지 기린의 목 길이, 치타의 속도, 부추나방의 색깔 등등 생명체의 형질에 자연선택이 어떻게 작용하는지 살펴보았다. 형질은 단지 진화에 대한 설명의 일부분이다. 부모로부터 자손에게 전달된 것은 형질이 아니고, 유전자이다. 20세기 중반에 다윈의 진화론에 현대 유전학(16장 참조)이 도입되면서, 생물 집단이 어떻게 진화하는지에 대하여 새로운 이해가 많이 이루어지게 되었다.

유전자에 대해 초점을 맞추면서 진화를 설명하는 것은, **시간이 경과함에 따라 유전자의 대립 인자 빈도의 변화로** 이어진다. **대립 인자의 빈도**(*allele frequency*)는 공동의 다른 대립 인자들이 어떻게 한 집단 내에 존재하는지를 설명한다. 예를 들어 앞에서 논의된 부추나방은 밝은 색 대립 인자(a)와 어두운 색 대립 인자(A)를 갖고 있다. 다수의 밝은 색 부추나방과 소수의 어두운 색 부추나방으로 구성된 집단은 아마도 92%의 a와 8%의 A 대립 인자를 갖고 있을 수도 있다. 서식지의 오염이 더 심해지면 어두운 색 부추나방은 점점 더 흔해지고, 어두운 색 대립 인자의 빈도가 증가하게 된다. 어떤 오염 지역에서는 대립 인자의 빈도가 5%의 a, 95%의 A가 될 수도 있다.

자연 선택을 대립 인자의 빈도라는 용어로도 설명할 수 있다. (1) 한 집단 내에서 특정 유전자에 대해 다수의 대립 인자들이 존재할 때, 그 유전자에 변이가 있는 것이다. 예를 들어 부추나방의 색깔에 대해 *A*와 *a*라는 두 개의 대립 인자가 있다. (2) 어떤 특수한 대립 인자는 한 생명체에게 그 집단 내의 다른 생명체들보다 더 많은 번식을 허용하는 이점을 제공할 수도 있다. 예를 들어 오염된 서식지에서는 *A* 대립 인자가 유리하다. (3) 결과적으로, 유리한 대립 인자의 더 많은 복사체들이 다음 세대로 전달되어 그 집단 내에 유리한 대립 인자의 빈도가 증가한다. 한 오염된 서식처에서 *A* 대립 인자의 빈도가 증가한다.

AA Aa

그림 17.21
자연 선택은 표현형에 작용하고, 유전자형에는 작용하지 않는다. 이와 같은 두 어두운 나방의 경우에는 표현형(어두운 색깔)이 문제이지, 유전자형(*AA* 대 *aa*)은 문제가 안 된다.

비록 자연 선택이 유전자와 대립 인자의 빈도에 **영향을 미칠지라도**, 자연 선택이 **직접적으로** 유전자에 작용하지 않는다는 사실에 유의해야 한다. 다른 방식으로 표현해 보면, 자연 선택은 한 생명체의 표현형(형질)에 작용하고, 유전자형(유전자)에는 작용하지 않는다는 것이다. 왜 그런지 알아보기 위하여 부추나방으로 다시 돌아가 보자. 부추나방에서 어두운 색 대립 인자(*A*)는 우성이고, 밝은 색 대립 인자(*a*)는 열성이다. 이것은 *AA*와 *Aa* 부추나방은 둘 다 어두운 색 날개를 갖고 있다는 것을 의미한다(그림 17.21). 새가 나방을 먹을 가능성은 나방의 표현형(어둡거나 또는 밝거나)에 달려 있는 것이지, 그 나방의 유전자형에 달려 있는 것은 아니다. 새는 나방의 유전자형이 *AA*이든 *Aa*이든 동일한 확률로 검은색 나방을 먹는다.

진화의 기작

자연 선택은 진화의 배후에 있는 원동력으로, 생물 집단이 자신들의 환경에 적응하게 만든다. 그러나 자연 선택이 집단을 진화하게 만드는 유일한 기작은 아니다. 생물 집단은 또한 돌연변이 압력, 유전적 부동, 유전자 이동 때문에 시간이 경과함에 따라 변한다. 이러한 과정들을 이해하기 위해서 부추나방을 다시 고찰해 보자.

부추나방의 색깔을 결정하는 대립 인자들이 다른 것들보다 돌연변이가 한 방향으로 더 쉽게 일어나게 하는 **돌연변이 압력**(*mutation pressure*)이 존재한다. 예를 들어 어떤 유전적 돌연변이는 어두운 대립 인자의 밝은 대립 인자로의 전환을 그 반대로의 전환보다 더 잘 할 수도 있다. 그런 경우라면, 시간이 경과하면서 밝은 대립 인자의 빈도는 증가할 것이다.

유전적 부동(**genetic drift**)은 우연에 의한 생물 집단의 진화이다. 밝은 나방과 어두운 나방이 동등하게 성공하는 반 정도 오염된 마을, 즉 어떤 대립 인자도 유리하지 않은 경우를 상상해 보라. 이제 갑작스러운 폭풍이 마을의 부추나방 집단의 일부를 휩쓸어갔다고 가정해 보자. 어두운 색의 나방이 더 많이 생존하는 일이 그저 우연히 일어날 수도 있었을 것이다. 그렇다면 어두운 색의 대립 인자 빈도는 증가할 것이다. 유전적 부동은 진화(시간이 지남에 따라 나타나는 한 집단 내의 유전적 변화들)를 일으키지만, 이런 진화는 자연 선택의 결과는 아니다. 즉 어두운 색 대립 인자가 유리한 것이 아니다. 유전적 부동은 우연히 한 종류의 대립 인자가 다른 종류의 대립 인자보다 더 많이 다음 세대에 전달될 때 일어날 수도 있다. 예를 들어 밝은 나방과 어두운 나방이 동등한 적응도를 갖고 있을지라도, 어느 한 해에 밝은 나방이 우연히 더 많은 자손을 남길 수도 있었을 것이고, 따라서 어느 한 해에 우연히 더 많은 밝은 대립 인자를 남길 것이다. 유전적 부동은 동전던지기와 매우 유사하게 작용한다(그림 17.22). 우리 상상의 마을에서 밝은 나방과 어두운 나방은, 동전을 던졌을 때 앞뒷면이 동등하게 나타날 것으로 예상되는 것과 같은 방식으로 동등하게 생존하고 번식할 것이다. 그러나 동전을 100번 던진다면, 항상 **정확하게** 앞면 50번, 뒷면 50번을 얻지는 못할 것이다. 이와 같이 다음 세대에 태어난 나방 100개체 가운데 **정확하게** 밝은 나방 50개체와 어두운 나방 50개체일 필요는 없다.

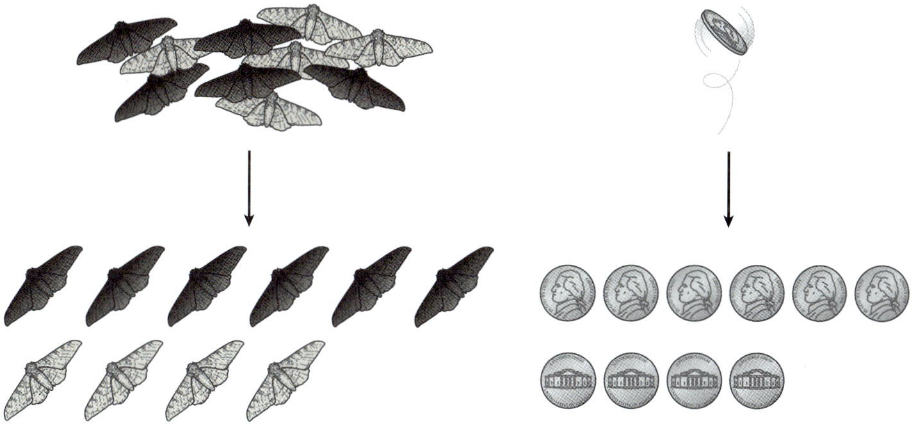

그림 17.22
만일 밝은 나방과 어두운 나방이 동등한 적응도를 갖고 있다면, 그들은 같은 수의 자손을 남길 것으로 예상할 수 있다. 그러나 오로지 우연히, 한 그룹이 다른 그룹보다 더 많은 자손을 남길 수 있었다면, 결과적으로 유전적 부동이 일어난다. 이것은 동전을 10번 던질 때, 동전의 앞면과 뒷면이 같은 수로 나올 것으로 예상이 되더라도, 앞면이나 뒷면 중 어느 한쪽이 더 많이 나올 수도 있다는 것과 같은 이유이다.

작은 집단에서는 우연히 일어나는 일이 대립 인자의 빈도에 현저하게 변화를 일으키기가 훨씬 쉽기 때문에, 유전적 부동은 특히 작은 집단에서 중요하다. 왜 그런지를 이해하기 위해서는 동전을 10번(작은 집단) 던지는 것과 1000번(큰 집단) 던지는 것을 대비하여 고찰해 볼 필요가 있다. 만일 10번 던지는 경우에 60%의 앞면이 나오는 것(즉 6번의 앞면과 4번의 뒷면)은 결코 일어날 수 없는 일이 아니다. 그러나 1000번 던졌을 경우에 유사한 결과(600번의 앞면과 400번의 뒷면)를 얻는 것은 실질적으로 불가능하다.

유전자 흐름(**gene flow**)은 한 생물 집단 내로 또는 밖으로 대립 인자의 최종 이동 결과로 인한 대립 인자 빈도의 변화를 의미한다. 예를 들어 앞에서 논의된, 반 정도 오염된 마을이 밝은 나방의 한 집단의 서식지인 깨끗한 삼림 지대 옆에 있을 수 있다. 이런 밝은 나방의 소수가 삼림 지대에서 마을로 이주한다면, 밝은 대립 인자의 빈도는 증가할 것이다.

변이는 어디에서 오는가?

자연 선택은 변이 없이 일어날 수 없다. 게다가 더 많은 변이를 갖고 있는 집단은 변화하는 환경에 적응할 수 있는 더 좋은 기회를 갖는다. 이것은 더 많은 변이가 있다면, 그 집단 내의 어딘가에 일부 개체들이 새로운 조건하에서 생존할 수 있게 하는 대립 인자들이 있을 가능성이 더 크기 때문이다. 예를 들어 모든 나방이 밝은 색이고 어두운 색이 없었다면, 산업 혁명 기간 동안 후추나방에는 어떤 일이 일어날 수 있었을까? 오염된 지역에서는 오로지 밝은 나방의 집단들만 죽어서 사라졌을 것이다. (21장에서 우리는 한 서식지에 많은 종류의 **생물 종**들이 있으면 적어도 일부 생명체들은 환경의 주요 변화를 극복할 기회가 증가한다는 것을 이해하게 될 것이다.)

하지만 변이는 어디에서 오는가? 생물학자들은 이런 질문에 대한 답을 유전학에 대한 이해에서 찾을 수 있었다. 유전적 돌연변이(16장 참조)는 끊임없이 집단 내에 새로운 변이를 만들어 낸다. 예를 들어 하나의 유전적 돌연변이가 한 단백질의 아미노산을 변화시키면, 주어진 유전자에 새로운 대립 인자를 생성할 수도 있다. 유성 생식은 다른 형질들에 대한 대립 인자들을 새로운 조합으로 함께 모음으로써 변이에도 기여한다.

17.7 생물 종은 어떻게 형성되는가?

물음 왜 종 분화는 종종 지리적 장벽의 도입과 연계되어 있을까?

자연 선택과 다른 기작을 통해, 진화가 생물 집단을 시간에 따라 어떻게 진화시키는지 알아보았다. 그렇다면 다른 종류의 생명체들이 지구 상에 어떻게 출현하였는지를 진화로 설명할 수 있는가?

그림 17.23
두루미는 구애를 할 때 서로 주위를 돌면서 춤을 추고, 머리를 위아래로 까닥거리고, 목을 늘이고, 날개를 펼치고, 공중으로 펄쩍 뛰어오르고, 음을 맞춰 노래를 한다. 만일 이런 모든 행동을 제대로 할 수 있지 않는 한, 두루미는 짝짓기에 성공할 가망이 거의 없다.

생물 종(**species**)은 그 구성원들끼리는 서로 생식이 가능하지만 다른 종의 구성원들과는 생식이 불가능한 생물의 한 집단이다. (이 정의는 유성 생식을 하는 생명체들에게만 적용된다는 것을 주목하라. 무성 생식을 하는 생명체들에서 생물 종은 일반적으로 유사한 특징과 생활 양식에 의해 인정된다.) 새로운 종이 형성되는 **종 분화**(**speciation**)의 핵심은 두 생물 집단의 상호 교배를 방해하는 **생식적 장벽**(*reproductive barrier*)의 진화를 의미한다.

생식적 장벽에는 수정 전(prezygotic) 장벽과 수정 후(postzygotic) 장벽의 두 종류가 있다. (*zygote*는 수정이 이루어진 난자이다. 따라서 *prezygotic*은 '수정이 일어나기 전'을 의미하고, *postzygotic*은 '수정이 이루어진 후'를 의미한다.) **수정 전 생식적 장벽**은 서로 다른 종의 개체들이 짝짓기하는 것을 우선 방해하거나, 또는 짝짓기를 한다면 수정이 일어나는 것을 방해한다. 많은 형태의 수정 전 장벽들이 존재한다. 생물들은 번식하는 시기, 장소가 다를 수 있다. 또는 구애 의식의 세부적인 면에서 다를 수 있다. 그들의 생식 기관들이 서로 정확하게 맞지 않을 수 있다. 또는 정자가 전달된다면 다른 요인들이 수정을 방해할 수도 있다. 그림 17.23은 수정 전 생식적 장벽의 한 예를 보여 준다. **수정 후 생식적 장벽**은 수정이 일어난 후에 작용한다. 수정 후 장벽은 짝짓기에 의해 생존할 수 없거나, 그들 스스로는 번식이 불가능한 불임인 잡종 개체가 생산될 때 일어난다. 말과 당나귀의 자손인 노새는 불임으로, 생식이 불가능하다. 마찬가지로 사자와 호랑이의 교배로 태어나는 라이거는 불임이다(그림 17.24).

그림 17.24
수정 후 생식 장벽 – 사자와 호랑이의 잡종인 라이거는 불임이다.

이제 생식적 장벽과, 그로 인한 새로운 종이 어떻게 진화하는지 살펴보자. **이소적 종 분화**(**allopatric speciation**)에서는 지리적 장벽이 하나의 집단을 격리된 두 집단으로 나눈 후에 새로운 종들이 형성된다(그림 17.25). 산맥, 강, 해양, 협곡, 또는 수생생물의 경우 땅 한 조각이 지리적 장벽이 될 수도 있다. 일단 두 집단이 서로 지리적으로 격리되면, 그들은 독립적으로 진화한다. 시간이 지남에 따라 자연 선택과 유전적 부동이 상호 교배를 방해하는 핵심적인 차이를 만들어 내는 진화에 기여할 수도 있다. 생식적 장벽이 진화하면, 다른 집단들은 독립된 생물 종이 된다. 이소적 종 분화의 많은 사례들이 보고되고 있다. 300만 년 전에 일어난 파나마 지협의 융기는 태평양으로부터 카리브 해를 분리시킴으로써 수백 종류의 해양 생물들이 카리브 집단과 태평양 집단으로 나누어지게 되었다. 그림 17.26에 있는 놀래기를 포함해 대부분의 이런 집단들은, 그 후에 생식적 장벽을 진화시킴으로써 종 분화가 되었다. **적응 방산**(*adaptive radiation*)은 하나의 조상으로부터 각각 다른 생활 양식으로 적응된 많은 새로운 종들이 진화하는 이소적 종 분화의 놀랄 만한 예가 된다. 많은 적응 방산이 지리적 격리의 기회가 많은 여러 섬들로 이루어진 군도에서 일어났다. 적응 방산은 종종 하나의 새로운 서식지가 생물에 의해 정착된 후에 일어난다. 적응 방산의 예로, 갈라파고스 군도의 대표적인 13종

그림 17.25
지리적 장벽은 개체군을 격리시켜 독립적으로 진화하도록 한다. 어떤 경우에는 생식적 장벽이 진화하여 이소적 종 분화를 일으킨다. 이런 예에서 한 산맥에 의해 나누어진 새들의 구애 노래가 달라지면서 수정 전 생식적 장벽이 생긴다.

의 다윈의 방울새, 그리고 깃털, 부리의 형태와 크기, 먹이가 다른 30종 이상이 포함된 하와이 꿀빨기멧새를 포함한다(그림 17.27).

동소적 종 분화(**sympatric speciation**)는 지리적 격리 없이 일어난다. 동소적 종 분화는 이소적 종 분화보다 흔하지 않고, 종종 갑작스러운 염색체 변화의 결과로 나타난다. 생물체가 잘못된 감수 분열의 결과로 일상적인 두 세트의 염색체보다 더 많이 유전하여 생기는 **배수성**(*polyploidy*)이, 이러한 염색체 변화의 하나이다(16장 참조). 그림 17.28a는 배수성을 통해 생긴 종인 바람꽃을 보여 준다. 이 꽃은 각 염색체마다 2개가 아닌 4개를 갖고 있다. 동소적 종 분화는 교잡에 의해서도 역시 생길 수 있다. **교잡**(*hybridization*)은 두 생물 종이 상호 교배를 통해 번식 능력이 있는 자손을 생산할 때 일어난다(그림 17.28b). 배수성과 교잡 모두에

그림 17.26
3백만 년 전에 일어난 파나마 지협의 융기는 태평양과 카리브 해의 해양 개체군을 분할시켜, 수많은 이소적 종 분화의 사례를 만들어 냈다. 푸른 머리 놀래기(카리브 해)와 무지개 놀래기(태평양)는 이전에는 태평양과 카리브 해에 걸쳐 분포하던 단일 조상종에서 유래한 것이다.

그림 17.27
하와이꿀빨기멧새는 30종 이상의 새로 구성된 적응 방산을 보여 준다. 꿀빨기멧새들은 깃털, 부리의 형태와 크기, 그리고 먹이에서 차이가 있다. 불행하게도 많은 종들은 서식지 파괴와 토끼, 돼지, 몽구스, 고양이, 모기 등 외래종의 도입으로 인해 멸종되거나 멸종 위기에 처하였다. (모기는 일부 조류 말라리아를 운반하기 때문에 해롭다.)

그림 17.28
동소적 종 분화는 종종 갑작스러운 염색체 변화에 의해서 일어난다. (a) 바람꽃의 한 새로운 종(오른쪽)이 배수성을 통해 생성되었다. 왼쪽에 있는 것이 부모 종이다. 염색체의 수가 2배인 것을 주목하라. (b) 해바라기(Helianthus anomalus)(오른쪽)는 다른 두 해바라기 종의 교잡으로 생겼다(왼쪽과 가운데).

서, 새로운 종과 부모 종 사이의 염색체 차이가 상호 교배를 방해한다. 이런 형태의 종 분화는 동물보다는 식물에서 더 흔하다.

17.8 진화의 증거

학습목표
진화론을 뒷받침하는 다양한 주요 증거들의 예를 제시할 수 있다.

물음 옥수수의 낟알, 개의 며느리발톱, 사람의 손이 어떻게 진화에 대한 증거가 되는가?

모든 과학 이론은 우리가 자연에서 관찰해야 하는 것에 대해 예측을 한다(1장 참조). 이런 예측들이 입증되면, 그 이론은 지지를 받게 된다. 진화론은 자연계의 관찰에 대해 반복적으로 검증되었고, 진화의 증거도 압도적으로 많다. 진화에 대한 다음의 9가지의 주요 증거들이 진화가 지구 상의 생명체 다양성을 만들어 냈다는 생각을 뒷받침한다. (1) 작용 중인 자연 선택의 관찰, (2) 인위 선택, (3) 신체 구조의 유사성, (4) 흔적 기관, (5) DNA와 분자적 증거, (6) 발생 형태, (7) 생명체의 계층적 구성, (8) 생물지리학, (9) 화석. 여기서는 처음 8가지의 주제를 살펴보고, 화석은 〈융합과학 17C〉에서 고찰해 볼 것이다.

1. **작용 중인 자연 선택의 관찰.** 많은 경우에 과학자들은 자연 선택이 생물 집단에서 진화적 변화를 일으키는 것을 관찰해 왔다. 그들은 생물 집단의 실질적 변화를 관찰하고 측정하였다. 우리가 검토하였던 경우의 일부도 이런 예에 포함된다. 호주 토끼는 점액종 바이러스에 대한 저항성을 갖도록 진화하였고, 시간이 지남에 따라 점점 더 낮은 비율의 개체들이 이 질병으로 죽게 되었다. 후추나방은 그들의 환경 속에서 더 잘 위장할 수 있게 진화하였다(어두운 나방은 서식지가 오염되면서 점점 더 흔해졌고, 오염이 정화되면서 점점 희박해졌다). 박테리아는 어떤 항생제에 대한 저항성을 갖도록 진화되어, 이 항생제가 더 이상 그 박테리아에 의한 감염을 제어할 수 없게 되었다. 과학자들은 또한 다윈의 방울새의 부리가 가뭄 뒤에 어떻게 진화하는지, 곤충의 살충제에 대한 저항성을 어떻게 진화하는지, 그리고 매우 다양한 다른 생물 집단에서의 자연 선택을 연구하였다.
2. **인위 선택.** 인위 선택(**artificial selection**)은 바람직한 형질을 갖고 있는 생명체들에 대한 선택적 교배를 통해 유사한 형질을 갖고 있는 생명체를 얻는 것이다. 인간은 항상 가축과 농작물의 바람직한 형질들에 대한 인위 선택을 한다. 예를 들면 더 빠른 경마를 얻기 위해 빠른 경마들을 교배시키거나, 다른 종류의 개들을 교배시켜 더 우수한 사냥개, 가축을 지키는 개, 썰매를 끄는 개 등을 얻는 것 등이다(그림 17.29). 그리고 딸기의 다양한 품종을 교배시켜 가장 빨리 성장하고, 가장 달콤한 딸기를 얻는다. 인간은 인위 선택 과정에서 다른 생물들의 생식적 성공을 조절함으로써, 시간이 지남에 따라 집단 내에 뚜렷한 진화적 변화가 생기게 한다. 이런 것들은 급격한 변화가 될 수 있다(치와와는 그가 유래하였던 동물인 늑대와 얼마나 다른지 생각해 보라). 또는 그림 17.30에서 오늘날 우리가 먹는 옥수수와 돼지옥수수의 차이를 찾아보라. 옥수수는 돼지옥수수로부터 육종 개량되었다. 인위 선택은 인간에게 필요한 형질들을 갖고 있는, 셀 수없이 많은 형태의 가축과 농작물을 만들어 냈다.
3. **신체 구조의 유사성.** 생물 종들의 신체 구조에서 진화적 역사의 증거를 찾아볼 수 있다. 예를 들어 서로 다른 포유동물들의 팔다리를 고찰해 보자. 다른 포유동물은 다른 목적으로 자신의 앞다리를 이용한다. 인간은 자신의 앞다리를 도구를 조작하기 위해 팔과 손으로 이용하고, 고양이는 걷기 위해 이용하고, 고래는 지느러미발로서 이용하고, 박쥐는 날개로 사용한다. 이런 동물들이 각각 독립적으로 유래되었다면, 우리는 각자의 팔다리가 완전히 다르게 보일 것으로 예상할 것이다. 각각의 팔다리는 기능이 거의 없는 상태부터 최고로

그림 17.29
인위 선택으로 다양한 종류의 개가 생겨났다.

그림 17.30
옥수수(아래)는 세계에서 가장 중요한 농작물 가운데 하나로서, 돼지옥수수 또는 테오신테(위)라 불리는 조상격 식물로부터 인위 선택을 통해 어렵게 개량되었다. 테로신테는 옥수수 속이 작고, 낟알이 몇 줄뿐이며, 먹을 수 없는 딱딱한 씨껍질을 갖고 있다.

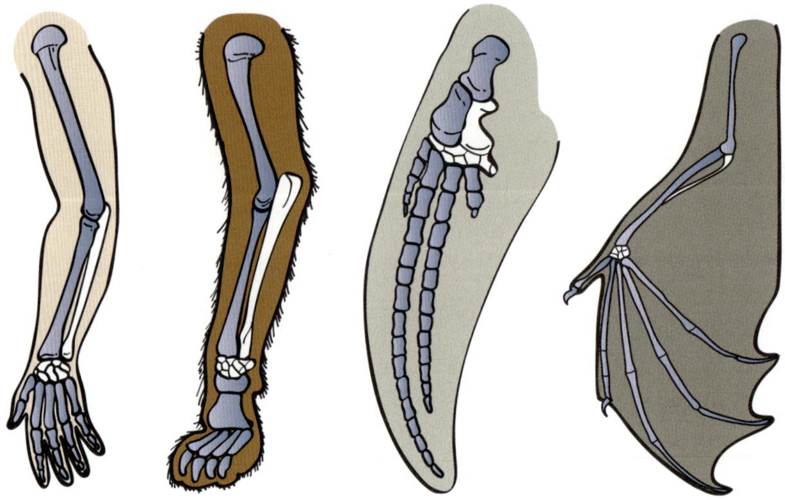

그림 17.31
이런 포유동물들의 팔다리는 다른 활동을 위해 사용되지만, 같은 골격 조합으로 이루어져 있다. 이런 사실은 그들이 하나의 공통 조상으로부터 유래하였다는 증거이다.

그림 17.32
텍사스 장님 도롱뇽은 빛이 없는 동굴에서 산다. 이 도롱뇽은 피부로 덮인 흔적 눈(그림의 검은 점)을 갖고 있다.

수행할 수 있는 상태까지 설계될 수 있었을 것이다. 그러나 사람의 손, 고양이의 다리, 고래의 지느러미발, 그리고 박쥐 날개는 기능은 서로 다르지만, 모두 같은 골격의 배열을 보여 준다(그림 17.31). 이것은 팔다리가 공통의 조상으로부터 유래한 후, 자연 선택을 통해 다른 기능에 맞게 변형되었다는 것을 의미한다.

4. **흔적 기관.** 한 생명체의 진화 역사는 종종 자신의 신체에 그 흔적을 남긴다. 일부 생물은 흔적 기관을 갖고 있다. **흔적 기관**(*vestigial organ*)은 기능이 없다(이것은 그 생물의 조상에서 발견되는 한 기관의 흔적일 뿐이다). 예를 들어 다리가 없는 뱀을 생각해 볼 수 있다. 그러나 어떤 뱀들은 실제로 작고, 불완전한 뒷다리를 갖고 있다는 것을 알고 있는가? 그 작은 돌출부는 용도가 없고, 단지 한때 더 큰 팔다리였던 흔적일 뿐이다. 뱀의 흔적 기관인 뒷다리는, 뱀이 다리를 갖고 있는 동물로부터 진화하였다는 증거이다. 같은 방법으로, 많은 장님 동굴 생물 종은 빛이 없는 그들의 서식지에서 기능을 발휘하는 눈은 없지만, 흔적 눈은 간직하고 있다(그림 17.32). 이러한 흔적 기관들은 동굴 생물 종들이 눈을 갖고 있는 동물로부터 진화하였다는 것을 의미한다.
5. **DNA와 분자적 증거.** 관련이 있는 생물 종들의 DNA는 유사한 염기 서열을 갖고 있다. 실제로 두 생물 종의 관계가 더 가까울수록, 그들의 DNA 서열은 더 유사한 경향을 보인다. 이것은 단백질을 암호화하는 DNA 서열뿐만 아니라, 알려진 기능이 없는 DNA 서열에 대해서도 사실이다. 지구 상의 각 생물 종이 독립적으로 유래되었다면, 관련된 생물 종들에서 유사한 비암호화 DNA를 발견하리라고 기대할 수 있을까? DNA의 유사성은 DNA가 각 생물 종에서 독립적으로 유래된 것이 아니라, 하나의 공통 조상으로부터 유래된 후 진화 과정에서 변형되었다는 것을 의미한다.
6. **발생 형태.** 관련된 종들은 유사한 방법으로 발생한다. 각 생물 종이 지구 상에서 독립적으로 유래되었다면, 발생의 유사성을 기대할 수 없을 것이다. 예를 들어 사람은 꼬리가 없지만, 다른 척추동물과 마찬가지로 발생 과정에서 꼬리가 있는 단계를 거친다(그림 17.33).
7. **생명체들의 계층적 구성.** 다윈의 진화론은 지구의 생물 종의 다양성을 많은 종 분화라는

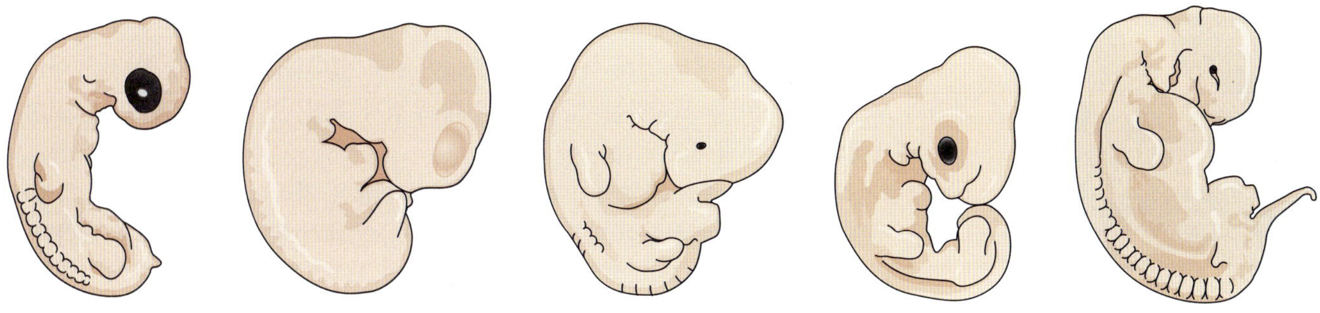

그림 17.33
연관된 생물 종들은 발생 과정에서 유사한 단계들을 거친다. 사람은 꼬리를 갖고 있지 않지만, 사람의 배아는 다른 척추동물처럼 꼬리가 있는 단계를 거친다.

사건들을 통해 생기는 것으로 설명해 준다. 이런 경우라면 생명체들이 '그룹 안에 또 그룹이 존재하는' 계층적 세트들로 조직화될 수 있을 것으로 예상된다. 각 생물 종은 거리가 더 먼 관련 생물들과는 더 적은 형질을 공통적으로 갖고 있어야 한다. 그리고 좀 더 최근에 분리된 종과는 더 많은 형질을 공통적으로 갖고 있어야 한다. 이것이 사실상 생명체들이 지구 상에서 어떻게 조직화되는지를 보여 준다. 예를 들어 사람은 어류, 양서류, 파충류, 포유류와 같은 다른 척추동물들과 척추를 공유한다. 즉 사람은 양서류, 파충류, 포유동물 같은 육상 척추동물과는 팔다리를 공유하지만, 좀 더 거리가 먼 어류와는 공유하지 않는다. 또 사람은 파충류와 포유동물과는 물이 스며들지 않는 피부를 공유하지만, 좀 더 거리가 먼 양서류와는 공유하지 않는다. 사람은 자신의 자손을 젖으로 보육하는 형질을 다른 포유동물과 공유하지만, 좀 더 거리가 먼 파충류와는 공유하지 않는다. 진화에 의해 예측된 대로, 생명체들은 하나의 계층적 구성에 꼭 맞는다. 생명체들 전반에 걸쳐 산재된 형질들은 볼 수 없다. 예를 들어 우리는 하나의 척추를 척추동물에 첨가해서 일부 벌레, 일부 곤충, 그리고 일부 달팽이에서 볼 수는 없다. 생명체들이 갖고 있는 특징들은 그들의 진화적 역사와 연관성에 근거하면 이해가 된다.

8. **생물지리학.** 생물지리학은 생물 종들이 지구 상에 어떻게 분포되었는지를 탐구하는 것이다. 생물지리학은 진화와 일치한다. 이것은 생명체가 하나의 일정한 장소에서 진화한 후 그들이 퍼져 나갈 수 있었던 장소에 후손을 남겨 놓았다는 생각을 뒷받침한다. 생물지리학은 생명체들이 특정 형태의 서식처에 맞도록 특별하게 설계된 후, 이런 서식처가 생기는

그림 17.34
유사한 서식지를 갖고 있는 북극과 남극은, 매우 다른 생물 종들이 차지하고 있다. 북극곰은 북극에서는 발견되지만 남극에서는 발견되지 않는다. 펭귄은 남극에서는 발견되지만 북극에서는 발견되지 않는다.

그림 17.35
섬에는 왜 육상 척추동물이 드물거나 없을까? 반면에 나는 생물종들은 왜 흔할까? 이 하와이 흰박쥐는 인간이 하와이 섬으로 이주하기 전에 발견되었던 유일한 포유동물이다.

곳으로 분포되었다는 생각을 지지하지는 않는다. 예를 들어 북극과 남극은 유사한 환경을 갖고 있지만, 그 두 곳에는 전혀 다른 생물 종들이 살고 있다(그림 17.34). 이것은 아메리카와 오스트랄라시아를 포함하는 신세계의 열대 우림과 유럽, 아시아, 아프리카를 포함하는 구세계의 열대 우림에도 똑같은 사실이다.

생물지리학은 많은 종들의 영역이 해양이나 산맥과 같은 지리적 장애물에 의해 묶여 있다는 것을 보여 준다. 예를 들어 많은 생명체들이 하나의 대륙에 한정되어 있다. 게다가 밀접하게 관련되어 있는 종들은 가까운 곳에서 함께 발견된다. 이것은 그들이 한 장소에서 진화하여 퍼져 나간 것을 의미한다. 예를 들어 모든 다윈의 방울새는 갈라파고스 안에서 또는 인접한 곳에서 발견되고, 모든 하와이꿀빨기멧새는 하와이에서 발견된다. 유사하게, 섬 생물 종들은 일반적으로 가장 가까운 대륙에서 발견되는 종들과 매우 밀접하게 관련되어 있다. 많은 섬 생물 종들은 고유종이다. 고유종이란 지구 상 다른 곳에서는 발견되지 않는다는 것을 의미한다. 최종적으로, 섬은 날아다니는 많은 동물들이 차지하고 있고, 육생동물은 매우 소수가 살고 있다(그림 17.35). 이러한 모든 사실들은 생명체들이 지구 전반에 걸쳐 목적을 갖고 퍼져 나간 것이 아니라, 한 장소에서 진화하여 그들이 퍼져 나갈 수 있는 곳에 자손을 남겼다는 것을 의미한다.

학습목표
화석이 어떻게 진화의 증거가 되는지 설명할 수 있다.

융합과학 17C
지구과학

화석: 진화에 대한 지구의 명백한 증거

물음 고래 화석은 왜 다리를 갖고 있는가?

진화는 지구의 암석에 화석이라는 기록을 남겨 왔다. 화석이 포함된 암석의 형성 시기를 측정할 수 있기 때문에, 일정한 집단의 생명체들의 진화를 시간에 따라 추적할 수 있다. 예를 들어 고래 화석은 고래가 유제(hoofed) 포유동물의 후손이라는 것을 보여 준다. 고래 화석은 많은 핵심적인 고래 형질들이 어떻게 진화하였는지를 보여 준다. 그림 17.36a는 시간이 경과함에 따라 고래의 콧구멍이 두개골의 전면에서 정수리로 이동해 분수공을 형성하였다는 것을 보여 준다. 고래 화석은 또한 고래가 물속에서의 생존을 위해 더욱 더 적응해 가면서 자신의 뒷다리를 어떻게 잃어버렸는지 보여 준다. 5000만 년 된 **암블로케투스**(*Ambulocetus*)라는 고래 화석은 육지에서의 활동과 수영을 하는 데 모두 사용되었던 큰 뒷다리를 갖고 있다(그림 17.36b). 암블로케투스는 앞다리 위에 작은 발굽도 갖고 있는데, 이것이 고래가 유제 포유류의 후손이라는 확실한 증거이다. 4600만 년 된 고래 화석인 **로도케투스**(*Rhodocetus*)는 짧아진 뒷다리를 보여 준다. 이 다리는 척추에 부착되지 않았기 때문에 많은 무게를 지지할 수 없었을 것이다. 로도케투스는 또한 수영에 효과적이었을 뚜렷한 꼬리 근육을 보여 준다. 4000만 년 된 **도루돈**(*Dorudon*)에는 뒷다리가 있긴 하지만 아주 작다. 도루돈은 분명히 완전한 수중 생물 종이었다. 현대 고래에서는, 골반의 아주 작은 흔적과 때로는 대퇴골이 몸 안에 남아 있지만, 몸 밖에 뒷다리의 흔적은 없다.

1억 5000만 년 된 화석 조류인 **시조새**(*Archaeopteryx*) 역시 공룡 조상으로부터 조류로 진화하는 과정의 중간 생물의 형질을 보여 준다(그림 17.37). 시조새는 깃털, 날개, 창사골 등 새와 같은 특징들을 다수 갖고 있다. 그러나 이 생물은 현대 조류에는 없는 공룡과 같은 특징들인 날개 위의 발톱, 꼬리뼈, 이빨 등도 갖고 있다.

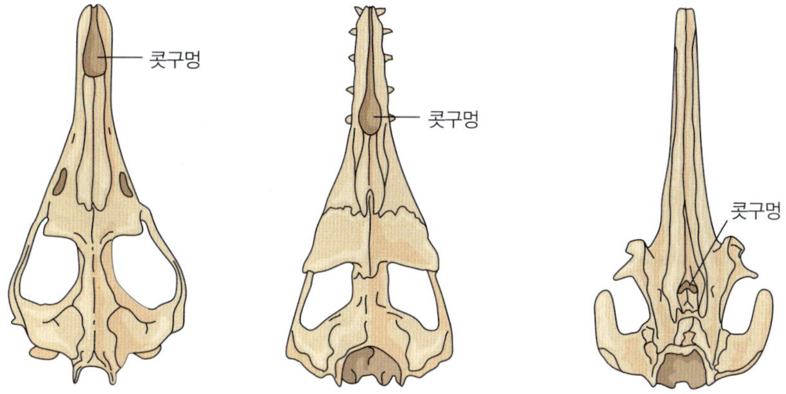

(a)

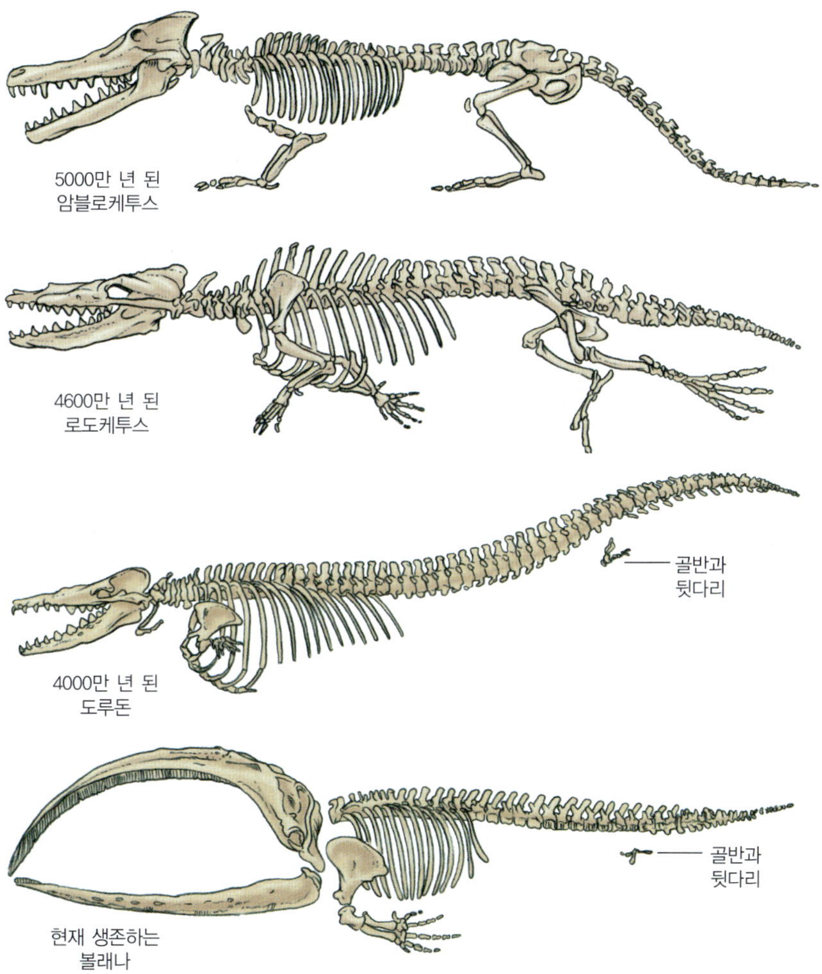

(b)

그림 17.36

고래 화석은 이 해양생물의 핵심적인 특징들이 시간이 지남에 따라 어떻게 진화하였는지를 보여 준다. (a) 이러한 두개골 화석은 시간이 지남에 따라 콧구멍의 위치가 두개골의 전면에서 두개골의 정수리의 한 지점으로 이동하였다는 것을 보여 준다. 현대 고래에서는 '분수공'으로 보인다. (b) 고래 화석은 또한 시간이 지남에 따라 뒷다리가 줄어들고 없어짐을 보여 준다.

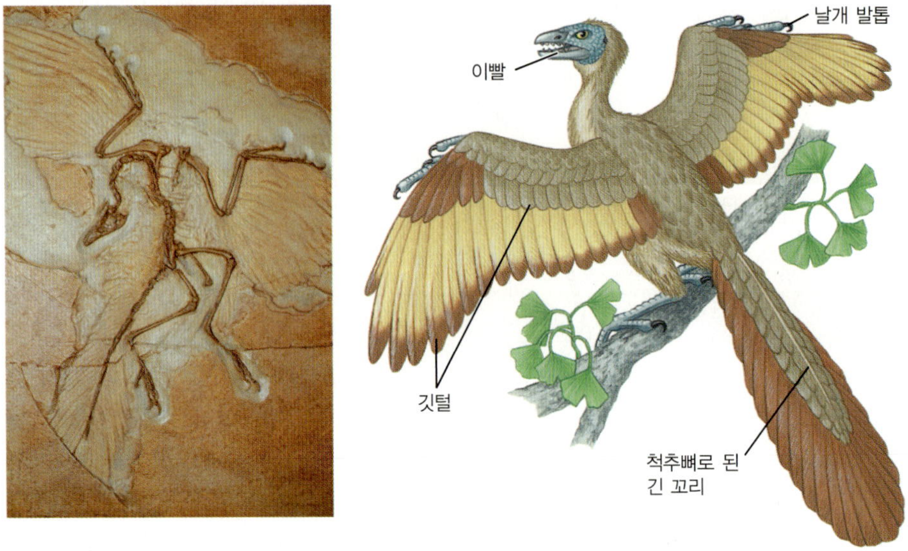

그림 17.37
초기 조류의 하나인 시조새는 이 생물의 진화의 기원인 공룡과 현대 조류의 특징을 모두 갖고 있다.

학습목표
일부 화석 인류와, 그들이 인간 진화에 대해 무엇을 보여 주는지 설명할 수 있다.

17.9 인간의 진화

물음 여러분에게 네안데르탈인이 조금 남아 있는가?

인간은 영장류이며, 영장류는 원숭이와 유인원도 포함하는 포유동물의 집단이다. 이런 설명이 인간이 현대의 원숭이 또는 유인원으로부터 유래하였다는 것을 의미하는 것은 아니다. 단지 인간은 개, 도마뱀, 혹은 식물과 공통 조상을 공유하기보다는 이런 생물 종들과 좀 더 최근에 하나의 공통 조상을 공유한다는 것이다. 인간은 또한 영장류 내의 **호미니드**(hominid)라는 인류 집단에 속하며, 이 집단에는 우리 자신의 생물 종인 *Homo sapiens* 뿐만 아니라 일부 멸종된 우리의 동족들을 포함한다. 비록 인간이 오늘날 존재하는 유일한 호미니드일지라도, 호미니드 화석은 인간이 어떻게 진화하였는지에 대한 단서를 제공한다. 인간 진화의 연대표가 그림 17.38에 제시되어 있다.

최초의 호미니드로 알려진 인류의 일부는 **오스트랄로피테쿠스**(Australopithecus) 집단에 속한다. 오스트랄로피테쿠스 화석은 호미니드가 유래되었다고 믿어지는 아프리

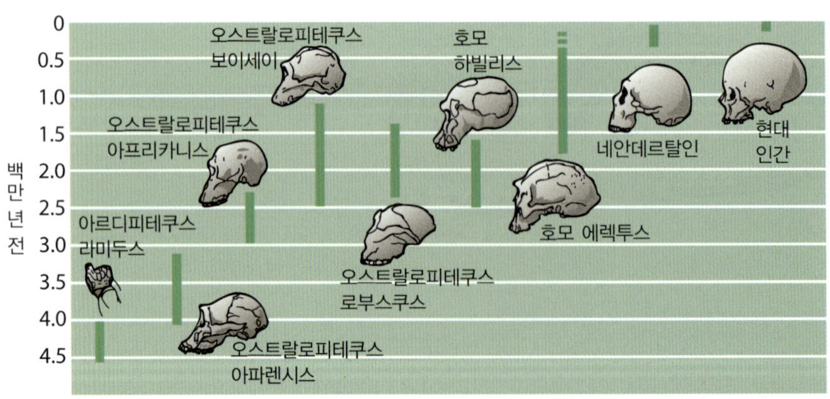

그림 17.38
이 연대표는 어떤 호미니드 종이 언제 지구 상에 존재하였는지를 보여 준다. 두개골은 모두 상대적인 두뇌 크기를 보여 주기 위해 동일한 척도로 그려진 것이다.

카의 여러 지역에서 발견되었다. '루시'로 알려진 유명한 **오스트랄로피테쿠스 아파렌시스**(Australopithecus afarensis) 화석은 약 320만 년 전으로 거슬러 올라간다(그림 17.39). 루시는 살아 있을 때, 키는 약 112cm이고, 두뇌는 침팬지의 두뇌 크기 정도를 갖고 있었다. 루시의 골반 뼈는 그녀가 두 다리로 직립 보행을 하였다는 것을 명확하게 말해 준다. 사실상 더 오래된 오스트랄로피테쿠스 화석들은 직립 자세가 적어도 400만 년 전까지 거슬러 올라가고, 그러므로 두뇌의 크기와 지능이 증가하기 훨씬 전에 진화하였다는 것을 보여 준다.

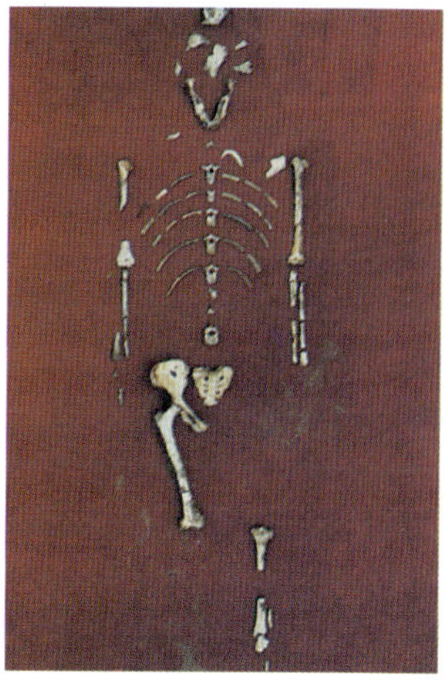

그림 17.39
'루시'는 오스트랄로피테쿠스 아파렌시스 화석 생물로 두 발로 직립 보행을 하였다.

호모 하빌리스(*Homo habilis*)는 호모 집단에 속하는 최초의 종으로 알려졌다. 호모 집단은 현대 인간과 가장 가깝게 관련된 종들을 포함한다. 호모 하빌리스 화석은 220만 년 된 것이다. 호모 하빌리스는 오스트랄로피테쿠스보다 더 큰 두뇌를 갖고 있었다. 호모 하빌리스는 또한 돌로 된 도구를 만들었고, 실제로 이들에 대한 과학적 명칭은 '손쓰는 사람(handy man)'을 의미한다. 남성 호모 하빌리스는 여성보다 훨씬 컸다. 이것은 고릴라와 개코원숭이와 같은 다른 영장류에서는 암컷과 수컷 크기의 큰 차이가, 수컷들이 암컷을 놓고 싸운다는 징후이기 때문에 흥미로운 일이다.

호모 에렉투스(*Homo erectus*)는 약 200만 년 전에서 약 40만 년 전까지 살았다. 호모 에렉투스는 호모 하빌리스보다 더 큰 두뇌를 갖고 있었다. 실제로 호모 에렉투스의 두뇌는 현대 인간들의 두뇌보다 크게 작지 않았다. 호모 에렉투스는 숙련된 도구 제작자일 뿐만 아니라, 아프리카를 나와 현재의 많은 유럽과 아시아 지역으로 퍼져 나간 최초의 호미니드이다. 호모 하빌리스처럼 더 오래된 호모 에렉투스 화석은 수컷이 암컷보다 훨씬 컸다는 것을 보여 준다. 그러나 동일한 종의 최근 화석은 수컷과 암컷의 크기 차이가 현대 인간들에 존재하는 크기 차이에 더 가깝다. 이것은 좀 더 인간과 같은 사회 체계의 발달을 의미한다.

네안데르탈인(*Homo sapiens neanderthalensis*)은 현대 인간과 매우 가깝게 관련되어 있다(그림 17.40). 그들은 약 20만 년 전에서 3만 년 전까지 살았다. 네안데르탈인은 매우 굵은 팔과 다리를 갖고 있었고, 그들의 두뇌는 현대 인간의 두뇌만큼 컸다. 고고학적 발견들은 네안데르탈인이 능숙한 사냥꾼이었으며, 복잡한 장례 의식을 갖고 있었고, 약초를 사용하였다는 것을 보여 준다. 풀리지 않고 남아 있는 하나의 의문은 네안데르탈인이 언어를 갖고 있었는지 여부이다. 현대 인간은 수천 년 동안 네안데르탈인과 함께 살았다. 그러나 네안데르탈인 집단은 현대 인간이 퍼져나가면서 사라졌다. 과학자들은 현대 인간이 네안데르탈인에 대해 경쟁에서 이겨 그들을 멸종으로 이끈 것처럼 보일지라도 왜 그런지에 대하여 확신하지 못한다. 현대 유전학 기술의 발달로 과학자들은 DNA라는 새로운 공급원으로부터 네안데르탈인에 대한 정보를 수집할 수 있게 되었다. 과학자들은 현재 화석에 남아 있는 네안데르탈인의 유전체의 서열을 밝히려는 시도를 하고 있다. 유전학 연구에 의해, 현대 인간이 어느 시점에선가 네안데르탈인과 상호 교배를 하였음이 밝혀졌다. 대부분의 인간 유전체의 1~4%는 네안데르탈인의 DNA가 차지한다.

그림 17.40
네안데르탈인은 현대 인간들과 공존하였고 상호 교배를 하였다. 이 복원체는 독일의 메트만에 있는 네안데르탈인 박물관에 전시되어 있다.

현대 인간(*Homo sapiens sapiens*)의 가장 초기 화석들은 에티오피아에서 발견되었고, 19만 5000년 된 것이다. 현대 인간이 해부학적으로 매우 오래되었을지라도, 인간과 연계지어 생각되는 예술, 음악, 종교와 같은 문화적 형질들은 더 최근에 생긴 것으로 단지 약 5만 년 전에 나타난 것으로 보인다. 현대 해부학과 행동 사이의 이런 차이에 대한 이유는 지속되는 논쟁의 주제이다.

연습문제

17.1 생명의 기원

1. 파스퇴르는 어떻게 자연 발생설의 오류를 입증하였는가?
2. 밀러와 유리는 어떤 실험을 수행하였는가? 그들의 결과는 무엇이었는가?
3. 리포좀은 실제의 세포와 어떻게 유사한가?
4. 왜 DNA가 아닌 RNA가 최초의 유전 물질로 추정되는가?

17.2 지구의 초기 생명

5. 지구의 생명 진화에서 독립 영양체의 진화가 왜 중요한 사건인가?
6. 지구 환경의 어떤 근본적인 변화가 사이아노박테리아에 기인하는가?
7. 진핵세포의 미토콘드리아와 엽록체는 어떻게 기원했는가?

17.3 찰스 다윈과 종의 기원

8. 진화적 변화가 어떻게 일어나는지에 대한 라마르크의 진화론은 무엇인가?
9. 무엇이 다윈에게 갈라파고스 섬의 방울새에 관해 깊은 인상을 주었는가?
10. 토마스 맬서스의 연구는 다윈에게 어떻게 영향을 미쳤는가?
11. 라이엘의 연구는 다윈에게 어떻게 영향을 미쳤는가?

17.4 자연 선택은 어떻게 작동하는가?

12. 변이란 무엇인가?
13. 유전 형질이란 무엇인가?
14. 자연 선택은 어떻게 일어나는가?

17.5 적응

15. 자연 선택의 관점에서, 한 생물이 생존하는 데 자연 선택이 왜 중요한가?
16. 성 선택을 정의하고, 성 선택의 결과로서 진화한 적응의 예를 제시하시오.
17. 어떤 종에서는 부모의 돌봄이 왜 적응성이 있을까?

17.6 진화와 유전학

18. 자연 선택은 유전자형에 작용할까? 아니면 표현형에 작용할까?
19. 유전적 부동을 정의하고, 유전적 부동이 어떻게 한 개체군의 진화를 일으키는지에 대한 예를 제시하시오.
20. 유전자 흐름은 무엇인가? 유전자 흐름이 한 개체군을 어떻게 진화시키는지 예를 들어 설명하시오.
21. 유전적 돌연변이와 성 선택이 한 개체군 내의 변이를 생성하고 유지하는 데 왜 중요한가?

17.7 종은 어떻게 형성되는가?

22. 종이란 무엇인가?
23. 수정 전 생식적 장벽과 수정 후 생식적 장벽의 차이는 무엇인가? 각각의 예를 하나씩 제시하시오.
24. 이소적 종 분화와 동소적 종 분화의 차이를 설명하시오. 어느 것이 더 흔한가?
25. 적응 방산이란 무엇이고, 언제 가장 흔하게 일어나는가?

17.8 진화의 증거

26. 인위 선택이란 무엇인가? 인위 선택이 왜 진화의 증거가 되는가?
27. 포유동물의 모든 다른 종에서 팔다리의 유사성이 왜 진화의 증거가 되는가?
28. 생물지리학은 어떻게 진화의 증거를 제공하는가?

17.9 인간의 진화

29. 현대 인간의 어떤 중요한 모습이 400만 년 된 오스트랄로피테쿠스(*Australopithecus*) 화석에서 이미 볼 수 있었는가?
30. 아프리카를 떠나 유럽과 아시아로 두루 퍼져 나간 인류의 첫 번째 종은 무엇인가?
31. 호모 사피엔스 사피엔스(*Homo sapiens sapiens*)로 알려져 있는 우리의 종은 얼마나 오래되었는가?

확인문제

만일 여러분이 이 장에서 제대로 학습을 하였다면, 다음에 제시된 10개의 질문에 적어도 7개는 제대로 답을 할 수 있을 것이다. 만일 그렇지 못하면 다음 장으로 가기 전에 이 장을 더 학습할 필요가 있다.

각 질문에 대해 가장 적합한 답을 고르시오.

1. 생명의 기원에 대한 내용으로 옳지 않은 것은?

   (a) 생명은 대기가 높은 농도의 산소를 갖고 있는 지구 상에서 기원했다.

   (b) 밀러와 유리는 지구의 초기 대기의 모형에 전기 불꽃을 보냈을 때, 아미노산들과 다른 유기 분자들을 얻었다.

   (c) 첫 번째 유전자들은 아마도 RNA로 구성되었을 것이다.

(d) 일정한 지질을 물에 첨가하면, 지질은 자발적으로 세포막과 유사한 구조를 형성한다.

2. 지구의 생명이 화성에서 기원했다는 가설에 대한 일차적인 문제점은 무엇인가?

(a) 화성에는 결코 물이 없었다.

(b) 제시된 화성 화석은 지구의 가장 작은 박테리아보다 훨씬 더 작다.

(c) 화성의 생명체가 지구까지 올 방법이 없었을 것이다.

(d) 생명체가 결코 화성에서 발견된 적이 없다.

3. 광합성을 하는 식물은 무엇인가?

(a) 종속 영양체

(b) 독립 영양체

(c) 화학 합성 독립 영양체

(d) 고세균

4. 유전될 수 있는 이로운 형질을 갖고 있는 생물들은 다른 형질을 갖고 있는 생물보다 더 많은 자손을 남긴다. 이런 이로운 형질들은 시간이 경과함에 따라 한 개체군 내에 더 흔해진다. 이것은 무엇을 설명해 주는가?

(a) 획득 형질의 우전

(b) 종 분화

(c) 자연 선택

(d) 유전적 부동

5. 성 선택의 결과로 생긴 적응 현상은 무엇인가?

(a) 선인장의 가시

(b) 수컷 독화살 개구리의 부모 돌봄

(c) 수컷 새의 노래

(d) 부추나방의 검은 날개

6. 사막과 북극 환경에 있는 관련된 토끼 종들을 비교하면, 무엇을 예상할 수 있는가?

(a) 사막 종은 더 짧은 다리를 갖고 있을 것이다.

(b) 북극 종은 더 작을 것이다.

(c) 사막 종은 더 큰 귀를 갖고 있을 것이다.

(d) 북극 종과 사막 종은 크기가 동일하다.

7. 진화의 기작 가운데 어느 것이 지속적으로 개체군이 그들의 환경에 더 적응하게 하는가?

(a) 자연 선택

(b) 돌연변이 압력

(c) 유전적 부동

(d) 유전자 흐름

8. 사자를 호랑이와 교배시키면, 자손은 불임이다. 이것은 어떤 현상의 예가 되는가?

(a) 이소적 종 분화

(b) 동소적 종 분화

(c) 교잡에 의한 종 분화

(d) 수정 후 생식적 장벽

9. 다음 중 진화의 증거가 되는 것은?

(a) 시간이 경과함에 따른 부추나방 개체군의 색깔 변화

(b) 동굴 도롱뇽의 흔적 눈의 존재

(c) 섬 생물 종이 가장 가까운 육지에서 발견되는 생물 종들과 가장 밀접하게 닮는 경향이 있다는 사실

(d) 위에서 언급된 진술 모두

10. 인간 진화에 대한 다음 내용 중 사실인 것은?

(a) 현대 인간의 가장 초기 화석은 거의 200,000년 전 것이다.

(b) 인간은 침팬지의 후손이다.

(c) 현대 인간은 기구를 사용한 유일한 인류이다.

(d) 인간 진화 과정에서 큰 뇌는 직립 자세 이전에 진화했다.

확인문제 답

1. a, 2. b, 3. b, 4. c, 5. c, 6. c, 7. a, 8. d, 9. d, 10. a

18장 지구의 생물 다양성

현재 지구 상에는 150만 이상의 알려진 생물 종들이 살고 있다. 그리고 과학자들은 이보다 훨씬 더 많은, 대략 1000만에서 1억 사이의 새로운 종들이 아직도 발견될 것으로 믿고 있다. 지구의 생물 종들은 그들의 적응과 삶의 방식에 따라 주목할 만한 다양성을 보여 주고 있다. 생물체들의 주요 분류군은 무엇인가? 인간이 데이지 꽃보다 빵곰팡이에 더 가깝다는 것이 사실인가? 지구의 생명체는 가장 작은 생물 형태인 세균이 없으면 멸망한다는 것이 사실인가? 왜 일부 꽃은 달콤한 냄새가 나고, 반면에 다른 꽃들은 죽은 말과 같은 냄새가 날까? 진화로 인해, 어느 날 10피트나 되는 모기가 생겨날 수 있을까? 그리고 오늘날 지구 위를 날아다니는 수천 종의 공룡들이 정말로 존재할까? 생명체의 다양성에 관해 모든 것을 알아보기 위해 계속 읽어 보자.

18.1 생물의 분류

학습목표
린네의 분류와 진화적 분류를 비교할 수 있다.

물음 새도 역시 파충류인가?

생물체를 분류하려는 욕망은 아주 오래된 것이다. 수천 년 전, 그리스의 철학자인 아리스토텔레스는 무기물인 광물로부터 유래하여 식물, 동물, 인간, 신에 이른다는 '존재의 사슬'을 배열하였다. 다른 사상가들은 아리스토텔레스의 생각 위에 생명체를 식물과 벌레처럼 '단순'한 것으로부터 가장 '복잡한' 인간에 이르도록 배열하였다.

린네의 분류

18세기에 스웨덴의 박물학자인 린네(Carolus Linnaeus)는 생물들이 공유하고 있는 유사성을 강조한 새로운 분류 체계를 개발하였다. 린네의 분류 체계에서는 다른 **종**(*species*)들을 하나의 **속**(*genus*)이라는 무리로 함께 묶는다. 다른 속들을 함께 하나의 **과**(*family*)로 묶고, 다른 과들을 함께 하나의 **목**(*order*)으로, 다른 목들은 다시 하나의 **강**(*class*)으로 묶는다. 또한 다른 강들은 하나의 **문**(*phylum*)으로 묶고, 다른 문들은 하나의 **계**(*kingdom*)로 묶는다. 최근 들어서, 다른 계들을 하나의 **영역**(*domain*)으로 묶어 왔다. 린네 체계의 모든 수준에서 생물 종은 공유된 유사성에 근거해서 하나의 그룹으로 묶는다. 예를 들어 포유강의 종들은 털을 갖고 있으며, 그들의 어린 자손을 젖으로 양육한다.

이제 인간에 대한 분류를 살펴보자(그림 18.1). 인간의 학명은 *Homo sapiens*이다. 우리 인간은 *Homo* 속(genus)으로, 인간뿐만 아니라 멸종된 일부 우리의 동족들도 포함한다(17장 참조). 우리가 속한 과(family)는 사람과(Hominidae)이며, 이 과에는 모든 인류(hominid)가 포함된다. 인간은 오늘날 존재하는 유일한 인류 생물 종이다. 그러나 우리는 지금은 멸종된 다른 인류 생물 종들이 있었다는 것을 화석을 통해 알고 있다. 인간은 영장류목(order)에 속하며, 여기에는 원숭이와 유인원도 포함된다. 인간은 포유강(class)에 속하며, 여기에는 모든 포유동물들이 포함된다. 인간은 척삭동물문(phylum)에 속하며, 여기에는 포유동물, 다른 척추동물(조류, 개구리, 어류 등등)과 소수의 다른 생물들도 포함된다. 인간은 동물계(kingdom)에 속하며, 모든 동물들이 여기에 포함된다. 끝으로 인간은 진핵생물 영역(domain)에 속하며, 여기에는 동물, 식물, 곰팡이, 그리고 다른 생명체들이 포함된다.

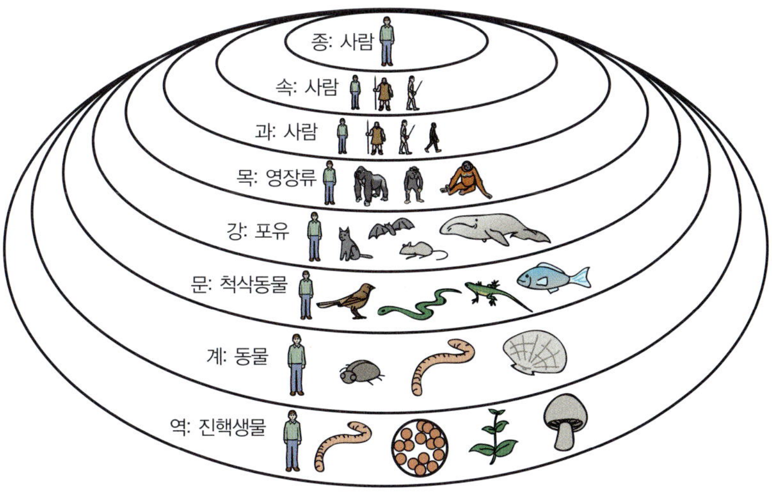

그림 18.1
린네의 분류 체계에서 인간은 진핵생물 영역(Eukarya domain), 동물계(Animalia kingdom), 척삭동물문(Chordata phylum), 포유강(Mammal class), 영장류목(Primates order), 사람과(Hominidae family), 사람속(*Homo* genus), 사람종(*Sapiens* species)에 속한다.

린네는 생물 종을 어떻게 명명할 것인지에 대해서도 하나의 규칙을 제안하였다. 생물 종은 속(genus)과 종(species)의 두 부분으로 이루어진 과학적 이름을 갖는다. 예를 들어 인간의 학명은 *Homo sapiens*(현명한 인간)이고, 개의 학명은 *Canis familiaris*(친밀한 개)로 표시한다. 속과 종명은 라틴어로서 이탤릭체로 표기하되, 속명은 대문자로 표시하는 것이 관례이다. 인간의 장 박테리아인 *Escherichia coli*라는 대장균의 학명을 종종 *E. coli*처럼 표기하는 것처럼 속명을 단일 문자로 간략하게 표시한다.

진화적 분류

린네 시대 이래로, 과학은 지구의 생명 역사에 대한 우리들의 이해를 확장시켜 왔다. 다윈의 진화론은 지구의 풍부한 생물 종이 수없이 많은 종 분화 단계와 이어지는 새로운 계통의 독립적인 진화의 결과라는 것을 보여 주었다(17장 참조). 오늘날 생물학자들은 이런 진화적 역사에 근거하여 생명체들을 분류한다. 특히 생물학자들은 생물 종들이 서로 얼마나 가깝게 관련되어 있는지에 근거하여 생물 종들을 그룹으로 함께 묶는다. 이런 일을 어떤 방법으로 할까?

진화적 분류의 첫 단계는 한 그룹의 생물들 사이에서 일어난 종 분화 사건의 역사를 재구성하는 것이다. 이런 작업으로 생물학자들은 어떤 생물 종이 서로 더 최근에 분리되었는지를 결정한다. 따라서 최근에 분리된 것일수록 더 가깝게 관련되어 있다. 생물학자들은 화석뿐만 아니라 현존하는 생물 종의 해부학, 행동, 유전학에 관한 정보를 이용하여 진화적 역사를 재구성하려고 노력한다. DNA 서열은 정보의 원천으로서 특별히 가치가 있음이 증명되었다.*

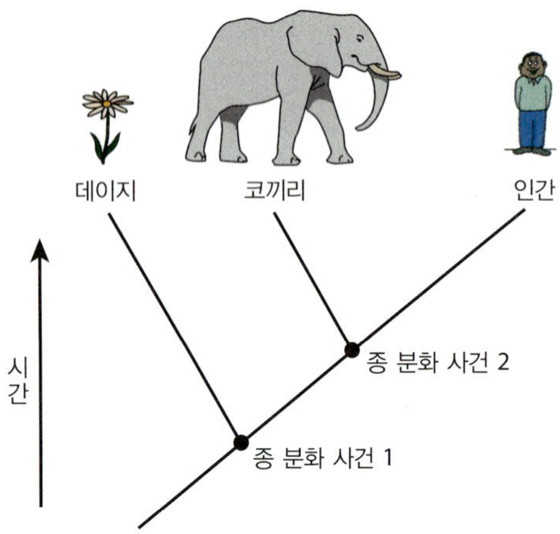

그림 18.2
진화 계통수는 생물 종들 또는 생물학적 그룹들이 어떻게 관련되어 있는지를 보여 준다. 인간, 코끼리, 데이지에 대한 이 진화 계통수는 인간과 코끼리가 그 어느 것도 데이지와의 관련성보다 그들 서로가 더 가깝게 관련되어 있다는 것을 보여 준다.

일단 생물학자들은 종 분화가 어떻게 다른 종들을 갈라지게 하였는지에 대한 하나의 가설을 갖게 되면, 하나의 **진화 계통수**(**evolutionary tree**)를 만들어 낸다. 간단한 계통수가 그림 18.2에 제시되어 있다. 이 계통수는 데이지, 코끼리, 인간의 세 생물 종을 포함하고 있다. 하나의 점으로 표시된 종 분화 사건 1을 주목하라. 이 종분화 사건 1이 일어난 지점의 시간이 되기까지, 데이지, 코끼리, 인간은 하나의 공유된 역사를 갖고 있었다. 그 지점 이후, 하나의 종 분화 사건이 일어나 두 개의 계통을 생성한다. (하나의 **계통**은 하나의 조상으로부터 나온 자손들의 한 계열이다.) 결국에는 계통들 가운데 하나가 데이지를 탄생시켰고, 그뿐만 아니라 다른 종들도 탄생시켰다(여기에는 제시되어 있지 않다). 다른 계통은 결과적으로 인간과 코끼리(그뿐만 아니라 제시되지 않은 다른 생물들도)가 되었다. 그다음의 시간 지점에서, 종 분화 사건 2는 인간으로 이끈 계통으로부터 코끼리를 분리시켰다. 이런 진화 계통수는 인간과 코끼리가 데이지로부터 분리된 것보다 더 최근에 서로 분리되었기 때문에 인간과 코끼리가 데이지보다 서로 더 가깝게 관련되어 있다는 것을 말해 준다. 그래서 인간과 코끼리는 함께 분류되어야 하고, 데이지는 별도로 분류되어야 한다. 우리가 인간과 코끼리는 **동물**이고, 데이지는 **식물**이라고 말할 때 정확하게 분류하고 있다고 할 수 있다.

진화적 역사를 기반으로 구성된 생물학적 집단을 분기군이라고 한다. 하나의 **분기군**(**clade**)은 하나의 조상과 그 조상의 모든 후손들을 포함하는 한 집단의 종들이다. 하나의 분기군은 *Homo*속(genus) 또는 *Homo sapiens*종(species)처럼 소규모가 될 수 있다. 또는 분기

* DNA는 특정 그룹의 생물들이 다른 그룹의 생물들로부터 분리된 후 얼마나 오래되었는지에 대한 정보도 제공할 수 있다. 이것이 가능한 이유는 어떤 유전자들은 분자 시계로 작용하기 때문이다. 이런 분자 시계는 DNA 서열에 변화를 축적하는 진화가 시간이 경과함에 따라 꽤 일정한 속도로 일어난다. 과학자들은 두 생물들 사이에 한 유전자의 DNA 서열이 얼마나 다른지를 조사함으로써 두 생물들이 얼마나 오래 전에 분기했는지를 판단할 수 있다. 화석 기록뿐만 아니라 여러 유전자들이 분기 시기를 판단하는 데 이용될 수 있다.

군은 포유동물이나 진핵생물처럼 대규모가 될 수도 있다. 진화적 분류는 린네의 분류와 어떻게 비교되는가? 많은 경우에 린네식의 그룹은 분기군으로서 생물학자들에 의해 계속 이용되고 있다. 예를 들어 린네식의 동물계(kingdom Animalia)는 모든 동물이 포함되는 하나의 분기군이다. 린네식의 식물과 곰팡이계(kingdom Plantae와 Fungi) 역시 분기군들이다. 포유동물, 양서류, 영장류, 조류, 개구리처럼 익숙한 린네식의 그룹들 모두 분기군들이다.

일부 린네 그룹은 분기군이 아니다. 그러나 이들은 다시 검토되어야만 한다. 예를 들어 린네식의 파충류강(class Reptilia)은 거북, 도마뱀, 뱀, 악어가 함께 그룹을 이룬다. 조류는 하나의 분리된 조류강(Aves)으로 분류되어 있었다. 그러나 이런 생물들 사이의 진화적 관련성을 재구성한 결과, 조류는 파충류의 마지막 공통 조상으로부터 유래하므로 그들 역시 파충류이다(그림 18.3). 거북, 도마뱀, 뱀, 악어를 함께 분류하고, 반면에 조류를 제외시키는 것은 코끼리와 데이지를 함께 분류하고, 인간을 제외시키는 것과 같은 것이다. 린네 분류와 진화적 분류가 일치하지 않는 이유는 무엇인가? 린네 체계에서는 종들이 공유된 유사성을 기반으로 함께 분류된다는 것을 기억하라. 거북, 도마뱀, 뱀, 악어는 '냉혈성'과 비늘 같은 공유된 특징들을 근거로 함께 그룹이 된다. 조류는 '온혈성'이며, 깃털을 갖고 있기 때문에 다른 그룹으로 분류된다. 진화적 분류는 생물들의 진화적 관련성에 근거하여 종들을 함께 분류하므로, 조류를 분명히 파충류의 하나로 분류한다.

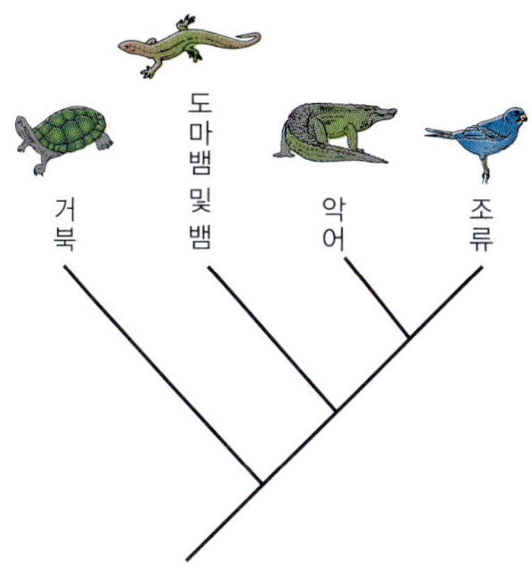

그림 18.3
이 진화 계통수는 조류가 파충류의 마지막 공통 조상으로부터 나온 것이므로 조류도 파충류라는 것을 보여 준다.

진화적 분류의 한 장점은 어느 생물 종이 서로 가장 '유사한지'를 규명하려고 노력하는 것보다 덜 임의적이다. '유사하다'는 것은 정확하게 무엇을 의미하는가? 인간은 빵곰팡이와 더 유사한가? 아니면 버찌와 더 유사한가? 당신은 오랫동안 논쟁할 수 있을 것이다. 반면에 생물학자들은 그중 하나가 인간과 더 가깝게 관련되어 있다는 것을 꽤 확신한다.

생물학적 분류는 항상 발전하고 있는 연구 분야이다. 생물학자들이 생물 종의 진화에 대해 더 많이 알게 되면, 그들은 때때로 새로운 진화 계통수를 그릴 필요가 있다. 그때부터 분류는 생물 종들의 관련성에 대한 새로운 이해를 반영하기 위해 변화한다.

18.2 생물의 세 영역

학습목표
생물의 각 영역의 특징을 설명할 수 있다.

물음 인간은 생물의 어느 영역에 속하는가?

생물은 세균(Bacteria), 고세균(Archaea), 진핵생물(Eukarya)의 세 가지 영역(domain)으로 분류된다. 생명의 역사 초기인 아마도 25~35억 년 전에, 생명체들은 분리된 두 개의 계통으로 나누어졌다. 하나는 세균을 만들어 냈고, 다른 하나는 고세균과 진핵생물을 만들어 냈다(그림 18.4).

세균 영역과 고세균 영역은 원핵생물들로 이루어져 있으며, 그 생물의 세포는 핵을 갖고 있지 않다(15장 참조). 진핵생물 영역은 모든 진핵생물을 포함하며 그들의 세포는 핵을 갖고 있다. 진핵생물 영역은 원생생물, 식물, 곰팡이, 동물의 네 개의 계로 더 나눌 수 있다. 각 그룹의 핵심적인 특징들이 표 18.1에 제시되어 있다.

원생생물계는 식물, 동물, 또는 곰팡이가 아닌 모든 진핵생물을 포함하기 때문에 문제가 있다. 즉 하나의 분기군을 의미하지 않는 생물 종들이 섞여 있다. 비록 아메바, 갈조류, 규조류는 진핵생물이라는 사실 이외에는 공통점을 거의 갖고 있지 않지만, 그들은 모두 원생생물이다. 좀 더 정확한 분류가 이루어질 때까지는 **원생생물**(*protist*)이라는 용어를 유지한다.

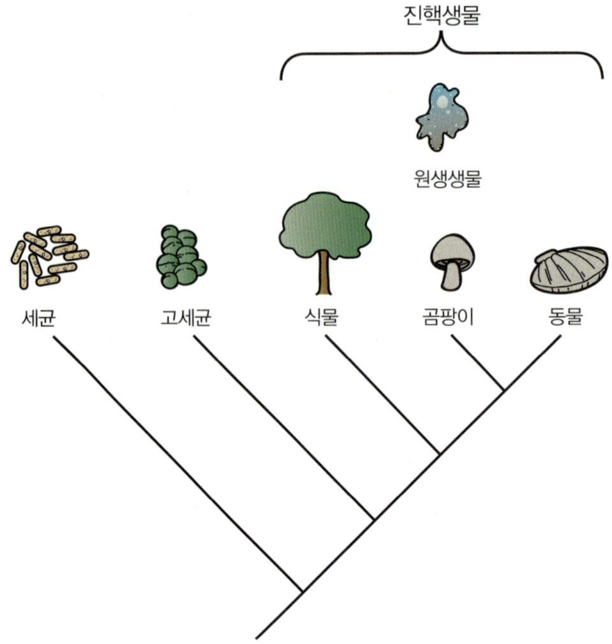

그림 18.4
생명체의 세 영역은 세균, 고세균, 진핵생물이다. 진핵생물은 식물, 곰팡이, 동물, 원생생물을 포함한다. 원생생물은 하나의 분기군이 아니고, 이 계통수에서 분명한 위치를 차지하지 않기 때문에 여기서는 제시되지 않았다. (원생생물은 진핵생물 가지를 따라 여러 지점에서 많은 가지로 그려져야 할 것이다.)

표 18.1 생명체의 주요 그룹의 핵심적 특징들

그룹	세포의 종류	단세포 또는 다세포	영양 섭취 방법
세균	원핵세포	단세포	종속 영양 또는 독립 영양
고세균	원핵세포	단세포	종속 영양 또는 독립 영양
진핵생물			
원생생물	진핵세포	단세포 또는 다세포	종속 영양 또는 독립 영양
식물	진핵세포	다세포	독립 영양
곰팡이	진핵세포	단세포 또는 다세포	종속 영양
동물	진핵세포	다세포	종속 영양

학습목표
세균의 주요 특징들과 생태학적 중요성을 설명할 수 있다.

18.3 세균

물음 지구 상의 생명체는 왜 세균이 없으면 생존하지 못할까?

사람 몸에는 10^{12}개의 세균이 살고 있고, 이런 세균은 다른 생물들이 생존할 수 없는 서식지를 차지하고 있다(그림 8.5). 이들은 전염병이나 결핵과 같은 질병으로 인간 개체군을 황폐화시킬 수 있다. 그러나 지구의 생명체는 세균이 없다면 급속하게 종말을 맞을 수도 있다. 세균은 지구 상에서 가장 오래된 생물 계통의 하나로, 지구에서 가장 오래된 화석도 35억 년 된 세균의 화석이다(17장 참조).

세균(**bacteria**)은 원핵생물로서, 일반화하기 어려울 정도로 매우 다양하다. 일부 세균은 식물처럼 독립 영양체로서, 광합성을 통해 자신의 먹이를 만든다. 다른 세균들은 빛에너지보다는 화학적 에너지를 이용하여 먹이를 만드는 화학 합성 독립 영양체들이다. 여전히 다른 세균들은 다른 유기 물질로부터 먹이를 얻는 종속 영양체들이다. 종속 영양 세균은 그들이 먹이로 삼는 것이 너무 다양해서, 어떤 종류의 유기 분자라도 어떤 세균들에게는 바로 먹이가 된다.

대부분의 세균은 단세포 생물이다. 그러나 일부 다른 세균들은 다세포성 집단으로 모인다. 세균은 구형, 막대형, 나선형 등 다양한 모습으로 나타나며, 많은 세균은 **편모**(*flagella*)라고 하는 채찍 같은 구조를 이용하여 움직일 수 있다.

세균은 전형적으로 무성 생식으로 분열하여 생식한다. 그러나 대부분의 생물 종들은 유전 물질을 때때로 서로 교환한다. 이런 경우는 환경으로부터 포장되지 않은 작은 DNA 조각을 흡수할 때, 세균성 바이러스가 생물들 사이에 DNA를 우연히 전달할 때, 또는 두 세균이 모여서 한 세균으로부터 다른 세균으로 DNA를 전달할 때이다. 세균은 좋은 조건하에서는 20분에 한 번 정도로 매우 신속하게 분열한다. 이렇게 먹이가 충분하고 조건이 좋다면, 세균의 개체군은 신속하게 성장할 수 있다. 조건이 열악하면, 많은 세균은 **포자**(*spore*)를 형성한다. 포자는 벽이 두꺼운 구조로서, 조건이 좋아질 때까지 세균을 휴면 상태로 유지시킨다.

세균은 유기 물질을 **분해**(*decomposition*)하는 중요한 역할을 하기 때문에, 지구의 생명체는 세균 없이는 생존이 불가능할 것이다. 세균의 분해 작용이 없으면, 탄소는 죽은 유기체에 잡혀 있을 것이고, 공기 중의 이산화 탄소는 결국 모두 소모되어 광합성은 멈출 것이다. 세균은 또한 다른 영양분들의 순환을 돕는다. 즉 일부 세균은 대기 중의 무기 질소를 생물체들이 이용할 수 있는 다양한 형태로 전환함으로써 질소를 고정한다(21장 참조).

셀 수 없이 많은 세균들이 우리 몸의 안팎에서 살고 있다. 특히 우리의 피부 표면, 입, 호흡 기관, 장 안에 많다. 이들 가운데 소수는 해로울 가능성이 있다. 그러나 다른 세균들은 비타민을 생산하고, 더 위험한 세균이 우리 몸에 침입하는 것을 막아줌으로써 우리에게 이롭다. 또한 세균은 치즈와 요구르트 같은 식품을 만드는 데 이용되고, 일부 유전 공학적으로 조작된 균주는 사람의 인슐린이나 다른 의학적으로 중요한 분자들을 생산한다(16장 참조). 물론 다른 세균들은 결핵, 매독, 라임병을 포함하는 질병들을 일으킨다. 세균을 죽이는 **항생제**(*antibiotics*)의 개발은 의학에서 거대한 전진이었다.

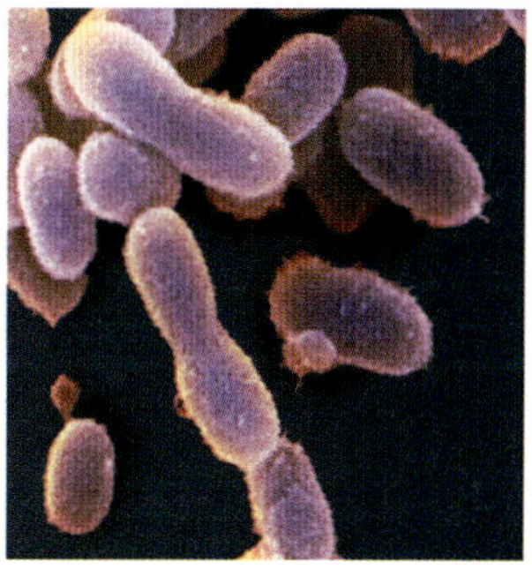

그림 18.5
세균은 다른 생물들이 생존할 수 없는 서식처에서 살 수 있다. 이런 작은 세균들이 그린란드의 빙하 밑 3,000 m 지점에서 채취한 120,000년 된 빙핵(ice core)에서 발견되었다. 세균은 영하의 온도, 높은 압력, 그리고 산소나 영양분이 거의 없는 서식처에서 살고 있다.

18.4 고세균

학습목표
고세균의 주요 특징들과 생태학적 중요성을 설명할 수 있다.

물음 일부 고세균은 왜 '극심한 환경을 좋아하는 생물'로 설명될까?

한때 별나게 보이는 세균의 한 그룹으로 여겨지던 **고세균**(**archaea**)은 현재 원핵생물의 하나의 별개 영역으로, 세균보다는 진핵생물과 더 가깝게 관련되어 있는 것으로 확인된다. 특히 고세균의 유전적 특징들은 진핵생물과 연관되어 있다. 즉 고세균의 리보솜은 진핵생물의 것과 유사하고, 고세균의 유전자는 진핵생물의 인트론과 같은 인트론을 갖고 있으며, 고세균의 DNA는 진핵생물의 것과 유사한 히스톤 단백질과 결합되어 있다.

많은 고세균들이 염분이 매우 많은 호수, 또는 온천의 뜨거운 물과 열수구와 같은 극심한 환경에 적응되어 있다(그림 18.6). 이런 고세균들을 극심한 환경을 좋아하는 '극한성 생물(extremophile)'이라고 한다. 생물학자들은 고세균이 초기 지구에서 발견되는 조건들과 유사한 조건에서 살고 있기 때문에 관심이 많다. 이런 이유 때문에 극한성 생물들은 아마도 초기 생물체들의 모습이 어떤 것이었을지에 대한 단서를 제공할 수 있을 것이다. 예를 들어 어떤 고세균은 생명체가 최초로 진화하였을 것으로 보이는 열수구 서식체에서 번성할 것이다(22장 참조). 이런 고세균은 그곳에 풍부한 황화 수소라는 화학 물질로부터 에너지를 얻어, 주목할 만한 열수구 군집의 기반을 형성한다. 이런 군집은 햇빛과는 완전히 별개이다.

그렇다고 모든 고세균들이 극한성 생물은 아니다. 많은 고세균들이 좀 더 일상적인 장소에서 살고 있다. 일부는 외해에서 발견되고, 일부 고세균들은 흰개미, 소, 그리고 다른 초식동

그림 18.6
주황색과 노란색 층으로 보이는 극한성 생물의 거대한 집단이 미국 네바다 간헐 온천의 뜨거운 물에서 살고 있다.

물의 소화관 내에서 산다. 이러한 고세균들은 자신의 숙주가 식물을 소화시키는 것을 도와 주고, 폐기물로 메테인을 방출한다.

학습목표
원생생물의 주요 특징들과 생태학적 중요성을 설명할 수 있다.

18.5 원생생물

물음 어떤 종류의 원생생물이 때로 치약에서 발견되는가?

식물, 동물, 또는 곰팡이가 아닌 진핵생물들을 하나의 그룹으로 함께 묶은 것을 **원생생물**(**protist**)이라고 한다. 이 그룹은 독립 영양체, 종속 영양체, 그리고 심지어 영양을 얻기 위해 두 방법을 모두 사용하는 생물 종들도 포함한다. 원생생물은 단세포이거나 또는 다세포일 수도 있다. 점균류인 어떤 원생생물은 실제로 단세포와 다세포의 중간 정도에 위치한다. 이들은 그들의 생존 과정 중에 한 조건에서 다른 조건으로 전환한다. 많은 원생생물은 무성 생식으로 번식하고, 일부 원생생물은 유성 생식으로 번식한다. 원생생물은 하나의 분기군을 형성하지 않기 때문에, 일부 생물학자들은 원생생물을 독립된 그룹들로 나누고 있는 과정에 있다.

많은 원생생물은 광합성을 통해 자신의 먹이를 얻는 독립 영양체이다. 규조류는 외해에서 떠다니는 단세포성 원생생물이다. 규조류는 해양에서 거대한 광합성을 수행하고, 많은 해양 먹이사슬의 결정적인 부분을 차지하고 있다. 규조류는 실리카(이산화 규소)로 이루어진 복잡한 껍데기를 갖고 있다(그림 18.7). 이런 껍데기는 때로는 인공적인 생산물에 이용된다. 예를 들어 이것은 일부 치약의 모래 같은 질감을 제공한다.

그림 18.7
규조류를 현미경으로 보면 실리카 껍데기를 볼 수 있다.

와편모조류(*dinoflagellates*)는 단세포성 해양 원생생물의 또 다른 그룹이다. 일부 와편모조류는 독립 영양체이고, 다른 것은 종속 영양체이다. 햇빛과 영양분이 풍부할 때, 와편모조류 개체군은 폭발적으로 번성하여 '적조'를 생성한다. 믿거나 말거나, 적조라는 이름을 가져다 준 색의 변화는 물속의 엄청난 수의 와편모조류 때문이다! 일부 적조는 독성이 있다. 즉 와편모조류를 먹는 조개가 오염되면 사람에게 독이 된다.

일부 광합성 원생생물은 다세포성이어서, 매우 크게 성장할 수 있다. 예를 들어 모든 다른 종류의 해조류는 원생생물이다. 갈조류는 많은 독자적인 생물 종들의 거주지가 되는 거대한

그림 18.8
갈조류는 다양한 생물 종들의 서식처가 되는 거대한 해양숲을 형성한다. 여기 있는 것은 미국의 서해안에서 멀리 떨어져 있는 해양숲이다.

해양 숲을 형성한다(그림 18.8). 홍조는 우리가 먹는 김을 포함한 일부 해조류의 원천이다. 녹조는 육상식물의 기원이 되었을 다세포성 생물의 한 그룹이다.

종속 영양체 원생생물은 먹이를 소화시키는 특수한 액포를 갖고 있는, 전형적으로 활동이 큰 단세포 사냥꾼이다. **아메바**(*ameba*)는 자신의 몸체 일부를 길게 뻗은 뒤, 뒤에 남아 있는 나머지 부위를 잡아당기면서 이동하며(그림 18.9), 이때 뻗어 나온 부위를 위족이라고 한다. 아메바는 자신의 먹이를 둘러싸서 삼킨다. **섬모충류**(*ciliates*)는 수많은 머리카락처럼 돌출된 섬모를 휘저어 이동한다. **편모충류**(*flagellates*)는 하나의 긴 편모를 채찍질하면서 이동한다. 섬모충류와 편모충류는 둘 다 입과 같은 기능을 하는 구멍을 갖고 있다. 편모충류의 한 그룹인 깃편모충류는 아마도 동물의 기원이었을 것으로 보인다.

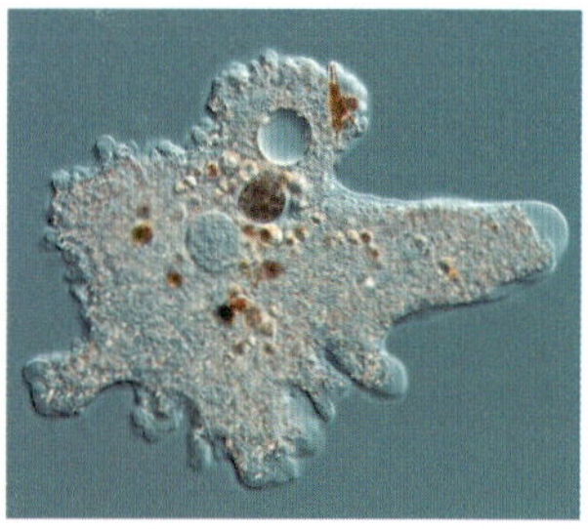

그림 18.9
담수 아메바는 세균과 더 작은 원생생물들을 먹고 산다. 이 아메바는 자신의 몸체 일부를 뻗어 먹이를 에워쌀 뿐만 아니라 이동도 한다.

원생생물은 말라리아, 아프리카 수면병, 아메바성 이질을 포함한 수많은 심각한 질병들을 유발한다. 말라리아는 원생생물인 **말라리아 원충**(*Plasmodium*)에 의해 발생한다. 이 원생생물의 생애는 모기에 기생하는 기간과 인간에 기생하는 기간으로 나뉜다. 인간은 모기에 물렸을 때 이 질병에 걸린다. 이 원생생물은 우리의 적혈구 세포 속으로 이동하여(그림 18.10), 엄청난 수로 번식한다. 이 원생생물이 숙주의 적혈구 세포에서 동시에 발생하면 오한, 발열, 구토가 나타난다.

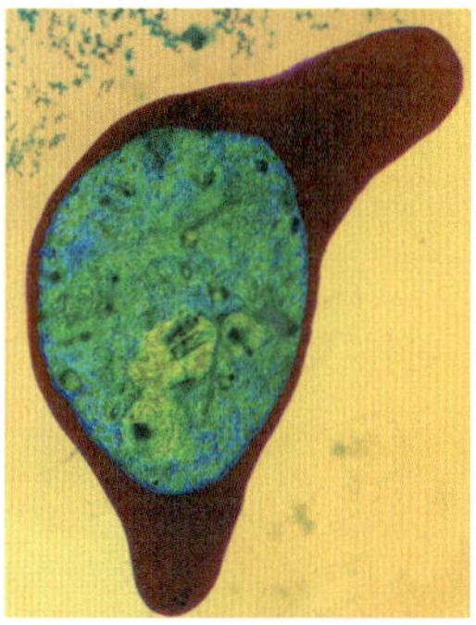

그림 18.10
이 보기 흉한 적혈구 세포는 말라리아를 일으키는 원생생물인 말라리아 원충(녹색)에 감염되어 있다.

18.6 식물

학습목표
주요 식물 그룹의 핵심적인 특징들과 생태학적 중요성을 설명할 수 있다.

물음 왜 많은 꽃에서는 달콤한 냄새가 날까?

우주에서 본 지구의 사진은 대륙의 넓은 영역을 가로질러 펼쳐져 있는 큰 녹색 구역들을 보여 준다. 지구 표면의 상당 부분은 식물로 덮여 있기 때문에 녹색으로 보인다. **식물**(**plant**)은 육상의 다세포성 독립 영양체의 진핵생물로서, 광합성을 통해 에너지를 얻는다. 식물은 광합성에 이용되는 색소인 엽록소를 갖고 있기 때문에 녹색이다(15장 참조).

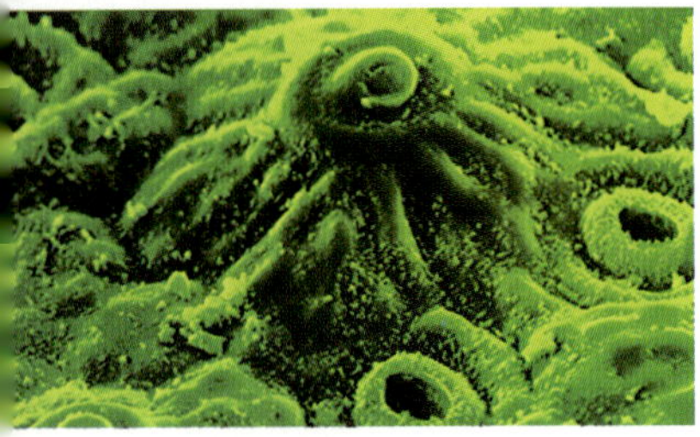

그림 18.11
식물 잎에 있는 작은 구멍인 기공을 통해 이산화 탄소가 들어온다.

식물은 육상 환경에서 살기 위한 다양한 적응 형태를 갖고 있다. 뿌리는 식물을 땅에 고정시키고, 토양으로부터 물과 영양분을 흡수한다. 줄기와 잎인 식물의 지상부는 광합성을 하고, 식물의 잎은 광합성에 동력을 제공하는 햇빛을 포착하기 위해 넓은 표면적을 갖고 있다. 또한 광합성에 필요한 이산화 탄소는 **기공**(*stomata*)이라는 작은 구멍을 통해 공기로부터 잎 속으로 확산된다(그림 18.11).

대부분의 식물은 또한 **관다발계**(*vascular system*)를 갖고 있다. 관다발계는 식물 '순환계'의 일종으로 물과 다른 자원들을 분배한다. 식물의 관다발계는 물관부와 체관부라는 두 종류의 조직으로 구성된다. **물관부**(*xylem*)는 관 모양의 죽은 세포들로 이루어져 있으며, 뿌리로부터 물과 영양분들이 올라가는 통로이다. **체관부**(*phloem*)는 살아 있는 세포들로 구성되며, 광합성 과정에서 생산된 당류가 이곳을 통해 잎으로부터 밑으로 이동한다. 한 식물의 관다발계 속을 흐르는 액체를 **수액**(*sap*)이라고 하는데, 우리가 잘 알고 있을 수액 중의 하나는 단풍나무 시럽으로, 단풍나무의 관다발계로부터 수집한 액체를 끓여 농축시켜 만든 것이다.

식물의 생식은 **세대 교번**(**alternation of generation**)을 통해 일어난다. 생활사가 반수체 단계인 **배우체**(*gametophyte*)와 배수체 단계인 **포자체**(*sporophyte*) 사이에서 교대로 일어난다. (16장 참조: 반수체 세포는 한 세트의 염색체를 보유하는 반면, 배수체 세포는 두 세트의 염색체를 보유하고 있다.) 이런 생활사의 구체적인 내용은 식물의 세 주요 그룹인 이끼류(mosses), 양치류(ferns), 종자식물(seed plant) 사이에서 다양하다.

그림 18.12
미국 테네시 주에 있는 스모키 마운틴 국립 공원 숲의 하층에서 자라고 있는 이끼류

이끼류

이끼류(*mosses*)는 관다발계가 없는 작은 식물들이다. 대신에 이끼류의 모든 부분들이 직접 환경으로부터 확산을 통해 물을 얻는다. 이런 이유 때문에, 이끼류는 습지나 숲의 그늘 지역과

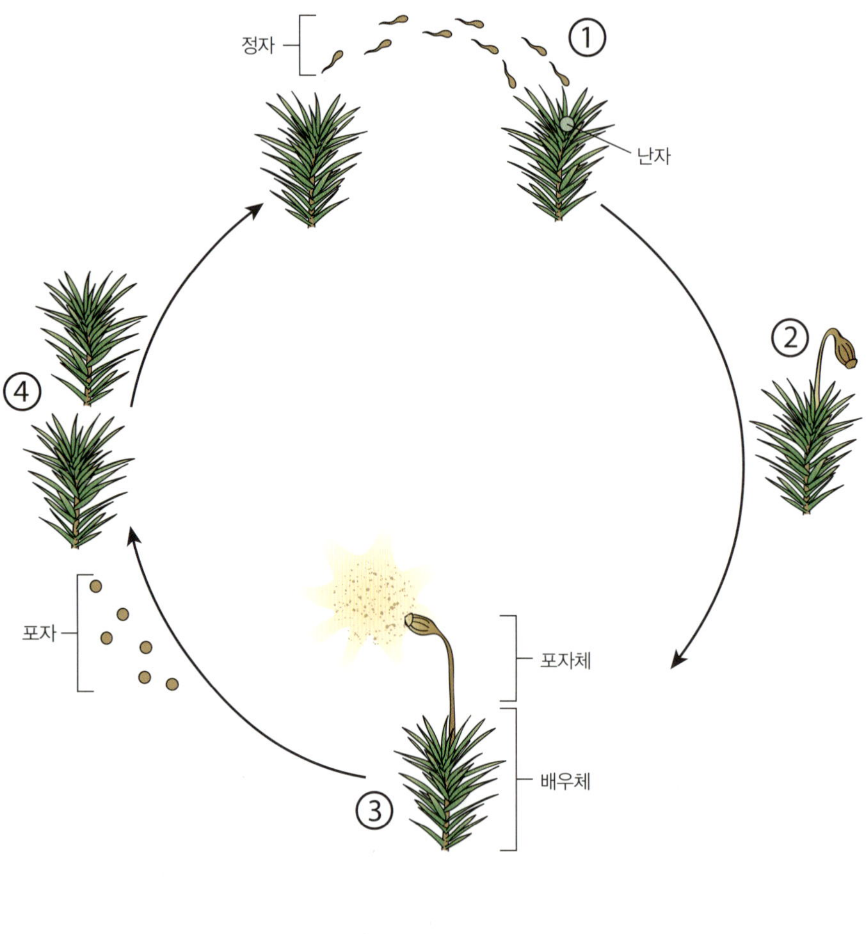

그림 18.13
이끼류는 다른 식물처럼 반수체인 배우체와 배수체인 포자체가 교대로 일어나는 생활사가 특징이다. (1) 성숙한 배우체(반수체)는 반수체 정자와 난자를 생산한다. 정자는 난자와 수정하기 위해 얇은 수막을 따라 헤엄친다. (2) 수정란으로부터 포자체(배수체)가 성장한다. (3) 성숙한 포자체는 감수 분열을 통해 반수체 포자를 생산한다. (4) 배우체(반수체)는 포자로부터 성장한다.

같은 습한 서식지에서만 살 수 있다(그림 18.12).

그림 18.13은 이끼류의 생활사를 보여 준다. 이끼류는 독특하여 배우체가 포자체보다 훨씬 더 크다. 실제로 숲에서 하나의 이끼를 볼 때, 실제로 보고 있는 것은 반수체인 배우체이다. 대부분의 이끼류는 수배우체와 암배우체가 분리되어 있다. 수배우체는 정자를 생성하여 환경 속으로 직접 방출한다. 정자는 편모를 이용하여 암배우체 내의 난자에게 수막을 따라 헤엄쳐 간다. 이끼류 생식의 이런 양상은 이끼류가 습한 서식지에서만 살 수 있는 또 다른 이유이다. 정자와 난자는 융합하여 배수체인 작은 포자체로 성장한다. 이 포자체는 영양분을 위해 전적으로 암배우체에 의존한다. 결국에는 포자체의 세포들이 반수체 포자를 생산하기 위하여 감수 분열을 하게 된다. 이렇게 생산된 포자들이 흩어져 새로운 배우체로 성장하면 새로운 이끼 식물이 되는 것이다. 이끼류의 포자는 하나의 단단한 외피를 갖고 있어, 얼마 동안은 힘든 조건하에서도 생존할 수 있게 해 준다.

양치류

양치류(*ferns*)는 독특한 깃털 모양의 잎을 갖고 있는 씨가 없는 식물이다. 이들은 종종 숲의 하층에서 발견되며, 큰 나무의 그늘에서 잘 자란다(그림 18.14). 양치류는 이끼류와 달리 물과 영양분을 수송하기 위한 관다발계를 갖고 있다. 그러나 양치류는 이끼류와 유사하게 정자가 주변 환경을 따라 헤엄쳐 난자와 수정한다. 이런 이유 때문에 양치류는 습한 서식지에서만 살 수 있다.

양치류에서 배수체인 포자체는 반수체인 배우체보다 훨씬 더 크다(그림 18.15). 실제로 숲 속에서 보는 양치식물은 배우체인 포자체이다. 성숙한 포자체는 특별한 잎의 뒷면에서 반수체인 포자를 형성한다. 이 포자들은 작지만 독립적인 반수체 배우체로 성장한다. 배우체는 난자와 정자를 생산하고, 이들이 융합하여 새로운 포자체로 성장한다.

그림 18.14
양치류(오른쪽)가 캐나다의 밴쿠버 섬의 숲에서 자라고 있다.

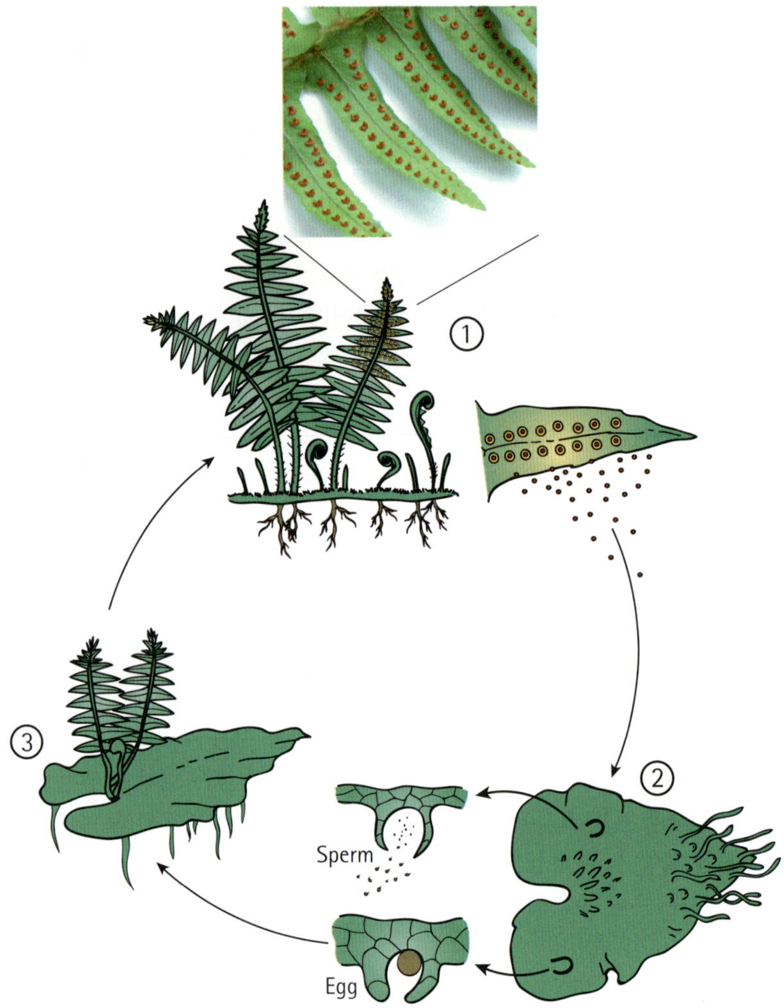

그림 18.15
양치류의 생활사에서는 포자체 단계가 배우체 단계보다 훨씬 더 크다. 배우체는 매우 작지만, 독립적이다. (1) 하나의 성숙한 포자체는 특별한 잎의 뒷면에 있는 구조로부터 반수체 포자들을 방출한다. (2) 포자가 작은 배우체로 성장하여 정자를 방출하면, 난자에게 헤엄쳐 가서 수정한다. (3) 새로운 배수체인 포자체는 수정란으로부터 성장한다.

종자식물

종자식물(*seed plant*)은 단연코 식물 가운데 가장 큰 그룹이다. 종자식물은 화분과 씨라는 핵심적인 두 가지 특징 덕분에 광범위하게 다양한 육상 서식지들에서 성공적으로 생존할 수 있었다(그림 18.16). **화분(pollen)**은 많은 작은 알갱이들로 구성된다. 각각의 알갱이가 하나의 보호용 외피에 쌓여 있는 수배우체이다. 화분은 바람 또는 동물에 의해 암배우체에게 옮겨질 수 있다. 종자식물의 정자는 난자와 수정하기 위해 환경을 통해 수영할 필요가 없기 때문에, 종자식물은 습한 환경에 한정되지 않는다.

종자식물은 씨를 만든다. 종자식물의 수정란은 영양 공급원과 함께 단단한 외피에 쌓여 있는 작은 배아 포자체로 성장하며, 이런 완전한 구조가 하나의 **씨(seed)**이다. 씨는 환경 조건이 성장에 적합해질 때까지 휴면 상태로 생존할 수 있다. 이것이 많은 씨들이 토양에 심어진 후 물을 줄 때까지는 싹이 트지 않는 이유이다. 우리 눈에 보이는 모든 종자식물은 배수체의 포자체이다. 반수체의 배우체는 작고, 보호와 생존을 위해 포자체에 전적으로 의존한다.

종자식물에는 씨가 겉으로 들어나 있는 구과식물과, 꽃피는 식물인 현화식물의 두 그룹이 있다. **구과식물**(*conifer*)은 삼나무, 소나무, 향나무, 전나무를 포함한다. 구과식물은 밀납 성분

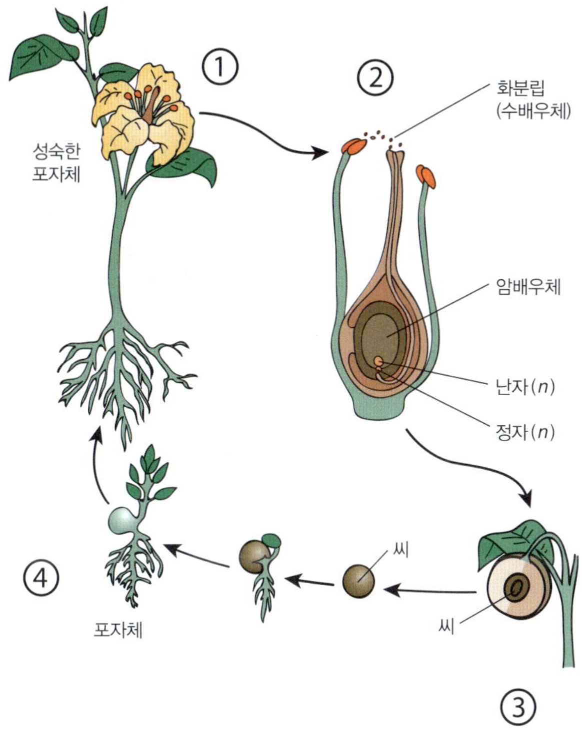

그림 18.16
종자식물에서 배우체는 작고, 보호와 생존을 위하여 포자체에 의존한다. (1) 성숙한 포자체는 화분을 생산하고, 화분은 수배우체를 담고 있다. (2) 화분에서 나온 정자는 암배우체 내의 난자와 수정을 한다. (3) 수정란은 배수체인 포자체 배아로 성장한다. 수정란은 영양 공급원과 함께 단단한 외피에 싸여 있는 작은 배아 포자체로 성장하며, 이런 완전한 구조가 종자(씨)이다. (4) 씨는 하나의 새로운 포자체로 성장한다.

의 바늘과 같은 잎과 **솔방울**(구과, *cone*)이라고 하는 생식 구조를 갖고 있다(그림 18.17). 수 솔방울은 화분을 방출하고, 바람이 화분을 암 솔방울로 운반한다. 구과식물은 많은 양의 화분을 만들고, 바람은 화분을 사방으로 날리게 하기 때문에, 그중 일부가 암 솔방울에 도달할 가능성이 더 커지게 된다. 수정은 암 솔방울 내에서 일어나고, 결국에는 성숙한 씨를 떨어뜨린다.

그림 18.17
구과식물은 솔방울이라는 생식 구조를 갖고 있는 종자식물이다. 이 사진은 브리슬콘 소나무의 솔방울이다.

현화식물(*flowering plant*)은 종자식물 가운데 가장 크고 성공적으로 번성한 그룹이다. 현화식물은 구과식물에 없는 두 개의 중요한 특징인 꽃과 열매를 갖고 있다. **꽃**은 생식 기능을 수행하기 위하여 씨를 생산하는 수 구조(male structure)와 난자를 생산하는 암 구조(female structure)를 갖고 있다(그림 18.18). **수술**(*stamen*)은 화분을 발생시키는 **꽃밥**(*anther*)이 줄기 형태의 수술대 위에 모자처럼 붙어 있는 구조이다. **심피**(*carpel*)는 난자를 생산하는 생식 기관으로, 난자가 발생하는 **씨방**(*ovary*), **암술머리**(*stigma*)가 붙어 있는 암술대를 포함하고 있다. 암술머리는 화분을 붙잡는 끈적끈적한 구조이다. 많은 현화식물에서, 곤충이나 다른 동물들이 화분을 한 꽃에서 다른 꽃으로 운반한다. 많은 꽃의 꽃잎, 향기, 그리고 꿀이 특수한 동물 수분 매개체(pollinator)를 유인하도록 진화해 왔다. 실제로 꽃들과 그들의 수분 매개체들은 서로 완전하게 들어맞기 때문에, 한쪽을 보면 다른 쪽의 특징을 예측할 수 있다. 예를 들어 다윈은 마다가스카르에서 '밤에 피는 난(night-blooming orchid)'을 연구한 후, 그곳에 30 cm 길이의 혀를 갖고 있는 야행성 나방이 존재해야만 한다고

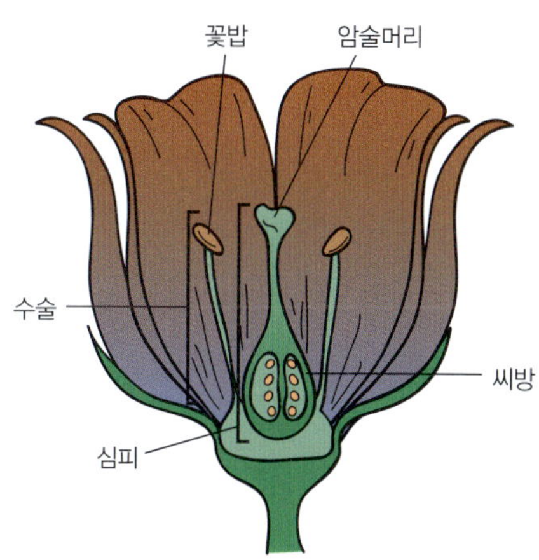

그림 18.18
꽃은 현화식물의 생식 기관이다.

(a)

(b)

(c)

그림 18.19
많은 현화식물은 곤충이나 다른 동물들에 의해서 수분이 일어난다. (a) 벌에 의해 수분이 되는 꽃들은, 벌이 가장 잘 보는 색깔인 푸른색이나 노란색이다. 벌이 수분시키는 꽃들은 또한 좋은 향기를 내고, 벌이 앉기에 적합한 장소를 제공한다. (b) 벌새에 의해 수분되는 꽃들은 종종 붉은색이다. 벌새는 냄새에 대한 감각이 둔해서, 그들이 수분시키는 꽃들은 일반적으로 냄새가 없다. 벌새는 먹이를 섭취하는 동안 공중을 맴돌기 때문에, 벌새가 수분시키는 꽃들은 트럼펫 모양일 것이다. (c) 밤에 활동적인 박쥐에 의해 수분되는 꽃들은, 밤에 쉽게 볼 수 있는 흰색인 경향을 보인다. 박쥐가 수분시키는 꽃들은 또한 강한 냄새를 갖고 있으며, 박쥐의 접근이 쉽도록 식물의 꼭대기에서 자란다.

예측하였다. 그리고 실제로 40년 뒤에 그런 나방이 발견되었다. 그림 18.19는 꽃들과 그들의 수분 매개체들의 더 많은 예들을 보여 준다.

현화식물은 씨를 **열매**(**fruit**)라고 하는 하나의 구조로 둘러싼다. 열매는 씨를 퍼뜨리기 위한 하나의 적응 형태이다. 한 동물이 열매를 먹고 이동을 하면, 씨는 그 동물의 소화 기관을 통과해 모식물로부터 멀리 떨어진 곳에 나타나게 된다. 어떤 식물에서는 동물들이 그들의 과일을 더 잘 먹을 수 있었기 때문에 맛있는 과일들이 진화하였다. 그러나 모든 과일이 동물의 먹이가 되도록 진화하지는 않았다. 시골길을 걸을 때 양말에 달라붙는 것들이 있는데, 이것도 열매이다. 이런 열매는 양말에 붙어 땅에 떨어질 때까지 이동하며, 결국 모식물이 있던 곳으로부터 먼 곳까지 옮겨지게 된다.

종자식물은 인간 사회에 매우 중요하다. 우리는 많은 다양한 나무를 목재로 이용하고, 많은 식품을 식물의 뿌리, 줄기, 잎, 그리고 현화식물의 열매에서 얻는다.

학습목표
물이 식물의 뿌리로부터 줄기로 어떻게 이동하는지 설명할 수 있다.

융합과학 18A
물리학, 화학

나무 위로 물 이동하기

물음 식물은 물을 잃으면서 물을 어떻게 얻을까?

가장 키가 큰 나무는 30층 높이의 초고층에 이른다. 이렇게 큰 나무의 가장 높은 가지와 잎들도 그 식물체의 다른 부분처럼 물이 필요하다. 나무와 다른 식물체들은 중력을 거슬러 어떻게 가장 높은 지점 끝까지 물을 수송할까? 한번 살펴보자.

식물에는 잎에서 뿌리까지 물관부를 통해 쭉 뻗어나가는 연속적인 물 분자의 기둥이 있다. 물 분자는 서로 달라붙고, 또 물관부의 벽에도 달라붙는다. 물 분자들이 다른 물 분자들에 부착하는 것을 **응집력**(*cohesion*)이라고 한다. 그리고 물 분자들이 물관부 벽의 분자들처럼 다른

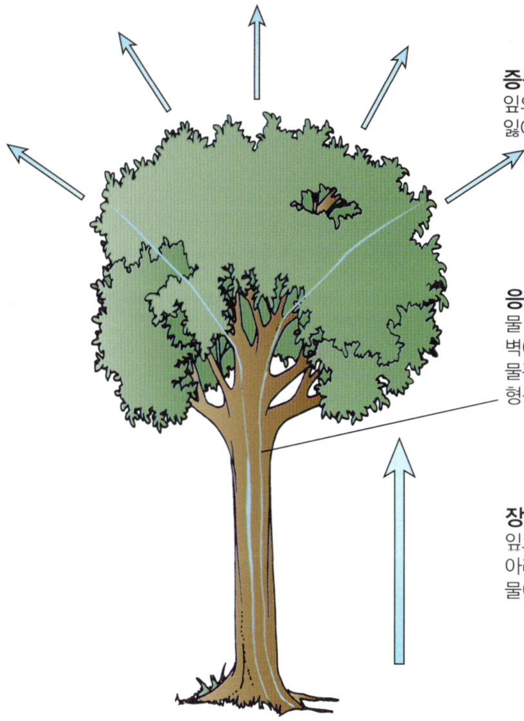

그림 18.20
증산응집장력설은 물이 식물의 뿌리로부터 줄기로 어떻게 이동하는지 설명해 준다.

분자들에 부착하는 것을 **부착력**(*adhesion*)이라고 한다. 응집력과 부착력은 모두 수소 결합의 결과이다. 수소 결합은 한 분자의 양의 전기를 띤 한 말단이 다른 분자의 음의 전기를 띤 한 말단에 달라붙는 것이다. (12장의 그림 12.30은 물 분자들 내의 응집력을 보여 준다.)

응집력과 부착력은 물관부 내에서 물 분자들로 구성되는 연속적인 기둥을 유지한다. 이런 물기둥이 식물체 위로 어떻게 이동할까? 물의 이동 과정은 식물체가 증산 작용을 통해 물을 잃을 때 잎에서 시작한다. **증산**(*transpiration*)은 잎 속의 습기가 있는 세포로부터 물이 증발하여, 기공을 통해 외부 공기로 확산할 때 일어난다. 물이 잎으로부터 소실되면서 장력이 아래로 물기둥까지 전달된다. 이제 잎 속의 물 분자들은 인접한 물관 내의 물 분자들을 끌어당긴다. 이렇게 되면 물관의 더 아래에 있는 물 분자들도 끌어당기게 되고, 결국에는 뿌리 끝까지 아래에 있는 물 분자들을 끌어당긴다. 증산은 빨대로 물을 빨아들이는 방법과 같은 방법으로 물을 물관을 통해 끌어당긴다. 물을 위로 이동시키는 식물체의 이러한 메커니즘을 **증산응집장력설**(*transpiration-cohesion-tension mechanism*)이라고 한다(그림 18.20). 이 메커니즘은 높은 나무 위까지 물을 이동시킬 뿐만 아니라, 식물체로부터 어떤 에너지의 제공 없이도 일어난다.

18.7 곰팡이

학습목표
곰팡이의 주요 특징들과 생태학적 중요성을 설명할 수 있다.

물음 버섯을 먹을 때 여러분은 무엇을 먹고 있는 것인가?

빵 한 덩어리를 너무 오랫동안 보관하면, 종종 곰팡이라고 하는 솜털 모양의 것들이 나타난다. 곰팡이는 생명체의 한 그룹이다. 그리고 곰팡이는 빵도 먹는다!

곰팡이(**fungi**)는 움직이지 않는 그들의 생존 방식 때문에, 한때 식물과 함께 하나의 그룹으로 분류되었다. 그러나 곰팡이는 실제로는 동물과 더 가까운 관계이다. 곰팡이는 동물과 마찬가지로 다른 생물로부터 먹이를 얻는 종속 영양체이다. 곰팡이는 소화 효소를 유기물질에 분비하여 소화시킨 후 영양분을 흡수한다. 이것은 동물이 자신의 몸 안에서 먹이를 소화하는 것과는 구별된다. 많은 곰팡이는 그림 18.21의 곰팡이가 하고 있는 것처럼, 죽은 유기체로부터 대부분의 영양분을 얻는 분해자이다. 곰팡이는 세균과 함께 육상 생태계에서 가장 중요한 분해자들이다.

그림 18.21
많은 곰팡이는 분해자로서, 죽은 유기체로부터 영양분을 얻는다. 이 곰팡이는 죽은 나무에서 자라고 있다. 버섯은 생식 구조이다.

효모와 같은 일부 곰팡이는 단세포 생물이지만, 대부분의 곰팡이 생물 종은 다세포이다. 다세포 곰팡이는 작은 실 같은 섬유들의 가지들로 구성되어 있다. 곰팡이는 유성 생식을 하거나 또는 무성 생식을 할 수도 있다. 대부분의 곰팡이들은 생활사의 어떤 지점에서는 두 가지 생식 전략을 모두 이용한다. 생식은 포자의 형성을 통해 일어나며, 포자는 작은 생식체로서 조건이 성장에 유리해질 때까지 휴면 상태로 존재한다. 곰팡이 포자는 물 또는 공기를 통해 멀리, 넓게 퍼진다. 이런 이유로 우리들이 식사하고 남은 음식을 어디에 숨겨도 곰팡이는 찾아낼 수 있다. 버섯은 일부 곰팡이의 포자를 생성하는 구조이다. 우리가 '버섯'이라고 생각하고 있는 것은 전체 생물의 단지 작은 부분일 뿐이라는 것을 주목할 필요가 있다. 그림 18.22에서 볼 수 있듯이, 대부분의 곰팡이는 실제로 땅 밑에서 살고 있다.

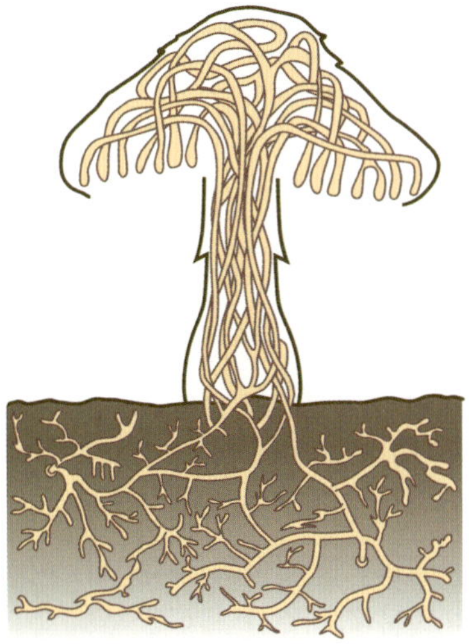

그림 18.22
어떤 곰팡이에서 버섯은 포자를 생성하는 구조이다. 대부분의 곰팡이는 실제로 땅 밑에서 살고 있다.

곰팡이는 대부분의 식물의 생존과 성장에 필수 요소이다. 그 이유는 대부분의 식물 종들에서 식물 뿌리가 곰팡이와 밀접하게 연계를 하고 있기 때문이다. **균근**(*mycorrhizae*)이라고 하는 이런 연계는 곰팡이와 식물 모두에 이익이 된다. 곰팡이는 식물 뿌리가 물을 흡수하고 토양으로부터 무기 물질을 흡수하는 것을 도와주는 반면에, 식물로부터 영양분을 얻는다.

인간에게 중요한 곰팡이에는 빵을 굽고 술을 담그는 데 이용되는 효모와, 먹을 수 있는 버섯이 포함된다. 곰팡이는 또한 로크포르(Roquefort)와 고르곤졸라(Gorgonzola)와 같은 블루치즈를 만드는 데 사용된다. (푸른 성분은 실제로 수천 억 개의 작은 곰팡이 포자들이다.) 최초의 항생제인 페니실린도 곰팡이에서 발견되었다. 끝으로 인간의 곰팡이 질병에는 질의 진균 감염, 백선증, 무좀이 포함된다.

18.8 동물

학습목표
주요 동물군의 주요 특징들과 생태학적 중요성을 설명할 수 있다.

물음 포유동물은 알을 낳을까?

동물에는 불가사리, 딱정벌레, 산호, 영양 등 다양한 생물들이 포함된다. **동물**(**animal**)은 다세포 종속 영양체인 진핵생물로서 다른 생물을 먹음으로써 영양분을 얻는다. 동물은 음식물을 **섭취하고**, 이 음식물을 체내에서 소화시킨다. 대부분의 동물들은 유성 생식을 하고, 대부분의 생애에서 배수체 상태이다. 배우자인 정자와 난자만이 반수체 단계에 있다. 많은 동물들은 **유충**(*larva*)으로 어린 시절을 통과하며, 유충은 형태와 생태에서 성체와는 현저하게 다르다. 나비의 애벌레와 개구리의 올챙이가 이런 예에 해당한다. 대부분의 동물은 또한 움직임을 위한 근육, 환경으로부터 정보 수집을 위한 감각 기관, 그리고 자신들의 행동을 통제하기 위한 신경 기관도 갖고 있다. 그림 18.23의 진화 계통수는 주요 동물군들 사이의 관련성에 대한 하나의 임시 가설을 보여 준다.

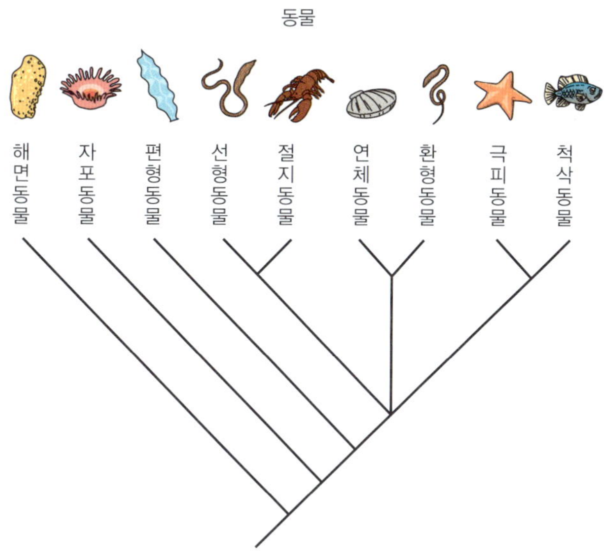

그림 18.23
진화 계통수는 주요 동물군들이 서로 어떻게 관련되어 있는지를 보여 준다.

해면동물

해면동물(*sponges*)은 고착성 해양 동물이다(그림 18.24). 대부분의 해면동물은 중앙에 큰 구멍이 있는 관과 비슷한 모양을 하고 있다. 해면동물의 특수한 세포들은 자신들의 편모를 휘둘러서 그 동물을 통과하는 일정한 물의 흐름을 생성한다. 물이 수많은 구멍을 통해 들어가, 해면동물의 내부 중앙에 있는 위강으로 흘러들어가서 결국 위쪽으로 빠져나간다. 이런 물의 일정한 흐름으로 인해 해면동물은 먹이를 포획할 수 있다. 해면동물 세포들은 물로부터 세균을 포획하여 소화시킨 후 다른 세포들에 영양분을 분배한다.

그림 18.24
이것은 자색 관해면(purple tube sponge)이다.

해면동물은 특정 기능을 수행하는 유사한 세포들의 집단인 조직이 결여되어 있는 유일한 동물이다. 그 결과 해면동물은 특이한 일을 한다. 예를 들어 해면동물의 세포들을 체를 통과시켜 분리시키면, 체에 걸러진 세포들은 재조립되어 새로운 해면동물을 형성할 것이다. 이것은 어떤 다른 동물도 할 수 없는 것이다.

자포동물

자포동물(*cnidarians*)은 해파리, 말미잘, 산호충을 포함한다. 해면동물과는 달리, 자포동물은 두 개의 구별되는 조직층을 갖고 있다. 두 층은 몸을 보호해 주는 외층과, 먹이를 소화하는 내층이다. 이런 두 층은 젤리 같은 중간층에 의해 나뉘어 있다. 자포동물은 먹이를 잡기 위해 날카로운 자포 세포들로 무장된 촉수를 이용한다. 많은 생물 종들에서 자포 세포들은 강력한 독소를 방출한다. (이런 이유 때문에 바다에서 수영하는 사람들에게는 해파리가 위험이 될 수도 있다.) 먹이는 구강과 항문의 역할을 동시에 하는 하나의 구멍을 갖고 있는 **위수강**(*gastrovascular cavity*) 내에서 소화된다. 많은 자포동물들은 고착성 폴립형 단계와 운동성 종 모양의 메두사형(해파리형) 단계 사이를 교대로 살아간다. 말미잘과 산호충 같은 자포동물

그림 18.25
이들은 전 세계의 연안수에서 발견되는 물해파리(moon jellyfish)이다. 이 해파리는 메두사형의 자포동물이다.

은 대부분의 생애를 폴립형으로 보낸다. 해파리 같은 자포동물은 대부분의 생애를 메두사형으로 보낸다(그림 18.25).

학습목표
산호 백화 현상과 해양 산성화가 어떻게 해양 생물을 위협하는지 설명할 수 있다.

융합과학 18B
지구과학, 화학

산호 백화 현상과 해양 산성화

물음 껍질을 갖고 있는 동물에게는 왜 해양 산성화가 위험한가?

산호초는 온도가 20°C와 28°C 사이의 맑고 얕은 열대 해양에서 발견된다. 산호초는 세계에서 가장 다양한 생태계들 가운데 하나이다(이 장을 시작하는 첫 번째 그림 참조). 상업적으로 중요한 어류를 포함해 수많은 해양 생물 종들이 자신들의 일생 전부 또는 일부를 산호초에서 보낸다. 산호초는 또한 해양 파도로부터 해변을 보호하도록 도와준다. 그러나 인간이 석유를 많이 태우면서, 지구 대기의 이산화 탄소의 양이 증가하여 지구 온난화와 함께 해양이 보다 산성화되었다(27장 참조). 이런 현상이 산호층과 다른 해양 생물 종들에게 어떤 영향을 미칠 것인가?

그림 18.26
백화가 일어나고 있는 산호충이 그들의 와편모충을 쫓아내고 있다.

산호충은 자포동물이다. 그들은 작은 폴립의 군락을 이루고 산다. 각 폴립은 탄산 칼슘의 골격으로 쌓여 있다. 그럼에도 많은 다른 자포동물들과 달리, 산호충은 사냥꾼은 아니다. 그들은 대부분의 영양분을 자신들의 세포 내에 살고 있는 광합성을 하는 와편모충으로부터 얻는다. 산호 백화 현상은 산호충이 자신의 와편모충을 쫓아낼 때 일어난다. 산호충의 색깔은 바로 자신의 와편모충의 색이기 때문에, 산호충은 문자 그대로 하얗게 변한다(그림 18.26). 산호 백화 현상은 해수의 온도 상승에 의해 가장 흔하게 유발된다. 높은 온도로 인해 와편모충의 광합성이 방해를 받으면 세포 내의 독소가 증가한다. 이로 인해 산호충은 와편모충을 뱉어내게 된다. 산호충은 와편모충이 없어도 짧은 기간 생존할 수 있다. 해수 온도가 다시 내려가면, 와편모충이 백화된 산호충 속으로 다시 들어가서 산호충이 살아난다. 그러나 따뜻한 온도가 너무 오랫동안 지속되면 산호충은 굶어죽을 것이다.

지구 온난화와 연계된 높은 수온으로 인해, 최근에는 대규모의 산호 백화 현상이 흔한 일이 되었다. 예를 들어 미국은 2005년에 대량의 백화 현상 사건으로 인해 카리브 해안의 산호충의 반을 잃었다. 자료에 의하면, 2005년도의 열 스트레스는 그 이전 20년간의 것을 모두 합친 것보다 더 심했다고 한다. 온도가 계속 상승하면 백화 현상은 더욱 더 광범위하게 퍼지기 쉽다. 산호초는 사라질 것인가? 산호충은 그들이 선호하는 온도와 백화 현상에 대한 민감성이 다양하다. 예를 들어 어떤 산호충들은 자신의 와편모충을 보호하기 위하여 햇빛 차단제처럼 사용하는 특수한 형광 색소들을 갖고 있다. 이런 형광 산호충들은 비형광 산호충보다 대량 백화 현상에서 더 잘 살아남는다.

높은 이산화 탄소 수준 또한 해양 산성화를 일으킨다. 13장에서 논의한 것처럼, 대기 중의 이산화 탄소(CO_2)는 해양에 의해 흡수된다. 해양에서 이산화 탄소는 물과 반응하여 탄산(H_2CO_3)을 형성하여 해양의 pH를 더 낮춘다. 또한 이 과정에서 탄산 칼슘($CaCO_3$)과 같은 탄산염 광물이 탄산수소염으로 전환된다.

$$CO_2 + H_2O \longrightarrow H_2CO_3$$
$$H_2CO_3 + CaCO_3 \longrightarrow Ca(HCO_3)_2$$

산호충, 극피동물, 갑각류, 연체동물을 포함하는 많은 해양 동물들은 자신들의 껍질을 만들기 위해 탄산 칼슘을 필요로 한다. 게다가 산성화된 물은 그런 동물 껍질의 분해 속도를 증가시킨다. 이런 이유들 때문에 해양의 산성화는 껍질이 있는 동물이 더욱 느리게 성장하게 만들고, 더 약한 껍질을 갖게 한다. 과학자들은 산성화된 물에서 산호충의 성장이 느려지고, 굴과 홍합 같은 부족류의 유생은 더욱 작아지는 것을 관찰해 왔다. 어떤 광합성 생물 종들을 포함하여 일부 플랑크톤 역시 탄산 칼슘 껍질을 갖고 있고, 해양수가 더 산성화되면서 플랑크톤이 대량 감소한다. 광합성 플랑크톤은 해양 먹이 사슬의 결정적인 한 부분을 형성하기 때문에, 결과는 전체적인 해양 군집으로 확장될 수 있다.

편형동물

편형동물(*flatworm*)은 '등쪽'과 '배쪽'뿐만 아니라, '머리'와 '꼬리' 면이 구분된다. 이들 몸에 있는 단일 구멍은 입과 항문의 역할을 모두 하며, 미세하게 갈라진 소화관은 영양분을 온 몸으로 수송한다. 편형동물은 모양이 평평하여 확산을 통해 산소를 피부 전체에서 효율적으로 흡수한다. 편형동물은 많은 기생생물뿐만 아니라 일부 비기생성 생물종들을 포함한다. 가장 잘 알려져 있는 편형동물은 촌충(그림 18.27)으로, 긴 리본처럼 생겼으며, 인간과 다른 동물의 장 내에서 기생충으로 살고 있다.

그림 18.27
촌충은 자신의 숙주 장에 부착하는 데 필요한 갈고리를 앞쪽 끝에 갖고 있다.

선형동물

선형동물(*roundworm*)(우리에게 더 익숙한 지렁이와 혼돈해서는 안 된다)은 작고 가느다란 몸체를 갖고 있으며, 뒤로 갈수록 점점 가늘어지며, 둥근 횡단면을 갖고 있다(그림 18.28). 선형동물은 입과 항문이 하나씩 있다. 선형동물은 그들과 가까운 절지동물처럼, 질긴 큐티클 외골격을 갖고 있으며, 성장하는 동안 외골격을 주기적으로 벗고 다시 만든다. 선형동물은 세균, 식물, 곰팡이, 그리고 다른 동물 등 다양한 것을 먹지만, 유기 물질을 분해하는 데 특수화되어 있어 많은 서식지에서 중요한 분해자 역할을 한다. 선형동물은 머리부터 꼬리까지 이어지는 근육을 갖고 있다. 결과적으로 이런 동물은 몸의 반대쪽에 있는 근육들을 수축할 때, 채찍을 휘두르는 것처럼 움직인다. 선형동물은 십이지장충병, 요충병, 상피병, 선모충병을 포함한, 여러 인간 질병의 원인이 된다.

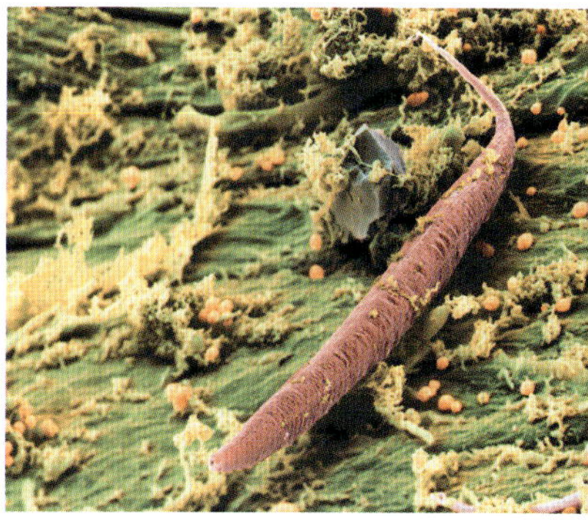

그림 18.28
선형동물이 퇴비 더미의 썩은 채소를 지나고 있다.

절지동물

절지동물(*arthropod*)은 바닷가재, 따개비, 거미, 전갈, 진드기, 곤충, 그리고 많은 다른 곤충들을 포함한다. 절지동물은 지구 상에 알려진 거의 모든 서식지에서 발견된다. 모든 절지동물은 몸을 보호하고 지지해 주는 **외골격(exoskeleton)**을 갖고 있다. 외골격은 성장을 막기 때문에 동물이 성장할 때 주기적으로 벗겨진다. 절지동물의 몸체는 여러 체절들로 나누어져 있으며, 다리에는 관절이 있다. 일부 절지동물의 다리는 진화 과정에서 구기(입틀), 더듬이, 생식기관으로 기능하도록 변형되어 왔다. 절지동물은 뇌와 잘 발달된 감각 기관들을 갖고 있으며, 많은 종들이 성장과 발생 과정에서 다른 유생 단계를 거친다.

절지동물의 주요 군은 갑각류, 협각류, 단지동물이다(그림 18.29). 갑각류(*crustaceans*)는 대부분이 수생생물이며 바닷가재, 게, 새우, 크릴새우, 따개비가 이에 속한다. **협각류**(*chelicerates*)는 다리가 8개로 투구게, 거미, 전갈, 참진드기, 진드기가 있다. **단지동물**(*uniramians*)에는 지네류, 노래기, 곤충 등이 있다. 곤충은 지구 상에서 가장 다양한 생물군으로서 백만 종 이상이 알려져 있고, 앞으로도 그 10배 이상이 더 밝혀질 것으로 예상된다. 모든 곤충의 몸은 머리, 가슴, 배의 세 부분으로 나뉘며, 세 쌍의 다리가 있고, 대부분은 두 쌍

(a) (b) (c)

그림 18.29
절지동물은 체절로 나누어진 몸체와, 관절로 이루어진 다리를 갖고 있다. (a) 따개비는 갑각류이다. 이들은 껍데기 때문에 연체동물 같지만, 물로부터 먹이를 거르는 데 사용하는, 깃털로 덮인 관절로 된 다리가 있는 절지동물이다. (b) 이 깡충거미는 협각류이다. (c) 이 실잠자리는 곤충으로, 단지동물이다. 이 그림은 성체가 외골격을 탈피하고 있는 중이다.

의 날개를 갖고 있다. 많은 곤충들은 식물의 수분 매개자로서 인간에게 중요하다. 일부 곤충들은 질병이나 농작물 병해충을 옮기기 때문에 우리에게도 영향을 미친다. 특히 모기는 말라리아와 웨스트 나일 바이러스를 전파한다.

이처럼 다양하고 그 수가 많음에도 불구하고, 곤충에게 있어 부족한 한 가지는 크기이다. 왜 곤충은 그렇게 작은가? 이에 대한 답은 곤충이 어떻게 산소를 얻는지와 관련이 있다. 곤충은 바깥 공기와 연결된 가지가 있는 작은 관을 통해 산소를 얻는다. 산소가 조직에 도달하려면 작은 관들을 통해 확산되어야 한다. 이러한 방식은 극히 작은 몸체에서만 작동한다. 3억 년 전 석탄기에는 훨씬 큰 곤충들이 있었다. 그 시기에는 대기 중의 산소가 오늘날보다 훨씬 높은 수준이었다. 석탄기의 잠자리는 날개의 길이가 76cm나 되었다.

연체동물

그림 18.30
이 문어는 연체동물의 일종인 두족류이다.

연체동물(*mollusk*)은 조개, 굴, 오징어, 문어, 달팽이, 민달팽이 같은 연한 몸체로 된 동물들이다. 오징어와 같은 연체동물은 껍질이 아주 작고, 문어와 민달팽이는 껍질이 거의 없지만, 대부분의 연체동물은 보호를 위한 껍질을 갖고 있다. 모든 연체동물은 이동을 담당하는 근육질 '발', 소화 기관과 생식 기관을 붙잡고 있는 내장, 그리고 껍질을 분비하는 외투막을 갖고 있다. 세 개의 주요 연체동물 군이 있다. **부족류**(*bivalve*)는 경첩이 달린 두 개의 껍질을 갖고 있으며 조개, 굴, 홍합, 가리비 등이 이에 속한다. 대부분의 부족류는 고착성이며, 물속의 작은 입자들을 걸러서 먹이로 먹는다. 오징어와 문어 같은 **두족류**(*cephalopod*)는 팔(문어는 8개, 오징어는 10개)을 이용해 피식자를 포착하는 능동적인 포식자이다(그림 18.30). 두족류는 또한 잘 발달된 뇌와 눈을 갖고 있다. **복족류**(*gastropod*)는 나선형 껍질을 갖고 있으며, 달팽이, 전복, 삿갓조개가 이에 속한다. 대부분의 복족류는 초식동물이다.

환형동물

환형동물(*annelid*)은 지렁이와 거머리(그림 18.31), 그리고 다른 종들을 포함하는 체절성 동물이다. 환형동물은 몸을 둥그렇게 감싸는 환상근과 머리부터 꼬리까지 이어지는 종주근을 갖고 있다. 이런 근육들로 인해 환형동물은 움직일 때 유연성이 있다. 예를 들어 환형동물은 나머지 부분을 정지 상태로 계속 유지하면서 몸체의 한 부분을 수축할 수 있다. 지렁이는 중요한 분해자로서, 많은 양의 토양을 섭취하여 이용 가능한 영양분을 흡수하여 산다. 환형동물이 땅을 파는 활동은 또한 토양에 공기를 통하게 해서 산소를 공급해 준다. 거머리는 혈액을 먹고 사는 기생충이다. 환형동물은 칼날처럼 생긴 이빨로 숙주의 피부를 절단하고, 혈액을 먹는 동안 혈액 응고를 방지하는 항응고제를 분비한다.

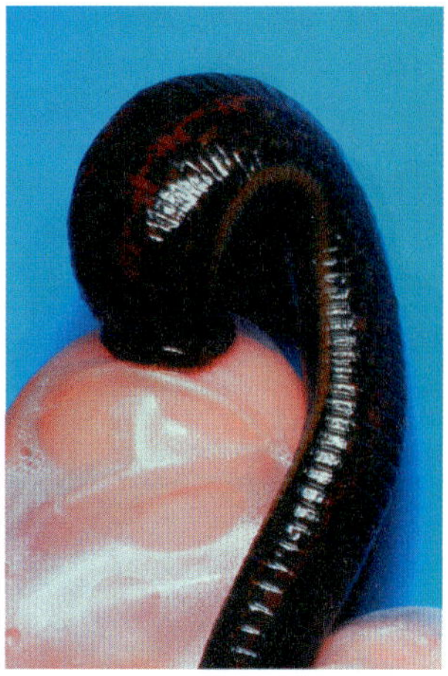

그림 18.31
거머리는 환형동물로서 혈액을 먹고산다. 여기에 보인 거머리는 가끔 의학적 목적으로 이용된다.

극피동물

극피동물(*echinoderm*)에는 불가사리, 성게, 해삼 등이 있다(그림 18.32). 모든 극피동물은 서로 맞물리는 작은 판들로 구성된 **내골격(endoskeleton)**을 갖고 있다. 극피동물은 **관족**(*tube feet*)이라고 하는 작은 빨판 모양의 부속지들을 갖고 있다. 불가사리는 관족을 부족류의 껍데기를 여는 데 사용하기도 한다. 대부분의 극피동물은 해양 바닥에서 살고 있으며, 매우 느리게 움직인다.

그림 18.32
아드리아 해에 살고 있는 두 극피동물: 거미불가사리와 해삼

척삭동물

척삭동물(*chordata*)은 피낭동물, 창고기, 그리고 인간이 속한 척추동물을 포함한다. 척삭동물은 네 가지의 주요 공통점이 있다. 즉 뇌, 몸의 등쪽 길이를 따라 내려가는 신경다발 등을 지지하는 단단하면서 구부릴 수 있는 **척삭**(*notochord*), 아가미틈, 항문 너머까지 확장되는 하나의 꼬리가 그것이다. 그렇다고 이런 특징들이 모든 척삭동물의 성체에서 나타나는 것은 아니다(예를 들어 인간은 꼬리를 갖고 있지 않다). 그러나 일반적으로 발생의 어떤 시기에 나타난다(인간 배아는 꼬리가 있는 발생 단계를 거친다).

피낭동물(*tunicate*)은 멍게로 알려지기도 한 고착성 해양 생물 종이다. 이 생물은 물로부터 작은 입자들을 걸러서 먹고산다. **창고기**(*lancelet*)는 작고 칼날 모양의 헤엄치는 해양 생물 종으로, 종종 자신을 모래 속에 파묻는다. 창고기는 피낭동물처럼 물로부터 먹이를 걸러서 먹는다.

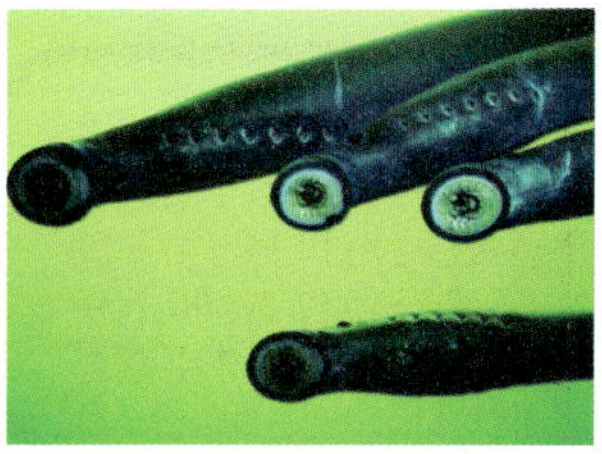

그림 18.33
최초의 척추동물들은 경첩식의 턱을 갖고 있지 않았다. 현대의 칠성장어는 이런 조건들을 유지하고 있다. 이런 개체들이 그들의 원형 입을 이용해 유리에 달라붙어 있다.

척추동물(*vertebrate*)은 등뼈가 있는 동물이다. 척추동물은 양서류, 파충류, 포유동물은 물론, 몇몇 어류군을 포함한다. 가장 초기의 척추동물은 입은 갖고 있었지만, 경첩식의 턱은 없었다. 극히 소수의 턱없는 척추동물이 아직도 생존하고 있다. 칠성장어는 기생생물로서 다른 물고기의 피부를 뚫고 피를 빨아먹는다(그림 18.33).

연골 어류(*cartilaginous fishes*)에는 상어, 홍어, 가오리가 있다. 이런 어류는 뼈 대신에 연골로 구성된 골격을 갖고 있다. 상어는 유명한 포식자이다. 상어는 인접해 있는 피식자의 근육과 신경에서 나오는 작은 전류를 감지할 수 있는 특이한 전기 수용 기관을 갖고 있다. (19장에서 신경과 근육이 왜 전류를 발생하는지 배울 것이다.)

방사형지느러미 어류(*ray-finned fishes*)에는 참치, 연어, 배스 등등 일반적으로 '어류'라고 하는 동물 대부분이 포함된다. 방사형지느러미 어류는 체내에 **부레**(*swim bladder*)라고 하는 주머니를 갖고 있다. 부레는 물고기의 밀도를 물의 밀도와 동일하게 만드는 데 딱 충분할 만큼만 공기로 채워진다. 이로 인해 이런 어류는 단순히 가라앉거나 떠있는 것이 아니라 물속에서 이동이 쉽다. 부레가 없는 연골 어류는 헤엄을 멈춘다면 실제로 가라앉을 것이다.

그림 18.34
폐어류는 다른 방사형지느러미 어류처럼 보이기도 하지만, 그들은 육상 척추동물과 더 가깝게 연관되어 있다. 특이한 지느러미를 주목하라.

폐어류(*lungfishes*) (그림 18.34)와 실러캔스

그림 18.35
양서류 알은 껍질이 없기 때문에, 건조되지 않게 유지하기 위해서는 습기가 필요하다.

그림 18.36
황금두꺼비는 지난 수십 년 이내에 사라져버린 많은 생물 종들 가운데 하나이다.

(coelacanths)를 대충 훑어보면, 방사형지느러미 어류처럼 보인다. 그러나 이들은 실제로는 양서류, 파충류, 포유동물과 같은 육상 척추동물과 더 가깝게 연관되어 있다. 이들의 지느러미 속에 있는 뼈는 지느러미의 기저로부터 방사상으로 퍼져 나오기보다는 오히려 육상 척추동물의 팔다리뼈와 유사하게 연속적으로 배열되어 있다. 소수의 생물 종만이 남아 있어도, 이런 생물 종들은 육상 척추동물이 어떻게 진화하였는지에 대한 단서가 되기 때문에 생물학자들에게는 큰 흥밋거리가 된다.

양서류(*amphibians*)에는 도롱뇽, 개구리, 그리고 다리가 없는 생물 종들인 무족영원류가 있다. 양서류라는 이름은 많은 생물들이 수중과 육상 서식지 모두를 이용한다는 사실을 가리킨다. 많은 양서류에서 수중 유생이 육상 성체로 변한다. 일부 양서류는 전적으로 수중 생활을 하고, 대부분의 양서류가 전적으로 육상 생활을 한다. 양서류는 피부가 건조해지는 살아 있는 세포들로 구성되어 있기 때문에, 습기가 있는 서식지로 제한된다. 양서류의 알도 껍질이 없어서 습기를 필요로 한다(그림 18.35). 지난 수십 년 동안, 수십 종의 양서류가 갑자기 멸종되었고, 수백 종이 엄청난 개체군 감소를 겪고 있다. 특별히 우려되는 것은 황금두꺼비와 같은 많은 종들이 자연 보호 지역에서 사라진 것이다(그림 18.36).

파충류(깃털이 있는 새를 포함한)와 포유동물은 **양막류**(*amniotes*)이다. 양막류는 다음 두 가지 형질 덕분에 다양한 육상 서식지에서 살 수 있다. 첫째, 피부가 수분 손실을 막아 주는 죽은 세포들로 구성되어 있다. 둘째, 알에는 껍질이 있어 건조되는 것을 막아 준다.

파충류(*reptiles*)에는 거북, 도마뱀, 뱀, 악어, 조류가 있다(그림 18.37). 거북은 실제로는 변형된 갈비뼈인 보호 껍질을 갖고 있다. (자신의 몸 전체를 흉곽 속으로 밀어 넣는 것을 상상해 보라.) 도마뱀은 가지각색의 육상 환경에서 발견되는 크고 다양한 군이다. 뱀은 다리를 잃어버린 도마뱀의 한 군으로서, 큰 피식자를 제압하여 통째로 삼킬 수 있게 진화하였다. 조류는 날 수 있는 능력이 진화되었다는 면에서 예외적이다. 조류의 날기 위한 적응에는 날개, 깃털, 속이 빈 뼈가 포함된다.

조류를 제외한 모든 파충류는 변온동물이다. **변온동물**(**ectotherm**)은 행동을 이용하여 체온

(a) (b)

그림 18.37
뱀과 새는 파충류이며, 거북이, 도마뱀, 악어도 여기에 속한다. (a) 많은 뱀이 큰 피식자를 통째로 삼킬 수 있게 적응하였다. 이 구렁이는 새를 먹고 있다. (b) 새는 날 수 있는 능력이 진화된 파충류이다. 이것은 큰왜가리(great blue heron)이다.

을 조절한다. 예를 들어 도마뱀은 따뜻해지기 위해 햇볕을 쬐고, 몸을 식히기 위해 빛을 피한다. 변온동물의 체온은 어느 정도까지는 환경 조건에 따라 변한다. 조류와 포유동물은 정온동물이다. **정온동물**(**endotherm**)은 먹이를 분해함으로써 높은 체온을 일정하게 유지한다. 이 과정에서 열이 방출하여 몸을 따뜻하게 만든다. 정온동물은 먹이를 분해하여 스스로 더워져야 하기 때문에, 같은 크기의 변온동물보다 더 많이 먹어야 한다. 이런 이유 때문에 애완동물인 뱀은 일주일에 한번 먹이를 주면 되지만, 애완견은 하루에도 여러 번 먹이를 주어야 한다.

포유류(*mammals*)는 털을 갖고 있고 새끼에게 젖을 먹인다. 대부분의 포유류는 육상에서 살지만, 박쥐는 날아다니고, 바다표범과 고래는 부분적으로 또는 전적으로 물에서 산다. 포유류에는 세 가지 주요 군이 있다. 오리너구리와 바늘두더지와 같은 **단공류**(*monotremes*)는 알을 낳는다. 포섬(possum), 코알라(koala), 캥거루(kangaroo)와 같은 **유대류**(*marsupials*)는 매우 미성숙한 어린 새끼를 낳는다. 갓 태어난 유대류 새끼는 어미의 육아낭이라는 주머니 속으로 기어들어가서, 어미 젖꼭지에 달라붙어 먹으면서 발생을 계속한다(그림 18.38). 대부분의 포유류 종이 속하는 **태반류**(*placentals*)도 어린 새끼를 낳는다. 그러나 갓 태어난 태반류 새끼는 갓 태어난 유대류 새끼보다 훨씬 성숙되어 있다.

그림 18.38
새끼 코알라가 어미의 육아낭 속에서 자고 있다.

학습목표
새가 어떻게 나는지 설명할 수 있다.

융합과학 18C
물리학

새는 어떻게 날까?

물음 작은 벌새는 어떻게 그렇게 잘 날 수 있을까?

새의 비행은 항상 인간을 매료시켜 왔다. 하나의 모델로서 새가 없었다면, 인간이 과연 비행기에 대해 생각조차 해낼 수 있었을까? 어떻게 공기보다 더 무거운 무엇인가가 공중에 머무를 수 있을까?

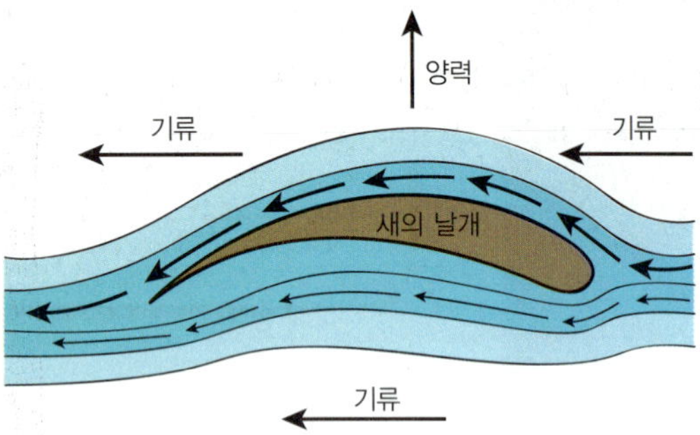

그림 18.39
새의 날개 모양으로 인해 날개 밑보다 날개 정상 위로 공기가 더 빨리 흐른다. 결과적으로 양력이라는 위로 향하는 힘이 생긴다. 양력은 중력과 균형을 이루면서 새가 공기 중에 머무를 수 있게 해 준다.

이것의 핵심은 모양이다. 곡선 형태의 새의 날개가 공기를 날개의 밑보다 정상 위로 더 빨리 흐르게 만든다(그림 18.39). 이런 이유 때문에 새가 공기를 빠져나갈 때, 날개 위로 지나가는 공기 분자들이 더 먼 거리를 이동하게 되므로 더 빠르게 움직인다. '베르누이 정리'에 의하면, 표면 위로 지나가는 공기의 속도가 증가할 때, 공기의 압력은 감소한다. 이것은 날개 위의 공기 압력이 날개 밑의 공기 압력보다 더 낮다는 것을 의미한다. 결과적으로 **양력**(*lift*)이라고 하는 위로 상승하는 힘이 생긴다. 양력은 중력과 균형을 이루어 새가 공중에 떠 있게 한다.

양력을 발생시키기 위해서, 새는 날개를 퍼덕이면서 앞으로 이동해야만 한다. 새가 날개를 아래로 끌어당길 때, 공기를 밑과 뒤로 밀어낸다. 뉴턴의 제3법칙에 따라, 새가 공기를 뒤로 밀어내면, 공기는 새를 앞으로 밀어낸다. 새가 날개를 다시 위로 끌어당기면, 새를 뒤로 움직이게 하는 힘인 공기 저항이 생긴다. 새는 공기 저항을 감소시키기 위해 상승 운동을 할 때 날개를 회전시킨다. (당신은 평형으로 수영을 할 때, 유사한 일을 한다. 밑으로 내릴 때, 팔을 뒤로 밀면 몸은 앞으로 이동한다. 상승할 때, 공기 저항을 줄이기 위해 팔을 끌어당긴다.)

일부 새들은 날개를 퍼덕이지 않으면서 오랫동안 공중에 머무를 수 있다. 이것을 **활공**(*soaring*)이라고 한다. 독수리와 솔개가 활공하고 있는 것을 종종 볼 수 있다. 활공은 새가 상승하는 온난 상승 기류의 정상에서 떠다니고 있는 것이다. 이것은 뜨거운 물을 뿜어내는 간헐온천 정상에 앉아 있는 것과 같은 것이다. 새는 다행히도 이를 훨씬 잘 조절한다.

학습목표
바이러스와 프라이온이 어떻게 질병을 일으키는지 설명할 수 있다.

18.9 바이러스와 프라이온

물음 독감 바이러스는 왜 매년 다른 형태로 유행하는가?

바이러스는 단백질막에 싸여 있는 작은 조각의 유전 물질이다. 바이러스는 생물체와 무생물체 사이의 경계에 있다. 바이러스는 세포로 구성되어 있지 않고, 숙주 세포 속에서 단지 증식할 수 있을 뿐이다. 그러나 바이러스는 유전자를 갖고 있고, 진화한다. 바이러스는 어디에서 왔을까? 과학자들은 숙주 DNA 또는 RNA의 작은 조각이 진화하여 한 세포로부터 다른 세포로 이동할 수 있게 되었을 때 바이러스가 생겼다고 믿는다. 이것은 바이러스가 아마도 여러 번 생겨났다는 것임을 의미한다.

많은 바이러스는 정상적인 이중 가닥의 DNA를 갖고 있다. 그러나 다른 바이러스들은 단일 가닥의 DNA, 단일 가닥의 RNA, 또는 이중 가닥의 RNA로 만들어진 유전자를 갖고 있다. (16장에서 DNA와 RNA에 대해 복습할 수 있다.) 바이러스는 숙주 세포를 감염시킨 뒤, 그 세포의 자원을 자신의 유전 물질에 복제하고 바이러스 단백질을 합성하는 데 이용함으로써 증식한다. 이런 물질들이 이제 새로운 바이러스로 조립된다. 바이러스는 세균으로부터 식물과 동물에 이르는 모든 형태의 생명체를 감염시킨다. 그림 18.40은 후천성 면역 결핍증(acquired immunodeficiency syndrome, AIDS)을 일으키는 바이러스인 HIV(human immunodeficiency virus)가 사람의 면역 세포를 감염시키고 있는 것을 보여 준다.

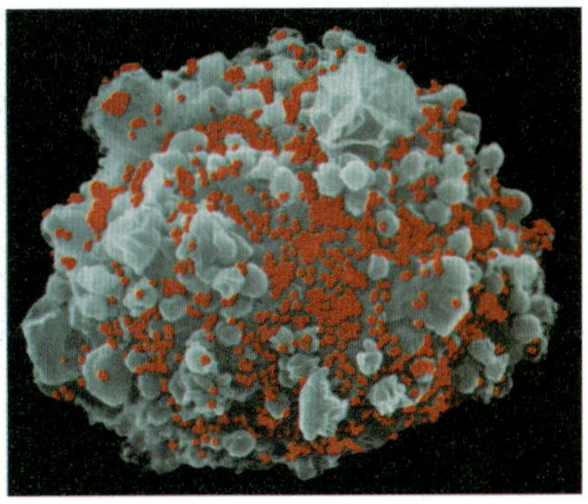

그림 18.40
이 인간 면역 세포는 AIDS를 일으키는 바이러스인 HIV에 감염되어 있다. 세포가 바이러스 입자들로 덮여 있고, 곧 펴져 나가 다른 세포들을 감염시킨다.

바이러스는 감기, 독감, AIDS, 천연두 등 인간의 많은 질병을 일으킨다. 바이러스의 특징의 하나는 유전자에 돌연변이가 매우 빠르게 일어난다는 것이다. 이것이 해마다 항상 많은 사람들이 감기에 걸리고, 독감이 다른 형태로 유행하는 이유이다.

프라이온(*prion*)은 잘못 접혀진 단백질이다. (단백질은 일련의 아미노산들로 이루어진 실 같은 것이 접혀져 있는 것이라는 것을 기억하라. 프라이온에서는 단백질이 어쨌든 잘못 접혀진 것이다.) 프라이온은 사람에게 광우병, 그리고 관련된 크로이츠펠트 야코프병(Creutzfeldt–Jakob disease)을 일으킨다. 이 두 질병은 뇌를 손상시킨다. 프라이온은 세포를 감염시켜 정상 단백질을 잘못 접혀진 형태로 전환시킴으로써 '증식'한다. 프라이온은 사람이 감염된 고기를 먹을 때 퍼진다. 요리를 통해 세균 또는 바이러스에서 발견되는 핵산은 파괴시킬 수 있지만, 프라이온에는 효과가 없다.

연습문제

18.1 생물의 분류

1. 린네의 분류 체계에서 생물 종을 분류하는 데 이용된 기준은 무엇인가?
2. 진화적 분류 체계에서 생물 종을 분류하는 데 이용된 기준은 무엇인가?
3. 분기군이란 무엇인가?

18.2 생물의 세 영역

4. 생물의 세 영역은 무엇인가?
5. 진핵생물은 어느 영역에 속하는가?

18.3 세균

6. 독립 영양체와 화학 독립 영양체는 어떻게 먹이를 얻는지 설명하시오.
7. 세균은 어떻게 번식하는가? 세균은 항상 유전 물질을 교환하는가?
8. 세균의 분해 작용은 왜 중요한가?

18.4 고세균

9. 고세균이 세균보다 진핵생물과 더 가깝게 관련되어 있다는 것을 암시하는 고세균의 특징은 무엇인가?
10. 일부 고세균이 '극한성 생물'로 표현되는 이유는 무엇인가?

18.5 원생생물

11. 원생생물이란 무엇인가?
12. 규조류란 무엇이고, 규조류가 다른 해양 생물들에게 중요한 이유는 무엇인가?
13. 세 종류의 다세포성 광합성 원생생물의 이름을 쓰시오.
14. 종속 영양 원생생물은 포식자를 포획하기 위해 움직인다. 그들이 이런 작용을 하는 몇 개의 다른 방법들을 설명하시오.
15. 말라리아를 일으키는 원생생물인 **말라리아원충**이 어떻게 사람을 감염시키는지 설명하시오. 또한 이 질병의 증세를 설명하시오.

18.6 식물

16. 식물 관다발계의 두 구성 요소는 무엇인가? 그리고 각각의 기능은 무엇인가?
17. 이끼류와 다른 식물들의 세대 교번은 무엇이 다른가?
18. 구과식물에서는 화분이 한 식물체에서 다른 식물체로 어떻게 전달되는가? 또한 현화식물에서는 어떠한가?

18.7 곰팡이

19. 곰팡이는 어떻게 먹이를 얻는가?
20. 곰팡이 포자는 무엇인가?
21. 곰팡이가 대부분의 식물 생장과 생존에 필요한 이유는 무엇인가?

18.8 동물

22. 동물은 어떻게 영양분을 얻는가?
23. 절지동물의 일부 특징들은 무엇인가?
24. 연체동물의 세 주요 군을 설명하시오.
25. 양서류는 왜 습한 서식지에서 살아야 하는가?
26. 변온동물과 정온동물의 차이는 무엇인가?
27. 단공류는 다른 포유류와 어떻게 다른가?

18.9 바이러스와 프라이온

28. 바이러스란 무엇인가? 바이러스는 어떻게 증식하는가?
29. 프라이온이란 무엇인가? 프라이온은 어떻게 증식하는가?

확인문제

만일 여러분이 이 장에서 제대로 학습을 하였다면, 다음에 제시된 10개의 질문에 적어도 7개는 제대로 답을 할 수 있을 것이다. 만일 그렇지 못하면 다음 장으로 가기 전에 이 장을 더 학습할 필요가 있다.

각 질문에 대해 가장 적합한 답을 고르시오.

1. 진화적 분류 체계에서 생물 종들은 무엇에 기초하여 하나의 군으로 묶이는가?
   (a) 그들이 공유하고 있는 유사성
   (b) 그들이 서로 얼마나 가깝게 연관되어 있는지
   (c) '단순한 것'부터 '복잡한 것'으로의 위계 내의 그들의 위치
   (d) 정답 없음.
2. 한 생물 종의 과학적 명명은
   (a) 과(family)와 종(species)의 두 부분으로 이루어진다.
   (b) 항상 밑줄을 친다.
   (c) 항상 라틴어로 되어 있다.
   (d) 단지 종(species) 명칭만 포함한다.

3. 진화적 분류 체계에서 조류를 파충류로 보는 이유는 무엇인가?
   (a) 깃털이 비늘로부터 진화하였다.
   (b) 조류는 이전에 생각했던 것보다 파충류와 더욱 유사하다.
   (c) 조류는 모든 파충류의 마지막 공통 조상으로부터 유래한다.
   (d) 조류는 악어와 어떤 유사성을 공유한다.
4. 세균이 없으면 생명체가 생존하지 못하는 이유는 무엇인가?
   (a) 세균이 광합성을 하기 때문
   (b) 세균이 분해자로 기능하기 때문
   (c) 세균이 신속하게 증식하기 때문
   (d) 다른 생명체들이 생존할 수 없는 서식처를 차지하기 때문
5. 모든 원생생물은
   (a) 진핵 생물이다.
   (b) 독립 영양체이다.
   (c) 종속 영양체이다.
   (d) 단세포이다.
6. 다음 중 모든 식물의 특징은 어느 것인가?
   (a) 씨앗
   (b) 꽃가루
   (c) 헤엄치는 화분
   (d) 세대 교번
7. 열매는 식물이
   (a) 동물 수분 매개자를 유인하도록 돕는다.
   (b) 영양분을 얻는 것을 도와 준다.
   (c) 씨앗을 퍼뜨리도록 도와 준다.
   (d) 광합성하는 것을 도와 준다.
8. 모든 곰팡이는
   (a) 종속 영양체이다.
   (b) 다세포이다.
   (c) 무성 생식으로 번식한다.
   (d) 유성 생식으로 번식한다.
9. 동물은
   (a) 다세포성 종속 영양체이다.
   (b) 곰팡이보다는 식물과 더 가깝게 연관되어 있다.
   (c) 종종 배수체 유생을 갖는다.
   (d) 해면동물, 산호충, 버섯과 같은 일부 고정된 비운동성 생물을 포함한다.
10. 다음 설명 중 옳은 것은?
   (a) 모든 바이러스는 RNA로 이루어진 유전자들을 갖고 있다.
   (b) 소수의 바이러스는 숙주 세포 밖에서 증식할 수 있는 능력이 진화되었다.
   (c) 바이러스는 세균으로부터 식물과 동물에 이르는 모든 다른 형태의 생명체를 감염시킨다.
   (d) 식물에 질병을 일으키는 프라이온은 잘못 접혀진 단백질이다.

확인문제 답

1. b, 2. c, 3. c, 4. b, 5. a, 6. d, 7. c, 8. a, 9. a, 10. c

19장
인간 생물학 I — 조절과 발생

아무나 불꽃을 들고 밧줄을 타면서 저글링을 할 수는 없다. 그러나 우리 모두는 매일매일 거의 인상적으로 일들을 해낸다. 생각조차 없이 어떻게 자전거를 탈 수 있고, 빨래를 접을 수 있을까? 시를 쓰거나 수학 문제를 풀 때, 뇌의 어느 부위가 작용하고 있을까? 딸기는 식욕을 돋우지만, 썩은 달걀은 그렇지 않은 것을 어떻게 설명할 수 있는가? 왜 눈을 감고서도 코를 쉽게 만질 수 있을까? 다음 두 장에서는 우리의 몸이 어떻게 자신의 체계에 대한 완벽한 조절을 유지하고, 하나의 복잡한 세계 속에서 정상적으로 기능하게 하는지를 배울 것이다.

19.1 인체의 구성

학습목표
조직, 기관, 기관계를 설명하고, 각각의 예를 제시할 수 있다.

물음 뇌는 하나의 조직, 기관, 또는 기관계인가?

여러분은 친구에게 손짓을 하고, 교통 신호등을 쳐다보면서 도로변 갓돌에서 내려선다. 여러분은 도로를 건널 때, 점심에 타코를 먹을까, 샌드위치를 먹을까 깊이 생각한다. 여러분은 숨을 들이쉬면서 산소를 몸 안으로 들여오고, 숨을 내쉬면서 이산화탄소를 배출한다. 심장이 퍼낸 혈액은 혈관을 통해 이동한다. 동시에 면역 세포들은 여러분 손가락의 베인 상처 부위로 모여들어 침입 중인 세균을 먹어치운다. 어떤 순간에도 여러분의 몸은 상당히 많은 다른 활동들과 관련되어 있다. 여러분 몸의 세포들은 자신의 임무를 수행하기 위해 조직, 기관, 기관계로 조직되어 있다(그림 19.1).

조직(*tissue*)은 하나의 정해진 기능을 수행하는 유사한 세포들의 집단이다. 우리 몸에는 네 종류의 주요 조직이 있다. **상피 조직**(*epithelial tissue*)은 세포들이 빽빽하게 여러 층의 종이처럼 채워져 우리 몸의 내부와 외부 표면을 덮고 있다. 피부가 상피 조직의 한 예이다. **결합 조직**(*connective tissue*)을 이루고 있는 세포들은 세포외 기질에 흩어져 있다. 뼈, 연골, 혈액은 모두 결합 조직이다. **근육 조직**(*muscle tissue*)은 수축 또는 단축할 수 있는 세포들로 구성되어 있다. 우리 몸에서는 세 종류의 근육 조직이 발견된다. 골격근은 모든 수의 운동을 담당하고 있고, 민무늬근은 일부 혈관 내에서뿐만 아니라 소화기의 내부 기관에서도 기능을 수행한다. 심근은 심장 박동을 만들어 낸다. **신경 조직**(*nervous tissue*)은 정보를 몸의 한 곳에서 다른 곳으로 보낸다. 신경 조직은 뇌, 척수, 신경에서 발견된다.

여러 조직들이 결합하여 하나의 **기관**(**organ**)을 만들며, 기관은 특수한 기능을 갖는 신체 구조에 해당된다. 심장, 위, 두뇌 등이 기관이다. 각 기관은 여러 조직들로 구성되어 있다. 예를 들어 심장의 (1) 바깥쪽은 상피 조직으로 둘러싸여 있고, 안쪽 면도 상피 조직이 받치고 있다, (2) 심장은 결합 조직의 하나인 혈액을 운반하는 혈관을 포함하고 있다, (3) 심장은 주로 심근으로 구성된 벽을 갖고 있다, (4) 심장은 자신의 활성 조절을 도와 주는 신경 조직으로 구성된 신경을 포함하고 있다.

여러 기관들이 하나의 **기관계**(**organ system**)를 구성하는데, 기관계는 특별한 신체 기능을 담당한다. 예를 들어 순환계는 영양분, 가스, 노폐물을 몸의 구석구석으로 이동시킨다. 사람의 몸은 신경, 감각, 내분비, 생식, 근육과 골격, 순환, 호흡, 소화, 배설, 면역 기관계의 10개의 주요 기관계를 갖고 있다. 다음 두 장에서는 이러한 기관계들이 무엇을 하는지 살펴볼 것이다.

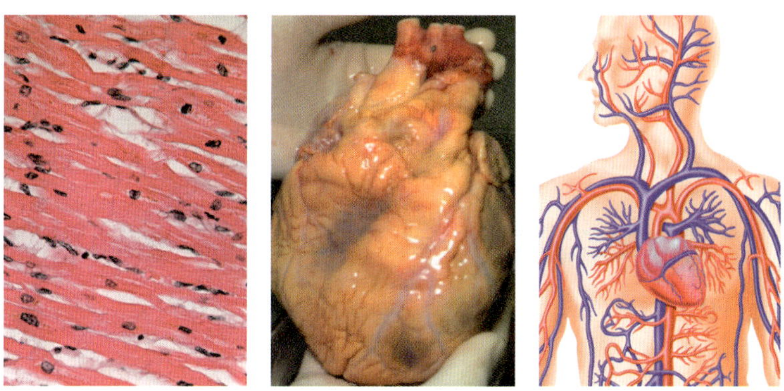

(a) (b) (c)

그림 19.1
사람의 몸에서 세포들은 조직, 기관, 기관계로 조직되어 있다. (a) 많은 근육세포들이 근육 조직을 형성한다. 이 사진은 사람의 심장에 있는 근육 조직을 보여 준다. (b) 심장은 하나의 기관이다. (이 심장은 장기 기증자로부터 막 제거된 것으로, 곧 수혜자에게 이식된다.) (c) 순환계는 심장, 혈액, 혈관으로 이루어진다. 순환계는 영양분, 가스, 노폐물을 몸의 다른 부위로 수송한다.

학습목표
항상성을 예를 들어 설명할 수 있다.

19.2 항상성

물음 사람은 추울 때 왜 몸을 떠는가?

얼음처럼 차가운 물에서 수영을 하든, 타는 듯한 뜨거운 날씨에 하이킹을 하든, 여러분의 몸은 항상 37°C에 가깝게 유지된다. 이렇게 체온이 한결같은 것이 **항상성**(**homeostasis**)의 예이다. 항상성은 신체 내부 환경을 비교적 안정되게 유지하는 것으로, 모든 생명체의 특성이다(15장 참조). 막대한 양의 신체 활동이 항상성을 유지하는 방향으로 작용한다.

단 하나의 예를 들면, 여러분의 세포는 기능을 수행하기 위해 일정량의 산소가 필요하다. 여러분의 폐와 심장은 이 산소를 공급하기 위해 정상적인 활동 수준을 유지한다. 여러분이 버스를 잡기 위해 달리기 때문에 활동 수준이 증가한다면, 여러분의 세포들은 더 많은 산소를 이용한다. 무슨 일이 일어나는가? 여러분의 몸은 더 많은 산소를 얻기 위해 호흡을 더 거칠게 하도록 반응하고, 산소를 세포까지 이동시키기 위해 심장 박동이 증가하도록 반응한다. 일단 활동 수준이 정상으로 돌아오고 산소 이용이 감소하면, 호흡과 심장 박동도 다시 느려진다.

체온으로 다시 돌아가서, 바깥이 추울 때는 추위를 **느껴** 옷을 더 많이 껴입거나 팔로 몸을 감싸 안아 열손실을 줄인다. 게다가 몸통보다 열을 더 빨리 잃어버리는 팔다리 수족과 같은 말단 부위로 혈액이 더 적게 보내진다. (추울 때 종종 손가락과 발가락이 가장 차갑게 느껴지는 이유이다.) 여러분은 또한 열을 내기 위해 오들오들 몸을 떨 수도 있다(그림 19.2). 반면에 바깥이 더울 때는 옷을 벗고, 그늘을 찾고, 시원해지기 위해 땀을 흘린다. 또한 더 많은 혈액이 말단 부위와 얼굴로 몰린다. 이런 부위들은 열을 발산하는 데 효과적이다. (여러분이 더울 때 얼굴이 붉어지는 이유이다.)

체온 조절은 피드백 조절의 한 예이다. **피드백 조절**(*feedback regulation*)에서 한 변인의 변화는 두 번째 변인에 영향을 미친다. 두 번째 변인의 변화는 다시 첫 번째 변인에 영향을 미친다. 이 경우 체온의 변화는 특정 반응들을 촉발하고, 이러한 반응들은 다시 체온에 영향을 미친다.

산소 공급과 체온은 우리 몸이 주의 깊게 조절하는 많은 변인들 중 두 가지일 뿐이다. 체내 물의 양, 혈액 속의 영양분과 노폐물의 농도, 세포 안팎의 중요 이온들의 농도, 혈액의 pH 등, 이런 것들과 다른 변인들은 항상성 유지의 일부로서 주의 깊게 조절된다.

(a) (b)

그림 19.2
우리 몸은 항상성 유지를 돕기 위해 변화하는 조건들에 반응한다. (a) 추울 때는 더워지기 위해 몸을 떤다. (b) 더울 때는 몸을 식히기 위해 땀을 흘린다.

19.3 뇌

학습목표
뇌의 구조와 기능을 설명할 수 있다.

물음 뇌의 표면은 왜 주름이 져 있을까?

여러분의 뇌가 여러분이 누구인지를 결정한다. 여러분의 모든 생각, 느낌, 욕망들이 여러분의 뇌로부터 나온다. 여러분의 뇌는 또한 여러분의 모든 활동들을 조절한다. 이런 활동에는 옷을 선택하거나 축구공을 차는 것과 같은 의식적 활동과 숨쉬기, 혈액 순환, 소화와 같은 무의식적 활동 모두가 포함된다. 여러분의 뇌는 신경계를 '지휘하며', 5개의 주요 부분으로 구성되어 있다(그림 19.3).

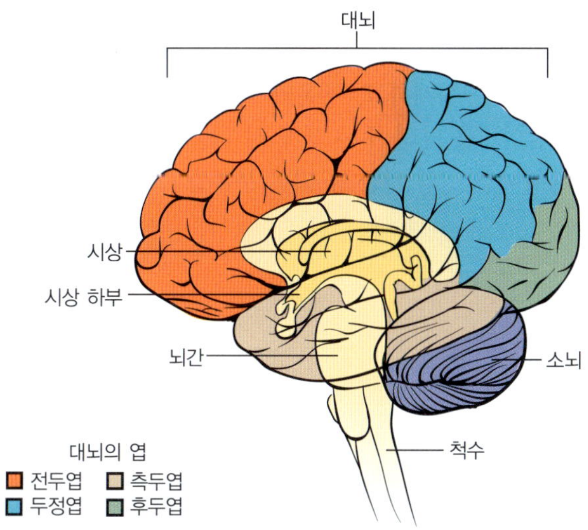

그림 19.3
인간 뇌의 주요 부위에는 뇌간, 소뇌, 대뇌, 시상, 시상 하부가 있다.

1. **뇌간**(*brainstem*). 만일 여러분이 수초마다 숨 쉬는 것을 기억해야만 한다면, 얼마나 집중을 못하였을 것으로 상상하는가? 뇌간이 여러분을 위해 이런 일을 해 준다는 것은 정말 좋은 일이다. 뇌간은 척수와 뇌의 나머지 부분을 연결한다. 뇌간은 심장 박동, 호흡, 소화와 같은 우리 몸의 많은 기본적이며 무의식적인 행동들을 조절한다. 또한 매일 아침 여러분을 깨워 몸을 휴면 상태에서 깨어 있는 상태로 전환시킨다(그림 19.4).
2. **소뇌**(*cerebellum*). 소뇌는 균형, 자세, 협동, 미세 운동을 조절한다. 또한 여러분이 수행하는 모든 동작을 '생각하지 않고도' 조절해 준다. 자전거 타기를 생각해 보자. 자전거를 처음 배울 때는 여러분의 팔과 다리가 무엇을 하고 있는지에 대해 매우 신중하게 생각하지만 실제 여러분의 동작은 매우 미숙하다. 충분히 연습을 하면 '생각하지 않고도' 자전거를 쉽게 탈 수 있게 된다. 여러분이 무언가를 생각하지 않으면서 행한다는 것은 소뇌가 그 임무를 떠맡고 있다는 것이다.
3. **대뇌**(*cerebrum*). 대뇌는 뇌에서 가장 큰 부분이다. 대뇌는 추론, 문제 해결, 언어, 창의성 같은 높은 수준의 기능을 담당한다. 여러분의 성격 역시 대뇌에 있다. 대뇌는 감각으로부터 정보를 수집하고, 모든 의식적이고 자발적인 신체 행동을 통제한다. 대뇌는 우반구(우측 면)와 좌반구(좌측 면)를 갖고 있다. 우반구는 신체의 좌측 면을 통제하고, 좌반구는 그 반대이다. 여러분이 오른손을 움직일 때, 실제로 그 행동을 통제하는 것은 대뇌의 좌반구이다.

   대뇌에서 일어나는 대부분의 정보 처리는 대뇌의 표면을 덮고 있는 얇은 층인 대뇌 피질에서 일어난다. 뇌는 대뇌 피질의 '주름'으로 인해 익히 잘 알려진 외형을 갖게 되고, 정보 처리에 이용되는 표면적이 증가한다. 대뇌의 각 반구는 다른 활동을 담당하는 네 개의

그림 19.4
뇌간은 잠자는 것과 깨어 있는 상태의 전환을 조절한다.

엽으로 구성되어 있다. **전두엽**(*frontal lobe*)은 추론, 수의 운동, 말하기를 담당한다. **두정엽**(*parietal lobe*)은 온도, 촉감, 맛, 통증에 대한 감각 정보를 받아들인다. **후두엽**(*occipital lobe*)은 보는 것, 즉 시각 정보를 처리한다. **측두엽**(*temporal lobe*)은 소리를 해석하고 언어의 이해를 돕는다.

일정한 인지 기능의 조절은 좌반구 또는 우반구가 관장한다. 좌반구는 수학, 추론, 언어, 세밀한 활동들을 다루는 데 더 능숙하다. 우반구는 공간 관계, 감정 처리, 음악에 더 능숙하다. 이런 구별은 조직적이고 분석적이며, 미세한 것에 치중하는 '좌뇌형' 인간과, 직관적이고 융통성이 있으며 창의적인 '우뇌형' 인간이라는 통속적인 개념을 낳게 한다.

4. **시상**(*thalamus*). 시상은 뇌의 다른 여러 부분으로부터 정보를 받아서 이 정보를 분석하고 걸러낸 뒤 대뇌로 보낸다.
5. **시상 하부**(*hypothalamus*). 시상 하부는 기쁨과 분노와 같은 감정을 담당한다. 또한 배고픔, 갈증, 성욕과 같은 신체적 욕구를 통제하고, 체온과 혈압을 조절한다. 시상 하부의 또 다른 기능은 언제가 낮이고, 밤인지를 알려 주는 생체 시계를 통제하는 것이다. 시상 하부는 호르몬과 같은 분자를 이용하여 자신의 기능 중 많은 부분을 수행한다(이 장의 후반부에서 검토할 것이다).

19.4 신경계

학습목표
신경계의 구조와 기능을 설명할 수 있다.

물음 '투쟁–도피' 반응 동안 어떤 일이 일어나는가?

여러분은 콘플레이크를 먹으면서 신문의 스포츠 면을 읽고 있다. 시계를 흘깃 보고 수업에 늦었다는 것을 안다. 즉시 여러분의 몸은 과한 행동에 돌입한다. 심장이 두근거리기 시작하고, 땀이 흐르기 시작한다. 문을 박차고 나가 계단을 뛰어내리다 넘어진다. 무릎에 통증이 느껴져도 몸을 일으켜 교실까지 계속 달린다. 그리고는 좌석에 털퍼덕 앉게 된다. 심박 속도가 점차 느려지면서 몸이 이완된다. 이런 행동과 반응들의 전체적인 순서는 여러분의 신경계에 의해 통제된다.

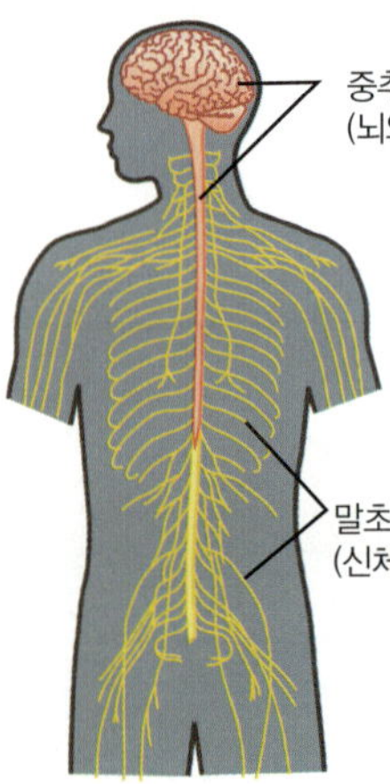

그림 19.5
중추 신경계는 뇌와 척수로 구성된다. 말초 신경계는 신체의 모든 다른 신경들을 포함한다.

신경계(*nervous system*)는 신체 내부와 외부 환경에 대한 정보를 수집하여 몸의 활동을 통제한다. 신경계는 두 부분으로 나눈다. **중추 신경계**(*central nervous system*)는 뇌와 척수를 포함하고, **말초 신경계**(*peripheral nervous system*)는 모든 다른 신경들을 포함한다(그림

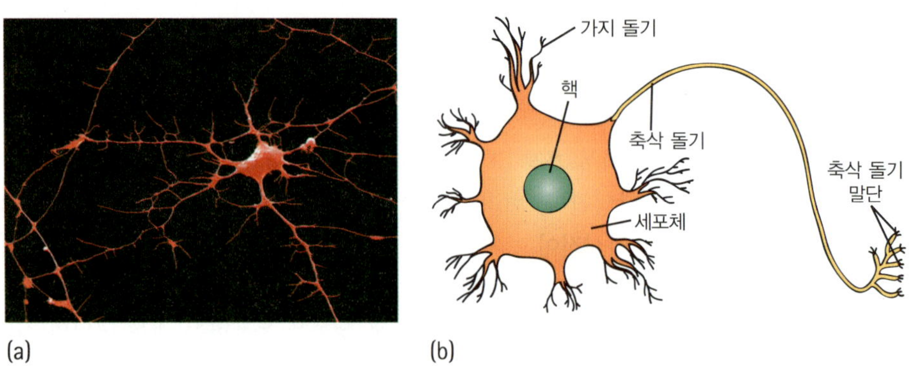

그림 19.6
(a) 뉴런은 신체의 한 부위로부터 다른 부위로 전기적 신호를 전달한다. 여기서 붉게 보이는 세포가 뉴런이다. (b) 뉴런은 세포체, 다른 세포로부터 정보를 받아들이는 가지 돌기들, 그리고 정보를 다른 세포들에게 전달하는 축삭 돌기를 갖고 있다.

19.5).

신경계는 신경세포인 뉴런과 신경아교세포의 두 종류의 세포를 포함하고 있다(그림 19.6). **뉴런(neuron)**은 신체의 한 부위로부터 다른 부위로 전기적 신호를 받아들여 전달하는 특수화된 세포이다. 전형적인 뉴런은 가지 돌기, 세포체, 축삭 돌기의 세 부분으로 되어 있다. (1) **가지 돌기**(*dendrite*)는 다른 뉴런 또는 세포들로부터 정보를 받아들인다. (2) **세포체**(*cell body*) 내에는 뉴런의 핵과 소기관들이 들어 있다. (3) **축삭 돌기**(*axon*)는 정보를 다른 뉴런 또는 다른 세포로 전달한다. **신경아교세포**(*glial cell*)는 뉴런을 지지하고, 절연하면서 보호한다. 사람의 뇌는 신경아교세포가 뉴런보다 실제로 10~50배나 더 많다.

뉴런의 종류

뉴런에는 감각 뉴런, 연합 뉴런, 운동 뉴런의 세 종류가 있다(그림 19.7). **감각 뉴런**(*sensory neuron*)은 감각 기관으로부터 오는 정보를 중추 신경계로 전달한다. 눈으로부터 얻은 시각 정보를 뇌로 보내는 뉴런이 감각 뉴런이다. 그러므로 여러분이 차갑거나 뜨거운 것을 접촉하고 있는지를 알려 주는 것은 손가락 끝으로부터 중추 신경계로 연결되는 뉴런들이다. 앞에서 언급한 교실까지 달려가는 이야기에서, 여러분의 뇌에게 시계에 나타난 시간과 콘크리트에 넘어지면서 생긴 통증을 알려준 것은 감각 뉴런이다. **연합 뉴런**(*interneuron*)은 뉴런을 다른 뉴런과 연결시키며, 중추 신경계 내에서만 발견된다. **운동 뉴런**(*motor neuron*)은 중추 신경계로부터 근육 또는 기관으로 명령을 전달한다. 여러분이 교실로 뛰어가는 동안, 운동 뉴런은 다리 운동을 명령한다. 운동 뉴런은 또한 여러분의 심장 박동을 더 빠르게 만들었다.

운동 뉴런은 체성 신경계 또는 자율 신경계에 속한다. **체성 신경계**(*somatic nervous system*)의 운동 뉴런은 교실로 달려가는 것과 같은 의식적 행동을 통제한다. 이런 뉴런은 팔, 다리, 손가락의 근육과 같은 수의근에게 명령을 전달한다. **자율 신경계**(*autonomic nervous system*)의 운동 뉴런은 무의식적인 행동을 통제한다. 이런 운동 뉴런은 기관과 불수의근(심장이나 위장의 근육)을 통제한다. 심장 박동을 더 빠르게 만드는 운동 뉴런은 자율 신경계의 일부이다.

자율 신경계는 교감 신경계와 부교감 신경계를 포함한다(그림 19.8). **교감 신경계**(*sympathetic nervous system*)는 여러분의 신체가 위험에 대처하도록 준비시킨다. **교감 신경계는** '투쟁–도피(fight or flight)' 반응을 유발한다. 이 반응은 여러분이 위협을 느낄 때, 도망가거나(도피) 또는 멈춰서 싸울(투쟁) 필요가 있다는 사실을 나타낸다. 교감 신경계는 당신이 수업에 늦었다는 것을 알았을 때, 근육에 산소 운반을 가속화시켜 심장 박동 속도를 증가시켰

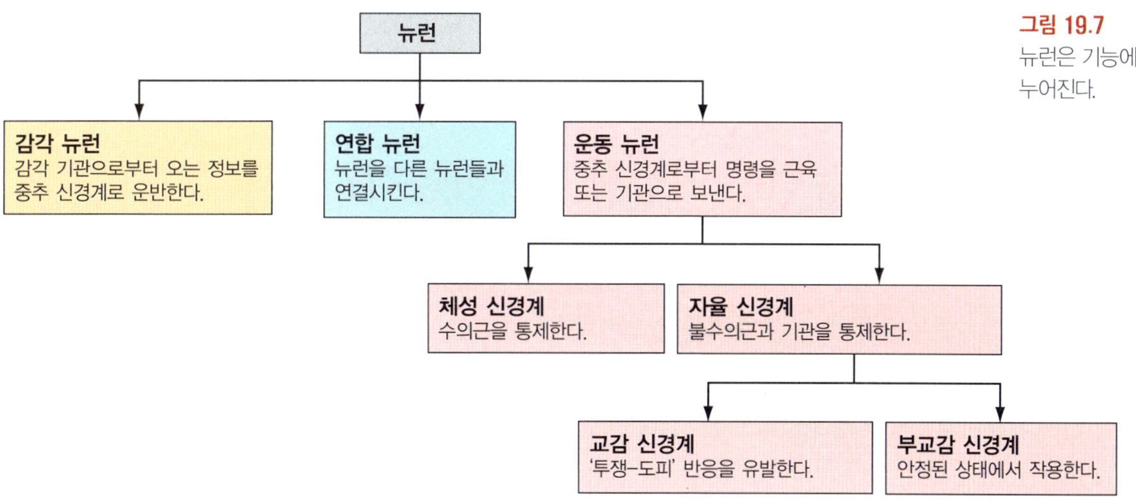

그림 19.7
뉴런은 기능에 따라 여러 종류로 나누어진다.

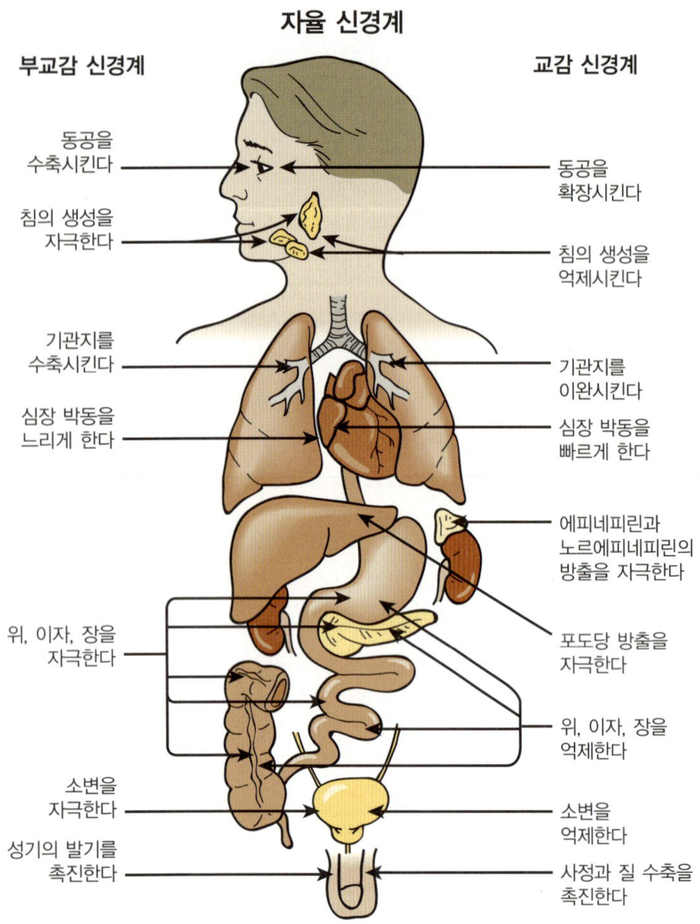

(a)

(b)

그림 19.8
자율 신경계는 교감 신경계와 부교감 신경계를 갖고 있다. (a) 교감 신경계는 신체를 위험에 대비하게 한다. 이것은 '투쟁–도피' 반응을 유발한다. 부교감 신경계는 이와 정반대 방향으로 작용하고, 안정된 시기에 작동한다. (b) 현재 이 사람의 교감 신경계가 열심히 작동하고 있는가?

다. **교감 신경계**는 또한 응급 상황에서는 중요하지 않은 소화와 다른 활동들을 저하시킨다. **부교감 신경계**(*parasympathetic nervous system*)는 안정한 상태에서 작동되며, 교감 신경계와는 정반대의 효과를 나타낸다. 즉 부교감 신경계는 여러분을 안정되게 한다. 부교감 신경계는 여러분이 교실에 도착한 후에 임무를 이어받아 긴장을 풀 수 있게 한다.

학습목표
뉴런이 어떻게 정보를 보내고 받는지 설명할 수 있다.

19.5 뉴런은 어떻게 작용하는가?

물음 뉴런의 축삭 돌기는 한 줄의 도미노와 어떻게 비슷한가?

뉴런은 어떻게 신경 충격을 일으키나?

사람의 몸이 빵을 굽는 토스터와 같을까? 아마, 일부 작은 면에서는 그럴 수도 있을 것이다. 여러분의 몸은 토스터 또는 컴퓨터처럼 전기적 신호에 의존한다.

뉴런에서의 전기적 신호는 세포막을 가로지르는 전압 또는 전위의 변화이다(7장 참조). 뉴런은 내부의 전하가 바깥의 전하와 다르기 때문에 세포막을 가로질러 전위를 갖는다. 세포막이 전하를 띤 입자들을 분리된 상태로 유지하기 때문에, 이 전위를 **막전위**(*membrane potential*)라고 한다.

신호를 보내고 있지 않을 때 뉴런은 **휴지 전위**(*resting potential*)에 있는 것이다. 뉴런의 휴지 전위는 음의 값이다. 왜 그럴까? 첫째, 뉴런은 다른 세포들처럼 K^+은 세포 바깥보다 안쪽에 더 많고, Na^+은 세포 안쪽보다 바깥쪽에 더 많이 존재한다. 이런 농도 경사의 전체적인 효과가 음의 값인 휴지 전위를 확립하는 데 도움이 된다. (15장에서 Na^+–K^+ 펌프가 능동 수송을 이용해 Na^+은 세포 밖으로, K^+은 세포 안으로 이동시켜 이런 농도 경사를 유지한다는 것을 배웠다.) 둘째, 뉴런은 단백질과 다른 유기 분자들을 포함해 음성 전하를 띤 이온들을 담고 있다. 그 결과로 뉴런의 안쪽은 정상적으로 음전하를 띠고, 바깥쪽은 정상적으로 양전하를 띰으로써, 세포막을 가로질러 −70 mV의 휴지 전위가 생긴다.

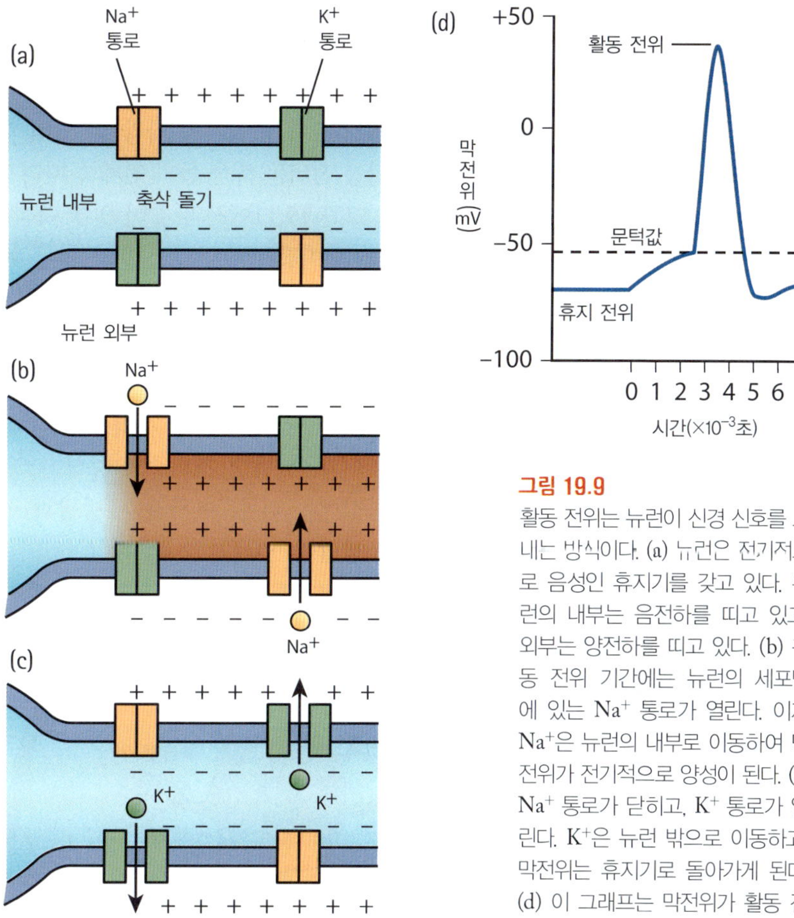

그림 19.9
활동 전위는 뉴런이 신경 신호를 보내는 방식이다. (a) 뉴런은 전기적으로 음성인 휴지기를 갖고 있다. 뉴런의 내부는 음전하를 띠고 있고, 외부는 양전하를 띠고 있다. (b) 활동 전위 기간에는 뉴런의 세포막에 있는 Na^+ 통로가 열린다. 이제 Na^+은 뉴런의 내부로 이동하여 막전위가 전기적으로 양성이 된다. (c) Na^+ 통로가 닫히고, K^+ 통로가 열린다. K^+은 뉴런 밖으로 이동하고, 막전위는 휴지기로 돌아가게 된다. (d) 이 그래프는 막전위가 활동 전위 기간 동안에 어떻게 변하는지를 보여 준다. 휴지 전위는 전기적으로 음성이다. 뉴런이 자극을 받을 때, 막전위는 문턱값에 도달할 때까지 천천히 증가한다. 이때 활동 전위가 발생한다. 즉 Na^+ 통로가 열리면서 막전위가 신경 신호를 일으키게 한다. K^+ 통로가 열릴 때, 막전위가 감소한다. 막전위는 휴지 전위로 돌아간다.

뉴런은 신경 신호 발생 또는 '신경 충격'에 의해 정보를 보낸다. 이런 일이 어떻게 일어나는가? 뉴런은 막전위가 증가될 때 흥분된다. 뉴런의 막전위가 일정한 **문턱값**(*threshold*)(약 −55 mV)에 도달하면, 그 뉴런의 세포막에 있는 Na^+ 통로가 갑자기 열리면서 양전하를 띤 Na^+이 안쪽으로 이동하게 된다. (Na^+은 세포 안쪽보다 바깥쪽에 더 많이 존재하기 때문에 세포의 안쪽으로 이동한다.) 이런 양이온의 유입은 막전위에 신경 신호를 일으켜 전기적으로 양의 값이 되게 한다. 이런 신경 신호를 **활동 전위**(**action potential**)라고 한다. 활동 전위는 뉴런이 신호를 보내거나 신경 충격을 일으키는 방법이다. 일단 신경 신호가 발생하면, Na^+ 통로가 신속하게 닫히고, K^+ 통로가 열린다. K^+은 세포 밖보다 안에 더 많이 있으므로 뉴런 밖으로 흘러나와 막전위를 휴지 전위로 되돌린다. 그림 19.9는 활동 전위에서 일어나는 일련의 사건을 보여 준다.

활동 전위는 전부 아니면 전무인 사건으로서, 뉴런은 신경 신호를 일으키거나 일으키지 않거나 둘 중 하나이다. 자극이 더 강해질 때, 뉴런이 신경 신호를 더 격렬하게 일으킬 수는 없다. 그러나 신경 신호가 훨씬 자주 발생한다. 예를 들어 피부의 촉각 수용기들이 약간의 압력을 느낄 때는 신경 신호를 천천히 일으키고(똑딱똑딱똑딱), 많은 압력을 느낄 때는 신속하게 신경 신호를 일으킨다(똑딱똑딱똑딱똑딱똑딱).

활동 전위는 어떻게 전달되는가?

활동 전위가 한 번에 뉴런 세포막의 모든 곳에서 신경 신호를 발생하지는 않는다. 신경 신호의 발생은 뉴런의 세포체 근처에 있는 축삭 돌기의 한쪽 말단에서 시작하여 축삭 돌기를 따라 내려간다. 이것은 어떻게 일어날까?

활동 전위가 시작될 때, Na^+이 세포체와 가장 가깝게 있는 축삭 돌기의 말단으로 들어간다. 이런 이온들은 축삭 돌기를 따라 인접 지역으로 확산되어 들어간다. Na^+은 전기적으로 양성이기 때문에 그 지역의 국소적 막전위를 증가시킨다. 국소적 막전위가 문턱값에 도달하면, 축삭 돌기를 따라 더 먼 곳에서 새로운 활동 전위가 시작된다. 이 과정은 한 줄의 도미노가 무너지는 방식과 유사하다. 즉 첫 번째 도미노가 다음 도미노를 넘어뜨리고, 그것이 또 다음 도미노를 넘어뜨리고 등등. 유사한 방법으로 하나의 활동 전위가 축삭 돌기를 따라 더 멀리 내려가면서 하나의 활동 전위를 유발한다. 그런 활동 전위는 축삭 돌기 전체를 따라 내려간다(그림 19.10).

그림 19.11에서와 같이 일부 축삭 돌기는 **말이집**(*myelin sheath*)으로 둘러싸여 있다. 말이집은 뉴런의 신호가 훨씬 빠르게 전파되게 한다. 말이집은 축삭 돌기 주위를 여러 겹으로 싸고 있는 신경아교세포로 구성되어 있다. 여러 층의 세포막으로 구성된 말이집은 축삭 돌기를 절연시킨다. 말이집에는 주기적으로 간극이 존재하고, 활동 전위는 축삭 돌기를 따라 전파될 때 하나의 간격에서 다음 간격으로 도약 전도가 일어난다. 다발성 경화증은 신체의 면역계가 중추 신경계의 말이집을 파괴하는 것이다. 다발성 경화증의 증상은 영향을 받은 뇌와 척수의 부위에 따라 다양하다. 증상에는 피곤, 어지러움, 방광과 장의 조절, 시각, 근육 조절과 균형 등의 문제를 포함할 수 있다.

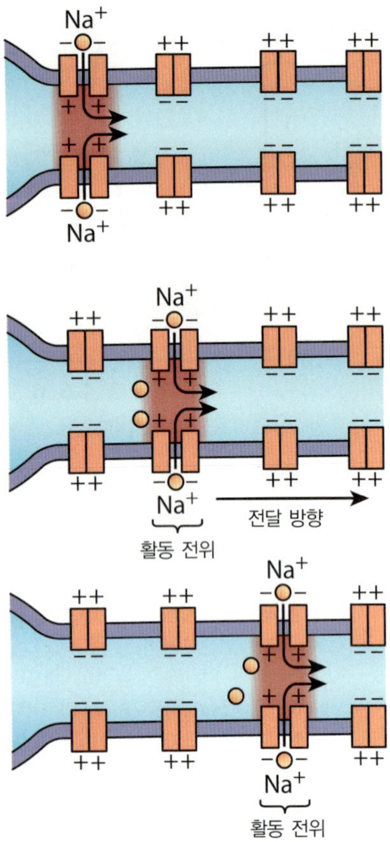

그림 19.10
활동 전위가 축삭 돌기를 따라 전달된다. 활동 전위는 세포체 근처에서 시작된다. 뉴런으로 들어가는 Na^+이 축삭 돌기를 따라 확산되면 축삭 돌기의 더 먼 곳에서 하나의 활동 전위가 새롭게 시작된다. 활동 전위는 축삭 돌기의 말단에 도달할 때까지 이동을 계속한다.

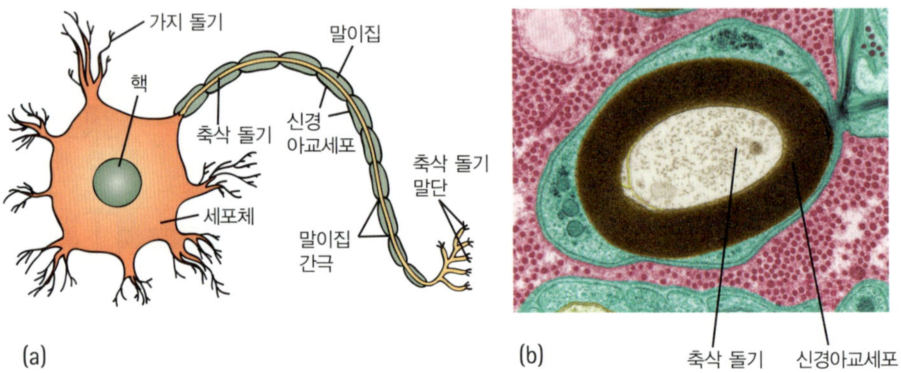

그림 19.11
(a) 말이집에 둘러싸인 축삭 돌기는 신경 신호가 더 빠르게 전파할 수 있다. (b) 위의 단면도에서 보는 바와 같이, 말이집은 축삭 돌기를 여러 겹으로 싸고 있는 신경아교세포들로 이루어져 있다. 갈색 고리가 말이집이다. (녹색은 신경아교세포의 세포질이다.)

학습목표
축삭 돌기의 크기와 말이집 형성이, 활동 전위가 빠르게 전해지는 데 어떻게 영향을 미치는지 설명할 수 있다.

융합과학 19A
물리학

활동 전위는 얼마나 빠르게 전해질 수 있는가?

물음 오징어는 거대 축삭 돌기를 갖고 있지만, 사람은 그렇지 않다. 왜 그럴까?

오징어가 굶주린 상어로부터 피하려면 속도가 관건이다. 뇌로부터 근육으로 '도망가'라는 신호가 얼마나 신속하게 이동하는지가 삶과 죽음의 차이를 결정한다. 여러분은 활동 전위를 어떻게 더 빠르게 이동하게 할 수 있는가?

활동 전위를 생성하는 Na^+이 축삭 돌기를 따라 더 신속하게 이동하면, 활동 전위는 더 빠르게 전파된다. Na^+이 축삭 돌기를 따라 얼마나 신속하게 이동하는지는 '전류 = 전압/저항'이라는 옴 법칙(Ohm's Law)에 달려 있다(7장 참조). 저항이 작아질수록 전류는 더 커지고, 활동 전위는 더 빨라진다. 어떤 다른 물질처럼, 축삭 돌기의 두께가 굵을수록 저항은 더 작아진다. 굵은 수도관이 가는 수도관보다 물의 흐름을 덜 방해하는 것과 같은 방식으로, 굵은 축삭 돌기가 가는 축삭 돌기보다 전류를 덜 방해한다. 그러므로 빠른 활동 전위를 얻기 위한 한 가지 방법은 굵은 축삭 돌기를 만드는 것이다. 실제로 이런 축삭 돌기들은 바퀴벌레, 지렁이, 오징어를 포함하는 동물들에서 여러 번 진화해 왔다. 오징어의 거대 축삭 돌기는 지름이 거의 1 mm나 되고, 속도가 100 m/초가 될 정도로 매우 신속하게 활동 전위를 전도한다. 이것을 약 2 m/초의 속도로 활동 전위를 전도하는 전형적인 1 μm짜리 축삭 돌기와 비교해 보라.

불행하게도 매우 많은 축삭 돌기를 한 동물 속에 집어넣을 수 없다. 그렇게 하면 단순히 너무 많은 공간을 차지한다. 척추동물과 일부 다른 동물들은 활동 전위를 신속하게 전도하기 위해 말이집 형성화(myelination)라는 다른 방법을 진화시켰다. 말이집이 형성된 축삭 돌기에서는 활동 전위가 축삭 돌기를 따라 모든 지점에서 재생되지 않는다. 대신에 활동 전위가 말이집의 한 간격에서 다음 간격으로 '도약'을 하면서 시간을 절약한다. 지름이 20 μm인 말이집이 형성된 축삭 돌기는 오징어의 거대 축삭 돌기만큼 빠르게 활동 전위를 전도한다.

뉴런은 다른 세포와 어떻게 의사소통을 할까?

지금까지 활동 전위 기간에 어떤 일이 일어나고, 활동 전위가 축삭 돌기를 따라 어떻게 전파되는지를 살펴보았다. 활동 전위가 축삭 돌기의 말단에 도달하면 어떤 일이 일어나는가? 축삭 돌기 말단에서 뉴런은 하나 또는 여러 표적세포와 연결되고, 정보를 그들에게 전달한다. 표적세포는 다른 뉴런이 될 수도 있고, 또는 근육세포 또는 기관세포와 같이 어떤 기능을 하는 세포가 될 수도 있다. 뉴런과 표적세포 사이를 연결하는 것을 **시냅스**(**synapse**)라고 하며, 시냅스에는 전기 시냅스와 화학 시냅스의 두 종류가 있다.

전기 시냅스(*electrical synapse*)에서는 간극 연결(gap juction)(15장 참조)이라는 세포막의 작은 통로가 뉴런을 표적세포와 연결한다. 뉴런이 신경 신호를 발생할 때, 이온들이 이런 통로를 통해 표적세포 속으로 이동하여 그곳에서 활동 전위를 유발한다(그림 19.12a). 이온들이 매우 신속하게 이동하기 때문에 전기 시냅스는 매우 빠르다. 전기 시냅스는 속도가 중요한 곳에서 발견된다. 예를 들어 전기 시냅스는 심장에서 심장 박동을 일으키기 위해 많은 근육세포들을 거의 동시에 수축하게 만든다. 그들의 속도에도 불구하고, 체내에서는 전기 시냅스가 상당히 드물다.

대부분의 시냅스는 **화학 시냅스**(*chemical synapse*)이다. 화학 시냅스는 전기 시냅스만큼 빠르지는 않지만, 더 섬세한 조절이 가능하다. 화학 시냅스에서 뉴런은 **신경 전달 물질**

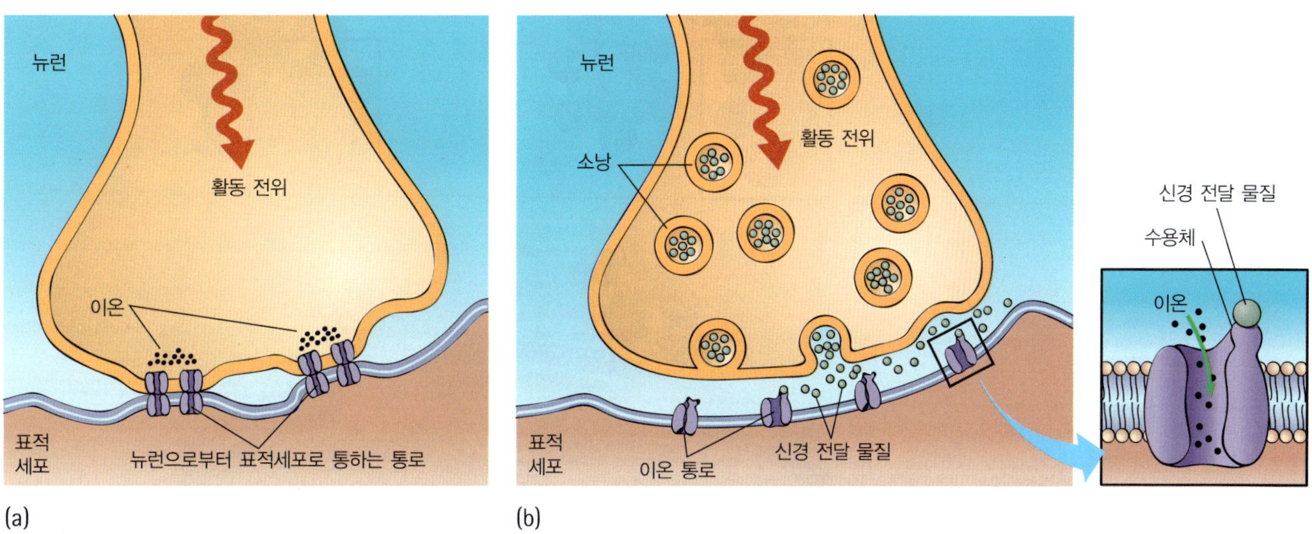

그림 19.12
(a) 전기 시냅스에서는 하나의 뉴런을 하나의 표적세포에 연결하는 통로를 통해 이온들이 이동하여, 표적세포에서 하나의 활동 전위를 유발한다. (b) 화학 시냅스에서는 뉴런이 표적세포와 소통하기 위해 신경 전달 물질을 이용한다. 하나의 활동 전위가 축삭 말단에 도달하면 신경 전달 물질이 방출된다. 신경 전달 물질은 표적세포로 확산되어, 표적세포 표면에 있는 수용체에 결합하면 이온 통로가 열린다. 이온들이 표적세포 속으로 들어가 표적세포의 막 전위를 변화시킨다.

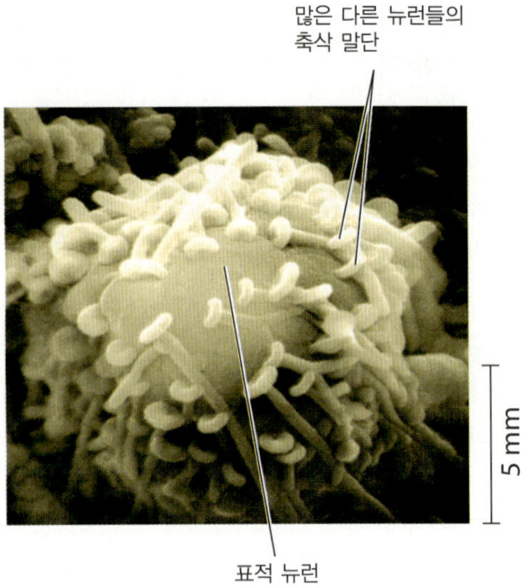

그림 19.13
표적세포는 많은 뉴런들로부터 신호를 받아들일 수 있다. 많은 뉴런들의 축삭 돌기들은 이 표적세포와 시냅스를 갖고 있다.

(*neurotransmitter*) 분자를 사용하여 표적세포와 의사 소통을 한다. 활동 전위가 축삭 돌기의 말단에 도달할 때, 신경 전달 물질을 담고 있는 소포가 뉴런의 세포막과 융합한다(그림 19.12b). 신경 전달 물질 분자는 축삭 돌기와 표적세포 사이의 좁은 공간 속으로 방출된다. 그곳에서 신경 전달 물질은 표적세포의 세포막 표면에 있는 수용체와 결합한다. 이 결합이 이온 통로를 열고, 이온들은 표적세포로 들어간다.

표적세포의 막전위는 들어가는 이온의 종류에 따라 증가하거나 감소할 수 있다. 흥분성 신호는 표적세포의 막전위를 증가시켜 표적세포가 신경 신호를 좀 더 쉽게 발생하도록 만든다. 억제성 신호는 표적세포의 막전위를 감소시켜 신경 신호를 덜 발생시킨다. 표적세포는 많은 다른 뉴런들로부터 신호를 받아들인다(그림 19.13). 받아들인 신호들 전체의 총체적 효과에 따라 뉴런이 문턱값에 도달하여 신경 신호를 발생할 수도 있고 발생하지 못할 수도 있다.

표적세포에 대한 신경 전달 물질의 효과는 그 물질이 제거되면 사라진다. 신경 전달 물질은 효소에 의해 분해될 수 있고, 최초 뉴런에 의해 재흡수되어 소포로 재포장되거나 또는 신경아교세포에 의해 모아져서 파괴될 수도 있다.

학습목표
엔도르핀의 기능을 설명할 수 있다.

융합과학 19B
화학

엔도르핀

물음 엔도르핀은 모르핀이나 헤로인 같은 아편과 어떻게 관련되어 있는가?

그림 19.14
엔도르핀 분자에서 네모난 상자로 표시된 부분이 신경계의 아편 수용체에 결합한다. 모르핀은 이 부분의 화학 구조가 엔도르핀과 닮아서 동일한 수용체에 결합할 수 있다.

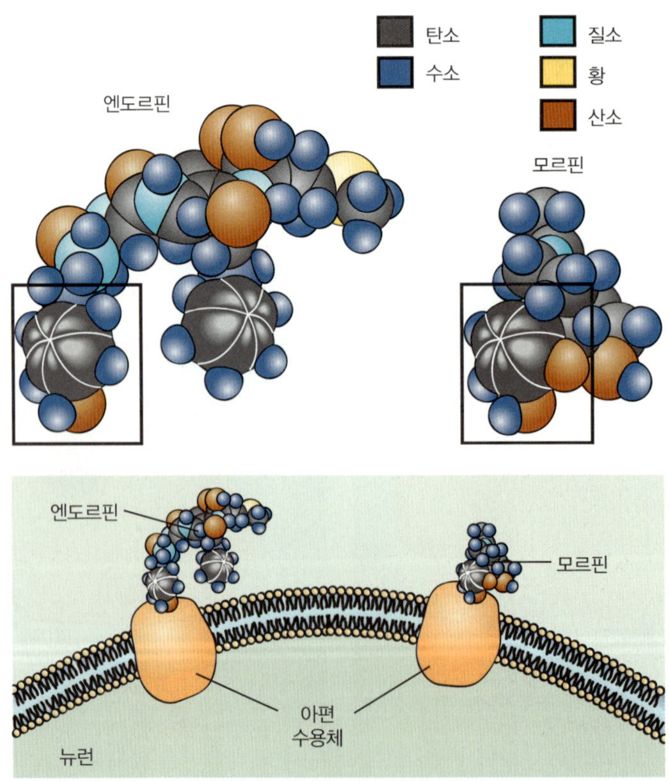

초콜릿 중독자와 장거리 달리기선수는 어떤 공통점을 갖고 있을까? 아마도 엔도르핀에 대한 중독일 수 있다. **엔도르핀**(*endorphin*)은 스트레스나 통증을 느끼는 동안 뇌에서 분비되는 신경 전달 물질이다. 엔도르핀은 뉴런의 표면에 있는 아편 수용체에 결합하는데, 이 수용체는 모르핀, 코데인, 아편, 헤로인과 같은 약물에 의해 이용되는 수용체와 동일하다. 이런 약물들은 화학 구조의 일부가 엔도르핀과 닮아서 동일한 수용체에 결합할 수 있다(그림 19.14). 실제로 엔도르핀은 과학자들이 모르핀 수용체를 찾아내고, 우리 몸은 그 수용체를 사용하는 자기 자신의 분자를 만들어야만 한다는 것을 알게 된 뒤에 발견되었다.

엔도르핀은 아편처럼 통증을 감소시키고 행복감을 일으킨다. 이것이 달리기 선수들이 말하는 '달리기 선수들의 황홀감'이라는 것이다. 엔도르핀 방출은 웃음, 오르가즘, 침술, 마사지, 깊은 명상과도 연계되어 있다. 끝으로 어떤 음식들은 – 그중에서도 특히 초콜릿과 칠레 고추 – 엔도르핀 방출을 증가시킨다. 그것이 바로 위안을 주는 음식이다.

19.6 감각

학습목표
인간의 감각 기관은 환경으로부터 오는 정보를 뇌가 이해할 수 있는 활동 전위로 어떻게 전환시키는지 설명할 수 있다.

물음 여러분은 어떻게 사과의 맛을 보는가?

감각은 우리를 세상과 연결시킨다. 만일 볼 수 없고, 들을 수 없고, 냄새를 맡지 못하고, 촉감을 느낄 수 없고, 맛을 느낄 수 없다면, 어떤 일이 일어날까? 손을 보지 않고는 손이 어디에 있는지 말할 수 없다면, 무슨 일이 일어날까? 만일 통증으로 위험이나 상처를 당신에게 경고하지 않는다면 어떻게 될까? 각각의 감각은 환경으로부터 정보를 수집한다 – 빛, 소리, 촉감, 또는 분자들 – 그리고 이것을 활동 전위로 전환하여 뇌로 전달한다. 감각은 각기 다른 방식으로 정보를 수집하고 전달한다는 것을 알게 될 것이다.

시각

빛은 눈의 '흰자'와 연결된 **각막**(*cornea*)이라고 하는 거칠고 투명한 층을 통해 눈으로 들어간다(그림 19.15). 이제 빛은 조그만 구멍인 **동공**(*pupil*)을 통해 통과한다. **홍채**(*iris*)는 눈의 색깔을 결정하는 부위로, 동공을 둘러싸면서 그 크기를 조절한다. 밝은 빛에서는 동공이 작아지고, 어두운 빛에서는 확대되어 더 많은 빛이 들어오게 한다. 동공을 지난 빛은 수정체를 통과한다. **수정체**(*lens*)는 눈동자의 뒷면에 있는 **망막**(*retina*)에 빛의 초점을 맞춘다. 망막은 간상세포와 원뿔세포라고 불리는 감광세포들로 덮여 있다(그림 19.16).

빛이 간상세포와 원뿔세포를 때리면, 빛은 뇌로 보내는 활동 전위를 변화시킨다. 망막으로부터 뇌로 시각 정보를 보내는 뉴런 다발을 **시각 신경**(*optic nerve*)이라고 한다.

눈에 있는 두 종류의 감광세포인 간상세포와 원뿔세포는 다른 기능을 갖고 있다. **간**

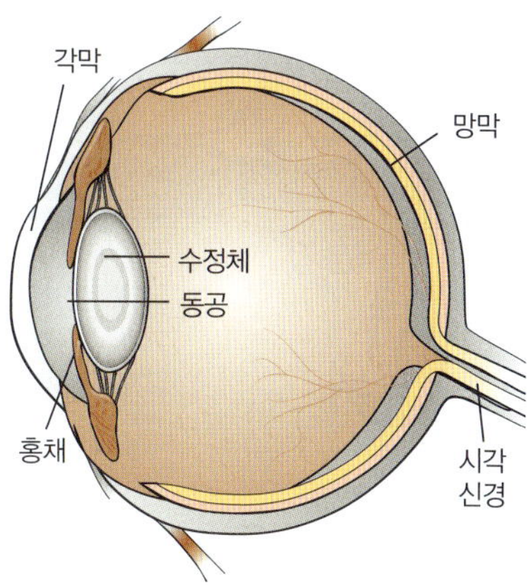

그림 19.15
눈은 빛을 활동 전위로 전환한다.

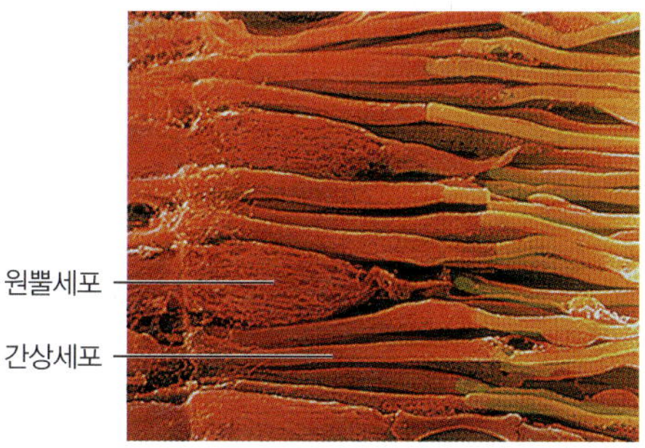

그림 19.16
간상세포와 원뿔세포는 눈의 감광세포이다. 그림에서 볼 수 있는 것처럼, 간상세포와 원뿔세포는 그들의 형태에 따라 명명되었다.

상세포(*rods*)는 빛에 매우 민감하여 특별히 어두운 빛에서 사물을 보는 데 중요하다. 간상세포는 색을 구별할 수 없고 검은색, 흰색, 회색의 명암만을 볼 수 있게 한다. 그렇기 때문에 어두운 방에서는 짙은 감색의 셔츠와 밤색의 셔츠를 구별할 수 없다. (그러나 대부분의 사람들은 이렇게 익숙해져 있기에, 그들은 자신들이 색각을 잃어버렸다는 것조차도 인식하지 못한다.) 간상세포는 또한 세부적인 내용을 아주 잘 파악하지는 못하므로, 야간의 시각이 거칠고 선명하지 않다. **원뿔세포**(*cones*)는 색깔을 감지한다. 사람의 눈에는 적색, 녹색, 푸른색의 빛에 가장 강하게 반응하는 세 종류의 원뿔세포가 있다. 눈이 볼 수 있는 모든 색조는 이 세 가지 색깔의 조합으로 만들어진다. 색맹은 기능을 하지 못하는 한 종류 또는 그 이상의 변형된 형태의 원뿔세포를 갖고 있기 때문이다.

청각

귀는 외이, 중이, 내이의 세 부분으로 되어 있다(그림 19.17a). 음파는 공기를 통해 머리 측면에 있는 연골 조직인 판 구조의 **귓바퀴**(*pinna*)로 이동한다. 귓바퀴는 음파를 좁은 통로로 들여보내고, 이 음파는 피부의 얇은 막인 **고막**(*eardrum*)으로 이동한다. 음파는 종잇조각에 바람을 불어 종이를 떨리게 만드는 것과 똑같은 방식으로 고막을 진동하게 만든다. 고막의 진동은 중이에 있는 세 종류의 뼈인 망치뼈, 모루뼈, 등자뼈를 차례로 움직이게 한다. 이 뼈들은 진동을

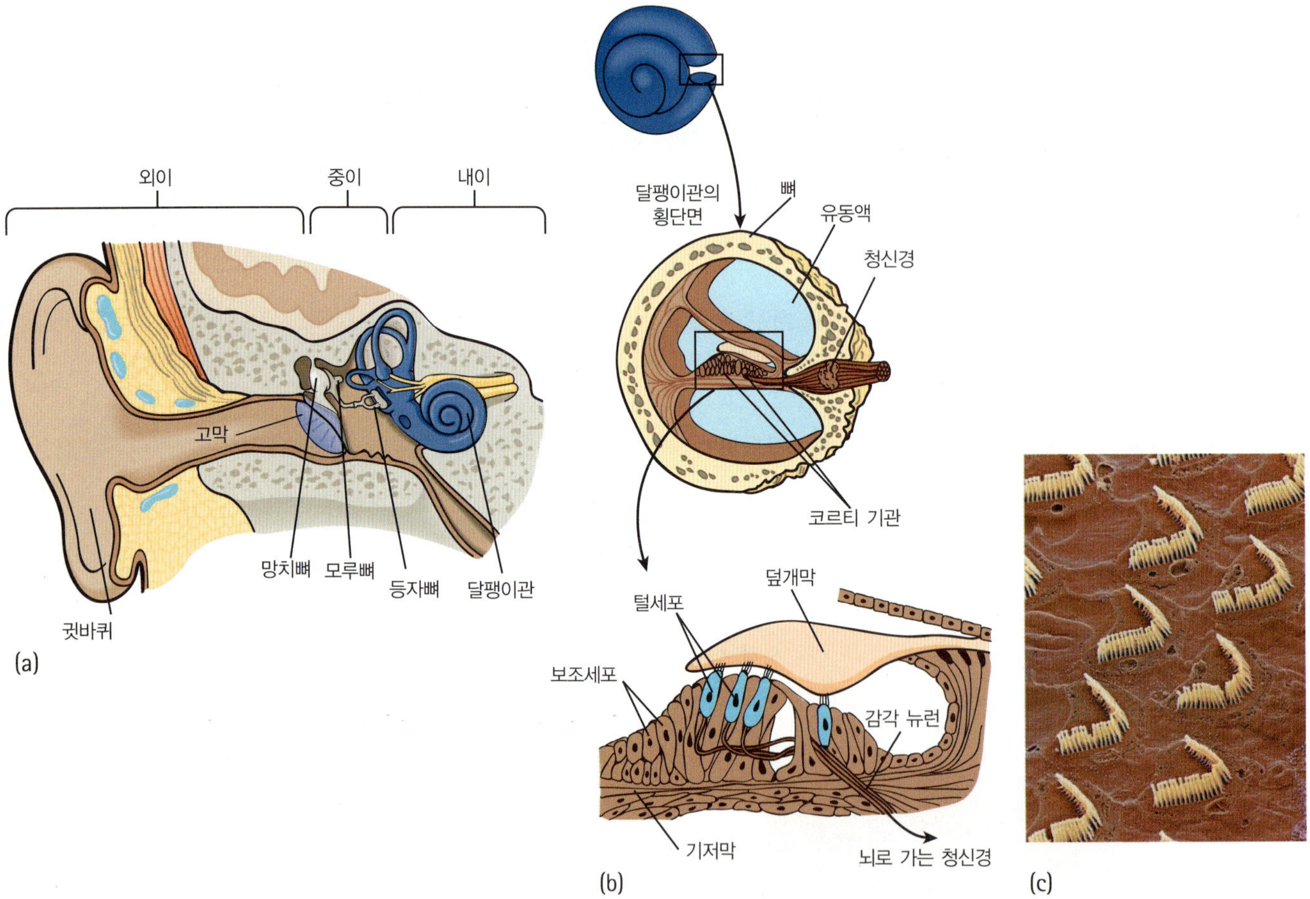

그림 19.17
(a) 귀는 외이, 중이, 내이의 세 구조로 되어 있다. (b) 청각세포는 코르티 기관 내에 들어 있다. 내이 속에서 유동액의 진동은 코르티 기관의 기저막을 진동시켜 소리를 감지하는 '섬모'가 덮개막과 마찰을 일으켜 구부러지게 한다. 이런 섬모의 구부러짐은 이온 통로가 열리게 하여 활동 전위를 유발시킨다. (c) 이 사진은 코르티 기관 내의 섬모(노란색)를 보여 준다.

증폭시켜 더욱 강력하게 만든다. 등자뼈는 진동을 유동액으로 채워져 있는 내이로 전달한다.

내이에서 소리의 진동은 코르티 기관이 들어 있는, 코일처럼 감겨 있는 형태의 달팽이관으로 들어간다. **코르티 기관**(*organ of Corti*)은 소리를 듣는 역할을 담당하는 감각세포를 갖고 있다. 귀로 들어온 소리가 내이 달팽이관 내의 유동액을 진동시킨다. 이 진동이 코르티 기관의 기저막을 움직여 기저막에 붙어 있는 감각 '섬모'가 덮개막과 마찰을 일으켜 구부러지게 한다(그림 19.17b). 이러한 구부러짐으로 인해 털세포의 세포막에 있는 이온 통로가 열리게 되어 활동 전위가 발생하여 뇌로 전달된다. 이런 청각세포의 '섬모'는 머리털과 같지 않다는 것을 주목해야 한다. 청각세포의 섬모는 감각세포가 확장된 것으로, 우연히 털처럼 생겼을 뿐이다(그림 19.17c). 여러분은 사이렌의 고음과 착암용 드릴의 저음처럼 다른 소리들을 구별할 수 있는데, 그 이유는 음 높이에 따라 코르티 기관의 다른 부위가 반응하기 때문이다.

후각과 미각

후각과 미각은 화학 수용을 통해 작용한다. **화학 수용**(**chemoreception**)에서 화학 물질은 화학 수용기 세포의 세포막에 있는 수용체에 결합한다. 이 결합으로 인해 이온 통로가 열리고, 활동 전위가 발생한다(그림 19.18).

후각세포는 두 콧구멍의 안쪽 비강의 천정에 있는 두 작은 구획에 놓여 있다. 후각세포가 놓여 있는 각 구획의 크기는 약 1 cm^2이다. 인간은 1,000개 이상의 다른 종류의 후각세포를 갖고 있고, 각 후각세포는 단지 하나 또는 몇 개의 다른 종류의 수용체를 갖고 있다. 화학 물질에 따라 각기 다른 후각세포들의 조합이 이루어지기 때문에 우리는 10,000개 이상의 다른 냄새를 잘 구별할 수 있다.

맛세포들은 미뢰라고 하는 작은 돌기 안에 밀집되어 있다. 미뢰는 혀의 표면, 볼의 안쪽, 입천장에 위치하고 있다. 인간은 단맛, 짠맛, 신맛, 쓴맛, 감칠맛의 5가지의 기본 맛을 구별한다. **감칠맛**(*umami*)은 고기, 버섯, 치즈, 아스파라거스 같은 음식에서 발견되는 '맛있다'는 의미의 맛을 묘사하는 것이다. 글루탐산 소듐(MonoSodium Glutamate, MSG)은 강한 감칠맛을 갖고 있다. 우리가 음식에 대한 경험, 즉 '맛'이라고 생각하는 것이 주로 후각으로부터 온다는 것은 흥미로운 일이다. 이 때문에 코가 막혔을 때는 음식에 '맛'이 거의 없는 것이다.

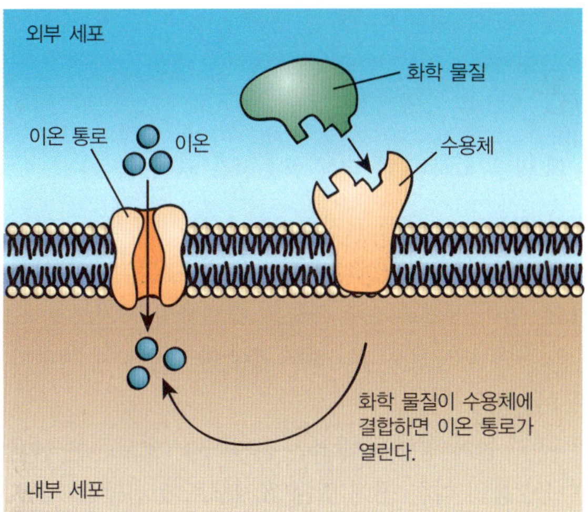

그림 19.18
후각과 미각은 화학 수용의 예이다. 화학 물질이 화학 수용기 세포의 세포막에 있는 수용체에 결합함으로써 이온 통로가 열린다. 이온들이 활동 전위를 유발한다.

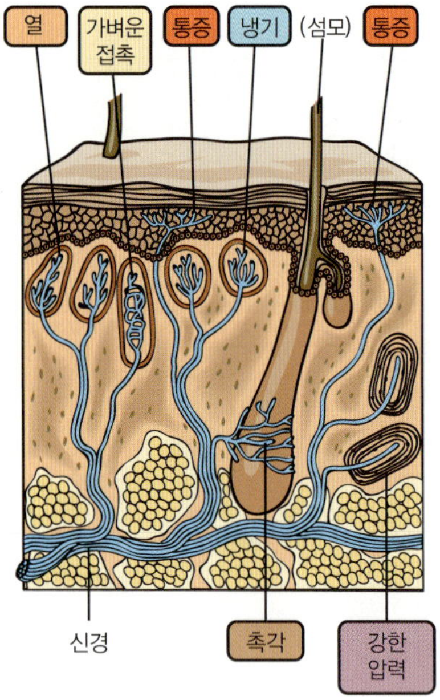

그림 19.19
피부의 감각세포들이 촉각을 담당한다.

촉각

촉각은 실제로는 여러 가지의 다른 감각들이다. 이런 감각들은 압력, 온도, 통증과 같은 자극을 알려 준다. 그림 19.19는 촉각에 대한 피부의 감각세포를 나타낸 것이다. 압력은 감각세포 표면에 있는 '섬모'를 구부러지게 하여 이온 통로를 열고 활동 전위를 유발한다. 사람은 가벼운 접촉과 무거운 압력을 감지하는 각기 다른 감각세포를 갖고 있다. 온도 감지 세포는 차갑거나 뜨거움에 의해 영향을 받는 이온 통로를 갖고 있다. 일부 온도 수용기는 뜨거움에 반응하고, 다른 수용기는 차가움에 반응한다. 박하에서 발견되는 화학 물질인 멘톨 역시 차가움에 반응하는 수용기를 자극한다. 이것은 우연의 일치로서 실제로 차가운 온도가 아니며, 박하를 먹을 때 왜 시원함을 느끼는지를 설명해 준다.

통각 수용기는 몸에 상처를 주는 자극에 반응한다. 이런 감각세포들은 반응하기 전에 강한 자극이 필요하다. 그러나 상처 난 조직은 통각 수용기의 민감도를 증가시키는 **프로스타글란딘**(*prostaglandin*)이라는 화학 물질을 방출한다. 아스피린이 프로스타글란딘 생성을 방해함으로써 통증을 완화시킨다는 것을 기억할 것이다(15장 참조). 통각 수용기는 또한 지속된 자극과 함께 더 민감해진다. 이런 점이 통각 수용기가 반복되는 자극에 의해 덜 민감해지는 대부분의 다른 감각 수용기들과 구별되는 점이다. (이런 이유 때문에 여러분은 여러분 집에서 냄새를 알아채지 못하거나, 걸을 때 등에 맨 백팩의 무게를 느끼지 못한다.) 과학자들은 몇 종류의 만성적 통증은 비정상적으로 민감해진 통각 수용기 때문에 생긴다고 믿고 있다.

다른 감각들

5가지의 주요 감각들 외에 다른 감각들이 존재한다. 근육, 힘줄, 관절에 있는 **고유 수용기**(*proprioceptor*)는 몸의 다른 부분들이 어디에 있는지 알려 준다. 이런 감각은 눈을 감고 손가락으로 자신의 코를 만짐으로써 확인할 수 있다. (여러분 역시 감동받을 이런 능력에 익숙해져 있을 수 있지만, 눈을 감고 다른 사람의 코를 쉽게 만질 수 없다는 사실을 깊이 생각해 보라.) 끝으로 **전정 감각**(*vestibular sense*)은 몸의 회전과 운동, 그리고 어느 쪽이 위쪽인지에 대해 알려 준다(5장 참조).

학습목표
사람의 내분비계의 구조와 기능을 설명할 수 있다.

19.7 호르몬

물음 여러분의 몸은 왜 많은 식사를 한 뒤에 인슐린을 분비하는가?

신경계가 신속한 활동과 반응을 관장한다면, 내분비계의 호르몬은 좀 더 오랜 기간에 걸쳐 일어나는 활동들을 조절한다. 예를 들어 호르몬은 성장과 발달을 조절하고, 생식을 준비하고, 얼마나 신속하게 음식을 분해할지 결정하고, 그리고 밤인지 낮인지를 알려 준다. 호르몬은 몸의 항상성을 유지하는 중요한 역할도 수행한다. 그렇다면 호르몬은 무엇이고, 어떻게 작용하는가?

호르몬(**hormone**)은 우리 몸에 명령을 내리는 분자이다. 호르몬은 인체의 한 장소에서 생산되어 혈류로 방출된 다음, 몸의 다른 곳에 있는 표적세포에 전달된다. 호르몬은 두 가지 형태로 존재한다. **단백질 호르몬**(*protein hormone*)은 그들의 이름이 말해 주듯이 단백질 또는 변형된 아미노산들이다. **스테로이드 호르몬**(*steroid hormone*)은 콜레스테롤로 만들어진다.

단백질 호르몬과 스테로이드 호르몬은 다른 방식으로 작용한다. 단백질 호르몬은 표적세포

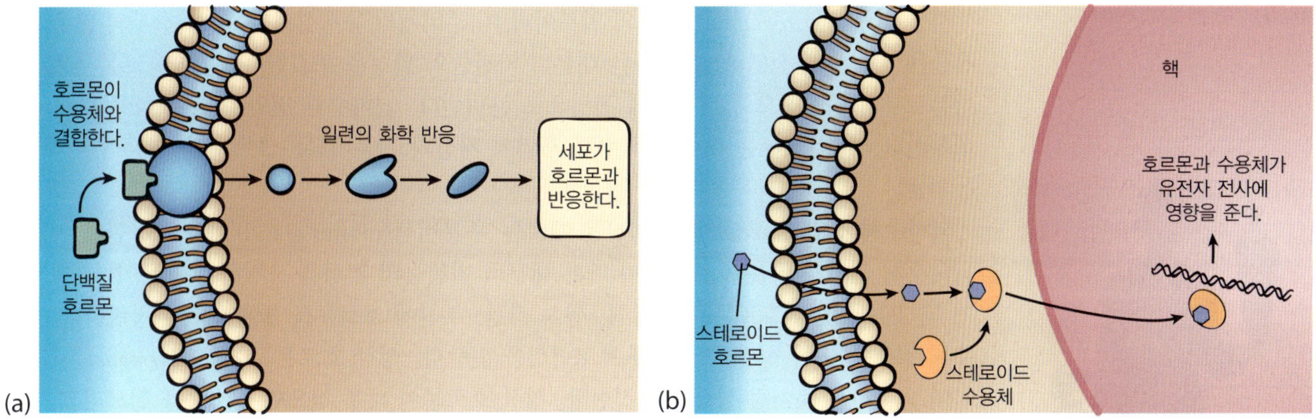

그림 19.20
(a) 단백질 호르몬은 표적세포의 세포막에 있는 수용체와 결합한다. 이 결합은 표적세포의 호르몬에 대한 반응을 일으키는 일련의 반응들을 유발한다. (b) 스테로이드 호르몬은 표적세포 속으로 들어가 세포질 또는 핵 속에 있는 수용체와 결합한다. 이제 호르몬과 수용체는 함께 직접적으로 유전자 전사에 영향을 미친다.

의 세포막에 있는 수용체에 결합한다. 이런 결합이 표적세포의 호르몬에 대한 반응을 일으키는 일련의 화학 반응들이 일어나게 한다(그림 19.20a). 스테로이드 호르몬은 표적세포의 세포막을 통과하여 세포 내에 존재하는 수용체와 결합한다. 호르몬의 수용체는 표적세포의 세포질 또는 핵 속에 존재할 수 있다. 이제 호르몬-수용체 복합체는 핵 속의 DNA와 결합하여 직접적으로 유전자 전사에 영향을 미친다(그림 19.20b).

내분비 기관과 그들의 호르몬

사람의 내분비 기관들과 그들이 만드는 호르몬에 대해 알아보자(그림 19.21).

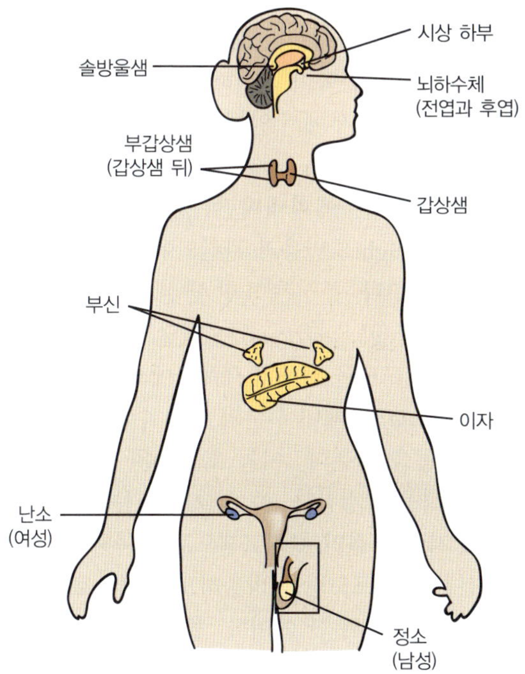

그림 19.21
사람의 내분비 기관에는 시상 하부, 뇌하수체(뇌하수체 전엽과 후엽), 갑상샘, 부갑상샘, 부신, 이자, 난소, 정소, 솔방울샘이 있다.

시상 하부(*hypothalamus*)는 뇌의 일부이며, 내분비계의 통제실이다. 시상 하부의 많은 호르몬들은 뇌하수체 전엽과 같은 다른 내분비 기관들의 활성을 조절한다. 이런 호르몬들은 시상 하부로부터 직접적으로 뇌하수체 전엽으로 분비된다. 뇌하수체 전엽은 시상 하부 바로 밑에 위치한다. 시상 하부는 또한 뇌하수체 후엽에 저장되고 분비되는 호르몬을 만든다(아래에서 논의됨).

그림 19.22
이 합성 사진은 정상적인 크기의 사람(오른쪽)에 대응되는 왜소증(왼쪽 상단)과 거인증(가운데)을 보이는 사람들을 보여 준다. 왜소증과 거인증은 성장 호르몬이 너무 적거나 너무 많은 결과로 생긴다.

뇌하수체 전엽(*anterior pituitary*)은 때로는 '주분비샘(master gland)'이라고도 한다. 이것은 뇌하수체 전엽의 많은 호르몬들이 다른 내분비 기관들의 활성을 조절하기 때문이다. 예를 들어 뇌하수체 전엽 호르몬은 갑상샘, 생식 기관, 부신에 호르몬을 방출하도록 명령한다. 뇌하수체 전엽은 또한 성장 호르몬과 프로락틴을 만든다. **성장 호르몬**(*growth hormone*)은 그 이름이 의미하는 것처럼 성장을 촉진한다. 성장 호르몬이 너무 적으면 왜소증을 일으키고, 너무 많으면 거인증을 일으킨다(그림 19.22). **프로락틴**(*prolactin*)은 모유 수유 중인 여성의 젖 생산을 자극한다.

뇌하수체 후엽(*posterior pituitary*)은 시상 하부가 만든 호르몬을 저장하고, 분비를 조절한다. **항이뇨 호르몬**(*antidiuretic hormone*)은 체내 수분의 양을 조절한다. 특히 이 호르몬은 신장에서 더욱 농축된 소변이 생성되도록 지시함으로써 몸이 수분을 보존하게 도와 준다(20장 참조). 알코올은 항이뇨 호르몬의 분비를 억제하기 때문에, 술을 마시면 소변량이 많아지고 때로는 탈수 상태가 되기도 한다. **옥시토신**(*oxytocin*)은 출산 시 자궁의 수축을 촉진한다. 분만이 진행되지 않거나, 유도 분만이 필요한 여성은 자궁 수축을 촉진하기 위해 옥시토신의 인공 약품인 피토신 주사를 맞을 수도 있다.

갑상샘(*thyroid gland*)은 갑상샘 호르몬을 만든다. **갑상샘 호르몬**(*thyroid hormone*)은 대사 과정, 성장, 그리고 발달과 관련되어 있다. 예를 들어 갑상샘 호르몬은 아동기에 적절한 뇌의 발달에 필요하다. 갑상샘 호르몬에는 아이오딘이 함유되어 있는데, 아이오딘 섭취가 너무 적으면 발달에 문제가 생길 수 있다. 이런 이유 때문에 식용 소금에 아이오딘이 첨가되어 있는 것이 많다. 갑상샘은 또한 혈액의 칼슘 수준을 낮추는 **칼시토닌**(*calcitonin*)을 만든다.

부갑상샘(*parathyroid gland*)은 갑상샘 옆에 위치하고 있으면서 부갑상샘 호르몬을 만든다. **부갑상샘 호르몬**(*parathyroid hormone*)은 혈액 내 칼슘 수치를 높인다. 이 호르몬은 세 가지 방법, 즉 뼈로부터 칼슘 방출을 유발하고, 장에서의 칼슘 흡수를 증가시키고, 소변으로 칼슘 배설을 감소시킴으로써 혈액 내 칼슘의 수치를 높인다. 혈액 내 적절한 칼슘 수치를 유지하는 것은 여러 가지 이유로 중요하다. 예를 들어 근육이 적절하게 기능을 수행하기 위해서는 정확한 양의 칼슘이 필요하다는 것을 이 장의 후반부에서 알게 될 것이다.

신장 맨 위에 위치하고 있는 **부신**(*adrenal gland*)은 에피네피린(또는 아드레날린이라고도 한다)과 노르에피네피린을 만든다. **에피네피린**(*epinephrine*)과 **노르에피네피린**(*norepinephrine*)은 '투쟁–도피(fight or flight)' 반응과 관련되어 있다. 교감 신경계로부터 오는 신호는 이런 호르몬들의 분비를 촉진한다. 부신은 또한 당질 코르티코이드와 무기질 코르티코이드를 생산한다. **당질 코르티코이드**(*glucocorticoid*)는 혈당 수치를 높인다. 어떤 시기에는 혈액이, 에너지를 제공하는 분자인 포도당을 신체의 세포들에게 더 많이 수송할 필요가 있다. **무기질 코르티코이드**(*mineralocorticoid*)는 체내 수분과 염분 수치 조절에 기여한다.

이자(*pancreas*)는 인슐린과 글루카곤을 만든다. 이들 호르몬은 혈당량을 조절한다. **인슐린**(*insulin*)은 두 가지 방식으로 혈당량을 조절한다. 즉 인슐린은 몸의 세포들이 포도당을 흡수하도록 하고, 간에서는 포도당을 저장 물질인 글리코젠으로 전환하도록 지시한다. **글루카곤**(*glucagon*)은 간이 글리코젠을 분해하여 포도당을 방출하도록 함으로써 혈당 수치를 높인다. 혈당 수치를 조절하는 것은 피드백 조절의 한 예이다. 혈당 수치는 인슐린과 글루카곤의 분비를 조절하고, 이들 호르몬이 이번에는 혈당 수치를 조절한다(그림 19.23).

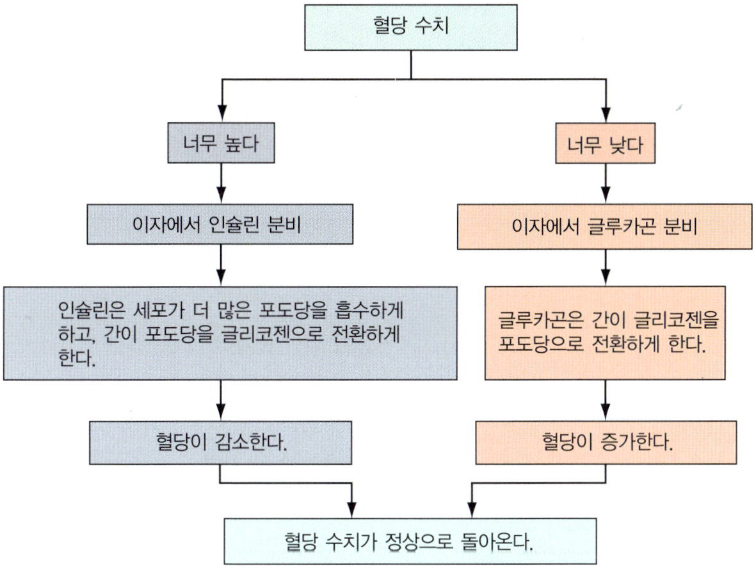

그림 19.23
신체는 피드백 조절로 적절한 혈당 수치를 유지할 수 있다. 혈당 수치가 너무 높으면 인슐린이 분비된다. 인슐린은 혈당 수치를 낮춘다. 혈당 수치가 너무 낮으면 글루카곤이 분비된다. 글루카곤은 혈당 수치를 높인다.

당뇨병(*diabete*)은 이자가 인슐린을 충분히 만들지 못하거나, 신체의 세포들이 인슐린에 반응하지 않을 때 발생한다. 어떤 경우이든지 혈당 수치는 비정상적으로 높아진다. 당뇨병 환자는 식사를 조절해야 하고 혈당 수치를 점검해야 한다. 일부 환자들은 정기적으로 인슐린 주사를 맞을 필요가 있다.

생식 기관인 여성의 **난소**(*ovary*)와 남성의 **정소**(*testis*)는 성호르몬을 만든다. 여성과 남성 모두 에스트로겐, 프로게스틴, 안드로겐과 같은 세 종류의 성호르몬 모두를 만든다. 여성은 더 많은 **에스트로겐**(*estrogen*)과 **프로게스틴**(*progestin*)을 만든다. 임신과 관련된 이들 호르몬은 배란과 월경 주기를 조절한다. 에스트로겐은 또한 유방의 발달과 엉덩이와 넓적다리에 지방 축적을 촉진한다. 남성은 더 많은 **안드로겐**(*androgen*)을 생성한다. 테스토스테론과 같은 안드로겐은 정자 생성에 필요하다. 안드로겐은 또한 수염이나 근육량 증가와 같은 남성의 이차 성징의 발달을 촉진한다. 이러한 안드로겐의 효과 때문에 일부 운동 선수들이 자신의 능력을 향상시키기 위해 인공으로 합성한 테스토스테론인 동화 작용 스테로이드를 사용하기도 한다. 불행하게도 스테로이드는 부작용이 많다. 스테로이드는 공격적인 행동, 변덕스러운 감정 변화, 성급함을 일으킨다. 스테로이드는 남성에게는 고환 축소, 정자 감소, 대머리, 유방 발달 등을 유발할 수 있다. 여성에게는 스테로이드가 월경 주기를 파괴하고, 목소리를 저음이 되게 하고, 수염의 성장을 촉진한다. 청소년기에는 스테로이드가 성장을 방해하고 사춘기를 가속화시킨다.

솔방울샘(*pineal gland*)에서는 멜라토닌 호르몬이 생성된다. **멜라토닌**(*melatonin*)은 언제가 낮이고 언제가 밤인지를 알려 주는 생체 시계를 조절한다. 솔방울샘은 눈으로부터 얻는 빛 신호를 이용하여 밤 시간에는 멜라토닌을 방출한다. 이런 이유 때문에 일부 사람들은 멜라토닌을 수면제로 이용한다.

주요 내분비 기관들과 그들이 생산하는 호르몬들이 표 19.1에 요약되어 있다.

표 19.1 주요 내분비 기관과 생성 호르몬

내분비 기관	호르몬	호르몬 종류	효과
시상 하부	뇌하수체 전엽을 조절하는 호르몬과 뇌하수체 후엽에 의해 방출되는 호르몬을 만든다(아래 참조).		
뇌하수체			
뇌하수체 전엽	성장 호르몬	단백질	성장 촉진
	프로락틴	단백질	유즙 생성 촉진
	다른 내분비 기관들을 자극하는 호르몬	단백질	난소와 정소, 갑상샘, 부신 등의 내분비 기관 자극
뇌하수체 후엽(시상 하부에 의해 만들어진 호르몬을 방출)	항이뇨 호르몬	단백질	신장에 의한 수분의 보존 촉진
	옥시토신	단백질	자궁 수축 촉진
갑상샘	갑상샘 호르몬	단백질	성장과 발달 촉진, 대사 과정 조절
	칼시토닌	단백질	혈중 칼슘 수치 저하
부갑상샘	부갑상샘 호르몬	단백질	혈액 칼슘 수치 상승
부신	에피네피린과 노르에피네피린	단백질	'투쟁-도피' 반응 촉진
	당질 코르티코이드	스테로이드	혈당 수치 상승
	무기질 코르티코이드	스테로이드	수분과 염분 수치 조절
이자	인슐린	단백질	혈당 수치 저하
	글루카곤	단백질	혈당 수치 상승
생식 기관			
정소	안드로겐	스테로이드	정자 형성을 지원, 남성의 이차 성징 촉진
난소	에스트로겐	스테로이드	여성의 생식 기관 유지, 여성의 이차 성징 촉진
	프로게스틴	스테로이드	자궁 내막 성장 촉진
솔방울샘	멜라토닌	단백질	생체 시계 조절

학습목표
사람의 생식과 발생의 주요 사건들을 설명할 수 있다.

19.8 생식과 발생

물음 임신 중에 어머니의 혈액과 아기의 혈액은 섞이는가?

사람의 생식

사람의 생식은 **배우자**(*gamete*) 또는 생식세포인 여성의 난자와 남성의 정자의 생성에서 시작한다. 난자와 정자는 감수 분열을 통해 만들어진다(16장 참조). 이들은 일반적인 염색체 수의 반만 갖고 있는 반수체 세포이다. **수정(fertilization)** 시 난자와 정자는 하나의 배수체 세포를 형성하고, 이 세포가 새로운 인간으로 발생한다. (그림 16.13의 인간의 생활 주기 참조). 이제 여성과 남성의 생식계를 살펴보자.

여성의 난자는 **난소**(*ovary*)에서 만들어진다(그림 19.24). 각 난소는 많은 **여포**(*follicle*)들로 이루어져 있으며, 지지세포로 둘러싸인 난자를 발달시킨다. 각 월경 주기 동안 하나의 단일 여포가 성숙하여 하나의 난자를 방출하는데, 이 과정을 **배란(ovulation)**이라고 한다. 난자는 큰 세포로서, 세포질에 많은 영양분을 저장하고 있다. 난자가 다른 세포와 달리 큰 이유는 불균등한 감수 분열의 결과이다. 세포 분열할 때, 난자가 될 세포는 대부분 세포질을 받게 되지만, 다른 세포들은 거의 세포질을 얻지 못하고 빠르게 퇴화된다(16장 참조). 배란 후 난자는 **수란관**(*oviduct*)으로 들어가 섬모를 이용하여 자궁을 향해 헤엄쳐간다. 수정은 전형적으로 난자가 아직 수란관에 있을 때 일어난다. 수정된 난자는 이제 계속하여 **자궁**(*uterus*)을 향해 나

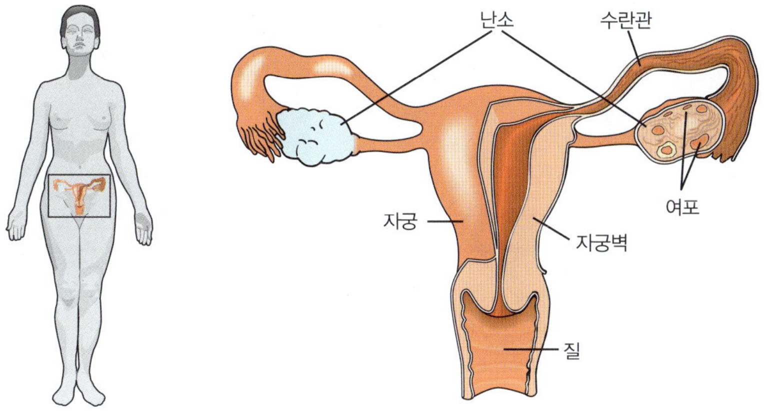

그림 19.24
여성의 생식계

아간다. 자궁은 난자를 착상시켜 발생을 지속시킨다.

남성의 정자는 음낭 속에 있는 **정소**(*testis*)에서 만들어진다(그림 19.25). 음낭은 정소의 온도를 체온보다 더 낮게 유지하기 위해 신체에서 떨어진 상태로 달려 있다. 이것은 정자 생산에 필수적이다. 정자는 정소로부터 **부고환**(*epididymis*)으로 들어가 완전하게 발달하여 운동성을 갖게 된다. 각각의 성숙된 정자는 DNA, 미토콘드리아, 난자에 침투하는 데 필요한 효소를 포함한 머리와, 헤엄을 치기 위한 꼬리를 갖고 있다. 성교가 이루어지는 동안, 정자는 **정관**(*vas deferens*)을 따라 성기 내부의 관인 **요도**(*urethra*)로 이동한다. 정자는 요도로부터 **정액**(*semen*)의 형태로 사정된다. 정액은 정자뿐만 아니라 **정낭**(*seminal vesicle*)과 **전립샘**(*prostate gland*)에서 분비되는 유동액을 포함하고 있으며, 이 유동액은 정자에게 양분을 제공하고 질 내 산성 환경으로부터 정자를 보호한다. 한 번 사정할 때마다 정액에는 약 5억 마리의 정자가 들어 있다.

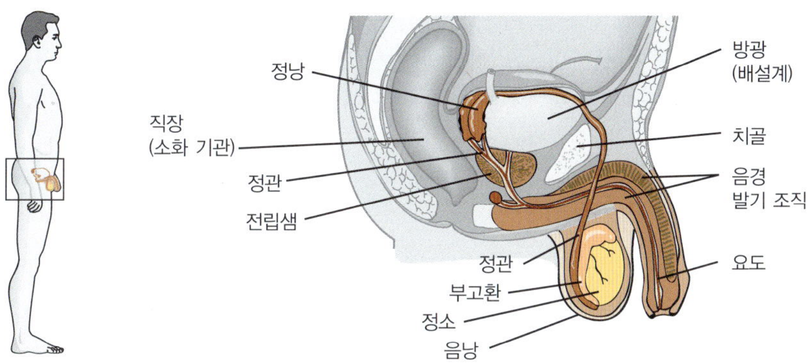

그림 19.25
남성의 생식계

성교 후 정자는 수란관을 따라 헤엄을 치면서 난자에게 올라간다(그림 19.26). 난자는 **투명대**(*zona pellucida*)라고 하는 하나의 젤리 층으로 덮여 있다. 많은 정자의 머리에서 분비된 효소들이 이 투명대를 부식시킨다. 하나의 정자가 최종적으로 난자의 세포막에 도달하면, 난자와 정자의 세포막이 융합된다. 이 시점에서 투명대는 변화를 일으켜 더 이상의 정자가 침입할 수 없게 함으로써 수정란이 너무 많은 염색체를 갖지 않도록 한다.

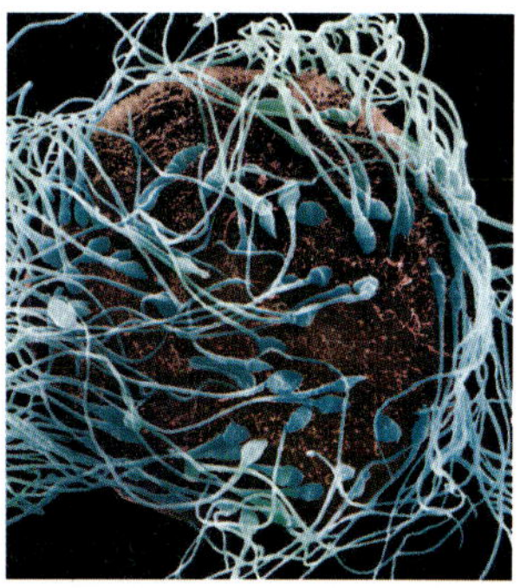

그림 19.26
사람의 난자를 둘러싸고 있는 정자

사람의 발생

수정 후 수정란은 체세포 분열을 통해 분열을 시작한다(15장 참조). 자궁 내에서 착상이 일어나는 시기인 수정 후 약 6일까지, 발생 중인 수정란은 **배반포**(*blastocyst*)라고 하는 세포들로

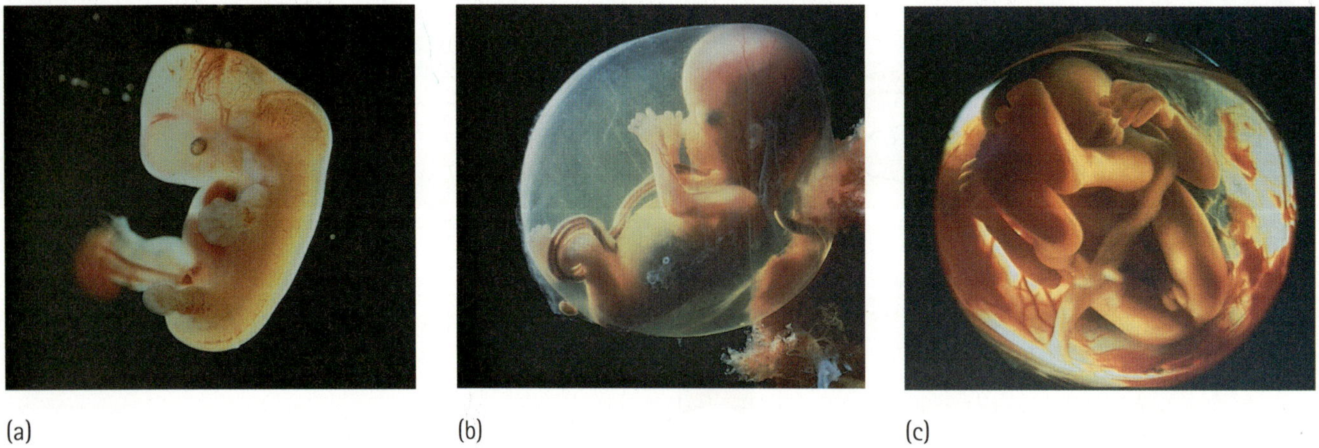

그림 19.27
(a) 5주된 사람의 배아. (b) 14주된 배. 임신 3개월이 지나면 태아의 모든 주요 기관들과 신체 부위들이 발생한다. (c) 20주된 배

이루어진 속이 빈 공 모양을 형성한다. 배반포의 일부는 장차 아기가 될 배아를 형성한다. 나머지는 양막과 태반의 배아에 해당되는 부분처럼, 배아를 보호하고 영양분을 제공하는 구조를 형성한다. **양막**(*amnion*)은 배아를 둘러싼 막이다. 이 막은 발생 중인 배아에게 충격을 완화시키고 보호하는 액체인 양수로 채워져 있다. 출산 시 양막이 파열되면서 임신부의 '양수가 터진다'. **태반**(**placenta**)은 발생 중인 배아에게 산소와 영양분을 제공하고 노폐물을 제거한다. 태반은 배아와 모체 조직으로 이루어져 있다. 모체의 혈액과 배아의 혈액은 태반에서 직접 접촉하지 않는다. 그러나 그 둘은 영양분과 노폐물의 교환이 가능할 정도로 충분히 가깝게 있다. 태반은 또한 에스트로겐과 프로게스테론(프로게스틴의 일종)을 생성한다. 이 호르몬들은 더 이상의 배란을 방지하고, 임신 기간 동안 배아를 양육하는 자궁의 조건을 유지한다.

9개월의 임신 기간은 3개월 단위로 나누어진다. 초기 3개월의 기간에는 배아의 모든 주요 기관들과 신체의 부위들이 발생한다. 그 이상의 발생과 태아 성장의 대부분은 두 번째와 세 번째 3개월 기간에서 일어난다. 그림 19.27은 이러한 사람 발생의 세 단계를 보여 준다.

학습목표
골격 및 근육의 구조와 기능을 설명할 수 있다.

19.9 골격과 근육

물음 만일 근육이 잡아당기기만 하고 밀어내지 못한다면, 여러분은 어떻게 팔을 구부리고 펼 수 있을까?

골격

그림 19.28에 나타낸 골격은 신체를 보호하고 지지하는 뼈와 연골로 이루어져 있다. 성인은 뼈가 총 206개이다. 아기는 더 많은 뼈를 갖고 태어나지만, 이 중에 상당수가 성장 과정에서 융합된다. 골격에는 뼈뿐만 아니라, 신체의 귓바퀴와 코끝을 포함하는 몇몇 연골들이 포함된다.

골격의 한 기능은 신체를 보호하는 것이다. 예를 들어 두개골은 뇌를 보호하고, 척추는 척수를 보호하며, 갈비뼈는 심장과 폐를 보호한다. 골격은 또한 신체를 지탱하고, 근육과 함께 협력해서 신체를 움직인다. **관절**(*joint*)은 뼈들 사이의 움직일 수 있는 연결체이다. 팔꿈치와 무릎 같은 관절은 경첩처럼 한쪽 방향으로만 구부러지게 작용한다. 엉덩이와 넓적다리 사이의 관절처럼, 공과 소켓을 닮은 다른 관절(절구공이관절)들은 훨씬 큰 범위의 운동을 가능하게 한다. 관절에서 연결되는 뼈의 끝부분은 부드러운 연골로 덮여 있으며, 유동액이 채워진 관절포 속에 넣어져 있다. 유동액은 윤활유처럼, 관절을 미끄럽게 만들어 뼈들이 서로 마찰이 없이 부드럽게 움직일 수 있게 한다. **관절염**(*arthritis*)은 관절 조직에 염증이 생겨 유동액이 너무 많이 생성된 상태이다. 염증과 과다한 유동액이 고통스러운 뼈 손상을 일으킨다.

뼈는 세 개의 층으로 이루어진다. 첫 번째는 강하고 단단한 바깥층의 **치밀골**(*compact bone*)이다. 치밀골은 좀 더 연한 층인 **해면골**(*spongy bone*)을 둘러싸고 있다. 해면골 안쪽에는 골수라고 하는 젤리 같은 물질이 들어 있다(그림 19.29). **적색 골수**(*red bone marrow*)는 순환계에 필요한 적혈구와 백혈구를 만든다. **황색 골수**(*yellow bone marrow*)는 지방을 저장한다. 신체의 다른 부위들처럼, 뼈도 살아 있는 세포들로 구성되어 있다. 이런 세포들은 뼈의 강도와 유연성을 제공하는 단단한 칼슘 함유 기질을 분비한다.

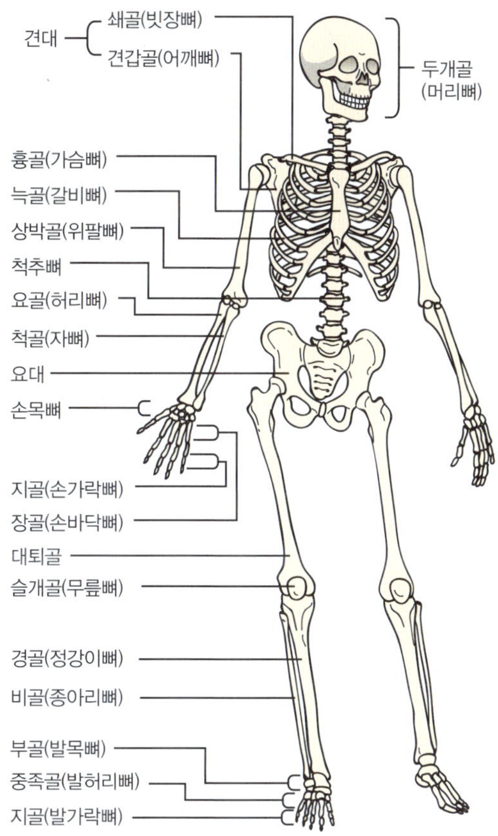

그림 19.28
사람 골격은 206개의 뼈와 수많은 연골들을 포함한다.

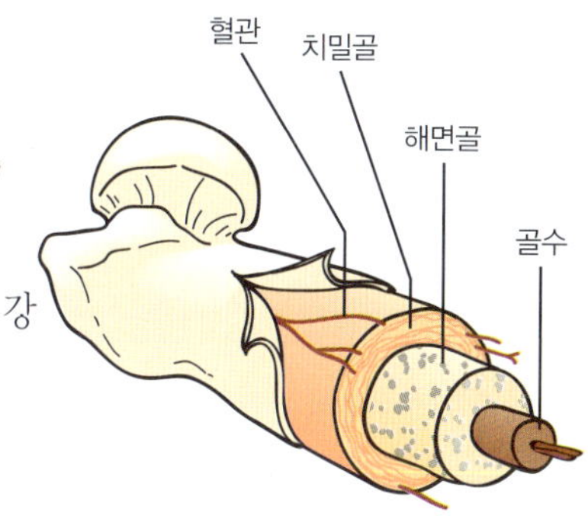

그림 19.29
뼈에서는 골수를 둘러싸고 있는 해면골을 치밀골이 둘러싸고 있다.

근육

사람의 몸에는 600개 이상의 근육들이 있으며, 얼굴에만 30개가 있다. 우리가 미소를 짓는 것부터 샌드위치를 만드는 것까지 모든 일에 이러한 근육들이 사용된다. 사실상, 당신은 무엇인가 하고 있다고 말할 수 있는 거의 모든 때에 이러한 근육들을 이용하고 있는 것이다.

근육은 수축 또는 단축시키면서 작용을 한다. 많은 근육들이 **힘줄**(*tendon*)을 통해 뼈와 연결되어 있다. 이러한 근육들이 수축할 때, 근육이 뼈를 잡아당김으로써 신체를 움직인다. 근육은 밀어내지 못하고 단지 끌어당길 수만 있기 때문에, 반대 효과를 내는 근육이 쌍을 이루는 경우가 많다. 예를 들어 이두근은 팔뚝의 안쪽 부위를 끌어당겨서 팔뚝이 어깨 쪽으로 구부러지게 한다(그림 19.30). (팔꿈치의 척골 끝에 붙어 있는) 삼두근은 팔뚝의 뒤쪽을 끌어당겨서 팔이 펴지게 한다.

근육은 어떻게 수축하는가? 먼저 근육의 구조를 살펴보자. 근육은 긴 근육 섬유의 다발들로 이루어져 있다(그림 19.31). 각 근섬유는 실제로는 다수의 핵을 갖고 있는 단일 세포이다. 하나의 근육 섬유는 **근육 원섬유**(*myofibril*)라고 하는 더 작은 요소들의 다발을 포함하고 있다. 각각의 근육 원섬유는 **근육 원섬유 마디**(**sarcomere**)라고 하는 수축 단위들이 연쇄적으로 연결된 것이다. 근육 원섬유 마디는 두 단백질[얇은 **액틴**(*actin*) 필라멘트와 굵은 **마이오신**(*myosin*) 필라멘트]이 정교하게 배열된 실 같은 구조물로 이루어져 있다. 근육이 수축할 때, 액틴 필라멘트와 마이오신 필라멘트가 서로 지나치면서 미끄러지면 각 근육 원섬유 마디의 길이가 짧아진다. 이것이 어떻게 일어나는지 살펴보자.

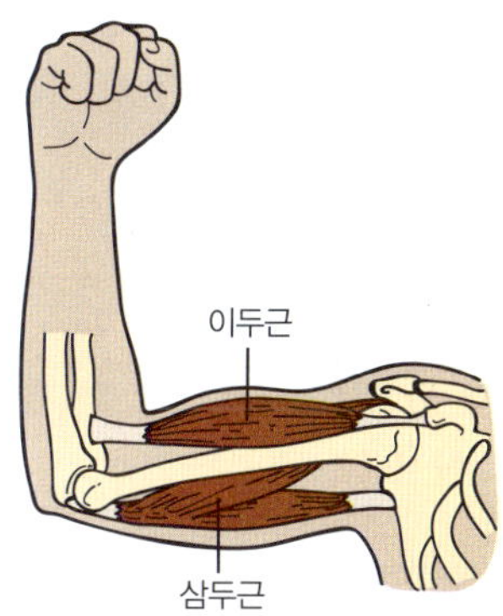

그림 19.30
이두근과 삼두근은 반대 방향으로 팔뚝을 움직인다. 이두근이 팔뚝 구부리면 삼두근은 팔뚝을 편다.

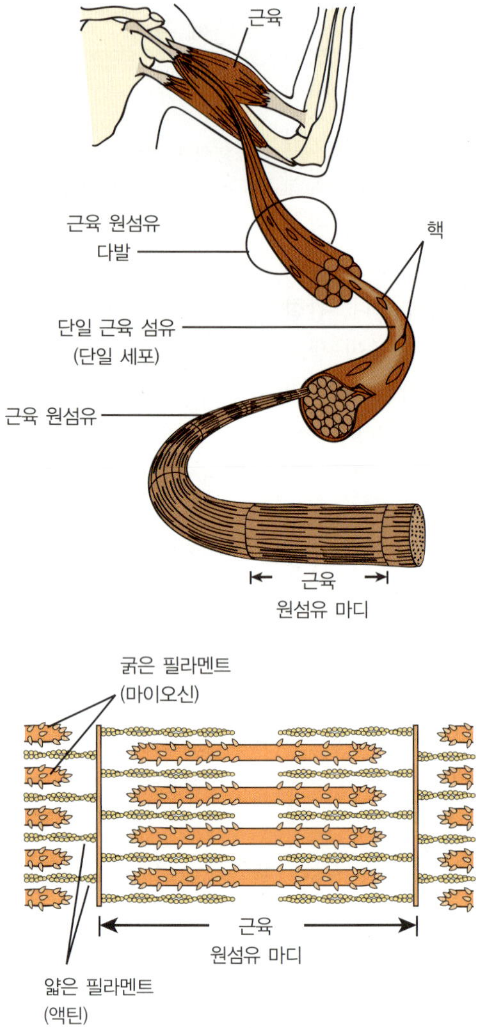

그림 19.31
근육은 근육 섬유 다발로 이루어져 있다. 하나의 근육 섬유는 근육 원섬유라고 하는 더 작은 섬유들을 포함하고 있다. 하나의 근육 원섬유는 끝에서 끝으로 배열된 근육 원섬유 마디로 구성되어 있다. 근육 원섬유 마디 내의 두 단백질인 액틴과 마이오신은 근육 원섬유 마디를 수축시켜, 결과적으로 근육이 수축된다.

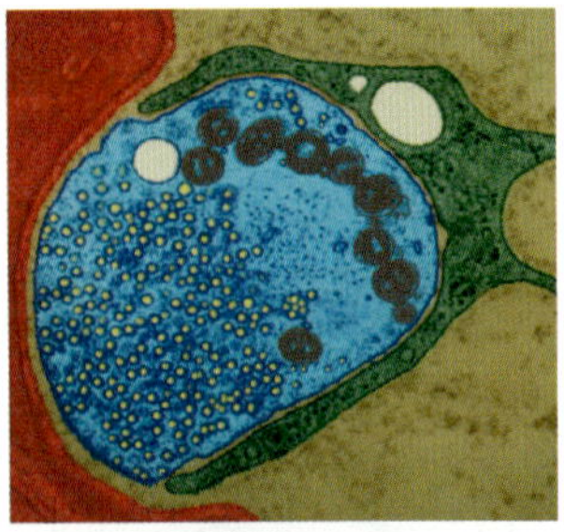

그림 19.32
이 사진은 운동 뉴런(청색)과 근육 세포(적색) 사이의 시냅스를 보여 준다. 신경 전달 물질인 아세틸콜린을 담고 있는 작은 소포들이 근육 세포 근처에 밀집되어 있다. (신경세포 내의 큰 갈색 구조물은 미토콘드리아다. 뉴런을 둘러싸고 있는 녹색 세포는 신경아교세포이다.)

근육은 운동 뉴런으로부터 신호를 받을 때 수축한다. 운동 뉴런의 활동 전위가 그 뉴런과 하나의 근육세포를 연결하고 있는 화학 시냅스에 도달한다. 그 활동 전위는 시냅스에서 신경 전달 물질인 **아세틸콜린**(*acetylcholine*)의 방출을 촉진한다(그림 19.32). 아세틸콜린이 이제 근육세포의 세포막 수용체에 결합하면 근육세포에서 하나의 활동 전위가 시작된다.

근육세포에서의 활동 전위는 그 세포의 소포체로부터 칼슘 이온의 방출을 유발한다(15장에서 논의된 세포 소기관). 칼슘 이온에 의해 마이오신 필라멘트의 일련의 '머리'가 액틴 필라멘트에 부착된다(그림 19.33). 마이오신 머리의 부착과 젖히기를 통해 액틴 필라멘트를 끌어당긴다. 매번 끌어당길 때마다 근육 원섬유 마디의 길이가 약 10 nm씩 짧아져, 결과적으로 근육 전체의 길이가 짧아진다. 끌어당긴 후, 마이오신 머리는 풀어지고, 다시 액틴 필라멘트를 끌어당긴다. 이런 주기적 현상은 근육을 수축시키는 신호가 멈출 때까지, 또는 근육이 완전히 수축할 때까지 반복된다. 근육 수축에는 에너지가 필요하다. 근육 수축의 주기적 현상에서 필수적 단계인 마이오신 머리가 액틴을 방출하는 과정에 ATP가 필요하다.

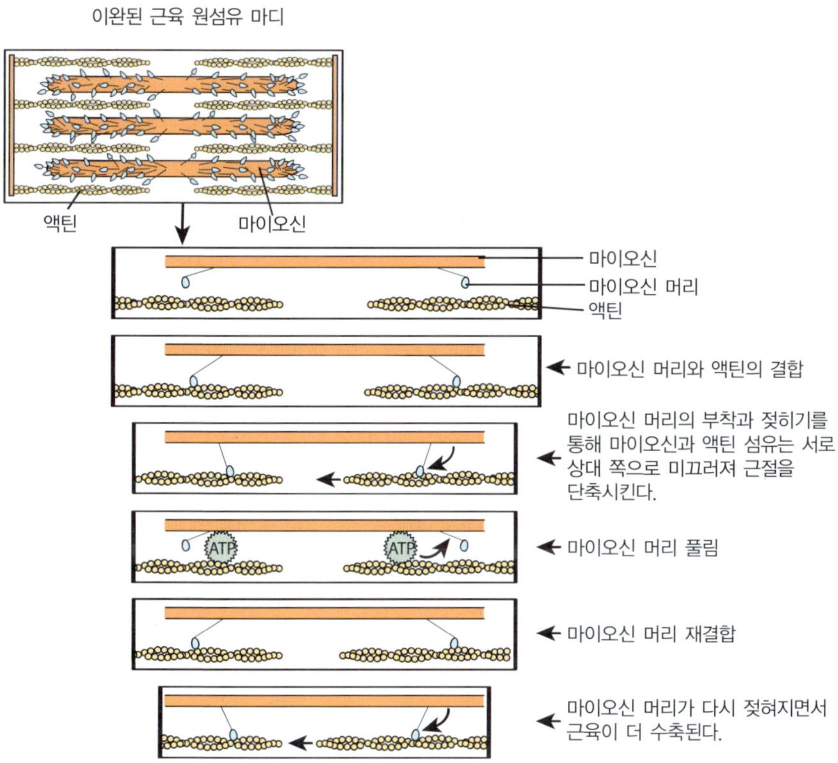

그림 19.33
수축할 때, 마이오신 머리는 액틴과 결합하고, 젖혀지고(액틴을 잡아당기면서), 방출되고, 다시 부착하고, 그리고 다시 끌어당긴다. (단순화시키기 위해 하나의 마이오신 머리만 한쪽 면에 제시되어 있다. 실제로는 많은 마이오신 머리들이 액틴을 끌어당긴다.)

일단 운동 뉴런이 신호 발생을 중단하면 아세틸콜린이 근육세포에 결합하는 것을 멈추고, 근육세포의 소포체는 칼슘 방출을 멈춘다. 칼슘이 없으면 마이오신 머리가 액틴에 결합할 수 없고, 근육은 이완된다.

연습문제

19.1 인체의 구성

1. 인체에 있는 네 종류의 주요 조직은 무엇인가? 각각의 예를 제시하시오.
2. 여러 조직들이 결합하여 하나의 특수한 기능을 갖는 신체 구조를 무엇이라고 하는가?
3. 기관계란 무엇인가?

19.2 항상성

4. 항상성이란 무엇인가?
5. 신체가 항상성을 유지하기 위한 변인들의 예를 제시하시오.

19.3 뇌

6. 뇌간의 기능에는 어떤 것들이 있는가?
7. 균형과 자세를 담당하는 뇌의 부위는?
8. 대뇌의 한쪽 면이 손상되면 왜 신체의 반대쪽 기능에 영향을 미칠 수 있는가?
9. 대뇌의 네 개 엽의 각 기능을 설명하시오.

19.4 신경계

10. 어떤 구조들이 중추 신경계를 구성하는가?
11. 전형적인 뉴런은 세포체, 축삭 돌기, 가지 돌기를 갖고 있다. 이런 부분들의 각각의 기능은 무엇인가?
12. 감각 뉴런, 연합 뉴런, 운동 뉴런의 기능은 무엇인가?
13. 어떤 종류의 기능들이 체성 신경계와 자율 신경계에 의해서 조절되는가?

19.5 뉴런은 어떻게 작용하는가?

14. 막전위란 무엇인가?
15. 하나의 활동 전위 기간 동안, 뉴런의 막전위에는 무슨 일이 일어나는가?
16. 활동 전위는 왜 '전부 아니면 전무' 사건으로 설명되는가?
17. 무엇이 활동 전위가 뉴런의 축삭 돌기를 따라 내려가면서 전달되게 하는가?
18. 전기 시냅스는 어떻게 작용하는가?
19. 화학 시냅스는 어떻게 작용하는가?

19.6 감각

20. 눈에 있는 두 종류의 감광세포는 무엇인가? 이들은 서로 어떻게 다른가?
21. 음파가 귀로 들어가서 궁극적으로 소리를 들을 수 있게 하는 방법을 설명하시오.
22. 화학감각 세포에서 활동 전위는 어떻게 발생되는가?
23. 고유 수용기란 무엇인가?

19.7 호르몬

24. 두 종류의 호르몬은 무엇인가? 각 종류의 호르몬은 표적세포에 어떻게 효과를 나타내는가?
25. 왜 뇌하수체 전엽을 종종 '주분비샘'이라고 하는가?
26. 시상 하부에 의해 만들어진 어떤 호르몬이 신체의 수분량 조절을 도와주는가? 그 호르몬의 효과는 무엇인가?
27. 어떤 내분비 기관이 '투쟁–도피' 반응과 연계된 호르몬을 생성하는가?

19.8 생식과 발생

28. 난자를 생성하는 감수 분열 과정에서 특이한 것은 무엇인가?
29. 정자는 난자를 싸고 있는 투명대를 어떻게 통과할까?
30. 태반의 역할은 무엇인가?
31. 임신 중에 주요 기관들은 언제 발생하는가?

19.9 골격과 근육

32. 골격의 기능은 무엇인가?
33. 운동 뉴런에서 발생하는 신호가 어떻게 근육의 수축을 일으키는가?
34. 근육 수축의 어느 시점에서 ATP가 필요한가?

확인문제

만일 여러분이 이 장에서 제대로 학습을 하였다면, 다음에 제시된 10개의 질문에 적어도 7개는 제대로 답을 할 수 있을 것이다. 만일 그렇지 못하면 다음 장으로 가기 전에 이 장을 더 학습할 필요가 있다.

각 질문에 대해 가장 적합한 답을 고르시오.

1. 뇌의 어느 부위가 자세, 균형, 미세한 운동을 조절하는가?
   (a) 뇌간
   (b) 소뇌
   (c) 대뇌
   (d) 시상

2. 뇌의 어느 부위가 추론, 언어, 수의 운동 조절을 담당하는가?
   (a) 뇌간
   (b) 소뇌
   (c) 대뇌
   (d) 시상
3. 뉴런의 어느 부위가 다른 세포 또는 뉴런으로부터 정보를 받아들이는가?
   (a) 가지 돌기
   (b) 세포체
   (c) 축삭 돌기
   (d) 말이집
4. 활동 전위 중에,
   (a) 막전위는 문턱값에 도달할 때까지 더욱 음성적으로 된다.
   (b) 포타슘 이온이 흘러나오면서 막전위는 증가한다.
   (c) 소듐 이온이 흘러 들어오고, 이어서 소듐 이온은 흘러나가면서 막전위는 증가한다.
   (d) 막전위는 문턱값에 도달하거나 또는 도달하지 않을 수 있다.
5. 화학 수용은 어떤 감각을 담당하는가?
   (a) 시각
   (b) 청각
   (c) 촉각
   (d) 미각
6. 인슐린 호르몬은
   (a) 혈당 수치를 조절한다.
   (b) '투쟁–도피' 반응과 관련되어 있다.
   (c) 신체의 수분 양의 조절을 돕는다.
   (d) 혈액 속의 포타슘 수치를 조절하기 위해 다른 호르몬인 글루카곤과 함께 작용한다.
7. 사람의 생식에 관한 진술로 옳지 않은 것은?
   (a) 섬모는 난자를 수란관을 따라 자궁으로 쓸어내린다.
   (b) 수정은 일반적으로 자궁 내에서 일어난다.
   (c) 정액은 정자에게 영양분 제공을 도와 주는 유동액을 포함하고 있다.
   (d) 수정 후 투명대는 정자가 침입할 수 없게 된다.
8. 발생 중인 배아에게 산소와 영양분을 공급하는 구조는 무엇인가?
   (a) 수란관
   (b) 양막
   (c) 배반포
   (d) 태반
9. 하나의 운동 뉴런과 근육세포 사이의 연결은
   (a) 전기 시냅스를 포함한다.
   (b) 근육이 수축할 것인지, 이완할 것인지를 결정한다.
   (c) 신경 전달 물질인 아세틸콜린을 사용한다.
   (d) 아편 수용체를 포함한다.
10. 근육이 수축하는 동안
   (a) 근육세포의 소포체에 의해 소듐 이온이 방출된다.
   (b) 칼슘 이온은 마이오신 머리가 액틴에 결합하도록 한다.
   (c) ATP는 마이오신 머리를 젖히게 하여 액틴을 잡아당긴다.
   (d) 액틴 머리는 반복적으로 마이오신과 결합하고, 액틴을 잡아당기면서 젖히고, 방출하고, 뻗치고, 부착하고, 다시 젖힌다.

확인문제 답

1. b, 2. c, 3. a, 4. c, 5. d, 6. a, 7. b, 8. d, 9. c, 10. b

20장 인간 생물학 II — 보호와 유지

20.1 신체 기관들의 통합

20.2 순환계
융합과학 20A 화학
헤모글로빈

20.3 호흡

20.4 소화

20.5 영양, 운동, 건강
융합과학 20B 물리학, 화학
저탄소 화합물 대 저열량 다이어트

20.6 배설과 수분 균형

20.7 몸을 안전하게 지키기: 방어 체계

여러분이 세계 정상급의 테니스를 치든, 또는 앉아서 이메일을 읽든지 간에 여러분의 몸은 열심히 일을 한다. 이 장에서는 인체의 보호와 유지에 초점을 맞출 것이다. 신체를 탐구하면서 많은 것들을 배우게 될 것이다. 무엇이 '두근두근'하는 심장 박동 소리를 만드는가? 숨 쉬는 것을 잊을 수 있을까? 신체의 어느 부위가 딸꾹질을 일으키는가? 꿀꺽 삼키는 것은 의식적인 행동인가, 무의식적인 행동인가? 여러분의 몸은 질병을 일으키는 박테리아, 바이러스, 그리고 다른 생물들을 어떻게 방어하는가? 백신은 병에 걸리는 것으로부터 여러분을 어떻게 지켜주는가?

20.1 신체 기관들의 통합

학습목표
중요한 신체 기능을 수행하기 위해 함께 작용하는 기관계의 예를 들 수 있다.

물음 신체의 조직에 산소를 공급하기 위해 호흡계와 순환계가 어떻게 함께 작용하는가?

신체 기관계는 독자적으로 작용하는 경우는 드물고, 대부분의 주요 기관계는 둘 또는 그 이상의 기관계와 협력하여 작용한다. 예를 들어 신체에 산소가 공급되도록 유지시켜 주는 일은 두 기관계로 나누어져 있다. 즉 호흡계는 산소를 신체 속으로 들여보내고, 순환계는 그 산소를 조직으로 운반한다. 세포의 노폐물을 제거하는 일도 이와 유사하게 순환계, 호흡계, 배설계의 협력이 필요하다. 순환계는 조직으로부터 노폐물을 모으고, 순환계와 배설계는 각각 숨을 내쉬고 소변을 생성함으로써 그 노폐물을 몸에서 제거한다. 이 장에서는 기관들이 신체를 유지하기 위해 어떻게 함께 작용하는지를 살펴볼 것이다. 그들의 많은 임무들 가운데 가장 필수적인 두 가지는 신체 활동을 위한 에너지의 획득과 질병으로부터의 신체 보호이다.

20.2 순환계

학습목표
호흡계의 구조와 기능을 설명할 수 있다.

물음 사람의 심장은 왜 '둑-닥...둑-닥...둑-닥' 뛸까?

필요한 모든 것이 바로 문 앞에 와 있다면 그 얼마나 멋진 일인가? 우유가 부족한가? 지금 우유 몇 통이 여기 있다. 오렌지를 먹고 싶은가? 누군가 금방 나타날 것이다. 브로콜리도? 오늘은 운이 좋은 날이네. 쓰레기도 내다버릴 필요가 없다. 주변에 쌓아 두면, 알아서 쓰레기 처리장으로 갈 것이다.

이것은 소파에 앉아 감자칩을 먹으면서 TV만 보는 게으름뱅이의 꿈이 현실화되는 모습일 것이다. 그러나 여러분의 세포도 일생 중에 단 하루는 그럴 것이다. 순환계는 세포가 필요한 모든 것을 가져다 주고, 세포가 처리할 모든 쓰레기를 제거한다. 순환계는 산소와 영양분을 운반하고, 노폐물을 제거하고, 호르몬과 면역 세포와 같은 특수한 것들을 운반한다. 마치 음식물, 쓰레기, 우편물이 하나로 모아지는 것과 같다. 이러한 순환계는 심장, 혈관, 혈액의 세 부분으로 이루어져 있다.

심장

심장(그림 20.1)은 온몸으로 혈액을 보내는 근육 펌프이다. 심장은 대략 꽉 쥔 주먹 크기 정도이고, 우심방, 우심실, 좌심방, 좌심실의 네 개의 분리된 방을 갖고 있다. 심장의 우측이 혈액을 폐로 보내면, 거기서 산소를 얻는다. 심장의 좌측은 혈액을 온몸으로 보낸다.

수의근은 수축하라는 명령을 보내는 뉴런이 필요하지만, 심장 근육은 그러한 뉴런이 필요 없다. 대신에 심장은 독자적으로 수축을 한다. 각각의 심장 박동은 **굴심방 결절**(*sinoatrial node*) 또는 **박동원**(*pacemaker*)이라고 하는 우심방의 한 부분에서 스스로 시작한다. 박동원은 좌우 심방을 통해 신속하게 퍼져 나가는 활동 전위를 일으킨다. 좌우 심방은 동시에 수축하여 혈액을 심실로 보낸다. 박동원의 신호는 또한 **방실 결절**(*atrioventricular node*)까지 전파된다. 신호가 방실 결절로부터 두 심실로 전달되면, 두 심실

그림 20.1
심장은 네 개의 방을 갖고 있다. 화살표는 혈액이 심장을 통해 어떻게 흐르는지를 보여 준다. 심장 판막은 혈액의 역류를 막아 준다.

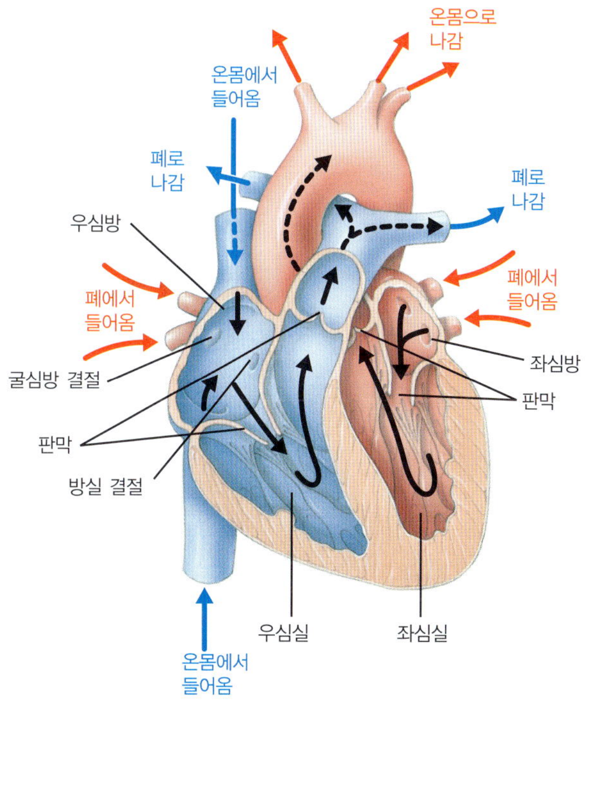

이 동시에 수축함으로써 혈관을 통해 혈액을 내보낸다.

방실 결절은 활동 전위를 느리게 전도하기 때문에 심방 수축과 심실 수축 사이에 얼마간의 지연이 존재한다. 이것 때문에 심장 박동은 신기한 '둑–닥…둑–닥…둑–닥…' 하는 두 개의 분리된 소리로 구성되고, 우리는 이 소리를 생명으로 연상한다. '둑' 하는 소리는 두 심방이 수축할 때 나고, '닥' 하는 소리는 두 심실이 수축할 때 난다. 그러나 '둑–닥' 하는 심장 박동 소리는 근육 수축으로 생기는 것이 아니라는 것을 주목해야 한다. (팔과 다리 근육은 수축할 때 쿵 소리를 내지 않는다!) 그 소리는 매번 수축 후에 판막에서 딱하고 닫히는 판막으로부터 나온다. 심장 판막은 심방과 심실 사이, 그리고 심실과 혈관 사이의 조직판으로, 혈액의 역류를 막아 준다.

심장은 1분에 약 70번 뛰므로, 하루에 10만 번 이상 뛰게 된다.

혈관

혈액은 **혈관**(*blood vessel*)이라는 관을 통해 온몸을 돈다. **동맥**(**artery**)은 심장으로부터 나오는 혈액을 운반하는 혈관으로, 혈액이 펌프될 때 확장되었다가 다시 회복된다. 우리는 맥박을 통해 손목과 관자놀이에서 이러한 확장과 수축을 느낄 수 있다. 혈액은 동맥에서 **소동맥**(*arteriole*)이라고 하는 더 작은 혈관으로 이동한다. 각 소동맥은 한 층의 민무늬근이 둘러싸고 있으며, 이 근육이 동맥의 지름을 조절한다. 신체는 동맥의 지름을 조절함으로써 조직에 따라 얼마나 많은 혈액을 수용할지를 통제한다. 조직은 일을 더 열심히 할 때 더 많은 혈액이 필요하다. 예를 들어 음식을 먹고 소화를 시작하려고 할 때, 많은 양의 혈액이 소화 기관의 조직으로 간다.

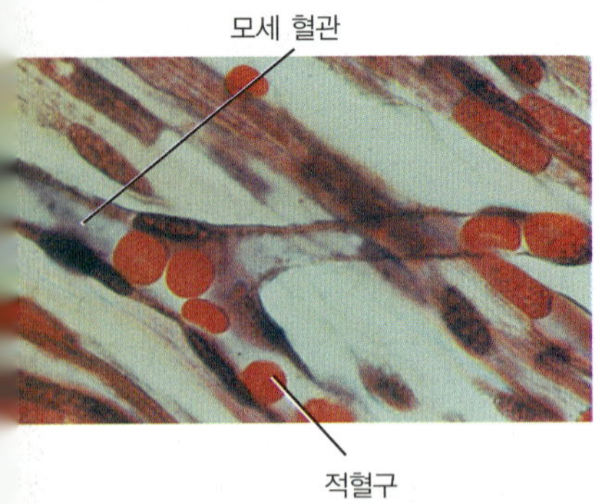

그림 20.2
모세 혈관은 가늘고 얇은 벽으로 되어 있는 혈관으로, 신체 조직과 분자들을 교환하는 곳이다. 위 사진은 모세 혈관 내에 있는 적혈구를 보여 준다.

소동맥으로부터 나온 혈액은 모세 혈관 속으로 흘러간다(그림 20.2). **모세 혈관**(**capillary**)은 얇은 벽으로 둘러싸인 작은 혈관으로, 이 모세 혈관을 통해 혈액과 신체 조직 사이에서 분자들이 교환된다. 산소와 영양분은 혈액으로부터 신체 조직으로 이동하는 반면에, 이산화 탄소와 다른 노폐물은 신체 조직으로부터 혈액으로 이동한다. 산소와 이산화 탄소를 포함한 일부 분자들은 확산을 통해 이동한다. 다른 분자들은 촉진 확산 또는 능동 수송을 통해 이동하거나, 내포 작용 또는 외포 작용을 이용해 이동된다(15장 참조). 이러한 물질 교환이 일어나기 위해 모세 혈관은 단일 세포 두께 정도의 매우 얇은 혈관벽을 갖고 있다.

혈액은 모세 혈관으로부터 가는 **세정맥**(*venule*)을 지난 뒤 굵은 **정맥**(**vein**)을 통해 다시 심장으로 되돌아간다. 다리 근육과 같은 수의근의 수축은 정맥을 따라 혈액을 밀어내는 것을 도와 준다(그림 20.3). 움직이지 않고 오랫동안 앉아 있거나 서 있는 경우에 종종 다리와 무릎이 붓는 것도 이 때문이다. 정맥의 판막들은 혈액이 역류하지 않도록 한다.

혈액은 온몸을 어떻게 순환할까?

순환계는 혈액을 아무렇게나 온몸으로 이동하지 않고, 하나의 정해진 길을 따라 이동한다(그림 20.4). 이렇게 혈액이 흐르는 통로는, 순환계의 가장 중요한 임무 중 하나인 조직으로의 산소 전달이 효율적으로 이루어지도록 한다. 혈액은 어떻게 흐를까? 혈액이 신체 조직으로부터

그림 20.3
수의근은 수축되면서 정맥을 따라 혈액을 밀어낸다. 판막은 혈액이 역류하지 않도록 한다.

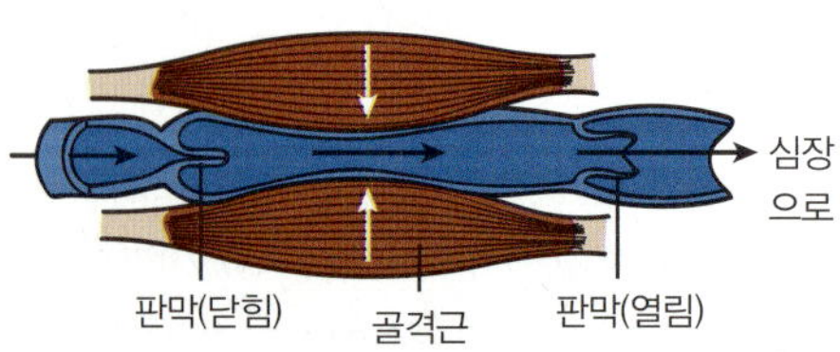

심장으로 되돌아오는 것부터 살펴보자. 신체 조직으로부터 심장으로 돌아오는 혈액은, 많은 산소가 조직으로 전달되어 제거되었기 때문에 산소 함량이 매우 낮다. 이 산소가 제거된 혈액은 정맥으로부터 심장의 우심방으로 들어가고, 우심방에서는 혈액을 우심실로 보낸다. 그러면 우심실에서는 혈액을 폐로 가는 동맥으로 보내게 되는데, 이때 산소를 얻고 이산화 탄소를 방출함으로써 혈액은 산소로 채워지게 된다.

산소로 채워진 혈액은 좌심방으로 연결되는 정맥을 통해 심장으로 되돌아간다. 좌심방에서는 혈액을 좌심실로 보내고, 좌심실에서는 이제 온몸의 조직으로 연결되는 동맥으로 혈액을 내보낸다. 신체의 모든 세포는 산소가 필요하므로 혈액 속의 산소는 모든 조직의 세포들로 확산되어 들어간다. 조직으로 산소를 운반한 뒤 혈액은 다시 산소가 제거된 상태가 되어 심장으로 되돌아간다. 혈액이 온몸을 한 번 순환하는 데는 약 1분이 걸린다.

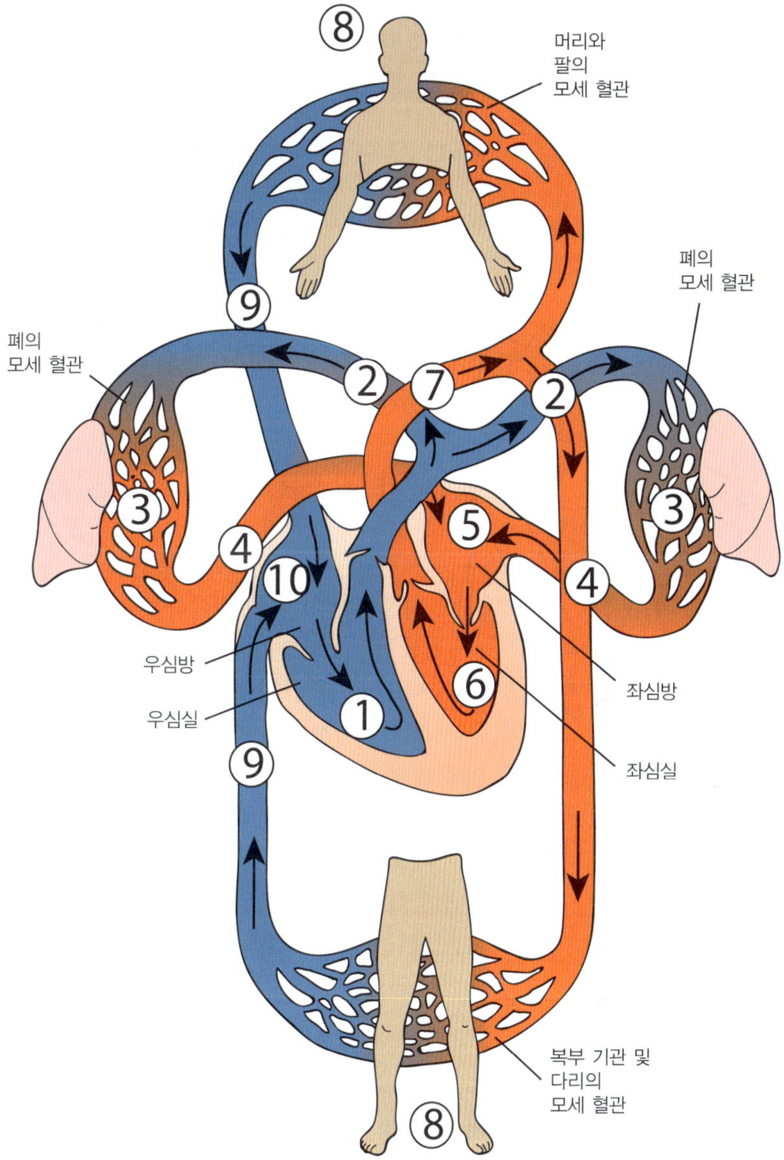

그림 20.4
혈액이 흐르는 통로가 온몸에 퍼져 있다. 푸른색은 산소가 제거된 혈액을 표시하고, 붉은색은 산소가 채워진 혈액을 나타낸다.

혈액

혈액이 온몸을 어떻게 순환하는지 알게 되었으므로, 이제 혈액 자체를 좀 더 자세하게 살펴보자. 사람은 체중의 약 8%에 해당하는 혈액을 갖고 있다. 이 가운데 과반의 양이 **혈장**(*blood plasma*)이다. 혈장은 대부분이 물이지만 단백질, 호르몬, 포도당을 비롯해 다른 영양분들과 노폐물과 같은 중요한 분자들도 포함하고 있다.

혈액의 나머지 부분은 적혈구, 백혈구, 혈소판과 같은 세포들로 구성되어 있다. **적혈구(red blood cell)**는 산소를 신체의 조직으로 운반하는 역할을 하며, 산소와 결합하는 많은 수의 **헤모글로빈(hemoglobin)** 단백질 분자를 담고 있다. 적혈구 세포 하나에는 3억 개나 되는 헤모글로빈 분자가 들어 있으며, 각 헤모글로빈 분자는 산소 분자를 4개까지 운반할 수 있다. **백혈구(white blood cell)**는 면역계의 한 부분으로, 신체가 질병을 방어하도록 도와 준다. 추후에 적혈구에 대해 더 살펴볼 것이다. **혈소판(platelet)**은 혈액 응고와 관련이 있다. 혈소판은 신체 조직이 손상되었을 때 손상된 혈관에 붙어 특수한 혈액 응고 인자를 방출한다. 이러한 혈액 응고 인자들은 혈장 내의 단백질을 끈적끈적한 물질인 **피브린**(*fibrin*)으로 전환한다(그림 20.5). 피브린은 손상된 혈관으로부터 더 많은 혈액이 유출되는 것을 막아 준다. 혈액 응고의 결함과 연관된 질병인 **혈우병**(*hemophilia*)은 혈액 응고 인자에 영향을 미치는 유전자 돌연변이의 결과이다.

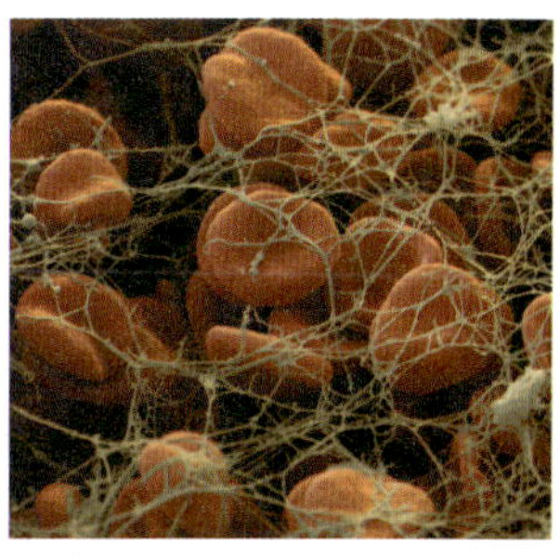

그림 20.5
혈액 응고는 손상된 혈관으로부터 혈액의 누출을 막는다. 이 사진에서 적혈구는 실 같이 생긴 피브린에 뒤엉켜 있다.

학습목표
헤모글로빈의 구조와 기능을 설명할 수 있다.

융합과학 20A
화학

헤모글로빈

물음 하나의 헤모글로빈 분자는 산소 분자 몇 개를 운반할 수 있는가?

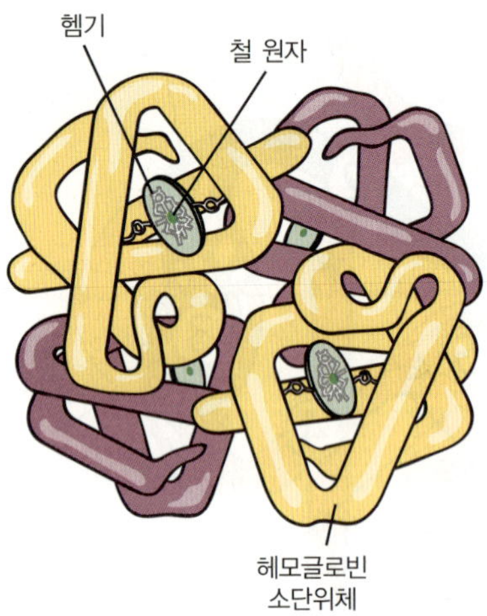

그림 20.6
헤모글로빈은 4개의 소단위체로 구성되어 있다. 각 소단위체는 중앙에 철 원자를 포함하고 있는 1개의 헴기를 포함하고 있다.

사람의 적혈구에는 산소 운반 단백질인 헤모글로빈 분자가 약 3억 개 들어 있다. 헤모글로빈은 어떤 구조인가? 헤모글로빈 분자는 4개의 소단위체로 구성되어 있다. 각 소단위체는 중앙에 철 원자를 포함하고 있는 하나의 **헴기**(*heme group*)를 가지고 있다(그림 20.6). 이 철 원자가 바로 산소와 결합한다. 결과적으로 각각의 헤모글로빈 분자는 4개의 산소 분자와 결합한다.

산소가 헤모글로빈 분자의 4개의 소단위체 중 1개와 결합하면, 다른 3개의 소단위체는 산소에 대한 친화력이 증가하는 방식으로 구조가 변형된다. 즉 산소에 더 잘 결합하게 된다. 결과적으로 대부분의 헤모글로빈 분자들은 폐로부터 최대한의 헤모글로빈 분자를 운반하게 될 것이다. 비슷한 방법으로, 1개의 소단위체가 산소 분자 1개를 조직에서 떨어뜨리면, 나머지 다른 3개의 소단위체들도 역시 산소를 더욱 잘 떨어뜨리게 된다. 이렇게 함으로써 산소가 신체 조직에 효율적으로 전달되는 것을 보장한다.

헤모글로빈 분자의 산소에 대한 친화력은 또한 국소적 환경에 따라 변한다. 예를 들어 혈액의 pH가 낮으면, 즉 더 산성이 되면 헤모글로빈의 산소에 대한 친화력이 감소한다. 이런 적응 현상은 왜 일어날까? 활동적으로 작용하는 조직은 더 많은 ATP를 만들고 사용함으로써 세포 호흡 과정에서 더 많은 이산화 탄소를 방출한다. 이산화 탄소는 혈액 속의 물 분자와 반응하여 탄산을 형성하기 때문에, 이산화 탄소의 수치가 높으면 혈액의 pH가 낮아진다. 낮은 pH는 국소적 헤모글로빈 분자의 산소에 대한 친화력을 감소시켜, 활동적으로 작용하는 조직에 산소를 더 쉽게 떨어뜨리게 만든다.

학습목표
사람의 호흡 기관의 구조와 기능을 설명할 수 있다.

20.3 호흡

물음 호흡을 하는 데 횡격막이 필요한 이유는 무엇인가?

사람들은 아마도 가쁜 숨을 몰아쉬고, 훅하고 불 때만 호흡을 한다고 생각한다. 그럼에도 하루에 17,000번이나 하는 일이 숨을 들이쉬고 내쉬는 호흡이다. 호흡은 세포가 ATP를 얻기 위해 이용하는 과정, 즉 세포 호흡에 필요한 산소를 몸 속으로 들여오는 방법이다(15장 참조). 호흡계는 호흡을 통해 산소를 공기로부터 폐로 운반한다. 폐로부터 오는 산소는 순환계로 들어가서 신체의 모든 조직으로 전달된다. 호흡계는 호흡을 통해 ATP 생성의 부산물인 이산화 탄소도 제거한다.

공기의 통로

그림 20.7은 호흡계를 나타낸 것이다. 숨을 들이마실 때, 공기는 코를 통해 들어온다. (호흡은 입을 통해서도 할 수 있다. 코가 막히면 치명적이기 때문에 입을 통한 호흡은 유용한 대체 수단이다.) 코털은 먼지와 다른 입자들을 걸러낸다. 공기가 콧구멍 속으로 더 깊이 들어가면 점액질에 의해 축축해지고, 촘촘한 그물망 형태의 모세 혈관에 의해 데워진다. 콧구멍 속의 후각세포들 역시 공기 중의 냄새 나는 분자들을 포착한다(19장 참조). 콧구멍으로 들어온 공기

는 식도와 기관 윗부분인 **인두**(*pharynx*)를 통해 이동한다. 이제 공기는 **후두**(*larynx*)를 거쳐 진행하다가 **숨관**(*trachea*)으로 내려간다. 숨관은 고리 모양의 연골에 의해 단단하게 유지되는 짧은 관이다. 이 고리들이 숨관을 개방된 상태로 유지시켜 준다. 숨관은 두 개의 관인 **기관지**(*bronchus*)로 나누어져 좌우 폐로 들어간다. 각 기관지는 더 작고, 더 작은 기관지로 나누어져 최종적으로 작은 주머니인 **폐포**(**alveolus**)까지 연결된다. 기체 교환은 바로 이 폐포에서 일어난다.

폐에는 약 3억 개의 폐포가 있다. 각 폐포는 모세 혈관 망으로 둘러싸여 있다. 폐포와 모세 혈관 망은 모두 납작한 단일 세포로 구성된 극히 얇은 벽을 갖고 있다. 이러한 구조는 기체 교환이 확산을 통해 일어날 수 있게 해 준다(15장 참조). 기체 분자들은 농도 경사를 따라 확산된다. 산소는 폐포로부터 혈액 속으로 확산되고, 이산화 탄소는 혈액으로부터 폐포로 확산된다.

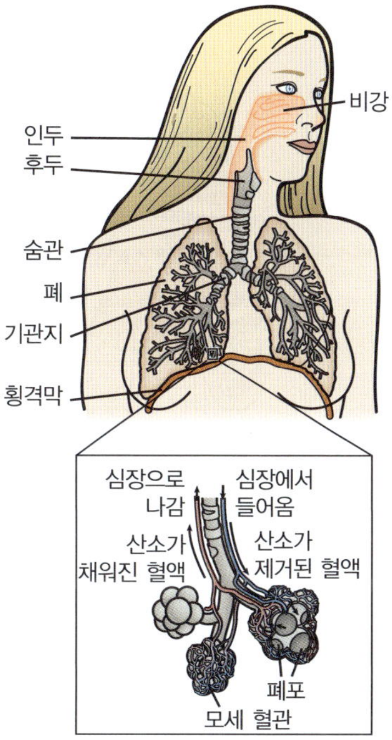

그림 20.7
호흡계는 산소를 몸 안으로 들여오고, 이산화 탄소를 제거한다. 기체 교환은 폐포라고 하는 폐 속의 작은 주머니에서 일어난다.

숨을 내쉴 때는 숨을 들이쉴 때와는 역방향으로 공기가 지나간다. 공기는 폐포로부터 작은 세관을 거쳐 기관지, 숨관, 콧구멍, 그리고 코 밖으로 이동한다. 공기가 후두를 통과할 때 성대를 진동시킬 수 있다(그림 20.8). 이 진동이 음파를 만들어 이야기하고, 고함치고, 노래를 하게 만든다. 다른 소리를 내기 위해서는 성대를 확장시키는 근육뿐만 아니라 입술, 혀, 뺨의 근육을 조절한다.

폐를 통한 공기의 출입

우리는 어떻게 숨을 들이마시고 내뱉을까? 폐는 흉곽 안쪽의 **흉강**(*thoracic cavity*)이라고 하는 공기로 채워진 주머니 안에 위치하고 있다. 흉강의 바닥은 **횡격막**(**diaphragm**)이라는 한 장의 근육으로 덮여 있다. 횡격막이 이완되면 둥근 천장 형태가 된다(그림 20.9). 숨을 들이마실 때는 횡격막이 수축하여 평평해지면 흉강의 부피가 증가한다. 이때 늑골 사이의 근육들도 수축하여 흉곽을 위로, 그리고 신체 바깥쪽으로 당긴다. 근육의 이러한 작용은 흉강의 부피를 더욱 증가시킨다. 결국 흉강의 부피는 그 내부에 있는 공기의 양이 동일하게 유지되는 동안 증가하는 것이다. 어떤 일이 일어나는 것인가? 흉강 내의 기압이 떨어지고, 공기는 폐로 흡입되어 폐포를 채운다. 이런 과정은 자전거 펌프의 플런저를 뒤로 잡아당길 때 공기를 빨아들이는 방법과 유사하다.

숨을 내쉴 때 횡격막과 늑골 근육이 이완되어 흉강의 부피가 감소한다. 이러한 작용은 흉강 내의 기압을 증가시키고, 폐로부터 공기를 밖으로 밀어낸다.

사람은 1분당 약 12회 숨을 쉰다. 전형적으로 숨을 한 번 쉴 때, 폐 속 공기 가운데 10% 정도만 바깥 공기와 교환된다. 이 정도면 신체 조직에 대한 산소 공급을 유지하기에 충분하다. 물론 우리 몸은 얼마나 자주 또는 얼마나 깊게 숨을 쉴지를 조절하는 몇 가지의 통제 장치를 갖고 있다. 숨 쉬는 것을 잊어버릴까 하는 걱정을 할 필요가 없다. 호흡은 여러 다른 불수의적인 활동과 함께 뇌간에 의해 조절된다(19장 참조).

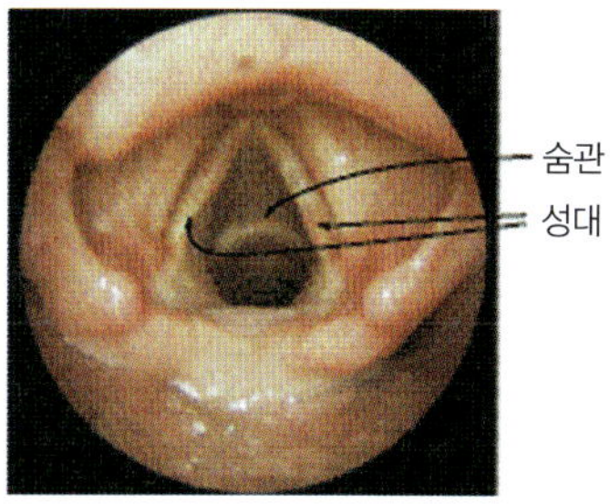

그림 20.8
성대 내부에서의 진동이 말을 할 수 있게 해 준다. 당신은 성대를 느슨하게 하거나 조이거나, 그리고 입술, 혀, 뺨의 근육을 움직임으로써 당신이 내는 소리를 조절한다.

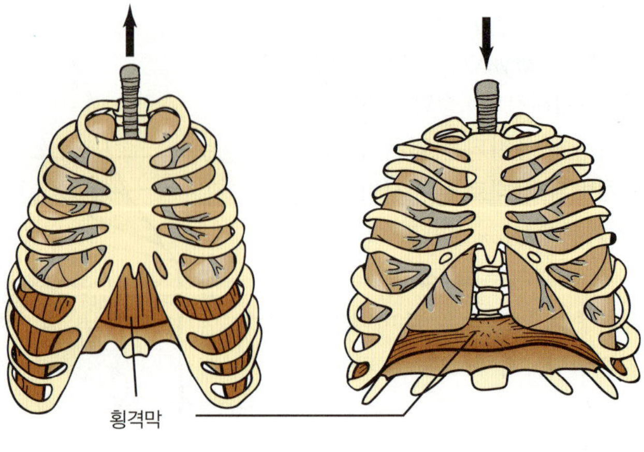

그림 20.9
숨을 들이마실 때 횡격막은 수축하고, 평평해지며, 흉곽은 팽창한다. 그러면 흉강의 부피를 증가하게 되어 공기가 폐 속으로 들어오게 한다.

20.4 소화

학습목표
소화 기관의 구조와 기능을 설명할 수 있다.

물음 후두개는 어떻게 숨이 막히는 것을 막아 주는가?

몇 시간 동안 음식을 먹지 않고 있게 되면, 아마 음식물에 대한 생각을 하게 될 것이다. 음식물은 ATP를 합성하기 위해 분해될 수 있는 유기 분자들을 우리 몸에 제공하는 역할을 한다. ATP는 우리 몸의 세포가 에너지를 얻기 위해 사용하는 분자이고, 음식물 또한 우리 몸 스스로 합성할 수 없는 많은 필수 분자들을 제공한다. 최종적으로 음식물이 분해되면 열을 방출하는데, 이러한 열은 우리 몸이 높고 안정된 체온을 유지하게 해 준다. 이와 같이 체온을 일정하게 유지하는 것은 정온동물을 정의하는 특징이다(18장 참조).

비록 많은 이유 때문에 음식물이 필요할지라도, 음식물 덩어리는 너무 커서 혈류 속을 이동할 수 없고 세포 속으로 들어갈 수도 없다. 음식물은 **소화**(**digestion**) 과정에서 신체에 흡수되

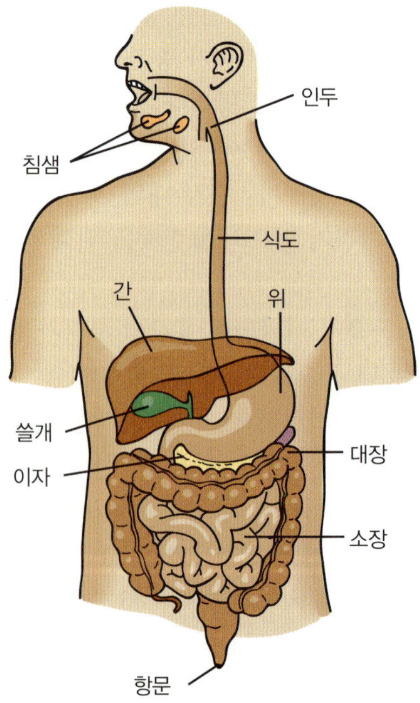

그림 20.10
소화계에서는 음식물을, 몸에 흡수되어 사용될 수 있는 작은 분자들로 분해한다.

어 이용될 수 있는 작은 유기 분자들로 분해된다. 15장에서 배웠듯이, 생물체는 여러 종류의 거대 분자들로 이루어져 있다. 즉 큰 분자들은 함께 연결되어 있는 더 작은 분자들로 구성되어 있다. 소화 과정에서 음식물 속의 거대 분자들은 그들을 구성하고 있는 작은 분자들로 분해된다. 예를 들어 음식물 속의 단백질은 아미노산으로 분해되고, 탄수화물은 단순 당으로 분해되며, 이러한 작은 분자들은 신체에 흡수되어 사용된다.

소화는 그림 20.10에서와 같은 소화 기관에서 일어난다. 음식물이 입으로 들어오자마자 소화를 시작한다는 것을 알고 있는가? 먼저 치아를 이용해 음식물을 씹어 작은 조각들로 쪼갠 후 음식물과 침(saliva)을 섞는다. 침에는 녹말을 분해하는 소화 효소가 들어 있다. 침은 또한 음식물을 촉촉이 젖게 만들어 입 주변을 쉽게 이동할 수 있게 한다. 최종적으로 미뢰는 액체에 용해된 분자만을 감지할 수 있기 때문에, 침이 음식의 맛을 느낄 수 있게 해 주는 것이다. 음식을 먹거나 음식에 대해 생각만 해도 침의 분비를 유발시킨다는 것을 알고 있는가(그림 20.11)?

그림 20.11
음식에 대해 생각만 해도 침이 분비될 수 있다.

음식물을 씹고 침과 섞은 뒤에는 삼키게 되는데, 이때 음식물은 인두 속으로 밀어내져 식도로 들어간다. 인두에는 두 개의 구멍이 있어 하나는 식도로 향하고, 다른 하나는 공기가 지나가는 숨관으로 향한다. 실수로 음식물이 숨관으로 내려가면 숨이 막힐 수 있다. 혀 뒤쪽에 있는 작은 연골판인 **후두개**(*epiglottis*)는 음식물을 삼킬 때 숨관을 덮어 음식이 숨관으로 들어가지 않게 한다. (이런 이유 때문에 음식을 삼키고 있는 동안에는 숨을 쉴 수 없다. 이런 것을 알아챈 적이 있는가?)

음식을 삼키는 것은 하나의 자발적인 작용으로 시작한다. 식도의 맨 위에 있는 근육들은 수의근이다. 그러나 음식을 삼키는 작용도 어느 지점에서는 비자발적인 작용이 된다. 식도의 더 낮은 부위는 소화관의 나머지 부위에서 발견되는 근육처럼 불수의근으로 이루어져 있다. 식도의 이 부위에서 음식물은 **꿈틀 운동**(**peristalsis**)이라고 알려진 연속적인 불수의근 수축 이동파에 의해 밑으로 밀어내진다. 꿈틀 운동은 식도 뒷부분을 조인 후 식도를 따라 밀어냄으로써 음식물을 식도 아래로 쑤셔 넣는다. 꿈틀 운동은 그림 20.12에서와 같이 캔디 주머니에서 캔디를 밀어내는 것과 유사하다.

그림 20.12
꿈틀 운동은 음식물을 식도 아래로 이동시키기 위해 파도처럼 움직이는 근수축을 의미한다. 꿈틀 운동은 캔디 주머니에서 캔디를 밀어내는 것과 상당히 유사하다.

음식물은 식도의 밑바닥에서 고리 모양의 **괄약근**(*sphincter*)을 통해 위 속으로 이동한다. 위벽에 있는 분비샘들이 염산과 소화 효소의 혼합체인 강한 산성의 **위액**(*gastric juice*)을 분비한다(그림 20.13). 소화 효소는 위의 근육벽의 휘젓는 운동과 함께 작용해서 음식물을 **유미즙**(*chyme*)이라는 진한 용액으로 만든다. 한편 음식물을 삼키는 동안 위액의 산성은 어떤 박테리아도 죽일 수 있도록 정도로 강하다. 위액은 또한 위 자체의 소화를 막는 데 도움이 되는 보호성 점액 물질을 함유하고 있다. 유미즙은 두 번째 괄약근을 통해 위에서 빠져나가 소장으로 들어간다. 일반적으로 위가 한 끼의 식사를 처리하는 데 약 4시간이 걸린다.

그림 20.13
위의 안쪽면에는 수많은 주름들이 있고, 이런 주름들은 위액을 분비하는 위샘을 포함하고 있다.

소장의 길이는 6 m 정도이다. 소장의 처음 30 cm 부위까지는 단백질, 지방, 탄수화물, 핵산을 분해하기 위한 소화가 지속된다. 소화 효소의 일부는 소장에서 직접 생성된다. 다른 효소들은 이자에서 만들어져 소장으로 보내진다. 이자 효소들은 또한 위로부터 도착한 음식의 높은 산성을 중화시키는 데 중요한 역할을 한다. 소장은 또한 간에서 만들어져 쓸개에 저장되었던 담즙이라는 물질을 받아들인다. 담즙은 유화제로, 이 유화제가 지방을 아주 작은 방울로 분해한다. 효소는 이러

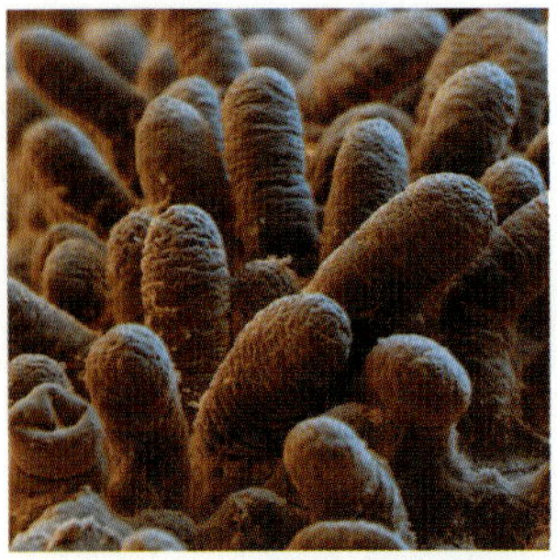

(a)

(b)

그림 20.14
(a) 융털은 손가락처럼 뻗어 나온 것으로 소장의 표면적을 증가시킨다. (b) 소장의 각 융털은 훨씬 더 작은 미세융털로 덮여 있다.

한 작은 방울에 더욱 쉽게 작용한다.

소장의 나머지 부위는 영양분을 신체 조직으로 흡수하는 역할을 담당한다. 소장은 영양분의 흡수를 효과적으로 수행하기 위해 표면적이 매우 넓다. 소장의 안쪽 표면은 **융털**(*villi*)이라고 하는 손가락 모양의 돌기들로 덮여 있으며, 융털은 또 훨씬 더 작은 **미세융털**(*microvilli*)로 덮여 있다(그림 20.14). 융털과 미세융털은 모두 소장의 표면적을 증가시킨다. 소장을 평평하게 펼친다면, 테니스장 하나를 채울 수 있을 것이다! 이런 놀라운 표면적으로 인해 소장은 동시에 많은 소화된 영양분을 흡수할 수 있다. 대부분의 영양분은 촉진 확산 또는 능동 수송을 통해 신체로 흡수된다. 흡수된 영양분은 각 융털 내에 위치하고 있는 모세 혈관 속으로 들어가서 순환계에 의해 온몸의 조직으로 운반된다.

영양분이 흡수된 후 남는 찌꺼기는 대장으로 이동한다. 대장에서는 물과 무기 이온들이 좀 더 체내로 흡수된다. 대장에는 거기서 소화되지 않은 음식물을 먹고사는 엄청난 수의 세균이 서식한다. 일부 세균은 바이타민 K와 약간의 바이타민 B를 포함하는, 중요한 바이타민들을 만든다. 대변은 대장으로부터 항문을 거쳐 몸 밖으로 제거된다. 대변은 살아 있는 세균과 죽은 세균뿐만 아니라 식물체의 셀룰로스와 같은 소화되지 않는 물질들로 이루어져 있다.

20.5 영양, 운동, 건강

물음 대사증후군이란 무엇인가?

학습목표
영양과 운동이 건강한 생활 양식에 어떻게 기여하는지 설명할 수 있다.

이제 우리 몸이 활동에 필요한 에너지를 공급하기 위해 산소와 영양분을 어떻게 얻는지 알게 되었다. 순환계, 호흡계, 소화계들은 이러한 기능을 매일매일 수행한다. 생활 습관은 이들 기관들과 다른 신체 기관들의 기능을 수행하는 데 어떻게 기여할까? 건강한 삶을 살기 위해 무엇을 할 수 있는가?

건강한 식습관으로부터 시작해 보자. 우리는 신체 활동을 하기 위해 일정량의 식품 열량(food Calorie)이 필요로 한다. 1식품 열량은 실제로는 1킬로칼로리 또는 1,000칼로리를 의미한다. (1킬로칼로리는 1 kg의 물을 1°C 올리는 데 필요한 열을 의미한다). 이런 식품 열량은 ATP를 합성하기 위해 세포가 사용하는 연료를 제공한다. 대부분의 사람들은 하루에 1,500~3,000킬로칼로리가 필요하며, 정확한 양은 몸의 크기와 활동 수준에 따라 다르다.

사람은 또한 스스로 합성할 수 없는 일부 영양분들을 필요로 한다. 예를 들어 사람은 단백질 합성에 필요한 20종류의 아미노산들 가운데 9개는 합성할 수 없다. 이 때문에 모든 아미노산들을 함유하고 있는 '완전 단백질(complete protein)'을 규칙적으로 먹을 필요가 있다. 고기는 완전 단백질의 일종이며, 채식주의 식단의 주식인 콩과 쌀도 완전 단백질에 해당한다.

사람은 또한 수많은 바이타민과 무기 이온도 소량 필요로 한다. **바이타민**(*vitamin*)은 일부 효소에 필수적인 비단백질 구성 요소로, 우리 몸은 많은 다른 바이타민들을 필요로 하는데, 이 가운데 몇 가지만 살펴보자. 감귤, 진한 녹색 채소, 그리고 일부 다른 음식에 들어 있는 바이타민 C는, 인체의 항염 및 상처 치료에 도움이 된다. 또한 당근, 달걀, 강화우유, 그리고 다른 음식을 통해 섭취하는 바이타민 A는 눈의 적절한 기능 수행에 중요하다. 즉 바이타민 A는 눈이 어두운 빛에 적응할 수 있도록 한다. 따라서 바이타민 A가 부족하면 야맹증과 다른 문제들을 야기한다. 넓은 녹색 잎을 갖는 채소에 많고, 장내 세균에 의해서도 합성되는 바이타민 K는 혈액 응고에 필수적이다. 바이타민 K의 양이 부족하면 출혈을 일으킬 수 있다. 바이타민 D는 뼈의 성장, 면역 기능, 그리고 다른 활동들에 중요하다. 우리 몸은 자외선에 피부가 노출되면 얼마간의 바이타민 D를 생성한다. 그럼에도 불구하고 최근 연구에 의하면, 많은 사람들이 충분한 바이타민 D를 얻지 못하고 있다. 그리고 바이타민 D는 많은 식품에서 당연히 발견되지 않는다.

무기질(*mineral*)은 다양한 신체 조직의 구성 요소로서 중요한 역할을 한다. 중요한 무기질로는 뼈와 치아에 필요한 칼슘, ATP에 필요한 인산, 헤모글로빈에 필요한 철 이온 등이 포함된다. 무기 이온이 결핍되면 건강에 여러 가지 문제가 생길 수 있다.

칼로리와 영양분을 넘어서 무엇을 먹는지가 문제가 될까? 당연하다! 그리고 불행하게도 달고 기름진 것처럼 사람들이 먹기 좋아하는 것들 가운데 일부는 건강에 좋지 않다. 왜 인간은 자신의 건강에 좋지 않은 식품을 좋아하도록 진화하는 것일까? 가장 그럴듯한 설명은 인간의 이런 음식에 대한 미각은 이런 종류의 음식들을 쉽게 이용하기가 훨씬 어려운 다른 환경 조건하에서 진화하였다는 것이다.

사실상 미국인의 2/3 이상은 현재 과체중이거나 비만이다. 이런 현상 때문에 대사증후군에 걸린 사람들의 수가 크게 증가하였다. 대사증후군은 심장병, 뇌졸중, 제2형 당뇨병에 대한 위험성을 크게 증가시키는 일련의 증세들이다. **대사증후군**(*metabolic syndrome*)은 신체의 중간 부위와 상층부 주위의 군살과 인슐린 저항성 같은 두 가지 중요한 신체적 특징과 연관되어 있다. 인슐린 저항성은 인슐린 호르몬에 의해 신체 조직이 적절하게 반응할 수 없는 특징을 갖는다. 또한 혈당량이 증가하고 지방도 증가시킨다. 대사증후군을 일으킬 수도 있는 요인으로는 음식뿐만 아니라 노화, 유전, 운동 부족이 포함된다.

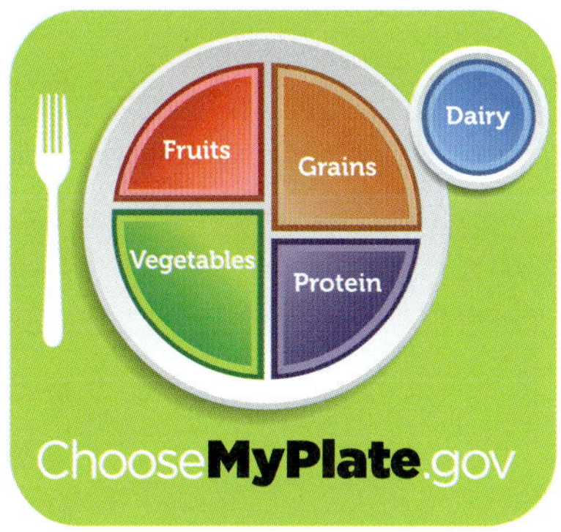

그림 20.15
미국 농무부의 '내 접시(MyPlate)' 캠페인은 과일과 채소, 통곡물, 건강한 재료의 단백질을 강조한다.

그렇다면 건강한 식사는 어떻게 구성되어야 할까? 미국 농무부는 '내 접시(MyPlate)'라는 캠페인을 통해 몇 가지 안내를 하고 있다(그림 20.15). '내 접시' 자체는 잘 설계된 식사에 착수하는 것이 중요하다는 것을 강조한다. 접시의 반을 과일과 채소로 채우고, 다른 큰 부분은 통곡물로 채운다. 다른 추천 사항에는 콩과 해산물 같은 건강한 재료로부터 단백질을 섭취하는 것과 소금, 설탕, 고형 지방 섭취 줄이기, 적합한 칼로리 양의 섭취하기, 운동하기 등이 있다.

운동은 어떤 건강한 생활 양식에도 결정적 요소로 작용한다(그림 20.16). 대부분의 인간 역사에서 일상생활 자체가 사람들에게 충분한 육체적 활동을 제공하였다. 대부분의 사람들이 수렵 채취 사회에 속해 있을 때와 대부분의 사람들이 농장에서 일하고 있을 때에 이들은 충분한 육체적 활동을 하였다. 아직도 세계 인구의 많은 사람들이 일상생활 속에서 충분한 육체적 활동을 하고 있지만, 세계 인구의 모두가 그런 것은 아니다. 사무직 업무에 종사하는 사람들, 그리고 자동차의 발달과 TV, 인터넷 등의 문화로 인해 많은 사람들의 육체적 활동이 크게 감소하였다. 이제는 많은 사람들이 건강을 유지하는 데 필요한 육체적 활동을 하기 위해 그들의 삶의 방식에서 탈출해야 한다.

그림 20.16
바쁜 생활을 하는 사람조차도 짬을 내서 운동을 해야 한다. 여기 세 아이를 둔 바쁜 아버지도 샌프란시스코의 한 공원에서 농구를 한다.

운동의 이점이 무엇인가? 규칙적인 운동은 심장병, 고혈압, 대장암, 유방암, 골다공증, 당뇨병, 비만, 그리고 많은 다른 건강 문제들의 위험성을 낮춘다. 운동은 심장과 폐의 기능을 향상시키고, 관절과 힘줄을 유지시켜 주고, 근육량과 골밀도를 증가시킨다. 이러한 모든 운동은 체력과 균형에 기여하고, 나이가 들어도 유연성을 유지하도록 도와 준다. 또한 운동은 정신 건강에도 좋다. 운동은 우울증, 스트레스, 불안을 감소시키는 데 도움이 되고, 숙면에도 도움이 된다. 운동이 좋은 것이라는 데에는 전혀 의심의 여지가 없다.

학습목표
저열량 다이어트와 저탄수화물 다이어트가 체중을 줄이는 데 어떻게 도움이 되는지 알 수 있다.

융합과학 20B
물리학, 화학

저탄수화물 대 저열량 다이어트

물음 저탄수화물 다이어트의 위험성은 무엇인가?

미국 질병통제센터에 의하면 미국인의 세 명 중 두 명 이상이 과체중이거나 비만이라고 한다. 건강한 체중을 유지하는 것은 좋은 건강의 결정적 요소라는 것이 점점 더 분명해진다. 그리고 사실상 많은 미국인들이 체중을 줄이려고 노력하고 있다. 그러나 체중을 줄이는 것은 매우 어렵다. 여러분은 체중 감소를 어떻게 하고 있는가?

만일 여러분이 섭취하는 것보다 더 많은 열량을 소모한다면, 여러분의 몸은 자신의 활동을 유지하기 위해 지방과 같은 저장된 에너지를 사용하게 된다. 이 때문에 저열량 다이어트가 이치에 잘 맞다. 운동의 중요성 역시 분명하다. 운동은 많은 열량을 소모하고, 사용하지 않은 열량은 몸에 지방으로 저장된다. 운동은 또한 여러분이 운동을 하고 있지 않을 때에도 몸이 근육을 만들게 함으로써 좀 더 많은 열량을 사용하게 만든다.

이제 황제다이어트(Atkins diet)나 저인슐린 다이어트(South Beach diet)와 같은 저탄수화물 다이어트를 살펴보자. 저탄수화물 다이어트는 그동안 매우 인기가 많았고, 그 이유가 무엇인지를 이해하는 것은 쉽다. 여러 연구에 의하면, 저탄수화물 다이어트가 저열량 다이어트보다 더 빠르고 안정되게 체중 감량을 할 수 있다고 한다. 이렇게 보이는 것은 저탄수화물 다이어트가 더 쉽게 집중할 수 있고, 아마도 사람들이 지방을 계속 먹을 수 있기 때문일 것이다. 저탄수화물 다이어트를 하는 사람은 실제로 저열량 다이어트를 하는 사람과 같은 이유로 체중이 감소한다. 즉 저열량 다이어트를 하는 사람은 더 적은 양의 총칼로리를 소모한다. 더욱이 저탄수화물 다이어트를 하는 사람은 더 적은 양의 수분을 갖게 한다. 이 수분은 소비된 여분의 단백질을 씻어내기 위해 배설을 하는 동안 사용된다.

저탄수화물 다이어트에 어떤 문제는 없는가? 물론 있다. 저탄수화물 다이어트를 하면 포화지방과 콜레스테롤이 많아지는 경향이 있으며, 이런 물질은 심장병과 연관이 있다. 그리고 많은 건강 문제로부터 몸을 보호해 준다고 알려져 있는 통곡물이 부족해지는 경향이 생길 수 있다. 끝으로 저탄수화물 다이어트의 장기적인 효과는 아직 분명하지 않다. 예를 들어 간과 신장과 같은 장기에서는 수분 감소와 다량의 단백질 처리가 어려울 수도 있다.

학습목표
배설계의 구조와 기능을 설명할 수 있다.

20.6 배설과 수분 균형

물음 배설계의 어떤 구조가 몸에서 너무 많은 수분이 소변으로 빠져나가는 것을 막아 주는가?

세포가 활동을 하게 되면 노폐물이 발생한다. 우리는 세포가 이러한 노폐물을 어떻게 처리하는지 이미 알고 있다. 즉 세포는 노폐물이 혈류 속으로 확산되도록 한다. 그러면 노폐물은 어디로 가고, 우리 몸은 노폐물을 어떻게 제거할까? 노폐물을 제거하는 것이 배설계의 임무이다.

그림 20.17에서와 같이 배설계는 혈액을 거르면서 노폐물은 제거하고, 유용한 분자들은 남긴다. 배설계는 또한 우리 몸이 얼마나 많은 수분, 소듐, 포타슘, 칼슘, 그리고 다른 물질들을 보유할지를 조절한다. 우리 몸의 전체 혈액은 하루에 16번이나 신장을 통과한다. 혈액의 이러한 이동의 최종 결과로 약 여섯 컵 분량의 소변이 배출되는 것이다.

소변에서 발견되는 가장 중요한 노폐물의 하나는 **요소**(*urea*)이다. ATP 합성을 위해 아미노산들이 분해될 때, 질소를 함유한 노폐물인 암모니아가 생성된다. 암모니아는 독성이 매우 크기 때문에, 간에서 독성이 덜한 노폐물인 요소로 전환된다. 간은 요소를 배설시키기 위해 혈류로 다시 방출한다.

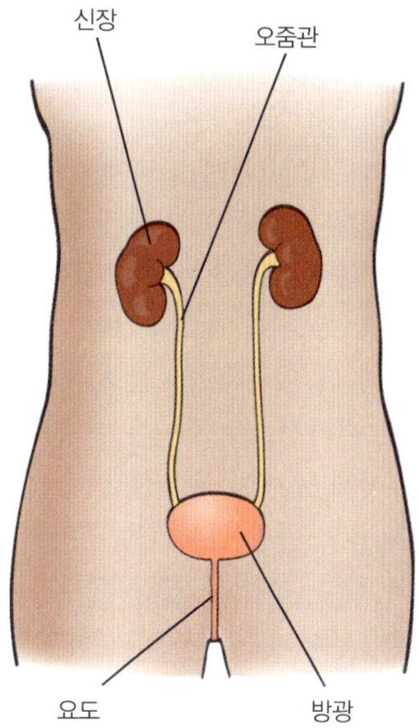

그림 20.17
배설계는 신장, 오줌관, 방광, 요도로 구성된다.

배설은 어떻게 일어나는가? 배설 과정은 신장에서 시작한다. 각각의 신장에는 백만여 개의 네프론이 있다. **네프론**(**nephron**)은 신장의 기능 단위이다. 네프론 속으로 들어가는 것은 거의 혈장이고, 나오는 것은 소변이다. 이런 일이 어떻게 일어나는지 살펴보자.

각각의 네프론은 모세 혈관들 덩어리와 연결되어 있다(그림 20.18). 네프론의 첫 번째 부분은 **보먼주머니**(*Bowman's capsule*)라고 하는 컵 모양의 구조로서, 모세 혈관들을 둘러싸고 있다. 혈압이 유동액을 모세 혈관 밖으로 밀어내어 보먼주머니로 들어가게 하며, 이때 보먼주머니로 들어가는 유동액을 **거른액**(*filtrate*)이라고 한다. 이 지점에서의 거른액은 혈장과 매우 유사하다.

보먼주머니에서 거른액은 **근위 세뇨관**(*proximal tubule*)으로 들어간다. 근위 세뇨관은 분류기계와 같다. 거른액 속에 들어 있는 이온, 포도당, 바이타민, 아미노산과 같은 '좋은' 분자들은 혈액 속으로 다시 되돌려보내 몸이 그들을 계속 유지할 수 있게 하고, '나쁜' 노폐물 분자는 혈액에서 거른액으로 보내진다. 근위 세뇨관 안과 밖으로의 분자들의 이동은 에너지가 필요한 능동 수송을 통해 일어난다(15장 참조). 이 때문에 배설은 상당한 양의 에너지를 필요로 한다.

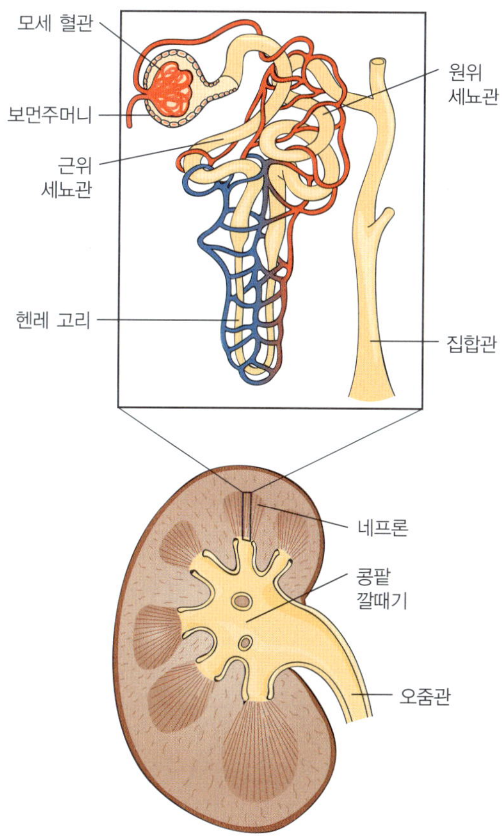

그림 20.18
신장은 네프론이라고 하는 백만여 개의 기능 단위체로 만들어진다.

거른액은 근위 세뇨관을 통해 이동한 후에 머리핀 모양의 고리인 **헨레 고리**(*loop of Henle*)로 들어간다. 물은 헨레 고리 내에서 거른액에서 재흡수되며, 이러한 현상은 몸이 수분을 보존하도록 도와 준다.

거른액은 헨레 고리에서 **원위 세뇨관**(*distal tubule*) 속으로 이동하고, 원위 세뇨관 내에서 더 많은 노폐물이 거른액 속으로 이동한다.

최종적으로 거른액은 **집합관**(*collecting duct*)으로 내려가고, 집합관에서는 더 많은 물이 거른액으로부터 재흡수된다. 얼마나 많은 물이 재흡수될 것인지는 항이뇨 호르몬의 존재 유무에 달려 있다(19장 참조). 항이뇨 호르몬이 존재하면 더 많은 물이 흡수되어 신체에 보존되고, 결과적으로 소변은 더욱 농축된다.

이제 소변이 된 거른액은 집합관으로부터 **콩팥 깔때기**(*renal pelvis*)로 흘러들어간다(그림 20.18). 콩팥 깔때기는 백만여 개의 네프론에서 떨어지는 거른액 방울들을 모으는 큰 깔때기와 같다. 소변은 콩팥 깔때기로부터 방광으로 연결되는 **오줌관**(*ureter*)을 따라 내려간다. **방광**(*bladder*)은 소변이 일시적으로 저장되는 신축성이 있는 주머니로, 방광이 비워질 때 소변은 **요도**(*urethra*)를 따라 흘러내려가 몸 밖으로 나간다.

20.7 몸을 안전하게 지키기: 방어 체계

학습목표
면역계의 구조와 기능을 설명할 수 있다.

물음 백신은 질병으로부터 우리의 몸을 어떻게 보호해 주는가?

몸에 방어 능력이 없다면, 우리는 주변에 있는 세균, 바이러스, 다른 **병원체**(**pathogen**)의 먹이로 전락할 것이다. 우리 몸을 보호하는 것은 면역계이다(그림 20.19). 면역계는 병원체가 우리 몸으로 들어오지 못하게 지키는 장벽인 피부와 점막을 포함한다. 그리고 백혈구로 알려져 있는 많은 종류의 면역 세포들도 면역계에 속한다. 백혈구는 골수에서 만들어지며, 이렇게 만들어진 백혈구는 골수와 가슴샘에서 성숙된다. 백혈구는 끊임없이 온몸을 돌면서 병원체를 찾는데, 대부분의 백혈구는 순환계, 림프계, 지라에서 발견된다.

림프계(*lymphatic system*)는 면역계의 중요한 구성 요소의 하나이다. 림프계에 속하는 림프관은 혈관처럼 온몸에 펼쳐져 있다. 림프관은 **림프**(**lymph**)라는 투명한 유동액을 운반한다. 림프계는 혈관에서 유출되는 유동액을 모아서 다시 순환계로 보내는 기능과 림프액에서 다량 발견되는 백혈구를 운반하는 기능이 있다. **림프절**(*lymph node*)은 림프관 내에 존재하는 구조로서, 백혈구가 농축되어 있다. 림프절은 목, 겨드랑이, 사타구니를 포함하여 온몸에 걸쳐서 발견된다. 부어오른 림프절은 몸이 감염과 싸우고 있다는 확실한 신호이다.

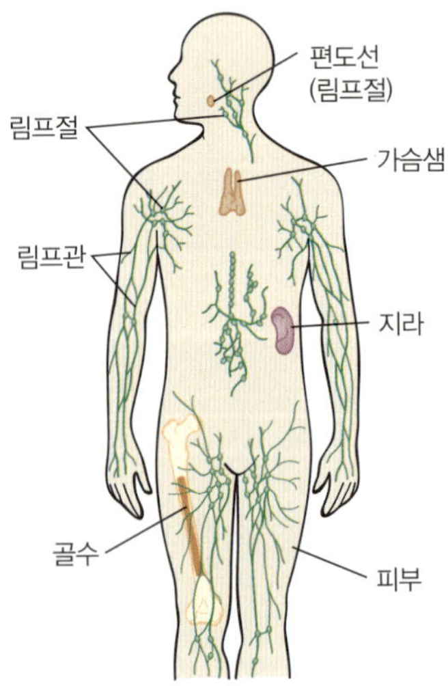

그림 20.19
면역계는 피부, 골수, 가슴샘, 지라, 그리고 림프절과 림프관을 포함한다. 면역계는 혈액과 조직에서 발견되는 수많은 면역 세포들도 포함한다.

면역계의 두 가지 측면인 선천성 면역계와 후천성 면역계를 살펴보자.

선천성 면역

선천성 면역계(**innate immune system**)는 많은 다른 병원체에 대항하여 작용하는 비특이적인 신체 방어를 포함한다. 이러한 방어를 '선천성'이라고 표현하는 것은 이런 방어가 하나의 병원체에 의해 활성화되어야만 하는 것이 아니기 때문이다. 즉 선천성 방어는 준비 완료 상태이다. 선천성 방어의 핵심적인 세 가지 요소는 피부, 점막, 선천성 면역 세포이다.

피부 병원체를 처리하는 가장 최선의 방법은 첫 번째 침입 장소에서 그들이 못들어오게 지키는 것이다. 손상되지 않은 피부는 병원체가 뚫기 어려운 단단한 외층을 형성하는 결정적 장벽이다. 더욱이 피부 세포는 자주 벗겨져서 병원체가 서식하기 어렵다. 피부의 모낭은 세균과 곰팡이를 죽이는 특수한 효소와 산을 분비한다. 실제로 침, 눈물, 땀, 젖과 같은, 많은 인체 분비물에는 세균을 죽이는 효소가 있다.

점막 신체의 안쪽 면에는 **점막**(*mucous membrane*)이 늘어서 있다. 점막은 호흡 기관, 소화 기관, 비뇨 기관, 생식 기관의 관 안쪽 면뿐만 아니라 코, 입, 눈꺼풀에서도 발견된다. 점막은 피부만큼 견고하지는 않지만, 모든 점막은 병원체를 잡는 데 도움이 되는 **점액**(*mucus*)층으로 덮여 있다. 호흡 기관의 점막은 점액을 인두로 쓸어서 올리는 섬모를 포함하고 있다(그림 20.20). 이 점액이 삼켜지면 위 속에 있는 위산이 어떤 병원체라도 죽이게 된다. 많은 점막들은 또한 눈물, 침, 소변과 같은 유동액에 의해 씻겨진다. 이런 유동액들도 종종 병원체를 죽이는 효소를 포함하고 있다. 게다가 지속적으로 씻어내면 병원체가 서식지를 얻기 어렵게 된다.

그림 20.20
호흡 기관의 관 안쪽에는 섬모세포들(분홍색)뿐만 아니라 점액 분비 세포들(노란색)도 있다. 점막은 포획된 입자들 또는 병원체들과 함께 점액을 인두로 쓸어 올려 삼켜질 수 있도록 한다.

선천성 면역 세포 병원체가 몸 안으로 들어오면 어떤 일이 생길까? 선천성 면역 세포는 즉각적인 공격에 착수한다(그림 20.21). 하나의 단일 선천성 면역 세포는 많은 다른 병원체들에 반응할 수 있다. 이것은 선천성 면역 세포의 수용체가 많은 다른 종류의 병원체에서 발견되는 분자들(일반적으로 탄수화물, 단백질, 또는 핵산)을 인식하기 때문이다. 대체로 선천성 면역계의 세포들은 몇백 개의 다른 수용체들을 포함하고 있다. 선천성 면역계가 동일한 병원체를 한 번 이상 만나게 되어도, 그 반응은 동일하다. 즉 선천성 면역계는 과거에 만났던 병원체에 대한 기억을 간직하지 않는다.

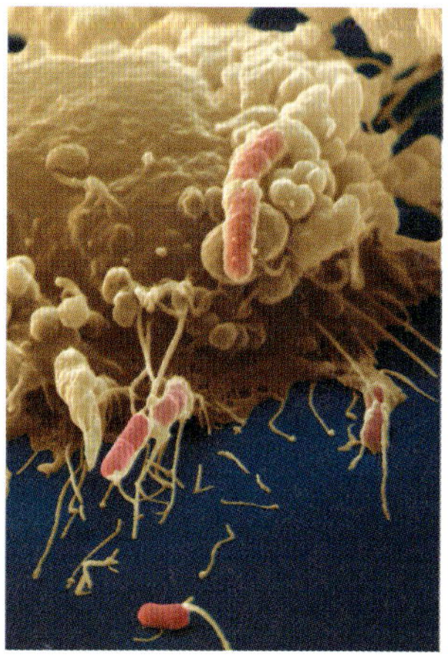

그림 20.21
선천성 면역 세포(갈색)가 세균(분홍색)을 공격하고 있다. 긴 줄 같은 구조물은 선천성 면역 세포의 세포질이 확장된 것이다. 선천성 면역 세포들이 세균을 찾기 위해 주위 환경을 탐색하고 있다.

선천성 면역계의 가장 중요한 기능 중 하나는 **염증 반응**(*inflammatory response*)을 유도하는 것이다(그림 20.22). 여러분들은 틀림없이 염증 반응을 여러 번 경험하였을 것이다. 염증 반응은 손가락이 베이거나 무릎이 긁혔을 때 조직이 부어오르면서 붉게 변하게 만드는 것이다. 염증 반응 동안 어떤 일이 일어나는가? 조직이 손상되면 **히스타민**(*histamine*)이라는 화학 물질을 방출한다. 히스타민은 상처 부위로 혈액의 흐름을 증가시키고, 또한 그곳에 있는 모세혈관에서 체액이 새어나가도록 만든다. 그리고 여분의 체액은 그 부분을 부풀게 하여 상처 부위를 신체의 다른 조직과 떨어뜨려 놓는다. 히스타민은 또한 선천성 면역 세포를 끌어들인다. 이들 세포는 모세 혈관을 빠져나와 그들이 발견한 병원체를 공격한다. 종종 선천성 면역 세포와 병원균 사이의 싸움은 고름이라는 희끄무레한 물질을 생성한다. 고름은 죽은 세균, 죽은 조직, 죽거나 살아 있는 선천성 면역 세포들로 이루어져 있다.

후천성 면역

후천성 면역계(**acquired immune system**)는 고도로 특이적인 신체 방어이다. 이런 방어들을 '후천성'이라고 표현하는 이유는 오로지 특정 병원체와 만났을 때에만 활성화되기 때문이다. 후천성 면역계는 여러 가지 면에서 선천성 면역계와 다르다. 첫째, 후천성 면역계에 속한 한 세포는 많은 다른 병원체에 대항해서 작용하지는 않는다. 반면에 각각의 후천성 면역 세포는 단일 **항원**(**antigen**)에 반응하는 수용체를 갖고 있다. 이 단일 항원은 하나의 병원체에 속하는 분자 또는 분자의 한 부분이다. 항원은 주로 외부 단백질의 부분들이다.

둘째, 후천성 면역계는 선천성 면역계보다 더 많은 다른 수용체들을 갖고 있다. 즉 선천성 면역계는 수백 개의 다른 수용체들을 갖고 있는 반면에, 후천성 면역계는 모두 천만여 개나 되는 수용체들을 갖고 있다. 이와 같이 많은 다른 수용체들이 있기 때문에, 몸속으로 들어오는 어떤 병원체도 하나 또는 그 이상의 후천성 면역 세포들에 의해 거의 반응이 일어난다.

셋째, 후천성 면역계는 선천성 면역계보다 병원체에 대해 더 느리게 반응한다. 선천성 면역계는 즉각 반응하지만, 후천성 면역계는 최대의 힘에 도달하려면 며칠 정도가 필요하다. 이와 같이 많은 시간이 걸리는 것은 필요한 후천성 면역 세포의 클론을 많이 만들기 위해서이다. 이 과정에 대해서는 조금 후에 살펴볼 것이다.

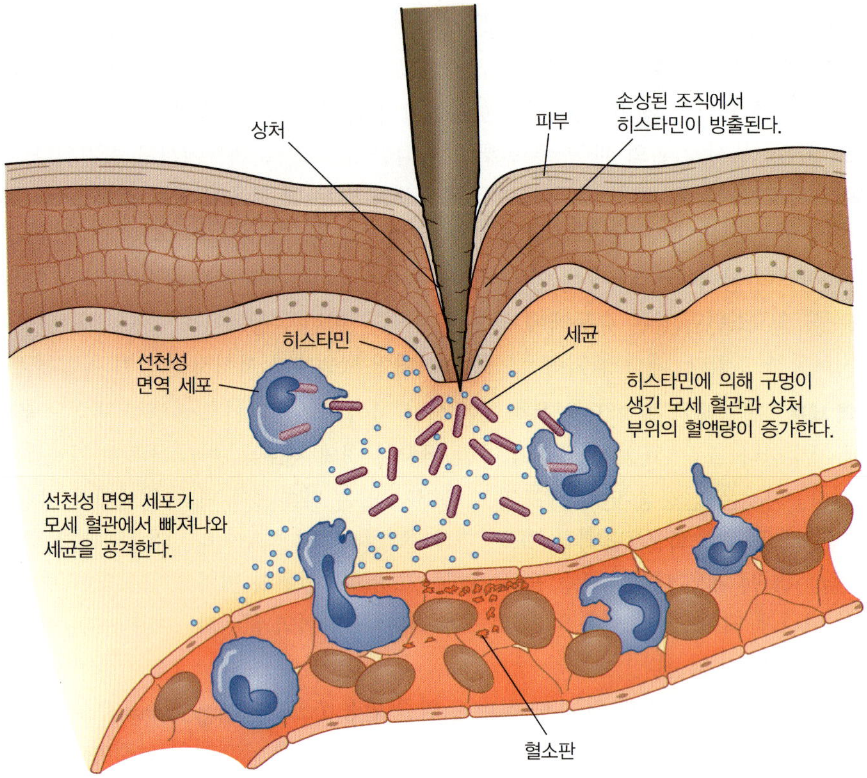

그림 20.22
염증 반응은 손상된 조직이 히스타민을 방출할 때 시작된다. 히스타민은 상처 부위로 혈액의 흐름이 증가시키고, 그 부위의 모세 혈관에서 체액이 새어 나와 그 부위가 부어오르게 된다. 그러면 선천성 면역 세포들이 모세 혈관에서 빠져나와 몸으로 들어온 세균과 다른 미생물들을 공격한다.

끝으로, 후천성 면역계는 과거에 마주친 적이 있는 병원체에 대한 기억을 유지한다. 따라서 후천성 면역 세포가 동일한 병원체를 다시 만나게 되면, 더욱 신속하고 더욱 적극적으로 반응하게 된다. 반면 선천성 면역계는 이런 종류의 기억을 갖고 있지 않다. 표 20.1은 선천성 면역과 후천성 면역의 차이점을 요약한 것이다.

후천성 면역이 어떻게 작용하는지 살펴보자. 후천성 면역계는 B 세포와 T 세포라는 두 종류의 세포를 포함하고 있다. 두 세포 모두 골수에서 만들어지지만, 각 세포는 다른 기관에서 성숙한다. 즉 B 세포는 골수에서 성숙하고, T 세포는 가슴샘에서 성숙한다.

B 세포 **B 세포**(*B cell*)는 혈액 또는 림프액과 같은 체액 내에 있는 병원체와 반응한다. B 세포가 하나의 병원체를 만나 병원체의 한 항원과 결합하면, 세포는 분열을 시작한다. 이 분열을 통해 자신과 동일한 세포인 **클론**(*clone*)을 많이 만들어 낸다(그림 20.23). 이러한 클론들을 만드는 데 걸리는 시간이 후천성 면역 반응을 지연시키는 것이다.

표 20.1 선천성 면역과 후천성 면역의 비교

선천성 면역계	후천성 면역계
각 구성 요소가 **많은 다른 병원체**와 반응한다.	각 구성 요소는 하나의 **단일 항원**과 반응한다.
수백 개의 다른 수용체를 포함한다.	**천만**여 개의 다른 수용체를 포함한다.
즉각적인 반응을 보인다.	한 병원체에 처음 노출된 후 며칠이 지나야 최대의 힘에 도달하는 **지연** 반응을 보인다.
과거에 병원체와 마주친 **기억을 갖고 있지 않다.**	과거에 마주친 병원체에 대한 **기억**을 갖고 있다. 즉 반복적인 노출에 대해서는 더 빠르고, 더 적극적인 반응을 나타낸다.

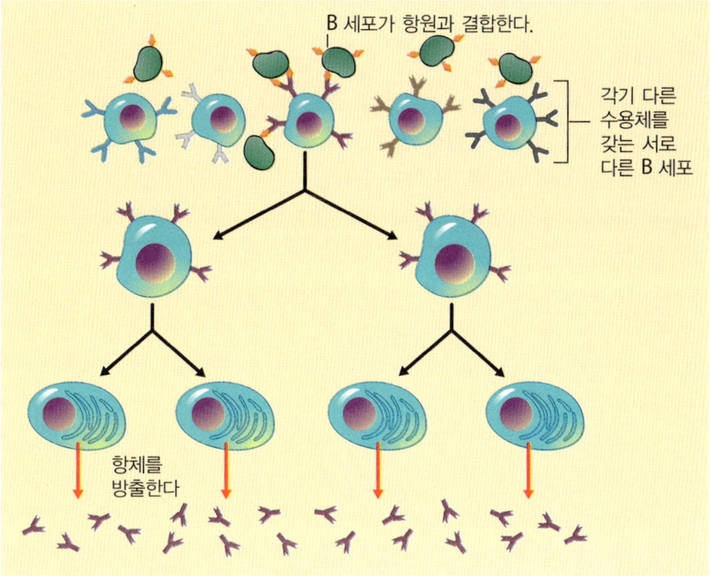

그림 20.23
B 세포가 항원과 결합하면, B 세포는 분열을 시작하여 자기 자신의 클론을 만든다. 성숙된 클론은 많은 수의 항체를 만들어 방출한다. 클론들 가운데 소수는 기억 세포로서 오랫동안 몸에 남아 있으면서 동일한 병원체에 의한 추후 감염을 처리할 대비를 하고 있다.

일단 클론이 준비되면 클론들은 항체라는 단백질을 만들어 방출하기 시작한다. **항체(antibody)**는 Y자 형태의 단백질로서 두 개의 항원 결합 부위를 갖고 있다(그림 20.24a). 항체는 매우 특이한 방법으로 자신의 항원에 열쇠와 자물쇠처럼 들어맞도록 결합한다. 단일 B 세포는 초당 2000개나 되는 엄청나게 많은 수의 항체를 만든다. 이런 항체들이 몸 주위를 돌아다니다가 만나는 모든 병원체에 있는 항원과 결합한다.

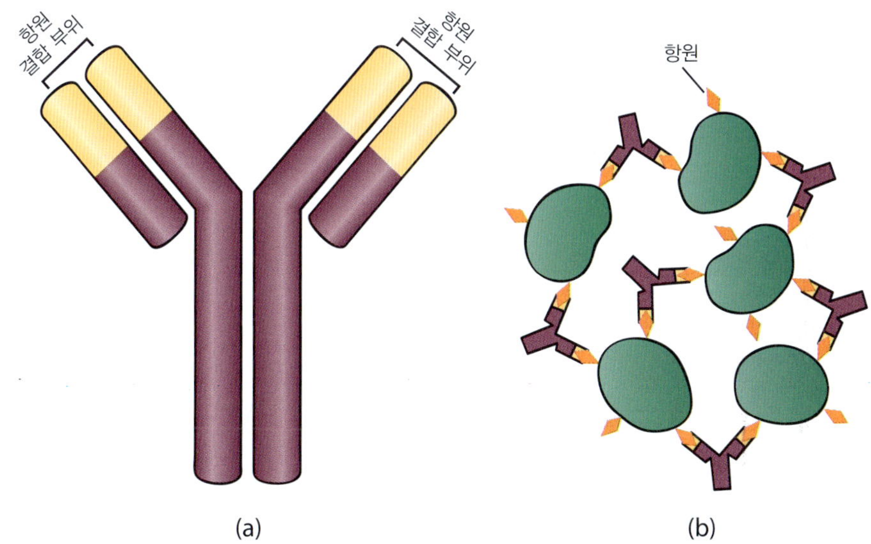

그림 20.24
(a) 항체는 Y자 형태의 단백질로서 두 개의 항원 결합 부위를 갖고 있다. 항체는 매우 특이해서 자신의 항원에 열쇠와 자물쇠처럼 들어맞도록 결합한다. (b) 각각의 항체는 두 개의 항원 결합 부위를 갖고 있기 때문에 병원체들(녹색 타원형)을 응집시킨다.

그러나 항체가 항원과 결합한 후에는 어떤 일이 일어나는가? 항체의 결합은 병원체의 작용 능력을 방해한다. 예를 들어 결합된 항체는 바이러스가 세포에 들어가 세포를 감염시키는 것을 막을 수 있다. 또한 결합된 항체가 병원체에 표시를 하면, 병원체가 다른 면역 세포들에 의해 파괴될 수 있다. 항체는 또한 병원체들을 응집시키고(그림 20.24b 참조), 이렇게 응집된 병원체들은 다른 면역 세포들에 쉬운 표적이 된다.

B 세포에 의해 만들어진 클론의 일부는 **기억 세포**(*memory cell*)이다. 기억 세포는 수년 또는 일생 동안 몸에 남는다. 몸이 동일한 병원체와 다시 만나면, 기억 세포는 신속하고 적극적인 공격을 시작한다. 우리 몸이 증세를 나타내기 전에 병원체가 제거되기도 한다. 이 때문에 많은 질병이 한 번만 걸려도 평생 면역성을 갖게 된다.

T 세포 **T 세포**(*T cell*)는 우리 몸 세포 안에 있는 병원체뿐만 아니라 기능이 망가진 몸 세포 자체를 공격한다. 바이러스가 감염을 일으킬 때, 바이러스는 세포 속으로 들어가기 때문에 T 세포는 바이러스 감염과 싸우는 데 매우 중요하다. T 세포는 암세포나 비정상적인 몸 세포를 파괴하는 데도 중요하다.

몸 세포가 병원체에 의해 감염되면, 그 세포는 배에서 조난 깃발을 펄럭이는 것과 같은 방식으로, 외부 단백질의 일부를 자신의 표면에 드러낸다(그림 20.25). 외부 단백질을 드러내는 것은 T 세포에 신호로 작용한다. **보조 T 세포**(*helper T cell*)라는 특수한 형태의 T 세포는 병원체 단백질 표면에 있는 항원과 결합하여 분열을 시작하여 클론을 생성한다. 그러면 보조 T 세포 클론은 많은 다양한 면역 활동을 시작한다. T 세포는 B 세포가 병원체에 대항해 항체를 만드는 클론을 생성하도록 자극한다. 보조 T 세포 클론은 또한 다른 종류의 T 세포인 **세포 독성 T 세포**(*killer T cell*)가 분열하여 클론을 생성하도록 자극한다. 세포 독성 T 세포는 드러낸 단백질과 결합하여, 그들의 이름이 의미하듯이 감염된 세포를 죽인다. 이것은 감염된 세포로부터 병원체가 나와 새로운 세포를 감염시키는 것을 막는다. 보조 T 세포 역시 선천성 면역계

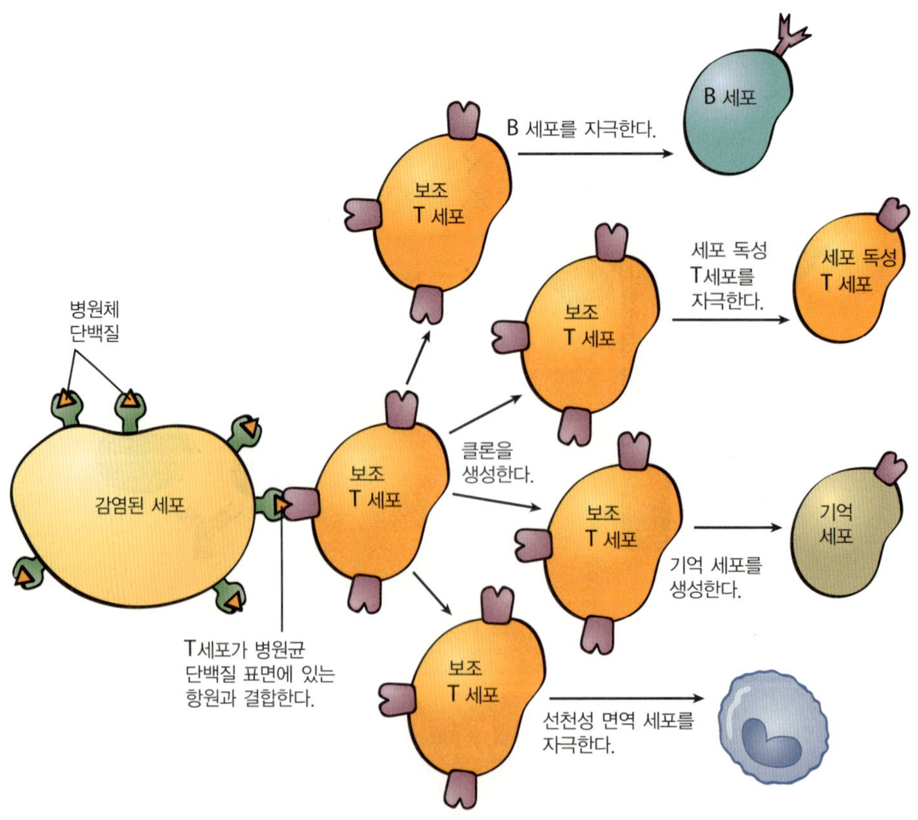

그림 20.25
T 세포는 몸 세포의 안에 존재하는 병원체를 표적으로 삼는다. 감염된 세포는 배가 조난 깃발을 펄럭이는 것과 같은 방식으로 병원체 단백질을 자신의 표면에 드러낸다. 보조 T 세포는 병원체 단백질상의 항원과 결합하여 다양한 면역 활동을 시작하는 클론을 생성한다.

의 세포들을 자극한다. 최종적으로 보조 T 세포는 몸에 오랫동안 남아 있다가 병원체가 다시 들어오는 것을 막아 주는 기억 세포를 생성한다.

백신 백신은 과거에 경험하였던 병원체에 대한 후천성 면역계의 '기억'을 이용하여 질병으로부터 몸을 보호해 준다. 백신은 사람의 몸을 병원체의 항원에 노출시킨다. 그러나 여기서 핵심적인 사항은, 백신이 여러분을 병원체 자체에 감염시키지 않는다는 것이다

대부분의 백신은 죽은 병원체이거나, 한 병원체의 약화된 균주를 포함하고 있다. 또한 백신은 병원체의 단지 일부분만을 이용할 수도 있다. 아마도 한 바이러스의 단백질 외피 또는 한 세균의 섬모가 될 수 있다. 사람의 후천성 면역계는 실제의 병원체와 반응하는 것처럼 백신에 들어 있는 항원과 반응한다. 백신에 의한 이러한 반응은 항체를 만들고, 더욱 결정적으로 기억 세포를 만든다. 진짜 병원체가 언젠가 출현한다면, 후천성 면역계는 그들에 대항할 준비가 된 것이다(그림 20.26).

백신은 아직도 대부분의 바이러스와 싸우는 데 최선의 방법이 되고 있다. 비록 병원성 세균과 곰팡이를 공격하는 많은 약품들이 개발되어 왔지만, 바이러스에 대해 잘 작용하는 약품을 개발하는 것은 훨씬 어렵다. 그러므로 예방 접종하는 것을 잊지 마라!

면역계 질병

면역계는 정상적으로는 자기 몸 자체의 세포를 인식하는 데 문제가 없다. **자가 면역 질환**(*autoimmune disease*)이라는 어떤 질병에서는 면역계가 일부의 몸 세포를 외부 세포로 인식하여 공격한다. **제1형 당뇨병**(*type 1 diabetes*)은 면역계가 이자의 인슐린 생성 세포를 공격하여 파괴시킬 때 발생하며, **다발성 경화증**(*Multiple sclerosis*)은 면역 세포가 뉴런을 싸고 있는 말이집을 파괴할 때 발생한다. **낭창**(*lupus*)은 몸을 쇠약하게 만드는 질병으로, 면역계가 넓은 범위의 건강한 조직을 공격함으로써 발생한다.

후천 면역 결핍증(*acquired immunodeficiency syndrome*, AIDS)은 사람 면역 결핍 바이러스(human immunodeficiency virus, HIV)라는 바이러스가 일으키는 질병이다. 여기서 '후천성'이라는 의미는 면역 결핍증이 타고난 것이 아니라, 한 사람의 일생에 얻어진 것이라는 것이다. HIV는 특별히 보조 T 세포라는 면역 세포를 공격한다(그림 20.27). 이런 결정적인 면역 세포들이 제 기능을 발휘하지 못하게 되어, 정상적으로는 쉽게 싸워 이길 수 있는 감염과 암이 몸을 덮칠 기회가 생긴다.

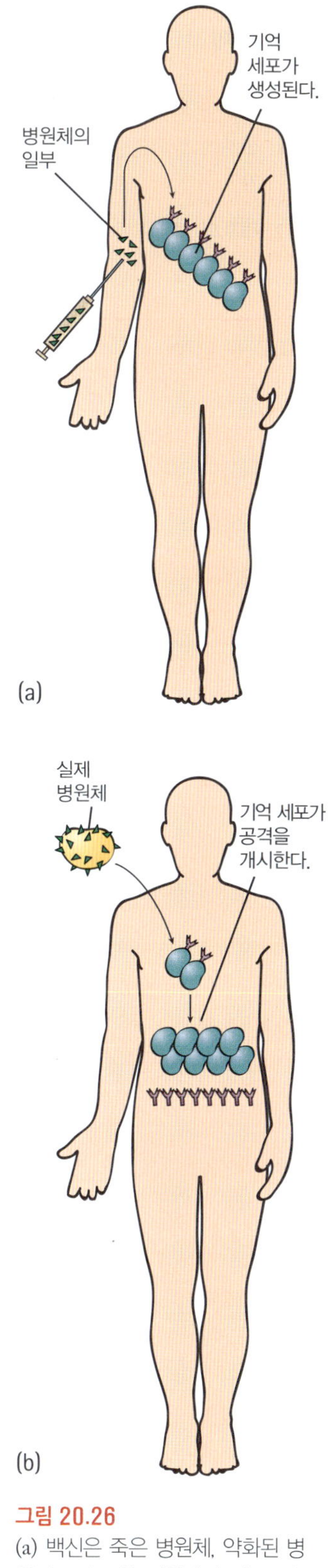

그림 20.26
(a) 백신은 죽은 병원체, 약화된 병원체, 또는 한 병원체의 일부분을 몸에 주입함으로써 작동한다. 후천성 면역계가 반응을 하여 기억 세포를 생성한다. (b) 추후에 진짜 병원체와 만나면, 기억 세포는 빠르고 적극적인 공격을 시작한다.

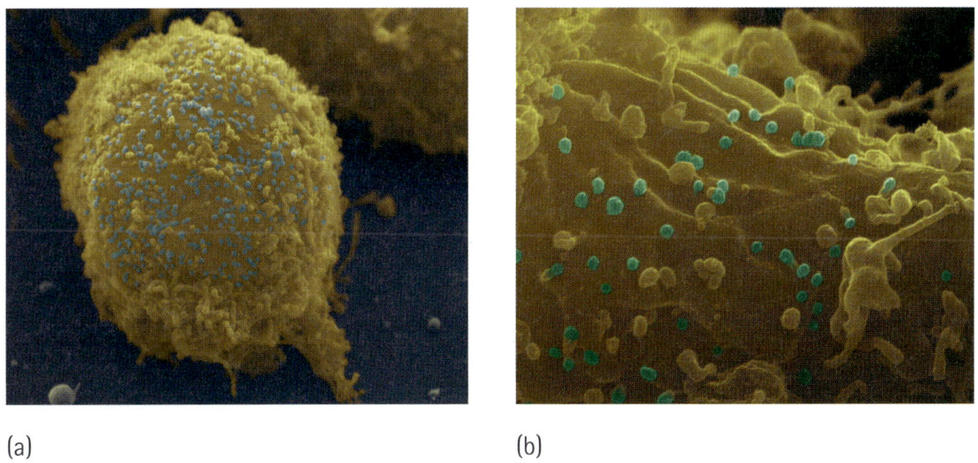

그림 20.27
(a) 감염된 보조 T 세포 표면에 HIV 바이러스의 출현. (b) (a)를 확대한 사진

연습문제

20.1 신체 기관들의 통합

1. 신체에 산소를 공급하기 위해 함께 작용하는 두 기관은 무엇인가?
2. 세포의 노폐물을 제거하기 위해 여러 신체 기관들은 어떻게 협력해야 하는가?

20.2 순환계

3. 무엇이 심장 박동을 촉진하는가?
4. 무엇이 심장을 '둑-닥'하는 소리를 내게 할까?
5. 영양분과 노폐물을 조직과 교환하는 역할을 담당하는 혈관은 무엇인가?
6. 조직으로부터 심장으로 돌아오는 혈액을 시작으로 하여, 혈액이 지나가는 몸 전체의 경로를 추적해 보시오. 심장의 각 방의 이름을 꼭 명시하시오.
7. 세 종류의 혈구 세포는 무엇이며, 각 세포의 기능은 무엇인가?

20.3 호흡

8. 공기가 폐포까지 이동하는 경로를 추적해 보시오.
9. 폐포와 그를 둘러싸고 있는 모세 혈관의 구조가 공기 교환을 어떻게 촉진시키는가?
10. 여러분은 숨을 어떻게 들이마시는가?

20.4 소화

11. 소화란 무엇을 하는 것인가?
12. 침의 기능은 무엇인가?
13. 음식물을 삼킨 후, 음식물이 숨관으로 들어가는 것을 막아 주는 것은 무엇인가?
14. 음식물이 위에 있는 동안, 음식물은 어떻게 되는가?
15. 소장에서 영양분 흡수에 이용할 수 있는 표면적을 증가시키는 구조는 무엇인가?

20.5 영양, 운동, 건강

16. 완전 단백질을 규칙적으로 먹는 것이 왜 중요한가?
17. 식품으로부터 얻는 중요한 무기질에는 어떤 것들이 있는가?
18. 운동을 하면 어떤 이로운 점이 있는가?

20.6 배설과 수분 균형

19. 요소란 무엇인가?
20. 유동액은 순환계로부터 네프론으로 어떻게 이동하는가?
21. 근위 세뇨관 내에서 거른액은 어떻게 되는가?
22. 헨레 고리의 기능은 무엇인가?
23. 항이뇨 호르몬은 얼마나 농축된 소변이 되는지에 어떻게 영향을 미치는가?

20.7 몸을 안전하게 지키기: 방어 체계

24. 림프계의 두 가지 기능은 무엇인가?
25. 피부의 어떤 특징이 몸을 병원체로부터 막아 건강을 유지시켜 주는가?
26. 단일 선천성 면역 세포가 많은 다른 병원체들과 반응할 수 있는 이유는 무엇인가?
27. 항원이란 무엇인가?
28. B 세포가 처음 한 병원체와 만나 병원체에 있는 항원과 결합하면 어떤 일이 일어나는지 설명하시오.
29. 기억 세포의 기능은 무엇인가?

확인문제

만일 여러분이 이 장에서 제대로 학습을 하였다면, 다음에 제시된 10개의 질문에 적어도 7개는 제대로 답을 할 수 있을 것이다. 만일 그렇지 못하면 다음 장으로 가기 전에 이 장을 더 학습할 필요가 있다.

각 질문에 대해 가장 적합한 답을 고르시오.

1. 심장의 우심실은 혈액을 어디로 내보내는가?
   (a) 우심방
   (b) 폐로 들어가는 동맥
   (c) 신체의 조직으로 가는 동맥
   (d) 좌심방
2. 산소를 신체 조직으로 운반하는 세포는 무엇인가?
   (a) 적혈구
   (b) 백혈구
   (c) 혈소판
   (d) 헤모글로빈
3. 산소는 다음 중 어떤 과정을 이용하여 폐의 폐포로부터 혈류 속으로 이동하는가?
   (a) 능동 수송
   (b) 내포 작용
   (c) 확산
   (d) 외포 작용

4. 공기는 언제 폐 속으로 이동하는가?
   (a) 횡격막이 수축하여 평평해지고, 흉곽은 밑으로 이동하여 가슴 속으로 이동할 때
   (b) 횡격막이 수축하여 평평해지고, 흉곽은 위로 이동하여 가슴 밖으로 이동할 때
   (c) 횡격막이 이완되고, 흉곽은 밑으로 내려가 가슴 속으로 이동할 때
   (d) 횡격막이 이완되고, 흉곽은 위로 이동하여 가슴 밖으로 이동할 때
5. 다음 중 소장에서 일어나지 않는 것은?
   (a) 쓸개에서 나온 담즙은 지방을 작은 방울로 분해한다.
   (b) 영양분이 신체 조직 속으로 흡수된다.
   (c) 단백질이 분해된다.
   (d) 높은 산성 환경이 음식 속에 있는 세균을 죽인다.
6. 칼로리는 별도로 하고, 여러분은 음식물을 통해 어떤 다른 것을 얻을 필요가 있는가?
   (a) 완전 단백질
   (b) 완전 탄수화물
   (c) 바이타민과 무기질
   (d) 완전 단백질 및 비타민과 무기질 모두
7. 네프론의 어느 부위에서 물이 거른액으로부터 재흡수되는가?
   (a) 사구체
   (b) 근위 세뇨관
   (c) 헨레 고리
   (d) 원위 세뇨관
8. 소변을 일시적으로 저장하는 신축성이 있는 주머니는 무엇인가?
   (a) 콩팥 깔때기
   (b) 방광
   (c) 오줌관
   (d) 요도
9. 다음 중 선천성 면역계와 관련이 없는 것은?
   (a) 피부
   (b) 눈물
   (c) 염증 반응
   (d) 항체
10. 선천성 면역계와 후천성 면역계의 차이점은 무엇인가?
   (a) 선천성 면역계는 후천성 면역계보다 훨씬 더 많은 다른 종류의 수용체를 포함한다.
   (b) 후천성 면역 반응은 즉각적이지만, 선천성 면역 반응은 지연되어 항원에 노출된 후 약 3~5일 뒤에 최고점에 도달한다.
   (c) 후천성 면역계는 과거의 노출에 대한 기억을 유지하다가, 뒤이어 일어나는 반응은 더 빠르고 더 공격적이다. 그러나 선천성 면역계는 그렇게 작용하지 않는다.
   (d) 후천성 면역계의 각 세포는 선천성 면역계의 각 세포보다 더 많이 다른 병원체들과 반응한다.

확인문제 답

1. b, 2. a, 3. c, 4. b, 5. d, 6. d, 7. c, 8. b, 9. d, 10. c

21 장
생태학

진공 속에는 생명체가 존재하지 않는다. 모든 생명체는 자신들 주변의 생명체, 그리고 비생명체와 상호 작용한다. 이런 상호 작용을 연구하는 학문을 **생태학**이라고 한다. 생태학을 깊이 탐구하게 되면, 많은 것들을 배우게 될 것이다. 왜 코끼리와 같은 일부 동물들은 몇 년마다 단 한 마리의 새끼만을 낳고, 반면에 맛조개 같은 동물은 한 번에 1억 개 이상의 알을 방출할까? 어떤 새우는 장어의 입 속에서 어떻게 먹히지 않고 기어 다닐까? 아프리카 초원 지대에는 사자보다 얼룩말이 왜 더 많이 살고 있을까? 어떤 경우에는 교란 현상이 서식지의 생물 다양성을 증대시킨다는 것이 사실일까? 우리 자신이 생물 종으로서의 생태학은 무엇인가? 오늘날 지구 상에 살고 있는 사람은 얼마나 될까? 전 세계의 인간 개체군은 계속 성장할까? 아니면 어느 날 갑자기 추락할 것 같은가? 최종적으로 나무 한 그루를 심는 것이 세계 평화의 열쇠가 될 수 있을까?

21.1 생물과 그들의 환경

학습목표
다른 수준의 생태학적 연구를 설명할 수 있다.

물음 군집과 생태계의 다른 점은 무엇인가?

생태학(ecology)은 생물이 자신의 환경과 어떻게 상호 작용하는지를 연구하는 학문이다. 한 생물의 환경은 온도, 햇빛, 비, 암석, 호수와 같은 생명이 없는, 즉 **무생물적인**(*abiotic*) 특징들을 포함한다. 한 생물의 환경은 **생물적인**(*biotic*) 특징, 즉 다른 생물체도 포함한다.

생태학은 개체, 개체군, 군집, 그리고 생태계를 포함하는 여러 다른 수준에서 연구될 수 있다. 개체에 초점을 둔 연구는 한 생물의 해부학적 구조, 생리, 그리고 행동이 그 생물이 자신의 환경 속에서 활동하는 데 어떻게 도움이 되는지를 탐구할 수도 있다. 예를 들어 어떤 식물들은 뿌리 체계를 만드는 데 더 많은 에너지를 쓰는 반면에, 다른 식물들은 줄기와 잎(해부학)에 더 많은 에너지를 쓰는 이유는 무엇인가? 또는 서로 다른 씨앗의 영양분 함량이 핀치새가 다른 것보다 한 종류의 씨앗을 선호한다는 것을 설명해줄까(생리학)? 또는 갈매기가 자신의 시간을 사람에게 먹이를 구걸하는 것과 바다에서 먹이를 찾는 두 섭식 전략 사이에서 어떻게 나눌까(행동)? 생태학에서 개체 수준에서의 연구는 일반적으로 적응에 초점을 두기 때문에, 종종 진화생물학과 상당히 겹친다.

개체군(population)은 특정 지역에 서식하는 단일 생물 종의 개체들의 집단이다. 미국 캘리포니아 버클리의 미국너구리들은 하나의 개체군이다. 따라서 중앙아시아의 눈표범과 네팔의 랑탕 국립 공원의 유리딱새도 개체군이다(그림 21.1). 생태학자들은 개체군 수준에서 종종 한 개체군의 크기와, 시간이 경과함에 따라 개체군 크기가 어떻게 변하는지에 관심을 갖는다. 더구나 개체군 생태학자들은 특정 개체군이 섭취하는 먹이의 종류와 그들이 사용하는 서식지의 형태를 포함한 자원을 어떻게 이용하는지에 대해 연구하기도 한다.

그림 21.1
한 생물학자가 네팔의 랑탕 국립 공원의 유리딱새를 잡아, 새의 크기와 무게를 측정하고, 새 다리에 독특한 인식 띠를 채운 뒤 다시 놓아준다.

군집(community)은 특정 지역에 살고 있는 모든 생물들로 구성된다. 예를 들어 미국 아이다 호의 관목 서식지에 있는 생태학적 군집은 쑥, 부채 선인장, 곤충, 다람쥐, 가지뿔영양, 오소리, 도마뱀, 산사자, 코요테, 그리고 많은 종류의 미생물을 포함한다. 생물학자들은 종종 생물 종들이 서로 어떻게 상호 작용하는지를 군집 수준에서 탐구한다. 그들은 한 군집 내에서 누가 누구를 먹는지를 연구하기도 하고, 또는 다른 종들이 자원을 위해 어떻게 경쟁하는지를

(a) (b) (c) (d)

그림 21.2
생태학자들은 다른 종류의 질문들에 대해 연구한다. (a) 개체 수준의 연구: 반딧불이는 짝을 유인하기 위해 광신호를 어떻게 이용할까? (b) 개체군 수준의 연구: 중국 중앙 지역의 대나무 숲에 살고 있는 자이언트 팬더는 얼마나 될까? 이 숫자가 증가하고 있나, 감소하고 있나? (c) 군집 수준의 연구: 영국 남부 윌트셔의 한 숲에서는 누가 누구를 먹는가? (d) 생태계 수준의 연구: 물과 같은 중요한 자원은 한 생태계의 생물적 부분과 비생물적 부분 사이에서 어떻게 순환되는가?

탐구하기도 한다.

생태계(**ecosystem**)는 특정 지역에 살고 있는 모든 생물과 그 지역 환경의 모든 비생물적 특징들로 구성된다. 생태학자들은 생물 세계와 비생물 세계 사이의 연결 고리를 생태계 수준에서 탐구한다. 예를 들어 일부 생태계를 연구하는 생태학자들은 생물과 지구 사이에서의 물과 탄소와 같은 중요 자원의 순환을 연구한다. 또 다른 생태학자들은 에너지가 생태계를 통해 어떻게 이동하는지를 탐구한다. 생태계를 구성하고 있는 여러 다른 수준에서 이루어지고 있는 생태학적 연구들에 대한 추가적인 예들이 그림 21.2에 제시되어 있다.

학습목표
지수적 성장과 대수적 성장을 비교하고, 이것들이 개체군의 생활사와 어떻게 연결되어 있는지를 설명할 수 있다.

21.2 개체군 생태학

물음 아기 코끼리를 왜 '비용이 많이 드는 자손'으로 생각할까?

개체군 생태학자들은 종종 하나의 개체군이 얼마나 클 것인지뿐만 아니라, 개체군 크기가 시간이 경과함에 따라 어떻게 변하는지에 관심이 있다. 개체군 생태학자들은 종종 한 개체군 내의 개체들의 총수를 센다. 어떤 때에는 생태학자들은 단위 면적당 생물의 수로 나타내는 **개체군 밀도**(*population density*) 측정을 선호한다.

개체군 성장

한 개체군의 시간에 따른 크기 변화는 네 가지 요인, 즉 출생률, 사망률, 개체군 속으로의 이입 속도, 개체군 밖으로의 이출 속도에 의해 결정된다. 출생과 이입은 개체군 크기를 증가시키고, 사망과 이출은 개체군 크기를 감소시킨다. 개체군의 크기가 전체적으로 증가할지 아니면 감소할지는 네 가지 요인의 상대적인 기여에 달려 있다. 자연계에서 개체군이 어떻게 성장하는지를 나타내는 모델로 지수적 성장과 대수적 성장의 두 가지가 있다.

지수적 성장 **지수적 성장**(**exponential growth**)은 한 개체군이 단위 시간당 일정 속도로 성장할 때 일어난다(그림 21.3). 예를 들어 매년 10%씩 또는 10년마다 두 배씩 증가하는 개체군은 지수적으로 성장한다(부록 D 참조). 그림 21.3a의 그래프에서 볼 수 있듯이, 지수적으로 성장하고 있는 개체군은 시간이 지남에 따라 더욱 더 빠르게 크기가 증가한다.

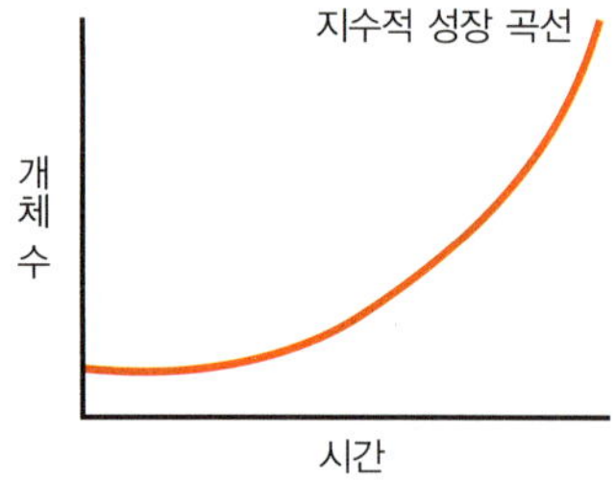

(a)

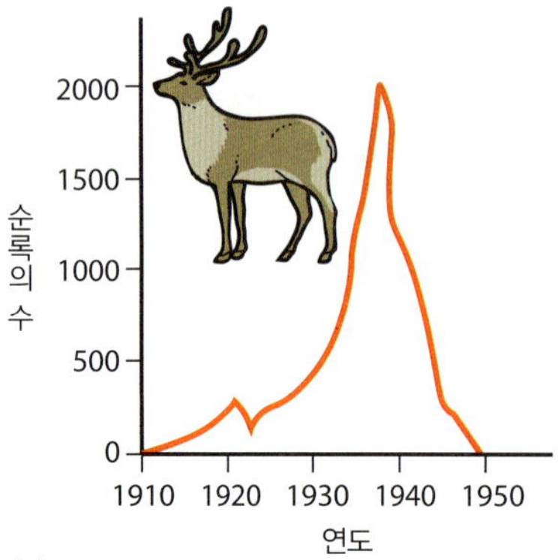

(b)

그림 21.3
(a) 지수적 성장에서 한 개체군은 단위 시간당 일정 속도로 성장한다. 개체군 크기는, 곡선이 점점 더 가파르게 되는 방식에서 볼 수 있는 것처럼, 더욱 더 빠르게 증가한다. (b) 이 그래프는 세인트 폴 섬의 순록 개체군의 지수적 성장에 이어지는 급감을 나타낸 것이다.

어떤 종류의 개체군이 지수적으로 성장하는가? 지수적 성장은 한 개체군이 무제한의 자원을 이용할 수 있을 때 일어난다. 이런 경우 어떤 것도 개체군 성장을 제한하지 않고, 더욱 더 커진 개체군이 더욱 더 많은 자손의 생산을 계속한다. 실제로 자연계에서는 자원이 정말로 무제한인 경우는 없을지라도, 종종 자원이 극히 풍부한 경우가 있다. 예를 들어 생물들이 새로운 서식지에 이주하여 매우 풍부한 자원을 발견할 수 있다면, 그들의 개체군은 지수적 성장을 시작할 수도 있다. 순록을 미국 알래스카 근처의 세인트 폴 섬에 도입했을 때, 개체군은 여러 해 동안 지수적으로 성장했다(그림 21.3b 참조). 그러나 지수적 성장이 영구히 계속될 수는 없다. 세인트 폴 섬에서도 순록은 결국 먹이가 고갈되면서 개체군이 급감하였다.

지수적 성장은 종종 불안정한 환경에서 살고 있는 개체군에서 보인다. 이런 개체군들은 지수적 성장과 급감의 순환 과정을 겪을 수도 있다. 여건이 좋으면 지수적 성장을 하고, 자원이 고갈되면 개체군은 급감한다. 여건이 다시 좋아지면 개체군이 다시 폭발적으로 증가하고, 그리고 또 등등.

대수적 성장 **대수적 성장**(**logistic growth**)은 개체군이 서식지의 수용력에 접근하게 되면 개체군 성장이 느려진다(그림 21.4). **수용력**(**carrying capacity**)은 한 서식지가 유지할 수 있는 최대 개체수 또는 최대 군집 밀도이다. 예를 들어 어떤 호수는 250마리의 송어를 감당할 수도 있을 것이다. 또 어떤 초지는 평방 킬로미터당 35마리(35마리/km^2)의 족제비를 감당할 수 있을 것이다.

개체군이 그 수용력에 접근할수록 개체군 성장이 느려지는 이유는 무엇일까? 많은 가능성 있는 이유들이 있다. 개체군이 크면, 먹이나 공간과 같은 자원에 대해 더 많은 경쟁이 있을 수 있다. 이로 인해 번식에 필요한 충분한 자원을 얻기가 더욱 어려워져서 결국 출생률이 떨어진다. 또는 개체군 규모가 큰 대만원인 조건에서는 사망률이 증가한다.

실제의 자연계에서 대수적 성장은 종종 안정된 서식지에서 발견된다. 그림 21.4b는 태즈메이니아 섬의 양 개체군의 대수적 성장을 나타낸 것이다.

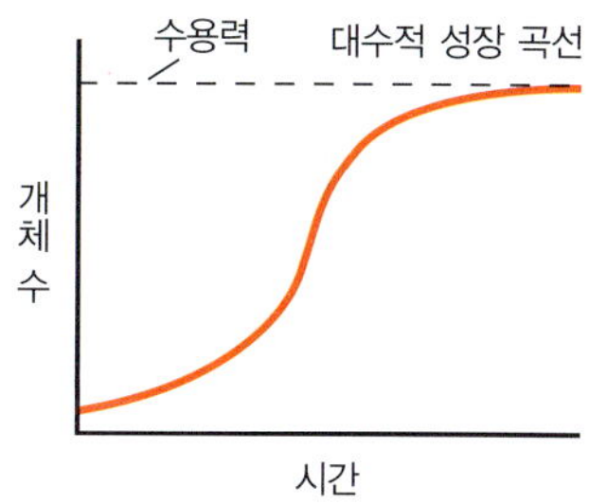

(a)

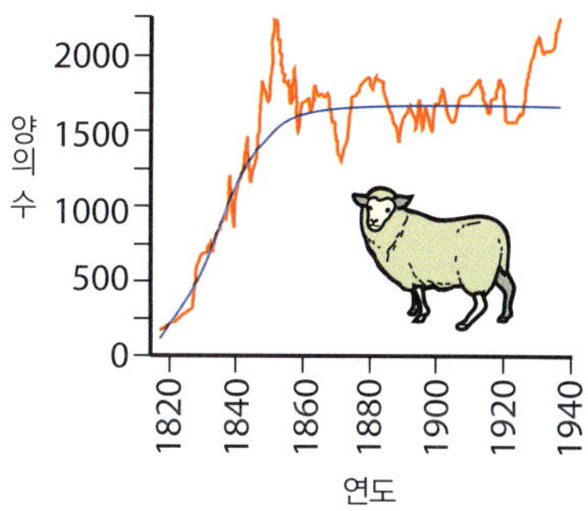

(b)

그림 21.4
(a) 대수적 성장에서는 개체군 성장이 그 서식지의 수용력에 접근하면서 느려진다. (b) 이 그래프는 태즈메이니아의 양 개체군의 대수적 성장을 나타낸 것이다.

생활사

개체군 성장은 부분적으로 **생활사**(*life history*)에 어떻게 의존하는가? 생활사는 그 생물의 생존과 생식의 일정이다. **생존 곡선**(*survivorship curve*)은 한 개체군 내에서 주어진 나이까지 생존하고 있는 개체들의 비율을 나타낸 것이다. 세 개의 다른 생존 곡선이 그림 21.5에 제시되어 있다.

유형 I의 생물은 어린 시기에는 사망률이 낮아 대부분의 개체들이 상당히 늦은 시기까지 생존한다. 코끼리는 유형 I의 생존 양식을 갖고 있어서 대부분의 코끼리 새끼가 성체까지 생존한다. 유형 I의 생물은 전형적으로 큰 몸체를 갖고 있으며, 성적 성숙이 늦다. 이런 생물들은 소수의 자손을 낳고, 각각의 자손에게 상당한 자원을 바친다. 예를 들어 암컷 코끼리가 성적 성숙에 도달하는 데에는 약 10년이 걸리고, 5년마다 단 한 마리의 새끼를 낳는다. 그렇게 함으로써 새끼를 충분히 돌볼 수 있다.

유형 III은 어린 시기에 사망률이 높아 적은 수의 개체들만이 늦은 시기까지 생존하다. 맛조개는 유형 III의 생존 양식을 갖고 있어, 대부분의 맛조개는 어린 시기에 죽고, 소수만이 성체까지 생존한다. 유형 III의 생물은 전형적으로 어린 시기에 성적 성숙에 도달하여 많은 수의 자손을 낳고, 각 자손에게 자원을 거의 지원하지 않는다. 예를 들어 암컷 맛조개는 생활사의 첫해에 성적 성숙에 도달할 수도 있고, 그러면 1억 개의 알을 생성하여 물속으로 방출함으로써 더 이상 주의를 기울이거나 돌보지 않는다. 그래서 코끼리는 '비용이 많이 드는' 소수의 자손을 낳고(비용이 많이 든다는 것은 부모가 각각의 자손에게 엄청난 자원을 바친다는 의미이다), 맛조개는 '비용이 적게 드는' 자손을 많이 낳는다.

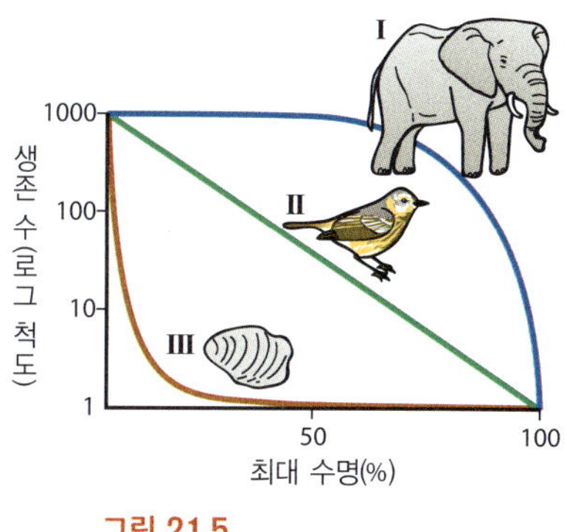

그림 21.5
세 개의 다른 생존 곡선. 유형 I은 어린 시기에는 사망률이 낮아, 대부분의 개체들이 성체 시기까지 생존한다. 유형 II는 일생을 거쳐 일정한 사망률을 보인다. 유형 III은 어린 시기에 사망률이 매우 높아 소수만이 성체까지 생존한다.

유형 II의 생물은 유형 I과 유형 III 사이에 위치한다. 유형 II의 생물은 일생을 거쳐 일정한 사망률을 보인다. 즉 이런 유형의 생물은 삶의 초기에 죽는 것과 늦은 시기에 죽는 것이 비슷하다. 많은 명금류가 유형 II의 생존 양식을 보인다.

생활사는 개체군 성장과 어떻게 관련이 있는가? 많은 '비용이 적게 드는' 자손의 생산은 지수적 성장과 관련이 있다. 지수적 성장의 불안정한 환경에서는 살고 죽는 것이 종종 우연한 사건이다. 조건들이 열악할 때에는 적어도 자손의 일부는 생존하기가 더 쉬워지기 때문에, 많

표 21.1 유형 I 대 유형 III

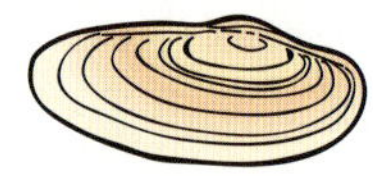

유형 I 개체군	유형 III 개체군
큰 몸체	작은 몸체
늦게 성적 성숙에 도달	초기에 성적 성숙에 도달
소수의 '비용이 많이 드는' 자손	많은 '비용이 적게 드는' 자손
긴 수명	짧은 수명
안정된 환경에서 생존	불안정 환경에서 생존
대수적 개체군 성장	지수적 개체군 성장

은 자손의 생산은 적응성을 보이는 것이다. 또한 조건들이 좋으면, 풍부한 자원을 이용하는 자손이 많을 것이다. 반면에 소수의 '비용이 적게 드는' 자손을 생산하는 것은 대수적 개체군 성장과 관련이 있다. 대수적 성장의 안정된 환경에서는 많은 개체군들이 수용력에 도달하였거나 아니면 근처에 도달하였다. 결과적으로 부모의 많은 투자를 받는 자손은 개체군의 다른 구성원들과 더 잘 경쟁할 수 있고, 성공적으로 생존하여 자손을 이어간다. 표 21.1은 유형 I과 유형 III의 일부 전형적인 특징들을 요약한 것이다.

학습목표
시간에 따라 인간 개체군이 어떻게 성장해 왔고, 미래에는 인간 개체군의 크기에 있어 어떠한 변화가 예상되는지를 설명할 수 있다.

21.3 인간 개체군 성장

물음 전 세계의 인간 개체군이 '생태 용량 초과' 상태에 있다는 것은 어떤 의미인가?

세계 인구

인간은 수천 년의 성장을 한 최종 결과로 현재 70억 이상의 사람들이 지구 상에 살고 있다(그

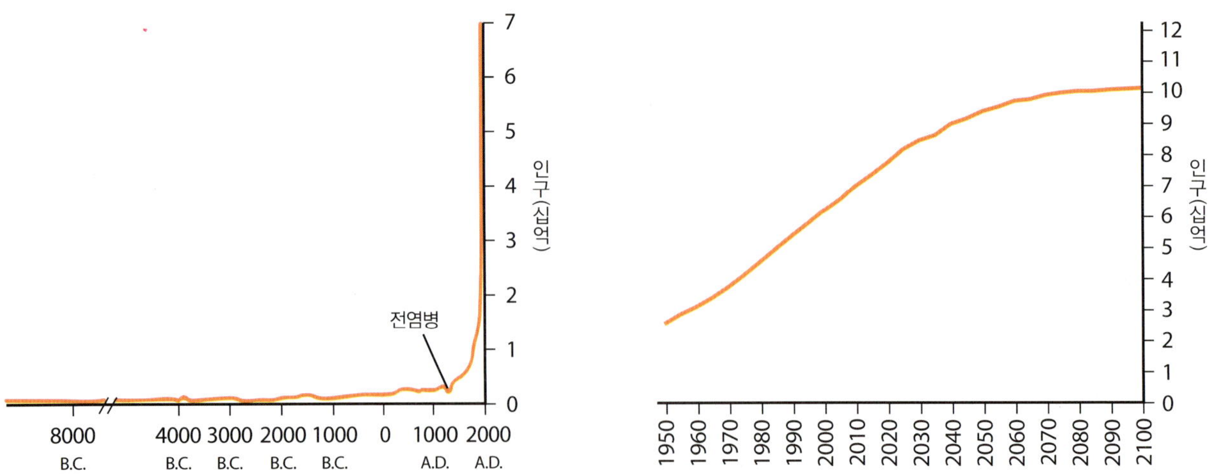

(a) (b)

그림 21.6
(a) 인간 개체군은 수천 년 동안 지수적으로 성장했다(14세기에 흑사병이 번창할 때와 같은 우발적인 하락의 예외가 있다). (b) 현재의 추정으로는 개체군 성장이 21세기 후반기에는 상당히 느려질 수도 있다는 것이다. 그러나 인간 개체군은 2100년까지 100억이 초과될 것으로 예상된다. 출처: UN의 세계 인구 전망(2010)

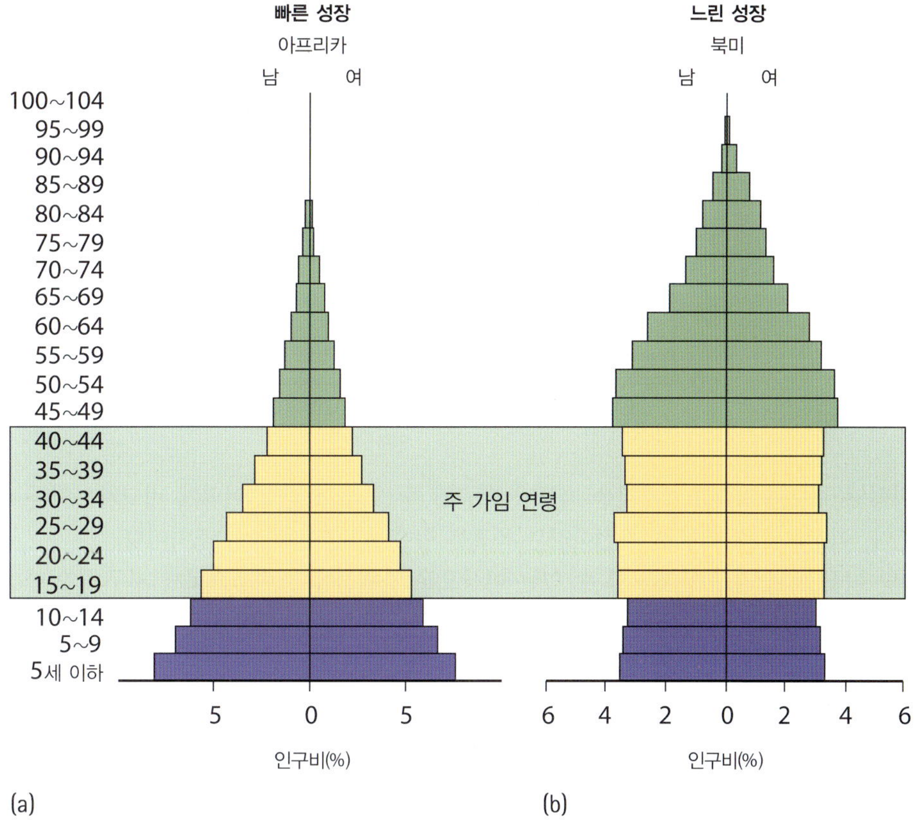

그림 21.7
연령 구조는 한 개체군 내의 연령 분포를 보여 준다. (a) 아프리카는 피라피드 형태의 연령 구조를 갖고 있다. 대부분의 개체군은 젊고, 개체군이 빠르게 성장하고 있다. (b) 북미는 좀더 균일한 연령 분포를 갖고 있으며, 그 개체군은 느리게 성장하고 있다.
출처: UN의 세계 인구 전망(2010)

림 21.6a). 인간 개체군은 어디로 향하고 있을까? 인간 개체군은 자원의 고갈로 파국을 맞을까? 또는 개체군 성장이 느려져 수용력을 향해 도달할 때까지 미끄러져갈까?

UN의 추정에 따르면, 세계 인구는 21세기를 걸쳐 증가하여 2100년까지는 100억을 초과할 것으로 예상된다. 그러나 21세기 후반기에는 성장이 상당히 느려질 것으로 예상된다(그림 21.6b). 이런 추정들은 출생률이 높은 국가에서는 출생률이 계속 저하되고, 사망률은 모든 곳에서 계속 저하될 것으로 가정한다.

우리는 인간 개체군 내의 연령 분포인 **연령 구조**(*age structure*)로부터 개체군이 어떻게 성장하는지를 배울 수 있다. 그림 21.7은 아프리카와 북미의 연령 구조를 나타낸 것이다. 아프리카와 같은 피라미드 형태의 연령 구조는 신속하게 성장하고 있는 개체군의 신호이다. 대부분의 개체군은 젊다. 북미는 훨씬 더 균일하여 개체군이 느리게 성장하고 있다.

많은 나라들이 높은 출생률과 사망률에서 낮은 출생률과 사망률로의 전환인 **인구학적 변천**(*demographic transition*)을 경험해 오고 있다. 사망률은 치료 개선, 영양 개선, 어린 시절의 질병에 대한 예방 접종 등의 의학적 발달의 결과로 처음에는 일반적으로 감소한다. 일정 시간이 지난 후 출생률도 감소한다. 사망률 감소와 출생률 감소 사이의 시차 동안, 낮은 사망률과 높은 출생률이 복합적으로 작용하여 빠른 속도로 인구가 증가한다.

생태발자국지수

세계 인구가 성장함에 따라 인간의 지구 자원에 대한 요구도 증가한다. **생태발자국지수**(*ecological footprint*)는 인간이 소비하는 자원을 생산하기 위해 인간 개체군이 얼마나 많은 면적의 땅과 물을 필요로 하는지에 대한 하나의 척도이다. 이 지수의 크기는 개체군의 물, 토양, 에너지, 먹이, 그리고 다른 자원들의 사용을 고려한다. 생태발자국지수의 측정은 자원들

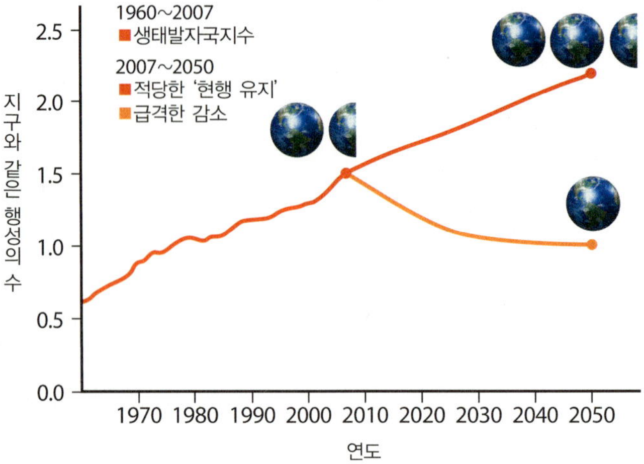

그림 21.8
이 그래프는 전 세계적 생태발자국지수가 지난 50년 동안 증가해 왔다는 것을 나타낸 것이다. 현재는 1.5개 지구가 제공할 수 있는 자원을 사용하고 있다. 현재의 추세가 계속된다면, 곧 지구 2개의 자원과 맞먹는 양을 사용할 것이다.

이 어떻게 소모되고 있고, 이것을 지구가 제공할 수 있는 자원과 어떻게 비교하는지를 알게 해 준다. 이것은 지속 가능한 발전이라는 목표를 향한 첫 번째 중요한 조치이다.

30년 이상 매년 지구가 제공할 수 있는 이상으로 자원들을 소비함으로써 지구의 인간 개체군은 **생태학적 과욕**(*ecological overshoot*) 속에 있었다. 사실상 현재의 소비 속도를 유지하기 위해서는 1.5배 크기의 지구가 필요할 것이다. 그리고 현재의 추세가 지속된다면, 2050년까지는 온전한 지구 2.5개가 필요할 것이다(그림 21.8).

전 세계적인 과소비는 지구의 자원들이 신속하게 고갈되고 있음을 의미한다. 우리는 이미 높은 식품 가격, 고유가, 광물들이 고갈된 토양, 그리고 물 부족 등에서 이런 증거들을 볼 수 있다. 어장이 하나 둘씩 무너지고 있다. 숲은 남벌되고 있다. 게다가 우리의 에너지 과소비, 특히 화석 연료의 과소비는 지구 온난화를 불러왔다. 지구의 자원들이 고갈되면서, 지구는 여기에 살고 있는 수십억의 사람들을 더 이상 감당할 수 없을 것이다. 쉽게 예상되는 결과는 광범위한 기아뿐만 아니라, 자원을 향한 파국적이며 치명적인 전쟁이 될 것이다.

전 세계 모든 대륙들 가운데 북미는 가장 큰 생태발자국지수를 갖고 있다. 사실상 전 세계 모든 사람들이 평균 미국인처럼 많은 자원을 소비한다면, 5.5배의 지구 자원이 필요할 것이다. 생명 유지를 위해 소비를 줄이고, 효율을 높이고, 에너지 소비를 줄이고, 그리고 녹색 대체 에너지를 개발하는 것이 절대적으로 필요하다.

학습목표
군집 내에서 종들이 상호 작용하는 방법을 설명할 수 있다.

21.4 종 상호 작용

물음 자연 선택을 통한 종간 경쟁은 진화를 일으킬 수 있는가?

사자는 얼룩말과 독수리를 먹고, 황새는 물고기를 놓고 싸우고, 새우는 뱀장어의 잎을 청소한다. 군집 내에서 생물 종들이 다른 방법으로 상호 작용한다.

먹이 사슬과 먹이 그물

종들 사이의 상호 작용에서 가장 중요한 것은 누가 누구를 먹는지에 대한 것이다. 이런 상호 작용들은 여러 먹이 섭취의 단계를 포함하는 **먹이 사슬**(*food chain*)로 표현될 수 있다(그림 21.9).

먹이 사슬의 가장 밑에 있는 것은 **생산자**(**producer**)이다. 생산자는 무기 분자와 에너지를 이용하여 유기 분자를 만드는 생물이다. 거의 모든 군집에서, 생산자는 식물처럼 광합성을 하

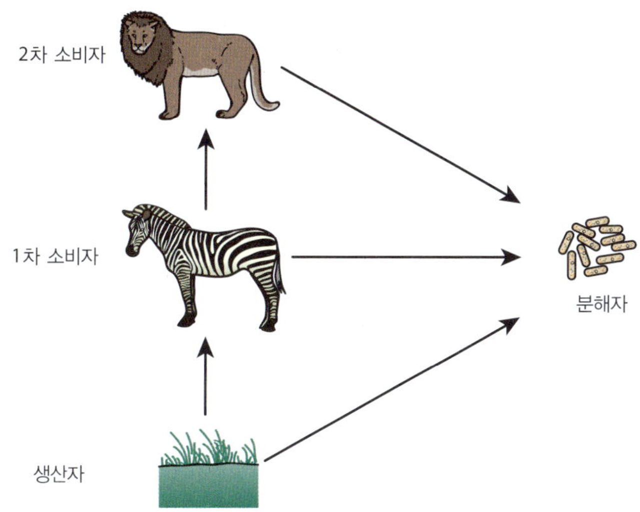

그림 21.9
이 먹이 사슬은 생산자(풀), 1차 소비자(얼룩말), 2차 소비자(사자)를 포함하고 있다. 분해자는 먹이 사슬의 모든 단계에서 죽은 생물을 소비한다.

는 생물이다.

소비자(**consumer**)는 다른 생물을 먹는 것으로 먹이를 얻는다. **1차 소비자**(*primary consumer*)는 생산자를 먹는다. 얼룩말이나 토끼와 같은 초식동물이 1차 소비자이다. **2차 소비자**(*secondary consumer*)는 1차 소비자를 먹는다. 사자나 늑대와 같은 육식동물이 2차 소비자이다. 일부 군집에서는 소비자들이 먹이 사슬 내의 더욱 더 높은 단계에서 먹이를 먹는다. 먹

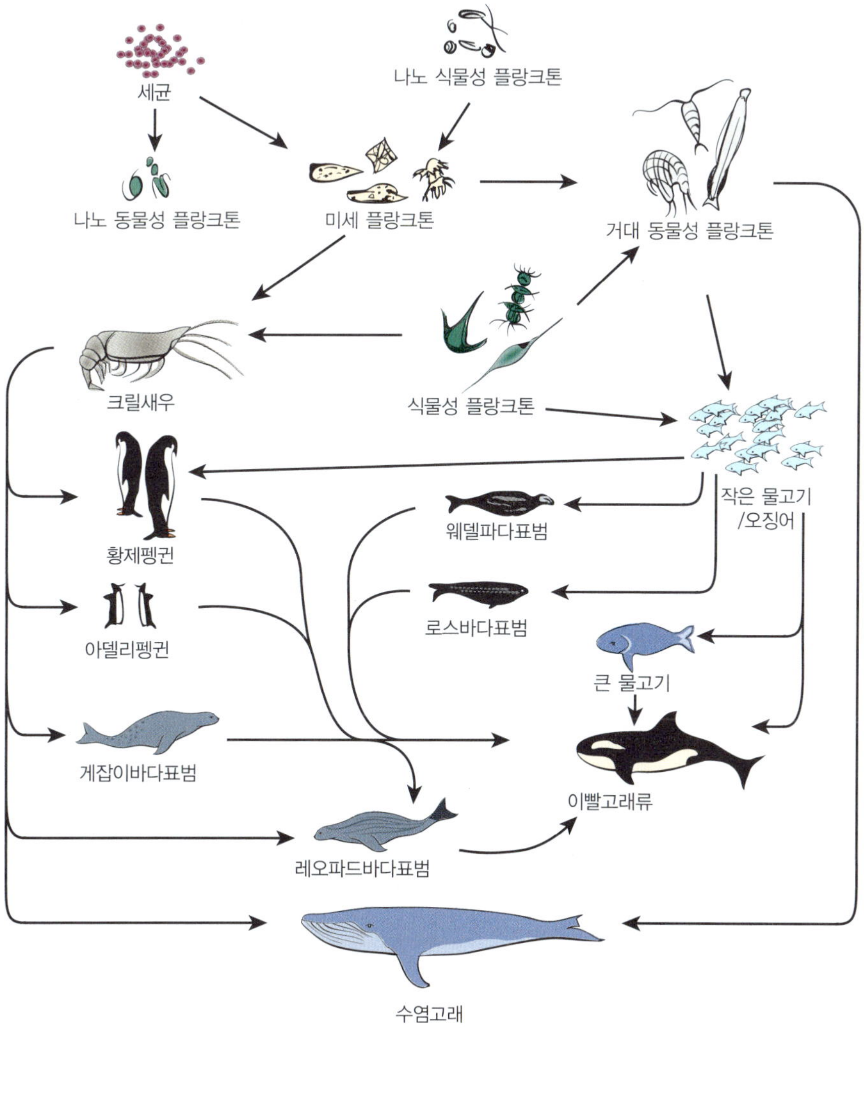

그림 21.10
남극의 수생생물의 먹이 그물. 이 군집의 최상위 포식자를 알 수 있는가?

그림 21.11
대부분의 사람들은 먹이 사슬의 여러 단계에서 먹이를 섭취한다. 그러나 일부 사람들은 훨씬 제한적인 먹이를 섭취한다.

이 사슬의 정점에 있는 생물 종을 **최상위 포식자**(*top predator*)라고 한다.

분해자(**decomposer**)는 죽은 생물의 유기 물질을 먹음으로써 먹이를 얻는다.

대부분의 생태학적 군집은 상당히 복잡하게 얽혀 있어, '먹이 사슬'보다는 **먹이 그물**(*food web*)이 좀 더 정확하게 설명하는 것이다. 그림 21.10은 남극 지방의 수생 군집의 먹이 그물을 나타낸 것이다.

사람은 어떤가? 대부분의 사람은 먹이 사슬의 여러 단계에 있는 먹이를 섭취하는 **잡식성**(*omnivores*)이다. 사람은 식물, 동물, 그리고 버섯 같은 분해자들도 먹는다. 물론 일부 사람들은 훨씬 제한적인 먹이를 섭취한다(그림 21.11).

경쟁

다른 종의 생물들 사이의 경쟁을 **종간 경쟁**(*interspecific competition*)이라고 한다. 동물들이 먹이를 놓고 다툴 때처럼, 종간 경쟁의 몇몇 예는 쉽게 확인할 수 있다(그림 21.12). 그러나 생물들은 경쟁을 위해 즉시 서로 싸워야만 하는 것은 아니다. 실제로 한 군집 내의 생물 종들은 동일한 자원을 이용하고, 그 자원이 제한적으로 공급되면 언제나 경쟁한다. 예를 들어 서로 가까이서 자라고 있는 식물들은 햇빛, 물, 그리고 토양의 양분과 같은 제한된 자원에 대해 경쟁할 수도 있다.

한 군집 내의 한 생물 종의 생태적 **지위**(**niche**)는 그 생물 종이 이용하는 생물적 자원과 비생물적 자원 모두를 의미한다. 생태적 지위는 그 생물 종이 먹는 먹이, 마시는 물, 차지하는 공간, 그리고 그 생물 종이 이용하는 모든 자원들을 포함된다. 따라서 한 군집 내의 두 생물 종의 생태적 지위가 겹칠 때에는 언제라도 경쟁한다.

그림 21.12
독수리와 황새가 먹이를 놓고 싸운다.

그림 21.13
맥아더의 솔새 5종은 초기에는 동일한 생태적 지위를 차지하는 것으로 보였다. 그들 모두 동일한 침엽수림에 살고, 모두 곤충을 먹는다. 그러나 좀더 자세히 조사해 보면 그들의 자원 이용은 중요한 점에서 차이가 있다. 예를 들어 각 종은 나무의 다른 부위를 차지하고 있다(여기서는 녹색으로 음영이 처리되어 있다). 각 종은 곤충을 잡는 방법도 다르다.

경쟁의 결과는 무엇일까? 종간 경쟁의 한 결과는 진화이다. 많은 생물들이 다른 종보다 더 낳은 경쟁을 할 수 있게 해주는 적응을 진화해 왔다. 예를 들어 햇빛에 대해 경쟁을 하는 일부 식물들은 표면적이 넓은 큰 잎으로 진화해 왔다. 다른 식물들은 위쪽으로 빠르게 성장하도록 진화되어, 경쟁자를 그늘지게 하는 더 좋은 기회를 갖는다. 심지어 어떤 식물들은 경쟁자의 종자가 싹트는 것을 방해하는 특수한 화학 물질을 방출하기도 한다.

비록 종들이 자주 경쟁을 하더라도, 한 군집 내의 어떤 두 생물 종도 **정확하게 동일한**(*exactly*) 생태적 지위를 가질 수 없다는 것은 흥미로운 일이다. 자원을 더 잘 포획하고 이용하는 생물 종들은 다른 종과의 경쟁에서 이겨, 결국에는 그 종을 멸종시킨다. 그럼에도 생태학자들은 한 군집 내에서 동일한 생태적 지위를 갖고 있는 것으로 보이는 종들을 발견하였다. 그러나 좀 더 면밀히 조사해 보면, 생태적 지위들이 정확하게 동일하지는 않다는 것으로 항상 판명된다. 이 중 가장 유명한 한 예는, 지금은 맥아더의 솔새로 알려진 한 조류군이다. 생태학자인 맥아더(Robert MacArtur)는 미국 동북부의 침엽수림 지대에서 살고 있는 5종의 솔새를 연구했다. 5종 모두 동일한 나무에 살았고, 모두 곤충을 먹는다. 그들은 동일한 생태적 지위를 공유했을까? 맥아더는 솔새를 좀 더 면밀히 살펴봄으로써, 종들이 자원을 이용하는 방법에 결정적인 차이가 있다는 것을 발견하였다. 솔새과의 각 종은 나무의 다른 부위를 차지하고 있었고, 곤충을 잡는 방법도 서로 달랐다(그림 21.13). 맥아더의 솔새들은 그렇게 유사한데, 어떻게 생태적 지위는 같지 않을까? 생태학자들은 생태적 지위의 차이는 자연 선택을 통한 진화에 의해 만들어졌다고 믿는다. 만일 솔새와 각 종들의 개체들이 다른 종들의 개체들과 경쟁을 덜 했다면, 그들은 생존과 생식에 더 성공적이었다. 시간이 경과함에 따라, 이런 생존과 생식의 성공 여부는 생물 종의 생태적 지위를 달라지게 만들었다.

공생

공생(*symbiosis*)에서는 두 생물 종의 개체들이 서로 가깝게 연계되어 살고 있다. 공생에는 기생, 편리 공생, 상리 공생의 세 종류가 있다.

기생(*parasitism*)은 공생 관계에 있는 두 생물 중 하나는 이익을 보고, 다른 하나는 손해를 보는 관계이다. 벼룩, 진드기, 촌충은 그들의 숙주로부터 영양분을 획득하는 기생충이다(그림 21.14a). 이런 관계는 영양분과 서식 장소를 얻는 기생충에게는 이익을 제공하지만, 숙주에게는 손해를 끼친다. 세균이나 바이러스와 같은 병원체도 역시 기생체이다.

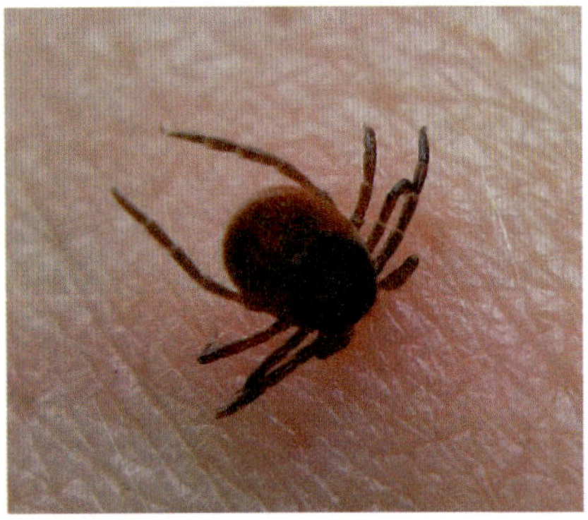

(a)

(b)

(c)

그림 21.14
공생의 세 종류는 기생, 편리 공생, 상리 공생이다. (a) 기생: 진드기는 사람의 혈액을 먹는다. (b) 편리 공생: 빨판상어라는 경골어류가 상어에 달라붙어 있다. (c) 상리 공생: 청소 새우가 장어의 입에서 기생충을 제거한다.

편리 공생(*commensalism*)은 한 생물 종이 다른 종에게 영향을 미치지 않으면서 이익을 얻는 공생의 형태이다. 빨판상어는 작은 경골어류로서 빨판을 이용해 상어에 달라붙는다(그림 12.14b). 빨판상어는 상어가 먹이를 먹을 때 남기는 작은 먹이 부스러기를 먹고 산다. 이런 생물은 숙주로부터 보호도 받는다. (당신은 상어 밑에 매달려 있는 물고기를 괴롭히겠는가?) 빨판상어는 상어에게 이익을 제공하지도 않고, 손해를 끼치지도 않는다.

상리 공생(*mutualism*)은 관련된 두 생물 종 모두 이익을 얻는 공생의 한 형태이다. 청소 새우와 장어는 상호 이익을 제공하는 관계이다. 장어가 자신의 입을 열면, 새우가 들어가 그곳에 있는 기생충을 먹는다(그림 21.14c). 두 생물 종 모두 이익을 얻는다. 즉 새우는 먹이를 얻고, 장어는 자신의 기생충으로부터 자유로워진다. 때로는 심지어 장어들이 한 새우로부터 서비스를 받기 위해 줄지어 기다린다. 또 다른 상리 공생의 예는, 곰팡이와 식물 뿌리 사이의 밀접한 연계를 갖고 있는 균근이다. 곰팡이는 식물이 토양으로부터 물과 무기물을 흡수하도록 도와주고, 식물은 곰팡이에게 영양분과 서식처를 제공한다.

다른 생물 종과 밀접한 연계를 하여 생존하는 생물 종은 자신의 파트너에 대한 반응을 진화시킨다. 예를 들어 많은 기생생물들이 자신의 숙주에 부착하는 특수한 적응을 진화시켜 왔다. 물론 숙주들 역시 기생 생물에 반응하도록 진화한다. 이미 살펴본 것처럼, 장어는 자신의 기생충을 제거하기 위해 청소 새우와 놀라운 관계를 진화시켰다.

21.5 생태계의 종류

학습목표
육상 생태계와 수중 생태계의 중요한 종류를 설명할 수 있다.

물음 어떤 생물 군계가 가장 큰 생물 다양성을 나타내는가?

지구에는 많은 종류의 생태계가 있고, 각 생태계는 특정의 생물 구성원들이 차지하고 있다. 지구 생태계는 두 개의 큰 범주인 육상 생태계와 수중 생태계로 나눌 수 있다.

육상 생물 군계

지구의 육상 지역은 생물 군계로 알려져 있는 8개의 주요 생태계 형태로 나뉜다(그림 21.15). 각 생물 군계는 특정 종류의 생물 군집이 차지하고 있고, 특별히 특정 종류의 식물이 차지하고 있다. 동일한 생물 군계가 종종 자연계의 완전히 다른 지역들에서 발견된다. 예를 들어 큰

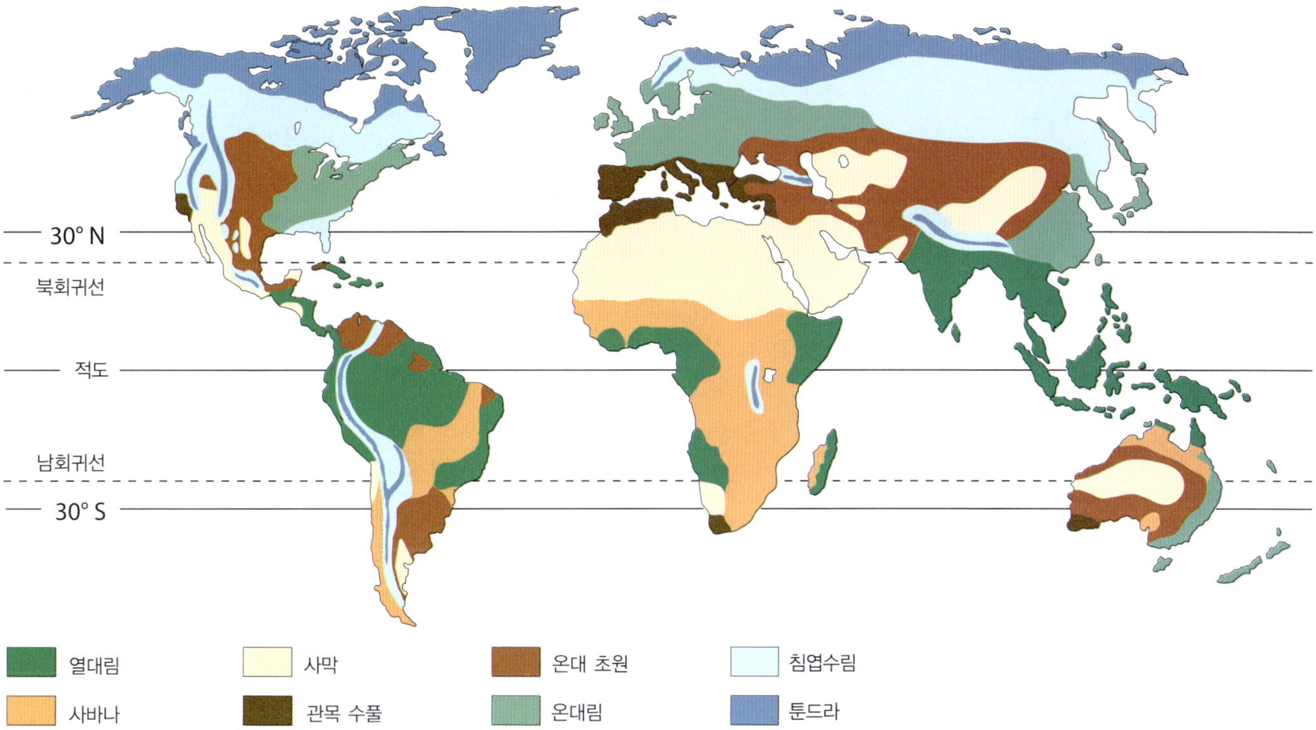

그림 21.15
지구의 육상 생물 군계. 각 생물 군계는 특정 기후와 특정한 형태의 식물과 연계되어 있다.

나무들이 밀집해서 서식하고, 놀랄 만한 생물 다양성을 갖고 있는 열대우림은 남미의 아마존 지역, 동남아시아, 그리고 아프리카의 동쪽과 서쪽 지역에도 있다.

어떤 서식지에서 발견되는 생물 군계의 종류는 온도, 강수량, 그리고 계절적 변이의 극심함과 같은 기후에 주로 달려 있다. 결과적으로 적도로부터의 거리인 **위도**(*latitude*)와 해수면으로부터의 높이인 **고도**(*altitude*)가 지구 상의 생물 군계의 분포에 영향을 미치는 주요 요인이다. 예를 들어 햇빛은 적도에서 거의 직접적으로 지구를 때려, 그곳의 공기를 덥게 만들어 공기가 위로 올라가게 한다. 위로 올라가는 공기가 식으면, 아주 많은 양의 습기를 비로 방출한다. 이런 이유로 열대 우림은 적도 근처에서 발견된다. 훨씬 건조한 공기가 이제 북위와 남위 30도 주변에서 내려오면서 지구의 많은 가장 큰 사막들을 만들어 낸다. 이제 지구의 생물 군계들을 조사해 보자.

열대림(*tropical forest*) (그림 21.16) 또는 열대 우림은 적도와 매우 가까운 지역에서 발견된다. 온도는 따뜻하고 일 년 내내 꽤 일정하다. 열대림은 연강수량이 2000~4000 mm이며, 우기와 건기로 나누어 분포된다. 열대림은 모든 다른 생물 군계를 합친 것보다 더 많은 생물 종들이 발견되는 종 다양성으로 유명하다. 열대림 1 km^2에는 많게는 100가지의 다른 나무 종들이 있는데, 가장 큰 나무들은 밀집된 임관을 형성하여 지면을 그늘지게 한다. 열대림에서는 모든 유기 물질이 신속하게 분해되기 때문에 낙엽이 거의 없다. 열대림에 존재하는 거의 모든 영양분들이 생물체에서 발견되고, 그래서 토양이 피폐해지는 경향이 있다. 전 세계적으로 목재와 농업을 위해 열대림이 빠르게 파괴되고 있다. 불행하게도 열대림은 토질이 나빠서 벌목된 숲에서 농사를 지을 수 있는 기간은 채 몇 년이 되지 않는다.

그림 21.16
태국의 열대림은 모든 열대림에서 발견되는 식물의 밀도와 다양성을 보여 준다.

그림 21.17
온대림에서는 가을에 나무의 잎들이 떨어진다.

그림 21.18
미국 알래스카에 있는 데날리 국립 공원의 침엽수림

그림 21.19
미국 알래스카 지역의 툰드라에 살고 있는 순록

온대림(*temperate forest*) (그림 21.17)은 따뜻한 성장 시기와 추운 겨울을 포함하여 사계절이 뚜렷한 지역에서 발견된다. 온대림의 연강수량은 750~1500 mm이다. 온대림에는 일반적으로 1 km^2에 서너 가지의 다른 나무 종들이 있다. 일부 잘 알려진 온대림 나무는 느릅나무, 떡갈나무, 너도밤나무, 단풍나무이다. 온대림 나무의 잎은 겨울의 혹한의 온도에서는 생존할 수 없다. 그 결과로 이런 나무들은 **낙엽성**이어서 가을에는 잎이 떨어진다. 나무는 잎이 떨어지기 전에 잎으로부터 영양분을 회수한다. 온대림의 토양은 기름지고, 이런 수림은 좋은 농토를 만든다. 실제로 온대림의 상당 부분이 농지 개간을 위해 베어졌다.

침엽수림(*coniferous forest*) (그림 21.18) (또는 상록수림)은 겨울이 길고 추우며, 여름이 짧은 지역에서 발견된다. 침엽수림은 비교적 건조하여 연강수량이 약 400~1000 mm이다. 강수는 주로 눈으로 내린다. 그들의 이름이 의미하듯이, 침엽수림은 소나무, 가문비나무, 전나무와 같은 침엽수가 주종을 이루고 있다. 침엽수의 바늘 같은 잎은 두꺼운 왁스층으로 덮여 있고, 겨울 동안 얼지 않게 유지시켜 주는 특수한 물질을 가지고 있다. 침엽수림 내에서 지면은 일반적으로 떨어진 침엽수 잎으로 덮여 있고, 토양에는 영양분이 적다. 많은 침엽수림이 벌목의 위협을 받고 있다.

툰드라(*tundra*) (그림 21.19)는 극심한 추위와 강수량이 매우 작은 지역에서 발견된다. 툰드라를 정의하는 특징 가운데 하나는 표층 바로 밑에 있는 한 층의 **영구 동토**(*permafrost*)이다. '**툰드라**'라는 용어는 핀란드 언어로 '나무 없는 평원(tunturia)'에서 온 것이다. 툰드라는 동토이며 성장 기간이 짧기 때문에 나무가 생존할 수 없다. 툰드라의 식물은 키 작은 관목, 지의류, 이끼류, 그리고 풀과 꽃을 포함한다. 식물들은 종종 추위에 대항하는 것으로 밀집된 덤불로 발견된다. 툰드라는 생물 다양성이 상대적으로 낮다.

사바나(*savanna*) (그림 21.20)는 기후가 따뜻하고 건조기가 긴 열대 초원이다. 사바나는 풀과 여기 저기 흩어져 있는 나무들로 덮여 있다. 사바나에 살고 있는 식물은 가뭄에 견디기 위해 긴 뿌리를 갖고 있다. 나무는 또한 건기 동안에 발생하는 화재에서 생존하는 데 도움이 되는 두꺼운 껍질을 갖고 있다. 화재는 나무의 성장을 방해함으로써 사바나를 유지하는 데 도움이 된다. 생물들 역시 사바나 서식지를 유지하는 데 도움이 된다. 예를 들어 코끼리는 나무를 먹어 없애고, 사람은 농업을 위해 숲을 태운다. 이런 활동이 없다면, 일부 사바나는 열대림으로 성장할 수도 있다. 사바나에는 일반적으로 연간 750~1000 mm의 적당한 양의 비가 온다.

온대 초원(*temperate grassland*) (그림 21.21)은 무더운 여름과 추운 겨울을 포함해 사계절이 뚜렷한 지역에서 발견된다. 온대 초원은 사바나보다 기온 변화가 좀 더 크고, 연강수량이 500~900 mm 정도로 더 적다. 비교적 적은 강수량, 계절적 가뭄, 화재, 방목 등 몇 가지 요인

그림 21.20
탄자니아의 세렝게티 국립 공원의 사바나

그림 21.21
미국 사우스다코타 지역의 온대 초원

그림 21.22
미국 남부 캘리포니아의 관목 지대

들이 나무가 서식지를 점거하여 온대림으로 전환되는 것을 막는다. 온대 초원의 토양은 매우 비옥하여 농지로 이상적이다.

관목 지대(*chaparral*)(그림 21.22)는 겨울에는 온난 다습하고, 여름에는 가뭄과 화재로 인해 고온 건조하다. 관목 지대 서식처는 작은 나무와 관목이 주류를 이루고 있다. 이들 중 다수가 수분 유지에 도움이 되는 밀랍으로 덮여 있는 작은 잎을 갖고 있다. 관목 지대의 식물은 또한 여름 가뭄에 생존을 도와 주는 풍부한 뿌리 체계를 갖고 있다.

사막(*desert*)(그림 21.23)은 일반적으로 연강수량이 500 mm 이하로 극히 적다. 비록 사막은 일반적으로 뜨거운 기후와 연계되어 있지만, 추운 사막도 존재한다. 추운 사막에서 강수가 눈으로 내릴 수도 있다. 가장 춥고 건조한 대륙인 남극 대륙이 사막이다. 사하라 사막이나 호주 사막과 같은 세계 최대의 뜨거운 사막 중 다수가 북위 30°와 남위 30° 근처 일대에서 발견된다. 사막 식물들은 일반적으로 건조한 조건에서 살기 위해 뿌리 체계가 넓게 뻗어 있고, 물을 저장하는 능력과 같은 특별한 적응을 보인다. 사막 토양은 일반적으로 영양이 풍부하다. 긴 성장 계절과 풍부한 햇빛이 주어지는 이런 양분이 풍부한 토양에 관개 시설을 통해 물만 공급할 수 있다면, 사막은 비옥한 농지가 될 것이다.

그림 21.23
멕시코의 바자 캘리포니아에 있는 사막

수중 생물 군계

생명체는 바다에서 기원하였고, 많은 종들이 계속 담수와 해수의 수중 서식지들을 이용하고 있다.

담수 서식지 담수 서식지는 호수, 연못의 흐르지 않는 물 및 강과 시내의 흐르는 물을 포함한다. 호수와 연못은 크기와 생물 다양성에서 엄청나게 다양하다. 그럼에도 모든 서식지를 그림 21.24에 나타낸 것처럼 세 개의 주요 지대로 나눌 수 있다. 물의 표면, 호수에 가까운 서식지는 **연안대**(*littoral zone*)의 일부이다. 연안대는 햇빛에 노출되기 때문에 비교적 따뜻하다. 연안대에 사는 생물은 광합성을 하는 식물과 조류, 곤충, 연체동물, 갑각류, 어류, 양서류, 오리, 거북을 포함한다. **원수대**(*limnetic zone*)는 수면과 가깝지만 연안으로부터 먼 서식지들을 말한다. 원수대는 활발하게 헤엄치기보다는 물에서 떠다니는 생물인 **플랑크톤**(*plankton*)이 주로 점유하고 있다. 식물성 플랑크톤은 광합성을 하는 플랑크톤으로, 호수와 연못의 주 생산

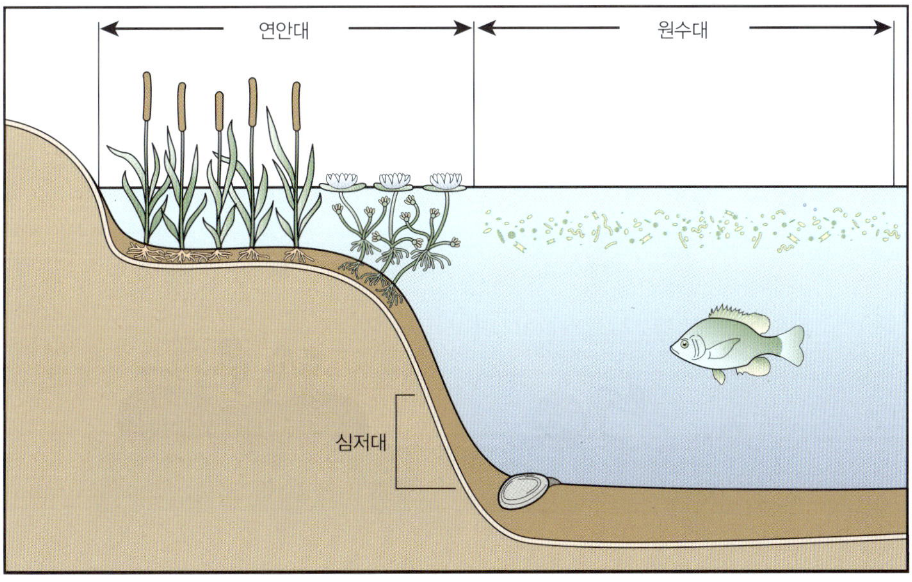

그림 21.24
호수와 연못은 세 개의 주요 지대인 연안대, 원수대, 심저대로 나뉘며, 각 지대는 서로 다른 종류의 생물들이 사는 서식처이다.

자이다. 동물성 플랑크톤은 종속 영양 플랑크톤이다. 일부 호수와 연못에서는, 원수대에서 어류가 살기도 한다. **심저대**(*profundal zone*)는 연못과 호수의 깊은 수중 서식지를 말한다. 심저대에 사는 대부분의 생물들은 상층에서 내려오는 유기 쇄설물을 먹는다.

흐르는 강이나 시냇물에 살고 있는 수중 생물 종들은 대개 씻겨나가지 않도록 적응이 되어 있다. 일부 종들은 바위에 부착하기 위한 갈고리나 빨판이 있다. 다른 종들은 헤엄을 잘 친다. 광합성을 하는 플랑크톤은 호수나 연못처럼, 강과 시냇물에서도 주 생산자이다.

그림 21.25
미국 플로리다의 남부 지역에 있는 하구

하구(*estuary*)는 담수인 강이 바다로 흘러 들어가는 지점의 서식지이다. 습지 잔디나 맹그로브처럼 하구에서 발견되는 식물(그림 21.25)들은 변화하는 염분 조건을 처리할 수 있는 적응 능력을 갖고 있다. 하구는 많은 어류, 무척추동물, 새의 서식지이며, 많은 어류와 무척추동물이 새끼를 키우는 필수적인 서식지이다.

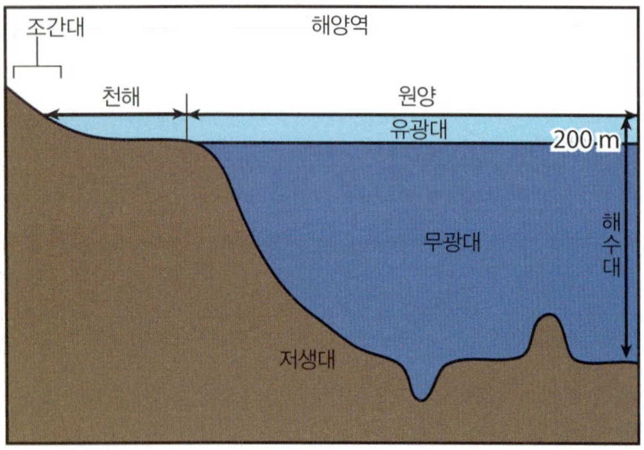

그림 21.26
해양은 생물체에게 다양한 서식지를 제공한다. 해양 서식지는 깊이와 해안으로부터의 거리에 따라 다른 여러 지대로 나누어진다.

해양 서식지 해양은 생물체에게 광범위한 서식처들을 제공한다(그림 21.26). 많은 바다의 생물 종들이 **해수대**(*pelagic zone*)에서 발견된다. 즉 생물들이 수역 자체 내에서 살고 있다. 해수대는 두 부분으로 더 나누어진다. **유광대**(*photic zone*)는 수면과 가깝고, 광합성을 가능하게 할 만큼 충분한 햇빛을 받는다. 해수대 생물 종의 대부분이 이곳에서 발견된다. 수심이 더 깊은 **무광대**(*aphotic zone*)는 빛을 거의 받지 못하여 먹이의 이용 가능성과 생물 다양성이 훨씬 제한적이다.

해수대 생물 종들은 두 가지 이동 방법 중 하나를 이용한다. 플랑크톤은 물이 흐르는 대로 떠다닌다. 플랑크톤에는 규조류와 쌍편모조류 같은 생물과, 조개류, 바닷가재, 성게와 같은 동물의 유생이 있다. 식물성 플랑크톤 또는 광합성 플랑크톤은 해양 먹이 사슬의 주 생산자들이다. **유영 동물**(*nekton*)은 물속에서 활발하게 헤엄을 친다. 물고기와 바다거북이 유영 동물의 예이다. 물론 인간은 수중 생물이 아니지만, 물속에 들어가면 플랑크톤이나 유영 동물과 같이 행동할 수 있다(그림 21.27).

대부분의 해양 생물 종들은 해양의 바닥에 있는 **저생대**(*benthic zone*)에 살고 있다. 바닷가재 같은 저생대 생물 종은 아마도 해양 바닥의 표면에서 살고 있고, 조개류와 해저 바다벌레 같은 생물은 퇴적물 속으로 파고들어간다.

해양 서식지는 그것이 해안과 얼마나 가까운지에 따라 분류될 수 있다. **조간대**(*intertidal zone*)는 해안과 가장 가깝다. 조간대는 조수가 들어오고 나감에 따라 물속에 잠겨 있는 상태와 공기에 노출되어 있는 상태가 교대로 일어난다. 따개비 성게, 불가사리와 같은 조간대 생물(그림 21.28)은 공기 노출, 불안정한 온도 변화, 그리고 파도에 대처할 수 있어야 한다. 이들은 특별한 적응 방법으로 이런 환경 속에서 살아간다. 많은 조간대 생물들은 두꺼운 껍질을

그림 21.27
사람은 물속에서 유영 동물이나 플랑크톤처럼 행동할 수 있다.

갖고 있거나, 아니면 말라 죽는 것을 피하기 위해 갈라진 틈 속에 숨는다. 더욱이 모든 조간대 생물들은 바위에 단단히 부착할 수 있어서 해변으로 씻겨나가지 않는다. **천해대**(*neritic zone*)는 해안 근처의 바닷물 밑의 서식처를 의미한다. 지구의 가장 다양한 해양생태계인 산호초(18장 참조)는 천해대에서 발견된다. 천해대 지역의 서식처들은 양분이 매우 풍부하다. 이 양분들은 육지로부터 물속으로 씻겨 들어온 것이다. 이런 이유 때문에 천해대는 더 멀리 밖에 있는 깊은 **원양 지역**(*oceanic zone*)보다 생물이 더 풍부하다.

그림 21.28
불가사리, 따개비, 성게를 포함한 다양한 생물들이 이 조수 웅덩이를 차지하고 있다.

융합과학 21A
지구과학

학습목표
물, 탄소, 질소와 같은 중요한 물질들은 생명체와 지구 사이를 어떻게 오가며 순환하는지 설명할 수 있다.

생태계의 물질 순환

물음 생명체는 어떻게 탄소를 대기로 되돌려 보내는가?

여러분 뺨의 한 세포 속에 있는 하나의 물 분자는 한때 인도양에서 오르락내리락하였다. 무릎을 덮고 있는 피부의 한 탄소 원자는 한때 남극의 추운 공기 속을 떠다녔다. 여러분의 정맥을 따라 흐르고 있는 한 질소 원자는 한때 페루에 있는 어느 산의 토양 속에 잠겨 있었다. 여러분의 몸을 이루고 있는 부분들은 전 세계에 걸쳐 여러분 눈으로 전혀 본 적도 없는 지역에 있었던 것이다! 어떻게 이런 일이 가능할까?

생물체는 물, 탄소, 질소, 인, 소듐, 황, 염소, 그리고 많은 다른 물질들로 이루어져 있다. 이런 모든 물질들은 일련의 **생지화학적 순환 경로**(**biogeochemical cycle**)를 따라 지구의 여기저기를 이동하면서, 생물체의 조직과 비생물적 세계의 사이를 오고 간다. '**생지화학적**(*biogeochemical*)'이라는 용어는 **생물체**(*bio*)와 **지구**(*geo*) 사이의 물질 순환을 강조한다. 특히 지구의 공기, 지각, 그리고 물을 강조한다.

한 분자가 생지화학적 순환 경로를 통해 이동할 때, 그 분자는 자신이 머무는 장소인 일련의 **저장소**(*reservoir*)를 통과한다. 예를 들어 어떤 물 분자는 증발에 의해 대기와 같은 다른 저장소로 이동할 때까지 저장소의 하나인 해양에 머무를 수도 있을 것이다. 이제 물 분자는 강수로 제3의 저장소인 호수로 떨어질 수도 있다. 예를 들어 하나의 물 분자가 또 다른 저장소로 이동하기 전 해양에서 보내는 평균 시간과 같이, 한 분자가 각 저장소에서 보내는 평균 시간을 그 저장소에서의 **체류 시간**(*residence time*)이라고 한다. 생물체가 이용하는 각 물질마다 하나의 생지화학적 순환 경로가 다르더라도 물, 탄소, 질소가 가장 중요한 물질이다.

물

모든 생명체는 물이 필요하다. 그림 21.29에 나타낸 지구의 물 순환은 물이 지구에서 어떻게 이동하는지 보여 준다. 물은 대양으로부터 증발되어 대기 속으로 들어가고, 이 물은 바람에 의해 대기의 여기저기를 이동하다가, 비나 눈으로 다시 지구로 떨어진다. 땅에 떨어진 물은 강, 시냇물, 지하수를 통해 해양으로 다시 흘러간다.

물은 생물체에 의해 흡수되거나 삼켜질 때, 생물계로 들어간다. 이 물의 일부는 먹이 사슬로 전달될 수 있다. 나머지는 호흡, 발한, 배설, 배출의 과정을 통해 비생물계로 돌아간다. 식물은 또한 잎 내부에서 물이 증발하여 기공을 통해 대기로 이탈할 때 물을 소실한다. 사람이 숨을 내쉴 때마다 물이 대기로 돌아가는 것을 알고 있는가? 여러분이 거울이나 유리 조각에 대고 숨을 쉬면, 뿌연 수증기 층이 만들어진다.

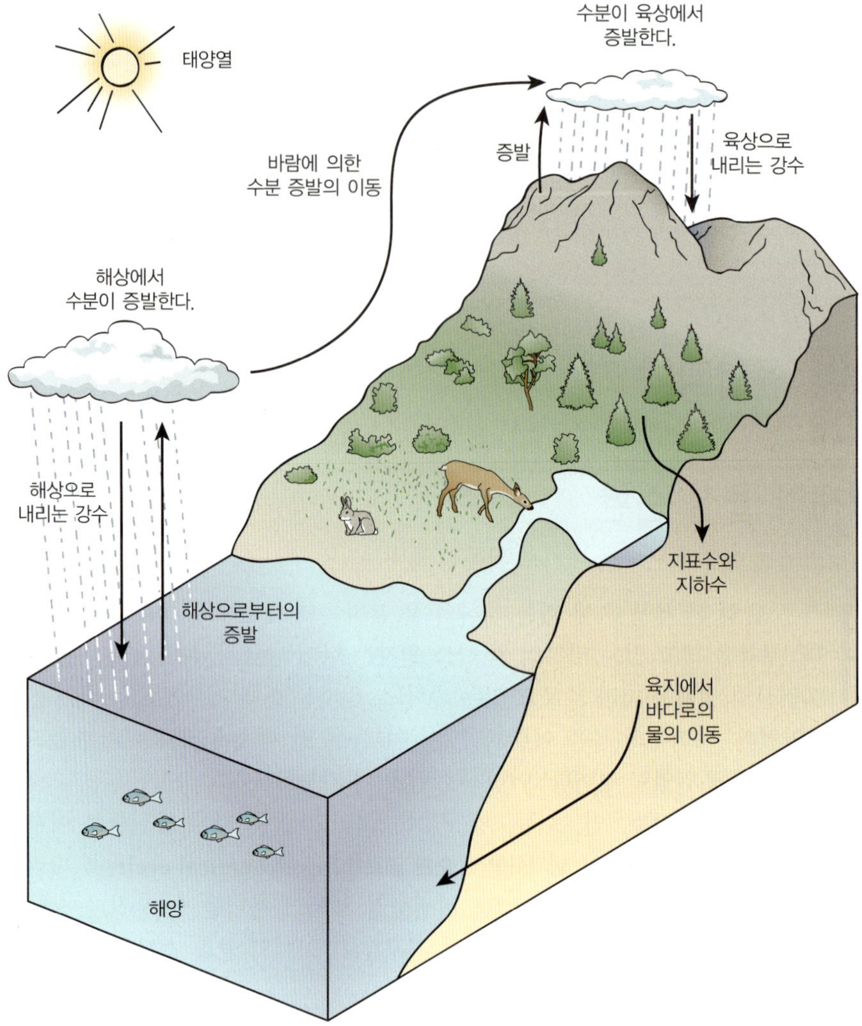

그림 21.29
해양, 대기, 토양을 통한 물 순환. 물의 일부는 생물체의 몸으로 들어간다.

탄소

탄소는 모든 유기 분자들의 필수 성분이다. 그림 21.30은 탄소 순환을 나타낸 것이다. 지구의 무기 탄소는 대부분이 이산화 탄소로 존재하고, 그리고 대기에서 발견되거나 해양수에 녹아 있다.

식물이나 다른 생산자들이 유기 분자인 포도당을 만들기 위해 이산화 탄소를 이용할 때, 탄소는 광합성 과정에서 생물계로 들어간다. 이런 탄소가 먹이 사슬을 따라 이동할 때 다른 생물들이 이용할 수 있게 된다. 생물체가 포도당과 같은 유기 분자들을 분해하면서 이산화 탄소를 방출할 때, 탄소는 호흡 과정에서 비생물계로 되돌아간다.

석탄과 석유 같은 화석 연료는 지구의 탄소 공급의 중요한 부분을 차지한다. 석탄과 석유는 모두 죽은 생물체의 잔여물로부터 오랜 세월에 걸쳐 형성된다. (이것 때문에 '화석' 연료라고 불려진다.) 인간이 화석 연료를 태워 상당히 많은 탄소가 대기 속으로 방출되어 왔고, 그래서 현재 대기의 이산화 탄소의 수준은 1500만 년 동안 방출되어 온 것보다 더 높다. 공기 중의 이산화 탄소는 행성에 열을 가둬 놓기 때문에 지구는 그 결과로 현저하게 더워졌다. 이렇게 지구가 더워지는 것을 **지구 온난화**(*global warming*)라고 한다.

질소

질소는 아미노산, DNA, 그리고 많은 다른 유기 분자들의 필수 성분이다. 그림 21.31은 질소 순환을 나타낸 것이다. 지구 질소의 대부분은 대기 중의 질소 기체(N_2)로 존재한다. 그러나 질소 기체는 대부분의 생물체가 이용할 수 있는 질소의 형태가 아니다. 박테리아는 질소를 이용 가능한 형태로 전환한다. 토양에 있는 **질소 고정 세균**(*nitrogen-fixing bacteria*)이 질소 기체를 암모늄(NH_4^+)으로 전환하면, **질화 세균**(*nitrifying bacteria*)이 암모늄을 질산염(NO_3^-)으로 전환한다. 식물이 암모늄을 일부 이용하더라도, 식물은 일차적으로 질산염 형태로 질소를 흡수한다. 이제 질소는 식물에서 먹이 사슬로 이동한다. 질화 세균에 의해 질소 기체로 전환될 때, 질소는 비생물 환경으로 돌아간다.

완두콩, 강낭콩, 클로버, 그리고 자주개나리와 같은 콩과식물을 포함한 일부 식물은 질소 고정 세균과 상리 공생 관계를 진화시켰다. 이런 식물들은 뿌리 내의 특별한 혹 속에 박테리아를 위한 서식처를 제공하고, 박테리아는 식물에게 질소를 제공한다(그림 21.32). 이러한 이유 때문에 농부들은 종종 콩과식물을 다른 식물과 함께 재배한다. 이때 넘치는 질소로 인해 토양이 비옥해져서, 다른 농작물이 더 잘 성장하게 한다. 그러나 현재에는 모든 식물이 질소를 얻는 데 박테리아에 의존하지는 않는다. 질소가 풍부한 비료를 만드는 공업 기술이 발명되었다.

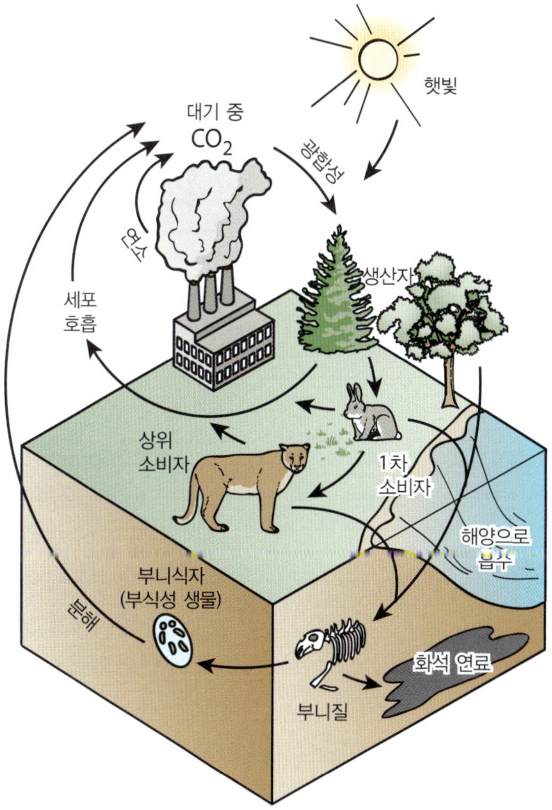

그림 21.30
탄소는 대기와 해양에서 이산화 탄소로 발견된다. 광합성이 일어나는 동안, 생산자들은 탄소를 생물계로 이동시킨다. 그때부터 탄소는 먹이 사슬로 올라간다. 탄소는 세포 호흡의 산물인 이산화 탄소로 다시 무생물계로 돌아온다. 탄소 순환의 다른 중요한 요소는 화석 연료를 태우는 것이다. 이것은 사전에 이미 연료에 들어 있던 엄청난 양의 탄소를 방출시킨다.

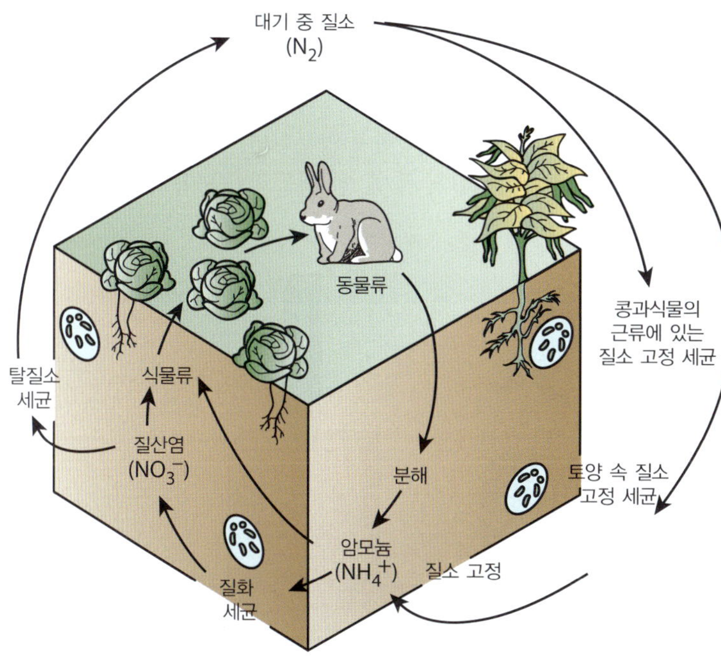

그림 21.31
질소는 대기 속에서 질소 기체로 발견된다. 박테리아는 대기의 질소를 생물체들이 이용할 수 있는 형태로 전환한다.

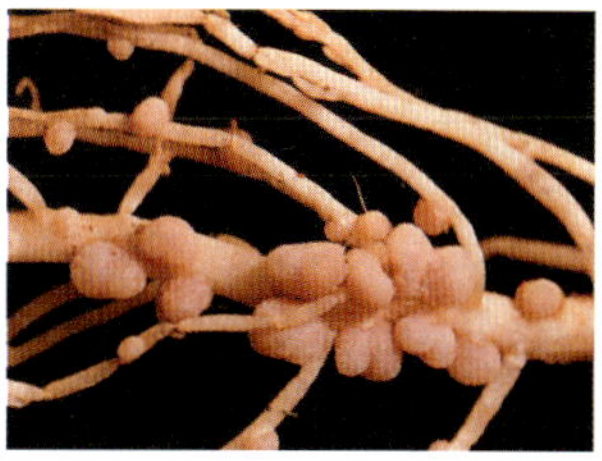

그림 21.32
콩과식물은 이런 특수한 뿌리혹 속에 질소 고정 공생 세균이 서식할 장소를 제공한다.

학습목표
생태계에서의 에너지 흐름을 설명할 수 있다.

21.6 생태계의 에너지 흐름

물음 아프리카의 사바나 서식지에 사자보다 얼룩말이 더 많은 이유는?

모든 생물체는 생존, 성장, 그리고 생식을 하기 위해 에너지가 필요하다. 이런 에너지는 어디에서 오는가? 대부분의 생태계에서 에너지는 궁극적으로 태양에서 온다. 지구는 엄청난 양의 에너지를 받는다. 실제로 매일 약 10^{19} kcal가 지구 표면에 들어온다. 태양 에너지는 식물이나 다른 생물들이 광합성을 통해 유기 분자를 합성하기 위해 사용할 때 생물계로 들어온다(15장 참조). 광합성 생물은 자신에게 충돌하는 태양 에너지의 약 1%를 잎의 셀룰로스, 또는 감자의 녹말과 같은 유기 물질로 전환한다. 전 세계적으로 이것을 간단히 합해 보면, 매년 1700억 톤의 유기 물질을 합성하기에 충분하다!

생체량(**biomass**)은 한 생태계의 유기 물질의 양을 말한다. 생산자가 생체량을 합성하는 속도가 그 생태계의 **일차 생산력**(*primary productivity*)이다. 생태계에 따라 일차 생산력이 다르다. 예를 들어 열대림, 늪 지대, 산호초는 일차 생산력이 매우 높은 반면, 사막과 툰드라는 일차 생산력이 비교적 낮다.

일단 에너지가 생산자의 생체량(식물체 물질)으로 한 생태계에 들어가면, 에너지는 먹이 사슬로 연결되어 1차 소비자의 생체량, 2차 소비자의 생산량, 등등을 만들어 낸다. 식물이 얻은 모든 에너지가 궁극적으로 성장하고 있는 얼룩말, 또는 사자 속으로 들어가는가? 그렇지 않다. 모든 생태계에서 엄청난 양의 에너지가 먹이 사슬을 따라 이동하면서 소실된다. 먹이 사슬의 한 단계에서의 에너지의 10%만이 다음 단계로 올라간다. 예를 들어 아프리카 사바나의 한 지역의 생산자들이 10,000 kcal의 에너지를 사용한다면, 얼룩말과 같은 1차 소비자는 1000 kcal를 이용할 수 있고, 사자와 같은 2차 소비자는 100 kcal를 이용할 것으로 예상된다. 이런 에너지 흐름은 그림 21.33에 나타낸 것과 같은 **에너지 피라미드**(*energy pyramid*)로 나타낼 수 있다. 피라미드의 형태는 먹이 사슬을 따라 올라가면서 에너지의 소실이 있다는 것을 보여 준다.

왜 먹이 사슬에서 한 단계의 에너지의 10%만이 다음 단계로 이동하는가? 나머지 90%에는 어떻게 되는가? 첫째, 먹이 사슬의 한 단계에 있는 생물들의 일부는 다음 단계의 생물들에 의해 먹히지 않는다. 예를 들어 일부 사바나 식물들은 얼룩말에 의해 먹히지 않고, 일부 얼룩말은 사자에 의해 먹히지 않는다. 한 생물체가 먹히지 않는다면, 그 생물체에 들어 있는 에너지는 먹이 사슬의 다음 단계로 이동할 수 없다. 둘째, 한 생물체가 사용하는 모든 에너지가 생체

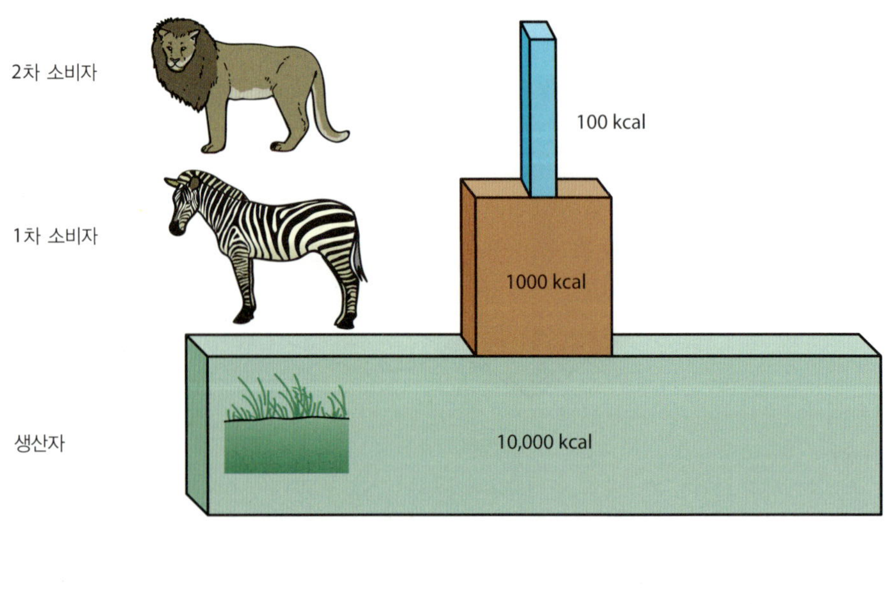

그림 21.33
이 에너지 피라미드는 먹이 사슬을 따라 올라갈수록 에너지의 양이 감소한다는 것을 보여 준다.

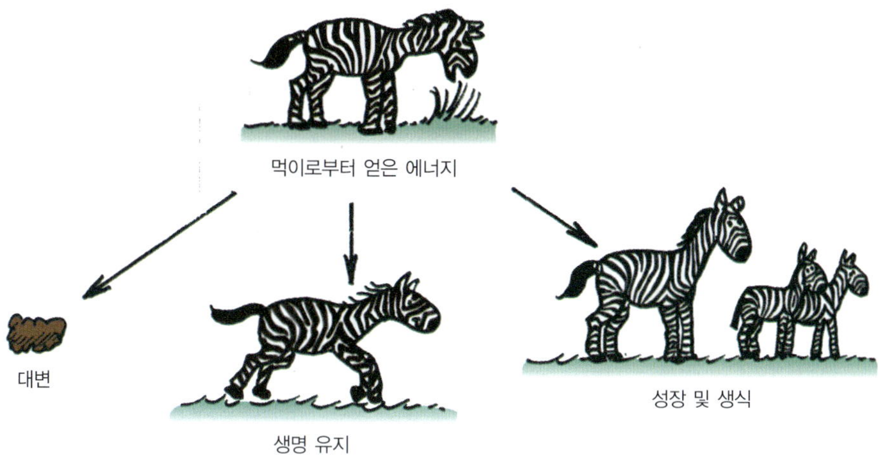

그림 21.34
한 생물체가 먹이를 섭취하여 얻는 에너지는 대소변, 생명 유지, 그리고 성장 및 생식의 세 종류로 나간다. 단지 성장과 생식만 생체량을 만드는 데 기여하고, 생체량으로 전환되는 에너지만 먹이 사슬로 이동할 수 있다.

량을 합성하는 데 들어가지 않는다. 즉 생체량으로 전환되는 에너지만 먹이 사슬을 따라 올라갈 수 있다. 예를 들어 사바나 식물은 자신의 에너지의 일부를 세포 과정과 생명에 필수적인 다른 활동들을 수행하는 데 사용한다. 비슷하게, 얼룩말이 먹이를 섭취할 때, 먹이에 들어 있는 모든 에너지가 생체량 합성에 들어가지 않는다. 일부 에너지는 대소변으로 잃어버리고, 일부 에너지는 생명을 유지하는 데 들어간다. 대변은 얼룩말이 소화할 수 없는 유기 물질을 함유하고 있다. 생명 유지는 얼룩말이 생존하기 위해 필요한 에너지이다. 즉 생명 유지는 먹이를 찾고, 도망가고, 숨쉬고, 몸을 덥히고, 등등이다. 대변과 생명 유지를 위한 자기 몫의 에너지를 취하고 나면, 약 10%만이 성장과 생식을 위해 남는다. 즉 이것만이 새로운 생체량을 합성하는 데 사용된다(그림 21.34).

에너지 피라미드는 먹이 사슬의 단계가 더 높을수록 생체량이 적은 이유를 설명해 준다. 즉 왜 얼룩말보다 풀이 더 많고, 사자보다 얼룩말이 더 많은지를 설명해 준다. 먹이 사슬에서 더 높은 단계의 먹이를 먹는 생물이 이용할 에너지는 더 적으므로 그들 가운데 더 소수만이 에너지를 지원받을 수 있다. 에너지 피라미드는 또한 한 먹이 사슬 단계의 수가 왜 제한되는지를 설명해 준다. 즉 더 높은 단계에서 먹이를 먹는 동물들을 뒷받침하기에는 에너지가 충분하지 않다. 예를 들어 전적으로 사자를 먹고사는 더 높은 단계의 소비자가 없다.

융합과학 21B
물리학, 화학

학습목표
열역학 제2법칙이 생태계 내의 에너지 흐름에 왜 중요한지 설명할 수 있다.

생물체가 먹이를 섭취할 때 에너지가 새어나간다

물음 호흡 과정에서 잃어버린 에너지는 포유동물과 새들이 따뜻하고 안정된 체온을 유지하는 방법과 어떠한 관련이 있는가?

에너지 피라미드는 왜 항상 피라미드인가? 즉 먹이 사슬을 따라 올라가면서 이용할 수 있는 에너지의 양은 왜 항상 감소하는가? 이미 다음과 같은 두 가지 좋은 이유를 살펴보았다. 첫째, 먹이 사슬의 한 단계에 있는 일부 생물은 다음 단계에 있는 생물들에 의해 먹히지 않는다. 둘째, 먹이로부터 얻는 에너지의 일부는 대변으로 소실되거나 생명 유지에 쓰인다.

'생명 유지'를 위한 많은 에너지는 열로서 환경으로 소실된다. 이것은 생물체가 자신의 활동을 수행하면서 에너지가 지속적으로 소실되고 있기 때문이다. 왜 그럴까? 자연계는 조직화된 에너지 상태로부터 비조직화된 에너지 상태로 이동하려는 경향을 보인다는 열역학 제2법칙 때문이다. 즉 유용한 에너지가 불안정한 에너지, 즉 열로 전환된다. 생명체 내에서 일어나는 화학 반응을 포함해서 에너지가 한 형태로부터 다른 형태로 전환될 때마다 일부 에너지가 열로 전환된다.

세포 호흡 과정에 일어나는 반응들처럼 한 무리의 화학 반응을 살펴볼 필요가 있다. 생명체는 포도당을 분해하고 ATP를 합성하는 데 세포 호흡을 이용한다. 포도당 연소에 대한 화학 반응은 다음과 같다.

$$C_6H_{12}O_6 + 6O_2 \rightarrow 6CO_2 + 6H_2O + 673\ \text{kcal/mol}$$

그림 21.35
열역학 제2법칙은 모든 화학 반응에서 에너지를 열의 형태로 환경에 잃어버린다는 것을 알려 준다.

즉 포도당과 산소가 반응하여 이산화 탄소와 물을 형성하는 과정에서 673 kcal/mol의 에너지가 방출된다. 생물체에서 이런 반응이 완전히 효율적이었다면, 포도당이 분해되면서 방출된 673 kcal/mol의 에너지 전체가 ATP로 포획될 것이다.

포도당 한 분자가 분해되는 결과로 약 38개의 ADP 분자들이 ATP로 전환된다. 여러 세포에서 이런 ATP 분자가 ADP와 인산으로 분해되면 7 kcal/mol의 에너지를 낸다. 그러나 이런 계산에 의하면 $38 \times 7 = 266$으로, 673보다는 훨씬 적다. 분명하게 상당히 많은 에너지를 잃고 있다! 무슨 일이 일어난 것인가? 에너지가 열로서 환경으로 소실된 것이다. 포유동물과 조류에서는 이런 방식으로 소실된 열이 안정되고, 따뜻한 체온을 유지하는 데 기여한다. 그러나 이런 열도 결국에는 역시 환경으로 발산된다. 일단 모든 화학 반응에서 일부 에너지는 환경으로 소실된다는 것을 사실로 여긴다면, 먹이 사슬에서 한 단계로부터 다음 단계로 이동할 때 왜 그렇게 많은 에너지가 빠져나가는지가 분명해진다(그림 21.35). 사실상 지구가 태양으로부터 받아들이는 **모든** 에너지가 결국에는 열로서 소실된다.

학습목표
교란이 생태계에 어떻게 영향을 미칠 수 있는지 설명할 수 있다.

21.7 생태계의 변화

물음 한 서식지의 초기 이주 생물이 그 후의 이주 생물에 의해 밀려나는 이유는?

1883년에 일어난 거대한 화산 폭발이 인도네시아 열대 지역의 크라카토아(Krakatoa) 섬을 휩쓸어 버렸다. 대부분의 섬들이 파괴되었다. 남아 있는 것은 화산재로 덮여 있고, 불모지로 생명체라고는 없었다. 그런데 3년이 채 안 되어 주로 광합성 박테리아와 양치류 같은 소수의 생물 종들이 이 섬에 이주해 왔다. 1897년에 이 섬은 키 큰 풀로 덮여 하나의 사바나가 되었다. 그리고 단지 소수의 동물 종만이 있었고, 거의 대부분이 날아다니는 곤충과 새들이었다. 1919년에는 나무들이 드문드문 보였고, 1931년에는 숲이 형성되었다. 나무들이 더 많이 성장하면서 동물의 종류도 크게 다양해졌다. 오늘날 크라카타오 섬은 다시 열대림이 되었다.

크라카타오의 역사는 생태 천이의 한 예를 보여 준다. **생태 천이(ecological succession)**는 한 생태계에서 살고 있는 생물 종의 군집이 시간이 경과함에 따라 어떻게 변하는지를 설명해 준다. 생태 천이에는 1차 천이와 2차 천이의 두 종류가 있다.

토양이 없는 불모지에 생명체들이 연속적인 파도처럼 이주해 옴으로써 **1차 천이**(*primary succession*)가 일어난다. 예를 들어 1차 천이는 새로운 땅이 화산 활동에 의해 형성되거나 빙하의 퇴각으로 생명체가 없는 암반이 드러날 때 시작된다(그림 21.36). 불모지에 처음 이주해 들어오는 생물 종은 **선구종**(*pioneer species*)으로 알려져 있다. 선구종은 종종 광합성을 하는 미생물과 지의류나 이끼류 같은 더 큰 생물들도 포함한다. 선구종은 양분과 유기 물질이 거의

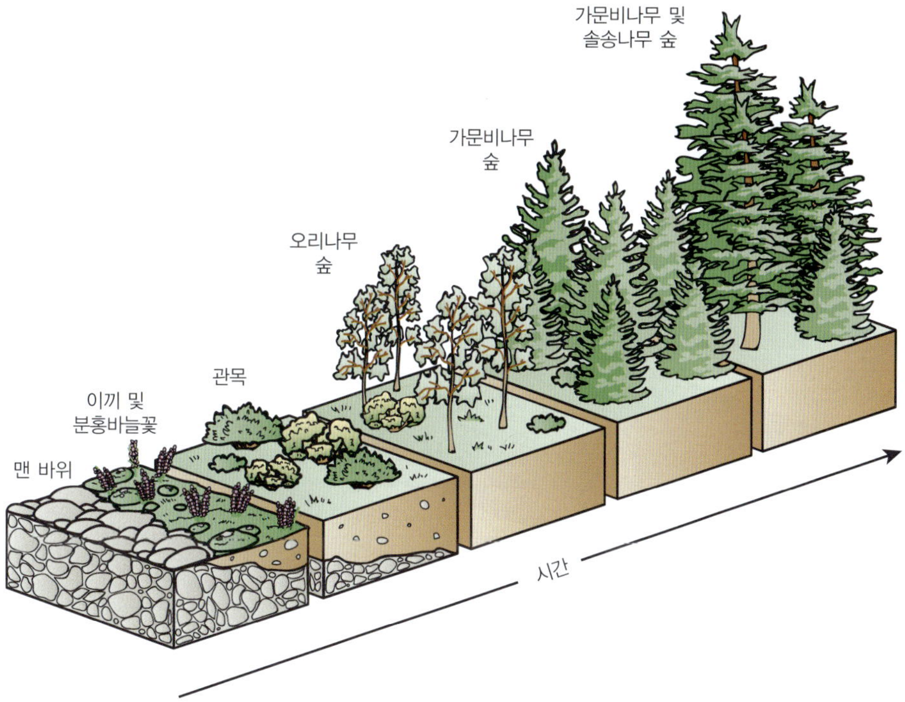

그림 21.36
미국 알래스카에서 빙하가 물러간 뒤의 1차 천이 과정: 생명체가 없는 암반이 이끼류와 불탄 자리에 나는 잡초들로 덮여 있는 암반, 그 후에 관목, 오리나무 숲, 가문비나무 숲, 최종적으로 가문비나무 및 솔송나무 숲으로 진행된다. 전 과정은 200여 년에 걸쳐 일어났다.

존재하지 않는 상황에서 생존할 수 있어야 한다. 선구종은 땅에 덮개가 없기 때문에, 직사광선과 온도 변화에도 대처할 수 있어야 한다. 선구종 다음으로 풀, 관목, 그리고 최종적으로 나무가 뒤를 잇는다. 각각의 천이 단계에서 초기에 이주해 온 생물들이 양분과 유기 물질을 축적시켜, 나중에 이주해 오는 생물들이 번성할 수 있게 해 준다. 나중에 이주해 온 생물들이 결국에는 경쟁에서 이겨 초기에 이주해 온 생물들을 쫓아낸다. 생태 천이는 비교적 안정되어 있는 **극상 군집**(*climax community*)으로 끝난다. 천이 과정이 진행되는 동안 현존하는 종의 수가 증가함에 따라 그 생태계의 전체 생체량은 일반적으로 증가한다.

2차 천이(*secondary succession*)는 교란으로 인해 한 서식지에 생존하고 있는 생명체는 파괴되었지만, 토양은 온전하게 남았을 때 일어난다. 2차 천이는 화재가 일어난 후, 또는 오래된 농지가 버려졌을 때 시작할 수도 있다. 토양이 이미 있기 때문에 2차 천이는 1차 천이보다 더 신속하게 진행된다. 1차 천이와 마찬가지로, 2차 천이가 진행됨에 따라 일반적으로 생체량과 생물 다양성이 증가한다. 예를 들어 미국 남동부의 버려진 농지에서 2차 천이가 일어나는 동안 조류 종의 수가 증가하였다(그림 21.37).

모든 생태계가 변화를 겪는다. 대부분의 생태계는 결코 크라카토아와 같은 큰 격변의 고통을 겪지 않지만, 서식지의 작은 영역에만 영향을 미치는 더 작은 교란은 흔하다. 화재, 홍수, 그리고 다른 자연적 사건들 모두 서식지에 손상을 입힌다. 심지어 큰 나무 한 그루가 쓰러지는 것도 중대한 결과를 초래하는 하나의 교란이 될 수 있다. 예를 들어 열대림에서 나무들이 쓰러지면 수관에 구멍이 생겨 하층에 있는 식물들이 갑자기 햇빛을 이용할 수 있게 된다.

중간 교란 가설(*intermediate disturbance hypothesis*)에 따르면, 통상적인 교란은 너무 극심하지 않는 한, 실질적으로는 생물 다양성에 기여한다. 이것은 중간 수준의 교란은 다양한 회복 단계에 있는 서식지가 항상 존재하고, 다른 종들은 다른 서식지를 이용하는 것을 허락하기 때

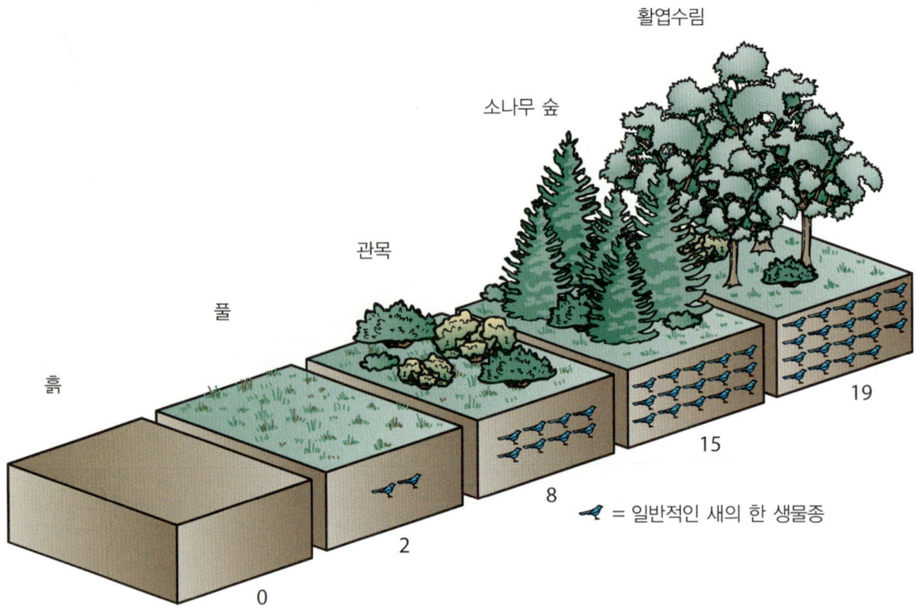

그림 21.37
미국 남부의 버려진 농지에서의 2차 천이 과정: 빈 농지가 초지, 관목지, 소나무 숲, 단단한 나무숲의 과정으로 100년에 거쳐 진행되었다. 천이가 진행되면서 더 많은 종의 새들이 나타난 것처럼, 생물 다양성이 증가하였다.

문이다. 물론 일부 교란은 더 오래 지속되는 효과를 나타낸다. 침입종들은 생태계를 황폐시킬 수 있다. 괌의 호주갈색나무뱀과 미국 동부의 얼룩말홍합에서 본 것처럼, 외래 침입종은 생태계를 황폐시킨다. 농사나 개발을 위해 토양을 개간하는 경우와 같이, 인간 활동으로 한 형태의 생태계가 다른 형태로 전환될 수 있다. 끝으로 지구 온난화를 포함한(27장 참조) 기후의 변화로 인해 많은 생태계에 예측할 수 없는 변화가 동시에 일어날 수 있다.

연습문제

21.1 생물과 그들의 환경

1. 생태학이란 무엇인가?
2. 생물체 환경의 비생물적 특징과 생물적 특징의 차이를 설명하시오.
3. 군집과 생태계의 차이점은 무엇인가?

21.2 개체군 생태학

4. 지수적 성장을 설명하시오. 생물은 어떤 조건하에서 지수적 성장을 할까?
5. 불안정한 환경에서 살고 있는 개체군이 종종 지수적 성장을 하고, 그리고 이어서 급감하는 이유는 무엇인가?
6. 대수적 성장을 설명하시오. 개체군은 어떤 조건에서 대수적 성장을 할까?
7. 생존 유형 Ⅰ, Ⅱ, Ⅲ의 차이점은 무엇인가?

21.3 인간 개체군 성장

8. 지구의 인간 개체군 크기는 21세기 동안 어떻게 변화될 것으로 예상되는지 설명하시오.
9. 한 개체군의 연령 구조란 무엇인가? 연령 구조로부터 무엇을 배울 수 있는가?
10. 생태발자국지수란 무엇인가? 생태발자국지수는 오늘날 지구 인간 개체군이 자원을 어떻게 소비하고 있는지에 대해 우리에게 무엇을 알려 주는가?

21.4 종 상호 작용

11. 한 군집 내에서 누가 누구를 먹는지에 대한 도형의 이름은 무엇인가?
12. 생산자와 소비자의 차이를 설명하시오.
13. 분해자란 무엇인가? 대부분의 군집에서 분해자로 활동하는 생물은 무엇인가?
14. 두 생물 종이 한 군집 내에서 정확하게 동일한 생태적 지위를 가질 수 있는가, 없는가?
15. 기생을 정의하고, 몇 가지 예를 제시하시오.

21.5 생태계의 종류

16. 과학자들은 어떤 종류의 생물체들을 지구의 육상 서식지를 생물 군계로 분류하는 데 사용하는가?
17. 어떤 기후 요인들이 다른 생물 군계의 위치를 결정하는 데 도움이 되는가?
18. 어떤 생물 군계가 다른 모든 생물 군계들을 합친 것보다 더 많은 생물체들을 포함하고 있는가?
19. 사바나에서는 화재가 왜 중요한가?
20. 해양 서식지의 유광대를 설명하시오.
21. 조간대의 생물들이 직면하는 시련에는 어떤 것들이 있는가? 조간대의 생물들이 이런 시련들을 처리하기 위한 적응 방법은 무엇인가?

21.6 생태계의 에너지 흐름

22. 모든 생물체는 성장, 생식, 그리고 생존에 필요한 활동을 수행하기 위해 에너지가 필요하다. 이러한 에너지는 궁극적으로 어디에서 오는가?
23. 햇빛 에너지는 어떻게 생물계로 들어가는가?
24. 먹이 사슬에서 평균적으로 한 단계의 에너지의 어느 정도를 다음 단계에서 이용할 수 있는가? 나머지 에너지는 어떻게 되는가?

21.7 생태계의 변화

25. 1차 천이는 2차 천이와 어떻게 다른가?
26. 한 서식지에 나중에 들어온 이주 생물은 왜 더 일찍 들어온 이주 생물에 의존하는가?
27. 일반적으로 천이가 일어나는 동안 생태계의 전체 생체량은 어떻게 되는가? 생태계에 존재하는 생물 종의 수는 천이가 진행되면서 변하는가?
28. 통상적인 교란이 때로는 한 서식지의 생물 다양성에 기여하는 이유는 무엇인가?

확인문제

만일 여러분이 이 장에서 제대로 학습을 하였다면, 다음에 제시된 10개의 질문에 적어도 7개는 제대로 답을 할 수 있을 것이다. 만일 그렇지 못하면 다음 장으로 가기 전에 이 장을 더 학습할 필요가 있다.

각 질문에 대해 가장 적합한 답을 고르시오.

1. 하나의 특정 지역에 살고 있는 모든 생물들로 구성되는 것은?
   (a) 개체군
   (b) 군집
   (c) 생태계
   (d) 먹이 사슬

2. 생존 유형 Ⅲ은 다음 어느 것과 관련이 있는가?
   (a) 대수적 개체군 성장
   (b) 긴 수명
   (c) 많은 '비용이 많이 드는' 자손
   (d) 커다란 신체 크기
3. 전 세계의 인간 개체군은 어떻게 예상되는가?
   (a) 현재부터 2100년까지는 지수적으로 성장할 것으로 예상된다.
   (b) 약 60억이 될 것이다.
   (c) 2100년 전에 감소하기 시작할 것으로 예상된다.
   (d) 금세기의 후반 50년에는 더 느리게 성장할 것으로 예상된다.
4. 광합성을 하는 식물은
   (a) 생산자이다.
   (b) 1차 소비자이다.
   (c) 2차 소비자이다.
   (d) 분해자이다.
5. 하나의 군집 내의 두 생물 종은 무엇을 함께 공유할 수 없는가?
   (a) 생태계
   (b) 생물 군계
   (c) 생태적 지위
   (d) 먹이 사슬의 단계
6. 벼룩과 그 숙주의 관계는 무엇인가?
   (a) 기생
   (b) 편리 공생
   (c) 상리 공생
   (d) 기생과 공생
7. 낙엽수로 특징지어지는 생물 군계는 무엇인가?
   (a) 열대림
   (b) 온대림
   (c) 침엽수림
   (d) 관목 지대
8. 어떤 생지화학 순환이 박테리아 없이는 불가능할 것으로 보이는가?
   (a) 물 순환
   (b) 탄소 순환
   (c) 질소 순환
   (d) 탄소 및 질소 순환
9. 생태계의 에너지 흐름에 대한 설명으로 옳지 않은 것은?
   (a) 햇빛 에너지는 식물이나 다른 광합성 생물들이 유기 분자를 합성하기 위해 사용할 때 생물계로 들어온다.
   (b) 열대림과 산호초는 일차 생산력이 높다.
   (c) 먹이 사슬의 한 단계의 에너지의 약 90%가 그 먹이 사슬의 다음 단계로 이동한다.
   (d) 소비자가 먹이를 섭취할 때, 먹이로부터 받아들인 에너지는 대소변, 생명 유지, 그리고 생체량을 만드는 데 들어간다.
10. 천이가 일어나는 과정에서
   (a) 초기에 밀려들어온 이주 생물의 활동은 나중에 들어오는 이주 생물의 번성을 가능하게 한다.
   (b) 생물 다양성은 전형적으로 감소한다.
   (c) 초기의 이주 생물은 전형적으로 그 서식지에 남아 있다.
   (d) 생체량은 전형적으로 감소한다.

확인문제 답

1.b, 2.c, 3.d, 4.a, 5.c, 6.d, 7.b, 8.c, 9.c, 10.a

4

PART FOUR

지구과학

일부 사람들은 토양을 단지 '먼지'라고 생각하지만 토양은 지구의 소중한 물질이다. 식물이 자라기 위해서는 토양이 필요하며, 사람들은 식량과 산소를 식물에 의존하므로 토양이 없이는 존재할 수 없다. 일반적으로 몇 센티미터의 토양이 형성되는 데 수천 년이 걸린다. 토양은 암석이 물리적, 화학적, 생물학적 과정에 의해 잘게 부서져 **풍화되어** 생성된다. **토양학자**는 지구에 10만 종류의 토양이 있다고 한다. 이들 각각의 토양은 고유의 생성 과정을 가지고 있고 고유의 특성과 역할을 하고 있다. 토양과 다른 지구의 자원을 보존하기 위해서는 지구과학에 대해 학습하는 것이 필요하다.

22장 판 구조론

우리들 대부분은 우리가 살고 있는 행성인 지구에 대해 궁금해한다. 예를 들어 산은 어떻게 형성된 것인가? 우리가 지구의 중심 방향으로 구멍을 뚫으면 무엇을 발견할 수 있을까? 지구의 내핵이 태양처럼 뜨겁다면 지구는 왜 녹지 않을 것일까? 지구의 표면이 정말로 움직이는 조각 그림 맞추기일까? 그것에 대해 우리는 어떻게 알 수 있을까?

지구과학(Earth science)은 지구의 역사, 구조, 자연적인 과정을 연구하는 학문으로, 앞서 제시된 질문에 대한 답을 줄 수 있다. 지구과학은 다음과 같은 큰 문제에 대해서도 설명할 수 있다. 예를 들어 지진, 쓰나미, 화산 폭발은 어떻게 예측할 수 있을까? 지구의 자원이 너무 빠르게 소모되고 있는가? 지구 환경을 보존하기 위해 우리가 누리고 있는 생활의 편리함을 희생해야 하는가? 이 책의 지구과학 내용은 우리 행성과 여러분의 생활에 영향을 주는 지구과학 이슈를 이해하는 데 기여할 것이다.

우리는 지표면이 하부에서 작용하는 거대한 힘과 어떻게 반응하는지를 설명하는 이론인 판 구조론에 대해 학습할 것이다.

22.1 지구과학은 융합과학이다

학습목표
왜 지구과학이 융합과학인지 설명할 수 있다.

물음 어떤 학생은 지질학을 전공하고 싶지만 물리학을 수강하는 것을 원하지 않는다. 이것이 왜 문제가 되는가?

지구는 암석의 행성이다. 지구는 4분의 3이 물로 덮여 있고 얇은 **대기**(또는 공기층)로 둘러싸여 있다. 지구는 일 년을 주기로 태양 주위를 공전하고, 자전축을 기준으로 하루에 한 번 자전하며, 생물들이 많다. 지구과학은 융합과학이다. 지구를 이해하기 위해 물리학, 화학, 생명과학, 천문학에서 다루는 원리와 과정을 이해하는 것이 중요하다. 이것은 지구가 생물과 무생물의 요소와 과정으로 구성된 복잡한 시스템이기 때문이다.

지질학(**geology**)은 지구과학의 가장 넓은 학문 분야이다. 지질학은 지구의 구조와 조성을 다룬다. **기상학**(*meteorology*)은 날씨를 연구하는 학문이다. **암석학**(*petrology*)은 지구의 암석에 대해 연구하고, **광물학**(*mineralogy*)은 암석의 광물을 다루는 과학이다. **고생물학**(*paleontology*)은 공룡과 현재 화석으로 남아 있는 생물들을 포함하여 지구의 초기 역사를 연구한다. **수문학**(*hydrology*)은 지구의 물의 흐름, 분포, 자원 등에 대해 연구하는 반면, **해양학**(*oceanography*)은 바다에 초점을 둔다. **화산학**(*volcanology*)은 화산에 대한 연구를 수행한다. 그 외에 지구과학에 다른 많은 분야가 있다. 간학문적인 지구과학은 지구물리와 환경과학을 포함한다.

그림 22.1
일을 하고 있는 지구과학자

학습목표
지구 내부의 층을 이루고 있는 지각, 맨틀, 핵의 기초적인 화학적 조성에 대해 설명할 수 있다.

22.2 화학적 조성에 따른 지구 내부의 층

물음 왜 지구는 태양계의 세 개의 '암석으로 된' 행성 중 하나로 분류될까?

지구를 잘라서 열어 지구의 화학적 조성을 분석해 보면, 완숙으로 삶은 달걀과 같은 층을 발견할 수 있을 것이다. 달걀의 세 개의 주요 층은 껍데기, 흰자, 노른자인 것을 알 수 있다. 유사하게 지구도 지각, 맨틀, 핵의 세 가지 주요 층으로 구성된다(그림 22.2). 이들 층들은 각각 다른 물질로 구성되어 있다.

지각

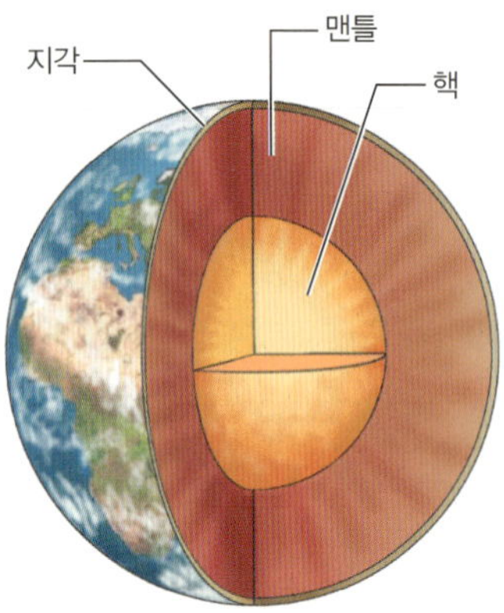

그림 22.2
지구는 조성이 다른 세 개의 층으로 이루어져 있다.

지각(**crust**)은 지구의 표면의 층이다. 지각은 달걀 껍데기처럼 얇고 깨지고 갈라질 수 있다. 지각은 규소와 산소가 풍부한 광물을 포함하는 암석으로 구성되어 있다. 실제적으로 지각에 가장 많은 원소는 산소이다. 산소는 공기 중을 채우고 있을 뿐만 아니라 고체 지구의 주요 구성 요소이다.

지구의 지각은 대륙을 이루는 **대륙 지각**(*continental crust*)과 해양의 기저를 이루는 **해양 지각**(*oceanic crust*)으로 되어 있다. 해양 지각은 대부분 밀도가 크고 진한 회색 또는 검은색의 세립질 암석인 **현무암**(*basalt*)으로 구성된다. 대륙 지각은 대부분 가볍고 밀도가 작은 **화강암질 암석**(*granitic rock*)이다. 해양 지각과 대륙 지각은 모두 주로 규소와 산소로 구성되어 있고 다른 원소들을 적게 포함하고 있다. 해양저의 현무암질 암석은 화강암보다 검은색의 광물인 철과 마그네슘을 높은 비율로 포함하고 있다(그림 22.3).

해양 지각은 평균 두께가 한 시간 정도 걷는 거리인 단지 7 km 정도이다. 대륙 지각은 평균적으로 두꺼우며 가장 높은 곳에서 낮은 곳까지 대략 40 km 정도이다.

그림 22.4에 제시된 것처럼, 산은 빙산의 일각과 같다. 산의 대부분은 지표 아래에 묻혀 있다. 지면 위에 볼 수 있는 산의 정상은 깊은 '뿌리'에 의해 지지되고 있는데, 이 깊은 뿌리는 맨틀 속까지 깊게 닿아 있는 대륙 지각의 거대한 암괴이다. 산의 정상이 침식에 의해 없어지면 그 뿌리는 위쪽으로 상승하고 지구의 지표 위로 올라온다. 산의 정상이 침식되어 없어지게 되면 지속적으로 상승한다. 그래서 산이 침식됨에 따라 지속적으로 아래로부터 보충되고 있다. 이러한 현상이 생기는 이유는 해양에 보트가 떠 있는 것처럼 지각이 맨틀 위에 '떠 있거나 위아래로 움직이는 부표와 같기 때문이다. (모든 떠 있는 물체처럼, 지각은 위 방향으로 작용하는 부력과 아래 방향으로 작용하는 중력이 같아지는 수준까지 떠오를 수 있다. 부록 E에 제시

(a)

(b)

(c)

그림 22.3
(a) 현무암은 세립질이고 규소, 산소, 철, 마그네슘이 풍부한 어두운 색의 암석이다. (b) 대륙 지각은 밝은색이고 밀도가 낮은 화강암질 암석으로 구성되어 있다. 사진에서 볼 수 있는 요세미티 국립 공원의 반구형 돔은 대륙 지각을 이루는 화강암질 암석의 전형적인 예이다. (c) 해양의 암석은 바다 속에서뿐만 아니라 육지에서도 발견된다. 해양저에서 형성된 현무암은 판 구조적인 힘에 의해 높은 고도로 융기하였다.

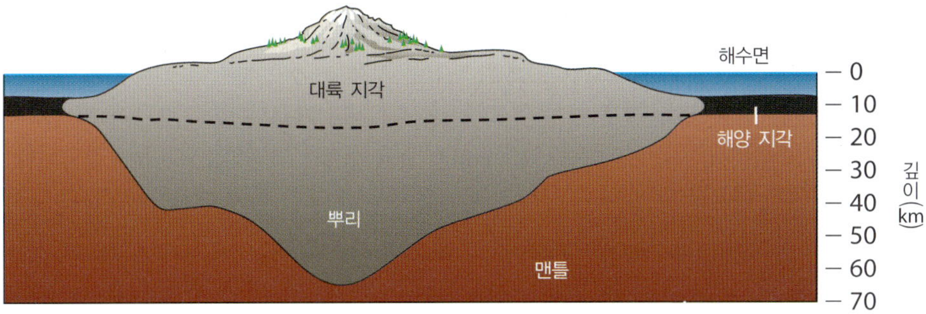

그림 22.4
산은 지면 아래에서 산을 지지해 주는 대륙 지각의 암석 덩어리인 뿌리를 가지고 있다. 우리가 보는 산은 빙산의 일각이다.

된 유체의 물리에 대한 내용을 읽어보자.) 화물선이 그 짐을 내릴 때 배의 높이가 상승하는 것처럼, 침식에 의해 산의 질량이 없어질 때 맨틀에서 산이 높이 상승한다(그림 22.5)

맨틀에서 지각의 부양으로 기인한 지각의 수직적 위치 조정을 **지각 평형설**(*isostasy*)이라고 한다. 지각 평형설은 왜 산의 뿌리가 융기하는지를 설명한다. 그리고 대륙 지각보다 해양 지각이 맨틀에서 더 낮게 위치하고 있는 이유는 지각 평형 때문이다. 짐을 실은 화물선이 비어 있는 화물선보다 더 가라앉아 있는 것처럼 해양 지각은 밀도가 큰 암석으로 만들어져 있어서 더 깊이 가라앉아 있다.

이제 여러분은 지구의 지각이 지각 평형을 이루기 위해 상승하거나 하강하는 것을 알게 되었다. 그러나 지각은 훨씬 더 복잡한 방법으로 움직인다. 지질학적 시간이 지나면서 모든 지각은 뒤흔들리고 주름지고 늘어나고 섞이며 순환한다. 해양 지각은 주로 현무암질 암석이고 대륙 지각은 주로 화강암질이다. 각각의 암석의 유형은 지각을 통해 혼합된다. 검은 현무암에 박혀 있던 고대의 바다 생물을 높은 산 위에서 발견할 수 있다. 이들 암석은 심해저에서 형성되었지만 거대한 지각 변동에 의해 산 위로 융기된 것이다. 이와 유사하게 대륙 암석은 육지로부터 침식되어 퇴적물이 되고 결국에 바다까지 운반되어 현무암 사이의 심해저에서 발견될 수 있다. 지각은 큰 냄비의 찌개처럼 시간이 지나면서 섞이는 암석의 복잡한 집합이다.

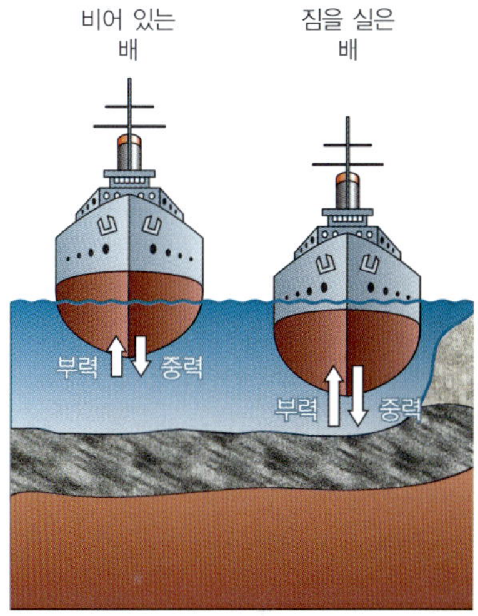

그림 22.5
지각 평형(설): 지각의 수직적 부분은 중력과 부력이 평형을 이룰 때 안정적이다. 짐을 실은 배가 짐을 실지 않은 배보다 해양의 아래쪽에 위치하는 것처럼, 밀도가 큰 해양 지각이 대륙 지각보다 맨틀의 아래쪽에 있다. 이같은 부양의 원리는 맨틀이 고체임에도 불구하고 지각 내 위치를 결정한다. 맨틀은 마치 유체와 같이 지질 시대에 걸쳐 매우 느리게 흐르기 때문이다.

맨틀

맨틀(**mantle**)은 지구의 지각 아래에 있는 뜨거운 암석의 두꺼운 층이다. 지질학자들은 여러분이 지각에 대해 알고 있는 것보다 더 많이 알고 있지 않다. 우리는 빛이 암석을 통과해서 이동할 수 없기 때문에 맨틀 속을 볼 수 없다. 또한 암석이 매우 단단해서 시추 장비는 지각의 바닥에 도달되기 전에 고장이 나기 때문에 맨틀을 뚫을 수도 없다. 과학자들은 지구 질량의 82%, 지구 부피의 65%가 맨틀이기 때문에 언젠가는 모든 방법으로 맨틀을 시추할 것이다.

맨틀의 두께는 지각의 바닥으로부터 핵과의 경계선까지 2900 km이다. 지질학자들은 대양저 내의 화도를 통해 나온 용융된 암석을 채취하였다. 이들 암석의 화학적 분석 결과에 따르면, 맨틀은 지각처럼 규소와 산소가 풍부한 암석으로 주로 구성되어 있다. 그러나 맨틀의 암석은 지각보다 비교적 더 많은 마그네슘과 철을 가지고 있으며 높은 비율의 칼슘도 포함하고 있다. 맨틀은 밀도가 큰 원소들로 인해 지각보다 밀도가 크다. 지각의 무게는 맨틀을 누르고 있는데, 이는 암석 사이의 공간을 압축하고 암석의 분자 구조를 압착한다.

핵

지구의 중심에 있는 것이 **핵**(**core**)이다. 핵은 뜨거운 거대한 금속 덩어리인데, 대부분이 철이고 소량의 니켈을 포함한다. 철은 매우 밀도가 큰 원소이기 때문에 핵은 맨틀과 지각보다 매우 밀도가 크다. 핵의 반지름은 샌프란시스코에서 뉴욕까지의 거리인 3500 km 정도이다. 핵을 관찰할 수 없기 때문에 핵에 대한 지식은 제한적이다. 우리가 핵에 대해 알고 있는 것은 지진파에 대해 연구하는 **지진학**(*seismology*)으로부터 나온 것이다.

학습목표
서로 다른 밀도의 층으로 지구를 구분하는 과정을 설명할 수 있다.

융합과학 22A
물리학, 화학

지구가 형성된 초기에 뜨겁고 용융되어 있을 때 지구의 층이 발달되었다

물음 왜 시추 장비는 맨틀에 도달하기 전에 고장이 날까?

지구의 지각, 맨틀, 핵의 밀도는 지표면부터 중심으로 나아가며 동심원 층상 구조로 증가한다. 이러한 밀도층이 존재하는 이유는 무엇인가?

달 및 지구형 행성과 같이 지구는 대부분 암석으로 이루어져 있다. 그리고 암석은 우주에 존재하는 화학적 원소로부터 구성된 모든 물질로 구성된다. 화학 영역에서 이미 배운 것과 같이 자연적으로 형성된 원소는 112개가 있다.

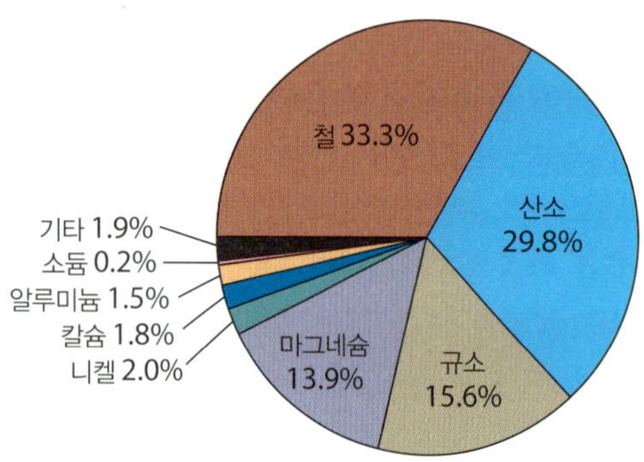

그림 22.6
화학 원소의 단 8개가 지구 상에 풍부하게 존재한다.

대부분의 화학 원소는 지구에서 드물게 존재한다. 사실, 단 8개의 원소가 지구 전체 질량의 98%를 차지한다(그림 22.6). 나머지 원소들이 지구 질량의 2%를 구성하게 된다.

지구의 원소는 고르게 분포되어 있지 않다. 가벼운 원소는 표면 가까이에서 풍부하게 있는 반면, 무거운 원소는 행성의 중심에 가까이 자리한다. 이에 대해서는 지구 초기의 역사로 설명할 수 있다. 지구는 46억 년 전에 새로 형성된 태양을 공전하는 파편들로부터 형성되었다. 파편의 일부는 충돌하고 서로 붙어 바위 덩어리로 성장해 나가며 원시적인 지구를 형성한다. 지구는 점차 커지는 중력에 따라 더 많은 파편들과 충돌하여 성장한다. 우주의 물질이 지구에 충돌할 때마다 지구에 충돌하는 운동 에너지는 열로 전환되어 행성을 따뜻하게 만든다. 사실 지구는 너무 뜨거워졌고, 결국 용융되어 흐를 수 있게 되었다. 중력에 영향을 받아 철이 풍부한 밀도가 큰 물질은 지구의 중심부로 이동해 핵이 되었다. 규소, 산소와 같은 밀도가 작은 물질은 **분화**되어 지표면으로 이동하게 되었다. **분화**(**differentiation**)란 중력을 활용하여 밀도 차이가 나는 유체를 분리하는 과정이다. (예를 들어 물과 기름의 혼합물의 경우, 물이 아래층을 이루고, 기름이 상승하여 위층을 이루는 분화가 일어난다).

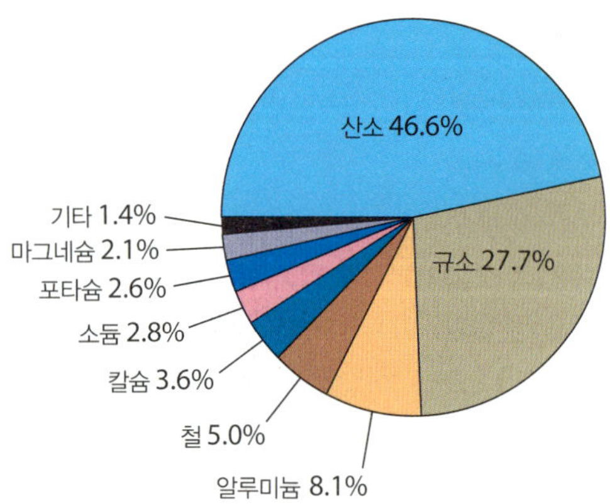

그림 22.7
지구 지각을 구성하는 원소의 질량 백분율. 거의 75%가 산소와 규소로 이루어져 있다.

결국에 충돌의 빈도가 낮아져 지구는 차가워졌다. 지구 표면에 가벼운 물질은 암석을 만들기 위해 뭉쳐진 광물을 형성하기 위해 고화되었다. 그림 22.7은 현재 지구의 지각 구성 성분을 보여 준다. 지각의 거의 절반은 산소(O, 46.6%)이고, 1/4보다 조금 더 많은 양은 규소(Si, 27.7%)로 이루어져 있기 때문에, 이 두 가벼운 원소가 지구 표면의 3/4를 구성하고 있다.

22.3 물리적 성질에 따른 지구 내부의 층

학습목표
물리적 성질에 따른 5개의 지구 내부 층의 명칭과 내용을 기술할 수 있다.

물음 왜 지질학자들은 화학적 조성에 따른 층의 구분보다 물리적 성질에 따른 층에 대해 더 많이 다룰까?

지구 내부를 분석하기 위해 완숙으로 삶은 달걀 모형에서 제시한 세 개의 층을 넘어서야 한다. 지질학자들은 지구 내부를 지구의 물리적 성질에 따라 5개 층으로 구분한다. 예를 들어 물리적 성질에는 온도, 압력, 강도, 유동할 수 있는 능력이 포함된다. 물리적 성질로 보면 지구 내부의 5개 층은 **암석권**, **연약권**, **하부 맨틀**, **외핵**, **내핵**이다(그림 22.8)

암석권

'암석의 구(rock sphere)'를 **암석권(lithosphere)**이라고 부르며, 이는 차고 딱딱한 암석의 껍질이다. 암석권은 지각과 지구 맨틀의 상부를 일부 포함한다. 암석권의 평균적인 두께는 100 km이다. 해양 아래에는 얇고 대륙 아래에는 두껍다. 암석권은 지구의 다른 층과 같이 연속적이지는 않다. 대신에 암석권은 여러 조각이 서로 연결되어 있는 조각보가 분리된 것과 유사하다. 암석권의 조각을 **지질 구조판**(*tectonic plate*)이라고 한다.

연약권

연약권(asthenosphere)은 암석권 밑에 있다. 맨틀의 암석으로 이루어져 있다. 연약권의 암석은 유연하고 녹은 설탕처럼 천천히 이동한다. 암석권의 이러한 성질을 '가소성(plastic)'이라 하는데, 지질 시대의 긴 시간 동안 천천히 유동할 수 있는 고체인 것이다. 암석권의 조각들은

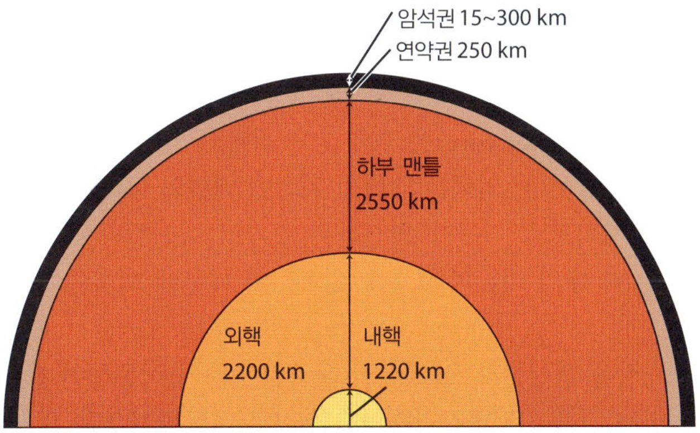

그림 22.8
물리적 성질의 측면에서 지구를 보면 암석권, 연약권, 하부 맨틀, 외핵, 내핵의 5개 층으로 되어 있다.

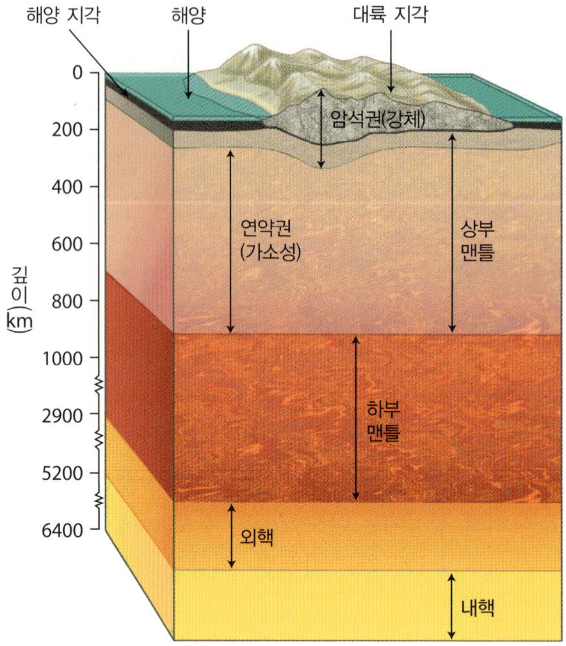

그림 22.9
이 그림은 암석권과 연약권에 대한 지각과 맨틀의 관계를 나타낸다.

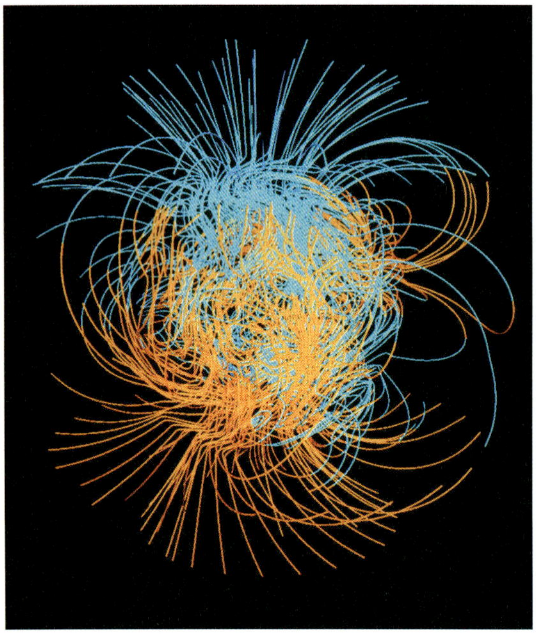

그림 22.10
이 컴퓨터 시뮬레이션은 지구의 유체인 외핵의 운동으로 인해 생성되는 자기장을 보여 준다. 파란색의 자기력선은 자기장이 직접적으로 안쪽으로 향하는 것이고, 노란색은 바깥쪽으로 향하는 것이다. 맨틀–핵의 경계를 벗어난 자기장은 매끄러운 전체적인 구조를 가지고 있지만 핵에서의 자기장은 매우 복잡하다.

연약권이 천천히 움직인다고 할 때 **정말** 천천히 움직이는 것을 의미한다. 시계의 시침은 연약권이 움직이는 것보다 약 10,000배 빠르게 움직인다. 여러분이 연약권을 본다면 암석권은 고체의 암석같이 보일 수 있지만 매우 천천히 이동한다.

하부 맨틀

하부 맨틀(**lower mantle**)은 연약권과 외핵의 사이에 있다. 하부 맨틀은 강하고 단단한 맨틀의 암석으로 구성되어 있다. 하부 맨틀은 높은 열을 가지고 있지만, 연약권과 같이 가소성은 아니다.

외핵

외핵(**outer core**)은 대부분이 철이고 일부가 니켈인 뜨거운 액체 금속 껍질이다. 외핵은 내핵의 위쪽에 맨틀의 아래쪽에 위치한다. 외핵이 액체이므로 지구가 회전하는 것처럼 회전한다. 외핵의 막대한 열이 외핵 내의 대류의 흐름을 일으키기 때문에 외핵은 역시 움직이고 유동적이다.

외핵은 지구의 자기장을 형성한다. 물리에서 대전된 입자가 이동하면 전류를 만들고 전류는 항상 자기장을 형성하는 것을 기억하는가? 외핵의 철과 니켈은 대전된 입자를 공급하고, 지구의 자전과 대류는 운동을 유발한다. 이러한 결과는 우주로 수천 km까지 뻗어 있는 엄청난 자기장을 형성한다. '지자기'장은 태양으로부터 방출되는 해로운 높은 에너지의 입자들의 흐름인 **태양풍**(*solar wind*)으로부터 지구를 보호하기 때문에 생명체에게 매우 중요하다.

내핵

내핵(**inner core**)은 뜨거운 금속의 고체 구이다. 내핵은 외핵과 같이 대부분 철로 구성되어 있다. 내핵의 온도는 최대 7000°C 이상일 것으로 예측된다. 이것은 태양의 표면처럼 뜨거운 것이다. 이처럼 내핵의 온도가 매우 높지만 어떻게 고체로 존재할 수 있을까? 그 답은 내핵을 덮고 있는 암석의 무게에 의해 발생한 높은 압력이 내핵을 용융시키지 못하기 때문이다. 내핵의 압력은 원자들을 매우 단단하게 압축하기 때문에 내핵이 액체 상태로서 흐를 수 없게 한다.

융합과학 22B
물리학

학습목표
P파와 S파를 설명하고, 지구 내부의 각각의 구조에 대해 설명할 수 있다.

지구의 내부를 탐색하기 위해 지진학을 이용한다

물음 왜 S파는 맨틀과 핵의 경계면에서 멈추는가?

누구도 지구 내부를 관찰할 수 없다. 그렇다면 어떻게 지질학자들은 지구 내부 구조를 이해할 수 있었을까? 지진파가 그 해답이다. **지진**(**earthquake**)은 지하에서 암석의 이동이나 부러짐과 같은 큰 단면이 발생할 때 일어나는 땅의 흔들림이나 진동을 말한다. 지진은 방대한 양의 에너지를 방출한다.

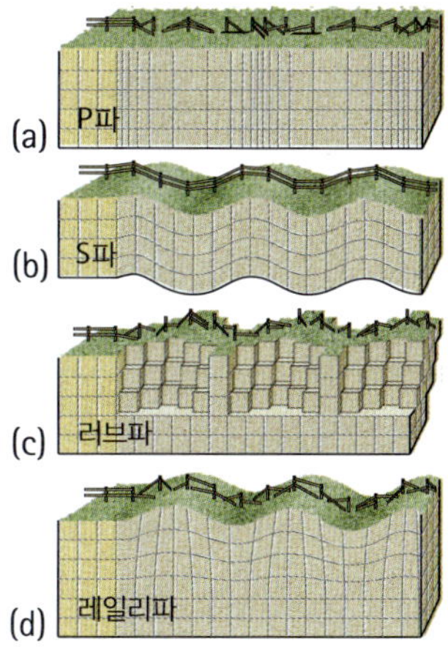

그림 22.11
지진파의 영향. 왼쪽의 노란색 영역이 영향을 받기 전 모습이다. (a) P파는 용수철과 같이 지구 지각의 수축과 팽창이 교대로 발생하여, 수직선들 사이의 간격이 서로 다르게 보인다. (b) S파는 지각의 각 영역이 상하로 진동하게 된다. (c) 러브파는 지진파의 진행 방향에 직각인 수평면 내에서 앞뒤로 진동하며 진행한다. (d) 레일리파는 S파와 같이 운동하지만 지구의 표면에만 영향을 미친다.

에너지는 **지진파**(*seismic wave*)의 형태로 지진에서 외부로 방출된다. 지진파는 음파와 같이 물리적 파동으로 지구에 퍼져 나간다. 지진파를 연구하는 것을 **지진학**(**seismology**)이라고 하며, 이는 지구 내부에 대해 우리가 알고 있는 거의 대부분을 제공한다.

모든 파와 같이, 지진파는 한 매질에서 다른 매질로 이동할 때 반사되거나 굴절될 수 있다. 정확하게 살펴보면 서로 다른 종류의 지진파가 어떻게 반사되거나 굴절되고, 지진파의 속도나 파장의 변화를 통해 파가 전파되는 과정에 대해 많은 것을 알 수 있다. 지진파는 크게 지구 내부를 전파하는 **내부파**(*body wave*)와 표면에서 전파되는 **표면파**(*surface wave*)의 두 종류로 나눌 수 있다(그림 22.11). 표면파는 다시 각 발견자의 이름을 따서 **레일리파**(*Rayleigh wave*)와 **러브파**(*Love wave*)의 두 종류로 나눌 수 있다. 레일리파는 바다의 해파와 유사하게 궤도를 그리며 전파된다. 러브파는 뱀의 운동과 같이 좌우로 횡적 진동이 일어난다. 러브파는 좌우의 진동으로 물체를 흔들기 때문에 고층 건물의 경우 더 큰 피해가 발생한다. (러브파는 고층 건물에서 일하는 사람들을 사랑하지 않는다!) 하지만 내부파는 표면파에 비해 지구의 내부를 이동하기 때문에 지구 내부를 보여줄 수 있다.

내부파는 **P파**(*primary wave*)와 **S파**(*secondary wave*)로 분류된다. P파는 종파로, 매질의 수축과 팽창을 통해 이동된다. P파는 가장 빠른 지진파로 1.5~8 km/s의 속도로 모든 상태의 매질(암석, 마그마, 물, 공기)을 통과할 수 있다. 반면 S파는 횡파로, 상하, 좌우로 매질의 입자가 진동하며, P파보다 느리다. 중요한 사실은 S파가 액체가 아닌 고체 상태의 매질만 통과할 수 있다는 것이다.

20세기에 들어서 아일랜드의 지질학자 올덤(Richard Oldham)은 인도의 대규모 지진의 자료에서 횡파인 S파가 지구의 일정 거리를 이동한 이후 멈춘다는 기록을 분석하였다. 또한 그

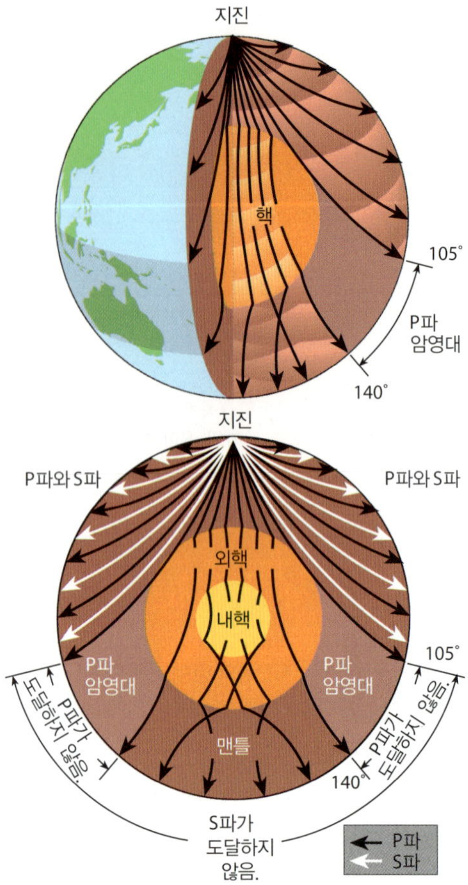

그림 22.12
주요 내부 경계에서 변화하는 지진파의 경로와 P파와 S파의 암영대를 보여 주는 단면도. 지진으로부터 105°에서 140° 사이에 발생하는 P파 암영대는 핵과 맨틀의 경계면에서 파의 굴절에 의해 발생한다. S파 암영대는 더욱 광범위하다. 액체 상태의 외핵에서는 S파가 통과하지 않기 때문에, 지진에서 105° 이후의 영역에서는 S파가 도달하지 않는다.

는 종파인 P파가 S파와 동일한 경로로 이동하였지만, P파는 굴절되어 그보다 낮은 속도로 기록되고 있음을 관찰하였다. S파는 액체를 통과할 수 없지만 P파의 경우 속도가 줄어들어 액체를 통과할 수 있기 때문에, 올덤은 지진파가 고체에서 액체로 바뀌는 지구 내부 경계를 통과하였다고 추정하였다. 즉 지구 내부에는 액체로 된 중심부가 있음을 1906년에 발견하였다.

3년 후, 지진학자인 모호로비치치(Andrija Mohorovičić)는 크로아티아 자그레브에서 발생한 지진으로부터 기록된 지진파를 분석하였다. 그는 지진파의 속도가 급격하게 증가하는 지구 표면의 얇은 층 경계면을 발견하였다. 모호로비치치는 파가 밀도가 작은 고체에서 밀도가 큰 고체를 통과했기 때문에 그 속도가 증가하였다고 깨달았다. 따라서 모호로비치치는 지구의 밀도가 큰 맨틀 위에 얇고 가벼운 층인 지각으로 구성되어 있다는 것을 발견하였다. 이후 지구의 지각과 맨틀의 경계선을 **모호로비치치 불연속면**(*Mohorovičić discontinuity*) 또는 '모호'(Moho)면으로 불리게 되었다.

1913년에 구텐베르크(Beno Gutenberg)는 올덤이 발견한 선행 연구에 기초하여 핵과 맨틀의 경계면을 보다 구체적으로 2900 km 깊이임을 보여 주었다. 그는 P파가 이 깊이에 도달하여 완전하게 굴절되어 전 지구에 걸쳐 실질적으로 드리워진 P파 암영대를 관찰하였다(그림 22.12). 암영대는 파가 탐지되지 않는 영역이다. 게다가 암영대 영역은 맨틀과 핵 사이에 나타나며, S파 암영대는 P파 암영대보다 더욱 광범위하게 확장되어 나타난다. 그리고 S파는 액체를 통과할 수 없는 횡파이기 때문에, 구텐베르크의 결과는 핵의 전체나 일부는 반드시 액체여야 한다는 선행 연구 결과를 강하게 지지하였다. 이와 함께 올덤, 모호로비치치, 구텐베르크의 발견은 단단한 삶은 달걀과 같이 세 개의 층으로 이루어진 지구 모형으로 확립되었다.

이러한 지구 구조의 간단한 묘사는 1936년 덴마크의 지질학자 레만(Ingre Lehmen)에 의해 정리되었다. 그녀의 연구에서는 P파가 핵과 맨틀의 경계면에서 굴절되는 것만이 아니라 핵 내부의 특정 깊이에서도 굴절이 일어난다는 것을 보여 주었다. 이는 핵은 실제로 액체와 고체로 구성되어 있으며, 액체 상태의 핵 내부에 고체 상태의 핵이 있다는 것으로 제안하였다. 따라서 레만의 연구는 지구가 물리적인 특성과 구성에 따른 층상으로 구성되어 있다는 것을 볼 수 있게 도와 주었다.

학습목표
베게너의 대륙 이동에 대한 증거를 설명할 수 있다.

22.4 대륙 이동설

물음 20세기 초의 과학자들은 대륙 이동에 대한 베게너의 아이디어를 어떻게 생각했는지 기술하시오. 과학자들은 왜 그런 식으로 반응하였는가?

여러분이 지구 중심에 구멍을 뚫었을 때 발생하는 현상에 대해 궁금하였다면, 지진학 덕분에 알 수 있다. 그러나 우리는 땅 속이 아닌 지구 표면에 살고 있다. 우리가 이해해야 할 가장 중요한 것은 지구 표면에서 무슨 일이 일어나고, 그것이 발생하는 이유를 찾는 것이다. 지표 지질은 대부분 지구 내부 깊은 과정에 의해 결정된다. 예를 들어 암석권이 연약권 위에 떠 있기 때문에 대륙의 형태와 위치가 결정된다. 그러나 지표 지질과 지구 내부 구조 사이의 관련성을 알아내는 데에는 수십 년이 걸렸다.

여러분은 세계 지도 상의 아프리카와 남아메리카가 거대한 조각 그림 맞추기의 조각처럼 서로 잘 들어맞는다는 것을 알고 있었는가(그림 22.13)? 이러한 사실에 대해 최초로 상세한 설명을 한 사람이 독일의 과학자 베게너이다. **대륙 이동설**(**continental drift**)로 부르는 베게너의 가정은 세계의 대륙이 지구 표면에서 천천히 움직인다는 것이다. 베게너는 현재 세계의 개별적인 대륙은 하나의 거대한 대륙으로 뭉쳐 있었다고 가정하였다. 베게너는 이 초대륙을 '지구 전체'라는 의미의 그리스어인 **판게아**(*Pangaea*)라고 불렀다.

베게너는 생물학적인 증거를 가지고 대륙 이동설의 가설을 뒷받침하였다. 예를 들어 **글로소프테리스**(*Glossopteris*) 식물의 같은 종의 화석이 오늘날 서로 떨어져 있는 인도, 호주, 남아메리카에서 발견된다(그림 22.15). 이 식물의 씨는 한 대륙에서 다른 대륙으로 날아가기에는 너무 무겁다. 다음으로 파충류인 **메소사우루스**(*Mesosaurus*) 화석은 아프리카와 남아메리카 양쪽 대륙에서 발견된다. 이 생물은 수영을 할 수 없고 이같이 멀리 떨어진 지역에서 정확히 동일한 형태로 진화할 수는 없었을 것이다. 그렇다면 왜 우리는 서로 떨어져 있는 곳에서 이 식물과 파충류의 화석 증거를 찾을 수 있을까?

글로소프테리스와 다른 식물과의 일치 여부와 동물 화석을 설명하기 위해 베게너 시대의 지질학자들은 선사 시대에 한때 대륙을 연결하는 육교가 있었다고 제안하였다. 이와 같은 육교가 존재하였다는 어떤 물적 증거는 아직 없다. 반면에 대륙 이동설은 화석의 일치를 통해 지지되었다. 여러 대륙들은 한때 동물과 식물이 하나의 단일 집단을 이루고 있는 하나의 대륙이었다. 현재의 대서양 중앙을 따라 대륙이 분리되었을 때, 이들 종들은 새로운 대륙으로 분리된 것이다.

베게너는 아울러 그의 대륙 이동설의 가설을 뒷받침하기 위해 암석의 일치 여부를 사용하였다. 예를 들어 대서양이 아프리카와 남아메리카를 분리하지 않았다면, 아프리카와 남아메리카에서 발견되는 다이아몬드를 함유하는 지층은 서로 연결되어 있었을 것이다. 그리고 어떤 곳에서는 해양에 의해 분리된 산맥들이 동시에 형성된 것과 같은 연속적인 습곡의 형태를 가

그림 22.13
대륙의 조각 그림 맞추기가 잘 맞는 것은 그들이 한때 붙어 있었다는 것을 말해 준다. 대륙의 자체 해안선보다는 대륙붕을 따라서 해안선이 더 잘 일치한다.

그림 22.14
독일의 동식물 연구가였던(Alfred Wegener, 1880~1930). 젊은 베게너는 그린란드를 탐험하기를 갈망하였다. 그는 탐험을 위해 훈련하는 동안 52시간의 가장 긴 기구 비행 기록을 세웠다. 베게너의 다음 열정은 천문학이었고, 그는 이 분야의 박사 학위를 취득하였다. 후에 그는 기상학 및 지구 물리학 대학 교수가 되었다. 그는 대륙 이동설에 대한 가설을 제안하였는데, 사실상 이것은 판 구조론으로 발전하였다. 베게너는 1930년에 그린란드 탐험에서 빙상을 건너다가 사망하였다.

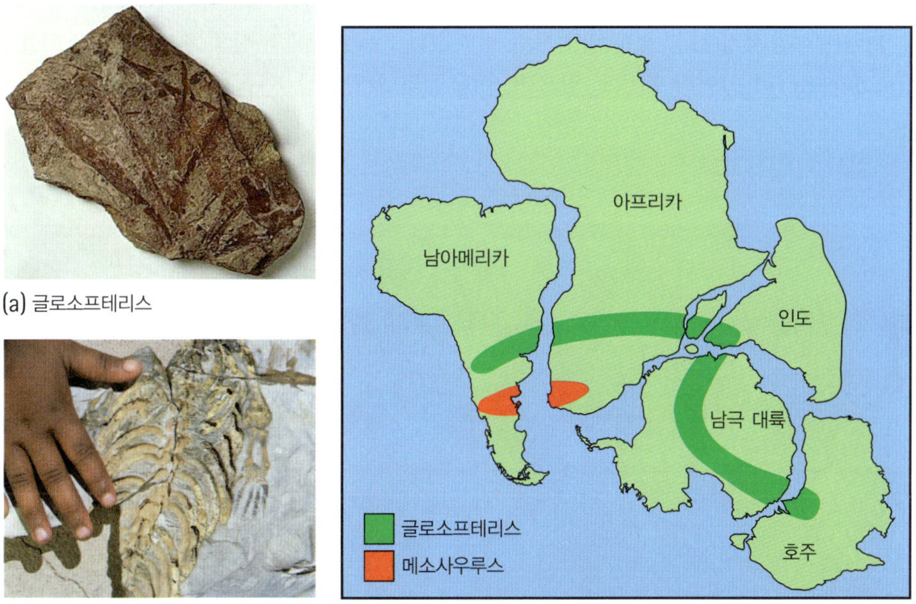

(a) 글로소프테리스
(b) 메소사우루스
(c) 화석의 분포

그림 22.15
(a) 이 암석은 고대의 종자식물인 글로소프테리스 양치식물의 화석을 포함한다. 여러분은 이 식물의 긴 잎을 볼 수 있을 것이다. (b) 이것은 메소사우루스라고 하는 파충류 화석이다. (c) 이들 종은 해양을 건널 수 없다. 그러면 글로소프테리스와 메소사우루스 화석은 왜 이와 같이 분포하고 있을까?

그림 22.16
베게너는 화석과 암석의 일치를 윤곽과 형식의 라인이 일치하는 찢어진 신문의 두 부분을 찾는 것으로 비유하였다. 만약 가장자리와 형식의 라인이 함께 일치한다면 신문 두 장은 원래 하나였음이 틀림없다.

지고 있다(그림 22.16).

화석과 암석의 일치 여부와 더불어 고대 기후 증거도 베게너의 가설을 뒷받침한다. 예를 들어 대륙 이동설은 현재의 적도 부근에 위치하고 있는 어떤 지역의 고대의 빙하 증거에 대해 설명한다. 어떻게 오늘날 이처럼 따뜻한 지역에서 빙하가 생길 수 있었을까? 대륙 이동설은 이들 빙하가 이러한 대지에 생겼을 당시 남극 부근에 위치하였다는 것을 설명한다.

이러한 증거에도 불구하고 베게너의 가설은 과학계에서 묵살되었다. 베게너를 포함하여 누구도 대륙 이동에 대한 원리를 설명하지 못하였다. 어떻게 단단한 암석의 거대한 대륙이 지구 표면을 따라 이동할 수 있을까? 어떤 힘이 충분히 강력할 수 있을까? 이와 같은 질문들에 의해 수십 년 동안 대륙 이동설의 승인이 보류되었다.

22.5 해저 확장설–대륙 이동의 메커니즘

물음 왜 지구의 대륙 지각은 해양 지각보다 더 오래되었을까?

학습목표
해저 확장 과정을 통하여 어떻게 새로운 암석권이 생기고 오래된 암석권이 소멸되는지를 설명할 수 있다.

베게너가 대륙 이동설의 가설을 제안한 후 수십 년이 지난 1950년대에 과학자들은 처음으로 해저의 지도를 제작하기 위해 수중 음파 탐지 기술을 사용하였다. 그동안 해양 바닥은 평평한 것으로 당연하게 여겨왔지만, 과학자들은 해양 바닥이 평평하지 않고 깊은 협곡과 해구가 있다는 것을 발견하였다. 특히 산의 꼭대기 부분이 평평한 해산에 대해 많은 호기심을 가지고 있다.

이와 같이 놀라운 발견은 세계에서 가장 길고 높은 산맥인 대서양 중앙 해령이다(그림 22.17). 중앙 대서양 해령은 19,312 km 정도 길고 북아메리카, 남아메리카, 유럽, 아프리카의 해안선과 평행한 대서양 분지의 중심을 따라 구불구불하다. 이 해령의 가장 높은 봉우리는 해수면 위로 섬을 형성하는데, 아이슬란드를 포함한다. 해령의 세로를 따라 중앙에는 **열곡**(*rift*)이 있다. 지속적인 탐색으로 다른 중앙 해양의 산맥을 알아 내었다. 이들 중앙 해양 봉우리의 암석은 해양저의 가장 젊은 암석으로 밝혀졌다. 우리는 해저 산의 전 세계 시스템을 **중앙 해령**(**midocean ridge**)이라 부르고 있으며, 야구공의 실밥처럼 지구 주위에 모두 연결되어 있다.

그림 22.17
해저 지도는 해양저가 평평하거나 고요하지 않다는 것을 보여 준다. 협곡, 해구, 산맥이 있는 복잡하고 역동적인 곳이다.

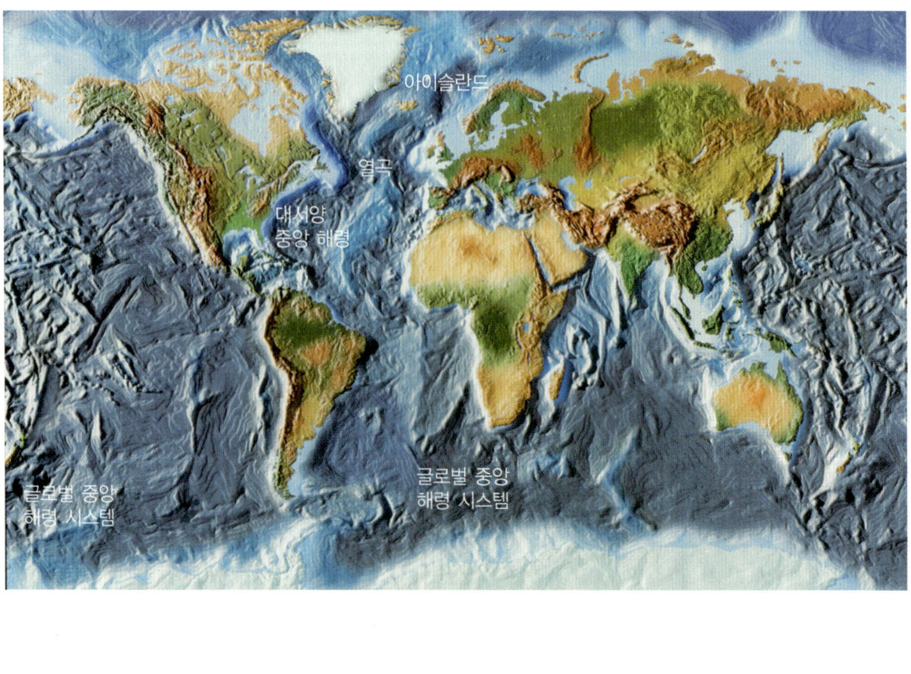

과학자는 또한 지구에서 가장 깊은 해구를 발견하였다. **해구**(**ocean trench**)는 길고, 깊고, 가파른 해저의 골로, 대륙의 근처, 특히 태평양의 가장자리 부근에서 발견되었다. 또한 해저 산맥 주변의 수온이 높은 지역과 화산 분출이 해저에서 발견되었다. 어떤 종류의 지질학적 활동이 해저의 주목할 만한 특징일까?

미국의 지질학자 헤스(Harry Hess)는 그의 해저 확장설을 통하여 이 질문에 대한 답을 하였다. **해저 확장**(**seafloor spreading**)은 중앙 해령에서 새로운 암석권의 생성에 의한 과정이다. 해저 확장은 컨베이어 벨트처럼 작동한다(그림 22.19). 중앙 해령의 열곡을 따라 암석권의 조각들이 우리가 인지할 수 있는 정도로 매우 느리게 서로 멀어지고 있다. 지구 내부로부터 유래한 따뜻한 액체의 암석인 **마그마**(**magma**)는 맨틀에서 올라오고 균열된 열곡 밖으로 흘러나와 새로운 암석권을 형성한다. 한편 오래된 암석권은 열곡대로부터 멀리 밀려난다. 결국에 중력은 깊은 바다의 해구에서 오래된 해양의 암석권을 맨틀 속으로 끌어당긴다. 암석권의 맨틀 속으로의 침강을 **섭입**(**subduction**)이라고 한다. 섭입되는 암석권은 뜨거운 맨틀에 의해 가열되고 결국에는 맨틀 속으로 부분 용융된다. 일반적으로 열곡대의 확장 중심에서 해저 확장이 새로운 암석권을 생성하는 동안 오래된 암석권은 섭입대의 해구에서 파괴된다.

그림 22.18
대서양 중앙 해령은 대서양 바닥의 중심을 따라 위치한다. 해령의 가장 높은 꼭대기는 해수면 위에 있고 아이슬란드와 같은 섬을 만든다. 이 사진에서는 아이슬란드의 열곡을 볼 수 있다.

지구는 46억 년 전에 형성된 이후에 같은 크기를 유지하고 있다. 이것은 암석권이 생성되는 만큼 빠르게 파괴되고 있다는 것을 의미한다. 해저 확장 속도가 섭입 속도와 반드시 같아야 한다고 볼 수 있을까?

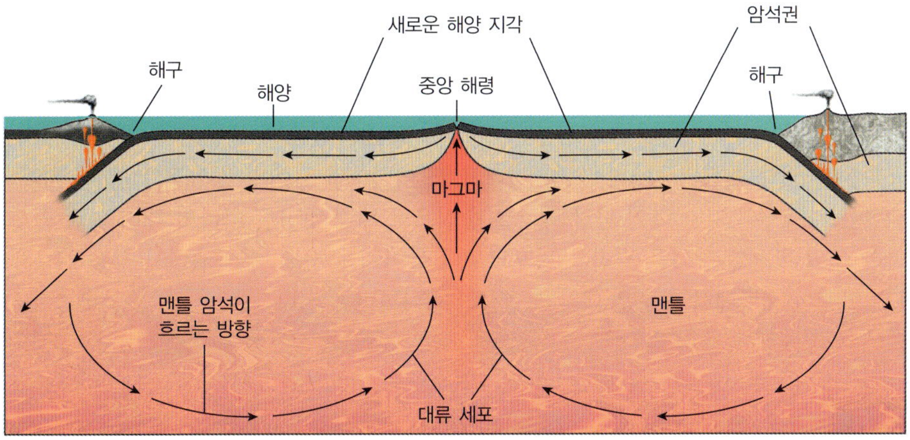

그림 22.19
컨베이어 벨트 방식으로 새로운 암석권은 중앙 해령의 열곡대에서 형성되고, 반면에 오래된 암석권은 맨틀 속으로 돌아가 재순환된다. 결과적으로 해저는 대략 2억 년마다 새로워진다.

융합과학 22C
물리학, 화학, 천문학

학습목표
자기 줄무늬가 무엇인지 설명하고, 이것이 해저 확장을 지지하는 방법을 설명할 수 있다.

자기 줄무늬는 해저 확장설의 증거이다

물음 해저는 작은 나침반으로 덮여 있음을 설명하시오.

해저 확장은 판의 운동에 대한 간단한 메커니즘을 제공한다. 이러한 주목받는 설명에 대한 증거는 무엇인가?

해저 확장에 대한 초기의 증거들 중 일부는 **자기 줄무늬**(*magnetic stripe*)로부터 왔다. 지구는 북극과 남극을 가지는 거대한 자석이다. 지구의 자극은 오랜 기간에 한번씩 이동하여 북극과 남극의 위치가 바뀌게 된다. 이것을 **자기 역전**(*magnetic reversal*)이라고 한다. 지

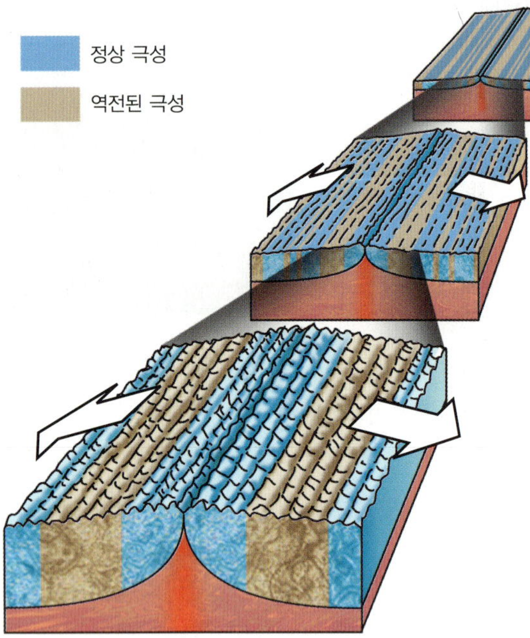

그림 22.20
중심으로부터 양쪽으로 퍼져 나가는 자기 줄무늬의 대칭적인 패턴은 중앙 해령의 양쪽 부분이 동시에 형성되었음을 보여 준다.

구 자기극이 역전될 때, 자기장의 극성(남극과 북극의 위치)도 역전된다. 지구의 자기장은 지난 70만 년 동안 동일하게 배치되어 있지만, 증거들은 자기장이 반전될 것임을 보여 준다. 지난 2억 년 동안 300번 이상의 자기 역전이 있었다.

중앙 해령에서 형성되는 새로운 암석은 자성을 띠는 광물들의 작은 결정을 포함한다. 작은 나침반의 바늘과 같이 자성을 띠는 광물들은 지구 자기장에 따라 정렬된다. 새로운 암석이 식어 굳어질 때 자성을 띠는 광물은 그 자리에 고정된다. 따라서 광물의 정렬은 마그마가 고화되어 해양 지각을 형성할 때 '고정'된다. 결국 해저의 암석은 그들이 고화될 당시의 지구 자기장의 기록을 갖게 된다.

1950년대에 과학자들은 해저의 자기적 특성의 특이한 패턴을 조사하였다. 그들은 중앙 해령의 양쪽 방향에 대해 정반대인 자성을 띤 암석의 자기 '줄무늬'를 발견하였다. 한 개의 줄무늬 띠는 '정상' 자기극(현재)을 가지는 반면, 다른 줄무늬는 반대인 '역전' 자기극을 가진다(그림 20.20). 처음 과학자들은 자기장의 정상 및 역전 줄무늬가 교대로 나타나는 암석들은 받아들이기 어려워 그들의 자기장 측정 장비가 고장 났다고 생각하였다. 하지만 다른 연구들에서도 지속적으로 동일한 패턴을 보고하였다. 1960년대에 들어와, 해저가 지질학적으로 확장하고 있다는 것이 밝혀진 후, 과학자들은 자기 줄무늬가 해저 확장의 결과로 설명될 수 있음을 알 수 있었다.

해저 현무암의 나이는 이러한 설명을 지지한다. 방사성 연대 측정을 통해 확인한 해저의 암석의 나이는 중앙 해령의 중심이 가장 어리고, 멀어질수록 나이가 많아진다. 해양 지각의 연령 패턴은 자기 줄무늬와 같이 중앙 해령을 중심으로 대칭적이다. 따라서 해저 확장이 진행됨에 따라 이미 형성된 암석을 갈라 해령으로부터 멀어지게 하고, 연약권에서 상승하는 새로운 용융된 암석이 해령에서 새로운 지각을 형성하여 나타나게 된다.

학습목표
판 구조론을 한두 문장으로 요약할 수 있다.

22.6 판 구조론

물음 1960년대 전에는 왜 행성 지구의 역사가 대단한 미스터리였을까?

판 구조론(**plate tectonics**)은 광범위한 이론으로, 지구 내부에서 작용하여 지구 표면을 형성하는 큰 규모의 힘을 설명한다. 이 이론은 베게너의 대륙 이동설의 가설에 기초하고 1950년대와 60년대 해양저로부터 수집된 증거로부터 좀 더 확대되고 개선되었다. 판 구조론이 완성되었을 때 이 이론은 진화의 이론이 생물학에 해준 것을 지질학을 위해 할 수 있었다. 지질학자이자 작가인 맥피(John McPhee)는 "전 세계가 갑자기 이해가 된다."라고 하였다.

판 구조론은 지구의 단단한 외곽의 껍질인 암석권이 12개 또는 큰 조각과 몇 개의 작은 조각으로 나누어진다고 설명한다(그림 22.21). 암석권의 각각의 조각을 **지각 판**(**tectonic plate**) 또는 단순하게 **판**(*plate*)이라고 부른다. 판은 최대 100 km 정도로 두껍다. 암석권의 조각인 판은 맨틀의 최상부와 지각으로 구성된다. 판은 가소성의 연약권의 맨 위에 위치하고 있다. 어떤 판은 크고, 다른 것은 작다. 어떤 판은 상대적으로 움직이지 못하는 반면, 다른 판은 좀 더 활동적이다. 판이 지구 표면을 뒤섞는 것에 주목하라. 대륙이 단지 판에 포함되어 있기 때문에 움직인다. 그래서 단순히 대륙이 움직이는 것이 아니라 전체 판이 이동하기 때문에 베게

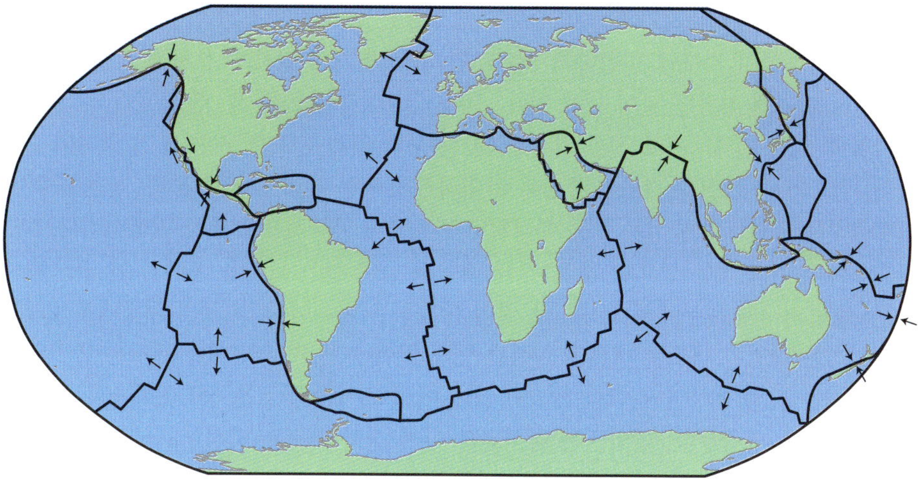

그림 22.21
암석권은 **지각 판**이라고 불리는 조각으로 분리된다. 십여 개의 큰 판과 몇 개의 작은 판으로 되어 있다.

너의 가설은 다소 불완전하다고 볼 수 있다.

대륙은 판과 달리, 같은 경계선을 가지고 있지 않다. 예를 들어 북아메리카판은 북아메리카 대륙보다 훨씬 크다. 북아메리카판의 서쪽 부분은 대략적으로 대륙의 서쪽 해안을 따라 찾아볼 수 있지만, 판의 동쪽 부분은 대서양을 가로질러 중앙 대서양 해령까지 확장되어 있다.

지구의 판은 대략 1년에 2 cm에서 15 cm 정도 범위의 다른 속도를 가지고 다른 방향으로 움직인다. 북아메리카판과 같이 대륙을 운반하는 판은 천천히 움직이지만, 태평양판처럼 해양판은 매우 빨리 움직이는 경향이 있다. 이것은 대륙이 무거운 바지선같이 행동하기 때문이고, 지표 아래의 물질인 '뿌리'가 해양판보다 맨틀 아래로 깊이 확장되어 있기 때문이다. 암석으로 된 강바닥을 따라 끌려가는 바지선이 강한 저항을 받는 것처럼, 대륙판이 연약권을 통해 바닥을 끌고 가기 때문에 대륙판이 천천히 움직인다.

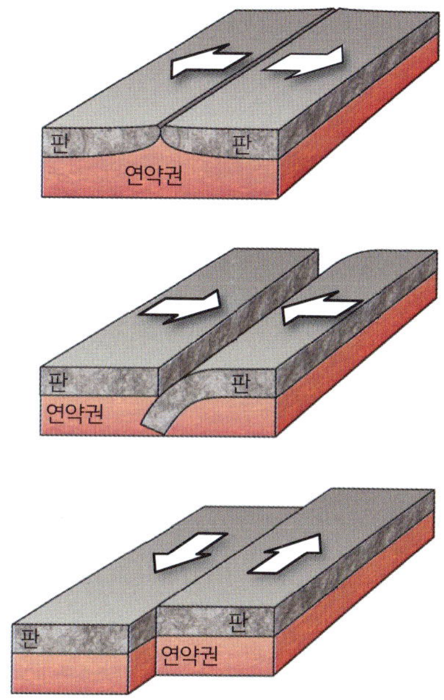

그림 22.22
판은 그들의 경계에서 상호 작용을 하며 이들 지역에서 강한 지질학적 활동을 유발한다.

판은 서로 떨어지고 충돌하고 합쳐지고, 지질 시대에 걸쳐 서로 분리된다. 판 사이의 모든 이러한 상호 작용 때문에 판의 가장자리와 **판 경계**(*plate boundary*)는 강한 지질 활동의 지역이다(그림 22.22). 판의 내부는 비교적 조용하지만, 판이 부딪쳤을 때 대부분의 지진, 화산 폭발, 산의 형성이 발생한다.

융합과학 22D
물리학

학습목표
맨틀 대류의 역할을 설명하고, 판의 움직임에서 중력의 역할을 설명할 수 있다.

판을 움직이는 힘은 무엇인가?

물음 암석은 좋은 단열재이다. 지구가 형성되고 수십억 년이 지난 현재까지 판의 움직임이 발생하기 위해 이것이 왜 중요한가?

해저를 밀어 떨어지게 하고 거대한 지각을 이동하게 할 만큼 강한 원동력은 무엇일까? 여기에는 중요한 두 가지 요인이 있다. (1) 중력, (2) 대류에 의해 빠져나가는 지구 내부의 열. 지구는 많은 양의 열을 가지고 있다. 이러한 지구의 열은 세 가지 주요 원인에 의해 발생된다. 첫째, 방사능이다. 맨틀과 핵의 불안정한 동위 원소가 붕괴될 때(방사성 붕괴), 이 원소들은 전자기 복사와 가속된 입자의 운동 에너지의 형태로 막대한 양의 에

그림 22.23
냄비의 물에서 나타나는 대류 세포

너지를 방출한다. 이 에너지가 암석에 흡수되면 일부는 암석을 뜨겁게 만드는 열로 전환된다. 둘째, 우주 잔해들이 지구에 빈번하게 떨어지던 지구 초기의 역사에서 지구 형성 당시의 '큰 충돌'로부터 지구에 저장된 열이 남아 있다. 잔해가 암석에 충돌할 때, 잔해 충돌의 운동 에너지는 마찰에 의해 열에너지로 전환된다. 셋째, 지구의 열원은 또한 지구 초기 역사와 관련되어 있다. 밀도가 큰 물질은 지구의 중심부로 내려가게 되는 분화 과정을 통해, 높은 중력 에너지를 방출하는 고밀도의 물질은 운동 에너지로 변환되며 궁극적으로 열을 발생시킨다.

우리가 이미 알고 있는 열역학 제2법칙의 내용과 같이 열은 뜨거운 곳에서 찬 곳으로 이동한다. 이것이 지구의 내부에서 표면으로 열이 이동하는 이유이다. 지구의 내부에서 표면으로 열이 이동하는 방법은 대부분 대류의 과정을 통해 일어난다. 지구의 대류 세포는 냄비의 물이 끓어 대류하는 것과 유사하다(그림 22.23). 맨틀에서 뜨거운 물질은 상승하게 되고 수평으로 이동하며 천천히 냉각된다. 연약권은 암석권과 함께 실어 나르는 방식(piggyback style)으로 이동한다. 차가워진 물질은 섭입대를 통해 맨틀의 깊은 곳으로 들어가게 된다. 지구 내부로부터 열을 전달하는 맨틀의 대류 세포는 판 구조론의 주요한 동력원이다.

중력도 같은 역할을 한다. 암석권이 중심으로부터 멀리 이동함에 따라 차가워지고 더 밀도

그림 22.24
맨틀의 대류 세포에 대한 모식도

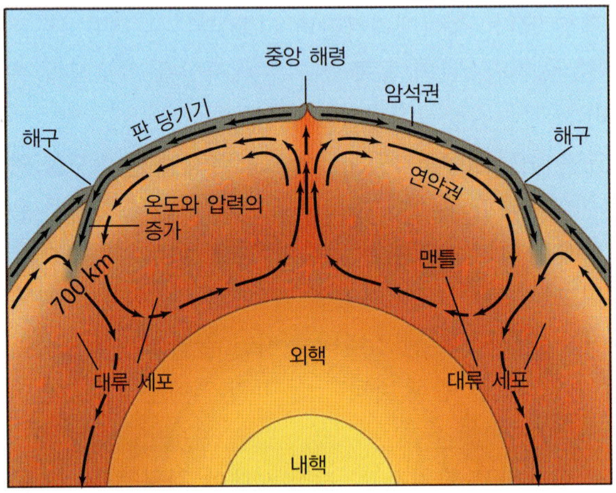

가 커진다. 판의 경계 부분에서 연약권으로 들어갈 만큼 밀도가 커질 때, 함께 판의 나머지를 당긴다. 이러한 과정을 **판 당기기**(*slab pull*)라고 하며, 지각 판의 움직임에 기여한다.

22.7 판 경계

학습목표
판 경계인 발산형 경계, 수렴형 경계, 변환 경계의 특징을 설명할 수 있다.

물음 만약 지진을 비롯한 다른 강렬한 지질 활동을 경험하고 싶은 경우, 왜 판 경계에서 살아야 하는가?

판은 **판 경계**에서 만나게 된다. 판의 경계에서 판들은 서로 상호 작용하기 때문에 많은 지질 활동이 발생한다. 일반적으로 조산 운동, 화산, 지진은 판의 내부보다 경계에서 더 많이 발생한다. 판의 경계는 세 종류로 구분할 수 있다.

- **발산형 경계**: 판이 서로 멀어지는 경계
- **수렴형 경계**: 판이 서로 모이는 경계
- **변환 경계**: 판이 서로 수평적 이동을 보이는 경계

발산형 경계

서로 이웃한 판이 경계로부터 멀어지는 지점을 **발산형 경계**(**divergent boundary**)라고 부른다. 판은 반대 방향으로 판을 끌어당기는 인장력이 작용하므로 발산형 경계에서 당겨져 떨어진다. 판이 분리됨에 따라 그 경계 사이로 마그마가 아래에서 뿜어져 올라와 분화한다. (마그마가 지구 표면으로 분출하면 **용암**(*lava*)이 된다.) 새로운 지각을 형성하기 위해 용암이 식어서 고결된다.

발산형 경계에서 분출되는 용암은 연약권의 마그마로부터 분출된다. 이미 학습한 바와 같이 연약권은 가소성이 좋지만 여전히 단단한 암석으로 구성되어 있다. 그러나 판이 분리될 때, 연약권에 가해지는 무게가 감소하여 압력이 줄어들게 된다. 연약권의 암석은 (부분적으로) 녹아 마그마가 된다.

용암은 지구 표면의 열하를 통해 나오거나 화산을 만드는 것처럼 중앙 분출구로 분출할 수 있다. (열하란 마그마가 지구 내부에서 나올 수 있는 단순한 균열을 말한다.) 우리는 그 위험성과 역동성 때문에, 화산을 더 일반적인 분출로 알고 있지만, 열하에서의 마그마 분출이 더 일반적으로 일어난다(예를 들어 중앙 해령의 틈인 열곡).

해저의 발산형 경계에서는 해저 확장이 일어난다. 대서양 중앙 해령은 발산형 경계로, 북대서양에서 북아메리카판과 유라시아 판이 분할되고, 남대서양에서 남아메리카판과 아프리카판이 분할된다. 대서양 중앙 해령의 확산 속도는 1~6 cm/년이다. 이 속도는 느리게 보일 수 있지만 지질학적 시간을 생각하면 그 효과는 대단하다. 지난 1억 4천만 년 동안, 해저는 아프리카, 유럽, 아메리카를 지나는 작은 수로에서부터 확산되어 오늘날의 대서양이 되었다.

발산형 경계는 해저에만 있는 것이 아니다. 대륙의 중간에도 있을 수 있다. 동아프리카 지구대가 좋은 예이다. 이러한 발산이 지속된다면 이 지구대는 더 멀어지고 깊어져 결국 현재의 아프리카 대륙 가장자리에서 떨어져 나올 것이다. 아프리카 대륙이 분리되고 나면, 인도양의 해수가 범람해 들어와 이 지역은 좁은 바다가 될 것이다. 그리고 아프리카 동쪽 모서리는 큰 섬이 될 것이다.

수렴형 경계

지구는 약 46억 년 전에 형성된 이래로 그 크기가 거의 일정하게 유지되고 있다. 이는 암석권이 형성되는 속도와 유사하게 소멸되고 있다는 것을 의미한다. 지구의 암석권이 소멸되는 것은 판의 **수렴형 경계**(**convergent boundary**)에서 일어난다. 이곳에서는 판이 느린 속도로 함께 충돌한다. 일반적으로 한 판이 다른 판 아래로 들어가거나 소멸되게 된다. 판이 소멸하는 영역 주변을 **섭입대**(**subduction zone**)라고 한다.

수렴형 경계는 관련된 판의 종류에 따라 세 유형이 있다.

- 해양 – 해양 수렴
- 해양 – 대륙 수렴
- 대륙 – 대륙 수렴

해양 – 해양 수렴형(*oceanic – oceanic convergence*)에서는 충돌하는 판의 양쪽 모두가 해양 지각으로 덮여 있다. 두 판이 만날 때, 더 오래된 판(따라서 더 차고 밀도가 큰)은 밀도가 작은 덜 오래된 판 아래로 섭입되게 된다. 이는 섭입대의 해저에서 길게 들어가 있는 **해구**를 형성하게 된다. 해구는 수렴형 경계의 가장자리에 넓게 퍼져 있다. 해구는 깊이가 8~12 km 정도이고, 폭이 약 100 km로, 길이는 수천 km까지 이어질 수 있다. 해구는 극단적으로 높은 압력 및 낮은 온도와 빛이 없는 환경에서 살아남을 수 있는 **극한성 생물**(extremophile)이 살고 있

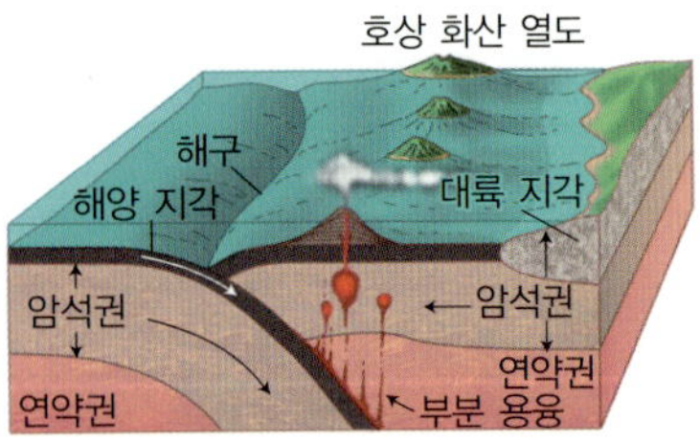

그림 22.25
해양–해양 수렴은 대륙을 포함하지 않는 지각의 경계가 만날 때 발생한다. 해구는 섭입대에서 형성되고, 충돌에서 형성된 마그마에 의해 형성되는 화산섬으로 된 호상 열도가 만들어진다.

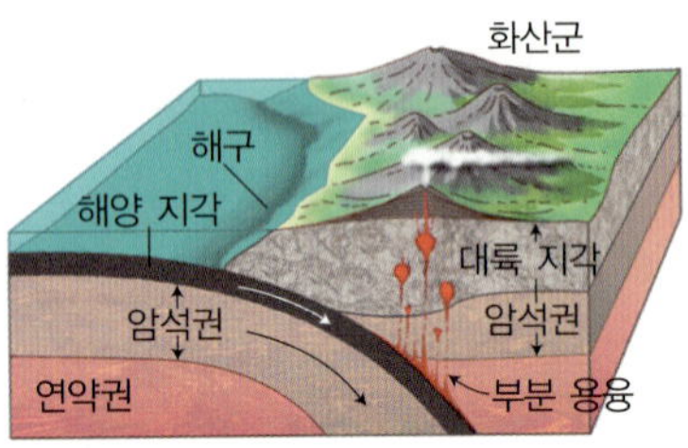

그림 22.26
해양–대륙 수렴은 대륙 지각 가장자리 아래로 해양 지각이 섭입할 때 발생한다. 심해의 해구와 연안의 산맥은 이러한 결과로 형성된다.

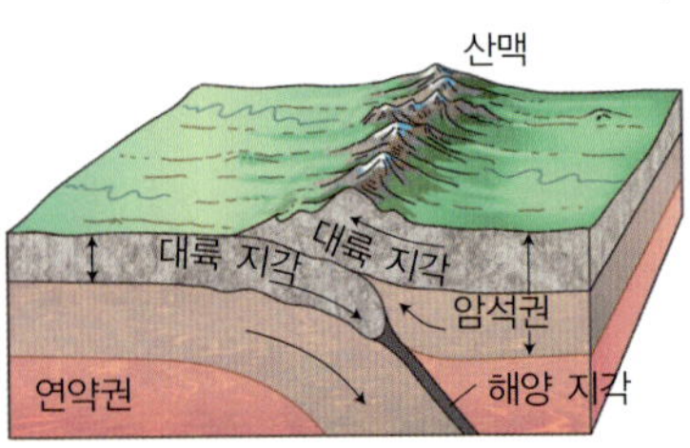

그림 22.27
대륙–대륙 수렴은 대륙 지각이 경계의 양쪽 가장자리를 모두 덮고 있을 때 발생한다. 표면의 주름이 위로 밀려 산맥이 형성된다.

는, 지구에서 가장 깊은 장소이다.

그림 22.25는 섭입대의 맨틀 암석이 부분적으로 녹아 마그마가 될 수 있음을 보여 준다. 이들은 지각 위로 떠올라 용암으로 분출된다. 수백만 년 이상 분출된 용암과 화산 잔해들이 해저에 쌓이게 되고, 그들이 해수면 위까지 자라게 되어 화산섬이 된다. 이러한 유형의 화산은 알래스카 반도의 알류산 열도처럼 해구와 나란하게 **호상 열도**(*island arcs*)로 나타난다. 다양한 강도의 지진들이 다른 판과 겹쳐 판이 아래로 내려가는 경계를 따라 나타난다.

판의 충돌에 대한 두 번째 유형은 **해양–대륙 수렴형**(*oceanic–continental convergence*)이다(그림 22.26). 이 경우 대륙 지각으로 덮인 판의 가장자리 아래로 해양 지각 판이 천천히 들어간다. 밀도가 작은 화강암질 대륙 지각이 밀도가 큰 현무암질 해양 지각을 덮고 있다. 판이 만나 수렴하는 곳은 깊은 해구가 형성된다. 맨틀의 암석이 부분적으로 용융되어 섭입대에 마그마가 형성되며, 이 마그마가 표면으로 떠올라 용암으로 분출된다. 용암은 분출되고 차가워지며 오랜 시간 동안 모인다. 결국 화산군을 만들 수 있다.

그런데 섭입대에서 암석이 부분적으로 용융되어 마그마가 되는 까닭은 무엇인가? 그것은 섭입되는 판이 뜨겁기 때문이 아니다. 섭입되는 암석권은 차갑고 밀도가 크며, 연약권으로 차가운 암석이 들어가게 된다는 사실을 기억하라. 섭입되어 100~150 km 깊이에 도달하게 되면, 주변 환경의 열과 압력으로 인해 섭입되는 판에 포함된 물이 상부 맨틀로 이동한다. 얼음에서의 소금, 주조(주물) 과정에서의 용제(flux)와 같이, 물은 맨틀 암석의 어는점을 낮춘다. 따라서 물이 포함된 경우 상부 맨틀은 온도 변화 없이 부분적으로 용융된다. 마그마가 생성되고 상승하게 된다. 이 마그마는 종종 이웃한 지각 암석의 일부를 부분적으로 녹여 대륙 지각 아래에 고이게 된다. 결국 이러한 용융된 암석은 지표 밖으로 조용하거나 폭발적으로 분출하게 된다. 이러한 과정으로 케스케이드 산맥의 아름다운 산이 형성되었기 때문에, 태평양 북서부의 주민들은 이 과정을 고맙게 생각해야 한다.

마지막으로, 대륙 지각이 서로 마주보는 방향으로 판이 수렴할 때 **대륙–대륙 수렴형**(*continental–continental convergence*) 경계가 나타난다(그림 22.27). 이 경우 대륙 지각들은 동일한 밀도의 화강암질 암석으로 구성되어 있다. 암석들이 동일한 밀도를 가지기 때문에, 그들이 충돌할 때 더 아래로 내려가는 부분이 없게 된다(섭입이 없음). 대신 대륙은 구겨진 옷감처럼 위로 솟아오르고 우뚝 솟은 뾰족뾰족한 모양의 산맥이 만들어진

그림 22.28
인도와 아시아의 대륙–대륙 충돌에 의해 히말라야 산이 형성되었고, 지금도 여전히 자라고 있다.

다. 예를 들어 세계에서 가장 높은 산인 히말라야 산은 약 8854 m(5.5 mi)로 웅장하게 솟아 있다. 히말라야는 인도 대륙이 아시아에 충돌한 5000만 년 전에 생성되었다. 판 경계를 따라 인도와 아시아는 하나로 합쳐졌다. 유라시아와 인도 판은 여전히 수렴하고 있어 히말라야는 1 cm/년으로 자라나고 있다(그림 22.28).

변환 경계

변환 경계(**transform boundary**)는 두 판이 만나지만 생성되거나 소멸되지 않고 서로 지나치는 지역이다. 이 경계에서는 단순하게 서로 반대 방향으로 이동하여 쓸리기 때문에, 암석권이 생성되거나 사라지지 않는다.

변환 경계는 매우 큰 **단층**(*fault*)이다. 단층은 서로에 대해 상대적으로 이동하는 암석의 두 영역으로 구분되는 균열이다. 단층은 변환 경계보다 훨씬 더 작을 수 있다. 이들의 관계는 판의 경계와 판의 내부 지점에 가까운 곳에서 종종 형성된다.

일반적으로 변환 경계는 중앙 해령의 두 구역이 만나 이루어진다. 예를 들어 대서양 중앙 해령은 변환 단층에 의해 연결된 영역들로 구분된다(그림 22.29). 이들 단층은 한 해령의 구역과 다른 해령으로 운동이 '변환'(또는 전이)된다. 그림에서 보는 것과 같이 한 해령에서 암석권은 다른 해령의 암석권에 대하여 한 방향으로 움직인다. 이러한 방식으로 변환 경계를 따라 미끄러지는 판의 움직임이 가능하다.

변환 경계에서 암석 판이 서로를 지나가기 때문에, 일반적으로 그들의 움직임은 지속적이고 느리다. 그러나 일부 지역에서는 암석 전체가 서로 붙어 버릴 정도로 마찰이 매우 강하다. 판의 움직임은 지속되고 암석의 덩어리는 압축되거나 확장된다. (이 장의 앞 부분을 보면 암석은 부서지기 쉬울 것 같지만 그렇지 않다. 암석은 압축과 인장, 용수철과 같은 탄성 에너지를 저장한다.) 암석을 밀거나 당기는 힘이 마찰을 초과할 때, 응력을 받은 암석은 갑자기 부서져 느슨하게 미끄러지게 되어 갑작스레 에너지를 방출하게 된다. 암석 덩어리가 이렇게 붙었다가 떨어질 때 지진을 유발한다.

대부분의 변환 경계는 해양 분지에 존재하지만 일부는 대륙판에서 찾을 수 있다. 많은 관심을 받는 대륙의 변환 단층은 산안드레아스 단층(San Andreas Fault)으로 그림 22.30에 나타

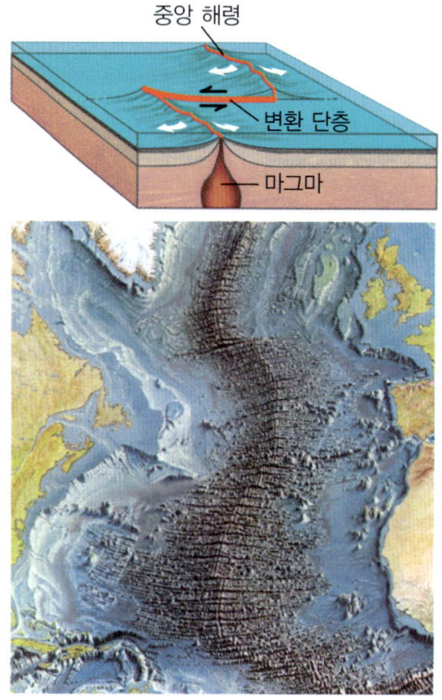

그림 22.29
대부분의 변환 경계는 지구 표면을 따라 측면 방향으로 이동할 수 있는 중앙 해령의 영역들을 상쇄한다. 판은 경계를 따라 미끄러져 이동하고 지진을 발생시킨다.

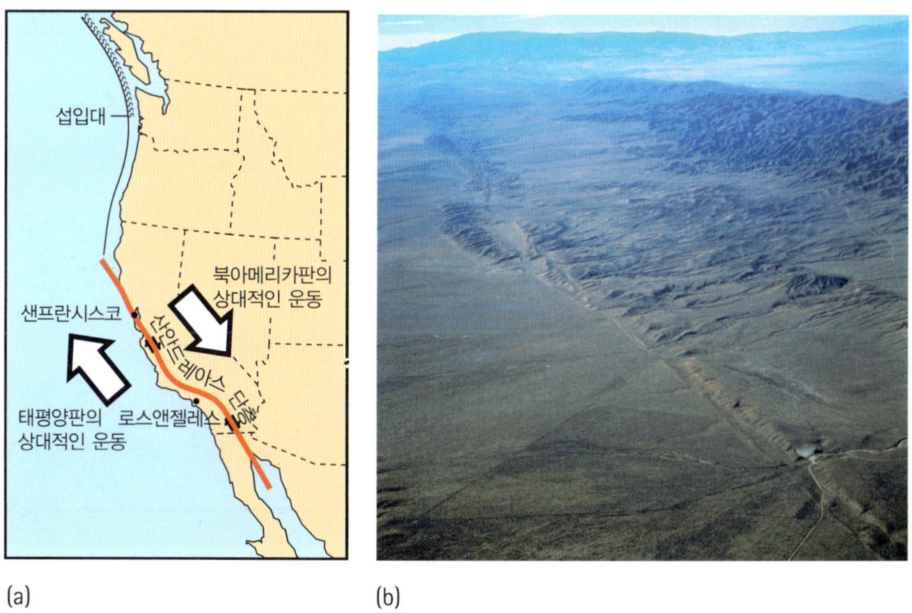

그림 22.30
(a) 산안드레아스 단층은 지진으로 유명한 판의 변환 단층 경계이다. 태평양판의 캘리포니아 영역은 북서쪽으로 이동하며 캘리포니아의 나머지 지역은 북아메리카판에 위치한다. (b) 이 산안드레아스 단층 사진에서 보이는 긴 계곡은 오랜 기간 동안 단층을 따라 이동하여 형성되었다.

내었다. 산안드레아스 단층은 캘리포니아가 포함된 북아메리카판과 태평양판 사이의 움직임을 총괄적으로 포함하는 단층이 복잡하게 얽힌 줄기이다.

단층의 서쪽 캘리포니아 영역은 북서 방향으로 천천히 이동하고 있는 반면, 남은 캘리포니아 영역은 남동쪽으로 이동하고 있다. 여론과 반대로, 판의 이동 방향을 바탕으로부터 로스앤젤레스가 떨어져 나와 바다 속으로 빠져 들지 않을 것을 알 수 있다. 대신, 샌프란시스코 반대 방향으로 이동하는 동안 로스앤젤레스는 샌프란시스코를 향해 북서 방향으로 꾸준히 이동한다. 약 1600만 년 후, 두 도시는 이웃하게 될 것이다. 한편 캘리포니아 주민들은 지진을 충분히 예상할 수 있을 것이다.

학습목표
생명체가 살아가기 어려운 해구의 조건을 설명할 수 있다.

융합과학 22E
생명과학

해구에 사는 생물

물음 빛이 부족하여 식물이 존재하지 않는 해구에서 어떻게 먹이 사슬이 형성될 수 있는가?

암석권이 파괴되면 섭입대에서 안쪽으로 들어가게 된다. 이처럼 섭입이 일어나는 곳에서는 깊고 어두운 해양의 바닥, 해구가 형성된다. 이미 배운 해구는 지구에서 가장 깊은 장소이다. 마리아나 해구는 가장 깊은 해구이다. 이는 수면에서부터 11,000 m(7 mi) 깊이까지 내려간다. 만약 세상에서 가장 높은 산인 에베레스트 산이 마리아나 해구에 빠지게 되더라도 1마일 깊이의 바다 속이 될 것이다!

해구의 환경은 극단적이다. 물은 거의 얼음에 가깝다. 압력은 1,000기압에 달한다(약 16,000 lb/inch^3). 햇빛은 칠흑같이 어두운 깊이에서 완전히 없어진다.

그림 22.31
검은 아귀는 큰 턱과 이빨을 가진 효과적인 포식자이다. 이 물고기는 해구에서는 생존에 필요한 먹이가 부족하기 때문에 효과적으로 포식할 필요가 있다. 먹이를 유인하기 위해 머리에 부착된 생물학적으로 발광하는 '미끼'를 가지고 있다. 미끼로부터 형성된 빛은 어둠속에서 미생물을 유혹한다.

그림 22.32
열수 분출공의 생태계

하지만 해구에서 생명은 번성하고 있다. 해구에는 **호극성균**(*extremophiles*)이라 불리는 강한 생명이 살고 있다. 해구 호극성균은 극단적으로 높은 압력, 낮은 온도, 빛이 없는 환경에서 생존할 수 있다. 해구 호극성균은 벌레, 새우, 물고기, 게, 미생물 등의 종이 포함된다. 세계에서 가장 깊은 곳에 사는 물고기는 푸에르토리코 해구의 8,372 m 깊이에서 발견된 **아비소브로툴라 갈라테이아**(*Abyssobrotula galatheae*)이다. 해구 호극성균의 적응은 아직 충분히 설명하지 못하고 있다.

일부 해구에는 **열수 분출공**(*hydrothermal vent*)이 존재한다. 열수 분출공은 해양 지각의 균열과 관련이 있다. 이는 활성 단층의 새로 형성된 해양 지각에서 더 빈번하게 발견된다. 그러나 열수 분출공은 판이 서로 마찰하는 해구에서도 일부 발견된다. 이를 통해 황화 수소와 같은 화학 물질과 열이 지구 내부에서부터 분출된다. 압력에 적응된 박테리아는 이러한 화학 물질들을 소비하여 화학적 에너지를 그들이 생존에 필요한 에너지로 전환한다. 화학 물질을 분해하는 이 박테리아는 폐기물로 산소를 생성한다. 이러한 과정은 **화학 합성**(*chemosynthesis*)이라고 부른다. 다른 생명체는 박테리아를 먹으며, 또 다른 생명체는 박테리아를 먹는 생명체를 먹는다. 그리고 이러한 먹이 사슬은 광합성을 위한 빛이 부족함에도 열수 분출공에 의해 번성한다.

연습문제

22.1 지구과학은 융합과학이다

1. 지구과학의 하위 영역에 대해 세 가지 이상 말하고, 각 영역의 핵심을 설명하시오.
2. 왜 지구과학은 융합과학인가?

22.2 화학적 조성에 따른 지구 내부의 층

3. 어떻게 지구를 삶은 달걀로 비유할 수 있는가?
4. 해양 지각을 구성하는 암석의 주된 종류는 무엇인가? 대륙 지각에서는 어떠한가?

22.3 물리적 성질에 따른 지구 내부의 층

5. 지구 내부 5개 층에 대하여 이름과 함께 설명하시오.
6. 연약권은 모두 동일한 화학적 조성을 가지는가? 연약권 전체에 걸쳐 균일한 것은 무엇인가?
7. 거대하고 연결되어 있는 암석권의 조각을 무엇이라 부르는가?

22.4 대륙 이동설

8. 베게너의 대륙 이동설을 지지하는 화석 증거를 설명하시오.
9. 왜 대륙 이동설은 수십 년 동안 과학자들에게 받아들여지지 않았는가?
10. 대륙 이동설을 지지해 주는 암석 기록에서 나오는 증거에 대해 설명하시오.

22.5 해저 확장설–대륙 이동의 메커니즘

11. 암석권은 어디에서 형성되고 사라지는가?
12. 어떻게 해저 확장설은 대륙 이동설과 관련되어 있는가?
13. 지구는 46억 년 전에 형성된 이후 동일한 크기를 유지하고 있다. 해저 확장 속도와 섭입 속도를 비교하는 측면에서 이러한 사실이 제안하는 것은 무엇인가?

22.6 판 구조론

14. 판 구조론은 어떤 측면에서 진화론, 뉴턴의 법칙, 주기율표와 같은가?
15. 판이 움직이는 방법에 대하여 속도와 방향의 측면에서 설명하시오.
16. 판 구조론은 대륙 이동설과 어떠한 차이를 가지는가?

22.7 판 경계

17. 살아가기에 지질학적으로 더 안정된 장소는 어디인가? 판의 경계를 따라서인가, 아니면 판의 중심 부분인가? 설명해 보시오.
18. 판 경계 세 가지에 대해 설명하시오.
19. 판이 충돌할 때, 어떠한 상호 작용이 일어나는가? 세 가지 가능한 방법에 대해 설명하시오.
20. 산안드레아스 단층대는 어떤 유형의 판 경계에 속하는가?

확인문제

만일 여러분이 이 장에서 제대로 학습을 하였다면, 다음에 제시된 10개의 질문에 적어도 7개는 제대로 답을 할 수 있을 것이다. 만일 그렇지 못하면 다음 장으로 가기 전에 이 장을 더 학습할 필요가 있다.

각 질문에 대해 가장 적합한 답을 고르시오.

1. 암석권은 지각과 (   )의 상부를 포함하고 있다.
   (a) 연약권
   (b) 맨틀
   (c) 핵
   (d) 하부 맨틀
2. 천천히 이동하는 부드러운 암석으로 구성된 지구의 층은 (   )이다.
   (a) 암석권
   (b) 하부 맨틀
   (c) 수권
   (d) 연약권
3. 두 판이 서로 다른 방향으로 이동하는 판 경계는 무엇인가?
   (a) 수렴형 경계
   (b) 발산형 경계
   (c) 변환 경계
   (d) 대륙–대륙 수렴형 경계
4. 해저에서 섭입이 발생하여 길고, 깊으며 가파르게 꺼진 곳은 (   )이다.
   (a) 중앙 해령
   (b) 열곡대
   (c) 해구
   (d) 열수 분출공
5. 지구의 내핵은 고체, 액체, 기체 중 어떤 상태이며, 그 이유는 무엇인가?
   (a) 고체, 용융되기에는 높은 압력이 유지되기 때문에
   (b) 액체, 철의 녹는점보다 핵의 온도가 높기 때문에
   (c) 기체, 내핵은 태양의 표면만큼 뜨겁기 때문에

6. 외핵이 지구 자기장의 근원인 이유는 무엇인가?
   (a) 액체 상태의 철 입자가 움직임에 따라 전류가 형성되고, 전류는 항상 자기장을 만들어 내기 때문
   (b) 시간이 흐름에 따라 역전되는 남극과 북극을 가지기 때문
   (c) 자성을 가지는 철과 같은 물질을 포함하기 때문
7. 어떻게 지구는 지구핵의 열로 인해 녹아내리지 않는가?
   (a) 열은 이동하지 않는 경향이 있기 때문이다.
   (b) 핵은 고체이기 때문이다.
   (c) 암석은 열을 잘 전달하지 않기 때문에 열이 표면으로 느리게 방출되기 때문이다.
   (d) 사실 지구의 핵은 그다지 뜨겁지 않기 때문이다.
8. 왜 내핵은 지구에서 가장 밀도가 큰 지역인가?
   (a) 내핵은 밀도가 큰 철로 거의 구성되어 있기 때문
   (b) 지구가 용융되었을 때, 밀도가 큰 물질이 지구 중심으로 내려갔기 때문
   (c) 압력에 의해 내핵의 원자들이 단단하게 압축되기 때문
   (d) 세 가지 모두
9. 글로소프테리스와 메소사우루스 같은 화석이 멀리 떨어진 대륙들에서 발견되는 이유는?
   (a) 메소사우루스는 수영할 수 있었고, 글로소프테리스의 씨는 매우 가벼웠다.
   (b) 육교가 한 번에 모든 대륙을 연결하고 있었다.
   (c) 모든 대륙이 판게아라는 초대륙으로 모여 있었다.
   (d) 베게너가 과학 학계에 거짓말을 하였다.
10. 판 구조론을 설명하면?
   (a) 해저의 확장과 수렴을 통해 판의 움직임을 설명하는 방법이다.
   (b) 대륙이 이동하는 방법이다.
   (c) 판의 경계에서 지질학적 활성이 나타나는 방법이다.
   (d) 세 가지 모두

확인문제 답

1. b, 2. d, 3. b, 4. c, 5. a, 6. a, 7. c, 8. d, 9. c, 10. d

23장 암석과 광물

대부분의 제조된 제품들은 광물 또는 광물에서 분리된 물질을 함유하고 있다. 캔의 알루미늄에서부터 연필의 흑연이나 감자튀김의 염분까지, 광물은 어디에나 존재한다. 광물은 무엇을 의미하는 것일까? 우리가 사용하는 모든 광물은 어디에서 오는가? 광물은 결합을 통해 지구의 기반 물질인 암석을 형성한다. 광물처럼 암석도 경제적으로 중요하다. 예를 들면 석탄은 연료로 사용되는 암석이고, 대리석과 화강암은 장식용으로 이용된다. 암석을 통해 지구의 과거를 알 수 있다. 암석의 특성은 화산 분출, 홍수, 지진과 같은 지질학적 과정에 영향을 미친다. 암석의 순환 과정은 어떨까? 지질학자들이 들려주는 암석의 이야기를 배우면 충분히 암석에 대해 매력을 느끼게 될 것이다.

23.1 광물은 무엇인가?

학습목표
광물의 특성을 서술할 수 있다.

물음 다이아몬드와 흑연은 모두 순수한 탄소로 이루어졌음에도 불구하고, 왜 다른 광물로 분류되는가?

일상적인 용어로 **광물**(*mineral*)은 신체의 영양과 관련되어 사용되기도 한다('바이타민과 미네랄'). 그러나 지구과학 분야에서 광물은 다른 의미를 가진다. 광물은 아래의 5가지 특성을 가지는 물질을 말한다.

1. **광물은 자연적으로 만들어진다.** 다시 말해, 광물은 인간에 의해 인위적으로 만들어진 것이 아니라 자연에서 만들어진 것이다. 은의 경우는 광물이지만, 나일론은 광물이 될 수 없다.
2. **광물은 무기물이다.** 광물은 생물에 의해 만들어지지 않는다. 목재는 생물인 나무에서 만들어지기 때문에 광물이 될 수 없다.
3. **광물은 결정 구조를 가진다.** 광물 내에서는 원자, 이온, 분자들이 규칙적으로 배열되어 반복되는 패턴으로 나타난다. 암염(식염)은 육면체가 계속해서 반복되는 결정 구조를 가지고 있다(그림 23.1). 광물과 비광물을 포함한 대부분의 고체는 결정 구조를 가진다. 단, **비결정성 고체**(*amorphous solid*) 입자가 무작위로, 무질서하게 배열되어 있는 두 가지 예외의 경우는 유리와 플라스틱이다.
4. **광물은 고체이다.** 빙하에 포함된 얼음은 광물이지만, 액체인 물은 광물이 아니다.
5. **광물은 특정한 화학 조성을 가진다.** 예를 들어 강옥은 항상 Al_2O_3의 화학식을 가진다. 이 화학식은 강옥이 순수한 흰색의 상태일 때나, 붉은색(루비)을 띠게 하거나 푸른색(사파이어)을 띠게 하는 불순물이 포함되어 있을 때에도 동일하다.

물질이 광물로 분류되기 위해서는 이 5가지 특성을 모두 가지고 있어야 한다. 예를 들어 설탕은 고체이며 결정 구조를 가지고 있지만 광물로 분류되지 않는다. 그 이유는 설탕이 사탕수수나 사탕무와 같은 식물에서 생산되기 때문이다.

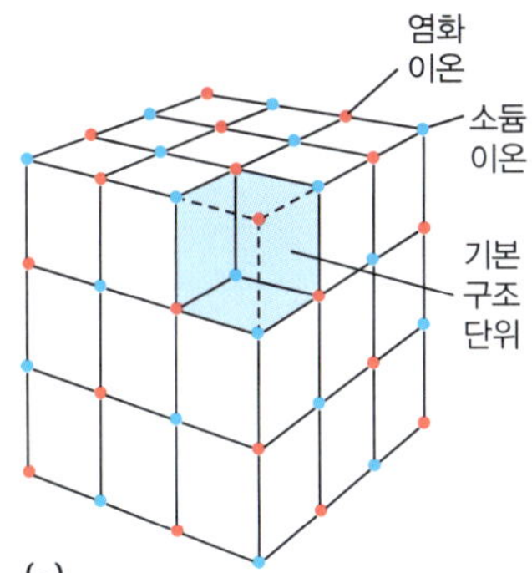

(a)

(b)

그림 23.1
(a) 암염의 결정 구조. (b) 암염(식염) 덩어리

그림 23.2
대부분의 실제 크리스탈은 순수한 '크리스탈'을 의미하지는 않는다. 순수한 크리스탈은 비결정성 고체인 유리를 의미한다. 비결정성 고체에서 원자들은 무질서한 형태로 서로 섞여 있다. 여성의 귀걸이와 같은 실제 크리스탈 보석들은 질서를 이루고 있는 원자 구조를 가지고 있다.

(a)

(b)

그림 23.3
(a) 석기 시대에 사용되었던 돌로 된 도구들. (b) 현대의 채석장에서 채굴된 대리석은 건물이나 조각에 사용된다.

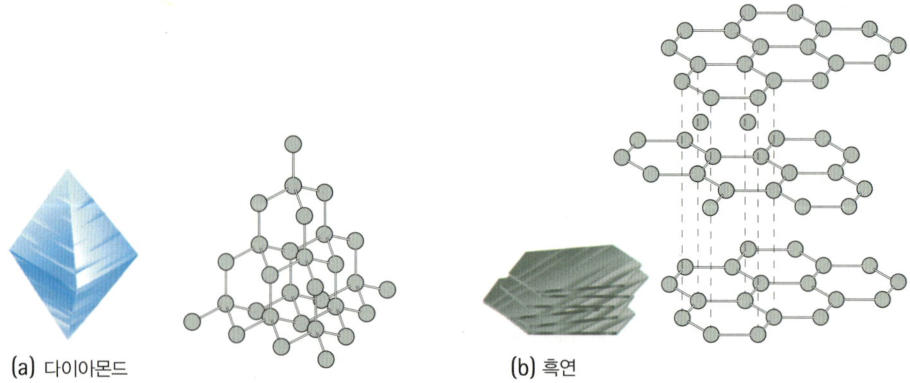

그림 23.4
흑연과 다이아몬드는 순수한 탄소로 이루어져 있다. (a) 다이아몬드에서 인접한 각 탄소들은 서로 긴밀하게 연결되어 있다. (b) 흑연에서의 탄소 원자들은 2차원의 형태로 연결되어 판의 형태를 이룬다.

때때로 두 광물이 동일한 성분을 같은 비율로 포함할 때도 있지만, 이때는 원자의 배열이 다르게 이루어진다. 그 결과 두 광물은 서로 다른 결정 구조와 특성을 보이게 된다. 이러한 광물들을 **동질 이상**(*polymorph*)이라고 한다. 다이아몬드와 흑연(연필심에 사용되는)은 동질 이상이다. 다이아몬드와 흑연은 모두 순수한 탄소로 구성되지만 원자가 다르게 배열되어 있어 서로 다른 광물로 분류된다. 다이아몬드에서 탄소 원자는 단단한 3차원 그물 구조로 배열된다(그림 23.4). 이러한 구조가 다이아몬드를 매우 단단하게 유지시킨다. 그러나 흑연에서 탄소 원자는 쉽게 갈라지는 얇은 판의 구조로 나타난다. 우리가 연필로 글씨를 쓸 때, 흑연 원자의 판 구조가 떨어져 나와 종이에 붙으면서 글씨가 나타나게 되는 것이다.

학습목표
광물을 규명하는 데 유용한 7가지 광물의 특성을 정의할 수 있다.

23.2 광물의 특성

물음 왜 어떤 광물은 망치로 두드리면 육면체의 구조로 부서지는가?

오늘날까지 알려진 광물은 4000여 종에 달한다. 광물은 물리적 특성을 바탕으로 서로 다른 종류로 분류될 수 있다. 이 주요 물리적 특성에는 결정 형태, 경도(굳기), 쪼개짐, 광택, 색, 비중, 조흔색의 7가지가 있다. 어떤 광물은 방사성의 특성을 가지고 있기도 하다. 또 형광이나 자성 또는 독성을 가지고 있는 광물도 있다. 지구 상의 대부분 광물들은 일상적으로 볼 수 있는 암석과 유사하지만, 어떤 것들은 선명한 색과 놀라운 형태를 가지고 있는 경우도 있다(그림 23.5).

그림 23.5
두드러진 외형을 가지는 여러 가지 광물이 존재한다. (a) 적철석은 포도송이 형태를 보인다. (b) 육각형의 결정 구조를 보이는 석영의 다양한 종류들 중에서 자수정은 보라색을 띠는 것이다. (c) 금으로 자주 오해받는 황철석은 '찰흔'이라고 하는 평행한 줄무늬를 포함한 정육면체 결정 구조를 하고 있다. (d) 로사사이트는 청록색 결정질의 섬유질을 포함하고 있다. (e) 장미의 색깔을 의미하는 능망가니즈석은 능면체 결정을 가지고 있다. (f) 석면은 강한 내열 섬유를 포함하고 있다.

결정형

그림 23.5에서 예로 제시하고 있는 대표적인 광물들은 각각 특징적인 **결정형**(*crystal form*), 즉 외형을 가지고 있다. 광물의 결정형은 그 광물이 가지는 미세 결정 구조에 의해 결정된다. 때때로 겉으로 드러나는 광물의 결정형은 광물 내부 원자의 구조와 **동일하다**. 그림 23.1은 암염의 육면체 결정형에 반영된 육면체의 결정 구조를 보여 준다. 돋보기를 이용하여 소금 결정을 자세히 관찰하면 이러한 육면체의 결정형을 직접 볼 수 있을 것이다.

자연에서 완벽한 형태의 결정 구조는 드물기 때문에 잘 만들어진 결정형을 찾는다면 매우 운이 좋은 것이다. 일반적으로 많은 결정들이 좁은 공간에서 함께 성장하기 때문에, 미세한 결정들은 성장하면서 이웃하는 결정 광물들과 경쟁하게 된다. 이렇게 크게 성장하지 못하거나 다른 광물 결정과 섞인 결정형들은 현미경이 없이는 관찰할 수가 없다.

경도

광물의 **경도**(*hardness*)는 긁힘에 대한 광물의 저항 정도를 나타낸다. 단단한 광물은 약한 광물에 흠집을 낼 수 있는 반면, 어떤 광물에는 흠집을 낼 수 없다. 왜 어떤 광물에는 흠집을 낼 수 없는 것일까? 광물의 경도는 광물의 화학적 결합이 얼마나 강한지에 달려 있다. 즉 강한 결합일수록 경도가 강하다. 특히 다이아몬드의 경도가 강한 이유는 다이아몬드의 탄소 결합이 매우 단단하기 때문이다. 모스 경도계(표 23.1)는 광물에 대한 경도를 1에서 10까지의 척도로 구분하여 나타내고 있다. 다이아몬드는 이 척도에서 10에 해당한다.

석영 조각은 장석에 흠집을 낼 수 있지만, 장석은 석영에 흠집을 낼 수 없다.

표 23.1 모스 경도계

광물	경도	유사한 경도의 물질
활석	1	
석고	2.5	손톱
방해석	3	구리선
형석	4	
인회석	5.5	
정장석	6	유리
석영	7	철(못)
황옥	8	
강옥	9	
다이아몬드	10	

쪼개짐과 깨짐

광물의 결정 구조와 화학 결합의 강도에 의해 결정되는 또 다른 특성으로 쪼개짐이 있다. **쪼개짐**(*cleavage*)은 광물이 결합을 약하게 이루고 있는 특정 방향으로 결을 따라서 부서지는 경향을 말한다. 심지어 광물 표면에서 얇은 판상으로 쪼개지는 형태를 보이기도 한다.

광물은 한 방향 또는 여러 방향으로 쪼개질 수 있다. 예를 들면 운모의 결정 구조는 원자들이 층상으로 배열되어 있어 한 방향으로 쪼개진다. 망치로 운모를 내려치게 되면, 운모는 판상으로 쪼개진다(그림 23.6). 깔끔한 덩어리 형태로 부서지는 다른 광물들은 여러 방향의 완벽한 쪼개짐을 갖고 있는 것이다. 보석상들은 다이아몬드와 에메랄드 등과 같은 보석들의 자연적인 쪼개짐을 활용한 절단을 통해 보석의 아름다움을 표현한다.

(a)

(b)

그림 23.6
(a) 판상의 쪼개짐을 보이며 부서지는 백운모는 운모류에 속한다. (b) 방해석은 세 방향의 완벽한 쪼개짐을 가지고 있다. 방해석을 망치로 내려치면 작은 육면체 조각으로 부서진다.

어떤 광물은 평평한 면을 포함하는 이러한 쪼개짐을 보이지 않으면서 부서지는 경우가 있다. 이것을 **깨짐**(*fracture*)이라고 한다. 예를 들면 망치로 석영을 내려치면, 석영은 부드러운 곡면을 그리며 부서진다. 이러한 깨짐을 **패각상**(*conchoidal*) 깨짐이라고 한다(그림 23.7).

그림 23.7
이 석영 표본은 쪼개짐을 보이지 않는다. 깨진 음료수 병과 같이 부드러운 곡선의 표면을 나타내는 패각상 깨짐을 보이고 있다.

광택

광물이 빛을 반사하는 특성을 **광택**(*luster*)이라고 한다. 지질학자들은 광택에 대해 설명하게 위해 다양한 용어를 사용한다. 가장 밝은 광택을 보이는 광물에 대해 '금속' 광택이 있다고 표현하며, 기름기가 있는 광물은 '지방' 광택으로 표현한다. 거칠고 무딘 광물은 '토상' 광택으로 표현하고, 그 밖에 '진주' 또는 '견사' 광택을 띠는 광물 등이 있다.

색

때때로 우리는 광물의 **색**(*color*)만으로도 광물의 종류를 구분할 수 있다. 그러나 이러한 경우는 비교적 제한적이다. 이것은 같은 광물이라도 여러 가지 색으로 존재할 수 있기 때문이다. 순수한 석영은 색깔이 없지만, 불순물이 포함되는 정도에 따라 보라색, 유백색, 분홍색, 노란색, 뿌연 갈색 등과 같은 색으로 나타날 수 있다. 마찬가지로 순수한 강옥은 흰색이다. 그러나 알루미늄 원자 5000개당 한 개의 비율로 크로뮴 원자가 치환될 경우 여러 빛깔의 붉은색을 띠는 루비가 된다(그림 23.8).

때로는 서로 다른 종류의 광물이 같은 색깔을 나타내기 때문에 색깔로 광물을 구분할 수 없을 때가 있다. 황철석은 색깔만으로는 금과 같지만, 성분상으로는 금이 아니다. 만약 강바닥에서 이러한 광물을 발견한다면 그것은 금일까? 아니면 황철석일까? 우리는 확실한 구별을 위해 광물의 다른 특성을 확인해야 할 것이다.

루비

사파이어

그림 23.8
루비와 사파이어는 강옥 내에서 화학적 불순물의 포함 정도에 따라 다르게 나타나는 광물 종류이다. 이러한 예에서 볼 수 있듯이 겉보기 색만으로는 광물을 명확하게 구분하기 어렵다.

비중

비중(*specific gravity*)은 물의 무게에 대한 광물 무게의 비율이다. 구리의 비중은 9이며, 이것은 구리가 같은 부피의 물보다 9배 더 무겁다는 것을 의미한다.

색은 광물을 구분하기 위한 기준으로 효과적이지 못할 수 있지만, 비중은 그렇지 않다. 가짜 금인 황철석은 비중이 5인 반면, 금의 비중은 19이다. 우리는 광물의 크기에 비해 얼마나 무거운지에 대한 느낌으로 각각의 광물을 판별할 수도 있다. 특히 비중은 부피에 대하여 얼마나 무거운지를 나타냄에 따라 밀도와 매우 유사한 특성을 가진다는 것을 기억하라. 이 두 물리적 특성의 차이는 비중의 경우 단위가 없다는 점이다.

조흔색

조흔색(*streak*)은 광물이 가루가 되었을 때의 색깔을 의미한다. 광물의 조흔색을 알아보기 위해서는 '**조흔판**(*streak plate*)'이라고 하는 초벌구이 자기판 조각에 광물을 문지른다. 광물의 조흔색은 광물의 겉보기 색깔과 항상 일치하지는 않으며, 광물의 고유한 특성이다. 예를 들어 적철석의 겉보기 색은 다양하게 나타나지만, 조흔색은 항상 적갈색을 나타낸다.

23.3 광물의 종류

물음 왜 지각에 분포하는 대부분의 광물들은 규산염 광물인가?

우리는 화학에서 자연에 존재하는 112가지의 화학 원소들에 대해 배웠다. 이들 대부분은 일반적으로 거의 드물게 나타난다. 실제로, 단 8개의 원소가 지구 전체 질량의 98%를 차지하고 있다. 또한 단지 두 개의 화학 원소, 즉 규소와 산소가 지각의 70% 이상을 구성한다. 이것은 지구 상의 대부분 광물들이 규소와 산소를 포함한다는 측면에서 봤을 때, 그리 놀랄 일은 아닐 것이다. 규소와 산소의 결합을 포함하는 광물을 **규산염**(**silicate**)이라고 한다. 그리고 규소와 산소의 결합을 포함하지 않는 광물을 **비규산염**(*nonsilicate*)이라고 한다. 지구 상의 4000여 개에 해당하는 광물들이 이 두 개의 그룹으로 분류된다.

그림 23.9
광물의 조흔색은 광물을 분류하는 데 도움을 준다.

학습목표
규산염 광물과 비규산염 광물의 주요한 차이를 구분할 수 있다.

규산염 광물

규소와 산소를 포함하는 광물의 대규모 그룹인 규산염 광물은 '**철마그네슘**(*ferromagnesian*)'과 '**비철마그네슘**(*nonferromagnesian*)' 규산염 광물의 두 소그룹으로 다시 나눌 수 있다. 철마그

그림 23.10
자연에는 112개의 원소가 있지만, 지구 질량의 대부분을 구성하는 원소는 소수에 불과하다. 더 구체적으로는 8개의 원소가 지구 질량의 98%를 구성한다. 단 두 개의 원소인 규소와 산소가 지각의 75% 이상을 구성한다. 이것이 대부분의 광물이 규산염 광물인 이유이다.

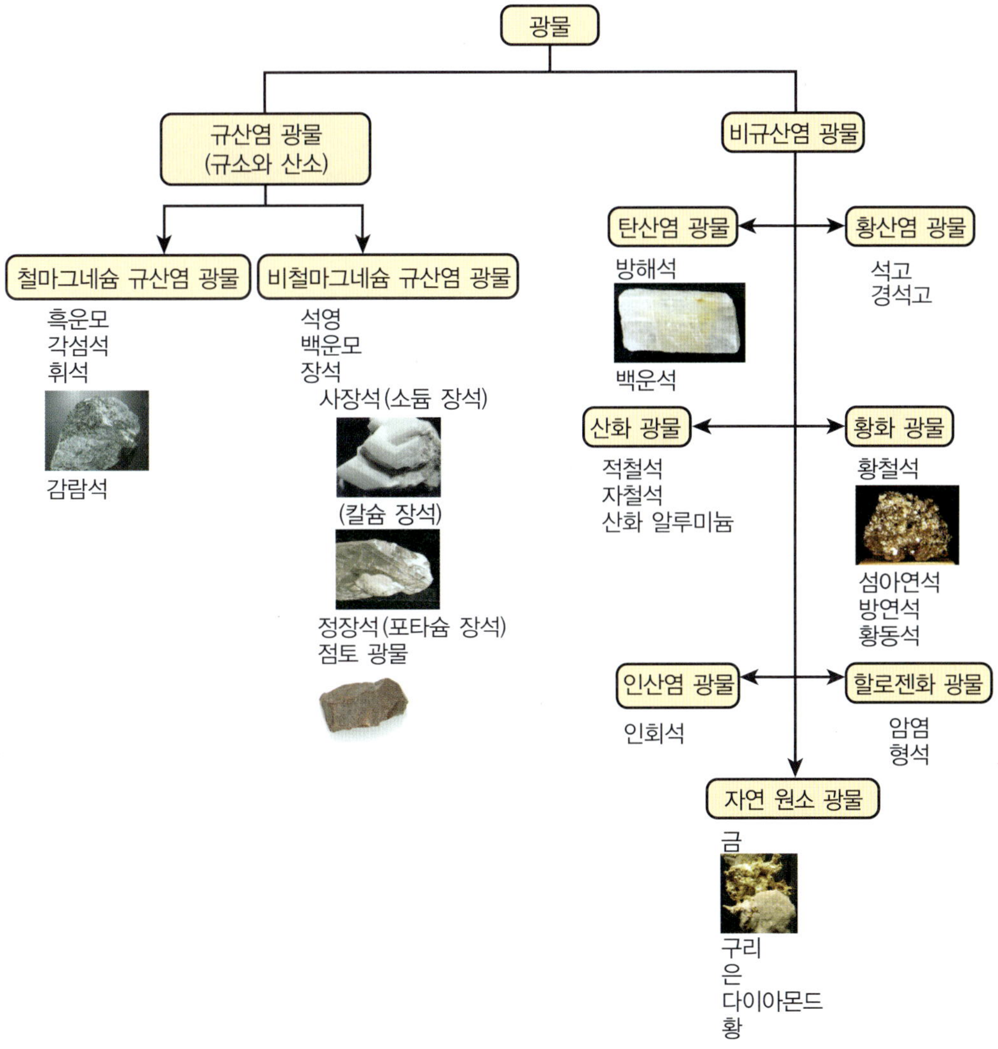

그림 23.11
일반적인 광물의 분류

네슘 규산염 광물은 항상 철이나 마그네슘 또는 두 원소 모두를 포함한다. 철마그네슘 규산염 광물은 어둡고, 조밀하며, 유리질인 경향이 있으며, 종종 해양 지각에서 발견된다. 감람석과 각섬석은 철마그네슘 규산염 광물의 대표적인 예이다. 비철마그네슘 광물은 색이 옅고, 밀도가 작으며, 대륙 지각에서 매우 흔하다. 비철마그네슘 규산염 광물인 장석은 단일 광물로 지각의 거의 절반을 구성한다.

비규산염 광물

탄산염 광물, 황화 광물, 산화 광물, 자연 원소 광물을 포함하는 비규산염 광물은 산소와 규소의 결합을 가지고 있지 않다. 비록 비규산염 광물은 지각의 단 8%만을 구성하지만, 자연의 생태계뿐만 아니라 인류에게도 매우 중요한 요소이다. 예를 들어 탄산염 광물은 시멘트에 활용되고, 산화 광물은 의약품이나 비행기의 부품 등과 같은 수많은 제품에 사용된다. 또한 비규산염 광물은 자연 상태에서 단일 원소로 이루어진 원소 광물을 포함한다. 원소 광물에는 금, 은, 구리, 탄소, 황과 같은 것들이 있다. 이러한 원소 광물의 활용에 대한 예는 보석에서부터 연필심까지 손쉽게 찾아볼 수 있다.

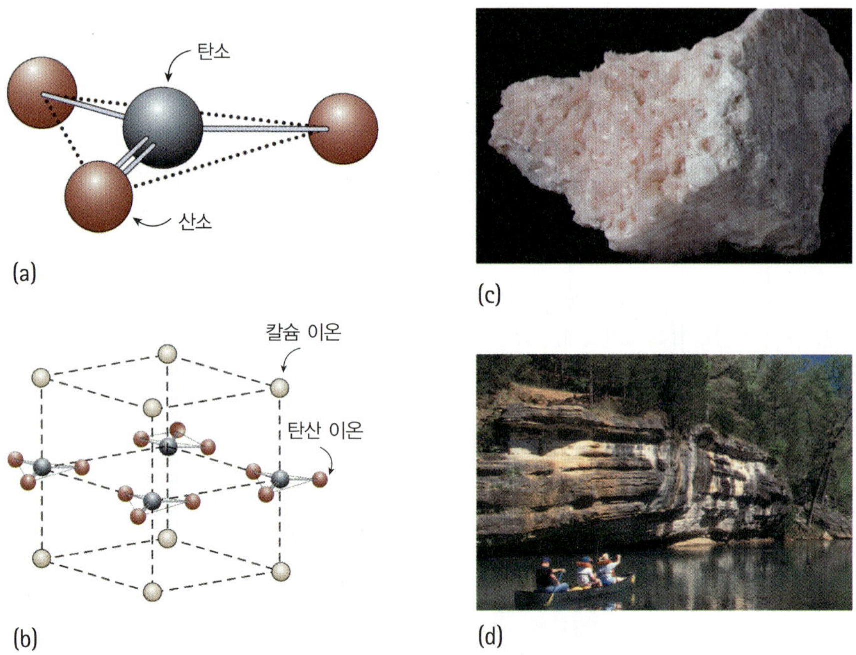

그림 23.12
(a) 탄산 이온(CO_3^{2-})은 탄소 원자를 중심으로 세 개의 산소가 삼각형의 구조로 결합되어 있다. (b) 방해석이나 백운석과 같은 탄산염 광물은 층상 및 판상 구조를 가지고 있기 때문에 쪼개짐이 나타난다. (c) 백운암은 주로 백운석으로 구성되어 있다. (d) 미국 미주리주의 오자크(Ozark) 산지에서 강을 따라 분포하는 절벽은 백운암으로 구성되어 있다.

학습목표
왜 규산염 사면체가 수많은 종류의 다른 광물을 구성하고 있는지 설명할 수 있다.

융합과학 23A
화학

규산염 사면체

물음 규산염 사면체 내부의 원자들은 어떻게 배열되어 있는가?

모든 규산염 광물은 기본적으로 동일한 결합 구조인 **규산염 사면체**(*silicate tetrahedron*)로 구성된다. 규산염 사면체는 네 개의 산소 원자와 한 개의 규소 원자가 결합한 이온으로 피라미드 모양을 하고 있다(그림 23.13). 이 기본 결합 구조는 단일 형태로 존재하거나 다른 구조와 연결될 수도 있다. 다양한 종류의 규산염 광물이 결과적으로 존재한다. 탄소가 광범위한 유기 분자의 기본 요소인 것과 같이, 규산염 사면체는 광범위한 규산염 광물들의 기본 요소가 되는 것이다.

감람석은 수백만 개의 단일 사면체가 반복적으로 결합되어 있는 구조이다. 휘석에서는 사면체가 하나의 사슬 형태로 연결된 구조를 보인다. 운모는 규산염 사면체가 판상으로 배열되어 있으며, 장석은 3차원의 그물 형태로 배열되어 있다. 규산염 사면체는 견고하면서도 활용도가 높은 단위 구조이다(그림 23.14).

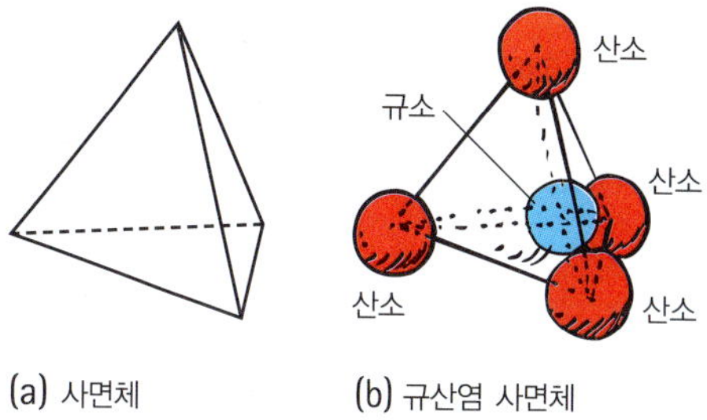

그림 23.13
(a) 사면체는 네 개의 면이 삼각형으로 이루어진 기하학적 구조이다. (b) 규산염 사면체는 네 개의 산소 원자가 한 개의 규소 원자를 중심으로 배열되어 있는 구조이다.

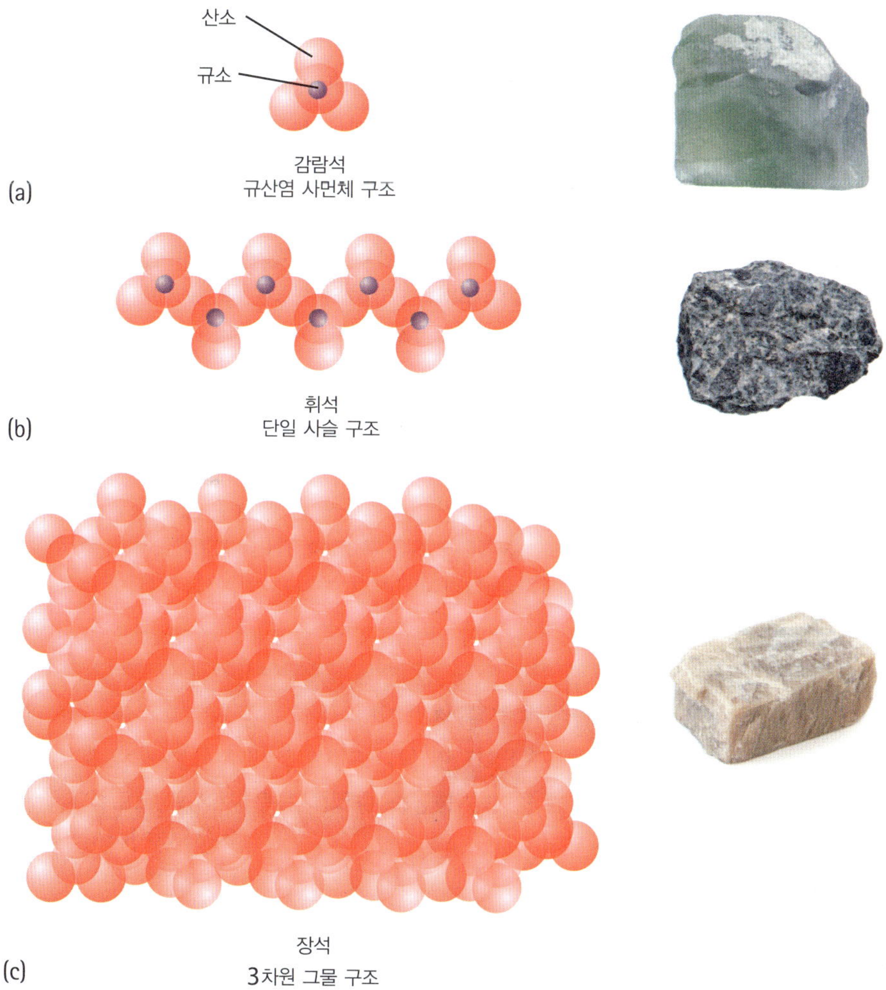

그림 23.14
(a) 지구의 맨틀에 일반적으로 분포하는 올리브색(황록색)을 띠는 감람석은 단일 사면체 구조로 이루어져 있다. (b) 휘석은 화산성 용암에서 흔히 볼 수 있는 휘석군의 종류로서 규산염 사면체가 단일 사슬 구조로 배열되어 있다. (c) 장석은 지각의 주요 구성 광물로 규산염 사면체가 3차원 그물 형태로 서로 결합되어 있다.

23.4 광물은 어떻게 형성되는가?

학습목표
대부분의 광물이 형성되는 네 단계를 설명할 수 있다.

물음 왜 다이아몬드는 지구의 표면에서 불안정한가?

우리는 지금까지 광물이 무엇인지, 어떻게 분류하는지에 대해 알아보았다. 또한 광물의 특성과 구조에 대해서도 어느 정도 알게 되었다. 그러나 여전히 광물이 어디에서 오는지, 어떻게 형성되는지 의문이 존재한다. 모든 광물은 특정 구조 내에서 원자가 함께 결합하여 고체로 성장하는 **결정화 과정**(*crystallization*)을 거친다. 광물의 결정화 작용은 마그마 냉각, 열수 용액, 침전, 열과 압력의 변화의 네 가지 주요 과정을 포함한다.

마그마 냉각

지표의 암석과 광물들은 고체 상태로 존재한다. 그러나 온도가 충분히 상승할 경우 액체로 녹아내릴 수 있다. 광부들은 알겠지만 지구 내부는 깊이 내려갈수록 온도가 급격히 올라간다. 평균적으로 지구 내부의 온도는 지표로부터 1 km 깊어질 때마다 약 30°C의 비율로 증가한다. 그림 23.15의 **지열 구배(geothermal gradient)**는 이러한 변화를 설명하고 있다. 지하 깊은 곳의 암석과 광물들은 실제로 액체 상태로 존재한다. 이렇게 암석이 자연적으로 용융된 물질을 **마그마**(*magma*)라고 한다.

마그마는 두꺼운 오트밀과 같은 조직을 가지고 있다. 규산염 광물이 가장 풍부하기 때문에 마그마 또한 일반적으로 실리카(SiO_2)의 함량이 많다. 마그마는 액체 상태에서 물과 가스, 그리고 여러 고체 입자들뿐만 아니라 원자와 분자도 포함한다. 마그마는 고체 암석에 비해 뜨겁고 밀도가 작기 때문에 지구의 차가운 표면을 향해 떠오르며 상승한다. 마그마가 상승하고 식으면서 고체 광물 결정들이 형성되기 시작한다. 대부분의 광물들은 이러한 방식으로 마그마의 냉각에 의해 형성된다. 마그마 냉각에 의해 만들어지는 일반적인 광물로 장석, 석영, 운모, 자철석 등이 있다.

다른 종류의 광물은 서로 다른 온도에서 결정화된다. 따라서 마그마가 식을 때 광물의 녹는점에 따라 순차적으로 다른 광물이 만들어지게 된다. 장석은 석영보다 녹는점이 더 높기 때문에 석영보다 먼저 마그마로부터 냉각되어 결정화되어 나온다(그림 23.15d). 즉 석영이 고체 상태로 변화하는 온도보다 더 높은 온도에서 고체 상태로 변화한다. 석영은 낮은 온도에서 고체가 되기 때문에 마그마가 식으면서 장석이 만들어진 후에 형성된다. 마그마에서 광물의 결정화가 순차적으로 이루어지므로 한 종류의 특정 마그마는 여러 다른 종류의 광물들의 '기원'이 될 수 있다.

그림 23.15
광물은 네 가지 기본 과정을 통해 형성된다. (a) 해수가 증발하는 곳에서 고체가 남아 있는 경우, 광물이 형성된다. 예: 석고. (b) 지하수에 의해 만들어진 뜨거운 열수 용액으로부터 침전이 일어날 때 광물이 형성된다. 예: 구리. (c) 열과 압력(변성 작용)에 의해 암석이 변하여 광물이 형성된다. 예: 장석. (d) 마그마가 식는 과정에서 광물이 형성된다. 예: 장석

열수 용액

광물은 때때로 마그마가 아니라 열수 용액에서 결정화되기도 한다. 열수 용액은 매우 뜨거운 물(100°C 이상)에 물질이 용해되어 있는 혼합물이다. 이러한 용액은 물이 지하에 지하수의 형태로 저장될 때, 바위의 깊은 균열로 스며들어 간다. 마그마가 주변에 존재하면 이 지하수는 가열되는데, 가열된 물은 물질을 잘 용해시키고 주변 암석 내의 광물과 잘 반응한다. 용해된 금속이나 기타 물질들이 용액 속에서 포화될 때 비로소 결정화된다. 종종 이러한 형태로 금, 구리, 황, 황철석 등의 광물들이 형성된다.

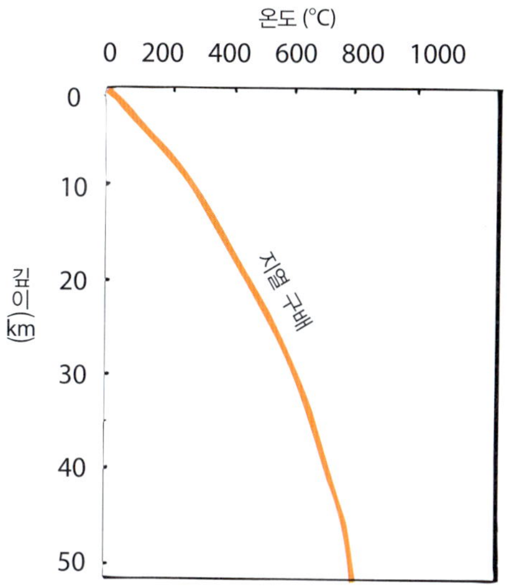

그림 23.16
지구 내부의 온도는 지표로부터 아래로 내려갈수록 단위 km당 30°C의 비율로 증가한다. 이러한 일반적인 지온 증가율을 **지열 구배**라고 한다.

증발

지표의 물에는 많은 물질이 용해되어 있다. 이러한 물이 증발하면서 광물이 형성될 수 있다. 바다나 호수 등의 지표수가 건조한 환경에서 증발하게 되면 암염을 포함한 **증발암**(*evaporite*) 광물들이 남게 된다. 또한 물의 온도 변화는 용액의 용해도를 변화시킬 수 있어 광물의 침전에 영향을 주기도 한다.

열과 압력의 변화

때로는 열이나 압력의 변화와 같은 암석의 환경이 변화하면 새로운 광물이 만들어지기도 한다. 곧, 이 장의 후반부에서 **변성 작용**(*metamorphosis*)으로 불리는 이러한 과정에 대해 학습하게 될 것이다. 암석이 변성 작용을 받아 형성되는 광물로는 석류석, 활석, 흑연 등이 있다.

모든 종류의 원자가 광물을 만들 수 있는 것은 아니다. 광물은 원자의 결합이 충분히 강하게 유지될 때 **안정적으로** 존재할 수 있다. 온도와 압력은 이러한 광물의 안정도에 상당한 영향을 미친다. 다이아몬드는 이러한 점을 잘 보여 준다. 다이아몬드는 150 km의 지하에서 탄소 원자가 높은 압력을 받아 매우 고밀도의 상태로 만들어진다. 지표에서는 압력이 훨씬 낮기 때문에 다이아몬드는 상당히 불안정해진다. 이 때문에 다이아

그림 23.17
다이아몬드는 결국에 영원하지 않다(결국에 다이아몬드는 변한다).

몬드의 결정 구조는 결국 재배열되어 흑연으로 변하게 되는 것이다. 다행히 다이아몬드가 흑연으로 변하는 데는 수십억 년 정도의 시간이 걸리므로 사람의 일생 동안에는 안정하다고 할 수 있다. '다이아몬드는 영원하다.'라는 말은 이러한 의미에서 제한적으로 사용 가능한 것이다.

학습목표
광물과 암석을 구별할 수 있다.

23.5 암석은 무엇인가?

물음 암석은 어떻게 그래놀라 시리얼 바와 같은 모습을 하고 있는가?

암석은 광물 결정들이 혼합되어 응집된 고체이다. 암석 내에 있는 광물 결정(입자)들이 반드시 동일할 필요는 없다. 종종 아주 많은 종류의 광물을 포함하기도 하며, 유리를 포함하기도 한다. 유리를 포함할 수도 있는 이 광물들은 매우 단단하게 서로 결합되어 있다. 모래 입자가 접합되거나 압축을 받으면 암석을 형성할 수 있지만, 이들이 결합되어 굳어지지 않으면 암석이 될 수는 없다. 광물과 암석의 차이는 광물은 **화합물**(*chemical compound*)을 지칭하는 데 반해, 암석은 **물리적 혼합물**(*physical mixture*)을 지칭하는 것이다.

때때로 우리는 암석에 포함되어 있는 광물 결정을 볼 수가 있다. 그림 23.18은 대륙 지각에서 가장 일반적인 암석의 한 종류인 화강암을 나타낸다. 화강암은 눈으로 식별 가능한 장석, 석영, 각섬석의 결정을 포함한다. 그러나 가끔 암석의 결정들은 눈으로 쉽게 구분하기 어려울 때가 있다. 그것은 암석이 점판암과 같이, 육안으로 구분하기에는 너무 작고 미세한 광물 입자들을 포함하고 있기 때문이다.

그림 23.18
암석은 고체 광물들의 혼합물이다. 이 화강암은 석영과 각섬석, 장석의 혼합물이다.

그림 23.19
암석의 세 가지 분류. (a) 현무암과 화강암은 화성암이다. (b) 사암과 석회암은 퇴적암이다. (c) 대리암과 점판암은 변성암이다.

대부분 지표의 암석은 **토양**이나 **흙**이라고 부르는 물질로 덮여 있다. 토양은 식물과 동물과 같은 생물의 부패물로 인해 생긴 **유기 물질**(*organic matter*)과 물, 공기, 암석의 풍화 잔류물 등이 함께 섞여 있는데, 이러한 토양을 파 보면 암석을 찾을 수 있다. 지표 근처의 어떤 곳이든 조금만 깊이 파더라도 암석을 찾아낼 수 있을 것이다.

암석도 광물과 마찬가지로, 풍부하게 존재하는 것만큼 유용하게 사용된다. 인간은 선사 시대에서부터 암석을 유용한 도구로 사용해 왔다. 초기의 인간들에게는 선택할 수 있는 폭이 그리 많지는 않았다. 플라스틱, 철, 강철 등과 같은 것들은 현대에 와서야 비로소 발견되거나 발명되었기 때문이다. 당시에 사용 가능했던 유일한 재료로는 나무, 바위, 식물, 광물, 동물의 사체에서 나오는 것들이 전부였다. 흑요석으로 만든 화살촉은 사냥감의 피부를 자를 수 있을 정도로 날카롭게 만들어질 수 있었다. 무거운 화강암은 뭉툭한 사냥 도구로 사용되었고, 넓은 평면 사암은 돌을 연마하는 데 사용되기도 하였다.

그림 23.20
인간은 석기 시대부터 암석을 유용한 도구로 사용해 왔다.

또한 암석은 건물의 축조에 요긴하게 사용되었다. 유럽의 거대한 성당이나 이집트의 피라미드, 선사 시대의 석조 사원, 마야 문명의 마을, 고대 사원, 심지어 어떤 고대 도시는 마을 전체가 바위로 구성된 곳도 있다. 현대의 건축물도 암석으로부터 만들어진 콘크리트 구조물로 만들어진다.

암석은 그것이 어떻게 만들어지는가에 따라 세 가지 주요 그룹으로 분류된다(그림 23.20). 이 세 가지 암석 그룹이 **화성암**, **퇴적암**, **변성암**이다.

23.6 화성암

학습목표
관입 화성암과 분출 화성암의 차이를 구분할 수 있다.

물음 화성암 내에서 결정의 크기를 결정하는 요소는 무엇일까?

'화성'은 불을 기원에 두고 있음을 반영한 용어이다. **화성암**(**igneous rock**)은 마그마가 식으면서 응결 및 결정화를 거쳐 만들어진다. 화성암은 강한 힘에도 견딜 수 있도록 하는 긴밀한 결합 구조를 포함하고 있다. 화성암의 한 종류인 대리석은 튼튼할 뿐만 아니라 아름다운 무늬까지 포함하고 있어서 주방의 조리대로 흔하게 사용되고 있다(그림 23.21).

그림 23.21
위의 화강암처럼, 화성암은 서로 밀접하게 결합된 결정 구조를 포함하기 때문에 매우 단단하다.

화성암은 다양한 종류의 광물과 조직으로 구성되어 있다. 광물을 구성하는 화학 결합과 그 구조는 입자의 크기를 결정한다.

화성암의 광물 조합은 그 암석을 형성하는 기원 마그마의 화학 조성을 반영한다. 지구 내부의 다양한 위치에 있는 마그마는 그것이 만들어진 지구조적 상황에 따라 서로 다른 조성을 가진다. 발산형 판의 경계 주변이나 해양 지각 주위에서 만들어진 마그마는 어두운 색을 띠는 철과 마그네슘뿐만 아니라 실리카의 함량이 높다. 이러한 마그마가 식어서 결정화되면, 현무암과 반려암을 포함하는 어두운 암석이 형성된다(그림 23.25a). 반면 대륙 지역에서 만들어진 마그마는 실리카의 함량은 높지만 철과 마그네슘의 함량은 낮다. 상대적으로 밝은 색을 띠는 화강암과 유문암은 실리카의 함량이 비교적 높은 마그마에서 굳어진 암석으로 볼 수 있다.

지하에서 마그마가 천천히 식어서 만들어진 화성암을 **관입 화성암**(**intrusive igneous rock**)이라고 한다. 관입 화성암은 마그마가 지구 표면을 향해서 올라오면서 주변의 암석들 사이를 '비집고' 들어가기 때문에 붙여진 명칭이다. 또한 관입암은 종종 그리스 신 **플루토**(*pluto*)의 이름을 따서 명명되어, 땅 속의 화성암체를 **심성암**(*pluton*)으로 불리기도 한다.

(a)

(b)

그림 23.22
(a) 이 화성 기원의 판상 관입은 스위스 알프스에 나타나는 암맥이다. (b) 시에라네바다 산맥의 중심에는 침식 작용으로 인해 지표에 드러난 거대한 저반 또는 관입암체가 존재한다.

심성암은 어떤 형태로 암석의 내부를 관입하는가에 따라 판상으로 또는 부풀어 오르는 형태로 만들어질 수 있다. 예를 들어 암맥은 마그마가 암석층이 잘려진 틈을 따라 관입할 때, 판상의 화성암체를 형성한다(그림 23.22a). **저반**(*batholith*)은 융기하여 지표에 노출된 후 침식이 일어나고 있는 거대한 부피의 심성암체를 의미한다. 이러한 저반은 많은 종류의 산맥 중심을 형성한다. 시에라네바다(Sierra Nevada) 산맥은 대규모의 심성암체가 결합되어 형성된 거대한 저반으로 이루어져 있다(그림 23.22b). 이 저반은 표면적이 약 25,000평방마일이다.

그림 23.23
용암이 냉각되어 굳으면 화산암을 형성한다.

마그마가 굳어지지 않은 상태로 지표 밖으로 분출되면 이것을 **용암**(**lava**)이라고 한다. 용암은 화산에서 격렬하게 분출되거나 해저의 균열을 통해 방출되어 나올 수 있다. 어느 경우든, 용암은 분출 후에 신속하게 냉각되어 고체의 암석을 형성한다. 지구 표면에서 만들어진 화성암을 **분출암**(**extrusive igneous rock**) 또는 **화산암**(*volcanic rock*)이라고 한다(그림 23.23). 일반적으로 관입암은 큰 결정 입자를 형성하는 반면, 화산암은 작은 결정 입자를 형성하거나 결정을 가지고 있지 않다.

화성암의 분류

화성암은 결정 입자의 크기에 따른 **조직**(*texture*)으로 분류하는 것이 일반적이다. 화성암에는 네 가지 조직이 있다.

1. **조립질**(*coarse-grained*) – 현미경이 없이도 결정을 볼 수 있다.
2. **세립질**(*fine-grained*) – 결정이 미세하다.
3. **유리질**(*glassy*) – 결정이 없다.
4. **반상**(*porphyritic*) – 작은 결정의 기질에 큰 결정이 부분적으로 포함되어 있다.

화성암 내 결정의 크기는 기원 마그마가 얼마나 빨리 냉각되느냐에 따라 달라진다. 천천히 식으면 큰 결정이 형성되고, 빨리 식으면 작은 결정이 만들어진다(그림 23.24). 극단적으로 빠르게 냉각되면 흑요석과 같은, 결정이 존재하지 않는 유리질 암석을 만들게 된다. 왜 그럴까?

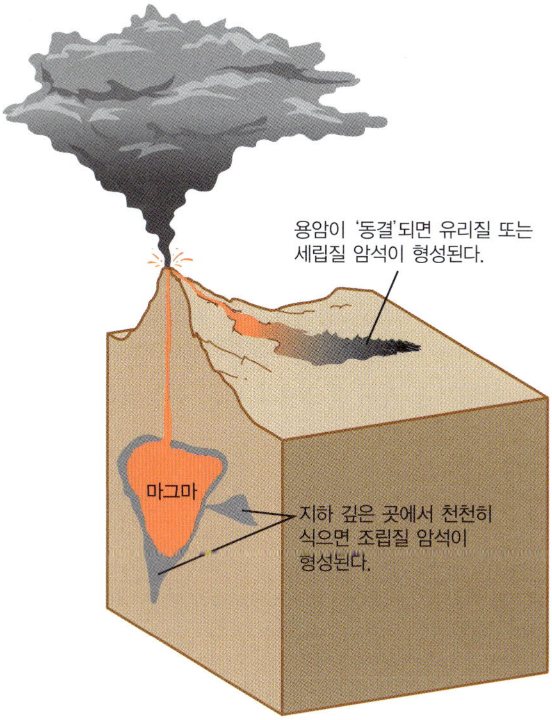

그림 23.24
화성암의 조직은 식어서 굳어지는 데 소요되는 시간에 따라 달라진다. 조립질 화성암은 지하 깊은 곳에서 천천히 냉각되어 결정 입자가 크며, 세립질 화성암은 지표면 가까이에서 비교적 빨리 냉각되어 결정 입자가 작다.

광물 결정은 광물 외부의 표면에 원자가 더해지면서 성장한다. 결정이 단계적으로 성장하여 가장자리가 만져질 정도로 커지면 더 이상의 공간이 부족하기 때문에 성장이 멈추게 된다. 전체 마그마 덩어리는 부분적으로 결정화된 암석들이 결합된 것과 같이 굳어진다.

마그마가 수천 년에서 수백만 년에 걸쳐 천천히 식으면, 결정들은 다른 이웃한 결정들과 원자나 공간을 차지하기 위해 경쟁할 필요 없이 충분히 커질 수 있는 시간을 갖게 된다. 그림 23.25a에서처럼, 실제로 크고 두꺼운 결정을 가진 화강암이나 반려암과 같은 조립질 암석을 관찰해 보면, 그 암석이 오랜 시간에 걸쳐 천천히 식었다는 것을 알 수 있을 것이다.

때로는 냉각이 며칠, 몇 주, 또는 몇 달에 걸쳐 급격하게 일어날 수도 있다. 이렇게 냉각이 빨리 일어날 경우 많은 미세한 결정이 동시에 만들어진다. 각각의 결정은 이웃한 수많은 결

(a)

(b)

(c)

(d)

그림 23.25
화성암은 서로 다른 종류의 조직을 나타낸다. (a) 조립질 암석의 반려암, (b) 세립질 조직을 보이는 유문암, (c) 유리질 조직의 흑요석, (d) 반상 조직의 안산암

정들로 인해 크게 성장할 수 있는 충분한 시간을 갖지 못한다. 그 결과 급속히 냉각되어 그림 23.25b에서 보이는 것처럼 유문암과 같은 세립질 암석을 형성하게 된다.

용암이 암석으로 굳어질 때, 대부분의 냉각은 순간적으로 일어난다. 이러한 상황은 격렬한 화산에서 용암이 분출되어 떨어질 때 일어난다. 어떤 결정 구조도 만들어지지 않은 상태에서 내부의 원자들은 배열을 이루기도 전에 에너지를 잃고 그 위치에 고정되어 버린다. 그 결과, 그림 23.25c에 있는 흑요석과 같은 유리질 암석이 생성된다.

그림 23.25d에 보이는 안산암과 같은 반상 조직은 세립질의 결정을 기질로 하여 큰 결정을 포함하는 암석을 나타낸다. 이러한 암석은 단계적으로 형성된다. 첫째로, 지하 깊은 곳에서부터 마그마가 상승하고 냉각되면서 큰 결정이 천천히 만들어진다. 그런 다음, 이 마그마가 분출되거나 지표와 가까운 위치에서 급격히 식으면 세립질 결정의 기질이 만들어진다.

23.7 퇴적암

학습목표
어떻게 퇴적암이 형성되는지 설명할 수 있다.

물음 퇴적암은 지각을 구성하는 암석들 중 가장 적은 부분을 차지하면서도 어떻게 지표에서는 가장 일반적인 암석이 될 수 있는 것일까?

퇴적암(**sedimentary rock**)은 풍화된 물질의 퇴적에 의해 형성된 암석이다. 지표면에 존재하는 암석은 물, 바람, 생물의 활동, 화학 물질, 동결 등의 작용에 의해 부서지거나 풍화된다. 풍화된 암석은 클 수도, 작을 수도 있으며, 심지어 작은 입자가 용해될 수도 있다. 이렇게 풍화된 암석의 조각을 **퇴적물**(**sediments**)이라고 한다.

그림 23.26
이 사진에서 퇴적암 층의 지층을 볼 수 있다. 이 층은 영국의 도싯(Dorset)에 있다. 이들 지층은 공룡이 살던 쥐라기 시대, 즉 1억 년 전에 퇴적된 것이다.

퇴적물은 영원히 한 곳에 머물러 있지 않다. 즉 퇴적물은 유수의 흐름, 바람, 빙하, **침식**(*erosion*)이라고 하는 다른 여러 과정을 통해 이동하게 된다. 침식 작용은 중력으로 인해 기본적으로 아래쪽 방향으로 작용하며 결국 퇴적물은 바다로 이동한다. 퇴적물이 새로운 곳에 축적되어 정착하면 침식은 마침내 멈추게 된다.

퇴적물에는 흙을 구성하는 유기 물질들이 혼합되어 있다. 그러나 이 퇴적물은 **암석화**(*lithification*)가 일어나는 과정을 거치면서 원래의 퇴적물보다 더욱 응집되어 밀도가 크고 치밀한 퇴적암이 된다. 암석화 작용은 퇴적물을 덮고 있는 무거운 지층의 무게에 의해 퇴적물이 압축될 때 발생한다. 또는 광물이 풍부한 물이 퇴적물 사이의 빈 공간을 흐를 때 자연적으로 고결되어 퇴적암이 형성될 수 있다.

그림 23.27
백여 종의 공룡 화석과 유해가 캐나다의 앨버타 주립 공룡공원의 사암에서 발견되었다. 사암은 대표적인 퇴적암의 한 종류이다.

우리가 접하는 대부분의 암석은 퇴적암이지만, 지각은 단지 약 5%만이 퇴적암으로 구성되어 있다. 대륙 지각의 약 75%를 퇴적암이 부분적으로 얇게 덮고 있는 것이다. 퇴적암은 수천 또는 수백만 년 동안 쌓여온 **지층**(**strata**)이라고 불리는 층을 형성한다. 도로로 인해 절단된 산 사면이나 절벽에서 이러한 지층을 확인할 수 있다(그림 23.26).

퇴적암은 종종 고대 생물들의 유해나 흔적과 같은 **화석**(**fossil**)을 포함한다(그림 23.27). 화석은 지구에서 살았던 생명체의 생애에 대한 기록이다. 퇴적암은 화석뿐만이 아니라 대륙의 위치, 해수면의 상승과 하강, 시간에 따른 기후의 변화 등과 같은 지구의 지질학적 과거사에 대한 증거들을 제공하고 있다.

퇴적암은 크게 두 그룹으로 분류된다. **쇄설성 퇴적암**(**clastic rock**)은 풍화에 의한 암석 조각이나 입자들의 결합으로 인해 만들어진다. **화학적 퇴적암**(**chemical rock**)은 용액에서 광물이 침전되어 응집될 때 만들어진다.

쇄설성 퇴적암은 일반적으로 그것을 구성하는 입자들의 평균 크기를 바탕으로 분류된다(그림 23.28). **사암**(*sandstone*)은 입자의 크기가 모래알 정도인 퇴적물로 구성된다. **셰일**(*shale*)은 육안으로 구분이 불가능할 정도로 미세한 퇴적물로 만들어진다. **역암**(*conglomerate*)은 지름이

그림 23.28
퇴적암. (a) 가장 풍부한 퇴적암인 셰일은 미세한 입자로 이루어져 있다. (b) 사암은 모래와 같은 중간 정도 크기의 입자들로 이루어져 있다. (c) 역암은 다양한 크기의 둥근 자갈 입자들로 이루어져 있다. (d) 각력암은 크고 각이 진 암석 조각들이 고결되어 형성된다.

2 mm 이상인 둥글고 큰 암석 입자들로 만들어진다. 입자의 크기가 큰 쇄설성 퇴적암의 또 다른 종류인 **각력암**(*breccia*)은 크고 각이 진 암석 조각들이 뭉쳐져 자연적으로 고결되어 형성된 것이다.

화학적 퇴적암은 용액에서 결정이 침전될 때 만들어진다. 물이 증발하거나 특정 화학 반응이 일어날 때, 광물들은 침전될 수 있다. 예를 들어 화학적 퇴적암은 빗물이 암석을 용해시킬 때 생성될 수 있다. 광물이 많이 녹아 있는 물은 해양으로 흘러 들어간다. 많은 양의 증발이 일어나서 그 농도가 용해도를 초과할 때까지 광물들은 해양에 용해된 상태로 유지된다. 농도가 용해도를 초과하면, 광물 결정은 물에서 침전되어 해양의 바닥으로 가라앉게 된다. 결국, 충분한 양의 광물 결정이 쌓여 축적되면 고결되어 암석을 형성하게 되는 것이다.

화학적 퇴적암의 형성 과정은 때때로 생물학적 과정을 포함한다. 석회암의 경우, 조개와 산호 등의 해양 생물들이 자신들의 뼈대와 껍질을 만들기 위해 해수에서 탄산 칼슘($CaCO_3$)을 화학적으로 추출하는 과정을 포함한다. 이러한 생물들이 죽으면 그 뼈대와 껍질은 부서져 해양의 바닥에 쌓이게 된다. 긴 시간이 흐른 뒤 땅속에 묻히고 응집되어 고결되면 석회암이 형성된다. **패각암**(*Coquina*)은 이러한 껍질이나 껍질 조각들로 이루어진 생물학적 석회암을 말한다. **백악**(*Chalk*)은 해양 생물의 껍질에서 형성된 미세한 입자를 가지는 석회암이다. 반면, **석회질 침전물**(*travertine*)은 광천수가 뿜어져 나오는 곳에서 탄산 칼슘(방해석)의 침전 등과 같은 비생물학적인 방법으로 형성된 석회암이다(그림 23.29).

(a) 패각암

(b) 백악

(c) 석회질 침전물

그림 23.29
패각암(a)과 백악(b)은 석회암으로, 두 암석 모두 조개와 같은 작은 해양 생물이 해수에서 탄산 칼슘을 화학적으로 추출하여 형성된 퇴적암이다. 비록 생물학적 기원이 아니더라도 석회질 침전물에 의해 형성된 석회암도 화학적 퇴적암이다. (c) 그림에 나타난 석회질 침전물은 터키 지역의 광천수에서 탄산 칼슘이 침전되어 형성된 것이다.

학습목표
어떻게 석탄이 형성되는지 설명할 수 있다.

융합과학 23B
생명과학, 화학, 물리학

석탄

물음 왜 석탄은 에너지가 풍부한 유기 분자를 포함하고 있는가?

19세기 동안에 석탄은 나무를 대신한 연료로 선택되었다. 비록 석탄은 채광하기에 위험하고 다루기에 부피가 크며 지저분했지만 널리 사용되기 시작했고, 무엇보다도 나무보다 단위 부피당 열 발생량이 많았다. 19세기 후반에 액체와 기체의 화석 연료가 사용 가능해질 무렵, 이 연료들은 석탄을 대체하기 시작했고, 특히 가정용으로 보편화되었다. 그러나 석탄은 여전히 중요 에너지원으로 사용되고 있다. 최근, 미국에서 사용되는 에너지의 20%가 석탄으로 공급되고 있다. 또한 석탄을 사용하는 화력 발전은 미국에서 생산되는 전력의 절반 이상을 차지한다. 석유와 가스의 공급이 감소되면서 연료로서의 석탄의 역할에 대한 관심이 증가하고 있다. 한편 온실가스(이산화 탄소)의 배출, 연기와 독성 물질 및 황 산화물의 배출로 오염된 공기가 유발하는 수질 오염과 산성비를 포함하여 석탄이 환경에 미치는 영향에 대한 우려가 있다.

(a)

(b)

그림 23.30
(a) 무연탄. (b) 뉴질랜드에서 볼 수 있는 석탄층

석탄은 검은색 또는 갈색의 가연성 퇴적암이다(그림 23.30). 특히 미국에서 일반적으로 분포하고 있는 **석탄층**(*coal seam*)의 지층에 흔히 분포하고 있다. 지각에는 약 10조 톤보다 많은 양의 석탄이 매장되어 있는 것으로 평가된다. 미국은 에너지가 풍부한 이 암석의 전 세계 매장량의 25%를 보유하고 있다.

석탄은 고대의 육상 식물에 의해 형성된다. 대부분의 석탄은 지구의 많은 지역이 고온 다습한 습지로 구성되어 있었던 약 3억 년 전에 만들어졌다. 녹색 식물들이 죽고 그 잔해가 습지의 바닥에 가라앉는다. 습지

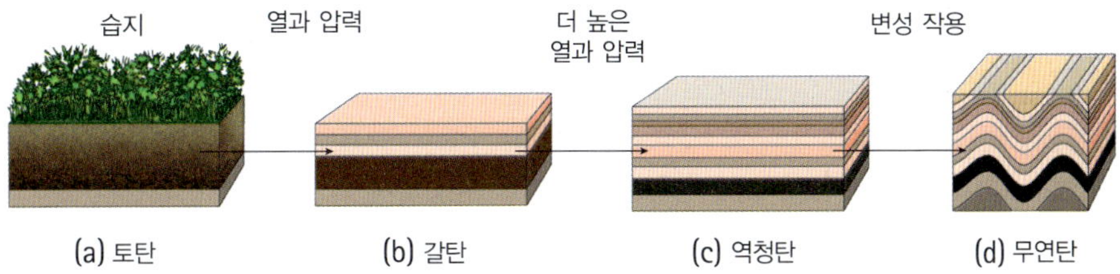

그림 23.31
석탄의 형성 과정. (a) 고여 있는 습지에 분포하는 식물에서부터 토탄이 형성된다. (b) 토탄은 퇴적물에 의해 묻히고, 시간이 지남에 따라 열과 압력을 받게 된다. 그 후 에너지가 낮은 부드러운 갈탄이 만들어진다. (c) 시간이 지나면서 더 많은 퇴적물이 쌓여 더 높은 열과 압력을 받아 에너지의 생산에 사용되는 검은 역청탄이 만들어진다. (d) 지구조 운동에 의한 힘은 역청탄을 가장 높은 에너지를 가진 무연탄으로 변화시킨다.

의 물은 산소가 부족하여 식물의 잔해는 쉽게 부패하지 않는다. 그에 따라 식물의 잔해는 겹겹이 누적되었고, 에너지가 풍부한 분자는 산소와 반응하지 않기 때문에 그대로 남아 있게 된다. 결국 식물 잔해는 부분적으로 분해되어 질척거리는 상태로 밀도가 큰 유기 물질인 **토탄**(*peat*)을 형성하게 된다.

지질학적 시간이 지남에 따라 지구의 표면은 수많은 변화를 동반한다. 큰 강은 모래와 점토, 그리고 다른 퇴적물을 이동시켜 토탄을 덮어버린다. 사암과 다른 퇴적암이 상부의 지층을 형성하고 아래층의 토탄에 열과 압력을 가하게 된다. 이렇게 토탄층은 **갈탄**(*lignite*)으로 변화하고, 더욱 시간이 흐르면서 열과 압력을 받으면 더 단단한 **역청탄**(*bituminous*)으로 변화한다(그림 23.31). 산맥이 만들어지는 지구조 운동의 힘에 의해 역청탄이 압착되면, 마침내 가장 에너지가 높은 **무연탄**(*anthracite*)이 형성된다. 갈탄과 역청탄은 퇴적암으로 분류되지만, 무연탄은 변성암으로 분류된다.

석탄은 종종 '매장된 햇빛'으로 불린다. 석탄의 기원인 고대 지표 식물들은 조직의 유기 분자를 합성하기 위해서 광합성을 통해 태양 에너지를 축적하였다. 석탄이 화학적으로 산소와 반응하여 연소가 일어날 때 석탄이 보유하고 있는 잠재적인 화학 에너지가 방출되어 다른 유용한 에너지의 형태로 전환될 수 있다.

23.8 변성암

학습목표
변성암이 화성암이나 퇴적암과 어떻게 다른지에 대해 구분하여 설명할 수 있다.

물음 어떻게 일반적인 사암에서 검붉은 보석인 석류석(가넷)이 만들어질 수 있을까?

암석이 만들어진 곳보다 더 높은 열과 압력을 가지는 깊은 곳으로 섭입하면서 가라앉을 때, 그 암석은 어떻게 변화할까? 또는 산이 형성되는 것과 관련된 강한 응력과 높은 열에 암석이 노출되면 어떻게 될까? 마그마와 관련하여 화학 용액과 반응하거나 뜨거운 온도에 노출되면 암석은 어떻게 변할까? 암석은 이러한 물리적, 화학적 조건에 있을 때 다른 암석으로 변성될 수 있다. 즉 오래된 암석에서 새로운 암석이 생성되는 것이다. 기존의 암석과는 다르게 새롭게 생성된 암석은 이 새로운 조건에서 안정하다.

변성 작용(*metamorphism*)은 말 그대로 성질이 변하는 것을 의미한다. 지구 내부의 깊은 곳에서 새로운 조건에 대해 더욱 안정하도록 변성된 암석을 **변성암**(**metamorphic rock**)이라고 한다. 화성암, 퇴적암, 변성암은 모두 변성 작용을 받을 수 있다. 변성 작용이 일어나는 동안에 암석은 조직, 크기, 모양, 밀도, 구성 광물이 변할 수 있다.

변성 작용은 온도와 압력이 상승하고 화학 용액이 존재하는 지표 아래 몇 킬로미터에서부터 지각과 맨틀의 경계면까지 이르는 깊이에서 일어난다. **광역 변성 작용**(*regional metamorphism*)

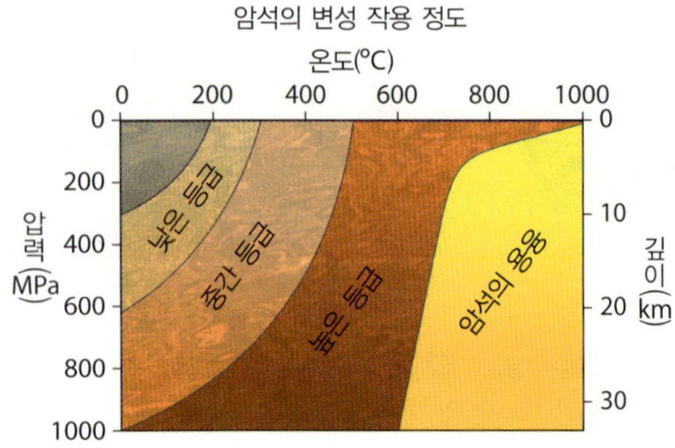

그림 23.32
암석의 변성 작용의 다양한 정도

은 넓은 지역의 암석에 영향을 미친다. 광역 변성 작용은 거대한 영역의 변성암 지역을 형성할 정도로 충분히 높은 열과 압력을 가지는 지각의 깊은 곳에서 발생한다. 광역 변성 작용은 일반적으로 산이 만들어지는 등의 판 구조 운동이 일어날 때 발생하는 열과 응력에 의해 만들어진다. 반면 마그마가 지각의 얕은 지역으로 상승하면서 주변의 암석에 열을 가하면, 이 암석들은 변성이 일어나게 된다. 좁은 지역의 암석에 영향을 미치는 이러한 종류의 변성 작용을 **접촉 변성 작용**(*contact metamorphism*)이라고 한다.

암석이 변성 작용을 받을 때 광물이 직접적으로 녹는 것은 아니라는 것을 기억하라. 광물은 재결정화 작용을 통해서 특성이 변할 수 있지만, 재결정화 작용이 꼭 녹아야만 일어나는 것은 아니다. **재결정화 작용**(*recrystallization*)은 고온의 영향으로 광물의 결정 구조가 붕괴되고, 원자가 이동하여 새로운 광물을 만들기 위해 재결합할 때 일어난다. 또한 재결정 작용은 암석에 유입된 화학 용액이 기존의 광물과 반응하여 새로운 원자들이 생성되고, 이 원자들이 새로운 광물 결정을 형성할 때도 일어난다. 재결정 작용은 여러 차례 일어날 수 있지만 한 번이라도 암석이 실제로 용융된다면 변성 작용은 끝이 나고 화성 작용이 시작된다.

그림 23.33
충돌 변성 작용의 장소인 아리조나의 운석 구덩이

변성 작용은 다양한 수준에서 일어난다. 암석이 위치한 환경에 단지 조금의 변화만 존재해도, 암석은 약간의 변성을 일으키게 되는데, 이 수준의 변성을 **저변성 작용**(*low-grade metamorphism*)이라고 한다(그림 23.32). 퇴적암인 셰일이 변성 작용을 받아 주로 광물 입자가 조금 더 조밀하게 배열되어 슬레이트로 변하는 과정이 저변성 작용의 예이다. 저변성 작용은 퇴적물이 암석화되는 것보다 약간 더 높은 온도와 압력의 조건에서 일어난다. 고변성 작용은 모암의 모든 특성을 완전히 바꾸어버릴 정도의 극단적인 조건에서 일어난다. 이 '충돌 변성 작용(shock metamor phism)'의 대표적인 예로 고밀도의 사방정계 실리카 광물 형태를 보이는 스티쇼바이트(stishovite)가 있다. 이 과정은 고온의 열을 반드시 필요로 하는 것은 아니지만, 초고압의 조건하에서 발생한다. 우리는 어디에서 그러한 조건을 찾을 수 있을까? 운석 충돌 지역이 정답이 될 수 있다. 스티쇼바이트 결정이 처음으로 발견된 곳은 아리조나 주의 운석 구덩이이다(그림 23.33). 오늘날, 스티쇼바이트의 존재는 원인 불명의 구덩이에서의 운석 충돌의 근거가 된다.

그림 23.34
(a) 사진에 나타난 편마암과 같은 엽상 변성 암석은 특정 방향으로 배열된 광물을 포함한다. (b) 일반적으로 광물은 힘이 작용하는 방향의 수직 방향으로 배열된다.

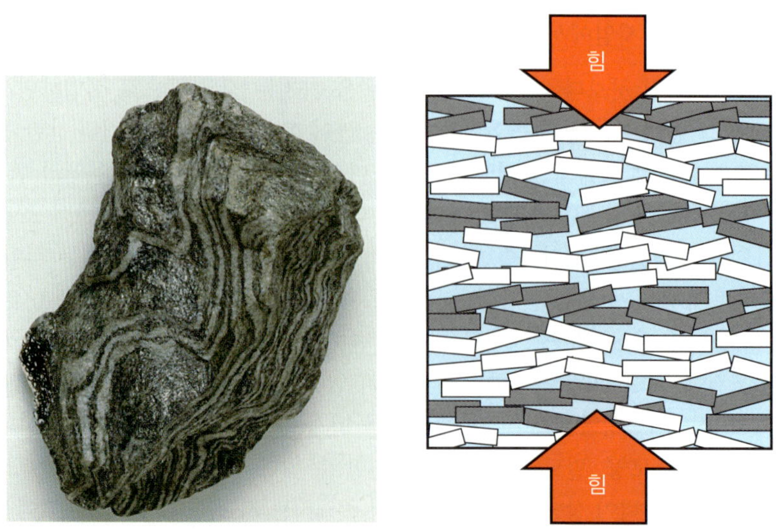

(a) 육안으로 보는 편마암 (b) 현미경으로 보는 편마암

많은 변성암들은 엽리를 포함하고 있다. 이러한 **엽상 암석**(**foliated rock**)은 책의 여러 페이지가 평행하게 배열된 것처럼 특정 방향으로 배열된 광물을 포함한다. 일반적으로 광물은 압력이 가해진 방향의 수직 방향으로 배열된다. 그림 23.34에 나타낸 편마암과 같은 엽상 변성암은 주로 어둡고 밝은 줄무늬가 교차되어 나타난다. 비판상 광물만으로(불순물을 제외하고) 구성된 변성암은 엽리를 가지고 있지 않아서 층을 형성하지 않는다. 예를 들어 석회암이 대리석으로 변성되면 엽리를 보이지 않는 변성암이 된다.

그림 23.35에 나타낸 몇 가지 변성 과정을 포함하는 셰일이 편마암으로 변성되는 과정을 살펴보자. 점토의 경우, 높은 압력하에서 점토에서 물이 배출되면 퇴적암인 셰일을 얻을 수 있다. 상층에 더 많은 퇴적물이 쌓이고, 지질학적 힘에 의해 누르는 압력이 커지면, 셰일은 슬레이트로 변성된다. 더 높은 온도와 압력은 슬레이트를 **편암**(*schist*)으로 변성시킨다. 편암은 매우 높은 압력과 온도에서 형성되는 검붉은색의 아름다운 석류석(가넷)을 포함한다. 석류석은 셰일을 형성했던 원래의 점토에는 존재하지 않았지만, 암석이 매우 높은 압력을 받으면서 다른 광물의 소멸과 함께 성장하였다. 그러나 셰일의 변성 작용은 편암에서 끝나지 않는다. 편암은 더 높은 열과 압력을 거쳐 편마암으로 변성된다. 편마암의 결정 구조는 변성되기 이전의 초기 셰일이 가지고 있던 결정 구조와 크게 다르게 나타난다. 셰일에 포함되어 있던 원래의 원자들은 여전히 남아 있지만, 기존의 결정들의 재결정 작용에 의해 새로운 조직이 형성되는 것이다. 그러나 변성 작용은 여기서 그치지 않을 수도 있다. 온도가 더욱 더 상승하면 편마암은 부분적으로 용융되어 **혼성암**(*migmatite*)이 된다.

한 종류의 암석이 계속해서 다른 암석으로 변성될 수 있는지 의문이 생길 수도 있지만, 그렇지는 않다. 암석이 완전히 용융되면 마그마가 된다. 마그마가 냉각되어 새로운 암석을 형성하게 되면, 그 암석은 화성암으로 정의된다.

그림 23.35
퇴적암인 셰일은 변성 작용에 의해 재결정 작용이 일어나 편마암을 형성한다.

23.9 암석의 순환

학습목표
암석의 순환에 대해 설명할 수 있다.

물음 암석의 용융은 어떻게 암석의 순환 과정을 초기화시키는가?

그 어떤 암석도 변화에서 제외될 수는 없다. 돌은 부서지고, 가열되고, 압력을 받고, 잡아당겨지기도 하며, 구부러지고, 화학 성분이 변하고, 마모되고, 이동하고, 용융되고, 날아오르기도 하고, 또 그 밖의 많은 생물학적, 화학적, 물리적 요소들로 인해 영향을 받는다. 그림 23.36에 제시된 **암석의 순환**(**rock cycle**)은 화성 작용, 퇴적 작용 및 변성 작용을 통해 암석이 형성되고 풍화된 후 다시 형성되는 과정을 나타내고 있다.

암석의 순환 과정에서 암석들은 여러 가지 다양한 경로를 통해 이동할 수 있다. 예를 들어 화성암은 종종 지표에서 열과 압력에 장시간 노출되어 변성암이 된다. 또는 지표의 퇴적암과 변성암은 퇴적물로 분해되어 새로운 퇴적암을 형성할 수도 있다. 암석의 순환 과정은 그 안에서 가능한 많은 순환 경로가 존재한다. 어떤 경로이든지, 지각은 지구의 깊은 곳에서 만들어진 용융된 암석이 상승하여 냉각되면서 암석화 작용을 거쳐 형성되었으며, 긴 시간 동안의 침식과 운반을 통해 지각의 암석은 마침내 암석이 모두 용융되어 마그마로 되돌아가게 되는 것이다.

그림 23.36
암석의 순환은 암석이 다른 종류의 암석으로 변화하는 과정을 순차적으로 보여 준다. 암석은 순환 과정에서 하나 이상의 경로를 거칠 수도 있다. 화살표는 변화가 일어나는 과정을 나타내며, 상자 안에는 암석이 겪게 되는 변화를 보여 준다.

학습목표
지구의 나이, 가장 오래된 화석의 나이, 최초의 인간 발자국이 만들어진 시기, 그리고 백악기의 대멸종 시기 등에 대해 그와 같은 연령대의 암석에 포함된 증거들과 함께 서술할 수 있다.

융합과학 23C
생명과학, 천문학

지구의 역사는 암석에 기록되어 있다

물음 암석에 포함된 '충격받은 석영'은 어떻게 운석 충돌의 증거가 될 수 있을까?

지구의 나이는 얼마일까? 우리가 살고 있는 지역이 바다였던 적이 있었을까? 우리가 살고 있는 도시가 공룡의 서식지였던 것은 아닐까? 암석에 기록되어 있는 지질학적 단서를 해석하는 방법을 알게 된다면, 지구에 대한 놀라운 사실이 드러난다.

방사성 연대 측정법(*radiometric dating*)은 암석의 나이를 결정하는 데 사용되는 방법이다.

캐나다에 있는 지구 상의 가장 오래된 **암석**인 편마암이 이러한 분석을 통해 나이가 약 40억 년 정도임이 밝혀졌다(그림 23.37). 지상에 기원을 두고 있는 가장 오래된 자연 **광물**은 호주의 변성 사암에 둘러싸인 지르콘 광물 결정이다. 방사성 연대 측정법은 이 결정의 나이가 약 43억 년임을 보여 준다. 이 나이는 다른 천문학적 증거들과 함께 지구의 나이가 대략 46억 년 정도임을 나타내는 증거로 볼 수 있다. 이 긴 범위의 시간을 이해하기 쉽게 비유해 보자. 46억 년에 달하는 지구의 나이를 1년으로 본다면, 인류의 역사가 기록된 시기는 새해가 밝아오기 전 마지막 1분에 해당한다.

그림 23.37
방사성 연대 측정 기술을 통해 캐나다의 아카스타 편마암 복합체의 나이는 약 40억 년으로, 지구에서 가장 오래된 암석 노두인 것으로 나타났다.

암석과 광물의 나이는 화석과 마찬가지로, 과거의 지구에 대해 많은 것을 말해 준다. 화석은 뼈, 이빨, 껍데기, 흔적, 발자국 등 과거 생물에 대한 모든 기록을 의미한다. 현재까지 알려진 가장 오래된 화석은 35억 년 전에 **사이아노박테리아**(남조류, *cyanobacteria*)에 의해 만들어진 거대한 암석 구조인 스트로마톨라이트이다(그림 23.38). 이 화석의 발견은 생명체의 기원에 대한 시점을 더욱 긴 시간 전으로 바라보게 하였다. 생명체는 **최소한 35억 년** 이전에 지구상에 존재해야 하는 것이다. 그 후, 스트로마톨라이트 나이의 천분의 일에 해당하는 나이를 가지는 **3백 60만 년** 전에 만들어진 최초의 인간 발자국 화석이 발견되었다. 이 화석의 발굴로 인해 과학자들은 초기의 원시 인류에 대한 정보를 얻었고, 심지어 사회적 행동에 대한 정보까지도 추측할 수 있었다(그림 23.39).

다른 종류의 퇴적암을 형성하는 환경들에 대한 지식은 과학자들이 다양한 지질학적 작용에 대해 이해하는 데 도움을 준다. 예를 들어 세계의 수많은 석회암들은 해양 생물의 껍질이나 뼈와 같은 탄산 칼슘이 풍부한 지역에서 형성된다. 따라서 석회암의 존재는 그곳이 한때 바다 환경이었음을 시사한다. 그림 23.40에 제시된 그랜드 캐니언(Grand Canyon)의 일부, 레드월 석회암층(Redwall Limestone)이 그렇다. 이 석회암층은 그곳이 과거에 바닷물에 잠겨 있었던 적이 있었음을 말해 준다.

그림 23.38
선캄브리아대를 묘사한 이 그림은 지표의 화산 위로 돌진하고 있는 운석의 모습을 나타내고 있다. 물속에는 사이아노박테리아가 번성했다. 사이아노박테리아에 의해 만들어지는 암석 구조인 스트로마톨라이트는 물속에 사이아노박테리아가 존재했었다는 증거가 된다.

(a) (b)

그림 23.39
(a) 3백 60만 년의 나이를 가진 화성암은 성인 두 사람과 한 아이의 발자국을 나타내고 있다. 이것은 알려진 것 중에서 가장 오래된 인류의 발자국으로, 이 인류는 **오스트랄로피테쿠스 아파렌시스**(*Australopithecus afarensis*)라는 초창기 인류에 속한다. (b) 고생물학자들은 **오스트랄로피테쿠스 아파렌시스**가 현대의 인간과 같이 직립 보행을 했을 것으로 분석하고 있다.

그림 23.40
레드월 석회암으로 불리는 그랜드 캐니언의 이 지층에는 레드월 석회암이 한때 바다로 덮여 있었음을 암시하는 해양 생물들이 포함된 암석으로 이루어져 있다.

암석에 기록된 극적인 이야기의 예로 **백악기 대멸종**(*Cretaceous extinction*)이 있다. 백악기는 약 1억 5천만 년 전부터 6천 5백만 년 전까지의 기간을 말한다. 백악기는 마지막 2백만 년 동안, 지구 상에 존재하는 생물 종의 60% 이상이 죽는 대량 멸종과 함께 막을 내렸다. 그중에서 공룡의 멸종이 특히 유명하다.

백악기 대멸종의 원인은 무엇일까? 과학자들은 기후 변화가 주요 원인이었다는 것에 동의하고 있다. 중생대 중기의 기후가 갑자기 냉각되고, 햇빛이 점점 부족해졌다는 것이 그 증거이다. 그런데 이러한 갑작스런 기후 변화의 근본적인 원인은 무엇이었을까? 여기서 지질학적 탐색 작업이 매우 흥미롭다는 것을 알 수 있다. 지질학자들은 거대한 소행성이 백악기에 지구를 강타하여 생물들을 전멸시킬 정도의 기후 변화를 유발했다는 **충돌 가설**(*impact hypothesis*)을 지지한다(그림 23.41).

충돌 가설을 지지하는 암석에 기록된 몇 가지 증거들이 있다. 암석 내에 높은 수준의 이리듐을 포함하는 점토층을 생각해 보자. 이리듐은 지구 상에서 거의 볼 수 없는 희귀 광물이지만, 소행성에는 많은 양이 포함되어 있을 수 있다. 암석의 기록에 나타난 이리듐 층의 위치는 백악기 대멸종의 시기와 거의 일치한다.

지구의 소행성 충돌과 폭발로 인해 이렇게 넓은 지역의 암석에 이리듐이 분포할 수 있었을까? 시기상으로는 그렇다. 즉 이리듐은 백악기 대멸종의 시기인 약 6천 5백만 년 전에 쌓였던 것으로 측정되었다. 이 시기에 거대한 물체가 지구에 충돌했던 것은 분명하다. 멕시코에서 이 시기에 생겨난 것으로 보이는 **칙술럽**(*Chicxulub*)이라 불리는 충돌 분화구가 발견되었다(그림 23.42). 이것은 지름이 약 180 km 이상인 이 분화구로, 이러한 크기의 분화구가 생성되기 위

그림 23.41
충돌 가설에 따르면 거대한 소행성이 백악기 말에 기후 변화를 유발하여 생물 대멸종을 일으켰다.

해서는 충돌한 소행성의 지름이 약 10 km 이상이어야 한다. 그러한 소행성의 충돌은 거대한 폭발과 함께 대규모의 산불을 유발하여 태양 빛을 충분히 차단할 수 있었을 것이다. 북아메리카의 암석층에는 이 충돌이 있었을 시기에 해당하는 그을음 지층을 찾아볼 수 있다. 또한 이리듐과 그을음 지층 외에도 칙술럽 분화구 주변에서 용융된 암석층과 '충격' 석영을 찾아볼 수 있다. 분화구, 그을음 지층, 충격 석영, 이리듐에 대한 증거들은 백악기 말에 거대한 소행성이 지구에 충돌하였다는 것을 나타낸다. 이와 같이 암석은 많은 것을 포함하고 있는 지구의 놀라운 역사적 기록이다.

그림 23.42
형성된 직후의 멕시코의 유카탄 반도에 있는 칙술럽 분화구. 이 분화구를 만든 충돌이 공룡의 멸종을 가져왔을까?

연습문제

23.1 광물은 무엇인가?

1. 다이아몬드와 흑연은 모두 100%의 탄소로 만들어진 광물이다. 다이아몬드와 흑연은 같은 광물이라고 할 수 있는가? 그 이유는 무엇인가?
2. 플라스틱과 나일론은 광물인가?
3. 광물의 미세 구조를 설명하시오.

23.2 광물의 특성

4. 루비의 화학식은 무엇인가? 루비는 왜 빨간색을 띠고 있는가?
5. 광물을 구분하는 특성을 6가지 이상 제시하시오.
6. 광물의 굳기는 화학 결합과 어떤 관계가 있는가?

23.3 광물의 종류

7. 광물은 몇 종류가 존재하는 것으로 알려져 있는가? 이 광물들을 구분하는 두 개의 주요 그룹은 무엇인가?
8. 가장 넓은 범위의 광물 그룹은 무엇인가? 이 그룹의 모든 광물이 공통적으로 가지고 있는 특징은 무엇인가?
9. 지각과 맨틀에서 규산염 광물과 비규산염 광물 중 어느 것이 더 일반적인가?

23.4 광물은 어떻게 형성되는가?

10. 광물이 형성되는 네 가지 과정을 나열하시오.
11. 지표에서의 녹는점보다 온도가 더 높은 지구 내부의 깊은 곳에 존재하는 암석이 있다. 이 암석이 이러한 높은 온도에서도 고체 상태를 유지할 수 있는 이유는 무엇인가?
12. 문제 11에서 언급한 암석은 언제 용융되어 마그마가 될 수 있는가?

23.5 암석은 무엇인가?

13. 지각은 암석으로 이루어져 있지만, 지표의 모든 곳에서 단단한 고체의 암석을 볼 수 없는 이유는 무엇인가?
14. 암석에 포함된 결정을 항상 눈으로 확인할 수 없는 이유는 무엇인가?

23.6 화성암

15. 화성암 중에서 분출암과 관입암의 차이점은 무엇인가?
16. 왜 대부분의 화성암은 비교적 단단한가?

23.7 퇴적암

17. 퇴적암이 형성되는 과정을 설명하시오.
18. 왜 화석은 변성암보다 퇴적암에서 더 쉽게 발견될 수 있는가?

23.8 변성암

19. 열과 압력은 암석에 변화를 가져오거나 변성 작용을 통해 다른 암석으로 만들 수 있다. 이렇게 암석의 변성 작용을 유발하는 열과 압력은 일반적으로 어디에서 오는가?
20. 어떤 종류의 암석이 변성 작용을 받을 수 있는가?

23.9 암석의 순환

21. 암석은 지구 상에서 영구적인 특성을 가지는가? 설명하시오.
22. 암석들은 서로 어떻게 연관되어 있는가?

확인문제

만일 여러분이 이 장에서 제대로 학습을 하였다면, 다음에 제시된 10개의 질문에 적어도 7개는 제대로 답을 할 수 있을 것이다. 만일 그렇지 못하면 다음 장으로 가기 전에 이 장을 더 학습할 필요가 있다.

각 질문에 대해 가장 적합한 답을 고르시오.

1. 규산염 광물은 규소와 산소가 (   ) 때문에 가장 큰 범위의 광물 그룹이다.
   (a) 지표에서 가장 단단한 원소이기
   (b) 지표에서 가장 풍부한 두 원소이기
   (c) 일반적인 석영 광물에서 볼 수 있기
2. 변성암에서 변성 작용의 마지막 단계로서의 물리적 변화는 무엇인가?
   (a) 냉각
   (b) 용융
   (c) 재결정 작용
   (d) 증발
3. 화석이 들어 있는 암석을 찾았다면, 이 암석은 어떤 암석일까?
   (a) 다이아몬드
   (b) 사암
   (c) 대리석
   (d) 현무암
4. 광물을 수집했다면, 그 속에 포함될 수 없는 것은?
   (a) 식염
   (b) 다이아몬드
   (c) 석영
   (d) 석탄

5. 화성암은 세 암석 분류 중에서 가장 일반적이다. 그러나 화성암은 특히 (   ) 아래에 묻혀 있기 때문에 잘 관찰되지 않는다.

   (a) 변성암

   (b) 퇴적암

   (c) 광물

6. 큰 결정 입자들은 주로 (   )과 관련이 있다.

   (a) 관입 화성암

   (b) 변성암

   (c) 분출 화성암

   (d) 광물

7. 행성의 대부분이 용융 상태였던, 지구가 만들어지는 초기의 시기에는 암석이 존재하지 않았다. 어떤 종류의 암석이 가장 먼저 형성되었을까?

   (a) 화성암

   (b) 퇴적암

   (c) 변성암

8. 마그마는 지표를 향해 상승하면서 주변의 암석에 열을 전달한다. 이러한 열을 흡수한 암석은 (   )을 겪게 된다.

   (a) 압축

   (b) 광역 변성 작용

   (c) 접촉 변성 작용

   (d) 쪼개짐

9. 역암은 다른 암석에서 떨어져 나온 크고 둥근 입자들을 포함하는 퇴적암이다. 이러한 역암은 퇴적암의 어떤 종류로 분류될 수 있는가?

   (a) 엽상 암석

   (b) 화학적 퇴적암

   (c) 쇄설성 퇴적암

   (d) 분출암

10. 화성암은 (   ) 변성암이 될 수 있다.

   (a) 풍화, 침식, 퇴적, 압축을 통해 퇴적암이 된 후, 열과 압력을 받아서

   (b) 대륙판의 주변부에서 일어나는 대규모 지질학적 응력에 의해

   (c) 주변에 흐르는 마그마의 가열에 의해

   (d) (a), (b), (c)의 모든 과정에 의해

확인문제 답

1. b, 2. b, 3. b, 4. d, 5. b, 6. a, 7. a, 8. b, 9. c, 10. d

24장 지표의 육지와 물

지구 밖의 위성에서 지구 전체의 표면을 관찰한다고 상상해 보자. 가장 먼저 눈에 들어오는 것은 71% 정도로 지구 대부분을 덮고 있는 해양일 것이다. 나머지 29%는 7개의 대륙 덩어리로 구성되어 있다. 우리는 지표에서 수천 개의 화산을 볼 수 있으며, 그중 대부분이 태평양의 가장자리를 따라 분포한다는 것을 알 수 있다. 어떤 곳에서의 지각은 응력으로 인해 주름져 있으며, 다른 어떤 곳에서는 균열이나 단층에 의해 움푹 파인 곳도 있다. 해안선 근처에서는 뾰족뾰족한 산봉우리들이 산맥을 형성하고 있다. 위성에서 보면, 연기를 배출하는 분화구, 뱀처럼 흐르는 강, 새하얀 빙하들, 강과 바다가 만나는 삼각주 등과 같은 여러 종류의 표면을 볼 수 있다. 지구를 전체적으로 보면, 부서지고, 구부러지고, 뒤틀리거나 서로 당기고, 또 오르내리면서 그 표면의 종류가 매우 다양하다는 것을 알 수 있다. 물론 이러한 사건은 지질학적 시간에 따라 일어난다. 지구를 조사하기 위해 인공위성에 탑승하는 것은 그리 쉬운 일은 아니지만, 이 장에서는 광활하고 다양한 지구의 표면을 여행하게 될 것이다.

24.1 지구에 대한 조사

학습목표
지구의 주요 지형에 대해 기술할 수 있다.

물음 만약 한 선원이 대서양에서 유리병에 메시지를 담아 띄운다면, 태평양을 항해하는 누군가는 언젠가 그것을 확인할 수도 있을 것이다. 한 해양에서 다른 해양으로 어떻게 물체가 이동하는 것이 가능한지 설명하시오.

대략 지구의 4분의 3은 해양으로 덮여 있다. 육지는 아프리카, 남극 대륙, 아시아, 호주, 유럽, 북아메리카, 남아메리카의 7개의 큰 대륙과 흩어져 있는 섬들로 구성되어 있다. 지구의 **지형**(*topography*), 즉 표면의 형태는 평평한 것에서부터 울퉁불퉁한 것까지 폭넓게 존재한다. 대륙에서 가장 눈에 띄는 지형은 알프스-히말라야 산맥을 예로 들 수 있다. 특히 대륙은 고도가 낮은 지역에서 찾아볼 수 있고 수평으로 넓은 범위에 걸쳐 평평한 지역(그림 24.1)인 **평원**(*plain*)과 고지대에서 수평적인 바위 층으로 이루어진 **고원**(*plateau*)을 포함한다. 평균적으로 대륙은 해발 고도가 약 840 m인 곳에 놓여 있다. 대륙의 고도는 가장 높은 지점인 에베레스트 산 정상(해수면 위 8848 m)에서부터 가장 낮은 지점인 사해의 해안가(해수면 아래 400 m)로 그 범위가 다양하다.

그림 24.1
케냐의 마사이마라 국립 보호 지역에 있는 평원

지구 상에 존재하는 세 개의 주요 대양으로 태평양(가장 크고 깊으며, 오래됨), 대서양(온도가 낮고 염분이 높음), 인도양(가장 작음)이 있다. 그러나 이들 대양은 서로 연결되어 있어서 실제로는 하나의 거대한 대양이 존재하는 것이나 마찬가지이다. 일부 해안에서는 대양의 아래에 해안선과 나란한, 길고 좁은 해구를 나타낸다. 이곳은 지구에서 가장 깊은 장소라 할 수 있다. 지구 상에서 가장 깊은 장소인 마리아나 해구는 지표에서의 그 어떤 산의 높이보다도 깊은 11,033 m의 깊이를 가지고 있다. 또한 대양의 아래에는 해저 산맥이 65,000 km의 길이로 길게 분포하고 있다. 이 해구와 해저 산맥 사이에는 깊은 해저 평원이 펼쳐져 있다.

전 세계 육지의 10%는 빙하나 거대한 얼음 덩어리로 덮여 있다. 하나의 거대한 빙하는 남극 대륙의 거의 전체를 뒤덮고 있다.

그림 24.2
스위스의 마터호른 산. 이 산은 거대한 빙하의 작용에 의해 형성된 '혼(horn)'의 특징으로 이름이 붙여졌다.

지구는 평야, 고원, 해구, 산맥들뿐만 아니라 매우 다양한 형태의 **지형**(*landform*)과 육지의 특성을 가지고 있다(그림 24.2). 이들 중 습곡이나 단층과 같은 특징은 큰 지구조적 압력을 통해 형성되는 예이다. 계곡이나 협곡, 삼각주, 언덕과 같은 다른 지형들은 주로 물, 바람, 중력, 얼음의 작용으로 암석이 재분배되면서 그 결과로 형성된다.

또한 현재의 지표 형태의 대부분은 자연적인 것보다 인공적인 것이 더 많다. 인구 밀도가 높은 도시에서는 지표의 90% 이상이 포장 도로, 빌딩, 주차장, 그리고 인간이 만든 구조나 자재들로 덮여 있다. 그래서 우리는 인간이 지구의 표면을 극단적으로 만들 수 있는 지질학적 힘을 가지고 있음을 알 수 있다.

그림 24.3
현대의 사람들은 지표면의 상당 부분을 변화시켰다. 산업화, 기술, 농업, 그리고 많은 인구와 같은 이 모든 것들이 큰 영향을 미쳤다고 볼 수 있다.

학습목표
지각에 작용하는 세 종류의 응력을 구분하고 그 영향을 설명할 수 있다.

24.2 지각 변동 – 습곡과 단층

물음 왜 암석은 지표에서는 부서지고, 지하에서는 구부러지는가?

지구의 표면은 다수의 거대한 암석판으로 분할될 수 있다. 이 판의 움직임은 지구 상의 암석들에 영향을 미치는 거대한 **응력**(**stress**)과 힘을 생산한다. 이 응력에는 세 가지 유형이 존재한다.

1. **압축**(*compression*) **응력**은 암석이 서로 마주 보며 밀어내는 것을 의미한다. 판의 수렴 경계에서 이러한 압축 응력이 발생한다.
2. **인장**(*tension*) **응력**은 암석이 서로 잡아당기는 것을 말한다. 인장 응력은 판의 발산 경계에서 일어난다.
3. **전단**(*shear*) **응력**은 판이 서로 어긋나게 지나갈 때 발생한다.

암석은 이 세 가지 응력 중 하나로 반응을 하게 된다. 우리가 흔히 지표에서 관찰하는 것과 같이 **균열**(*fracture*)되거나 파괴될 수 있다(예를 들어 해머로 암석을 내려치면 어떤 일이 일어나는가?). 그러나 암석은 응력에 대해 우리에게 익숙하지 않은 방법으로 반응한다. 처음에 작용했던 응력이 제거되면 초기의 크기와 모양으로 되돌아가는 **탄성 변형**이 일어날 수 있다. 또는 응력이 암석의 '탄성 한계'로 불리는 수준을 넘게 되면 **소성 변형**이 일어난다. 이 응력을 받은 암석은 원래의 형태를 영구적으로 잃어버리게 된다. 실제로 이 세 종류의 응력에 대한 반응은 암석의 특성, 온도, 응력이 작용하는 속도, 암석에 저장되는 압력에 의존한다.

추운 지표 위의 암석은 천천히 구부러지고 흐를 수 있는 따뜻한 지하의 암석에 비해 부서지기가 쉽다. 그래서 지표의 암석은 일반적으로 탄성 한계를 초과할 때 부서지지만, 지구 내부의 깊은 곳에 있는 암석은 습곡을 형성하는 소성 변형이 일어난다.

습곡

습곡(**fold**)은 굴곡진 암석 지층을 말한다. 습곡은 변성암(그림 24.4)에서 현미경으로 볼 수 있는 수준에서부터 퇴적암(그림 24.5)에서 볼 수 있는 넓은 물결 모양을 보이는 것까지 그 크기의 범위가 다양하다.

암석에서 습곡은 압축 응력에 의해 형성된다. 습곡은 우리가 카펫의 한쪽 끝을 밀었을 때 나타나는 주름과 비슷하다. 암석에 주름을 만드는 데 필요한 엄청난 양의 힘을 상상해 보자. 일반적으로 이 힘은 지각판의 충돌로부터 오지만, 때때로 마그마의 움직임과 같은 다른 요인이 응력을 형성할 수도 있다.

그림 24.4
이 휘어진 철광층은 산화철 광물인 적철석 층에서 형성된 '호랑이의 눈'으로 불리는 벽옥(jasper)이다. 3억 년 이상의 나이를 가진 철광층은 지구 상에서 가장 오래된 암석들 중 하나이다. 깊이 매장된 암석이 계속해서 압력을 받아 휘어진 것으로, 이 표본은 약 2 cm에 불과하다. 즉 암석의 습곡 구조가 매우 작게 나타난다.

습곡은 전형적으로 높고 낮은 아치 형태의 연속적인 구조를 형성한다. 그림 24.6에서 나타난 것과 같이 위로 둥근 아치형의 구조를 **배사**(*anticline*)라고 한다. 아래로 둥근 아치형의 구조를 **향사**(*syncline*)라고 한다. 향사의 중심에 있는 암석은 가장 나이가 어린 암석이다. 즉 향사의 중심에서 수평적으로 이동할 때, 향사에서 멀어질수록 암석의 나이는 점점 많아진다. 배사에서는 그와 반대로, 배사의 중심에 가까운 암석일수록 오래된 암석이다.

그림 24.5
이 습곡은 캘리포니아의 산안드레아스 단층을 따라 나 있는 도로의 절벽에서 나타나는 구조이다. 북아메리카판과 태평양판이 단층을 경계로 서로 어긋나고 있다. 이들은 서로 반대 방향으로 움직이면서 판의 경계에서 마찰을 일으킨다. 이 운동이 판의 주변부 암석에 응력을 가하여 휘어지면서 습곡이 만들어졌다.

단층

단층(**fault**)은 암석이 절단되는 것으로, 암석이 양쪽에서 서로 이동하는 곳에서 발생한다. 단층을 유발하는 운동은 갑작스러운 큰 지진을 일으킬 수 있으나, 대부분의 운동은 매우 점진적으로 일어나므로 우리는 그것을 인지하지 못하는 경우가 많다.

대부분의 단층은 판의 응력이 지각을 파괴하는 판의 경계에 존재하지만, 판의 내부에서도 일어날 수 있다. 단층의 길이는 몇 cm에서부터 수백 km까지 다양하게 나타난다. 단층을 따라 일어나는 암석의 이동 역시 몇 cm에서 수 km까지 넓은 범위를 이동하며 매우 다양하다. 단층은 일반적으로 단일 균열로 나타나기보다는 주로 지각의 10~15 km의 얕은 깊이에서 여러 개의 집단으로 발견된다.

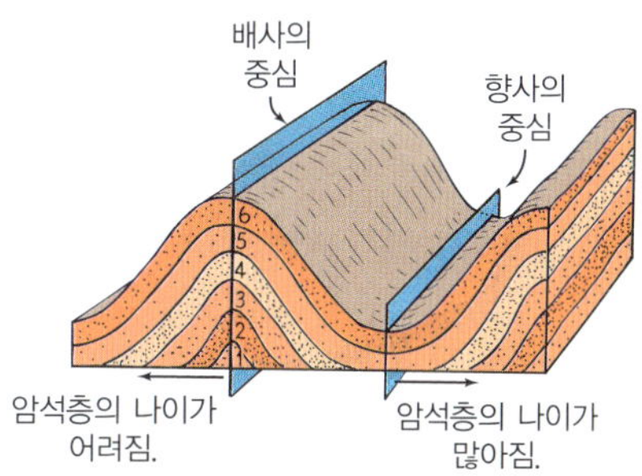

그림 24.6
배사와 향사 구조. 1번 층이 가장 오래된 층이고 6번 층이 가장 어린 층이다. 향사의 중심에서 가까운 암석층일수록 나이가 어리다. 배사에서는 중심에 가까울수록 오래된 암석이다.

단층은 변위의 방향에 기초하여 세 종류로 분류된다. 경사 이동 단층, 주향 이동 단층, 사교 단층이 그것이다. 이 단층들에 대해 논의하기 위해 광부들이 만들었던 용어를 적용하는 것이 유용할 것이다. 사선이 그어진 그림 24.7의 상부에 있는 단층을 주목하라. 하부에 있는 그림과 같이, 단층의 각 블록을 우리가 잡아당길 수 있다고 상상해 보자. 누군가 서 있을 수 있는 단층면을 포함한 반쪽을 **하반**(*footwall block*)이라고 한다. 나머지 반쪽의

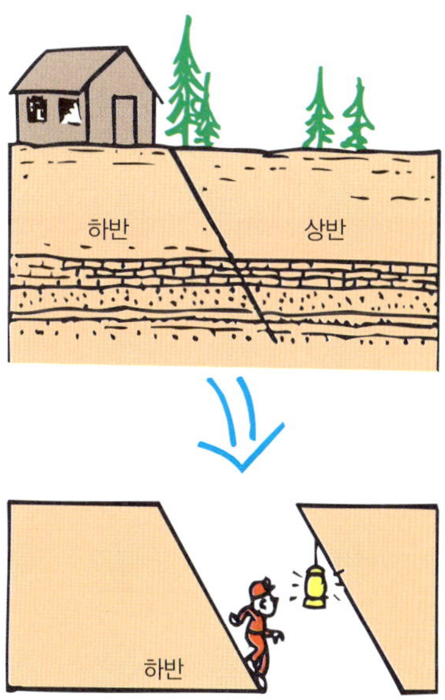

그림 24.7
상반과 **하반**이라는 용어는 하반에 서서 상반에 램프를 걸 수 있다는 의미로 광부들에 의해 사용되었다.

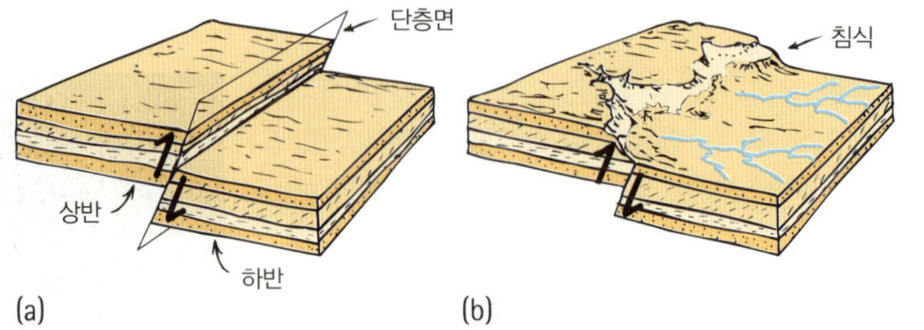

그림 24.8
역단층은 응력이 상반과 하반을 함께 밀어낼 때 발생하며, 상반의 암석이 하반의 암석에 비해 위로 올라간다. (a) 침식이 일어나기 전의 역단층. (b) 침식이 일어난 후의 역단층

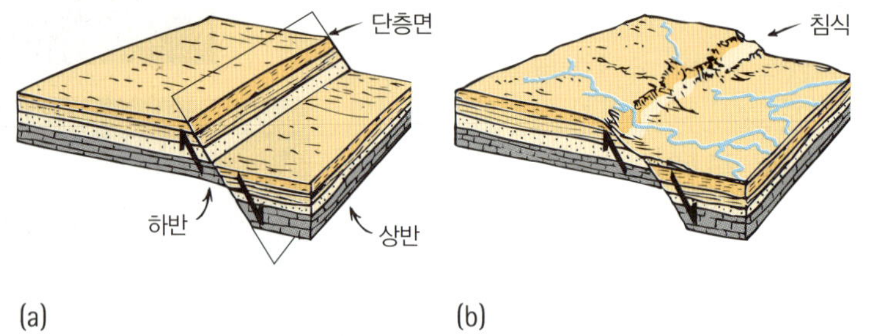

그림 24.9
정단층은 상반과 하반에 인장력이 작용할 때 발생하며, 상반의 암석이 하반의 암석에 비해 아래로 내려간다. (a) 침식이 일어나기 전의 정단층. (b) 침식이 일어난 후의 정단층

블록도 경사는 존재하지만 누군가 서 있을 수는 없는데, 이 블록을 **상반**(*hanging-wall block*)이라고 한다(광부는 하반에 서서 상반에 램프를 걸 수 있다).

그림 24.8과 24.9에서 보이는 것과 같이, **경사 이동 단층**(*dip-slip fault*)에서 상반과 하반은 단층면을 따라 수직으로 이동한다. 경사 이동 단층은 더 세부적으로 **정단층**(*normal fault*)과 **역단층**(*reverse fault*)으로 구분된다. 역단층은 상반이 하반에 비해 위로 상승하는 모습을 보인다. 압축되는 힘에 의해 발생하는 이러한 단층의 움직임은 그림 24.8에 나타난다. 정단층은 상반이 하반에 비해 아래로 움직인 경우이다(이러한 명칭은 우리가 중력의 작용에 익숙하여 단층면을 따라 상반이 아래로 미끄러져 내려오는 것이 '정상'이라고 간주하여 지어진 것이다). 그림 24.9에 나타나는 정단층에서 일어나는 운동은 인장력으로 인해 발생한다.

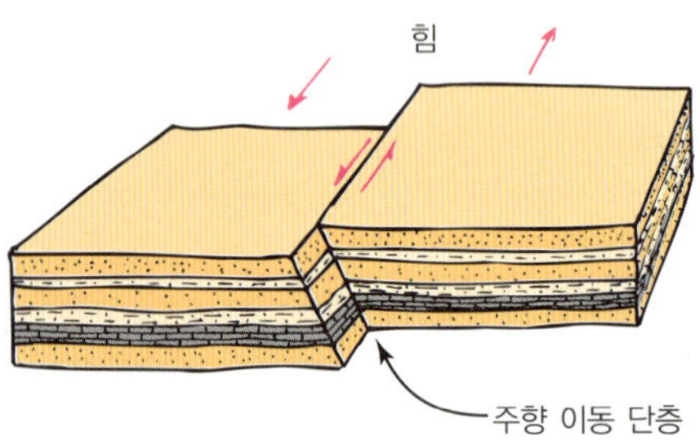

그림 24.10
주향 이동 단층에서 암석의 덩어리는 서로 문지르면서 빠르게 이동한다.

주향 이동 단층(*strike-slip fault*)의 특징은 수평적인 이동이다(그림 24.10). 세계적으로 가장 유명한 주향 이동 단층으로, 캘리포니아를 지나는 판의 주변부에서 일어나는 산안드레아스 단층이 있다. 산안드레아스 단층을 따라 존재하는 암석 덩어리의 마찰과 미끄러짐은 샌프란시스코를 대부분 파괴시켰던 1906년의 대지진을 포함하여 캘리포니아의 많은 기록적인 지진들을 일으켰다.

사교 단층(*oblique fault*)에서는 암석의 덩어리가 복합적인 운동을 보인다. 이들은 주향 이동 단층에서와 같이 수평적인 이동뿐만 아니라 경사 이동 단층에서의 수직적 이동을 포함한다. 사교 단층은 인장력과 응력 또는 전단 응력이 함께 작용하는 곳에서 발생한다.*

단층의 조직적 분포는 매우 복잡할 수 있으며, 암석에 기록된 지질학적 사건의 역사를 해석하는 데 활용될 수 있다. 예를 들어 역단층은 응력이 있었다는 것을 말해 준다. 따라서 역단층을 발견한다면 그곳이 과거나 현재에 수렴하고 있는 판의 경계가 될 수 있다. 정단층은 암석에서의 인장력을 나타낸다. 따라서 정단층이 보인다면, 판이 서로 당겨져 멀어지고 있는 발산 경계에 서 있는 것일지도 모른다. 단층은 또한 지하수의 이동 및 광물이나 화석 연료의 분포에 영향을 주기 때문에 경제적으로도 매우 중요하다. 따라서 단층은 그 위치가 단지 지진이 빈번하기 때문만이 아니라 또 다른 많은 이유에서 중요하다고 할 수 있겠다.

* 전단 응력은 암석 덩어리가 단층면과 수직 방향이 아닌 같은 방향으로 다른 암석 덩어리를 밀게 될 때 발생한다.

24.3 산

물음 어떻게 장력이나 응력으로 인해 산이 형성되는가?

학습목표
산의 네 가지 유형을 서술하고 그것들이 어떻게 형성되는지 설명할 수 있다.

산은 지구에서 가장 웅장한 특징을 보이는 요소임에는 틀림이 없다(그림 24.11). **산**은 주변의 지각에 대해 높이 솟아오른 지각의 일부로 정의된다. 그 어떤 산들도 서로 같지는 않지만, 산의 구조에 따라 크게 (1) 습곡 산맥, (2) 융기에 의한 산, (3) 단층지괴 산지, (4) 화산의 네 가지 형태로 구분할 수 있다.

그림 24.11
세계에서 가장 높은 히말라야 산맥은 높이가 7,600 m 이상인 산봉우리를 30개 이상 가지고 있다. 히말라야 산맥은 대륙판의 충돌에 의해 형성된 습곡 산맥이며 파키스탄과 인도, 네팔, 티베트의 경계에 위치한다.

습곡 산맥

습곡 산맥(**folded mountain**)은 산의 가장 일반적인 형태이다. 습곡 산맥은 수백만 년 이상 동안 판구조 운동에 의한 충돌로 형성되었다. 판구조 운동으로 인한 충돌은 암석에 압축 응력을 가하여 습곡을 형성하도록 한다. 이것은 암석 내에서 아주 거대한 습곡이 형성되는 경우를 제외하고는 종이나 카펫의 한쪽을 밀었을 때 나타나는 것과 비슷한 양상의 주름을 보인다. 세계에서 가장 높은 산도 습곡 산맥의 일부에 포함되어 있다.

우리가 대륙의 내부에 존재하는 거대한 습곡 산맥을 보게 된다면, 이 대륙판에서 과거에 충돌이 있었다는 것을 알 수 있다. 캐나다의 로키 산맥은 비교적 최근의 충돌에 의해 형성되었다. 히말라야 산맥도 이러한 습곡 산맥에 해당한다. 이들은 인도판이 유라시아판에 접근하면서 여전히 충돌로 인해 성장하고 있다. 미국 동부에 있는 애팔레치아 산맥은 약 3억 년 이전의 고대에 있었던 판의 충돌로 인해 형성되었다. 이 산맥은 현재보다 몇 km는 높았던 적이 있었지만, 침식으로 인해 지금과 같이 낮아진 것이다.

대륙 지각의 일반적인 두께는 약 35 km이다. 새로운 습곡 산맥이 만들어지면 그 두께는 거의 두 배가 된다. 히말라야 산맥의 가장 높은 정상부에서 지각의 바닥까지 그 두께는 약 80 km에 달한다.

융기에 의한 산

사우스다코타 주에 있는 블랙 힐즈(Black Hills)와 뉴욕에 있는 애디론댁(Adirondack) 산맥은 **융기로 인해 만들어진 산**(**upwarped mountain**)이다. 융기로 인해 만들어진 산은 돔과 같은 모양을 가지고 있다. 습곡 산맥과 같이, 이들도 암석의 응력에 의해 형성된다. 그러나 거대한 양의 마그마가 지표로 상승하는 과정에서 지각을 융기시켜서 형성된 하나의 배사 구조로 나타난다. 그림 24.12에서 보이는 것처럼, 융기로 만들어지는 산은 오래된 화성암과 한때 퇴적물로 덮여 있었던 암석이 융기로 인해 상승되고 변성 작용을 받은 암반으로 구성된다. 이러한 영역이 상승하면서, 암석 표면의 퇴적층은 풍화로 인해 쉽게 침식된다. 이후, 풍화에 강한 화성암과 변성 작용을 받은 암석이 돔의 형태로 남게 되는 것이다.

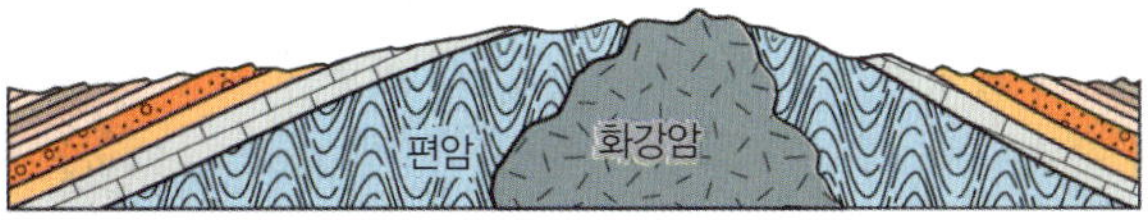

그림 24.12
융기로 인해 형성된 산인 사우스다코타의 블랙 힐즈의 거대한 돔 구조. 퇴적암은 정상에서부터 침식 작용으로 떨어져 나가고 화성암과 변성암의 돔 구조가 노출된다.

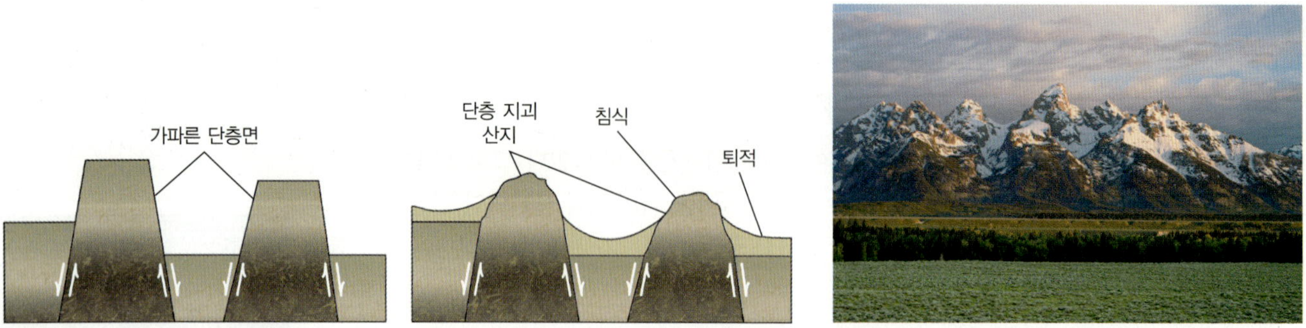

(a) (b) (c)

그림 24.13
(a) 단층 지괴 산지는 가파른 단층면을 따라 상승한 암석 덩어리로 인해 형성된다. (b) 침식과 퇴적은 산을 연결하는 단층면을 부드럽게 마모시킨다. (c) 와이오밍의 티톤 산맥은 주변 지역에 비해 급격히 상승하였다. 이러한 특징은 단층 지괴 산지에서 일반적이다.

단층 지괴 산지

습곡 산맥과 돔 형태의 산은 응력에 의해 일어나지만, 인장력도 산맥을 형성할 수 있다. 인장력에 의해 형성되거나 적어도 한쪽 면이 정단층의 구조를 보이는 산을 **단층 지괴 산지(fault-block mountains)**라고 한다. 단층 지괴 산지는 광범위한 지역이 대규모로 상승할 때 발생한다. 이러한 상승은 지각을 늘어나게 하여 결국 단층면을 따라 균열을 일으킨다. 그림 24.13에서 보는 것과 같이, 지각의 거대한 덩어리는 때때로 가파른 단층면을 따라 상승하고 또 다른 덩어리는 아래로 하강한다. 암석 덩어리는 마치 장난감 블록처럼 다른 블록 위로 차츰 쌓이게 된다. 단층 지괴 산지는 주변의 환경에 대해 가파르게 상승한다. 캘리포니아의 시에라네바다 산맥과 와이오밍의 티톤 산맥을 포함하여 미국 서부 지역에 이러한 많은 단층 지괴 산지가 존재한다.

화산

화산(volcano)은 용암이나 화산재, 암석 조각들의 분출로 인해 형성된 언덕이나 산을 의미한다. 화산의 중앙 분출구를 통해 배출되는 물질들은 언덕 아래로 흐르면서 냉각되어 원뿔 모양의 지형을 형성하면서 축적된다. 일반적인 화산의 정상에는 **분화구**(*crater*)라 불리는 그릇 모양의 침하된 지역이 있다. 이 분화구는 파이프와 같은 통로를 통해 지하의 마그마 저장소와 연결되어 있다.

어떤 화산은 비정상적으로 큰 분화구를 가진다. 지름이 1 km 이상인 분화구를 **칼데라**(*caldera*)라고 한다. 대부분의 경우, 그림 24.14에 나타낸 것과 같이 칼데라는 화산 분출구의 상부가 부분적으로 비워진 마그마 저장소로 붕괴할 때 형성되지만, 일부 칼데라는 폭발적인 화산의 분출로 화산의 상부가 날아가 버려서 형성된 것도 있다. 옐로스톤 국립 공원은 실제로 지름이 약 40마일(64.5 km)에 달하는 거대한 칼데라이다.

화산은 분출되어 나오는 물질의 종류에 따라 크게 세 가지로 나눌 수 있다(그림 24.15). 현무암질 용암이 천천히 흘러나와 형성된 화산을 **순상 화산**(*shield volcano*)이라고 한다. 현무암질 용암은 점성이 작다. 즉 쉽게 흐를 수 있다. 순상 화산은 분출된 용암이 화산의 모든 방향으로 부드럽게 흘러 얇게 퍼지면서 낮은 경사를 형성하기 때문에 그 모양이 전사의 방패와 같다고 하여 순상 화산이라고 불린다.

분석구(*cinder cone*)는 경사가 매우 가파르지만 지표면에서 그 높이가 300 m를 넘지 않는 화산을 말한다. 분석구는 하나의 분출구에서 폭발적으로 배출된 화산재, 분석, 유리, 용암 조각들, 암석 파편 등을 포함하는 분출물이 가파른 경사를 이루며 쌓여 형성된 것이다.

성층 화산(*stratovolcano*)으로도 알려져 있는 **원추 화산**(*composite cone*)은 용암과 화산재, 진흙층이 교대로 쌓여 형성된 화산으로, 높고 가파른 정상과 부드럽게 경사진 측면을 가지고 있다. 워싱턴의 세인트헬렌스 화산이 원추 화산의 예이다. 1980년에 이 화산의 폭발적인 분출로 200평방 마일 이상의 울창했던 숲이 불타고, 수천 명의 인명 피해가 있었다.

대부분의 화산은 발산 경계 또는 수렴 경계 부근에서 형성된다. 그림 24.16에서 제시된 **불의 고리**(*Ring of Fire*)에 분포하는 화산들을 보면 이를 확인할 수 있다. 불의 고리는 태평양의 많은 지역을 둘러싸고 있다. 이곳은 지구 상의 화산의 75%가 분포하는 곳이다. 이 화산들 중에서 약 600개의 화산이 현재도 활동하고 있는 활화산이다. 대부분의 판들은 불의 고리를 따라 수렴 경계를 이루고 있다.

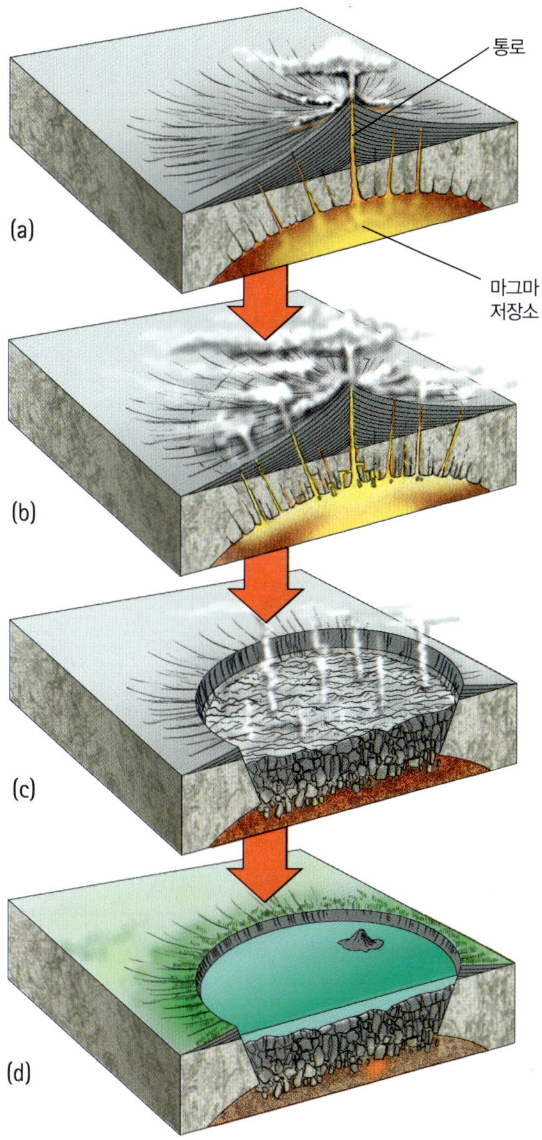

그림 24.14

(a) 마그마 저장소에서 상승하는 마그마는 화산의 통로를 통해 올라온다. (b) 이 그림에서 보는 것과 같이 칼데라의 형성은 거대한 화산 분출을 포함할 수 있다. (c) 화산에서 일어나는 물질들의 방출은 원래 화산이 가지고 있던 통로보다 더 큰 분화구를 형성한다. 칼데라 아래에 있던 마그마 저장소는 결국 식어서 굳어지고, 마그마의 공급이 끊긴 화산은 휴면기에 접어들거나 사화산이 된다. (d) 빗물과 지하수로 인해 칼데라가 채워지면 호수가 만들어질 수 있다.

그림 24.15

화산의 세 가지 종류. (a) 마우나로아와 같은 순상 화산은 넓고 완만한 경사를 가지고 있다. (b) 애리조나의 선셋 크레이터와 같은 분석구는 일반적으로 부드럽고 가파른 사면과 정상부에 그릇 모양의 분화구가 있다. (c) 세인트헬렌스 화산(전면에 나타난)이나 레이니어 산(후면의 배경에 있는)과 같은 원추 화산(성층 화산)은 분석구와 같이 가파르지만 폭발에 의한 화산재와 용암의 혼합물이 겹겹이 쌓여 그 크기가 훨씬 크다. 세인트헬렌스 화산은 남쪽 경사면에 화산재가 쌓여 있다.

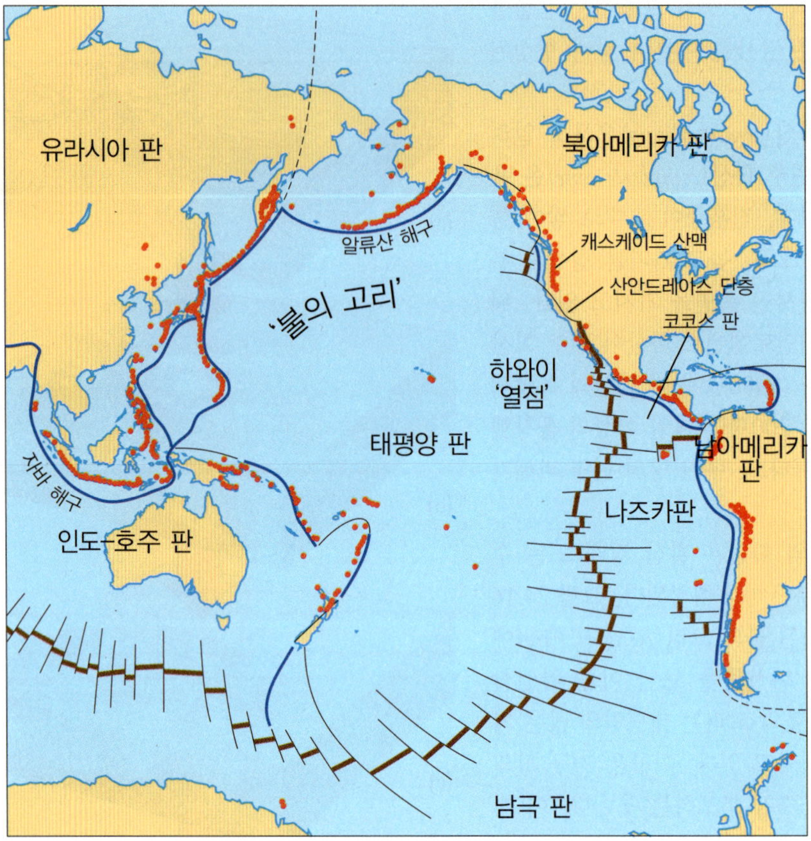

그림 24.16
불의 고리에는 지구 상에 존재하는 화산의 75% 이상이 분포한다. 그림에서 화산은 붉은색으로 표시되어 있다. 파란 선은 해구를 의미한다. 판의 경계에서의 변환 단층이 여러 선으로 표기되어 있다. 불의 고리를 따라 존재하는 판의 경계는 섭입이 주로 일어나는 수렴 경계이다.

일부 화산들은 판의 가장자리에서 형성되지 않고 열점에서 형성되기도 한다. **열점**(*hot spot*)은 고정되어 있는 지역으로, 일반적으로 맨틀과 핵의 경계에 기원을 둔 열로 인해 지구 내부가 매우 뜨거운 지점이다. 열점에 놓여 있는 맨틀 암석은 부드러운 대류로 인해 상부로 천천히 이동한다. **맨틀 융기**(*mantle plume*)라 불리는 상승하는 뜨거운 암석이 지표를 향해 떠오른다. 이 뜨거운 암석은 대류에 의해 지표에 가까워질수록 압력이 감소하여 용융되고 마침내 분출하게 된다.

대부분의 열점은 해저 아래에 위치한다. 열점에서 분출되는 용암은 점차적으로 **해저 화산**(*seamount*)을 형성한다. 충분한 지질학적 시간이 지나고, 수많은 분출에 의한 용암은 해저 화산을 확장시킨다. 결국, 해저 화산이 충분히 성장하면 바다 위로 드러나 화산섬을 형성할 것이다. 판이 이동함에 따라 화산섬이 그 위치를 이동하면 열점에서도 벗어나게 된다. 그로 인해, 화산섬은 결국 마그마의 기원을 잃고 화산 활동이 멈추게 된다. 시간이 지나고 열점에서는 새로운 화산섬이 만들어질 수 있고 이러한 경우에 여러 개의 산들이 만들어지게 된다. 이것이 하와이 제도가 만들어진 방법이다.

24.4 평원과 고원

학습목표
평원과 고원을 구별할 수 있다.

물음 왜 평원은 산의 아래쪽에 위치하고 있을까?

산과 달리 평원과 고원은 평탄하게 나타난다. **평원**(*plain*)은 해수면 고도에서부터 비교적 높지 않은 곳에 있는 넓고 평평한 지역이다. 반면, **고원**(*plateau*)은 해수면 고도에서 600 m 이상의 고도로 상승한 곳에 있는 평평한 지역을 말한다(그림 24.17).

고원은 일반적으로 큰 지각의 힘에 의해 융기된 거대한 암석의 일부이다. 반면, 평원은 지질학적인 상하 운동이나 응력의 영향으로 생성되는 것이 아니라 퇴적물의 축적으로 인해 형성된다.

평원은 전형적으로 산의 기저부에서 확장될 수 있다. 즉 주위의 산이 침식 작용을 받으면서 퇴적물이 생성되고, 이것은 유수에 의해 산 아래로 운반되어 퇴적된다. 침식에 의한 퇴적물이 조금씩 쌓이고, 하천을 채우면서 표면으로 축적되어 올라온다. 로키 산맥과 미시시피 강 사이에 있는 평야가 이러한 방법으로 형성되었다. 이러한 과정은 수백만 년에 달하는 긴 지질학적 시간 동안 일어난다.

미국의 중서부는 대부분 평원으로 이루어져 있다. 미국의 '대평원'은 콜로라도, 캔자스, 몬타나, 네브래스카, 뉴멕시코, 노스다코타, 텍사스, 와이오밍의 일부를 포함한다.

(a) (b)

그림 24.17
평평한 지형의 평원과 고원. (a) 그림은 사우스다코타의 버펄로 갭 국립 초원으로 고도가 낮고 평평한 평원 지역이다. (b) 콜로라도 고원은 거대한 융기가 유타, 뉴멕시코, 애리조나, 콜로라도의 네 개 주에 걸쳐 일어나 형성된 고원이다. 애리조나의 그랜드 캐니언을 만든 콜로라도 강은 콜로라도 고원을 가르고 있다.

24.5 지구의 물

학습목표
지구의 물이 어떻게 물의 순환 과정을 거치는지 설명할 수 있다.

물음 왜 지구 상에 존재하는 대부분의 담수는 식수로 사용할 수 없을까?

누구나 알고 있듯이 물은 생명체에게 필수적이다. 물은 지구 표면의 상당한 부분을 뒤덮고 있기 때문에 많은 양이 존재하는 것처럼 보인다. 그러나 그림 24.18의 데이터를 생각해 보자. 지구 상에 존재하는 대부분의 물은 해양에 분포하는 바닷물이다. 전체의 3% 미만의 물이 담수이다. 대부분의 담수는 높은 산이나 극 지방에 얼음 또는 눈의 형태로 존재한다. 그 나머지는 강, 하천, 호수를 포함하는 지표수, 지하수, 그리고 대기권과 생물권에 분포하는 물이다.

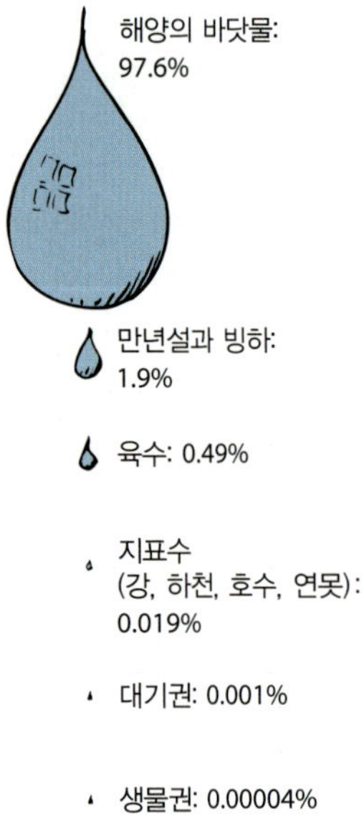

그림 24.18
지구 상의 물의 분포. 지구 상에 분포하는 물 중에서 식수로 사용 가능한 양은 얼마일까?

그림 24.19에서와 같이 지구 상의 물은 해양과 대기, 지표, 지하 사이에서 끊임없이 순환한다. 이러한 순환을 **물의 순환**(*hydrologic cycle*)이라고 한다. 물은 흐르는 동안 순환의 다른 영역에서 증발하거나 응결하여 그 상태가 변하기도 한다. 태양은 물이 증발하는 데 필요한 에너지를 공급한다. 중력은 **강수**(비, 눈, 진눈깨비, 우박 등)가 지표로 다시 돌아갈 수 있도록 힘을 제공한다. 계속된 중력의 영향으로 물은 지표를 가로질러 해양으로 흘러 들어가게 된다.

물의 순환 과정에서 물이 이동하면서 모여 있는 장소를 **저장소**(**reservoir**)라고 한다. 빙하, 해양, 대기, 지하의 암석에 있는 균열과 구멍, 그리고 심지어 인간의 신체나 생물권의 다른 일부는 모두 지구 상에 존재하는 저장소가 된다. 물은 다른 종류의 저장소에서 각각 서로 다른 시간 동안 머무른다. 평균적으로 물 분자는 강수에 의해 떨어지기 전까지 대기 중에서 약 9일을 머무르지만, 해양에서 증발이 일어나기까지는 약 3200년의 시간이 걸린다. 물 분자가 각 저장소에서 머무르는 평균적인 시간을 **잔류 시간**(**residence time**)이라고 한다. 표 24.1은 다양한 저장소들의 잔류 시간을 나타내고 있다.

자연에는 암석의 순환, 물의 순환, 생화학적 순환과 같은 많은 종류의 순환 과정들이 존재한다. 어떠한 순환 과정이든, 물질은 자연적으로 한 저장소에서 다른 저장소로 계속해서 흐르게 된다.

표 24.1 다양한 물 저장소의 잔류 시간

해양	3200년
빙하	20~100년
얕은 지하수	100~200년
깊은 지하수	10,000년
호수	50~100년
강	2~6개월
대기권	9일

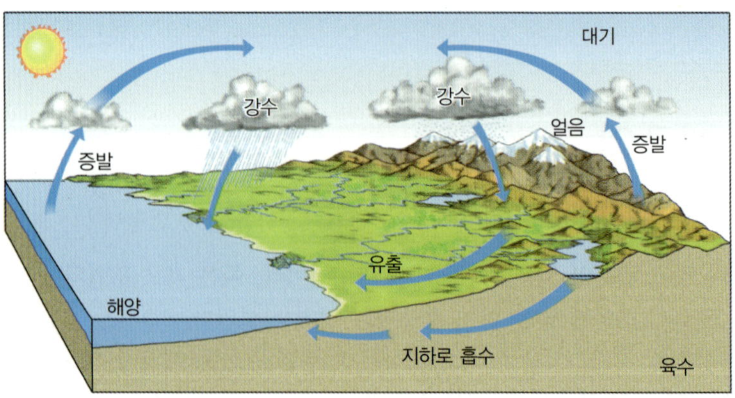

그림 24.19
물의 순환 과정과 각각의 저장소

24.6 해양

학습목표
해저 지형을 구분할 수 있다.

물음 왜 심해 평원은 지구 상에서 가장 평평한 곳일까?

미국 지질 조사국(USGS: The United States Geological Survey)은 바다에 대략 3,150억 평방 마일에 해당하는 물이 있을 것으로 추정하고 있다. 이 모든 바닷물 아래의 지형도 지표에서와 같은 모습을 하고 있을까? 해양학자들은 해저의 모습을 대륙 주변부, 깊은 해양 분지, 중앙 해령의 세 가지 주요 지형으로 설명하고 있다.

대륙 주변부(**continental margin**)는 육지와 해양의 깊은 바다 사이의 전이 영역이다. 대륙 주변부는 모든 해저 지형의 약 28%를 구성한다. 대륙 주변부는 **수동형 대륙 주변부**(*passive margin*)와 **능동형 대륙 주변부**(*active margin*)로 구분된다. 수동형 대륙 주변부는 활동적인 판의 경계에서 멀리 떨어진 곳에 위치한다. 이곳은 지진이나 화산의 영향이 미약한 지질학적으로 고요한 지역에 속하며, 넓고 완만한 경사를 가진다. 수동형 대륙 주변부는 **대륙붕**(*continental shelf*), **대륙 사면**(*continental slope*), **대륙대**(*continental rise*)로 구성되어 있다. 대륙붕은 바다에 의해 침수된 거의 대륙 지각 수준의 지형이다. 대륙 사면은 대륙 지각과 해양 지각 사이의 비교적 좁고 가파른 경계를 말한다. 대륙대는 대륙 사면의 침식으로 인한 퇴적물이 사면의 아래쪽에 쌓여 있는 언덕이다(그림 24.20a). 수동형 대륙 주변부는 대서양 연안을 따라 발견된다. 미국의 동부 해안가를 따라 형성된 해변에 가본 적이 있는가? 넓고 평평한 대륙붕은 해안에서 사람들이 수영을 하고 뱃놀이를 즐기기에 충분한 장소를 제공한다.

반면, 미국의 서해안은 능동형 대륙 주변부를 따라 놓여 있다. 능동형 대륙 주변부는 판의 경계를 포함하는 대륙의 가장자리와 거의 일치하는 장소에 분포한다. 미국의 서해안에 위치한 능동형 대륙 주변부의 일부는 섭입대나 변환 단층을 포함한다. 능동형 대륙 주변부는 일반적으로 태평양 주위를 따라 존재한다. 능동형 대륙 주변부에 있는 대륙 사면은 그림 24.20b에서 보는 것처럼 해구에서의 벽과 같은 역할을 할 수 있다. 능동형 대륙 주변부에는 **부가대**(*accretionary wedge*)로 불리는 퇴적물로 축적되어 있는 지역이 있다. 이곳은 하강하는 판에 의해 상부에 있는 판에 축적된 대륙 지각의 일부이다. 섭입이 일어나는 동안 하강하는 판에서 퇴적물이 떨어져 나간다. 떨어진 이 퇴적물은 판에서 부가대의 외각에 계속해서 달라붙게 된다. 능동형 대륙 주변부는 수동형 대륙 주변부보다 가파르고 좁으며 훨씬 활동적이다(그림 24.20b).

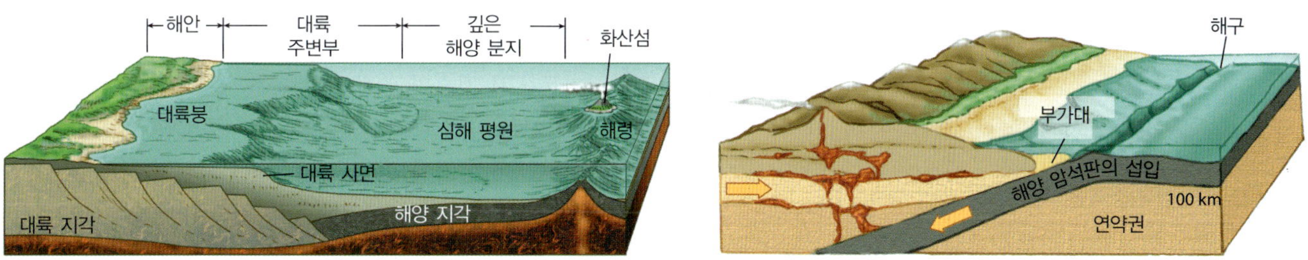

(a) (b)

그림 24.20
대륙 주변부는 해안과 해양 분지 사이의 전이 영역이다. 그림의 세로축은 실제보다 더 확장되어 나타냈고, 실제는 훨씬 완만하다. (a) 수동형 대륙 주변부는 지질학적으로 안정한 지역이다. (b) 능동형 대륙 주변부는 판 구조 운동과 연관되어 있다.

그림 24.21
심해 평원에는 빛이 거의 없고, 먹이가 미량으로 존재하며, 압력(평방 인치당 5880~8820파운드)이 극단적으로 높다. 그럼에도 불구하고 이곳에는 생명체가 존재한다. 심해 평원에는 무척추동물 중 가장 몸집이 큰 거대 바다 오징어를 포함한 생물체들이 살고 있다. 이 오징어는 길이가 150피트보다 크고, 몸무게가 1톤보다 더 나간다. 사납게 생긴 아귀는 먹이를 유인하기 위해 발광 미끼를 사용한다. 불가사리는 다른 육식 생물을 속여 생존을 가능하게 하는 발광 물질을 다리에 가지고 있다.

해양 분지(**ocean basin**)는 대륙 주변부와 중앙 해령 사이의 암석권에 깊이 움푹 들어가 있는 지역이다. 이 해양 분지는 지표면의 약 30%를 차지하며, 이것은 지구에서 수면 위로 노출된 육지의 면적과 거의 일치한다. 해양 분지의 깊이는 3~5 km의 깊이 범위 안에서 존재한다. 이 영역은 밀도가 크고, 어두운 현무암으로 이루어진 해양 지각으로 구성되어 있다. 해양 분지는 심해 평원, 해산, 해구를 포함하고 있다.

심해 평원(**abyssal plain**)은 해양 지각 위로 퇴적물이 두껍게 쌓여 있기 때문에 지구 상에서 가장 평평한 지역이다. 1000평방피트의 수평 이동에 대한 수직 높이의 차이가 1피트보다 작아서 말 그대로 팬케이크보다도 평평하다고 할 수 있다.

만약 우리가 해양의 깊은 심해저 평원까지 잠수할 수 있다면 무엇을 발견할 수 있을까? 해양은 깊이에 따라 다양하게 변화한다. 수심이 깊어질수록 빛은 더 적어진다. 햇빛은 200 m의 깊이까지만 통과할 수 있기 때문에 그 아래의 바다 속은 어둡다. 또한 깊어짐에 따라 온도도 내려간다. 수심이 100~500 m인 상부는 혼합에 의해 평균 온도가 약 25°C로 일정하지만, 해저의 바닥에서는 밀도가 크고 온도가 거의 어는점에 근접하다. 해양에서는 압력도 수심에 따라 증가한다. 해수면에서 평균 깊이가 약 4,000 m인 심해 평원까지 우리가 잠수를 한다면 몸에 가해지는 압력은 대기압의 약 100배에 달할 것이며, 우리는 갑자기 외압으로 인해 몸이 파열될 것이다. 놀랍게도 심해의 생물들은 이 엄청난 압력과 극도의 추위, 식량의 부족에 적응해 있다. 대부분의 심해의 생물들은 바다에서 고사된 생물이 심해서 아래로 '눈'처럼 쌓인 형성된 유기물을 섭취한다.

심해저에서 드문드문 나타나는 것으로 해산이 있으며, 이는 태평양에서 특징적으로 나타난다. 24.3절에서 언급된 것과 같이, 해산은 해저 화산과는 구분된다. 해저 화산은 높고 경사가 가파르며, 어떤 것은 심해 평원에서 수천 미터에 달하는 것도 있다.

앞서 언급한 것과 같이, **해구**(*ocean trench*)는 능동형 대륙 주변부에 인접한 깊은 고랑과 같은 지형이다. 이곳은 바다에서 가장 감춰진 장소이면서 매혹적인 장소이기도 한다. 해구는 때로는 깊이가 10,000 m인 곳도 있는 해양에서 가장 깊은 곳이다. 이것은 지구 상에 존재하는 대부분의 산들의 높이보다도 훨씬 더 깊은 거리이다. 해구는 지질학적으로 하나의 판이 다른 판 아래로 가장자리가 섭입되면서 맨틀을 향해 사라지고 있는 곳이다. 판은 해구 아래로 미끄러져 내려가면서 마찰에 의해 구부러지기도 한다. 내려가는 판에 작용하는 힘이 마찰로 인해 판을 붙잡고 있는 힘을 초과할 때 지진을 발생시킨다. 내려가는 판의 움직임으로 인한 마찰은 마그마 생성과 화산 형성을 유발하는 열을 만들어 낸다.

중앙 해령(*midocean ridge*)은 해양 분지에서 솟아오른 부분으로, 일반적으로 발산형 경계를 중심으로 심해저가 확산하고 있는 모습을 볼 수 있다. 그것은 마치 야구공의 실밥과 같은 모습으로 전 세계에 걸쳐 연속된 산맥을 형성하고 있다. 그 길이는 약 65,000 m이고, 지표면의 21%를 덮고 있다. 대륙의 암석으로 만들어진 지표면의 산들과 달리, 중앙 해령 시스템은 마그마의 분화, 냉각, 융기로 인해 형성된 어둡고 젊은 현무암 암석으로 구성되어 있다. 주변의 평원에 대해 1000~3000 m 상승하여 지구에서 가장 길고, 매우 높은 지형적 특성을 가지고 있다. 그러나 '해령'이라는 용어는 중앙 해령 시스템이 실제로 수백 미터의 폭을 가지고 있기 때문에 다소 오해의 소지가 있다. 해령의 능선을 따라 많은 지역에서 넓게 갈라진 계곡이 존재한다.

대서양 중앙 해령은 대서양의 중간에 위치하기 때문에 광범위하게 연구가 이루어진 해령의 일부이다. 대서양 중앙 해령은 심해저의 바닥으로부터 높이가 2,500~3,000 m 정도이며, 해수면에서도 아래로 2000~3000 m의 깊이에 존재한다.

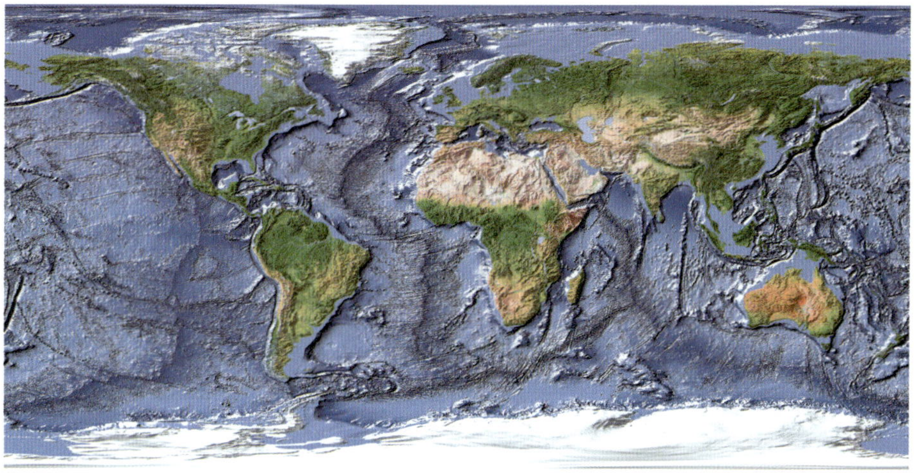

그림 24.22
해저의 지형. 어두운 파란색으로 나타나는 중앙 해령을 잘 살펴보라. 대서양 중앙 해령은 대서양에서 발산하는 판의 경계를 제시하는 중앙 해령의 일부이다.

융합과학 24A
화학, 생명과학

학습목표
해양에서의 염은 어디에서 온 것인지 설명할 수 있다.

해수의 조성

물음 해수의 염분은 어떻게 일정하게 유지되는가?

바다에서 길을 잃은 사람들은 주위에 물이 풍부함에도 불구하고 갈증으로 인해 목숨을 잃어버릴 수 있다. 왜 그럴까? 해수는 사람이 마시기에는 너무 짜다. 우리가 팝콘에 안전하게 뿌려먹기도 하는 대부분의 소금은 염화 소듐이다. 그럼에도 불구하고, 우리가 해수를 마실 경우, 우리 몸의 세포가 혈류에 존재하는 염을 희석하기 위해 물을 배출하면서 탈수 현상이 일어나 결국 죽게 될 수도 있다.

해양에 존재하는 염은 지각의 광물이 수십억 년 동안 풍화와 침식을 받아서 형성된 것이다. 강과 하천은 지각으로부터 용해된 각종 원소와 염을 해양으로 운반하여 바다에 축적시켜 왔다. '전형적인 용매'인 물은 염을 녹이는 강력한 능력을 가지고 있어서 바다에서 염은 이온으로 존재한다.

염분(*salinity*)은 순수한 물에 녹아 있는 염의 비율로 정의된다. 바닷물에는 일반적으로 1,000 g의 바닷물에 약 35 g의 염이 녹아 있다. 1 kg당 약 35 g의 염분을 포함하는 해수는 천분율의 단위인 35‰로 표기한다. 그렇다면 해수는 얼마나 소금기가 많은 것일까? 단위 입방피트의 해수에 2.2파운드의 염을 포함하고 있다.

표 24.2 바다에 풍부한 염분

해수의 염분	1,000 g 당 질량
염화 소듐($NaCl$)	23.48 g
염화 마그네슘($MgCl_2$)	4.98 g
황산 소듐(Na_2SO_4)	3.92 g
염화 칼슘($CaCl_2$)	1.10 g
플루오린화 소듐(NaF)	0.66 g
총계	34.8 g

그림 24.23
해삼은 시간의 흐름에 따라 해양의 염분을 일정하게 유지하기 위해 해양에서 물질을 제거하는 많은 생물들 중 하나이다.

해수의 성분이 실제로 수백만 년, 또는 수십억 년 동안 일정하게 유지되었다는 것은 놀라운 사실이다. 결국, 해양에서 많은 활동들이 있었다는 것이다. 암석의 침식, 화산의 분출, 해양생물의 고사 등의 여러 과정에 의해 염과 다른 화합물들이 지속적으로 해양에 축적되었음을 알 수 있다.

해수에 포함된 화합물이나 염과 같은 물질들의 양을 일정하게 유지하기 위해서는 그것들이 축적되는 속도만큼 바다에서 제거되어야 한다. 많은 염들이 화학적 침전에 의해 해수에서 제거된다. 또한 침전물이나 그 밖의 물질들이 섭입에 의해 맨틀로 유입된다. 해양생물들은 염이나 용해된 기체, 그 밖의 용질을 제거함으로써 해수의 성분에 상당한 영향을 미친다. 작은 **유공충**(*foraminifera*)(해양 원생생물)과 새우나 게 등과 같은 다양한 **갑각류**(*crustaceans*)의 무리들은 그들의 몸을 형성하면서 칼슘염을 제거한다. 마이크로 정도로 미세한 해양 조류인 규조류는 자신의 껍질을 구성하기 위해 해양에 녹아 있는 많은 양의 실리카를 흡수한다. 어떤 생물은 해수에서 거의 발견할 수 없을 정도로 잠깐 동안 존재하는 요소에 집중하기도 한다. 특정 해조류가 아이오딘에 집중하는 반면, 가재는 구리와 코발트를 집중적으로 추출한다. 바나듐은 해양에서 생물학적 목적으로 사용되는 또 다른 희귀 원소이다. 해삼은 해저의 바닥에 서식하는 얼룩이 있는 생물이다. 이들은 해수의 바나듐을 흡수하여 혈액의 색소를 만드는 데 사용한다. 철이 사람의 혈액을 붉게 만드는 것과 같이 바나듐은 해삼의 피를 노랗게 만든다.

24.7 담수

학습목표
지구의 담수 저장소를 나타내는 그림을 그릴 수 있다.

물음 물방울이 토양으로 스며들어 간 후, 결국 온천을 통해 밖으로 나오는 경로를 추적하시오.

담수(*fresh water*)는 광물과 염의 농도가 낮은 물을 말한다. 담수는 사람이나 다른 동물들이 식수로 사용하고 모든 식물들이 필요로 하지만, 지구 상의 물 중에서 3%보다 적은 양을 차지한다. 대부분의 담수는 얼음층과 빙하 속에 얼어 있기 때문에 인간이 사용할 수가 없다(표 24.3). 인간의 물 사용을 위한 담수의 가장 큰 공급원은 지하에 고여 있는 지하수이다. 호수, 연못, 하천, 온천, 웅덩이와 같은 지표수는 지하수보다 훨씬 적은 양을 포함하지만, 지표의 지질과 생명체에게 막대한 영향을 끼친다. 예를 들어 강과 하천은 어느 순간이든지 지구 상에 존재하는 전체 물의 양 중에서 단지 천분의 일 퍼센트(0.001%)를 포함한다. 그러나 강이나 하천을 흐르는 물은 빠르게 이동하여 암석을 운반하거나 지구의 표면을 깎는 중요한 역할을 한다. 지구 상의 담수의 궁극적인 원천은 강수이다.

그림 24.24
그림과 같은 연못은 지표의 움푹한 곳에 물이 모일 때 만들어진다. 전 지구의 물 공급량의 1%보다 적은 양이 동물이 식수로 사용할 수 있는 담수이다.

지표수

육지에 비가 내릴 때, 대부분의 물은 증발을 통해 대기권으로 다시 돌아간다. 증발하지 않은 물의 대부분은 땅속으로 스며들어 간다. 땅에 의한 이러한 흡수를 **침투**(**infiltration**)라고 한다. 어떠한 형태로도 땅이 흡수할 수 없는 물은 지표를 통해 흐르면서 **이동하는 물**(**runoff**)이 된다. 강수의 일부가 지표에서 흐르는 물이 되는 것은 비가 갑자기 많은 양을 퍼부었는지, 아니면 지속적으로 부드럽게 내렸는지에 대한 강수의 정도, 식물의 분포, 경사의 가파른 정도뿐만 아니라 토양의 종류, 토양이 습한지 또는 건조한지에 영향을 받는다.

폭풍이 일어나는 동안이나 그 후에 유출되어 합쳐진 물은 내리막을 내려오면서 병합되어 **하천**(*stream*)을 형성한다. 하천은 가장 작은 형태인 숲속의 개울에서부터 거대한 강(강은 단지 큰 하천에 해당함)에 이르기까지 어떠한 형태로든 표면을 흐르는 물을 의미한다. 하천은 경사를 따라 이동하면서 다른 하천들과 병합된다. 이러한 과정에서 어떤 하천들은 미국의 미시시

표 24.3 지표의 물 분표

수권의 각 부분	담수의 부피(km^3)	담수의 총 부피에 대한 비율(%)
얼음층과 빙하	24,000,000	84.945
지하수	4,000,000	14.158
호수 및 저수지	155,000	0.549
토양의 수분	83,000	0.294
대기권에 포함된 수증기	14,000	0.049
강물	1,200	0.004
총계	28,253,200	100.0

피 강이나 남아메리카의 아마존 강과 같이 아주 크게 성장할 수도 있다. 그 크기가 어느 정도이건 대부분의 하천은 결국 바다를 향해 방출된다.

하천으로 배수가 일어나는 지역을 하천의 **배수 유역**(*drainage basin*) 또는 **분수계**(**watershed**)라고 부른다. 배수 유역은 크거나 작을 수 있으며, 모든 하천, 지류, 강이 하나씩은 가지고 있다. 많은 하천이 모여 형성된 큰 강도 하천의 배수 유역을 가지고 있다. 즉 큰 강의 유역은 다른 여러 개의 작은 하천의 유역들이 함께 작용하여 이루어지는 것이라고 할 수 있다.

유역은 **분수령**(**divide**)에 의해 서로 분리되는데, 분수령은 하천들 사이의 높은 지역을 따라 연결한 선이다. 대부분의 환경에서 유역의 분리는 분수령의 한쪽 면에 떨어진 빗물이 다른 인접한 유역으로 흐를 수 없어서 만들어진다. 수백 킬로미터의 길이를 가지는 분수령에 의해 두 개의 큰 유역이 분리될 수 있으며, 짧은 산 능선에 의해 두 개의 작은 협곡이 형성될 수도 있다. 미국의 북쪽에서 남쪽을 향해 연속선상으로 뻗어 있는 대륙 분수령은 서쪽으로는 태평양

(a)

(b)

(c)

그림 24.25
다양한 모습의 하천. 하천은 병합되어 더 큰 하천을 만들고, 큰 하천은 병합되어 강을 형성한다. 하천을 궁극적으로 물을 바다로 방출한다.

그림 24.26
북미의 대륙 분수령은 서쪽의 태평양 분지와 동쪽의 대서양 분지를 분리하고 있다.

분지와 동쪽으로는 대서양 분지를 분리한다. 대륙 분수령의 서쪽에 흐르는 물은 결국 태평양으로 흘러 들어가고, 동쪽에 흐르는 물은 대서양으로 흘러 들어간다(그림 24.26).

지표에 흐르는 물은 바다를 향해 가는 동안 호수에 흘러 들어가게 되면 잠시 흐름을 멈추게 된다. 호수는 지구의 표면에서 움푹 들어간 곳으로 지표수나 지하수가 흘러 들어가면서 형성된다. 호수로 흘러 들어가는 물의 양과 증발에 의해 유출되는 물의 양이 균형을 이루면서 호수의 물 수위가 안정적으로 유지된다.

지하수

비나 눈이 녹아 땅에 흡수된 물은 토양에 머물러 있을 수 있다. 이러한 토양의 수분 중 일부는 식물에 의해 흡수되고, 그중의 또 다른 일부는 증산을 통해 대기권으로 배출된다. 토양에 의해 흡수되지 않은 물은 암석과 퇴적물 사이, 또는 암석의 좁은 균열이나 단층의 사이로 스며들어 아래로 이동한다. 스며든 물은 **포화대**(*saturation zone*)에 도달할 때까지 계속해서 아래로 이동한다. 포화대에서는 퇴적물과 암석들 사이의 모든 빈 공간에 심지어 암석 내부의 광물 입자들 사이의 공간까지도 물로 가득 차 있다. 이러한 포화대에 존재하는 물을 **지하수**(**groundwater**)라고 한다. 지하수는 계속해서 아래 방향으로 흘러 나중에는 포화대로 흘러서 결국에는 하천이나 종종 다른 형태의 지표수와 같은 출구를 통해 나오게 된다(그림 24.27).

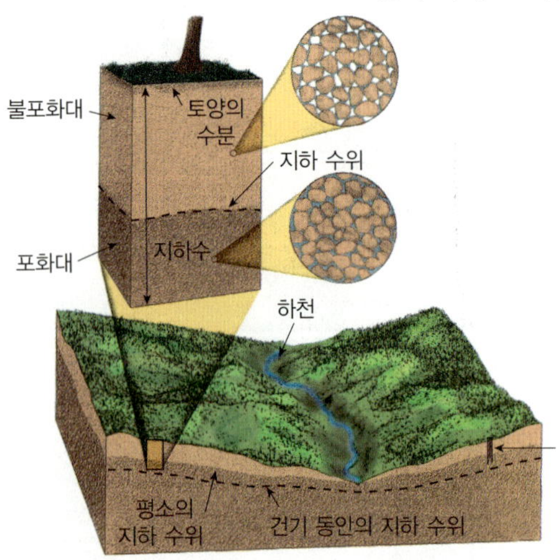

그림 24.27
불포화대는 포화대 위에 위치한다. 지하수는 포화대에 존재한다. 지하 수위는 이 두 대 사이의 경계이다.

지하수는 하천, 호수, 늪, 온천, 그리고 다른 종류의 지표수에 물을 공급한다. 대부분의 지표수는 땅 위를 흐르는 빗물로부터 직접 공급되기보다는, 지하로부터 지표의 저장소로 흘러드는 물, 즉 지하수로 공급된다. 비가 오지 않는 기간인 건기 동안에도 지표수에 물을 공급하는 것은 지하수인 것이다. 그래서 지하수는 가뭄 동안에도 지표에 필요한 물을 제공할 수 있는 것이다.

우물은 식수나 농업, 그리고 산업에 물을 사용하기 위해 지하수를 지표로 끌어올리는 곳이다. 그러나 일부 지역에서는 이러한 자원의 과도한 사용으로 인해 지반 침하(육지 표면의 저하), 지하수 오염, 하천수 고갈 등을 포함한 환경적인 문제가 유발되기도 한다.

포화된 영역의 상부 경계를 **지하 수위**(**water table**)라고 한다. 지구의 표면 아래의 지하 수위는 강수량과 기후에 따라 다양하게 나타난다. 그림 24.27에 나타낸 것과 같이, 지하 수위는 식탁처럼 평평하지 않고 지표의 지형에 따라 높고 낮은 경향을 보인다. 지하 수위와 육지의 표면이 교차되는 경우, 우리는 습지, 늪, 온천을 찾아볼 수 있다. 호수나 다년생 하천(일 년 내내 흐르는 하천)은 지하 수위가 지표보다 높다.

여러분은 폭풍우가 몰아치는 동안 모래땅이 스펀지처럼 비를 흡수한다는 것을 이미 알고 있다. 모래땅은 물을 쉽게 스며들게 하지만 점토로 된 토양과 같은 다른 종류의 땅은 그렇지 않다. 토양이 존재하지 않거나 아주 미량 포함하는 암석으로 된 지표는 아주 적은 양의 물을 흡수한다. 물질이 저장할 수 있는 지하수의 양은 그 물질의 다공성에 의존한다. **공극률**(**porosity**)이란 암석이나 퇴적물이 가지고 있는 **공극**(*pore space*)(빈 공간)의 총 부피의 비율을 말한다. 공극은 일반적으로 퇴적물 사이에서 발견되지만, 암석의 균열, 암석 내부의 광물 입자 사이의 공간, 암석이 용해되어 형성된 빈 공간도 공극을 형성할 수 있다.

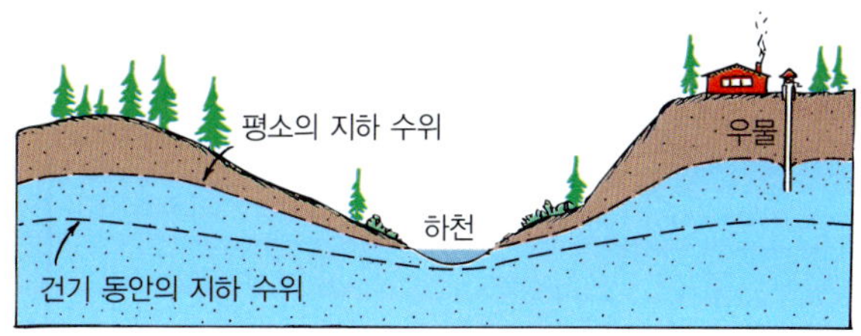

그림 24.28
지하 수위는 거의 지표면과 평행하게 나타난다. 만약 우물을 뚫게 되면, 우물 속에 고이는 물의 수위는 지하 수위와 같다. 건기 동안에는 지하 수위가 내려가고, 하천의 흐름이 감소하며, 우물이 말라버린다. 우물에서 물을 길어내는 속도가 지하수가 복구되는 속도를 초과하는 경우에 지하 수위는 내려가게 된다.

암석이나 퇴적물이 매우 다공질일 수도 있지만, 공극이 매우 작거나 서로 연결되어 있지 않으면 지하수가 자유롭게 이동할 수 없다. **투수성**(**permeability**)은 암석 내에서 또는 암석과 퇴적물 사이에서 유체가 얼마나 쉽게 공극을 통과하는지를 의미한다. 모래와 자갈은 둥근 입자들로 구성되어 단단하게 밀집되어 있지 않기 때문에 투수성이 높다. 이 기공들은 크고 서로 연결되어 있어서 하나의 공극에서 다른 공극으로 물이 쉽게 흐를 수 있다. 반면, 공극이 너무 작거나 서로 제대로 연결되어 있지 않으면 물은 공극을 통해 전혀 흐를 수가 없다. 예를 들어 점토로 된 퇴적물은 서로 밀접하게 접촉되어 있는 입자들로 구성되어 있다. 이것이 점토가 매우 다공성일 수 있지만 실질적으로 투수성이 없는 이유이다(그림 24.29).

(a)

(b)

그림 24.29
(a) 점토에 포함된 퇴적물 입자는 단단히 밀집되어 있어서 공극이 제대로 연결되어 있지 않다. 따라서 점토는 투수성을 갖지 않는다. (b) 모래나 자갈로 이루어진 퇴적물 입자는 상대적으로 크기와 모양이 균일하여 크고 잘 연결된 공극을 가지므로 물이 모래와 자갈을 통해 자유롭게 흐를 수 있다. 이들은 투수성 물질이 된다.

대수층(**aquifer**)은 흐를 수 있는 물인 지하수를 포함하고 있는 암석의 영역을 말한다. 대수층은 일반적으로 공극률과 투수성이 높다. 지표의 많은 장소 아래에 놓여 있는 이러한 저장소는 엄청난 양의 지하수를 포함하고 있다. 이곳은 우물을 파서 물을 끌어 올릴 수 있고, 또 이러한 과정으로 물이 제거될 수 있기 때문에 중요하다. 미국에서 지표의 절반 이상이 아래에 대수층을 포함하고 있다. 광대한 오갈라라 대수층은 사우스다코타에서 텍사스까지, 그리고 콜로라도에서 캔자스까지 뻗어 있다(그림 24.30).

지하수는 강수가 지표로부터 아래로 스며들어 축적된다. 그러나 손실된 지하수가 다시 복구되는 **재충전**의 과정은 비교적 느리다. 대수층이 끊임없이 충전 영역(지하수의 원천이 되는 육지의 지역)으로부터 물을 공급받더라도 매년 소량의 물만이 지하수로 전환될 뿐이다. 완전히 고갈된 대수층을 재충전하는 데는 수천 또는 수백만 년의 시간이 걸릴 수도 있다. 따라서 지하수는 재생이 불가능한 자원으로 간주되고 있다.

그림 24.30
오갈라라 대수층은 미국에서 가장 큰 대수층이다.

학습목표
고산 빙하와 대륙 빙하를 구분할 수 있다.

24.8 빙하

물음 지구 상에 존재하는 담수의 절반 이상을 포함하고 있는 빙하는 무엇인가?

극 주변과 산의 높은 지역은 너무 추워서 눈이 거의 녹지 않는다. 그 대신에 매년 그 눈은 쌓이게 된다. 위에 쌓인 눈의 무게는 아래에 쌓여 있는 눈을 얼음 결정으로 만든다. 축구장 크기만한, 심지어 대륙을 형성할 정도로 거대한 질량의 얼음 덩어리가 생성된다. 이것이 **빙하(glacier)**이다. 그림 24.31에서 보이는 것처럼, 빙하에는 크게 두 가지 종류가 있다. **고산 빙하**(*alpine glacier*)는 산악 지역의 계곡에서 형성된다. **빙상**(*ice sheet*)이라고도 불리는 **대륙 빙하**(*continental glacier*)는 대륙이나 섬과 같은 광대한 지역을 덮고 있는 두꺼운 얼음 층을 말한다. 남극 빙상으로 불리는 하나의 대륙 빙하는 남극 대륙의 대부분을 덮

그림 24.31
(a) 보숑 빙하로 알려진 프랑스 알프스 산맥의 고산 빙하. (b) 이 위성 영상에서 볼 수 있듯이 남극 대륙은 거의 대부분이 남극 빙상으로 불리는 대륙 빙하로 덮여 있다.

(a)

(b)

고 있다. 이 빙하는 산 정상을 제외하고 거의 모든 것을 덮을 정도로 두껍게 형성되어 있다. 이 남극 빙상은 지구 상에 존재하는 빙하의 약 90%에 해당하며, 지구 상의 담수 중 약 61%를 차지한다.

빙하는 땅을 가로질러 천천히 미끄러져 내려가기 때문에 때때로 '얼음의 강'이라고 불린다. 빙하의 바닥에 작용하는 높은 압력은 바닥에 있는 얼음을 녹일 수 있어, 이 액체 상태의 물을 따라 빙하가 이동하게 되는 것이다. 중력도 역시 빙하에 작용하여 빙하를 끊임없이 아래 방향으로 이동하게 한다. 고산 빙하는 경사진 지역에 위치하기 때문에 대륙 빙하보다도 빠른 속도로 이동한다. 빙하가 이동하면서 거대한 불도저와 같이 주변 지역을 깎아내리게 된다.

융합과학 24B

물리학, 화학, 생명과학

학습목표
점오염과 비점오염을 구분할 수 있다.

수질 오염

물음 인구의 증가와 대규모 산업화가 수질에 미치는 영향을 설명하시오.

수질 오염은 생물에 유해한 화학적, 물리적 또는 생물학적 물질이 물로 유입되는 정도에 의존한다. 수질 오염의 가장 큰 두 가지 요인은 대규모의 공장이나 농장의 증가와 같은 산업화와 인구의 폭발적인 증가이다. 산업화와 인구의 기하급수적인 증가로 인해 사람들이 만들어 내는 폐기물이 생산품이 만들어지는 속도만큼 빠르게 처리될 수 없다. 결국 폐기물은 해양, 지하수, 강, 호수, 하천으로 흘러 들어간다.

표 24.4는 다양한 수질 오염원의 종류에 대해 제시하고 있다. 일부 오염원은 인간을 포함한 생물들이 직면하고 있는 질병을 유발하는 **병원체**(*pathogen*)임을 주목하라. 화학적 오염원은 생태계에서의 화학적 과정을 교란시키는 유독성 물질을 포함한다. 물리적 오염원 중 하나는 열이다. 열이 이 목록에 있는 것이 놀라운가? 어떤 공장들은 물을 사용한 뒤 가열된 물을 하천으로 방류한다. 하천의 온도가 올라가면서 용존 산소량이 감소하게 된다. (화학에서 온도에 따라 산소의 용해도가 감소하는 과정을 기억하고 있는가?) 물고기나 다른 수중 생물들은 숨을

표 24.4 다양한 수질 오염원의 종류

유기 화학 물질
비료, 살충제, 세제, 플라스틱, 휘발유와 기름을 포함한 석유 제품

무기 화학 물질
금속, 산, 염류

유독성 화학 물질
생물에게 독이 되는 비소나 수은과 같은 중금속을 포함하는 화학 물질, 산업용 화학 물질, 페인트 희석제나 엔진 오일과 같은 일부 가정용 화학 물질

물리적 오염원
열, 토양과 같은 부유하는 입자, 제품 결합용 장치와 같은 플라스틱이나 낚시 그물을 포함한 쓰레기들

병원체
박테리아나 바이러스와 같은 질병을 야기하는 생물, 처리되지 않은 하수나 동물의 배설물이 씻겨 내려간 물에 있는 병원균

유기 물질
생물의 사체, 배설물, 식물들을 포함한 생물의 잔해

쉬기 위한 용존 산소량이 감소하면 결국 죽게 된다.

수질 오염의 근원은 열과 유독성 화학 물질을 배출하는 특정 공장들이 될 것이다. 또는 해양으로 기름을 유출하는 유조선이 될 수도 있으며, 지하수에 화학 물질을 배출하는 주유소가 될 수도 있다. 이렇게 특정 원인에 의해 발생하는 오염이 **점오염**(*point pollution*)의 예이다. 점오염은 상대적으로 확인하기가 쉽고 또 조절을 하기도 쉽다.

비점오염(*nonpoint pollution*)은 하나의 원인에 의해 발생하지 않는다. 비점오염은 실제로 가정, 농장, 고속 도로, 도시의 거리, 그리고 산성비와 같은 모든 곳에서부터 유발된다. 비점오염은 그것이 매우 많은 곳에서부터 발생하고, 사람들이 그들의 활동과 수질 오염 사이에 연결과정을 눈으로 확인할 수 없기 때문에 규제하거나 조절하기가 어렵다. 따라서 비점오염에 대한 대중의 인식이 수질 오염을 제어하는 데 있어서 중요한 몫을 차지한다. 표 24.5는 점오염과 비점오염의 일부 원인들을 제시하고 있다.

표 24.5 수질 오염의 원인

점오염
- 하수 처리 시설
- 매립
- 가솔린 탱크를 포함한 지하 저장 탱크
- 정화조 시스템

비점오염
- 도로에 뿌려진 소금
- 쓰레기, 기름, 가솔린, 강아지 배설물 등을 포함하는 도시와 교외에서 흐르는 물
- 비료
- 살충제

연습문제

24.1 지구에 대한 조사

1. 지구에서 해양으로 덮여 있는 지역은 몇 %인가?
2. 지구 상에서 가장 높은 곳은 어디인가? 높이가 얼마인가? 지구 상에서 가장 낮은 곳은 어디인가? 깊이가 얼마인가?

24.2 지각 변동—습곡과 단층

3. (a) 암석이 받는 세 가지 유형의 응력을 구분하여 서술하시오.
   (b) 암석에 응력이 작용할 때, 암석이 반응할 수 있는 세 가지 방법을 설명하시오.
4. 왜 습곡은 지표 아래의 깊은 곳에서 발생하는가?
5. 세 종류로 구분되는 각 단층의 명칭을 제시하고, 그것을 구분하시오.
6. 단층에 대해 아는 것이 왜 가치가 있는가?

24.3 산

7. (a) 일반적인 구조적 특징으로 분류된, 네 종류의 산의 명칭을 제시하시오.
   (b) 네 종류의 산에 대한 각각의 예를 제시하시오.
8. 열점은 어떻게 산을 형성하는가?
9. 지구 상에서 화산 분출이 가장 많이 일어나는 곳은 어디인가?
10. 화산의 서로 다른 세 종류는 무엇인가?

24.4 평원과 고원

11. 평원과 고원의 차이는 무엇인가?
12. 왜 평원은 일반적으로 산의 아래에서부터 확장되어 나가는가?

24.5 지구의 물

13. (a) 지구 상의 물은 대부분 어디에 존재하는가? 그곳에 있는 물의 비율(%)은 얼마인가?
    (b) 지구 상의 담수는 대부분 어디에 존재하는가?
14. (a) 물의 순환에 대해 서술하시오.
    (b) 물의 순환 과정에서 특히 지구의 지형을 날카롭게 형성하는 것과 관련된 부분은 무엇인가?

24.6 해양

15. (a) 수동형 대륙 주변부의 세 영역에 대해 서술하시오.
    (b) 능동형 대륙 주변부의 각 영역에 대해 서술하시오.
16. 심해 평원의 전반적인 지형적 특성에 대해 서술하시오.

24.7 담수

17. 만년설과 빙하로 얼어 있는 물은 지구 담수의 약 몇 %를 차지하는가? 지하수는 약 몇 %인가? 하천과 호수는 몇 %인가?
18. 지구 상에 비가 떨어질 때 어떤 일이 발생하는가?
19. 당신은 배수 유역에 살고 있는가? 답의 근거를 제시하시오.
20. 암석이나 퇴적암에 존재하는 모든 공극은 물로 가득 차 있는가?
21. 지하 수위(water table)는 실제 수위와 어떻게 다른가?
22. 포화대 내에 분포하는 물을 무엇이라고 하는가?
23. 강수에 의해 지표에 흐르는 물을 제외하고, 지구 상에 존재하는 담수의 근원에 대해 설명하시오.

24.8 빙하

24. 왜 빙하를 '얼음의 강'이라고 부르는가?
25. 남극 대륙 빙상에 포함된 얼음은 전 세계 빙하의 몇 %를 차지하는가?

확인문제

만일 여러분이 이 장에서 제대로 학습을 하였다면, 다음에 제시된 10개의 질문에 적어도 7개는 제대로 답을 할 수 있을 것이다. 만일 그렇지 못하면 다음 장으로 가기 전에 이 장을 더 학습할 필요가 있다.

각 질문에 대해 가장 적합한 답을 고르시오.

1. 눈은 (　　　)에 노출되면 빙하를 이루는 얼음이 된다.
   (a) 온도의 감소
   (b) 압력
   (c) 비
   (d) 소성 변형
2. 암석에 소성 변형이 일어날 때, 암석은
   (a) 균열이 일어난다.
   (b) 일시적으로 크기나 모양이 변한다.
   (c) 영구적으로 크기나 모양이 변한다.
   (d) 광물 구성이 변한다.
3. 단층은 왜 중요한가?
   (a) 주로 지진이 일어나는 장소에 존재하기 때문이다.
   (b) 지하수의 이동을 제어하기 때문이다.
   (c) 지하의 화석 연료 축적을 제어하기 때문이다.
   (d) 위의 모두를 포함한다.

4. 지구 상의 액체 상태의 물 중에서 담수의 비율은 얼마인가?
   (a) 3%
   (b) 25%
   (c) 0.50%
   (d) 75%

5. 물의 순환 과정에서 태양으로부터 엄청난 양의 에너지를 필요로 하는 과정은 무엇인가?
   (a) 강수
   (b) 증발
   (c) 응결
   (d) 침투

6. 해양 분지는
   (a) 해저의 산들로 덮여 있다.
   (b) 대부분 평평하지만, 산과 해구를 포함하고 있다.
   (c) 충분히 이해할 수 있을 정도로 지도로 표현되지 않았다.
   (d) 압력이 낮은 지역이다.

7. 오갈라라 대수층은
   (a) 여러 주에 걸쳐 지하에 놓여 있다.
   (b) 채워지는 것보다 빠른 속도로 물이 이용되고 있다.
   (c) 담수의 한 종류이다.
   (d) 위의 모두를 포함한다.

8. 해수의 염분은 수백만 년 또는 십억 년 동안 거의 일정하게 유지되어 왔다. 그 이유는 무엇인가?
   (a) 오래전에 해양에서의 염분 형성이 멈추었기 때문이다.
   (b) 염분은 해수의 분자 구조에 포함되기 때문이다.
   (c) 염분은 축적되는 속도와 같은 속도로 해수에서 제거되기 때문이다.
   (d) 지속적으로 염분이 해양으로 씻겨 가기 때문에 실제로는 현재 해양에 더 많은 염분이 존재한다.

9. 포화대에 있는 땅속의 물을 (   )(이)라고 한다.
   (a) 지하수
   (b) 토양의 수분
   (c) 지하 수위
   (d) 광천수

10. 단층 지괴 산지는
   (a) 지각이 인장력으로 인해 상승하여 형성된다.
   (b) 지각 판의 수렴으로 인해 형성된다.
   (c) 열점을 통해 형성된다.
   (d) 용승하는 마그마에 의해 형성된다.

확인문제 답

1. b, 2. c, 3. d, 4. c, 5. b, 6. b, 7. d, 8. c, 9. a, 10. a

25장 지표의 과정

동굴은 어떻게 스펀지를 비틀어 짠 것과 같이 생겼을까? 왜 산들은 결국 바다를 향해 조금씩 씻겨나가는 것일까? 토양은 무엇으로 만들어지며, 어떻게 10,000가지 이상의 다른 종류가 존재할까? 어떻게 빙하는 불도저와 같이 작용하며, 수천 년 전에 거대한 빙하가 뉴욕을 통과해 지나간 증거는 무엇일까? 먼지가 바람을 따라 불어오는 이유는 무엇일까? 유사한 재앙이 오늘날 농경을 파괴할 수 있을까? 많은 젊은 강들은 급류를 형성하는 데 반해, 왜 오래된 강들은 제방을 따라 구불구불한 곡선의 형태로 흐르는 것일까? 이 장에서는 이러한 물음들에 관심을 가질 것이다. 우리는 지구의 표면에서 일어나는 현상들이 지구 표면의 모양을 재구조화하는 **지표의 과정**에 대해 조사할 것이다.

25.1 지각을 변형시키는 지표 과정: 풍화, 침식, 퇴적

학습목표
지각을 변형시키는 네 가지 요인과 세 가지 지표의 과정을 구분할 수 있다.

물음 왜 해변에 분포하는 모든 모래 알갱이들은 크기와 밀도가 거의 같을까?

판 구조론과 관련된 힘은 산을 형성하며 대륙 지각을 삼키고, 전 대륙에 걸쳐 서로 밀고 당기면서 거대한 시간과 공간 규모로 작용한다. 우리의 환경을 형성하는 이러한 엄청난 구조적 힘은 지하에서 비롯된다. 이 힘은 궁극적으로 지구 내부에서 지표를 향하는 열적 대류에 의해 발생한다.

또한 대륙과 해양 지각을 포함한 지표를 형성하는 또 다른 종류의 전혀 다른 힘이 존재한다. 이러한 지질학적 힘은 짧은 시간(수초, 수분, 수일, 수년) 동안 지표에 영향을 미칠 뿐만 아니라 수천 년 또는 수백만 년에 걸쳐 영향을 미친다. 이 힘은 짧은 거리뿐만 아니라 넓은 영역에 걸쳐 작용한다. 이러한 종류의 힘은 판 구조적 힘과 달리, 지구 내부에 그 원천을 두고 있지 않다. **지표의 과정**(**surface process**)은 지표 자체 또는 지표 부근에서 유래한 지질학적 현상이다. 지표의 과정은 대부분 물, 얼음(특히 빙하), 바람, 중력의 작용을 포함한다. 특정 지역의 기후는 이 네 가지 **변화의 요인**의 상대적인 영향으로 결정된다. 지구를 깎아 내는 지표의 과정과 기후 사이의 관계는 미래의 가능한 기후 변화를 이해하기 위해 큰 관심을 가져야 할 부분이다(그림 25.1).

변화의 요인(액체 상태의 물, 얼음, 바람, 중력)은 지구의 표면을 깎아 내리고 물질을 이동시키며, **풍화**, **침식**, **퇴적**의 세 가지 과정을 통해 새로운 지형을 만든다. 이러한 과정에 필요한 에너지는 궁극적으로 태양(태양은 물의 순환과 바람을 일으킨다)으로부터 오고, 중력(중력은 지표의 모든 물질을 지속적으로 아래로 당긴다)으로부터 온다.

지구의 지형은 암석으로 만들어졌다. 암석은 원자 수준에서 결정화되어 자연적으로 화학 결합을 이룬 광물들의 집합체이다. 지표에 분포하는 암석과 광물들은 지속적으로 풍화에 노출된다. **풍화**(**weathering**) 작용은 지표나 지표 부근에서 화학적으로 또는 물리적으로 암석이 부서지는 것을 말한다.

일단 암석이 풍화로 인해 작은 조각(**퇴적물**로 불리는)으로 한 번 분해되거나 붕괴되면, 침식이 일어날 수 있다. **침식**(**erosion**)은 한 지역에서 풍화를 받은 입자들이 물, 얼음, 중력, 바람에 의해 물리적으로 다른 장소로 이동하는 것을 말한다. 중력의 힘을 받거나 흐르는 물과 같은 이동하는 요소가 함께 작용하더라도 항상 중력이 작용하므로 퇴적물은 언제나 아래로 침식된다.

(a) (b) (c) (d)

그림 25.1
풍화, 침식, 퇴적과 같은 지표의 과정은 다양한 지형을 형성한다. (a) 스위스의 암석에 형성된 뾰족한 봉우리는 빙하의 침식에 의해 형성되었다. 빙하가 아래로 흐르면서 암석을 떼어 내어 빙하에 포함하였다가 다른 곳에 놓은 것이다. (b) 이 채널 제도는 브라질의 아마존 강을 따라 일어난 침식과 퇴적 작용으로 인해 형성되었다. (c) 포르투갈의 해안을 따라 광범위하게 분포되어 있는 울퉁불퉁한 석회암 절벽과 시스택들을 볼 수 있다. 이러한 지표의 형태는 해파의 작용으로 인해 형성된다. (d) 케냐의 마사이마라 국립 보호 구역에 있는 초원은 상당한 지질학적 시간 동안 침식 작용으로 먼 거리를 이동한 퇴적물이 지표에 퇴적되어 매우 평평하다.

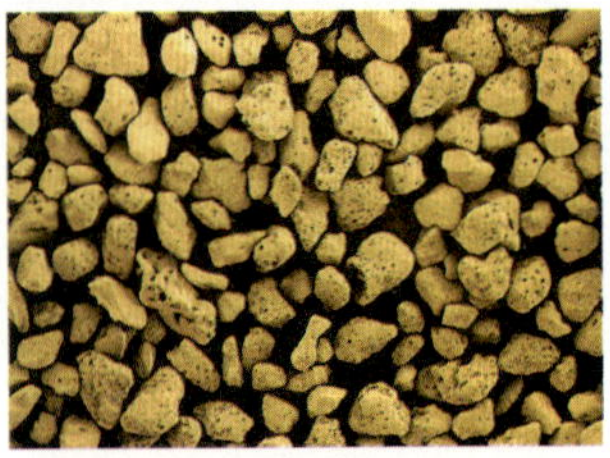

(a) 잘 분리된 퇴적물

(b) 잘 분리되지 않은 퇴적물

그림 25.2
크기가 비슷한 입자들을 포함한 퇴적물을 '잘 분리된' 퇴적물이라고 한다. 잘 분리되지 않은 퇴적물은 여러 크기의 퇴적물을 포함한다. 일반적으로 잘 분리되지 않은 퇴적물은 퇴적이 일어나기 전까지 짧은 거리를 이동하고, 잘 분리된 퇴적물은 퇴적이 일어나기 전까지 먼 거리를 여행한다.

퇴적물이 운반되는 과정에서도 풍화 작용은 지속된다. 최근에 풍화된 퇴적물들은 일반적으로 매우 들쭉날쭉하게 각이 져 있다. 덩어리, 조각, 입자들은 특히 물에 의해 이동하는 동안 서로 충돌하고 부서진다. 이 과정에서 날카로운 모서리는 둥글게 마모된다. 마모된 정도는 퇴적물 입자가 얼마나 멀리 이동하였는지, 얼마나 많이 굴러 내려왔는지를 알려 주는 단서들 중 하나이다.

퇴적(deposition)은 침식된 입자들이 휴식을 취할 때 일어난다. 입자를 이동시키는 데 필요한 에너지가 충분하지 않을 때 입자들은 퇴적된다. 예를 들어 높은 산에서 빠르게 흘러내리는 강을 떠올려 보자. 이 흐름은 대부분 위치 에너지와 운동 에너지의 형태로 많은 에너지를 가지고 있다. 이 흐름은 많은 에너지를 가지고 있기 때문에 심지어 큰 바위를 포함하는 다양한 범위의 퇴적물을 실어 나를 수 있다. 어떤 퇴적물은 물의 흐름 아래에서 밀려나면서 나아가는 반면, 다른 퇴적물은 수중에 떠서 이동한다. 반면 강과 바다가 만나는 지역과 같은 넓은 삼각주에 분포하는 물의 흐름은 거의 평평하다. 이러한 흐름에서 물은 매우 적은 에너지를 가지고 이동한다. 단지 미세한 진흙 퇴적물만이 물속에서 탁한 상태로 남아 있을 수 있다. 큰 퇴적물은 흐름의 속도가 점차 감소하면서 퇴적되어 삼각주에 도달하기 훨씬 전에 이미 퇴적되고 없는 것이다. 이러한 방식으로 퇴적물은 이동하는 과정에서 그 크기에 따라 분리되는 것이다. '잘 분리된' 퇴적물의 시료는 크기와 밀도가 같은 입자들을 포함하고, 퇴적물이 잘 분리되지 못한 곳은 다양한 크기의 입자들을 포함한다(그림 25.2). 모래 언덕과 해변은 퇴적물이 잘 분리되어 있다. 계절에 따라 흐름의 형태가 다른 곳은 분리가 잘 되어 있지 않다. 왜 그런지 알 수 있겠는가?

풍화, 침식, 퇴적은 함께 작용한다. 새로운 지형은 풍화되고 침식된 물질이 퇴적되는 곳에서 만들어진다. 예를 들어 퇴적은 **범람원**(*floodplain*)을 따라 제방을 형성한다. 범람원은 홍수가 일어날 때 강물이 넘쳐 흐르는 강둑을 따라서 위치한다. 강물이 강의 흐름에서 벗어나 육지로 흘러나오면 속도가 감소하게 된다. 그리고 홍수에 의한 물의 흐름이 느려지면 질량에 따라 퇴적물이 천천히 가라앉는다. 시간이 지나면서 홍수가 많이 발생하면 퇴적물이 점차 쌓이게 된다. 제방은 시간이 지남에 따라 범람원에 형성된, 퇴적물의 대규모 축적이다. 자연 제방은 홍수를 제어하는 데 도움을 준다. 제방의 높은 벽은 폭풍이 불 때 강물이 강둑을 넘어 오는 것을 방지한다(그림 25.3).

그림 25.3
자연 제방은 강둑에 강보다 높게 형성되며, 범람원에 퇴적물이 퇴적된 퇴적 지형이다.

융합과학 25A
물리학, 화학, 생명과학

학습목표
화학적 풍화와 기계적 풍화를 구분할 수 있다.

풍화 작용

물음 도로의 움푹 파인 곳은 겨울 동안에 물이 아스팔트로 흘러들어 얼면서 팽창하여 만들어진다. (얼음의 부피는 액체인 물의 109%이다.) 따라서 아스팔트의 내부에 있는 얼음이 아스팔트를 서로 밀어낸다. 이러한 예시가 왜 기계적 풍화 작용인지 설명하시오.

암석의 붕괴나 분해와 같은 풍화 작용은 때로는 화학적 과정에 의해, 때로는 물리적 과정에 의해, 때로는 화학적·물리적인 힘의 결합에 의해 일어난다.

일반적으로 물에 의한 **기계적 풍화**(mechanical weathering)는 암석을 물리적으로 작은 조각으로 부순다. 그림 25.4와 25.5에서 제시하고 있는 **얼음 쐐기**(*ice wedging*)가 대표적

그림 25.5
웨일스에 있는 산꼭대기의 암석은 기계적 풍화 작용의 한 종류인 얼음 쐐기에 의해 부분적으로 갈라져 형성되었다. 이러한 추운 환경에서는 암석의 갈라진 틈으로 스며든 물이 얼면서 팽창하여 암석의 균열을 만들거나 암석을 부서지게 한다.

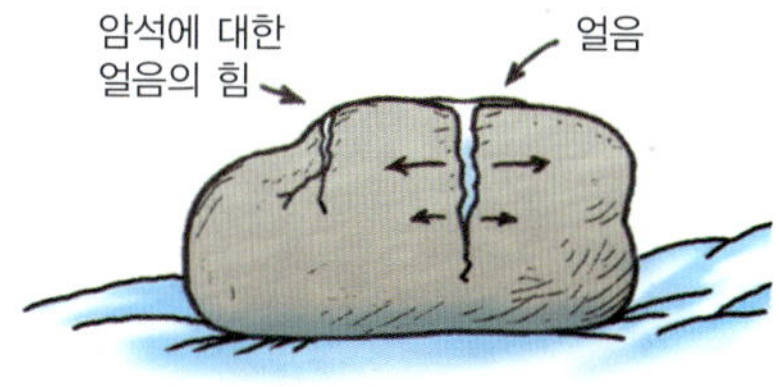

그림 25.4
물은 얼면서 팽창한다. 얼음 쐐기에서 물은 암석의 균열 사이로 흘러 얼음이 되면서 팽창한다. 암석의 이 벌어진 틈은 얼음이 녹으면서 여러 작은 조각들로 분할된다.

인 예이다. 이 과정에서 액체 상태의 물은 암석으로 스며들어간 후에 얼게 된다. 물이 얼면 그 부피는 증가한다. 암석 내부에서 얼어붙은 물은 암석의 입자를 물리적으로 서로 밀어낸다. 얼음이 녹으면 균열이 남게 된다. 나무와 같은 생물학적 요소들 또한 기계적 풍화 작용의 원인이 된다. 아마도 암석의 균열 사이로 자라고 있는 나무의 뿌리를 본 적이 있을 것이다. 뿌리는 성장하면서 암석을 바깥쪽으로 밀어 원래의 균열을 더욱 확장시킨다. 바람은 기계적 풍화의 또 다른 요인이다. 바람은 얼음이나 유수와 같이 강력하지는 않지만, 특히 사암과 같은 부드러운 암석에 대해서는 긴 시간 동안 작용하여 상당한 영향을 미칠 수 있다. 바람은 지표에 모래 바람을 일으켜 사포와 같이 작용하여 **마모**(*abrasion*)나 긁힘을 유발할 수 있다. 마모는 암석의 표면을 부드럽게 만든다(그림 25.6).

그림 25.6
바람에 의한 풍화 작용은 유타에 있는 이 사암 바위의 표면을 마모시키고 부드럽게 만들었다.

대조적으로 **화학적 풍화**(**chemical weathering**)는 암석에 포함된 광물의 화학적 구조가 변하는 것이다. 화학적 풍화가 일어나는 동안 원래의 암석은 지표의 환경에서 안정한 새로운 물질로 분해된다.

화학적 풍화 작용은 비록 기계적 풍화와 함께 작용하기도 하지만, 실제로 전 세계적으로 기계적 풍화보다 더 많은 퇴적물을 형성한다. 기계적 풍화로 인해 암석이 부서지면 화학적 반응에 노출되는 표면적이 증가한다. 물은 화학적 풍화 작용의 기본적인 요인이다. 순수한 물은 잘 반응하지 않지만 자연에서 순수한 물은 거의 존재하지 않는다. 자연에서의 물은 많은 화학 물질이 용해된 용액으로 볼 수 있다. 특히 빗물의 용해 작용은 암석으로부터 광물 요소를 제거하여 물로 운반하면서 전 세계의 많은 암석에 풍화 작용을 일으킨다. 빗물(H_2O)은 대기 중의 이산화 탄소(CO_2)와 화학적으로 반응할 때 특히 강력해진다. 이 반응으로 탄산(H_2CO_3)이 형성되는데, 탄산은 빗물을 약산성으로 만들어 지표 변화의 강력한 요인으로 작용한다.

그림 25.7
지각에 가장 풍부한 암석인 화강암은 대부분 석영과 포타슘 장석으로 이루어져 있다. 석영은 변성되기 어렵지만, 포타슘 장석은 화학적 풍화에 의해 점토가 된다.

예를 들어 탄산이 대륙에서 가장 일반적인 암석인 화강암을 얼마나 풍화시키는지 생각해보자. 화강암은 지구 상에서 가장 풍부한 광물인 석영과 포타슘 장석으로 이루어진 얼룩덜룩한 화성암이다(그림 25.7). 포타슘 장석은 탄산과 반응하여 점토 광물을 생성한다. 점토 광물은 풍화 작용에 의한 최종 생성물이기 때문에 지표면의 조건하에서 매우 일반적이고 안정하다. 비가 내린 후에 자연에서 걸어본 적이 있거나 도자기공의 점토와 같이 미끌미끌한 느낌의

그림 25.8
암석의 화학적 풍화 작용. 철이 풍부한 광물은 지표에 노출되어 산화철, 즉 녹을 형성하기 때문에 표면이 붉게 나타난다.

진흙에서 미끄러져 본 적이 있다면, 화강암에서 풍화로 인해 장석(점토로 알려진)으로 변한 지역을 거닐었던 것이다. 화강암에 포함된 석영은 장석에 비해 풍화에 더 강하다. 탄산의 공격을 받을 때도 석영은 그대로 남아 있다. 화강암이 풍화되면 결국 장석 결정은 점점 점토로 변하지만, 석영 입자는 암석의 조직에서 배출되더라도 여전히 새것의 유리질로 관찰된다. 석영은 일반적으로 화학적 풍화에 매우 강하기 때문에 험난한 지형을 거쳐 수천 마일의 거리를 이동하여 모래사장의 주요 구성원으로서 해안에 퇴적된다.

화학적 풍화의 또 다른 일반적인 예는 암석의 표면에 형성되는 산화철(녹)이다. 물에 용해된 산소는 철분이 풍부한 암석을 포함하여 많은 물질을 산화시킨다. 부서진 암석의 표면이 암석 내부에 비해 조금 더 붉거나 갈색인 것을 본 적이 있는가? 이것은 암석의 노출된 표면에서 산화 철이 형성되었기 때문이다(그림 25.8).

정해진 장소에서 풍화가 얼마나 빨리 일어나는지는 여러 가지 요소에 의해 결정된다. 그중 기후는 매우 중요한 요소이다. 화학적 풍화의 가장 이상적인 기후는 따뜻하고 습한 기후이다. 고도가 매우 높거나 극 지방과 같은 추운 장소에서는 물이 얼음의 상태로 있기 때문에 화학적 풍화가 비효율적이고 느리게 진행된다. 그러나 따뜻한 기후 지역, 특히 많은 비가 내리는 곳에서는 화학적 반응이 촉진되어 풍화 작용이 빠르게 진행된다. 그리고 풍화가 일단 진행되면, 머지않아 침식과 퇴적 작용이 일어나게 된다. 또한 최근 지구 기후의 온난화는 우리 주변의 지형에 있어서 큰 변화를 초래하게 된다.

그림 25.9
풍화 작용의 속도는 포함된 암석의 종류에 따라 달라진다. 왼쪽과 바닥면에 있는 화강암 묘비의 나이는 오른쪽에 있는 대리석 묘비와 나이가 거의 동일하다. 대리석은 탄산 칼슘이 주성분인 석회암의 변성 작용으로 형성된 것으로 화강암과 달리 약산에도 쉽게 용해된다.

기후 외에도, 암석의 광물 조성은 광물이 겪게 되는 변화의 유형과 속도를 결정한다(그림 25.9). 암석에 포함된 균열의 수와 마찬가지로, 암석의 기하학적 구조나 표면적 등의 다양한 요소들이 화학적 풍화의 종류와 속도에 영향을 미친다. 암석은 어떤 위치에 있는가에 따라서 일반적으로 **차등 풍화(differential weathering)**를 보이며, 다양한 속도와 범위에서 서로 다른 풍화 작용이 일어난다. 차등 풍화 또는 침식의 속도 차이는 그림 25.10에서 보이는 자연 다리와 같이 아름다운 지형이나 신기한 암석의 구조를 형성할 수 있다.

그림 25.10
아치스 국립 공원에 있는 이러한 자연 다리 구조물들은 동일한 위치임에도 불구하고 풍화의 속도가 다른 차등 풍화에 의해 형성되었다.

융합과학 25B
생명과학

학습목표
토양이 어떻게 형성되는지 이해할 수 있다.

토양

물음 왜 식물들은 토양의 심토가 아닌 표토에서 자라는가?

토양(**soil**)은 유기물과 무생물의 혼합물이자 암석의 풍화 작용에 의한 최종 생성물이다. 토양은 식물의 성장에 필수적이기 때문에 거의 모든 지구 생태계에 있어서 중요하다.

토양 과학자들은 전 세계적으로 수천 개의 서로 다른 종류의 토양을 확인하였다. 모든 토양은 토양에 따라 비율에는 약간의 차이를 보이지만, 광물 물질, 공기, 물, **부식토**(**humus**, 동식물의 사채가 부패하고 남은 물질을 포함하는 흙)의 네 가지 구성 요소를 동일하게 포함하고 있었다. 그림 25.11과 같이, 비옥한 토양은 일반적으로 약 5%의 부식토를 포함한다. 그럼에도 불구하고 부식토는 중요하다. 부식토는 광물뿐만 아니라 유기 화합물과 같은, 식물에 필수적인 영양소를 제공한다. 또한 부식토는 식물이 필요로 하는 공기와 물을 보유하는 상당한 양의 빈 공간을 포함하고 있다.

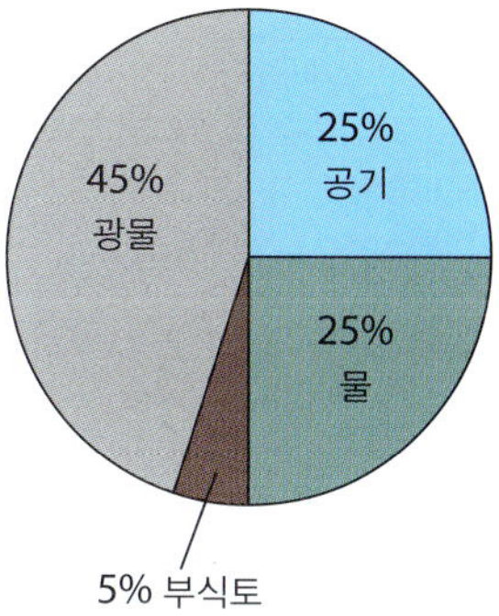

그림 25.11
비옥한 토양을 구성하는 물질의 부피비를 보면 45%의 광물 물질, 각각 25%의 공기와 물, 5%의 부식토로 구성된다. 이 모든 구성 물질은 식물의 석장을 위해 필수적이다.

토양은 그림 25.12에서 보이는 것처럼 여러 층을 포함하고 있다. **표토**(**topsoil**)라 불리는 토양의 가장 상부층은 식물이 성장하는 곳이다. 이곳에 부식토가 들어 있다. 표토 아래층인 **심토**(*subsoil*)는 대부분의 식물 뿌리나 동물들이 침투할 수 없다. 심토의 아래에는 모암으로부터 부서져 나온 암석 입자들로 이루어진 모질물 층이 있다. 그리고 그 아래에는 일반적으로 기반암이 있다. 토양은 지구 표면에서 풍화 작용이 발생하여 형성된다. 광물과 다른 입자들은 토양 단면의 위에서 아래로 내려가면서 아래에서부터 축적된다. 이것이 토양의 상층부가 푹신하고, 하층부가 대부분 암석으로 이루어진 이유이다.

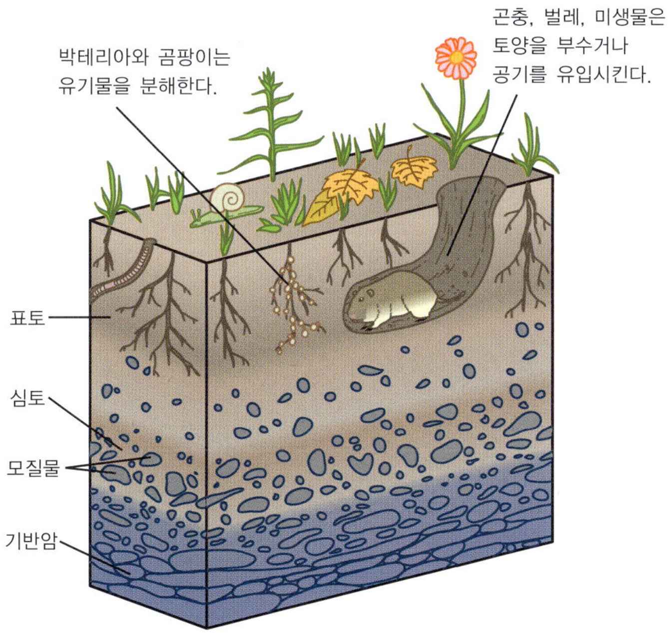

그림 25.12
토양은 표토와 심토로 이루어져 있다. 다양한 생물들이 표토에 거주하면서 토양을 비옥하게 만든다. 또한 죽은 생물체의 부패를 통해 비옥한 토양에 영향을 미치는 부식토를 형성한다.

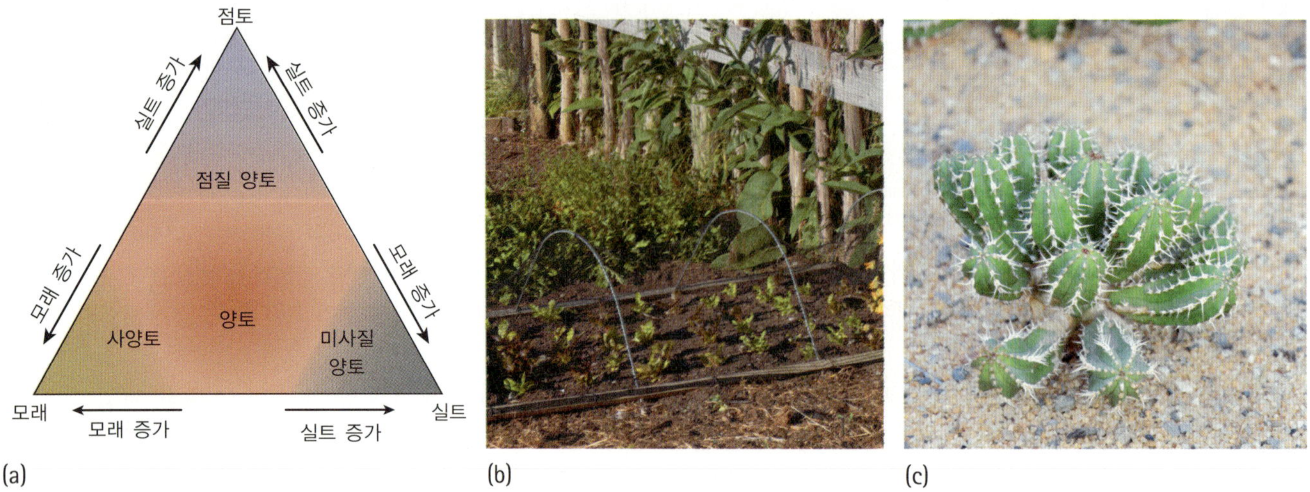

그림 25.13
(a) 토양의 조직도. 어떠한 토양의 조직도 이 도면에서 한 점으로 나타낼 수 있다. (b) 이 정원에 있는 야채와 같은 대부분의 식물은 양토에서 가장 잘 자란다. (c) 어떤 식물은 극단적인 토양에서도 적응을 한다. 이 선인장은 사막의 사양토에서 일어나는 빠른 배수로부터 물 흡수를 극대화하기 위해 얕은 뿌리를 가지고 있다.

부식토뿐만 아니라 살아 있는 유기체들도 토양을 비옥하게 하는 데 상당한 역할을 한다. 곰팡이, 박테리아, 그 밖의 미생물은 죽은 동물과 식물들을 분해하는 대부분의 작업을 수행한다. 벌레, 곤충, 그 밖의 작은 동물들은 땅속에 터널을 뚫거나 심지어 자신의 방식대로 흙을 섭식하여 토양에 공기를 더한다. 표토는 매우 느리게 형성된다. 단지 몇 센티미터의 표토를 생성하기 위해서는 수천 년 동안의 풍화 작용과 생물학적 부식이 일어나야 한다. 따라서 표토는 지하수나 화석 연료와 같이 재생 불가능한 자원으로 볼 수 있다.

토양은 포함하고 있는 입자들의 크기인 **조직(texture)**에 따라 분류된다. 조직은 토양이 물과 공기를 얼마나 잘 함유하고 식물로 전달할 수 있는지에 영향을 미치기 때문에 중요한 토양의 특성이다. 토양에 포함된 가장 큰 입자는 **모래**(*sand*, 2~0.05 mm)로 분류되고, 중간 정도의 입자는 **실트**(*silt*, 0.05~0.002 mm), 가장 작은 것은 **점토**(*clay*, 0.002 mm 이하)로 분류된다. 대부분의 식물은 이 모든 크기의 입자들이 섞여 있는 토양에서 가장 잘 자란다. 정원사들은 알겠지만, 이러한 토양을 **양토**(*loam*)라고 한다(그림 25.13). 모래로 이루어진 토양은 물을 빨리 흘려버리기 때문에 식물이 자라기에는 너무 빨리 건조해진다. 반대로 점토가 풍부한 토양은 너무 많은 물을 포함하여 눅눅할 수 있다.

학습목표
흐르는 물에 의한 침식과 퇴적 작용으로 생성된 지형들을 설명할 수 있다.

25.2 흐르는 물의 영향

물음 왜 작은 바위나 자갈들은 작은 개울의 제방에 줄지어 분포하는 데 반해, 큰 바위나 암석들은 큰 폭포의 아래에서 발견되는가?

하**천**(*stream*)은 아주 작은 개울에서부터 거대한 강에 이르기까지 한정된 경로 내에 존재하는 모든 물의 흐름을 말한다. 흐르는 물은 지표를 가로질러 엄청난 양의 퇴적물을 운반한다. 미시시피 강은 혼자서 매년 3억 톤보다 많은 양의 퇴적물을 해양으로 이동시킨다. 이 퇴적물의 양은 덤프트럭에 가득 채워 일렬로 세울 경우 지구를 거의 세 바퀴나 덮을 수 있는 양이다. 흐르는 물은 다른 유형의 침식보다 더 넓게 지표를 깎아 내리는 가장 광범위한 침식의 요소이다.

하천은 지하수가 지표와 만나거나 강수가 지표에서 흘러 형성될 수도 있다. 강수에 의한 물의 흐름은 지하에 있는 물의 유출이나 증발과는 거리가 멀다. 그것은 지형적으로 낮은 지점에 물이 모여 중력의 영향을 받아 더 낮은 지역으로 흐르게 되는 것이다. **지류**(**tributary**)라고 불리는 작은 흐름은 더 큰 흐름의 형성에 기여하기 때문에 하류로 갈수록 더 많은 양의 물을 포함하게 된다. 지류를 포함한 특정 흐름들을 공급하는 지역을 **배수 유역**(**drainage basin**) 또는 **분수계**(*watershed*)라고 한다(그림 25.14). 어떤 지역에서든 흐름의 규모는 상류의 배수 유역의 크기(면적)와 관련이 있다. 이는 그 면적이 얼마나 많은 강수나 녹아내린 물이 아래로 흐르게 될지를 결정하기 때문이다. 하천의 크기는 또한 기후(특히 강수와 증발), 식생 분포, 하천의 흐름을 형성하는 암석의 종류 등 다양한 요소에 의해 영향을 받는다.

자연에서 물이 흐르는 방향은 점진적으로 주변의 암석으로 전환된다. 하천의 폭은 하천을 흐르는 물의 양에 비례한다. 강우, 해빙, 토지 사용 등과 같은 요인들의 장기적인 변화는 하천을 흐르게 되는 물의 양을 변화시키고, 시간이 지남에 따라 지류의 기하학적 구조를 변형시킨다. 지표의 다른 요소들과 같이, 하천의 흐름도 변화하는 조건에 따라 진화하게 되는 것이다.

그림 25.14
이 그림은 배수 유역의 낮은 지역의 일부를 나타낸다. 하천의 배수 유역은 하천으로 물이 빠져나오는 지역이다. 배수 유역은 주된 흐름으로 물이 빠져나가는 작은 흐름(지류)뿐만 아니라 호수나 다른 하천들을 포함한다.

하천의 특성

정글, 해변, 산속, 심지어 사막에서도 분포하고 있는 하천은 전 세계적으로 존재한다. 어떤 것은 맑고, 또 어떤 것은 탁하며, 천천히 이동하는 것이 있는 반면, 빠르게 흐르는 것도 있다. 이러한 다양성에도 불구하고 모든 하천은 경사도, 속도, 유량, 부하량의 네 가지 특성을 가진다. 이러한 특성들은 물의 흐름이 얼마나 강하게 지표를 침식시키는지를 결정하는 데 복합적으로 작용한다.

1. **경사도** **경사도**(**gradient**)는 특정 거리에 대한 흐름의 고도 변화를 나타내는 가파른 정도를 의미한다. 일반적으로 경사도가 큰 하천은 빠르게 흐른다.
2. **속도** v로 표현되는 하천의 속도는 특정 지점에서 물이 얼마나 빠르게 이동하는지를 나타내는 값이다. 어떤 하천이라 하더라도 하천의 중심에서 가장 빠르고, 바닥 주변과 가장자리에서 느린데, 이것은 지표와의 마찰 때문이다. 빠르게 이동하는 하천은 더 큰 에너지를 가지고 있으며, 암석이나 토양을 더 쉽게 운반시킬 수 있다.
3. **유량** Q로 표현되는 **유량**(**discharge**)은 주어진 시간 동안 하천이 이동시키는 물의 양을 의미한다. 유량은 하천의 속도(v)뿐만 아니라 하천의 단면적(A)에 의해 결정된다. 유량은 분당 갤런, 또는 초당 입방미터(m^3/s)로 측정된다. 유량은 아래의 간단한 식을 통해 계산할 수 있다.

$$Q = v \times A$$

하천의 유량은 작은 개울에서는 초당 1입방피트보다 작을 수 있으며, 큰 강에서는 초당 백만 입방피트보다 클 수도 있다. 유량은 침식력에 대한 중요한 지표가 된다.

4. **부하량** 하천이 이동시키는 퇴적물의 종류와 양이 **부하량**(**load**)이다. 하천의 부하량은 속도와 직접적으로 관련된다. 속도가 빠른 하천은 느린 하천에 비해 더 크고 많은 퇴적물 입자를 운반시킨다. 또한 부하량은 유량과도 관련이 있다. 하천을 통해 많은 양의 물이 흐르면 더 큰 퇴적물을 부하시킬 수 있다.

그림 25.15
이 하천의 흐름은 평야와 거의 같은 높이로 흐르며, 경사도가 매우 작다.

그림 25.16
'급류'라는 명칭에서도 알 수 있듯이, 이 흐름은 높은 속도의 빠른 흐름을 보인다.

부하량에는 퇴적물의 크기에 따라 서로 구분되는 세 가지 종류가 있다. 물에 용해된 소듐이나 칼슘과 같은 광물은 눈으로 구별하기에는 너무 작다. 이러한 것들을 **녹은짐**(*dissolved load*)이라고 한다. 물과 함께 혼합되어 운반되는 퇴적물을 **뜬짐**(*suspended load*)이라고 한다. 이러한 퇴적물들은 물과 함께 이동하면서 물을 탁하게 보이도록 한다. **밑짐**(*bed load*)으로 알

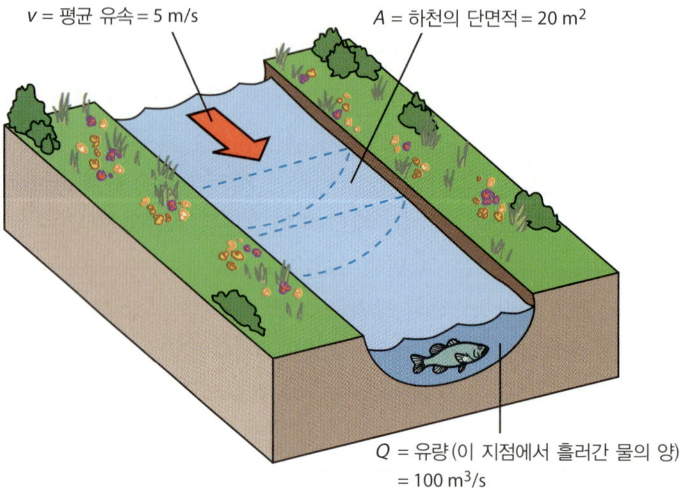

그림 25.17
유량(Q) = 하천의 단면적(A) × 유속(v). 유량은 하천이 침식을 유발하는 정도를 나타낸다.

려진 좀 더 큰 퇴적물 입자들은 흐름의 아래쪽에서 하천의 바닥을 따라 튀어 오르거나 끌려가면서 이동한다.

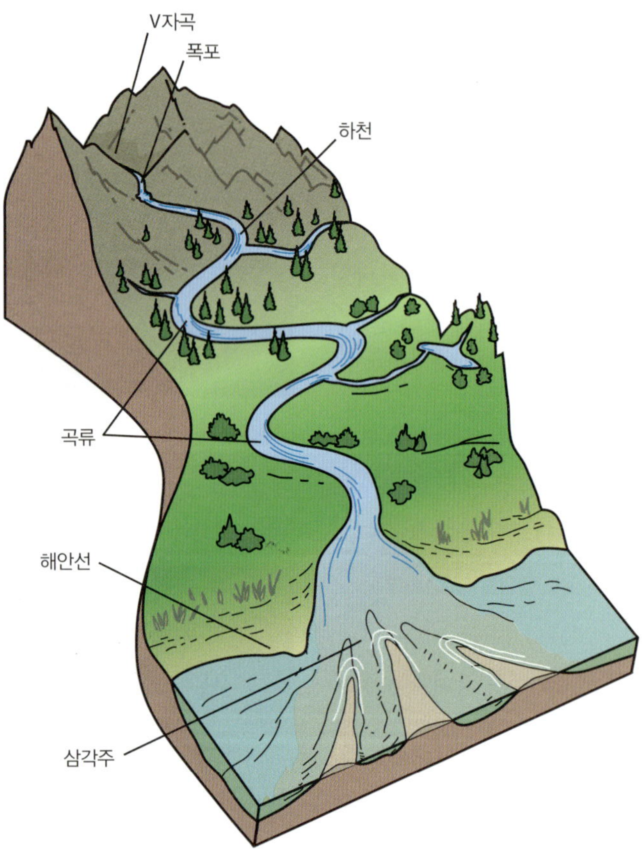

그림 25.18
풍화, 침식, 퇴적으로 지형이 형성되는 과정은 흐르는 물에 의해 촉진된다.

흐르는 물에 의해 형성된 지형

흐르는 물에 의해 형성된 현재의 주요 지형들에 대해 생각해 보자(그림 25.18). 우리는 하천의 특성이 어떻게 그러한 지형을 발달시키는지 볼 수 있을 것이다.

하천의 **상류**(*headwater*)는 하천의 근원 지역이다. 상류는 눈이 녹아 대지로 흘러넘치는 산에서 높은 위치에 있다. 산의 계곡은 경사도가 커서 흐름이 빠르다. 시간이 지나고 하천이 하류에 도달하면서 그 경사도는 점차 작아진다. 하천의 배출구는 일반적으로 하천에 의해 침식이 일어날 수 있는 가장 낮은 고도인 침식 **기준면**(*base level*)에 가깝게 위치한다. 종종 이 침식 기준면은 해수면과 일치한다. 침식 기준면에 가까운 하천은 경사도가 작으며 더욱 천천히 흐르는 경향이 있다. 그러나 이러한 속도의 감소는 하천의 폭이 증가하면서 보상될 수 있다. 따라서 하천이 평평한 배출구에 도달하더라도 유량은 충분히 유지될 수 있다. 대규모의 유량을 포함하는 하천은 암석으로 이루어진 하천의 통로를 계속해서 깊이 파고들면서 더 많은 물질을 침식시킨다. 이러한 침식으로 인해 배수 유역에서 하천으로 퇴적물이 유입되고, 그만큼 하천에서 퇴적이 일어나는 것이다. 모든 하천의 흐름은 침식과 퇴적 작용이 서로의 영향을 상쇄시키면서 **균형**을 이루려는 경향을 보인다.

그림 25.19는 하천의 상류에서 배출구까지의 흐름을 나타내고 있다. 젊은 하천은 평탄하지 않은 흐름인 급류나 폭포와 같은 활동적인 침식을 받게 된다. 폭포는 단단한 정도가 서로 다른 암석층을 가로지르는 곳에서 물의 흐름이 발달한다. 흐름을 통해 침식 작용에 강하게 저항하는 단단한 암석은 그대로 남아 있지만, 비교적 약한 암석은 침식이 일어난다. 단단한 암석은 결국 절벽으로 남아 폭포를 형성하게 되는 것이다. 약한 암석은 풍화되어 작은 조각으로

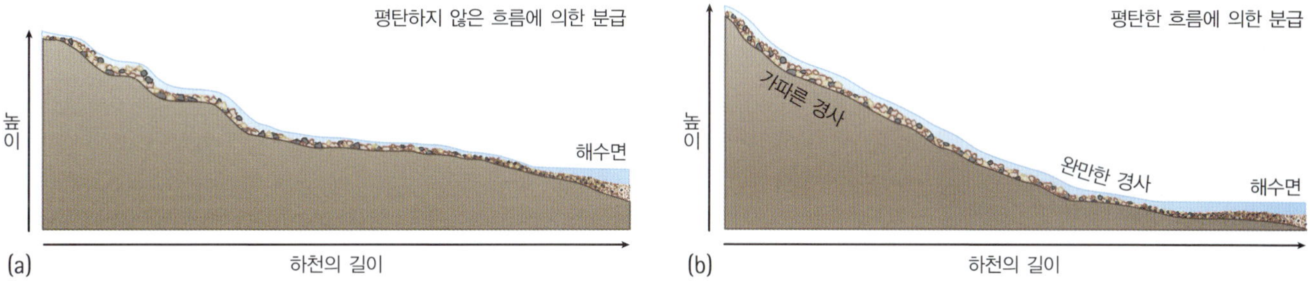

그림 25.19
(a) 평탄하지 않은 흐름에 의한 분급. 폭포와 급류가 존재한다. (b) 평탄한 흐름에 의한 분급. 상류에서 하류로 가면서 경사도가 점차적으로 감소한다. 이동하는 과정에서의 풍화와 분류로 인해 일반적으로 퇴적물의 크기가 감소한다.

부서져 물의 흐름을 따라 씻겨 내려가고, 마침내 부드러운 퇴적물로 바닥에 쌓인다. 성숙한 하천은 종단면에서 관찰할 때, 전형적으로 가장자리가 거칠게 침식되어 나간 후 중앙이 볼록하게 올라온 모양을 하고 있다. 바닥에 퇴적물이 없는 하천에 퇴적물이 쌓이기까지 걸리는 시간은 하천의 퇴적물 부하량에 달려 있다.

하천에서 물이 흐르는 통로를 더욱 깊게 침식시키는 **하부 굴착**(*downcutting*) 과정이 진행되면, 침식은 통로에 노출된 수직의 측면으로 확장되어 작용한다. 이렇게 통로가 넓어지고 지질학적 시간이 지남에 따라 계곡이 형성될 수 있다(그림 25.21). 하천의 하부 굴착으로 인해 형성된 계곡을 **V자곡**(*V-shaped valley*)이라고 한다. V자곡은 급경사를 가지고 있다. V자곡은 매우 일반적이며 유수에 의한 침식의 정도를 예측할 수 있는 중요한 증거가 된다(그림 25.22).

특히 오래된 하천을 포함한 많은 하천들은 직선 경로를 따르지 않는다. 그 대신에 뱀처럼 구부러지고 고리의 형태를 이루면서 흐른다(그림 25.23). **곡류**(*meander*)로 불리는 이러한 하천은 어떻게 형성되는 것일까? 중력의 영향으로 내리막을 직선 경로로 흐르는 하천을 상상해 보자. 흐름은 필연적으로 불규칙한 암석이나 나무, 식물 등과 같은 장애물을 만나게 될 것이

그림 25.20
뉴욕의 핑거 호수에 있는 폭포. 유속이 갑자기 느려지는 폭포의 아래에 바위들이 모여서 쌓인다.

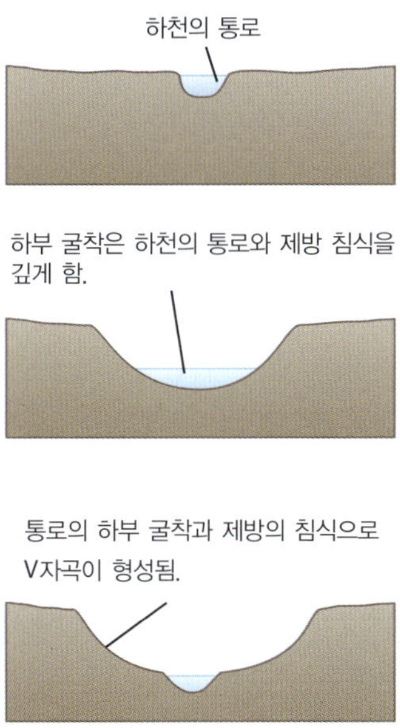

그림 25.21
하부 굴착이 일어나고 있는 하천의 단면

그림 25.22
스위스 알프스 산맥에서의 V자곡

그림 25.23
곡류가 형성되는 이유는 하천의 바깥쪽을 흐르는 물이 안쪽을 흐르는 물과 비교해서 속도가 빠르고 유량이 많으며 침식 능력이 크기 때문이다.

그림 25.24
하중도

다. 물은 장애물을 돌아서 흐를 때 평소보다 조금 더 빠르게 하천의 주위로 흐르게 되고, 장애물 가까이에서는 마찰에 의해 흐름이 느려진다. 물이 빠르게 흐르는 곳에서는 침식이 일어나고, 천천히 흐르는 곳에서는 퇴적이 일어난다. 이것이 곡류의 출발점이다. 곡류가 한번 형성되면 더욱 옆으로 이동하여 더 커지면서 하류로 이동한다. 곡류의 이동과 성장은 곡선의 바깥쪽을 흐르는 물은 빨리 흐르고 곡선의 안쪽을 흐르는 물은 천천히 흐르기 때문이다. 시간이 지나면서 곡선의 안쪽은 퇴적이 일어나 채워지고 바깥쪽은 침식이 일어나게 되는 것이다. 초기의 굴곡은 선명해진다. 침식이 일어나는 면을 **강가 절벽**(*cut bank*)이라 하고, 퇴적물이 쌓이는 곳을 **포인트 바**(*point bar*)라고 한다.

퇴적물의 부하량이 많으면 하천의 흐름을 방해하는 장애물은 하중도를 형성할 수 있다. **하중도**(*channel island*)는 퇴적물이 흐르는 물로 둘러싸여 있는 불룩하게 솟아 있는 곳이다(그림 25.24). 삼각주 또한 퇴적물의 퇴적으로 형성될 수 있다. **삼각주**(**delta**)는 하천이 바다나 호수와 같은 큰 규모의 물 저장소로 들어가면서 속도가 느려지는 곳에 퇴적물이 대규모로 쌓여 이루어진 지형이다. 하천이 바다나 큰 호수에 도달하면 경사도가 작아져서 그 속도도 감소한다. 자갈과 모래를 포함한 비교적 미세한 퇴적물들이 퇴적되어 삼각주를 구성한다. 그림 25.25에서 보이는 미시시피 강의 삼각주는 3백만 에이커 이상의 면적을 차지할 만큼 그 퇴적물의 양이 엄청나다. 또한 이곳에는 많은 서식지가 있다. 물고기, 포유류, 새, 그리고 온갖 종류의 다른 생물들이 미시시피 삼각주 지역의 연안과 습지, 숲에 모여 살고 있다. 거의 300종에 달하는 물고기, 파충류, 양서류와 300종 이상의 철새와 물새가 이곳에 서식하고 있다(그림 25.26).

그림 25.25
3백만 에이커 이상의 지역이 퇴적물로 덮여 있는 미시시피 삼각주

그림 25.26
미시시피 삼각주는 생물 다양성이 풍부하다.

범람원(**floodplain**)은 홍수가 일어나면 물이 차는 평평한 지역이다. 홍수가 발생하여 물이 제방을 넘쳐흐르면 하천을 벗어나 천천히 흐르게 된다. 그러면 다시 퇴적 작용이 일어나고 유속이 느려짐에 따라 점점 고운 퇴적물이 퇴적된다. 시간이 지나면서 이 퇴적물은 지형을 형성한다. 특히 범람원은 반복된 홍수에 의해 많은 양의 광물이 퇴적되어 있어 농업에 유용한 비옥한 토양을 가지고 있다(그림 25.27). 이것이 홍수의 위험이 있음에도 불구하

그림 25.27
범람원은 홍수의 영향을 받는 하천의 주위에 형성된다. 범람원은 빈번한 홍수로 인한 퇴적물 때문에 일반적으로 농경에 유용한 양질의 토양을 가진다.

고 고대로부터 농부들이 범람원에 정착한 이유이다.

범람원, 하중도, 삼각주와 같이 비교적 상당한 퇴적 작용으로 생성된 지형을 **퇴적 지형**(*depositional landform*)이라고 한다. 폭포, 강가 절벽, V자곡, 그 외의 침식에 의해 형성된 여러 지형을 **침식 지형**(*erosional landform*)이라고 한다.

25.3 빙하 – 지구의 불도저

학습목표
빙하에 의한 침식과 퇴적 작용으로 형성된 지형에 대해 설명할 수 있다.

물음 어떻게 빙하는 불도저와 같이 작용하는가?

지구에 존재하는 대부분의 담수는 거대한 질량의 움직이는 얼음인 **빙하**(*glacier*)에 갇혀 있다. 빙하는 **산악 빙하**(*alpine glacier*)와 **대륙 빙하**(*continental glacier*)의 두 종류로 구분된다. 이러한 분류는 빙하의 크기와 생성 장소에 기반을 두고 있다. 산악 빙하는 고산 지역에 분포하고 있다. 10만 개에서 20만 개 빙하의 대부분은 오늘날 존재하는 산악 빙하로 존재하는 것으로 추정된다. 드물지만 **빙상**(*ice sheet*)이라고도 불리는 더 거대한 대륙 빙하는 대륙의 상당한 부분을 뒤덮을 정도로 아주 두꺼운 얼음 층으로 이루어져 있다. 그린란드와 남극 대륙의 대부분이 이 빙상으로 덮여 있다. 모든 빙하는 중력의 작용으로 바다를 향해 내리막을 이동한다.

빙하는 두 가지 원인에 의해 이동한다. 첫째, 빙하의 고체 얼음 결정이 서로 미끄러지기 때문에 이동한다. 둘째, 빙하의 거대한 질량이 압력을 형성하여 빙하의 하부가 녹도록 만든다. 기울어진 탁자에서 얼음 덩어리가 흘러내리듯이 빙하의 미끄러운 바닥은 빙하가 내리막을 향해 흘러가도록 한다.

빙하가 움직이는 속도는 다양하다. 대부분의 빙하는 하루에 단지 몇 센티미터를 이동한다. 어떤 빙하는 매우 빠르지만, 가장 빠른 빙하도 흐르는 물과 비교하면 매우 느리다. 그러나 육중한 규모로 인해 빙하는 두 번째로 가장 중요한 침식의 요인일 뿐만 아니라 퇴적 작용의 중요한 요인이기도 하다.

빙하는 암석을 뽑아내거나 마모시키는 두 과정을 통해 암석을 침식시킨다. **뽑힘**(*plucking*)은 그림 25.28에 제시되어 있다. 암석이 뽑히는 과정은 암석의 균열 사이로 얼음이 침투하여 형성된 얼음 쐐기에 의해 균열이 넓어지면서 일어난다. 빙하가 균열이 있는 기반암 위를 이동하면서 암석의 큰 덩어리를 들어 올려 함께 이동하게 되는 것이다. 빙하에 의해 뽑혀진 잔해들은 빙하에 포함된다. 따라서 빙하는 단지 얼음만으로 인해 거대한 질량을 형성하는 것이 아니라 지표에서 퍼 올린 암석이 포함되어 형성된 것이며, 이렇게 거대한 불도저가 된다.

그림 25.28
빙하는 뽑힘 과정에서 암석을 들어 올려 암석을 포함시킨다.

빙하는 이동하면서 지표에서 첨가된 암석 파편들로 인해 거친 표면을 가지고 있다. 이러한 거친 표면이 암석을 **마모**(*abrasion*)시켜 침식 작용이 일어난다. 때때로 빙하는 **찰흔**(*striation*)이라고 불리는 평행하게 긁힌 자국을 암석에 남긴다. 만약 암석에 형성된 찰흔을 본다면, 한때 빙하가 이 암석 표면을 지나갔었다는 것을 알 수 있다. 또한 긁힌 자국의 방향은 빙하가 어느 방향으로 이동했는지에 대해서도 말해 준다.

예를 들어 당신이 뉴욕 시의 센트럴 파크에 방문한다면 거대한 바위와 암석 지형에 둘러싸여 있는 사람들을 볼 수 있으며, 그 바위들 중 일부에서 찰흔을 발견할 수 있을 것이다. 여기

그림 25.29
뉴욕 시의 센트럴 파크에 있는 찰흔은 20,000년 전 빙하의 이동으로 생성되었다.

서 찰흔은 20,000년 전 로렌타이드 빙상이 북서쪽에서 남동쪽으로 이동하면서 이 지역의 암석을 거쳐 지나가는 동안 암석을 문질러 연마시키고, 긁고, 자동차 크기의 암석 덩어리를 내버려서 생긴 것이다. 이 찰흔은 공원을 방문하는 소수의 사람들만 인지할 수 있다.

빙하의 이동 후에는 많은 계곡들과 산봉우리, 능선들이 생겨난다(그림 25.30). 산악 빙하가 유수에 의해 형성된 뾰족한 골짜기를 지나가게 되면 빙하는 암석을 뽑아내면서 골짜기를 더욱 넓고 깊게 만든다. 이러한 작용은 작은 V자곡을, U자곡을 포함하는 거대한 계곡으로 변환시킬 수 있다. 빙하에 의해 형성된 계곡이 물로 채워지면 빙하호가 된다. 여러 개의 빙하가 한 개의 산봉우리를 중심으로 다른 비탈면을 깎아 내리면 **혼**(*horn*)이 만들어진다. 스위스의 마테호른(Matterhorn)이 이러한 방법으로 깎였다.

(a) (b) (c)

그림 25.30
빙하의 작용으로 생성된 지형들. (a) 몬태나의 글레이셔 국립 공원에 있는 U자곡. (b) 캐나다의 로키 산맥에 있는 루이즈 호는 빙하 호수이다. (c) 스위스의 마테호른은 빙하에 의해 만들어진 혼의 유명한 예이다.

빙하는 강력한 침식 작용뿐만 아니라 대규모의 퇴적 작용도 일으킨다. 빙하가 이동하면서 퇴적물을 모으지만 빙하가 녹기 전까지는 빙하에 포함된 퇴적물이 퇴적되지 않는다. 결국, 퇴적이 일어나게 되면 그 양은 상당하다. 빙하가 녹아 퇴적물이 직접 쌓여서 형성된 것을 **빙력토**(*till*)라고 한다. 빙력토는 다양한 크기와 모양을 가진 암석 입자들로 구성되어 분급이 좋지 않다. 이 빙력토가 겹겹이 쌓여 **빙퇴석**(*moraine*)을 형성한다(그림 25.31). 지질학자들은 오래 전에 녹아 내린 빙하의 위치를 추적하기 위해 이 빙퇴석을 활용한다.

그림 25.31
빙퇴석. 스위스에 있는 이 빙하에서 나타나는 검은 줄무늬는 자동차의 바퀴 자국이 아니다. 이것은 빙하에 의해 운반된 퇴적물이 쌓여 만들어진 암석인 빙퇴석이다.

25.4 중력 이동에 대한 중력의 효과

물음 왜 이류는 포행(크리프)보다 더 위험한 중력 이동의 유형으로 분류되는가?

중력은 우리를 지구의 중심을 향해 잡아당기며, 지구의 모든 지형도 마찬가지로 잡아당기고 있다. 중력은 모든 수준에서 지속적으로 작용한다. 중력의 끌어당김은 중력 이동이나 산사태와 같은 유형의 침식을 야기한다. **중력 이동(mass movement)**은 암석이나 토양이 단지 중력으로 인해 내리막을 향해 이동하는 것을 말한다. 비록 대부분의 중력 이동이 비탈면을 통한 물질의 이동을 포함하지만, 때때로 암석의 갑작스러운 낙하를 유발하기도 하며, 넓은 지역에서의 지반 침하[이러한 작용은 지하수나 기름의 유출과 관련된 **침하**(*subsidence*)이다.]를 일으킬 수도 있다. 암석의 낙하, 산사태, 눈사태, 이류는 질량 이동의 극단적이고 일반적인 예들이다.

학습목표
낙하, 산사태, 이류, 포행(크리프) 등을 포함한 중력 이동의 종류를 구분할 수 있다.

(a)

(b)

(c)

그림 25.32
중력 이동. (a) 오리건 주의 해안 도로를 따라서 암석이 낙하하여 낙석의 위험이 있다. (b) 캘리포니아의 라 콘치타에서 일어난 산사태. (c) 이 이류는 1985년에 콜롬비아 아르메로의 거주민들을 갑작스럽게 덮쳤다. 인근에 있는 네바도 델루이스 화산이 한밤중에 분출하여 주변의 빙하를 녹였다. 눈이 녹고, 화산재가 경사면을 떠내려오면서 토양과 암석이 혼합되어 거대한 혼돈의 흐름을 형성하였다. 이 화산 이류(화산에 의해 형성된 이류)는 시간당 40마일의 속도에 도달하여 아르메로에 도착하기 전에 6개의 큰 강을 지나는 동안 그 규모가 거대하게 성장하였다. 결국 안타깝게도 20,000명이 넘는 사람들이 희생되었다.

중력 이동은 물질의 종류, 이동하는 형태, 이동하는 속도를 바탕으로 분류할 수 있다. **낙하**(*fall*)는 이동하는 물질이 지표에 닿을 때까지 자유 낙하 운동하는 것을 말한다. 예를 들어 **암석의 낙하**(*rock fall*)는 해안선을 따라 파도의 침식 작용으로 형성된 절벽에서 주로 나타나며, 도로를 훼손시키기도 한다(그림 25.32a). **사태**(*slide*)는 여러 물질들이 섞여 응집되어 경사면의 표면을 따라 내려오는 운동을 말한다. 그림 25.32b에 제시된 **산사태**(*landslide*)는 물질이 경사면을 따라 흘러내려 암석을 노출시켜 비탈면을 만들고, 넓은 절벽을 남겼다. 거대한 산사태로 인해 거주지와 마을이 묻혀 버릴 수도 있다. **흐름**(*flow*)은 굳어지지 않은 물질들이 서로 혼합되어 유체와 같이 혼란스럽게 이동하는 것이다. **눈사태**(*avalanche*)는 눈과 얼음의 흐름을 말한다. **이석류**(*earthflow*)는 매우 건조한 토양을 포함하면서 흐르는 흐름이다. **이류**(*mudflow*)는 물을 충분히 포함하고 있는 물질의 흐름이다. 이류는 강한 비가 내릴 때 화산재나 용암, 진흙과 암석, 그리고 눈이 녹아 혼합된 물질들이 중력을 받아 아래로 흐르면서 발생한다. 그림 25.32c에서처럼 이류는 강력하고 빠르게 이동하여 주변 환경에 파괴적으로 작용한다.

그림 25.33
포행(크리프)의 예. 토양이 경사면을 미끄러져 내려가면서 나무를 벼랑 끝으로 밀어내고 있다. 그러나 나무의 몸체는 '방아쇠'의 모양처럼 자라나 바로 서 있다.

중력 이동은 때때로 우리가 알아차릴 수 없을 만큼 천천히 일어나기도 한다. 우리는 단지 남겨진 몇몇의 증거로 그것이 일어났다는 것을 알아차린다. **포행**(*creep*)은 토양이 경사를 따라 천천히 이동하는 것을 말한다. 포행은 종종 교대로 일어나는 동결과 융해 작용의 결과로 발생한다. 땅이 매번 얼 때마다 얼음은 토양 입자를 점점 밀어낸다. 얼음이 녹으면 토양의 느슨해진 입자들은 내리막을 조금씩 이동하게 되는 것이다. 시간이 지나면서 포행은 지면에 수직으로 세워진 물체를 기울어지게 할 수도 있다. 당신은 전봇대나 담장 또는 비석이 기울어지고 있는 것을 느낀 적이 있는가? 이러한 것들로 포행을 유추할 수 있다. 그림 25.33에서처럼 포행은 나무를 바닥으로부터 기울어지게 할 수도 있다.

비록 중력 이동이 지진이나 화산 폭발에 의해 야기되기도 하지만, 일반적으로는 강수의 유입에 의해 발생한다. 물은 토양을 무겁게 만드는데, 이것은 토양이 강한 중력을 받는다는 것을 의미한다. 경사면이 충분히 적셔지면 중력은 이 토양을 아래로 내려가도록 만드는 것이다.

경사면의 기울기, 풍화 작용, 식생의 분포를 포함하는 여러 요소들이 경사면을 취약하게 만들 수 있다. 경사면의 기울기가 증가하면, 중력은 토양을 붙잡고 있는 지면의 마찰을 쉽게 능가하여 토양의 이동이 발생한다. 풍화 작용은 암석을 잘게 부수어 이동을 쉽게 하는 요인이 된다. 넓게 분포하는 식물의 뿌리는 침식 작용을 억제하므로 식생의 분포 또한 질량 이동에 영향을 미친다. 언덕에 분포하는 식물들이 제거되면, 토양은 경사면에 더 이상 고정되어 있기 힘들다.

학습목표
대부분의 동굴이 형성되는 과정을 설명할 수 있다.

25.5 지하수의 침식 작용에 의한 동굴의 형성

물음 싱크홀은 왜 잠재적인 위험을 가지고 있는가?

차갑고 들쭉날쭉한 암벽들로 가득 찬 공간 속을 등반하고 있다고 상상해 보자. 바닥은 미끄러워서 한 발짝을 내딛을 때도 상당한 주의가 필요하다. 곳곳에 튀어나온 바위와 구멍들이 있어 미끄러지기 쉽지만 결코 다시 볼 수 없는 진귀한 광경이다. 이 이질적인 세계에 우뚝 서서 그 어둠을 파스텔 톤의 아름다운 빛으로 바꾸기 위해서는 램프가 필수적이다. 그러나 당신은 지금 다른 세계에 있는 것이 아니라 지구에 있다. 더 엄밀히 말하면, 지구의 안에 있다. 즉 동굴 속에서 등반을 하고 있는 것이다.

동굴(*cave*)은 사람이 들어갈 수 있을 정도로 충분히 넓은 지하의 빈 공간을 말한다. 동굴에는 빙하 속의 빈 공간과 용암이 굳어서 형성된 터널을 포함하여 다양한 종류가 있다. 그러나 대부분의 동굴은 지하수가 특히 석회암과 같은 암석을 용해시키는 작용을 통해 형성된다. 실제로 대부분의 동굴은 지하수에 의한 화학적 풍화와 침식에 의한 산물이다.

동굴은 암석을 풍화시키고 침식시키는 물의 능력에 대한 생생한 예시이다. 대기 중의 이산

그림 25.34
뉴멕시코의 레츄길라 동굴. 이 아름다운 동굴은 석회암이 산화된 지하수와 반응하면서 일어난 풍화와 침식 작용으로 만들어졌다.

(a) (b)

그림 25.35
동굴의 내부에 고드름의 형태로 광물이 침전되어 매달려 있는 것이 종유석이고, 바닥에서 형성된 것이 석순이다. (a) 이 종유석과 석순은 아칸소 주의 블랑샤르스프링스 동굴에 있는 것이다. (b) 마녀의 손가락으로 불리는 이 장관의 석순은 뉴멕시코의 칼즈배드 동굴에 있다.

화 탄소가 빗물에 녹아 들어가서 형성된 지하수는 미량의 탄산을 포함한다. 석회암(탄산 칼슘)은 산성화된 지하수에 쉽게 용해된다. 일반적으로 동굴은 수면 아래의 포화 영역에서 형성된다. 시간이 흐르면서 석회암의 상당량이 수용액으로 전환된다. 암석에 물방울이 떨어지면서 표면에 구멍들이 형성되면 이것이 동굴이 되는 것이다.

석회암 동굴은 주로 **종유석**(*stalactite*)과 **석순**(*stalagmite*)으로 장식되어 있다. 종유석은 동굴의 천장에 매달려 있으며, 물이 아래로 떨어지면서 형성된 석순은 동굴의 바닥에 위치한다. 이 원뿔 모양의 형상은 탄산 칼슘이나 지하수에 녹아 있던 광물이 동굴 표면에 점차 침적되어 형성된다(그림 25.35).

때때로 지하수에 의한 풍화와 침식은 동굴의 천장을 얇게 만들어 깨지기 쉽게 한다. 그러나 이러한 현상은 지표에서는 드러나지 않는다. 특정 시점이 되면 동굴의 천장은 결국 토양과 암반이 무너져 내리게 된다. **싱크홀**(*sinkhole*)이 형성된 것이다. 동굴의 붕괴로 형성되는 싱크홀은 갑자기 또는 서서히 나타날 수도 있다. 싱크홀은 집 한 채를 통째로 삼켜버릴 수 있다.

그림 25.36
싱크홀의 범위는 토양이 줄지어 침하된 작은 것에서부터 수백여 미터 정도 지반이 내려앉은 것까지 다양하게 나타난다.

지하수에 의한 침식 작용의 영향을 지상에서 찾아볼 수 있는 곳이 **카르스트 지형**(*karst topography*)이다. 카르스트 지역은 싱크홀, 거대한 강, 신기한 동굴들, 움푹 파인 자국들이 있는 바위와 암석들로 매우 다양하고 아름다운 경치를 가지고 있다. 카르스트 지역은 대규모의 대수층을 포함하고 있을 수 있다. 실제로 전 세계 인구의 25% 이상이 카르스트 대수층 위에 거주하거나 그곳에서 물을 얻으며 살고 있다.

그림 25.37
중국의 계림 지역은 5,000평방 킬로미터가 넘는 환상적인 카르스트 지형으로 유명하다. 녹색의 거대한 이빨과 같이 생긴 석회암의 기둥들이 있다. 주변의 석회암이 침식되어 사라지면서 이와 같은 형태의 구조로 남게 된 것이다.

학습목표
해양의 파도에 의한 침식의 영향을 설명할 수 있다.

25.6 파도의 영향

물음 파도는 어떻게 해서 거대한 망치와 같이 작용하는가?

만약 서핑을 즐겨본 적이 있거나 바다에 나가본 적이 있다면, 파도가 얼마나 거대한 힘을 가지고 있는지 느껴 보았을 것이다. 파도는 상당한 양의 에너지를 가지고 있기 때문에 해안을 따라 일어나는 침식의 가장 강력한 요인이 된다.

파도는 수면 위로 바람이 불면서 일어난다. 바람은 해양의 물을 위아래로 움직이게 하고 이러한 운동을 통해 파도의 에너지가 해안으로 전달된다. 이 에너지는 각각의 물 분자가 가진 에너지가 아니라 해안으로 향하는 파도가 가지는 에너지임을 기억하라. 각각의 물 분자는 깊이가 깊어짐에 따라 작은 원형의 '궤도'를 그리면서 파도 아래의 제한된 지역에서 움직인다. 파도가 해안에 가까워지면서 수심이 얕아짐에 따라 바닥의 마찰의 영향으로 궤도는 방해를 받는다. 파장이 감소하고 파고가 높아져 결국에 파도는 충돌하면서 부서지게 된다. 해안의 모래사장과 연안쇄파 사이의 바닷물이 거품을 일면서 부서지는 영역에서 사람들은 서핑을 즐기고 이곳을 향해 바닷물은 계속해서 이동하며 부서진다(그림 25.38).

파도는 각각의 연안쇄파가 계속해서 마치 거대한 망치와 같이 암석을 때리면서 작용한다. 해양의 파도는 또한 암석을 용해시키면서 화학적으로도 풍화 작용을 일으킨다. 그리고 파도가 균열이 있는 곳에 부딪혀 암석을 부수어 작은 조각들로 만든다. 이렇게 파도가 암석을 산산이 부수고 그 파편들이 흩어지면서 침식은 지속된다. 작은 퇴적물 입자들은 파도에 휩쓸려 다니면서 서로 부딪혀 부서지거나 사포와 같이 작용하여 침식 작용에 기여한다.

파도에 의한 침식은 암석을 부수고 깎아내려 해식 동굴을 만든다. 파도에 의해 해식 동굴이 더 심하게 침식되면 해식 아치가 만들어질 수 있다. 해식 아치가 무너지면 결국 시스택이 남게 되는 것이다. 곶은 육지의 주변에 삼면이 바다로 둘러싸여 있는 지역으로, 단단하거나 약한 암석을 포함하는 절벽에서 생성된다. 단단한 암석은 남아서 곶을 형성하는 반면, 약한 암석은 침식되어 해안의 모래사장을 형성한다(그림 25.39).

파도는 실제로 물을 이동시키지는 않는다. 단지 물 분자는 원래의 위치를 유지하면서 에너지만 전달되는 것이다. 그런데 선원들은 어떻게 해서 메시지가 든 빈 병이 흘러 다른 해안 도달하기를 바라는 것일까? 사실, 해수는 이동을 하지만 **해류**(*current*)를 통해 이동하는 것이지, 파도를 통해 이동하는 것은 아니다. 해류는 거대한 바닷물이 강과 같이 흐르는 것을 말한다. 해류는 조류, 바람, 물의 밀도 차이로 인해 흐른다. 해류는 파도와 함께 작용하여 해안에서의 침식과 퇴적에 있어 매우 중요한 요소가 된다.

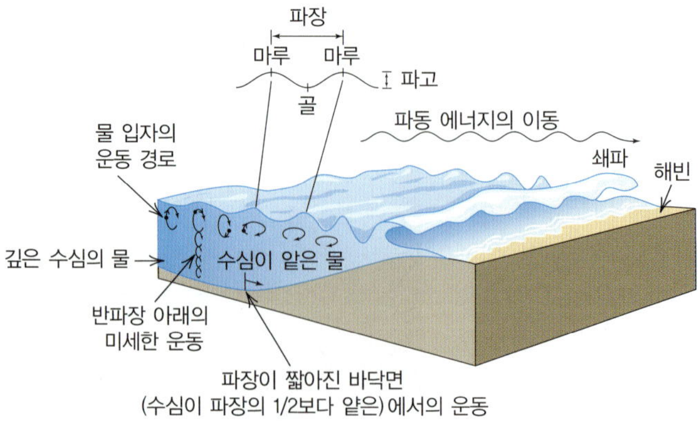

그림 25.38
파도는 심해에서 해안가의 천해로 오면서 형태가 변한다. 심해에서 파의 운동은 원형을 그린다. 천해에서는 파가 해양의 바닥에 닿으면서 궤도 운동이 타원형으로 변한다. 파도가 임계점에 도달하면 해변을 향해 부서져 충돌하게 된다.

(a) (b) (c) (d)

그림 25.39
(a) 해식 동굴, (b) 해식 아치, (c) 곶, (d) 시스택은 파도에 의해 형성된 지형들이다.

25.7 변화의 요인으로서의 바람

학습목표
마모에 의한 바람의 침식 작용을 설명할 수 있다.

물음 모래 언덕은 어떻게 형성되는가?

바람도 물과 마찬가지로 땅을 깎아내린다. 그러나 공기는 물보다 밀도가 훨씬 작기 때문에 바람은 침식에 있어서 그다지 강력한 요소가 되지 못한다. 하지만 특정 지역에서 바람은 뚜렷한 영향력을 발휘할 수 있다. 공기를 통해 운반되는 작은 퇴적물 조각들의 연마 작용에 의해 바람은 암석이나 다른 지표의 지형을 **마모시킨다**. 만약 우리가 차를 타고 폭풍 속을 이동한다면, 자동차에 칠해진 페인트가 벗겨질 수도 있을 것이다.

물과 같이, 바람은 단단한 바위를 침식시키는 것보다 무른 퇴적물을 침식시키는 데 더 효율적이다. 그래서 바람에 의한 작용은 퇴적물이 무른 사막이나 해안가, 제대로 관리되지 않은 농경지와 같은 장소에서 효과적으로 나타난다.

또 다른 측면에서 바람은 물과 유사하다. 속도가 느린 바람은 이동시킬 수 있는 퇴적물의 양이 적다. **모래 언덕**(*sand dune*)은 퇴적물을 운반하는 바람의 속도가 느려져 이동하는 도중에 퇴적물이 가라앉아 축적된 곳이다. 더 크고 무거운 입자가 먼저 가라앉아 퇴적된다. 이러한 퇴적은 더 많은 퇴적을 유발하는 방풍림을 형성한다. 전형적인 모래 언덕은 3~100 m의 높이를 보이지만, 200 m 높이의 모래 언덕도 만들어질 수 있다.

그림 25.40
이 사막에서의 물결무늬는 바람에 의해 생성되었다. 이것은 작은 모래 언덕이 길게 늘어진 것과 같다.

연습문제

25.1 지각을 변형시키는 지표 과정: 풍화, 침식, 퇴적

1. 판 구조적 관점에서의 지질학적 과정과 구별되는 지표의 과정은 어떠한 형태로 일어나는가?
2. 지형을 새롭게 만들거나 파괴시키는 변화의 네 가지 요소는 무엇인가?
3. 풍화의 두 가지 종류는 무엇인가?
4. 새로운 지역에 침전물이 쌓이는 지질학적 과정을 무엇이라 하는가?
5. 퇴적물이 들어 올려지고, 이동하는 것을 포함하는 지질학적 과정을 무엇이라고 하는가?

25.2 흐르는 물의 영향

6. 일 년에 미시시피 강에 퇴적되는 퇴적물의 양은 얼마인가?
7. 배수 유역의 크기는 하천의 크기와 어떠한 연관성을 가지는가?
8. 배수 유역의 또 다른 명칭은 무엇인가?
9. 부하된 퇴적물은 세 종류로 나눌 수 있다. 각각을 설명하시오.
10. 대규모의 침식을 유발하는 물의 흐름에 대해 설명하시오. 네 가지 하천의 특성을 포함하여 서술하시오.
11. 흐르는 물에 의해 형성된 침식 지형의 한 예를 서술하시오.
12. 흐르는 물에 의해 형성된 퇴적 지형의 한 예를 서술하시오.
13. 유속이 느려지면 큰 것과 작은 것 중에서 어떤 퇴적물이 먼저 퇴적되는가?

25.3 빙하-지구의 불도저

14. 평평한 육지의 거대한 일부를 덮을 수 있는 빙하의 종류는 무엇인가? 또 다른 종류의 빙하는 무엇이라고 하는가?
15. 빙하는 왜 움직이는가?
16. 왜 빙하는 침식 작용의 강력한 요인이 되는가? 빙하에 의한 침식 작용으로 형성된 지형의 예를 쓰시오.
17. 왜 빙하는 퇴적 작용의 강력한 요인이 되는가? 빙하에 의한 퇴적 작용으로 형성된 지형의 예를 쓰시오.

25.4 중력 이동에 대한 중력의 효과

18. 당신이 알아차릴 수 없을 정도로 아주 천천히 일어나는 중력 이동의 종류는 무엇인가?
19. 왜 나무들은 종종 바닥에서 휘어져서 자라며, 언제 나무들이 경사면에서 자라는가?
20. 사태의 특징은 무엇인가?
21. 이류의 특징은 무엇인가?
22. 낙하의 특징은 무엇인가?
23. 산사태를 일으키는 가장 일반적인 원인은 무엇인가?
24. 어떤 요인이 경사면에서 산사태를 더욱 잘 일어나도록 하는가?

25.5 지하수의 침식 작용에 의한 동굴의 형성

25. 지하수에 의한 침식 작용으로 형성된 지형의 한 예를 서술하시오.
26. 석회암 지역에서 지하의 동굴은 어떻게 만들어지는가?
27. 카르스트 지형이란 무엇인가? 대표적인 예로 지구 상의 한 곳을 제시하시오.
28. 왜 석회암이 기반암인 지역에서 대부분의 싱크홀이 만들어지는가?
29. 석순과 종유석은 어떻게 형성되는가?
30. 싱크홀과 동굴의 공통점은 무엇인가?

25.6 파도의 영향

31. 파도의 침식 작용에 의해 형성된 지형의 한 예를 서술하시오.
32. 파도의 퇴적 작용에 의해 형성된 지형의 한 예를 서술하시오.
33. 파도 이외에 해변을 따라 일어나는 변화의 요인에는 어떤 것이 있는가?
34. 해식 아치는 어떻게 형성되는가?
35. 곶은 어떻게 형성되는가?
36. 파도는 물 분자를 해안으로 이동시키지 않는다. 파도가 해안으로 이동시키는 것은 무엇인가?

25.7 변화의 요인으로서의 바람

37. 왜 바람은 물보다 덜 강력한 침식 요소인가?
38. 바람의 속도가 감소하면, 바람에 의해 운반되는 퇴적물에는 어떤 일이 일어나는가?
39. 바람에 의해 형성되는 퇴적 지형 중 하나를 제시하시오.
40. 지형의 상당 부분이 바람에 의해 형성된 자연 환경은 무엇인가?

확인문제

만일 여러분이 이 장에서 제대로 학습을 하였다면, 다음에 제시된 10개의 질문에 적어도 7개는 제대로 답을 할 수 있을 것이다. 만일 그렇지 못하면 다음 장으로 가기 전에 이 장을 더 학습할 필요가 있다.

각 질문에 대해 가장 적합한 답을 고르시오.

1. 왜 표토는 보존하고 보호해야 하는가?
   (a) 표토는 그 장소에서 아래의 토양을 붙잡고 있어서 산사태를 예방하기 때문이다.
   (b) 양분과 산소를 제공하고 이산화 탄소를 흡수하여, 기후를 유지시키는 식물이 성장하는 데 필수적이기 때문이다.
   (c) 표토는 화석 연료에서 파생되어 유한하고 값비싸기 때문이다.
   (d) 표토가 침식되고 남아 있는 심토에서는 식물이 잘 성장하기 어렵기 때문이다.
2. 지하수가 암석을 용해시켜 생성된 지형은 무엇인가?
   (a) 동굴
   (b) 해변
   (c) 시스택
   (d) 모래 언덕
3. 지구의 표면을 형성하는 침식 작용의 가장 강력한 요소는 (　　　)이다.
   (a) 흐르는 물
   (b) 바람
   (c) 빙하
   (d) 파도
4. 잘 다듬어진 퇴적물 입자는 (　　　)을(를) 암시한다.
   (a) 조용하고 낮은 에너지 환경
   (b) 기계적 풍화
   (c) 빙하에 의한 퇴적
   (d) 긴 이동 거리
5. 하천의 부하량은 (　　　)을 포함할 수 있다.
   (a) 용해된 퇴적물
   (b) 부유하는 퇴적물
   (c) 하천의 바닥을 따라 굴러가는 큰 퇴적물
   (d) 위의 모두
6. 싱크홀은 (　　　)의 증거가 된다.
   (a) 바람에 의한 침식
   (b) 지하수의 침식
   (c) 파도에 의한 침식
   (d) 하천에 의한 침식
7. 바람이 변화의 요인인 퇴적 지형은 무엇인가?
   (a) 빙하 호수
   (b) 제방
   (c) 삼각주
   (d) 모래 언덕
8. 빙하는 (　　　) 때문에 침식 작용의 중요한 요소가 된다.
   (a) 지표의 암석을 잡아당겨 이동시키기
   (b) 천천히 움직이기
   (c) 녹아내리기
   (d) 엄청난 양의 물을 포함하고 있기
9. 지구 상의 가장 거대한 빙하는 어디에 위치하는가?
   (a) 그린란드
   (b) 아시아
   (c) 남극 대륙
   (d) 미네소타
10. 약하고 무른 암석의 침식은
   (a) 단단한 암석보다 빨리 일어난다.
   (b) 단단한 암석보다 천천히 일어난다.
   (c) 단단한 암석과 같은 속도로 일어난다.

확인문제 답

1. b, 2. a, 3. a, 4. d, 5. d, 6. b, 7. d, 8. a, 9. c, 10. a

26장 날씨

지구는 태양계에 존재하는 모든 행성들 중에서 온도가 매우 높거나 매우 낮지 않아서 생명체가 살기 좋은 '생명 가능 지대'에 있는 행성이다. 왜 그럴까? 그림에서 볼 수 있는 것처럼 우리가 생활하는 큰 규모의 공기인 지구 대기의 운동은 어떻게 날씨를 변화시키는 것일까? 해양의 흐름, 태양광의 입사각, 온실기체, 땅과 물의 분포와 같은 다른 요소들은 날씨에 어떻게 기여할까?

날씨는 사람들의 건강과 안전에 직접적인 영향을 미친다. 어떤 옷을 입을지, 무엇을 먹을지, 하루의 많은 선택에 영향을 미친다. **기후**로 알려진 규모가 크고, 긴 시간 동안 영향을 미치는 날씨의 경향은 지구 상의 강과 산의 형태에서부터 펭귄과 모기의 일생에까지 우리 주변의 모든 것에 영향을 미친다. 이와 관련하여 날씨의 과학인 기상학, 그리고 기후에 대한 연구인 기후학에 대해 알아보도록 하자.

26.1 대기권

학습목표
날씨의 6가지 요소를 구분할 수 있다.

물음 지구의 대기권이 생명체에 필수적인 이유를 설명하시오.

과학에서 계는 특정 경계로 구분되는 서로 다른 부분들이 상호 작용하는 집합을 의미한다. 지구에는 서로 상호 의존하는 네 개의 '권역'이 존재한다. 이 권역에는 대기권, 암석권, 수권, 생물권이 있다. 지구의 **대기권**(**atmosphere**)은 고체 지구 주변을 덮고 있는 작은 입자들과 액체 방울들을 포함하는 얇은 공기층이다. 수권은 지구 표면과 전체에 분포하는 모든 물을 포함하는 영역이다. 암석권은 지각과 맨틀을 포함하는 껍질에 해당되고, 생물권은 행성에서 생명체를 포함하는 부분을 의미한다. 지구의 하위계, 즉 이러한 권역들은 실제로는 따로 구분되어 있지 않다. 예를 들면 대기권은 암석권을 변하게 한다. 그리고 생물권은 광합성 생물들이 공기 중의 이산화 탄소를 흡수하고 산소를 방출하면서 대기권에 영향을 미친다.

비록 지구는 완벽하게 추적할 수 없을 정도로 매우 복잡한 상호 작용을 통해 지속적인 변화를 하고 있지만, 과학은 지구의 계를 부분으로 나누어 원인과 결과의 관계를 조사하면서 경향성을 탐지하고 예측한다. 날씨와 기후의 매우 복잡한 주제들을 이해하기 위해서는 대기권에 초점을 맞출 필요가 있다. 대기권이 어떻게 구성되고 무엇이 그것을 변화시키는지 알아보자. **날씨**(**weather**)는 특정 지역에서의 특정 시간에 나타나는 대기의 상태로 정의된다. 날씨는 대기의 6가지 요소인 기압, 기온, 바람, 강수, 운량, 습도로 표현할 수 있다. 이러한 요소들이 함께 작용하여 '날씨'라고 하는 대기의 상태를 만들게 된다.

현재 지구의 대기는 질소와 산소가 대부분을 차지하고 있으며, 아주 적은 양의 수증기, 아르곤, 메테인, 이산화 탄소, 그리고 그 외의 기타 미량의 기체를 포함하고 있다. 또한 **에어로솔**(*aerosol*)로 불리는 부유 물질이 대기에 혼합되어 있다. 대기 중의 에어로솔은 먼지, 화산재,

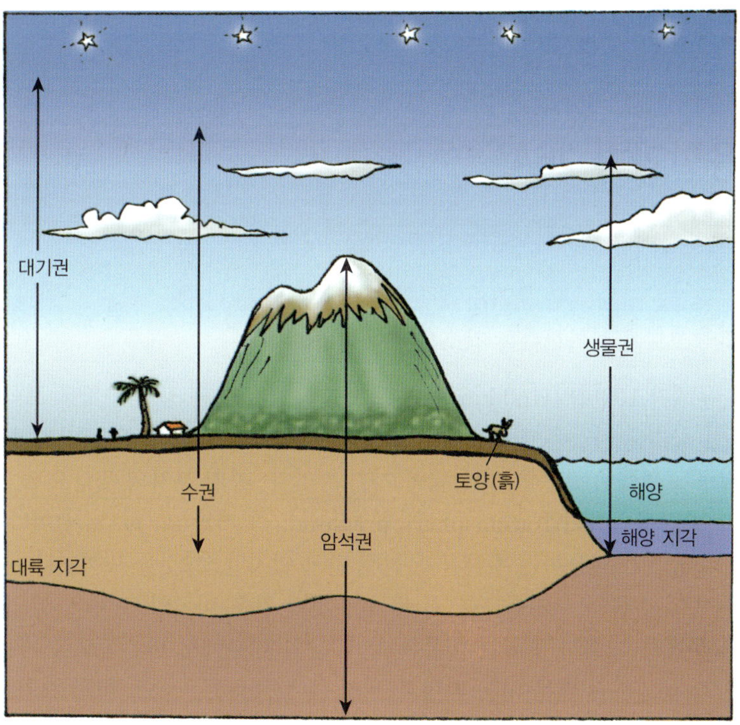

그림 26.1
지구는 하위계 또는 권역으로 구성된 계이다. 지구 환경의 권역은 대기권, 암석권, 수권, 생물권이다. 날씨를 연구할 때에는 대기권에 초점을 둔다.

그림 26.2
대기의 변화는 날씨의 변화를 가져온다. 왼쪽의 대기는 습하고 흐리며, 바람이 불고 온도가 낮다. 오른쪽의 대기는 따뜻하고 맑으며, 바람이 없고 건조하다.

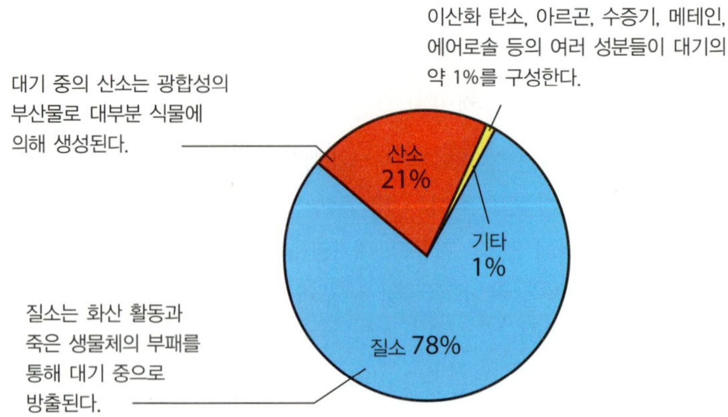

그림 26.3
대기는 주로 질소와 산소로 구성되며, 그 밖에 미량의 다양한 기체들과 에어로솔로 이루어져 있다.

꽃가루, 수증기, 그리고 심지어 대기 오염 물질까지도 포함한다. 사람들은 일반적으로 대기와 **공기**라는 용어를 혼용하고 있으므로, 이 장에서도 두 용어를 혼용하여 설명한다.

대기는 생명체에게 필수적이다. 대기는 생존을 위해 꼭 필요한 산소와 이산화 탄소를 제공하고, 식물이 필요로 하는 질소를 제공한다. 또한 대기는 생물의 피부뿐만 아니라 DNA에 악영향을 미칠 수 있는 유해한 자외선으로부터 생물을 보호한다. 대기는 생명체가 지속적으로 생존할 수 있도록 너무 뜨겁지도 너무 춥지도 않은 적당한 온도를 유지시켜 주는 온실의 역할을 한다.

기후(climate)는 연 단위의 기간 동안 일어나는 날씨의 일반적인 경향성이다. 예를 들면 앵커리지, 알래스카의 어떤 날은 맑고, 따뜻하거나 약간의 바람만이 불 수 있으나, 도시의 전체적인 기후는 한랭한 극기후를 나타낸다.

학습목표
기압이 공기 분자의 질량과 어떻게 연관되는지 설명할 수 있다.

융합과학 26A
물리학

대기압

물음 왜 기압은 고도가 증가할수록 감소하는지 설명하시오.

대기는 두께가 100마일(160 km)이 넘으며 1조 개가 넘는 공기 분자를 포함하고 있다. 이러한 공기 분자들은 질량을 가지고 있기 때문에 대기도 질량을 가지며, 단위 면적당 지구 표면을 누르는 힘인 압력을 가지고 있다. 공기 분자의 질량으로 인해 대기가 지표를 누르는 이 압력은 **대기압(atmospheric pressure)**, 즉 **기압**(*air pressure*)이라고 한다.

우리는 주변의 공기가 작용하는 무게를 온전히 받고 있지만, 그것을 느끼지는 못한다. 이것은 물고기가 물속에서 물의 무게를 느끼지 못하는 것과 같은 이치일 것이다. 우리의 몸에 작용하는 대기의 무게를 느끼지 못하는 이유는 우리 몸의 내부에서 바깥쪽으로 작용하는 압력의 크기가 기압과 동일하기 때문이다. 따라서 우리 몸에 작용하는 이들 힘의 크기는 상쇄되는 것이다.

등산을 해본 경험이 있다면, 고도가 높아질수록 대기가 얇아진다는 것을 느껴본 적이 있을 것이다. 높은 고도에서는 공기 분자가 그만큼 적기 때문에 숨을 쉬기가 어렵다. 호수의 물이 균질한 밀도를 가지는 것과는 달리, 대기의 공기 **밀도**(*density*, 단위 부피당 질량)는 고도가 높아짐에 따라 감소한다(그림 26.4).

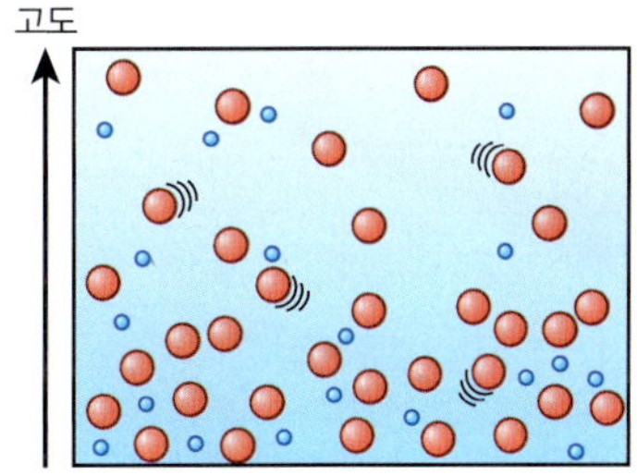

그림 26.4
공기의 밀도는 고도가 높아짐에 따라 감소하고, 지표에 가까울수록 공기 분자가 많이 분포한다. 이것은 상부에 있는 공기 분자들의 무게로 인해 아래쪽으로 압력이 가해지면서 낮은 고도에서의 공기가 단단하게 압축되기 때문이다.

기압 또한 고도가 높아짐에 따라 감소한다. 기압이 상부에 있는 공기의 무게를 반영한다고 볼 때, 이것은 그리 놀라운 일은 아닐 것이다. 위에서 누르는 공기 분자의 수가 적기 때문에 대기의 상층부에서는 기압이 낮아지는 것이다(그림 26.5). 기압은 해수면에서 가장 높다. 해수면에서의 기압은 얼마의 수치를 가질까? 대기권에 포함된 가로와 세로의 길이가 1 m인 면적의 공기 기둥은 약 10,000 kg의 질량을 가진다. 이 공기 기둥의 질량은 약 10^5 N의 힘과 같다. 즉 이 공기 기둥의 질량은 단위 면적(1 m^2)당 100,000 N의 압력을 가하는 것과 같으므로, 해수면에서의 기압을 10^5 N/m^2으로 추정할 수 있다(그림 26.6).

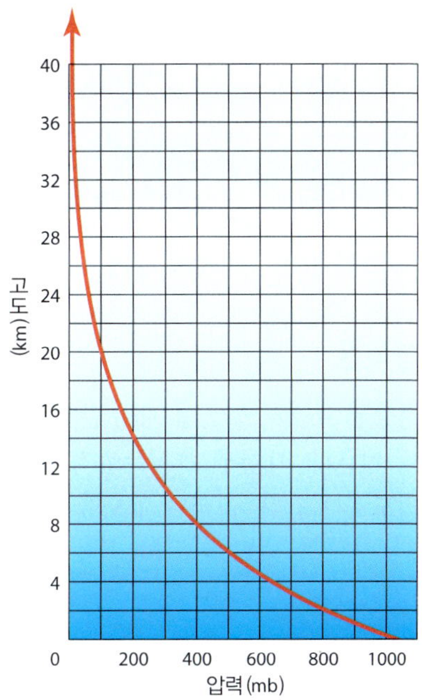

그림 26.5
대기압은 고도가 높아짐에 따라 감소한다.

압력의 국제 단위(SI)는 파스칼(Pa)이며, 1파스칼은 1 N/m^2과 같다. 따라서 대기압은 100킬로파스칼로 추정할 수 있다. 실제로 해수면에서의 평균 기압은 정확히 101.3킬로파스칼(kPa)이고, 이 값은 1기압의 압력(1 atm)과 동일하다. 대기압을 나타내는 또 다른 친숙한 단위가 있다. 뉴스에서 대기압을 나타낼 때 **수은 기둥의 인치**(*inch*) **또는 밀리미터**(*mm*) 단위를 사용한다. 이러한 단위들은 기압을 측정하는 데 수은을 지표로 활용하는 전통적인 방법에서 유래한다. 기상학자들은 **바**(*bar*) 또는 **밀리바**(*mb*)로 기압을 표현한다. 이러한 대기압에 대한 변환 요소들이 표 26.1에 나타나 있다.

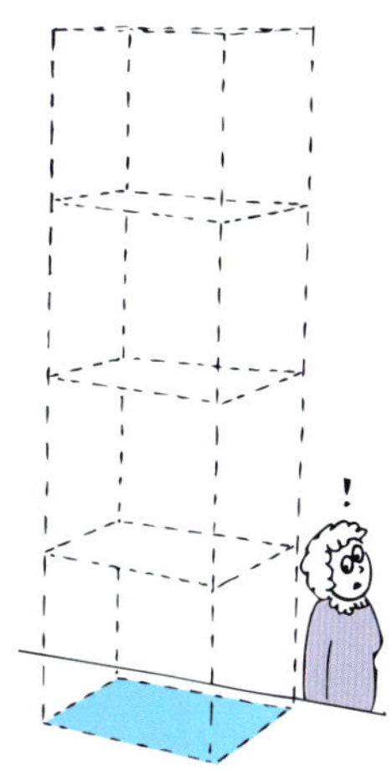

그림 26.6
해수면에 단위 면적당 작용하는 공기의 질량은 약 100,000 N의 힘과 같으므로 해수면에서의 기압은 약 10^5 N/m^2이다.

표 26.1 대기 압력과 동일한 압력 척도

1기압(1 atm)
101,325파스칼(pascal)
1.013바(bar)
14.7단위 인치당 파운드(14.7 psi 또는 14.7 lb/in^2)
760토르(torr)
760밀리미터 수은 기둥(760 mm Hg)

26.2 대기권의 구조

학습목표
대기권을 구성하는 각 기층의 특징을 설명할 수 있다.

물음 왜 기상 현상이 대류권에서만 일어나는지 설명하시오.

대기권은 온도 분포에 따라 대류권, 성층권, 중간권, 열권의 4개 기층으로 나뉜다.

대류권

앞서 언급한 것과 같이 지구 대기의 기체 분자들은 대부분 지표 가까이에 존재하며, **대류권**(*troposphere*)이라는 지구에서 가장 낮은 대기층에 집중되어 있다. 대류권은 매우 밀집되어

그림 26.7
지구의 날씨는 고도가 가장 낮고, 얇으며, 밀도가 높은 층인 대류권에서 일어난다. 이 사진은 1985년에 대서양 상공에서 두꺼운 나선형 구름을 동반하고 있는 열대 폭풍 Xina를 위성에서 찍은 것이다.

있으나 비교적 얇은 층을 이룬다. 이곳은 대기의 총 질량의 약 90%를 포함하고 있으며, 약 12 km(8마일)의 평균 두께를 가진다.

대류권에는 대부분의 수증기와 공기 중에 부유하는 입자들이 포함되어 있으며, 이것들은 구름과 강수를 유발한다. 이러한 이유로 대류권은 기상 현상을 일으키게 된다.

대류권의 온도는 킬로미터당 6°C의 비율로 일정하게 감소한다. 대류권의 상층부의 온도는 평균 −50°C에 달한다. 대류권의 기체들은 태양으로부터 얻은 열에너지를 흡수하는데(이 과정에 대해서는 이후에 더 자세하게 다룸), 고도가 높아짐에 따라 공기의 밀도가 감소하면서 열을 감싸고 있는 대류권의 기능이 감소하게 된다(그림 26.8). 이것이 높은 고도에서 일반적으로 저온의 상태를 나타내는 이유이다.

성층권

성층권(*stratosphere*)은 대류권의 상부에 있는 층으로 해수면으로부터 12 km에서 50 km까지에 이른다. 대류권보다 두껍지만 밀도는 더욱 작다. 성층권의 하층부는 거의 −60°C에 이를 정도로 차갑다. 그러나 고도에 따라 온도가 점점 올라가 성층권 상부에서는 약 0°C까지 높아

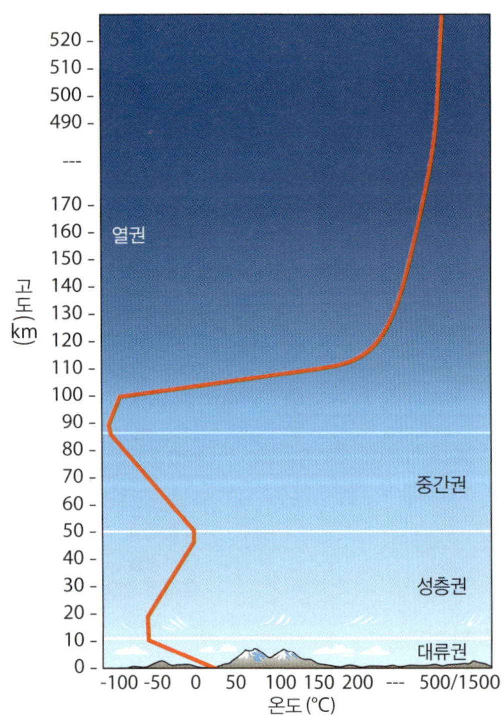

그림 26.8
지구 대기의 온도 분포는 고도가 높아짐에 따라 지그재그의 패턴을 나타낸다.

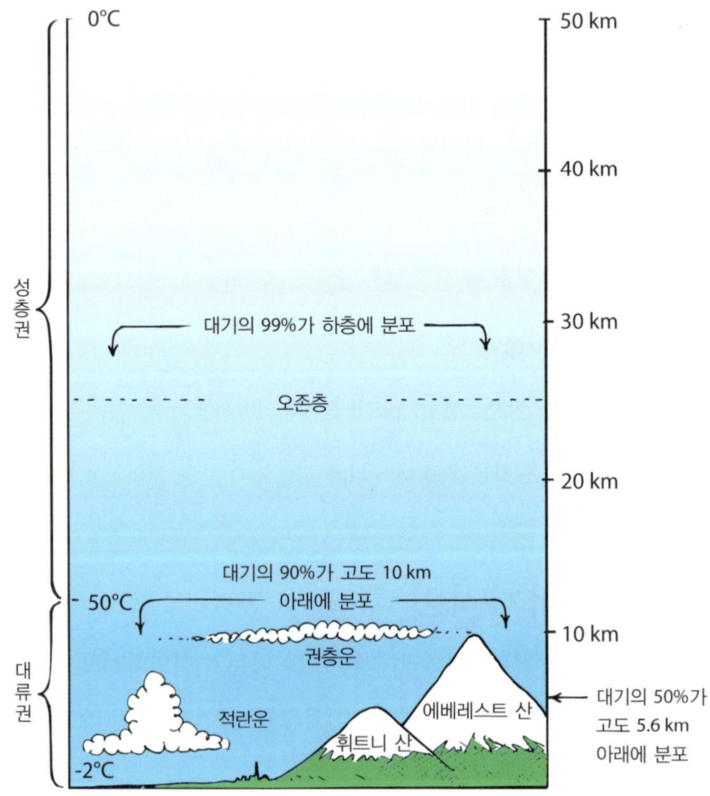

그림 26.9
대기권에서 대류권과 성층권은 지구 대기의 99% 이상을 포함한다.

진다.

성층권의 온도 상승은 **오존**(*ozone*)에 의해서 일어난다. 3개의 산소 원자로 이루어진 오존(O_3)은 성층권에 집적되어 있으며 태양 에너지를 흡수한다. 이 오존들은 태양으로부터 오는 고에너지의 자외선뿐만 아니라 적외선까지도 흡수하여 성층권을 따뜻하게 한다. 자외선은 DNA에 작용하여 유전적 돌연변이를 유발할 수도 있으며, 일광 화상, 피부암, 시력 손상 등의 여러 가지 유해한 영향을 미친다. 이러한 자외선을 흡수하기 때문에 지구의 생명체에게 오존층은 매우 중요하다.

중간권

중간권(*mesosphere*)은 성층권 계면에서부터 고도 약 80 km까지 분포한다. 중간권에 포함된 기체들은 태양 광선을 조금밖에 흡수하지 못한다. 따라서 기온은 중간권 하층의 0°C에서부터 상층부로 갈수록 떨어져 중간권 계면에서는 약 −90°C까지 떨어진다. 이곳에서의 온도는 대기권에서 가장 낮게 나타난다.

열권

중간권 상부에 존재하는 **열권**(*thermosphere*)은 미량의 공기를 포함한다. 그럼에도 열권의 대기는 태양 광선의 일부를 용이하게 흡수한다. 따라서 열권의 온도는 태양의 활동에 따라 500°C에서 1500°C의 범위에 이르는 상당한 비율로 증가한다.

전리층

전리층(*ionosphere*)은 대기권의 다른 기층과는 다른 의미로 대기의 구조에 포함된다. 중간권 상층부에서 열권의 하층부에 분포하는 전리층은 태양 에너지의 흡수를 통해 전기적으로 이온화된 대기 분자들을 포함한다. 지자기 극 주변의 전리층에서는 유입된 태양풍(태양으로부터 고속으로 방출되는 고에너지 입자의 흐름)과의 반응을 통해 부분적으로 **오로라**(*aurora*) 현상이 나타난다.

그림 26.10
태양 복사의 대전 입자에 의해 전리층에서 발생하는 극 주변의 오로라가 아름다운 장관을 연출한다.

지구의 표면으로부터 시작한 대기권의 끝은 어디이며, 외권은 어디서부터 시작할까? 그 경계는 단정짓기 어렵다. 지구로부터 거리가 멀어질수록 대기층은 급격히 얇아지고 점차적으로 사라지게 된다. 지구 표면으로부터 대략 100 km에 이르면 대기 분자가 거의 존재하지 않으며 마침내 대기는 사라지게 된다.

융합과학 26B
물리학

학습목표
태양 복사가 어떻게 대기의 온도를 높이고, 온실 효과를 일으키는지 설명할 수 있다.

태양 복사와 온실 효과는 지구의 기온을 유지시켜 준다

물음 태양에서 방출되는 가시광선이 지구 온난화의 원인이 아닌 이유를 설명하시오.

지구는 어떻게 생명체가 살기에 적절한 온도를 가지고 있을까? 지구의 평균 온도를 유지하는 데는 (1) 지구가 흡수하는 태양 복사 에너지, (2) 대기 중에 존재하는 온실기체가 주요한 두 요인으로 작용한다.

태양은 전자기파의 형태로 **태양 복사 에너지**(**solar radiation**)를 방출한다. 이것은 전등과 같이 태양으로부터 모든 방향으로 이동한다. 지구는 태양 복사 에너지의 일부분을 얻게 되는데,

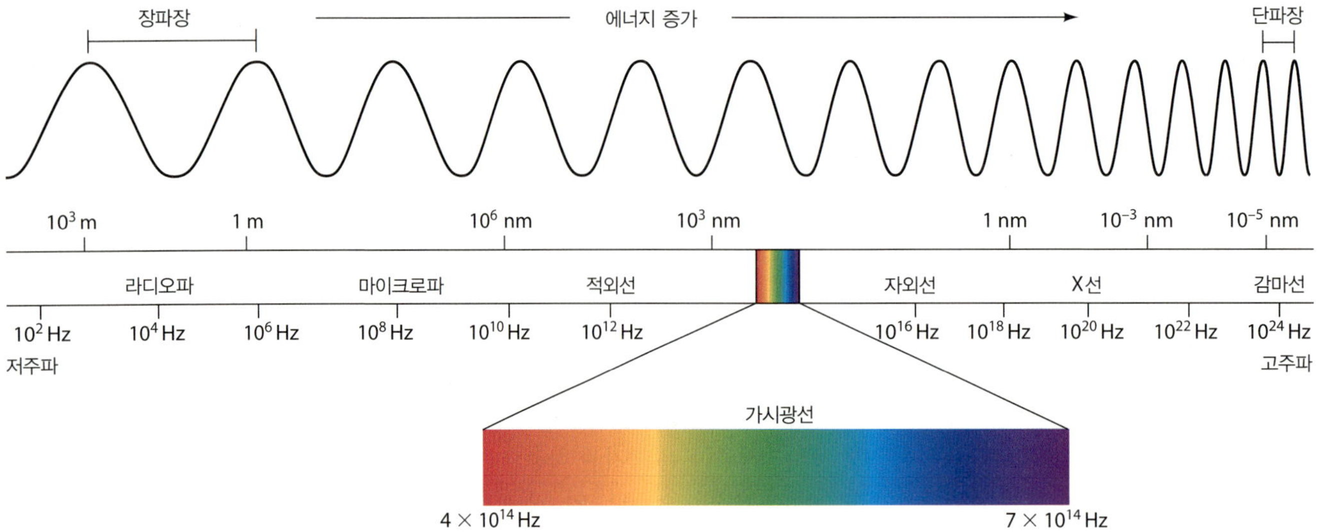

그림 26.11
전자기 스펙트럼은 서로 다른 파장의 전자기파로 구성된다.

그 양은 태양으로부터 방출되는 에너지 총량의 십 억분의 2에 해당한다. 이 작은 비율의 에너지가 지구 상에 사용되는 거의 모든 에너지의 근원이 된다. 또한 이 에너지는 생명체를 위한 온도 유지에 필요한 적절한 수준의 태양 복사 에너지이기도 하다.

태양으로부터 오는 복사 에너지의 절반보다도 작은 부분이 가시광선의 형태이다. 우리가 알고 있는 물리학에서 가시광선은 연속된 **전자기파 스펙트럼**(*electromagnetic spectrum*)의 일부로 나타난다. 전자기파의 파장은 수천 킬로미터에서부터 원자에 이르는 범위까지 넓은 범위를 가진다(그림 26.11). 파장이 가장 긴 것부터 라디오파, 마이크로파, 적외선, 가시광선, 자외선, X선, 감마선이 있다. 에너지와 파장은 **반비례** 관계에 있다. 즉 파장이 길수록 낮은 에너지를 포함한다. 우리의 몸과 대기 중의 많은 기체 분자들을 포함한 여러 물질들을 따뜻하게

그림 26.12
일부 짧은 파장의 태양 복사는 지표, 물, 대기로 흡수되어 열에너지로 전환된다. 나머지는 다시 우주로 반사되어 온도의 변화에 영향을 주지 않는다.

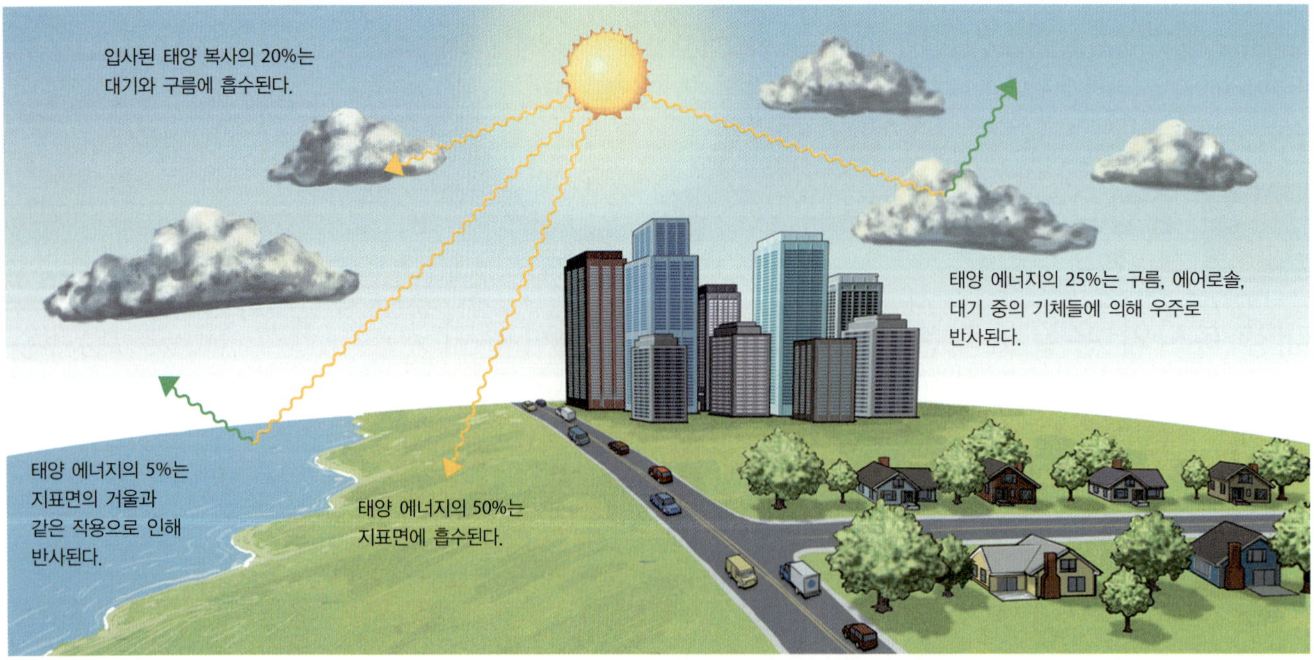

하는 **적외선**(*infrared radiation*)은 가시광선에 비해 파장은 길고 더 낮은 에너지를 가지고 있다.

대기는 가시광선에 있어서 투명하다. 비록 지구 표면에 도달하기 전에 일부가 다시 우주로 반사되어 나가지만, 대기를 통과하는 대부분의 빛은 지표로 흡수된다(그림 26.12).

빛에너지가 지표에 도달하여 흡수될 때, 지표는 따뜻해지고 에너지를 방출한다. 그러나 지구 표면에서 에너지가 방출되는 이러한 **지구 복사 에너지**(**terrestrial radiation**)는 입사된 에너지에 비해 긴 파장과 낮은 에너지를 가진다. 스펙트럼의 가시광선 영역 대신에 지구 복사는 적외선을 방출한다(그림 26.13).

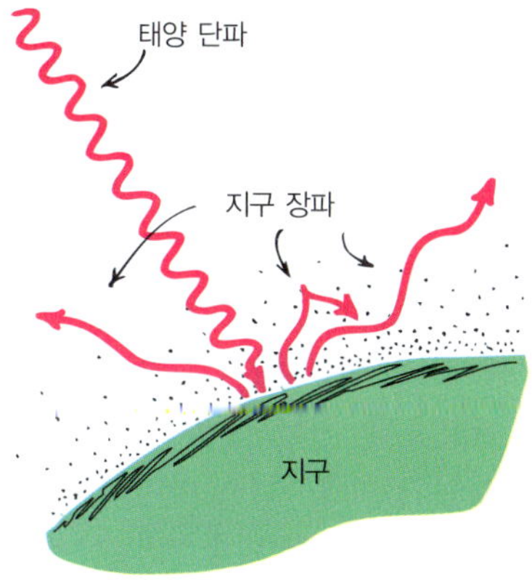

그림 26.13
태양으로부터 오는 복사 에너지의 43%는 가시광선 영역에 해당한다. 대기는 이 복사 영역을 효과적으로 투과시킨다. 지구는 이 짧은 파장의 복사 에너지를 흡수하여 긴 파장의 적외선을 방출하는데, 이를 지구 복사 에너지라고 한다.

대기는 단파장의 가시광선 영역에는 투명하지만, 적외선 영역의 경우에는 자유롭게 투과하지 못한다. 그림 26.14에서 보이는 것처럼 대기 중의 이산화 탄소, 수증기, 메테인, 그리고 다른 '온실기체'는 지구 복사를 흡수하여 다시 방출하며, 이러한 과정은 적외선이 우주로 옮겨질 때까지 반복된다. 실제로 이러한 에너지는 대기 중의 온실 효과에 의해 축적되어 기온을 상승시키는 원인이 된다. 지구 복사 에너지가 재흡수되어 대기의 온도를 높이는 이러한 과정을 **온실 효과**(**greenhouse effect**)라고 한다. 온실 효과라는 명칭은 그림 26.15에서 보는 것처럼 원예를 위한 온실에서 따온 것이다.

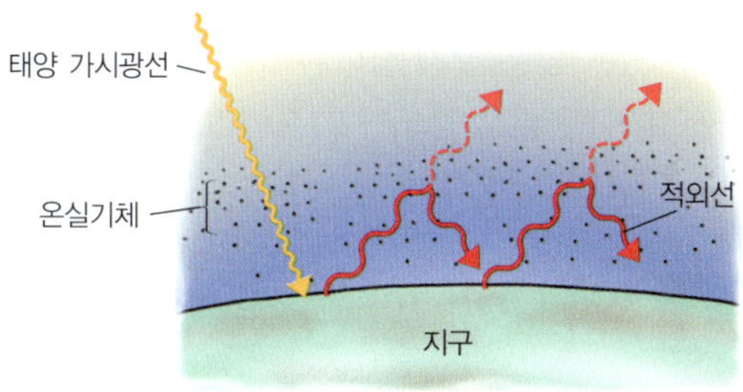

그림 26.14
지구 대기의 온실 효과. 적외선을 방출하는 지표에 의해 가시광선이 흡수된다. 이산화 탄소, 수증기, 메테인 등의 온실기체들이 적외선을 흡수하고 재방출하기 때문에 직접 우주로 방출되지는 않는다.

온실 효과는 지구에 존재하는 자연의 생명 활동에 도움이 된다. 만약 온실 효과가 존재하지 않아서 열을 붙잡아 둘 수 없었다면, 지구의 평균 기온은 −18°C의 혹한

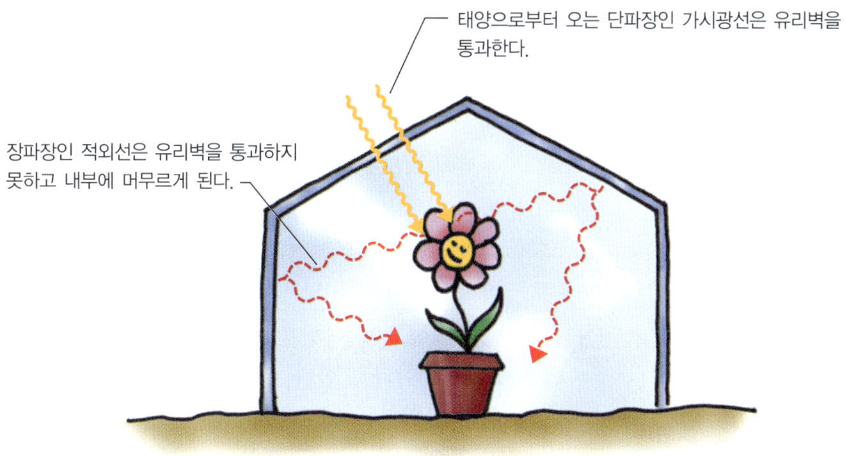

그림 26.15
원예를 위한 온실은 유리로 만들어진다. 유리는 대기와 같이, 가시광선에는 투명하고 적외선에는 불투명하다. 태양 빛은 식물이 있는 온실로 들어와서 기온을 높인다. 그러면 식물은 장파장인 적외선을 재방출한다. 유리는 적외선을 투과하지 않으므로, 내부에 적외선이 축적되게 되어 기온이 올라가게 된다.

상태가 되었을 것이다. 그러나 최근의 문제로 떠오르고 있는 것은 인간의 화석 연료 사용, 삼림 벌목, 온실기체의 과도한 배출 등으로 인해 너무 많은 열이 발생한다는 것이다. 인간 활동에 의한 이러한 **인공적인** 온실 효과로 인해 지구의 기온이 급속하게 높아지고 있다. 과학자들은 그에 따라 수천만 년에 걸쳐 이루어진 복잡하고 다양한 지구 생태계가 지속적으로 유지되기 힘들다고 예측하고 있다. 생물권을 위협하는 지구 평균 기온의 갑작스러운 상승을 **지구 온난화**(*global warming*) 또는 간단히 **기후 변화**(*climate change*)라고 한다.

미국 환경보호청(EPA)은 온실기체 배출량의 수준과 여러 기후 모델의 분석에 따라, 평균 지구의 기온이 2100년까지 적게는 2°F에서 많게는 11.5°F까지 상승하게 될 것이라고 내다보았다. 만약 이러한 일이 실제로 일어난다면, 빙하가 녹아 해수면이 상승하고, 심각한 기상 이변이 빈번하게 나타나며, 농경이 불안정해지고, 해안선의 거주지를 유실하게 되면서 광범위한 경제적 손실과 함께 생태계와 인간의 삶은 파괴될 것이다.

안타깝게도, 지구 온난화가 가져올 구체적인 영향에 대해서는 그 누구도 단정할 수 없다. 정확히 언제, 그리고 얼마나 해수면이 상승할 것인가? 어느 정도로 심각한 허리케인이 얼마나 많이, 또 어느 지역에 일어날 것인가? 어느 곳에 가뭄, 산불, 홍수가 발생하고, 그 영향은 오늘날과 비교하여 얼마나 심각할 것인가? 기후 변화로 인해 질병을 유발하는 미생물이나 기생충의 서식지가 변화하면서 나타나는 영향으로 어떤 것이 있는가? 온도가 상승하여 땅이 마르고 관개를 위한 물이 부족해지면 농경에 어떠한 영향을 주게 되는가? 기후 변화의 영향으로 나타날 수 있는 많은 문제들이 존재하며, 최근 공공의 관심과 연구들이 집중되고 있다(지구 온난화에 대한 더 많은 정보는 27장에 있다).

학습목표
대기의 온도를 태양 빛의 강도와 연관지을 수 있다.

26.3 위도에 따른 온도

물음 왜 캐나다보다 호주에서 햇볕에 더 그을리는지 태양 복사 에너지의 관점에서 설명하시오.

일반적인 집에는 고유한 위치를 표시하는 주소가 있다. 그와 비슷하게 지구 상의 모든 지점들은 **경도**(*longitude*)와 **위도**(*latitude*)의 숫자로 이루어진 특별한 '주소'로 그 위치를 나타낼 수 있다.

경도선은 극을 가로질러 북쪽과 남쪽을 가상의 선을 의미한다(그림 26.16). 이 선들 중 영국의 그리니치를 통과하는 선을 **본초 자오선**(*prime meridian*)이라고 한다. 본초 자오선은 국제 협의에 의해 0°의 경도를 가지게 되었다. 다른 위치에서의 경도는 이 본초 자오선에서부터 동쪽 또는 서쪽에 위치하며, 각으로 측정된다.

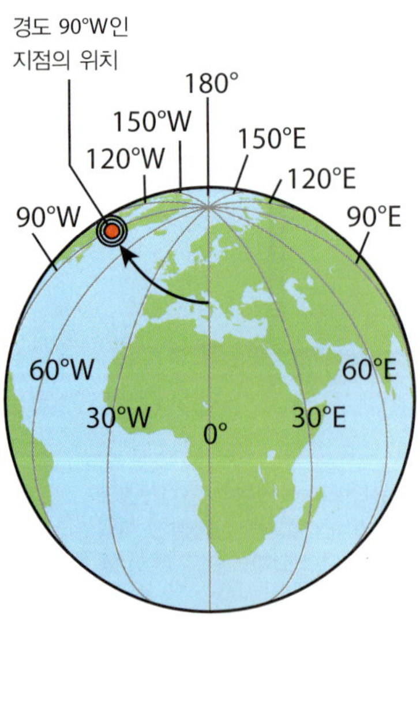

그림 26.16
경도는 0°선에서 동쪽으로 180°, 서쪽으로 180°까지 측정이 가능하다.

적도는 양 극 사이의 절반에 위치한 가상의 원을 의미하고, 지구를 남반구와 북반구의 두 부분으로 나눈다. 적도에 나란한 가상의 선들을 **위도선**(*line of latitude*)이라고 한다. 적도는 0의 위도를 가지며, 다른 위치의 위도는 적도에서부터 북쪽 또는 남쪽으로 떨어진 각으로 측정된다. 이는 그림 26.17에 자세히 나타나 있다.

그림 26.18은 위도와 온도가 어떻게 관련되어 있는지 보여 준다. 지구는 연간 평균 기온에 따라 여러 기후 지역으로 나누어진다. 적도에 가까운 위도에서 온도가

가장 높으며, 이 지역을 **열대 기후 지역**(*tropical climate zone*)이라고 한다(해수면 기준). 열대 기후 지역은 연간 기온 변화가 거의 없으며, 가장 추운 달에도 평균 기온이 18°C(64°F)보다 높다. 중위도에 위치한 **온대 기후 지역**(*temperate climate zone*)은 너무 춥지도 그리 덥지도 않다. 연간 월평균 기온은 계절의 변화와 함께 10°C(50°F)에서 18°C(64°F)로 다양하게 나타난다. **한대 기후 지역**(*polar climate zone*)은 고위도에 위치한다. 월별 기온이 가장 따뜻한 달에도 10°C(50°F)보다 낮게 유지된다.

왜 온도는 위도에 의존하는 것일까? 위도에 따라 태양 복사가 다른 각도로 입사하기 때문에 위도는 온도에 영향을 미친다. 적도에 가까운 지역에서는 태양 광선이 수직으로 비치는 반면, 극 지역에서는 낮은 각도로 비치게 된다. 그림 26.20에 이것이 설명되어 있다. 보이는 바와 같이, 빛이 수직으로 비칠 때, 그 빛은 가능한 작은 면적에 집중된다. 이곳에는 단위 면적당 최대의 태양 복사 에너지 강도를 가지게 되는 것이다. 적도 지역은 **태양 강도**(**solar intensity**)가 최대이기 때문에 높은 온도를 얻게 된다. 극 지역은 태양 강도가 최소이기 때문에 낮은 온도를 갖게 된다.

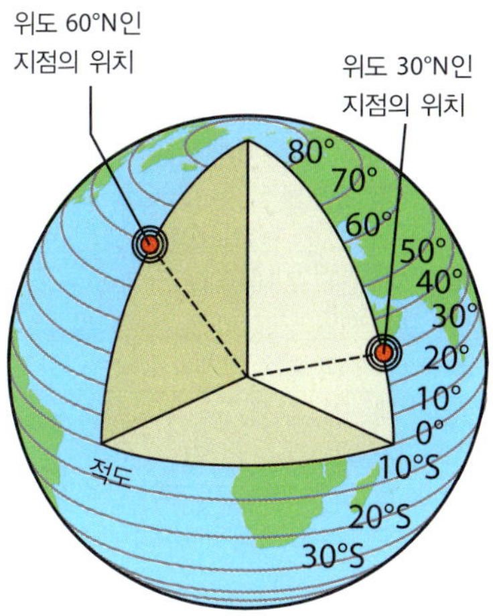

그림 26.17
위도는 지구 중심에서부터 적도와 지표면의 특정 지역 사이의 각을 알려 준다.

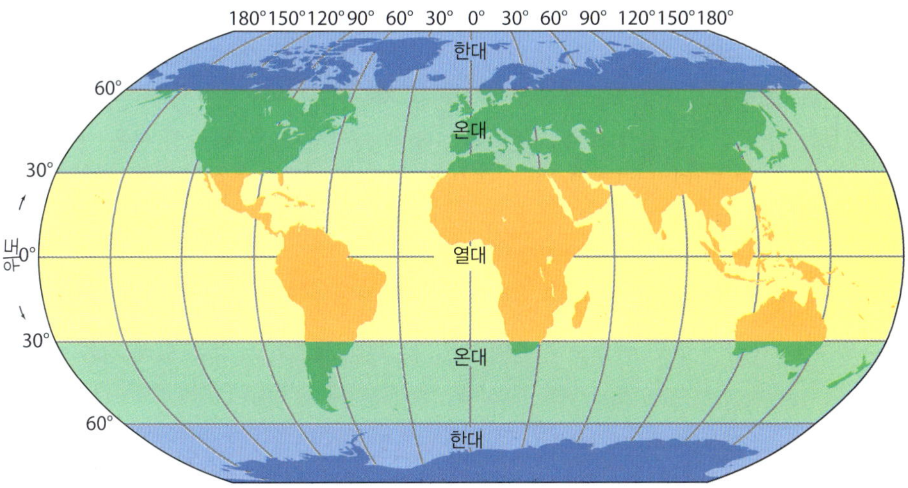

그림 26.18
연간 평균 기온은 지구의 주요 기후 지역을 구분한다.

(a) (b) (c)

그림 26.19
(a) 열대 기후 지역의 트리니다드에 위치한 열대 우림. (b) 온대 기후 지역에서는 오클라호마 프레리와 같은 온대 초원이 발견된다. (c) 한대 기후 지역에서는 툰드라가 위치한다. 이러한 극 지방에서는 얼어 붙은 토양에서 풀과 관목이 성장한다.

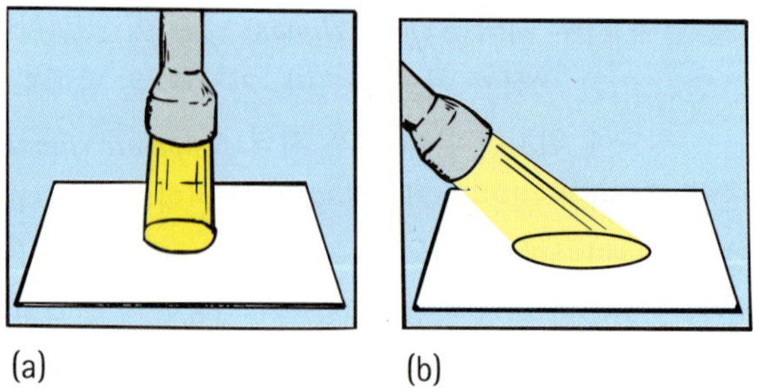

그림 26.20
이 간단한 실험은 태양 광선이 지구에 입사하는 각도에 따라 온도가 다르게 나타나는 이유를 설명해 준다. (a) 플래시가 표면에 직각으로 비칠 때, 빛은 더욱 밝은 원을 생성한다. (b) 빛이 대각선으로 비칠 때, 긴 타원형을 그리며 옅어진다. 동일한 양의 빛에너지가 더 넓은 영역에 걸쳐 확산되기 때문에 그 세기가 감소한다. 적도 지역에서의 정오에는 수직으로 비추는 플래시와 같고, 고위도에서의 정오에는 비스듬히 비추는 플래시와 같다.

26.4 지구 자전축의 기울기 – 계절

물음 왜 북반구의 여름인 지역과 동일한 위도를 가지는 남반구에서는 같은 시기에 겨울이 나타날까?

학습목표
지구의 기울어진 자전축이 어떻게 계절을 형성하는지를 글과 그림으로 나타낼 수 있다.

지구는 매년 태양을 공전하기 때문에 계절이 나타난다. 여름에는 낮의 길이가 길고 기온도 높다. 겨울에는 낮의 길이가 짧으며 추운 날씨를 보인다. 어떤 지역은 계절이 급격하게 변하고, 또 어떤 지역은 비교적 완만하게 변한다. 왜 이러한 계절의 변화가 나타나는가?

우리가 봄, 여름, 가을, 겨울에 볼 수 있는 서로 다른 상태들은 태양 복사의 강도의 변화로 인해 발생한다. 기울어진 자전축을 가지고 회전하는 지구를 묘사해 보자. 지구는 북극과 남극을 가로지르는 가상의 선을 중심으로 자전한다는 것을 기억하자. 이 가상의 선을 지구 **자전축**(*axis of rotation*)이라고 한다(그림 26.21). 축은 수직으로 똑바로 서 있지 않고, 23.5°의 각도로 기울어져 있다. 지구의 자전축이 기울어져 있기 때문에 지구가 태양 주위를 돌 때, 태양은 지구의 다른 지점을 비추게 된다.

그림 26.21에 나타낸 것과 같이, 북반구가 여름일 때에 북반구는 태양을 향해 기울어져 있고, 겨울일 때는 태양에서 먼 쪽으로 기울어져 있다(그림 26.22). 태양을 향해 기울어져 있는

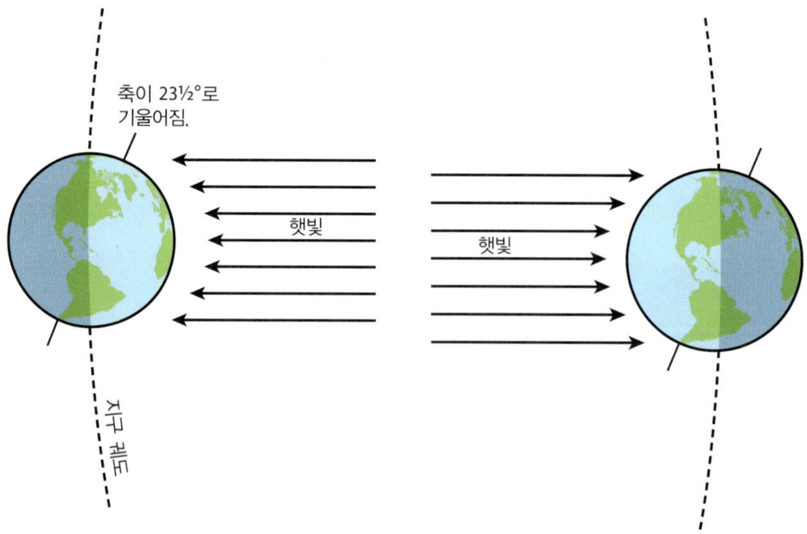

그림 26.21
지구는 태양을 공전하는 동안 지구 자전축을 중심으로 자전한다. 지구의 자전축은 수직 방향으로 똑바로 서 있지 않고, 23.5°의 각도로 기울어져 있다. 북반구가 태양을 향해 기울어져 있을 때에는 북반구는 여름이 된다.

그림 26.22
북반구가 태양으로부터 먼 쪽을 향해 기울어져 있을 때 북반구는 겨울이 된다. 겨울에는 어둠이 일찍 드리워지며 날씨가 추워진다.

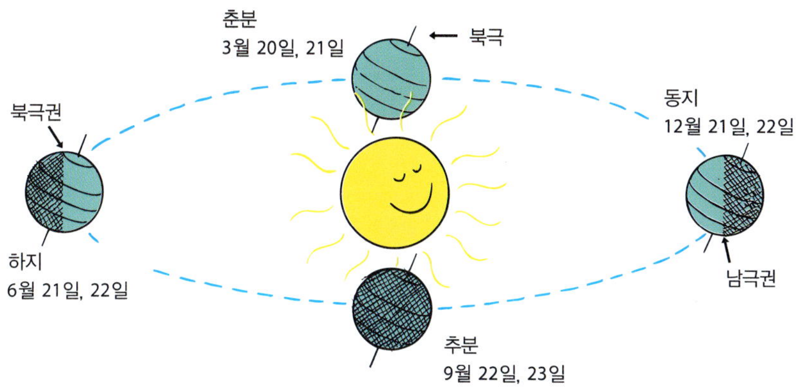

그림 26.23
기울어진 지구 자전축과 그에 따른 태양 에너지의 강도 차이가 연간 계절의 순환을 만든다. 지구는 태양의 주위를 타원을 그리며 공전하는데, 북반구에서 여름일 때 태양으로부터의 거리가 가장 멀다. 따라서 지구 표면 온도에 가장 큰 영향을 미치는 것은 태양으로부터의 거리가 아니라 태양 광선이 입사하는 각도라고 볼 수 있다.

반구는 태양 에너지를 보다 직접적으로 오랜 시간 동안 받게 된다. 이러한 직사광선이 긴 시간 동안 내리쬐면서 따뜻한 여름의 온기를 발생시킨다.

그림 26.23에서 볼 수 있듯이, 북반구에서 여름의 최고점인 하지는 6월 21일경에 나타난다. 이 날은 1년 중 낮이 가장 긴 날일 뿐만 아니라 여름이 시작되는 날이다. 이 날은 북반구가 태양을 직접 마주 보는 날이며, 최대의 태양 에너지를 받게 된다. 동지는 12월 21일경에 나타난다. 이 날은 북반구가 태양으로부터 가장 먼 곳을 향하고 있다. 동지는 1년 중 낮이 가장 짧으며 겨울이 시작되는 날이다. 겨울과 여름이 극에 달하는 두 시기의 중간에 위치한 3월 중순과 9월 중순에는 낮과 밤의 길이가 같다. 이 날을 춘분 및 추분이라고 한다. 그리고 남반구에서의 계절은 북반구에서의 계절과 반대가 된다.

26.5 대기의 흐름 – 바람

학습목표
바람이 무엇인지, 그리고 기압과 어떻게 관련되는지 이해할 수 있다.

물음 공기가 새고 있는 타이어에서 나오는 바람은 어떻게 해서 불어나오는가?

타이어가 펑크 난 것을 본적이 있다면, 공기가 새어 나올 때 나는 소리를 들어 보았을 것이다. 또한 그 구멍에 손을 가져다 대었을 때, 밖으로 새어 나오는 공기를 느꼈을 것이다. 공기는 압력이 낮은 곳에서 높은 곳으로 자연스럽게 이동한다. 구멍 난 타이어는 단지 이러한 하나의 예시에 해당한다. 구멍 난 풍선이 또 다른 예가 될 수 있다. 바람은 이와 동일한 현상의 세 번째 예이다. **바람**(**wind**)은 저압의 영역에서 고압의 영역으로 공기가 이동하는 수평적인 흐름이다.

바람은 기압차에 의해 발생하며, 기압의 차이가 클수록 더욱 강하고 빠른 바람이 형성된다. 단지 풀밭에 영향을 줄 뿐인 산들바람은 10~15 km/h의 속도로 공기가 이동하고, 전신주의 전선을 흔들 정도로 강한 바람은 40~50 km/h의 속도를 갖는다. 허리케인의 바람은 120 km/h의 속도에 달한다. 바람의 명칭은 불어오는 방향에 따라 붙여지는데, '30 km/h 북서풍'은 바람이 북서쪽에서 시속 30 km의 속도로 불어온다는 것을 의미한다.

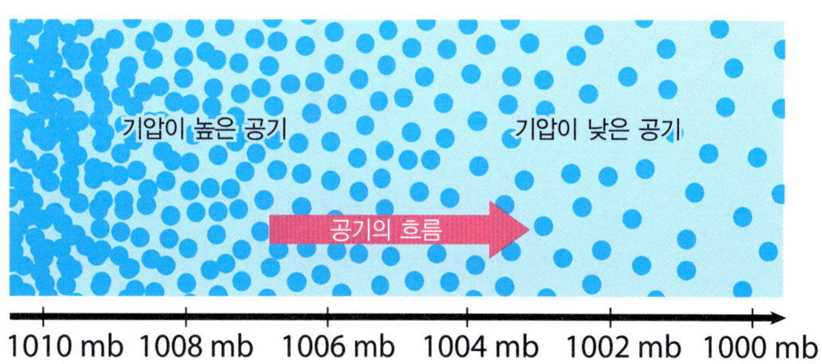

그림 26.24
공기는 압력이 높은 곳에서 낮은 곳으로 이동한다.

학습목표
바람 냉각 표에 제시된 자료를 해석하고 정보를 얻을 수 있다.

융합과학 26C
생명과학

바람 냉각

물음 어떻게 바람이 추위를 느끼게 하는지 설명하시오.

우리 몸에서 방출되는 따뜻한 열은 머리카락이나 털, 그리고 옷에 의한 공기층으로 인해 멀리 가지 못한다. 이러한 공기층은 우리의 온기를 유지시킨다. 그러나 바람이 지속적으로 불면 이 따뜻한 공기층이 날아가 버린다. 여름에 바람은 몸을 시원하게 유지하게 하기 때문에 좋을 수 있으나, 추운 날에는 체온을 잃게 되어 위험할 수 있다. 극도의 추위는 동상과 저체온증을 유발한다. 몸이 생명을 유지하기 위한 화학적 반응을 일으킬 수 없을 정도의 충분한 열이 없는 경우에는 동사할 수도 있다.

기상청에서는 기온과 바람의 영향으로 인해 사람이 실제로 느끼는 온도에 대한 정보를 포함하는 바람 냉각 지수를 발표한다. 그림 26.25는 바람 냉각 지수를 나타낸 것이다.

풍속(mph) \ 기온(°F)	40	35	30	25	20	15	10	5	0	-5	-10	-15	-20	-25	-30	-35	-40	-45
Calm																		
5	36	31	25	19	13	7	1	-5	-11	-16	-22	-28	-34	-40	-46	-52	-57	-63
10	34	27	21	15	9	3	-4	-10	-16	-22	-28	-35	-41	-47	-53	-59	-66	-72
15	32	25	19	13	6	0	-7	-13	-19	-26	-32	-39	-45	-51	-58	-64	-71	-77
20	30	24	17	11	4	-2	-9	-15	-22	-29	-35	-42	-48	-55	-61	-68	-74	-81
25	29	23	16	9	3	-4	-11	-17	-24	-31	-37	-44	-51	-58	-64	-71	-78	-84
30	28	22	15	8	1	-5	-12	-19	-26	-33	-39	-46	-53	-60	-67	-73	-80	-87
35	28	21	14	7	0	-7	-14	-21	-27	-34	-41	-48	-55	-62	-69	-76	-82	-89
40	27	20	13	6	-1	-8	-15	-22	-29	-36	-43	-50	-57	-64	-71	-78	-84	-91
45	26	19	12	5	-2	-9	-16	-23	-30	-37	-44	-51	-58	-65	-72	-79	-86	-93
50	26	19	12	4	-3	-10	-17	-24	-31	-38	-45	-52	-60	-67	-74	-81	-88	-95
55	25	18	11	4	-3	-11	-18	-25	-32	-39	-46	-54	-61	-68	-75	-82	-89	-97
60	25	17	10	3	-4	-11	-19	-26	-33	-40	-48	-55	-62	-69	-76	-84	-91	-98

동상 시간 30분 10분 5분

그림 26.25
바람 냉각 표. 풍속과 기온으로 인해 우리는 공기를 더욱 차갑게 느낀다.

학습목표
극과 적도 사이의 온도 차이가 왜, 그리고 어떻게 대기를 이동시키는지 설명할 수 있다.

26.6 국지 및 대규모 바람

물음 육풍은 왜 밤에 불고, 해풍은 왜 낮에 부는가?

바람에는 **국지 바람**(*local wind*)과 **대규모 바람**(*global wind*)의 두 가지 유형이 존재한다. 좁은 영역에 걸쳐 존재하는 기압의 차이는 국지 바람을 발생시킨다. 이 바람은 짧은 거리를 이동하고, 어떤 방향으로든 불 수 있다. 반면, 대규모 바람은 지구 상에 발생하는 거대한 공기 순환 패턴의 일부이다. 대규모 바람은 일정한 방향으로 지속적으로 불게 된다. 우리가 일상생활에서 느끼는 바람은 이러한 국지 바람과 대규모 바람 패턴이 결합된 것이다.

국지 바람

육지와 물이 만나거나 산과 계곡이 만나는 지점과 같은 지리적 환경에서는 지역적인 온도의

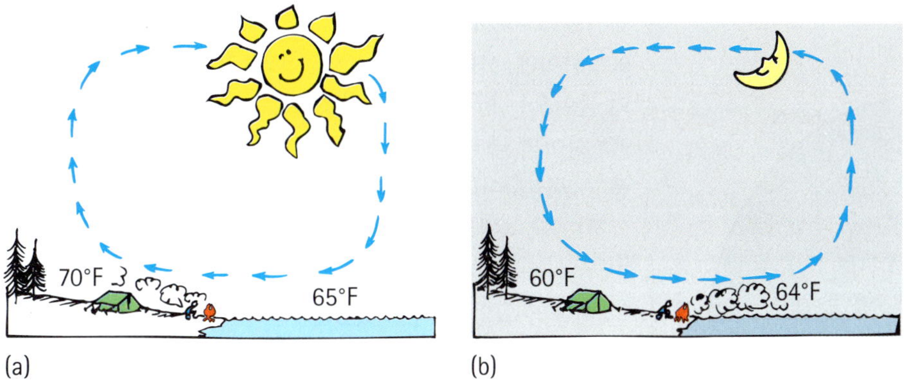

그림 26.26
(a) 해풍. 낮 동안에 따뜻해진 육지의 공기가 상승하여 차가운 공기가 그 공간을 채우면서 바다에서 육지로 바람이 분다. (b) 육풍. 밤 동안 바다가 육지보다 따뜻하기 때문에 바람의 방향이 반대로 분다.

차이로 인해 바람이 형성된다. 해륙풍의 경우를 살펴보자(그림 26.26). 육지는 비열이 작기 때문에 낮 동안에 해양보다 더욱 빠르게 가열된다(비열은 온도의 변화에 저항하는 '열 관성'으로 볼 수 있다). 뜨거워진 육지의 공기는 상승하게 되고, 기압이 낮은 영역을 형성한다. 차가운 해양 지역은 높은 압력을 가지고 있어 공기는 바다에서 육지로 불게 된다. 이것을 **해풍**(*sea breeze*)이라고 한다. 그러나 밤에는 해양보다 비열이 작은 육지에서 온도가 더욱 빨리 떨어져 냉각된다. 냉각된 공기는 지표로 하강하여 육지에 고기압을 형성하여 바람이 육지에서 해양 쪽으로 불어 나가게 한다. 이것을 **육풍**(*land breeze*)이라고 한다. 한여름 낮에 바닷가에 서 있으면 시원한 바닷바람을 느낄 수 있는 것은 이 때문이다.

대규모 바람

모든 종류의 바람은 기압 차이로 인해 발생한다. 대규모 바람은 지구의 저위도와 고위도의 에너지 불균형 때문에 나타나는 지구 규모의 기압 차이로 인해 발생한다. 적도 지역에서는 직접적으로 태양 복사를 흡수하여 공기가 쉽게 가열되어 상승한다. 이러한 공기는 극을 향해 이동하지만 얼마 지나지 않아 차가워지면서 밀도가 커져 다시 가라앉는다. 이러한 과정을 통해 적도에서는 저기압 영역이 형성되고, 극에서는 차가운 공기가 하강하는 고기압의 영역이 만들어진다. 압력의 불균형은 공기를 상승 또는 하강시키고 대규모의 순환인 **풍대**(*wind belt*)를 일으킨다. 이 풍대를 대류 세포라 하며, 이 세포들은 예측 가능한 패턴으로 운동한다. 그림 26.27에서처럼 적도와 위도 30° 사이, 위도 30°와 60° 사이, 위도 60°와 극 사이에 총 6개의 주요 대류 세포가 존재한다. 대규모 바람은 이 대류 세포 내에서 이동하는 공기의 흐름을 의미하고, 해륙풍과 마찬가지로 따뜻하고 차가운 공기의 이동을 통해 온도 패턴에 영향을 미친다.

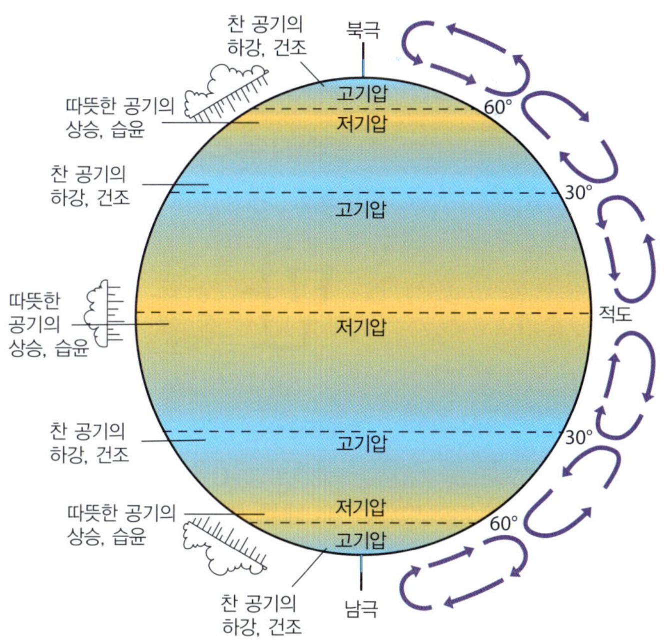

그림 26.27
지구는 6개의 주요 대류 세포로 둘러싸여 있다.

위도 0°와 60° 사이에서 흐르는 대규모 바람은 **무역풍**(*trade wind*)으로 불렸다. 무역풍은 몇 세기 전에 활약한 무역선의 이름을 따서 명명되었다. 유럽의 항해사들이 영국 식민지와 새로운 세계를 향해 여행을 할 때 이 바람을 이용하였다고 하여, 이 바람을 **북동 무역풍**(*northeast trade winds*)이라 불렀다. 그리고 그들은 다시 유럽으로 돌아올 때는 '편서풍'을 활용하였다.

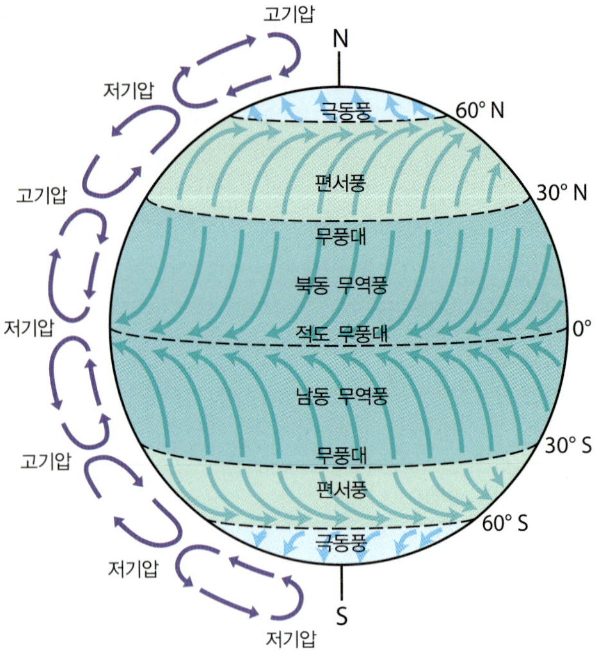

그림 26.28
무역풍, 편서풍, 편동풍 등 주요 대규모 바람의 위치에 유의하라.

편서풍(*westerlies*)은 그림 26.28에서 볼 수 있듯이, 위도 30°와 60° 사이에 서쪽에서 불어오는 바람이다. 바람의 명칭은 그것이 불어오는 방향에 따라 결정된다는 것을 기억하자. 위도 60°와 90° 사이의 극 지방에서 동쪽에서 서쪽을 향해 부는 바람을 **편동풍**(*easterlies*)이라고 한다.

적도 근처에는 바람이 거의 불지 않는 지역이 존재한다. 과거 선원들이 바람의 부족으로 인해 적도의 해상에서 오랫동안 머물러 있었던 적이 있었다. 그로 인해 이 지역을 **적도 무풍대**(*doldrums*)라고 한다. 또한 선원들은 대류 세포가 만나는 위도 30°에서도 공기의 흐름이 없는 고요한 지역을 자주 만났다. 전해져 오는 이야기에 따르면, 배가 이 위도를 지나면서 식량과 물을 절약하기 위해 배에 있던 말들을 바다에 던져 버렸다고 한다. 그래서 이 지역은 **무풍대**(*horse latitude*)로 불린다.

대규모 바람에는 **제트류**(*jet stream*)라는 또 다른 흐름이 존재한다. 이 제트류는 대류권 상부와 성층권 하부 사이의 좁은 구역을 따라 빠른 속도로 이동하는 흐름이다. 다른 대규모의 바람과 같이 지구 주위를 일관된 경로로 움직이지 않는다. 대신에 고도와 위도에 따라 다양하게 나타난다. 제2차 세계 대전 때 높은 고도에서 이동하는 군용 항공기 조종사에 의해 발견된 이 제트류는 속도가 매우 빠르다. 당시 조종사는 마주하고 있는 아주 강력한 기류의 흐름으로 인해 비행기가 앞으로 나아가지 않음을 느꼈다고 한다.

학습목표
코리올리 효과로 인해 발생하는 대규모 바람의 패턴을 설명할 수 있다.

융합과학 26D
물리학

코리올리 효과

물음 대규모 바람은 왜 직선으로 이동하지 않고 휘어져서 이동하는가?

만약 지구가 자전하지 않는다면, 대규모 바람은 남북 방향으로 똑바로 향할 것이다. 낮은 고도에서는 극에서 적도 쪽으로 바람이 불게 되고, 높은 고도에서는 적도에서 극 쪽으로 바람이 불 것이다.

그러나 지구는 자전하기 때문에 이러한 일은 일어나지 않는다. **코리올리 효과**(**Coriolis effect**)는 지구 표면에 접촉되어 있지 않은 물체가 이동할 때, 북반구에서는 오른쪽으로, 남반구에서는 왼쪽으로 진행 방향이 휘어지는 것을 말한다. 코리올리 효과로 인해 지구 상의 6개의 대류 세포의 흐름은 그림 26.28에 보이는 것처럼 방향이 휘어져서 이동하는 것이다. 코리올리 효과는 바람의 속도에 따라 다르게 나타나며, 속도가 빠를수록 더욱 많이 휘어진다.

코리올리 효과가 어떻게 작용하는지 확인하기 위해 비유를 들어보자. 지구를 반시계 방향(북반구에서 지구가 회전하는 방향과 같은)으로 회전하는 커다란 원반이라고 생각해 보자. 한 사람이 친구와 원반 위에서 서로 공을 던지고 있다. 친구에게 공을 던질 때, 원반의 회전은 공이 이동하는 궤적에 영향을 미치게 된다. 그림 26.29에서 보는 것과 같이 공의 실제 이동 경로가 직선이라 하더라도 공은 오른쪽으로 휘어져서 움직이는 것처럼 보인다.

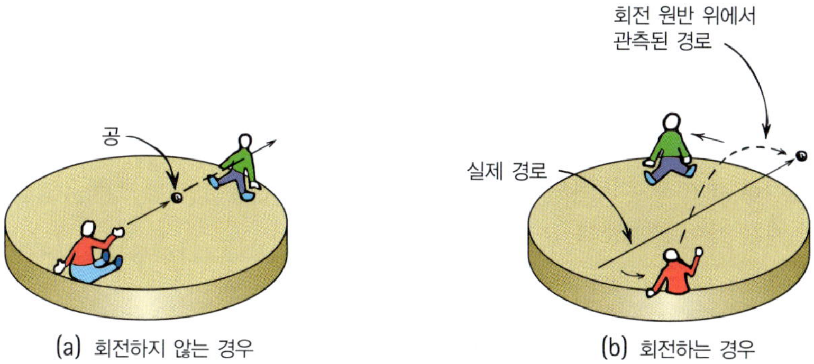

그림 26.29
(a) 회전하지 않는 원반에서 던진 공은 직선으로 이동한다. (b) 회전하는 원반에서도 공은 직선으로 운동하지만, 원반이 돌고 있기 때문에 공이 오른쪽으로 휘어지는 것처럼 관측된다.

26.7 열을 분배하는 해양의 흐름

학습목표
대규모 바람이 어떻게 표층 해류를 형성하는지 설명할 수 있다.

물음 적도에서의 따뜻한 바닷물이 어떻게 노르웨이와 영국의 대기를 따뜻하게 하는가?

해류는 위도, 고도, 대기 중의 기체, 바람의 효과와 더불어 대기의 온도에 있어 또 다른 중요한 요소이다.

대기의 흐름에서와 같이 해양의 흐름도 서로 섞이고 순환한다. 해양은 전 대양에 걸쳐 있는 물의 흐름인 **해류**를 포함한다. 일반적으로 **표층 해류**(**surface current**)는 대규모 바람이 부는 방향으로 형성된다. 그림 26.30과 26.31을 비교해 볼 때, 대규모 바람과 표층 해류의 흐름이 매우 잘 일치한다는 것을 알 수 있다.

표층 해류도 바람과 같이 지구의 자전에 의해 그 진행 방향이 휘어진다. 코리올리 효과와 그 밖의 다른 원인으로 인해 표층 해류는 거대한 순환 패턴으로서의 **환류**(*gyres*)를 형성한

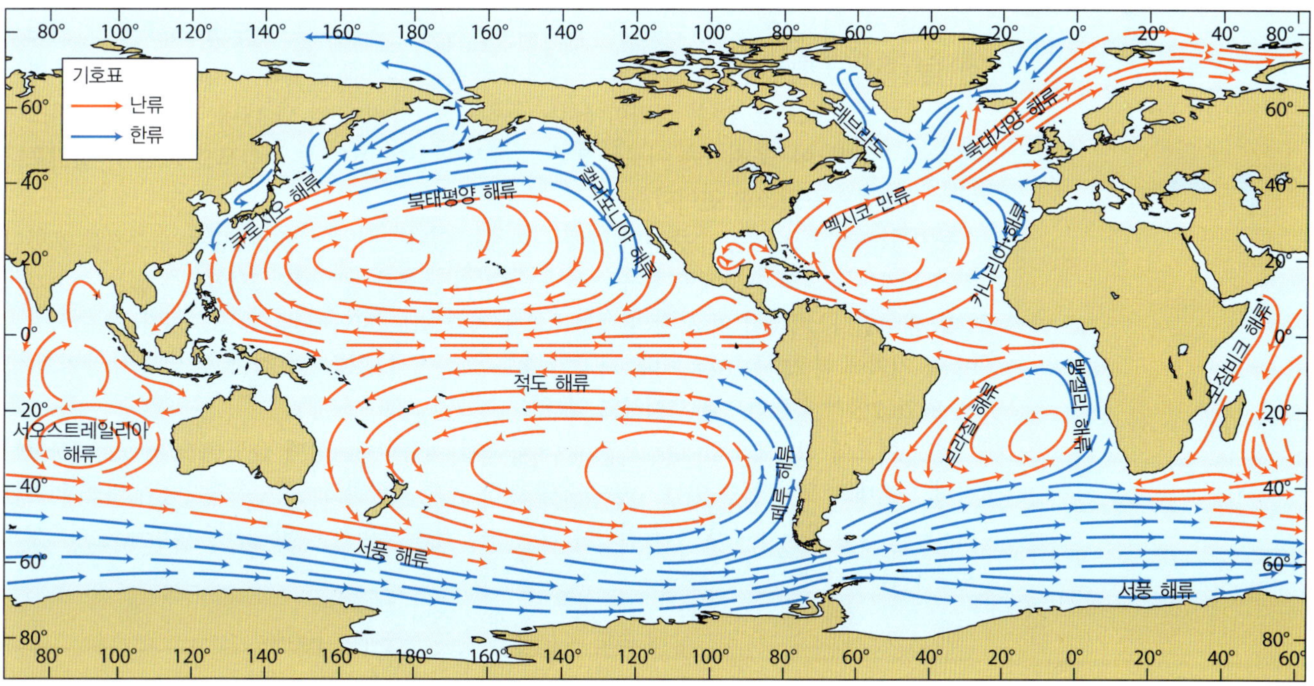

그림 26.30
대륙에 의해 가로막힌 일부 해류의 흐름을 제외하고, 해양의 주요 표층 해류는 그림 26.31에 나타난 것과 같이 대규모 바람의 패턴과 거의 흡사하다.

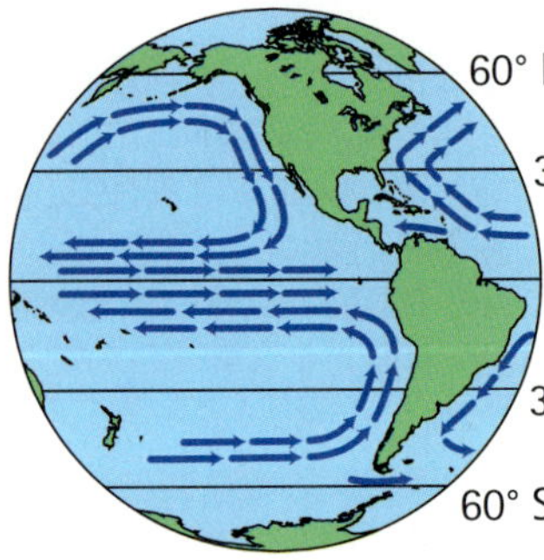

그림 26.31
주요 표층 해류의 흐름

다(그림 26.31).

표층 해류는 열의 재분배에 있어 중요한 역할을 한다. 지구 표면의 불균등한 가열은 적도의 해수를 데우고, 극 지역의 해수를 차갑게 한다. 표층 해류는 이 해수를 원래 있던 곳에서 먼 곳으로 운반하면서 열을 재분배한다. 이러한 해양의 순환은 해수의 온도뿐만 아니라 대기의 온도에도 영향을 미친다. 멕시코 만류가 어떻게 북유럽을 따뜻하게 하는지 예를 들어 살펴보자.

대서양에서 적도의 따뜻한 물은 서쪽으로 흘러 멕시코만으로 흐르고, 미국의 동부 해안을 따라 북쪽으로 이동하여 북대서양으로 열을 이동시킨다. 이 따뜻한 해수의 흐름을 **멕시코 만류**(*Gulf Stream*)라고 한다. 멕시코 만류가 북미의 동안을 따라 북상하면, 대규모 바람은 이 흐름을 유럽 쪽으로 이동시킨다. 이 따뜻한 물은 영국과 노르웨이를 향하면서 열에너지를 대기로 방출하고 차갑게 식어간다. 가열된 대기는 편서풍에 의해 마침내 영국과 노르웨이에 도달하게 된다.*

학습목표
물이 증발하고 응결하는 과정을 통해 어떻게 날씨를 형성하는지 설명할 수 있다.

26.8 대기 중의 물

물음 날씨에는 6가지 주요한 요소가 있다. 그중 대기 중의 물에 의해 작용하는 3가지 날씨의 요소에 대해 구분하고 설명하시오.

매우 건조한 공기를 포함한 모든 공기는 수증기를 포함한다. **수증기**(*water vapor*)는 기체 상태의 물을 의미한다. 우리는 수증기를 볼 수 없으나 그것으로 인해 일어나는 현상을 보고 느낄 수는 있다. 대기 중의 수증기는 습도와 구름, 강수를 유발한다.

습도

모두 알 필요는 없지만 대기 중의 습도를 측정하는 방법에는 여러 가지가 있다. 여기서는 공기 중에 얼마나 많은 양의 수증기가 포함되어 있는지를 나타내는 **습도**(**humidity**)에 대해서 알아본다. 수증기는 눈에 보이지 않는 기체이기 때문에 직접 관찰할 수 없다. 그러나 우리는 확실히 그것을 느끼고 있다. 하와이에서는 특히 습한 날씨가 일 년 내내 나타난다. 텍사스에서 뉴욕, 일리노이, 조지아에 이르는 많은 주에서 여름에 매우 높은 습도를 보인다. 캘리포니아는 상대적으로 건조한 편이다.

공기가 포함할 수 있는 수증기의 양에는 한계가 있다. 공기가 얼마나 많은 수증기를 포함할 수 있는지는 공기의 온도에 영향을 받는다. 공기의 온도가 높아지면 포함할 수 있는 수증기의 양도 많아진다. 이것이 지구 상의 대부분의 습지가 적도 지역에 분포하고, 가장 건조한 지역이 극 지역에 분포하는 이유이다. 다양한 온도 조건에서 공기가 포함할 수 있는 수증기의 양을 표 26.2에서 구체적으로 제시하고 있다.

일기 예보에서는 습도의 개념으로 상대 습도를 사용한다. **상대 습도**(*relative humidity*)는 공기가 최대로 포함할 수 있는 수증기량에 대한 현재 포함하고 있는 수증기량의 비를 의미한다. 또한 특정 온도에서 공기가 얼마나 많은 수증기를 포함하고 있는지를 나타내 준다. 식으로는 다음과 같다.

$$\text{상대 습도} = \left(\frac{\text{현재 수증기량}}{\text{포화 수증기량}}\right) \times 100\%$$

*대기 중에 있는 높은 제트류는 또한 유럽의 기온을 높이는 데 크게 기여한다.

표 26.2 서로 다른 온도 범위에서 공기 1 kg이 포함할 수 있는 최대 수증기량

온도(°C)	공기 1 kg당 수증기의 질량(g)
−30	0.3
−20	0.75
−10	2
7	3.5
20	14
30	26.5
40	47

실제로 25°C인 공기가 7 g의 수증기를 포함하고 있을 때, 25°C인 공기가 포함할 수 있는 최대의 수증기량의 절반에 해당하는 양을 포함하고 있기 때문에 상대 습도는 7/14, 즉 50%로 나타낼 수 있다.

물론 대기 중의 상대 습도는 대기에 포함된 수증기의 양이 변하거나 기온이 변하게 되면 함께 변화한다. 예를 들어 기온이 25°C에서 40°C로 증가하였는데 수증기의 양은 7 g으로 변함이 없다면, 실제 수증기량이 변하지 않더라도 상대 습도는 (7 g/26.7 g) × 100% = 26%까지 떨어지게 된다.

공기가 최대로 포함할 수 있는 양만큼 수증기가 존재할 때, **포화되었다**(*saturated*)고 한다. 이는 상대 습도가 100%인 상태와 동일한 상황으로 볼 수 있다. 어떤 공기 덩어리가 냉각되면 그 공기가 포함할 수 있는 수증기량은 감소하게 되고, 계속해서 냉각이 일어나면 공기가 포함하고 있는 현재의 수증기량이 포화 수증기량과 동일해지는 지점에 도달한다. 이 온도가 포화가 일어나는 온도이며, **이슬점**(**dew point**)이라고 한다. 이슬점에 도달하면 응결이 일어난다. 예를 들어 30°C에서 포화되지 않은 공기 덩어리가 15°C까지 냉각되었을 때 포화되었다면, 이 공기의 이슬점은 15°C인 것이다. 이 공기 덩어리가 더욱 냉각된다면 수증기는 포함할 수 있는 양을 초과하게 되며 그 양만큼의 수증기는 응결하게 된다(그림 26.32).

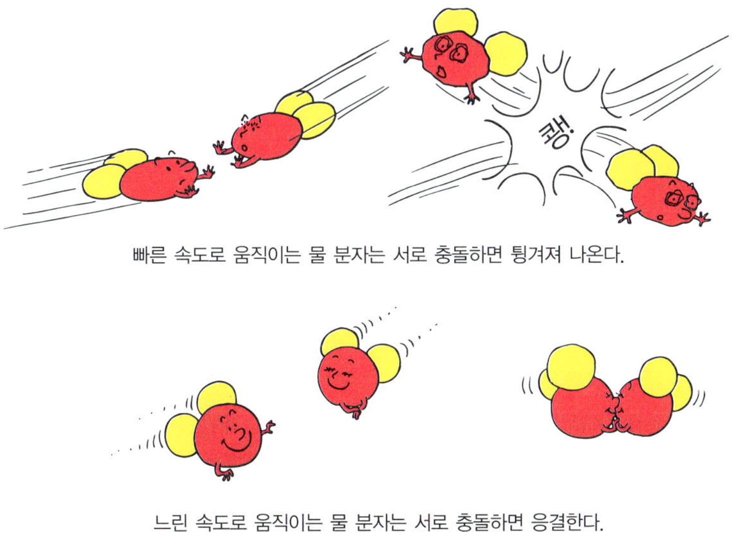

그림 26.32
물 분자의 응결. 수증기가 이슬점에 도달하면 응결이 일어난다. 이 온도에서 물 분자는 서로 충돌에 의해 튕겨져 나가지 않고 결합할 수 있을 정도의 낮은 속도로 이동한다.

(a) (b) (c) (d)

그림 26.33
공기 덩어리가 이슬점에 도달하면 초과된 수증기가 응결하여 (a) 구름, (b) 안개, (c) 이슬, (d) 서리의 형태로 나타난다.

수증기 응결은 대기의 높은 곳에서 구름을 형성할 뿐만 아니라 지표에 가까운 곳에서도 일어난다. 지표 가까운 곳에서 수증기 응결이 일어나는 것을 우리는 **이슬**(*dew*), **서리**(*frost*), **안개**(*fog*) 등으로 부른다. 서늘하고 맑은 날 밤에 지표의 물체들은 주변의 대기보다 급격히 차가워진다. 대기가 냉각되어 이슬점에 도달하면 따뜻할 때 포함할 수 있었던 만큼의 수증기를 포함할 수 없게 된다. 이렇게 포화된 공기는 나뭇가지, 잔디의 잎, 또는 자동차 앞 유리 등과 같은 표면에 수증기 응결이 일어나게 된다. 이른 아침에 일어나는 이러한 응결을 이슬이라고 한다. 이슬점이 어는점보다 같거나 낮은 경우에는 서리가 생긴다. 거대한 공기 덩어리가 이슬점까지 냉각되면 상대 습도가 100%에 도달하고 구름을 형성한다. 이러한 현상은 대기의 상층부에서 공기가 냉각되어 수증기를 더 이상 포함할 수 없을 때 일어난다. 그러나 동일한 현상이 지표 근처에서도 일어나는데, 이를 **안개**라고 한다(그림 26.33).

구름

공기는 상승하면서 팽창하고 냉각된다. 공기가 냉각되면서 물 분자는 더욱 천천히 움직이게 되고 몇몇은 응결한다. 대기 중에 크고 느린 부유성 입자나 이온이 존재한다면, 수증기는 이러한 입자들에 달라붙어서 미세한 물방울이나 작은 얼음 결정으로 나타나는 **구름(cloud)**을 형성한다.

1803년에 영국의 기상 관측가 하워드(Luke Howard)는 처음으로 구름을 모양에 따라 분류하였다. 그는 구름을 **권운**(*cirrus*), **적운**(*cumulus*), **층운**(*stratus*)으로 구분하였다(그림 26.34). 그러나 하늘에서 이러한 기본적인 모양을 하고 있는 구름은 찾아보기 힘들다. 구름은 일반적으로 단순한 모양을 하고 있지 않으며, 여러 형태가 복합적으로 작용하여 나타난다. 때문에 하워드의 단순 구름 분류는 그 형태뿐만 아니라 고도에 따라 분류할 수 있도록 변형되었다. 그 결과, 4개의 주요 구름 집단에 포함되는 10개의 기본적인 구름의 형태가 분류될 수 있다(표 26.3).

상층운(*high cloud*)은 6000 m 이상의 고도에 위치하고 있으며, '**권**(*cirro-*)'이라는 접두어를 붙인다. 이 높이에서의 공기는 매우 차갑고 건조하여 구름은 대부분 얼음 결정들로 이루어져 있다. 대부분의 상층 구름은 권운으로, 상층의 강한 바람에 날려 묶은 모양을 하고 있어서 '암말의 꼬리' 또는 '예술가의 붓'에 비유된다. **권적운**(*cirrocumulus*)은 하늘의 좁은 지역에 하얗게

(a) (b) (c)

그림 26.34
구름은 모양에 따라 (a) 권운, (b) 적운, (c) 층운으로 분류된다.

표 26.3 4가지 주요 구름 분류

1. 상층운(6000 m 이상)	2. 중층운(2000~6000 m)	3. 저층운(2000 m 이하)	4. 수직운
권운	고층운	층운	적운
권층운	고적운	층적운	적란운
권적운	난층운		

올록볼록하게 나타나는 배열을 보인다(그림 26.35a). 작은 물결이 파도치는 것과 같은 이 모양은 권적운을 고등어의 비늘을 확대한 것처럼 보이게 한다. 그래서 권적운이 나타나면 사람들이 그것을 '고등어 하늘'에 비유하기도 한다. 권운은 주로 맑은 날씨를 대변한다.

중층운(*middle cloud*)은 '**고**(*alto-*)'라는 접두어가 붙으며, 온도에 따라 물방울과 얼음 결정으로 구성된다. **고층운**(*altostratus cloud*)은 회색 또는 푸른 회색을 띠고, 때로는 수백 평방킬로미터에 해당하는 하늘을 뒤덮는다(그림 26.35b). 고층운은 종종 지표의 물체가 그림자도 형성하지 않을 정도로 햇빛이 들어올 수 없도록 두껍게 형성된다. 고층운은 주로 폭풍이 일기 전에 형성되는데, 소풍을 나가러 가기 전에 야외에서 자신의 그림자를 볼 수 없다면 소풍을 취소해야 할지도 모른다.

하층운(*low cloud*)은 대부분 물방울로 구성되어 있지만, 추운 기후 지역에서는 얼음 결정을 포함할 수 있다. **층운**(*stratus*)은 낮은 구름들 중에서 가장 낮은 곳에 주로 위치한다. 균일한

(a) (b) (c) (d)

그림 26.35
각 주요 구름 분류 집단에서의 구름: (a) 권적운, (b) 고층운, (c) 난층운, (d) 적란운

회색을 띠며, 하늘 전체를 뒤덮어 종종 안개처럼 보이기도 한다. 층운은 큰 규모의 강수 현상과 직접적인 연관성은 없지만, 때때로 이슬비나 옅은 안개를 생성한다. **난층운**(*nimbostratus cloud*)은 어둡고 불길한 징조를 나타낸다(그림 26.35c). 난층운은 비와 눈을 예고하는 습한 구름층이다.

수직운(*clouds of vertical development*)은 앞서 제시한 세 가지 높이에 따른 구름 분류에 적용되지 않는다. 이 구름은 일반적으로 낮은 고도에서 시작하여 중간 또는 높은 고도까지 도달한다. 적운은 비록 날씨가 맑더라도 급격히 성장할 수 있기 때문에 '수직 발달운'이라고도 한다. **적란운**(*cumulonimbus cloud*)에서 수직 상승하는 공기의 흐름은 우뚝 솟은 모루 형태의 구름을 생성한다(그림 26.35d). 적란운은 일반적으로 강한 폭우와 천둥, 번개, 우박 등을 생성하여 '소나기구름'으로 불린다.

그림 26.36
구름 속의 작은 물방울들이 충돌을 통해 결합하면서 큰 빗방울이 형성된다. 빗방울은 떨어지기 전까지 구름 속에서 최소 100배의 크기로 성장해야 한다.

강수

강수(**precipitation**)는 대기에서 지표로 액체 상태 또는 고체 상태로 떨어지는 물을 의미한다. 강수는 지구 상의 생명체뿐만 아니라 암석의 풍화에도 영향을 미치는 물의 순환에 매우 중요한 부분이다. 강수는 주로 눈과 비를 말하지만, 안개나 우박, 언 비, 진눈깨비(고체 얼음 결정 형태) 등의 다른 형태를 포함한다. 일반적으로 안개와 이슬비는 층운형 구름에서 주로 발생하고, 비는 난층운과 적란운에서 발생한다. 이러한 강수의 형태는 대기의 온도에 의해 영향을 받는다.

강수의 가장 흔한 형태인 **비**(*rain*)는 어는점보다 높은 온도를 가지는 구름에서 만들어져 떨어지는 액체 상태의 물이다. 구름 속에서 작은 물방울들이 충돌하여 결합하면 더 이상 공기 중에 머물러 있지 못할 정도로 크기와 질량이 증가하고, 결국 떨어지게 된다(그림 26.36).

우리는 여기서 한 가지 의문이 생길 수 있다. 구름이 공기보다 밀도가 큰 물방울과 얼음 결정으로 만들어졌다면, 왜 우리는 구름이 지표로 가라앉는 현상을 볼 수 없는 것일까? 중력은 물방울을 아래로 잡아당길 만큼 충분히 크다. 그렇다면 왜 구름 속의 모든 물방울은 땅으로 떨어지지 않는 것일까? 그 해답은 상승 기류와 관련이 있다. 전형적인 적운형 구름은 물방울이 떨어질 수 있는 속도보다 더 빠른 1 m/s의 속도로 상승 기류가 흐르고 있다. 따라서 이러한 상승 기류에 의해 물방울이 위로 올라가기 때문에 지표로 떨어지지 않는 것이다. 반면 빗방울은 전형적인 구름 방울에 비해 거대하다. 지상에 도달할 정도로 큰 빗방울은 구름 방울보다 약 백만 배나 많은 물을 포함하고 있다. 이러한 빗방울은 대부분 상층으로 올라가는 것보다 더 빠른 속도로 떨어지게 된다.

그림 26.37
눈송이는 많은 미세 얼음 결정으로 이루어져 있다.

눈(*snow*)은 여섯 방향의 작은 얼음 결정으로 구성되어 있다. 눈은 수증기가 어는점 이하의

(a) (b)

그림 26.38
(a) 우박에 의한 피해. (b) 여러 겹의 얼음층으로 이루어진 우박

온도에 도달할 때, 고체 상태로 변화하여 만들어진다. 이 얼음 결정이 떨어지면서 서로 부딪히고 결합하여 크고 다양한 형태로 성장하면서 눈송이가 만들어진다. 날씨가 매우 추울 때의 눈은 가볍고 푹신하며, 어는점 근처의 온도일 때의 눈은 끈적하고 젖어 있다. 눈송이에서 볼 수 있는 얼음 결정은 모두 여섯 개의 결정 방향을 가진다.

우박(*hail*)은 가끔 큰 피해를 입힌다. 우박은 천둥을 동반한 적란운에서만 나타난다. 우박은 여러 층의 얼음으로 구성된다. 물방울이 구름 속에서 언 후, 상승 기류를 통해 상공에 오랫동안 머물러 있으면서 물방울이 외곽에 결합하여 또 다시 얼게 되어 새로운 층을 형성하고 이러한 과정을 반복하여 여러 겹의 층을 형성한다. 골프공만큼 큰 우박이 떨어지면 자동차 정도는 순식간에 훼손될 수 있다.

26.9 날씨의 변화 – 기단, 전선, 저기압

학습목표
저기압과 고기압, 한랭 전선과 온난 전선, 대륙성 기단과 해양성 기단에 대해 비교하고 대조할 수 있다.

물음 차가운 기단이 따뜻한 기단과 만났을 때 일어나는 현상을 설명하시오.

만약 기상학자가 고기압이 다가오고 있다고 말한다면, 우리는 어떤 종류의 날씨를 예상할 수 있을까? 우산을 가지고 나가야 할까? 날씨의 변화와 일기 예보를 이해하기 위해서는 **전선**과 **저기압**을 포함하는 **기단**의 움직임을 이해할 필요가 있다.

기단

기단(**air mass**)은 전체적으로 유사한 온도와 습도의 특성을 갖는 공기의 큰 덩어리이다. 기단은 거대한 공기 덩어리가 한 지역에서 그 지역의 특성을 반영할 만큼 충분히 긴 시간 동안 머물러 있을 때 형성된다. 예를 들어 플로리다 해안가는 따뜻하고 습하기 때문에 그곳에서 만들어진 기단 역시 따뜻하고 습한 특징을 보이게 될 것이다. 그러나 기단은 대규모 바람에 의해 이동하기 때문에 이러한 특성이 전혀 변하지 않는 것은 아니다. 기단이 이동하면서 기상 조건도 함께 이동하는데, 새로운 환경과 상호 작용을 통해 기단의 성질이 변하게 되는 것이다.

기단은 형성된 위도에 따라, 그리고 대륙 또는 해양에서 형성되었는지에 따라 분류된다. 그림 26.39에서는 북미의 날씨에 가장 큰 영향을 미치는 기단의 종류들이 나타나 있다. 각각의 기단은 두 개의 알파벳 문자로 표기된다. 첫 글자는 수분의 함량을 나타내고, 두 번째 글자는 온도를 나타낸다. 그래서 플로리다에서 형성된 기단은 **해양**(*maritime*), **열대**(*tropical*)를 의미하는 mT가 된다. 열대 해양성 기단은 습하고 따뜻한 공기를 포함한다. cP로 표기된 기단은 **대륙**(*continental*), **극**(*polar*) 기단을 의미한다. 이 기단은 알래스카와 캐나다로부터 차갑고 건조한 공기를 수반한다.

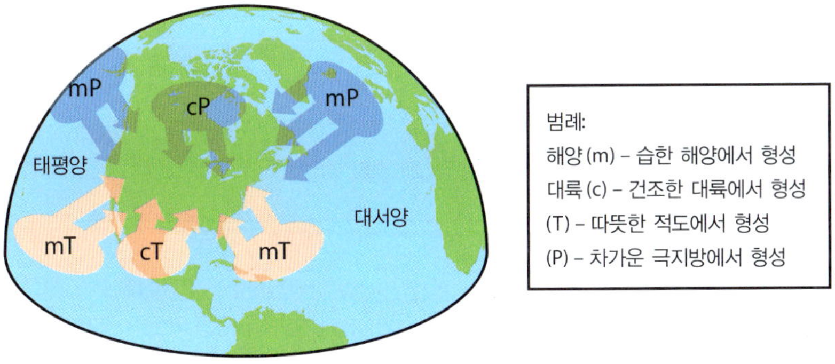

그림 26.39
북미의 날씨에 영향을 미치는 기단들이 형성된 위치와 전형적인 이동 방향. 기단은 이동하면서 본래의 온도와 수분 함량 특성을 동반한다.

전선

대규모 바람 방향에 대해 26.6절에서 다시 확인해 보자. 대류 세포에서 따뜻한 공기는 적도를 벗어나 극을 향해 이동하고, 차가운 공기는 극에서 적도 쪽으로 분다. 이러한 움직임은 기단을 이동시켜 대규모 바람 패턴을 형성한다.

대규모 바람이 중위도에서 충돌하는 것과 같이, 기단도 서로 충돌을 하게 된다. 기단이 충돌할 때, 공기는 쉽게 서로 혼합되지 않는다. 대신에 **전선**(**front**)이라는 경계를 두고 서로 마주하게 된다.

전선에서는 밀도가 작고 따뜻한 기단이 밀도가 크고 차가운 공기 위로 올라간다. 따뜻한 공기는 차가운 공기 위로 수직 상승하는 경향이 있지만, 기단의 수평적인 이동에서는 이와 다르게 이동한다. 때때로, 밀도가 크고 차가운 기단이 따뜻한 기단을 밀어내는 경우가 있다. 이 경우에는 두 기단이 접촉하고 있는 경계를 **한랭 전선**(*cold front*)이라고 한다(그림 26.40). 따뜻한 공기 또한 차가운 기단으로 덮여 있는 지역으로 이동할 수 있다. 이러한 경우의 접촉 경계를 **온난 전선**(*warm front*)이라고 한다(26.41). 두 기단 모두 움직이지 않고 정지해 있는 경우에 접촉 경계는 **정체 전선**(*stationary front*)이라 부른다. 따뜻한 공기가 두 차가운 기단 사이에 있고, 차가운 공기가 빠르게 이동하여 따뜻한 공기를 들어 올리면 **폐색 전선**(*occluded front*)이 형성된다. 따뜻한 공기는 상승하면 냉각되기 시작하고 수증기가 응결하게 되므로,

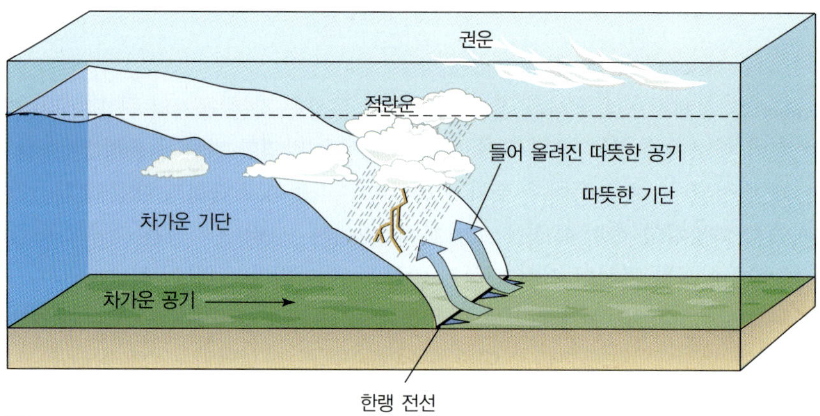

그림 26.40
차가운 기단이 따뜻한 기단 쪽으로 이동할 때 한랭 전선이 형성된다. 차가운 공기는 따뜻한 공기를 들어 올려 두꺼운 구름을 형성하도록 한다.

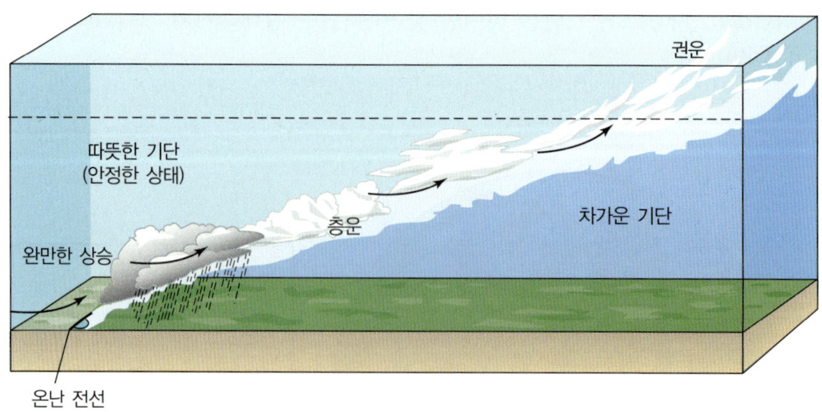

그림 26.41
온난 전선은 따뜻한 기단이 차가운 기단 쪽으로 이동할 때 형성된다. 밀도가 작은 따뜻한 공기는 밀도가 큰 차가운 공기를 타고 서서히 상승한다.

전선으로부터 수 킬로미터 내에는 구름과 바람, 그리고 비나 폭풍우를 동반한다.

만약 권운 다음으로 층운형 구름이 아닌 고층운을 관측하게 되고, 바람의 방향이 변하며, 기압이 떨어지고 있음을 느낀다면, 한랭 전선이 가까워지고 있음을 예상할 수 있다. 한랭 전선에서 차가운 공기가 따뜻한 공기 쪽으로 이동하여 따뜻한 기단을 밀어 올리면, 따뜻한 공기는 상승하여 냉각된다. 이 공기가 충분히 습할 경우, 적란운을 형성하여 뇌우를 동반한 강한 강수와 세찬 바람을 형성한다. 한랭 전선이 통과하게 되면 따뜻한 공기는 식어서 가라앉게 되어 기압이 높아지고 강수는 멈추게 된다. 특별한 경우의 적운형 구름을 제외하고는 대부분 폭풍이 지나간 후의 하늘은 깨끗하고 고요하게 변한다.

권운을 관측한 다음 층운형 구름을 보게 될 경우, 온난 전선이 다가오고 있을 수 있다. 온난 전선의 따뜻한 공기는 차가운 공기 위로 전진하면서 분리된다. 한랭 전선과 같이 차가운 공기와 따뜻한 공기의 밀도 차이는 두 기단을 섞이지 않도록 하기 때문에 따뜻한 공기는 차가운 기단 위로 올라갈 수 있는 것이다. 따뜻한 공기가 상승하여 냉각되면서 수증기는 이슬점에 도달한다. 그 결과, 구름의 형성 및 응결을 통해 여름에는 이슬비나 안개가, 겨울에는 진눈깨비가 발생한다. 전선의 뒷면에서는 공기가 따뜻해지고 구름은 흩어져 사라진다.

저기압

기단은 수천 평방킬로미터에 걸쳐 공기를 이동시키는 거대한 **날씨 체계**(*weather system*)에 속한다. 그리고 날씨 체계는 저기압과 고기압을 중심으로 구성된다.

저기압은 단순히 **사이클론**[**cyclone** 또는 **저기압 체계**(*low-pressure system*)]이라고도 불린다. 저기압은 거친 날씨와도 관련된다(그림 26.42). 저기압의 중심은 압력이 가장 낮은 지역을 의미하고, 따라서 공기는 소용돌이치며 안으로 빨려 들어가 중심에서는 위로 상승하게 된다.

상승한 공기는 구름과 강수를 형성하는데, 여름에는 비와 뇌우를 동반한 저기압이 자주 발생하고, 겨울에는 눈과 뇌우를 동반한다. 코리올리 효과로 인해 저기압에서의 바람은 북반구에서 반시계 방향으로, 남반구에서는 시계 방향으로 분다.

고기압[**anticyclone** 또는 **고기압 체계**(*high-pressure system*)]은 주변 지역에 비해 압력이 높은 영역을 의미한다(그림 26.43). 공기는 고기압에서 저기압을 향해 움직이기 때문에 고기압의 중심에서 하강한 공기는 바깥쪽으로 불어 나간다. 이 하강하는 공기로 인해 고기압 주변에서 강수가 거의 없는 맑은 하늘을 볼 수 있다(상승하는 따뜻한 공기는 수증기 응결을 통해 구

(a) (b)

그림 26.42
(a) 저기압의 인공위성 사진. (b) 북반구에서는 바람이 저기압 중심을 향해 반시계 방향으로 불어 들어간다. 공기의 상승으로 인해 거친 날씨를 동반한다.

그림 26.43
(a) 고기압의 인공위성 사진. (b) 북반구에서는 바람이 고기압 중심에서 시계 방향으로 불어나간다. 고기압은 좋은 날씨와 관련이 있다.

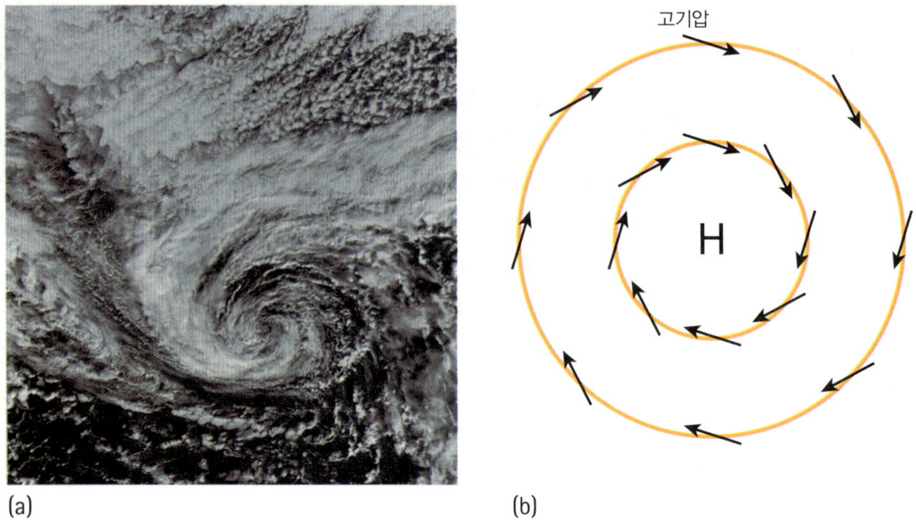

름을 형성하고, 하강하는 공기는 그와 반대의 현상을 일으킨다는 것을 기억하자). 코리올리 효과는 고기압 중심에서 불어나가는 바람의 방향을 전환시키는데, 북반구에서는 시계 방향으로, 남반구에서는 반시계 방향으로 불어나간다.

기상학자들은 일기도에서 전선과 기압의 위치 체계를 이용하여 날씨를 예측한다(그림 26.44). 일기도에서 고기압은 *H*로 표기되며, 저기압은 *L*로 표기된다. 온난 전선은 차가운 공기와 맞닿은 방향을 향해 반원이 그려진 선으로 나타나며, 한랭 전선은 따뜻한 공기의 영역으로 삼각형이 그려진 선으로 나타난다.

여기에 TV에서 쉽게 볼 수 있는 매우 간단한 일기도가 있다. 일기 예보를 위한 날씨 체계의 분석과 그 이동을 계산하기 위해 컴퓨터를 활용하여 많은 일기도를 작성한다. 이러한 과정을 통해 농부뿐만 아니라 천문학자까지 날씨 예보를 활용하게 된다.

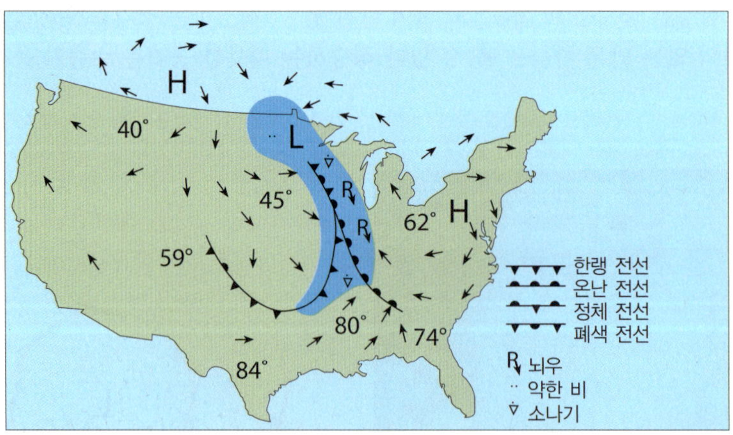

그림 26.44
일기도에서는 기압계와 전선을 볼 수 있다. 이 일기도에서는 한랭 전선이 남쪽으로 이동하고, 온난 전선이 동쪽으로 이동한다.

연습문제

26.1 대기권

1. 날씨와 기후의 차이는 무엇인가?
2. 날씨의 6가지 요소는 무엇인가?
3. 대기의 99% 이상을 구성하는 두 종류의 기체 분자는 각각 무엇인가?

26.2 대기권의 구조

4. 대기권의 네 개 층 명칭을 쓰시오.
5. 왜 성층권에서 높은 온도가 나타나는가? 그리고 왜 중간권에서는 낮은 온도가 나타나는가?

26.3 위도에 따른 온도

6. 샌프란시스코는 북반구와 남반구 중 어디에 위치하는가? 또한 그 위도는 얼마인가?
7. 위도는 온도와 어떤 관계가 있는지 **기후 지역**과 관련하여 설명하시오.

26.4 지구 자전축의 기울기-계절

8. 왜 평균적으로 여름은 겨울보다 따뜻한가?
9. 동지, 하지, 춘분, 추분에 대해 설명하시오.

26.5 대기의 흐름-바람

10. 바람이란 무엇인가? 그리고 바람이 부는 원인은 무엇인가?
11. 바람은 어느 방향으로 부는가?

26.6 국지 및 대규모 바람

12. 국지 바람과 대규모 바람의 예를 제시하시오.
13. 미국의 식민지 시대에 무역풍은 무역에 어떻게 영향을 미쳤는가?

26.7 열을 분배하는 해양의 흐름

14. 표층 해류를 흐르게 하는 것은 무엇인가?
15. 표층 해류는 해수와 대기의 온도에 어떻게 영향을 미치는가?

26.8 대기 중의 물

16. 공기가 포화 상태에 이르러 이슬점에 도달하면 공기 중의 수증기는 어떻게 되는가?
17. 구름은 어떻게 형성되는가?
18. 우박은 어떻게 형성되는가?

26.9 날씨의 변화-기단, 전선, 저기압

19. 저기압을 의미하는 두 가지 또 다른 용어는 무엇인가? 저기압은 어떤 종류의 날씨와 관련되는가?
20. 전선은 어떻게 발달하는가?

확인문제

만일 여러분이 이 장에서 제대로 학습을 하였다면, 다음에 제시된 10개의 질문에 적어도 7개는 제대로 답을 할 수 있을 것이다. 만일 그렇지 못하면 다음 장으로 가기 전에 이 장을 더 학습할 필요가 있다.

각 질문에 대해 가장 적합한 답을 고르시오.

1. 지구 대기권의 최하층은 (   )를 통해 따뜻하게 유지된다.
   (a) 태양 복사 에너지
   (b) 지구 복사 에너지
   (c) 단파 복사 에너지
2. 바람은 (   )(으)로 인해 분다.
   (a) 서로 다른 지역 사이의 기압 차이
   (b) 지구의 자전
   (c) 지구 온난화
   (d) 서로 다른 위도
3. 기온은 내려가지만 수증기의 양은 일정하게 유지될 때, 상대 습도는 어떻게 변하는가?
   (a) 증가한다.
   (b) 감소한다.
   (c) 변하지 않는다.
4. 하지 기간에 북극은
   (a) 밤과 낮의 길이가 동일하게 나타난다.
   (b) 태양으로부터 먼 곳을 향해 기울어져 있다.
   (c) 태양을 향해 기울어져 있다.
   (d) 전체가 어둠으로 뒤덮여 있다.
5. 지구 대기의 불균등한 가열은 (   )을(를) 생성한다.
   (a) 비
   (b) 구름
   (c) 기압
   (d) 바람

6. 멕시코 만류는 멕시코만의 열을 (   )(으)로 재분배한다.
   (a) 북미 해안, 영국, 노르웨이
   (b) 남미
   (c) 일본
   (d) 남극 대륙
7. 기압은 (   )로 인해 형성된다.
   (a) 수증기의 무게
   (b) 공기의 무게
   (c) 바람의 세기
   (d) 따뜻하고 습한 공기
8. 열대 해양성 기단은 (   )를 포함한다.
   (a) 차갑고, 습한 공기
   (b) 차갑고, 건조한 공기
   (c) 따뜻하고, 건조한 공기
   (d) 따뜻하고, 습한 공기
9. 높은 상층에서 바람에 날려 묶여 있는 모양을 하고 있으며, 주로 얼음 결정들로 이루어져 있으나 가끔 비를 동반하는 구름을 (   )이라고 한다.
   (a) 적운
   (b) 권운
   (c) 층운
   (d) 적란운
10. 이슬점에 도달한 공기의 상대 습도는 (   )이다.
   (a) 0%
   (b) 10%
   (c) 50%
   (d) 100%

확인문제 답

1. b, 2. a, 3. a, 4. b, 5. d, 6. a, 7. b, 8. d, 9. b, 10. d

27장

환경 지질학

자연 현상은 언제 자연 재해로 변하는가? 홍수, 허리케인, 폭염, 화산 분출, 산사태, 지진 해일 등의 자연 현상이 사람들에게 직접적으로 일어날 때 자연 재해가 될 수 있다. 우리는 이러한 상황에서 벗어남으로써 자연 재해를 예방할 수 있으나, 때때로 사람들이 직접 거주하는 곳에서 이러한 일이 발생하기도 한다. 그럴 때 우리는 무엇을 할 수 있을까? 위험한 자연 재해를 예방하기 위해서는 어떻게 해야 할까? 예방할 수 없다면, 그 피해를 최소화할 수 있는 방법에는 무엇이 있을까? 재해의 예측, 예방, 그리고 지역 사회의 대비와 대응 체계는 환경 지질학의 모든 첨단 지식을 필요로 한다. 이 장에서는 자연적으로 일어나는 위험한 상황들이 어떻게 작용하는지 설명해 주는 과학적 내용에 대해 알아볼 것이다. 또한 기후 변화가 가져올 수 있는 즉각적이고 심각한 결과에 대한 우려로 인해 기후 변화에 대해서도 어느 정도 다루게 될 것이다. 결국, 이 장은 사람들의 생존과 관련된 매우 중요한 내용으로 이루어져 있다.

27.1 지진

물음 어떤 위치에 있는 거대한 바위 덩어리들을 붙잡고 있는 마찰력을 능가하는 지질학적 힘이 작용할 때 어떤 현상이 일어나는가?

> **학습목표**
> 지진이 일어나기 전과 도중, 그리고 후에 일어나는 현상들에 대해 구체적으로 설명할 수 있다.

포근한 10월의 오후 5시가 조금 지난 시각이었다. 이 책의 저자들 중 한 사람인 수잰(Suzanne Lyons)은 캘리포니아 주 오클랜드에서 퇴근을 준비 중이었다. 그녀가 사무실 문을 나서는 순간, 땅이 흔들리기 시작했다. 흔들리는 출입구에 서 있는 동안, 그녀는 창밖의 도로들이 마치 바다에서 파도가 치는 것처럼 밀려오는 것을 보았다. 이것이 캘리포니아에서 있었던 지진들 중 가장 강력한 것이었을까? 그렇지는 않지만, 충분히 심각했었다. 가장 강력했던 지진은 샌프란시스코 만에서 1989년에 발생했던 로마 프리에타(Loma Prieta) 지진이다. 고속 도로가 무너지고 건물들이 파괴되면서 63명이 사망하고 60억 달러의 재산 피해를 가져왔다(그림 27.1).

22장의 판 구조론에서 배운 것과 같이, **지진(earthquake)**은 암석층이 갑자기 이동하거나 부서질 때 발생한다. 지진은 전형적으로 판의 주변부에서 일어난다. 판은 지속적으로 천천히 이동하는데, 이때 서로 충돌하거나 잡아당기면서 판이 맞닿아 있는 부분이 갈리게 된다. 그러나 종종 암석층의 마찰은 거대한 암석의 운동을 대규모로 멈추게 한다. 이러한 작용으로 암석층은 자유롭게 이동하지 못하고 압축되거나 늘어지게 된다. 암석층을 밀거나 당기는 힘이 암석층을 붙잡고 있는 마찰력을 능가하거나 암석 자체의 강도를 초과하게 되면, 힘을 받은 암석층은 순간 부서지거나 미끄러져 나간다. 변형된 암석은 다시 원래의 위치로 돌아가려는 **탄성 반발**(*elastic rebound*)을 받게 된다(그림 27.2). 이렇게 암석층은 축적된 탄성 에너지를 지구 전체로 퍼져 나가는 **지진파(seismic wave)**의 형태로 방출하게 되는 것이다. 이런 지진파와 지진에 대해 연구하는 사람을 **지진학자**(*seismologist*)라고 한다.

나무를 구부려서 부러뜨리려고 할 때, 우리는 나무에 어느 정도로 에너지를 가해야 하는지 알고 있다. 그러면 암석을 구부리기 위해서는 얼마나 많은 에너지가 필요할까? 이제 수 킬로미터의 두께를 가진 암석층을 구부리는 데 필요한 에너지를 상상해 보라. 이 에너지가 바

그림 27.1
1989년에 캘리포니아에서 발생한 로마 프리에타(Loma Prieta) 지진으로 인해 고속 도로가 붕괴된 장면이다.

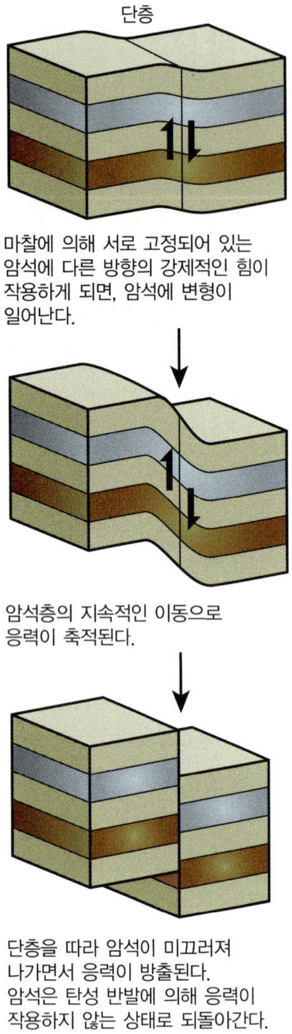

그림 27.2
지구조적 힘의 영향으로 움직이는 거대한 암석층은 서로의 운동에 따른 마찰로 인해 운동이 억제될 수 있다. 이렇게 밀고 당기는 힘이 마찰력을 초과하게 되면, 거대한 암석은 갑자기 미끄러지게 된다. 이때, 저장되어 있던 에너지가 지진파의 형태로 지구 전체로 퍼져 나가면서 땅을 진동시키는 것이다.

로 지진이 일어나기 직전에 암석층에 저장된 에너지인 것이다. 이러한 에너지는 어디서 오는 것일까? **판 구조론**(*plate tectonics*)이 그 해답을 가지고 있다. 판은 지구의 맨틀 상부에 존재하는 거대한 지각의 일부이다. 비록 판은 천천히 움직이지만, 판의 질량이 크다는 것은 그것이 엄청난 양의 운동 에너지를 가지고 있다는 것을 의미한다(운동 에너지는 질량에 비례하고, 속도의 제곱에 비례한다. $KE = \frac{1}{2}mv^2$). 판의 이동으로 거대한 암석층이 서로 마주하여 이동할 때, 운동 에너지는 암석에 퍼텐셜 에너지로 변환되어 축적된다.

지진이 발생한 지점을 **진원**(*focus*)이라고 한다(그림 27.3). 지진파는 전화벨 소리가 울려 퍼지는 것과 같이 사방으로 퍼져 나간다. 진원에서 수직으로 올라와 지표와 만나는 지점을 **진앙**(**epicenter**)이라고 한다. 지진은 일반적으로 **단층**(*fault*)에서 발생한다. 단층은 암석이 서로 다른 방향으로 이동하면서 절단되는 현상을 말한다. 단층은 종류에 따라 부드럽고 느리게 발생하는 것도 있으나, 지진이 일어나는 동안에는 빠르게 발생한다. 단층은 대부분 극단적인 지각 응력으로 균열이 발생하는 판의 주변 경계부에 존재한다. 그러나 단층은 판의 중앙에서도 일어날 수 있다. 단층의 길이는 몇 센티미터에서부터 수백 킬로미터까지 다양하게 나타난다. 단층에 따라 그 변위도 마찬가지로 몇 센티미터에서 수 킬로미터의 범위를 가진다. 단층은 일반적으로 단일 균열보다는 복잡한 구조로 나타나며, 지각 상부의 10~15 km의 얕은 깊이에서 발견된다.

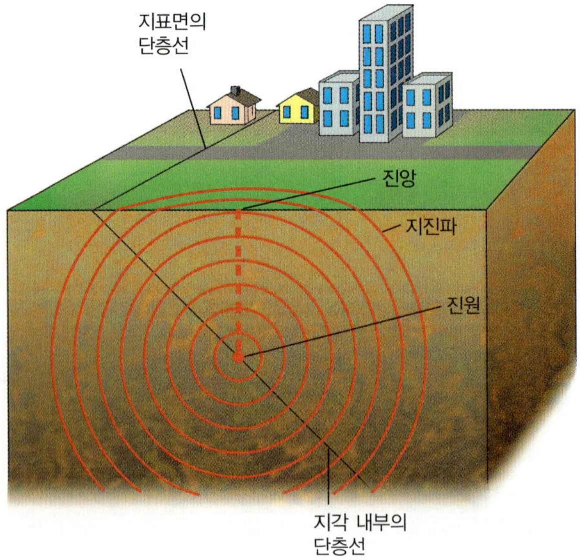

그림 27.3
지진으로 인해 암석이 갑자기 이동하는 경우는 대부분 단층이다. 암석의 이동은 진원으로부터 방출되는 지진파를 생성한다. 진원에서 수직으로 올라와 지표와 만나는 지점이 진앙이다.

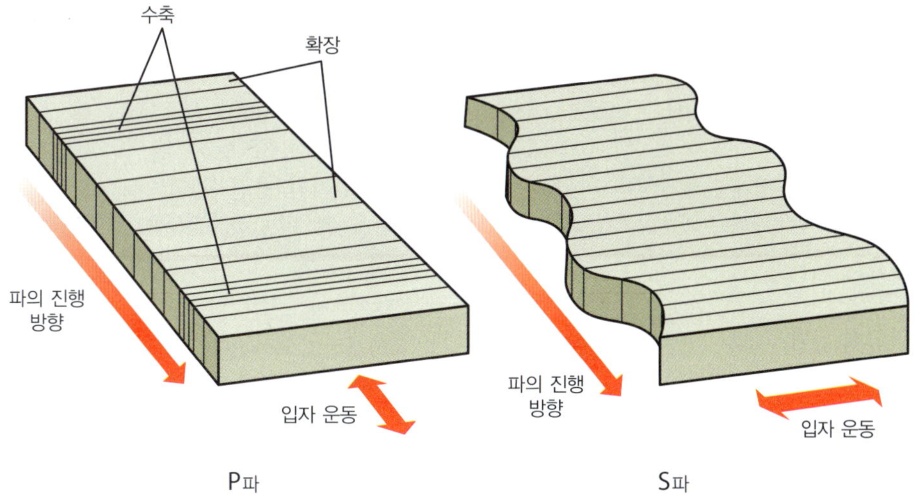

그림 27.4
P파와 S파는 지진파의 한 종류인 실체파로 지구 내부를 통해 이동한다. P파는 종파이고 S파는 횡파임을 기억하자. 그림에서와 같이 이들은 다른 형태의 진행 방법을 통해 암석을 진동시킨다. P파는 파가 이동하는 방향으로 암석을 진동시키고, S파는 파가 진행하는 방향에 직각 방향으로 암석을 진동시킨다.

지진파에는 두 가지 종류가 있다. 지구 내부를 통해 이동하는 **내부파**(*body wave*)와 표면을 통해 이동하는 **표면파**(*surface wave*)가 그것이다. 표면파는 지구 표면을 통해서 이동하기 때문에 지표의 구조물을 좌우로 또는 위아래로 흔들어 피해를 준다. 내부파는 P파(primary wave)와 S파(secondary wave)로 분류된다. P파는 종파로, 아코디언이 수축하고 확장되는 것처럼 암석이나 물 또는 공기를 매질로 수축과 확장을 통해 빠르게 이동한다. S파는 횡파로 좌우로 진동하는 흐름을 가지고 이동한다(그림 27.4).

지진은 전 세계에서 발생한다. 대부분 판의 경계에서 발생하지만, 판의 경계에서 멀리 떨어진 곳에서 **판 내부**(*intraplate*) 지진이 발생하기도 한다. 판의 내부에서 일어난 악명 높은 세 번의 지진은 1811년에서 1812년 사이의 겨울에 미주리 주의 뉴 마드리드(New Madrid)에서 발생했다. 첫 번째는 12월 16일 자정을 갓 넘은 시각에 일어났다. 흔들리는 집에서 뛰쳐나온 사람들은 지각이 파도처럼 1 m의 높이까지 요동치는 것을 목격했다. 이 강력한 표면파로 인해 지표에 깊은 균열을 만들어졌다. 이후 몇 주 동안 발생한 나머지 두 지진의 강도도 이와 비슷했다. 뉴 마드리드 지진은 새로운 호수를 생성하고, 미시시피 강의 경로를 바꾸었으며, 15만 에이커 이상의 넓은 숲을 파괴시키고, 광활한 지역에 걸쳐서 지표의 윤곽을 변화시킴으로써 지형에 상당한 영향을 미쳤다. 다행히도 지진이 비교적 간헐적으로 일어났기 때문에 인명과 재산상의 큰 피해는 막을 수 있었다.

그림 27.5
미주리 주의 뉴 마드리드에서는 1811년에서 1812년 사이에 1000번 이상의 크고 작은 지진이 일어났다. 지진의 규모는 미국 대륙에서 일어난 지진들 중 가장 큰 규모인 리히터 규모 8.0의 범위까지 도달하였다. 뉴 마드리드 지진은 판의 내부에서 일어난 지진으로, 판 경계에서 주로 일어나는 지진과 대비되는 드문 형태의 지진이었다.

일반적인 땅의 흔들림 자체가 위험한 것은 아니지만 그로 인해 발생하는 추가적인 피해는 위험할 수 있다. 화재와 산사태, 지진 해일, **액화 현상**(*liquefaction*) 등을 포함한 지진은 위험하다. 액화 현상은 무엇일까? 지진으로 인해 토양이 흔들리면, 토양은 종종 더 이상 마찰에 의해 고정되어 있지 못하고 떨어져 나가게 된다. 단단하게 굳어지지 않아 액상의 특성을 가지는 토양은 건물을 지지하기에 충분한 강도를 가지지 못한다. 이 액화 현상이 지진이 일어나는 동안 건물이 전복되는 주

표 27.1 판의 운동 상태에 따른 지진의 정도와 깊이

판에서의 위치	진원의 깊이와 지진의 강도
발산 경계	천발 지진, 약함.
섭입대	천발~심발 지진, 강함.
대륙–대륙 수렴 경계	천발~중발 지진, 중간~강함.
변환 단층	천발 지진, 중간~강함.

요 원인이 된다.

판의 내부에서 일어나는 지진과 달리, 전 세계에서 일어나는 90% 이상의 지진은 판의 경계에서 일어나는 지각의 운동과 관련이 있다. 일반적으로 약한 천발 지진은 판의 발산형 경계에서 일어난다. 판 경계에서 판의 이동에 따라 발생하는 지진은 주로 중간 정도의 강도를 가진다. 표 27.1에서 제시한 것과 같이 가장 강한 형태의 지진은 대부분 수렴형 경계에서 일어나며, 특히 해양판이 밀도가 보다 작은 판 아래로 섭입하는 곳인 섭입대에서 잘 일어난다.

대부분의 섭입대는 태평양을 둘러싸고 있는 말굽 모양의 **불의 고리**(**Ring of Fire**)로 불리는 지역에서 일어난다. 전 세계의 대규모 지진의 약 80%가 이 불의 고리에서 발생한다. 섭입대는 지진뿐만 아니라 화산 활동도 일으킨다. 전 세계 화산의 약 75%가 이 불의 고리에 위치하고 있다.

지진 예측

지진은 예측할 수 있을까? 그렇다. 어느 정도는 예측할 수 있다. 지질학자들이 언제, 어디서 지진이 일어날지를 정확하게 예측하는 것은 불가능하지만, 대신에 암석의 변형 정도를 측정할 수 있고, 일반적으로 큰 규모의 변형을 더 큰 위험성과 연관시킬 수 있다. 또한 과학자들은 지진이 발생한 지역의 간격을 지도에 기록하여 30년에서 100년의 기간 안에 위험을 내포하는 지역을 선별할 수도 있다. **지진 간격**(*seismic gap*)은 주요 단층을 따라 길게 늘어져 있는데, 단층 활동이 활발한 다른 지역에 비해 지진이 일어나지 않거나 긴 시간에 걸쳐 미약하고 드물게 일어나는 곳이 존재한다. 활동적인 단층에서 나타나는 휴면 시기는 마찰에 의해 단층이 고정되어 있기 때문에 지진의 빈도가 분명히 낮게 나타난다. 이러한 지역에서는 지진이 발생하지 않고 그 힘이 축적된다. 그러다가 응력이 단층을 고정하고 있는 마찰의 한계를 초과하면 거대한 지진을 통해 그 힘을 방출하게 되는 것이다. 그림 27.6은 대륙의 서안에서 나타나는 지진 간격을 보여 준다. 비록 정확한 시기와 위치, 규모를 예상하는 것은 불가능하지만, 지진의 간격에 대한 이해는 과학자들로 하여금 미래에 있을지 모를 지진 활동에 대해 대비할 수 있도록 해 준다. 예를 들어 과학자들과 정책 당국자들은 지진 간격에 대한 지식을 적용하여 로마 프리에타 지진에 대비하기 위하여 건물을 재건하고 지진에도 안전한 건물을 식별하며, 지역민들을 위해 지진 발생 시 행동 요령을 교육했다.

그림 27.6
이 지도는 대륙의 서안에 나타나는 주요 지진 간격을 보여 준다(음영 영역). 지진 간격은 활동적인 단층에서 응력이 축적되어 있을 것으로 추정되는 휴면 지역이다.

지진 측정

지질학자들은 지진의 힘을 결정하기 위해 다양한 방법을 사용한다. **모멘트 규모**(*moment magnitude scale*)는 지진이 발생하는 동안 얼마나 많은 에너지를 방출하는지를 측정한다. 이 규모는 단층과 단층에 의한 판의 이동에 대한 실제 측정량에 의존한다. 모멘트 규모 한 단계가 증가하면 지진에 의해 방출되는 에너지의 양이 32배 증가함을 의미한다. 즉 4.0 규모의 지진은 3.0 규모의 지진에 비해 32배의 에너지를 가지고 있음을 말한다.

표 27.2 리히터 규모

강도	표현	영향
2.0 이하	미소 지진	지진계에 의해서만 탐지가 가능함.
2.0~2.9	경진	보통 사람들에 의해 드물게 감지될 수 있음.
3.0~3.9	경진	진앙의 근처에서 느낄 수 있으며 거의 피해가 발생하지 않음.
4.0~4.9	약진	강한 진동과 흔들림.
5.0~5.9	중진	건물 구조가 손상될 수 있음.
6.0~6.9	강진	광범위한 피해가 발생함.
7.0~7.9	열진	넓은 지역에 걸쳐 심각한 피해를 일으킬 수 있음, 1년에 20번의 비율로 발생함.
8.0~8.9	격진	진앙에서 1마일 떨어진 지역까지도 심각한 피해를 입힐 수 있음, 전 세계에서 약 1년에 한 번의 비율로 발생함.
9.0~9.9	대지진	파괴력이 수 천 마일의 지름에 걸쳐 영향을 미침, 평균적으로 20년에 한 번의 비율로 발생함.

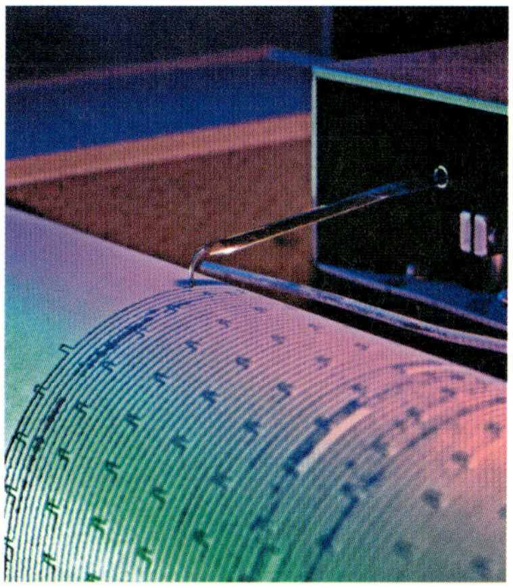

그림 27.7
표준 지진계는 땅의 흔들림을 기록한다. 큰 진폭을 가진 파는 지진계를 크게 요동치게 한다.

지질학자들은 모멘트 규모를 사용하지만, 미디어에서는 일반적으로 **리히터 규모**(*Richter scale*)로 지진의 강도를 표현한다. 리히터 규모는 땅이 지진에 의해 얼마나 진동하는지 설명해 준다. 리히터 규모에 의하면, 각 숫자가 의미하는 단계에서 한 단계가 증가할수록 진동이 일어나는 양이 10배로 증가함을 나타낸다. 다시 말해, 리히터 규모에서 4.0 규모의 지진은 3.0 규모의 지진에 비해 10배로 흔들림이 강하다는 것을 의미한다.

표 27.2는 리히터 규모를 바탕으로 지진의 강도를 표현하고 있다. 비록 서로 다른 두 지진이 동일한 규모를 가지더라도 상황에 따라 피해의 정도는 다를 수 있음을 기억하라. 피해의 정도는 진앙의 위치가 얼마나 가까운지, 진원의 깊이가 표면에서 얼마나 깊은지, 지진의 영향을 받는 지역에 어떤 건물들이 존재하는지 등과 같은 여러 요인들에 의해 결정된다.

0에서 10까지의 수치 범위를 통해 지진의 규모를 측정한다는 측면에서 두 측정 규모는 비슷하지만 모멘트 규모는 리히터 규모에 비해 조금 더 정밀한 도구이다. 지진이 일어나는 동안 지구의 움직임을 측정하기 위해 사용하는 기기를 **지진계**(*seismometer*)라고 한다(그림 27.7). 강한 지진일수록 더 큰 진폭을 가지고 있어 더 크고, 세게 흔들리면서 지진계에 기록된다.

27.2 지진 해일

학습목표
지진 해일이 일어나는 원인과 왜 지진 해일이 파괴적인지에 대해 설명할 수 있다.

물음 지진 해일로 인한 인명 손실을 예방하기 위한 가장 좋은 방법은 무엇일까?

때때로, 일본에서 발생하는 강한 지진들은 **지진 해일**(*tsunami*)을 발생시킨다. 2004년 12월 26일, 불의 고리의 판의 섭입대에서 발생한 큰 규모의 지진은 치명적인 지진 해일을 유발하여 14개국의 200,000명이 넘는 사망자를 발생시켰다. 이 지진의 진원은 두 판이 만나 섭입대가 형성된 인도양의 수마트라 해안 아래에 위치했다. 이 지진은 모멘트 규모로 9.1이었다. 지진 자체로 인한 피해도 컸지만, 지진으로 발생한 거대한 지진 해일이

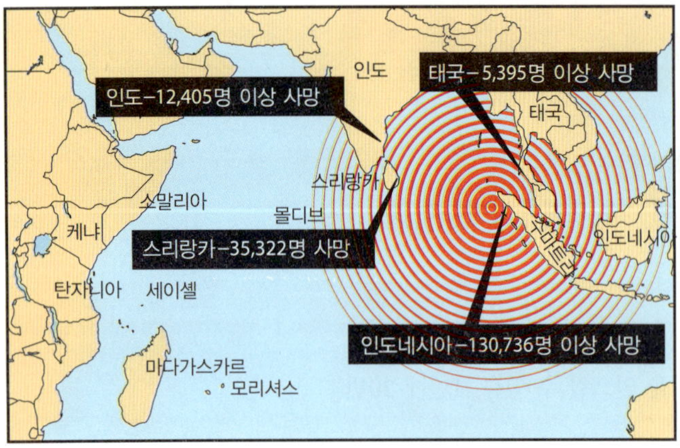

(a)

(b)

그림 27.8
(a) 2004년 12월 26일에 수마트라 해안의 섭입대에서 강력한 지진 해일을 동반한 지진이 발생하였다. (b) 스리랑카 해안을 강타하고 있는 지진 해일의 모습

지진보다 더욱 파괴적인 영향을 미쳤다.

표 27.3은 지진 해일과 일반적인 파도를 비교하고 있다. 보는 것처럼 파의 형태가 길고 해양을 빠르게 움직이는 지진 해일은 큰 규모의 지진에 의해서 발생한다. 2004년의 지진 해일은 그 규모가 크기는 하지만 전형적인 섭입에 의한 지진으로 발생하였다. 섭입하는 판은 마찰에 의해 더 이상 현재 상태를 유지할 수 없을 때까지 상부의 판을 따라 휘어지게 된다. 아래에 있는 판이 미끄러지면서 상부에 있는 암석층을 엄청난 힘으로 밀어 붙인다. 이 힘이 주변의 해양에 있는 물기둥을 해수면 위로 밀어내게 되는 것이다.

지진 해일이 발생하면서 상승했던 해수면은 다시 원래의 상태로 되돌아가는 과정에서 여러 장애물들로 인해 잔잔한 물결을 이루며 퍼져 나간다. 지진 해일의 파고는 해안에 도달하기 전까지는 1 m보다 낮다. 그러나 해안에 근접하면서 얕은 수심과 해안선의 모양은 파를 압축시켜 파장을 감소시키고 진폭을 급격히 증가하도록 만든다. 2004년에 인도네시아에서 발생했던 지진 해일은 최대 파고가 해수면에서 거의 30피트에 도달하기도 했다.

물은 비교적 무겁기 때문에 여러 층으로 된 높은 물 벽이 시속 500마일의 속도로 밀려온다는 것은 엄청난 양의 에너지와 힘을 전달한다는 것을 나타낸다. 2004년에 발생한 지진 해일의 경우, 방출된 총 에너지는 5메가톤 급의 TNT 폭탄에 비유될 수 있다. 이것은 두 원자 폭발을 포함하여 제2차 세계 대전에서 발생한 모든 폭탄의 에너지를 합한 양의 두 배 이상에 해당한다. (지진 해일을 유발하는 지진은 지진 해일보다 **더 많은** 에너지를 가지고 있음을 예측할 수 있다.) 태평양 주변에 위치한 해안에 지진 해일이 도달했을 때, 해안의 건물들이 무너지고 마을이 휩쓸려 가버렸다. 그렇게 해일은 해안선에서 내륙 쪽으로 수 마일을 침수시켰고, 살인적인 물의 흐름은 해변뿐만 아니라 내륙에 상당한 충격을 주었다.

표 27.3 해양에서의 일반 파도와 지진 해일의 특징 비교

파의 특징	파도	지진 해일
파의 속도	8~10 km/h(5~60 mph)	800 ~ 1000 km/h(500 ~ 600 m/h)
파의 주기	5~20 s	10~120 min
파장	100~200 m(300~600 ft)	100 ~ 500 km(60 ~ 300 mi)
발생 원인	바람	지진, 폭발, 화산 분출, 운석 충돌 등

최근의 또 다른 치명적인 지진 해일은 2011년 3월 11일에 일본에서 발생했다. 리히터 9.0 규모의 지진이 혼슈를 강타한 후 지진 해일을 유발하면서 20,000명 이상이 사망하거나 실종되었다. 더욱 안타까운 것은 지진 해일이 후쿠시마 다이치 원자력 발전소가 있는 곳까지 흘러 발전소가 전소되고 침수되었다는 것이다. 이로 인해 6개의 원자로 중 세 곳이 붕괴되었다. 19피트에 달하는 후쿠시마 원자력 발전소의 방파제를 쉽게 넘어선 40피트나 더 큰 지진 해일은 러시아에서 1986년에 있었던 체르노빌 핵붕괴 사고 이후 최악의 재앙을 가져왔다. 후쿠시마에서의 방사능 누출로 인해 100,000명에 육박하는 난민이 발생했다. 일본 정부는 결국, 발전소 주변의 어떤 지역은 수십 년 동안 사람이 살 수 없을 것이라고 발표했다. 이 재앙의 영향은 이 글을 쓰고 있는 지금까지도 계속되고 있는 것으로 평가된다.

27.3 화산

학습목표
세 종류의 화산에 대해 서로 비교하고 대조할 수 있다.

물음 왜 대부분의 화산은 불의 고리를 따라 위치하고 있을까?

지구의 내부로 깊이 내려갈수록 온도는 상승한다. 지표로부터 아래로 30~150마일의 상부 맨틀과 가까운 영역에서 암석은 너무 뜨거운 온도 때문에 마그마의 상태로 존재할 수 있다. 녹은 암석과 붙잡힌 가스로 혼합된 마그마는 지표로 상승하면서 냉각된다. 대부분의 마그마는 차가운 지표에 도달하기 전에 땅속에서 굳어서 화성암을 형성하지만, 일부는 굳어지지 않은 상태로 표면에 도달하기도 한다. 이때 지각의 갈라진 틈이나 구멍을 통해 분출될 수 있다. **용암**(*lava*)이라고 하는 분출된 마그마는 차가운 지표에서 식어서 굳어져 화산암을 형성한다. 이러한 암석은 화산재, 화산진, 그리고 그 밖에 여러 화산 분출 물질을 많이 포함하면서 **화산**(**volcano**)을 만들게 된다.

화산은 분출되는 용암의 종류와 용암이 포함하는 물질들을 기준으로 크게 세 가지 종류로 분류할 수 있다. 세 화산은 다른 형태로 분출되며, 서로 다른 종류의 위험을 내포한다. 이 세 종류는 각각 **순상 화산**(*shield volcano*), **복합 화산**[*composite volcano*, **성층 화산**(*stratovolcano*)으로도 불림], **분석구**(*cinder cone*)이다(그림 27.9).

그림 27.9
(a) 킬라우에아(Kilauea) 화산은 하와이에 있는 순상 화산이다. 이곳의 용암은 주변의 넓은 지역에서 부드럽게 흘러내린다. (b) 미국 워싱턴 주에 있는 세인트헬렌스 산(Mount St. Helens)의 화산은 복합 화산으로, 1980년에 격렬한 폭발이 있었다. (c) 분석구의 한 예로 멕시코의 파리쿠틴(Paricutin) 화산은 1943년에 폭발이 있었다.

순상 화산은 전사의 방패를 닮아 넓고 완만한 경사를 가지고 있다. 순상 화산은 **현무암질**(*basaltic*) 용암을 분출하는데, 이는 해양 저지대의 철과 마그네슘의 함량이 높은 어두운 화성암이고 실리카의 함량은 비교적 낮다. 순상 화산은 용암이 부드럽게 흐르기 때문에 분출이 꾸준하고 조용히 일어난다. 하와이의 **킬라우에아**(*Kilauea*) 화산은 1983년 이후 지속적으로 용암이 분출되고 있다. 킬라우에아의 지표에 흐르는 용암은 부드럽고 느리게 이동하므로 우리가 내리막을 내려오면서 그 속도를 충분히 따라잡을 수도 있다.

반면, 복합 화산의 분출은 폭발적으로 일어난다. 1980년 워싱턴 주의 **세인트헬렌스 산**(*Mount St. Helens*)의 화산이 대표적인 예이다. 세인트헬렌스 산의 화산은 캐스케이드 산맥을 구성하는 장엄한 복합 화산들 중 하나이다. 대부분 눈으로 덮여 있는 캐스케이드 산맥은 하이킹이나 낚시를 즐기기에 좋은 조용한 장소이다. 그러나 1980년 5월 18일, 거대한 화산 폭발로 인해 마치 병에서 코르크 마개가 날아가듯이 세인트헬렌스 산의 정상이 날아갔다. 화산재는 대기 중으로 날아가 60,000피트의 고도에 달했고, 10마일이나 떨어져 있는 식물이 불타버렸다. 불길에 싸인 돌멩이, 파편 조각을 포함한 화산 **쇄설물**(**pyroclastic**)이 팝콘처럼 공중으로 날아갔다. 세인트헬렌스 산의 화산과 같은 복합 화산은 실리카 함량이 높은 **유문암질**(*rhyolite*)뿐만 아니라 실리카 함량이 중간 정도인 **안산암질**(*andesite*) 용암의 분출로 인해 두꺼운 화산을 형성한다. 유문암질 및 안산암질 용암은 덩어리져 있고 두꺼워서 화산의 원활한 분출을 방해한다. 여기에 포집된 가스로 인해 압력이 추가로 가해진다. 결국 복합 화산은 폭발적으로 분출하면서 용암, 유독 가스, 화산재, 화산진 등의 화산 쇄설물을 바깥으로 던져버리는 것이다. 복합 화산의 폭발은 때때로 **화산 이류**(*lahar*)를 유발하여 화산 쇄설물을 빠르게 멀리 이동시키기도 한다. 화산 이류는 이동하는 동안에는 젖어 있는 시멘트에, 멈추어 있는 동안에는 건조한 시멘트에 비교할 수 있다.

그림 27.10
불의 고리는 지질학적 활동이 매우 활발한 영역으로 전 세계 화산의 75% 이상이 분포하며, 90% 이상의 지진이 이곳에서 발생한다. 그 이유는 무엇일까? 그것은 불의 고리를 따라 판의 수렴형 경계와 섭입대가 분포하기 때문이다. 지도에서 붉은 점으로 표시된 지역이 화산의 위치이다.

분석구는 가파른 경사를 가진 작은 화산이다. 분석구는 현무암질, 안산암질, 유문암질(드물게)의 용암이 다른 화산 쇄설물들과 섞여 마치 쓰레기 더미와 같이 쌓여서 형성된다.

대부분의 화산은 복합 화산으로 분류된다. 복합 화산은 판의 섭입으로 인해 형성되므로 주로 불의 고리 주변에 분포한다. 앞서 언급한 것과 같이, 전 세계 화산의 75% 이상이 복합 화산이며, 불의 고리에 위치하고 있다(그림 27.10). 그것과는 대조적으로, 순상 화산은 주로 지표에 무작위로 위치하는 마그마의 플름(plume)이 형성하는 **열점(hot spot)**에 분포한다. 분석구는 화산 활동이 일어나는 곳이면 어디에서든 찾아볼 수 있다.

분석구는 종종 큰 화산의 내부에서 형성되기도 한다. 예를 들면 약 8000년 전에 폭발적인 분출이 있었던 위저드 아일랜드(Wizard Island)는 마자마(Mazama) 복합 화산의 내부에 분석구가 형성된 것이다. 마자마 화산이 폭발하고 얼마 후, 산 정상의 분화구(칼데라) 내부에 분석구인 위저드 아일랜드가 만들어졌다. 이 분석구는 안산암질 용암과 화산재, 그리고 각종 화산 쇄설물로 구성되어 있다. 놀랄 일은 아니지만, 위저드 아일랜드는 불의 고리에 위치한 오리건 주의 크레이터 호수 국립 공원에 자리 잡고 있다(그림 27.11).

흔히 발생하는 오해 중 하나는 용암이 화산으로 인해 발생하는 가장 큰 위험 요소라는 것이다. 실제로 용암은 사람보다는 건물에 더욱 위협적이다. 화산 쇄설물이 용암보다 더욱 위험하다고 할 수 있다. 화산 쇄설물은 떨어지면서 사람이 맞을 수 있고, 주거지를 묻어 버릴 수 있으며, 농업에 막대한 손실을 가져올 수 있다. 화산재도 역시 매장과 농업 손실에 있어 상당히 위협적일 뿐만 아니라 사람의 폐를 손상시킨다. 그리고 이 장의 뒷부분에서 다루겠지만, 화산재는 기후 변화를 유발할 수 있다. 화산 분출에 의해 방출되는 독성 가스는 화산에 의한 비교적 단기간의 위협이 될 뿐만 아니라 기후 변화의 원인이 된다.

그림 27.11
오리건 주의 크레이터 호수 국립 공원에 위치한 분석구인 위저드 아일랜드(Wizard Island)의 모습이다. 위저드 아일랜드는 칼데라 호 안에 있다. 섬을 둘러싸고 있는 검고 울퉁불퉁한 모양의 암석 산을 관찰할 수 있다. 그것이 위저드 아일랜드를 품고 있는 복합 화산인 마자마 산이다.

학습목표
허리케인이 형성되는 과정을 설명할 수 있다.

27.4 허리케인

물음 왜 허리케인은 건조한 육지에 도달하면 소멸하는 것일까?

허리케인(hurricane)은 시간당 최소 74마일(119 km/h)의 속도로 부는 바람을 동반하면서 대규모로 회전하는 날씨 체계로 지구 상에서 일어나는 폭풍 중 가장 강하다. 허리케인은 적도의 해상에서 만들어지고, 육지에 도달할 때는 심각한 파괴력을 가질 수 있다. 그림 27.12에서 보는 바와 같이, 허리케인은 주로 남, 북으로 위도 5°에서 30° 사이의 따뜻한 온도에서 발생한다. 직경이 약 150 km에서 1500 km로 다양하며, 수천 마일에 걸쳐 이동할 수 있다.

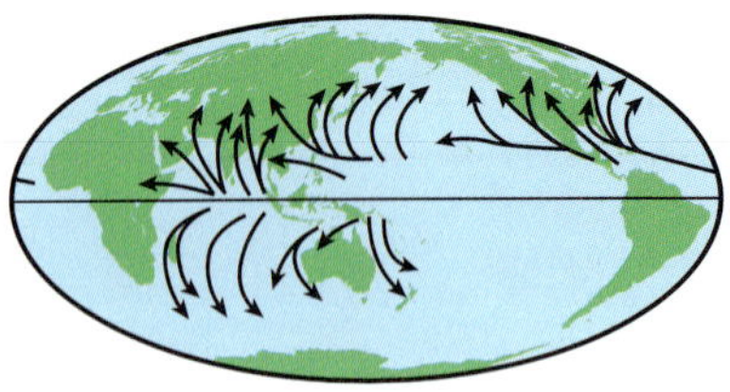

그림 27.12
지도는 허리케인에 대한 위험 지역을 보여 준다. 허리케인은 전형적으로 화살표의 뒤쪽 끝에서 형성되어 화살표의 방향으로 이동한다. 허리케인의 피해가 비교적 큰 대표적인 세 지역으로 태평양 서부, 인도 인근의 벵갈 만, 카리브 해가 있다.

허리케인은 따뜻한 해상에서 폭풍이 일면서 시작된다. 바닷물은 200피트의 깊이까지 적어도 80°F의 온도를 유지해야 한다. 태양열이 해양의 표면을 가열하여 습윤한 공기를 대기 중으로 상승시키면 거대한 뇌운을 형성한다. 점점 더 많은 공기가 따뜻해지면서 구름 폭풍 아래에는 저기압이 성장한다. 이 저기압의 주위에서는 코리올리 효과로 인해 나선형의 회전 패턴을 보이는 공기의 흐름이 생긴다. 그림 27.13은 허리케인을 구성하는 구름과 공기 흐름의 패턴을 보여 준다. 따뜻한 물, 따뜻한 대기, 코리올리 효과가 공급되지 못하면, 허리케인은 마찰로 인해 지속적으로 유지될 수 없다. 따라서 허리케인의 형성 지역이 열대 해상에 제한적인 것이다.

허리케인의 하부로 빨려 들어가는 따뜻한 공기는 풍부한 수증기량을 가지고 있다. 공기가 상승하면서 수증기는 냉각으로 인해 응결하여 액체 상태의 물을 만든다. 기체가 냉각되어 액체로 상태가 변화되면 주위로 에너지를 방출한다는 것을 기억하는가? 수증기의 응결에 의해 방출되어 공기 중에 저장되는 이 에너지를 **잠열**(*latent heat*)이라고 한다. 허리케인의 내부에서 일어나는 수증기의 응결로 인해 잠열이 방출되고, 그것이 바로 허리케인을 구동하는 근원 에너지가 된다. 허리케인은 먼 열대 지방에서 먼 거리를 이동해 오면서 역동적인 과정을 거친

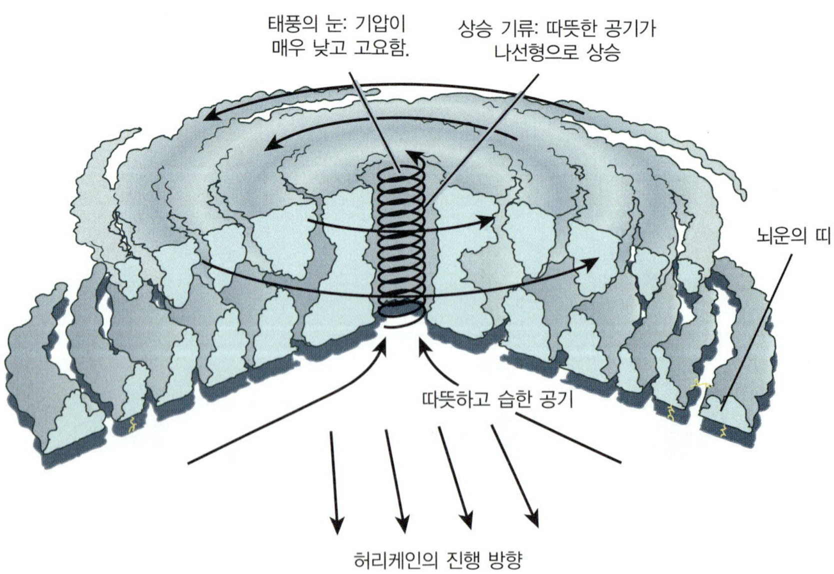

그림 27.13
허리케인에서 기압이 가장 낮은 곳은 눈이다. 다습한 공기는 눈 주위를 나선형으로 돌며 상승하고, 비와 바람의 띠가 바깥쪽으로 확장된다.

다. 허리케인의 온도가 떨어지면 따뜻하고 습한 공기의 공급이 중단되고, 결국에 허리케인은 소멸한다. 또한 육지에 다다르면 더 이상 해양으로부터 수증기 공급이 이루어지지 않아 구동력을 잃고 소멸한다.

그림 27.14는 2005년 8월 28일에 멕시코 만에 위치한 허리케인 카트리나의 모습이다. 허리케인은 해안으로 이동하면서 **폭풍 해일**(*storm surge*)의 물기둥을 형성한다. 폭풍 해일은 종종 허리케인의 가장 파괴적인 부분을 차지한다. 카트리나(Katrina)가 만들어 낸 20피트 높이의 폭풍 해일은 뉴올리언스(New Orleans)의 제방과 방파제를 넘어, 지역 도시에 거대한 홍수를 가져왔다. 허리케인 카트리나와 그에 따른 홍수로 인해 거의 2천 명에 달하는 사람이 목숨을 잃었다. 폭풍은 81억 달러가 넘는 손실을 가져왔고, 미국 역사상 가장 큰 경제적 피해를 가져온 자연 재해로 평가되었다.

허리케인은 지역에 따라 다른 이름으로 불린다. 태평양 서부 지역의 사람들은 이러한 폭풍을 **태풍**(*typhoon*)이라고 부르며, 인도양과 태평양의 동남부 사람들은 **열대성 저기압**(*tropical cyclone*)으로 부른다. 그중 허리케인이라는 명칭이 태평양에서는 가장 빈번히 사용된다. 우리가 예상할 수 있듯이 계절에 따른 온도 변화 때문에 허리케인도 계절에 따라 다르게 나타난다. 서태평양에서는 8월 말과 9월 초에 허리케인의 발생 빈도가 가장 높다.

허리케인의 강도는 **사피르-심슨 허리케인 척도**(*Saffir-Simpson Hurricane Scale*)를 사용하여 비교할 수 있다(표 27.4). 허리케인 카트리나는 바람의 속도, 폭풍 해일의 높이와 지표에 대한 영향의 측면에서 5등급에 속한다.

(a)

(b)

그림 27.14

(a) 2005년 8월 28일, 멕시코 만에 위치한 허리케인 카트리나의 모습이다. (b) 허리케인 카트리나는 20피트 높이의 폭풍 해일로 뉴올리언스의 도시를 덮쳤다. 제방과 방파제로 홍수로부터 도시를 보호하던 뉴올리언스는 결국 해수면 아래로 잠기고 말았고, 허리케인이 제방을 통과하여 바닷물이 도시로 밀려 들어오게 되었다. 흘러넘친 물은 밖으로 물이 방출되도록 대안이 마련될 때까지, 더럽고 지저분한 잔해들과 함께 마치 그릇의 수프처럼 갇혀 남아 있었다.

표 27.4 사피르–심슨 허리케인 척도

등급	풍속 (마일/시간)	영향
1	74~95	매우 위험한 바람이 일부 피해를 끼침. 예: 지붕이 무너지거나 날아감, 큰 나무의 가지가 부러짐, 뿌리가 얕은 경우는 뽑힘, 전선이 끊기거나 전봇대가 부서짐.
2	96~110	매우 위험한 바람이 광범위한 지역에 피해를 끼침. 예: 오래된 주택이 파괴됨, 지붕이 사라짐, 뿌리가 얕은 나무는 뿌리째 뽑혀 도로를 차단함, 오랜 기간 동안의 전력 손실
3	111~130	치명적인 피해가 발생함. 예: 전기와 물을 사용할 수 없음, 광범위하게 지붕과 창틀이 무너짐, 창문이 깨짐, 날아다니는 파편으로 인해 부상이나 사망의 위험이 있음.
4	131~155	매우 치명적인 피해가 발생함. 예: 건물 상층부의 광범위한 구조적 손상이 일어남, 일부 벽돌 건물이 붕괴함, 쓰러진 나무와 전봇대가 거주지를 분리함, 오랜 기간 동안 물이 부족함.
5	155 이상	매우 치명적인 피해가 발생함. 예: 사람들과 가축, 그리고 동물들이 건물 내부에 있더라도 낙하하는 파편으로 인해 부상이나 사망에 대한 위험이 높음, 많은 집들이 파괴됨, 거의 모든 나무가 뿌리째 뽑힘, 몇 주 또는 몇 달간은 주변에 거주하기 힘듦.

학습목표
지난 수세기 동안의 화석 연료 사용이 지구의 평균 온도 상승에 어떻게 영향을 미치는지 설명할 수 있다.

융합과학 27A

물리학, 화학, 생명과학, 천문학

기후 변화

물음 1880년 이후로 에디트 바둑판 점박이 나비의 개체 수 변화가 의미하는 바를 설명하시오.

빙하가 녹고 허리케인의 발생 빈도가 증가하며, 홍수로 인해 해안선으로부터 먼 곳으로 생태계의 서식지가 이동하는 등의 기후 변화를 의미하는 여러 가지 현상들은 과학 문헌이나 대중 매체를 통해 쉽게 찾아볼 수 있다. 그것이 바로 기후 변화이다. 그러나 지구 전체 역사의 관점에서 바라본 기후 변화는 무엇일까? 오늘날의 기후 변화는 자연적으로 일어나는가? 아니면 인간에 의해서 **인위적으로 일어나는가**? 인간의 활동이 최근 지구의 온도가 극적으로 상승하는 데 책임이 있다는 증거는 무엇인가? 지구는 어떻게 반응하고 있는가? 기후 변화는 지구 시스템에 어떠한 영향을 미치고, 그로 인해 어떠한 현상이 일어나는가? 이러한 질문들은 이 주제에 대해 우리의 탐구가 이루어져야 할 방향을 제시하고 있다.

기후 변화란 무엇인가?

날씨(*weather*)는 특정 시간과 장소에서의 온도, 습도, 기압, 강수량, 바람, 구름 등의 대기 상태를 의미한다. **기후**(*climate*)는 수십 년 이상의 긴 시간 동안의 날씨 패턴이다. 그리고 **기후 변화**(**climate change**)는 장기적으로 일어나는 날씨 패턴의 지속적인 변화를 의미한다. 단순히 그 해의 여름이 뜨겁다고 '지구 온난화'로 정의할 수 없으며, 심각한 허리케인이 한 차례 일어났다고 해서 기후 변화라고 할 수 없는 것이다. 기후 변화는 날씨의 변동보다 훨씬 규모가 크다. 즉 평균적인 날씨 조건의 지속적인 변화를 통해 기온, 강수량, 폭풍 강도를 포함한 기상 요소들의 새로운 패턴이 형성되는 것이다. 때때로 대중 매체에서는 **기후 변화**나 **지구 온난화**(*global warming*)에 대해 최근의 급격한 변화 및 지구의 평균 기온이 올라갈 것으로 예상되는 이유로 강화된 온실 효과를 언급하고 있다. 더욱 큰 맥락에서 기후 변화를 이해하기 위해서는 지구 역사에서 기후의 변화가 어떻게 일어났었는지 알아볼 필요가 있다.

시간 흐름에 따른 기후의 변화

지구의 기후는 46억 년이라는 역사의 흐름에 따라 여러 번 변화하였다. 지구는 여러 번의 극적인 상황을 견뎌 왔다. 그림 27.15는 지구의 긴 역사를 각기 다른 시간 단위로 구분한 지질학적 시간 척도를 나타낸 것이다. 오늘날 우리들은 현생 이언에서 신생대 제4기 홀로세의 시대에 살고 있다. 지질학적 시간의 구분은 대부분 대멸종과 같은 생명체나 지질학적 기록의 주요 전환점에서 이루어진다. 이러한 큰 전환점은 대부분 또는 적어도 부분적으로는 기후의 변화를 포함하고 있다.

지구가 처음 만들어진 초기의 하이데안 시기는 암석이 녹은 상태로 휘저어지고 있어 생명체가 살 수 없는 매우 뜨거운 상태였다(그림 27.16). 약 600만 년 전, 캄브리아기 말기에는 **눈덩이 지구**(*Snowball Earth*)로 불리는 매우 차가운 얼음 상태에 접어들었다. 이 시기의 지구는 온통 얼음으로 뒤덮여 있어 생명체를 찾아보기가 힘들었다. 약 400만 년 전의 실루리아기에는 지구의 전체적인 기후가 따뜻하고 안정적이었다. 빙하가 녹고 따뜻해진 얕은 바다가 지구를 둘러싸면서 해양 생물들에게 풍부한 서식지를 제공하였다. 이렇게 생물의 다양하고 화려한 진화가 시작되었다. 양서류는 동물의 왕국을 해안가 끝자락까지 확장시켰다. 씨앗을 생성하는 **겉씨식물**(*gymnosperm*)이 번식하기 시작하면서 따뜻하고 습한 숲이 만들어졌다. 식물을 따라 물 밖으로 나온 첫 번째 동물은 날개가 없는 곤충과 전갈이다. 그 후, 그림 27.17에 제시된 석탄기에 파충류가 땅에 출현하였다. 파충류는 양수로 차 있는 알을 낳을 수 있도록 발달했기 때문에 건조한 환경에서도 살아남을 수 있었다.

약 250만 년 전의 페름기 말에는 이 시기에 살고 있던 생물 종의 약 90%가 멸종했다. 페름기의 멸종은 지구 역사상 가장 파괴적인 멸종 사건이다. 이 멸종은 만 년 이상 끊임없이 지속된 화산 분출과 그로 인해 유발된 두 번의 급격한 기후 변화의 시기와 일치한다. 화산재는 빠른 속도로 태양 복사를 차단하여 지구를 냉각시켰다(그림 27.18). 그러다가 화산의 분화가 약해지면서 지구는 다시 지질학적 과정

이언	대	기	아-기	세	백만 년
현생 이언	신생대	제4기		홀로세	0.01
				플라이스토세	1.8
		제3기		플라이오세	5.3
				마이오세	23.8
				올리고세	33.7
				에오세	54.8
				팔레오세	65
	중생대	백악기			145.5
		쥐라기			199.6
		트라이아스기			248
	고생대	페름기			290
		석탄기	펜실베니아기		318
			미시시피아기		354
		데본기			417
		실루리아기			443
		오르도비스기			490
		캄브리아기			542
선캄브리아대	원생대				2500
	시생대				3800
	하이데안				4600

그림 27.15
지질학적 시간 척도는 서로 다른 크기의 시간 단위로 지구의 역사를 구분한다. 척도의 기본 시간 단위는 MA(백만 년 전)이다. 예를 들어 542MA에 시작된 고생대는 5억 4천 2백만 년 전에 시작되었다고 할 수 있다.

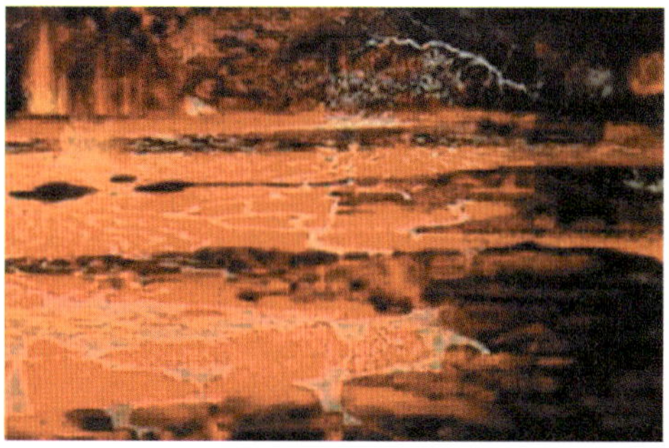

그림 27.16
하이데안 시대에는 지각의 일부를 제외한 지구 표면이 모두 용융된 상태로 존재했다.

그림 27.17
석탄기 동안에는 따뜻하고 습한 늪지대의 숲이었으며 이 석탄기에 파충류가 최초로 등장했다.

그림 27.18
페름기 말기에는 약 1만 년 동안 화산 폭발이 이어져 대기 중으로 엄청난 양의 화산재가 배출되었고 이로 인해 지구의 기후가 변화하였다.

으로 가열되었다. 지구의 기후가 급격히 냉각되고 다시 따뜻해진 이 두 기간 동안 일어난 대기의 오존층 파괴, 산성비, 많은 양의 이산화 탄소 배출 등과 같은 요소들은 대규모의 생물이 생존하기 힘든 환경을 제공하였을 것이다. 광합성을 하는 식물 종이 가장 먼저 영향을 받았고 이들의 죽음은 먹이 사슬을 통해 다른 생물 종에도 영향을 끼쳤다. 대부분의 생물들은 페름기에 멸종하였지만, 살아남은 파충류는 진화를 통해 종의 다양성이 증가하여 일부는 지구를 지배하는 공룡이 되었다. 6천 5백만 년 전까지 자연 선택에 의한 진화를 거쳐 생명체는 다양한 형태로 번성하였다. 그 후, 백악기 말에 있었던 대멸종으로 인해 지구상의 생물 중에서 60%가 사라졌다. 모두가 알고 있듯이 이때 공룡이 멸종하였다. 과연, 어떠한 대참사가 일어났을까?

과학자들은 기후 변화가 주요한 원인이었을 것이라는 데 합의를 이루고 있다. 따뜻하고 온화했던 중생대의 기후가 갑자기 차가워진 것이다. 태양빛이 희미해지고 생태계는 파괴되었다. 대부분의 연구자들은 이러한 지구의 전체적인 기후 변화가 소행성 충돌에 의해 촉발되었을 것이라 추측하고 있다. 암석의 기록에 의하면, 이리듐이 광범위한 분포를 나타내고 있다. 이리듐은 지구에서는 드물게 나타나며, 소행성에 주로 볼 수 있는 특징을 가진다. 이 이리듐 층이 시간을 거슬러 6천 5백만 년 전의 백악기 대멸종이 있었던 시대에 나타나고 있다. 분명히, 거대한 소행성이 지구에 충돌하여 넓은 지역에 걸쳐 거대한 폭발을 일으키고, 그 '지문'으로 이리듐을 암석층에 남기게 된 것이다. 공룡의 멸종에 있어 더욱 중요한 점은, 이 소행성 충돌이 자연적인 산불을 일으켜 대기 중으로 다량의 오염 물질을 공급하고 그로 인해 태양빛이 차단되어 기후를 변화시켰다는 것이다.

파충류로 유명한 중생대는 일반적으로 '공룡의 시대'로 알려져 있다. 이 공룡의 시대에 기후는 따뜻하고 습한 상태를 유지하고 있었다.

중생대 말기의 대멸종 이후, 지구 환경에 많은 빈틈이 생겨났다. 이러한 빈틈은 신생대에 들어서면서 새로운 생물 종으로 채워졌다. 신생대가 시작되면서 일어난 지질학적 변화는 지구의 기후를 차갑게 만들었다. 초대륙인 판게아는 비교적 최근에 갈라졌다. 판게아의 분할은 대륙과 대륙 사이로 바닷물이 이동하도록 하여 해양 순환의 패턴을 변화시켰다. 차가운 물의 흐름은 육지를 차갑게 만들 수 있었고, 극 주변에 거대한 빙하로 이루어진 얼음 층을 형성하였다.

빙하 시대 빙하가 광대한 범위로 확장되는, 매우 추운 지질학적 기간을 **빙하 시대**(**ice age**)라

그림 27.19
행성 충돌 가설에 따르면 거대한 소행성의 충돌이 백악기 말의 생물 대멸종을 가져온 기후 변화를 야기했다고 볼 수 있다.

고 한다. 빙하 시대에는 빙상(ice sheet)과 산악 빙하가 아주 넓은 지역까지 분포한다. 오늘날 남극 대륙과 그린란드는 넓은 지역에 걸쳐 빙상으로 덮여 있고, 북극의 바다는 연중 대부분의 기간 동안 얼어 있으며, 고도가 높은 고산 지대에는 빙하가 여전히 남아 있다. 따라서 지구는 현재 빙하 시대에 있다고 할 수 있다. 특히 빙하 시대 중에서 극도로 추운 기후를 가지는 기간을 **빙하기**(*glacial*)라고 한다. 빙하기는 추운 기후 중에서도 가장 추운 상태를 의미한다. 빙하기에 빙하는 적도까지도 확장된다. 해양으로부터 물을 끌어들여 빙하를 형성하기 때문에 해수면의 높이는 낮아진다. 그림 27.20은 가장 최근의 빙하기 때, 북미의 대부분이 빙하로 덮여 있었던 상황을 보여 준다. 오늘날 우리는 빙하 시대에서 수천 년간 지속되고 있는 비교적 따뜻한 기후를 나타내는 **간빙기(interglacial period)**를 살아가고 있다. 간빙기 때는 빙하 지역이 고위도로 올라가고, 해수면이 상승한다. 빙하 시대 내에서 빙하기와 간빙기의 이러한 진동을 **빙하기/간빙기 주기**(*glacial/interglacial cycle*)라고 한다.

빙하 시대는 지질학적 역사에서 따뜻했던 기간에 비해 드물게 나타난다. 지구는 과거 대부분의 시간 동안 현재의 기후보다 따뜻했다. 그러나 모든 현생 인류는 빙하 시대 내에서 나타났다. 인간은 매머드, 코뿔소, 들소, 순록, 사향소 등의 등장과 함께 플라이스토세의 기간 동안 진화하였다. 이 생물들은 모두 극도의 추위로부터 자신을 보호하기 위해 따뜻한 털과 함께 진화하였다. 그러나 이러한 털가죽이 결핍된 **호모 사피엔스**(*Homo sapiens*)는 추운 날씨의 위기에 대처하기 위해 지식에 의존하게 되었다.

플라이스토세 다음의 시대가 홀로세이며, 홀로세의 환경을 확인하고 싶다면 주위를 둘러보면 된다. 홀로세는 지구의 역사에서 최근 1만 년 이전부터 현재까지의 시기를 말한다. 약 1만 년 전, 플라이스토세에서 홀로세로의 전환은 따뜻해진 기후로 구분된다. 이러한 기후의 변화

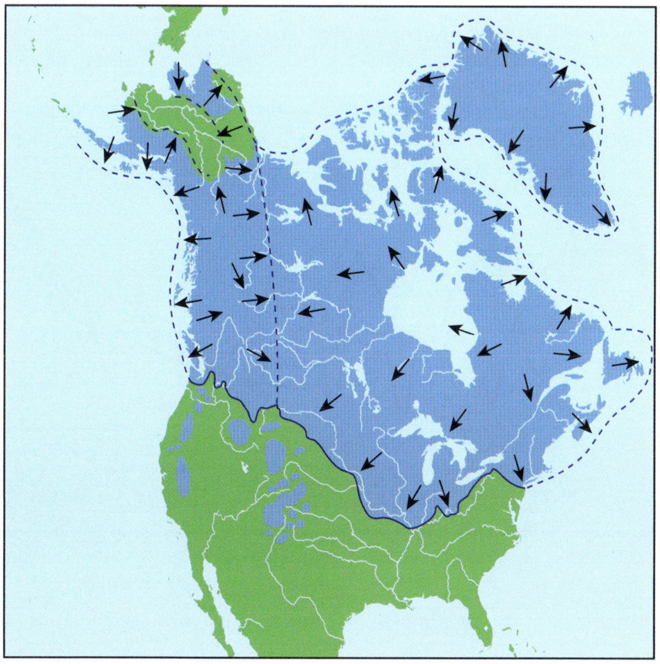

그림 27.20
이 지도는 플라이스토세의 기간 동안 북미에 빙하(푸른색)가 어떻게 덮여 있었는지 보여 준다. 화살표는 빙하의 이동 방향을 나타낸다. 플라이스토세는 약 200만 년 전부터 약 1만 년 전까지의 시간 간격을 포함한다.

(a)

(b)

그림 27.21

(a) 에디트의 바둑판 점박이 나비(학명: 유피드리아스 에디타 *Euphydryas editha*)는 북미에 서식하는 나비 종으로, 서식지의 범위가 멕시코 북부의 바하에서 미국 서부를 통해 캐나다 남서부까지 확장되었다. 이 나비는 겉모습이 아름다우며, 움직임이 느려 채집하기가 쉬워서 전문가와 아마추어 할 것 없이 여러 나비 연구가들에 의해 연구되었다. 그로 인해 산업 혁명이 일어났던 시기에서부터 거의 150년 동안의 긴 관찰 데이터가 존재한다. 이러한 데이터는 바둑판 점박이 나비의 과거와 현재의 분포 지역을 비교할 수 있는 근거가 된다.

(b) 카밀 파머슨 박사는 남부 지방에서 나타나는 바둑판 점박이 나비의 멸종에 대한 연구를 통해 2007년에 노벨상을 받았다. 이 연구에서는 바둑판 점박이 나비의 서식지가 300피트의 고도만큼 위로, 그리고 60마일의 거리만큼 북쪽으로 이동하였다고 제시하고 있다. 그녀의 최근 연구에 따르면, 800에서 1500종에 해당하는 생물들이 지구 온난화에 대해 어떤 방식으로든지 반응하고 있음을 발견했다고 한다.

와 인간의 과도한 사냥으로 인해 추운 기후에 적응되어 있던 동물들이 멸종되었다. 따뜻하고 비교적 안정적인 간빙기인 홀로세의 시작과 함께 인류의 규모와 문화가 급속도로 발전하기 시작했다.

홀로세에도 분명히 어떤 기후 변화가 일어났다. 지난 2천 년 동안 세 번의 큰 변화가 있었는데, 중세의 기후 변화(AD 900~1300), 소빙하기(AD 1550~1850), 산업화 시대(AD 1900~현재)가 그것이다. 중세의 기후 변화는 지리적으로 넓은 지역이 평균보다 높은 기온을 가졌던 시기로 이때 미국의 서부 지역은 매우 건조했다. 소빙하기(일부 연구자들이 제안한 명칭)의 시기에는 유럽에서 산악 빙하가 확장되어 곡물이 자랄 수 있는 기간이 축소되면서 농업 생산성을 감소시켰다. 그리고 지난 100년 동안의 산업화 시대를 거치면서 지구의 온도 분포가 다시 변동되었다. 지난 한 세기 동안 지구의 평균 온도는 대략 1.3°F, 즉 0.7°C 증가하였다. 이것은 매우 작은 변화처럼 보일 수 있지만, 지질학적 측면에서는 아주 급격한 변화를 의미한다. 사실 기온은 기하급수적으로 증가하고 있다. 기록에 의하면, 1880년 이후 8번의 가장 더웠던 해가 모두 2001년 이후에 발생한 것으로 나타난다. 생태계는 단 몇 도의 좁은 범위의 온도에 상당히 민감하게 의존하고 반응한다. 산업화 시대에서 1도에 해당하는 지구의 온도 증가는 에디트 바둑판 점박이 나비의 개체 수 변화를 포함한 많은 환경적 변화를 가져왔다(그림 27.21).

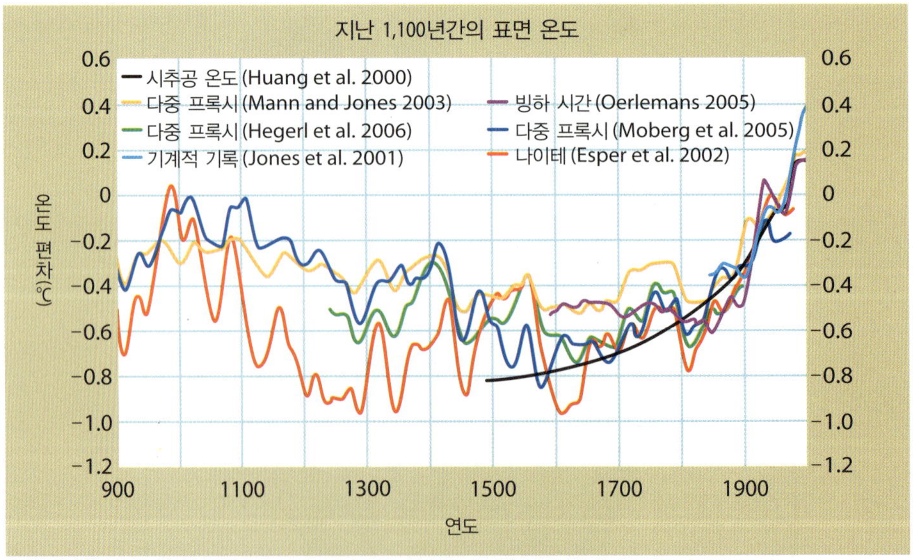

그림 27.22

이 그래프는 서로 다른 연구 팀(선의 색으로 구분)에서 얻은 북반구의 과거 표면 온도의 변화를 나타낸다. 이 그래프에서 중세의 기후 변화, 소빙하기, 산업화 시대에 해당하는 구간을 찾을 수 있겠는가?

기후 변화의 원인

어떤 요소들이 지구의 기후 변화를 주도했을까? 고기후에 대한 연구를 통해 몇 가지 기본 요소들이 밝혀졌다. 그림 27.23에서 볼 수 있듯이 여러 요소가 지구 내부에 위치하며, 또 어떤 요소들은 외계에 그 기원을 두고 있다. 비교적 최근까지만 해도 기후 변화는 자연적으로 발생했다. 그러나 과거 100년 간의 온도 상승 경향 및 가까운 미래의 지구 온난화는 주로 인간에 의해 일어났다고 할 수 있다. 이러한 인공적인 기후 변화는 대기 중의 화학 성분 변화에 의한 온실 효과의 상승으로부터 발생하였다.

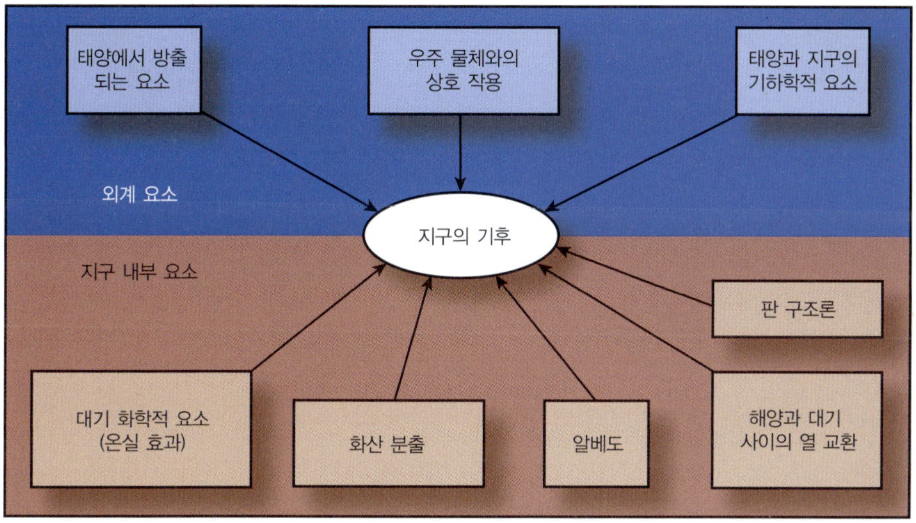

그림 27.23
지구의 기후 변화를 유발하는 요소들에 대한 개요

자연적 기후 변화 인공적인 기후 변화를 논하기 전에, 비록 사람이 존재하지 않았었다고 하더라도 기후 변화를 일으킬 만한 요인들을 살펴보자. 이것을 **자연적 기후 변화**(*natural climate change*)라고 한다. 우선, 기후 변화를 주도하는 지구의 온도는 태양에서 방출되는 에너지에 의해 좌우된다. 실제로 태양으로부터 유입되는 에너지의 양은 일정하지 않다. 흑점이나 다른 요소들은 지구로 전달되는 태양 에너지에 영향을 미치게 된다. 우리는 태양 에너지의 낮은 방출은 지구의 낮은 평균 기온과 직결된다는 것을 예측할 수 있다. 또한 지구와 가깝거나 또는 먼 우주에 있는 물질들도 종종 지구의 기후에 영향을 미친다. 예를 들어 6천 500만 년 전의 소행성 충돌로 인해 공룡이 멸종한 사건을 들 수 있다. 성간 먼지 구름도 태양 복사를 차단하여 지구를 충분히 냉각시킬 수 있다.

빙하 시대가 도래하거나 사라지는 과정은 유고슬라비아 인 밀란코비치가 발견한 **밀란코비치 이론**(**Milankovitch theory**)으로 설명할 수 있다. 밀란코비치 이론에 따르면, 지구 자전축 경사(그림 27.24)와 세차 운동과 같은 지구 궤도 모양의 느린 변화는 지구가 태양으로부터 에너지를 받는 방식에 영향을 주고, 그 결과로 지구의 온도 변화를 초래한다.

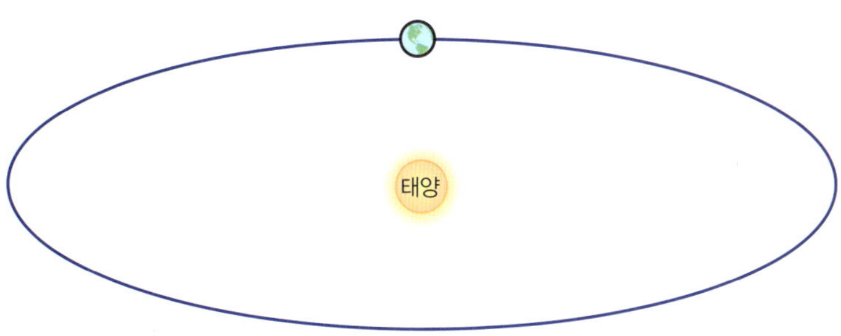

지구는 태양 주위를 타원형을 그리며 공전한다. 10만 년이라는 기간을 주기로 이 궤도는 원형의 궤도에서 타원형 궤도로 변하고 또 다시 원형으로 되돌아간다. 이 궤도가 타원형일수록 태양은 지구에서 더욱 멀리 떨어져 있을 수 있음을 이해하겠는가? 이러한 상황이 기후의 변화에 영향을 미치게 되는 것이다.

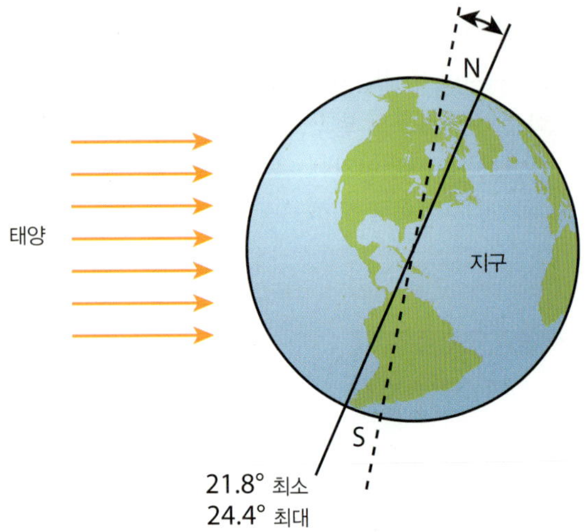

(a) 지구 자전축 기울기의 변화. 오늘날 지구는 23.5°의 경사로 기울어져 있지만, 매 41,000년을 주기로 약 22°에서 25° 사이로 진동한다. 지구는 22°의 경사를 가질 때가 가장 수직에 가깝다. 이때 태양빛은 지구에 가장 고르게 퍼지며, 계절의 차이가 줄어들게 된다. 이러한 과정에서 여름은 평소보다 차가워져 해마다 빙하가 성장할 수 있는 환경이 만들어진다.

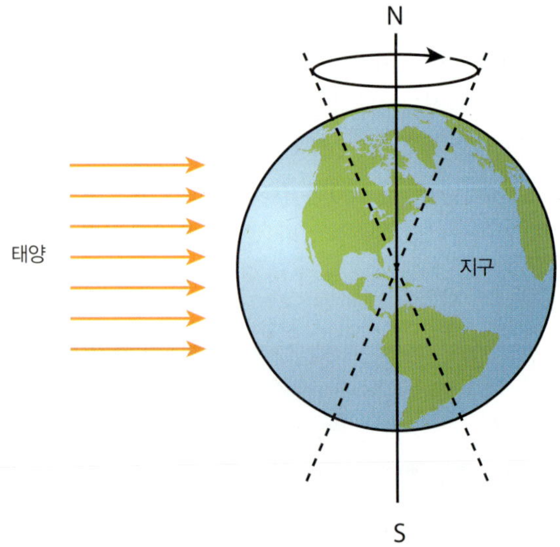

(b) 지구의 자전축은 우주 공간에서 지구의 기하학적 자세와 관련하여 태양 에너지를 흡수하는 형태에 영향을 미친다. 지구 자전축은 약 26,000년을 주기로 원을 그리며 세차 운동을 한다. 이러한 변화는 지구에 흡수되는 태양 복사의 양을 변화시키고, 결국에는 기후에도 영향을 미친다.

그림 27.24
밀란코비치 이론은 타원형에서 원형으로 변하는 지구의 공전 궤도 모양, (a) 지구 자전축의 기울기 변화, (b) 세차 운동을 통해 지구의 기후 변화와 빙하 시대의 도래를 설명한다.

지구 공전 궤도와 자전축 기울기의 변화는 서로 다른 주기로 일어난다. 따뜻해지는 방향으로의 변화가 때로는 차가워지는 방향으로의 변화로 인해 저지되기도 한다. 그러나 어떤 경우에는 모든 변화가 동일한 방향을 향해 기후를 변화시킬 수 있다. 이때 모든 요소들의 작용은 극단적인 온난화를 일으키거나 냉각을 야기할 수 있는 것이다. 밀란코비치는 이러한 냉각 효과와 빙하기가 동시에 작용하면 빙하 시대가 도래한다고 주장하였다. 실제로 많은 증거들이 이 주장을 뒷받침하고 있다.

기후 변화를 유발하는 대부분의 요인은 외계에서보다 지구 내부에서 유래한다. 그중 가장 대표적인 지질학적 원인이 화산 분출이다. 화산 폭발은 화산재, 먼지, 그리고 각종 가스를 대기 중으로 방출하여 태양 복사를 차단함으로써 기후에 영향을 미친다. 반대로, 화산 분출은 이산화 탄소와 온실기체를 방출하기 때문에 지구를 냉각시키는 것이 아니라 따뜻하게 하는 작용을 일으킬 수도 있다.

지구의 기후는 판 구조론에 의해서도 상당한 영향을 받는다. 대륙이 극 주변으로 이동하면 최소한의 태양 복사를 받게 되고, 적도 주변으로 이동하면 최대한의 태양 복사를 받게 된다(그림 27.25). 물은 지각보다 비열이 높은데, 이것은 동일한 태양 복사 에너지를 받을 때 지각보다 물이 더욱 천천히 가열된다는 것을 의미한다. 따라서 대륙 지각이 적도에 모여 있게 되면, 적도에 바다만으로 이루어져 있을 때보다 지구의 평균 온도는 더 상승하게 된다. 판 구조론 또한 대륙의 주위로 흐르는 해양의 흐름을 변화시켜 기후에 영향을 미칠 수 있다.

대기와 해양의 지속적인 열 교환은 해류의 흐름을 결정하는 온도에 영향을 준다. 표층 해류는 대기 대순환에 의해 따뜻하고 차가운 물의 흐름을 형성한다. 그리고 표층 해류와는 다른 형태의 해양 순환이 존재한다. 극에서 가라앉은 차갑고 염분이 높은 물이 적도에서 극으로 표층을 통해 이동한 물을 대체한다. 이 과정을 **열염 순환**(*thermohaline circulation*)이라고 한다. 해양의 온도와 염분에 의해 일어나는 순환인 이 '해양 컨베이어 벨트'에 기초하여 전 세계로 열이 분배된다. 열염 순환에서 일어나는 교란도 마찬가지로 지구의 기후 변화를 유발할 수 있다.

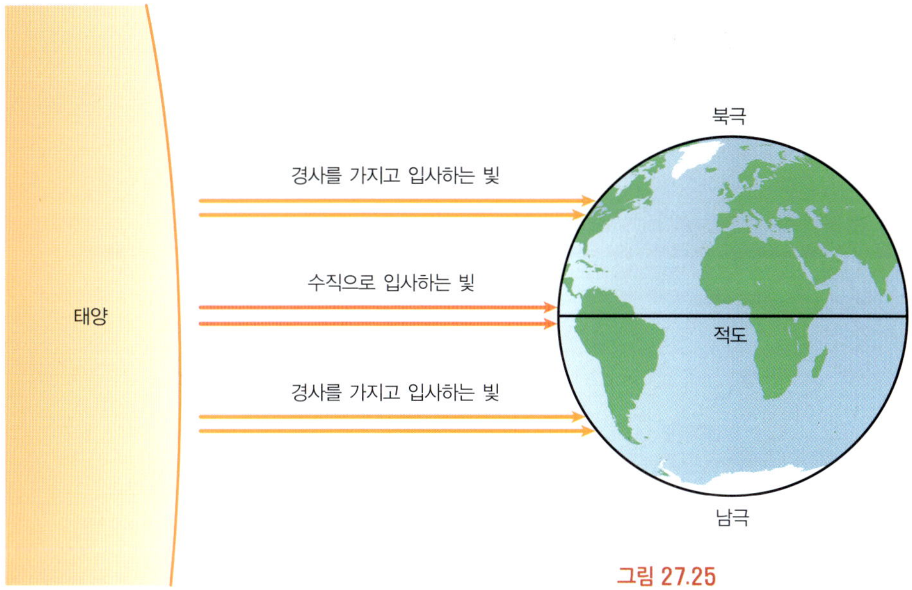

그림 27.25
그림은 위도가 어떻게 기후에 영향을 미치는지 보여 준다. 고위도에서보다 저위도에서 태양빛이 더욱 강렬한 것은 저위도에서는 빛이 수직으로 입사하기 때문이다.

기후에 영향을 미치는 또 다른 요소로 반사율[**알베도(albedo)**]이 있다. 알베도는 지표의 색과 화학 성분의 두 가지 요인에 따라 달라지기 때문에 지표에 따라 서로 다르게 나타난다. 어둡고 푸른 바다는 극 지방의 새하얀 눈으로 덮인 지방보다 훨씬 알베도가 낮아서 더욱 높은 비율로 에너지를 흡수하고 반사하는 양은 그만큼 낮다. 지구의 전체 알베도는 대기를 덮고 있는 구름의 양, 눈과 빙하의 양, 식생의 분포 및 인간에 의한 개발 등과 같은 변화로 인해 다르게 나타난다. 아스팔트는 거의 모든 에너지를 흡수하기 때문에 포장된 도로는 반사율을 감소시킨다. 빙하의 양이 최대로 존재했던 빙하 시대에 지구 전체 알베도는 매우 높았다. 그러나 빙하가 녹고 알베도가 감소하게 되면 지구의 평균 온도는 상승하게 되는 것이다.

마지막으로 자연적 기후 변화를 일으키는 명백한 요인은 대기의 화학 조성이다. 대기는 질소(78%)와 산소(21%)를 주요 성분으로 하고 있으며, 그 밖에 수백 종의 미량 기체들과 그을음이나 재, 먼지와 같은 입자들, 그리고 수증기와 다른 액체들로 구성되어 있다. 수증기와 이산화 탄소, 메테인은 강력한 **온실기체**(*greenhouse gas*)이기 때문에 매우 중요한 성분이다.

온실 효과는 지구가 너무 뜨겁지도 않고, 너무 춥지도 않은 생명체가 살기에 적절한 환경인 '골디락스 기후(Goldilocks climate)'를 유지할 수 있도록 하는 주요한 과정이다. 온실 효

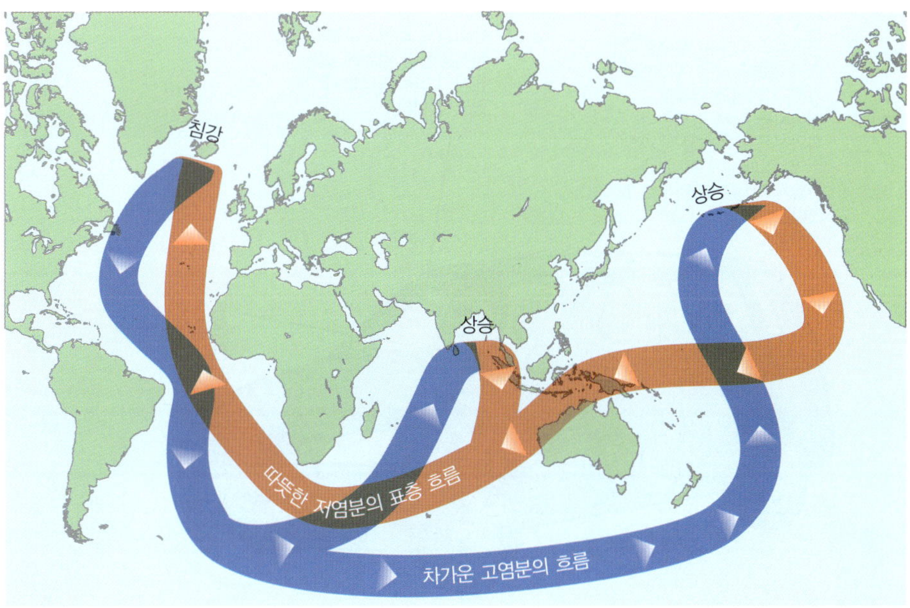

그림 27.26
열염 순환: 전 세계 해양의 순환은 밀도류에 의해 구동된다.

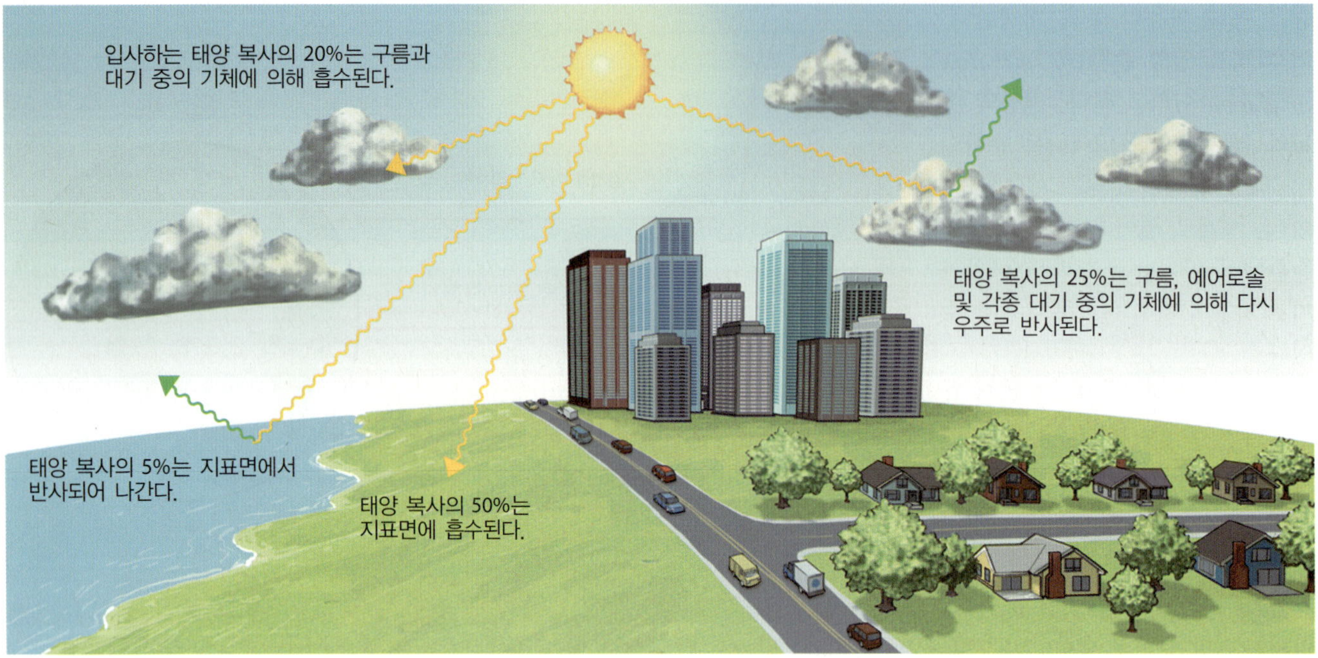

그림 27.27
지구 전체의 반사율, 즉 알베도는 약 30%(0.3)이다. 이것은 입사하는 복사 에너지의 약 70%가 지표나 물, 그리고 대기에 흡수되어 결국 열로 전환된다는 것을 의미한다. 나머지 30%의 에너지는 다시 우주로 반사되어 지구의 온도 변화에는 영향을 미치지 않는다.

과가 없다면 지구의 평균 기온은 −18°C로 매우 추운 상태가 될 것이다. 대기의 온실 효과는 원예를 위한 온실이나 또는 맑은 날 유리창이 닫혀 있는 자동차 속의 상황과 유사하게 작용한다(그림 27.28). 대기 중의 온실기체는 태양으로부터 오는 짧은 파장의 가시광선을 투과시킬 수 있다(그림 27.29). 지표는 이 빛을 흡수하고 다시 방출하는데, 재방출되는 에너지는 파장이 긴 **적외선 복사**(*infrared radiation*)의 형태로, 가시광선보다 에너지가 높지 않다. 적외선이 지표에서 우주를 향해 이동할 때, 온실기체 분자에 의해 흡수되고 다시 방출되는 과정을 거친다. 이러한 과정을 여러 번 거친 후 마침내 적외선은 우주로 날아가게 되는 것이다. 적외선이

그림 27.28
자동차에서의 온실 효과

흡수될 때마다 대기 중의 기체는 조금씩 가열된다. 결국, 대기는 맑은 날의 자동차 내부처럼 따뜻해지고, 적외선은 따뜻해진 지구를 떠나 우주로 탈출하게 된다.

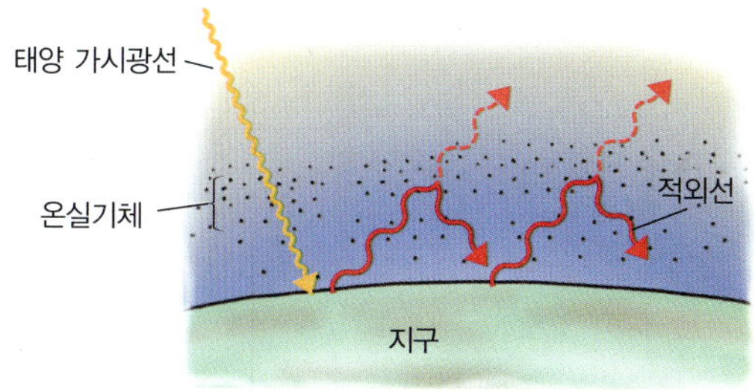

그림 27.29
지구 대기의 온실 효과. 가시광선은 지표에 흡수되고, 지표는 적외선의 형태로 에너지를 다시 방출한다. 이산화 탄소, 수증기, 메테인 등의 온실기체들은 지구가 방출한 이 적외선을 흡수하여 재방출한다. 지구의 온실 효과가 없다면 적외선은 우주로 직접 방출되었을 것이다.

인공적 기후 변화 과학자들은 다른 그 어떤 과학적 쟁점들보다도 인공적인 기후 변화에 대해 논의할 필요성을 강조하고 있다. 산업화 시대 이후 지구 대기의 온도는 급격히 증가하고 있으며, 거의 대부분의 온도 증가는 지난 30년 동안 이산화 탄소(그 외의 다른 온실기체를 포함)의 축적과 함께 일어났다. 오늘날의 이산화 탄소 농도는 과거 80만 년 동안의 그 어느 때보다도 높게 나타난다. 이산화 탄소는 생물체와 화산 분출에 의해 자연적으로 방출된다. 그러나 최근 대기 중 이산화 탄소의 동위 원소 조성비에 대한 조사는 대기 중의 이산화 탄소가 주로 자연적인 공급이 아니라 화석 연료의 연소로부터 공급되고 있음을 보여 주었다.

화석 연료의 연소가 어떻게 이산화 탄소를 대기 중으로 공급할까? 원유와 천연가스를 포함한 석유와, 석탄 자원인 화석 연료는 수백만 년 전에 죽은 뒤 완전히 부패하지 않은 동물과 식물로부터 만들어진다. 생물체가 죽고 모래나 진흙에 묻히면, 탄소를 포함한 화학 에너지가 풍부한 생체 분자들도 함께 매장된다. 이러한 생체 에너지가 시간이 지나면서 열과 압력을 받아 화석 연료로 변환되는 것이다. 화석 연료가 추출되고 연소를 통해 에너지로 사용될 때, 저장되어 있던 탄소는 이산화 탄소의 형태로 방출된다. 자동차의 연소, 발전소의 석탄과 석유의 연소, 그 밖에 여러 인간들의 활동을 통해 매일 수백만 톤의 이산화 탄소가 대기 중으로 배출된다.

그림 27.30은 인간이 화석 연료를 마치 무한한 자원으로 여기듯이 사용하기 시작한 1800년대 중반부터 이산화 탄소의 배출량이 급속도로 증가하는 모습을 보여 준다. 석탄, 석유, 그리고 천연가스의 연소는 부산물로 이산화 탄소를 생성한다. 그림 27.31은 대기 중의 이산화 탄소 농도와 기온이 수천 년에 걸쳐 아주 밀접한 관계가 있음을 보여 준다. 이산화 탄소 농도가

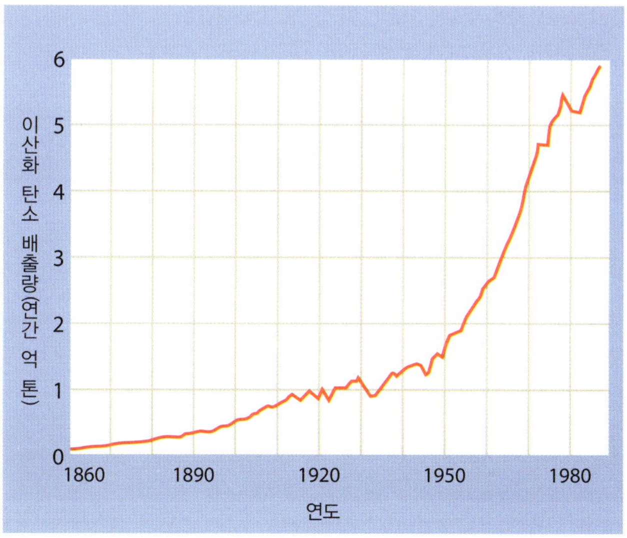

그림 27.30
산업 혁명 이후 화석 연료의 연소로 인해 이산화 탄소 배출량은 기하급수적으로 증가하고 있다.

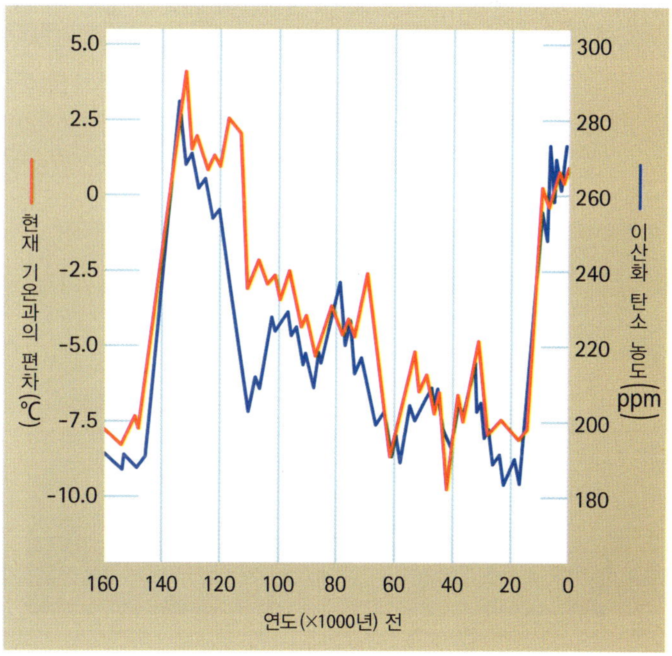

그림 27.31
수천 년에 걸쳐 이산화 탄소의 농도와 기온이 서로 밀접한 상관관계가 있음을 나타내고 있다.

화석 연료의 연소를 통해 공장이 운영되면서 대기 중에 많은 양의 이산화 탄소를 배출한다.

증가하면 기온도 함께 증가하고 있다.

사람들은 화석 연료의 사용 외에도 **삼림의 벌채**(*deforestation*)를 통해 대기 중의 이산화 탄소 농도를 증가시킨다. 삼림 벌채는 그림 27.32에서와 같이 숲을 개간하면서 이루어진다. 세계의 많은 나라들이 연료의 용도로, 도로를 건설하기 위해, 늘어나는 인구의 식량 자원 확보를 위한 농업용 토지를 확장하기 위해 숲을 개간하였다. 식물은 광합성을 통해 대기 중의 이산화 탄소를 흡수한다. 따라서 숲과 나무의 손실은 대기 중의 이산화 탄소량이 많아지는 것을 의미한다. 또 이렇게 잘려나간 나무들이 연소에 사용되면 이산화 탄소 배출 원인으로 작용하게 되는 것이다.

그림 27.32
한때 우림의 숲이었던 이곳은 벌채로 인해 사진과 같이 변하였고, 인도네시아의 팜 오일 수확량은 급감하였다.

현재와 미래의 기후 변화로 인한 영향

지구의 평균 온도는 20세기 동안에 약 1°F보다 조금 더(약 1°C) 상승했다. 이것이 그리 크지 않은 값으로 보일 수 있지만, 지구 역사의 관점에서는 상당히 이례적인 현상이다. 이러한 급격한 온도 상승의 영향은 평소보다 꽃과 나무들이 빠른 시기에 무성해지는 것과 같은 사례들을 통해 직접 목격할 수 있다. 식물과 동물들의 식생 분포는 더욱 높은 고도와 위도로 이동하였고, 더 높은 위도와 고도에 있던 빙하들이 녹았다. 북극의 빙하의 양이 낮게 측정되고 있으며 강과 호수의 얼음의 상당량이 연초에 녹아 없어진다. 열대의 폭풍과 폭염은 더욱 강렬해지고 있다. 고위도에 상당히 오랜 기간 동안 얼어 있는 채로 존재했던 영구 동토가 녹으면서 그 속에 저장되어 있던 온실기체인 메테인의 상당량이 대기 중으로 방출되었다. 빙하가 녹아 해수에 물을 공급하고 해수의 열팽창에 의해 바닷물의 양이 증가하여 해수면의 높이가 상승하였다. 결국, 해안의 주거지에서 살던 사람들이 난민이 되어 멀리 이동하기 시작하였다. 그 예로, 1995년에 해수면 상승에 의해 아시아의 방글라데시에 있는 볼라(Bhola) 섬의 절반이 침수되었고, 50만 명의 사람들이 집을 잃었다.

기후 변화에 관한 정부 간 패널(IPCC)은 미국 및 다른 국가에서 1300명 이상의 과학자로 구성된 국제 협의 단체이다. IPCC는 기후 변화에 대한 과학적 연구들을 검토하고 요약하여 그 결과를 정책 입안자들과 대중들에게 보고한다. IPCC는 다음 세기 동안 약 2.5°F에서 10°F 만큼의 온도 상승이 일어날 것으로 예측하였다. 미국 환경 보호국(EPA), 국립 해양 대기 관리청(NOAA) 등을 포함한 주요 과학 기관들은 IPCC의 예측에 동의하는 결과물들을

(a) (b)

그림 27.33
(a) 산꼭대기의 빙하. (b) 빙하가 거의 녹은 뒤의 모습. 사라진 빙하는 어디로 갔을까? 이러한 현상은 지구 온난화와 관련하여 해수면의 상승과 어떠한 관계가 있을까?

표 27.5 지구 기후 변화: 미래 동향

현상	일어날 가능성
적설 지역의 감소, 영구 동토에서의 해빙 증가, 빙하의 면적 감소	실제로 일어남.
매우 뜨거운 폭염과 집중 호우의 빈도 증가	일어날 가능성이 매우 높음.
허리케인의 강도 증가	일어날 가능성이 있음.
고위도에서의 강수량 증가	일어날 가능성이 매우 높음.
미국 서부 지중해 지역을 포함하여 많은 지역의 수자원 감소	신뢰성이 높음.

현상이 일어날 가능성의 범위는 다음과 같이 확률로 나타낼 수 있다. 실제로 일어남 > 99%, 일어날 가능성이 매우 높음 > 90%, 일어날 가능성이 있음 > 66%.

Source: Global Climate Change, Vital Signs of the Planet, NASA, 2011 and Summary for Policymakers, IPCC Synthesis Report, November 2007, http://www.ipcc.ch/

발표하였다. IPCC와 더불어 많은 과학자들 사이에서 지구의 온도가 인간 활동에 의한 온실 기체의 과다 방출로 인해 급격하게 증가할 것이라는 예상은 상당한 동의와 신뢰를 얻고 있다. 이러한 지구 온난화 현상은 장래에 어떤 영향을 미치게 될까?

지구 온난화가 미래에 미치게 될 영향을 구체적으로 예측하는 것은 거의 불가능하다. 구체적인 예측을 위해서는 관련된 요소들이 너무 많다. 그러나 IPCC는 그중에서 몇 가지에 대해 확률적으로나마 제시하였다(표 27.5).

미래에 일어날 지구 온난화와 그 영향을 예측하는 것이 어려운 이유 중의 하나는 기후가 서로 상호 작용하는 각각의 부분적, 기능적 요소들로 구성된 하나의 시스템이라는 것이다. 지구 전체의 기후 시스템에는 상호 작용하는 많은 구성 요소가 존재한다. 이러한 다양한 상호 작용은 대기권에 제한되지 않고, 수권, 생물권 및 암석권이 모두 포함된다. 시스템의 각 부분들 사이의 상호 연결 고리를 **피드백**(*feedback*) 또는 **피드백 루프**(**feedback loop**)라고 한다. 기후학에서는 기후 변수들 사이의 상호 작용을 전 **지구적 피드백**(*planetary feedback*) 관계로 본다.

아주 간단한 피드백 루프는 그림 27.34에서와 같이 두 개의 변수만으로 구성될 수 있다. 피드백 루프에서 하나의 변수의 변화는 다른 변수에 영향을 주고, 이 두 번째 변수의 변화는 다시 첫 번째 변수에 영향을 미친다. 어떤 피드백은 시스템의 변화를 더욱 촉진시키는 반면, 또 다른 피드백은 시스템 내의 변화를 억제시키는 경향을 보인다. 변화를 억제하는 방향으로 작용하는 피드백을 **음성 피드백**(*negative feedback*)이라고 한다. 시스템 내에서 변수들의 음성 피드백 관계는 시스템을 안정화시키는 경향이 있다. 그것은 첫 번째 변수의 변화에 두 번째 변수가 반응할 때, 첫 번째 변수의 변화를 억제하는 방향으로 반응이 일어나기 때문이다. 반면, 첫 번째 변수의 변화를 강화시키는 피드백을 **양성 피드백**(*positive feedback*)이라고 한다. 양성 피드백은 변수들 사이의 상호 작용에 의한 변화가 균형을 이루지 않고, 서로의 반응을 증폭시키는 작용을 통해 시스템을 불안정하게 만든다. 현실에서의 피드백 루프는 두 변수로 설명된 이러한 단순한 것보다 훨씬 더 복잡하다. 전 지구적 피드백 관계는 오늘날의 복잡한 기후 모델을 완벽히 추적하기에 너무나 복잡하다.

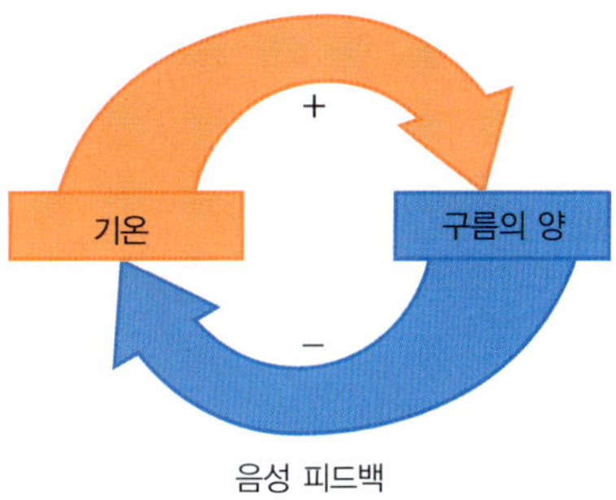

(a)

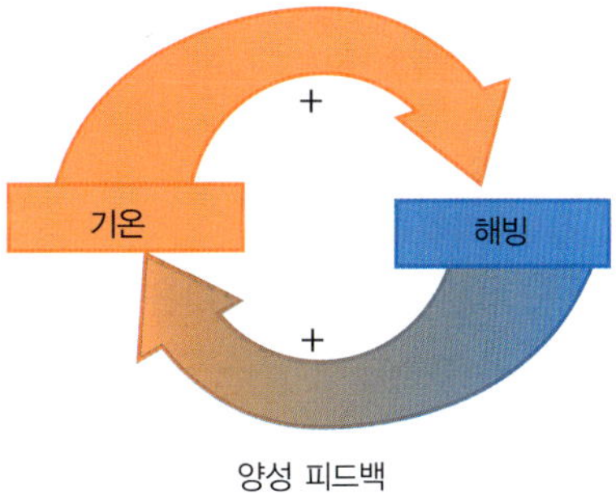

(b)

그림 27.34
(a) 그림은 대기 중의 구름의 양과 지구 표면의 온도 사이에 가능한 음성 피드백 루프를 나타낸다. 지구 표면의 온도가 증가하면 증발량이 많아지고, 그 결과로 구름이 더욱 많이 형성될 수 있다. 그러나 구름은 태양빛을 반사하여 대기를 냉각시키기 때문에 기온 상승과는 반대로 작용할 수 있다. (b) 그림은 온도와 빙하 사이의 양성 피드백 관계에 대한 것이다. 온도가 높을수록 빙하는 녹게 된다. 그러나 빙하는 알베도가 높기 때문에 해빙은 지구의 온도를 높이는 결과를 초래한다.

기후 변화는 비록 수많은 어려움을 야기하지만, 특정 지역에서는 몇몇의 긍정적인 효과를 나타낼 수도 있다. 아마도 지구 온난화는 현재는 매우 추운 지역에서 경작을 할 수 있는 가능성을 향상시킨다. 그 효과에 대해서는 단순한 확신을 가지고 예측하기 어렵다. 그러나 이러한 예측은 우리의 과제가 될 것이다. 지구 온난화는 우리가 아직은 수행하지 않은 하나의 위험한 실험인 것이다.

기후 변화에 대한 대비

기후 변화에 대처하기 위한 단 한 가지의 해답은 존재하지 않는다. 우리는 그것을 위해 많은 지식과 지혜가 필요하다. 우리는 계속해서 연구를 하고 결과를 내기 위해 열심히 노력하는 지구 과학자가 필요하다. 과학에 대한 이해를 바탕으로 법과 제도를 지속적으로 개선해 나갈 수 있는 정책 관리자가 필요하다. 지구에 대해 관심을 가지고 서로를 독려할 수 있는 시민이 필요하다. 우리의 모체인 보금자리, 푸른 지구를 보호하기 위해 모두가 제 역할을 해야 한다. 그렇다면 여러분은 어떤 역할을 할 것인가?

여러분이 먼저 실행할 수 있는, 특히 기후 변화에 긍정적인 영향을 미칠 수 있는 세 가지 지침이 여기에 있다. 이러한 단순한 행동이 개인의 삶에 도움이 될 수 있다는 것 역시 확인할 수 있을 것이다.

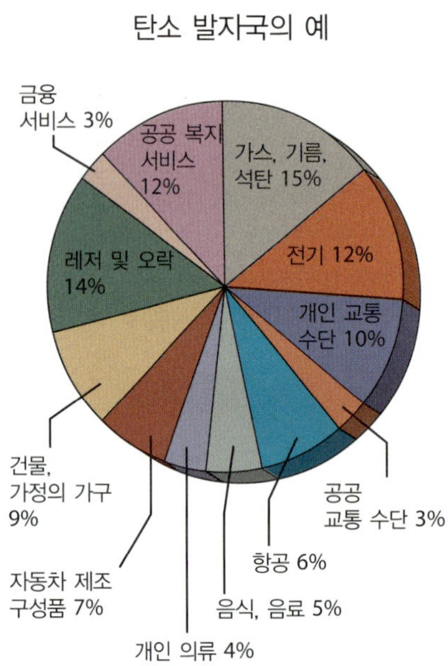

그림 27.35
'탄소 발자국'은 인간의 활동으로 발생하는 온실기체의 총 배출량을 의미한다. 이산화 탄소의 배출량은 연간 수 톤에 달한다. 이 원그래프는 전형적인 미국 시민이 배출하는 탄소의 양을 요소별로 나타내고 있다.

1. **더 열심히 공부하자.** 이미 이 장에 대해 학습했다는 것은 매우 잘한 일이다. 이제, 나아가 더 알아보자! 여러분이 접근할 수 있는 어떤 경로라도 좋다. NASA, NOAA, NSF, EPA 등 과학과 교육에 관련된 기관의 웹 사이트를 방문하여 가입하자. 시민을 위한 과학 프로그램을 연구하는 프로젝트에 참여해 보고, 지역 사회에 자신을 드러낼 수 있는 기회를 찾도록 하자. 해답을 찾을 때까지 열린 마음으로 질문을 던지자.
2. **탄소 배출량을 줄여 보자.** 평균적으로 미국인은 1년에 22톤에 해당하는 탄소를 배출한다. 그 양은 개인의 교통 수단, 식습관, 생활 패턴에 상당한 영향을 받는다. 웹 사이트(www.epa.gov/climatechange/ghgemissions/ind_calculator.html)를 방문하여 자신이 배출하는 탄소의 양을 계산해 보고, 자신이 기후에 미치는 영향을 확인해 보자. 전형적인 미국인이 배출하는 탄소의 양을 그림 27.35에서 제시하고 있다. 자신의 탄소 배출량을 줄이기 위한 계획을 세워 보자. 지구를 위한 이 현명한 선택은 스스로에게 더 건강하고 행복한 삶을 가져다 주는 기회가 될 것이다.
3. **지구를 위해 참여하자.** 기후 변화에 대한 공개 토론과 같은 활동을 이해하고 그에 기여할 수 있도록 과학에 대해 충분히 알도록 하자. 과학에 대해 많이 안다는 것은 스스로에게 권한을 부여하는 방법이기도 하다. 우리는 스스로의 가치를 위하여 말하고 투표하며 살아야 한다. 자신이 생각하는 것을 말할 수 있어야 하고, 다른 사람의 말에 귀 기울일 수 있어야 한다. 그들과 함께 일을 할 수도 있어야 한다. 여러분이 하는 운동, 먹는 음식, 음악과 예술을 통해 자연과의 관계를 유지할 수 있도록 하자. 생물권의 이로움을 위하여 스스로의 재능과 기회를 활용하자. 우주 속의 우리 보금자리인 아름답고 푸른 행성, 지구와의 건강하고 행복한 관계를 즐기도록 하자.

그림 27.36
삶을 지속하려면 이 지침을 기억하라. 즉 더 열심히 배우라. 여러분의 영향력을 이해하라. 여러분의 가정, 행성인 지구를 돌보라.

연습문제

27.1 지진

1. 리히터 규모의 척도는 무엇을 의미하는가?
2. 지진은 왜 지진파를 형성하는가?
3. 지진은 어디에서 발생하는가?
4. 미래의 지진을 예측하기 위해 과거의 지진에 대한 기록을 어떻게 활용하는가? 그리고 그 방법의 한계는 무엇인가?

27.2 지진 해일

5. 연못에서 발생하는 물결과 지진 해일은 어떤 부분에서 유사하고 어떻게 다른가?
6. 지진 해일이 일어나는 원인은 무엇인가?
7. 2000년 이후에 발생한 두 번의 파괴적인 지진 해일에 대해 설명하시오. 언제 발생했고 그것이 왜 수많은 인명과 재산상의 피해를 주었는지 설명하시오.

27.3 화산

8. 화산의 주요 세 가지 유형은 무엇인가?
9. 어떤 종류의 화산이 조용히 분출하는가? 또 어떤 종류의 화산이 가장 폭발적으로 분출하는가?
10. 화산과 관련된 위험 상황에는 어떤 것이 있는가?

27.4 허리케인

11. 허리케인의 에너지원은 무엇인가?
12. 허리케인은 어디에서 형성되는가? 허리케인이 이동하는 형태를 설명하시오.
13. 미국에서 지금껏 가장 큰 비용을 치르게 했던 자연 재해에는 어떤 것이 있는가?

확인문제

만일 여러분이 이 장에서 제대로 학습을 하였다면, 다음에 제시된 10개의 질문에 적어도 7개는 제대로 답을 할 수 있을 것이다. 만일 그렇지 못하면 다음 장으로 가기 전에 이 장을 더 학습할 필요가 있다.

각 질문에 대해 가장 적합한 답을 고르시오.

1. 허리케인에 대한 다음 설명 중 옳은 것은?
   (a) 허리케인은 열대 해양의 따뜻하고 습한 공기로부터 만들어진다.
   (b) 허리케인은 적어도 119 km/h의 풍속을 가진다.
   (c) 허리케인은 육지에 도달하면 소멸한다.
   (d) 모두 옳다.
2. 기후 변화는
   (a) 대부분의 과학자들이 동의하지 않는 현상이다.
   (b) 지구 대기의 온도에 미치는 온실기체의 영향을 의미한다.
   (c) 지구 기후의 모든 영역에서의 온도 상승을 의미한다.
   (d) 인간의 활동과는 무관하다.
3. 적도에서 멀어질수록 기후는 점점 더
   (a) 평균 온도가 낮아진다.
   (b) 태양 강도가 높아진다.
   (c) 강수량이 많아진다.
   (d) 더 많은 물이 존재한다.
4. 빙하 시대는 (   )로 인해 발생하였다.
   (a) 인간이 대기 중으로 방출한 화학 물질
   (b) 지구의 자전축 기울기 및 공전 궤도 변화
   (c) 소행성의 충돌
   (d) 지구 내부 핵의 온도 변화
5. 빙하 시대에는 빙하가
   (a) 발달한다.
   (b) 후퇴한다.
   (c) 해수면의 상승을 유발한다.
   (d) 입사하는 태양 복사 에너지를 반사시킨다.
6. 지진은 (   )(으)로 인해 발생한다.
   (a) 지구의 냉각에 따른 판의 이동
   (b) 지구의 가열에 따른 판의 이동
   (c) 지구 내부에서 방출된 지진파
   (d) 계속해서 작은 조각으로 부서지는 판게아
7. 지진 해일은
   (a) 허리케인으로 인해 발생한다.
   (b) 지구 온난화에 의해 발생한다.
   (c) 밀란코비치 주기로 인해 발생한다.
   (d) 지진에 의해 발생한다.
8. 과학자들은 지진을 예측하기 위해 어떤 활동을 할 수 있는가?
   (a) 아무것도 없다.
   (b) 암석의 변형을 측정하고, 단층의 활성 및 비활성 지역을 조사한다.

(c) 암석의 탄생 시기를 조사한다.

(d) 특정 지역에서 섭입대가 얼마나 떨어져 있는지 측정한다.

9. 허리케인은 (   )과 관련이 깊다.

(a) 열, 압력, 수분

(b) 지진

(c) 지진 해일

(d) 화산

10. 다음 중 화산이 곧 폭발할 수도 있다는 징후는 무엇인가?

(a) 측면의 부피 팽창

(b) 기후 변화

(c) 하부 층과 측면의 온도 상승

(d) 동물의 이상 행동

확인문제 답

1. d, 2. b, 3. a, 4. b, 5. a, 6. a, 7. d, 8. b, 9. a, 10. a

5

PART FIVE

천문학

만약 우리가 달 위에 서 있다면, 달이 지구의 그림자에 들어갈 때, 즉 지구에서 월식이 일어나는 동안 달에서는 지구가 어떻게 보일까?

달에서 지구를 보았을 때 지구의 모습은 지구에 가려진 태양빛이 지구를 둘러싸고 있는 대기에 의해 굴절되어 붉은색 고리가 밝게 빛나는 커다란 검은 구형으로 보일 것이다. 붉게 빛나는 것은 마치 우리가 해질 녘 노을을 보는 것과 같다. 이렇게 붉게 빛나는 해질 녘 노을은 달의 표면에서도 나타난다. 지구에서 개기 월식을 관측할 때, 달이 붉게 보이는 것도 이와 같은 현상이다.

28장 태양계

태양은 어떻게 그 많은 에너지를 만들어 내는가? 행성들 사이의 공통점과 차이점은 무엇인가? 어떻게 달이 형성되었으며 달의 위상은 어떻게 변화하는가? 왜 우리는 달의 한쪽 면밖에 볼 수 없는가? 왜 일식이나 월식은 드물게 발생할까? 소행성, 혜성, 유성우는 무엇일까? 우리 행성과 이들의 충돌은 어떻게 가끔 일어나고, 혜성의 꼬리는 왜 태양 반대쪽에 생길까?

수천 년 동안 사람들은 밤하늘을 쳐다보며 위와 같은 의문을 가졌다. 지난 세기 동안 과학이 급격하게 발달함에 따라 이러한 기본적인 생각들과 우주에 대한 궁금증에 대한 해답을 얻을 수 있었다. 이 단원에서는 지구 밖으로 펼쳐진 우주의 거대한 스케일을 따라 태양계에 대하여 우리가 알게 된 지식에 초점을 두고 있다. 다음 단원에서는 우리의 관점을 은하를 넘어 아직 심오한 비밀로 남아 있는 영역으로 확장하고자 한다.

28.1 태양계와 태양계의 형성

학습목표
태양계 형성에 대한 성운설을 설명할 수 있다.

물음 어떻게 중력이 태양 에너지를 만든 원인일까?

태양계는 태양의 중력적인 영향 아래에 놓여 있다. 태양계에는 중심핵에서 핵융합 반응을 일으키기에는 부족하지만, 자신의 중력에 의해 구형을 모습을 유지하기에는 충분히 큰 질량을 가지고 있는 8개의 **행성**(**planet**)이 포함되어 있다. 행성들은 충분한 질량을 가지고 있어 각 행성의 공전 궤도면에 여러 작은 천체를 제거하는 데 성공한 천체이다. **황도**(**ecliptic**)라고 불리는 공전 궤도면은 지구의 공전 궤도와 나란하다. 또한 태양계는 행성을 공전하는 수많은 위성, 작고 암석으로 이루어진 소행성, 작고 얼음으로 이루어진 혜성, 그리고 태양계 가장자리에 왜소 행성(dwarf planet)이라 불리는 작은 천체들로 이루어져 있다. 가장 잘 알려진 왜소 행성으로는 2006년에 행성으로서의 지위를 잃은 명왕성이 있다. 행성과 다른 태양계 구성원들은 태양과 비교하였을 때 매우 작다. 그림 28.1은 태양과 행성들의 상대적인 크기를 보여 주고 있다. 태양은 태양계 질량의 99.86%를 차지한다.

태양과 다른 천체들 사이의 엄청난 거리는 태양을 지름이 1 m인 공으로 줄였을 경우 다음과 같이 비교할 수 있다. 가장 가까운 행성인 수성은 사과 씨앗 정도의 크기로, 공에서 40 m 떨어진 곳에 놓여 있다. 다음으로 가까운 행성인 금성은 완두콩 정도의 크기로, 공에서 80 m 떨어진 곳에 놓여 있다. 지구는 금성과 비슷한 크기의 완두콩 정도로, 공에서 110 m 떨어진 곳에 놓여 있게 되는데, 이는 축구 경기장 크기보다도 훨씬 크다. 다음 행성인 화성은 수성보다 조금 더 큰 크기의 사과 씨앗 정도로, 축구 경기장 두 개를 붙여 놓은 것보다 더 떨어진 곳에 놓여 있다.

처음 소개한 4개 행성, 즉 수성, 금성, 지구, 화성은 태양과 떨어진 거리가 상대적으로 가까워서 **내행성**(**inner planet**, 지구형 행성)이라고 부른다. 모든 내행성들은 고체 암석으로 이루어진 행성이다. **외행성**(**outer planet**, 목성형 행성)은 가스로 이루어진 거대 행성으로, 더 멀리 떨어진 곳에 위치한다. 외행성 중 첫 번째 행성은 목성으로, 소프트볼에서 사용하는 공 정도의 크기로 약 500 m 떨어진 곳에 위치한다. 두 번째 외행성은 거대한 고리 시스템으로 유명한 토성이다. 토성은 야구공 정도의 크기로 1 km보다 더 멀리 떨어져 놓여 있다. 천왕성과 해왕성은 모두 탁구공 정도의 크기로 각각 2 km, 3 km 떨어진 위치에 놓여 있다. 태양과 비교해 보았을 때 거대한 공간에서 태양계를 구성하는 천체들은 우리에게는 아주 작은 점으로 보인다.

그림 28.1
그림은 행성들의 상대적인 크기를 보여 준다. 태양으로 멀어지는 순서대로 수성, 금성, 지구, 화성, 목성, 토성, 천왕성, 해왕성이 놓여 있다. 행성들은 자체적으로는 크지만 태양계 질량의 99%를 차지하는 태양에 비해서는 매우 왜소하다. 주의: 그림에서 거리는 무시하였다. 만약 지구가 태양으로부터 8 m 떨어진 곳에 있다면, 해왕성은 240 m 떨어진 곳에 위치한다.

표 28.1 행성들의 자료

	태양으로부터의 평균 거리 (지구 거리, AU)	공전 주기 (년)	지름 (km)	지름 (지구 = 1)	질량 (kg)	질량 (지구 = 1)	밀도 (g/cm^3)	궤도 경사
태양			1,392,000	109.1	1.99×10^{30}	3.3×10^5	1.41	
지구형								
수성	0.39	0.24	4,880	0.38	3.3×10^{23}	0.06	5.4	7.0°
금성	0.72	0.62	12,100	0.95	4.9×10^{24}	0.81	5.2	3.4°
지구	1.00	1.00	12,760	1.00	6.0×10^{24}	1.00	5.5	0.0°
화성	1.52	1.88	6,800	0.53	6.4×10^{23}	0.11	3.9	1.9°
목성형								
목성	5.20	11.86	142,800	11.19	1.90×10^{27}	317.73	1.3	1.3°
토성	9.54	29.46	120,700	9.44	5.7×10^{26}	95.15	0.7	2.5°
천왕성	19.18	84.0	50,800	3.98	8.7×10^{25}	14.65	1.3	0.8°
해왕성	30.06	164.79	49,600	3.88	1.0×10^{26}	17.23	1.7	1.8°
왜소 행성								
명왕성	39.44	247.70	2,300	0.18	1.3×10^{22}	0.002	1.9	17°
에리스	67.67	557	2,400	0.19	1.6×10^{22}	0.002	1.9	44°

행성들의 간격은 매우 크기 때문에 천문학자들은 그 거리를 표현하기 위하여 **천문 단위(AU, astronomical unit)**를 사용한다. 1천문 단위는 대략 1.5×10^8 km이며, 지구와 태양 사이의 평균 거리이다. 표 28.1은 AU 단위로 태양과 행성들의 거리를 보여 주고 있다. 그리고 표 28.1의 데이터들은 행성들을 공통점으로 분류해서 나타내고 있다. 내행성인 수성, 금성, 지구, 화성은 고체이고 상대적으로 작으며 밀도가 크다. 이 행성들을 **지구형 행성**(*terrestrial planet*)이라고 한다. 외행성은 크고, 고리와 많은 위성이 있으며 주로 수소와 헬륨으로 구성되어 있다. 이 행성들을 **목성형 행성**(*jovian planet*)이라고 하는데, 이는 이들 행성들이 크고 가스로 이루어진 것이 목성의 특징과 비슷하기 때문이다.

그림 28.2
이 사진은 오리온 대성운을 허블 우주 망원경이 촬영한 것이다. 태양계가 태어난 성운과 같은 오리온 대성운은 성간 기체와 먼지로부터 새로운 별이 탄생하는 장소이다.

성운설

태양계 형성에 대한 이론은 반드시 다음 두 가지의 중요한 규칙성, 즉 (1) **태양계의 거대한 규모의 운동**, (2) **태양계 행성이 지구형과 목성형으로 구분되는 이유**에 대해 설명할 수 있어야 한다. 또한 존속 가능한 태양계 형성 이론은 반드시 소행성, 혜성, 위성의 형성 과정 등 태양계의 지금까지 알려진 특징들을 설명할 수 있어야 한다.

최근의 과학적인 이론은 이러한 요구를 만족시키고 있는데, 가스와 먼지로 이루어진 **성운**(*nebula*)에서 태양과 행성이 탄생하였다는 최근의 이론을 **성운설(nebular theory)**이라고 한다. 성운설에 따르면, 약 50억 년 전 가스와 먼지로 이루어진 성운으로부터 태양계의 형성이 시작된다. 성운은 지름이 명왕성의 궤도보다 수천 배나 더 크고 밀도가 작은 천체이다. 이러한 성운은 그림 28.2에서 볼 수 있는 오리온자리의 대성운과 같은 모습이다.

태양계가 형성되는 성운의 내부에서 중력적인 균형에 의해 가스 입자들은 분산되고 채워지면서 균형을 유지하고 있다. 한번 성운의 중력적인 응축이 시작되면 중력에 의한 변화가 성운에서 확실하게 나타난다. 우주를 지배하는 중력 법칙(5장 참조)은 입자들 간의 간격이 줄어들수록 그 힘이 더 강해진다. 성운이 수축하면서 중력적인 영향이 점차 증가하여 구형으로 변화

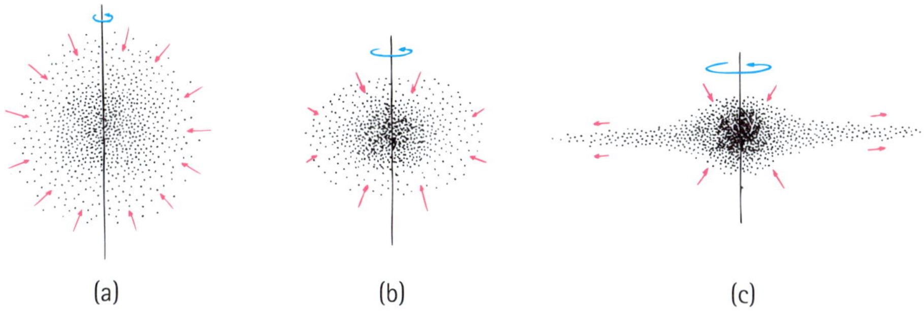

그림 28.3
(a) 매우 크고 천천히 회전하고 있는 성운(태양계 형성 전). 중력에 의해 성운 수축을 시작한다. (b) 성운이 수축함에 따라 중력 퍼텐셜 에너지가 열에너지로 전환된다. 각운동량 보존을 위해 더욱 빨리 회전한다. (c) 빠른 회전의 결과 성운이 편평하게 변화하였다. 회전하는 편평한 원반의 중심에 질량과 열이 집중된다.

하지만 그 질량은 그대로 유지된다.

이러한 성운은 또한 반드시 회전을 하게 되는데, 이는 은하가 스스로 회전하는 것과 관련된다. 성운이 수축함에 따라 회전은 더욱 빨라진다[**각운동량 보존 법칙**(*conservation of angular momentum*), 부록 B 참조]. 물체가 회전하면서 수축하게 되면, 각운동량 보존 법칙에 의해 회전 속도는 증가하게 된다. 익숙한 예로 피겨 스케이트 선수가 스핀을 돌 때, 팔을 안으로 굽히면 속도가 증가하는 것도 같은 이유이다. 성운도 이와 같은 원리로 수축한다(그림 28.3).

구형의 성운이 점차 빠르게 회전하게 되면 성운에 어떤 변화가 나타날까? 그 답은 성운이 점차 편평해진다는 것이다. 동그란 밀가루 반죽을 회전시켜 편평한 피자 도우를 만드는 것이 좋은 예이다. 또한 행성 지구도 회전에 의해서 편평도를 가지게 된다. 더 빠르게 회전하는 토성은 알려진 대로 편평도가 가장 크다. 그래서 구형의 성운은 점차 회전하는 평면으로 변화하며 그 가운데 **원시 태양**(*protosun*)이 탄생하였다.

회전하는 디스크의 형성은 현재 태양계의 운동을 설명해 준다. 모든 행성들은 태양을 공전하는 궤도가 거의 같은 평면에 놓여 있는데, 이는 하나의 성운이 수축하며 형성한 원반에서 형성되었기 때문이다. 원반의 회전 방향에 의해 행성의 공전과 태양의 자전 방향이 같다.

원반 주변에는 행성을 구성하는 물질들이 분포한다. 원반이 회전하는 동안 어느 영역으로 물질들이 모여들고 다른 영역에 비하여 밀도가 커진다. 아마도 가스나 먼지와 같은 작은 입자들은 중력과 전자기력에 의해 모였다. 물질이 모여짐에 따라 물질 덩어리가 형성되고, 이 덩어리의 질량에 의하여 중력이 더 강해져 더 많은 물질을 끌어당기게 되었다. 이로 인한 질량의 증가는 지름이 수 km 정도로 작은 천체인 **미행성**(*planetesimal*)들을 원반에 형성하게 된다. 미행성체의 증가는 주변의 물질들을 중력적으로 끌어당겨 많은 충돌을 일으키고, 그 결과 행성이 형성된다.

이러한 과정이 진행되는 동안, 중력 수축으로 인해 발생한 압력으로 온도가 증가한 태양계 성운 중심의 천체는 거대한 가스로 구성된 **원시 태양**으로 변화하였다. 원시 태양은 중심핵의 온도가 충분히 상승하여 핵융합 반응이 일어나며 태양으로 변화하였다. 핵융합 반응이 일어나게 되면 태양 복사 에너지가 방출되고 성운의 원반은 가열되며, 중심 부분의 온도는 다른 바깥쪽의 온도보다 훨씬 높은 온도로 상승하게 된다. 그 결과 내행성과 외행성의 차이가 나타나게 되었다. 내행성이 형성되는 곳에서는 높은 온도로 인해 고체 물질이 남아서 암석이 주성분인 지구형 행성이 되었다. 이와는 대조적으로 외행성이 형성되는 곳에서는 여전히 수소와 헬륨이 남아서 주성분이 가스인 목성형 형성이 되었다. 성운설은 이렇게 두 개의 그룹으로 나누어진 행성들의 형성에 대해서도 충분한 설명을 할 수 있다.

학습목표
태양 내부, 광구, 흑점, 주기, 채층, 코로나를 포함한 태양의 특징을 확인할 수 있다.

28.2 태양

물음 왜 태양의 표면은 내부 핵보다 차가운 것일까?

태양의 질량은 약 2×10^{30} kg 정도이다. 태양은 중심핵의 수소 핵융합 반응으로부터 에너지를 만들어 내고 있다. 1초마다 거의 657백만 톤의 수소를 653백만 톤의 헬륨으로 핵융합을 한다. 4백만 톤의 질량 손실은 에너지로 전환되어 복사 에너지로 방출된다. 이러한 수소 핵융합 반응은 태양이 형성되고 50억 년 전부터 이어지고 있으며, 앞으로도 50억 년 간 더 지속될 것으로 보고 있다. 태양 에너지의 아주 적은 부분이 지구에 도달하고 있고 이 에너지가 광합성을 통해 화학적 에너지로 전환되어 저장되고 있다. 이러한 에너지는 지구의 모든 생명체들의 1차 에너지원이 된다. 태양은 지구에서 가장 가까운 별이며 태양계의 발전소이다.

태양 에너지는 태양의 핵으로부터 형성되어 나온다. 태양의 핵은 태양의 전체 부피의 10%에 해당한다. 핵은 15,000,000 K의 온도로 매우 뜨겁다. 핵은 고체의 납 물질보다 12배 이상 매우 조밀하다. 핵의 압력은 지구 대기압의 340억 배에 해당한다. 이러한 밀도가 큰 환경 때문에 수소와 헬륨 등의 물질들이 플라스마 상태로 존재한다. **플라스마**(*plasma*)는 가스 상태를 넘어선 물질의 상태로 높은 에너지하에서 원자로부터 전자들이 벗어나 이온과 전자들이 같이 존재하는 상태이다. 이러한 플라스마의 핵은, 10장에서 배운 바와 같이 핵융합을 충분히 빠르게 이루어질 수 있도록 해 준다(융합과학 10C). 핵융합으로 방출된 에너지가 표면으로 방출되면서 가스들은 넓은 전자기 복사의 스펙트럼을 나타낸다(그림 8.31 참조).

그림 28.4
절대로 태양을 직접 보지 말 것! 대신에 쌍안경을 이용하여 태양에 초점을 맞추고 흰색 평면에 투영하여 관측할 수 있다. 드물게 나타나지만 태양이 달에 가려질 경우, 태양은 초승달 모양으로 관측된다. 일반적으로 태양의 사진은 흑점을 보여 준다.

태양의 표면은 5800 K의 빛나는 플라스마 상태로 태양의 중심보다는 온도가 낮지만 스스로 빛을 낼 수 있을 만큼 온도가 높은 상태이다. 태양의 표면에서 500 km 깊이까지를 '**광구**(*photosphere*)'라고 한다. 광구 내에서 주변에 비하여 온도가 낮은 구역이 있는데, 이곳을 지구에서 보았을 때 **흑점**(**sunspot**)이라고 한다. 흑점은 주변에 비하여 온도가 낮고 검은색을 띠고 있는데, 이는 태양의 자기장이 뜨거운 물질의 상승을 방해하기 때문에 나타나는 현상이다. 그림 28.4에 나타낸 것처럼, 태양의 흑점은 망원경이나 쌍안경을 이용하여 태양에 초점을 맞추고 흰색 평면에 투영하였을 때 볼 수 있다. 흑점은 대개 지구 2배 정도의 크기이며, 태양이 자전함에 따라 같이 위치가 변화하며 지속 시기는 약 1주일 내외이다. 흑점은 종종 흑점군으로 관측되기도 한다(그림 28.5).

태양은 자전축에 대하여 천천히 자전한다. 태양은 고체보다는 유체에 해당하기 때문에 태양의 자전 속도는 위도에 따라 다르다. 적도의 자전 주기는 대략 25일 정도이다. 그러나 고위도로 갈수록 자전 주기는 36일까지 증가한다. 이러한 차등 자전은 태양 적도의 표면이 북쪽이나 남쪽의 표면을 끌어당기는 것을 의미한다. 태양의 차등 자전은 태양의 자기장을 감아버리고 모양을 왜곡시켜 흑점에서의 폭발을 일으킨다. 자기장의 극은 11년마다 역전되며, 흑점의 최대 주기도 11년마다 나타나므로 태양 활동의 완전한 주기는 약 22년이다.

태양의 광구 위에 약 10,000 km 정도의 두께로 **채층**(*chromosphere*)이 위치하는데, 개기 일식이 일어날 때 태양 주변으로 분홍빛의 빛나는 구역으로 관측할 수 있다. 채층은 약 10,000 K의 온도로, 광구보다 온도가 높다. 그림 28.6에서 볼 수 있는 것처럼 채층은 분홍빛으로 보

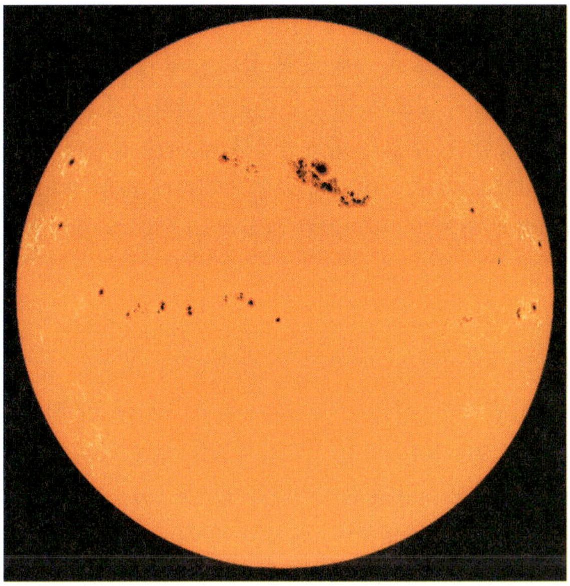

그림 28.5
흑점은 태양 표면에서 상대적으로 온도가 낮은 곳(4000 K 이상)이다. 흑점은 주변의 5800 K의 표면보다 어둡게 보인다.

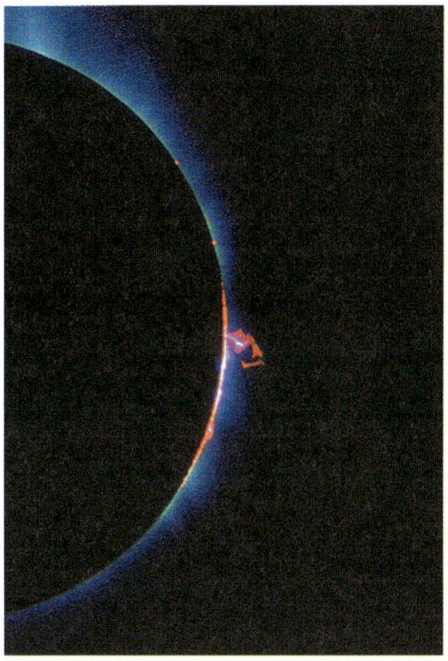

그림 28.6
분홍빛의 채층은 개기 월식이 일어나는 동안 달이 태양 표면을 가릴 때 관측할 수 있다.

이는데, 이는 수소 원자로부터 나오는 방출선 때문이다.

채층 너머로 태양의 자기장에 의해 플라스마 물질이 작은 가닥으로 외부로 분출되는 듯한 모습을 보여 주는 영역이 있다. 이곳은 태양의 대기인 **코로나**(*corona*)인데, 태양으로부터 수백만 km까지 뻗어 나가고 있다(그림 28.7). 코로나는 엄청난 온도(약 백 만 K)를 보여 주는데, 이는 태양의 강력한 X선에 의해 생성된다. 코로나는 밀도가 매우 작기 때문에 태양의 표면만큼 밝게 보이지는 않아 개기 일식 동안에 맨눈으로 관측할 수 있고 안전하다. 아주 빠른 속도의 양성자와 전자가 코로나로부터 외부로 방출되며 **태양풍**(*solar wind*)을 형성하는데, 태양풍은 혜성의 꼬리를 형성하거나 지구의 오로라를 형성한다.

그림 28.7
코로나는 개기 월식이 일어나는 동안에만 관측할 수 있다. 이 사진도 달이 태양을 가릴 수 있는 '삭'일 때 분홍빛의 채층 위로 나타난 코로나를 찍은 것이다. 다시 말해, 이 사진을 찍을 때 당신이 달 위에서 지구를 본다면 지구는 '망(보름)'의 모습일 것이다.

28.3 내행성

학습목표
수성, 금성, 지구, 화성의 4개 내행성의 고유한 특징을 파악할 수 있다.

물음 왜 수성이 아닌 금성이 태양계에서 가장 뜨거운 표면을 가졌을까?

태양계 바깥쪽의 4개 행성과 비교했을 때, 태양 근처의 4개 행성은 서로 가깝게 위치한다. 이들 행성이 수성, 금성, 지구, 화성이다. 이들은 암석형 행성으로 광물을 함유한 딱딱한 표면을 가지고 있다.

수성

수성(그림 28.8)은 지구의 달보다 1.4배 더 크며, 달의 모습과 매우 닮았다. 그리고 태양과 가장 가까운 곳에 위치한 행성이기 때문에 태양을 지구 시간으로 88일만에 한 바퀴 공전한다. 이 시간이 수성에서는 '1년(1수성년)'이다. 수성은 태양을 2번 공전하는 동안 3번 자전한다. 이로 인해 매우 길고 뜨거운 낮 시간을 형성되는데, 이때 최고 기온은 약 430°C까지 상승한다.

그림 28.8
수성은 많은 운석 충돌로 많은 크레이터를 가지고 있다. 수성은 매우 작은 행성으로 지구의 6%에 해당하는 부피와 질량을 가진다. 이 사진은 **메신저** 호가 찍은 것으로, 2004년에 지구를 출발하여 2011년에 수성의 공전 궤도에 도달하였다.

수성은 크기가 작고 중력장이 약하기 때문에 대기가 매우 얇다. 수성의 대기는 지구 대기 밀도의 1조분의 1 정도로 거의 진공 상태로 볼 수 있다. 대기의 담요 효과가 없기에 바람이 불지 않으며 에너지 순환이 나타나지 않아, 밤에는 온도가 −170°C까지 하강한다. 수성은 밤하늘에서 꽤 밝은 천체에 속하는데, 3월과 9월에는 저녁 시간에, 9월과 10월에는 오전 시간에 관측된다. 태양 근처에서 공전하기 때문에 일출 또는 일몰 시간 근처에 관측할 수 있다.

금성

금성은 태양으로부터 두 번째 위치한 행성이며, 수성과 같이 위성이 없다. 금성은 종종 해가 지고 나서 별처럼 나타나기 때문에 종종 저녁에 관측되는 '별'(저녁별)로 불린다(그림 28.9). 다른 행성과 비교하였을 때 금성은 크기, 밀도, 태양으로부터 떨어진 거리가 지구와 흡사하다(그림 28.10). 그러나 금성은 대기의 밀도가 매우 크고 불투명한 구름으로 덮여 있으며, 대기 아래에는 470°C 정도인 표면을 가지고 있다. 온도가 너무 높기 때문에 바다(액체 물)는 형성되지 못하였다. 금성 대기의 96%는 CO_2로 되어 있다. 26장에서 설명하였듯이 이산화 탄소는 '온실 효과'를 일으킨다. 이는 이산화 탄소가 지구의 적외선 복사를 흡수하여 행성을 따뜻하게 하는 것이다. 금성을 둘러싼 매우 두꺼운 이산화 탄소는 금성 표면의 열을 효과적으로 흡수하였다. 이로 인해 금성이 태양계에서 가장 뜨거운 행성이 되었다.

금성과 지구의 또 다른 점은 두 행성의 자전 주기이다. 금성은 지구 시간으로 243일의 자전 주기를 가지며, 225일의 공전 주기를 가진다. 게다가 금성의 자전축은 지구와 비교하였을 때 반대로 기울어져 있다. 그래서 금성에서는 태양이 서쪽에서 떠서 동쪽으로 진다. 그러나 구름이 매우 두껍게 덮여 있어 금성 표면에서는 일출과 일몰을 볼 수 없다.

느리게 자전하는 금성은 26장에서 설명한 전향력으로 인한 대기의 운동이 나타나지 않는다. 그 결과 금성은 매우 약한 바람이 불며 금성 표면의 풍화 현상도 매우 적게 나타난다. 대신에 숨 막힐 듯한 뜨거운 대기가 긴 낮과 밤 동안 구석구석 가라앉아 있다.

최근에 17개의 위성이 금성의 표면에 착륙하였다. 그리고 18개의 탐사선이 금성을 접근하였다[주목할 만한 위성은 1978년의 **파이오니아 금성**(*Pioneer Venus*)과 1993년의 **마젤란**(*Magellan*)이다]. 과학자들은 탐사선이 보낸 자료를 통해, 왜 금성과 지구의 대기가 다르게 조성되었는지를 분석하였다. 현재까지 받아들여진 이론에 의하면, 두 행성이 처음에 형성되었을 당시에는 비슷한 양의 물이 존재하였다. 그러나 금성은 지구보다 태양에 좀 더 가깝다. 그리고 더 느리게 자전한다. 이 두 요소로 인해 금성의 태양 빛을 받는 표면의 온도가 지구보다 더 높게 형성되었다. 강한 온실 효과와 함께 금성의 많은 물은 증발하여 대기로 포함

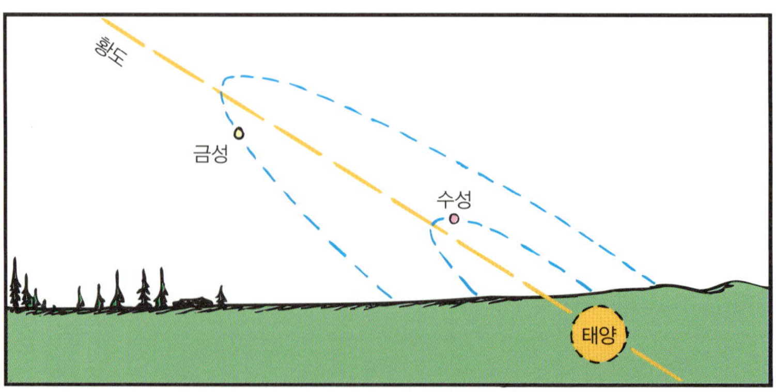

그림 28.9
수성과 금성의 공전 궤도는 지구 안쪽에 놓여 있기 때문에 두 행성은 항상 태양 근처에서 관측된다. 일몰 후 관측될 때는 '저녁 별'로, 일출 전 관측될 때는 '아침 별'로 불려진다.

되었다. 이산화 탄소와 같이 수증기도 강력한 온실기체이다. 그래서 더 많은 수증기가 대기에 포함될수록 온실 효과가 더 크게 나타났으며, 이로 인해 해양의 물이 더 많이 증발하고, 이는 더 강한 온실 효과를 유발하였다. 이는 지구 온난화의 진행 과정과 유사하다. 금성의 초기 바다에도 지구와 같이 많은 양의 탄소가 용해되었을 것이다. 바다가 증발함에 따라 용해되었던 탄소들은 이산화 탄소가 되어 방출되었으며 대기로 유입되어 더 강한 온실 효과를 유발하였을 것이다. 초기 금성의 대기에 포함되었던 수증기는 태양의 자외선에 의해 수소와 산소로 분해되었다. 수소는 우주 공간으로 빠져나가고, 산소는 표면의 광물 성분으로 결합하였다. 결과적으로 행성의 물을 공급하는 곳을 잃어버린 것이다. 그래서 우리는 현재 이산화 탄소와 다른 화합물, 즉 황산(H_2SO_4)이 주성분인 두꺼운 대기로 뒤덮인 금성을 보게 되는 것이다.

그림 28.10
금성은 메마른 바다가 있는 지구와 비슷한 크기의 행성이다. 금성의 지도는 1990년대에 **마젤란**(*Magellan*) 위성으로부터 얻을 수 있었다. 마젤란 위성은 전파를 이용하여 두꺼운 이산화 탄소와 황산으로 구성된 대기와 구름을 '뚫어 볼' 수 있었다.

지구

우리의 고향인 지구는 태양과 너무 가깝지도 너무 멀지도 않은 위치인 **생존 가능 지대**(*habitable zone*)에 속해 있어 물이 액체 상태로 존재할 수 있게 되었다(그림 28.11). 지구의 액체 상태인 물은 지구 표면을 70% 정도 덮고 있어서 지구를 푸른 행성이라 부른다(그림 28.12).

지구의 바다는 지구의 기온을 유지시키는 역할을 하는데, 그중 하나가 **탄소 순환**(*carbon dioxide cycle*)을 일으킨다는 것이다. 예를 들어 지구가 완벽히 얼어버린다면 화산에서 방출된 이산화 탄소는 바다에 녹아들어 가지 않는다. 대신에 이산화 탄소가 대기를 이루게 되고, 이로 인해 지구가 따뜻해져 얼음이 녹게 될 것이다. 반대로 지구가 계속 뜨거워진다면 많은 물이 증발할 것이다. 이것은 대기로부터 이산화 탄소를 제거하여 많은 침전물을 형성하게 한다. 대기 중에 이산화 탄소의 농도가 낮아지면 지구의 온실 효과가 약해지게 되고, 이로 인해 지구의 온도는 내려갈 것이다. 그래서 우리는 적당히 태양과 떨어진 거리뿐 아니라 적당한 양의 수증기와 이산화 탄소를 대기가 포함하고 있어 생명체가 살아갈 수 있는 환경을 만들어 준다. 게다가 1일 동안의 자전 주기는 낮과 밤의 온도 차이가 크지 않도록 해 준다. 그래서 하루 동안의 온도가 극단적이지 않고 평균을 유지할 수 있는 것이다.

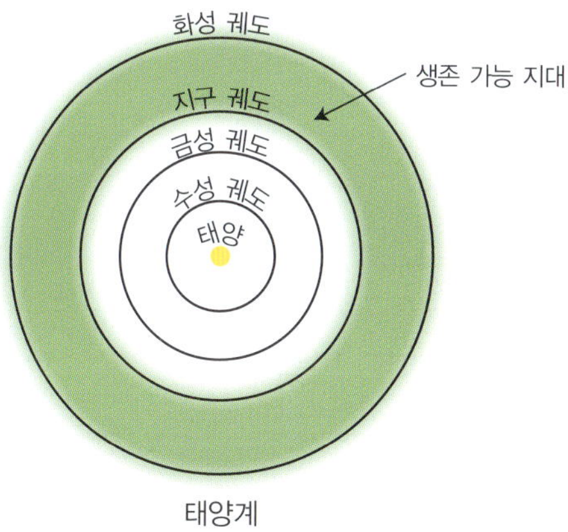

그림 28.11
지구는 태양의 생존 가능 지대의 안쪽에 위치하여 생명체가 살아가기 적합한 환경을 가진다.

7장과 22장의 내용을 생각해 볼 때, 지구 내부에는 액체 상태인 외핵이 존재하고 있어서 지구 주변에 자기장을 형성하였다. 우주 공간에 수천 km까지 뻗어 있는 지구 자기장을 **자기권**(*magnetosphere*)이라고 하는데, 자기권은 태양으로부터 불어오는 하전 입자 흐름인 **태양풍**(*solar wind*)을 막아 준다. 태양에서 불어오는 우주선은 살아가는 생명체에게는 매우 해롭다. 게다가 태양풍은 지구의 대기를 벗겨낼 수 있다. 지구는 참으로 생명체가 우주 공간에서 살아가기 적합한 안식처이다.

그림 28.12
푸른 행성인 지구. 이 사진은 1972년에 **아폴로 17호**(*Apollo 17*)가 달에서의 임무를 마치고 돌아오는 길에 찍은 사진이다. 지구를 모두 담을 수 있는 적당한 거리에서 촬영한 사진이다. 이 사진을 통해 남반구의 계절이 여름이라는 것을 알 수 있는가?

화성

화성은 다른 세계에 대한 우리의 공상이 많이 담겨 있는데, 아마도 생존 가능 지대의 바깥쪽에 위치하고 있어서 생명체의 가능성이 있기 때문이다. 화성은 지구 절반 정도의 크기이며 질량은 지구의 9분의 1이고 핵과 맨틀 및 지각이 있으며, 얇고 구름이 없는 대기가 존재하는 행성이다. 그리고 양극에 얼음과 드라이아이스로 이루어진 극관이 있는데, 지구보다 거의 2배 정도 긴 공전 주기에 따른 계절 변화에 따라 극관의 크기가 변화하고 있다. 지구와 화성은 자전 주기가 거의 비슷한데, 이는 하루의 길이가 비슷하다는 것을 의미한다. 약 15년에서 17년 주기로 화성은 지구와 매우 가까워지는데, 이때 매우 밝고 붉게 관측된다.

화성의 대기는 95%가 이산화 탄소로 되어 있으며 0.15%만이 산소이다. 화성의 대기는 매우 희박하기 때문에 지구나 금성처럼 대기가 열을 흡수하는 온실 효과가 나타나지 않는다. 그래서 화성의 기온은 낮에는 30°C에서 밤에는 −130°C까지 범위를 가지면서 지구보다 차가운 편이다. 당신이 화성을 방문한다면, 화성의 대기는 비가 내리기에는 수증기의 양이 매우 적으므로 비옷은 신경쓰지 않아도 된다. 게다가 극관의 얼음에는 이산화 탄소도 포함되어 있다. 그리고 화성의 낮은 대기압 때문에 아주 잠깐 동안의 물웅덩이나 호수의 형성도 이루어지지 않는다.

여러 가지 분석 결과를 보면 화성 표면의 특징은 한때 표면에 물이 덮여 있었다는 것이다. 이는 과거에 화성은 더 따뜻했으며 두꺼운 대기가 형성한 온실 효과가 유지되었다는 것을 암시한다.

이 두꺼운 대기에 무슨 일이 있었던 것일까? 최근 모형에 의하면 화성과 같은 작은 행성은 녹아 있던 핵이 식으면서 고체화되는 과정이 1억 년만에 빨리 진행된다. 이로부터 두 가지 결론을 이끌어 낼 수 있다. 첫째로, 대기에 에너지를 공급해 주던 화산 활동의 감소이다. 두 번째로는 행성의 자기장을 잃어버린 것이다. 자기권과 화산 활동에 의한 대기의 순환이 없다면, 태양에서 불어오는 태양풍으로 인해 대기를 우주 공간으로 잃어버리게 된다.

오늘날 화성 착륙선들은 화성의 대기가 매우 마르고 바람이 부는 환경이라는 것을 알아냈다. 화성은 대기가 매우 희박하기 때문에 이 바람은 지구와 비교하였을 때 10배 정도 빠르게 분다.

2004년에 화성 탐사선은 화성의 대기에서 유기물을 구성하는 메테인(CH_4)을 발견하였다. 이는 특이한 경우인데, 메테인은 빠르게 분해되기 때문에 화성의 대기에 메테인이 형성되고 있다는 것을 의미한다. 화산 활동의 잔여 성분이 남아 있듯이 메테인도 지하의 액체 물에 녹아 있을 수도 있다. 과학자들은 우주로부터 화성을 관측하기 시작한 이래로 화성 내부에 있는 액체물의 증거를 찾아내었다. 표면에서는 이러한 물은 얼어버리거나 승화하여 증발한다. 그러나 마그마에 의해 액체 상태로 있는 지하의 물은 미생물들의 서식처를 제공할 수 있다.

화성에는 두 개의 작은 위성이 있는데, 안쪽의 위성은 포보스이고 바깥쪽의 위성은 데이모스이다. 두 위성 모두 감자와 같은 모양으로 표면에 크레이터 자국이 많다. 또한 두 위성의 궤

(a)

(b)

그림 28.13
(a) 나사(NASA)의 화성 탐사 로버(Mars Exploration Rover) **Spirit**에는 하얀 기둥 위에 카메라가 장착되어 있다.
(b) 2004년 6월에 촬영한 화성의 영상으로, 화성의 컬럼비아 언덕으로 불리는 곳의 실제 컬러 이미지를 찍은 것이다. 로버는 이 언덕의 구성 물질을 분석하였다.

도 모두 화성의 자전 방향과 같은 공전 궤도를 돌고 있다. 지구의 달도 동일하다. 그러나 동쪽으로 공전하는 포보스는 매우 빠르게 돌기 때문에 화성에서 보았을 때, 서쪽에서 떠서 동쪽으로 지는 것처럼 보인다. 느리고 더 먼 궤도에서 공전하는 데이모스는 포보스의 절반 정도의 크기인데, 화성의 표면에서 간신히 밝은 점으로 관측된다.

28.4 외행성

학습목표
목성, 토성, 천왕성, 해왕성의 4개 외행성의 고유한 특징을 파악할 수 있다.

물음 외행성의 바깥 부분은 가스로 되어 있지만 내부는 대부분 액체 상태이다. 왜 그럴까?

목성, 토성, 천왕성, 해왕성은 외행성으로, 행성의 크기가 크고 주성분이 가스이며 밀도가 작다. 이 행성들은 암석과 금속 물질로 이루어진 핵이 있는데, 이 핵은 지구형 행성들보다도 훨씬 질량이 크다. 이들 핵의 중력은 충분히 커서 태양계 형성 초기의 수소와 헬륨을 충분히 붙잡아 놓을 수 있었다. 이 핵들은 태양이 태양풍을 방출하여 행성 사이의 가스 성분들을 우주 공간으로 흩어놓기 전까지 주변의 가스들을 모을 수 있었다. 이것이 목성형 행성들이 크게 성장할 수 있었던 이유이다. 목성형 행성의 다른 공통점으로는 토성이 가장 뚜렷하게 보여 주는 특징인 고리를 가지고 있는 것이다. 우리는 태양으로부터 떨어진 순서대로 외행성을 탐험할 것이다.

목성

목성은 태양계 행성들 중에서 가장 큰 행성이다. 목성은 밤하늘에서 다른 천체들보다도 훨씬 밝게 빛난다. 목성의 자전 주기가 지구 시간으로 10시간 정도로 매우 빠르게 돌기 때문에 극 반지름에 대하여 적도 반지름이 약 6% 더 크고, 다른 행성과 비교하여 편평도가 큰 편이다. 태양과 같이 자전 속도가 모든 곳에서 동일하지 않다. 적도가 주변에 비하여 몇 분 더 빠르게 회전하며, 위도가 낮을수록 자전 속도는 빠르다. 그 결과 적도와 나란하게 줄무늬 형태의 패턴이 나타난다. 목성 내부의 대기는 내려갈수록 그 압력이 증가하며 지구 대기압의 백만 배 이상의 압력을 나타낸다. 목성 대기의 82%는 수소이며, 17%는 헬륨, 나머지 1%는 메테인, 암모니아 등의 물질로 이루어져 있다.

그림 28.14
보이저 1호(*Voyager 1*)가 찍은 목성과 위성 이오(목성 앞의 주황색 점)와 유로파(목성 옆의 흰 점). 대적점(Great Red Spot, 왼쪽 아래)은 지구보다 더 큰 대기의 소용돌이 현상이다.

목성의 평균 반지름은 지구의 약 11배 정도이며, 목성의 부피는 지구에 비하여 1000배 이상 크다. 목성의 질량은 나머지 행성들의 질량을 합한 것보다 크다. 지구의 4분의 1에 해당하는 목성의 작은 밀도 때문에 목성의 질량은 지구의 약 300배 정도 크다. 목성에 대한 조사 결과에 의하면, 목성의 중심핵은 지구보다 약 15배 더 무거운 고체 구로 되어 있으며, 주로 철, 니켈 등 다른 물질들로 이루어져 있다. 목성 부피의 절반 이상이 액체 수소의 바다로 이루어져 있다. 수소로 구성된 대기 아래쪽으로 액체 수소의 바다가 놓여 있으며 압력으로 인해 액체 금속 상태를 나타내는 것이다. 여기에 많은 전류가 흘러 목성의 큰 자기권이 형성되었다.

그림 28.15
목성의 극지방에서 관측할 수 있는 오로라의 상상도. 지구의 극지방에서의 오로라는 태양풍에 의해 불어온 하전 입자가 상층 대기와 충돌하여 나타난다.

목성은 희미한 고리와 함께 60개가 넘는 위성을 가지고 있다. 4개의 큰 위성은 1610년에 갈릴레오가 발견하였다. 이오(Io)와 유로파는 지구의 달과 같은 크기이고, 가니메데(Ganymede)와 칼리스토(Callisto)는 수성만큼 크다(그림 28.16). 이오에는 태양계 천체 중 가장 많은 화산 활동이 나타나고 있다. 그러나 가장 관심

그림 28.16
망원경으로 발견한 갈릴레오 위성. 갈릴레오는 목성의 4개 큰 위성의 위치 변화를 관측하고, 그들이 지구를 공전하는 천체가 아니라 목성을 공전하는 천체임을 알아 냈다. 그의 업적을 기려 4개 위성(이오, 유로파, 가니메데, 칼리스토)을 갈릴레오 위성이라고 부른다.

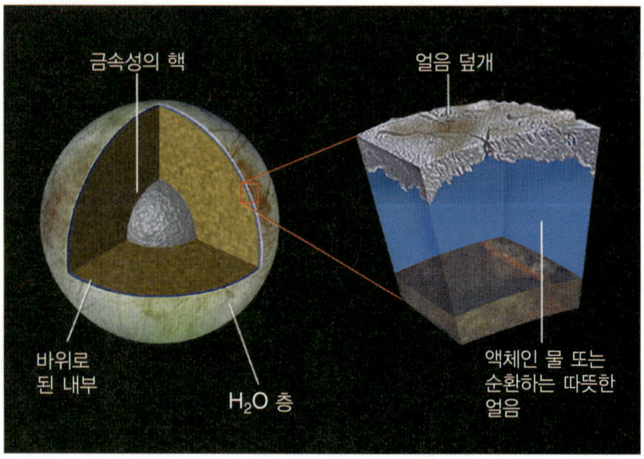

그림 28.17
자기장 측정을 통해 알아낸 유로파 내부의 모습으로, 얼음으로 덮여 있는 바다를 볼 수 있다.

을 많이 받는 위성은 가니메데와 유로파인데, 이들 위성의 표면은 얼음으로 되어 있다. 그림 28.17에서 보여 주듯 그 얼음 표면 아래에는 목성의 기조력으로 인해 따뜻한 온도가 유지되어 물이 있을 것으로 추정된다.

토성

그림 28.18
토성은 주로 암석과 얼음으로 이루어진 유명한 고리로 둘러싸여 있다.

토성은 작은 망원경으로도 선명한 고리를 관측할 수 있는 잘 알려진 행성이다. 토성은 매우 밝고 목성 다음으로 큰 지름과 질량을 가지고 있다. 토성은 지구와 목성 사이 거리의 2배 정도 떨어져 있다. 고리를 제외한 토성의 지름은 지구의 거의 10배에 해당하며, 질량은 지구의 거의 100배에 해당한다. 토성은 주로 수소와 헬륨으로 구성되어 있으며 물의 밀도의 0.7배에 해당하는 가장 밀도가 작은 행성이다. 만약 토성을 담을 수 있는 욕조가 있다면, 토성은 욕조의 물 위에 떠 있을 것이다. 토성은 작은 밀도와 10.2시간의 빠른 자전 주기 때문에 편평도가 태양계 천체 중에서 가장 크다. 그림 28.18에서 토성의 납작한 모습을 볼 수 있다.

토성의 고리는 두께가 수 km밖에 되지 않고 토성의 적도면과 나란하게 놓여 있다. 수년 동안의 관측에 의해 고리가 4개의 영역으로 나누어져 있는 것을 발견하였고 최근의 탐사선 관측에 의해 더 많은 영역을 찾아냈다. 고리는 얼음 입자와 암석으로 이루어져 있는데, 이들은 토성과 가까운 거리에 있어 토성의 조석력에 의해 위성이 되지 못하고 고리를 형성한 것으로 보인다. 모든 암석과 작은 물질들은 토성에서 각각의 독립된 궤도로 공전하고 있다. 마치 낮은 궤도의 인공위성이 높은 궤도의 인공위성보다 빠르게 공전하듯이, 고리의 안쪽 부분은 바깥쪽 부분보다 빠르게 공전하고 있다.

토성의 고리 너머로 50개가 넘는 위성을 가지고 있다. 가장 큰 위성은 타이탄으로, 지구의 달보다 1.6배 더 크며 심지어 수성보다도 크다. 토성은 16일에 한 번씩 공전하고 지구보다도 높은 대기압을 가지고 있으며, 대기는 주로 메테인으로 이루어져 있다. 표면 온도는 −170°C로 매우 낮다. 나사와 유럽 우주 기구가 공동으로 제작한 탐사선이 2005년 타이탄에 착륙하였다. 탐사선이 보내준 사진을 보면 주요 물질들은 지구와 다르지만 지형이나 모습은 놀랍게도 지구와 닮은 것을 볼 수 있다(그림 28.19). 물이 아닌 메테인으로 구성된 호수와 강, 얼음으로 구성된 암석이 있다. 용암 대신에 녹은 얼음과 액체 암모니아가 표면을 흐르고 있다. 낮은 온

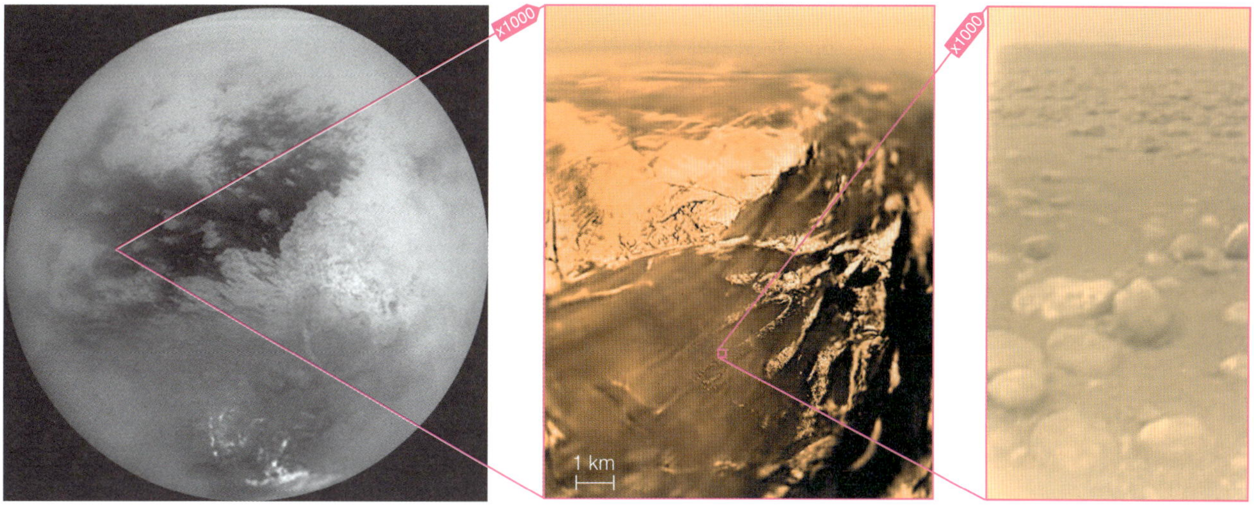

그림 28.19
카시니(*cassini*) 호가 촬영한 토성의 최대 위성인 타이탄의 모습이다. **호이겐스**(*Huygens*)에서 성공적으로 분리하여 타이탄의 표면에 착륙하였다.

도 때문에 생명체는 발견할 수 없을 것으로 예상된다. 그러나 타이탄은 지구에서 생명체가 탄생하기 이전의 유기물과 같은 화학적 조성을 보여 주는 매우 흥미 있는 천체이다.

천왕성

천왕성은 지구와 토성 사이 거리의 두 배 이상 떨어져 있어 맨눈으로는 관측이 거의 불가능하다. 천왕성은 고대의 천문학자들에게는 알려지지 않은 천체이며, 1781년까지는 발견하지 못했다. 1986년 **보이저 2호**(*Voyager 2*) 탐사선이 처음으로 천왕성을 방문하였다. 천왕성의 지름은 지구의 약 4배 정도이며, 밀도는 물보다 약간 크다. 천왕성을 담을 수 있는 욕조가 있다면, 천왕성은 욕조에 가라앉을 것이다. 천왕성의 가장 두드러진 특징은 자전축이 기울어진 점이다. 자전축은 공전 궤도면에 대하여 98° 기울어져 있어 옆으로 놓여 있는 모습처럼 보인다(그림 28.20). 목성, 토성과는 달리 내부에서 제공되는 열원이 관측되지 않았다. 그래서 천왕성

그림 28.20
태양계가 형성될 때, 천왕성에 있었던 큰 충돌이 천왕성의 자전축을 기울여 놓았을 것이라 추측하고 있다. 상층 대기의 메테인이 붉은 빛을 흡수하여 청록색으로 보인다.

은 매우 차가운 행성이다.

천왕성은 희미한 고리와 함께 최소 27개의 위성을 가지고 있다. 1846년에 천왕성의 섭동으로부터 더 멀리 떨어진 행성인 해왕성을 발견할 수 있었다.

해왕성

해왕성은 지름이 지구의 3.9배 이상이며, 질량은 17배 이상 크고, 밀도는 지구의 3분의 1 정도이다. 대기의 주요 성분은 수소와 헬륨이며 약간의 메테인과 암모니아로 구성되어 천왕성보다 더 푸른빛으로 보인다(그림 28.21).

1989년에 보이저 2호가 해왕성을 스쳐 지나갔다. 그때 해왕성에는 최소 13개 이상의 위성이 있고 고리도 있다는 것을 발견하였다. 가장 큰 위성인 트리톤(Triton)은 해왕성을 동쪽으로 5.9일의 주기로 공전하고 있다. 이것은 트리톤이 해왕성에 붙잡힌 천체라는 것을 알려 준다. 트리톤의 지름은 달의 4분의 3 정도이나, 질량은 달의 두 배이다. 트리톤은 극지방이 밝게 빛나고 있고, 간헐적으로 액체 질소를 분출하고 있다.

그림 28.21
지구보다 크고, 목성의 대적점과 닮은 해왕성의 대기 소용돌이 현상인 대흑점이 1989년에 관측되었다. 현재 대흑점은 없어졌다. 앞쪽에 회색의 지평선은 컴퓨터 그래픽으로 그려진 해왕성의 위성 트리톤으로, 크기와 구성이 명왕성과 비슷하다.

융합과학 28A
생명과학

학습목표
외계 생명체에게 필요한 조건을 기술할 수 있다.

무엇이 생명체에 적합한 행성을 만드는가?

물음 목성의 주요 위성은 조석력에 의해 다른 방향으로 늘어나고 있다. 어떤 힘이 이들 위성을 따뜻하게 하는가?

생명체가 존재하기 위해서 행성에는 무엇이 필요한가? 우주의 생명 기원과 분포에 대해 연구하는 과학자인 우주생물학자는 생명의 진화와 관련된 행성의 특징에 대해 몇 가지 아이디어를 가지고 있다. 첫째, 지구 상에 있는 대부분의 생명은 탄소를 기반하고 있고 다른 곳에서도 생명체가 있을 것이라고 기대하는 중요한 이유가 탄소 때문이다. 탄소는 한 번에 네 개의 다른 원자들과 결합할 수 있는 특이한 성질을 가지고 있어서, 이것이 복잡한 분자의 다양성을 위해 기초적인 역할을 한다. 이러한 다재다능함이 아마도 생명체를 위해 필요한 것이다. 그러므로 생명체가 살 수 있는 행성의 첫 번째 특징은 생체 분자를 만들기 위해 탄소와 결합하는 수소, 질소, 산소 등과 같은 원소들이 탄소와 함께 풍부하게 있어야 한다. 둘째, 생명체는 에너지가 필요하다. 이들 에너지는 태양빛으로부터 오거나 행성의 표면이나 내부에서 일어나는 화학적 작용, 심지어 조석력으로부터 올 수 있다. 셋째, 생명의 진화는 물과 같은 액체 매질이 필요하다. 분자들은 액체 내에서 서로 반응하고 움직일 수 있고 이것이 어느 생물 형태 간에 필수적이다. 생명체가 형성되고 진화를 위한 충분한 시간을 갖기 위해 필요한 네 번째 조건은 안정성이다.

이러한 조건들을 고려할 때 태양계 내에서 생명체는 어디서 찾아야 할까? 흥미롭게도 첫 번째 두 조건인 적합한 원소와 에너지원의 필요성은 태양계 내의 대부분의 행성체들이 만족을 시키고 있다. 대조적으로 물의 존재는 비교적 드물다. 그러나 화성은 과거에 액체의 물이 풍부했다는 지질학적인 증거를 가지고 있다. 화성 지표의 일부분은 흐르는 물, 홍수의 범람원 또는 하천에 의해 형성된 것으로 보인다. 화성의 극 지역은 아직까지 얼음물로 덮여 있다. 액체 상태의 물이 한 번이라도 존재했다는 것은 화성이 상당히 따뜻했다는 것을 암시한다. 과거에는 확실히 화성에 거주할 수 있었다. 화성에는 사람이 살았을까? 화성의 운석에 포함된 박테리아 같은 화석의 발견은, 화성에 사람이 살 수 있을 뿐만 아니라 지구의 생명의 근원이라는 추측에 힘을 실어 준다(17장 참조). 그러나 이들 박테리아는 지구에서 발견된 어떤 유기물보다 매우 작다. 아마도 한 개체의 박테리아가 기능을 수행하기 위해 필요한 모든 세포 조직을 포함하기에는 너무 작다. 화성에 생명체의 존재 여부에 대한 문제는 아직 답을 찾지 못했고 명확한 답을 얻기 위해서는 추가적인 탐사가 필요하다.

우리 태양계 내에 외계 생명체가 가능한 다른 위치는 목성의 위성인 유로파와 가니메데이다. 28.4절에서 설명한 것처럼, 화성의 얼음 표면 아래에 액체의 물로 된 바다를 포함할 수 있다. 이들 위성의 어느 한쪽에서의 생명은 심해저에 있는 화산의 열수공과 인접한 곳에서 기원을 찾을 수 있을 것이다. 이와 같은 외계 생명체의 형태는 최근 지구의 심해저에 깊은 열수공과 인접한 곳에서 발견된 괴상한 형태의 생명체와 유사할 것이다. 그렇지 않으면 그들은 박테리아와 같은 단세포 동물일 것이다. 또는 생명체가 전혀 없을 수 있다. 유럽 우주 기구(European Space Agency)는 2022년에 발사 예정인 인공위성을 개발하고 2030년까지 목성의 위성에 도달할 계획을 가지고 있다. 이들의 임무는 위성의 지표 아래를 레이더나 다른 기술을 사용하여 조사하는 것이다. 인공위성은 가니메데 주위 궤도에 도달하기 전에 유로파와 칼리스토에 접근하여 비행할 것이다.

끝으로 생명체가 우주에서 드문 것인지 흔한 것인지에 대한 대답은 우리의 은하 뒤뜰에서 우리를 기다리고 있을 것이다. 계속해서 주목하라.

학습목표
달의 기원, 위상, 일식과 월식에서 달의 역할을 요약할 수 있다.

28.5 지구의 달

물음 태양이 질 때 달이 뜨는 경우, 달의 위상은 보름이다. 그 이유는 무엇인가?

지구의 달은 의아한 천체이다. 거의 수성에 가까운 크기를 가지지만 행성이 **아니라** 위성이다. 달의 조성은 지구의 맨틀과 매우 유사하다. 게다가 달은 철로 된 작은 핵을 가지고 있다. 이러한 달에 대한 여러 가지 요소들을 설명하기 위하여 과학자들은 달의 기원에 대한 시나리오를 함께 구성하였다.

태양계가 형성되는 동안, 초기 지구는 수성 정도 크기의 천체가 지구의 공전 궤도에 함께 있었다. 동반된 천체가 조금씩 태양에 가까워짐에 따라 지구보다 공전 속도가 더 빨라지게 되었으며 지구를 앞서게 되었다. 그러나 **라그랑지 포인트**(*Lagrangian point*)라고 알려진 특별한 지점을 통과하면서 그 천체는 지구의 중력에 의해 끌어당겨졌으며 지구에 의해 궤도가 뒤쪽으로 물러나게 되었다. 그래서 초기의 지구는 지구와 비슷한 천체가 마치 두 마리의 말이 같은 원형 트랙을 돌고 있는 것같이 공전하고 있는 형태였다.

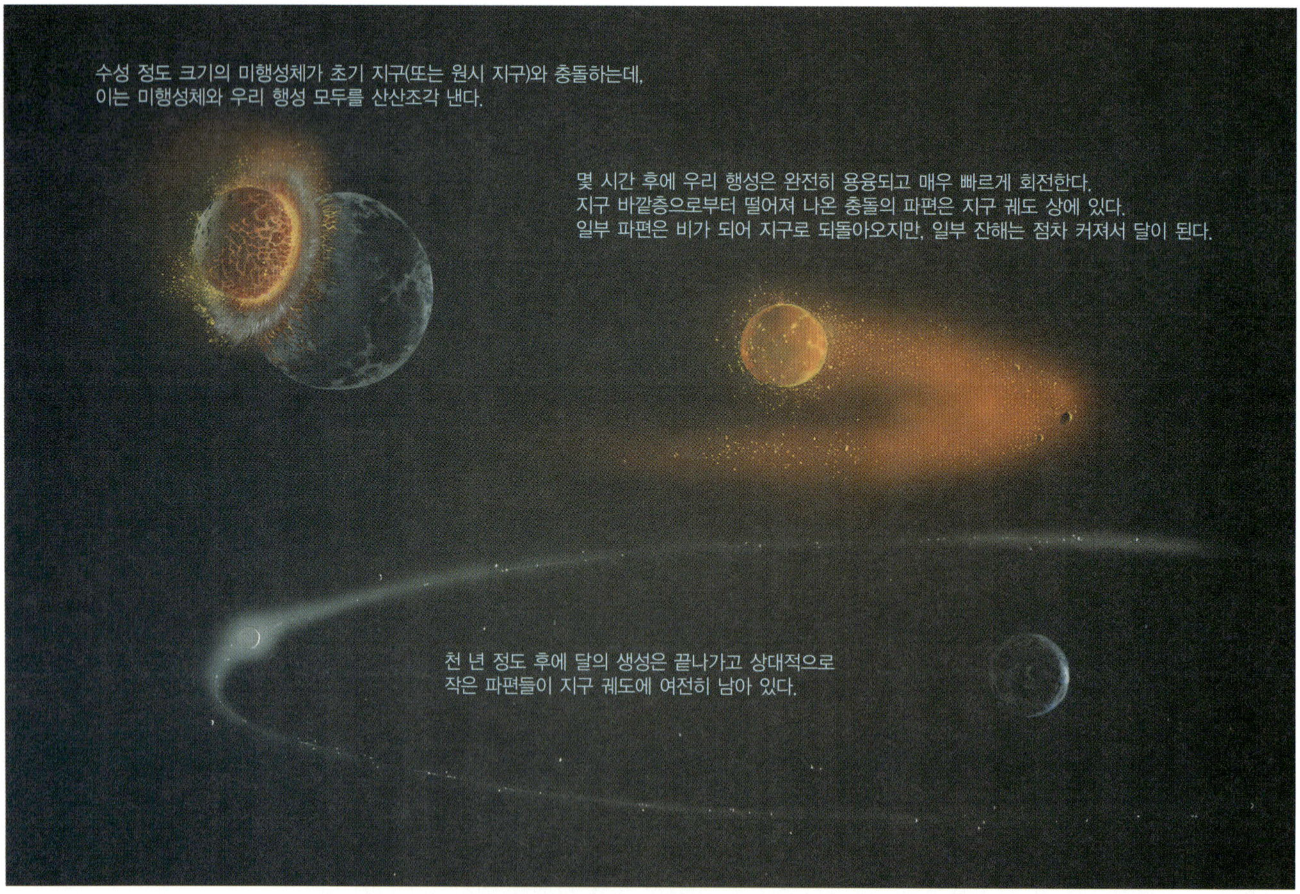

그림 28.22
지구의 달이 형성되는 3단계 모습. 수성 정도 크기의 천체가 지구와 충돌하여 용융되었다. 고리 형태로 나온 파편들은 뭉쳐져 달이 되었으며, 지구에 가까운 궤도에서 매우 빠르게 공전하였다. 10억 년이 넘는 기간 동안 기조력에 의해 서서히 공전 속도가 느려졌으며 이로 인해 달은 지구에서 점점 멀어졌다.

결국, 소행성이나 혜성이 지나가는 예상치 못한 사건으로 인해 지구의 동반자 천체가 라그랑지 포인트를 벗어나는 일이 발생했으며, 이로 인해 지구와 충돌하게 되었다. 충돌로 인하여 지구가 완전히 용융되는 동안 흩뿌려진 파편들이 엄청난 장관을 이루었다. 비스듬히 부딪혔기에 그 충격은 지구에 전해져 지구가 5시간에 한 번씩 자전하게 되었다. 파편은 곧 지구의 주위에 고리 형태로 모였으며 약 1000년 동안 고리 형태의 파편이 합쳐져 달이 되었다. 이 시나리오는 지구의 달의 기원인 **거대 충돌설**(*giant impact theory*)로 알려져 있으며, 왜 달이 현재와 같이 거대한가(우리는 두 개의 행성에서 시작하였다.), 왜 지구와 구성 물질이 유사한가(지구의 맨틀 물질이 떨어져 나와 형성되었다.), 왜 철로 이루어진 작은 핵이 있는지(지구의 핵은 이미 형성되어 있었고 파편을 구성하지 않았다.)를 설명한다. 이 충돌 이론(giant impact theory)은 지속적인 연구 결과를 토대로 지속적으로 재구성되어 왔다. 이 이론은 지난 20년 동안 발전하여 왔고, 과학자들은 그 설명력에 감탄하고 있다.

그림 28.23에서 볼 수 있듯이, 지구와 달은 두 개의 천체로 이루어진 행성계와 매우 닮아 있다. 지구와 비교해 볼 때, 달은 매우 작으며 지름은 샌프란시스코와 뉴욕의 거리 정도이다. 달은 표면이 과거에 녹아 있었다가 암석질의 표면이 형성되는 동안 급격히 식었었다. 형성 초기 지구와 같이 운석들의 많은 충돌이 있었다. 약 3억 년 전 운석 충돌과 화산 활동으로 표면의 낮은 구역에 용암이 흘러 채워졌다. 그로부터의 변화는 매우 적었다. 이것이 화성암으로 이루어진 표면이 지구보다 두꺼운 이유이다. 달은 대기를 붙잡아 놓기에는 중력이 매우 작다. 풍화 작용이 없었기 때문에 운석 충돌이 주요한 침식 작용이다.

그림 28.23
1977년에 목성과 토성을 탐사하러 가는 **보이저 1호** 탐사선에 의해 촬영된 지구와 달의 모습

달의 위상

태양빛은 항상 달의 절반만 비추고 있다. 달은 매월 지구를 공전하기 때문에 우리는 빛이 비추어지는 부분의 면적을 조금씩 다르게 보게 된다. 이러한 보이는 부분의 면적 변화를 **달의 위상**(**Moon phase**, 그림 28.24)이라고 한다. 달 위상 변화의 시작은 **삭**(**new Moon**)이다. 이때의 위상은 우리가 달의 어두운 면만 보게 되므로 어두운 달을 보게 된다. 이때 달은 태양과 지구 사이에 위치한다(그림 28.25의 위치 1).

다음 7일 동안은 점점 더 많이 달의 밝은 부분을 보게 된다(그림 28.25의 위치 2). 이 기간 동안 달은 점점 더 많은 면적을 보여 주는 초승달 모양을 하게 된다. 상현달이 되면 태양, 달, 지구 사이의 각도는 90°가 된다. 이때 우리는 태양이 달을 비추는 면적의 절반을 보게 된다(그림 28.25의 위치 3).

다음 일주일 동안에는 점점 달의 밝은 부분을 더 많이 보게 된다. 즉 점점 더 보름달에 가까워지는 상현-**망**(*Gibbous*, 상현달과 보름달 사이의 모양, 그림 28.25의 위치 4)의 달의 모습을 보게 된다. 달이 우리와 정면에 놓이게 되면 우리는 **보름달**(**full Moon**)을 보게 된다(그림 28.25의 위치 5). 이때 태양과 지구, 달은 지구를 사이에 두고 같은 나란히 위치한다. 보름달은 지구의 밤인 지역에서 볼 수 있는데 이는 해가 질 때 보름달이 뜨고, 해가 뜰 때 보름달이

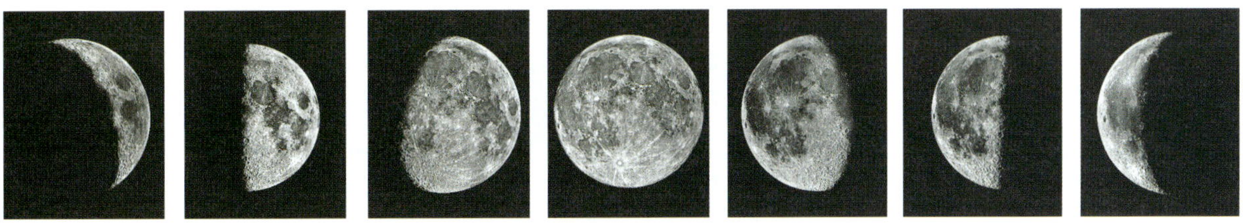

그림 28.24
달의 다양한 위상

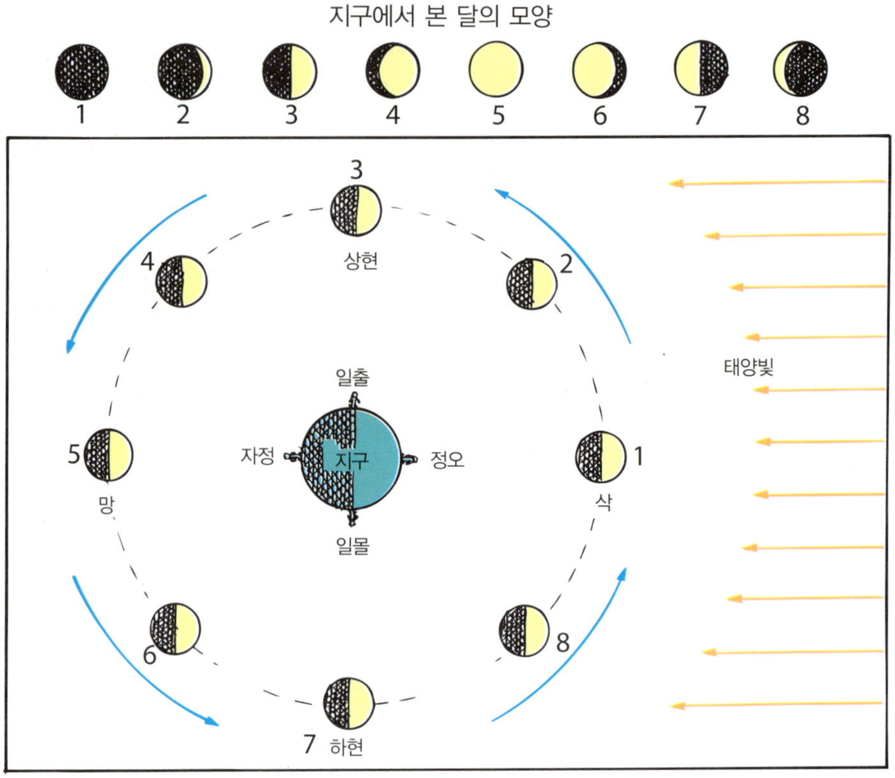

그림 28.25
태양빛은 항상 달의 절반을 밝게 비춘다. 달이 지구를 공전하기 때문에 빛이 비치는 다양한 면적을 볼 수 있다. 삭망월의 주기는 29.5일이다.

지기 때문이다.

다음 2주일 동안은 이 변화가 거꾸로 일어나는데, 달이 공전하는 동안 우리가 볼 수 있는 달의 빛이 비추어지는 부분의 면적이 점차 줄어든다. 이러한 운동은 하현–망, 하현, 하현–삭 사이의 달을 볼 수 있게 해 준다. 이러한 주기는 29.5일*이다.

*달이 정확하게 지구 주위를 한 바퀴 공전하는 데에는 우주의 별을 기준으로 27.3일이 걸린다. 29.5일의 주기는 태양과 관련되어 있고 달–지구의 위치에 따라 생기는 위상의 변화 주기를 기준으로 한다. 즉 29.5일은 보름달(그믐)에서 다음 보름달(그믐)까지 걸리는 시간이다.

그림 28.26
아폴로 11호(*Apollo 11*)의 우주 비행사 올드린이 달 표면에 서 있다. 현재까지 12명의 우주 비행사가 달 표면을 밟았다.

왜 달은 한쪽 면만 볼 수 있는가?

달의 반대편이 찍힌 첫 사진은 1959년에 러시아의 **루니크 3호**(**Lunik 3**) 위성에 의해 촬영되었다. 달의 반대편을 처음으로 본 사람은 1968년에 달을 공전하는 **아폴로 8호** 탐사선의 우주 비행사였다. 지구에서는 오직 달의 한쪽 면만 볼 수 있다. '달의 남자'의 친숙한 모습의 특징은 항상 지구로 같은 쪽을 향하고 있다. 이는 달이 자전하지 않는 것을 의미하는가? 아니다. 멀리 떨어진 별에 대하여 달은 자전하고 있는데, 그 주기가 길어 27일에 해당한다. 27일을 주기로 자전하면서 지구를 공전하고 있다. 이것이 우리가 달의 한쪽 면만을 계속 보게 되는 이유이다(그림 28.27). 달의 공전 주기와 위상이 변화하는 주기는 정확히 일치하지는 않는다.

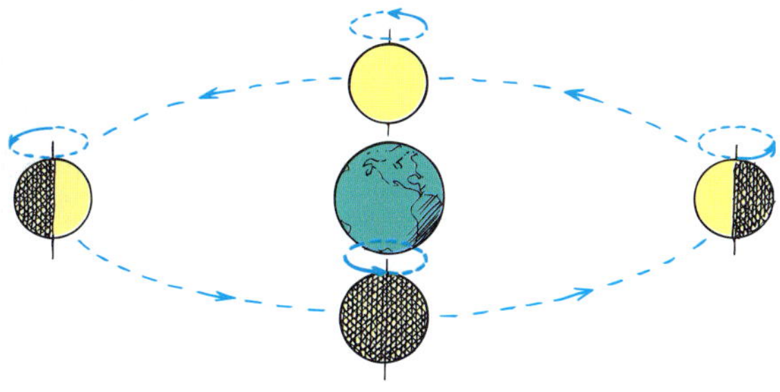

그림 28.27
달은 자전축을 중심으로 자전하면서 같은 주기로 지구를 공전한다. 이 때문에 달의 같은 면(노란색으로 표시된)만을 볼 수 있다. 그림에서의 네 개의 연속된 각각의 위치는 달 공전의 4분의 1에 해당하는 위치이다.

나침반 바늘이 자기장에 나란하게 놓여 있는 모습을 생각해 보자. 이러한 배열은 지렛대의 회전력(시소에 무거운 어른과 가벼운 어린이가 앉은 경우)인 **토크**(*torque*)에 의해 발생한다. 나침반의 바늘이 그림 28.28의 왼쪽과 같을 경우 양쪽의 토크로 인해 바늘이 회전하게 된다. 이때 자기장과 같은 방향으로 맞추어질 때까지 나침반 바늘은 시계 반대 방향으로 회전한다. 같은 예로 달도 지구와 같은 중력장에 의해 맞추어진 상태이다.

중력의 세기는 거리의 제곱에 반비례하기 때문에, 지구를 향한 부분에 대하여 반대 부분에 미치는 중력은 상대적으로 약하다. 이는 지구 쪽으로 좀 더 잡아당겨 미식축구 공 모양으로 달의 모습을 변형시킨다(달이 지구에 같은 영향을 미치며 지구의 조석 현상을 일으킨다). 달의 장반경 축은 지구의 중력장에 대하여 나란하게 놓여 있지 않아서 그림 28.29와 같은 토크를 일으킨다. 자기장 속의 나침반처럼 이는 나란하게 되기 위하여 회전한다. 그래서 달은 한 달 주기로 지구와 나란하게 놓이게 된다. 한쪽 면만 지구를 향하게 되는 것이다. 행성을 공전하는 많은 위성이 이와 같은 모습을 보여 준다. 우리는 이를 '조석 고정'이라고 한다.

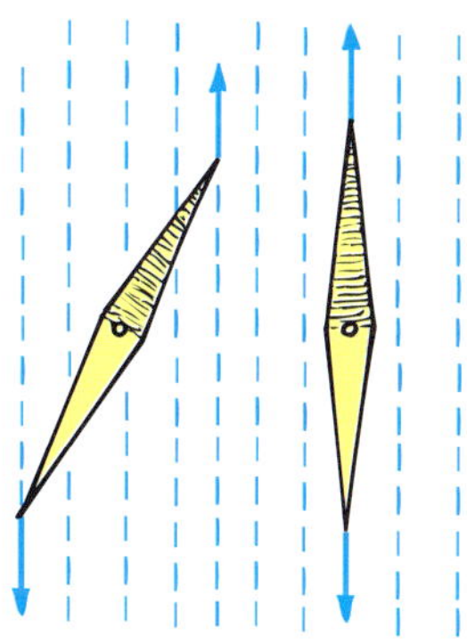

그림 28.28
(a) 나침반의 바늘이 나란한 자기장과 나란하지 않아 양쪽을 회전하는 힘을 받는 모습 (b) 나침반 바늘이 자기장과 나란하게 되어 더 이상 토크를 일으키지 않는 경우

그림 28.29
달의 장반경 축이 지구의 중력장과 나란하지 않아 달이 회전하도록 토크를 일으킨다.

일식과 월식

태양은 달보다 지름이 400배 이상 크지만, 400배나 멀리 떨어져 있다. 그래서 지구로부터 태양과 달의 시직경은 0.5°로 비슷한 크기로 관측된다. 이러한 크기의 일치는 일식 현상을 일으킨다.

지구와 달은 모두 태양 빛이 비추는 반대편으로 그림자가 형성된다. 둘 중 하나의 천체가 다른 천체가 형성한 그림자를 지나가게 될 때 식 현상이 발생한다. **일식**(**solar eclipse**) 현상은 지구에 달의 그림자가 비추어질 때 일어난다. 태양이 더 크기 때문에 그림 28.30과 28.31과 같이 끝이 뾰족해지는 본그림자와 주변의 반그림자가 형성된다.

본그림자가 지나는 지역의 관측자는 일식이 일어나는 동안 주위가 어두워지는 것을 볼 수 있는데 이를 **개기 일식**(*totality*)이라고 한다.

개기 일식의 시작은 달 뒤로 태양이 가려지기 시작할 때부터 완전히 가려진 후, 다시 태양이 달의 반대편 쪽으로 빠져나올 때까지 진행된다. 개기 일식이 진행되는 시간은 단 2~3분 정도가 보통이며 길어도 7.5분을 넘지 않는다. 달의 운동 때문에 식 현상은 단 몇 분 동안만 나타난다. 개기 일식이 진행되는 동안 그림 28.7의 검게 바뀐 태양 원반 주변으로 하얗게 뻗어나가는 코로나를 볼 수 있다. 한 번 관측하면 절대 잊을 수 없는 현상이다. 쌍안경을 이용

그림 28.30
일식 현상은 달이 지구와 태양 사이를 지나갈 때 일어난다. 달의 그림자는 두 부분으로 나누어진다. 즉 달이 태양을 완전히 가리게 되는 본그림자와, 태양을 부분적으로 가려 주변에 좀 더 밝게 형성된 반그림자이다. 개기 일식은 본그림자 영역에서 단 몇 분 동안만 진행된다.

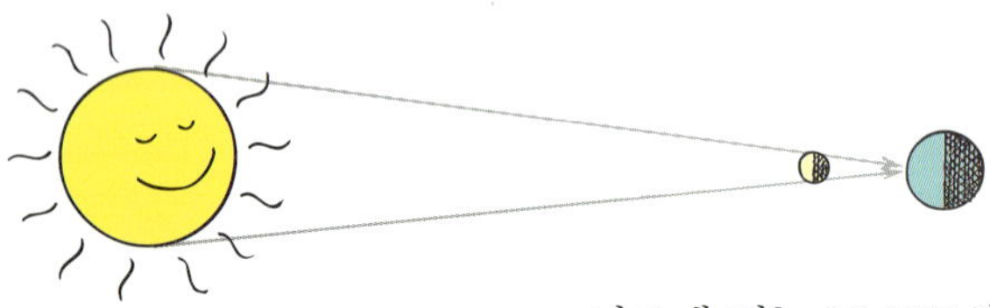

그림 28.31
일식 현상의 기하학적 구조. 일식이 일어나는 동안 달은 태양과 지구 사이에 있고 달의 그림자가 지구에 투영된다. 달의 크기가 작고 태양 광선이 점점 가늘어지기 때문에 개기 일식은 지구 상의 좁은 지역에서만 발생한다.

할 경우 태양 앞을 지나는 달 표면을 볼 수 있는데, 이는 지구가 반사한 태양빛이 달에 닿기 때문이다. 채층으로부터 나온 분홍빛의 플레어도 볼 수 있다. 그러나 가장 주의할 점은 이러한 관측 현상은 개기 일식이 100% 일어났을 때 가능한 것이다. 광구의 가장자리가 다시 나오게 되는 99.99%의 일식이 일어나면, 지속적으로 태양을 바라볼 경우 눈에 심각한 부상을 입을 수 있다.* 당신이 반그림자 구역에 있을 때에 일식이 부분적으로 관측된다. 부분 일식을 관측하는 이상적인 방법은 그림 28.4에 나타낸 것처럼 흰색 평면에 투영되는 일식의 빛에 초점을 맞추는 것이다. 일식을 보는 대신에 태양이 작은 구멍을 통과하여 땅에 비춰졌을 때 당신은 나무 그늘 아래에서 초승달 모양의 태양을 관측할 수 있다(그림 28.32). 그림 28.33의 지

*사람들은 일식이 일어날 때 직접적인 태양빛의 자외선과 밝기가 눈을 상하게 할 수 있기 때문에 태양을 보지 않도록 주의해야 한다. 이러한 좋은 조언은 종종 일식 같은 특별한 시간에 태양빛이 좀 더 많은 피해를 유발한다고 오해하는 사람들이 있다. 그러나 태양이 하늘에 높이 떠 있을 때 태양을 보면 일식이 일어나는 것과 상관없이 해롭다. 사실상, 달에 의해 가려진 태양보다 보통의 태양을 보는 것이 더 해롭다. 일식이 일어날 때 특별이 주의해야 하는 이유는 단순한데, 일식 현상이 나타날 때 많은 사람들이 태양을 보는 것에 흥미를 가지기 때문이다.

(a) (b) (c)

그림 28.32
(a) 땅과 벽에 비친 태양빛으로 주변 나무와 나뭇잎을 지나온 빛이 둥글게 비쳐지고 있다. (b) 부분 일식 때 비추어진 태양의 모습으로 초승달 모양으로 보인다. (c) 일식이 가끔 태양을 완전히 가리지 못할 경우, 태양의 가장자리가 밝게 보이기도 한다(금환 일식).

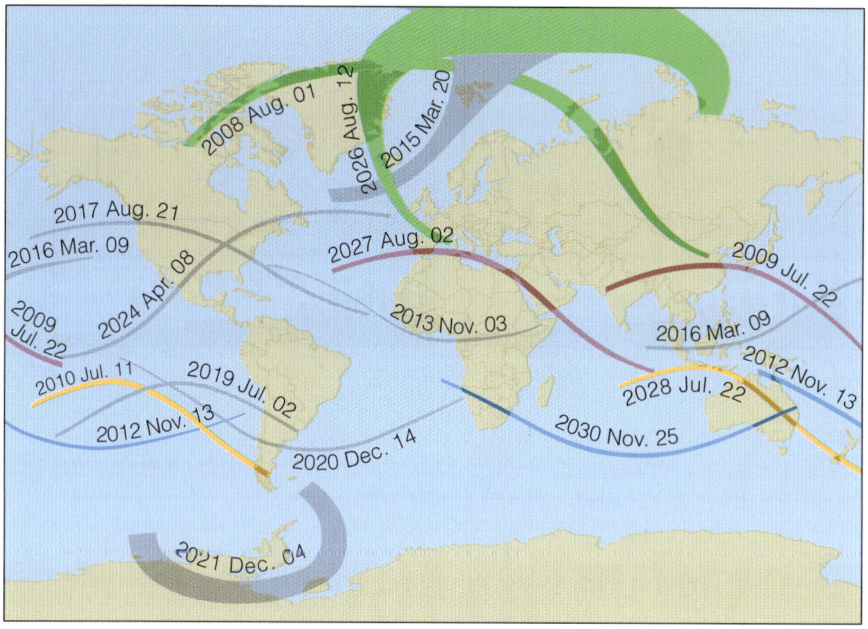

그림 28.33
2006년부터 2030년까지 개기 일식이 일어나는 지역의 경로. 더 자세한 사항은 나사의 웹사이트 http://sunearth.gsfc.nasa.gov/eclipse를 방문하여 볼 수 있다.

도를 확인하여 당신이 살고 있는 지역에 언제 일식이 일어날지 확인해 보자. 일식에 대한 많은 열광적인 팬들은 이러한 장엄한 자연 현상을 보기 위해 세계를 여행한다.

태양과 지구, 달이 나란하게 위치할 경우 지구의 그림자에 달이 들어가는 **월식(lunar eclipse)** 현상도 나타난다(그림 28.34). 월식은 일식이 있고 나서 2주 안에 잘 나타난다. 일식은 삭(그믐)에 나타나며 월식은 망(보름달)일 때 나타나기 때문이다. 지구에서 밤인 지역에 사는 사람들은 모두 월식을 볼 수 있다. 이상하게도 달이 지구 그림자에 완전히 가려지더라도 달은 관측할 수 있다(그림 28.35).

그림 28.34
월식은 지구의 그림자에 달이 나란하게 들어갔을 경우 나타난다.

왜 식 현상은 드물게 나타날까? 이는 지구의 공전 궤도와 달의 공전 궤도가 완전히 나란하지 않기 때문이다. 지구는 태양을 행성들이 도는 궤도를 따라 공전한다. 달은 지구 주위를 도는 달의 공전 궤도면을 따라 운동하는데, 지구 공전 궤도면과 달 공전 궤도면이 5.2° 기울어져 있다(그림 28.36). 만약 공전 궤도면이 틀어지지 않았다면 식 현상은 한 달에 한 번씩 나타난다. 지구의 공전 궤도면에 달의 공전 궤도면을 지날 경우 식 현상이 나타난다(그림 28.37). 이

그림 28.35
개기 월식 때 달은 완전히 어두워지지 않고 볼 수 있다. 이는 지구의 대기에서 반사되거나 굴절된 빛이 달을 비추기 때문이다.

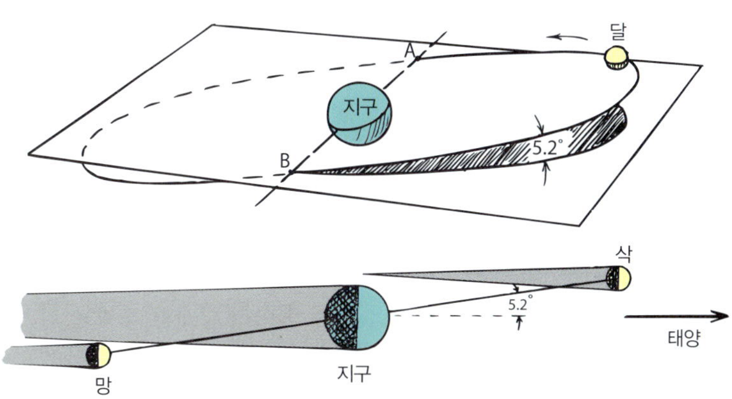

그림 28.36
지구와 달의 공전 궤도는 5.2° 기울어져 있다. 일식과 월식은 지구–달–태양이 나란하게 놓이게 될 때 나타난다. 아래 그림은 그림자가 나란하지 않은 경우의 모습이다.

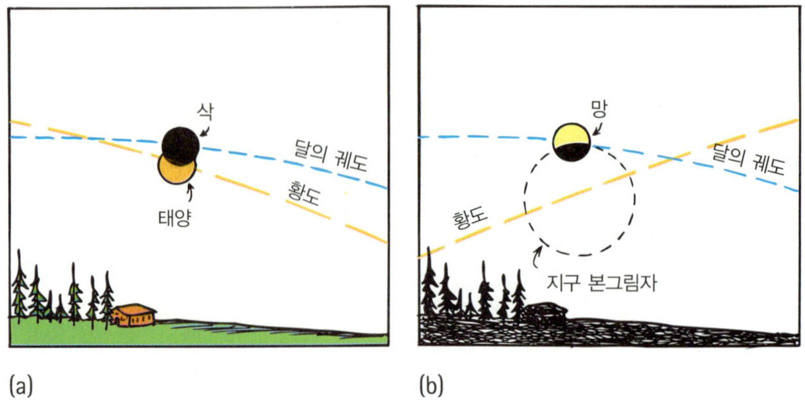

그림 28.37
개기식은 달의 공전 궤도가 지구의 공전 궤도와 만나는 점에서 일어난다. 개기 일식은 낮 동안 태양 앞에 달이 지나가면서 일어나고, 개기 월식은 밤 동안 지구의 그림자에 달이 지나가면서 일어난다.

는 1년에 2~3차례 나타나며 최소 1년에 2번의 일식 현상을 지구에서 볼 수 있다(단, 관측 지역은 매우 좁은 구역이다). 가끔 7번의 일식과 월식이 관측되는 해도 있다.

학습목표
소행성과 카이퍼대 천체, 오오트 구름의 공통점과 차이점을 알 수 있다.

28.6 행성이 되지 못한 천체들

물음 만약 거의 같은 질량의 소행성과 혜성이 지구에 충돌할 가능성이 높을 경우, 소행성이 더 비켜가기 쉽다. 이유는 무엇인가?

태양계의 세 구역에는 행성이 되지 못한 물질이 남아 있다. 이러한 구역이 소행성대, 카이퍼대, 오오트 구름이다.

소행성대와 유성우

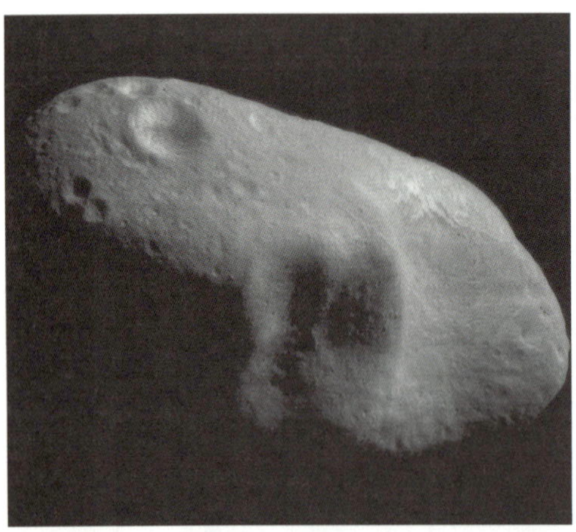

그림 28.38
소행성 에로스는 약 40 km의 길이로 감자와 같은 모습을 하고 있다.

소행성대(asteroid belt)는 화성과 목성 사이에 주로 암석의 물질들이 모여 있는 곳이다. 150,000개가 넘는 소행성들이 있으며 아직 발견되지 않은 소행성의 수도 매우 많다. 소행성의 모양과 크기는 대개 비슷하지만, 세레스와 같은 큰 크기의 소행성은 지름이 수천 km가 되기도 한다. 세레스는 구형의 모습을 유지할 만큼 크지만, 대부분의 소행성들은 그림 28.38처럼 모습이 감자와 같은 모양이다. 조사에 따르면 태양계가 형성될 당시, 소행성대는 현재보다 훨씬 더 질량이 컸다. 질량이 매우 큰 목성이 소행성대를 흔들어 놓아 많은 물질이 태양계 밖으로 빠져나가거나 내행성 구역으로 이동하였다. 화성의 위성의 경우, 그 모양이 소행성을 닮아 있다. 이것이 소행성대가 작은 이유이다. 만약 현재 남아 있는 소행성들이 충돌하여 성장한다면, 달의 절반 정도 크기의 천체를 형성할 수 있다.

목성은 멀리 떨어진 부서진 조각들 사이에 소행성과 소행성의 충돌을 일으킨다. 그래서 행성을 형성하는 데 기여하기보다는 서서히 내려오면서 사라지는 단계를 밟게 된다. 소행성의 파편은 지구에서 **유성체**(meteoroid)로 알려져 있는데, 대기에 의해 타면서 밝게 빛을 낸다. 유성체는 내려가면서 불빛을 내며 타는데, 이를 **유성**(meteor)이라고 한다(그림 28.39).

유성체가 충분히 크면 땅에 떨어질 때까지 모두 타지 않고 남아 떨어지는데, 이를 **운석**(meteorite)이라고 한다. 대부분의 유성체, 유성, 운석은 소행성이며, 혜성은 이러한 것을 남기지 못한다. 다행히도 우리 지구에 떨어지는 운석은 매우 작다. 매일 200톤에 달하는 운석이 지구에 떨어지고 있다. 10,000년 정도의 주기로 큰 운석이 땅에 떨어져 크레이터를 남기기도 한다(그림 28.40). 1억 년의 주기로 10 km 정도 크기의 운석이 떨어지기도 하는데, 이는 약 6천 5백만 년 전 백악기 말의 대량 멸종과 같은 대멸종을 일으키기도 한다. 따라서 나사(NASA)는 지구 주변에 위험성이 있는 소행성들을 90% 이상 찾는 것을 목표로 한다. 우리가 미리 위험성이 있는 소행체를 찾는다면 미리 큰 재앙을 피할 수 있는 계획을 세울 수 있기 때문이다.

그림 28.39
유성체는 유성을 형성하는데, 대개 80 km 상공에서 지구에 들어온다. 대부분 모래 입자의 크기로 '별똥별'이라고 한다.

카이퍼대와 왜소 행성

해왕성 너머로 30~50 AU 거리에 **카이퍼대(Kuiper belt)**라고 알려진 구역이 있다. 카이퍼대는 많은 암석, 얼음으로 덮인 물체로 구성된다. 카이퍼대의 가장 잘 알려진 천체는 명왕성으로, 예전에 행성으로 분류되었던 천체이다. 1930년에 발견된 이래로 명왕성은 그때까지 알려진 다른 행성들과는 특징이 매우 달랐다. 예를 들어 명왕성의 공전 궤도는 지구의 공전 궤도인 황도와 많이 다르게 형성되어 있었다. 또한 명왕성은 매우 작고 질량도 달의 7분의 1밖에 되지 않았다. 카이퍼대의 천체 중 명왕성보다 큰 천체도 존재한다. 그래서 천문학자들은 2006년에 카이퍼대의 명왕성 정도 크기의 천체들을 **왜소 행성(dwarf planet)**으로 분류하였다. 주된 이유는 그들의 공전 궤도에서 큰 천체들이 많이 남아 있어 행성으로서의 역할을 충분히 할 수 없다는 것이었다. 흥미롭게도 카이퍼대의 밀도가 조금 더 컸다면, 이러한 왜소 행성들은 목성형 행성의 핵으로 포함되었을 것이다. 그러나 이러한 일이 결코 일어나지 않았다. 그래서 카이퍼대는 행성이 형성되지 못한 다른 영역이다.

아직까지 카이퍼대의 왜소 행성에는 탐사선이 도달하지 못하였다. 2015년에는 명왕성의 위성인 카론(Charon)에 **뉴 호라이즌스**(*New Horizons*) 호가 방문하였다. 앞서 살펴본 것처럼

그림 28.40
아리조나(Arizona)의 배링거(Barringer) 운석구로 25,000년 전에 50 m 정도의 철질 운석에 의해 형성되었다. 크레이터 지름은 약 1.2 km이고, 깊이는 약 200 m이다.

그림 28.41
명왕성과 그 위성인 카론을 적외선으로 찍은 영상이다. 사진이 흐린 것은 천체들이 매우 작고 지구로부터 매우 멀리 떨어져 있기 때문이다.

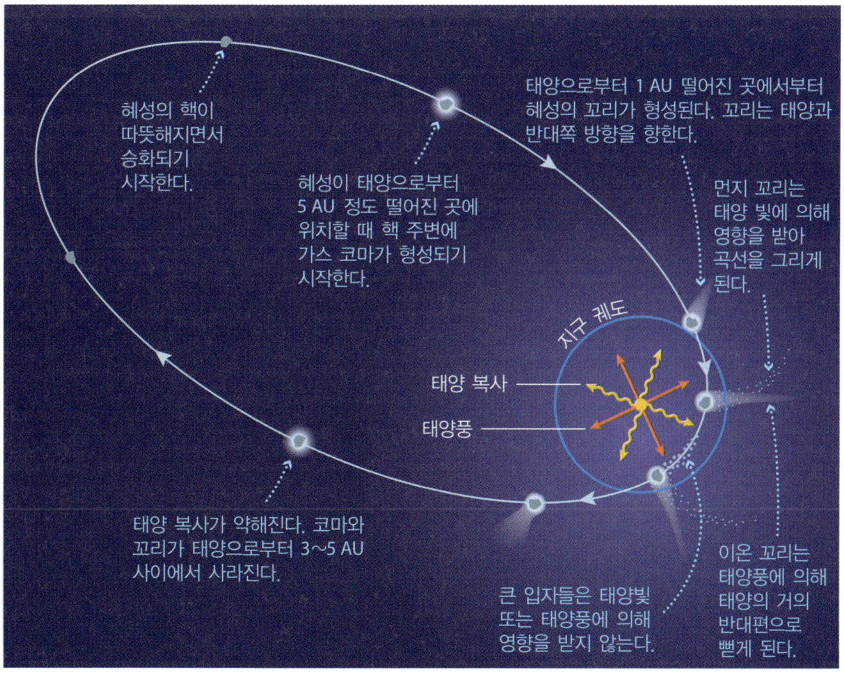

그림 28.42
혜성이 태양에 접근함에 따라 따뜻해지면서 코마가 형성되는데, 이는 혜성 핵을 둘러싼 가스의 구이다. 코마로부터 혜성의 꼬리가 형성되며 태양풍에 의해 태양 반대쪽으로 꼬리가 이어진다. 대부분의 카이퍼대 천체들은 이러한 여정을 만들지 않고 대신에 우리 태양계의 외곽 내에서 항상 얼어붙은 상태로 존재한다.

보이저 2호는 해왕성의 달 트리톤의 사진을 찍어서 보내주었다. 천문학자들은 해왕성의 위성인 트리톤이 카이퍼대의 천체가 해왕성의 중력에 의해 끌려와 형성된 것으로 생각하고 있다.

명왕성과 같은 큰 카이퍼대의 천체들은 관성에 의해 자신들의 공전 궤도를 잘 벗어나지 않는다. 하지만 가벼운 카이퍼대의 천체들은 종종 태양 쪽으로 궤도가 바뀌어 들어오기도 한다. 때때로 이러한 천체들은 가열되고 태양풍을 맞아 얼음과 같은 휘발성 물질이 태양의 반대편으로 방출되기도 한다. 이러한 천체를 **혜성**(**comet**)이라고 하는데, 매우 밝고 긴 꼬리가 특징이다. 혜성은 카이퍼대로부터 날아오게 되는데, 그 주기가 약 200년 정도이다. 핼리 혜성(Comet Halley)의 경우, 76년의 주기로 태양과 가까워진다(그림 28.43). 다음 태양과 가까워지는 해는 2061년이다.

혜성이 존재하는 곳은 최소한 두 구역이 있다. 첫 번째는 카이퍼대인데, 태양계의 황도면이 거의 나란하게 형성되어 있다. 두 번째 영역은 태양계를 구름처럼 구형으로 감싸고 있는 더 먼 곳이다.

오오트 구름과 혜성

목성형 행성은 성장함에 따라 중력이 더 강해졌으며, 행성 사이의 남은 물질을 더 효과적으로 끌어 모을 수 있었다. 모든 남은 물질이 목성형 행성으로 끌려 간 것이 아니다. 많은 경우 암석의 파편이나 얼음은 행성으로부터 멀리 떨어져 나가 바깥 방향으로 이동하였다. 수십 억 년 동안 태양계에서 이렇게 떨어져 나간 천체들이 구형의 영역을 형성하였고, 이를 **오오트 구름**(**Oort cloud**)이라고 한다. 오오트 구름은 50,000 AU 이상 떨어진 거리에서 수조 개의 천체로 구성되어 있으며 이 물질 중 4분의 1은 인접한 별로부터 온 것이다. 이들 중 몇몇은 태양 쪽으로 궤도를 형성하여 당겨져 들어오는데, 이를 혜성이라고 한다. 오오트 구름으로부터 기인한 혜성은 그 주기가 수천 년 혹은 수백만 년 이상의 주기를 가진다. 그리고 공전 궤도면이 기울어진 각도도 매우 다양하다.

혜성이 카이퍼대에서 온 것이든, 오오트 구름에서 온 것이든, 행성과 충돌 가능성은 항상 존재한다. 1994년에 슈메이커 레비 혜성은 그림 28.45와 같이 목성과 충돌하였다. 또한 더 큰 유성체와는 지구가 약 6천 5백만 년 전에 충돌하였는데, 이때 공룡이 멸종하였다.

혜성의 꼬리가 지나가는 곳에는 많은 입자들이 남게 된다. 지구가 매년 이 구역을 지나갈 때 혜성의 꼬리가 남겨 놓은 물질이 그림 28.46처럼 유성우로 관측된다. 지금 바로 나가서 밤하늘을 살펴보면 곧 유성우가 떨어지는 것을 볼 수 있다. 각각의 빛줄기는 혜성이 남겨 놓은 작은 조각이며, 혜성은 멀리 떨어져 있지만 남은 조각들은 지구의 이웃이 되어 지구로 떨어진다.

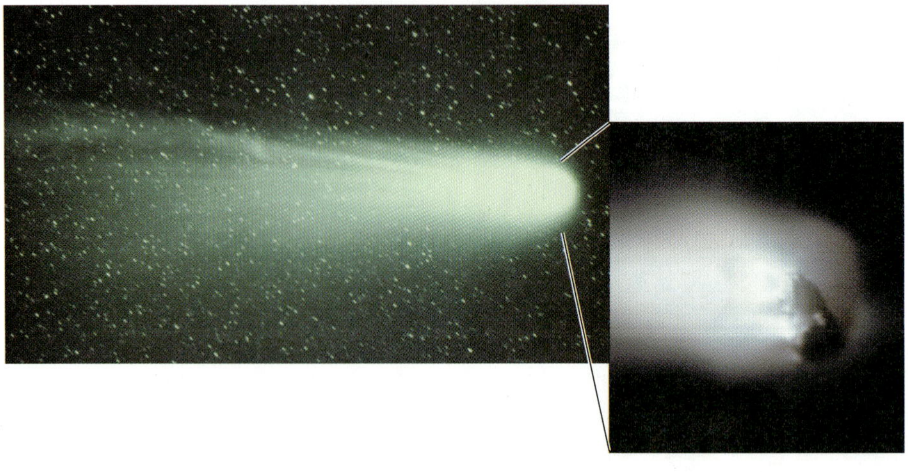

그림 28.43
핼리 혜성은 수천 년 전에도 관측된 기록이 있다. 혜성은 보통 멋진 모양을 보여 주지만, 지구에서 마지막으로 볼 수 있었던 1986년의 핼리 혜성은 그렇게 장관을 이루지는 않았다. 그렇지만 우주 탐사 로켓이 핼리 혜성을 가까이 접근하여 핵의 인상적인 이미지를 담을 수 있었다.

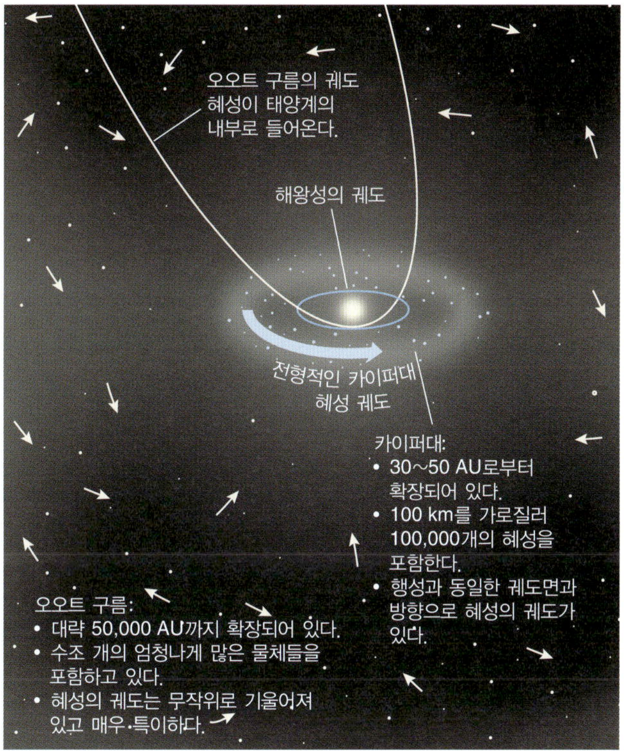

그림 28.44
혜성이 발달할 수 있는 두 구역: 카이퍼대와 오오트 구름

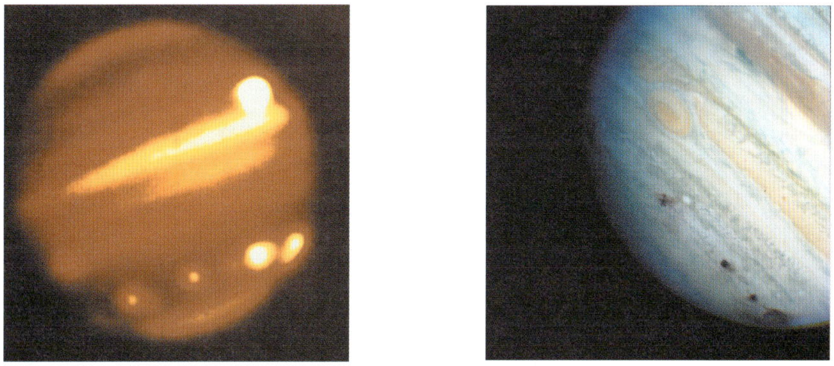
(a) (b)

그림 28.45
1994년 혜성 슈메이커 레비는 목성과 충돌 직전에 이미 여러 개의 물체로 분리되었다. (a)의 적외선 사진은 충돌 시 많은 열이 발생한 것을 보여 주고, (b)의 사진에서 검은색 점으로 표시된 것이 충돌한 흔적이다.

표 28.2 유성우 자료

유성우 이름	복사점*	날짜	최대 날짜	시간당 유성우의 수
사분의좌(四分儀座) 유성우 (Quadrantids)	페가수스(Pegasus)	1월 1일~16일	1월 3일	60
에타 물병자리(Eta Aquarids)	물병자리(Aquarius)	5월 1일~10일	5월 6일	35
페르세우스자리 유성우 (Perseids)	페르세우스(Perseus)	7월 23일~8월 20일	8월 12일	75
오리온자리 유성우 (Orionids)	오리온(Orion)	10월 16일~27일	10월 22일	25
쌍둥이자리 유성우 (Geminids)	쌍둥이자리(Gemini)	12월 7일~15일	12월 13일	75

*유성우는 **복사점**(*radiant*)이라고 하는 하늘의 특정 지역에서 빛을 발하는 것처럼 보인다. 복사점은 별자리를 지칭한다. 밤하늘에 보이는 다양한 별자리에 대한 보다 상세한 내용은 29장을 참고하라.

그림 28.46
혜성이 지나간 자리에 지구가 공전하면서 지나갈 때, 우리는 유성우를 볼 수 있다.

연습문제

28.1 태양계와 태양계의 형성

1. 태양계에서 행성들은 얼마나 몇 개나 있는가?
2. 2006년에 어떤 행성이 왜소 행성으로 강등되었는가?
3. 행성들의 위치로부터 내행성과 외행성은 어떻게 다른가?
4. 왜 성운은 수축하면서 회전 속도가 증가하는가?
5. 성운설에 따르면 행성은 태양이 핵융합하기 전에 형성되었는가? 또는 그 후에 형성되었는가?

28.2 태양

6. 태양의 질량이 '탄다'라는 것은 무슨 일이 일어나고 있는 것인가?
7. 흑점은 무엇인가?
8. 태양풍은 무엇인가?
9. 태양의 회전에서 강체 회전과 다른 점은 어떤 것인가?
10. 태양의 나이는 얼마인가?

28.3 내행성

11. 왜 수성은 낮에는 뜨겁고, 밤에는 매우 추운가?
12. 어떤 행성을 '아침별'과 '저녁별'이라고 부르는가?
13. 왜 지구를 '푸른 행성'이라고 하는가?
14. 화성의 대기를 주로 이루는 기체는 무엇인가?
15. 화성이 현재보다 과거에 물이 있었다는 것을 말해 주는 증거는 무엇인가?

28.4 외행성

16. 목성과 태양 표면의 공통점은 무엇인가?
17. 토성의 고리 안쪽과 바깥쪽 중 어느 쪽이 빠르게 회전하는가?
18. 천왕성의 자전축은 얼마나 기울어져 있는가?
19. 왜 해왕성이 천왕성보다 더 푸른색을 띠는가?

28.5 지구의 달

20. 왜 달에는 대기가 없는가?
21. 보름달이 보일 때, 태양의 위치는 어디인가?
22. 삭일 때, 태양과 달의 위치는 어디인가?
23. 왜 식 현상은 거의 매달 일어나지 않는가?
24. 달의 공전과 자전을 비교할 경우 어떤 특징이 있는가?

28.6 행성이 되지 못한 천체들

25. 소행성대는 어떤 두 행성 사이에 분포하는가?
26. 유성과 운석의 차이점은 무엇인가?
27. 카이퍼대란 무엇인가?
28. 오오트 구름이란 무엇인가?
29. 떨어지는 별이란 무엇인가?
30. 태양으로부터 뒤쪽으로 혜성의 꼬리가 형성되는 원인은 무엇인가?

확인문제

만일 여러분이 이 장에서 제대로 학습을 하였다면, 다음에 제시된 10개의 질문에 적어도 7개는 제대로 답을 할 수 있을 것이다. 만일 그렇지 못하면 다음 장으로 가기 전에 이 장을 더 학습할 필요가 있다.

각 질문에 대한 가장 적합한 답을 고르시오.

1. 태양은 태양계 전체 질량의 몇 %를 차지하는가?
   (a) 약 35%
   (b) 85%
   (c) 때때로 다르다
   (d) 99% 이상
2. 태양계가 원자의 모습과 닮은 점은 무엇인가?
   (a) 주로 지배하는 힘이 전자기력이다.
   (b) 중심이 형성되어 있고, 같은 평면 위에 다른 물체들이 회전한다.
   (c) 플라스마로 이루어져 있다.
   (d) 대부분이 빈 공간이다.
3. 성운설은 태양계의 ( )에 대한 관측적 증거로부터 기초하였다.
   (a) 물리적인 현상으로부터 형성 과정에 대한 모습
   (b) 원자와 매우 닮은 구조
   (c) 매우 복잡하고 무질서한 형성 과정
   (d) 매우 오래되었다는 것
4. 구형의 성운이 수축하면서 원반을 형성할 때, ( )로 인해 더 빠르게 냉각되었다.
   (a) 복사 전환의 증가
   (b) 표면적의 증가
   (c) 일사량의 감소
   (d) 대류 현상의 증가
   (e) 와류의 증가

5. 핵융합하는 태양의 질량은 현재
   (a) 증가하고 있다.
   (b) 변하지 않고 있다.
   (c) 감소하고 있다.

6. 지구에서의 자신의 몸무게와 비교하였을 때, 목성에서의 몸무게는
   (a) 3000배 증가한다.
   (b) 절반으로 줄어든다.
   (c) 3배 더 증가한다.
   (d) 300배 증가한다.
   (e) 100배 증가한다.

7. 달의 모습이 얇은 초승달 모양이라면, 태양의 위치는
   (a) 거의 달 뒤에 위치한다.
   (b) 거의 지구 뒤에 위치한다, 지구는 달과 태양 사이에 위치한다.
   (c) 달과 지구 사이에 오른쪽으로 각도를 가지고 위치한다.

8. 태양이 지구와 달 사이를 지나간다면, 우리는
   (a) 월식을 볼 수 있다.
   (b) 일식을 볼 수 있다.
   (c) 우리의 끝(멸종)을 볼 것이다.

9. 소행성은 (   )을/를 공전한다.
   (a) 달
   (b) 지구
   (c) 태양
   (d) 모든 것
   (e) 이들 중에 답이 없다

10. 태양에 대하여 혜성이 지나갈 때 혜성의 질량은
   (a) 거의 변화가 없다.
   (b) 증가한다.
   (c) 감소한다.

확인문제 답

1. d, 2. d, 3. a, 4. b, 5. c, 6. c, 7. a, 8. c, 9. c, 10. c

29장 우주

달이 없는 밤, 도시의 불빛을 벗어나 맨눈으로 밤하늘을 보면 지평선 위에 3000개가 넘는 별을 볼 수 있다. 망원경을 이용하여 밤하늘에 북쪽에서 남쪽을 가로지르는 구름의 띠 같은 영역을 관측하면 더 많은 별을 볼 수 있다. 고대 그리스인들은 이 뿌연 띠를 은하수라고 불렀다.

오늘날 우리는 은하수가 1000억 개가 넘는 별이 모여 있는 것임을 안다. 우리의 태양을 넘어서 더 멀리 있는 별을 보면 **은하**(*galaxy*)라고 하는 소용돌이를 볼 수 있다.

이 단원에서는 별이 어떻게 형성되고 소멸되는지, 그리고 우리의 은하가 어떻게 구성되어 있는지를 알아볼 것이다. 또한 별의 다양한 종류와 은하의 다양한 종류에 대해서도 알아볼 것이다. 그리고 우주가 어떻게 시작되었으며, 그 운명은 어떻게 될지에 대한 물음에 대해서도 그 답을 찾아보며 우주에 대한 논의를 결론지을 것이다.

29.1 밤하늘의 관측

> **학습목표**
> 천체의 일주 운동과 고유 운동을 구분하고, 우주에서의 큰 거리를 광년으로 표현할 수 있다.

물음 겨울철 별자리는 여름에 언제 보일까?

고대 천문학자들은 별들의 집단인 **별자리**(*constellation*)를 통해 밤하늘을 구분하였다. 오늘날의 별자리 이름은 고대 그리스, 바빌로니아, 이집트의 천문학자들에 의해 정해졌다. 예를 들어 곰의 형태를 포함한 북두칠성(Big Dipper)은 그리스에서 유래한 이름이다. 큰곰자리의 별자리 형태는 그림 29.1에서 볼 수 있다. 별을 별자리로 묶는 것과 별자리에 의미를 부여하는 것은 문화권에 따라 다양하다. 어떤 문화권에서는 별자리에 이야기를 붙여주었고 훌륭한 신화를 형성하였다. 다른 문화권에는 별자리에 헤라클레스나 오리온과 같은 대단한 영웅의 의미를 부여하였다. 또한 별자리는 여행자나 항해에 길잡이가 되었다. 아프리카의 부시맨이나 마사이를 포함한 많은 문화권에서는 계절에 따른 별자리 모습의 변화를 토대로 작물을 기르고 수확하는 시기를 결정할 수 있었다. 주기적인 변화를 남긴 기록은 최초의 달력이 되었다. 그림 29.2에서 1년 동안 볼 수 있는 별자리가 표시되어 있다.

별들은 지구로부터 떨어진 거리가 다르다. 그러나 모든 별들은 매우 멀리 떨어져 있기 때문에 똑같이 떨어진 것처럼 보인다. 이러한 모습 때문에 고대 천문학자들은 지구를 둘러싼 거대한 구에 별들이 붙어 있다고 여겼으며, 이 거대한 구를 **천구**(**celestial sphere**)라 하였다. 천구의 개념은 아직까지도 별들의 운동을 설명하는 데 유용하게 사용되고 있다(그림 29.3).

별들은 가상적인 남북의 축 주위를 회전한다. 이를 별의 **일주 운동**(*diurnal motion*)이라고 한다. 일주 운동은 천구가 동쪽에서부터 서쪽으로 회전하는 것으로 상상해 볼 수 있다. 이 운동은 실제 지구가 시계 반대 방향으로 자전하기 때문에 나타나는 것이다. 우리가 일주 운동을 이야기할 때, 천구의 모든 물체가 운동하는 것을 일컫는 것이며, 물체의 상대적인 위치에 따라 변하는 운동은 아니다. 그림 29.4에서는 북두칠성을 이루고 있는 별들의 일주 운동을 보여주고 있다. 장시간 노출을 통한 사진에서, 북두칠성을 포함한 북쪽하늘 별자리가 원운동하는 모습을 볼 수 있다(그림 29.5). 북쪽 하늘의 별들은 지구의 자전축에 매우 가까이 위치하고 있

그림 29.1
큰곰자리 별자리. 꼬리 부분의 7개의 별을 북두칠성(Big Dipper)이라고 한다.

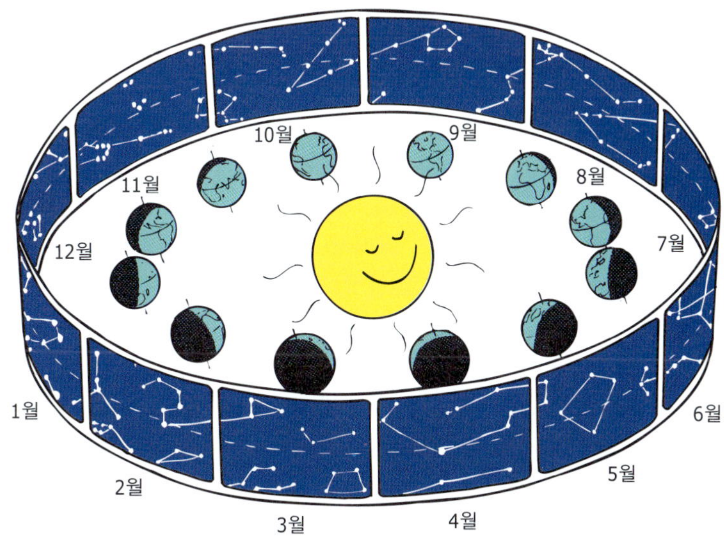

그림 29.2
밤하늘은 항상 태양의 반대편에 위치한다. 지구가 공전하면서 밤하늘에 보이는 우주는 다른 부분을 보게 된다. 이 그림은 1년을 나타낸 원으로, 달마다 보이는 12개의 별자리를 표시하였다. 밤하늘의 별들은 1년을 주기로 계속 변화한다.

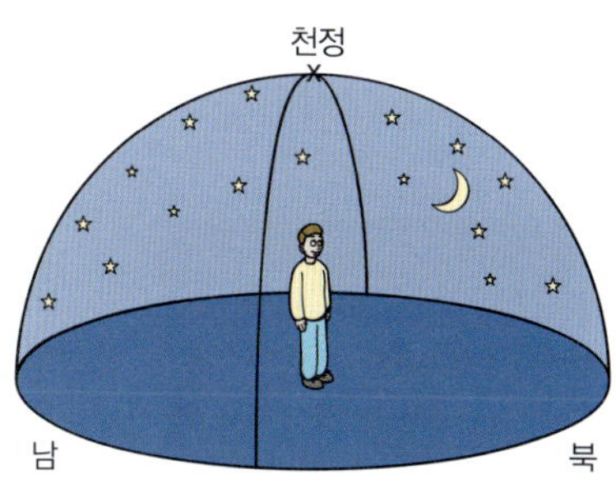

그림 29.3
천구는 별들이 붙어 있는 가상의 구이다. 언제든지 우리는 천구의 절반밖에 볼 수 없다. 어느 시간이라도 우리 머리에서 연직선을 위쪽으로 연장했을 때 천구와 만나는 점을 **천정**(*zenith*)이라고 한다.

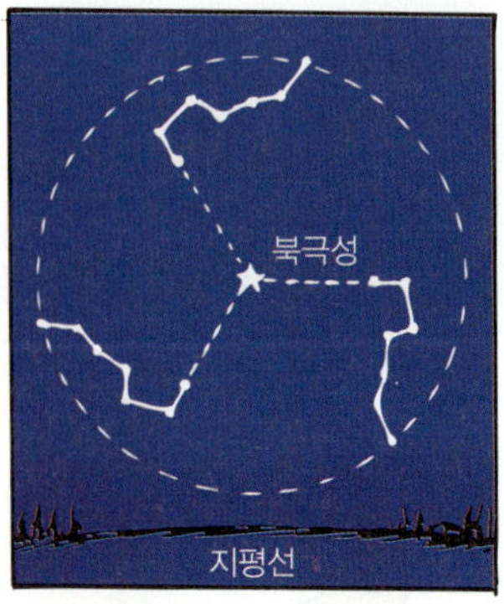

그림 29.4
국자 모양의 북두칠성 끝의 두 별은 북극성을 가리킨다. 지구는 지구 자전축을 중심으로 자전하고 이 축의 선 상에 북극성이 있다. 북극성을 비롯한 북쪽에 다른 별들은 북극성을 중심으로 24시간 동안 완전하게 회전한다.

그림 29.5
북쪽 밤하늘의 장시간 노출 사진

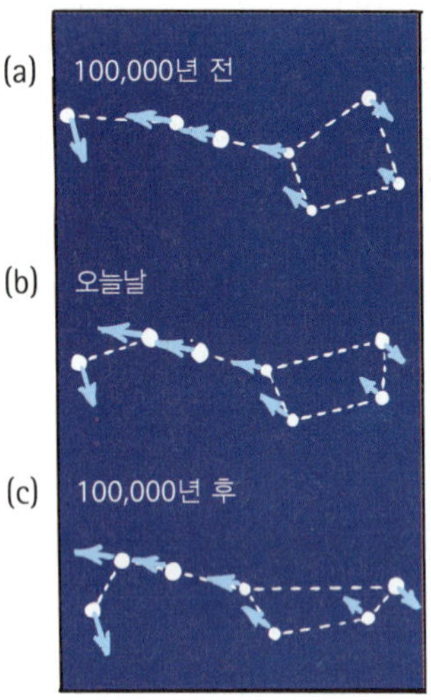

그림 29.6
북두칠성의 현재의 모습은 일시적이다. 북두칠성의 (a) 100,000년 전, (b) 현재의 모습, (c) 100,000년 후의 모습을 나타낸 것이다.

그림 29.7
지구로부터 떨어진 북두칠성의 7개 별까지의 거리. 별의 거리를 광년(ly)로 표시하였다.

기 때문에 천구 상에 원운동하는 모습을 보여 준다.

별의 일주 운동 이외에도 어떤 천체들은 배경별을 기준으로 그들의 위치가 바뀌는 **고유 운동**(*intrinsic motion*)을 한다. 고대 천문학자들은 천구 상에서 고정된 별들 사이를 움직이고 있는 태양, 달, 행성들을 '여행자'라고 하였다. 흥미롭게도 별은 그들 자체의 고유한 운동을 한다. 그러나 별은 매우 멀리 떨어져 있으므로 이러한 고유 운동은 인간 삶의 시간 척도에서는 거의 나타나지 않는다. 그림 29.6에서 나타낸 것처럼, 별의 고유 운동은 수천 년이 지나면 새로운 별자리의 모습을 유발할 것이다. 다시 말하면, 고대 천문학자들이 본 별자리의 모습은 우리가 보는 별자리의 모습과 분명 달랐을 것이다.

천구 상의 일부 별들은 다른 별들과는 달리 지구로부터 매우 멀리 떨어져 있다. 천문학자들은 지구로부터 어마어마하게 떨어진 거리를 **광년**이라는 단위로 측정하고 있다. **1광년(light-year)**은 빛이 1년 동안 이동하는 거리에 해당되며 거의 10조 km에 달한다. 예를 들어 해왕성 궤도의 지름은 대략 0.001광년이다. 태양으로부터 우리 태양계의 반지름에 해당되는 오오트 구름의 외곽까지의 거리는 대략 0.8광년에 해당한다. 우리 태양과 가장 가까운 별인 프록시마 센타우리(Proxima Centauri) 별까지는 약 4.2광년 떨어져 있다. 우리은하의 지름은 약 100,000광년에 달한다. 우리와 가장 가까운 은하는 안드로메다은하로, 230만 광년 떨어져 있다. 그림 29.7에서는 북두칠성의 7개 별이 각각 떨어진 거리를 나타내고 있다.

빛의 속도는 약 3×10^8 m/s이다(8장에서 다룬 내용임). 비록 빛은 매우 빠르지만, 긴 거리를 여행하려면 주목할 만한 시간이 걸린다. 그래서 우리가 매우 멀리 떨어진 천체를 본다는 것은 과거의 시간을 보는 것이다. 1987a 초신성의 경우를 살펴보자(초신성의 폭발에 대해서는 29.4절에서 배울 것이다). 이 초신성은 지구로부터 190,000광년 떨어진 은하에서 발생하였다. 비록 우리는 1987년에 초신성을 보았지만, 실제 이 빛이 우리에게 도달하기까지 190,000년이 걸렸기 때문에 이 사건은 190,000년 전에 발생한 것이다. 초신성 폭발의 '뉴스'가 190,000년 걸려서 지구에 도착한 것이다.

29.2 별의 밝기와 색

학습목표
별의 광도와 실시 등급을 구분할 수 있고, 별의 색에 따른 온도를 확인할 수 있다.

물음 천문학자들은 어떻게 별의 온도를 측정하는가?

별은 성간 기체로부터 탄생하므로 태양과 화학적 조성이 거의 같다(28장 참조). 대략적으로 별을 구성하는 성간 물질의 4분의 3은 수소로 이루어져 있다. 나머지 4분의 1은 헬륨이고 별 구성 물질의 약 2% 이하가 좀 더 무거운 원소로 이루어져 있다. 별은 수백만 년 또는 수억 년 동안 빛을 낼 수 있는데, 이는 별의 중심 핵에서 핵융합 반응을 하기 때문이다. 그리고 태양을 포함한 모든 별은 그들의 핵융합 원료를 모두 소진하면서 죽는다. 그러나 모든 별이 같은 모습을 하고 있지는 않다. 밤하늘의 별은 두 가지의 다른 점을 가지고 있는데, 그것이 밝기와 색이다.

밝기는 별이 얼마나 많은 에너지를 생성하는가와 관련이 있다. 그러나 별의 밝기는 별의 방출 에너지와 관련이 있지만, 지구와 얼마나 떨어져 있는지도 관련이 있다. 앞 단원에서 나온 제곱에 반비례하는 법칙을 보면, 별의 밝기는 광원으로부터 거리의 제곱에 반비례하여 감소한다. 예를 들어 베텔게우스 별은 프로키온 별보다 500배 더 밝은 빛을 방출하지만, 베텔게우스와 프로키온은 같은 밝기로 보인다. 그 이유는 프로키온이 베텔게우스보다 지구에 더 가까이 위치하고 있기 때문이다.

에너지 방출량과 밝기의 혼돈을 피하기 위하여 천문학자들은 실시 등급과 **광도**(*luminosity*)라는 중요한 개념을 서로 구분하여 사용한다. 실시 등급은 우리의 눈에 보이는 그대로의 별의 밝기를 말한다. 반대로 광도는 별이 우주 공간에 방출하는 총 에너지양을 의미한다. 광도는 대개 태양의 광도와 비교하는데, 태양의 광도는 $L_{태양}$이라 쓴다. 예를 들어 베텔게우스의 광도는 38,000 $L_{태양}$이다. 이것은 태양보다 약 38,000배 많은 에너지를 1초마다 우주 공간으로 방출하는 것을 의미한다. 반대로 프록시마 센타우리는 매우 어두운데 그 광도는 0.00006 $L_{태양}$이다. 천문학자들은 많은 별의 광도를 측정하고 별마다 광도가 매우 다르다는 것을 알았다. 태양의 경우 지금까지 측정된 광도 중 중간 정도의 광도를 가진다. 가장 광도가 높은 별은 태양의 백만 배 이상, 가장 어두운 별은 태양의 1/10,000배 정도로 초당 에너지를 방출한다.

실시 등급뿐 아니라 색은 별의 다른 특성으로 매우 다양하다. 그림 29.8은 허블 우주 망원

그림 29.8
사진 속의 대부분의 별은 우리은하 내에 2,000광년 정도로 거의 같은 거리에 떨어져 있다. 별의 색은 별의 표면 온도를 나타낸다. 즉 푸른색 별은 노란색 별보다, 노란색 별은 붉은색 별보다 더 뜨겁다. 이 사진은 허블 우주 망원경으로 촬영되었다.

경이 찍은 사진으로, 별이 무지개 색처럼 다양한 색을 띠고 있음을 보여 준다. 별의 색은 직접적으로 별의 표면 온도에 대하여 알 수 있다. 예를 들어 푸른색 별은 노란색 별보다 뜨거우며, 노란색 별은 붉은색 별보다 뜨겁다. 사실상 천문학자들은 별의 온도를 측정하는 데 별의 색을 이용한다. 왜 별의 색이 별의 온도와 관련이 있을까?

별의 복사 곡선

6장과 8장에서 학습한 것처럼 모든 물체는 그 물체의 온도에 해당하는 전자기 복사를 방출한다. 전자기 복사 파장 최대 주파수 $\bar{f}$는 방출하는 물체의 절대 온도에 비례한다.

$$\bar{f} \sim T$$

별은 가시광선 영역에서 방출하는 전자기 복사의 최대 주파수가 다르기 때문에 서로 다른 색으로 보인다. 우리의 눈은 가시광선의 다른 주파수를 다른 색으로 감지할 수 있다. 그림 29.9는 같은 크기이지만 온도가 서로 다른 두 별의 복사 곡선으로, 복사 세기에 따른 파장을 알 수 있다. 복사 곡선은 온도가 높을수록 파장이 짧은 푸른색 쪽에서 최대 주파수가 나타나고 있음을 보여 준다. 그래서 푸른색 별은 붉은색 별보다 온도가 더 높다. 예를 들어 태양은 표면 온도가 거의 5800 K 정도로, 가시광선 영역에서 최대 파장대가 대략 노란색 영역에 나타난다. 반면 베텔게우스는 표면 온도가 대략 3400 K 정도로 낮아 최대 파장대가 붉은색 영역에 나타난다.

그림 29.9에서 볼 수 있듯이 더 뜨거운 별이 더 많은 복사 에너지를 방출한다. 그래서 같은 크기라도 뜨거운 푸른색 별이 차가운 붉은색 별보다 더 밝게 보이는 것이다.

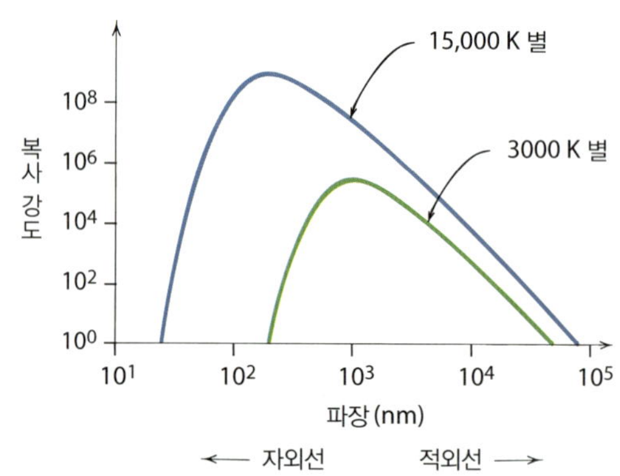

그림 29.9
같은 크기이지만 표면 온도가 서로 다른 두 별의 복사 곡선은 다음 두 가지의 사실을 보여 준다. (1) 뜨거운 별은 차가운 별보다 더 높은 평균 주파수의 복사를 방출한다. (2) 뜨거운 별은 차가운 별보다 모든 주파수에서 단위 표면적당 더 많은 복사를 방출한다.

28.3 헤르츠스프룽–러셀도(H–R도)

학습목표
H–R도에 도식된 별의 광도와 표면 온도의 관계를 설명할 수 있다.

물음 차가운 별이 뜨거운 별보다 더 큰 경우는 언제인가?

별의 온도에 따른 광도를 비교할 때 흥미로운 패턴을 발견할 수 있다. 20세기 초에 덴마크 천문학자 헤르츠스프룽(Hertzsprung)과 미국의 천문학자 러셀(Henry Norris Russell)은 이 패턴을 발견하였다. 그들은 **헤르츠스프룽–러셀도**(**Hertzsprung–**

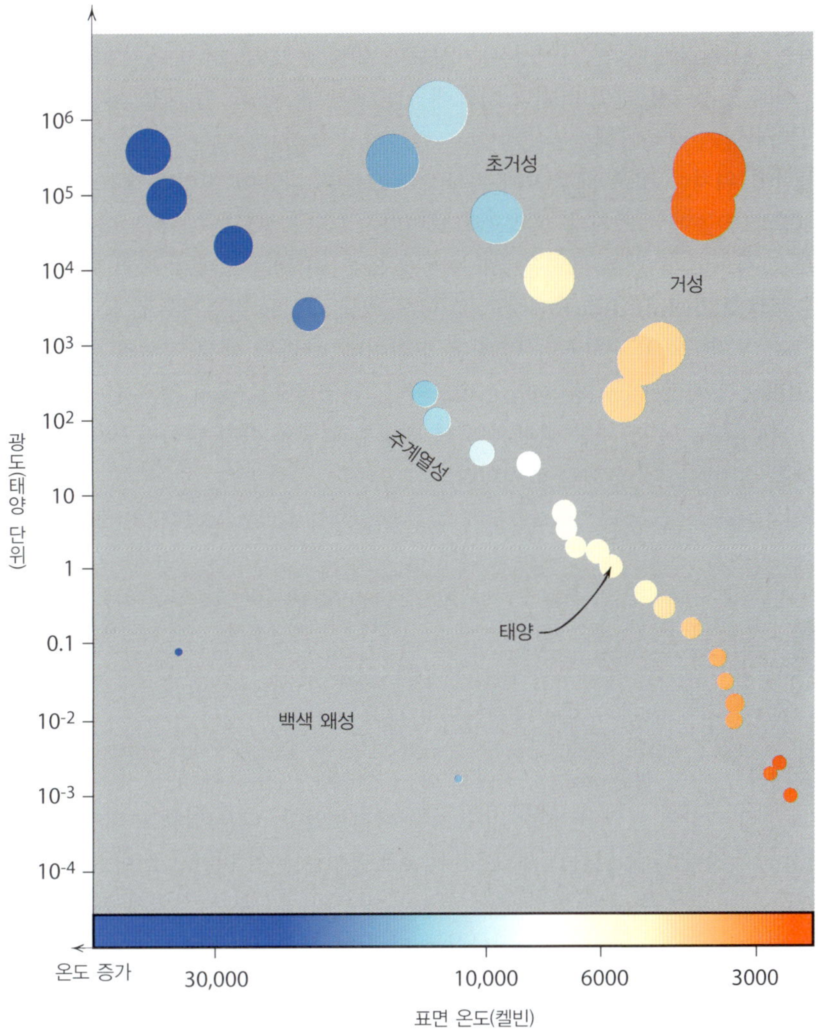

그림 29.10

H-R도는 별의 표면 온도를 X축, 광도를 Y축으로 한 도표이다. 거성과 초거성은 크기를 고려하지 않고 그렸다. 적색 초거성인 안타레스는 크기를 고려할 경우 교실의 천장까지 도달할 것이다. 흥미롭게도 안타레스의 반지름은 태양의 700배가 넘지만, 질량은 단지 15배 정도 더 크다. 그러므로 안타레스는 크기가 매우 크지만, 밀도는 매우 작다.

Russell diagram) 또는 **H-R도**(**H-R diagram**)로 알려진 도표를 만들었는데, 이는 천문학에서 매우 중요하다(그림 29.10). H-R도는 별의 광도와 표면 온도를 대응하여 도식한 것이다. 별의 광도는 도표의 상단으로 갈수록 밝고, 하단으로 갈수록 어두워진다. 뜨겁고 푸른 별은 도표의 왼쪽으로 향하고 있으며, 차갑고 붉은 별은 도표의 오른쪽 부분에 위치한다.

H-R도는 몇 개의 뚜렷한 영역을 보여 준다. 대부분의 별들은 왼쪽 상단에서 오른쪽 하단으로 내려오는 띠에 위치한다. 이 띠를 **주계열**(**main sequence**)이라고 한다. 태양을 포함한 주계열에 있는 별은 중심핵에서 수소를 헬륨으로 핵융합한다. 주계열성에서 가장 뜨거운 별은 푸른색을 띠고, 어둡고 차가운 별은 붉은색을 띤다. H-R도에서 태양이 위치한 곳을 살펴보자. 태양이 주계열성에서 광도와 온도가 거의 중간 정도에 위치하고 있음을 알 수 있는가?

그래프의 오른쪽 상단에 위치한 별의 집단은 **거성**(**giant star**)이다. 이 별들은 주계열성의 수소 핵융합 단계의 모습과 다르다. 이 별들은 붉기 때문에 표면 온도가 낮다는 것을 알 수 있다. 이 별들이 주계열성이라면 어둡게 보여야 한다. 그러나 거성들은 매우 밝고 높은 광도 값을 나타낸다. 거성들은 사실 온도가 낮을수록 더 밝은데, 그 이유는 태양보다 이들의 크기가 훨씬 크기 때문이다. (그래서 이름이 거성이다.) H-R도에서 거성보다 더 위에 드물게 있는 별은 **초거성**(*supergiant*)이다. 초거성은 거성보다 훨씬 더 크고 더 밝다. 다음 장에서 거성과 초거성은 별의 일생에서 거의 마지막 단계에 이른 별임을 알 수 있는데, 이는 중심핵의 핵융합 연료가 바닥났기 때문이다.

왼쪽 하단에 위치한 별은 매우 어두워서 맨눈으로는 관측이 어렵다. 이러한 별들은 표면 온도가 태양보다 높아 푸르거나 흰색으로 보인다. 그러나 광도는 매우 낮아서 0.1 $L_{태양}$에서 0.0001 $L_{태양}$ 정도이다. 매우 뜨거운데도 어두운 것은 이 별들이 매우 작기 때문이다. 그래서 이 별들은 **백색 왜성**(**white dwarf**)이라고 부른다. 백색 왜성은 전형적으로 질량은 태양과 비슷하지만, 크기는 지구와 비슷하거나 더 작은 크기이다. 그래서 백색 왜성의 밀도(부피에 대한 질량)는 엄청나게 커서 1 cm^3당 백만 g 정도이다. 대조적으로 금의 경우 19 g/cm^3이고 지구의 밀도는 5.4 g/cm^3이다. 다음 장에서 백색 왜성은 일생을 마친 별이며 별이 핵융합한 잔해가 남아 있는 별이라는 것을 학습할 것이다.

학습목표
별의 생성에서 초신성 폭발과 같은 소멸까지 별의 성장 단계를 정리하기 위해 H-R도를 이용할 수 있다.

29.4 별의 일생

물음 왜 중성자 별은 베타 입자를 방출하지 않는가?

28장에서 우리는 **성운**(*nebula*)이라고 하는 가스와 먼지로 된 밀도가 작은 거대한 구름으로부터 태양이 어떻게 형성되었는지를 살펴보았다. 다른 별들도 태양의 형성과 같은 과정을 거친다(그림 29.11). 즉 시간이 흐르면서 성운이 원반으로 변화하고, 가열되며, 중력 수축과 함께 더욱 빠르게 회전한다. 더욱이 성운의 중심부는 적외선 복사를 가둘 수 있는 정도로 밀도가 충분히 커지고 이 에너지는 더 이상 복사되지 않는다. 이러한 뜨거운 성운의 중앙 돌출부를 **원시성**(*protostar*)이라고 한다.

원시성 내부의 가스 성분의 입자들 사이의 상호 인력은 가스가 거대한 구형 형태로 전반적인 수축을 하게 하고, 물질들이 서로 엉겨 붙을 정도로 밀도가 커지면서 압력과 온도가 급격히 상승한다. 중심부의 온도가 약 천만 K까지 상승하면, 수소 핵들은 핵융합을 통해 헬륨 핵으로 변환된다. 이러한 열핵융합 반응은 수소를 헬륨으로 바꾸고 많은 양의 복사와 열에너지를 방출한다(28장 참조). 핵연료의 점화는 원시성에서 별로 바뀌었다는 것을 나타낸다. 바깥쪽으로 이동하는 복사 에너지와 함께 이동하는 가스는 수축하는 물질에 **열압력**(*thermal pressure*)이라고 하는 바깥쪽으로의 압력을 가한다. 핵융합 반응이 충분히 빠르게 일어나면, 열압력도 중력 수축을 멈출 수 있을 정도로 상승한다. 이때 밖으로 나가는 열압력과 안쪽으로의 중력 수축의 힘이 균형을 이루게 되어 별의 크기는 안정화된다.

그림 29.11
사진은 스피처 우주 망원경으로 촬영한 삼열 성운이다. 이 성운은 지구로부터 5,400광년 떨어진 궁수자리에 위치한다. 성운 안의 붉은색 먼지는 별이 탄생하는 곳이다.

모든 별은 성운이 수축되어 같은 방법으로 생성되지만, 별이 진화하는 동안의 과정은 모두 같지 않다. 별의 질량은 별의 탄생에서 죽음까지 겪어야 할 단계를 결정한다. 별이 가질 수 있는 질량은 한계가 있다. 원시성의 질량이 태양 질량의 0.08배(0.08 $M_{태양}$) 이하라면, 이 별의 온도가 수소 핵융합을 하기 위해 필요한 천만 K까지 도달하지 못한다. 반면에 질량이 100 $M_{태양}$ 이상인 별은 핵융합을 하면서 나오는 열압력이 중력 수축 에너지보다 훨씬 커져 별이 폭발하고 만다. 그래서 별의 질량은 태양 질량의 10분의 1에서 100배 사이에 존재한다.*

* 1태양 질량(1 $M_{태양}$)은 태양 한 개의 질량과 동일한 질량 단위이고 그 값은 약 2×10^{30} kg이다.

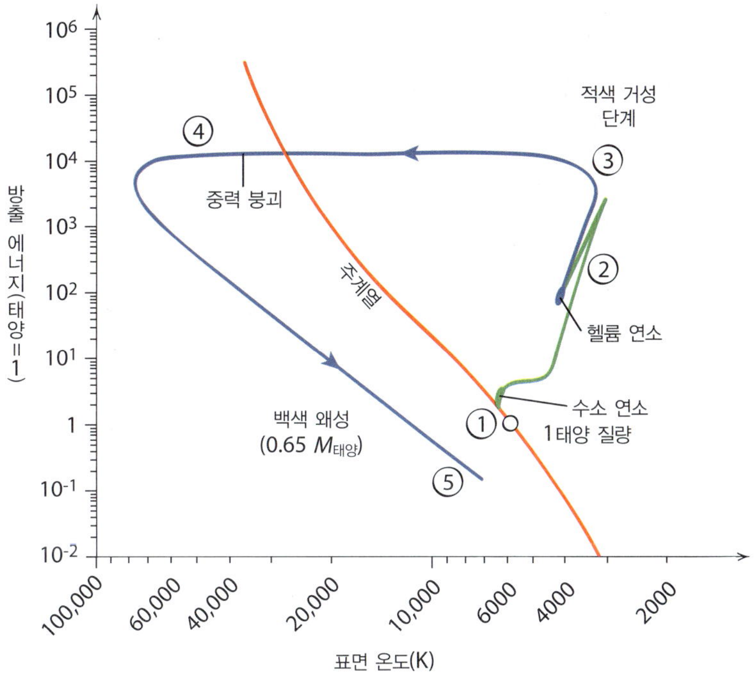

그림 29.12

태양의 일생의 대한 단계를 H–R도에 표시한 것이다. 수소 연소라고 짧게 표시한 단계는 약 100억 년 간 지속된다. 이후의 단계들은 매우 짧은 시간이 걸린다.

대부분의 별은 태양의 질량과 크게 다르지 않다. 이들 별들은 H–R도의 주계열의 중간 부분에 위치한다. 평균적인 별의 일생을 H–R도에 표시한다면 그림 29.12와 같은 태양의 일생과 유사하게 표시될 것이다. 태양은 약 45억 년 전에 수소 핵융합 반응을 하게 되었을 때 1번 위치에서 생성되었다. 태양은 주계열인 이 위치에서 일생의 대부분인 약 100억 년을 보내게 되고, 이 위치에서 태양의 열압력과 중력 수축은 균형을 이루고 있다. 좀 더 일반적으로 설명하면, 별의 질량에 따라 별이 수소를 연소하는 기간은 수백만 년에서 500억 년까지 유지된다.

무거운 별은 가벼운 별보다 수명이 짧다. 직관적으로 생각하면, 별의 질량이 더 크다면 핵융합할 수 있는 연료가 더 많기 때문에 더 오랫동안 핵융합을 해야 할 것 같다. 그러나 질량이 큰 별은 질량이 작은 별에 비하여 광도가 더 크며, 이는 별이 같은 시간 동안 더 많은 수소 핵융합 연료를 빠른 비율로 연소한다. 무거운 별은 반드시 질량이 작은 별보다 광도가 높은데, 이는 중력 수축에 의한 압력을 버티기 위해서는 더 많은 열압력을 만들어야 하기 때문이다. 무거운 별은 가벼운 별보다 수소 핵융합 연료가 더 많아서 더 빠르게 수소를 소진해 버리고 수억 년만에 일생을 마친다.

어떠한 별도 영원할 수는 없다. 태양과 같이 평균적인 질량의 별이 나이가 들면, 중심부의 핵융합 반응은 서서히 정지한다. 이는 중심부의 수소가 모두 헬륨으로 변환되었기 때문이다. 그러면 중심핵의 헬륨은 더 무거운 물질로 핵융합을 하는가? 그 답은 '아니다'이다. 왜냐하면 더 무거운 물질을 형성할 수 있을 만큼 온도가 높지 않기 때문이다. 다시 말하면, 헬륨의 핵은 두 개의 양성자를 가지고 있어서 수소의 핵보다 더 강하게 반발한다. 그러므로 헬륨 원자가 핵융합을 시작하기 위해서는 매우 높은 온도가 필요하다.

별의 중심핵에서 핵융합이 중단되면, 중력 수축이 지배적인 힘이 되어 별은 급격히 수축한다. 그런데 이러한 수축은 핵 주변에 있는 수소가 핵융합을 할 수 있을 만큼 충분하게 온도를 상승시킨다. 그 결과는 수소 핵융합의 외피층에 의해 둘러싸여 있는 헬륨 '재'의 핵으로 이루어진 별이 된다. 흥미로운 것은 이들 외피층 내의 융합 속도는 매우 빠르며, 이는 별의 광도

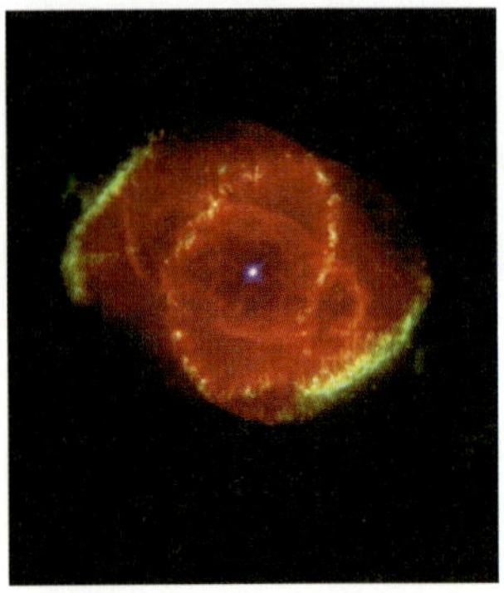

그림 29.13
허블 우주 망원경으로 관측한 고양이 눈 행성상 성운은 지름이 약 1.2광년 정도로, 태양과 해왕성 거리의 약 천 배에 이른다. 이 행성상 성운은 우리은하 내에 약 3,000광년 떨어진 곳에 있다. 태양 정도 질량의 별이 폭발하여 뜨거운 가스 성분은 우주 공간으로 방출하고 중심부는 백색 왜성으로 남은 모습이다.

그림 29.14
작고 중간 정도 질량을 가진 별의 일생의 마지막 단계인 백색 왜성을 나타낸 그림이다. 별의 핵융합 반응이 끝나고 별의 외피층은 우주로 방출되었으며 밀도가 큰 핵은 백색 왜성으로 남아 있다. 백색 왜성의 강한 중력장은 우주 주변의 물질을 끌어당겨서 원반을 형성한다. 이 원반은 별과 접하는 마찰에 의해 가열되어 밝게 빛난다.

를 더 증가시킨다. 이로 인해 별은 H–R도의 주계열을 떠나 그림 29.12의 초록색 선과 같은 단계로 들어간다. 더욱이 수소를 연소하는 외피층이 바깥쪽으로 성장하면서 별의 크기는 급격하게 부풀어 오르게 되는데, 이를 적생 거성이라고 한다(위치 2). 태양은 앞으로 50억 년이 지나면 이 단계에 들어가게 되는데, 별의 팽창과 증가된 에너지의 방출로 인해 지구의 평균 온도는 상승할 것이다. 지구의 대기는 우주 공간으로 흩어지고 지구의 바다도 증발하여 마르게 될 것이다.

결과적으로 적색 거성 내에서 수소 핵융합은 줄어들기 시작한다. 이것은 다시 수축을 유발하는 중력이 지배적인 힘이 되고 수축은 헬륨 연소(탄소 헬륨 연소)를 할 수 있게 핵을 가열시킨다. 이로 인해 그림 29.12의 위치 3에 해당되는 별의 광도는 증가한다.

태양과 같은 별은 헬륨 핵융합을 지속하는 동안, 탄소가 중심핵에 축적된다. 그러나 탄소를 핵융합시킬 수 있을 만큼의 온도에는 도달하지 못한다. 대신 탄소의 '재'가 별의 내부에 남게 되고 핵융합은 점차 줄어든다. 그러면 중력이 우세해지고 별은 수축하여 별의 온도는 급상승한다. 높은 온도에서 태양은 수축하면서 붉은색에서 푸른색으로 변화하며 H–R도 상에서 왼쪽으로 이동하게 된다(위치 4).

연료가 바닥난 태양은 태양 내의 압축을 저지하는 전자가 수축할 때까지 지속적으로 수축할 것이다. 핵의 연료를 모두 소진하면, 수명이 다한 태양은 매우 작고 더 이상 에너지를 형성하지 못한다(위치 5).

태양이 마지막 붕괴를 겪게 되면 플라스마 층과 핵 주변의 가스가 밖으로 배출되며 밝게 빛나게 되는데, 이를 **행성상 성운**(*planetary nebula*)이라고 한다(그림 29.13). 이러한 이름에도 불구하고, 행성상 성운은 행성과는 아무 관련이 없다. 이 이름은 행성상 성운이 행성을 형성할 수 있는 성운처럼 보이기 때문에 붙여진 것이다. 그러나 행성상 성운은 수백만 년 내에 흩어질 것이고, 태양은 차갑게 식은 탄소 핵으로 이루어진 백색 왜성이 된다. 백색 왜성의 질량은 별의 질량에 가깝지만 부피는 행성 정도밖에 되지 않아 엄청나게 큰 밀도를 가진다. 백색 왜성의 핵은 더 이상 핵융합이 일어나지 않아 실제로는 더 이상 별이 아니므로 더 정확하게는 **별의 잔해**(*stellar remnant*)라고 불러야 한다. 이 경우, 백색 왜성은 우주에서 아주 오랜 기간 더 이상 복사를 방출하지 못할 정도로 식게 된다(그림 29 14).

신성과 초신성

백색 왜성이 **쌍성**(*binary star*)의 일부분일 경우, 백색 왜성의 운명은 달라질 수 있다. 쌍성은 두 개의 별이 서로의 공통 중심을 공전하는, 마치 지구와 달처럼 두 별이 회전하는 시스템이다. 백색 왜성과 쌍성의 다른 별이 서로 충분히 가깝다면, 백색 왜성은 쌍성의 다른 별로부터 수소를 중력으로 끌어올 수 있다. 이때 백색 왜성의 표면에는 밀도가 매우 큰 수소 층이 표면에 형성될 수 있다. 이 층이 계속 두꺼워지면서 온도가 상승하게 되면, 백색 왜성의 표면에서 수소 핵융합 반응이 나타나고 폭발이 일어나는데 이를 **신성**(**nova**)이라고 한다. **신성**은 밤하늘에 갑자기 나타난 새로운 별이라는 의미이다. 신성은 하나의 현상이지, 천체가 아니다. 시간이 지나서 신성 표면에 충분한 물질이 쌓이게 되면 이러한 현상은 반복될 수 있다. 신성이 나타나는 주기는 불규칙적인데 수십 년에서 수백 년, 또는 수천 년의 주기를 가진다.

작거나 중간 정도의 질량을 가진 별은 백색 왜성이 되지만, 10 $M_{태양}$보다 질량이 큰 별은 그 운명이 달라진다. 질량이 매우 큰 별의 경우 거성과 초거성 단계를 지나서 수축할 때, 작은 별보다 훨씬 더 높은 온도로 가열된다. 그러한 별들은 백색 왜성으로 끝나지 않는다. 대신에 별 중심의 탄소 핵은 네온이나 마그네슘과 같은 더 무거운 원소로 핵융합을 한다. 열압력은 모든 탄소가 융합될 때까지 추가적인 중력 수축을 정지한다. 그러면 별의 중심핵은 다시 수축하여 더 높은 온도로 상승하고 새로운 핵융합이 무거운 원소들을 만들어 낸다. 핵융합의 주기는 철 원소가 생성될 때까지 반복된다.

철보다 원소 번호가 큰 원소의 핵융합에서는 에너지를 방출하기보다 에너지를 흡수해야 한다. (이러한 이유로 10장에서 다룬 것처럼 철보다 원소 번호가 작은 원소들은 핵의 평균 질량이 철보다 작다.) 핵이 철로 변환되고 나면, 핵융합 반응은 정지된다. 그러므로 중력에 대응하여 가해지던 열팽창도 역시 멈추어 버린다. 중력이 지배적이고 모든 별은 마지막 수축을 시작한다.

태양과 같이 중간 정도 크기의 별의 죽음을 다시 살펴보자. 수축은 중력이 전자들의 저항에 의해 상쇄될 때까지 지속된다. 그러나 질량이 매우 큰 초거성의 경우 중력은 전자들이 밀어내는 힘보다 더 강하다. 전자들은 서로 융합하지는 못한다. 대신에 중성자를 형성하기 위해 양성자와 결합한다. 그 다음에 벌어지는 것은 **초신성(supernova)**이라고 하는 놀라운 사건이다. 몇 분 안에 지구 정도 크기의 철로 된 초거성의 핵은 중성자의 덩어리로 붕괴되어 단 몇 km의 지름만 남게 된다. 전체 은하를 밝게 빛나게 할 수 있을 정도의 엄청난 에너지가 방출된다. 막대한 에너지가 생기는 짧은 시간 동안에 핵의 바깥에 양성자와 중성자가 다른 핵과 반응하여 은, 금, 우라늄과 같은 철보다 무거운 원소가 합성된다. 이렇게 무거운 원소가 가벼운 원소보다 적은 것은 매우 짧은 시간에 합성되기 때문이다.

철로 된 핵이 붕괴되는 동안 대부분의 에너지는, 질량이 거의 없고 다른 물질과 상호 작용을 거의 하지 않는 **중성 미자**(*neutrino*)의 형태로 방출된다. 철로 된 핵의 붕괴로부터 방출된 중성 미자의 농도는 별의 바깥 껍질을 10,000 km/s(4시간에 1AU 거리를 이동하는 속도)로 날려버리기에 충분하다. 시간이 지나면서 무거운 원소가 포함된 초신성 풍은 은하 저 멀리 퍼지며 성운의 붕괴를 촉진시켜 새로운 별을 탄생하도록 해 준다. 지구에서 보석으로 사용하는 금과 플루토늄 등 지구 대부분의 원소들은 태양계가 형성되기 전 초신성의 폭발로부터 온 것들이다.

초신성이 폭발하면 그 밝기가 수백만 배나 증가한다. 1054년에 중국의 천문학자들은 밤에는 물론이고 낮에도 볼 수 있었던 매우 밝게 빛난 별의 기록을 남겨 놓았다. 이것이 초신성(새롭게 태어난 슈퍼 별)이며, 빛나는 플라스마의 잔재들이 화려한 게성운을 형성하였다(그림

그림 29.15
게성운은 1054년에 지구에서 최초로 관측된 초신성 폭발의 잔해이다. 이 폭발은 지구로부터 약 7000광년 떨어져 있는 우리은하 내에서 발생하였다. 폭발이 50광년 내의 거리에서 일어났으면 지구의 모든 생명체는 멸종했을 것이다. 이러한 거리 범위 안에서 어느 별이 초신성이 될 수 있을까? 우리는 현재 모르지만 500광년 정도 떨어져 있는 베텔게우스에 대해 인터넷을 이용하여 정보를 확인해 보라.

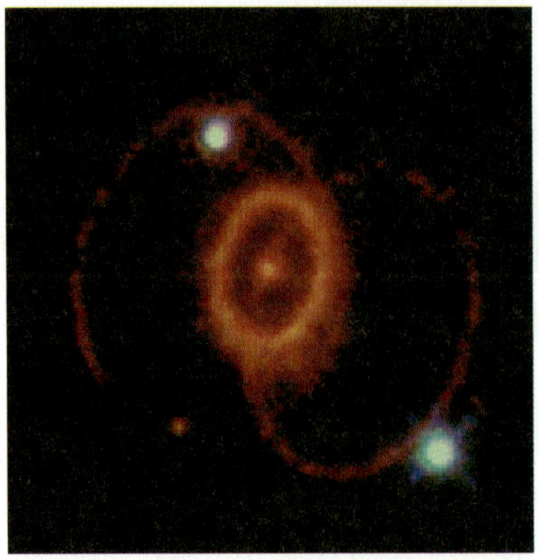

그림 29.16
초신성 1987A의 사진은 폭발 후 20년 뒤에 허블 우주 망원경을 이용하여 찍은 것이다. 바깥쪽으로 계속해서 확장되고 있는 고리 시스템의 발달을 유의해서 관찰하라. 이 초신성은 우리은하의 바깥으로 160,000광년 떨어진 대마젤란은하라고 하는 작은 은하 근처에서 발생하여 안전하다. 약간의 중성 미자가 지구에서도 검출되었다.

29.15). 덜 화려하지만 최근의 초신성 현상은 1987년에 관측되었다. 그림 29.16에 제시된 것처럼 초신성의 진행은 현대 과학 장비들에 의해 매우 상세하게 관측되고 있다.

초신성 폭발 후 밀도가 매우 큰 중성자 핵이 남는데, 이를 **중성자별**(*neutron star*)이라고 한다. 각운동량 보존 법칙에 의하면 매우 빠르게 회전하는 이 작은 천체는 백색 왜성보다 밀도가 수백만 배나 더 크다. 중성자별은 펄서의 존재를 설명한다. 중성자별로 간주되는 **펄서**(**pulsar**)는 낮은 주파수의 전파를 방출하는 근원지이다. 펄서가 회전하면서 펄서가 방출한 방사성의 광선은 하늘을 뒤덮는다. 이 광선이 지구에 도달되면 펄서를 감지할 수 있다. 현재까지 300개 정도의 펄서가 알려져 있는데, 단지 몇 개만이 X선이나 가시광선을 방출하고 있다. 그중 하나가 게성운의 중심(그림 29.17)에 있다. 이것은 연구되고 있는 펄서 중 가장 빠르게 돌고 있는 천체 중 하나로, 1초에 30회 이상을 회전하고 있다. 이천 년이 넘은 펄서는 상대적으로 신생이다. 이론적으로 X선이나 가시광선을 방출하는 펄서는 펄서의 인생에서 매우 이른 시기에 해당한다.

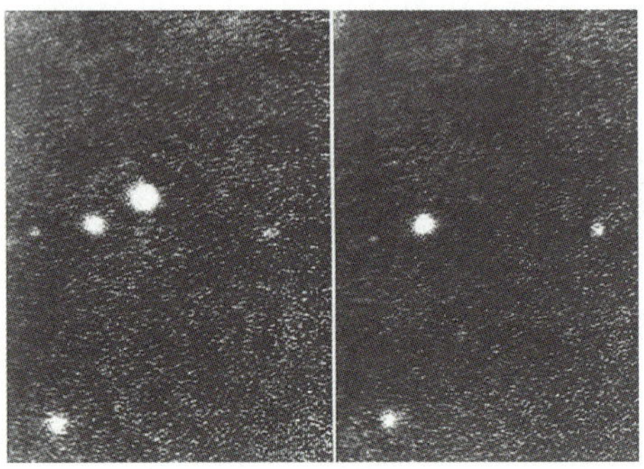

(a) (b)

그림 29.17
게성운의 펄서는 서치라이트와 같이 초당 30회 정도 회전하면서 X선과 가시광선을 방출한다. (a) 펄서가 올 때, (b) 펄서가 오지 않을 때 깜빡거림이 관측된다.

태양과 같은 중간 정도 질량의 별은 중력이 전자의 저항을 극복하기에 충분히 강하지 않기 때문에 백색 왜성보다 더 축소되지는 않았는데, 이러한 전자의 저항은 이웃 전자의 양자 상태 속으로 침입하는 것을 거부한다. 유사하게 중성자별은 전자와 같은 중성자가 이웃하는 중성자 속으로 침입하는 것을 저지하기 때문에 붕괴를 멈춘다. 그러나 죽어가는 별은 질량이 더 클수록 더 강하게 붕괴된다. 붕괴되는 별이 최대한 커졌을 때, 중력은 중성자 사이의 압력을 이길 수 있을 만큼 강해진다. 붕괴는 중성자별의 단계를 넘어서 계속되고 그 별은 관측할 수 있는 우주로부터 사라진다. 이때 남겨진 것이 **블랙홀**(*black hole*)이다.

29.5 블랙홀

학습목표
광자구, 사건의 지평선, 특이점과 같은 블랙홀의 주된 특성을 설명할 수 있다.

물음 지구 상에 수직하고 완벽하게 평행한 두 개의 거울 사이에 오가는 빛은 어떤 일이 생길까?

블랙홀(**black hole**)은 초거성이 붕괴하고 남은 천체이다. 이 붕괴에 의해 표면에서의 중력은 급격하게 증가한다. 뉴턴의 중력 법칙의 관점으로 살펴보자. 5.3절에서 다룬 이 법칙에 따르면, 중력은 거리의 제곱에 반비례한다. 별이 처음 크기의 10분의 1 정도로 붕괴하면 별의 표면과 별의 중심 사이의 거리는 10분의 1로 줄어든다. 10분의 1의 제곱에 반비례하는 값은 100이다. 그러므로 별의 표면에서의 무게는 100배 더 커져서 붕괴하는 별의 표면에서의 중력은 커진다(그림 29.18). 붕괴하는 별에서 표면에서의 중력은 별이 작아질수록 더 커지게 된다.

중력이 증가함에 따라 **탈출 속도**(*escape speed*)도 증가한다. 5장의 융합과학 5C에서 다루었듯이, 탈출 속도는 어떤 움직이는 물체가 다시 떨어지지 않고 벗어나기 위해 필요한 속도이

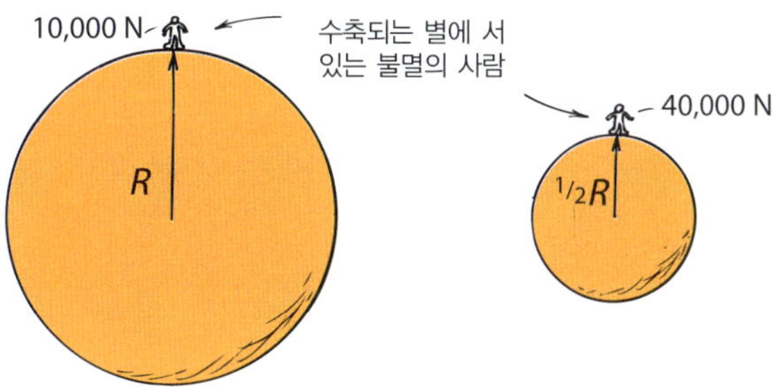

그림 29.18
별이 붕괴하여 질량의 변화 없이 반지름이 절반으로 감소하면, 별 표면에서의 중력은 4배 더 증가한다. 별의 크기가 10분의 1이 되면 별 표면의 중력은 100배 증가한다.

다. 지구 행성의 경우 탈출 속도는 11.2 km/s이다. 이것은 어느 물체를 지구로 다시 떨어지지 않게 날려 보내기 위해서는 최소한 11.2 km/s의 속도로 발사해야 하는 것이다. 태양의 표면에서 탈출 속도는 618 km/s이다. 초거성이 붕괴하여 중성자별이 될 때, 탈출 속도는 거의 빛의 속도에 달하게 되는데 약 300,000 km/s이다.

20세기 초에, 아인슈타인은 물질과 같은 빛은 중력에 의해 영향을 받는다고 제안하였다. 우리는 빛이 매우 빠르게 이동하기 때문에 중력의 영향을 받지 않을 것이라 생각하지만, 정밀하게 측정한 결과 영향을 받고 있다. 예를 들어 일식이 일어난 태양에 별빛이 지날 때, 태양의 강력한 중력장 때문에 빛이 안쪽으로 휘어짐을 볼 수 있었다. 즉 빛도 중력에 의해 당겨진다. 태양 빛이 태양을 빠져 나올 수 있는 이유는 태양의 탈출 속도보다 빛의 속도가 더 빠르기 때문이다. 그러나 태양과 같은 별이 지름이 3 km인 별로 붕괴한다면, 표면에서의 탈출 속도는 빛의 속도를 초과할 것이고 아무것도, 심지어 빛조차도 탈출하지 못할 것이다. 태양은 보이지 않게 된다. 즉 블랙홀이 되는 것이다.

그림 29.19
동반성으로부터 물질을 끌어당기고 있는 블랙홀의 상상도이다.

사실상 태양은 이러한 수축을 하기에는 질량이 너무 작지만, 태양보다 40배 이상의 핵의 질량을 가진 어떤 별은 핵융합 이후에 이러한 붕괴를 할 수 있다. 이러한 별들의 붕괴는 별의 밀도가 무한대가 될 때까지 일어난다. 수축한 별의 표면에서의 중력은 매우 엄청나서 빛이 별에서 빠져나올 수 없다. 그들 스스로 보이지 않는 천체로 붕괴된 것이다.

블랙홀이 형성되는 동안 물질을 밖으로 방출하는 것을 제외하고 블랙홀은 처음 붕괴되어 형성될 때의 질량을 그대로 유지한다. 그래서 그 영역의 중력장은 별이 붕괴되기 전 영향을 미치던 원래의 영역보다 크지 않다. 공전하는 행성이 아무 일도 겪지 않는다면 계속해서 공전할 것이다. 그러나 블랙홀의 근처, 즉 별의 원래 반지름 내에서는 그야말로 우주 공간 그 자체의 붕괴이다. 빛, 먼지, 또는 우주선과 같은 물질들의 경로가 블랙홀에 근접하게 되면 블랙홀에 떨어지게 된다(그림 29.19). 우주 비행사가 강력한 우주선을 이용하여 시공간이 휘어진 주변을 지난다면 탈출이 가능할 수 있다. 그러나 어떤 거리보다 더 가까워지면 그들은 관측할 수 있는 우주로부터 사라질 수 있다.

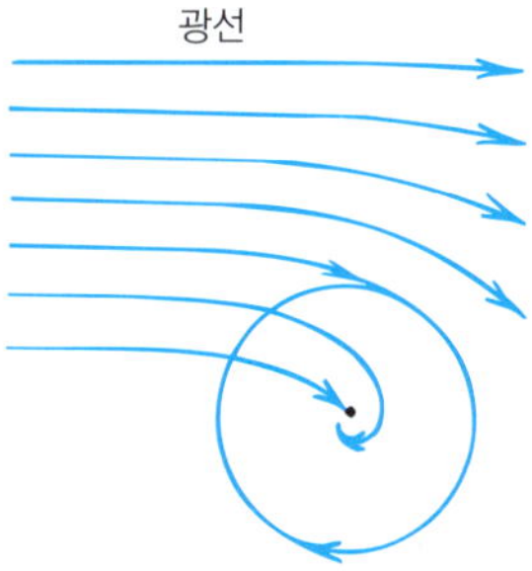

그림 29.20
광선은 블랙홀 주변의 중력장에 의해 편향된다. 블랙홀로부터 멀리 지나가는 빛은 약간 휘어진다. 블랙홀에 가까이 지나는 빛은 블랙홀에 빨려 들어간다. 이 사이에 광자가 블랙홀의 주변을 공전할 수 있는 특정한 반지름이 있다.

블랙홀의 기하학

그림 29.20에 나타낸 것처럼, 블랙홀은 빛을 편향시키거나 잡아둘 수 있다. 또한 빛이 블랙홀 주변을 회전할 수 있는 블랙홀에서 떨어진 특정한 거리가 있다. 이 거리를 **광자구**(*photon sphere*)라고 한다. 이 거리에서 회전하는 빛은 매우 불안정하다. 아주 약한 방해는 빛을 우주로 보내거나 또는 블랙홀로 나선을 그리면서 들어가게 된다.*

* 이 논의는 회전하지 않는 블랙홀에 적용된다. 회전할 경우 더 복잡하다.

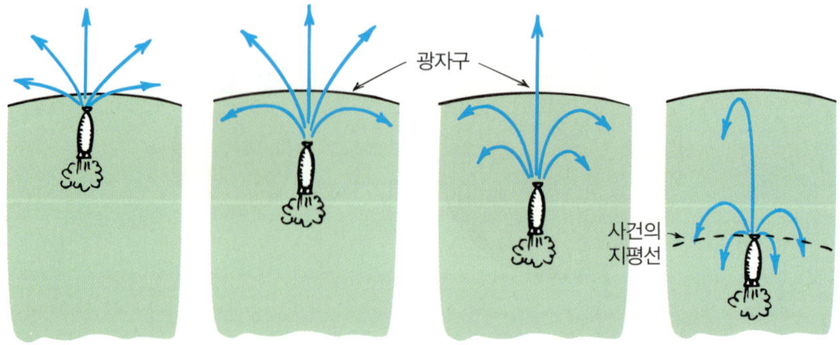

그림 29.21
광자구 바로 아래에서는 빛을 밖으로 내보낼 수 있다. 그러나 우주선이 블랙홀에 더 접근할수록 블랙홀에 수직인 방향의 빛만 내보낼 수 있는데, 사건의 지평선 아래로 내려가면 수직 방향의 빛까지도 빠져나올 수 없다.

충분히 강력한 우주선을 타고 불멸의 우주 비행사가 블랙홀의 광자구에 들어가면 다시 빠져나올 수 있다. 반면에 광자구 안에서 우주선은 여전히 우주 밖으로 빛의 광선을 내보낼 수 있다(그림 29.21). 우주선이 밖으로 전파를 보낼 경우, 그림 29.21과 같은 사건이 발생한다. 우주선이 블랙홀과 옆을 향해 빛을 발사하면 그 빛은 매우 빠르게 나선을 그리면서 블랙홀로 들어갈 것이다. 그러나 빛을 수직 또는 수직에 가까운 각도로 발사하면 그 빛은 거의 탈출할 수 있을 것이다. 우주선이 블랙홀에 접근하면 할수록, 더 수직에 가까이 빛을 내보내야만 블랙홀을 빠져나갈 수 있다. 더 가까이 접근하면, 비행사는 더 이상 빛이 탈출할 수 없는 거리를 발견하게 된다. 어떤 방향으로 빛을 내보내더라도, 모든 빛은 다시 블랙홀로 되돌아올 것이다. 이 불운한 우주 비행사는 빛조차도 빠져나올 수 없는 경계인 **사건의 지평선**(**event horizon**)이라는 곳을 지난 것이다. 우주선이 사건의 지평선 아래에 내려가게 되면 더 이상 우주 바깥쪽과 교신을 할 수 없는데 빛, 전파, 어떠한 물질도 사건의 지평선의 안에서 벗어날 수 없다. 우주 비행사는 우주에서 우리가 구상했던 마지막 실험을 수행한 것이다.

블랙홀을 둘러싼 사건의 지평선은 종종 블랙홀의 **표면**이라 불리는데, 그 지름은 블랙홀의 질량에 따라 달라진다. 예를 들어 태양보다 질량이 10배 더 큰 별이 붕괴하여 블랙홀이 되었다면, 사건의 지평선의 지름은 약 30 km 정도이다. 다양한 질량의 블랙홀에 대한 사건의 지평선의 지름을 계산한 것은 표 29.1에 나타내었다. 사건의 지평선은 물리적인 표면이 아니다. 떨어지는 물체는 그냥 그곳을 통과한다. 사건의 지평선은 단순히 절대 돌아올 수 없는 경계인 것이다.

붕괴하는 별이 별 자체의 사건의 지평선 안에서 수축될 때, 별은 여전히 실제적인 크기를 가진다. 그러나 알려지지 않은 힘은 연속적인 수축을 멈출 수 있고, 별은 빠르게 바늘구

표 29.1 다양한 질량의 회전하지 않는 블랙홀의 사건의 지평선 지름

블랙홀의 질량	사건의 지평선 지름
1 지구 질량	0.8 cm
1 목성 질량	2.8 m
1 태양 질량	3 km
2 태양 질량	6 km
3 태양 질량	9 km
5 태양 질량	15 km
10 태양 질량	30 km
50 태양 질량	148 km
100 태양 질량	296 km
1000 태양 질량	2961 km

멍 크기에서 미생물 정도의 크기까지 인간이 측정할 수 있는 그 어느 크기보다도 작게 붕괴될 수 있다. 이론에 의하면 이 점이 밀도가 무한대인 곳이다. 이 점이 **블랙홀 특이점(black-hole singularity)**이다.

블랙홀을 찾는 것은 매우 어렵다. 이들을 찾는 한 가지 방법은 하나의 별이 관측되고 보이지 않는 다른 천체가 서로 공전하고 있는 쌍성계가 있다(그림 29.19). 그들이 가까이 위치하면, 정상적인 별에서 물질이 방출되고 이 물질은 X선을 방출하는 이웃의 블랙홀 안으로 빨려 들어간다. 첫 번째의 확실한 블랙홀의 후보지는 X선을 방출하는 백조자리 X-1 별로, 1971년에 발견되었다. 현재까지 블랙홀의 많은 후보지가 발견되었으며, 블랙홀은 흔한 천체임이 밝혀졌다. 우리은하의 중심에 대한 연구는 지름이 60 억 km 정도이고 우리 태양계만큼이나 큰 크기의 블랙홀이 존재할 것으로 제안한다. 메가 블랙홀의 기원은 은하 자체의 형성과 관련이 있다. 전부는 아니지만 큰 은하들은 중앙에 메가 크기의 블랙홀을 포함하고 있다고 생각한다.

29.6 은하

학습목표
은하의 발견, 타원, 나선 및 불규칙 은하의 분류, 은하들이 어떻게 초은하 집단으로 구성되었는지에 대해 기술할 수 있다.

물음 지금까지 설명한 천구의 모든 천체들은 어떤 은하 내에 있는 것일까?

도시의 불빛을 벗어나 맑은 밤하늘을 쳐다보면 매우 많은 별을 볼 수 있다. 또한 별들 사이에 검은 부분이 많다는 것을 볼 수 있다. 20세기 초 이전에는 밤하늘에는 검은 부분이 풍부하기 때문에, 우주는 공허의 넓은 바다에 수많은 별의 섬으로 이루어져 있다고 생각하였다. 더욱이 별은 성운과 같은 존재이고, 몇몇은 나선 형태의 구조라고 생각하였다. 1750년대 초, 독일의 철학자 칸트(Immanuel Kant)는 다른 별들과는 다른 나선 형태의 구름을 **은하**(*galaxy*)라고 불렀다. 그러나 성능이 좋은 망원경 없이 은하에 대한 사실 여부를 말할 수 없었다.

우주가 하나 또는 많은 별들의 섬으로 구성되었는지에 대한 논쟁은 허블(Edwin Hubble)에 의해 종식되었다. 허블은 1927년에 캘리포니아의 윌슨 산(Mt. Wilson)에 위치한, 당시에 가장 큰 망원경을 가지고 작업하면서, 안드로메다 나선 성운 내에 독립된 별들이 있음을 알아냈다(그림 29.22). 허블은 이들 별 중에서 짧은 주기로 광도가 변하는 별인 **세페이**

그림 29.22
허블은 안드로메다자리의 나선 성운이 단순한 성운이 아니라 우리 이웃의 은하라는 것을 밝혀냈고 현재는 안드로메다은하, M31이라고 부른다. 안드로메다은하는 가을 하늘에 카시오페이아자리와 페가수스자리 부근의 안드로메다자리에서 관측할 수 있다. 은하는 매우 커서 보름달 면적의 6배에 해당하지만, 달보다 매우 어둡다. 도시의 불빛으로부터 떨어진 곳에서 망원경을 이용해 관측해야 잘 볼 수 있다.

드(*Cepheid*)에 주목했다. 리빗(Henrietta Leavitt)은 마젤란성운 내의 세페이드 변광성을 촬영한 사진을 이용하여 세페이드의 주기와 광도 사이의 관계를 발견하였다. 그래서 허블은 변광성의 광도 변화를 측정하여 그들의 거리를 측정할 수 있었는데, 그 별들이 우리은하 내의 별들보다 훨씬 멀리 떨어져 있다는 것을 발견하였다. 나선 성운은 단순한 성운이 아니고 영원히 확장되는 광대한 우주 안에 이웃하고 있는 별들의 섬이었다.

허블은 자신의 연구를 더 발전시키고 더욱 놀라운 것을 발견하였다. 그는 우리로부터 후퇴하고 있는 별 또는 은하가 방출하는 빛의 색은 도플러 효과 때문에 적색 쪽으로 이동한다는 것을 알았다. 빛의 적색 편이를 도플러 효과를 이용하여 연구하였다(8장 참조). 수소의 선 스펙트럼에 초점을 두고 적색 편이의 정도를 정량적으로 측정할 수 있었다(9장 참조). 수소 스펙트럼의 선의 이동이 클수록 후퇴 속도가 더 빠르다. 세페이드 변광성과 별의 스펙트럼을 통해, 허블 연구 팀은 많은 은하들이 적색 편이를 보여 주고 있으며, 더 멀리 떨어진 은하일수록 더 많은 적색 편이를 보여 주고 있음을 발견하였다. 이는 은하가 고정된 섬이 아니라는 것을 보여 준다. 은하들은 우리로부터 모든 방향으로 후퇴하고 있는데, 이는 우주가 자체가 팽창하고 있음을 의미한다.

멀리 떨어진 은하들이 서로에 대해 멀어지고 있다면, 예전에는 은하들이 서로 더 가까웠음을 의미한다. 우주 영화를 거꾸로 재생한다면 아마도 하나의 점 안에 모든 은하가 함께 모여 있는 순간을 찾을 수 있을 것이다. 우리가 알고 있는 우주는 시작점이 있다. 이 순간은 **빅뱅**(**Big Bang**)이라 알려져 있는데, 29.7절에서 좀 더 자세하게 다룰 것이다. 여기서는 은하들의 종류에는 어떤 것들이 있으며, 관측 가능한 우주 안에서 그들이 어떠한 구조를 이루고 있는지 살펴본다.

은하(**galaxy**)는 많은 별들의 집합체, 성간 가스, 먼지로 구성되어 있다. 은하는 별들의 번식지이다. 우리의 태양도 은하수라고 알려져 있는 우리은하의 1000억 개가 넘는 별들 중 하나이다(그림 29.23). 은하수는 맨눈으로 보면, 아주 희미한 띠가 하늘을 가로질러 놓여 있는 것으

그림 29.23
이 사진은 광각 렌즈로 은하수를 촬영한 것으로, 북쪽에서 남쪽으로 구름 같은 빛의 띠가 은하수이다. 검은 선과 반점은 성간 가스와 먼지이며, 이들이 은하 중심으로부터 오는 빛을 차폐한다. 이들 먼지가 없었다면 은하수는 매우 장관의 모습으로 보일 것이다. 이 사진에는 1996년에 나타난 햐쿠타케 혜성이 함께 찍혀 있다.

로 보인다. 고대 그리스인들은 이를 '은하 원'이라고 불렀고, 로마인들은 '은하 길' 또는 '은하수'라 불렀다. '은하수'라는 이름은 아직도 사용되고 있다.

은하의 질량은 그 범위가 대략 우리은하의 수백만 분의 1에서 50배 이상까지 다양하다. 은하의 무게를 계산해 보면, 우리가 망원경으로 관측한 값보다 훨씬 더 무겁다. 우리가 볼 수 있는 질량은 매우 작은 부분이고, 차갑거나 다른 이유로 우리가 볼 수 없는 부분이 큰 질량을 차지하고 있다. 우리가 볼 수 없는 물질을 **암흑 물질**(*dark matter*)이라고 한다. 암흑 물질은 빛을 흡수하거나 방출하지 않지만, 질량을 가지고 있어 중력적인 영향을 미치고 있다. 29.8절에서 암흑 물질이 은하의 형성과 분포에 어떠한 역할을 하는지 알아볼 것이다.

타원, 나선 및 불규칙 은하

사진에서 볼 수 있는 수많은 은하들은 크게 세 가지 유형인 타원, 나선, 불규칙 은하로 구분할 수 있다. **타원 은하**(*elliptical galaxy*)는 우주에서 가장 흔한 은하이다. 그들은 구형이며 중심에 많은 별들이 집중되어 있다. 타원 은하는 대체로 성간 가스와 먼지 등이 적어서 잘 관측할 수 있다. 또한 그들 은하의 색은 노란색에 가까운데, 이는 대체로 늙은 별들로 구성되어 있다는 것을 보여 준다. 대체로 늙은 별은 노란색을 띠고, 뜨겁고 젊은 별은 주로 푸른색을 띤다. 대부분의 나선 은하는 작고 10억 개보다 적은 별들로 구성되어 있다(그림 29.24). 예외적으로 M87(그림 29.25)처럼 매우 큰 타원 은하도 존재한다. 가장 큰 타원 은하는 우리은하의 대략 5배 정도로 크고, 가장 작은 은하는 우리은하의 1/100배 정도이다.

그림 29.22에 제시된 안드로메다은하와 같은 **나선 은하**(*spiral galaxy*)는 별들의 배치가 매우 아름다운 모습을 보여 준다. 그림 29.26의 솜브레로(Sombrero)은하와 같은 나선 은하는 회전 타원체 모양의 중앙 허브를 가지고 있다. 그림 29.27에서 보여 주는 은하는 중심핵에서 막대기 같은 모양의 허브를 가지고 있다. 우리은하는 NGC 6744 나선 은하와 매우 흡사한 모습을 보여 주는데, 막대 나선과 정상 나선의 중간 나선 은하이다(그림 29.28).

그림 29.24
사자자리의 작은 타원 은하 사진으로, 지름은 단지 2500광년 정도이다. 대조적으로 우리은하의 크기는 약 100,000광년이다.

그림 29.25
거대 타원 은하인 M87이다. 이 은하는 처녀자리 은하단에서 가장 밝고 지구로부터 약 5천만 광년 떨어져 있다. 지름은 약 120,000 광년 떨어져 있으며, 우리은하보다 약 40배 정도 무겁다.

그림 29.26
M104로 분류되는 솜브레로 은하이다. 대략 지름이 80,000광년이며, 지구로부터 3천 2백만 광년 떨어져 있다. 중심에는 슈퍼 블랙홀이 있다.

그림 29.27
아름다운 막대 나선 은하인 NGC 1300은 지름이 약 100,000광년이고 7천만 광년 떨어져 있다.

그림 29.28
NGC 6744는 막대 나선과 정상 나선 은하 사이의 중간 나선 은하이다. 우리은하의 연구에 의하면 NGC 6744 은하는 중간 정도의 나선 팔을 가지고 있고 우리 은하와 매우 유사하다.

타원 및 나선 은하는 서로 스쳐 지나가거나 심지어 충돌하기도 한다. 이러한 경우에 중력은 은하의 모양을 변형시킨다. 이렇게 변형된 은하를 **불규칙 은하**(*irregular galaxy*)라고 한다. 대부분의 불규칙 은하는 작고 희미하여 발견하는 것이 힘들다. 불규칙 은하는 대체로 많은 성간 가스와 젊은(파란) 별과 늙은(노란) 별이 섞여 있는 먼지를 가지고 있다. 처음으로 알려진 불규칙 은하는 우리은하 근처에 있고 1521년에 마젤란이 항해 중에 길을 찾는 데 활용하였던 마젤란성운이다. 이 은하는 대마젤란성운(LMC)과 소마젤란성운(SMC)으로 부르는 두 개의 성운으로 구성되어 있는데, 두 은하 모두 우리은하의 중력적인 영향으로 우리은하와 가까워지고 있다. 대마젤란성운의 총 질량은 200억 태양 질량 정도이고 주로 젊은 별로 구성되어 있다. 소마젤란은하는 약 20억 태양 질량 정도의 별들을 포함한다(그림 29.29). 그림 29.30의 NGC 4038과 같은 몇몇의 불규칙 은하는 은하 붕괴의 여파로 형성된다.

(a) (b)

그림 29.29
(a) 대마젤란성운과 (b) 이웃한 소마젤란성운은 모두 불규칙 은하이다. 마젤란성운은 우리은하와 이웃한 은하로 150,000광년 떨어져 있다. 두 은하는 우리은하를 공전한다.

그림 29.30
바탕에 검고 흰색으로 보이는 것은 두 은하의 충돌로부터 생긴 불규칙 은하의 망원경 사진이다. 남아 있는 나선 팔은 충돌 전에 두 개의 나선 은하였음을 알 수 있다. 삽입되어 있는 확대 컬러 사진은 허블 우주 망원경이 찍은 것이다. 두 은하가 합쳐지면서 새로운 별(파란색)이 빠르게 형성되는 분명한 증거이다.

활동 은하

은하는 은하 내부에서 진행되는 활동에 따라 매우 다르다. 이러한 활동은 별의 형성, 초신성 또는 은하 중심에서의 에너지 방출 과정을 포함하고 있다. 이러한 주목할 만한 활동을 하는 은하들을 **활동 은하**(*active galaxy*)라고 한다.

우리은하는 상대적으로 매우 조용하고, 평균적으로 1년에 1개 정도의 별이 형성되고 있다. 대조적으로 활동 은하의 한 유형인 **폭발적 항성 생성 은하(starburst galaxy)**는 1년에 100개 이상의 별을 형성한다. 이 은하의 별 형성의 높은 비율은 두 은하의 충돌과 같은 과도한 교란(섭동)을 일으킨다. 그림 29.30에 제시된 불규칙 은하는 폭발적 항성 생성 은하의 예시이다. 다른 예로는 M82와 같은 여송연은하(시가은하)가 있는데, 이것은 주변의 M81 은하의 기조력에 의해 모양이 변형된 경우이다(그림 29.31). 교란(섭동)이 제거될 때나 폭발적 항성 생성 은하가 모든 성간 물질을 소모한 후에 이 은하는 사라지는 경향이 있다. 많은 불규칙 은하는

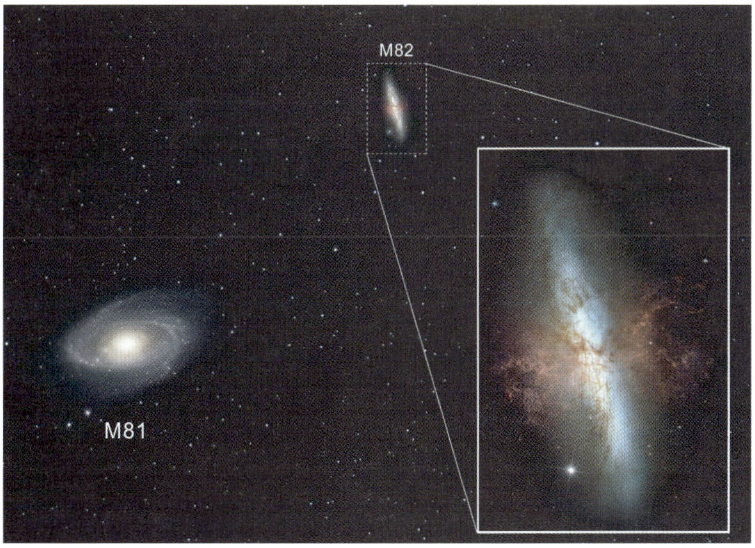

그림 29.31
M82 여송연은하(시가은하)는 우리로부터 멀리 기울어져 있는 나선 은하여서 우리는 가장자리 모습을 볼 수 있다. 주변 은하인 M81의 기조력은 M82 내부 물질의 분포를 교란시키는데, 이로 인해 많은 별이 형성되고 M82는 두드러지게 파란색을 보인다. 은하면 위와 아래의 붉은 가스는 풍부한 항성풍에 의해 수소 가스가 날아가며 방출하는 것이다.

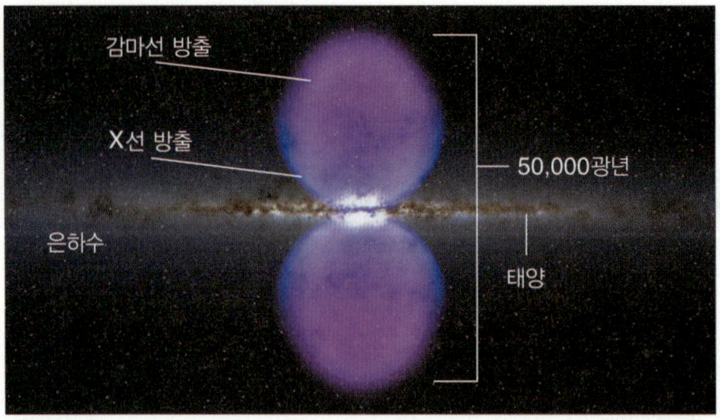

그림 29.32
페르미 버블로 알려진 강한 감마선을 방출하는 버블은 우리은하의 중심으로부터 북쪽과 남쪽으로 확장되어 있다. 우리는 이들 버블을 맨눈으로는 보지 못하지만 감마선 검출 장치를 통해서 보면 지구 하늘의 절반에 걸쳐서 감지된다.

매우 적은 성간 가스와 먼지의 양을 가지고 있어서 과거에 폭발적 항성 생성 은하였을 것으로 생각된다.

다른 활동 은하는 은하 중심 핵의 힘에 의해 활동하는데, 태양보다 백만 또는 수십억 배 더 큰 질량의 큰 블랙홀을 가지고 있어서이다. 이들 블랙홀의 사건의 지평선은 우리의 태양계보다 훨씬 크다. 우리은하를 포함한 대부분의 큰 은하들은 중심에 블랙홀이 있는데, 이러한 블랙홀은 큰 활동의 근원이 된다.

예를 들어 천문학자들은 2010년에 미국 나사(NASA)의 페르미 감마선 천문 위성을 사용하여 우리은하 원반의 중심으로부터 북쪽과 남쪽으로 확정되는 두 개의 질량이 큰 감마선을 방출하는 버블을 발견하였다(그림 29.32). **페르미 버블**(*Fermi bubble*)로 알려진 이들 버블은 우리 은하 지름의 절반에 해당되는 50,000광년까지 확장되어 있다. 그들의 가장자리가 잘 나타나는데, 아마도 단지 몇 백만 년 전에 발생하여 나타나 현재까지 발생한 것으로 보인다. 그들의 성질과 기원은 아직까지 명확하게 밝혀지지 않았다. 하나의 모델은 우리은하 중심의 메가 크기의 블랙홀에 많은 양의 물질이 떨어지면서 나타난 현상이라는 것이다. 그 대신에 이 현상은 은하 중심에서 일어난 별의 폭발적인 현상에서 방출된 가스에 의해 형성되었다고 보기도 한다.

그러나 우리은하의 페르미 버블은 다른 큰 은하들의 중심에서 나타나는 현상들과 비교하면 별로 크지 않다. 어떤 경우에 매우 거대한 양의 물질이 중앙의 초질량의 블랙홀 안으로 떨어지면서 생긴다. 블랙홀에 떨어지기 전에는 블랙홀을 적도를 따라 형성된 **강착 원반**(*accretion disk*)이라고 하는 원반을 엄청난 속도로 회전하게 된다. 이같이 초고속으로 회전하는 원반 내의 대전된 입자는 블랙홀의 극으로부터 발생된 강한 자기장을 형성한다. 블랙홀에 떨어지는 대신에, 전자와 같이 하전 입자들의 일부는 거의 빛의 속도로 자기장을 통하여 바깥으로 가속화된다. 이 결과 **제트**(*Jet*)라고 부르는 두 개의 극도로 긴 입자의 흐름이 생기는데, 은하 중심으로부터 100,000광년 정도로 확장된다. 이를 **활동 은하 핵**(**active galactic nucleus**, AGN)이라고 한다.

그림 29.33
M87 중심에 있는 초질량 블랙홀 속으로 떨어진 물질은 거의 빛에 가까운 속도의 강한 제트를 방출한다.

비교적 가까운 AGN은 큰 타원 은하인 M87 안에서 발견된다(그림 29.25). 그림 29.33에 제시된 것처럼 이 은하의 고해상도 사진은 은하의 중심으로부터 방출되는 제트를 볼 수 있다. 흥미롭게도 이 제트는 우리를 향하고 있다. 이 제트는 거의 빛의 속도(빛의 속도의 99.5%)라서 더 밝게 빛나고 있다. 반대편의 제트는 엄청난 속도로 우리로부터 멀어지는 것을 볼 수 있다.

M87과 같은 활동 은하 핵 주변에는 **퀘이사**라고 하는 가장 활동적인 은하의 가능성을 찾아볼 수 있다. 천문학자들은 1960년대부터 우리은하보다 수백 배 더 밝은 천체를 발견하기 시작

그림 29.34
허블 우주 망원경에 의해 촬영된 먼 우주 공간(심우주)의 사진 내에 각각의 원반은 은하이다. 중심 부분에서 볼 수 있는 퀘이사는 은하단 뒤로 수십억 광년 떨어져 있다. 흥미롭게도 은하단의 중력은 퀘이사로부터의 빛을 렌즈와 같이 굴절시켜 여러 개의 퀘이사를 볼 수 있다.

하였는데, 그때까지 관측된 것 중에서 가장 멀리 있는 천체였다. 이들이 전파를 방출하고 있어서 그들을 '항성상 전파원(quasi-stellar radio source)'이라 부르고 줄여서 **퀘이사** (**quasar**)라고 한다. 모든 퀘이사는 매우 멀리 떨어져 있고 130억 년 전에 만들어진 매우 오래된 천체인데, 이 나이는 우리 우주가 시작된 시기와 유사하다. 그러므로 우리가 퀘이사를 관측하면서 은하의 초기 모습을 자세히 볼 수 있는 것이다(그림 29.34). 이 은하의 젊은 시기 동안에는 은하 핵 안에 있는 거대한 질량의 블랙홀 속으로 많은 물질이 떨어진 것으로 생각되었다. 이 과정을 통해 질량이 에너지로 변환되어 강한 에너지의 입자와 빛을 동반한 거대한 제트를 방출할 수 있었다. 과거의 제트 중 하나가 우리 쪽으로 향하게 될 때 **블레이자**(*blazar*)라고 하는 특이하게 강렬한 활동을 볼 수 있다.

은하단과 초은하단

우주에서 은하는 가장 큰 구조가 아니다. 은하들은 구분 가능한 집단을 이루는 경향이 있다. 예를 들어 우리은하는 두 개의 주요 나선 은하인 안드로메다은하와 삼각형자리은하를 포함하는 국부 은하군의 일부이다. 아울러 여기에는 12개의 작은 타원 은하(예: 그림 29.24에 제시된 사자자리은하)와 몇 개의 불규칙 은하(예: 대마젤란은하)를 포함한다. 이러한 은하들의 집단을 **국부 은하군**(**Local Group**)이라고 한다. 은하군의 대략적인 분포는 그림 29.35와 같다. 정확한 척도로 그리면, 안드로메다은하는 단지 우리은하에서 우리은하 지름의 20배 만큼만 떨어져 있다. 삼각형자리은하는 나선 사이가 삼각형을 이룬다고 붙여진 이름인데, 안드로메다은하와 가까우며 우리와는 거리가 많이 떨어져 있다.

우리의 국부 은하군은 이웃하는 은하단의 중력적인 영향을 받고 있다. 이들 은하단과 우리 은하단은 함께 **초은하단**(*supercluster*)을 형성하고 있다. 우리의 국부 은하군은 **국부 초은하단**(**Local Supercluster**)의 작은 구성 요소에 불과하다(그림 29.36).

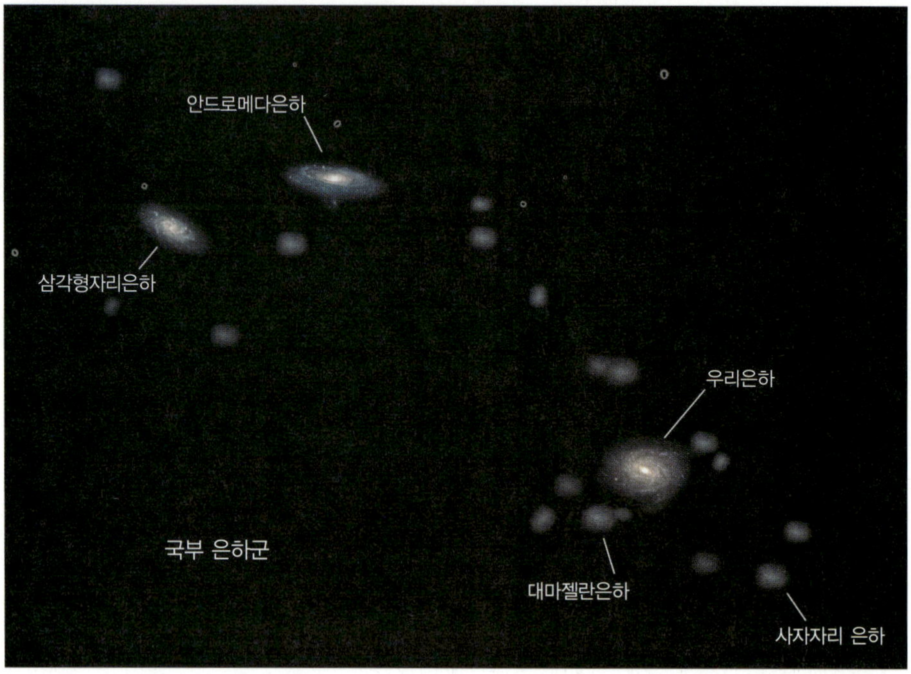

그림 29.35
여기의 2차원적인 구성은 우리의 국부 은하군의 구성원 사이의 상대적인 거리를 대략적으로 보여 준다. 이들 은하들은 모두 서로를 향하여 움직이고 있어서 언젠가는 충돌하여 슈퍼 은하가 될 것이다.

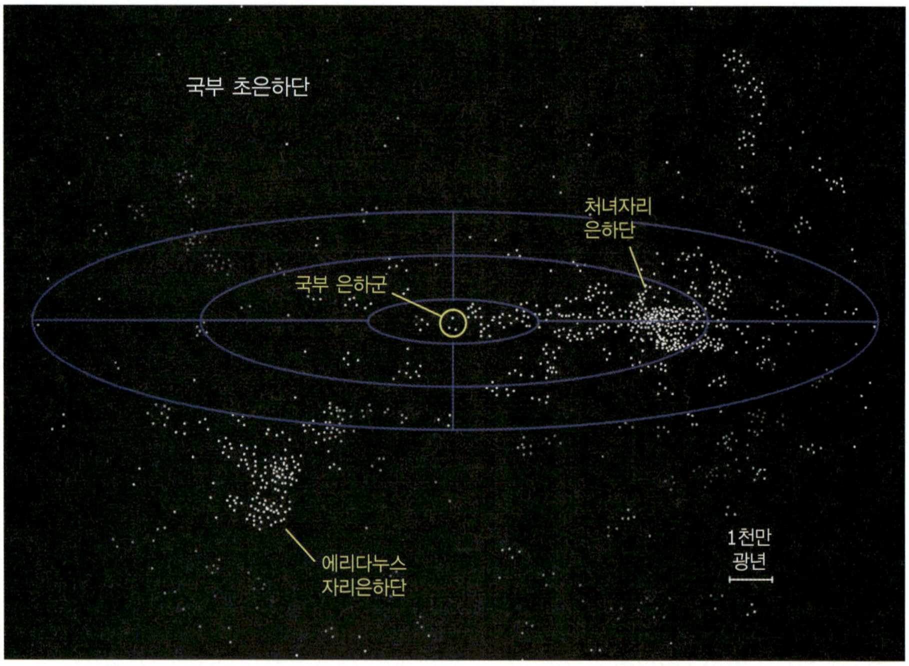

그림 29.36
초은하단은 은하단으로 구성되어 있다. 각각의 점은 하나의 은하를 나타낸다. 우리의 국부 은하군은 매우 큰 은하단인 처녀자리은하단과 에리다누스자리은하단의 중간 정도에서 찾을 수 있다.

그림 29.37에 나타낸 바와 같이 우리의 국부 초은하단은 다른 초은하단들과 같이 정교한 네트워크를 형성하고 있다. 이러한 초은하단들은 거대한 빈 공간의 안쪽에 거품의 표면상에 분포하고 있는 것으로 보인다. 더 멀리 떨어져 보면 은하단의 네트워크는 그림 29.38에 보는 바와 같이, **관측 가능한 우주**(*observable universe*)의 가장자리에까지 확장되어 있는 것을 발견할 수 있다. '관측 가능한 우주'를 기준으로 생각하면 우주의 나이는 단지 약 140 억 년이라는 사실을 알 수 있다.

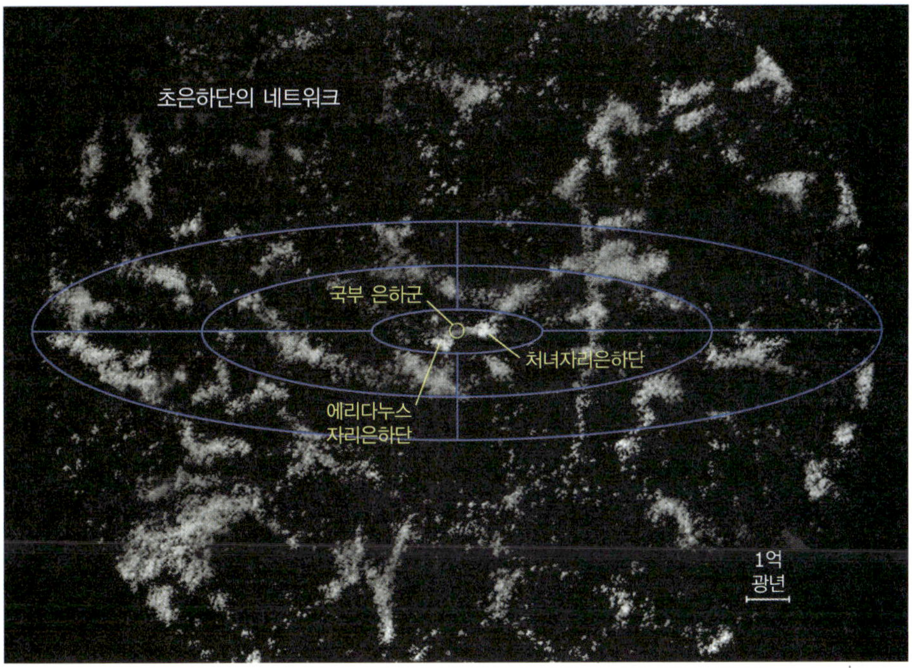

그림 29.37
각각의 희미한 부분은 초은하단을 나타낸다. 초은하단들은 마치 거품의 표면처럼 서로 이어져 있다.

조사 결과에 따르면, 미국 성인의 절반이 지구가 태양을 1년에 한 바퀴 돈다는 사실을 모르고 있다. 그러므로 우리들 대부분은 지난 400년 동안의 과학자들의 생각을 알리기 위해 노력하고 있다. 여러분의 지식이 더 많아질수록, 과학자들이 밝히는 많은 지식들에 대하여 더 많이 알 수 있는 특권이 생긴다. 이것을 축하하자!

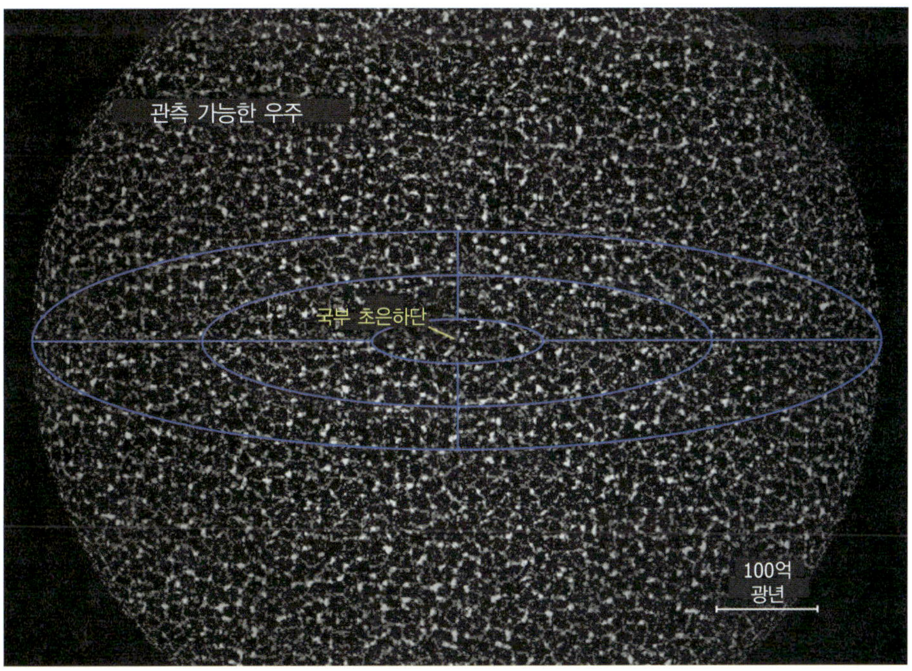

그림 29.38
초은하단의 네트워크는 관측 가능한 우주의 가장자리까지 확장되어 있는데, 140억 광년보다 더 멀지는 않다. 그러나 이 그림은 현재 시점에서 완전하게 성숙한 관측 가능한 우주의 가상적인 조감도이지만, 우주의 팽창으로 인해 가장 멀리 떨어진 물체는 420억 광년 정도 떨어진 곳에 위치하고 있을 것이다.

학습목표
드레이크 방정식으로 외계 문명의 가능성을 추정하는 방법에 대해 설명할 수 있다.

융합과학 29A
생명과학

드레이크 방정식

물음 목성의 위성인 유로파에서 미생물 외계 생명체를 발견하는 것은 드레이크 방정식에서 N 값에 어떻게 영향을 미치는가?

외계 지적 생명체 탐사(**s**earch for **e**xtra**t**errestrial **i**ntelligence, SETI)에 대해서는, 코넬 대학의 물리학자가 무선 전파가 성간 통신에 사용될 수 있음을 제안한 1959년으로 거슬러 올라간다. 이 아이디어는 인류 문명의 무선 통신이 우주로 새어나가고 있기 때문에, 다른 행성의 문명도 같은 일이 일어날 수 있다는 것에 기초하고 있다. 지구의 거대 전파 망원경은 가까운 항성계(star system)의 문명으로부터 새어나온 무선 통신뿐만 아니라, 수천 광년 떨어진 행성으로부터 출발한 강한 신호까지 감지할 수 있다. 젊은 천문학자였던 프랑크 드레이크(이후 SETI 연구소 소장이 되었다)는 처음으로 은하계 전체에 대하여 조사를 실시하였다. 비록 SETI 망원경은 수십 년 동안 분석을 진행해 오고 있지만, 아직 머나먼 문명의 특별한 신호를 발견해내지 못하였다. 아직 하늘의 많은 영역이 조사되고 있는 것이다.

이러한 방법은 외계 문명을 탐색하기에 타당한가? 이러한 외계 문명의 존재 가능성은 있을지, 만약 있다면, 우리는 그들에게 접촉할 수 있는 가능성이 있을까? 드레이크는 이러한 물음에 대하여 드레이크 방정식으로 대답한다. 이 방정식은 1961년에 처음 소개된 이래로 논쟁의 쟁점이 되고 있다. 드레이크 방정식은 생명의 가능성과 관련된 7개 변인의 곱셈을 통해 우리와 다른 지적 문명과의 접촉 가능성을 추정한다. 드레이크 방정식은 다음과 같다.

$$N = R \times F \times Ne \times Fl \times Fi \times Fc \times L$$

R = 1년 동안 우리은하에서 태양과 같은 적절한 별의 형성 속도(rate)
F = 이러한 항성 중 행성을 가진 비율(fraction)
Ne = 각 행성계(planetary system)에서 지구와 같이 액체 상태의 물이 존재하는 행성의 수
Fl = 지구와 같은 행성에서 생명이 발생할 가능성
Fi = 생명 영역에서 지적 생명체로 진화할 가능성
Fc = 지적 생명체가 통신 기술을 개발할 가능성
L = 의사소통을 할 수 있는 문명인의 수명(년)
N = 인류가 접촉할 가능성이 있는 문명의 수

그러나 드레이크 방정식의 결정적인 문제점은 우리가 어떠한 변수에 대해서도 정확하게 알 수 없다는 것이다! 우리는 일부 변수에 대해 대략적인 추정은 가능하다. $R \times F \times Ne$ 값의 경우, 우리은하에서 살아갈 수 있는 행성의 수를 의미한다고 천문학자들은 믿으며, 1000억 개 정도일 것으로 생각한다. 외계 행성(태양계를 넘어 다른 항성계에 속한 행성)을 탐색하는 기술은 빠르게 발전하고 있다. 현재 1000개 이상의 외계 행성이 발견되었고, 지금도 빠르게 새로운 행성들이 발견되고 있다.

그러나 현재로서는 이러한 행성들 중 얼마나 많은 행성에 생명이 존재하는지 알 수 있는 방법이 없다. 17장에서 논의한 바와 같이, 지구에서 생명은 빠르게 발생한 것을 바탕으로 적절한 조건 아래에서는 생명이 비교적 쉽게 발생할 수 있음을 제안하지만, 이는 증명되지 않았기 때문에 N은 1(지구가 유일한 행성일 경우)에서 1000억(모든 행성에 생명이 존재할 경우) 사이가 된다. 지구에서 인류가 나타나기 전까지 40억 년이 걸린 사실을 바탕으로, 지적 생명체

가 등장할 가능성은 미생물이 발생할 가능성에 비해 매우 적다는 것을 제안한다. 그런데 그 차이는 얼마나 되는가? 지적 생명체 영역의 비율로서 전파 망원경으로 아직 발견하지 못한 지적 생명체가 존재할 수 있다(우리 인류는 20세기에 이르러서야 이 분야에 들어섰다). 또는 무선 통신이 가능할 정도로 발전한 문명임에도 불구하고 통신을 시도하지 않을 수 있다. 아마도 그들은 이러한 부분에 대하여 관심이 없을 수도 있고, 그들이 살고 있는 곳을 노출시킴으로 말미암아 스스로를 위험에 빠뜨릴 수 있다고 생각하기 때문일 수도 있다. 또한 지능의 수명, 의사소통이 가능한 문명인 L은 어떠한가? 인간은 수명이 약 100년이고 의사소통을 하게 된다. 우리는, 또는 우주의 평균적인 지적 생명체는 한 세기 동안 다른 항성계와 의사소통할 수 있고 유지할 수 있을 것이라고 생각하는가? 천 년이나 100만 년은 어떠한가? 만약 지적인 집단이 충분히 오랫동안 문명으로 존재한다면, 우리은하는 의사소통이 가능한 고등 생명체가 넘쳐나게 될지도 모른다. 어느 날, 우리는 그들과 접촉할 수도 있다.

29.7 과거의 관측

학습목표
빅뱅과 이를 지지하는 세 가지 증거에 대해 설명할 수 있다.

물음 빅뱅은 어디에서 일어났는가?

우리가 인간 문명의 실제 역사를 볼 수 있는 특별한 광학적 도구를 개발하였다고 상상하여 보자. 40,000년 전으로 맞출 경우, 여러분은 인간이 호주로 이주하는 모습을 볼 수 있다. 다시 4500년 전으로 맞출 경우, 이집트인들이 피라미드를 건설하는 모습을 볼 수 있다. 이러한 장치는 우리의 과거를 볼 수 있는 창문이 된다. 역사책의 정확도는 올라갈 수 있을 것이다.

우주의 역사에 대해 보면, 우리는 정확히 이러한 장치를 가지고 있다. 바로 **망원경**(*telescope*)이다. 빛의 속도는 빠르지만 우주는 훨씬 더 크다. 가장 가까운 별인 프록시마 센타우리 빛은 4.2광년 걸려 우리에게 도달한다. 우리가 보는 별빛은 4.2년 전의 모습인 것이다. 유사하게 안드로메다은하의 빛은 우리에게 도달하기까지 230만 년이 걸렸다.

우리 우주의 역사를 보고 싶은가? 단지 망원경으로 보면 된다. 더 멀리 떨어진 천체일수록 더 오래된 것이다. 과거에 벌어진 일을 우리가 현재 보는 것이고, 우리는 어떻게 우주가 스스로 형성되었는지를 알 수 있다. 우주의 구조와 진화를 연구하는 분야를 **우주론**(**cosmology**)이라고 한다. 현대의 기술력과 우주 망원경의 발전에 의해 우주론의 영역은 발견의 황금 시대를 맞이하였다.

이 장에서는 잘 정리된 우주론에 대하여 배울 것이다. 최근의 흥미로운 사건들과 함께 우주의 운명이 어떻게 될지에 대한 깊은 추론도 함께 할 것이다. 그러나 우리의 논의는 매우 짧으므로 표 29.2에 제시된 온라인 자료를 활용할 경우 최신 정보를 더 탐색할 수 있다.

표 29.2 우주론과 관련된 웹 사이트

- 천체물리를 위한 하버드-스미소니언 센터
  http://www.cfa.harvard.edu
- 허블 우주 망원경
  http://Hubblesite.org
- 윌킨슨 극초단파 비등방성 탐색기(The Wilkinson Microwave Anisotropy Probe)
  http://map.gsfc.nasa.gov

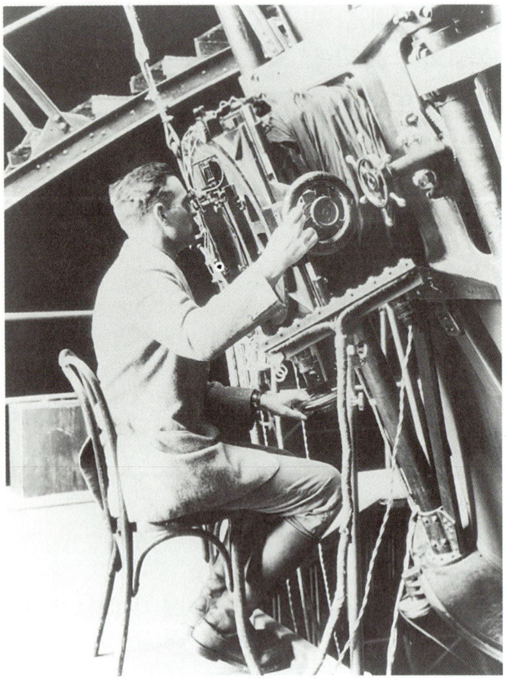

그림 29.39
1923년에 윌슨 천문대에서 100인치 망원경으로 관측하는 천문학자이자 우주론자인 허블(1889~1953)의 모습이다. 그는 윌슨 산에서 일생의 대부분을 보냈다. 1929년에 허블 법칙을 발표하였는데, 멀리 떨어진 은하일수록 더 빠르게 멀어진다고 하였다.

빅뱅

얼마 전까지만 해도 우리은하가 우주 전체를 구성한다고 생각하였다. 1920년대에 천문학자 **허블**(*Edwin Hubble*)은 윌슨 산의 망원경을 이용하여 안드로메다 성운을 발견하였는데, 사실 이 성운은 우리은하 너머의 천체였다(그림 29.39). 이것은 기념비적 발견으로, 허블은 그 발견에서 멈추지 않았다. 이 단원의 앞에서 허블이 다른 많은 은하의 거리를 측정하였다는 것을 설명하였다. 그의 발견이 이어질 때마다 놀라웠는데, 은하들은 대부분 서로 멀어지고 있었기 때문이다. 게다가 더 멀리 떨어진 은하일수록 더 빠른 속도로 멀어지고 있다.

허블의 관측은 두 가지 중요한 사실을 의미한다. 첫째는 우주가 빅뱅이라고 하는 사건으로부터 아주 작은 한 점에서부터 시작했다는 것이다. 둘째는, 우주는 어느 영역 안에 한정된 것이 아니라는 것이다. 대신에 우주는 우주 안에서 계속 팽창하고 있다. 이것은 우주 공간이 빅뱅이라는 사건을 통해 물질과 에너지가 방출되어 무한한 공간이 되었다는 것에서 특이하다. 그러나 이것은 우리가 관측하는 은하의 분포의 모습과 상대적인 운동에서 차이가 있음을 알 수 있다. 혼동되는 개념을 다시 강조해 보면 우리가 우주의 팽창을 이야기할 때 우리는 공간 구조의 팽창을 이야기한다. 효과적인 예로는 개미가 팽창하는 풍선 위에 있다고 할 때 풍선이 팽창하면 모든 개미들은 서로 간에 멀어짐을 볼 수 있다(그림 29.40). 마찬가지로 팽창하는 우주에서도 어느 관측자가 보더라도 모든 은하는 후퇴한다. 그래서 빅뱅은 시간의 시작을 의미할 뿐 아니라 공간의 시작도 의미한다.

허블은 지구에서부터의 거리와 후퇴 속력 사이의 간단한 관계를 제시하였다. 이 관계는 수십 년이 지나면서 많은 측정을 통해 확인되었는데, 이를 **허블 법칙**(**Hubble's law**)이라고 한다.

$$\text{허블 법칙: } v = H \times d$$

그림 29.40
모든 개미는 팽창하는 풍선에서 볼 때, 다른 개미들이 멀어짐을 볼 수 있다. 각각의 개미들은 자신이 팽창의 중심이라 생각할 것이다. 실제는 그렇지 않다. 표면의 팽창에는 중심이 없으며 가장자리도 없다.

여기서 v는 은하의 후퇴 속도이며, H는 현재까지 알려진 허블 상수이고, d는 지구와 은하 사이의 거리이다. 예를 들어 이 법칙은 하나의 은하가 다른 은하에 비하여 두 배 더 멀리 떨어져 있을 때, 더 멀리 떨어져 있는 은하가 두 배 더 빠르게 후퇴하는 것을 의미한다. 게다가 은하가 우리로부터 v의 속도로 멀어진다면, 이 여행의 시작은 거리를 속도로 나눈 값으로 나온다.

$$t = \frac{d}{v}$$

우리는 허블 법칙 상수를 v로 활용하여

$$t = \frac{d}{H \times d} = \frac{1}{H}$$

을 얻을 수 있다.

이 방정식에 H 값을 넣으면, 우리는 팽창에 걸린 시간을 얻을 수 있다. 다시 말하면, 우리는 우주의 나이를 구할 수 있다. 최근에 결정된 H 값을 방정식에 넣으면 우리 우주의 나이는 거의 140억 년이 나온다. 와우!

우주 배경 복사

우주의 팽창에서 빅뱅 이론을 뒷받침하는 두 번째 증거는 **우주 배경 복사**이다. 1964년에 뉴저지의 벨 연구소에서 연구하던 과학자 펜지어스(Arno Penzias)와 윌슨(Robert W. Wilson)은 단순한 라디오 수신기를 사용하여 하늘에서 검출되는 전파 신호를 수신하였는데(그림 29.41), 지구로 오는 마이크로파의 파장이 7.35 cm였다. 펜지어스와 윌슨은 궁금하였다. 아

그림 29.41
빅뱅으로부터 발생한 전자기파를 탐지하기 위해 사용했던 마이크로파 수신기 앞에서 찍은 펜지어스와 윌슨의 사진

무런 특정한 전파원이 없는데 어디에서, 그리고 왜 마이크로파가 오는 것인가?

절대 온도 0 K에 가까운 물체는 전자기파의 형태로 에너지를 방출한다. 이들 전자기파의 주파수는 방사체의 절대 온도에 비례한다. 펜지어스와 윌슨과 같은 시절에 일했던 프린스턴의 이론학자들은, 빅뱅으로부터 폭발 초기의 우주에서 나온 전자기파가 있었을 것이고 현재까지 식고 있을 것이라 보았다. 게다가 초기 우주의 온도는 오늘날까지 낮아지고 있어서 평균 온도가 3 K를 나타낼 것이라 보았다. 이 온도의 우주는 펜지어스와 윌슨이 관측한 파장의 전자기파를 방출할 것으로 예상하였다. 이렇게 하여 펜지어스와 윌슨이 의아해하던 전자기파의 유입이 차가워진 우주에서 들어오는 것이라는 것이 발견되었다. 이 희미한 전자기파는 현재 **우주 배경 복사(cosmic background radiation)**로 알려져 있으며 빅뱅의 강력한 증거로 알려져 있다(그림 29.42).

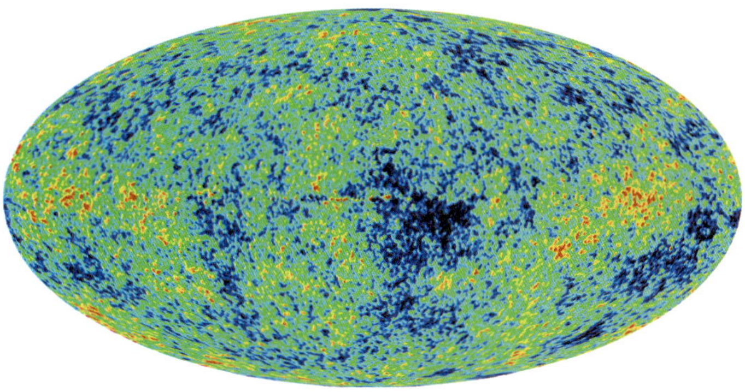

그림 29.42
윌킨슨 극초단파 비등방성 탐색기(WMAP) 위성이 촬영한 전 하늘의 우주 배경 복사의 모습으로, 평균 2.73 K의 평균 온도를 나타낸다. 이는 빅뱅 이후 차가워진 우주의 모습으로 색이 다른 부분의 온도 편차는 약 0.0001 K이다.

수소와 헬륨의 양

빅뱅은 헬륨 원소를 포함한 또 다른 우주의 의문에 대한 답을 제공한다. 우주의 물질을 조사한 결과 약 75%가 수소이며, 25%는 헬륨으로 이루어져 있다. (지구를 구성하는 무거운 원소들은 전체 우주의 물질의 양에서 아주 작은 값을 차지한다.) 수소는 가장 간단한 원소로 하나의 양성자 핵을 가지고 있다. 이는 수소가 가장 기본적인 원소라는 것을 보여 준다. 그러나 헬륨은 두 개의 양성자와 두 개의 중성자로 구성되어 좀 더 복잡한 모습을 보여 준다. 우리는 별에서 수소가 핵융합하여 헬륨이 된다는 것을 알고 있다. 그러나 수많은 별의 헬륨을 관측하여 모두 더한 값은 전체 우주의 양에 비하여 매우 적은 값을 나타낸다. 별로부터 기원한 헬륨은 10%에 못 미친다. 우주에서 관측되는 대부분의 헬륨은 모든 곳에서 형성된 것이다. 빅뱅 모델은 초기 우주의 헬륨의 형성에 대하여 충분히 예측할 수 있는 정보를 제공한다. 더 자세한 분석은 빅뱅 이후 많은 헬륨이 형성되었으며, 이는 우리가 현재 관측할 수 있는 우주의 헬륨의 양과 거의 비슷하다.

요약하면, 세 가지 중요한 증거가 빅뱅 이론을 뒷받침하고 있다. 첫 번째는 현재 우주의 팽창이다. 이러한 팽창은 은하를 서로 멀어지게 한다. 두 번째는 우주 배경 복사의 발견으로, 빅뱅의 잔광으로 볼 수 있다. 세 번째는 빅뱅이 설명할 수 있는 원소의 관측된 비율이다. 이와 같은 증거로부터 빅뱅은 우주의 시작과 팽창에 대하여 과학자들 사이에 받아들여지고 있다.

학습목표
암흑 물질과 암흑 에너지의 증거 및 우주의 진화에서 이들의 역할을 설명할 수 있다.

29.8 암흑 물질과 암흑 에너지

물음 우리가 망원경으로 볼 수 없는 우주의 물질을 어떻게 검출할 수 있는가?

현재까지 증거에 의하면 빅뱅은 최소한 서로 다른 두 가지 형태의 물질을 만들어 내었다. 하나는 우리가 볼 수 있는 것이고, 다른 하나는 우리가 볼 수 없는 것이다. 우리가 관측할 수 있는 형태의 물질을 '보통 물질'이라 하며 양성자, 중성자, 전자와 같은 아원자 입자로 이루어져 있다. 앞에서 제시한 것처럼 이러한 입자들은 서로 결합하여 주기율표에 있는 원소를 이룬다. 원소들은 결합하여 분자가 되며, 우리의 몸을 구성하는 물질이 되기도 한다. 이러한 물질은 만질 수 있다. 우리는 이 물질과 직접적으로 상호 작용한다. 우리, 행성, 별은 이러한 형태의 물질로 구성되어 있으며, 우리는 이 장에서 이러한 물질을 '**보통 물질 (ordinary matter)**'이라 부를 것이다.

빅뱅이 만들어 낸 두 번째 형태의 물질은 보통의 물질과는 완전히 다른 물질이다. 이러한 물질은 강한 핵력으로 인식하지 않으며, 이는 원자핵 형태의 모습을 형성하지 않는다는 것을 의미한다. 게다가 이들 물질은 전자기력의 영향도 받지 않으며, 우리가 만지거나, 빛을 통해 볼 수도 없다. 9장에서 설명하였듯이, 전자기력은 전하 사이에 반발 작용을 일으킨다. 그러한 이유로 우리는 벽을 통과하여 지나갈 수 없는데, 이는 우리 몸의 전하와 벽의 전하 사이에 반발 작용 때문이다. 만약 그 벽이 보이지 않는 물질로 되어 있다면 우리는 그 벽을 통과할 수 있을 것이다. 물론 우리는 이 벽을 볼 수도 없다. 이러한 보이지 않는 물질을 우리는 '**암흑 물질 (dark matter)**'이라 부를 것이다.

그래서 암흑 물질이 우리 눈에 보이지 않는다면, 우리는 그것을 어떻게 알 수 있을까? 그 답은 중력의 영향에 의해 이러한 유령과 같은 물질의 존재를 파악할 수 있다. 그 첫 번째 단서는 우리가 관측할 수 있는 은하의 중심에 있는 별의 공전 속도를 측정하여 알 수 있다. 중력 법칙에 따르면, 공전 속도는 공전의 중심에 있는 물체와 공전하는 물체 사이의 중력적인 영향으로 나타난다. 예를 들어 태양계의 내행성은 외행성보다 태양의 중력적 영향을 더 강하게 받기 때문에 더 빠르게 공전한다. 우리은하에 대해서도 이와 같은 경향을 볼 수 있는데, 별이 은하의 중심에 더 가까우면 더 멀리 떨어져 있는 별에 비하여 빠르게 은하의 중심을 공전해야 한다. 흥미롭게도 실제 그렇게 관측되지 않는다! 대신에 은하의 중심에 가까운 별이나, 은하의 중심에서 멀리 떨어진 별이 거의 같은 속도로 공전하고 있다. 어떻게 이것이 가능한가?

태양계에서는 태양계의 거의 모든 질량이 태양에 집중되어 있기 때문에 행성들의 공전은 위와 같은 현상으로 관측될 수 있다. 안드로메다은하나 우리은하와 같은 경우는, 대부분의 질량이 은하 중심부에 집중된 것처럼 관측된다. 그러나 별의 공전 속도를 측정해 보면 그림 29.43에서 볼 수 있듯이, 관측 가능한 은하의 지름에 수 배에 해당하는 은하 밖의 헤일로에 관측되지 않는 많은 질량이 분포하고 있는 것을 알 수 있다. 이 질량들은 우리의 망원경을 통해서는 관측할 수 없다. 그러나 분명히 어떤 존재가 있어 별의 공전 속도에 영향을 주고 있음을 알 수 있다.

또 다른 암흑 물질의 존재를 알 수 있는 방법은 은하단 안에서 은하들의 회전 속도를 측정하는 것이다. 측정된 속도는 이러한 은하들의 질량은 관측 가능한 그 은하 내에 존재하는 별의 질량들의 합보다 몇 배나 더 무겁다는 것을 알려 준다.

마지막으로, 우리는 광학 렌즈에 의해 빛이 휘어지는 것처럼 빛이 중력에 의해 그 경로가 휘어지는 것을 알고 있다. 그러므로 은하단에서 어느 은하단의 중력에 의해 그 뒤에 놓인 은하단의 빛의 경로가 휘어짐을 볼 수 있다. 이를 **중력 렌즈**(*gravitational lens*)라고 한다. 중력 렌즈 현상은 그림 29.34에서 설명하였다. 이러한 빛이 휘어지는 각도에 의해 앞의 은하단의 질량을 알 수 있다. 다시 말해, 빛의 휘어지는 각도가 가까운 은하의 질량을 예측할 수 있도록 해 주는데, 은하단의 광도로부터 추정한 은하단의 질량보다 훨씬 크다는 것을 알 수 있다. 그래서 먼 은하로부터 오는 빛의 휘어짐을 관측하는 연구에서 우리는 암흑 물질의 분포 지도를 그려볼 수 있다. 허블 우주 망원경을 이용하여 그려진 연구 결과는 29.44와 같다.

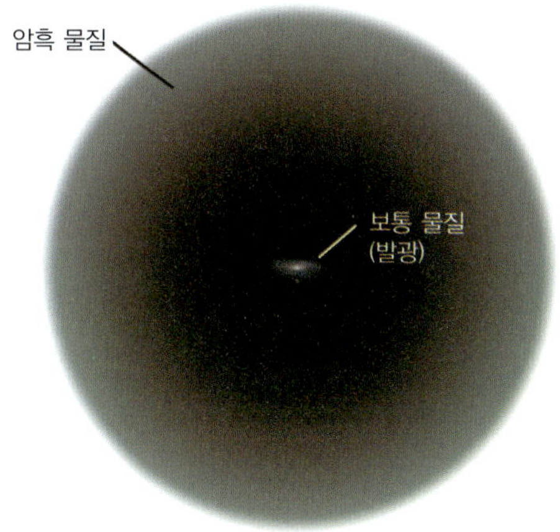

그림 29.43
은하보다 더 큰 헤일로에 암흑 물질이 많이 분포하고 있다. 이 헤일로는 관측 가능한 은하보다 10배 이상 지름이 크고 무게는 6배 이상 무겁다.

암흑 물질의 증거는 매우 뚜렷하다. 그러나 현재 우리의 관심사는 암흑 물질이 어떤 물질로 구성되어 있는지 정확히 밝혀내는 것이다. 암흑 물질은 더 이상 빛을 내지 못하는 죽음을 맞이한 별과 같이 간단한 보통 물질로 구성된 것이 아니라는 것은 분명하다. 비록 많은 이론들이 암흑 물질의 기원에 대해 설명하려고 하지만, 암흑 물질이 직접적으로 관측되지는 않았다. 이러한 관측이 있기 전까지는, 암흑 물질은 매혹적인 우주의 신비한 물질로 남을 것이다.

은하의 형성

우주가 형성될 때를 추정해 보면, 보통 물질과 더 많은 양의 암흑 물질이 함께 나타났음을 알 수 있다. 중력에 의해 같이 놓여진 보통 물질과 암흑 물질은 뭉쳐진 물질들 밖으로 흩뿌려졌을 것이다. 뭉쳐진 물질 안에서는 보통 물질과 암흑 물질이 불균일하게 섞였을 것이다. 물질의 다른 두 형태는 보통 물질이 다른 보통 물질과 에너지를 방출하며 충돌할 때, 유의한 차이를 보였을 것이다. 에너지를 방출할 때 보통 물질은 공전 속도가 줄어들며 물질이 뭉쳐진 곳의 중심에 더 가까워진다. 시간이 지나면서 암흑 물질이 뭉쳐진 곳 주변에 흩어져 있는 동안

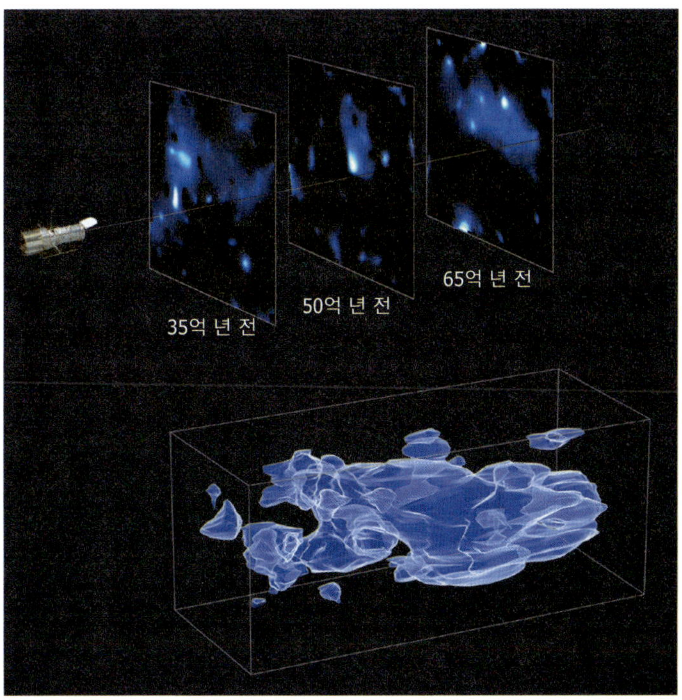

그림 29.44
허블 우주 망원경의 관측을 통해 제작된 암흑 물질의 이미지이다. 푸른색으로 표현된 부분이 암흑 물질인데, 실제 푸른색으로 관측되지는 않는다. 이 이미지는 약 65억 년 전 하늘의 좁은 구역을 따라 암흑 물질이 분포되어 있음을 보여 준다.

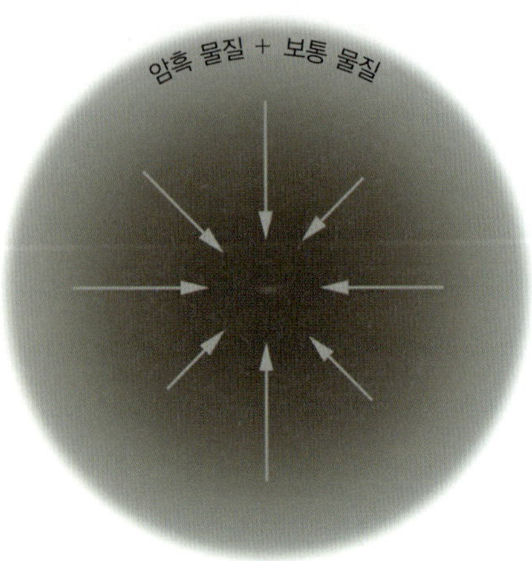

그림 29.45
암흑 물질과 보통 물질의 혼합체에서 보통 물질이 중심에 응축되는 모습

보통 물질은 중심에 더 집중된다(그림 29.45). 이러한 보통 물질의 집중은 물질이 뭉쳐진 곳에서 별이 탄생할 수 있도록 하였다. 또한 보통 물질이 중심을 향하면서 각운동량 보존 때문에 회전 속도는 더욱 증가한다. 보통 물질과 암흑 물질의 덩어리가 겨우 회전을 하는 경우에는, 중심에서의 별이 생성이 타원 은하의 형태로 이루어진다. 물질의 덩어리가 조금 더 빠르게 회전하면 피자 도우가 편평해지듯이 은하가 좀 더 편평해질 수 있다. 그 결과 나선 은하의 형태가 된다. 보통 물질과 암흑 물질의 덩어리에서 보통 물질이 중심의 은하 중심 부분에 응축된다. 새로 형성되는 은하에서 암흑 물질은 흩어진 상태로 남아, 보이지 않는 헤일로를 형성하는 것이다.

암흑 에너지

허블이 우주가 팽창한다는 것을 발견하기 전에, 아인슈타인은 왜 중력이 우주를 다시 수축시켜 우주 대수축을 일으키지 않는지 알아내고자 노력하였다. 그는 아무런 팽창과 수축이 없는 정적인 우주를 생각하였다. 그러나 중력에 대하여 우주가 정적으로 남기 위해서는 중력에 대하여 바깥쪽으로 작용하는 기본적인 힘이 더 필요하였다. 다시 말해, 중력이 '안으로 잡아당긴다면', '바깥쪽으로 밀어내는' 현상이 있어야 하였다. 이러한 균형을 맞추기 위하여, 그는 그의 방정식에 **우주 상수**(*cosmological constant*)로 알려진 항을 소개하였다. 그는 그러한 항의 존재를 증명하지 못하였다. 단지 그는 우주의 정적인 현상을 설명하기 위해 제시하였던 것이다. 약 10년 후, 허블은 우주가 정적이지 **않으며** 매우 역동적이고 팽창하고 있음을 알아내었다. 아인슈타인은 후에 그가 예측하지 못한 우주의 팽창을 '가장 중대한 실수'라고 하였다. 아인슈타인의 방정식에 따르면, 정적인 우주는 안정하지 않다. 단지 약간의 변화 또는 붕괴든 팽창이든 무언가가 일어나야 한다. 아인슈타인은 그 후 75년간 우주의 호기심으로 남은 우주 상수의 개념을 포기하였다.

아인슈타인 사후, 1990년대에 이르러 천문학자로 이루어진 두 팀이 이를 발견하기 시작하였다. 매우 멀리 떨어진 은하의 고해상도 사진을 통해 약 75억 년 전에 시작된 가속 팽창을 발견하였다. 은하는 단순히 서로 느려지면서 멀어지는 것이 아니었다. 대신, 알려지지 않은 에너지가 은하의 후퇴를 더욱 빠르게 하고 있었다. 아인슈타인이 제시한 우주 상수처럼 가능성이 있는 중력에 반대되는 현상이 작용하고 있다.

이 현상은 우주의 운명에 어떻게 영향을 주는지 알아 내는 것이 남았다. 알려지지 않은 형태의 에너지를 우리는 **암흑 에너지**(**dark energy**)라고 부른다(그림 29.46). 이론학자들은 아인슈타인이 제시한 우주 상수에 의해 구현된 암흑 에너지의 효과의 가능성을 포함한 암흑 에너지의 기원에 대해 다양한 아이디어를 제시하고 있다.

최근의 모델은 암흑 에너지가 진공에서 기원하였다고 본다. 물질은 공간을 서로 잡아당기려는 효과를 보여 준다. 고전적인 예가 블랙홀의 형성에서 일어나는 것으로, 공간이 부피가 0인 지점(무한대의 밀도)으로 잡아당기는 역할을 하는 것이다. 물질의 부재인 완벽한 진공에서 빈 공간은 공간을 확장시키려는 음의 곡률을 가지는 에너지를 만들어 낸다. 빈 공간이 만들어 내는 에너지를 **진공 에너지**(*vacuum energy*)라 하는데, 이 힘이 지배적이면, 빈 공간의 형성이 더욱 가속된다. 멀리 떨어진 은하들은 더욱 빠르게 서로 간에 후퇴하고 있다. 중력과 암흑 에너지는 정반대로 작용하고 있다. 중력으로 완벽히 제어될 때, 그 결과는 무한대의 밀도인 블랙홀을 형성한다. 암흑 에너지로 완벽히 제어될 때는 그 결과 무한대의 진공인 완벽하게 빈 공간이 형성된다.

많은 다른 흥미 있는 모델로 암흑 에너지의 기원을 설명하고자 하였다. 이 중 가장 타당성이 있는 모델은 증거를 가장 많이 반영한 모델이다. 과학자들의 보고서를 지속적으로 살펴보자. 특히 유럽 우주 기구의 **'플랑크 서베이어**(*Planck Surveyor*)'는 이러한 질문의 많은 답을 줄 수 있을 것이다. 그러나 강력한 우주 망원경과 후속 연구가 이어지더라도 그 답보다는 더 많은 의문점이 생길 것이다. 하나는 확실하다. 우주는 무한한 신비가 있는 곳이다.

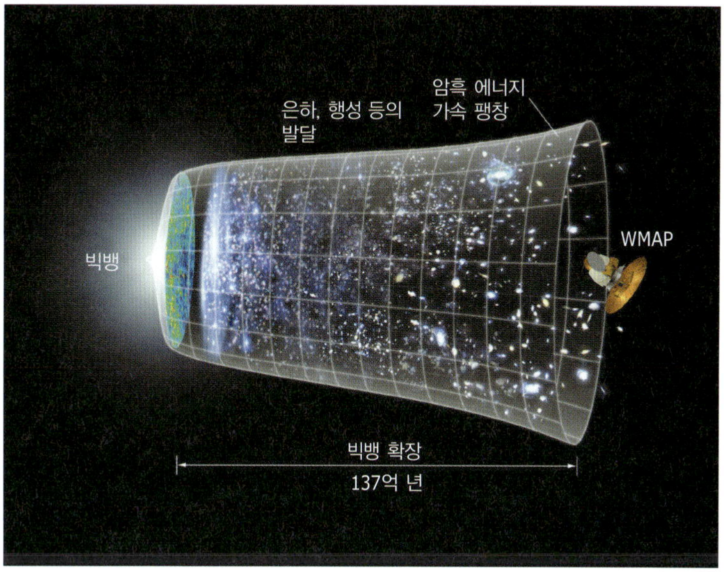

그림 29.46
약 75억 년 전부터 가속 팽창하는 우주의 모습으로 은하의 형성 이후 점진적으로 팽창하는 우주의 그림이다. 가속화된 팽창의 이유는 암흑 에너지 때문이다. 그러나 이름이 붙여졌다고 모든 것을 이해한 것은 아니다. 암흑 에너지도 그와 같은 경우이다.

우주의 운명

우주는 팽창한다. 그러나 물질은 이 팽창에 대해 반대의 효과를 나타낸다. 충분한 물질이 있는 경우, 우주는 팽창을 멈추거나 거꾸로 수축할 수 있을까? 암흑 에너지와 암흑 물질을 발견하기 전, 천문학자들은 우주의 팽창을 멈추기 위한 물질은 우주 질량의 약 4%를 차지하는 보통 물질이라고 계산하였다. 암흑 물질이 보통 물질의 약 6배 정도로 풍부하다고 발견된 후, 우주의 팽창을 멈추기 위한 물질은 약 23%로 계산되었다. 만약 남은 73%[100%−(4%+23%)]가 계산 가능한 물질이라면, 우주는 팽창을 멈출 만큼 충분한 물질이 있게 되는 것이다.

그런데 암흑 에너지가 발견되었다. 물질과 에너지의 관계를 나타낸 아인슈타인의 방정식 $E = mc^2$을 생각해 보자. 그러므로 암흑 물질과 암흑 에너지 모두 우주의 구성원이 될 수 있다. 그림 29.47에서 볼 수 있듯이 관측 가능한 우주에서 남은 73%가 암흑 에너지로 이루어져 있다. 그러나 역설적으로 암흑 에너지는 우주의 팽창을 일으키지, 수축을 일으키지는 않는다. 그러므로 대부분의 우주론자들은 우리의 우주는 지속적으로 팽창할 운명이라 생각하고 있다. 이제 우리 우주의 가능한 운명을 살펴볼 것이다.

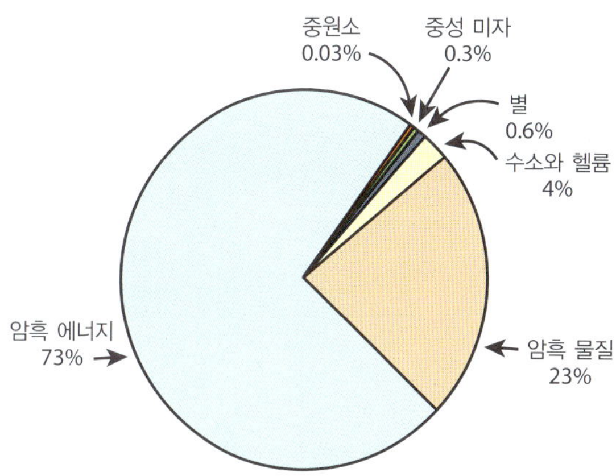

그림 29.47
은하를 형성하는 보통 물질은 우주의 구성 성분 중 약 4%만 해당한다. 남은 부분은 우리가 아는 부분이 매우 적은 암흑 물질(23%), 암흑 에너지(73%)가 차지한다.

첫 번째 시나리오는 **'뜨거운 죽음**(**heat death**)'으로 불리는데, 우주가 지속적으로 팽창하고, 절대 0도에 다다르면서 무한대의 엔트로피 상태가 되는 것이다. 약 10^{14}년 이후 모든 별은 연료를 모두 소모할 것이다. 우주는 완전히 검게 된다. 10^{16}년 이후, 행성과 별은 규칙 없는 충돌로 인해 그들의 궤도를 모두 떠나고 대부분의 물질은 슈퍼 블랙홀에 떨어지게 되고 남은 조금의 성간 파편들은 흩어지게 될 것이다. 10^{40}년 이후, 모든 양성자와 중성자가 붕괴하고, 감마선과 전자와 같은 렙톤(lepton, 경입자)만이 남을 것이다. 지금으로부터 약 10^{100}년 후, 슈퍼 질량의 블랙홀의 우주 질량에 대부분을 차지할 것이다. 그러나 10^{150}년이 지나면, 블랙홀도 양성자와 렙톤으로 증발해 버릴 것이다. 그로부터 10^{1000}년 후 미래는, 양성자의 파장뿐 아니라 모든 남은 입자들이 매우 낮은 에너지 상태가 될 것이다. 엔트로피가 최후의 승자가 되는 것이다.

두 번째 시나리오는 **빅 립**(**Big Rip**)이라고 알려져 있는데, 시간이 지남에 따라 암흑 에너지가 더욱 강해지는 경우이다(그림 29.48). 우주가 지수적으로 증가함에 따라, 은하단은 더 멀리 떨어지게 되고, 서로 관측 가능한 지점을 지나게 된다. 가까운 은하는 서로의 시야에서 벗어나게 된다. 우주의 종말에서 약 6천만 년 전에는 은하 내의 별들이 사방으로 흩어질 것이다. 몇 달 전에는 태양계가 흩어질 것이다. 몇 분 전에는 별과 행성들이 중력적인 영향에서 벗어날 것이다. 마지막 순간에는 모든 원자들이 떨어져 나가면서 아원자 상태가 될 것이다. 빅 립

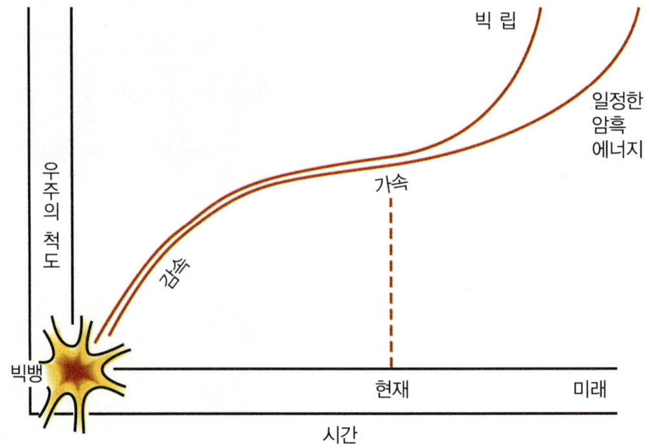

그림 29.48
암흑 에너지가 지속적으로 남아 있다면, 우리는 뜨거운 죽음을 경험하는 우주를 기대할 수 있다. 만약 암흑 에너지가 더 강해진다면, 우주는 빅 립을 통해 소멸할 것이다.

을 위한 기간은 빅뱅 이후 약 350억 년 정도로 추정하고 있는데, 현재 약 210억 년의 기간이 남은 것으로 보고 있다. 모든 물질이 흩어져 어디로 가는 것일까? 좋은 질문이다. 아마 다른 빅뱅으로 이어지지 않을까?

현대 우주론의 개척자인 구스(Alan Guth)는 우주의 모든 곳이 한 번에 끝을 맞이하지 않을 것이라 생각하고 있다. 약 140억 년 전, 아주 작은 한 점에서 물질이 팽창하여 현재와 같은 관측 가능한 우주가 되었다. 그러나 이 팽창은 하나의 작은 점이 반대편의 우주가 되어 지속적으로 팽창하고 있고 이것인 지속될 것으로 보고 있다. 그래서 우주의 우리 영역이 무한히 팽창하는 동안, 다른 지역은 새롭게 태어날 수 있다. 이 시나리오는 관측 가능한 우주에 기반을 둔 것으로, **영원한 팽창**(**eternal inflation**)이라고 부른다. 영원한 팽창은, 우리의 관측 가능한 우주의 운명이 전체 우주의 운명과 같지 않다는 것이다.

우리의 추측이 어떻게 초점을 맞추느냐에 따라 우리의 운명이 결정되는 모습이 달라지는 것이 흥미롭다. 처음에는 모든 것이 가능하게 보였다. 그러나 우리가 열린 시각과 마음으로 우주를 대할수록, 몇몇의 추측이 다른 것들보다 훨씬 타당한 것임을 알 수 있다. 우리는 신의 표식으로 별자리를 본 적이 있다. 물론 이때는 지구를 우주의 중심으로 생각했었다. 그 후 지구가 단지 여러 별들 중 중간 정도 크기의 태양을 공전하는 하나의 천체임을 알게 되었다. 우리 은하는 허블이 다른 관점을 제시하기 전까지 은하수였다. 은하가 후퇴하는 것을 발견하였을 때, 중력은 우주 대수축으로 모든 물질을 끌어당기기에 충분하다고 생각하였다. 이러한 가능성은 이제 믿지 않는다. 이제 우리는 영원히 팽창한 후에 일어날 일들에 초점을 맞추고 의문을 가진다. 최근의 추측은 추측일 뿐이다. 그러나 그 추측은 더 많은 중요한 증거로부터 이루어진 추측이다. 더 성능이 좋은 망원경과 다른 장치들을 통해 지속적으로 우주를 관측한다면, 우리의 추측이 더 정교해질 것으로 기대한다. 이것이 과학에 대해 열린 관점으로 우주를 공부하기 위해 필요한 자세이다. 지속적으로 연구의 결과에 관심을 가지라.

연습문제

29.1 밤하늘의 관측

1. 별자리는 무엇인가?
2. 왜 관측자가 주어진 지점에서 겨울에 관측할 수 있는 별자리와 여름에 관측할 수 있는 별자리가 다른가?
3. 왜 별들은 북쪽과 남쪽을 잇는 자오선을 24시간마다 통과하는가?
4. 광년은 시간을 측정하는 것인가, 거리를 측정하는 것인가?

29.2 별의 밝기와 색

5. 붉은색 별과 푸른색 별 중 어느 것이 더 뜨거운가?
6. 실시 등급과 광도의 차이점은 무엇인가?

29.3 헤르츠스프룽-러셀도(H-R도)

7. H-R도란 무엇인가?
8. 가장 질량이 큰 별은 H-R도에서 어디에 위치하는가?
9. 태양은 H-R도에서 어디에 위치하는가?
10. 반지름이 큰 붉은색 또는 노란색 별은 주계열성으로부터 시작하는 경로가 어떻게 다른가?

29.4 별의 일생

11. 원시성이 완전히 진화한 별로 변화할 때 어떤 일이 일어나는가?
12. 별에 바깥쪽과 안쪽으로 작용하는 힘은 무엇인가?
13. 질량이 작은 별의 수명이 긴가, 질량이 큰 별의 수명이 긴가?
14. 지구에서 발견되는 무거운 원소와 초신성에서 발견되는 무거운 원소 사이에는 무슨 관계가 있는가?
15. 초신성과 중성자 별 사이에는 무슨 관계가 있는가?

29.5 블랙홀

16. 초거성과 블랙홀 사이에는 무슨 관계가 있는가?
17. 왜 태양은 블랙홀이 될 수 없는가?
18. 만약 블랙홀이 보이지 않는다면, 그들이 존재한다는 증거는 무엇인가?
19. 블랙홀의 사건의 지평선은 물리적인 경계인가, 수학적인 경계인가?

29.6 은하

20. 우리은하는 어떤 형태의 은하인가?
21. 별이 폭발적으로 탄생하는 은하는 무엇인가?
22. 국부 은하군에 몇 개의 나선 은하가 있는가?
23. 국부 초은하단에 있는 세 개의 은하단의 이름을 부여해 보시오.

29.7 과거의 관측

24. 우주에 공간이 있는가, 우주가 공간 안에 있는가?
25. 별의 밝기와 광도는 거리에 의존하는가?
26. 우주의 대략적인 나이는 얼마인가?

29.8 암흑 물질과 암흑 에너지

27. 우리는 암흑 물질을 볼 수 없는데, 어떻게 암흑 물질이 존재하는 것을 아는가?
28. 암흑 물질은 우리은하 내에 있는가? 밖에 있는가?
29. 최근의 증거에 따르면, 우주의 팽창이 가속된 지 얼마나 되었는가?
30. WMAP는 무엇인가?
31. 암흑 물질과 보통 물질 중 어느 것이 더 많은가?
32. 암흑 에너지에 대하여 빅 립 시나리오는 무엇을 가정하는가?

확인문제

만일 여러분이 이 장에서 제대로 학습을 하였다면, 다음에 제시된 10개의 질문에 적어도 7개는 제대로 답을 할 수 있을 것이다. 만일 그렇지 못하면 다음 장으로 가기 전에 이 장을 더 학습할 필요가 있다.

각 질문에 대해 가장 적합한 답을 고르시오.

1. 여름과 겨울의 별자리가 서로 다른 이유는
   (a) 지구가 자전하기 때문이다.
   (b) 여름과 겨울에 밤하늘이 다른 쪽을 향하기 때문이다.
   (c) 지구의 자전축이 기울어져 있기 때문이다.
   (d) 우주가 대칭적이고 조화롭기 때문이다.
2. 북극성은 항상 직접적으로
   (a) 북극에 있다.
   (b) 어느 위도에서 보더라도 북쪽에 위치한다.
   (c) 적도에 있다.
   (d) 남극에 있다.
3. 지구에서 가장 가까운 별은 무엇인가?
   (a) 프록시마 센타우리
   (b) 북극성
   (c) 수성

(d) 태양

4. 단위 시간당 발생하는 에너지의 양과 관련된 별의 특성은 무엇인가?

(a) 광도

(b) 실시 등급

(c) 색

(d) 부피

(e) 질량

5. 가장 긴 수명을 가진 별은

(a) 작은 질량의 별이다.

(b) 큰 질량의 별이다.

(c) 중간 질량의 별이다.

(d) 무한한 질량의 별이다.

6. 태양의 중심핵에서 수소 핵융합이 끝난 후, 태양은

(a) 백색 왜성이 된다.

(b) 흑색 왜성이 된다.

(c) 블랙홀이 된다.

(d) 적색 거성이 된다.

(e) 푸른 거성이 된다.

7. 별이 폭발적으로 탄생하는 은하의 모양은

(a) 타원이다.

(b) 나선이다.

(c) 불규칙하다.

(d) 모든 은하가 가능하다.

8. 과학자들은 우주의 나이를

(a) 5000년으로 추산한다.

(b) 10억 년으로 추산한다.

(c) 140억 년으로 추산한다.

(d) 420억 년으로 추산한다.

9. 빅뱅의 증거로 적절하지 않은 것은?

(a) 우주 배경 복사

(b) 우주의 균질한 온도

(c) 헬륨의 양

(d) 암흑 에너지

10. 암흑 물질은

(a) 더 이상 빛을 방출하지 않는 보통 물질이다.

(b) 별의 공전에 영향을 준다.

(c) 암흑 에너지의 밀집된 형태이다.

(d) 보통 물질에 의해 사라졌다.

확인문제 답

1. b, 2. a, 3. d, 4. a, 5. a, 6. d, 7. c, 8. c, 9. d, 10. b

연습문제 홀수 답

Chapter 1

1. The era of modern science was launched when Galileo revived the Copernican view of the heliocentric universe, using experiments to study nature's behavior. 3. We mean that it must be capable of being proved wrong. 5. Galileo showed the falseness of Aristotle's claim with a single experiment—dropping heavy and light objects from the Leaning Tower of Pisa. 7. In everyday speech, a theory is the same as a hypothesis—a statement that hasn't been tested. In science a theory is a synthesis of a large body of verified information. 9. The term *supernatural* literally means "above nature." But science works within nature, not above it. 11. Science is concerned with gathering knowledge and organizing it. Technology enables humans to use that knowledge for practical purposes, and it provides the instruments scientists need to conduct their investigations. 13. Biology is more complex than the physical sciences because it involves matter that is alive and therefore engaged in complex biochemical processes.

Chapter 2

1. Aristotle classified motion into *natural motion* and *violent motion*. 3. Galileo discredited Aristotle's ideas that heavy objects fall faster than light ones and that a force is necessary to maintain motion. 5. The property is inertia. 7. Your weight would be greater on Earth because of its stronger force of gravity. Mass, however, is the same everywhere. 9. One kg would weigh less on the Moon. 11. The net force on the box is 10 N to the right. 13. The force is tension. 15. $\Sigma F = 0$ means that the vector sum of all the forces that act on an object in equilibrium equals zero. The forces cancel. 17. The forces are the same. You actually read the support force from the scale, which is the same as your weight when the scale is stationary. 19. Since the crate slides in equilibrium (constant velocity), we know that the friction must be equal and opposite to our push. That way the forces cancel and the crate slides without changing velocity. 21. Friction is to the left. 23. Speed is distance per time: $v = d/t$. 25. The speedometer shows the instantaneous speed. 27. Acceleration = change in velocity/unit of time; $a = \Delta v/\Delta t$. 29. The unit of time appears once for the unit of velocity and again for the time during which the velocity changes.

Chapter 3

1. Every object continues in a state of rest, or in a state of motion in a straight line at constant speed, unless acted upon by a net force. 3. The acceleration produced by a net force on an object is directly proportional to the net force, is in the same direction as the net force, and is inversely proportional to the mass of the object. 5. There is no change in acceleration. 7. When in free fall, the ratio of weight to mass is the same for all objects. 9. Air resistance depends on the speed and frontal area of the falling object. 11. Two forces are required. 13. The boxer can't exert any more force on the tissue paper than the tissue paper can exert on the boxer. The tissue paper has insufficient inertia to absorb a great force. 15. The reaction force is the force of the ball against the bat. 17. Each of the equal forces acts on a different mass. 19. Force, velocity, and acceleration are vector quantities. Time, speed, and volume are scalar quantities. 21. The diagonal represents the resultant vector. 23. Yes, each has less magnitude.

Chapter 4

1. A moving skateboard has greater momentum; anything at rest has *no* momentum. 3. Force is a push or pull, whereas impulse is the product of force and time. 5. A cannonball has more momentum coming from the long cannon because the force acts over a longer time. 7. Case (c) requires the greatest impulse—twice the momentum if the speed thrown is the same as the speed caught. 9. It means that the quantity remains unchanged in a process. 11. B has same initial speed as A. 13. Energy is most evident when it undergoes a change—as when it is being transferred or transformed. 15. Work and energy are measured in joules. 17. Four watts are expended. 19. The heavier car has twice the potential energy. 21. The evidence is whether or not the object experiences a change in energy. 23. With no external work input or output, the energy of a system doesn't change. Energy cannot be created or destroyed. 25. Yes. Yes. No! (There is *no* way to increase energy without doing work.) 27. No way! If a machine has an efficiency greater than 100%, then new physics is afoot! It would violate the conservation of energy.

Chapter 5

1. Newton realized that both a falling apple and the Moon are under the influence of Earth's gravity. 3. The Moon falls beneath the straight line it would follow if no forces acted on it. 5. The force is one-fourth as much, in accord with the inverse-square law. 7. Nowhere! The gravitational force approaches zero at great distances but never actually reaches zero. (At Earth's center, however, gravitation *cancels* to zero!) 9. The gravitational force is 9.8 N (or, rounded off, 10 N). 11. Oops, almost a trick question: The scale readings would be unchanged. Readings change only with *changes* in velocity—acceleration. 13. Your weight is greater than *mg* when you're in an elevator that accelerates upward (or a rotating habitat with excess rotation). 15. The direction of the force is inward, toward the center of the circle. 17. A projectile is any object projected by some means that continues in motion by its own inertia. 19. The same, $\frac{1}{2}gt^2$, which is 5 m in the first second. 21. The other angle of launch is 15° (the complementary angle to 75°). 23. Both height and range are less. 25. The speed of 8 km/s will persist only in the absence of air drag. Hence the motion must be above Earth's atmosphere. 27. The gravitational force varies because the distance between gravitationally attracting masses varies.

Chapter 6

1. Thermal energy consists of the translational, vibrational, and rotational motions of particles. 3. The temperatures for freezing water are 0°C and 32°F; the temperatures for boiling water are 100°C and 212°F. 5. Both the thermometer and whatever it measures reach a common temperature (thermal equilibrium). Hence a thermometer measures its own temperature. 7. Zero energy can be taken from the system. 9. (a) Temperature is a measure of the average translational kinetic energy per molecule. (b) Heat is the thermal energy transferred from one thing to another due to a temperature difference. 11. Both calorie and Calorie are units of energy; 4.19 J = 1 cal. 13. When mechanical work is done on a system, its thermal energy increases and its temperature increases. 15. Silver, which has a lower specific heat, warms up faster. 17. The specific heat capacity of water is much higher. 19. Ice has open-structured crystals. So, when water freezes, the crystals occupy more space, and more volume means lower density. 21. Loose electrons conduct energy by collisions throughout a substance. 23. Wood is a poor conductor, even when it is red hot. So very little heat conducts from the coal to your feet. 25. Convection transfers heat by currents of heated fluid. 27. During the day the shore is warmed more than the water, so winds blow from water toward shore. At night the reverse occurs: The shore cools more than the water, and winds blow in the opposite direction. 29. The frequency of radiant energy is directly proportional to the absolute temperature of the source.

Chapter 7

1. The proton has a positive charge, and the electron has a negative charge. 3. Both are inverse-square laws; gravity only attracts, whereas electric charges both attract and repel. 5. Gravitational field and electric field (and magnetic field) are common force fields. 7. Electric potential energy is energy, measured in joules; electric potential is energy per charge, measured in volts. 9. A conductor freely conducts, an insulator resists conduction, and semiconductor has properties of both a conductor and an insulator. 11. A temperature difference is necessary for heat energy to flow. An electric potential difference is necessary for electric charge to flow. 13. Electrons are loosely attached to atomic nuclei; protons are locked in the atomic nucleus. 15. A thin wire has more resistance. A long wire has more resistance. 17. The current is doubled when the voltage is doubled. No change in current occurs if both voltage and resistance are doubled. 19. Parallel is better because a short-circuit in one branch doesn't affect the other branches. 21. Electric power = current × voltage. 23. In both interactions, opposites attract and likes repel. 25. A magnetic field is produced by moving electrons. 27. The direction of force on a moving charged particle is at right angles to its velocity and at right angles to the magnetic field. 29. Voltage can be induced by moving a wire loop into a magnetic field, moving the field near the loop of wire, or changing the current in the loop of wire.

Chapter 8

1. Period is the time for a complete cycle to occur; amplitude is the maximum displacement from the midpoint of a wave to the crest (or trough); wavelength is the distance between successive crests, troughs, or identical parts of a wave; and frequency is the number of vibrations per unit time. 3. Energy 5. Wave speed = frequency × wavelength. 7. A compression is a region of compressed air, while a rarefaction is a region of rarefied air. Both travel in the same direction, however. 9. No, sound cannot travel because in a vacuum there is no medium to vibrate. 11. Forced vibrations occur when a surface is forced to vibrate. When the forcing frequency matches the natural frequency of the surface, the result is resonance. 13. The frequency of the wave is the same as the frequency of the vibrations that produce it. 15. Yes, but the law holds only on small segments of a surface. 17. (a) The energy of ultraviolet light is absorbed. (b) The energy of visible light cascades from atom to atom in a transparent medium. 19. Low frequencies appear red, high frequencies appear violet, and intermediate frequencies make up the intermediate colors of the rainbow. 21. The slowing of light causes the bending in refraction. 23. Although a single drop disperses all the colors, a viewer is in a position to view only one color per drop. 25. Diffraction is more pronounced for shorter waves. 27. All kinds of waves exhibit interference. 29. Waves are compressed when coming from an approaching source, which means they have a higher frequency. 31. Photons of violet light are more successful at dislodging electrons because the higher frequency of violet has more energy per photon.

Chapter 9

1. An element consists of only one type of atom. 3. As shown in the periodic table, the atomic symbol for cobalt is Co. 5. The atomic number is the number of protons in the nucleus. The mass number is the total number of protons and neutrons in the nucleus. 7. Most of the known elements are metallic. 9. Across any period, the properties of the elements gradually change. 11. Atoms give off light as they are subjected to energy. 13. A beam of light consists of zillions of small, discrete packets of energy. Each packet is called a quantum. 15. No, Bohr's model merely illustrated the different energy levels of an electron in an atom. 17. The electron microscope is the practical application. 19. The noble gas shell model explains the organization of the elements in the periodic table. From the shell model, we can understand how the atoms of elements get larger as we move down a group and how they get smaller as we move from left to right across a period. 21. The maximum number of electrons each shell can hold corresponds to the number of elements in the period.

Chapter 10

1. Alpha radiation decreases the atomic number of the emitting element by 2 and the atomic mass number by 4. Beta radiation increases the atomic number of an element by 1 and does not affect the atomic mass number. Gamma radiation does not affect the atomic number or the atomic mass number. So, alpha radiation results in the greatest change in atomic number, and hence charge, and mass number as well. 3. The attractive strong nuclear force exerted by all nucleons is able to overcome the repulsive electric force of protons. 5. Neutrons act as "nuclear cement" to hold the nucleus together. 7. Emission of an alpha particle decreases the atomic number of the nucleus by 2. Emission of a beta particle increases the atomic number of the nucleus by 1. 9. The half-life of a radioactive sample is the amount of time it takes for half of the original quantity of a radioactive element to decay. 11. An elongated uranium-235 nucleus splits in half because the strong nuclear force between distant nucleons quickly diminishes. 13. A nuclear reactor and a fossil-fuel power plant both boil water to produce steam for turbines. The main difference between them is the amount of fuel involved. Nuclear reactors are much more efficient—1 kg of uranium-235 yields more than 30 freight-car loads of coal. 15. Nucleons have the least mass in iron.

Chapter 11

1. Chemistry touches all of the sciences. 3. Members of the American Chemistry Council have pledged to manufacture products without causing environmental damage. 5. Molecules are made of atoms. Atoms link together to form larger but still small basic units of matter called molecules. 7. One gram of water vapor, the gaseous phase of water, occupies the greatest volume. 9. Sublimation is the formation of a gas from a solid; evaporation is the formation of a gas from a liquid. 11. 335 joules of heat are needed to melt 1 g of ice. 13. A physical property is a physical attribute of a substance, such as color, hardness, density, texture, and phase. Chemical properties characterize the tendency of a substance to react with or transform into other substances. 15. During a chemical reaction there is a change in the way atoms are bonded together. 17. Both physical and chemical changes involve changes in appearance. 19. If, by returning to the original set of conditions you return to the original physical appearance, then the change was physical. If the substance that has undergone the change has new physical properties, then the change was chemical. 21. An element has only one type of atom. A compound has combinations of different types of atoms. 23. The chemical formula tells us the ratio in which atoms join together to form one unit of a particular substance. 25. The element closer to the left side of the periodic table is given first. A good example is sodium chloride, NaCl. 27. The formula for titanium dioxide is TiO_2.

Chapter 12

1. Two electrons fit into the first shell. Eight electrons fit into the second shell. 3. The electron-dot structures have the same number of valence electrons. 5. A gain of electrons causes a negative ion. 7. Nonmetallic elements tend to form covalent bonds. 9. A negatively charged oxygen atom forms only one bond and has three lone pairs as a consequence. 11. Fluorine has the greatest electronegativity; francium has the least electronegativity. 13. A nonpolar substance tends to have weak attractions to itself, which causes a low boiling point. 15. Oil and water do not mix because water molecules are more attracted to themselves than to oil molecules. 17. A hydrogen bond is an extremely strong dipole–dipole attraction. 19. The volume of the solution gradually increases as more sugar is dissolved in it. 21. Liters of solution is the typical unit used for the concentration of a solution. 23. The crushed sugar has a larger surface area in contact with the water.

Chapter 13

1. Coefficients show the ratios in which reactants combine and products form in a chemical reaction. 3. A chemical equation must be balanced because the law of conservation of mass says that mass can be neither created nor destroyed. There must be the same number of each atom on both sides of the equation. 5. Energy is released by an exothermic reaction. 7. Reactants must collide in a certain orientation with enough energy in order to react. 9. Reactant molecules that move the fastest are the first to pass over the energy barrier. 11. Dissolving an acid in water causes the formation of a hydronium ion. 13. The concentration of hydronium ions in neutral water is 0.0000001 M, so, relatively speaking, there are very few hydronium ions in neutral water. 15. The pH indicates the acidity of the solution as judged by the concentration of hydronium ions. 17. Metallic elements at the left of the periodic table, especially the lower left side, are the best reducing

agents because of the ease with which they can lose electrons. 19. Zinc is the coating on galvanized nails. 21. The oxygen atoms become more negatively charged, so they are gaining electrons.

Chapter 14

1. Structural isomers have different arrangements of their carbon atoms, but the number of carbon atoms in each is the same. 3. The boiling points of hydrocarbons are used in fractional distillation. 5. A carbon atom in a saturated hydrocarbon is bonded to four atoms. 7. A hydrocarbon must have at least one multiple (double or triple) bond to be classified as unsaturated. 9. A heteroatom is any atom other than carbon or hydrogen in an organic molecule. 11. Small alcohols are soluble in water because they have polar oxygen–hydrogen bonds similar to water. Like dissolves like. 13. An alcohol has a hydroxyl (oxygen bonded to hydrogen) group, but an ether contains an oxygen atom bonded to two carbon atoms. 15. Amines tend to be basic. The lone electron pair in nitrogen atoms makes them basic because this lone pair is able to accept a hydrogen ion. 17. Morphine and caffeine are two examples of alkaloids. 19. Both ketones and aldehydes contain carbonyl groups. Ketones have the carbonyl carbon bonded to two adjacent carbon atoms; aldehydes have the carbonyl carbon bonded to either one hydrogen and one carbon or two hydrogens. 21. Aspirin is made from salicylic acid. 23. In the formation of a condensation polymer, a small molecule (i.e., water or hydrochloric acid) is released from each monomer. 25. A copolymer is a polymer composed of two or more different monomers.

Chapter 15

1. All living organisms use energy. They take energy from the environment and convert it into other forms of energy for their own use. Also, all living organisms develop and grow. They maintain themselves; generate structures, such as stems and leaves or skin and bones; and repair damage done to those structures. Living organisms have the capacity to reproduce. Finally, they are part of populations that evolve. Populations do not remain constant from one generation to the next but change over time. 3. Prokaryotes include two major lineages, the bacteria and the archaea. Eukaryotes include all animals, plants, fungi, and protists. 5. Eukaryotic cells have their DNA in a distinct nucleus, a feature that distinguishes them from prokaryotes. In addition, the DNA of eukaryotic cells is found in linear, rather than circular, chromosomes. 7. Mitochondria are organelles that break down organic molecules to obtain energy in a form that cells can use. Ribosomes are organelles that assemble proteins. Lysosomes are the garbage disposals of a cell. They break down organic materials, such as damaged or worn-out organelles. In plants, organelles called chloroplasts capture energy from sunlight and use it to build organic molecules. 9. Phospholipids have hydrophilic "heads" and hydrophobic "tails." The heads are naturally drawn to the watery environment inside and outside the cell, whereas the tails naturally try to avoid it. The result is that the phospholipids form a double layer, or bilayer, with the hydrophobic tails pointing in and the hydrophilic heads pointing out. You can think of the phospholipids as making a sandwich, with the heads as two slices of bread and the tails as the peanut butter inside. 11. Hydrophobic molecules, such as the gases oxygen and carbon dioxide, can pass directly through the double layer of hydrophobic tails. Some small hydrophilic molecules—including water—can also cross the cell membrane this way. 13. Passive transport requires no energy from the cell. In active transport, a transport protein moves molecules *against* a concentration gradient—from an area of low concentration to an area of high concentration. In this case, the second law of thermodynamics tells us that energy is required. 15. In animals and plants, plasmodesmata allow very local messages to pass directly from one cell to an adjacent cell. Plasmodesmata are slender threads of cytoplasm that link adjacent plant cells. 17. No, receptors are extremely specific about the molecules they bind to. This is because a message molecule and its receptor fit together like a key in a lock—only the right combination will work. 19. During prophase, the normally loosely packed chromosomes condense and the membranes surrounding the nucleus break down. When the chromosomes condense, it becomes clear that each consists of two identical sister chromatids attached at a point called the centromere. The mitotic spindle also forms during prophase. The mitotic spindle, which consists of a series of fibers that attach to the duplicated chromosomes, is responsible for splitting the genetic material between the two daughter cells. During metaphase, the chromosomes line up at the equatorial plane, which passes through the imaginary "equator" of the cell. During anaphase, the two sister chromatids are pulled apart by the shortening of the mitotic spindle fibers and move to opposite poles of the cell. During telophase, new nuclear membranes form around each set of chromosomes, and the chromosomes return to their loosely packed state. 21. Many essential chemical reactions have a very high activation energy. Some important reactions would take 100 years to happen on their own. Because of this, cells rely on catalysts to lower the activation energy of reactions and allow them to happen more quickly. The catalysts in cells are large, complex proteins called enzymes. 23. The antibiotic penicillin kills bacteria by inhibiting an enzyme that bacteria need to build cell walls. 25. During the light-dependent reactions, energy is captured from sunlight. During the light-independent reactions, carbon is fixed—that is, carbon atoms are moved from atmospheric carbon dioxide to the organic molecule glucose. 27. Glycolysis takes place in the cell cytoplasm. During glycolysis, the six-carbon glucose molecule is split into two molecules of pyruvic acid, each of which contains three carbon atoms. Two molecules of ATP are produced in the process. 29. The pyruvic acid from glycolysis is broken down into ethanol and carbon dioxide.

Chapter 16

1. A gene is a section of DNA that contains the instructions for building a protein. 3. Each chromosome consists of a long DNA molecule wrapped around small proteins called histones. 5. The two strands of DNA are separated as if the spiral ladder were unzipped down the middle. Each strand then serves as a template for building a new partner. This is possible because of the way the nitrogenous bases pair—A always pairs with T, and G always pairs with C. As free nucleotides pair up with nucleotides on the template strand, they are attached to the new DNA strand by enzymes called DNA polymerases. 7. RNA differs from DNA in three ways: RNA has only one strand instead of two, RNA uses the sugar ribose instead of deoxyribose, and RNA uses the nitrogenous base uracil (U) instead of thymine (T). 9. During RNA processing, the RNA transcript becomes a mature messenger RNA (mRNA) molecule that is ready for translation. First, a "cap" and "tail" are added to the beginning and end of the molecule. The cap and tail allow the cell to recognize the molecule as mRNA. Second, stretches of nucleotides that are not needed to build the protein, called introns, are removed. The stretches of nucleotides that are used to build the protein, called exons, remain. 11. A tRNA molecule consists of a sequence of three nucleotides called an anticodon and carries a single, specific amino acid. During translation, the mRNA molecule binds to a ribosome. The codon being translated is positioned at a specific site. A tRNA molecule with the appropriate anticodon binds to the codon. The binding of anticodon to codon follows the usual rules—A pairs with U, and G pairs with C. The amino acid carried by the tRNA is then added to the growing protein. 13. Nucleotides can be inserted into or removed from DNA. If this happens in a gene, the codons that are "read" during translation can be shifted, producing a frameshift mutation. Frameshift mutations completely change a protein's amino acid sequence and usually result in nonfunctional proteins. 15. In meiosis, one diploid cell, with two of each kind of chromosome, divides into four haploid cells, each with only one of each kind of chromosome. 17. The inheritance of one trait is independent of the inheritance of a second trait. 19. Independent assortment occurs when genes on different chromosomes separate independently during meiosis. The genes for Mendel's pea traits sorted independently because each was found on a different chromosome. If two genes are on the same chromosome, however, they are often inherited together—though not quite all the time because crossing over may shuffle them up. In fact, the closer two genes are to each other on a chromosome, the more likely they are to be inherited together. 21. Humans have about 22,000 genes. 23. No, a mutation in a single gene is not enough to produce cancer—mutations in many important genes are required. 25. A transgenic organism contains a gene from another species. 27. A mammal is cloned through a process called nuclear transplantation, in which the nucleus of a cell from the animal being cloned is placed into an egg cell that has had its own nucleus removed. The resulting embryo is then implanted into a surrogate mother.

Chapter 17

1. Pasteur designed a flask that kept out dust and other airborne particles, filled the flask with sterile meat broth, let it sit, and waited for life to emerge. It never did, and Pasteur concluded that life does not arise from

nonlife. 3. Liposomes have double membranes similar to cell membranes. Although they are not alive, liposomes sometimes behave like living cells—they grow, shrink, and divide. Liposomes also run chemical reactions inside their membranes and control what molecules enter and exit them, two key features of living cells. 5. The evolution of autotrophs was crucial because, without autotrophs, heterotrophs would have eaten through their food supply and died out. 7. Scientists believe mitochondria and chloroplasts evolved from prokaryotes that started to live inside the earliest eukaryotic cells. 9. Darwin's finches showed remarkable variation in the size and shape of their beaks, with each beak being suited to, and used for, a different diet. Darwin wrote, "Seeing this gradation and diversity of structure in one small, intimately related group of birds, one might really fancy that from an original paucity of birds in this archipelago, one species had been taken and modified for different ends." 11. Lyell, a geologist, argued that Earth's geologic features were created not by major catastrophic events—the favored theory of the time—but by gradual processes that produced their effects over long time periods. For example, the formation of a deep canyon did not require a cataclysmic flood; it could be the result of a river's slow erosion of rock over millennia. Darwin realized that Lyell's ideas could apply to biological organisms as well: The accumulation of gradual changes over long time periods could produce all the diversity of living organisms as well as all of their remarkable features. 13. Many traits are determined at least partly by genes and so are heritable—that is, they are passed from parents to offspring. 15. Survival is usually an important first step in successful reproduction. 17. Parental care evolved because natural selection favored organisms that were able to help their offspring survive and thrive. 19. Genetic drift is the evolution of populations due to chance. Imagine a half-polluted town where light moths and dark moths are equally successful—neither allele is advantageous. Now suppose a sudden storm wiped out part of the town's peppered moth population. It might happen—just by chance—that more dark moths survive. In this case, the frequency of the dark allele would increase. Notice that genetic drift produces evolution (heritable changes in a population over time) but that this evolution is not the result of natural selection—the dark allele was not advantageous. Genetic drift can also occur when, just by chance, more alleles of one type are transmitted to the next generation than alleles of the other type. For example, even if light and dark moths have equal fitness, light moths might just happen to leave more offspring (and therefore more light alleles) one year. 21. Genetic mutations constantly create new variation within populations. For example, when a genetic mutation changes the amino acids in a protein, it may produce a new allele for a given gene. Sexual reproduction also contributes to variation by bringing together alleles for different traits in new combinations. 23. Prezygotic reproductive barriers prevent individuals of different species from mating in the first place or prevent fertilization from occurring if they do mate. There are many examples of prezygotic barriers—organisms may differ in when they breed, in where they breed, or in the details of their courtship rituals. Their sex organs may not fit together properly, preventing successful sperm transfer, or other factors may prevent fertilization even if sperm is transferred. Postzygotic reproductive barriers act after fertilization has taken place. Mating may produce hybrids that either don't survive or are sterile—unable to breed themselves. The mule, the offspring of a horse and a donkey, is sterile and cannot reproduce. 25. Adaptive radiations are spectacular examples of allopatric speciation, where many new species, each adapted to a distinct way of life, evolve from a single ancestor. Adaptive radiations have commonly occurred on island archipelagos, which have abundant opportunities for geographic isolation. Adaptive radiations often occur after a new habitat is colonized. 27. If each of these mammals had originated independently, we would expect their limbs to look completely different. Each limb would have been designed from scratch to best perform its function. But, despite the different functions of human hands, cat legs, whale flippers, and bat wings, all these limbs show the same arrangement of bones. This suggests that the limbs were inherited from a common ancestor and then modified through natural selection for different functions. 29. The bones of Lucy's pelvis make it clear that she walked upright on two legs. In fact, older *Australopithecus* fossils show that an upright posture dates to at least 4 million years ago. 31. The earliest fossils of modern humans, *Homo sapiens sapiens*, were found in Ethiopia and are 195,000 years old.

Chapter 18

1. At every level in the Linnaean system, species are grouped together based on shared similarities. For example, all species in the class Mammalia (all mammals) have hair and nurse their young with milk. 3. A clade is a group of species that includes an ancestor and all of its descendants. 5. Eukaryotes belong to the domain Eukarya, living things whose cells have a nucleus. 7. Bacteria typically reproduce asexually by dividing. However, most species exchange genetic material at least occasionally—when they take up small pieces of naked DNA from the environment, when bacterial viruses inadvertently transfer DNA between organisms, or when two bacteria join together and one passes DNA to the other. 9. The ribosomes of archaeans are like those of eukaryotes, their genes contain introns like those of eukaryotes, and their DNA is associated with histone proteins, like that of eukaryotes. 11. Protists are eukaryotes that are not plants, animals, or fungi. 13. All the different kinds of seaweeds are multicellular photosynthetic protists. Kelp forms huge oceanic forests that are home to many unique species. Red algae are the source of some of the seaweed we eat, including Japanese nori. Green algae are multicellular protists that likely gave rise to terrestrial plants. 15. Malaria is caused by *Plasmodium* protists, which divide their life cycle between mosquitoes and humans. Humans contract the disease when infected mosquitoes bite them. The protists then move into our red blood cells and reproduce in huge numbers. The synchronized emergence of protists from host red blood cells causes chills, fever, and vomiting. 17. In mosses, the gametophyte is much larger than the sporophyte. When you see a moss in the forest, you are looking at a haploid gametophyte. 19. Fungi are heterotrophs that obtain food from other organisms. Fungi release digestive enzymes over organic matter and then absorb the nutrients. 21. Fungi are essential to most plants because, in most plant species, the roots form close associations with fungi called mycorrhizae. The fungus receives nutrients from the plant while helping the roots absorb water and minerals from the soil. 23. All arthropods have an external skeleton called an exoskeleton that protects and supports the body. The exoskeleton is incapable of growth and must be shed periodically as the animal grows. The bodies of arthropods are divided into different segments, and their legs have bendable joints. Some arthropod legs have been modified during evolution to function as mouthparts, antennae, and reproductive organs. Arthropods have a brain and well-developed sense organs. Many species pass through a distinct larval stage during their growth and development. 25. Amphibians are restricted to moist habitats because their skins are made of living cells that dry out. Amphibian eggs do not have shells and also require moisture. 27. Monotremes, such as the platypus and spiny echidna, are mammals that lay eggs. 29. Prions are proteins that are incorrectly folded. (Remember that proteins are folded strings of amino acids. In prions, the folding has somehow gone wrong.) Prions infect cells and then "reproduce" by converting normal proteins into the incorrectly folded form.

Chapter 19

1. The four types of tissues are epithelial, connective, muscle, and nervous. Epithelial tissue consists of sheets of tightly packed cells that cover the internal and external surfaces of the body—skin is an example. Connective tissue consists of cells scattered within an external matrix—bone, cartilage, and blood are examples. Muscle tissue consists of cells that are able to contract or shorten—skeletal, smooth, and cardiac muscles are examples. Nervous tissue transmits information from one place in the body to the other—examples are found in the brain, spinal cord, and nerves. 3. Multiple organs make up an organ system, which is responsible for a particular bodily function. 5. Oxygen supply and body temperature are two of the many variables the body carefully regulates. The amount of water in the body, the concentration of nutrients and waste products in the blood, the concentrations of important ions inside and outside cells, and blood pH are all carefully regulated as part of maintaining homeostasis. 7. The cerebellum controls balance, posture, coordination, and fine movements. 9. The frontal lobes deal with reasoning, voluntary movements, and speech. The parietal lobes take in sensory information about temperature, touch, taste, and pain. The occipital lobes process what you see—that is, visual information. The temporal lobes deal with sound and help you comprehend language. 11. Dendrites receive information from other neurons or cells, the cell body contains the neuron's nucleus and organelles, and the axon transmits information to other neurons or cells. 13. Motor neurons in the somatic nervous system control voluntary actions, such as running to class. These neurons provide instructions to your voluntary muscles, such as the

muscles of your arms, legs, and fingers. Motor neurons in the autonomic nervous system control involuntary actions. These neurons control organs and involuntary muscles (such as heart or stomach muscle). 15. An influx of positively charged ions causes the membrane potential to spike and become positive. This spike is called an action potential. 17. When an action potential begins, sodium ions enter the end of the axon that is closest to the cell body. These ions diffuse into adjacent areas along the axon. Because the sodium ions are positively charged, they cause the local membrane potential to increase. When the local membrane potential reaches threshold, a new action potential, farther along the axon, begins. The process is similar to the way a row of dominoes falls—the first domino knocks down the next one, which knocks down the next one, and so forth. In this way, the action potential travels down the entire axon. 19. In a chemical synapse, a neuron communicates with a target cell using molecules of neurotransmitter. When an action potential arrives at the end of an axon, vesicles containing neurotransmitter fuse to the neuron's cell membrane. Neurotransmitter molecules are released into the narrow space between the axon and the target cell, and they diffuse to the target cell. There, the neurotransmitter molecules bind to receptors on the target cell's membrane. The binding causes ion channels to open, and ions enter the target cell. The membrane potential of the target cell may increase or decrease, depending on the type of ion that enters. An excitatory signal increases the target cell's membrane potential and makes the target cell more likely to fire. An inhibitory signal decreases the target cell's membrane potential and makes it less likely to fire. 21. Sound waves move through the air to the outer ear, or pinna, the cartilaginous flap on the side of your head. The pinna funnels the waves in, and they move toward a thin membrane of skin—the eardrum. Sound waves make the eardrum vibrate, just the way blowing on a piece of paper makes it shake. The eardrum's vibrations move three middle ear bones—the hammer, anvil, and stirrup—in sequence. These bones amplify the vibrations, making them more powerful. The stirrup then transfers the vibrations to the fluid-filled inner ear. In the inner ear, sound vibrations enter the cochlea, a coiled tube containing the organ of Corti. The organ of Corti contains the sensory cells responsible for hearing. Fluid vibrations in the inner ear move the organ of Corti's basilar membrane, causing sensory "hairs" embedded in it to brush against an overlying membrane and bend. This bending causes ion channels to open, initiating action potentials that are transmitted to the brain. 23. Proprioceptors in your muscles, tendons, and joints tell you where different parts of your body are. 25. Many of the hormones of the anterior pituitary regulate the activity of other endocrine organs. For example, anterior pituitary hormones tell the thyroid, sex organs, and adrenal glands to release their hormones. 27. The adrenal glands, located above the kidneys, make epinephrine (also called adrenaline) and norepinephrine. Epinephrine and norepinephrine are involved in the "fight or flight" response. 29. Enzymes released from the heads of many sperm eat away the zona pellucida. 31. All of the embryo's major organs and body parts develop during the first trimester. 33. A muscle contracts when it receives a signal from a motor neuron. An action potential in the motor neuron arrives at a chemical synapse connecting the neuron to a muscle cell. The action potential triggers the release of the neurotransmitter acetylcholine at the synapse. Acetylcholine then binds to receptors on the muscle cell's membrane, initiating an action potential in the muscle cell. This action potential causes calcium ions to be released from the muscle cell's endoplasmic reticulum. Calcium ions allow a series of "heads" on the myosin fibers to attach to actin. The myosin heads attach and pivot, pulling on the actin filaments. Each pull shortens the length of the sarcomere a tiny bit—about 10 nm—and, consequently, the length of the muscle as a whole. After pulling, the myosin heads release, extend, attach, and pull again. This cycle repeats until the signal to contract ends or until the muscle has fully contracted.

Chapter 20

1. The respiratory system brings oxygen into the body, and the circulatory system transports the oxygen to the tissues. 3. Heart muscle does not need a neuron to tell it to contract the way voluntary muscles do. Instead, the heart contracts on its own. Each heartbeat begins on its own in a part of the right atrium called the sinoatrial node, or pacemaker. 5. Capillaries are tiny, thin-walled blood vessels through which molecules are exchanged between blood and body tissues. 7. The three types of blood cells are red blood cells, white blood cells, and platelets. Red blood cells transport oxygen to the body's tissues; they contain numerous molecules of the protein hemoglobin, which binds to oxygen. White blood cells are part of the immune system and help defend your body against disease. Platelets are involved in blood clotting. 9. Both the alveolus and the surrounding capillaries have extremely thin walls, consisting of only a single flattened cell. This allows gas exchange to happen through diffusion. 11. During digestion, food is broken down into small organic molecules that can be absorbed and used by the body. 13. A small flap of cartilage at the back of your tongue—the epiglottis—covers the trachea when you swallow. 15. The small intestine's inner surface is covered with fingerlike projections called villi. The villi are covered with even tinier projections called microvilli. Both the villi and microvilli increase the surface area of the small intestine. 17. From food, you obtain calcium for bones and teeth, phosphorus for ATP, and iron for hemoglobin. 19. Urea is one of the most important wastes found in urine. When amino acids are broken down to make ATP, ammonia, a nitrogen-containing waste, is produced. Because ammonia is highly toxic, it is immediately converted into urea, a less-toxic waste, by the liver. The liver releases urea back into the bloodstream for excretion. 21. The proximal tubule is like a sorting machine. "Good" molecules in the filtrate—such as ions, glucose, vitamins, and amino acids—are transported back into the blood so that the body can keep them. "Bad" waste molecules are transported from the blood into the filtrate. 23. In the presence of antidiuretic hormone, more water is absorbed from the filtrate and retained by the body. As a result, urine becomes more concentrated. 25. The skin is a crucial barrier to pathogens. It is a tough outer layer that is hard to penetrate when intact. In addition, skin cells are shed frequently, making it hard for pathogens to establish a foothold. Hair follicles in skin also secrete special enzymes and acids that kill bacteria and fungi. 27. An antigen is a molecule or part of a molecule that belongs to a pathogen. Most often, antigens are parts of foreign proteins. 29. Memory cells stay in the body for a long time—years or even a lifetime. If the body encounters the same pathogen again, the memory cells initiate a quick, aggressive attack. Pathogens may be eliminated from your body before you even develop symptoms. This is why you catch many diseases only once and then are immune for life.

Chapter 21

1. Ecology is the study of how organisms interact with their environments. 3. A community consists of all the organisms that live in a specific area. An ecosystem consists of all the organisms that live in a specific area *and* all the abiotic features of their environment. 5. Favorable conditions start exponential growth. When resources become scarce, the population crashes. 7. Type I organisms have low death rates early in life, with most individuals surviving until fairly late in life. Type III organisms have high death rates early in life, with few individuals surviving until late in life. Type II organisms fall between Types I and III. Type II organisms experience a steady death rate throughout life—individuals are as likely to die early in life as late in life. 9. The age structure describes the distribution of people's ages within the population. One thing we can learn from the age structure is how a population is growing. A pyramid-shaped age structure, such as Africa's, indicates a rapidly growing population; most of the population is young. The age structure of the United States is much more even; its population is growing slowly. 11. The name is food chain or food web. 13. A decomposer obtains food by eating dead organic matter. Fungi and bacteria are important decomposers in many communities. 15. Parasitism is a relationship that benefits one member of the interaction and harms the other. Fleas, ticks, and tapeworms are parasites that obtain nutrients from their hosts. This relationship benefits the parasite, which gets nutrients and a home, but harms the host. Pathogens such as bacteria or viruses are parasites as well. 17. The type of biome found in a certain habitat depends mainly on climate, including factors such as temperature, rainfall, and the severity of seasonal variation. 19. Fires prevent tree growth. 21. Organisms that live in the intertidal zone, such as barnacles, sea anemones, and starfish, must be able to deal with exposure to air, temperature fluctuations, and waves. Special adaptations allow them to live in this environment. For example, many intertidal species have thick shells or hide in crevices to keep from drying out. In addition, all species can attach firmly to rocks or other surfaces so that they do not get washed up onto the beach. 23. Sunlight energy enters the biotic world when plants and other organisms use it to build organic molecules during photosynthesis. 25. Primary succession occurs when bare land, devoid of soil, is colonized by successive waves of living

organisms. Primary succession may begin when new land is formed by volcanic activity or when a glacier's retreat reveals bare rock. Secondary succession occurs when a disturbance destroys the existing life in a habitat but leaves the soil intact. Secondary succession may begin after a fire or when old farmland is abandoned. 27. During the entire process of succession, the total biomass of the ecosystem typically increases, as does the number of species present.

Chapter 22

1. Answers will vary. Meteorology is the study of weather and climate, paleontology is the study of Earth's early history, hydrology is the study of Earth's waters, and volcanology is the study of volcanoes. 3. Earth, like a hard-boiled egg, has three layers, including a thin and brittle outer layer. 5. Earth's structural layers are the lithosphere, which is cool, rigid rock; the asthenosphere, which is plastic rock; the lower mantle, which is strong, rigid rock; the outer core, which is hot and liquid; and the inner core, which is very hot and solid and under extreme pressure. 7. The large pieces of lithosphere are called tectonic plates. 9. Scientists did not know of any mechanism for the continents to move. 11. Lithosphere is created at spreading centers and destroyed at subduction zones. 13. The rate of subduction is about equal to the rate of seafloor spreading. 15. Tectonic plates move in different directions at different speeds, ranging from 2 cm to about 15 cm per year. 17. The interior of a plate is a more geologically stable region. Much geologic activity occurs at plate boundaries because this is where plates collide, pull apart, and rub beside one another. 19. In continental–continental convergence, plates with continental crust at their leading edges meet and produce crumpled rock. In oceanic–oceanic convergence, plates capped by continental crust collide. The older and denser plate subducts beneath the younger, less dense plate. Partial melting of the subducting plate can produce volcanic island arcs. In oceanic–continental convergence, continental and oceanic plates meet. The dense oceanic plate subducts beneath the more buoyant continental plate. A coastal mountain range may develop over time from partial melting of the subducting plate.

Chapter 23

1. They are different minerals because they have different crystal structures. 3. In a mineral, the atoms, ions, and molecules are arranged in regular, repeating patterns. 5. Some of the properties of minerals are crystal form, specific gravity, color, hardness, streak, luster, cleavage, radioactivity, toxicity, magnetism, and fluorescence. 7. There are about 4000 known minerals classified into silicates and nonsilicates. 9. Silicates are more common. 11. Pressure from overlying rock can keep rock that would melt at Earth's surface solid. 13. Much rock is hidden under soil, plants, and pavement. 15. Extrusive igneous rocks solidify above Earth's surface. Intrusive igneous rocks solidify below the surface. 17. Sedimentary rocks form through weathering, erosion, and lithification (compaction and/or cementation). 19. The heat and pressure come from plate tectonics (regional metamorphism) and the movement of magma (contact metamorphism). 21. No, because rocks are transformed from one kind into another, as the rock cycle illustrates.

Chapter 24

1. Oceans cover 70% of Earth. 3. (a) Compressional stress is the pushing together of masses of rock, tensional stress is the pulling apart of rock, and shear stress is produced by rock blocks sliding past one another. (b) Rock can break, deform elastically, or deform plastically in response to applied stress. 5. In a reverse fault, the hanging wall and footwall are pushed together, which results in the rocks in the hanging wall being pushed above the footwall. In a normal fault, rocks in the hanging wall and footwall are pulled apart. The rocks in the hanging wall drop down relative to the rocks in the footwall. In a strike-slip fault, rock masses have side-to-side motion with respect to one another with no vertical displacement. 7. Folded mountains: the Appalachians, Rockies, and Himalayas. Upwarped mountains: the Black Hills of South Dakota and the Adirondack Mountains. Fault-block mountains: the Tetons in Wyoming and the Sierra Nevada in California. (4) Volcanic mountains: Mauna Loa, Mt. Fuji, and Sunset Crater. Examples may vary. 9. Most volcanoes are in the Ring of Fire in the Pacific Ocean. 11. Plateaus are flat areas elevated more than 600 m above sea level; plains are broad, flat areas that do not rise far about sea level. 13. (a) Most of Earth's water (97.6%) is in the oceans. (b) Most of Earth's fresh water is in ice caps and glaciers. 15. (a) The three parts of a passive continental margin are the continental shelf, an underwater extension of the continent; the continental slope, a steep, narrow boundary between continental and oceanic crust; and the continental rise, a mound of sediment built up at the base of the continental slope. (b) An active continental margin consists of a continental slope and an accretionary wedge, a mass of continental crust donated to the overlying plate by the descending plate. 17. About 80% of Earth's fresh water is frozen in ice caps and glaciers, about 20% is in groundwater, and less 1% is in streams and lakes. 19. Yes, a watershed is the land that drains into a stream. The water where you live drains somewhere, so everyone lives in a watershed. 21. The water table is not flat but roughly approximates surface contours. 23. A large percentage of precipitation does not become runoff—it infiltrates into the ground and slowly moves until it empties into stream channels, which convey it to the surface. 25. About 90% is in the Antarctic Ice Sheet.

Chapter 25

1. Surface processes originate at or near Earth's surface, while tectonic processes originate in Earth's interior. 3. The two types of weathering are mechanical and chemical. 5. Erosion involves lifting and transporting sediment. 7. The size of a stream depends on the size of its drainage basin. 9. Dissolved load is sediments carried in solution—for example, the minerals sodium and calcium. Suspended load is sediments carried in suspension that make the stream look cloudy. Bed load is the largest sediments that are dragged and bounce along the streambed. 11. Answers will vary. Stream channels, V-shaped valleys, and the outside of a meander are erosional landforms produced by running water. 13. Large sediments drop out of the water first as a stream slows. 15. Glaciers move as ice crystals slip beside one another and as their weight melts their base, which allows them to slide. 17. Glaciers dump large accumulations of debris. A moraine is produced by glacial deposition. 19. Trees acquire a bent trunk—the "pistol butt" shape—because of creep along slopes. As sloping land erodes, a tree would tilt at an increasingly sharp angle if it did not bend to turn upward, seeking maximum sunlight. 21. A flow is the chaotic movement of unconsolidated material that mixes together as it moves, like a fluid. 23. Mass wasting events are usually caused by the absorption of rainwater. 25. Groundwater erosion produces caves, sink holes, and karst topography. 27. Karst typography is topography where the effects of groundwater erosion can be seen above ground. The Guilin region in China is an example. 29. Both stalagmites and stalactites are formed by the gradual precipitation of calcium calcite and other minerals from groundwater in caves. A stalagmite forms on the floor of a cave as groundwater drips down from above; a stalactite forms on the roof as groundwater drips down. 31. Sea caves, sea arches, sea stacks, and headlands are produced by erosion from ocean waves. 33. Currents are another agent of change. 35. Headlands form from rock formations that originally featured both hard and soft rock, but the softer rock eroded away first. 37. Wind is less powerful because air is so much less dense than water. 39. Sand dunes are a depositional landform produced by wind.

Chapter 26

1. Weather is the state of the atmosphere at a particular time and place; climate is the average weather over a period of time. 3. Nitrogen and oxygen make up more than 99% of the atmosphere. 5. The stratosphere has a high temperature because of the ozone it contains; ozone is a good absorber of solar radiation. The mesosphere has a low temperature because it absorbs little solar radiation. 7. Climate zones with lower average temperatures are generally located at lower latitudes. 9. The winter solstice is the shortest day of the year and the first day of winter. The summer solstice is the longest day of the year and the first day of summer. The equinoxes are the days when night and day are of equal length. 11. Wind blows from regions of higher pressure to regions of lower pressure. 13. The trade winds blew European trading ships westward toward the southeastern American colonies and eastward from the northeastern colonies toward Europe. 15. Surface currents affect both water and air temperature. 17. Clouds form by the condensation of water vapor. 19. Two other names are "lows" and "cyclones." They are associated with stormy weather.

Chapter 27

1. The Richter scale measures how much the ground shakes during an earthquake. 3. Earthquakes mostly occur along faults and along plate boundaries. 5. Both a tsunami and a ripple are waves that carry energy away from a disturbance. A tsunami is caused by a large disturbance, whereas ripples are triggered by tiny ones. 7. On December 6, 2004, a tsunami was triggered by an earthquake off the coast of Sumatra. It was costly because the wave struck many settlements throughout the Pacific and moved far inland. On March 11, 2011, a tsunami in Honshu, Japan, swept over Fukushima nuclear power plant's seawall, producing a radiation leak that displaced tens of thousands of people. 9. Shield volcanoes erupt quietly. Composite cones erupt most explosively. 11. A hurricane's energy is liberated by the condensation of water vapor over warm ocean water. (This energy of a state change is often called "latent heat.") 13. The costliest U.S. natural disaster was Hurricane Katrina.

Chapter 28

1. There are eight known planets in our solar system. 3. The outer planets are gaseous and much larger than the inner planets, which are solid. 5. Accretion of the planets began before the Sun ignited. 7. Sunspots are relatively cool regions on the solar surface that move with the Sun's rotation and are created by strong magnetic fields. 9. Because the Sun is a fluid, equatorial regions spin faster than regions at higher latitudes. 11. Mercury is close to the Sun and has very long days and nights due to its slow rotation. 13. The blue oceans dominate Earth's surface. 15. Dry ocean beds and channels cut from water are evidence of Mars's wetter past. 17. Saturn's inner rings move faster (like the greater speed of inner planets or any close-orbiting satellites). 19. Neptune is bluer because it contains greater amounts of methane and ammonia. 21. The Sun is directly in back of you. 23. Eclipses occur only when the plane of the Moon's orbit intersects the plane of Earth's orbit about the Sun, which occurs only rarely. 25. The asteroid belt is between the orbits of Mars and Jupiter. 27. The Kuiper belt is a disk-shaped region beyond Neptune that is populated by many icy bodies; it is considered the source of short-period comets. 29. A falling star is a meteor visible in the sky as it burns in the atmosphere.

Chapter 29

1. Constellations are visible groups of stars in the nighttime sky. 3. This motion of the stars is due to the rotation of Earth. 5. A blue star is hotter than a red star. 7. An H–R diagram is a plot of intrinsic brightness versus surface temperature for stars. When plotted, the stars' positions take the form of a main sequence for average stars, with exotic stars above or below the main sequence. 9. Our Sun is along the middle of the main sequence on an H–R diagram. 11. The ignition of nuclear fuel and the subsequent thermonuclear fusion change a protostar into a star. 13. High-mass stars have shorter lifetimes than low-mass stars. 15. A neutron star, enormously dense, is what remains after a supernova. 17. The Sun has too little mass for the collapse necessary to become a black hole. 19. Anything can pass into the black hole through its event horizon. Once it passes by this mathematical boundary, however, there is no possible return. 21. A starburst galaxy is a galaxy in which stars are forming at an unusually high rate. 23. Three galactic clusters in our Local Supercluster are the Local Group and the Virgo and Eridanus Clusters. 25. The luminosity of a star is the amount of energy it puts out per second. The brightness of the star, however, diminishes with distance. 27. We can detect dark matter by its gravitational effects. 29. The expansion of the universe started to accelerate about 7.5 billion years ago. 31. Dark matter is about six times more abundant than ordinary matter.

찾아보기

ㅅ

ㅈ

ㅊ

| 역 자 |

장낙한
서울대학교 화학교육과 졸업
서울대학교 이학박사 (물리화학)
미국 University of Missouri-Columbia 교육학박사 (화학교육학)
(현) 공주대학교 화학교육과 교수

권오종
서강대학교 물리학과 졸업
한국과학기술원(KAIST) 이학박사(이론물리학)
(현) 공주교육대학교 과학교육과 교수

이길재
서울대학교 생물교육과 졸업
미국 Florida State University 이학박사 (분자생물학)
(현) 한국교원대학교 생물교육과 교수

이효녕
한국교원대학교 지구과학교육과 졸업
미국 The Ohio State University 교육학박사 (지구과학교육학)
(현) 경북대학교 지구과학교육과 교수

융합 자연과학개론 제2판

|저 자 | Paul G. Hewitt, Suzanne Lyons, John A. Suchocki, Jennifer Yeh
|역 자 | 장낙한 · 권오종 · 이길재 · 이효녕
|발 행 인 | 주정희
|발 행 처 | 자유아카데미
|주 소 | 경기도 파주시 회동길 37-42 파주출판도시
|전 화 | 031-955-1321
|팩 스 | 031-955-1322
|전자우편 | main@freeaca.com(대표) editor@freeaca.com(편집) crm@freeaca.com(영업)
|홈페이지 | www.freeaca.com
|등 록 | 제406-2003-017호, 1980. 7. 12
|제 2 판 | 2016년 1월 25일 발행
|정 가 | 39,000원

역자와의 협의하에 인지생략

Printed in Korea
ISBN 979-11-5808-038-9 93430

몇 가지 과학의 통합 개념

아래에 나열된 것은 여러분이 과학 체제에 걸쳐 만날 수 있는 몇 가지 핵심 개념들이다. 이것들은 많은 응용을 할 수 있기 때문에 이것들을 이해할 때 특별히 주의를 기울여라. 여러분은 이들 원리의 많은 것이 물리에서 온다는 것을 알 것이다. 이것은 다음의 의미에서 물리가 가장 기본적인 과학이기 때문에 예상되는 것이다. 화학은 물리를 기반으로 이루어진다. 지구과학과 천문학은 물리적, 화학적 원리를 행성과 그 이상에 적용하며, 반면 생명과학은 물리와 화학의 개념을 생명 연구에 가져간다. 이런 복잡성 때문에 우리가 자연과학에서 연구하는 주제는 소수의 기본적인 생각에 기초를 두고 있다.

통합 개념	정의
• 과학적 방법 (1.3절)	전형적으로 다음 단계를 포함하는 과학의 실행: 관찰, 질문, 가설, 예상, 예상 검증, 결론 도출
• 밀도 (2.3절)	물체를 구성하는 물질의 빽빽함은 물체의 밀도, 즉 질량/부피에 의해 기술된다.
• 마찰 (2.8절)	두 물체가 접촉하고 있을 때, 그들의 상대적 운동을 방해하거나 느리게 하는 방법으로 항상 마찰이 작용한다.
• 뉴턴의 제1법칙 (3.1절)	만약 힘을 가하여 상태를 강제로 변화시키지 않는다면, 모든 물체는 계속해서 정지 상태에 있으려 하거나 일정한 속력으로 계속해서 직선 운동을 하려고 한다.
• 뉴턴의 제2법칙 (3.2절)	물체에 알짜힘에 의해 생성되는 가속도는 알짜힘에 비례하며, 알짜힘과 같은 방향이다. 그리고 물체의 질량에 반비례한다. 기호로 나타내면 $a = F/m$이다.
• 뉴턴의 제3법칙 (3.4절)	모든 작용에 대하여 항상 반대 방향으로 같은 크기의 반작용이 있다.
• 운동량 보존 법칙 (4.4절)	외부 힘이 작용하지 않을 때, 계의 운동량은 변하지 않는다.
• 에너지 보존 법칙 (4.10절)	에너지는 창조되거나 파괴되지 않는다.
• 중력 (5.3절)	우주에 있는 모든 물체는 중력이라 불리는 상호간 인력을 가지고 모든 다른 물체를 끌어당긴다. 두 물체에 대하여, 이 힘은 그들의 질량 곱에 비례하고 그들 사이에 떨어진 거리의 제곱에 반비례한다. $F = Gm_1m_2/d^2$
• 열역학 제2법칙 (6.5절)	자연계는 집중되고 조직화된 에너지 상태로부터 널리 퍼지고 조직화되지 않은 상태로 퍼져나가려는 경향이 있다.
• 대류 (6.9절)	유체가 아래부터 가열될 때, 바닥에 있는 분자는 더 빨리 움직이고 더 멀리 떨어져 밀도가 작아지기 때문에 위로 뜨게 된다.
• 전기력 (7.1절)	같은 전하는 전기력을 통해 서로 밀어내고, 반면 다른 전하는 끌어당긴다. 이 힘의 크기는 전하(q_1과 q_2)의 곱에 비례하고, 그들 사이의 거리 r의 제곱에 반비례한다. $F = kq_1q_2/r^2$
• 파동 (8.1절)	진동하는 물체는 그들의 근원에서 에너지를 멀리 전달하는 파동을 발생시킨다.
• 물질의 원자성 (9.1절)	물체의 물질은 전자, 양성자, 중성자로 구성된 원자로 이루어져 있다.
• 질량–에너지 등가성 (10.5절)	모든 물체는 '존재 에너지', 즉 정지 에너지를 가지고 있으며, 그것은 물체의 정지 질량과 광속의 제곱을 곱한 것과 같다. $E = mc^2$
• 피드백 조절 (19.2절)	한 변인의 변화가 두 번째 변인에 영향을 주고 두 번째 변인의 변화가 차례로 첫 번째 변인에 영향을 주는 통제 메커니즘
• 생태계 (21.1절)	생태계는 유기물과 물리적 환경이 서로 영향을 주는 역동적이고 복잡한 총체이다.